热 处 理 手 册

第 2 卷

典型零件热处理

第 4 版修订本

中国机械工程学会热处理学会　编

机 械 工 业 出 版 社

本手册是一部热处理专业的综合工具书，是第 4 版的修订本，共 4 卷。本卷为第 2 卷，共 19 章，内容包括零件热处理工艺制订原则与程序；零件热处理工艺性；齿轮、滚动轴承零件，弹簧，紧固件，大型铸锻件，工具，模具，量具，汽车、拖拉机及柴油机零件，金属切削机床零件，气动凿岩工具及钻探机械零件，农机具零件，发电设备零件，石油化工机械零件，液压元件，手表、自行车、缝纫机和纺织机械零件以及飞机零件等的热处理。本手册由中国机械工程学会热处理学会组织编写，具有一定的权威性；内容系统全面，具有科学性、实用性、可靠性和先进性。

本手册可供热处理工程技术人员、质量检验和生产管理人员使用，也可供科研人员、设计人员、相关专业的在校师生参考。

图书在版编目（CIP）数据

热处理手册. 第 2 卷, 典型零件热处理/中国机械工程学会热处理学会编 . —4 版（修订本）. —北京：机械工业出版社，2013.8（2023.4 重印）
ISBN 978 - 7 - 111 - 43257 - 9

Ⅰ. ①热… Ⅱ. ①中… Ⅲ. ①热处理—手册②机械元件—热处理—手册 Ⅳ. ①TG15 - 62

中国版本图书馆 CIP 数据核字（2013）第 156288 号

机械工业出版社（北京市百万庄大街 22 号 邮政编码 100037）
策划编辑：陈保华 责任编辑：陈保华 版式设计：霍永明
责任校对：张晓蓉 封面设计：姚 毅 责任印制：单爱军
北京虎彩文化传播有限公司印刷
2023 年 4 月第 4 版第 5 次印刷
184mm×260mm·46 印张·2 插页·1577 千字
标准书号：ISBN 978 - 7 - 111 - 43257 - 9
定价：128.00 元

修订本出版说明

《热处理手册》自1984年出版以来,历经4次修订再版,凝聚了几代热处理人的集体智慧和技术成果。她承载着传承、指导和培育一代代中国热处理界科技工作者的使命和责任,并成为热处理行业的权威出版物和重要参考书。

《热处理手册》第4版于2008年1月出版,至今已有5年多了,这期间出现了一些新材料、新技术、新设备、新标准,广大读者也陆续提出了一些宝贵意见,给予了热情的鼓励和帮助,例如王金忠先生对四卷手册进行了全面审读,提出了许多有价值的修改意见。因此,为了保持《热处理手册》的先进性和权威性,满足读者的需求,中国机械工程学会热处理学会、机械工业出版社商定出版《热处理手册》第4版修订本,以便及时反映热处理技术新成果,并更正手册中的不当之处。鉴于总体上热处理技术没有大的变化,本次修订基本保持了第4版的章节结构。在广大读者所提宝贵意见的基础上,中国机械工程学会热处理学会组织各章作者对手册内容,包括文字、技术、数据、符号、单位、图、表等进行了全面审读修订。在修订过程中,全面贯彻了现行的最新技术标准,将手册中相应的名词术语、引用内容、图表和数据按新标准进行了改写;对陈旧、淘汰的技术内容进行了删改,增补了相关热处理新技术内容。

最后,向对手册修订提出宝贵意见的广大读者表示衷心的感谢!

前　言

按照中国机械工程学会热处理学会第二届三次理事扩大会议关于《热处理手册》将逐版修订下去的决议，为了适应热处理、材料和机械制造等行业发展的需要，应机械工业出版社的要求，热处理学会决定对 2001 年出版的《热处理手册》第 3 版进行修订。本次修订的原则是：去掉陈旧和过时的内容，补充新的科研成果、实践经验和先进成熟的生产技术等相关内容，保持其实用性、可靠性、科学性和先进性，使《热处理手册》这一大型工具书能对热处理行业的技术进步持续发挥推动作用。

根据近年来热处理技术进展和《热处理手册》第 3 版的使用情况，第 4 版仍保持第 3 版的体例。主要读者对象为热处理工程技术人员，也可供热处理质量检验和生产管理人员、科研人员、设计人员、相关专业的在校师生参考。《热处理手册》第 4 版仍为四卷，即第 1 卷工艺基础，第 2 卷典型零件热处理，第 3 卷热处理设备和工辅材料，第 4 卷热处理质量控制和检验。

《热处理手册》第 4 版与第 3 版相比，主要作了以下变动：

第 1 卷增加和修订了第 1 章中的热处理标准题录，由第 3 版的 71 个标准增加到了 94 个，并对热处理工艺术语等按新标准进行了修订。第 2 章增加了"金属和合金相变过程的元素扩散"；在"加热介质和加热计算"一节中，增加了"金属与介质的作用"与"钢铁材料在加热过程中的氧化、脱碳行为"；充实了加热节能措施的内容。第 6 章增加了近年来生产中得到广泛应用的"QPQ 处理"一节；补充了"真空渗锌"的内容；"离子化学热处理"一节增加了"离子渗氮材料的选择及预处理"、"离子渗氮层的组织"、"离子渗氮层的性能"等内容；对"气相沉积技术"的内容进行了调整和补充，反映了该技术的快速发展；在"离子注入技术"中，增加了"非金属离子注入"、"金属离子注入"和"几种特殊的离子注入方法"。第 8 章增加了"高温合金的热处理"和"贵金属及其合金的热处理"两节，使其内容更加完整。第 10 章增加了"电性合金及其热处理"一节，对各种功能合金的概念和性能作了一定的补充。增加了"第 11 章其他热处理技术"，包括"磁场热处理"、"强烈淬火"和"微弧氧化"三节。这些热处理技术虽然早已有之，但从 20 世纪 90 年代以来，在国内外，特别在一些工业发达国家得到了快速发展，并受到日益广泛的重视，从这个意义上也可称为热处理新技术。

第 2 卷修订时增加了典型零件热处理新技术、新材料和新工艺。第 3 章增加了"齿轮的材料热处理质量控制与疲劳强度"一节。第 5 章增加了 55CrMnA、60CrMnA、60CrMnMoA 钢等新钢种的热处理。第 6 章全部采用最新标准，增加了不少新钢种的热处理。第 8 章增加了"如何得到高速钢工具的最佳使用寿命"一节。第 11 章补充了"涨断连杆生产新工艺"。第 12 章增加了数控机床零件热处理的内容。第 13 章重写了"凿岩用钎头"一节，增加了很多新钢种及其热处理工艺。第 14 章增加了"预防热处理缺陷的措施"一节。第 16 章增加了"天然气压缩机活塞杆的热处理"一节。第 17 章补充了柱塞泵热处理新工艺（真空热处理、稳定化热处理等）。第 19 章补充了飞机起落架新材料 16Co14Ni10Cr2Mo 热处理工艺、涡轮叶片定向合金和单晶合金热处理工艺。

第 3 卷的修订注意反映热处理设备相关领域的技术进展情况，增加了近几年开发的新技术和新设备方面的内容，增加了热处理节能、环保和安全方面的技术要求。各章增加的内容有：第 5 章增加了"活性屏离子渗氮炉"。第 9 章增加了"淬火冷却过程的控制装置"和"淬火槽冷却能力的测定"。第 10 章增加了"溶剂型真空清洗机"。第 11 章增加了"热处理过程真空控制"与"冷却过程控制"。第 12 章增加了"淬火冷却介质的选择"与"淬火冷却介质使用常见问题及原因"。

第 4 卷中对各章节内容进行了调整和充实，部分章节进行了重新编写。第 1 章充实了"计算机在质量管理中的应用"一节。第 3 章改写并充实了"光谱分析"与"微区化学成分分析"两节的内容。第 7 章重新编写了"内部缺陷检测"与"表层缺陷检测"，更深入地介绍了常用无损检测方法的原理与技术。第 10 章充实了金属材料全面腐蚀的内容，增加了液态金属腐蚀。第 11 章调整了部分内容结构，增加了相关的实用数据。

近年来，我国的国家标准和行业标准更新速度加快。2001 年至今，与热处理技术相关的相当数量的标准被修订，并颁布了一些新标准，本版手册内容基本上按新标准进行了更新。对于个别标准，如 GB/T 228—2002《金属材料　室温拉伸试验方法》[⊖]，新旧标准指标、名称和符号差异较大，又考虑到手册中引用的资料、数据形成的历史跨度长，目前在手册中贯彻新标准，似乎尚不成熟。为了方便读者，我们采用了过渡方法，参照 GB/T 228—2002《金属材料　室温拉伸试验方法》[⊖]，在第 4 卷附录部分列出了拉伸性能指标名称和符号的对照表，供读者查阅参考。

本次参与修订工作的人员众多，从编写、审定到出版的时间较紧，手册不足之处在所难免，恳请读者指正。

中国机械工程学会热处理学会

《热处理手册》第 4 版编委会

⊖　GB/T 228—2002《金属材料　室温拉伸试验方法》已被 GB/T 228.1—2010《金属材料　拉伸试验　第 1 部分：室温试验方法》替代，本次修订采用了最新标准。

目　　录

第1章 零件热处理工艺制订原则与程序

中国南方航空工业（集团）有限公司　苏怡兴　李克

热处理工艺是指零件热处理作业的全过程，包括热处理规程的制订、工艺过程控制与质量保证、工艺管理、工艺工装（设备）以及工艺试验和质量检验等，通常所说的热处理工艺就是指工艺规程的制订。

热处理工艺规程的编制是零件热处理工艺工作中最主要、最基本的工作内容，也是充分发挥材料的力学性能和零件的服役能力。因此，确切地说，工艺规程的编制工作属于工程设计的范畴，是工程工作中重要的一个环节。

制订正确、合理的热处理工艺必须从企业实际出发，考虑企业从事热处理工作的人员素质、管理水平、生产条件等，依据相关的技术标准和资料，以及质量保证和检验能力，设计编制出正确、完善、合理的热处理工艺规程。

完善合理的热处理工艺，不但能优质高效地生产出合格的产品，提高产品的服役寿命，而且能降低生产成本，提高企业的经济效益。

1.1 热处理工艺制订原则

热处理工艺制订应遵守以下原则：

1）工艺的先进性。
2）工艺的合理性。
3）工艺的可行性。
4）工艺的经济性。
5）工艺的可检查性。
6）工艺的安全性。
7）工艺的标准化。

1.1.1 工艺的先进性

先进的热处理工艺是企业参与市场竞争的实力和财富。具备领先于其他企业的热处理工艺技术，就能使企业优先占领市场，就能为企业创造更多的财富。

热处理工艺先进性包括的内容见表 1-1。

表 1-1 热处理工艺的先进性

序号	要素	内容	目的
1	采用新工艺、新技术	充分采用新的热处理工艺方法及新的热处理工艺技术	满足设计图样技术要求；提高产品工艺质量和稳定产品热处理质量
2	热处理设备的技术改造和更新	改造旧设备；购置新设备（加热设备、温控设备及热处理辅助设备）	满足热处理工艺发展的需要；提高生产能力、控温精度和产品质量；适应技术进步的需求
3	采用新型工艺材料	采用新型加热、冷却介质及防护涂料	提高产品热处理质量及热处理后的表面质量

1.1.2 工艺的合理性

热处理工艺制订应最大限度避免产生热处理缺陷（如显微组织、材料晶粒度、材料力学性能均应符合和满足标准要求；零件畸变要小；不应产生淬火裂纹；无增碳、增氮及合金元素贫化和脱碳现象；化学热处理应满足标准要求的渗层组织及深度，硬度等）。热处理工艺流程要短，减少辅助工序和多余程序，操作应简单，减少过程中人为因素的影响，做到有法可依，确保产品的质量稳定性。

热处理工艺的合理性应考虑的内容见表 1-2。

表 1-2 热处理工艺的合理性

序号	要素	内容	目的
1	工艺安排的合理性	在零件加工制造流程中，热处理工序安排是否恰当；确保零件热处理后各部位质量一致；减少后续工序的加工难度；避免增加不必要的辅助工序	热处理工艺应与机械加工协调，保证零件最终要求，流程中安排好热处理工序；热处理工艺参数、冷却方式要确保零件的力学性能；有效控制零件畸变，确保零件最终尺寸要求；减少辅助工序，使零件生产周期减短，降低制造成本

（续）

序号	要　素	内　容	目　的
2	零件热处理要求的合理性	热处理工艺应与零件材料特性相适应；零件的几何尺寸和形状应与工艺特性相匹配	满足设计要求，又保证热处理质量；热处理畸变、氧化脱碳等要求控制在一定范围内
3	工艺方法及工艺参数的合理性	为满足产品要求，选择合理的工艺方法；工艺方法应简单；选择合理的工艺参数	选择合适的工艺方法（如不同的淬火方法）会得到事半功倍的效果；减少生产成本，便于操作；选择工艺参数应依据相关标准，与标准不同的工艺参数应有试验依据
4	热处理前零件尺寸、形状的合理性	零件的截面尺寸不应相差悬殊；薄壁件热处理应选用工装或夹具；避免零件留有尖角、锐边	防止零件热处理后变形过大和开裂；减少零件翘曲、畸变过大；避免零件裂纹等缺陷
5	热处理前零件状态的合理性	铸、锻件应经退火、正火等预备热处理；焊接件不应在盐浴炉加热；切削量过大，零件应进行消除应力；毛坯件应去除氧化皮	消除毛坯应力；防止焊缝清洗不干净，被盐侵蚀，使用过程中开裂；防止零件畸变；防止后续处理出现局部硬度偏低或硬度不足

1.1.3　工艺的可行性

根据企业的热处理条件、人员结构素质、管理水平等制订的工艺才能使生产正常运转。对于个别零件需求的特殊方法处理，不一定需要购置新设备来生产，利用外协也可满足生产需要。

热处理工艺可行性应考虑的内容见表 1-3。

表 1-3　热处理工艺的可行性

序号	要　素	内　容	目　的
1	企业热处理条件	人员结构及素质；热处理设备配备程度、设备精度及工艺能力	保证工艺实施的正确性；保证工艺完成和发展的能力
2	操作人员的专业技术水平	人员的文化程度、专业技术水平及对工艺操作的熟练程度	正确地理解工艺要求，保证工艺要求正确执行
3	工艺技术的合法性	所制订的工艺参数、方法依据合法的技术文件 新技术、新材料、新工艺应在试验基础上经评审、鉴定和认可	保证工艺的制订有法可依，有据可查；工艺的合法性

1.1.4　工艺的经济性

编制工艺时，应充分利用企业现有条件，力求流程简单、操作方便，以最少的消耗获取最佳的工艺效果，使企业不但获得经济效益，且使工艺自身更加完善。

热处理工艺的经济性包括的内容见表 1-4。

表 1-4　热处理工艺的经济性

序号	要　素	内　容	目　的
1	能源利用	选用节能加热设备；采用水溶性淬火冷却介质	减少处理过程能源消耗
2	设备工装的使用	充分利用设备加热能力，合理利用加热室空间 大批量生产的企业，尽量采用机械化和自动化生产	减少单件能源消耗值，降低生产成本

（续）

序号	要素	内容	目的
3	工艺方法应简便	工艺流程应简单，充分发挥加热设备特点	减少不必要的程序，缩短生产周期 使设备满足不同工艺要求
4	利用现有设备，设计辅助工装	利用箱式加热炉，设计移动式渗氮箱，满足渗氮要求，设计保护箱进行无氧化加热	利用普通设备进行化学热处理 在普通加热炉实现气氛保护，防止氧化脱碳

1.1.5 工艺的可检查性

热处理属特种工艺范畴，对工艺过程中的主要工艺参数必须可控制并具有可追溯性，使处理的产品质量可追溯查找。零件经处理后的检测方法、内容及结果均可追溯检查，因此工艺应具备可检查性。

热处理工艺的可检查性包括的内容见表1-5。

表1-5 热处理工艺的可检查性

序号	要素	内容	目的
1	工艺参数的追溯	工艺参数设定依据加热炉应配备温度、时间等相应的仪表，记录操作者原始记录、处理产品批次、产品数量及生产时间等	所设定参数应符合相关标准。产品质量档案备查及产品质量可追溯
2	检查结论的追溯	产品处理完的检验结果包括力学性能、金相组织、硬度、尺寸等检测数据	产品质量的备查及追溯
3	工艺参数制订的可检查性	工艺参数的制订必须依据相关有效标准、材料标准以及工艺试验总结等	保证产品热处理工艺编制的正确性

1.1.6 工艺的安全性

工艺的安全性主要是针对环境安全、人身安全以及设备的安全。因此，工艺要有充分的安全可靠性，不成熟的工艺方法应经论证、试验、评审后方可用于生产。对新设备应严格遵守操作说明书，尤其是压力装置，易燃、易爆的材料，以及有害的工艺材料等。

热处理工艺的安全性包括的内容见表1-6。

表1-6 热处理工艺的安全性

序号	要素	内容	目的
1	工艺本身的安全性	工艺编制应充分保证安全可靠，对形状复杂的特殊件（如封闭内腔件）要有安全措施 液压罐、真空设备、氢气、氮气等的保护装置应有充分的安全措施 对人体有危害的工艺材料的应用应减少或避免	预防对人身安全造成危害 预防设备发生爆炸，确保运行中的安全 尽可能在工艺中不应用有害工艺材料，以免造成安全事故
2	控制有害作业	尽量不采用有害工艺，如不采用氰化盐渗碳、碳氮共渗 装运零件应有料筐和运载工具	防止影响人身安全，避免有害废弃物的处理 确保零件热处理过程中的安全

（续）

序号	要　素	内　　容	目　　的
3	环境保护	生产场所空气避免受排放、散发的气体污染，使环境不受危害 防止废弃物的再污染	确保生产场所人身安全，保证排放符合标准要求 防止环境及人身受到危害，保护环境

1.1.7　工艺的标准化

　　标准化工作是企业发展的基础，也是加强国内外技术交流的基础，因此标准化工作在热处理中是必不可少的；标准化工作也是企业进步、参与市场竞争的重要环节。对热处理而言也是保证工作质量的重要环节和产品质量的保证。

　　热处理工艺的标准化包括内容见表 1-7。

表 1-7　热处理工艺的标准化

序号	要　素	内　　容	目　　的
1	文件的标准化	文件表格、书写格式、术语应用应引用基础标准及法定计量单位	必须遵照有关标准执行
2	制订工艺参数标准化	编制的工艺参数（温度、时间、加热方式、冷却方式等）应按相关标准选择或计算 检验方法、检测结果的核算也应符合标准	保证编制的工艺参数正确、可靠，对超出标准的参数要求，应有完整的试验依据并经过评审 确保测试结果正确
3	文件配套的一致性	应用的概念、术语一致性 企业标准及工艺管理应法制化	同一概念，同一解释 保证企业管理进步及产品质量的稳定

1.2　热处理工艺制订依据

　　制订热处理工艺的依据包括：产品图样及技术要求。毛坯图或毛坯技术条件、工艺标准、机械加工对热处理的要求以及企业热处理条件等。

1.2.1　产品图样及技术要求

　　产品图样应是经工艺审查的有效版本。图样上应标明以下内容：

　　（1）材料：标明材料牌号及材料标准。

　　（2）热处理：零件最终热处理后的力学性能及硬度要求等。化学热处理零件在图样上应标明化学热处理部位及尺寸，化学热处理渗层深度、硬度及渗层组织要求和标准。

　　对零件有热处理检验类别要求时，还应标明热处理检验类别。

1.2.2　毛坯图或技术条件

　　零件常采用毛坯（锻、铸件）热处理，因此毛坯图可视作零件图样。毛坯图上应标明材料牌号和标准，以及热处理要求的力学性能及硬度。

　　毛坯技术条件（毛坯验收标准）应给出毛坯热处理后的力学性能指标。

1.2.3　工艺标准

　　工艺技术标准（工艺说明书）分为上级标准（国家标准、国家军用标准、行业标准）和企业标准。它是编制工艺规程的主要依据。

　　质量控制标准也分为上级标准和企业标准。它是工艺过程中质量控制的主要依据。

1.2.4　企业条件

　　企业条件包括热处理生产条件、热处理设备状况、热处理工种具备程度、人员结构、专业素质及管理水平等。

1.3　工艺规程的基本内容

　　工艺规程应包括工艺的基本要素、热处理工序流程及审批、更改等。

1.3.1　工艺规程的基本要素

　　工艺规程基本要素及其内容见表 1-8。

表 1-8　工艺规程基本要素及内容

序号	要　素	内　容
1	零件概况 （工艺规程表头栏）	零件所属产品 零件图号 零件名称 材料牌号 热处理工序名称、工序号 单台数量 单件重量 热处理检验类别
2	零件简图（简图栏）	零件结构图（示意图） 基本尺寸 硬度检验位置及硬度检验处打磨方法和允许磨去深度 热处理变形要求部位及尺寸 化学热处理（局部）部位及尺寸
3	装炉示意图（简图栏）	零件热处理装载示意图 模具淬火示意图 高频感应淬火示意图 装炉摆放示意图 矫正示意图
4	热处理技术要求	依据技术标准（上级标准或企业标准） 热处理前质量要求（如零件材料状态、表面状态、表面粗糙度、热处理使用试件尺寸及数量） 热处理后质量验收及检验要求数据（如力学性能、硬度、表面状态、变形及尺寸要求、增脱碳要求、化学热处理渗层深度及组织、晶粒度等）
5	热处理工艺	零件装炉加热方式（装炉夹具，数量及装炉示意图等） 热处理设备（加热炉、冷却设备等） 热处理工艺参数（加热升温方式、加热介质、加热温度、真空度、保温时间、冷却方式及介质等）
6	辅助工序	清洗与清理（设备、方式及要求） 涂或镀防氧化、防渗层（涂、镀层性质、表面质量要求及验收要求等） 矫正（矫正方式、设备及技术要求）
7	检验工序	硬度、力学性能、金相组织、渗层深度、尺寸及变形要求和表面质量等
8	工艺规程审批	编制者、校对、标准化审查、审定或批准 会签（相关单位）

典型热处理工艺规程见表1-9、表1-10。

表 1-9　竖式热处理工艺规程表

厂	热处理工艺规程	型号：	页次：／
		图号：	
车间	零组件名称：	版次：／	

材料牌号：	硬度：	检验等级：	单台件数：
指导文件：	单件重量：　kg	工序名称：	工序号：

（零件示意图及硬度检验部位）

说明：

序号	工步名称	设　备	装炉量	工　艺　内　容	工装夹具

更改标记	更改单号	更改日期	更改签名	校对签名	更改标记	更改单号	更改日期	更改签名	校对签名
编　制		校　对		标　审		审　定		会签	批　准

底图编号

表 1-10 横式热处理工艺规程表

厂	热处理工艺规程		材　料	零件号：		页次：		产品型号
车间				零件名称：		工序号：		
硬　度		渗碳（渗氮）深度			检验类别：			
指导文件		单台数量（件）			零件重量/kg			
纤维方向	L	R_m/MPa		R_{eL}/MPa		A（%）	Z（%）	a_K/（kJ/m²）

工序号	工序名称	设备	工装夹具	装炉量/件	加热		保温		冷却			备注
					装炉/℃	时间/min	温度/℃	时间/min	介质	介质温度/℃	时间/min	

（零件示意图及硬度检验部位）

	日期	更改单号	标记	更改者
编　制				
校　对				
审　定				
批　准				

1.3.2 工艺规程类型

当前国内外常用的热处理工艺规程类型有以下几种：

（1）单列式工艺规程。

（2）工艺说明书（总工艺规程）加工艺卡。

（3）工艺说明书加指令卡。

（4）电脑（微机）的热处理工艺自动控制。

上述各类型工艺规程的特点和适用范围见表1-11。

表 1-11 各类型工艺规程的特点和适用范围

序号	类型	特　点	适用范围
1	单列式工艺规程	1）现在常用的工艺规程模式，独立性强，操作时受其他文件约束小 2）整个工艺规程应编写热处理流程的各个工序且叙述详细，直接指导生产 3）此类工艺规程缺少对工艺的质量控制要求，不适应现代的质量管理要求	适用于中小型企业
2	工艺说明书加工艺卡	1）对工艺过程中的人（人员）、机（设备）、料（材料）、法（指令、指导性标准）、环（环境）提出要求及控制方法 2）说明书中将企业或对象产品所涉及的同类材料的工艺规范统一 3）说明书中给出了工艺程序，确保工艺质量的稳定 4）说明书规定了质量保证措施 5）说明书是企业质量体系保证满足 GB/T 19000《质量管理体系基础和术语》要求的必备工艺文件，属企业的指令性文件 6）相对而言，工艺卡可给出对象零件具体的工艺参数，简单明了	适用于产品多、热处理工种多的大中型企业

（续）

序号	类型	特　点	适用范围
3	工艺说明书加指令卡	1）在工艺说明书加工艺卡的基础上，指令卡代替工艺卡，是工艺管理的发展 2）说明书中热处理工艺规范化，使每种工艺均有具体代码，指令卡仅给出零件的执行代码，操作者按代码号从工艺说明书中找出工艺规范进行生产	适用于产品多、热处理工种多的大中型企业
4	计算机热处理工艺自动控制	1）将工艺说明书中各类工艺设计成每一种编码，给出固定代码，按代码号输入计算机 2）指令卡给出执行代码号，操作者从计算机中提取代码工艺，计算机按代码要求控制设备运转	适用于产品多、热处理工种多的大中型企业或批量生产

通用型热处理工艺卡见表1-12，热处理工艺指令卡见表1-13。工艺说明书内容见表1-14。

表1-12　通用型热处理工艺卡

厂　　车间		热处理工艺卡	处理前要求：
零件名称：			
零件号：	材料：	工序号：	
装炉方法及数量：			热处理技术要求： 硬　　度：表面____心部____ 硬化层深度：_____ mm 允许变形量：_____

工序号	名称	设备	工装、夹具	加　热		保　温		冷　却		
				温度/℃	时间/min	温度/℃	时间/min	介质	温度/℃	

编制：	校对：	审定：	批准：	更改日期	更改单号	更改标记	更改者

表1-13 热处理工艺指令卡

热处理工艺指令卡			
零件图号		零件名称	
工序号		材料代码	
（执行指令）			
制定		审定	

表1-14 工艺说明书

序号	主要章目	编写要点
1	范围	明确说明书的主题及其包括的方面，从而指明该说明书使用的范围
2	引用文件	应编写出说明书中所引用的标准和技术文件。标准和技术文件应是现行有效版本，标准引用应是上级（国家标准或行业标准）以及已正式颁发的企业标准
3	术语或定义	说明书中使用的术语或定义应限定选用已颁布的国家与行业标准。在说明书中应明确的术语与定义应给出确切的概念，文字表述应清楚
4	材料控制	"材料"是指本说明书适用于制造零件的材料和热处理过程中使用的工艺材料。本章节中应列出它们的牌号、材质、技术条件（标准）及状态等
5	制造工艺	这是工艺说明书的核心部分，可根据工艺流程涉及的主要工序绘制工艺流程图 1）工序前的辅助工序：表述预处理、清洗、清理及装夹等的技术要求和控制 2）工艺方法：表述各种材料所要求的工艺方法、工艺条件及其工艺参数和限制条件 3）过程控制：生产环境的要求和控制，各工序间的要求和限制，过程中原始数据的表格填写要求以及对有其他特殊要求的规定等 4）试件：处理过程中所需试件的牌号、尺寸、状态及数量的要求和规定 5）热处理后的辅助工序：清洗、清理、打磨及矫正等的要求
6	设备工装控制	1）写明所购设备、自制设备以及大修后的设备投入生产的要求 2）明确现场使用的工装、测量器具的使用要求 3）工艺对使用设备型号、规格及精度等的要求 4）设备定检要求（如控温精度、槽液定检）、设备检定结果的标识（挂牌）
7	技术安全	写明在操作时，危及人身、产品、设备的安全及危害操作者身体健康的预防措施和事故发生时的应急措施
8	质量检验（过程检验）	1）写明工序与工序间的检验项目、方法及关键工序控制要求 2）产品检验，写明产品检验项目、方法及其依据文件 3）检验记录：对生产监控的原始记录，检验结果记录的填写要求与规定 4）检验控制：对检测设备、工量具、仪器仪表等的要求与规定

1.4　工艺规程的编制程序

1.4.1　工艺规程编制流程（见图1-1）

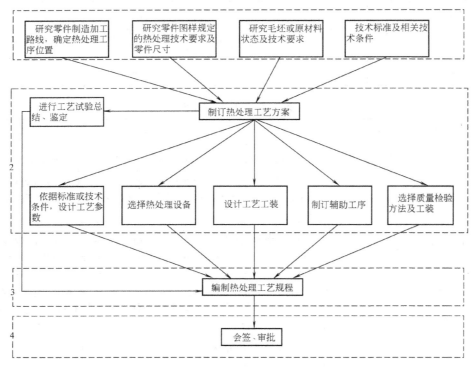

图1-1　工艺规程编制流程图

1.4.2　工艺规程编制步骤（见表1-15）

表1-15　工艺规程编制步骤

步　　骤	内　　容
步骤1： 研究与资料准备	研究图样规定的热处理技术要求的可行性与合理性，零件在实施热处理过程中将会产生的变形情况，选择的零件材料能否达到热处理要求等 研究毛坯或材料的供应状态，是否需要增加预备热处理来满足最终热处理要求和毛坯尺寸的精密程度 研究零件制造加工路线安排，确定热处理工序最佳合理位置，尤其是需经化学热处理及多次热处理的零件。合理的工序位置将有利于最终热处理质量及后续的机械加工进行 技术标准及技术条件的占有程度，通过标准了解采用的工艺方法及工艺参数
步骤2： 条件准备	确定工艺路线、工艺方法，对未进行过的工艺方法，确定工艺试验方案 对不具备的工艺方法或设备条件，确定改造方案或外委措施 依据标准或相关技术文件确定工艺参数或经工艺试验验证调整后的工艺参数 按工艺方案要求设计工艺工装 按零件要求和工艺实施路线，安排辅助工序（清洗、清理、校正、保护等） 确定检验方法及设备，按需要设计检验专用工装

（续）

步　　骤	内　　容
步骤 3： 制订工艺规程	按规定的工艺表格编写工艺规程，填全表格规定的栏目，不要留空栏 工艺术语应按国家或行业标准 工艺编写应统一标准化 工艺规程是指令性文件，用词严谨，不应出现模棱两可的字句，字迹端正、图形正确、版面清晰
步骤 4： 会签、批准	编制、校对、审定、批准 会签，根据要求有质量保证部门及其他有关部门

参 考 文 献

［1］《航空制造工程手册》总编委会. 航空制造工程手册：
热处理［M］. 2 版. 北京：航空工业出版社，2010.

［2］ 钟华仁. 热处理质量控制［M］. 北京：国防工业出版社，1990.

第2章 零件热处理工艺性

北京航空材料研究院 王广生 孙枫

零件热处理工艺性是指在满足使用要求的前提下，采用热处理生产的可行性和经济性。零件热处理工艺性既涉及零件的材料和结构，又与零件生产流程和热处理工艺过程各环节密切相关。因此，设计、工艺、生产、质量检验等有关人员都应重视热处理工艺性。设计师在设计零件时应充分注意热处理工艺性，合理地选择材料，正确提出技术要求；工艺师在制定生产流程时应合理安排热处理在整个工艺路线中的位置，处理好热处理工序与前后工序的关系；热处理工艺人员应正确地制订热处理工艺，以确保零件和产品的质量，提高生产率，降低成本。

2.1 零件材料的合理选择

2.1.1 材料的热处理工艺性

2.1.1.1 钢的热处理工艺性

钢的热处理工艺性主要包括淬透性、淬硬性、回火脆性、过热敏感性、耐回火性、氧化脱碳趋向及超高强度钢表面状态敏感性等，这些工艺性均与材料的化学成分和组织有关，是选材和制订工艺的重要依据。

1. 淬透性　钢的淬透性是指在一定条件下钢件淬火后能够获得淬硬层的能力。钢的淬透性一般可用淬火临界直径、截面硬度分布曲线和端淬硬度分布曲线等表示。

淬火临界直径是指淬火试件中心形成一定量马氏体，即心部达到一定临界硬度的最大直径。淬火钢临界硬度与马氏体量及碳含量的关系见图2-1。

一般机械制造行业大多以心部获得50%马氏体（体积分数）为淬火临界直径标准，对于重要机械及军工行业则以心部获得90%马氏体（体积分数）作为临界直径标准，以保证零件整个截面都获得较高力学性能。

淬火后不能得到全部马氏体组织，出现不同数量的非马氏体组织，虽然可以降低回火温度得到相同的硬度，但会使冲击吸收能量和疲劳性能降低，淬火马氏体含量低于50%（体积分数）时，其下降幅度更大，如图2-2、图2-3和表2-1所示。对于同一个钢种，由于选用淬火临界直径标准不同，其临界直径尺

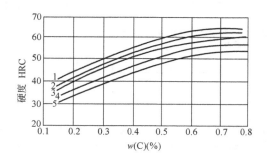

图2-1　淬火钢临界硬度与马氏体量（体积分数）及碳含量（质量分数）的关系

1—99.9%马氏体　2—95%马氏体　3—90%马氏体　4—80%马氏体　5—50%马氏体

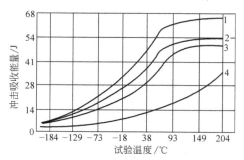

图2-2　1340（40Mn2）淬火后组织中马氏体含量对冲击吸收能量的影响

注：试样硬度为34～35HRC，详见表2-1。

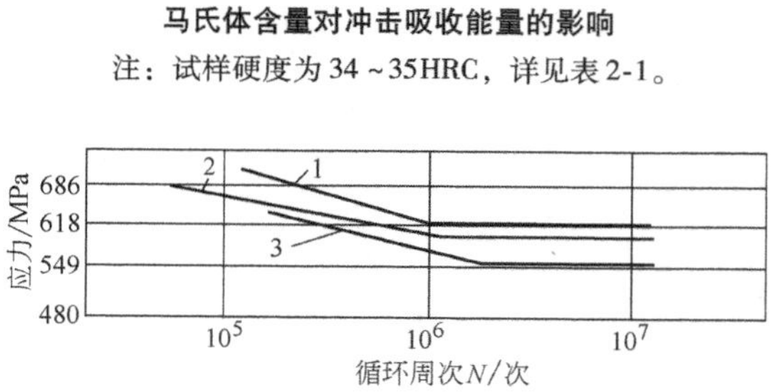

图2-3　4140（42CrMo）钢淬火硬度对回火后疲劳强度的影响

1—55HRC　2—47HRC　3—40HRC

注：马氏体量40%（体积分数），回火后硬度均为40HRC。

寸也不同，以50%马氏体（体积分数）为标准的临界直径大于以90%马氏体（体积分数）为标准的临界直径。

表 2-1　1340（40Mn2）钢热处理工艺及组织性能

图 2-2 中曲线号	淬　火	淬火后马氏体含量（体积分数）及硬度	回火	回火后硬度 HRC
1	830℃加热，奥氏体化 1h，淬透	M100% 58HRC	538℃回火 1h，水冷	34
2	830℃加热，奥氏体化 1h，未淬透	M85% 51HRC	482℃回火 1h，水冷	35
3	830℃加热，奥氏体化 1h，未淬透	M70% 47HRC	454℃回火 1h，水冷	35
4	830℃加热，奥氏体化 1h，未淬透	M40% 40HRC	385℃回火 1h，水冷	35

　　钢的淬透性使钢产生了尺寸效应（亦称质量效应），由于零件截面尺寸大小不同而造成淬硬层深度不同，同时也影响淬火件表面硬度，因此设计师必须充分注意材料的淬透性，合理选择材料。设计大截面或形状复杂的重要零件时应选用淬透性好的合金钢，添加 Mn、Si、Cr、Ni、Mo、Cu 及少量 B、V、Ti 等元素可提高钢的淬透性，保证沿整个截面都具有高强度和高韧性的良好配合，同时减少热处理变形和开裂，避免淬裂危险尺寸（中碳钢水淬时为 8～12mm，油淬时为 25～39mm）。设计师还要根据零件的服役条件合理确定淬透性要求，对于重要零件（如连杆、高强度螺栓、拉杆等），要求淬火后保证心部获得90% 以上马氏体（体积分数）；对于一般单向受拉、受压的零件，则要求淬火后心部获得 50% 马氏体（体积分数）即可；因考虑刚度而尺寸较大的曲轴，淬火后只要求离表面 $R/4$ 处保证获得 50% 以上马氏体（体积分数）；弹簧零件一般要求淬透；对于滚动轴承、小轴承要全部淬透，但受冲击载荷大的大轴承则不宜淬透。此外，设计师还应注意，各种材料手册中的数据都有尺寸限制，不能根据小尺寸试样的性能指标来进行大尺寸零件的强度计算。

　　工艺师应根据钢的淬透性合理安排加工工序。当零件尺寸较大、又受到淬透性限制时，为了保证淬硬层深度，可先粗加工后热处理，热处理后再精加工。截面差别较大的零件，如大直径台阶轴，从淬透性考虑，可先粗车成形，然后调质，增加淬硬层深度。

　　钢的淬透性是制订热处理工艺的重要依据。淬透性好的钢淬火时，可以选用较缓和的淬火冷却介质和较慢冷却的淬火工艺，以减少零件的变形和开裂趋向。

　　2. 淬硬性　淬硬性是指钢在理想淬火条件下，以超过临界冷却速度的速度冷却，使其形成的马氏体能够达到最高硬度。钢的淬硬性主要取决于钢的碳含量，碳含量越高，淬火后硬度也越高，其他合金元素的影响较小。碳含量（质量分数）达 0.6% 时，淬火钢的硬度接近最大值。碳含量进一步增加，虽然马氏体硬度会有所提高，但由于残留奥氏体量增加，碳素钢的硬度提高不多，合金钢的硬度反而会下降。碳含量对钢和马氏体硬度的影响见图 2-4。

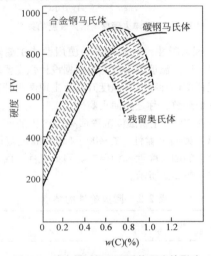

图 2-4　碳含量对钢和马氏体硬度的影响

　　设计师在零件设计时要考虑钢的淬硬性，合理确定钢的碳含量。在要求表面硬度较高时，应选择中碳或高碳钢；对表面硬度要求不高时，一般选择中碳或低碳钢。可根据图 2-5 所示钢的强度、硬度与最低碳含量的关系及图 2-6 所示钢淬火硬度与回火硬度的关系，确定零件的最低碳含量，并选择相应钢号。例如

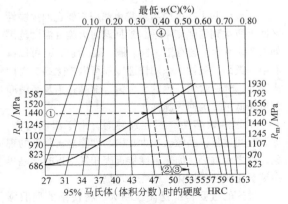

图 2-5　钢的强度、硬度和最低碳含量的关系

某零件要求 $R_{eL} = 1440$MPa，在图 2-5 中可由①→②查出回火后硬度需 48HRC，淬火最低硬度为 53HRC（见图 2-6），沿④可查出钢的最低碳含量（质量分数）为 0.4%。

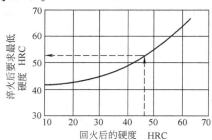

图 2-6　钢淬火硬度与回火硬度的关系

3. 回火脆性　钢制零件的使用性能主要通过回火获得，回火温度等参数主要根据设计强度要求来选择。但很多钢种随回火温度升高会出现两次冲击韧度明显降低现象，称之为回火脆性。

钢在 300℃ 左右温度范围回火时产生的回火脆性称为第一类回火脆性；在 400～550℃ 温度范围内回火时产生的回火脆性称为第二类回火脆性，回火脆性的特点如表 2-2 所示。

表 2-2　回火脆性的特点

种　类	特　　点
第一类回火脆性	300℃ 发生的回火脆性，具有不可逆性 凡是淬成马氏体的钢均有这类脆性
第二类回火脆性	400～550℃ 发生的回火脆性，具有可逆性，经快速冷却可以消除。Mn 钢、Cr 钢、Cr-Mn 钢、Cr-Ni 钢等钢种易发生第二类回火脆性

在设计和生产中应尽量避免选用需要在回火脆性区回火所达到的强度水平。常见钢回火脆性温度范围如表 2-3 所示。含有铝、钛、镍、硼元素时，可以抑制第一类回火脆性。采用快速冷却可以消除第二类回火脆性，选用含钼、钨的合金钢、细晶粒钢及高纯净钢可降低第二类回火脆性。

4. 过热敏感性　钢在加热时，由于温度过高，保温时间过长，晶粒会长大，引起性能显著降低的现象，称之为过热。加热温度接近固相线附近时，晶界会被氧化或部分熔化，称之为过烧。

过热的重要特征是晶粒粗大，将使钢的屈服强度、塑性、冲击韧度和疲劳性能降低，同时提高钢的

表 2-3　常用钢产生回火脆性的温度范围　（单位：℃）

牌　　号	第一类回火脆性	第二类回火脆性
30Mn2	250～350	500～550
20MnV	300～360	
25Mn2V	250～350	510～610
35SiMn		500～650
20Mn2B	250～350	
45Mn2B		450～550
15MnVB	250～350	
20MnVB	200～260	≈520
40MnVB	200～350	500～600
40Cr	300～370	450～650
45Cr		
38CrSi	250～350	450～550
35CrMo	250～400	无明显脆性
20CrMnMo	250～350	
30CrMnTi		400～450
30CrMnSi	250～380	460～650
20CrNi3A	250～350	450～550
12Cr2Ni4A	250～350	
37CrNi3	300～400	480～550
40CrNiMo	300～400	一般无脆性
38CrMoAlA	300～450	无脆性
70Si3MnA	400～425	
4Cr9Si2		450～600
65Mn	250～380	有回火脆性
60Si2Mn		
50CrVA	200～300	
4CrW2Si	250～350	
5CrW2Si	300～400	
6CrW2Si	300～450	
MnCrWV	≈250	
4SiCrV		>600
3Cr2W8V		550～650
9SiCr	210～250	
CrWMn	250～300	
9Mn2V	190～230	
T8～T12	200～300	
GCr15	200～240	
12Cr13	520～560	
20Cr13	450～560	600～750
30Cr13	350～550	600～750
14Cr17Ni2	400～580	

脆性转变温度；过热还会使淬火马氏体粗大，降低其耐磨性，增加淬火变形和开裂倾向。因此工业上总是通过各种途径细化晶粒，从而达到细化组织以提高性能的目的。在各种钢中，含锰的钢过热敏感性较大，而含 W、Mo、Cr 及微量 Al、Ti、V、Zr、Nb 等可降低晶粒长大趋向。

在设计和生产中应注意钢的过热敏感性，选用合适的钢种，合理选择淬火加热温度和保温时间，按工艺要求准确控制工艺参数。由于渗碳钢在渗碳时温度较高，时间较长，容易产生晶粒粗大，所以对于锰钢等过热敏感性较大钢种一般不直接淬火，应采用二次淬火。

对于一般过热组织，可以通过多次正火或退火消除；对于较严重的过热组织，如石状断口，不能用热处理消除，必须采用高温形变和退火联合作用才能消除。过烧组织不能挽救，是不允许的缺陷。

5. 耐回火性　耐回火性是指钢在回火时抵抗软化的能力。耐回火性好的钢在回火时组织、性能变化缓慢，可以在较高温度下回火后使用。合金钢的耐回火性比碳钢好，所以对于相同碳含量的钢要得到相同回火硬度时，合金钢的回火温度要比碳钢高，回火时间较长，回火后内应力比碳钢小，塑性和韧性也高。

在工业生产中，对于要求内应力消除较完全、强度与韧性配合好的零件，设计时应选用耐回火性好的合金钢。对于使用温度较高的零件，要选择耐回火性好的钢，一般最高使用温度在回火温度以下不少于 50℃。

6. 氧化脱碳趋向　钢在加热过程中，由于周围氧化气氛的作用，表面形成金属氧化物，使钢表面失去原来的光泽，称之为氧化；同时钢材表面的碳全部或部分丧失掉，使表面碳含量降低，称之为脱碳。在还原气氛中加热，一般不会产生氧化，但控制不好还会产生脱碳。

氧化使钢表面失去金属光泽，表面粗糙度值增加，精度下降，这对精密零件是不允许的。同时，氧化使钢的强度降低，其他力学性能也下降，增加了淬火开裂和淬火软点的可能性。脱碳明显降低钢的淬火硬度、耐磨性及疲劳性能，高速钢脱碳会严重影响热硬性。各种钢种中，含硅钢的氧化脱碳倾向较大。

在工业生产中应尽量避免氧化脱碳，重要受力件不允许在最终零件上有氧化脱碳层存在。为此，设计师必须根据生产过程和现场条件，合理留足加工余量，工艺师应适当安排好加工流程，热处理工作者应积极采用各种少无氧化脱碳的热处理工艺，控制氧化脱碳，保证零件热处理质量，以获得稳定可靠的使用性能。

7. 超高强度钢表面状态敏感性　超高强度钢具有比强度高的特点，可以减轻零件重量，提高产品性能，应用范围不断扩大。但超高强度钢的缺口敏感性较大，对表面状态比较敏感，表面不完整将使其疲劳性能、耐蚀性、塑性与韧性等大幅度下降，甚至造成灾难性破坏。因此，应注意改善缺口敏感性，保持表面完整性，防止氢脆和表面氧化脱碳。超高强度钢表面状态敏感性改进措施见表 2-4。

表 2-4　超高强度钢表面状态敏感性改进措施

目　的	改　进　措　施
改善或避免缺口敏感性	1）采用等温淬火工艺，代替油淬 + 低温回火工艺 2）对于受拉伸疲劳作用的重要螺纹零件，一般对螺纹部分进行局部回火，螺纹局部回火后硬度为 39 ~ 43HRC，或者采取螺纹滚压强化 3）硬度检验或作标识，均应打在应力水平较低、应力集中较小的部位 4）设计时应采用大圆角过渡，避免截面和尺寸的剧变
减少表面残余应力敏感性	1）对淬火回火后又经磨削、高速铰孔或校正的零件，还应进行一次去应力回火，一般在原回火温度以下 20 ~ 30℃，保温 3h 以上 2）磷化后磨削的零件，应补充 150℃ × 3h 的去应力回火 3）表面大都需喷丸、孔挤压、螺纹滚压等表面强化 4）机械加工后进行酸浸检查，以防止二次未回火马氏体
防止氢脆	1）超高强度钢不宜在吸热式等含氢量较高的保护气氛中加热，避免增氢。如发现增氢，应在淬火后立即进行 190℃ × 16h 以上的除氢处理 2）在酸洗、电镀后应及时进行除氢处理，一般为 190℃ × 16h 除氢 3）电解加工或经回火酸浸蚀检查的零件在 8h 内进行 190 ~ 260℃ × 3h 以上的回火处理
防止热处理加热时氧化脱碳	一般规定，低合金超高强度钢最终热处理后，表面脱碳层 ≤ 0.075mm，不得有增碳、增氮和晶界氧化现象，为此这类钢的最终热处理应采用真空热处理、氮基气氛等保护气氛热处理，或者盐炉及涂料保护加热

2.1.1.2　铝合金的热处理工艺性

铝合金的热处理工艺性主要包括冷却速度敏感性、过热过烧敏感性及使用中的稳定性等，在设计和生产中必须引起足够重视。

1. 冷却速度敏感性　对于大多数铝合金，淬火冷却时都要求在 400~290℃ 范围内以最快速度冷却，在随后的时效处理后才可以获得高强度与良好韧性的最佳配合，同时具有较好的抗应力腐蚀性能。因此，要求淬火转移时间为 5~15s，并且严格规定淬火转移时间是指从炉门开启瞬间至全部零件都浸入淬火冷却介质中的整个过程所用的时间。

零件尺寸增大，淬火冷却速度降低。为了保持一定冷却速度，应在固溶处理前进行粗加工，减少截面尺寸，或者选用允许厚断面的合金牌号。如果热处理零件尺寸无法改变，应降低设计许用应力值。

铝合金淬火后具有高塑性，可进行零件成形和校正，或者通过一定量冷变形，提高力学性能。淬火后在室温下保持塑性时间及淬火与人工时效的间隔时间有一定限制，见表 2-5。

表 2-5　铝合金淬火后保持塑性时间及淬火与人工时效的间隔时间

牌号	淬火后保持塑性时间/h	淬火与人工时效的间隔时间/h
2A02（LY2）	2~3	<3 或 15~100
2A11（LY11）	2~3	不限
2A12（LY12）	1.5	不限
2A16（LY16）		
2A17（LY17）	2~3	不限
2A50（LD5）	2~3	<6
2A70（LD7）	2~3	不限
2A80（LD8）	2~3	不限
7A10（LC10）	2~3	<3 或 >48
7A04（LC4）	6	<4 或 2~10d
7A09（LC9）	6	不限

注：淬火和人工时效间隔不符合本表规定时，则这些合金在人工时效后强度下降 15~20MPa。

在淬火后时效前进行冷冻处理，可以保持新淬火状态塑性，延缓时效硬化，便于随时取出进行成形加工或矫正。铝合金冷冻处理温度一般 ≤ -18℃，最长冷冻时间及淬火与冷冻之间最长延迟时间都有要求。变形铝合金的冷冻条件限制见表 2-6。

表 2-6　变形铝合金的冷冻条件限制

合金	淬火和冷冻之间最长延迟时间/min	最长冷冻时间/h		
		-12℃	-18℃	-23℃
2A（LY）系列	15	1	30	90
其他系列	30	7	30	90

2. 过热过烧敏感性　铝合金固溶处理加热温度取决于合金本质和强化相溶解速度，为了使尽可能多的强化相溶入固溶体，加热温度尽量提高，接近其熔点，所以容易产生过热过烧。时效处理温度对铝合金性能影响很大，为了获得最佳性能，必须严格控制加热温度。铝合金热处理加热温度范围一般在 10℃ 以内，要求加热炉的炉温均匀性 ≤ ±5℃。

对于包铝铝合金热处理时，为了防止包铝层与基体铝合金之间扩散而影响使用性能，应尽量加快固溶处理的加热速度，限制加热时的最大回复时间，见表 2-7。

表 2-7　包铝铝合金固溶处理加热的最大回复时间限制

截面有效厚度/mm	允许的最大回复时间/min
≤1.5	10
>1.5~5	20
>5~10	30
>10~15	60

3. 使用中的稳定性　铝合金在使用中的尺寸稳定性取决于合金成分、热处理状态、残余应力及使用条件等。消除残留内应力是保证使用中尺寸稳定性的重要措施，消除淬火应力的工艺措施见表 2-8。

表 2-8　变形铝合金各类制件消除淬火应力的工艺措施

工件种类	冶金工厂采取的消除应力措施	使用工厂采取的消除应力措施
钣金件	—	1）最佳措施是在聚合物水溶液中淬火 2）在保证力学性能和耐蚀性的前提下，适当提高淬火水温 3）对 2A16 合金采用较高温度的时效规范

（续）

工件种类	冶金工厂采取的消除应力措施	使用工厂采取的消除应力措施
薄板	淬火后通过精整装置进行精整	
热轧厚板	—	1）在粗加工后进行淬火 2）在保证力学性能和耐蚀性的前提下适当提高淬火水温
预拉伸厚板	在淬火后进行1%～3%永久变形率的矫直	不用再采取消除应力措施，适于数控机床加工
挤压型材	在淬火后进行1%～3%永久变形率的矫直	
挤压棒材 （较大规格）	—	制造筒形件时在粗加工后进行淬火，适当提高淬火水温
自由锻件	1）较小的自由锻件在淬火后进行1%～5%永久变形率的压缩，大型自由锻件由使用工厂淬火 2）适当提高淬火水温	1）小型自由锻件在淬火后进行1%～5%永久变形率的压缩 2）大型自由锻件先行粗加工，再淬火，适当提高淬火水温
模锻件	1）淬火后在模具内矫正，必要时在专门的校形模内矫正 2）适当提高淬火水温	与冶金工厂相同
精密零件毛坯	—	进行深冷处理

对于使用温度较高的铝合金，为使其使用中尺寸稳定，一般应进行稳定化处理。

为了防止铝合金零件在制造和使用过程中因高温累计损伤可能影响材料的使用性能，对铝合金零件的热历程限制如表 2-9 所示。如果多次热历程，应限制高温暴露的累计损伤，计算方法如下

$$\frac{t'_{T_1}}{t_{T_1}} + \frac{t'_{T_2}}{t_{T_2}} + \cdots + \frac{t'_{T_x}}{t_{T_x}} \leqslant 1$$

式中　t'_{T_x}——在某一温度 T_x 下暴露的时间；

t_{T_x}——在该温度下（T_x）允许暴露的时间，见表 2-9。

表 2-9　铝合金热历程限制　　　　　　（单位：℃）

合金及状态	限制原因	暴露时间							
		1min	1.5min	1h	4h	10h	100h	1000h	10000h
2024-T3	A、B、C	177	177	149	107	93	93	93	93
2024-T351、T4、T42	A、C								
2024-T6、T62、T81、T851 2124-T851	B、C	204	199	188	177	166	143	121	104
2219-T6、T62、T81	B、C	216	210	199	182	171	149	121	104
6061-T4、T42、T451	B	246	232	224	216	204	204	191	191
6061-T6、T62、T651	B	199	199	188	188	182	166	143	104
7050-T74、T76、T7451、T7651	B、C	149	149	138	132	127	116	99	
7075-T6、T62、T651	B、C	171	166	149	132	121	104	82	
7075-T73、T7351、T76、T7651	B	171	171	160	154	149	121	99	
7475-T76、T73	B、C	160	160	160	149	143	121	99	
356-T6	B	232	232	204	177	163	149		
A356-T6									
K01-T7	B	232	232	232	191	191	177		

注：A：根据腐蚀敏感性能；B：根据暴露后室温强度下降；C：根据胶接在高温固化循环后，某些合金强度和耐蚀性下降。

2.1.1.3 钛合金的热处理工艺性

钛合金的热处理工艺性主要包括冷却速度敏感性、吸氢和氧化敏感性等，在使用和工业生产中应引起注意。

1. 冷却速度敏感性　钛合金的强化热处理工艺主要是固溶处理＋时效处理。（α＋β）型和β型钛合金都可以进行固溶处理＋时效强化。为了保证时效强化效果，固溶处理淬火冷却速度越快越好，一般采用水淬或油淬，同时还要严格控制淬火转移时间。钛合金零件淬火转移时间限制见表2-10。

表 2-10　钛合金零件淬火转移时间限制

零件厚度/mm	允许的最大淬火转移时间/s
<5	6
5～25	8
>25	12

钛合金固溶时效强化效果与零件尺寸有关，零件尺寸增加，其抗拉强度下降。钛合金固溶处理和时效后的抗拉强度与尺寸的关系如表2-11所示。对于钛合金零件，设计时必须考虑尺寸效应。

表 2-11　钛合金固溶处理和时效后的抗拉强度与尺寸的关系

合　　金	断面尺寸/mm					
	13	25	50	75	100	150
	抗拉强度/MPa					
Ti-6Al-4V	1105	1070	1000	930		
Ti-6Al-6V-2Sn-0.5Cu-0.5Fe	1205	1205	1070	1035		
Ti-6Al-2Sn-4Zr-6Mo	1170	1170	1170	1140	1105	
Ti-5Al-2Sn-2Zr-4Mo-4Cr	1170	1170	1170	1105	1105	1105
Ti-10V-2Fe-3Al	1240	1240	1240	1240	1170	1170
Ti-13V-11Cr-3Al	1310	1310	1310	1310	1310	1310
Ti-11.5Mo-6Zr-4.5Sn（βⅢ）	1310	1310	1310	1310	1310	
Ti-3Al-8V-6Cr-4Zr-4Mo（βc）	1310	1310	1240	1240	1170	1170

2. 吸氢和氧化敏感性　钛合金很容易吸氢，使性能变坏。钛合金加热至300℃即开始吸氢，500℃时吸氢速度急剧增加。在机械加工、化学铣切及酸洗等工艺过程中都会发生氢污染。钛合金零件一般控制氢含量（质量分数）≤0.02%，超过标准规定的氢含量，必须进行真空除氢处理。

钛合金热处理后表面氧化层对使用性能影响很大，大幅度降低塑性与韧性。因此，钛合金的表面氧化层必须去除，清除方法有喷砂、酸洗、化学铣切或机械加工等。对于接近成品的精加工件，在表面氧化层去除后，还应去除一定深度的基体钛合金。去除基体金属最小深度见表2-12。在钛合金零件设计和生产过程中必须注意留足加工余量，确保去除氧化层引起的有害影响。

表 2-12　去除基体金属最小深度

加热温度/℃	加热时间/h						
	≤0.2	0.2～0.5	0.5～1	1～2	2～6	6～10	10～20
	去除深度/μm						
500～600	不要求	8	13	13	13	25	51
600～700	8	13	25	25	51	76	76
700～760	13	25	25	51	76	76	152
760～820	25	25	51	76	142	152	
820～930	51	76	142	152	254		
930～980	76	142	152	254			
980～1100	152	254	356				

注：在进行多道次加热时，可在最后一道加热后消除氧化层，加热时间以各次相加计算。

2.1.2　材料的热处理种类及应用

同一种材料经不同热处理后能获得不同的组织，具有不同的使用性能，从而满足不同用途。同一零件可以选择不同的材料，采用相应的热处理工艺来满足零件的使用性能。零件选定材料后，在满足其使用性

能的前提下，也还有多种热处理方法可供选择。

设计人员和工艺人员应在熟悉各种材料特性的基础上，掌握材料成分、工艺、组织和性能的内在变化本质和规律，正确合理选择材料和制订工艺，不断提高产品的质量。钢、铝合金、钛合金的热处理种类、作用及应用范围分别见表 2-13 ~ 表 2-15。

表 2-13　钢的热处理种类、作用及应用范围

工　艺　名　称		作　　　用	应　用　范　围
退火	均匀化退火	成分均匀化	铸钢件及有成分偏析的锻轧件
	完全退火	细化组织和降低硬度	亚共析钢锻件、焊件、轧件
	等温退火	细化组织，降低硬度，防止白点	碳钢、合金钢以及高合金钢的锻件、冲压件等。较完全退火的组织和性能更均匀，且缩短工艺周期
	球化退火	碳化物球状化，降低硬度，提高塑性	共析钢或过共析钢件（如工模具、轴承钢）
	不完全退火（亚临界退火）	细化组织，降低硬度	中、高碳钢及低合金钢的锻件、轧件，组织细化程度低于完全退火
	再结晶退火（低温退火）	消除加工硬化，使冷变形晶粒再结晶为细小等轴晶	冷变形钢材和零件
	去应力退火	消除内应力，使之达到稳定状态	铸件、焊接件、锻轧件及机械加工件
正　火		提高硬度，改善可加工性，防止机械加工时"粘刀"，降低表面粗糙度值	低碳钢
		细化晶粒，均匀组织，为淬火做好组织准备	中碳钢、合金钢
		消除网状碳化物，为球化退火作准备	高碳钢、高合金钢
		消除渗层中的网状碳化物	渗碳钢
		消除不正常组织（如粗晶等）	铸件、锻件
		最终热处理	要求不高的碳钢
淬火	单介质淬火	在单一淬火冷却介质（如油、水、空气等）中淬火，达到硬度、强度等要求	最常用方法
	双介质淬火	在两种淬火冷却介质（水-油，水-空气、油-空气等）中淬火，保证足够的淬硬层，避免淬裂，减少变形	中、高碳钢零件 合金钢大型零件
	分级淬火	先淬入浴槽中，使零件内外温度都达到浴槽介质温度，然后再淬入另一种冷却较缓慢的介质中，减少变形和开裂	形状复杂、变形要求严格的零件，包括尺寸较小的合金钢、碳钢零件，尺寸较大零件或淬透性差的钢种
	等温淬火	先淬入浴槽完成淬火，然后再空冷，获得良好综合性能，减少变形和开裂	合金钢、w（C）> 0.6% 碳钢零件及高碳工模具钢零件
	固溶处理	将其他相充分溶解到固溶体中	沉淀硬化不锈钢、马氏体时效钢

（续）

工　艺　名　称		作　　用	应　用　范　围
回火	低温回火	150～250℃回火，获得回火马氏体组织。目的是在保持高硬度条件下，提高塑性和韧性	超高强度钢、工模具钢量具、刃具、轴承及渗碳件
	中温回火	350～500℃回火，获得托氏体组织。目的是获得高弹性和足够的硬度，保持一定韧性	中温超高强度钢弹簧、热锻模具
	高温回火	500～650℃回火，获得索氏体组织。目的是达到较高强度与韧性良好配合	结构钢零件渗氮件预备热处理
	多次回火	淬火后进行二次以上回火，进一步促使残留奥氏体转变，消除内应力，使尺寸稳定	超高强度钢、工模具钢、高速钢
	时效	从过饱和固溶体中析出金属间化合物，提高强度、硬度	沉淀硬化不锈钢、马氏体时效钢
渗碳（含碳氮共渗）		增加表层碳含量，提高表面硬度、耐磨性及抗疲劳性能 碳氮共渗与渗碳相似，但渗入温度略低，渗层较浅，变形较小	用于心部有一定强度和良好韧性而表面要求高硬度（58～64HRC）的场合，还用于提高耐磨性或疲劳性能的场合。主要用于齿轮、销类和轴类零件
渗氮（含氮碳共渗）		增加表层氮含量，提高表面硬度、耐磨性和疲劳性能，以及热硬性（≤500℃）和抗胶合性 氮碳共渗与渗氮相似，但渗入温度略高，表面硬度稍低 与渗碳相比，渗氮的渗层较浅，硬度高，不能承受大接触应力和冲击载荷，生产周期长	用于心部保持良好强韧性而表面要求高硬度（65～72HRC）场合，还用于提高耐磨性、疲劳性能、耐蚀性或热硬性场合
渗金属及非金属		使另一种或多种金属，如 Al、Cr、Si、B、V、W、Mo、Zn、Re 等渗入表层，提高耐蚀性、抗氧化性、耐磨性等	渗铝或铝与其他元素多元共渗，主要用于高温防护，提高高温抗氧化和热蚀性

表 2-14　铝合金热处理种类及作用

工艺名称	作　　用
均匀化退火	1) 提高铸锭热加工工艺塑性 2) 提高铸态合金固溶线温度，从而提高固溶处理温度 3) 减轻制品的各向异性，改善组织和性能的均匀性 4) 便于某些变形铝合金制取细小晶粒制品 5) 组成铝合金形变热处理的一个工艺环节
去应力退火	全部或部分消除在压力加工、铸造、热处理、焊接和切削加工等工艺过程中工件内部产生的残余应力，提高尺寸稳定性和合金的塑性
完全退火	消除变形铝合金在冷态压力加工或固溶处理时效的硬化，使之具有很高的塑性，以便进一步加工
不完全退火	使处于硬化状态的变形铝合金有一定程度的软化，以达到半硬化实用状态，或使已冷变形硬化的合金恢复部分塑性，便于进一步变形

（续）

工艺名称	作　用
固溶处理＋自然时效	提高合金的性能，尤其是塑性和常温条件下的耐腐蚀性能
固溶处理＋人工时效	获得高的抗拉强度，但塑性较自然时效低
固溶处理＋过时效	抗拉强度不如人工时效的高，但提高了耐应力腐蚀和耐其他腐蚀的性能
人工时效	仅依靠铸件在成形冷却过程中所达到的部分固溶效果，经人工时效提高强度，改善可加工性
固溶处理＋稳定化处理	提高铸件组织及尺寸稳定性和耐蚀性，适用于较高温度下工作的零件
固溶处理＋软化处理	使铸件在获得一定强度的同时，得到高的塑性和尺寸稳定性
固溶处理＋深冷处理＋时效	在保证力学性能的同时，极大地消除残余应力
形变热处理	使变形铝合金制品具有优良的综合性能

表 2-15　钛合金热处理种类、作用及应用范围

工艺名称	作　用	应 用 范 围
去应力退火	部分或基本上消除残余应力，减少变形	机械加工件、焊接件
普通退火（工业退火）	完全消除内应力，使组织和性能均匀	铸件、锻件、棒材、板材、型材
β 退火	提高 α＋β 型钛合金抗蠕变性能和断裂韧度，但降低低周疲劳性能和塑性	α＋β 型钛合金经 α＋β 区变形加工后进行
等温退火	获得稳定的组织和性能，提高塑性和热稳定性	β 稳定化元素含量较高的 α＋β 型钛合金，如 TC6 等
双重退火（或三重退火）	同时获得的稳定组织和提高强度、塑性及断裂韧度	α＋β 型钛合金，如 TC6、TC9、TC11 等
真空退火	减少气体含量，防止氧化	钛合金中氢含量超过规定值时，或者成品件、薄壁精密件等
固溶＋时效	提高强度和塑性，获得良好综合性能	α＋β 型钛合金（TC 类）、亚稳定 β 型钛合金（如 TB1、TB2）
形变热处理	提高强度、塑性、疲劳强度、热强性等，获得良好综合性能	研究和发展方向之一

2.1.3　零件服役条件分析及合理选材

零件选择材料首先必须满足零件的使用性能要求，其次要考虑其工艺性和经济性。

2.1.3.1　使用性能

一般根据零件的服役条件，分析其常见的失效形式，确定零件的使用性能及对材料的主要性能要求。典型零件的服役条件及常见失效形式如表 2-16 所示。

表 2-16　典型零件的服役条件及常见失效方式

零件类型	服　役　条　件									磨损	温度	介质	振动	常见失效方式								材料选择的主要指标
	载荷种类及速度			应力状态										过量变形	韧断	脆断	表面变化	尺寸变化	疲劳	咬蚀	腐蚀	
	静	疲劳	冲击	拉	压	弯	扭	切	接触													
紧固螺栓	✓	✓		✓		✓	✓							✓	✓	✓			✓	✓	✓	疲劳、屈服及抗剪强度
轴类		✓	✓	✓		✓	✓															弯、扭复合疲劳强度
齿轮		✓	✓	✓		✓			✓								✓	✓	✓	✓		弯曲和接触疲劳、耐磨性、心部强度

（续）

零件类型	服役条件													常见失效方式								材料选择的主要指标
	载荷种类及速度			应力状态						磨损	温度	介质	振动	过量变形	韧断	脆断	表面变化	尺寸变化	疲劳	咬蚀	腐蚀	
	静	疲劳	冲击	拉	压	弯	扭	切	接触													
螺旋弹簧		✓					✓							✓		✓			✓		✓	扭转疲劳、弹性极限
板弹簧	✓					✓								✓		✓			✓			弯曲疲劳、弹性极限
滚动轴承	✓	✓		✓					✓	✓	✓	✓				✓	✓		✓		✓	接触疲劳、耐磨性、耐蚀性
曲轴	✓	✓	✓			✓	✓		✓							✓	✓		✓	✓		扭转、弯曲、疲劳、耐磨性、循环韧性
连杆	✓	✓	✓	✓													✓					拉压疲劳

2.1.3.2　工艺性

材料的工艺性主要包括铸造工艺性、压力加工工艺性、焊接工艺性、热处理工艺性、表面处理工艺性、机械加工工艺性、特种加工工艺性及装配和维护工艺性等。这些工艺性与材料的成分、组织有关，同时也与工具、介质、温度等外部环境有关。材料工艺性的好坏在加工的难易程度、生产率和生产成本等方面起重要作用，这是选择材料必须同时考虑的另一个重要因素。

材料工艺性的好坏在单件或小批量生产中并不显得十分突出，而在大批量生产条件下常成为选材的决定因素。例如，标准件生产批量大，为提高生产率，宜选用 ML 钢；对于汽车齿轮，在流水线大量生产条件下，为保证产品质量，必须选用"保证淬透性的结构钢"。

2.1.3.3　经济性

材料经济性是指零件的材料费用和制造费用的综合，在满足使用性能的前提下，材料成本要低，制造成本也要低，才是最好的经济性。在设计零件时要综合比较，合理选材。

设计人员必须了解材料在各种组织状态下性能指标的物理本质，才能针对零件的服役条件准确提出各种性能指标要求，通过查阅手册合理选择材料。所以，近代设计发展的一个重要特点是把机构设计和材料设计有机地结合起来。图 2-7 是零件设计过程示意图。

2.2　零件结构的合理性

在产品零件设计中，设计人员有时只注意如何使零件的结构形状适合机械的需要，而往往忽视零件的材料和结构不合理给热处理带来的困难，甚至难以实

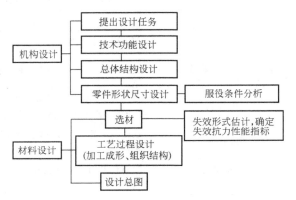

图 2-7　零件设计过程示意图

现热处理的效果。因此，设计人员在设计零件结构形状时须充分重视结构的热处理工艺性。

2.2.1　零件的热处理结构工艺性因素

影响结构的热处理工艺性因素主要有：

1）零件材料的选择。

2）零件的几何形状和刚度。

3）零件的尺寸大小。

4）零件的表面状态。

为避免零件热处理时发生过量变形、开裂或硬度不足及软点等，零件的几何形状往往是关键。尖锐的棱边、尖角和凹腔会使应力集中，是产生开裂的主要根源；零件断面突变处（如螺纹、油孔、键槽及退刀槽等）也容易造成应力集中；零件的显微组织不均匀会使热处理时的应力分布不均匀，从而导致变形和开裂。

如果零件的结构形状已无改善余地，可改用淬透性较好的材料，用缓和的冷却介质淬火，可避免变形与开裂。

零件的刚度差，加热或冷却时均会产生较大的变形，可设计专用夹具来防止变形。

零件的表面状态对热处理工艺性也有很大影响。表面粗糙度值低，淬火冷却时的气膜不易附着，冷却均匀，可减小变形；表面的刀痕较深或部位不合适的印痕也可能会导致热处理时开裂。

2.2.2　改善零件热处理工艺性的结构设计

在零件结构设计时应注意改善热处理工艺性，对热处理零件结构设计主要要求有：

1）锐边尖角要倒钝或改成圆角。

2）尽量使零件截面均匀，质量平衡。必要时可加开工艺孔或工艺性槽，并合理分布其位置和数量。

3）轴类零件的细长比不可太大。

4）内孔要求淬硬时，应将不通孔改为通孔。孔与孔之间或孔与棱边之间应有一定距离。如有可能可在内孔底部横向钻通，以改善淬火时内孔的冷却条件。

5）提高零件结构的刚性，必要时可附加加强肋。

6）零件几何形状应该力求简单、对称。

7）热处理前要有一定的表面粗糙度。一般淬火零件的表面粗糙度 Ra 不大于 $3.2\mu m$；渗氮零件表面粗糙度值大时，脆性增大，硬度测不准确，一般要求 Ra 为 $0.80 \sim 0.10\mu m$；渗碳零件表面粗糙度 Ra 不高于 $6.3\mu m$。表面不能有较深的印痕，关键部位不能有印痕。

8）形状特别复杂或者不同部位有不同性能要求时，在可能的情况下可改成组合结构。对特别细长、薄长的零件，结构上有可能拼接时，应尽量拼接。

9）尽量避免配作孔、局部渗碳、局部渗氮。

10）对于大件、长件，设计时应考虑便于热处理的装夹、吊挂。

11）高频感应淬火部位应尽量避免有孔或槽。不能避免的孔或槽，其边缘一定要倒角，键槽可在槽两端的圆弧处倒角。

12）带花键孔的套和齿轮，外圆或齿部要求高频感应淬火者，其壁厚的最小尺寸应有所限制，以避免变形超差。

另外，零件结构形状与热处理工艺方法及所选用设备有一定关系。例如，细长的零件应采用井式炉吊挂加热。热处理工艺参数不但要根据选用的材料来确定，而且还应根据零件的形状尺寸等因素来调整。淬火冷却时，细长和圆筒形零件应按长度方向淬入介质；圆盘形零件则应径向淬入并横向左右移动；薄片形长刀片应使刃口同时先入淬火液；带各种孔眼、凹槽的零件应选择使淬火液易于流动的方向淬火。总之，零件的结构应与所需进行的热处理工艺相适应。

改善零件热处理工艺性的结构设计要点和示例见表 2-17。

表 2-17　改善零件热处理工艺性的结构设计要点和示例

要　点	图　例		说　明
	改　进　前	改　进　后	
	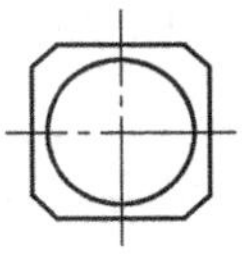	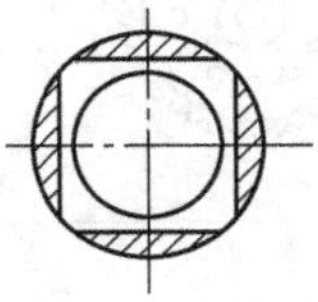	避免危险尺寸或太薄的边缘。当零件要求必须是薄边时，应在热处理后成形
避免孔距离边缘太近，减少热处理开裂	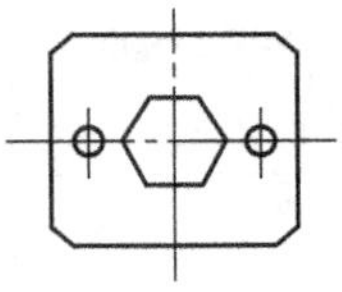	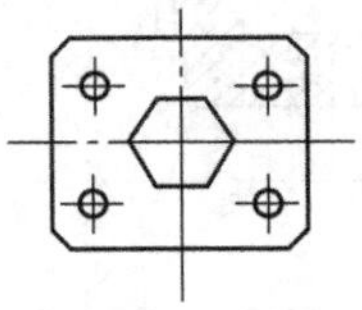	改变冲模螺孔的数量和位置，减少淬裂倾向
	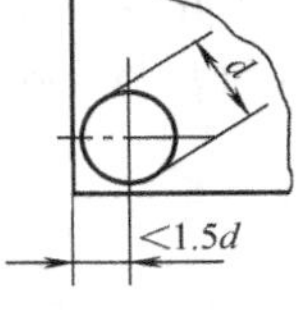	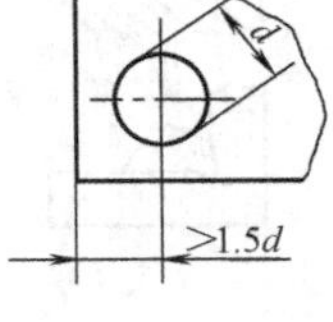	结构允许时，孔距离边缘应不小于 $1.5d$

（续）

要　点	图　例		说　明
	改　进　前	改　进　后	

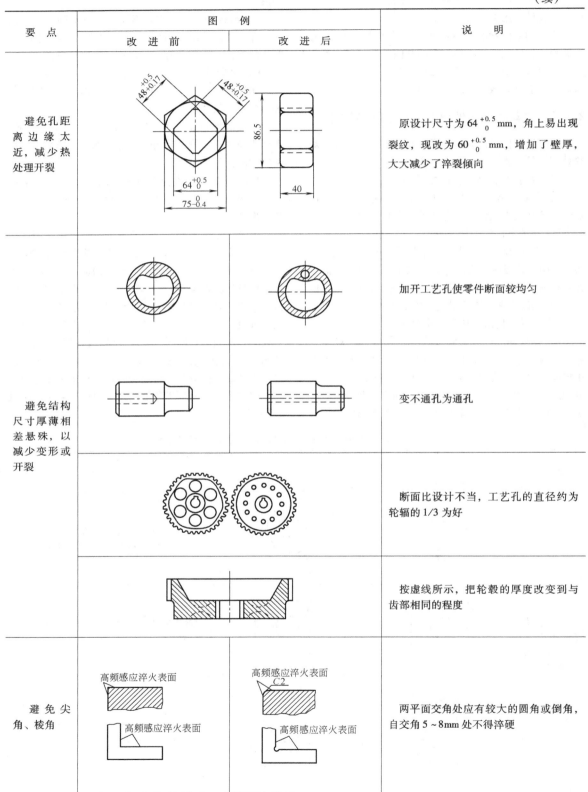

要　点	图　例（改进前）	图　例（改进后）	说　明
避免孔距离边缘太近，减少热处理开裂			原设计尺寸为 $64^{+0.5}_{\ 0}$ mm，角上易出现裂纹，现改为 $60^{+0.5}_{\ 0}$ mm，增加了壁厚，大大减少了淬裂倾向
避免结构尺寸厚薄相差悬殊，以减少变形或开裂			加开工艺孔使零件断面较均匀
			变不通孔为通孔
			断面比设计不当，工艺孔的直径约为轮辐的 1/3 为好
			按虚线所示，把轮毂的厚度改变到与齿部相同的程度
避免尖角、棱角			两平面交角处应有较大的圆角或倒角，自交角 5～8mm 处不得淬硬

（续）

要　点	图　例		说　明
	改　进　前	改　进　后	
避免尖角、棱角			为避免锐边尖角在热处理时熔化或过热，在槽或孔的边上应有 2～3mm 的倒角（与轴线平行的键槽可不倒角）
避免断面突变、增大过渡圆角、减少开裂			断面过渡处应有较大的圆弧半径
			结构允许时可设计成过渡圆锥
			增大曲轴轴颈的圆角，且必须规定淬硬要包括圆角部分，否则曲轴的疲劳强度显著降低
零件形状应力求对称，以减小变形			一端有凸缘的薄壁套类零件渗氮后会变形成喇叭口，在另一端增加凸缘后变形大为减小
			几何形状在允许条件下，力求对称。图例为 T611A 机床渗氮摩擦片和坐标镗床精密刻线尺
零件应具有足够的刚度			该铸件杆臂较长，铸造及热处理时均易变形。加上横梁后，增加了刚度，变形减小

（续）

要　点	图　例		说　明
	改　进　前	改　进　后	
零件应具有足够的刚度	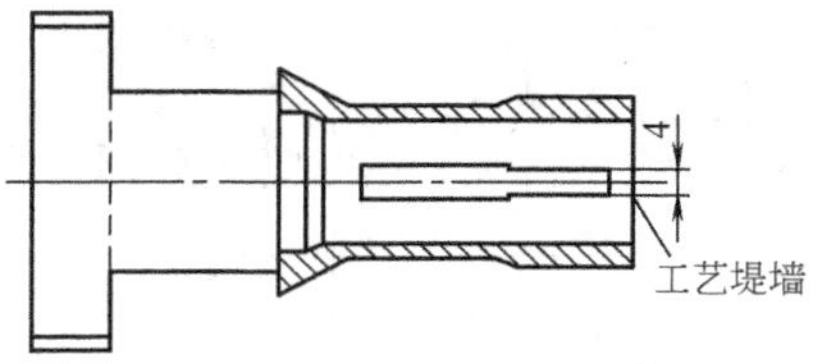	4 工艺堤墙	该零件虽为 Cr12MoV 钢制作，但淬火空冷时槽口会向外叉开。采用左图的工艺堤墙后，淬火回火后再设法切开。易保证尺寸要求
避免不通孔、死角	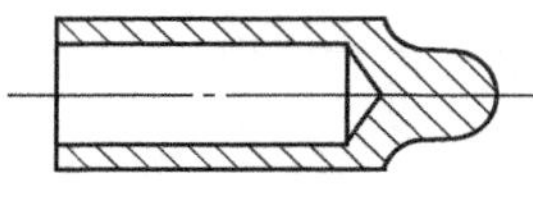	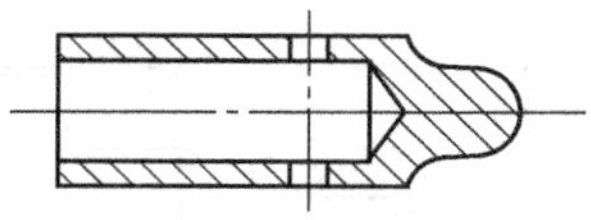	不通孔和死角使淬火时气泡不易逸出，造成硬度不均，应设计工艺排气孔
形状复杂、热处理工艺性很差或零件各部性能要求不同时，在可能条件下将零件设计成组合件	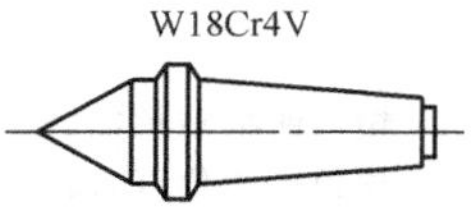 W18Cr4V 	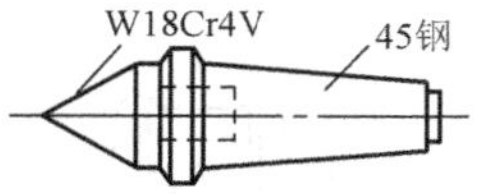 W18Cr4V　45钢 	此件两部分工作条件不同，设计成组合结构，既提高工艺性，又节约高合金钢材料
	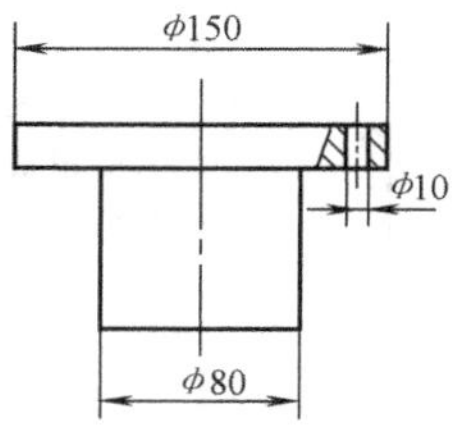 $\phi150$ $\phi10$ $\phi80$ 		某钻台，T10 钢，有 $\phi10$mm 导向孔，孔要求耐磨，硬度为 60HRC。钻台整体淬火，导向孔处易开裂，热处理工艺性差。改为组合结构，将一小套淬硬后镶在钻台上，解决了问题
	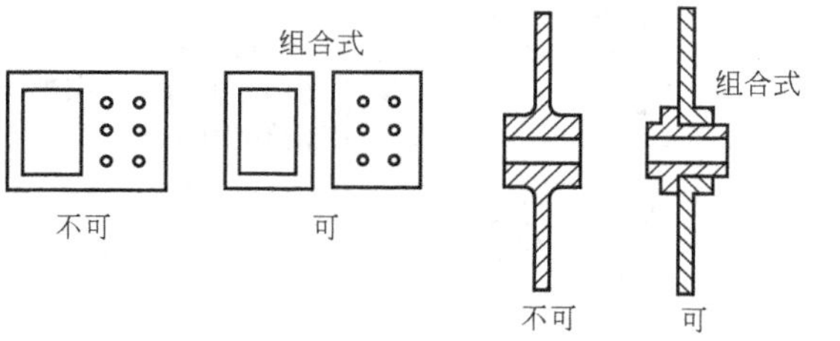 组合式 不可　　可	组合式 不可　　可	零件断面相差悬殊，不易加工，热处理也难达到要求，可改成拼接结构

2.3　零件尺寸的合理性

在满足零件使用性能前提下，零件尺寸的合理性主要受淬透性和热处理变形两方面控制。

2.3.1　淬透性与尺寸限制

钢的淬透性对钢件淬火后的组织性能有重大影响，为了使零件组织性能均一并稳定，一般都要求零件淬火时完全淬透。钢完全淬透的最大断面直径称为临界直径（D_0），一般机械零件以心部获得 50% 马氏体（体积分数）为标准，重要零件（如航空零件）则以心部获得 90% 马氏体（体积分数）为标准。常用钢的临界直径（D_0）如表 2-18 所示。航空结构钢最大尺寸限制如表 2-19 所示。

表 2-18　常见钢的临界直径 D_0

（单位：mm）

钢　号		淬火冷却介质			
		静油	20℃水	40℃水	20℃、w（NaCl）为5%水溶液
优质结构钢	15	2	7	5	7
	30	7	15	12	16
	45	10	20	16	21.5
	60	12	24	19.5	25.5
	45Mn	17	31	26	32
合金结构钢	50Mn2	28	45	41	46
	42Mn2V	25	42	38	43
	20Cr	10	20	16	21.5
	40Cr	22	38	35	40
	45Cr	25	42	38	43
	20CrMnSi	15	28	24	29
	38CrMoAl	47	69	65	70
	25Cr2MoV	35	52	50	54
	12CrNi2	11	22	18	24
	45B	10	20	16	21.5
	40MnVB	22	38	35	40
弹簧钢	65	12	24	19.5	26
	65Mn	20	36	31.5	37
	60Si2Mn	22	38	35	40
轴承钢	GCr6	12	24	19.5	25.5
	GCr15	15	28	24	29
工具钢	T10	<8	26	22	28
	9Mn2V	33	52	50	54
	9SiCr	32	51	47	52
	9CrWMn	75	95	90	96

表 2-19　航空结构钢最大尺寸限制

钢　号	热处理工艺	最大限制尺寸	
		零件形状	尺寸/mm
30CrMnSiA	油淬	圆柱体	25
	等温淬火	圆柱体	12
		双面冷却扁平或管状件	6
		单面冷却件	3
40CrNiMoA	油淬	圆柱体	35
18Cr2Ni4WA	油淬	圆柱体	80
12Cr2Ni4A	油淬	圆柱体	30
12CrNi3A	油淬	圆柱体	25
18CrMn2MoBA	空淬	圆柱体	80
30CrMnSiNi2A	油淬	圆柱体或正方体	80
	180～230℃等温淬火	型材	60
	280～320℃等温淬火	双面冷却板材或管材	40
	310～330℃等温淬火	单面冷却管材	20
40CrMnSiMoVA	油淬	圆柱体	80
	180～230℃等温淬火	圆柱体	50
		单面冷却管材	20
	290～320℃等温淬火	圆柱体	40
	300～340℃等温淬火	圆柱体	40
40CrNi2Si2MoVA	油淬	圆柱体	100
45CrNiMo1VA	油淬	圆柱体	127

钢的淬透性和具体淬火条件下零件的淬透深度是有区别的。在相同奥氏体化条件下，同一种钢的淬透性是相同的，但具体条件下零件的淬透层深度则还受冷却介质、零件体积、形状、表面状态等因素的影响。完全淬透的钢，整个断面上的力学性能均匀一致；未淬透的钢，经回火后虽然也会使整个断面上的硬度趋于一致，但未淬透部分的屈服强度和冲击韧度均有下降，致使整个零件的屈服强度、塑性、韧性降低，疲劳性能降低。钢的这种尺寸效应不但反应在淬硬层深度上，而且对淬火零件的表面硬度也有影响。常用钢整体淬火后表面硬度与钢件断面尺寸的关系见表 2-20。

表 2-20　常用钢整体淬火后表面硬度与钢件断面尺寸的关系

材料与热处理	断面尺寸/mm						
	<3	4~10	11~20	20~30	30~50	50~80	80~120
	淬火后表面硬度 HRC						
15 钢，渗碳、水淬	58~65	58~65	58~65	58~65	58~62	50~60	
15 钢，渗碳、油淬	58~62	40~60					
35 钢，水淬	45~50	45~50	45~50	35~45	30~40		
45 钢，水淬	54~59	50~58	50~55	48~52	45~50	40~45	25~35
45 钢，油淬	40~45	30~35					
T8 钢，水淬	60~65	60~65	60~65	60~65	56~62	50~55	40~45
T8 钢，油淬	55~62						
20Cr，渗碳、油淬	60~65	60~65	60~65	60~65	56~62	45~55	
40Cr，油淬	50~60	50~55	50~55	45~50	40~45	35~40	
35SiMn，油淬	48~53	48~53	48~53	45~50	40~45	35~40	
65SiMn，油淬	58~64	58~64	50~60	48~55	45~50	40~45	35~40
GCr15，油淬	60~64	60~64	60~64	58~63	52~62	48~50	
CrWMn，油淬	60~65	60~65	60~65	60~64	58~63	56~62	56~60

　　钢淬火时，在完全淬透的工件表面易产生裂纹，随着钢的碳含量提高，形成裂纹的倾向增大。低碳钢塑性大、屈强比低，在热应力作用下淬火变形倾向大。随着碳含量提高，组织应力作用增强，拉应力峰值移向表面层，所以高碳钢在过热情况下易产生裂纹。

　　一般对普通钢而言，都存在一个淬裂的危险尺寸。水中淬火时，钢的理想临界直径 D_I 正是淬裂的危险尺寸。对于中碳钢，一般情况下水淬时淬裂的危险尺寸约为 8~12mm，油淬时的淬裂危险尺寸约为 25~39mm。图 2-8 表示了各种钢均在 900℃油淬（油温 27℃）后，淬裂倾向与 D_I、碳含量的关系。因此，要求心部淬透的工件，在设计时应尽可能避免危险断面尺寸。

　　对于铝合金，由于对淬火冷却速度敏感，使大断面尺寸零件性能下降，为了保持零件在固溶时效后获得高强度与良好韧性配合及最佳抗应力腐蚀性能，应对固溶处理最大厚度尺寸进行限制，见表 2-21。

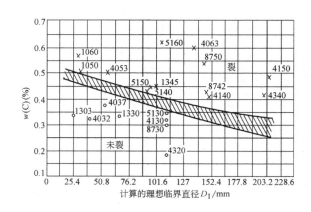

图 2-8　碳含量和理想临界直径（D_I）对淬火裂纹形成的影响

　　钛合金也有类似的尺寸效应，其强化效果与零件尺寸有一定关系，固溶时效后的力学性能随零件尺寸加厚而下降，如表 2-11 所示。

表 2-21　铝合金固溶处理最大厚度尺寸限制

淬火冷却介质	合金牌号	品　种	最大厚度尺寸/mm
水	2024、2124 2219、6061	全部	101.6
	7049、7050	全部	127.0
	7075	全部	76.2
	7475	薄板、中厚板	76.2
聚合物 水溶液	2024[①]	薄板、管材	1.0
	2124	薄板	1.6
	2219	薄板	2.0
	6061	薄板	4.6
	7049	锻件	76.2
	7050	锻件	25.4
	7050	锻件	50.8
		薄板	6.3

① 2024-T42 最大厚度尺寸为 1.0mm；2024-T62 所有厚度薄板都可淬透。

2.3.2　热处理变形及预留加工余量

钢在热处理的加热、冷却过程中，由于热应力和组织应力作用，使热处理后零件产生不同残余应力，可能引起变形，几种简单形状钢件的外形与尺寸变化的一般趋向如表 2-22 所示。实际零件形状都比较复杂，变形情况也很复杂。

热处理变形给后续工序，特别是机械加工增加了很多困难，影响了生产率，增加了成本，因此应研究热处理变形规律，采取措施减少热处理变形。钢零件减少热处理变形的措施与方法见表 2-23；铝合金热处理变形原因及改进措施见表 2-24。另一方面，通过适当调整及选用热处理前的加工余量，既满足热处理的可行性，又不会造成机械加工过分麻烦，对保证零件质量、提高生产率、降低成本具有重大意义。对于热处理变形很有规律的零件，可以采用预留变形量的办法，使热处理后的变形在允许范围内。如机床导轨淬火后变形规律总是下凹，则在淬火前加工成上凸形。渗氮零件也常用预留尺寸胀大量来解决变形问题。

表 2-22　几种简单形状钢件的外形与尺寸变化的一般趋向

零件类别	轴类	扁平体	正方体	圆（方）孔柱体	圆（方）孔扁平体
原始状态	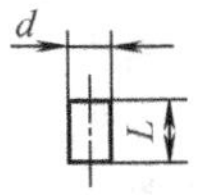	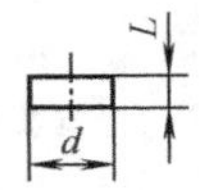	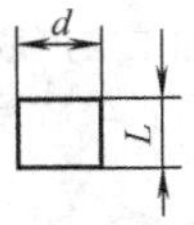	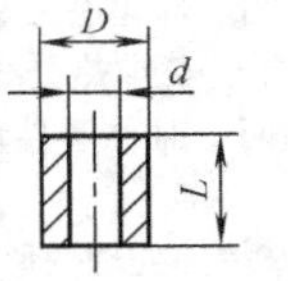	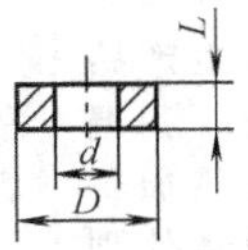
热应力作用 变形/尺寸变化	 d_-^+, L^-	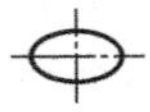 d^-, L^+	趋向球形	 d^-, D^+, L^-	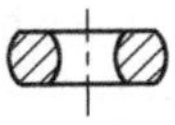 d^-, D^+
组织应力作用 变形/尺寸变化	 d^+, L^-	 d^+, L^-	 平面内凹，棱角突出	 d^+, D^-, L^+	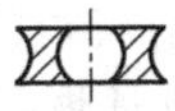 d^+, D^-
体积效应作用 变形/尺寸变化	 d^+, L^+ 或 d^-, L^-	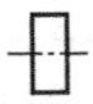 d^+, L^+ 或 d^-, L^-	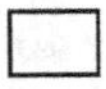 d^+, L^+ 或 d^-, L^-	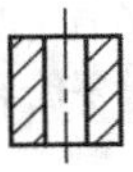 d^+, D^+, L^+ 或 d^-, D^-, L^-	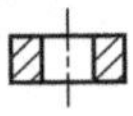 d^+, D^+ 或 d^-, D^-

表 2-23　钢零件减少热处理变形
的措施与方法

措　施	方　法
合理选材和提高硬度要求	1）对于形状复杂、断面尺寸相差较大而又要求变形较小的零件，应选择淬透性较好的材料，以便使用较缓和的淬火冷却介质淬火 2）对于薄板状精密零件，应选用双向轧制板材，使零件纤维方向对称 3）对零件的硬度要求，在满足使用要求前提下，尽量取下限
正确设计零件	1）零件外形应尽量简单、均匀、结构对称 2）尽量避免断面尺寸突然变化，减少沟槽和薄边，不要有尖锐棱角 3）避免较深的不通孔 4）长形零件避免断面呈横梯形 5）尽量使零件纤维方向对称 6）必要时增加工艺孔和工艺堤墙
合理安排生产路线，协调冷热加工与热处理的关系	1）对于形状复杂、精度要求高的零件，应在粗、精加工之间进行预备热处理，如消除应力、球化退火等 2）合理安排热处理与机械加工工序顺序，如两个对称零件可先热处理，最后再切开 3）掌握热处理变形规律，预留磨削量 4）适当提高锻造比，使组织更均匀 5）做好毛坯预备热处理，使组织均匀 6）淬火之前进行消除应力处理
改进热处理工艺和操作	1）在满足热处理工艺要求前提下，尽量降低淬火加热温度 2）选择较缓和的淬火冷却介质 3）采取预热或阶梯状升温 4）用等温淬火、分级淬火等代替油淬 5）用渗氮或高碳钢表面处理代替渗碳淬火 6）局部热处理代替整体热处理 7）夹具中回火或加压回火 8）长杆状零件垂直吊挂，避免平板形式淬火

表 2-24　铝合金热处理变形及改进措施

热处理工艺	变形原因	改进措施
固溶处理	固溶处理时相溶解造成膨胀或收缩。2219 合金收缩率为 2mm/m，7075 合金膨胀率为 0.6mm/m。不合适的装夹方式和夹具也会引起变形	1）采取合理装夹，尽量垂直悬挂，水平摆放时要有多处支撑 2）制作夹具时，要为铝材的加热膨胀、冷却收缩留有余地 3）铸件采用低温装炉，慢速升温或阶梯式升温 4）采用冷却速度较缓的冷却介质淬火 5）拉伸消除内应力 6）固溶处理后立即矫正
时效与稳定化处理	大多数可热处理合金，时效时膨胀，Al-Zn-Mg-Cu 系合金则收缩 2219-T87 伸长率为 1.5mm/m 2014-T6 伸长率为 0.5mm/m 2024-T851 伸长率为 0.1mm/m 7050、7075-T6 收缩率为 0.3mm/m 7050、7075-T73 收缩率为 0.7mm/m	设计和生产中应考虑这种变形，留有余地
机械加工与装配	机械应力过大，零件热处理状态不合适，可能产生变形	1）可热处理强化铝合金零件（除大断面零件外），应在固溶时效处理状态机械加工和装配 2）机械加工每次进给量要合适，避免应力过大 3）钣金零件上直凸缘应在最终热处理后成形

对于大多数零件，一般根据热处理变形量来确定零件预留加工余量。典型零件推荐淬火变形允差和预留余量见表 2-25 ~ 表 2-29。

表 2-25 平板类零件预留余量和淬火变形允差 （单位：mm）

零件长度	零件宽度					
	≤100			101~200		
	每边留量	淬硬前变形	淬硬后变形	每边留量	淬硬前变形	淬硬后变形
≤300	0.30~0.40	≤0.1	≤0.20	0.40~0.50	≤0.15	≤0.30
301~1000	0.40~0.50	≤0.15	≤0.30	0.50~0.70	≤0.20	≤0.40
1001~2000	0.50~0.70	≤0.20	≤0.40	0.60~0.80	≤0.25	≤0.50

表 2-26 轴、杆类零件预留余量和淬火变形允差 （单位：mm）

直 径		轴 长 度										
		≤50	51~100	101~200	201~300	301~450	451~600	601~800	801~1000	1001~1300	1301~1600	1601~2000
≤5	留量	0.35~0.45	0.45~0.55	0.55~0.65								
	变形	0.17	0.22	0.27								
6~10	留量	0.30~0.40	0.40~0.50	0.50~0.60	0.55~0.65							
	变形	0.15	0.20	0.25	0.27							
11~20	留量	0.25~0.35	0.30~0.40	0.40~0.50	0.50~0.60	0.55~0.65						
	变形	0.12	0.17	0.22	0.25	0.27						
21~30	留量	0.25~0.35	0.30~0.40	0.35~0.45	0.40~0.50	0.45~0.55	0.50~0.60	0.55~0.65				
	变形	0.15	0.15	0.17	0.20	0.22	0.25	0.27				
31~50	留量	0.25~0.35	0.35~0.45	0.35~0.45	0.35~0.45	0.40~0.50	0.45~0.55	0.50~0.60	0.60~0.65	0.75~0.80		
	变形	0.17	0.17	0.17	0.17	0.20	0.20	0.22	0.25	0.30		
51~80	留量	0.30~0.40	0.40~0.50	0.40~0.50	0.40~0.50	0.40~0.50	0.40~0.50	0.50~0.60	0.60~0.65	0.75~0.80	0.80~0.95	0.95~1.20
	变形	0.20	0.20	0.20	0.20	0.20	0.20	0.25	0.27	0.30	0.35	0.42
81~120	留量	0.50~0.60	0.50~0.60	0.50~0.60	0.50~0.60	0.50~0.60	0.50~0.60	0.60~0.70	0.65~0.75	0.75~0.80	0.85~1.00	1.05~1.30
	变形	0.25	0.25	0.25	0.25	0.25	0.25	0.30	0.32	0.32	0.37	0.42
121~180	留量	0.60~0.70	0.60~0.70	0.60~0.70	0.60~0.70	0.60~0.70	0.70~0.80	0.70~0.80	0.80~0.95	0.95~1.00	1.00~1.20	1.20~1.40
	变形	0.30	0.30	0.30	0.30	0.30						
181~260	留量	0.70~0.90	0.70~0.90	0.70~0.90	0.70~0.90							
	变形	0.35	0.35	0.35	0.35							

表 2-27　套类零件预留余量和淬火变形允差　　　　　　　　　　（单位：mm）

内孔直径	壁厚	变形	套的高度					
			≤100		101~250		251~500	
			内孔	外径	内孔	外径	内孔	外径
≤30	>5	直径留量	0.20~0.30	0.40~0.50	0.30~0.40	0.40~0.50	0.40~0.50	0.50~0.60
		变形	0.10	0.20	0.15	0.20	0.20	0.25
	≤5	直径留量	0.30~0.40	0.40~0.50	0.40~0.50	0.50~0.60	0.50~0.60	0.60~0.70
		变形	0.15	0.20	0.20	0.25	0.25	0.30
31~50	>5	直径留量	0.30~0.40	0.40~0.50	0.40~0.50	0.50~0.60	0.50~0.60	0.60~0.70
		变形	0.15	0.20	0.20	0.25	0.25	0.30
	≤5	直径留量	0.40~0.50	0.50~0.60	0.50~0.60	0.60~0.70	0.60~0.70	0.70~0.80
		变形	0.20	0.25	0.25	0.30	0.30	0.35
51~80	>6	直径留量	0.40~0.50	0.50~0.60	0.50~0.60	0.60~0.70	0.50~0.60	0.70~0.80
		变形	0.20	0.25	0.25	0.30	0.25	0.35
	≤6	直径留量	0.50~0.60	0.60~0.70	0.50~0.60	0.60~0.70	0.60~0.70	0.70~0.80
		变形	0.25	0.30	0.25	0.30	0.30	0.35
81~120	>12	直径留量	0.50~0.70	0.60~0.80	0.50~0.60	0.60~0.80	0.60~0.80	0.70~0.90
		变形	0.25	0.30	0.25	0.30	0.30	0.35
	6~12	直径留量	0.60~0.80	0.70~0.90	0.60~0.80	0.70~0.90	0.70~0.90	0.80~1.00
		变形	0.30	0.35	0.30	0.35	0.35	0.40
	≤6	直径留量	0.70~0.90	0.80~1.00	0.70~0.90	0.80~1.00	0.80~1.00	0.90~1.10
		变形	0.35	0.40	0.35	0.40	0.40	0.45
121~180	>14	直径留量	0.60~0.80	0.70~0.90	0.60~0.80	0.70~0.90	0.70~0.90	0.80~1.00
		变形	0.30	0.35	0.30	0.35	0.35	0.40
	8~14	直径留量	0.70~0.90	0.80~1.00	0.70~0.90	0.80~1.00	0.80~1.10	0.90~1.10
		变形	0.35	0.40	0.35	0.40	0.40	0.45
	≤8	直径留量	0.80~1.00	0.90~1.10	0.80~1.00	0.90~1.10	0.90~1.10	1.00~1.20
		变形	0.40	0.45	0.40	0.45	0.45	0.50
180	>18	直径留量	0.70~0.90	0.80~1.00	0.70~0.90	0.80~1.00	0.90~1.10	1.00~1.20
		变形	0.35	0.40	0.35	0.40	0.45	0.50
	10~18	直径留量	0.80~1.00	0.90~1.10	0.80~1.00	0.90~1.10	1.00~1.20	1.10~1.30
		变形	0.40	0.45	0.40	0.45	0.50	0.55
	≤10	直径留量	0.90~1.10	0.90~1.10	0.90~1.10	1.10~1.20	1.10~1.30	1.20~1.40
		变形	0.45	0.50	0.45	0.55	0.55	0.60

注：1. 变形量是指淬火后的最大尺寸与名义尺寸之差。

2. 套的断面变化很大时，应按表中规定适当增加 20%~30%。

3. 碳素钢的加留量应取上限，其变形量也允许随之增大。

4. 内孔直径 >80mm 的薄壁套类零件，粗加工后应经正火处理，以消除应力和减小变形。

表 2-28　花键轴淬火（包括渗碳淬火）
变形允差　（单位：mm）

变　　形	直径		
	≤30	31～50	51～90
键双侧面留量	0.30	0.40	0.50
淬硬前的振摆	0.05	0.08	0.10
淬硬后的振摆	0.10	0.15	0.20

注：振摆仅指花键部分，其余部分仍按一般轴类件考虑。

表 2-29　蜗杆轴淬火（包括渗碳淬火）
变形允差　（单位：mm）

变　　形	模数		
	<3	3～4.5	>4.5
蜗线双面留量	0.30～0.40	0.40～0.50	0.50～0.60
淬硬前的振摆	0.07	0.1	0.12
淬硬后的振摆	0.15	0.2	0.25

2.4　零件热处理技术要求及其标注

零件设计时，在材料确定之后，还应提出对热处理的技术要求，并在图样上标注出来。热处理技术要求一般是热处理质量的检验指标，除硬度和其他力学性能指标之外，还有对组织、变形量及局部热处理等要求，对表面硬化零件还有硬化层深度和渗层组织及脆性要求等。

2.4.1　热处理技术要求的确定

2.4.1.1　硬度和其他力学性能要求

由于硬度试验简便、快捷又不破坏零件，而且硬度与强度等其他力学性能有一定对应关系，可以间接反映其他力学性能，因此硬度成为热处理质量检验最重要的指标，不少零件还是唯一的技术要求。

对于重要受力件，除有硬度要求外，还有强度极限、屈服强度或断裂韧度等要求。在较高温度下工作的重要受力件，还有持久强度和蠕变极限等要求。在有腐蚀介质条件下工作的重要受力件，还有应力腐蚀、临界应力强度因子等要求。

在确定硬度等力学性能指标时，要注意强度与韧性的合理配合，避免忽视韧性或过分追求韧性指标的偏向；注意组合件强度或硬度的合理匹配，提高使用寿命，如滚珠比套圈硬度应高 2HRC，汽车后桥主动齿轮的表面硬度比被动齿轮应高 2～5HRC；处理好表面硬化零件（如渗碳淬火、渗氮、表面淬火等）的硬化层深度与表面、心部硬度的关系，使心部与表面达到最优匹配，适合零件的工作条件；由于材料强度、结构强度和系统强度三者不完全一致，所以设计中要处理好这三者的关系，对于某些重要零件，应根据模拟试验确定所需要的力学性能指标。

2.4.1.2　表面硬化层深度选择

硬化层深度的选择要考虑零件的工作条件、使用性能、失效形式和表面硬化工艺的特点。几种表面硬化工艺的效果见表 2-30。

表 2-30　几种表面硬化工艺的效果

种类	表面层状态				性能特点					变形开裂倾向	设备投资	适用范围与应用举例
	层　深/mm	表层变化	表层组织	厚度均匀性	表面硬度 HV	耐磨性	接触疲劳强度	弯曲疲劳强度	抗粘着胶合力			
渗碳淬火	0.3～2.0	表面硬化，表层高压应力	马氏体+碳化物+残留奥氏体	好	650～850（57～63HRC）	高	好	好	好	变形较大，不易开裂	中等	低碳钢、低碳合金钢等 齿轮、轴、活塞销
碳氮共渗	0.1～1.0	表面硬化，表层高压应力	碳氮化合物+含氮马氏体+残留奥氏体	好	700～850（58～63HRC）	高	很好	很好	好	变形较小，不易开裂	中等	低碳钢、中碳钢、低中碳合金钢 齿轮、轴、链条

（续）

种类	表面层状态				性能特点					变形开裂倾向	设备投资	适用范围与应用举例
	层深/mm	表层变化	表层组织	厚度均匀性	表面硬度 HV	耐磨性	接触疲劳强度	弯曲疲劳强度	抗粘着胶合力			
渗氮	0.1~0.6	表面硬化，表层高压应力	合金氮化物+含氮固溶体	好	800~1200	很高	好	好	最好	变形甚小，不易开裂	中等	中碳合金渗氮钢、热作模具钢、不锈钢　镗杆、模具、轴
氮碳共渗	扩散层：0.3~0.5 化合物层：5~20μm	表面硬化，表层高压应力	氮碳化合物+含氮固溶体	好	500~800	较高	较好	较好	最好	变形甚小，不易开裂	中等	碳钢、合金钢、高速钢、铸铁、不锈钢　齿轮、工模具、液压件
感应淬火	高频：1~2 中频：3~5 工频：≥10~15	表面硬化，表层高压应力	马氏体	好	600~850	高	好	好	较好	较小	高	中碳钢、中碳合金钢、低淬钢、工具钢、铸铁　轴、齿轮
火焰淬火	2~6	表面硬化，表层高压应力	马氏体	较好	600~800	高	好	好	较好	较小	低	中碳钢、中碳合金钢、铸铁、单件小批生产的大零件或局部淬火的零件
表面冷变形 滚压	≈0.5	表层加工硬化，高压应力	位错增加	较好	提高 0~150	—	改善	较大提高	—	—	较高	碳钢、合金钢
表面冷变形 喷丸	≈0.5	表层加工硬化，高压应力，有凹痕	位错增加	较好	当大于300HV时，硬度不提高	—	改善	较大提高	—	—	中等	碳钢、合金钢
渗硼	0.1~0.3	表面硬化，高压应力	硼化物	好	1200~1800	很高	较好	较好	最好	表层脆性大变形大	中等	中高碳钢、中高碳合金钢模具

对于以磨损为主的零件，应根据零件的设计寿命和磨损速度确定硬化层深度，一般不宜过厚，特别是工模具的硬化层过深会引起崩刃或断裂。

对于以疲劳为主的零件，应根据表面硬化方法、心表强度、载荷形式及零件形状尺寸等确定硬化层深度，以达到最佳硬化率（硬化率 = 硬化层深度/零件断面厚度），如渗碳或碳氮共渗齿轮，最佳硬化率为 0.1~0.15。不同表面硬化法的最佳硬化率见表 2-31。

表 2-31　不同表面硬化法的最佳硬化率

表面硬化法	材料	心部强度 R_m/MPa	试棒形状	载荷方式	最佳硬化率
渗碳淬火	15Cr	980	$m = 3.25$mm 齿轮	板状弯曲	0.1
	20CrMo	1080	ϕ2mm 光滑试样	交变弯曲	>0.17
渗　氮	Cr-V 钢	1080	ϕ6.5mm 光滑试样	旋转弯曲	>0.12
	Cr-Mo-V 钢	930~1080	2.5mm 光滑板	交变弯曲	0.14
	调质合金渗氮钢	1080~1130	ϕ6.5mm 光滑试样	旋转弯曲	>0.12
	Cr-V 渗氮钢	1080	带缺口的光滑板	交变弯曲	0.14

　　各种表面硬化工艺（表面淬火、渗碳、渗氮等）都有一定的合理硬化层深度和偏差，应根据零件工作条件适当选择。推荐的表面淬火、渗碳、渗氮有效硬化层深度及上偏差如表 2-32 ~ 表 2-34 所示。从热处理工艺和节能降耗考虑，硬化层应在满足零件使用要求的情况下，尽量选择浅一些为好。

表 2-32　表面淬火有效硬化层深度分级和相应的上偏差

最小有效硬化层深度 DS/mm	上偏差/mm		最小有效硬化层深度 DS/mm	上偏差/mm	
	感应淬火	火焰淬火		感应淬火	火焰淬火
0.1	0.1	—	1.6	1.3	2.0
0.2	0.2	—	2.0	1.6	2.0
0.4	0.4	—	2.5	1.8	2.0
0.6	0.6	—	3.0	2.0	2.0
0.8	0.8	—	4.0	2.5	2.5
1.0	1.0	—	5.0	3.0	3.0
1.3	1.1	—			

表 2-33　推荐的渗碳或碳氮共渗有效硬化层深度及上偏差

有效硬化层深度 DC/mm	上偏差/mm	有效硬化层深度 DC/mm	上偏差/mm
0.05	0.03	1.2	0.5
0.07	0.05	1.6	0.6
0.1	0.1	2.0	0.8
0.3	0.2	2.5	1.0
0.5	0.3	3.0	1.2
0.8	0.4		

表 2-34　推荐的有效渗氮层深度及上偏差

有效渗氮层深度 DN/mm	上偏差/mm	有效渗氮层深度 DN/mm	上偏差/mm
0.05	0.02	0.35	0.15
0.1	0.05	0.4	0.2
0.15	0.05	0.5	0.25
0.2	0.1	0.6	0.3
0.25	0.1	0.75	0.3
0.3	0.1		

2.4.1.3 金相组织控制

由于零件的某些使用性能不能完全通过简单的硬度等力学性能表征出来，所以对热处理质量又提出了一些金相组织检验的要求，如中碳钢与中碳合金结构钢马氏体等级，低、中碳钢球化体评级，渗碳与渗氮金相组织检验，钢感应淬火金相检验，钢铁零件渗金属层金相检验，球墨铸铁热处理质量检验等。在相应的热处理技术要求中应明确对金相组织的合格级别要求。

2.4.1.4 热处理变形量要求

由于热处理是一个加热、冷却过程，并伴随有相变发生，所以热处理必然会产生变形；但热处理变形量必须控制，以满足零件生产和使用要求，所以热处理变形量是热处理质量的重要指标之一。

当热处理是零件加工过程的最后一道工序时，热处理变形的允许值就是图样上规定的零件尺寸，为了控制零件的最终尺寸，必须根据热处理变形规律，确定热处理前的零件尺寸。

当热处理是零件加工过程的中间工序时，热处理前零件的预留加工余量应为机加工余量和热处理变形量之和。

2.4.2 热处理技术要求的标注

热处理零件在其图样上标注热处理技术要求是机械制图的重要内容，正确、清楚、完整、合理地标注热处理技术要求，对热处理质量和产品质量影响很大。

在零件图样上标注的热处理技术要求，是指成品零件热处理最终状态所具有的性能要求和应达到的技术指标。对以正火、退火或淬火回火（含调质）作为最终热处理状态的零件，硬度要求通常以布氏硬度或洛氏硬度表示，也可以用其他硬度表示。对于其他力学性能要求应注明其技术指标和取样方法。对于大型锻、铸件的不同部位、不同方向的不同性能要求也应在图样上注明。

热处理技术要求的指标一般以范围法表示，标出上、下限值，如 $60 \sim 65\mathrm{HRC}$，也可以用偏差法表示，以技术要求的下限值为名义值，下偏差为零再加上偏差表示，如 $60^{+5}_{0}\mathrm{HRC}$。特殊情况也可以只标下限值或上限值，此时应用不小于或不大于表示，如不大于 $229\mathrm{HBW}$。在同一产品的所有零件图样上，必须采取统一表达形式。

对于局部热处理的零件，在技术要求的文字说明中要写明："局部热处理"。在需要热处理的部位用粗点画线框出，如果是轴对称零件或在不致引起误会的情况下，可以用一根粗点画线画在热处理部分外侧表示，如图 2-9 所示。

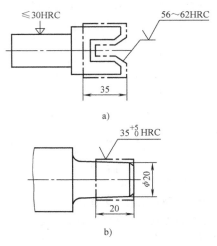

图 2-9　局部热处理在图样上标注案例
a）范围标注法　b）偏差标注法

如零件形状复杂或者容易与其他工艺标注混淆，热处理技术要求标注有困难，而用文字说明也很难说清楚时，可以用另加附图专门标注对热处理的技术要求。

对于表面淬火零件，除要标注表面和心部硬度之外，还要标注有效硬化层深度。图 2-10 所示为一个局部感应淬火零件，离轴端 $(15 \pm 5)\mathrm{mm}$ 处开始，在长 $(30^{+5}_{0})\mathrm{mm}$ 一段内感应淬火并回火，表面硬度为 $620 \sim 780\mathrm{HV30}$，有效硬化层深度 $DS = 0.8 \sim 1.6\mathrm{mm}$。

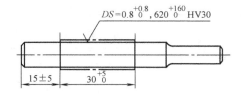

图 2-10　表面淬火零件热处理技术要求标注案例

对于渗碳（含碳氮共渗）和渗氮（含氮碳共渗）零件，也要标注表面和心部硬度、有效硬化层深度，还要标注出不允许渗碳或渗氮及硬化的位置，如图 2-11、图 2-12 所示。图 2-11 表示一个局部渗碳零件，要求渗碳并淬火回火部位用粗点画线框出，其表面硬度为 $57 \sim 63\mathrm{HRC}$，有效硬化层深度 DC 为 $1.2 \sim 1.9\mathrm{mm}$；虚线框出部分表示渗碳淬硬或不渗碳淬硬均可；而未有标注部分表示不允许渗碳也不允许淬硬。图 2-12 表示一个整体渗氮零件，表面硬度为 $850 \sim 950\mathrm{HV10}$，有效硬化层深度 DN 为 $0.3 \sim 0.4\mathrm{mm}$，渗氮层脆性不大于 3 级。

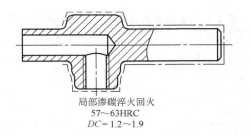

局部渗碳淬火回火
57～63HRC
$DC = 1.2～1.9$

图 2-11　渗碳、淬火回火零件热处理技术要求标注案例

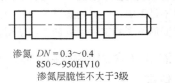

渗氮 $DN = 0.3～0.4$
850～950HV10
渗氮层脆性不大于3级

图 2-12　渗氮零件热处理技术要求标注案例

2.4.3　热处理技术要求的审查

　　零件图样上标注的热处理技术要求，是设计者对该零件提出的热处理质量要求，也是编制热处理工艺和进行热处理质量检验的重要依据，所以零件图样标注的热处理技术要求应全面和准确地反映设计者对零件的热处理要求，同时，也必须为热处理工作者所接受，在热处理生产中实现。为此，热处理技术要求应经热处理技术人员审查会签。

　　热处理技术要求审查主要包括热处理技术要求指标，零件热处理工艺性，热处理工艺的合理性、先进性、经济性，热处理零件的成组加工性，以及热处理工序安排的合理性。热处理技术要求审查项目和内容见表 2-35。

表 2-35　热处理技术要求审查项目和内容

序号	项　目	内　容
1	热处理技术要求指标	1）热处理技术要求指标应合理，具有热处理可行性 2）热处理技术要求指标应正确。考虑到零件服役条件和结构要素，同一零件不同部位的技术要求可以不同，如带螺纹零件的螺纹部分不宜淬硬或局部回火，以减少应力集中和缺口敏感性；同一零件可以采用不同热处理工艺，技术要求指标也可能有所不同 3）热处理技术要求指标要完整。根据零件的重要性和质量要求，各种不同零件的技术要求不同。特别对于重要件有多项技术要求，应逐一注明 4）热处理技术要求指标与使用性能、代用性能要一致。特别注意硬度与其他性能的关系，并选择合适的硬度表示法 5）热处理技术要求指标标注应明确，不要给工艺或施工带来困难
2	零件的热处理工艺性	1）技术要求和热处理工艺应与企业现实生产条件相适应 2）热处理工艺应与工艺路线中相关工序相匹配 3）零件结构设计时应考虑热处理工艺性，避免热处理工艺性不好的结构 4）协助设计人员解决零件结构形状不合理而带来的工艺性问题
3	热处理工艺的合理性、先进性、经济性	按照零件技术要求，热处理工艺人员根据本企业现状设计合理的热处理工艺，在保证性能和质量前提下，做到技术先进、经济合理、生产安全，而设计人员一般不宜规定热处理工艺方法
4	热处理零件的成组加工性	把形状、尺寸及技术要求相近的零件归并成组，统一工艺及要求，使单件小批量生产变成批量生产，提高生产率、降低成本
5	热处理工序安排的合理性	1）对于调质零件，要求硬度较低（170～230HBW）时，可先调质后机械加工；而要求硬度较高（>285HBW）时，可先粗加工后调质。大批量生产时，可用锻造余热调质代替专门调质工艺 2）一般情况下可在毛坯生产后直接进行预备热处理，避免零件在加工车间的运输，还可利用余热，降低成本，提高生产率 3）形状复杂、精度要求较高的零件，化学热处理零件，感应淬火零件等应进行预备热处理，有利于减少热处理变形，为后续热处理作好组织准备 4）大批量生产的标准件毛坯在成形前应进行球化退火，降低成本，提高质量 5）大型铸件为稳定尺寸、保证精度应进行一次或多次时效处理 6）精度要求高的零件，在机械加工工序后应安排去应力退火或时效，及时消除应力 7）重要焊接件在焊后应安排去应力退火，消除应力和除气，改善组织

2.5　零件类别与热处理检验

热处理零件根据受力情况、重要程度、工作条件、材料特性和工艺特点等可分成特殊重要件、重要件、一般件三类。特殊重要件是指对性能有高要求并有金相组织要求的零件,重要件为对性能有较高要求的零件,而一般件指仅有硬度要求的零件。

2.5.1　淬火回火件质量要求与检验

对淬火回火件的质量要求主要有外观、硬度、金相组织和变形,对于特殊重要件还要增加随炉试样力学性能检验,用断面硬度法检查表面脱碳、增碳或增氮情况。

淬火回火件热处理最主要的质量要求是硬度,硬度必须达到图样和技术条件要求;另外还考核硬度波动情况,表面硬度偏差不允许超过表2-36的规定。

表2-36　淬火回火件硬度偏差范围

零件类别	表面硬度偏差范围　HRC		
	< 35	35 ~ 50	> 50
特殊重要件	5	5	5
重要件	7	7	7
一般件①	9	9	9

① 表面硬度要求较宽时,偏差可放宽至10HRC。

淬火回火件的金相检验包括晶粒度、基体组织、碳化物、表面腐蚀与元素贫化等。淬火回火件应为正常组织。

淬火回火件的变形要求,应以不影响后序加工、最终成品尺寸及使用为准,允许进行冷或热校形。

2.5.2　表面淬火件质量要求与检验

表面淬火后,工件外观不能有过烧、熔化、裂纹等缺陷。

表面硬度必须达到图样和技术条件要求,同时表面硬度偏差不能超过表2-37的规定。

表2-37　表面淬火表面硬度偏差范围

零件类别	表面硬度偏差范围　HRC	
	≤50	>50
重要件	6	5
一般件	7	6

有效硬化层深度必须达到图样技术条件要求,同时其波动范围不能超过表2-38的规定。

表2-38　表面淬火有效硬化层深度偏差范围

有效硬化层深度/mm	深度的偏差范围/mm
≤1.5	0.4
>1.5 ~ 2.5	0.6
>2.5 ~ 3.5	0.8
>3.5 ~ 5.0	1.0
>5.0	1.5

金相组织应为正常组织,不应有过热过烧组织和严重加热不足组织,变形量要满足图样和技术条件要求,或者变形不影响工件后续加工和使用。

2.5.3　渗碳（含碳氮共渗）件质量要求与检验

(1) 表面硬度和心部硬度要达到图样技术条件要求;表面硬度允许偏差:重要件为≤5HRC,一般件为≤7HRC。

(2) 有效硬化层深度达到图样和技术条件要求,其偏差不能超过表2-39的规定。

表2-39　渗碳有效硬化层深度允许偏差

有效硬化层深度/mm	允许偏差值/mm
< 0.50	0.20
0.50 ~ 1.50	0.30
>1.50 ~ 2.50	0.40
>2.50	0.60

(3) 渗碳后工件不能有裂纹、碰伤及锈蚀等缺陷。金相组织和变形符合图样和技术条件要求。

2.5.4　渗氮（含氮碳共渗）件质量要求与检验

(1) 渗氮件表面不能有裂纹、剥落及肉眼可见的疏松等缺陷。

(2) 表面硬度和心部硬度达到图样和技术条件要求,同一批零件硬度偏差,当 < 600HV10 时≤70HV10,≥600HV10 时 <100HV10。

(3) 渗氮层深度符合图样和技术条件要求,其偏差不超过表2-40的规定。脆性应符合 GB/T 11354—1989 的1~3级,重要件1~2级。

(4) 渗层金相检验,一般件应符合 GB/T 11354—2005 规定的1~3级,重要件1~2级为合格。

表2-40　渗氮层深度偏差允许值

渗氮层深度/mm	允许偏差值/mm
<0.3	0.10
0.3 ~ 0.6	0.15
>0.6	0.20

参 考 文 献

[1] 《航空制造工程手册》总编委会. 航空制造工程手册：热处理 [M]. 2 版. 北京：航空工业出版社，2010.

[2] 《航空制造工程手册》总编委会. 航空制造工程手册：飞机结构工艺性指南 [M]. 北京：航空工业出版社，1998.

[3] 蔡兰. 机械零件工艺性手册 [M]. 北京：机械工业出版社，1995.

[4] 王广生，等. 金属热处理缺陷分析及案例 [M]. 2 版. 北京：机械工业出版社，2007.

[5] 全国热处理标准化技术委员会. 金属热处理标准应用手册 [M]. 2 版. 北京：机械工业出版社，2005.

[6] 朱培瑜. 常见零件热处理变形与控制 [M]. 北京：机械工业出版社，1990.

[7] 《简明热处理手册》编写组. 简明热处理手册 [M]. 北京：北京出版社，1985.

[8] 张宝昌，等. 有色金属及其热处理 [M]. 北京：国防工业出版社，1981.

[9] 美国金属学会. 金属手册：第 4 卷 [M]. 9 版. 中国机械工程学会热处理专业学会，主译. 北京：机械工业出版社，1988.

[10] 王广生. 航空工业热处理质量控制 [J]. 金属热处理，1993（7）：3-6.

[11] 中国材料工程大典编委会. 中国材料工程大典：第 15 卷热处理 [M]. 北京：化学工业出版社，2006.

第 3 章　齿轮的热处理

郑州机械研究所　陈国民　顾　敏

3.1　齿轮受力状况及损坏特征

齿轮在传递动力及改变速度的运动过程中，啮合齿面之间既有滚动，又有滑动，而且轮齿根部还受到脉动或交变弯曲应力的作用。齿面和齿根在上述不同应力作用下导致不同的失效形式。齿轮所受应力主要有三种，即摩擦力、接触应力和弯曲应力。

3.1.1　啮合齿面间的摩擦力及齿面磨损

齿面实际上凹凸不平，局部会产生很大的压强而引起金属塑性变形或嵌入相对表面，当啮合齿面相对滑动时便会产生摩擦力，齿面磨损就是由于相互摩擦的结果。齿轮磨损的种类、受力及破坏特征列于表3-1。提高齿轮耐磨性的方法视磨损类型而有所不同，大致有两种，分述如下。

表 3-1　齿轮的磨损种类、受力及破坏特征

磨损类型	载荷及运行情况	表面破坏特征	齿轮类型举例
氧化磨损	各种大小载荷及各种滑动速度	氧化膜不断形成，又不断剥落，但磨损速度小，一般为 0.1 ~ 0.5μm/h；齿面均匀分布着细致磨纹	各类齿轮
冷胶合磨损	高载荷、低滑动速度，一般 v <1m/s	局部金属直接接触、粘着，不断从齿面撕离；磨损速度较大，一般为 10 ~ 15μm/h；齿面有严重伤痕	低速重载齿轮
热胶合磨损	高载荷、高滑动速度，一般 v >1m/s	高的摩擦热使润滑油膜失效，金属间直接接触，发生粘着和撕离，磨损速度一般为 1 ~ 5μm/h；齿面伤痕重	高速重载齿轮
磨粒磨损	各种大小载荷及各种滑动速度	各种磨粒进入或嵌入啮合齿面，形成切刃或直接切割齿面，磨损速度为 0.5 ~ 5μm/h；齿面有磨粒刮伤纹	矿山、水泥、农机等齿轮，各类开式齿轮

（1）减少非热影响引起的磨损，诸如氧化磨损、磨粒磨损及冷胶合磨损，可提高轮齿表面的塑变抗力，即提高齿面硬度。工业中常以中硬齿面（320 ~ 380HBW）代替软齿面（220 ~ 270HBW），最好采用表面硬化处理。其中渗碳、碳氮共渗、渗氮、氮碳共渗等处理可使齿面具有良好的耐磨性。

（2）减少摩擦热而引起的胶合磨损的关键是降低啮合齿面间的摩擦力，即尽量减小齿面之间的摩擦系数。通常采用提高基体硬度并在表面形成软层的方法，如经渗碳、渗氮等表面硬化处理后，再在齿面上进行镀铜或镍铟合金，这样可以减小摩擦因数。

3.1.2　啮合齿面的接触应力及接触疲劳

齿轮的接触疲劳破坏是由于作用在齿面上的接触应力超过了材料的疲劳极限而产生的。在齿轮的使用过程中可以看到，软齿面齿轮往往以麻点破坏为主，硬齿面齿轮则以疲劳剥落为主。

3.1.2.1　齿面疲劳破坏的主要形式

1. 表面麻点　麻点的形成与表面金属的塑性变形密切相关，而且由于摩擦力的存在，疲劳裂纹大多在表面萌生，裂纹的扩展则是由于润滑油的挤入而产生油楔作用的结果。提高齿面硬度，改善齿面接触状况，可以有效地提高麻点破坏的抗力。

2. 浅层剥落　当接触表面下某一点的最大切应力大于材料的抗剪强度时，就可能产生疲劳裂纹，最后经扩展而引起层状剥落。提高钢材的纯净度对防止此种失效十分重要。

3. 深层剥落　经表面硬化处理的齿轮，在硬化层与心部交界处往往是薄弱环节，当接触载荷在层下交界处形成的最大切应力与材料的抗剪强度达到某一界限值之后，就可能形成疲劳裂纹，经扩展最后导致较深的硬化层剥落。这种破坏形式在火焰淬火或感应淬火齿轮中尤为常见。

3.1.2.2　影响接触疲劳强度的因素

1. 钢中非金属夹杂物　一般来说，塑性夹杂物影响较小，脆性夹杂物危害最大，球状夹杂物的影响介于二者之间。采用净化冶炼钢材是提高齿轮接触疲劳寿命的有效方法。

2. 钢材的纤维流向　表 3-2 的试验数据给出了

钢材纤维流向与接触疲劳寿命的关系。据此,应当重视齿轮锻造或压延毛坯的纤维流向分布。

表 3-2 钢材的纤维流向与接触疲劳寿命的关系

类型	工作面与纤维流向夹角	寿命比
I	0°	2.5
II	45°	1.8
III	90°	1.0

3. 齿面脱碳 渗碳齿轮的失效分析表明,当齿面贫碳层为 0.2mm、表面 $w(C)$ 为 0.3% ~ 0.6% 时,70% 左右的疲劳裂纹起源于贫碳层。

4. 黑色组织 黑色组织是齿轮在渗碳和碳氮共渗处理时容易产生的一种缺陷组织,当其深度达到一定程度时,就会对接触疲劳寿命产生不利影响,表 3-3 所列试验数据可以说明这一点。

表 3-3 黑色组织对接触疲劳寿命的影响

碳氮共渗层深度 /mm	黑色组织层深度 /mm	在 3600MPa 应力下出现麻点的周次 N
0.92 ~ 0.95	0	55.9×10^6
0.8	0.025	7.7×10^6
1.0 ~ 1.1	0.07 ~ 0.08	0.46×10^6

5. 碳化物 渗碳或碳氮共渗齿轮表层中的碳化物形态、大小及分布状态对接触疲劳寿命的影响很大,表 3-4 所列为试验结果。

表 3-4 碳化物形态及分布对接触疲劳寿命的影响

碳化物形态及分布	平均寿命/h	寿命比
大块和粗粒状	183.1	1
集聚的颗粒状	262.8	1.43
分散的颗粒状	399.5	2.18

3.1.3 齿轮的弯曲应力及弯曲疲劳

齿轮的弯曲疲劳破坏是齿根部受到的最大振幅的脉动或交变弯曲应力超过了齿轮材料的弯曲疲劳极限而产生的。提高齿轮弯曲疲劳强度的基本途径是提高齿根处材料的强度(硬度)及改善应力状态。图 3-1 所示为齿轮材料的硬度与弯曲疲劳强度之间的关系。

影响齿轮弯曲疲劳强度的一些物理冶金因素如下。

1. 非金属夹杂物 非金属夹杂物作为微形缺口、引起应力集中而使弯曲疲劳强度降低。

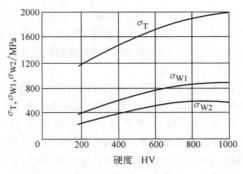

图 3-1 齿轮材料的硬度与弯曲疲劳强度的关系

σ_T—实际断裂应力

σ_{W1}、σ_{W2}—分别为单向和双向弯曲疲劳强度

2. 表面脱碳 表面脱碳将使弯曲疲劳强度降低,特别对于表面硬度高的齿轮,可使弯曲疲劳强度降低 1/2 ~ 2/3。表 3-5 是三种合金结构钢表面脱碳对弯曲疲劳强度的影响。

表 3-5 表面脱碳对钢弯曲疲劳强度的影响

表面状况		40CrNi3		40CrMo		40Cr	
		σ_{-1}	σ_{-1K}	σ_{-1}	σ_{-1K}	σ_{-1}	σ_{-1K}
28HRC	未脱碳	570	295	501	275	535	288
	脱碳	302	172	220	130	240	158
48HRC	未脱碳	837	474	714	453	760	489
	脱碳	240	172	213	151	199	130

注: σ_{-1} 为光滑试样的弯曲疲劳强度(MPa); σ_{-1K} 为缺口试样的弯曲疲劳强度(MPa)。

3. 金相组织 淬火钢表层含有 5% 的非马氏体(体积分数)组织时,弯曲疲劳强度将降低 10%。图 3-2 是非马氏体组织对弯曲疲劳强度的影响。对于马氏体组织,只有经过适当回火后才有良好的疲劳性能。

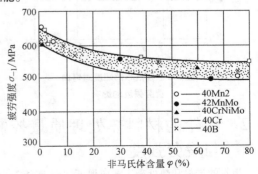

图 3-2 非马氏体组织对疲劳强度的影响

4. 残余压应力　试验表明，当材料中已存在微细裂纹时，残余压应力可抑制裂纹的扩展；而当残余压应力层深约为裂纹深度的5倍时即可消除裂纹的影响，见图3-3。

齿根喷丸强化可以有效地提高弯曲疲劳强度，见表3-6，这与表层形成有利的残余压应力有密切关系。

5. 心部硬度　渗碳齿轮的心部硬度影响齿轮的强度和热处理畸变。提高心部硬度有利于接触疲劳强度的提高，而对齿轮的弯曲疲劳强度则心部硬度有一最佳值，如图3-4所示。齿轮渗碳淬火的热处理畸变随心部硬度的提高而增大。

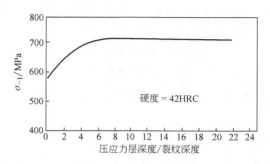

图 3-3　残余压应力对弯曲
疲劳强度的影响

表 3-6　喷丸工艺对汽车变速器渗碳齿轮弯曲疲劳及接触疲劳性能的影响

喷丸工艺	弯曲疲劳试验			接触疲劳试验		
	寿命范围周次 /10^6 次	平均寿命周次 /10^6 次	寿命比	寿命范围周次 /10^6 次	平均寿命周次 /10^6 次	寿命比
不喷丸	0.167 ~ 1.83	0.75	1.00	3.15 ~ 4.41	3.85	1.00
一般喷丸	2.16 ~ 2.76	2.46	3.28	1.88 ~ 2.21	2.08	0.54
强化喷丸	2.19 ~ 4.41	3.24	4.32	4.89 ~ 5.20	5.06	1.31

注：1. 喷丸工艺：喷丸在转台喷丸机上进行，铁丸尺寸为 $\phi 0.6 \sim \phi 1.0mm$，喷射速度为 58.3m/s，转台每转一圈将零件转 90°，一般喷丸共喷 4 圈，强化喷丸喷 8 圈。
2. 齿轮用 20Mn2TiB 钢制造，经气体渗碳（层深 1.0 ~ 1.3mm），淬火及回火。
3. 试验在封闭式变速器试验台上进行，中间轴挂一档作运转试验，以中轴一档齿轮的损坏为寿命的标准。第一轴转速为 1450r/min；第一轴转矩：作弯曲疲劳试验时为 441N·m，作接触疲劳试验时为 362.6N·m。

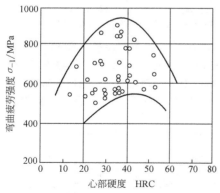

图 3-4　齿根心部硬度对弯曲
疲劳强度的影响

3.2　齿轮的材料热处理质量控制与疲劳强度

齿轮的选材和热处理工艺应保证达到齿轮的疲劳强度和使用性能以及良好的加工性能。

齿轮的疲劳强度与材料冶金质量、组织、力学性能及表面状态等多种因素有关，因而，不同的材料和热处理质量控制水平就相应会得到不同的齿轮疲劳强度等级。现代的齿轮强度设计计算标准将影响齿轮疲劳强度的各种材料和热处理因素，按齿轮不同的承载能力要求分为高、中、低三个级别进行控制和检验，分别用 ME、MQ、ML 表示。

3.2.1　铸铁齿轮的材料热处理质量控制与疲劳强度

3.2.1.1　材料热处理质量控制

铸铁齿轮的材料热处理质量分级控制和检验项目及规定见表3-7。

3.2.1.2　齿轮的疲劳强度等级

按表 3-7 进行分级质量控制的铸铁齿轮相应的接触疲劳强度和弯曲疲劳强度等级见图 3-5 和图 3-6。

表 3-7　铸铁齿轮材料

序号	项　　目	灰铸铁		球墨铸铁	
		ML　MQ	ME	ML　MQ	ME
1	化学成分	不检验	100% 检验 提交铸造合格证	不检验	100% 检验 提交铸造合格证
2	冶炼	不规定	电炉或相当设备	不规定	电炉或相当设备
3	力学性能	只提供 HBW 值	要求 R_m 或 HBW，针对不同炉号独立的试样作检验报告	只提供 HBW 值	检验 R_{eL}（$R_{p0.2}$）、R_m、A、Z（代表性试样）靠近实际轮齿部位检验 HBW
4	石墨形态	规定但不必检验		不检验	限制
	基体组织	不规定（对于合金灰铸铁，铁素体的体积分数 $\varphi \leqslant 5\%$）	铁素体的体积分数 $\varphi \leqslant 5\%$		
5	焊补	在轮齿部位不允许焊补，其他部位只能在认可工艺下进行，焊补后应进行去应力退火处理		不允许焊补	
6	去应力退火	不规定	推荐 500～530℃，对合金灰铸铁 530～560℃	不规定	推荐 500～560℃保温适当时间
7	内部缩孔（裂纹）	不检验	检验气孔、裂纹、砂眼，限制缺陷	不检验	检验气孔、裂纹、砂眼，限制缺陷
8	表面裂纹	不检验	着色渗透检测	不检验	不允许有裂纹，100%经磁粉或着色渗透检测，大批量产品可抽样检验

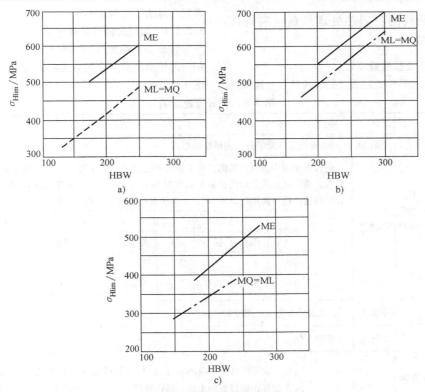

图 3-5　铸铁齿轮的接触疲劳强度 σ_{Hlim}

a) 可锻铸铁　b) 球墨铸铁　c) 灰铸铁

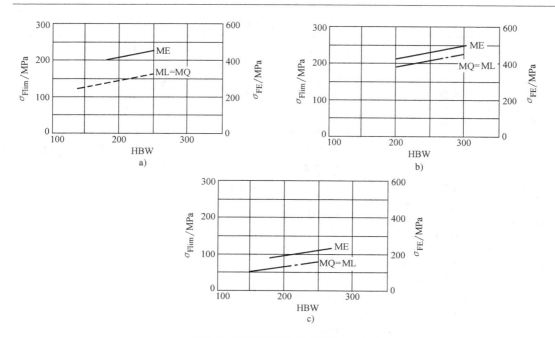

图 3-6　铸铁齿轮的弯曲疲劳强度 σ_{Flim} 和 σ_{FE}

a）可锻铸铁　b）球墨铸铁　c）灰铸铁

注：$\sigma_{FE} = \sigma_{Flim} Y_{ST}$。

3.2.2　调质齿轮的材料热处理质量控制与疲劳强度

3.2.2.1　材料热处理质量控制

调质齿轮的材料热处理质量分级控制和检验项目

及规定见表3-8和表3-9。

3.2.2.2　齿轮的疲劳强度等级

按表3-8和表3-9进行分级质量控制的调质齿轮相应的接触疲劳强度和弯曲疲劳强度等级见图3-7和图3-8。

表 3-8　调质齿轮锻钢

序号	项　目	ML	MQ	ME							
1	化学成分[①]	不检验	100% 跟踪原始锻件，提供检验报告								
2	材料纯度[②]（按 GB/T 10561—2005 检验）	不规定	钢材在钢包中脱氧及精炼，并应经过真空脱气。浇注过程应有防氧化措施，除非用户要求，否则禁止故意加钙，最大氧含量为 25×10^{-6}，按 GB/T 10561—2005 方法 B 检验 Ⅱ区纯度，检验面积近 $200mm^2$，下表为夹杂物级别。提供检验报告								
				级别	A		B		C		D
					细系	粗系	细系	粗系	细系	粗系	细系	粗系
				MQ	3.0	3.0	2.5	1.5	2.5	1.5	2.0	1.5
				ME	3.0	2.0	2.5	1.5	1.0	1.0	1.5	1.0
3	晶粒度	不规定	5级或更细晶粒，提交检验报告								
4	锻造比[③]	不规定	至少3倍								
5	热处理后力学性能	HBW 值	对于锻件或直径250mm以上棒材，同炉号切割试样检验 R_{eL}（$R_{p0.2}$）、R_m、A 及 Z 指标，试样连同工件一同热处理，全部工件检验表面硬度 HBW，也可按供需双方协议进行。提供检验报告								

（续）

序号	项　目	ML	MQ	ME
6	显微组织④	不规定		最低回火温度为480℃，齿根硬度应满足图样要求
7	无损检测			
7.1	超声波检测（粗车状态）	不规定		锻后检测并提交报告，对于大直径工件，建议在切齿前检查缺陷（按 ASTMA388 灵敏度为3.2mm 平底孔进行检测，检测时由外圆至中径360°扫描，在保证同等质量前提下允许采用供需双方协议的检测方法）
7.2	表面裂纹检测（最终加工状态）	不允许存在锻造或淬火裂纹		不允许存在锻造及淬火裂纹，磨削齿轮应检查表面裂纹，检查方法由供需双方协商
8	焊补	可按规定工艺进行		轮齿部位不允许，其他部位只允许在热处理前的粗车状态进行，切齿后不能焊补

注：当铸钢件质量达到锻钢件（锻造或轧制）质量标准时，对与锻钢小齿轮配对的铸钢齿轮，也可采用锻钢的许用应力值计算其承载能力，但这种情况须经试验数据和应用实例验证。

铸钢纯度及锻造比标准不能用于铸件，夹杂物含量与形状应控制为球状硫化锰夹杂物（Ⅰ型）为主，但不允许存在晶界硫化锰夹杂物（Ⅱ型）。

① 对于 0℃以下冷态环境下服役的齿轮：考虑低温夏比冲击性能的要求；考虑断口形貌转化温度或无塑性转变温度性能的要求；考虑采用高镍合金钢；考虑 $w(C) < 0.4\%$；考虑用加热元件提高润滑剂温度。

② 材料纯度检验只针对切齿部位，位于最终齿顶圆下两倍齿高以上的深度。对于外齿轮，齿坯的这段区域通常不超过半径的25%。

③ 只针对由铸锭锻件，对于连铸材料，最小锻造比为7/1。

④ 在齿轮断面上，至1.2齿高深处的显微组织以回火马氏体为主，允许混有少量先析铁素体、上贝氏体、细小珠光体，不允许存在未溶块状铁素体。对于控制断面≤250mm 的齿轮，非马氏体相变产物（体积分数）不可超过10%；控制断面 >250mm 的齿轮，则不可超过20%。

表 3-9　调质齿轮铸钢

序号	项目	ML，MQ	ME
1	化学成分	不检验	100%跟踪原始铸件，提交检验报告
2	晶粒度	不规定	5级或更细晶粒，提交检验报告
3	热处理后的力学性能	HBW	检验 R_{eL}（$R_{p0.2}$）、R_m、Z、HBW，100%跟踪原始铸件，提交检验报告。也可按供需双方协议进行
4	无损检测		
4.1	超声波检查（粗车状态）	不规定	推荐检查轮齿及齿根部位，对于大直径工件，在切齿前检查缺陷［按 GB/T 7233.1—2009，合格标准：Ⅰ区（外圆至齿根25mm 处）为1级，Ⅱ区（轮缘其余部位）为2级］
4.2	表面裂纹检测（最终加工状态）	不允许存在裂纹。100%经磁粉或着色渗透检测，对于大批量产品可抽查	
5	焊补	可按规定工艺进行	轮齿部位不允许。其他部位只允许在热处理前的粗车状态进行，切齿后不能焊补

注：当铸钢件质量达到锻钢件（锻件或轧制）质量标准时，对与锻钢小齿轮配对的铸钢齿轮，也可采用锻钢的许用应力值计算其承载能力，但这种情况需经试验数据或应用实例验证。

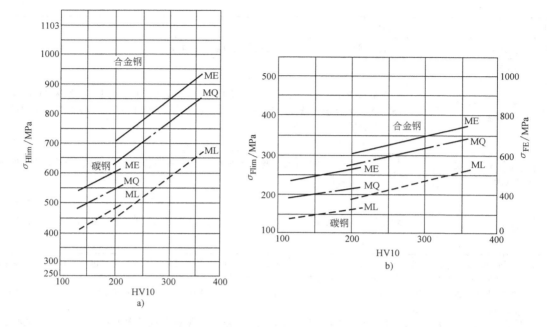

图 3-7　调质处理锻钢齿轮的疲劳强度 σ_{Hlim} 和 σ_{Flim}

a）接触疲劳强度 σ_{Hlim}　　b）弯曲疲劳强度 σ_{Flim}

注：1. 额定 $w(C) \geqslant 0.20\%$。

2. $\sigma_{FE} = \sigma_{Flim} Y_{ST}$，$Y_{ST}$ 为应力修正系数。

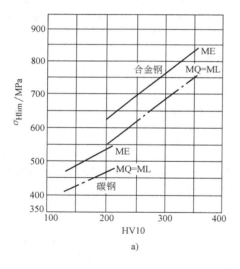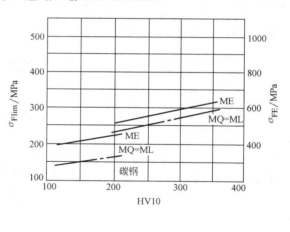

图 3-8　调质处理铸钢齿轮的疲劳强度 σ_{Hlim} 和 σ_{Flim}

a）接触疲劳强度 σ_{Hlim}　　b）弯曲疲劳强度 σ_{Flim}

注：$\sigma_{FE} = \sigma_{Flim} Y_{ST}$。

3.2.3　表面淬火齿轮的材料热处理质量控制与疲劳强度

3.2.3.1　材料热处理质量控制

表面淬火齿轮的材料热处理质量分级控制和检验项目及规定见表 3-10。

表 3-10 调质齿轮钢经火焰或感应加热淬火

序号	项　目	ML	MQ	ME					
1	化学成分	同表 3-8（调质钢 1~6 项）							
2	调质后力学性能	对于普通碳钢和锰钢的纯度要求为：							
3	纯度		A		B		C		D
4	晶粒度		细系	粗系	细系	粗系	细系	粗系	细系	粗系
5	超声波检测		3.0	3.0	2.5	1.5	2.5	1.5	2.0	1.5
6	锻造比									
7	预备热处理	淬火及回火态组织							
8	表面硬度	48~56HRC	50~56HRC						
9	有效硬化层深度[1]（按 GB/T 5617—2005 检验）	硬化层深度是指从表面到相当于最低表面硬度规定值 80% 的硬度处的垂直距离							
10	表层组织	不规定	抽查，以细针马氏体为主	严格抽查，细针马氏体					
11	无损检测								
11.1	表面裂纹（磁粉或着色渗透检测）[2]	不允许 抽查首批工件		不允许 全部检查					
11.2	齿部磁粉检测[2]	不规定		模数/mm	缺陷最大尺寸/mm				
				≤2.5	1.6				
				>2.5~8	2.4				
				>8	3.0				
12	过热（尤其是齿顶）	禁止		严格禁止					

注：本表适用于套圈式火焰淬火、套圈式或逐齿感应淬火工艺，齿根部位经过硬化，硬化层形状如表 3-42 中的齿根淬硬图 b 和图 d 所示。

[1] 为了得到稳定的硬化效果，硬度分布、硬化层深、设备参数及工艺方法应该建档，并定时检查，另外用一个与工件形状及材料相同的代表性试样来修正工艺。设备及工艺参数应足以保证硬化效果的良好复现性，硬化层应布满全齿宽和齿廓，包括双侧齿面、双侧齿根和齿根拐角。

[2] 最终加工后的齿轮轮齿区域内，任何质量级别的材料都不允许存在裂纹、爆裂、折叠。最大磁痕限制：25mm 齿宽内不超过 1 个，一侧齿面内不超过 5 个，在工作齿高中线以下不允许存在。对于超标缺陷，在不影响齿轮完整性并征得用户同意情况下可以去除。

3.2.3.2 齿轮的疲劳强度等级

按表 3-10 进行分级质量控制的表面淬火齿轮相应的接触疲劳强度和弯曲疲劳强度等级见图 3-9 和图 3-10。

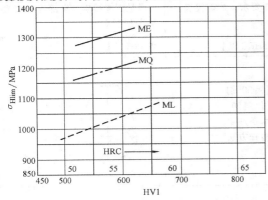

图 3-9 表面淬火（火焰或感应淬火）钢齿轮的接触疲劳强度 σ_{Hlim}

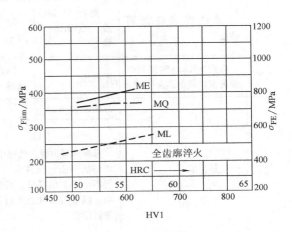

图 3-10 表面淬火（火焰或感应淬火）钢齿轮的弯曲疲劳强度 σ_{Flim} 和 σ_{FE}

注：$\sigma_{FE} = \sigma_{Flim} Y_{ST}$。

3.2.4　渗碳（碳氮共渗）齿轮的材料热处理质量控制及疲劳强度

3.2.4.1　材料热处理质量控制

渗碳（碳氮共渗）齿轮的材料热处理质量分级

控制和检验项目及规定见表 3-11。

3.2.4.2　齿轮的疲劳强度等级

按表 3-11 进行分级质量控制的渗碳（碳氮共渗）齿轮相应的接触疲劳强度和弯曲疲劳强度等级见图 3-11 和图 3-12。

表 3-11　渗碳（碳氮共渗）齿轮钢

序号	项　　目	ML	MQ	ME
1	化学成分	不检验	100% 跟踪原始坯锭，提交检验报告	对同一批坯锭取样检验，提交检验报告
2	淬透性（按 GB/T 225—2006 检验）	不检验		
3	纯度及冶炼		钢材在钢包中脱氧及精炼处理，并经真空脱气，浇注过程应有防氧化措施，除非用户要求，否则禁止故意加钙。最大氧含量 25×10^{-6}，按 GB/T 10561—2005 方法 B 检验Ⅱ区纯度，检验面积近 $200 mm^2$。下表为夹杂物级别	
4	锻造比[①]	不规定	至少 3 倍	
5	晶粒度	不规定	5 级或更细晶粒，提交检验报告	
6	粗车状态超声波检测	不规定	推荐。对于大直径工件在切齿前检查缺陷	要求。5 件以上产品可抽查
			方法见本表调质钢 7.1 项	
7	表面硬度			
7.1	工件代表性表面硬度[②]	最低 55HRC 或 73HR30N，抽查	58 ~ 64HRC 或 75.7 ~ 81.1HR 30N，抽查	58 ~ 64HRC 或 75.7 ~ 81.1HR30N，同炉热处理件数 ≤5 时全部检查，否则抽查
7.2	模数 ≥12mm 时齿宽中线齿根区域的表面硬度	不规定	满足图样要求，抽查代表性试样	满足图样要求，全部检查或检验代表性试样
8	心部硬度	21HRC 以上	25HRC 以上	35HRC 以上
		推荐测量位置：齿宽中部齿根 30° 切线的法向上，深度为 5 倍硬化层深，但不小于 1 倍模数。可按技术条件要求，或采用供需双方协议的检查方法进行检测		
9	有效硬化层深度（按 GB/T 9450—2005 检验）	用代表性试样检查或类似齿轮的同模数齿块		

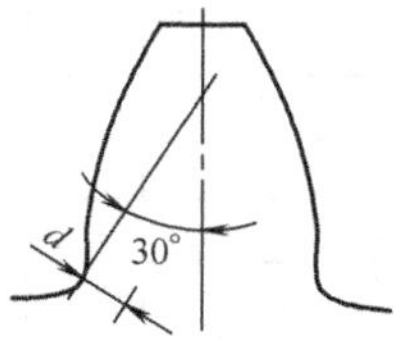

表 3 纯度及冶炼 夹杂物级别：

级别	A		B		C		D	
	细系	粗系	细系	粗系	细系	粗系	细系	粗系
MQ	3.0	3.0	2.5	1.5	2.5	1.5	2.0	1.5
ME	3.0	2.0	2.5	1.5	1.0	1.0	1.5	1.0

（续）

序号	项　目	ML	MQ		ME	
10	至表面硬度降（在有效硬化层深度范围内，次层最高硬度与表面硬度之差）	不规定	对于工件或代表性试样，硬度降低不超过 2HRC。当精加工状态硬度 650HV 以上时，硬度降低限制在 40HV 以下		硬度降低不能超过 30HV	
11		各种显微组织检查均可按表3-98中规定试样进行。这种检查对 MQ 为"任意"，对 ME 为"必须检查"，对 ML 不要求				
11.1	表面碳含量限制	不规定	共析钢 $w(C)$ 加 +0.2% ~ -0.10%，建议代表性试样中以细针马氏体为主			
11.2	表面氮含量（碳氮共渗）	不检查	按技术条件要求，一般 $w(N)<0.3\%$			
11.3	碳化物	允许有半连续状碳化物网	允许有断续的碳化物，对于代表性试样，所有碳化物长度不超过 0.02mm		弥散状碳化物，检验代表性试样	
			可按各行业标准执行			
11.4	残留奥氏体（对代表性试样金相法检查）	不规定	25% 以下		25% 以下且细小弥散	
			可按各行业标准执行			
11.5	表面非马氏体（IGO）	不规定	渗层深度 e/mm	IGO/μm	渗层深度 e/mm	IGO/μm
			$e \leqslant 0.75$	17	$e \leqslant 0.75$	12
			$0.75 < e \leqslant 1.50$	25	$0.75 < e \leqslant 1.50$	20
			$1.50 < e \leqslant 2.25$	38	$1.50 < e \leqslant 2.25$	20
			$2.25 < e \leqslant 3.00$	50	$2.25 < e \leqslant 3.00$	25
			$e > 3.00$	60	$e > 3.00$	30
			若超差，可与用户协调采用控制喷丸进行补救			
12	无损检测					
12.1	表面裂纹（用磁粉或着色渗透检测法[3]）	不允许有裂纹、抽查	不允许有裂纹，磁粉检测抽查率应达到 50%		不允许有裂纹，100% 磁粉检测，批量 ≥5 件时可抽查。抽查率高于 MQ	
12.2	齿部磁粉检测[3]	不规定	模数/mm	缺陷最大尺寸/mm	模数/mm	缺陷最大尺寸/mm
			≤2.5	1.6	≤2.5	0.8
			>2.5 ~ 8	2.4	>2.5 ~ 8	1.6
			>8	3.0	>8	2.4
13	心部显微组织（位置同第 8 项）	不规定	按行业有关标准执行		不允许有块状游离铁素体	

① 见表3-8 呼应注③。

② 由于尺寸和工艺的差别，齿根硬度可能略低于齿面硬度，允许值可由供需双方协商。

③ 在最终加工后的齿轮轮齿区域内，任何质量级别的材料都不允许有裂纹、爆裂、折叠。最大磁痕限制：25mm 齿宽内不超过 1 个，一侧齿面内不超过 5 个。在工作齿高中线以下不允许存在。对于超标缺陷，在不影响齿轮完整性并征得用户同意情况下可以去除。

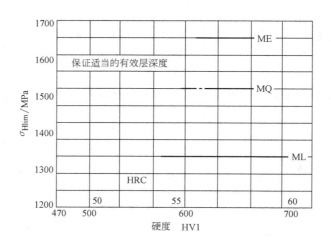

图 3-11 渗碳淬火钢齿轮的接触疲劳强度 σ_{Hlim}

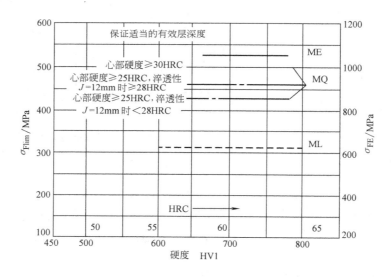

图 3-12 渗碳淬火钢齿轮的弯曲疲劳强度 σ_{Flim} 和 σ_{FE}

注：$\sigma_{FE} = \sigma_{Flim} Y_{ST}$。

3.2.5 渗氮齿轮的材料热处理质量控制及疲劳强度

3.2.5.1 材料热处理质量控制

渗氮齿轮的材料热处理质量分级控制和检验项目

及规定见表 3-12。

3.2.5.2 齿轮的疲劳强度等级

按表 3-12 进行质量分级控制的渗氮齿轮相应的接触疲劳强度和弯曲疲劳强度等级，见图 3-13 和图 3-14。

表 3-12　渗氮齿轮钢和调质齿轮钢-经渗氮（氮碳共渗）

序号	项　目			ML	MQ	ME
1	化学成分					
2	调质后力学性能					
3	纯度				同表 3-8（调质钢 1～6 项）	
4	晶粒度					
5	超声波检测					
6	锻造比					
7	预备热处理			无表面脱碳的调质或正火，其中回火温度应高于后续渗氮（共渗）温度		
8	心部要求[①]			不检验	$R_m > 900\mathrm{MPa}$ 或硬度 $> 266\mathrm{HBW}$（一般情况下铁素体体积分数应 $< 5\%$）	
9	渗氮（氮碳共渗）层深度			有效渗氮层深度是指从表面到 400HV 或 40.8HRC 硬度处的垂直距离。如果心部硬度超过 380HV，那么心部硬度 +50HV 可作为界限硬度		
10	表面硬度					
10.1	渗氮	渗氮钢[②③④]			650～900HV[⑤]	
10.2		调质钢[②]			>450HV	
10.3	氮碳共渗	合金钢[②]			>500HV	
10.4		非合金钢[②]			>300HV	
11	表面组织（白亮层及脆性）	白亮层	渗氮	≤25μm	≤25μm，且以 ε 相为主	同 MQ。若渗氮后磨齿，应考虑抗点蚀能力
			氮碳共渗	不规定	白亮层 <30μm，且以 ε 相为主	
		脆性		≤3 级	≤2 级（GB/T 11354—2005）	
12	渗氮后加工精度[⑥]			—	特殊情况下磨齿，但应防止表面承载能力的降低	
13	渗氮（氮碳共渗）设备			设备及工艺参数可控。对液体氮碳共渗，要求带有通风的钛耐热合金坩埚或钝化炉衬，以防止共渗时铁元素渗入溶盐中		

① 对于渗氮或氮碳共渗件其调质后的心部硬度决定其最终心部硬度，因此在调质回火温度高于渗氮或氮碳共渗温度前提下，其硬度值在允许切齿（冷加工）的条件下，应尽可能取高的硬度值，以增加强度和不致产生蛋壳效应。

② 测量表面硬度时应注意垂直于表面，试验载荷应同渗层深度及硬度相称。

③ 渗氮齿轮抗过载能力较低，由于 S-N 曲线形状平缓，因此在设计前应考虑好其冲击敏感性。对于含铝的合金钢，当渗氮周期较长时，晶界有形成连续网状氮化物的可能，使用这种钢材，应在热处理时列出特别注意事项。

④ 含铝渗氮钢或类似钢材，只限于 ML 和 MQ。这类材料的齿根应力值 σ_{Flim} 限制是：对于 ML 级 <250MPa；对于 MQ 级 <340MPa。

⑤ 当由于白亮层（>10μm）而使硬度增加时，疲劳强度反而由于脆性原因而降低。

⑥ 许多渗氮齿轮抗过载能力低，因此，齿轮应有足够高的几何精度，以限制动载荷在轮齿总载荷中的比例。

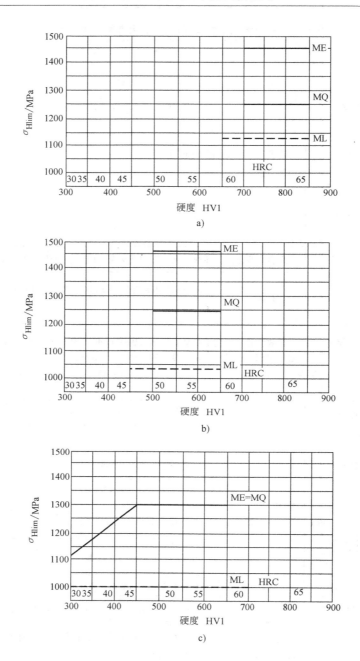

图 3-13　渗氮及氮碳共渗钢齿轮的接触疲劳强度 σ_{Hlim}

a）渗氮钢渗氮处理　b）调质钢渗氮处理

c）调质钢氮碳共渗处理

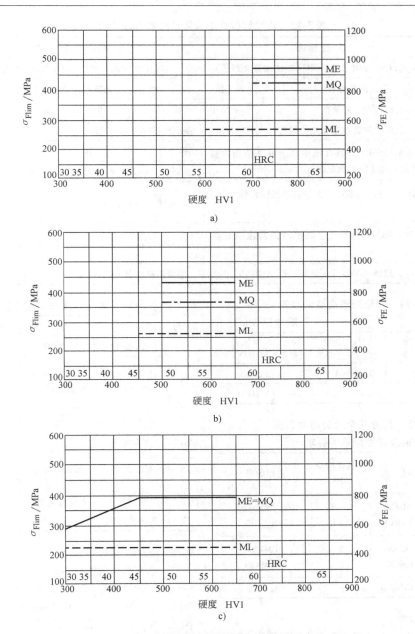

图 3-14 渗氮及氮碳共渗钢齿轮的弯曲疲劳强度 σ_{Flim} 和 σ_{FE}

a）渗氮钢渗氮处理 b）调质钢渗氮处理 c）调质钢氮碳共渗处理

注：$\sigma_{FE} = \sigma_{Flim} Y_{ST}$。

3.3 齿轮材料

齿轮用材料主要是合金钢，其次是铸铁和铜合金。

3.3.1 齿轮用钢

3.3.1.1 齿轮钢材的冶金质量

齿轮用钢冶金质量的检验项目及技术要求见表3-13。

对齿轮钢材冶金质量的要求中特别是纯净和淬透性，为此提出对钢材氧含量和淬透性带的要求。表3-14是真空脱气冶炼对降低氧含量从而减少非金属夹杂物的效果。表3-15是国外汽车齿轮渗碳钢淬透性带的要求。

我国齿轮协会规定汽车齿轮渗碳钢的氧含量 $\leqslant 20 \times 10^{-6}$，淬透性带宽 $\leqslant 7HRC$。

表 3-13　齿轮钢材的冶金质量检验和技术要求

项目名称	检验标准		技术要求			
疏松和偏析	GB/T 1979—2001《结构钢低倍组织缺陷评级图》		合金钢按 GB/T 3077—1999 规定不得超过表中数字			
	缺陷名称	级数	钢　种	一般疏松	中心疏松	锭型偏析
	一般疏松和中心疏松	4 级	优质钢	3 级	3 级	3 级
	一般点状偏析和边缘点状偏析	4 级	高级优质钢	2 级	2 级	2.5 级
非金属夹杂	GB/T 10561—2005《钢中非金属夹杂物含量的测定—标准评级图显微检验法》		种类	A	B	C	D
			级别	≤2.5	≤2.5	≤2.0	≤2.5
带状组织	GB/T 13299—1991《钢的显微组织检验方法》共 5 级		齿轮渗碳钢要求不大于 3 级			
晶粒度	GB/T 6394—2002《金属平均晶粒度测定方法》		按 GB/T 3077—1999 要求钢的本质晶粒度不小于 6 级			
淬透性	GB/T 5216—2004《保证淬透性结构钢》		根据用户要求，按 A、B、C、D 四种方法订货			

表 3-14　真空脱气冶炼的效果
（质量分数）

钢材状况	氧含量 (10⁻⁴%)	Al_2O_3 (%)	SiO_2 (%)	TiO_2 (%)	氧化物总量(%)
普通冶炼	45	40.29	3.75	0.45	54.12
真空脱气	20	10.40	2.30	—	16.70

氧含量单位为 $10^{-4}\%$

表 3-15　国外几个大公司对齿轮钢淬透性带宽的要求

公　司	钢系	淬透性带宽 HRC	典型牌号
德国大众 ZF	MnCr5	6 ~ 8	16、28MnCr5
	CrMnB	7 ~ 8	ZF6、ZF7
日本小松	CrMo	8	SCM420
	CrNiMo	5	SNCM420
美国休斯通用	CrNiMo	8	SAE8620

3.3.1.2　齿轮锻件

1. 齿坯锻件的主要检验项目　齿坯锻件的主要

表 3-16　齿坯锻件主要检验项目及内容

序号	项　目	检验内容	检验方法及仪器
1	化学成分	各元素含量	化学法；光谱法
2	外形尺寸及表面质量	各部尺寸及表面缺陷状况	直接测量或样板检查，清除缺陷
3	硬度	HBW	布氏硬度计
4	力学性能	R_m、R_{eL}、A、Z、a_K	拉伸试验、冲击试验
5	低倍组织	偏析、疏松	目视或放大镜
6	高倍组织	晶粒度、非金属夹杂物	光学显微镜
7	超声波检测	内部缺陷	超声波检测仪

检验项目及内容见表 3-16。

2. 齿坯锻件的锻后热处理

（1）锻后冷却。齿坯锻造后其冷却有空冷、坑冷和炉冷几种方式，可根据钢材种类和断面尺寸大小不同，参考表 3-17 进行。为了改善组织，特别是消除白点，建议采用锻后等温冷却热处理，图 3-15 所

表 3-17　钢锭直接锻制的齿坯锻件锻后冷却方式

牌　号	断面尺寸/mm					
	≤100	101 ~ 200	201 ~ 300	301 ~ 500	501 ~ 800	>800
40、45、20Cr、16MnCr	空冷					
40Cr、35CrMo、42CrMo、20CrMnMo、30CrMnTi、38CrMoAl	坑冷		炉冷			
40CrMnMo、40CrNiMoA、40CrNi2Mo、20CrNi3、20CrNi2Mo、17Cr2Ni2Mo、20Cr2Ni4、18Cr2Ni4WA、34CrNi3Mo						

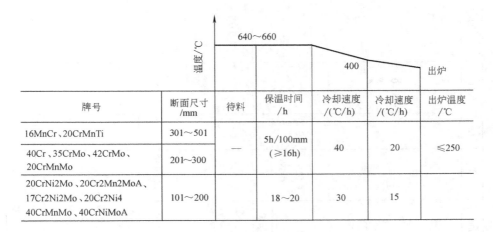

牌号	断面尺寸/mm	待料	保温时间/h	冷却速度/(℃/h)	冷却速度/(℃/h)	出炉温度/℃
16MnCr、20CrMnTi	301~501	—	5h/100mm (≥16h)	40	20	≤250
40Cr、35CrMo、42CrMo、20CrMnMo	201~300					
20CrNi2Mo、20Cr2Mn2MoA、17Cr2Ni2Mo、20Cr2Ni4 40CrMnMo、40CrNiMoA	101~200		18~20	30	15	

图 3-15　锻后等温冷却规范

示为一种典型工艺。

（2）齿坯的锻后热处理。锻造后热处理有两个重要的目的：①细化晶粒、改善组织；②去除钢中的氢，防止白点和氢脆的产生。

正火（退火）温度根据钢材的相变温度确定，可参考表 3-18 的数据。从表中看出，细化晶粒的工

表 3-18　各种钢正火（退火）及高温回火温度

序号	牌　号	Ac_1/℃	Ac_3/Ac_{cm}/℃	Ms/℃	正火或退火温度/℃ 单独生产	正火或退火温度/℃ 配炉	高温回火温度/℃ 单独去氢	高温回火温度/℃ 考虑性能
1	20Cr	740	815	390	880~900	870~920	630~660	
2	20CrMo	730	825	400	890~900	880~910	630~660	590~660
3	18CrMnMoB	741	840	370	880~900	880~910	630~660	
4	20CrMnTi	730	820	360	920~940	900~940	630~660	
5	12CrNi2	715	830	375~405	880~900	880~940	630~660	
6	20Cr2Ni4	685	775	305	890~910	880~920	630~660	
7	17Cr2Ni2Mo	730	820	400	880~900	880~940	630~660	
8	18Cr2Ni4W	695	800	310	920~940	900~950	630~660	
9	40Cr	730	780	330	840~860	830~880	630~660	
10	35CrMo	740	790	340	850~870	840~880	630~660	
11	38CrMoAl	760	885	360	940~960	930~970	630~710	
12	40CrNiMo	730	785	320	840~860	830~870	630~660	
13	40CrNi2Mo（4340）	732	774	290	840~860	830~870	630~660	
14	34CrNi3Mo	705	750	290	850~870	840~880	630~660	

艺和锻件的去氢可以在一起考虑。

3.3.1.3　各类齿轮用钢

1. 车辆齿轮用钢　车辆齿轮用钢主要用于制作汽车、拖拉机、工程车及摩托车等齿轮，我国现已形成了比较完整的用钢系列，基本上可以满足国内外各类车辆、各类品牌的齿轮选用，表 3-19 是用钢系列。

2. 机床齿轮用钢　机床齿轮常用钢材及热处理工艺，列于表 3-20。

表3-19　车辆齿轮用钢系列

牌　号		化学成分(质量分数)(%)											
国内牌号	国外牌号	C	Si	Mn	P	S	Ni	Cr	Mo	Al	Cu	Ti	B
16CrMnTiH		0.13~0.18	0.17~0.37	0.80~1.10	≤0.030	≤0.035	—	0.90~1.20	—	—	—	0.04~0.10	—
20CrMnTiH1		0.18~0.23	0.17~0.37	0.80~1.10	≤0.030	≤0.035	—	1.00~1.30	—	—	—	0.04~0.10	—
20CrMnTiH2		0.18~0.23	0.17~0.37	0.80~1.10	≤0.030	≤0.035	—	1.00~1.30	—	—	—	0.04~0.10	—
20CrMnTiH3		0.18~0.23	0.17~0.37	0.80~1.10	≤0.030	≤0.035	—	1.00~1.30	—	—	—	0.04~0.10	—
20CrMnTiH4		0.18~0.23	0.17~0.37	0.80~1.10	≤0.030	≤0.035	—	1.00~1.30	—	—	—	0.04~0.10	—
20CrMnTiH5		0.18~0.23	0.17~0.37	0.90~1.25	≤0.030	≤0.035	—	1.10~1.45	—	—	—	0.04~0.10	—
20CrMnTiH6		0.18~0.23	0.17~0.37	0.90~1.25	≤0.030	≤0.035	—	1.10~1.45	—	—	—	0.04~0.10	—
16MnCrH	16MnCr5	0.14~0.20	≤0.12	1.00~1.40	≤0.030	0.02~0.035	—	0.90~1.20	—	0.02~0.055	≤0.20	—	—
20MnCrH	20MnCr5	0.17~0.23	≤0.12	1.10~1.50	≤0.030	0.02~0.035	—	1.00~1.30	—	0.02~0.055	≤0.20	—	—
25MnCrH	25MnCr5	0.23~0.28	≤0.12	1.10~1.50	≤0.030	0.02~0.035	—	1.00~1.30	—	0.02~0.055	≤0.20	—	—
28MnCrH	28MnCr5	0.25~0.30	≤0.12	1.10~1.50	≤0.030	0.02~0.035	—	1.00~1.30	—	0.02~0.055	≤0.20	—	—
16CrMnBH	ZF6	0.13~0.18	0.15~0.40	0.60~0.80	≤0.030	0.015~0.035	≤0.15	0.80~1.10	—	—	—	—	0.001~0.003
18CrMnBH	ZF7	0.15~0.20	0.15~0.40	0.60~0.80	≤0.030	0.015~0.035	≤0.15	0.80~1.10	—	—	—	—	0.001~0.003
17CrMnBH	ZF7B		0.15~0.40	0.60~0.80	≤0.030	0.015~0.035	≤0.15	0.80~1.10	—	—	—	—	0.001~0.003
17Cr2Ni2H	ZF1	0.15~0.19	0.15~0.40	1.00~1.30	≤0.030	0.015~0.035	1.40~1.70	1.00~1.30	≤0.10	—	—	—	—
16CrNiH	16CrNi4	0.13~0.18	0.15~0.35	0.40~0.60	≤0.030	0.02~0.04	0.80~1.20	1.40~1.70	≤0.10	0.02~0.05	—	—	—
19CrNiH	19CrNi5	0.16~0.21	0.15~0.35	0.70~1.10	≤0.030	0.02~0.035	0.80~1.20	0.80~1.20	≤0.10	—	—	—	—
17Cr2Ni2MoH	ZF1A	0.15~0.19	0.15~0.40	0.40~0.60	≤0.030	0.015~0.035	1.40~1.70	1.50~1.80	0.25~0.35	—	—	—	—
20CrNiMoH1	8620H1	0.17~0.23	0.15~0.35	0.60~0.95	≤0.030	0.015~0.035	0.35~0.75	0.35~0.65	0.15~0.25	0.02~0.045	—	—	—
20CrNiMoH2	8620H2		0.15~0.35	0.60~0.95	≤0.030	0.017~0.032	0.35~0.75	0.35~0.65	0.15~0.25	0.02~0.045	—	—	—
15CrMoH		0.13~0.18	0.17~0.37	0.40~0.70	≤0.030	≤0.025	—	0.80~1.10	0.25~0.45	—	—	—	—
20CrMo		0.18~0.23	0.17~0.37	0.40~0.70	≤0.030	≤0.025	—	0.85~1.25	0.15~0.25	—	≤0.15	—	—
20CrMoH	SCM420	0.17~0.23	0.17~0.35	0.55~0.90	≤0.030	≤0.035	—	0.80~1.10	0.15~0.35	—	—	—	—
35CrMo		0.32~0.40	0.17~0.37	0.40~0.70	≤0.030	≤0.035	—	0.80~1.10	0.15~0.25	—	—	—	—
20CrH		0.18~0.23	0.17~0.37	0.50~0.80	≤0.030	≤0.035	—	0.70~1.00	—	—	≤0.20	—	—
40Cr		0.37~0.44	0.17~0.37	0.50~0.80	≤0.030	≤0.035	—	0.80~1.10	—	—	—	—	—

表3-20 机床齿轮常用钢材及热处理工艺

序号	齿轮种类	性能要求	钢材	热处理工艺
1	低速低载： 变速箱齿轮 挂轮架齿轮 车溜板齿轮	耐磨性为主，强度要求不高	45、50、55	调质：200～250HBW 240～280HBW 感应淬火：40～45HRC 52～56HRC
2	中、高速，中载： 车床变速箱齿轮 钻床变速箱齿轮 磨床齿轮，变速箱齿轮 高速机床进给箱变速箱齿轮	较高的耐磨性和强度	40Cr、42CrMo 42SiMn	感应淬火（沿齿廓） 52～56HRC
			38CrMnAl 38CrMoAl 25Cr2MoV	渗氮： 渗层深度0.15～0.4mm
3	高速，中、重载，有冲击载： 机床变速箱齿轮 龙门铣电动机齿轮 立车齿轮	高强度、耐磨及良好的韧性	20Cr 20CrMo 20CrMnTi 20CrNi2Mo 12CrNi3	渗碳
4	大断面齿轮	高的淬透性	35CrMo 42CrMo 50Mn2 60Mn2	调质

3. 工业齿轮用钢

（1）常用调质及表面淬火钢

1）按淬透性高低将钢分成五类，见表3-21。

表3-21 常用调质及表面淬火钢（按淬透性高低分类）

类别	典型淬透性曲线	牌号
Ⅰ	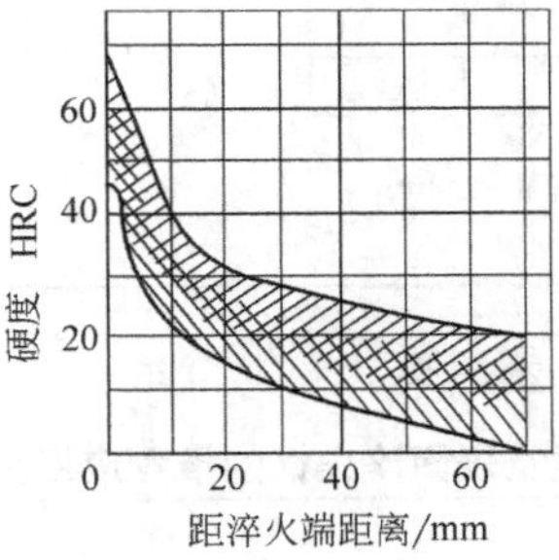	35 45 55
Ⅱ	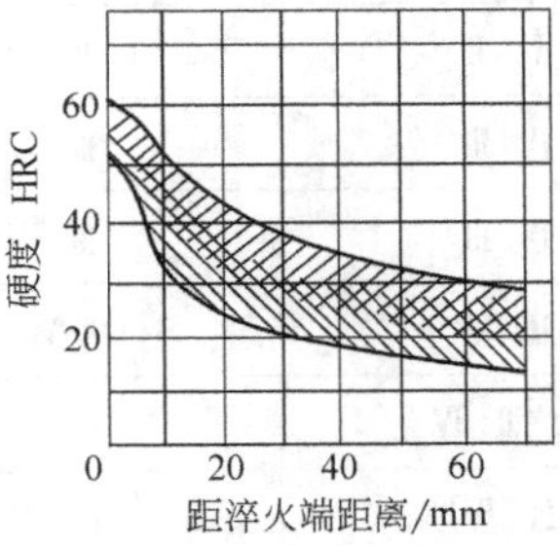	40Mn 50Mn 40Cr 35SiMn 42SiMn

（续）

类别	典型淬透性曲线	牌号
Ⅲ	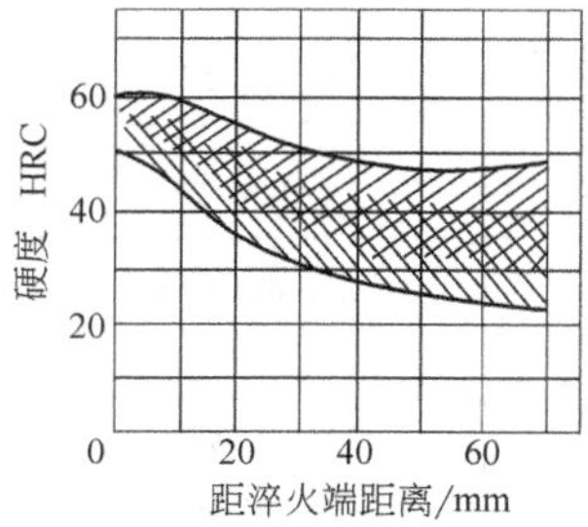	35CrMo 42CrMo 40CrMnMo 35CrMnSi 40CrNi 40CrNiMo 45CrNiMoV
Ⅳ	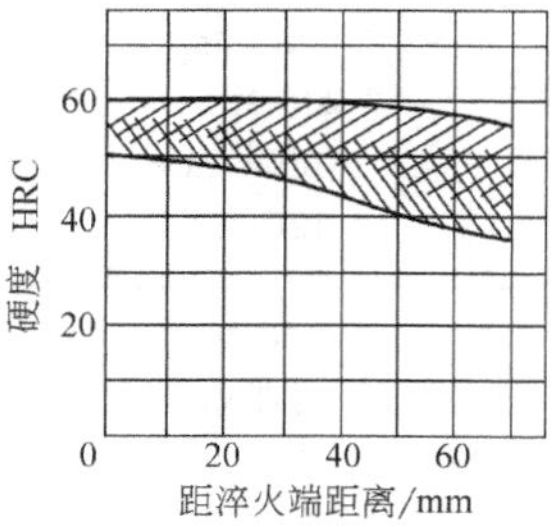	35CrNi2Mo 40CrNi2Mo
Ⅴ	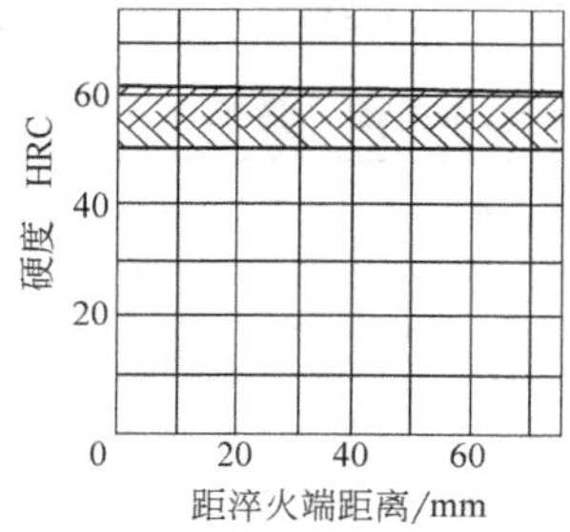	30CrNi3 34CrNi3Mo 37SiMn2MoV

2）各类调质及表面淬火钢的推荐应用范围见表 3-22。

表 3-22　各类调质及表面淬火钢的推荐应用范围

齿轮尺寸/mm		抗拉强度 R_m/MPa		
		600～800	800～1000	>1000
圆棒直径	≈40	Ⅰ　Ⅱ	Ⅱ　Ⅲ	Ⅲ　Ⅳ
	40～80	Ⅱ　Ⅲ	Ⅲ　Ⅳ	Ⅳ　Ⅴ
	80～120	Ⅱ　Ⅲ	Ⅲ　Ⅳ	Ⅳ　Ⅴ
	120～180	Ⅱ　Ⅲ	Ⅲ　Ⅳ　Ⅴ	Ⅴ
	180～250	Ⅱ　Ⅲ　Ⅳ	Ⅳ　Ⅴ	Ⅴ
	>250	Ⅲ　Ⅳ	Ⅳ　Ⅴ	Ⅴ

（续）

齿轮尺寸/mm		抗拉强度 R_m/MPa		
		600 ~ 800	800 ~ 1000	>1000
齿圈厚度	≈20	Ⅰ Ⅱ	Ⅲ Ⅳ	Ⅳ
	20 ~ 40	Ⅰ Ⅱ	Ⅲ Ⅳ	Ⅳ Ⅴ
	40 ~ 60	Ⅰ Ⅱ Ⅲ	Ⅳ	Ⅳ Ⅴ
	60 ~ 90	Ⅱ Ⅲ Ⅳ	Ⅳ	Ⅳ Ⅴ
	90 ~ 120	Ⅲ Ⅳ	Ⅳ Ⅴ	Ⅴ
	>120	Ⅲ Ⅳ	Ⅳ Ⅴ	Ⅴ
盘状齿坯宽度	≈12.5	Ⅰ Ⅱ	Ⅱ Ⅲ	Ⅲ Ⅳ
	12.5 ~ 25	Ⅰ Ⅱ	Ⅱ Ⅲ	Ⅲ Ⅳ
	25 ~ 50	Ⅰ Ⅱ Ⅲ	Ⅲ Ⅳ	Ⅴ
	50 ~ 100	Ⅱ Ⅲ	Ⅲ Ⅳ	Ⅴ
	100 ~ 200	Ⅱ Ⅲ	Ⅳ	Ⅴ
	>200	Ⅱ Ⅲ	Ⅳ	Ⅴ

注：表中的Ⅰ~Ⅴ系指表 3-21 中相应的类别。

（2）常用渗碳钢。低速重载及高速齿轮常用的渗碳钢按其用途分类列于表 3-23。

（3）常用渗氮钢。表 3-24 是根据齿轮的不同使用要求而推荐的渗氮齿轮用钢。

表 3-23　不同条件下使用的各种低速重载及高速齿轮用渗碳钢

齿 轮 用 途	性能要求	牌号
起重、运输、冶金、采矿、化工等设备的普通减速器小齿轮	耐磨、承载能力较高	20CrMo 20CrMnTi 20CrMnMo
冶金、化工、电站设备及铁路机车、宇航、船舶等的汽轮发动机、工业汽轮机、燃气轮机、高速鼓风机及透平压缩机等的齿轮	运行速度高、周期长、安全可靠性高	12CrNi3 12Cr2Ni4 20CrNi3 20CrNi2Mo
大型轧钢机减速器齿轮、人字齿轮、机座齿轮、大型带式输送机传动轴齿轮、大型锥齿轮、大型挖掘机传动器主动齿轮、井下采煤机传动器齿轮、坦克等齿轮	传递功率大、齿轮表面载荷高；耐冲击；齿轮尺寸大，要求淬透性高	20CrNi2Mo 17Cr2Ni2Mo 20Cr2Ni4 18Cr2Ni4W 20Cr2Mn2Mo

表 3-24　不同使用条件下渗氮齿轮用钢的选择

齿 轮 用 途	性 能 要 求	推 荐 牌 号
一般用途	表面耐磨	45　40Cr 20CrMnTi
有冲击载荷	表面耐磨，心部韧性高	18Cr2Ni4WA 30CrNi3 35CrMo

（续）

齿 轮 用 途	性 能 要 求	推 荐 牌 号
在重载下工作	表面耐磨，心部强度高	35CrMoV 42CrMo 40CrNiMo 25Cr2MoV
在重载、冲击下工作	表面耐磨，心部强韧性高	30CrNiMoA 40CrNiMoA 34CrNi3Mo
精密传动	表面耐磨，精度高	38CrMoAlA 38CrMnAlA

3.3.2　齿轮用铸铁

铸铁齿轮与钢制齿轮相比，具有可加工性好、耐磨性高、噪声低及价格便宜等优点。

3.3.2.1　齿轮用灰铸铁

表 3-25 是齿轮用灰铸铁的牌号及抗拉强度。

表 3-25　齿轮用灰铸铁牌号及抗拉强度

牌号	抗拉强度 R_m/MPa	牌号	抗拉强度 R_m/MPa
HT150	150	HT300	300
HT200	200	HT350	350
HT250	250	HT400	400

灰铸铁抗拉强度低，脆性较高，但耐磨性好，减振性佳，缺口敏感性小。表 3-26 是灰铸铁与球墨铸铁和钢的缺口敏感系数。

表 3-26　灰铸铁、球墨铸铁和钢的缺口敏感系数

材料	R_m/MPa	缺口敏感系数 $\beta = \dfrac{\sigma_{-1}}{\sigma_{-1K}}$
灰铸铁	163	1.05
	213	1.09
	261	1.20
	299	1.26
球墨铸铁	400	1.50
	700	1.70
球光体可锻铸铁		1.2 ~ 2.0
铸钢 ZG230-450		1.50
锻　钢		2.10

注：σ_{-1} 为光滑疲劳强度；σ_{-1K} 为缺口疲劳强度。

3.3.2.2　齿轮用球墨铸铁

球墨铸铁的性能介于钢和灰铸铁之间，是很有发展前途的齿轮材料。

球墨铸铁按强度等级编号，各种牌号球墨铸铁的基体组织和力学性能列于表 3-27。

表 3-27　球墨铸铁牌号、基体组织及力学性能

牌　号	基　体	R_m/MPa	$R_{p0.2}$/MPa	A（%）	a_K/（J/cm^2）	硬度　HBW
		≥				
QT400-18	铁素体	400	250	18	14[1]	130 ~ 180
QT400-15	铁素体	400	250	15	50 ~ 150	≤180
QT450-10	铁素体	450	310	10	—	160 ~ 210
QT500-7	铁素体 + 珠光体	500	320	7		170 ~ 230
QT600-3	珠光体	600	370	3	15 ~ 35[2]	190 ~ 270
QT700-2	珠光体	700	420	2	—	225 ~ 305
QT800-2	珠光体	800	560	2	—	245 ~ 335
QT900-2	下贝氏体	900	600	2	30 ~ 100[2]	280 ~ 360

[1] V 型缺口，3 个试样的平均值。

[2] 无缺口试样。

　　球墨铸铁可以通过适当的热处理获得各种性能。

　　表 3-28 是球墨铸铁在不同热处理状态下的力学性能。

　　几种用作齿轮的球墨铸铁的弯曲疲劳强度和接触

疲劳强度的试验数据列于表 3-29 和表 3-30。

　　表 3-31 给出了几种球墨铸铁的断裂韧度 K_{IC}。

　　球墨铸铁的常用热处理工艺列于表 3-32。

表 3-28　球墨铸铁在不同热处理状态下的力学性能

球墨铸铁基体种类	热处理状态	R_m/MPa	A（%）	硬度　HBW	a_K/（J/cm²）
铁素体	铸态	450～550	10～20	137～193	30～150
铁素体	退火	400～500	15～25	121～179	60～150
珠光体＋铁素体	铸态或退火	500～600	5～10	141～241	20～80
珠光体	铸态	600～750	2～4	217～269	15～30
珠光体	正火	700～950	2～5	229～302	20～50
珠光体＋碎块状铁素体	亚温正火	600～900	4～9	207～285	30～80
贝氏体＋碎块状铁素体	亚温贝氏体等温淬火	900～1100	2～6	32～40HRC	40～100
下贝氏体	贝氏体等温淬火	1200～1500	1～3	38～50HRC	30～100
回火索氏体	淬火，550～600℃回火	900～1200	1～5	32～43HRC	20～60
回火马氏体	淬火，200～250℃回火	700～800	0.5～1	55～61HRC	10～20

表 3-29　球墨铸铁齿轮的弯曲疲劳强度

球墨铸铁种类	硬度	$P=0.5$ 时疲劳曲线方程	失效概率 P	循环基数 N	疲劳强度 σ_{Flim}/MPa
珠光体	244HBW	$\sigma_F^{3.209} N = 4.0733 \times 10^{14}$	0.50	5×10^6	292.0
			0.01	5×10^6	198.2
上贝氏体	37HRC	$\sigma_F^{5.1704} N = 2.272 \times 10^{19}$	0.50	3×10^6	308.48
		—	0.01	3×10^6	289.45
下贝氏体	43.5HRC	$\sigma_F^{4.8870} N = 2.0116 \times 10^{18}$	0.50	3×10^6	263.01
			0.01	3×10^6	236.91
下贝氏体	41.8HRC	$\sigma_F^{3.8928} N = 1.7844 \times 10^{16}$	0.50	3×10^6	324.25
			0.01	3×10^6	307.35
钒钛下贝氏体	32.3HRC	$\sigma_F^{2.6307} N = 2.5074 \times 10^{13}$	0.50	3×10^6	427.84
		—	0.01	3×10^6	407.45

表 3-30　球墨铸铁的接触疲劳强度

球墨铸铁种类	硬度　HBW	$P=0.5$ 时疲劳曲线方程	失效概率 P	循环基数 N	疲劳强度 σ_{Hlim}/MPa
铁素体	180	$\sigma_H^{14.161} N = 5.194 \times 10^{46}$	0.50	5×10^7	569.1
			0.01	5×10^7	536.5
珠光体＋铁素体	226	$\sigma_H^{8.394} N = 2.242 \times 10^{31}$	0.50	5×10^7	657
		—	0.01	5×10^7	632
珠光体	253	$\sigma_H^{7.941} N = 3.688 \times 10^{30}$	0.50	5×10^7	758
		—	0.01	5×10^7	715
下贝氏体	41HRC	$\sigma_H^{4.5} N = 1.307 \times 10^{21}$	0.50	10^7	1371
		—	0.01	10^7	1235
铁素体（氮碳共渗）	64HRC	$\sigma_H^{20.83} N = 2.307 \times 10^{70}$	0.50	10^7	1100
		—	0.01	10^7	1060

表 3-31　球墨铸铁的断裂韧度

基体组织	珠光体	铁素体	下贝氏体	奥氏体 + 上贝氏体
K_{IC}/MPa·m$^{-1/2}$	28 ~ 38	76 ~ 82	41 ~ 62	85 ~ 92

表 3-32　球墨铸铁的常用热处理工艺

热处理工艺	目　的	工艺举例	基体组织	备　注
等温退火	消除白口及游离渗碳体，并使珠光体分解，改善可加工性，提高塑性、韧性	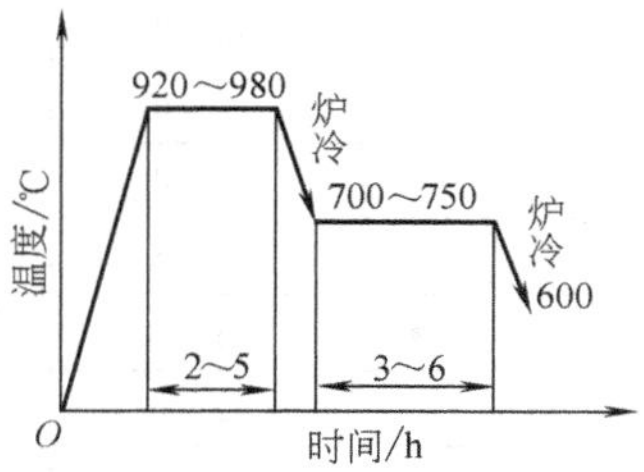	铁素体	
去应力退火	使珠光体分解，提高塑性、韧性	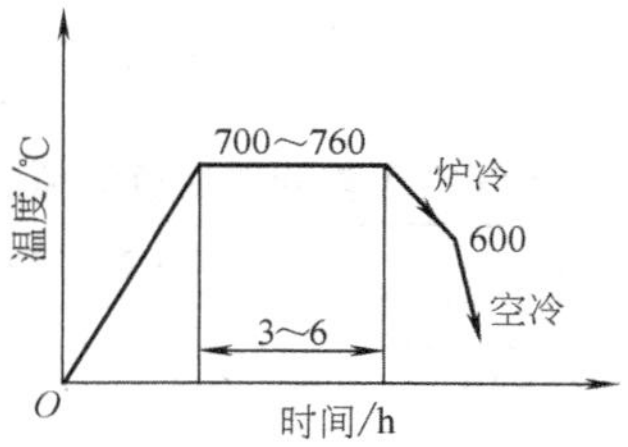	铁素体	铸态，无游离渗碳体
正火	提高组织均匀度及强度、硬度，耐磨性或消除白口及游离渗碳体	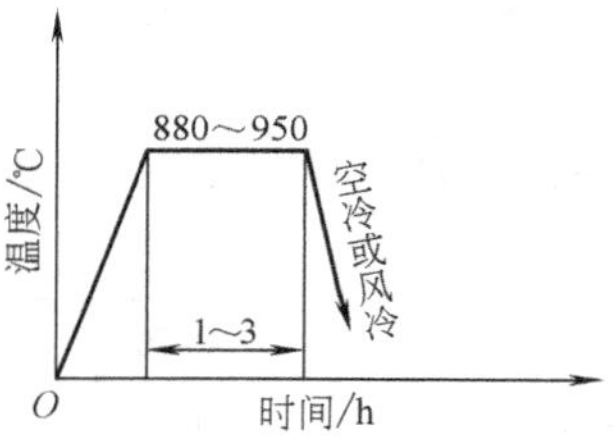	珠光体 + 少量铁素体（牛眼状）	复杂铸件正火后需进行回火
两次正火	提高组织均匀度及强度、硬度、耐磨性或消除白口及游离渗碳体，防止出现二次渗碳体	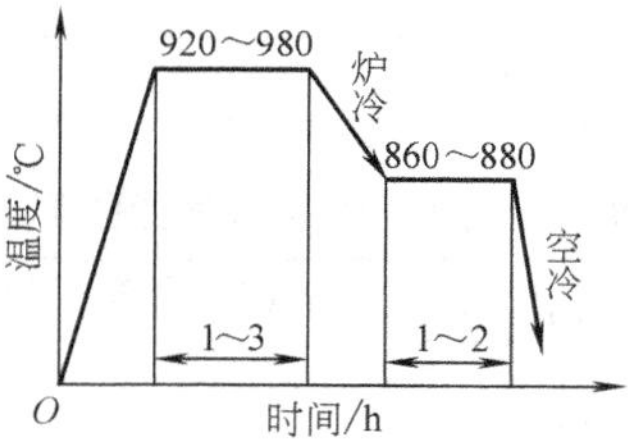	珠光体 + 少量铁素体（牛眼状）	复杂铸件正火后需进行回火
正火	获得良好的强度和韧性	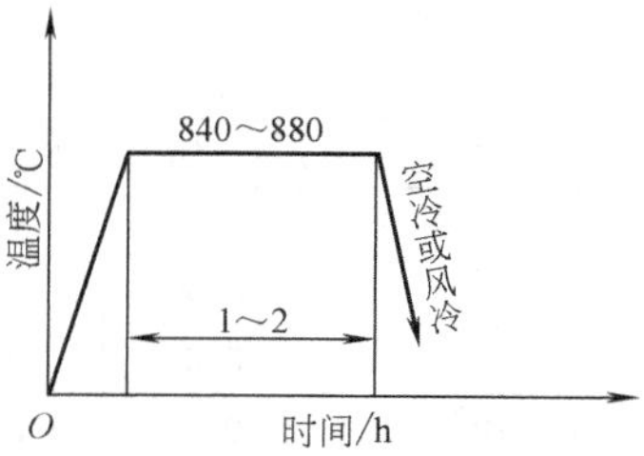	珠光体 + 铁素体（碎块状）	铸态并无游离渗碳体，复杂铸件正火后须进行回火

（续）

热处理工艺	目　的	工 艺 举 例	基体组织	备　注
高温不保温正火	获得良好的强度和韧性	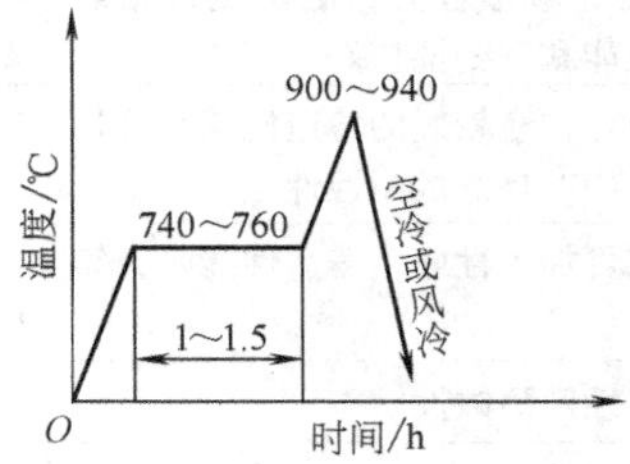 温度/℃；740～760，1～1.5，900～940，空冷或风冷；时间/h	珠光体+铁素体（碎块状）	铸态并无游离渗碳体，复杂铸件正火后须进行回火
淬火与回火	提高强度、硬度和耐磨性	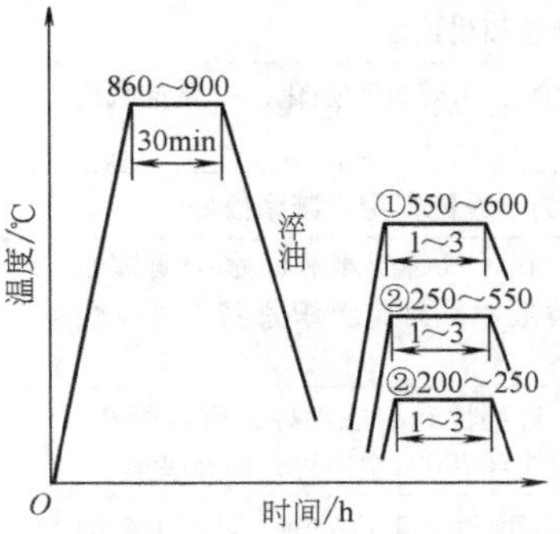 温度/℃；860～900，30min，淬油；①550～600 1～3；②250～550 1～3；②200～250 1～3；时间/h	① 回火索氏体+残留奥氏体；② 回火马氏体+回火托氏体+少量残留奥氏体；③ 回火马氏体+少量残留奥氏体	淬火前最好先进行正火处理
贝氏体等温淬火	提高强度、硬度、耐磨性及韧性	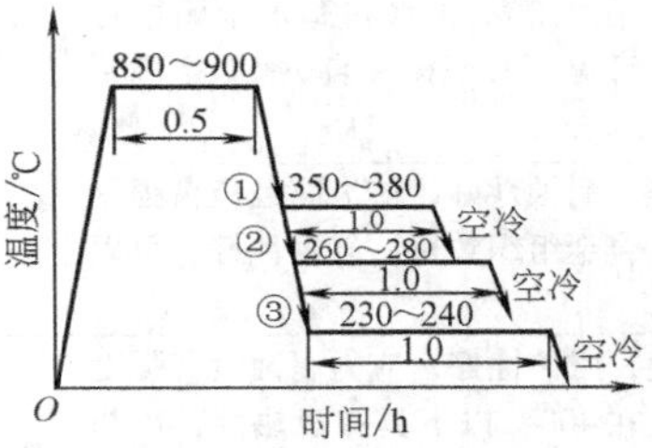 温度/℃；850～900，0.5；①350～380 1.0 空冷；②260～280 1.0 空冷；③230～240 1.0 空冷；时间/h	① 上贝氏体+残留奥氏体；② 下贝氏体+残留奥氏体；③ 下贝氏体+马氏体+残留奥氏体	铸态组织应无游离渗碳体

3.3.3　齿轮用非铁金属

用作齿轮的非铁金属主要是铜合金。常用齿轮铜合金的主要特性及用途列于表 3-33。表 3-34 给出了常用齿轮铜合金的力学性能。

表 3-33　各种铜合金的主要特性及用途

序号	牌号	主 要 特 性	用 途
1	HAl60-1-1	强度高，耐蚀性好	耐蚀齿轮、蜗轮
2	HAl66-6-3-2	强度高，耐磨性好，耐蚀性好	大型蜗轮
3	ZCuZn25Al6Fe3Mn3	有很高的力学性能，铸造性能良好，耐蚀性较好，有应力腐蚀开裂倾向，可以焊接	蜗轮
4	ZCuZn40Pb2	有好的铸造性能和耐磨性，可加工性好，耐蚀性较好，在海水中有应力腐蚀倾向	齿轮
5	ZCuZn38Mn2Pb2	有较高的力学性能和耐蚀性，耐磨性较好，可加工性较好	蜗轮
6	QSn6.5-0.1	强度高、耐磨性好，压力加工性及可加工性好	精密仪器齿轮
7	QSn7-0.2	强度高，耐磨性好	蜗轮

（续）

序号	牌号	主 要 特 性	用 途
8	ZCuSn5Pb5Zn5	耐磨性和耐蚀性好，减摩性好，能承受冲击载荷，易加工，铸造性能和气密性较好	较高载荷，中等滑动速度下工作的蜗轮
9	ZCuSn10Pb1	硬度高，耐磨性极好，有较好的铸造性能和可加工性，在大气和淡水中有良好的耐蚀性	高载荷，耐冲击和高滑动速度（8m/s）下的齿轮、蜗轮
10	ZCuSn10Zn2	耐蚀性、耐磨性和可加工性好，铸造性能好，铸件气密性较好	中等及较多载荷和小滑动速度的齿轮、蜗轮
11	QA15	较高的强度和耐磨性及耐蚀性	耐蚀齿轮、蜗轮
12	QA17	强度高，较高的耐磨性及耐蚀性	高强、耐蚀的齿轮、蜗轮
13	QA19-4	高强度，高减摩性和耐蚀性	高载荷齿轮、蜗轮
14	QA110-3-1.5	高的强度和耐磨性，可热处理强化，高温抗氧化性，耐蚀性好	高温下使用的齿轮
15	QA110-4-4	高温（400℃）力学性能稳定，减摩性好	高温下使用的齿轮
16	ZCuAl9Mn2	高的力学性能，在大气、淡水和海水中耐蚀性好，耐磨性好，铸造性能好，组织紧密，可以焊接，不易钎焊	耐蚀、耐磨的齿轮及蜗轮
17	ZCuAl10Fe3	高的力学性能、耐磨性和耐蚀性好，可以焊接，不易钎焊，大型铸件自700℃空冷可以防止变脆	高载荷大型齿轮、蜗轮
18	ZCuAl10Fe3Mn2	高的力学性能和耐磨性，可热处理，高温下耐蚀性和抗氧化性好，在大气、淡水和海水中耐蚀性好，可焊接，不易钎焊，大型铸件自700℃空冷可以防止变脆	高温、高载荷、耐蚀齿轮、蜗轮
19	ZCuAl8Mn13Fe3Ni2	很高的力学性能，耐蚀性好，应力腐蚀疲劳强度高，铸造性能好，合金组织致密，气密性好，可以焊接，不易钎焊	高强、耐腐蚀重要齿轮、蜗轮
20	ZCuAl9Fe4Ni4Mn2	很高的力学性能，耐蚀性好，应力腐蚀疲劳强度高，耐磨性良好，在400℃以下具有耐热性，可热处理，焊接性能好，不易钎焊，铸造性能尚好	要求高强度、耐蚀性好及400℃以下工作的重要齿轮、蜗轮

表3-34　常用齿轮铜合金的力学性能

序号	牌　号	状态	力 学 性 能 ≥					
			抗拉强度 R_m/MPa	屈服强度 $R_{p0.2}$/MPa	伸长率（%）		冲击韧度 a_K /(J/cm²)	硬度 HBW
					A	$A_{11.5}$		
1	HAl60-1-1	软态[①]	440	—	—	18	—	95
		硬态[②]	735	—	—	8	—	180
2	HAl66-6-3-2	软态	735	—	—	7	—	—
		硬态	—	—	—	—	—	—
3	ZCuZn25Al6Fe3Mn3	S[③]	725	380	10	—	—	160
		J[④]	740	400	7	—	—	170
4	ZCuZn40Pb2	S	220	—	15	—	—	80
		J	280	120	20	—	—	90
5	ZCuZn38Mn2Pb2	S	245	—	10	—	—	70
		J	345	—	18	—	—	80

（续）

序号	牌　　号	状态	力　学　性　能　≥					
			抗拉强度 R_m/MPa	屈服强度 $R_{p0.2}$/MPa	伸长率（%）		冲击韧度 a_K /（J/cm²）	硬度　HBW
					A	$A_{11.5}$		
6	QSn6.5-0.1	软态	343～441	196～245	60～70	—	—	70～90
		硬态	686～784	578～637	7.5～1.2	—	—	160～200
7	QSn7-0.2	软态	353	225	64	55	174	≥70
		硬态	—	—	—	—	—	—
8	ZCuSn5Pb5Zn5	S	200	90	13	—	—	60
		J	200	90	13	—	—	60
9	ZCuSn10Pb1	S	200	130	3	—	—	80
		J	310	170	2	—	—	90
10	ZCuSn10Zn2	S	240	120	12	—	—	70
		J	245	140	6	—	—	80
11	QAl5	软态	372	157	65	—	108	60
		硬态	735	529	5	—	—	200
12	QAl7	软态	461	245	70	—	147	70
		硬态	960	—	3	—	—	154
13	QAl9-4	软态	490～588	196	40	12～15	59～69	110～190
		硬态	784～980	343	5	—	—	160～200
14	QAl10-3-1.5	软态	590～610	206	9～13	8～12	59～78	130～190
		硬态	686～882	—	9～12	—	—	160～200
15	QAl10-4-4	软态	590～690	323	5～6	4～5	29～39	170～240
		硬态	880～1078	539～588	—	—	—	180～240
16	ZCuAl9Mn2	S	390	—	20	—	—	85
		J	440	—	20	—	—	95
17	ZCuAl10Fe3	S	490	180	13	—	—	100
		J	540	200	15	—	—	110
18	ZCuAl10FeMn2	S	490	—	15	—	—	110
		J	540	—	20	—	—	120
19	ZCuAl8Mn13Fe3Ni2	S	645	280	20	—	—	160
		J	670	310	18	—	—	170
20	ZCuAl9Fe4Ni4Mn2	S	630	250	16	—	—	160

① 软态为退火态。

② 硬态为压力加工态。

③ S—砂型铸造。

④ J—金属型铸造。

铜合金大多数情况下用来制作蜗轮，表3-35 和表3-36 是几种蜗轮材料在与蜗杆配对使用时的许用接触应力。表3-37 是几种蜗轮材料的许用弯曲应力。

表 3-35　$N = 10^7$ 时蜗轮材料的许用接触应力 σ_{HP}

蜗轮材料	铸造方法	适用滑动速度 /(m/s)	拉伸性能		蜗杆齿面硬度	
			R_{eL}/MPa	R_m/MPa	≤350HBW	>45HRC
					σ_{HP}/MPa	
ZCuSn10Pb1	砂型	≤12	137	216	177	196
	金属型	≤25	196	245	196	216
ZCuSn5Pb5Zn5	砂型	≤10	78	177	108	123
	金属型	≤12	78	196	132	147

表 3-36　几种蜗轮蜗杆副材料配对时的许用接触应力 σ_{HP}

蜗轮材料	蜗杆材料	滑动速度/(m/s)							
		0.25	0.5	1	2	3	4	6	8
		σ_{HP}/MPa							
ZCuAl10Fe3 ZCuAl10Fe3Mn2	钢（淬火）[1]	—	245	226	206	177	157	118	88.3
ZCuZn38Mn2Pb2	钢（淬火）[1]	—	211	196	177	147	132	93.2	73.6
HT200 HT150 (120~150HBW)	渗碳钢	157	127	113	88.3	—	—	—	—
HT150 (120~150HBW)	钢 （调质或正火）	137	108	88.3	68.7	—	—	—	—

[1] 蜗杆未经淬火时，需将表中 σ_{HP} 值降低20%。

表 3-37　$N = 10^6$ 时蜗轮材料的许用弯曲应力 σ_{FP}

材料组	蜗轮材料	铸造方法[1]	适用滑动速度 /(m/s)	拉伸性能		σ_{FP}/MPa	
				R_{eL}/MPa	R_m/MPa	一侧受载	两侧受载
锡青铜	ZCuSn10Pb1	S	≤12	137	220	50	30
		J	≤25	170	310	70	40
	ZCuSn5Pb5Zn5	S	≤10	90	200	32	24
		J	≤12			40	28
铝青铜	ZCuAl10Fe3	S	≤10	180	490	80	63
		J		200	540	90	80
	ZCuAl10Fe3Mn2	S	≤10	—	490	—	—
		J		—	540	100	90
锰青铜	ZCuZn38Mn2Pb2	S	≤10	—	245	60	55
		J		—	345	—	—
铸铁	HT150	S	≤2	—	150	40	25
	HT200	S	≤2~5	—	200	47	30
	HT250	S	≤2~5	—	250	55	35

[1] S—砂型铸造，J—金属型铸造。

3.4　齿轮的热处理工艺

调质作为中硬齿面齿轮的最终热处理及表面淬火和渗氮齿轮的预备热处理，有时还作为重要渗碳齿轮的预备热处理。

随着齿轮参数的提高，硬齿面齿轮热处理工艺已成为主要的生产工艺。各种齿轮表面硬化热处理工艺的对比，见表 3-38。

表 3-38　各种齿轮表面硬化热处理工艺的对比

工艺方法	硬化层状态				力学性能					变形倾向	设备投资
	层深/mm	组织	分布	残余应力	硬度　HV	耐磨性	σ_{Hlim}/MPa	σ_{Flim}/MPa			
渗碳 C-N 共渗	0.4~2 >2~4 >4~8 0.2~1.2	马氏体+碳化物+残留奥氏体	沿齿廓	压应力 压应力	650~850 (57~63HRC) 700~850 (58~63HRC)	高 很高	1500	450		较大 较小	较高
渗氮 N-C 共渗	0.2~0.6 >0.6~1.1 0.3~0.5	合金氮化物+含氮固溶体 N.C 化合物+含氮固溶体	沿齿廓	压应力 压应力	800~1200 500~800	 很高	1000（调质钢） 1250（渗氮钢） 900	350（调质钢） 400（渗氮钢） 350		很小 很小	中等
感应淬火 火焰淬火	高频1~2 超音频2~4 中频3~6 2~6	马氏体 马氏体	沿齿廓或沿齿面[①]	齿面压应力（齿根应力状态与工艺有关[②]）	600~850 600~800	较高 较高	1150	350[③]		较小 较小	中等 小

① 无论单齿加热淬火或套圈一次加热淬火都存在齿根未加热淬火的情况（见表 3-42 中图 a 和图 c）。
② 单齿加热淬火即使实现沿齿沟分布硬化层，其齿根压应力也不高；齿根未硬化时残余应力为拉应力。
③ 当齿根未硬化时，σ_{Flim} 只有 150MPa。

3.4.1　齿轮的调质

3.4.1.1　调质齿轮的硬度选配

表 3-39 是各类齿轮副的硬度选配方案，可供参考。

3.4.1.2　调质齿轮的硬度确定

调质齿轮淬火后的最低硬度主要决定于所要求的强度，并考虑具有足够的韧性。齿轮所需强度越高，相应其硬度也就要求越高，淬火时马氏体转变就应当越完全。这种关系由图 3-16 示出，图中影线重叠区具有较高的韧性。

相对硬度值的大小对调质钢的强度、塑性和韧性有影响，特别是在高强度时这种影响就显得更大，如图 3-17 所示。

表 3-39　各类齿轮副的硬度选配方案

齿轮硬度	齿轮种类	热处理		齿轮工作齿面硬度差[①]	工作齿面硬度举例	
		小齿轮	大齿轮		小齿轮	大齿轮
软齿面 （≤350HBW）	直齿	调质	正火调质	$(HBW_1)_{min} - (HBW_2)_{max}$ ≥20~25HBW	262~293HBW 269~302HBW	179~212HBW 201~229HBW
	斜齿及人字齿	调质	正火调质	$(HBW_1)_{min} - (HBW_2)_{max}$ ≥40~50HBW	241~269HBW 262~293HBW 269~302HBW	163~192HBW 179~212HBW 201~229HBW

（续）

齿轮硬度	齿轮种类	热处理		齿轮工作齿面硬度差①	工作齿面硬度举例	
		小齿轮	大齿轮		小齿轮	大齿轮
软、硬齿面组合 （>350HBW， ≤350HBW）	斜齿及 人字齿	表面 淬火	调质	齿面硬度差很大	45~50HRC	269~302HBW 201~229HBW
		渗氮 渗碳	调质		56~62HRC	269~302HBW 201~229HBW
硬齿面 （≥350HBW）	直齿、斜齿 及人字齿	表面淬火		齿面硬度大致相同	45~50HRC	
		渗氮 渗碳	渗碳		56~62HRC	

① HBW$_1$ 和 HBW$_2$ 分别表示小齿轮和大齿轮的硬度。

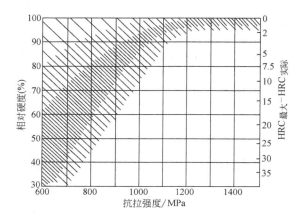

图 3-16　要求的最低硬度与调质钢强度之间的关系

3.4.1.3　齿轮调质的工艺保证

　　调质钢的淬透性和齿轮的尺寸大小决定其调质深度。根据齿轮要求的抗拉强度和有效截面尺寸选用钢材，可参考表 3-22。

　　1. 调质齿轮有效截面尺寸的确定　表 3-40 列举了各种典型结构形式、齿轮有效断面尺寸的确定方法可供参考。

　　2. 开齿调质工艺　大模数齿轮采用毛坯调质，由于受到钢材淬透性的限制，往往在齿根部位不能获得要求的调质组织和硬度。因此，当齿轮模数较大时，如碳素钢齿轮模数大于 12mm 时，应采用先开齿后调质的工艺，其齿轮的加工工艺路线如下：

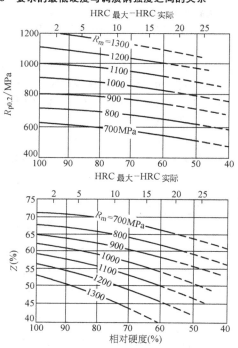
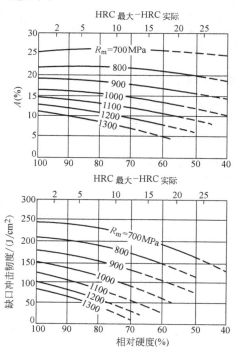

图 3-17　相对淬火硬度对力学性能的影响

表 3-40　典型结构齿轮断面尺寸确定方法

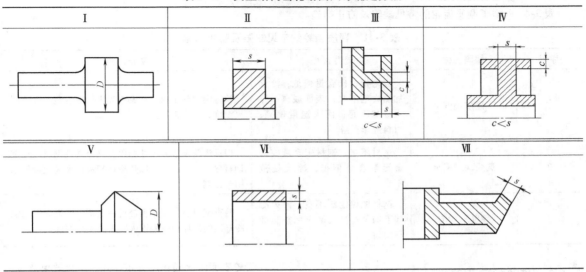

毛坯锻造→退火→粗车→精车→粗铣齿（开齿）→调质→精铣齿。

图 3-18 所示为 42CrMo 钢制 $m = 22mm$、$z = 20$ 的大齿轮采用开齿、调质后轮齿各部位的硬度分布。

采用开齿后调质处理，由于改善了齿部的冷却条件，可以采用淬透性较低的、含合金元素较少的钢

材，从而总体上使成本降低。

3. 中硬齿面调质　齿轮的弯曲疲劳强度和接触疲劳强度都随齿轮的硬度提高而提高。目前常用的软齿面调质齿轮已难以适应现代工业发展对齿轮承载能力和使用寿命的要求。因此，调质齿轮的硬度趋向提高，中硬度（>300HBW）的调质齿轮应用日益广泛。

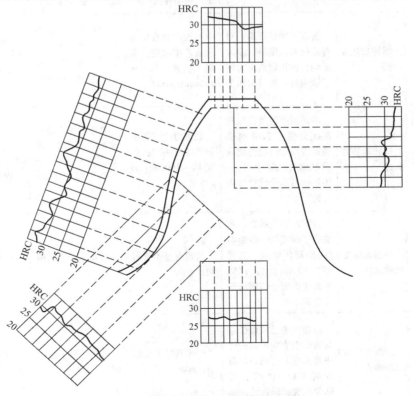

图 3-18　开齿调质齿轮的轮齿硬度分布

3.3.1.4　调质齿轮的常见缺陷

表 3-41 列举了调质齿轮的常见缺陷及防止措施。

表 3-41　调质齿轮的常见缺陷及防止措施

序号	缺陷名称	产生原因	防止措施
1	硬度偏低	齿轮钢材碳含量偏低；淬火加热规范不当；表面脱碳；淬火冷却不足；回火温度偏高；材料选择不当	检查钢材化学成分；调整淬火加热规范；降低回火温度；更换钢材
2	调质深度不足	选材不当，钢材碳含量或合金元素含量偏低，淬火规范不当	根据齿轮模数和尺寸选用合适淬透性钢材；检查钢材化学成分；调整加热冷却规范；大模数齿轮采用开齿调质
3	硬度不均匀	钢材原始组织不良；淬火冷却不均匀；淬火回火加热温度不均匀	检查钢材质量；重新进行一次正火或退火；加强冷却液的循环；改善淬火回火温度均匀度

3.4.2　齿轮的表面淬火

3.4.2.1　表面淬火齿轮的一般技术要求

齿轮表面淬火硬化层分布形式、强化效果及应用范围，列于表 3-42。

表面淬火齿轮的技术要求见表 3-43。

表 3-42　齿轮表面淬火硬化层分布形式及应用范围

硬化层分布形式	工艺方法	强化效果	应 用 范 围		
			高频（包括超音频）感应淬火	中频（2.5kHz、8kHz）感应淬火	火焰淬火
 齿根不淬硬 a)	回转加热淬火法	齿面耐磨性提高；对弯曲疲劳强度没有多大影响，许用弯曲应力低于该钢材调质后的水平	处理齿轮直径由设备功率决定；齿轮宽度 10 ~ 100mm；$m \leqslant 5$	处理齿轮直径由设备功率决定；齿宽 35 ~ 150mm；个别可达 400mm；$m \leqslant 10$	齿轮直径可达 450mm；专用淬火机床；$m \leqslant 6$，个别情况可到 $m \leqslant 12$
 齿根淬硬 b)	回转加热淬火法	齿面耐磨性及齿根弯曲疲劳强度都得到提高，许用弯曲应力比调质状态提高 30% ~ 50%；可部分代替渗碳齿轮	处理齿轮直径由设备功率决定；齿宽 10 ~ 100mm；$m \leqslant 5$	处理齿轮直径由设备功率决定；齿宽 35 ~ 150mm；个别可到 400mm；$m \leqslant 10$	齿轮直径可达 450mm；一般 $m \leqslant 6$，个别情况 $m \leqslant 10$
 齿根不淬硬 c)	单齿连续加热淬火法	齿面耐磨性提高；弯曲疲劳强度受一定影响（一般硬化结束于离齿根 2 ~ 3mm 处）；许用弯曲应力低于该钢材调质后的水平	齿轮直径不受限制；$m \geqslant 5$	齿轮直径不受限制；$m \geqslant 8$	齿轮直径不受限制；$m \geqslant 6$
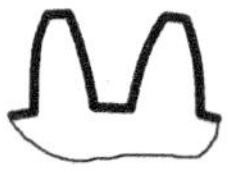 齿根淬硬 d)	沿齿沟连续加热淬火法	齿面耐磨性及齿根弯曲疲劳强度均提高；许用弯曲应力比调质状态提高 30% ~ 50%；可部分代替渗碳齿轮	齿轮直径不受限制；$m \geqslant 5$	齿轮直径不受限制；$m \geqslant 8$	齿轮直径不受限制；$m \geqslant 10$

表 3-43　表面淬火齿轮的技术要求

项目	小齿轮	大齿轮	说　明
硬化层深度/mm	$(0.2 \sim 0.4)\ m$[①]		有效硬化层深度,按标准 GB/T 5617—2005 规定
齿面硬度 HRC	$50 \sim 55$	$45 \sim 50$ 或 $300 \sim 400$HBW	如果传动比为1:1,则大小齿轮齿面硬度可以相等
表层组织	细针状马氏体		齿部不允许有铁素体
心部硬度 HBW	调质:碳钢 $265 \sim 280$ 合金钢 $270 \sim 300$		对某些要求不高的齿轮可以采用正火作为预备热处理

① m 为齿轮模数。

3.4.2.2　齿轮的火焰淬火

1. 齿轮火焰加热喷嘴　图 3-19 是几种典型齿轮火焰加热用喷嘴。

沿齿沟加热喷嘴结构比较复杂,图 3-20 所示为一种正齿轮沿齿沟加热喷嘴。喷嘴外廓与齿沟轮廓相似,两者各处间距基本相等,约为 3 ~ 5mm。火孔直径一般为 $\phi 0.5 \sim \phi 0.7$mm,水孔直径一般为 $\phi 0.8 \sim \phi 1.0$mm。齿根部火孔数量要多一些,齿顶部容易过热,火孔位置要低于齿顶面 3 ~ 5mm。水孔与火孔的排间距离与齿轮钢材有关,可参考表 3-44 中的推荐数值。几种模数齿轮沿齿沟加热喷嘴设计参数如表 3-45 所示,表中各参数代号参见图 3-20。

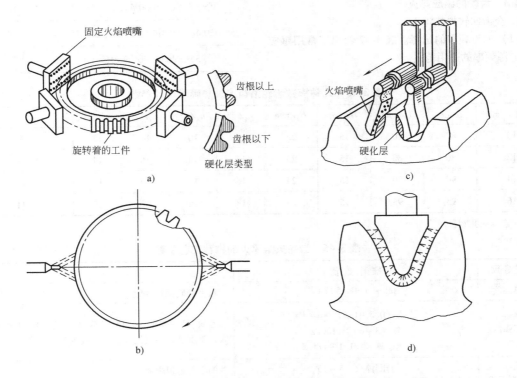

图 3-19　典型齿轮火焰加热喷嘴

a)、b) 回转加热　c) 单齿连续加热　d) 沿齿沟连续加热

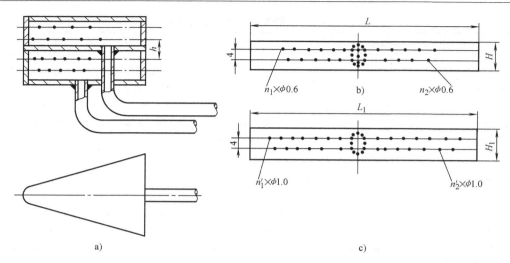

图 3-20　正齿轮沿齿沟加热喷嘴

a) 喷嘴结构　b) 火孔　c) 水孔

2. 齿轮火焰淬火工艺

（1）齿轮的预备热处理，火焰淬火齿轮一般采用调质作为预备热处理，要求不高的齿轮也可采用正火。

（2）齿轮火焰淬火的工艺参数，表 3-46 为常用工艺参数，可供参考。

3.4.2.3　齿轮的感应淬火

1. 全齿回转加热淬火

（1）电流频率的选择。表 3-47 给出了常用感应加热电源频率的适用范围。

表 3-44　火孔和水孔排间距离与钢材关系

牌　　　号	火孔与水孔排间距离/mm
35、35Cr、40、45	10
40Cr、45Cr、ZG30Mn、ZG45Mn	15
55、50Mn、50Mn2、40CrNi、55CrMo	20
35CrMnSi、40CrMnMo	25

表 3-45　几种模数齿轮沿齿沟加热喷嘴设计参数

模数 m/mm	L/mm	L_1/mm	H/mm	H_1/mm	n_1/个	n_2/个	n_1'/个	n_2'/个	n[①]/个
10	80	80	15	25	12	10	14	12	8
12	80	80	15	25	14	12	16	14	9
14	90	90	15	25	16	14	20	18	10
16	95	95	15	25	18	16	22	20	11

① 齿顶火孔数目。

表 3-46　齿轮火焰淬火的推荐工艺参数

工艺参数	推 荐 数 值	说　　明
加热温度	Ac_3 +（30~50）℃	根据齿轮钢材确定
火焰强度	乙炔（0.5~1.5）×10^5Pa 氧（3~6）×10^5Pa 乙炔/氧 = 1/1.1~1/1.5	乙炔/氧一般取 1/1.15~1/1.25，这种比例火焰强度大，温度高，稳定性好，并呈蓝色中性火焰
焰心距工件距离/mm	套圈淬火　8~15	焰心与齿顶距离
	齿面淬火　5~10 沿齿沟淬火　2~3	焰心与齿面距离

（续）

工艺参数	推 荐 数 值				说　　　明
喷嘴（或工件）的移动速度	旋转加热 50～300mm/min				要求淬火温度高，淬硬层深，采用低的速度；反之，采用高的速度
	单齿加热				
	模　　数/mm	>20	11～20	5～10	
	移动速度/（mm/min）	<90	90～120	120～150	
水孔与火孔距离	见表 3-44 水孔角度为 10°～30°				连续加热淬火时，要防止水花飞溅影响加热效果
淬火冷却介质	碳钢可用自来水，一般压力为 $(1～1.5)×10^5Pa$ 合金钢常用聚合物（PAG）水溶液、乳化液及压缩空气等				温度、压力等参数要保持稳定
回火	要求硬度	45～50HRC		50～55HRC	一般回火保温时间为 45～90min
	回火温度	200～250℃		180～220℃	

表 3-47　常用感应加热频率的适用范围

频率/kHz	硬化层深度/mm			齿轮模数/mm
	最小	适中	最大	
250～300	0.8	1～1.5	2.5～4.5	1.5～5（2～3 最佳）
30～80	1.0	1.5～2.0	3～5	3～7（3～4 最佳）
8	1.5	2～3	4～6	5～8（5～6 最佳）
2.5	2.5	4～6	7～10	8～12（9～11 最佳）

（2）感应器

1）施感导体及导磁体：感应加热的施感导体采用纯铜材制造，铜材的厚度按表 3-48 选择，感应器用导磁体按表 3-49 选择。

2）感应器结构：全齿回转加热淬火感应器均为圈式结构，常用感应器结构尺寸列于表 3-50。

表 3-48　感应器用纯铜材厚度

冷却情况	200～300 kHz	8kHz	2.5kHz
	感应器纯铜厚度/mm		
加热时不通水①	1.5～2.5	6～8	10～12
加热时通水	0.5～1.5	1.5～2	2～3

① 同时加热自喷式感应器。

表 3-49　常用导磁体的种类和规格

频率/kHz	导磁体	规　　格	备注
2.5	硅钢片	片厚 0.2～0.5mm	硅钢片需进行磷化处理，以保证片间绝缘
8	硅钢片	片厚 0.1～0.35mm	
200～300	铁氧体	根据具体要求	

表 3-50　全齿淬火感应器

名称	结　　构	说　　明
圆柱外齿感应器		1）$\phi_1 = \phi + 2e$；$\phi_2 = \phi_1 + 16$（$\phi < 150$）或 $\phi_2 = \phi_1 + 20$（$\phi > 150mm$） 2）e 的大小和模数有关： $\phi < 250mm$ 时选下限，$\phi > 250mm$ 时选上限 {模数/mm: 1～2.5, 3, 3.5, 4, 4.5, 5, 6} {e/mm: 2～2.5, 2.5～3, 3～3.5, 3～4, 3.5～4, 3.5～4.5, 4.5～5.5} 3）常啮合齿轮，$H = B - (1～2)e$；滑移齿轮 $\phi < 150mm$ 时，$H = B$；$\phi > 150mm$ 时，$H = B + (1～2)e$ 4）当 $B < 25mm$ 时，采用单匝感应器；$25mm < B < 35mm$ 时，采用双匝感应器，此时，单匝高度 h 一般选用 10～15mm，$a = e$ 5）$B \geqslant 70mm$ 时，选用连续加热淬火 6）图 c 为中频感应淬火感应圈。施感导体用 2mm 厚纯铜板绕成，其上焊有矩形铜管冷却施感导体，$H < 40mm$ 时，用单圈冷却水管，$H = 40～80mm$ 时用双圈，$H = 80～120mm$ 时用三圈，$H = B + (6～10)$，$e = 3～4mm$

模数/mm 与 e/mm 对应关系表：

模数/mm	1～2.5	3	3.5	4	4.5	5	6
e/mm	2～2.5	2.5～3	3～3.5	3～4	3.5～4	3.5～4.5	4.5～5.5

（续）

名称	结　　构	说　　明
圆柱内齿感应器	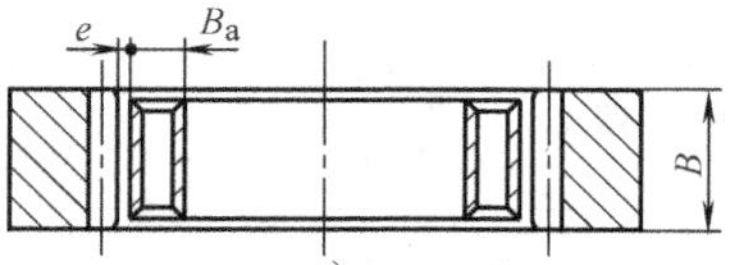 a) 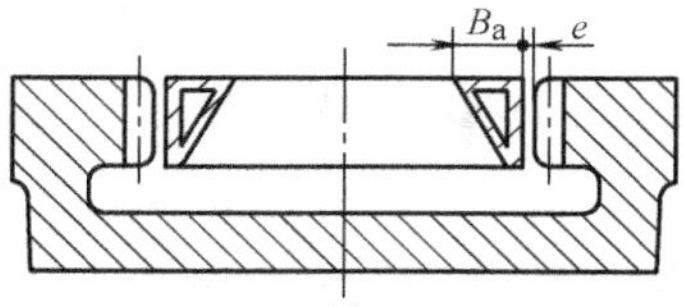 b)	1）在保证感应器充分冷却的条件下，即感应器出口处冷却水温度 <60℃，选用较小 B_a，减小圆环效应，提高加热效率，B_a 一般取 6～8mm 2）$B<25$mm，当淬火机床精度较高时，可取 $e=1\sim1.5$mm 3）15mm <B< 35mm 用双匝感应器；$B\geqslant40$mm 时，连续加热淬火 4）模数 <3mm 的齿轮，应采用导磁体，提高加热效率 5）内齿端面有凸台的齿轮为减小邻近效应，改善近凸台齿部的加热情况，采用三角形截面感应器，如图 b，$B_a=10\sim15$mm，$e=1.5\sim2.0$mm
锥齿轮感应器	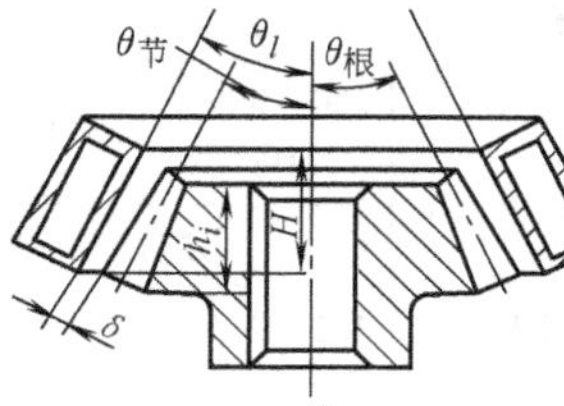 a) 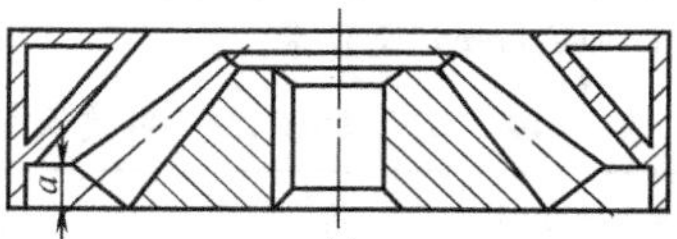 b) 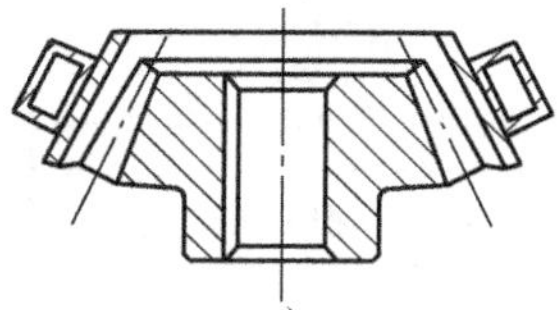 c)	1）$2\theta_{节}\leqslant20°$，可用圆柱外齿感应器，感应器高度 $H=h_i+(1\sim1.5)\ \delta$，$\delta=2\sim2.5$mm，大端面间隙 2）$20°<2\theta_{节}\leqslant90°$，感应器制成锥形，工作面之锥角 $\theta_i\approx\theta_{节}$，$\delta=2\sim2.5$mm，感应器的垂直高度 $H=h_i+(1\sim1.5)\ \delta$ 3）$90°<2\theta_{节}\leqslant130°$，$\theta_i\approx\theta_{根}$，$\theta_{根}$ 为锥齿轮齿根圆锥角，$\delta=2\sim2.5$mm，感应器的垂直高度 $H=h_i+(1\sim1.5)\ \delta$ 4）$2\theta_{节}>130°$，为改善大端面的加热情况，在感应器大端面外接一块，$a=2\sim4$mm，如图 b 所示 5）中频用圆锥齿感应器，如图 c 所示，也用纯铜板绕成，焊上冷却水管。e_i、δ、H 参照上面介绍的选取
双联、多联齿轮感应器	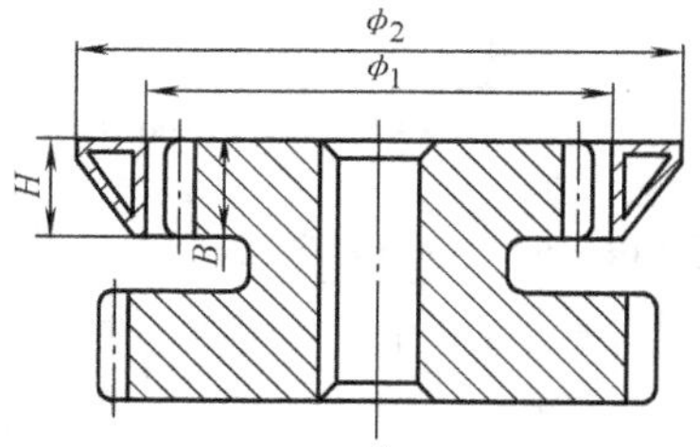 a) 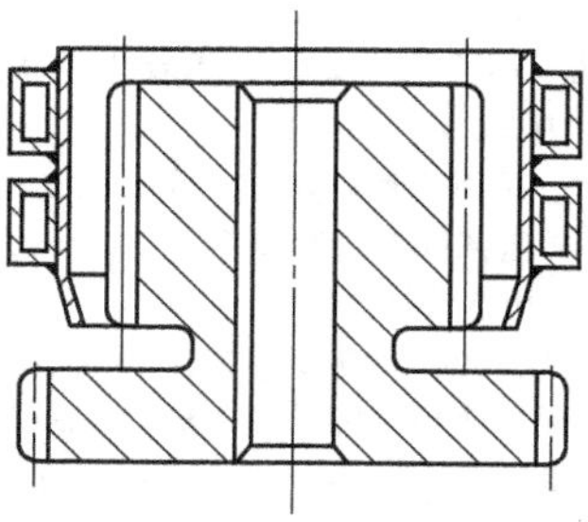 b)	1）对双联及多联齿轮来说，当大、小齿轮的距离≤15mm时，先淬大齿轮，后淬小齿轮，加热小齿轮时，为减小邻近效应，采用三角形截面感应器。e 参照圆柱外齿轮选配，$\phi_2=\phi_1+2\times(10\sim15)$，$H\approx B$ 2）加热小齿轮仍用圆柱外齿轮感应器，但用厚度为 1mm 的纯铜板或低碳钢板套在大齿轮邻近小齿轮的那一面上，起屏蔽作用 3）三联齿轮可用串联的双匝感应器同时加热，上、下联齿轮靠感应器直接加热，中联齿轮靠邻近效应加热，在双匝感应器中加热速度较慢的一匝上加导磁体，使三个齿轮同时达到淬火温度 4）中频用双联齿轮感应器结构如图 b 所示

3）感应器喷孔设计：自喷式感应器喷孔孔径大小的设计原则为

$$A_孔 < A_管$$

式中　$A_孔$——喷水孔总面积；

　　　　$A_管$——进水管截面面积。

生产中可参考表 3-51 中的数值。感应器喷孔分布可参考表 3-52。

表 3-51　自喷式感应器喷孔直径

冷却介质	高频 200 ~ 300kHz	中频 2.5、8kHz
	自感式感应器喷孔直径/mm	
水	0.70 ~ 0.85	1.0 ~ 1.2
聚合物水溶液	0.80 ~ 1.00	1.2 ~ 1.5
乳化液	1.0 ~ 1.2	1.5 ~ 2.0

表 3-52　连续加热自喷式感应器喷孔分布

频率/kHz	孔间距离 /mm	喷孔轴线与工件轴线间夹角	说明
200 ~ 300	1.5 ~ 3.0	35° ~ 55°	通常为一列孔
8	2.5 ~ 3.5	35° ~ 55°	一列或二列孔

（3）电加热规范

1）加热功率的确定：齿轮加热时所需总功率可按下式估算

$$P_齿 = \Delta P \cdot A$$

式中　$P_齿$——齿轮加热所需总功率（kW）；

　　　　ΔP——比功率（kW/cm^2）；

　　　　A——齿轮受热等效面积（cm^2）。

比功率 ΔP 与齿轮模数、受热面积及硬化层深度有关，可参考表 3-53 ~ 表 3-55 进行选择。

表 3-53　100kW 高频设备上齿轮表面积和比功率、单位能量的关系

齿轮表面积/cm²	20 ~ 40	45 ~ 65	70 ~ 95	100 ~ 130	140 ~ 180	90 ~ 240	250 ~ 300	310 ~ 450
比功率 $\Delta P/(kW/cm^2)$	1.5 ~ 1.8	1.4 ~ 1.5	1.3 ~ 1.4	0.9 ~ 1.2	0.7 ~ 0.9	0.53 ~ 0.65	0.4 ~ 0.5	0.3 ~ 0.4
单位能量 $\Delta Q/(kW \cdot s/cm^2)$	6 ~ 10	10 ~ 12	12 ~ 14	13 ~ 16	16 ~ 18	16 ~ 18	16 ~ 18	16 ~ 18

表 3-54　齿轮模数与比功率、单位能量的关系

模数	比功率 $\Delta P/(kW/cm^2)$	单位能量 $\Delta Q/(kW \cdot s/cm^2)$
3	1.2 ~ 1.8	7 ~ 8
4 ~ 4.5	1.0 ~ 1.6	9 ~ 12
5	0.9 ~ 1.4	11 ~ 15

齿轮受热等效面积可按下式计算：

$$A = 1.2\pi D_P B$$

式中　D_P——齿轮分度圆直径（cm）；

　　　　B——齿轮宽度（cm）。

2）设备功率的估算：根据齿轮加热所需功率，要求设备提供的总功率按下式计算：

$$P_设 = P_齿 / \eta$$

式中　η——设备总效率。

机械式中频发电机总效率 $\eta = 0.64$（包括淬火变压器的能量损失）；真空管高频设备的总效率 $\eta = 0.4 ~ 0.5$（包括高频振荡管、振荡回路、变压器及感应器的能量损失）。新的固态电源效率较高，可达 0.90 以上。如果设备总功率不能满足齿轮加热所需总功率要求时，可采用降低比功率而适当延长加热时间的办法。感应加热电源的频率和功率范围见表 3-56。

表 3-55　中频感应淬火硬化层深与比功率的关系

频率 /kHz	硬化层深度 /mm	比功率/(kW/cm²) 低值	最佳值	高值
8	1.0 ~ 3.0	1.2 ~ 1.4	1.6 ~ 2.3	2.5 ~ 4.0
	2.0 ~ 4.0	0.8 ~ 1.0	1.5 ~ 2.0	2.5 ~ 3.5
	3.0 ~ 6.0	0.4 ~ 0.7	1.0 ~ 1.7	2.0 ~ 2.8
2.5	2.5 ~ 5.0	1.0 ~ 1.5	2.5 ~ 3.0	4.0 ~ 7.0
	4.0 ~ 7.0	0.8 ~ 1.0	2.0 ~ 3.0	4.0 ~ 6.0
	5.0 ~ 10.0	0.5 ~ 0.8	2.0 ~ 3.0	3.0 ~ 5.0

表 3-56　感应加热电源的频率和功率范围

电源	SCR 晶闸管	IGBT 晶体管	MOSFET 晶体管	SIT 晶体管	RF 高频电子管	SHF 超高频电子管
频率/kHz	0.2 ~ 10	1 ~ 100	50 ~ 600	30 ~ 200	30 ~ 500	1 ~ 27.12MHz
功率/kW	30 ~ 3000	10 ~ 1000	10 ~ 400	10 ~ 250	3 ~ 800	8 ~ 100

3）加热和冷却规范：各种钢材感应加热温度可根据碳和合金元素含量选择。钢材不同碳和合金元素含量时的加热温度见表3-57确定。

表 3-57　钢材不同碳和合金元素含量时的加热温度

$w(C)$ (%)	加热温度 /℃	合金元素的考虑
0.30	900~925	含 Cr、Mo、Ti、V 等碳化物形成元素的合金钢需在相应碳钢加热温度之上提高 40~100℃
0.35	900	
0.40	870~900	
0.45	870~900	
0.50	870	

齿轮感应加热时间（τ）不是独立的参量，同时加热时可通过下式计算：

$$\tau = \Delta Q / \Delta P$$

式中　ΔQ——单位表面所消耗能量（kW·s/cm^2）；

　　　ΔP——比功率（kW/cm^2）。

连续加热淬火时的加热时间按下式计算：

$$\tau = h / v$$

式中　h——感应器高度（mm）；

　　　v——感应器与齿轮的相对移动速度（mm/s）。

图 3-21 是全齿沿齿廓加热淬火参数的经验曲线，可供参考。

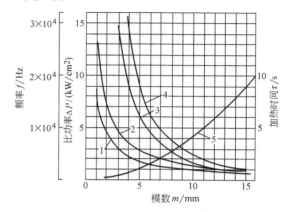

图 3-21　全齿沿齿廓加热淬火参数的经验曲线

1—零件所需比功率（kW/cm^2）　　2—发电机的比功率（kW/cm^2）　　3—$f = \dfrac{300000}{m^2}$ 计算的频率（Hz）　　4—$f = \dfrac{460000}{m^2}$ 计算的频率（Hz）

5—加热时间（s）

齿轮感应淬火的冷却介质及其冷却方式，见表3-58。

表 3-58　感应淬火常用冷却介质及其冷却方式

冷却介质	介质温度 /℃	所用牌号	
		喷冷①	浸冷
水	20~50	45	45
5%~15%（质量分数）乳化液	<50	40Cr、45Cr、42SiMn、35CrMo	—
油	40~80	—	20Cr、20CrMo、20CrMnTi 渗碳后直接浸冷 40Cr、45Cr、42SiMn、38SiMnMo
5%~15%（质量分数）聚合物（PAG）水溶液	10~40	35CrMo、42CrMo、42SiMn、38SiMnMo、55Ti、60Ti、70Ti	

① 喷液压力一般为（1.5~4）×10^{5}Pa。

（4）双频感应淬火。通常采用的一种频率感应淬火工艺仅对少量齿轮能得到沿齿廓分布的硬化层，而大多数齿轮感应淬火后其硬化层分布要么齿全部淬透，要么齿根得不到硬化，而双频感应淬火则可大大改善齿轮的硬化效果。

1）加热原理。双频感应淬火是采用"低频趋里，高频趋表"的特性，其加热原理见图3-22。

2）双频加热工艺及效果。

齿轮参数：$m = 2$mm，$z = 36$，全齿高4.7mm，齿宽20mm。

材料：感应淬火：S45C（日本牌号，相当于我国45钢）；渗碳淬火：SCM420（日本牌号，相当于我国20CrMo）。

工艺参数：齿轮三种不同的试验工艺参数见表3-59。三种热处理工艺的变形、残余压应力及沿齿廓仿形率的测试结果见表3-60。

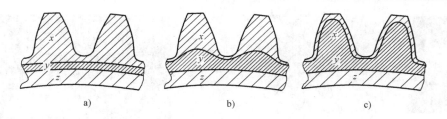

图 3-22　双频感应加热原理

a）低频加热　b）热扩散　c）高频加热

注：x—齿部，y—预热区，z—心部（冷态）

表 3-59　齿轮三种不同的试验工艺参数

渗碳工艺参数	单频感应淬火工艺参数	双频感应淬火工艺参数
渗碳温度：950℃	加热功率：90kW	预热功率：100kW
保温时间：2.5h	频率：90kHz	预热频率：3kHz
预冷：到850℃，保温	加热时间：3.8s	预热时间：3.65s
预冷时间：20min	预冷时间：0	空冷时间：3.85s 高频输入功率：900kW
淬火冷却介质：油	喷水时间：15s	高频频率：140kHz
回火温度：180℃	喷水流量：100L/min	加热时间：0.14s
回火时间：2h		喷水时间：10s
随后空冷		喷水流量：100L/min

表 3-60　三种热处理工艺的变形、残余压应力及沿齿廓仿形率的测量结果

测定项目	渗碳淬火 + 回火	单频感应淬火	双频感应淬火	附注
平均齿形误差/μm	4.26 ~ 4.8	2.2 ~ 3.3	3.1 ~ 3.08	
齿形偏移/μm	16	8.4	6.0	
齿向误差平均/μm	6.91	3.7 ~ 4.1	3.7 ~ 4.1	
齿向误差偏移/μm	20	4.4	4.4	
齿根中间残余应力/MPa	− 27.7	− 51.3	− 778	
齿顶硬化深/mm	0.87	4.69	1.54	当齿根硬化深为 0.55 时
硬化层仿形率	81.5%	0.2%	67.2%	

3）SDF（Simultaneous Dual Frequency）新工艺。传统的双频感应淬火是两种频率的电源分别施加到两个感应器，齿轮需要在低频感应器预热之后迅速转移到高频感应器中加热淬火，而新的双频感应淬火是两种频率的电源同时施加于一个感应器，齿轮仅在此一个感应器中完成预热和加热淬火，称之为 SDF 法，即同时双频感应淬火法，见图 3-23。图 3-24 是 CF53 钢（50 钢）、φ24.8mm 小齿轮采用 140kW/MF 和 70kW/HF 同时加热淬火的效果。

（5）单频整体冲击加热淬火。此工艺是采用单频、大功率晶体管逆变电源，通过不同加热阶段的比功率调节来达到基本沿齿廓分布的硬化效果。其功率

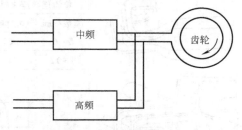

图 3-23　齿轮同时双频淬火示意图

随时间的变化见图 3-25。

工艺举例

模数 $m = 6$mm，齿轮外径为 φ450mm，钢材为

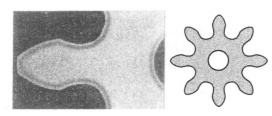

图3-24　φ24.8mm 小齿轮 SDF 法仿形淬火结果

42CrMo。

工艺参数：频率 $f = 9.1$ kHz

　　　　功率 P_1　61kW/94s，≈ 600℃；

　　　　功率 P_2　400kW/4.2s，≈ 950℃。

淬硬层宏观照片见图3-26。

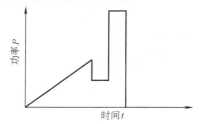

图3-25　单频冲击淬火时功率随时间的变化

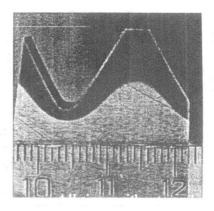

图3-26　淬硬层宏观照片

2. 单齿沿齿面感应淬火

（1）单齿同时加热感应器结构，如图3-27所示。为了防止齿端过热，感应器长度一般应比齿宽短 3～5mm。为了防止已淬火相邻齿遭受回火，通常采用 0.5～1.0mm 厚的纯铜板作屏蔽，或用压缩空气、水雾冷保护。

（2）单齿连续加热感应器的结构及尺寸，见表 3-61。单齿连续感应淬火的电气规范举例见表 3-62。

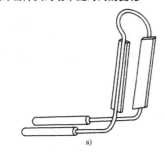

图3-27　单齿同时加热感应器

a）直齿轮感应器　b）锥齿轮感应器

表3-61　单齿连续加热感应器结构尺寸

感　应　器	结　构　尺　寸				说　　明
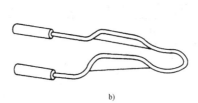	单齿连续淬火感应器与齿的间隙尺寸				1）淬火冷却有自喷（见图 a）和附加冷却喷嘴（见图 b）两种 2）$m = 5～10$mm 的齿轮，喷液孔应低于齿顶 1.5～2mm，以防齿顶因冷却过激而产生开裂 3）$m > 10$mm 的齿轮，喷液孔则应高于齿顶 1.5～2mm，以保证齿顶能够淬硬
	模数/mm	δ_1/mm	δ_2/mm	δ_3/mm	
	5～6	<1	1	3～4	
	8～12	1	1～1.5	4～4.5	

表 3-62 单齿连续感应加热的电气规范

模数/mm	功率/kW	阳压/kV	阳流/A	栅流/A	移动速度/(mm·s)
5	18 ~ 20	8 ~ 8.5	2.5	0.6	5 ~ 6
6	20 ~ 27	8.5 ~ 9	2.5	0.6	4 ~ 5
8 ~ 9	25 ~ 33	9 ~ 9.5	3 ~ 4	0.8	4 ~ 5
10	33 ~ 35	10 ~ 11	3.5	0.8	4 ~ 5
12	34 ~ 10	11 ~ 11.5	3.5	0.8	4 ~ 5

注：输出功率取上限时，则移动速度取上限；反之，输出功率取下限时，移动速度亦取下限。

3. 沿齿沟感应淬火

（1）感应器。图 3-28 所示为几种常用感应器结构形式。图 3-29 为一种典型感应器结构，表 3-63 是这种感应器主要结构尺寸的确定方法。

（2）沿齿沟淬火工艺。表 3-64 是中频沿齿沟淬火工艺规范举例。

（3）沿齿沟淬火的冷却。沿齿沟淬火的冷却介质、冷却器结构及感应器移动速度列于表 3-65。为了防止已淬火齿遭受过分回火，旁冷是必要的。

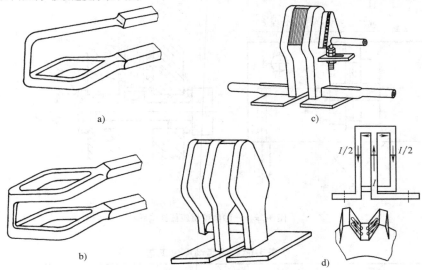

图 3-28 常用感应器结构示意图

a）适用于 $m<6$mm 齿轮，超音频电源 b）适用于 $m=6 \sim 12$mm 齿轮，超音频~中频（8kHz） c）适用于 $m>10$mm 齿轮、中频（8、2.5kHz） d）适用于 $m>10$mm 齿轮，中频；其特点为上、下两加热导板分流（$I/2$）后，可改善加热效果，尤其可防止感应器移动出齿沟时造成的端面过热

表 3-63 典型感应器结构尺寸的确定方法 （单位：mm）

模数	A	B	C	H	h	ϕ	E[②]
6	4.0	3.2	2.4	4.0	1.8	2.0	22
7	4.5	3.6	2.8	4.5	2.2	2.5	22
10[①]	6.0	4.5	3.5	6.5	3.0	3.0	22
10[①]	6.5	5.5	4.5	6.5	3.2	3.5	22

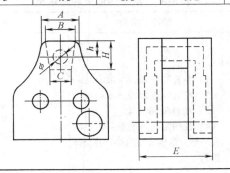

① 修正齿轮。

② 沟槽和上、下加热体厚度各为 $E/3$。

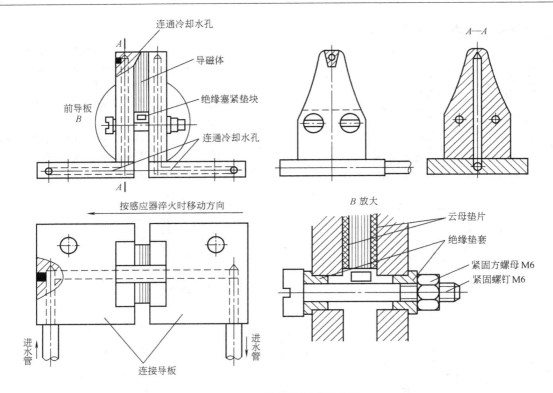

图 3-29　一种典型感应器结构图

表 3-64　沿齿沟淬火工艺

模数/mm	牌号	功率/kW	电压/V	电流/A	感应器移动速度/(mm/s)	淬火冷却介质	表面硬度 HRC
14	ZG270～500	65	580	125	5	水，25～30℃	45～50
20	ZG35CrMo	50	350	155	7	5%～15%（质量分数）聚合物（PAG）水溶液	50～55
26	ZG35Mn	100	500	210	6.5		50～55
26	ZG35CrMo	60	380	165	7.5		50～55
26	35CrMoV	50	350	155	7.5		50～55

注：电源中频 8kHz。

表 3-65　沿齿沟淬火冷却规范

淬火冷却介质	喷冷器结构	感应器移动速度 v（mm/s）
碳钢：一般自来水 合金钢： 1）10%～15%（质量分数）乳化液 2）5%～15%（质量分数）聚合物（PAG）水溶液 3）喷雾 4）压缩空气	1）喷孔孔径 $\phi 0.6 \sim \phi 0.8$mm 2）喷孔间距 2～2.5mm 3）喷射角 30°～45° 4）孔的排列一般是：齿底喷孔一排，齿侧喷孔两排，并交错排列	$$v = s/\tau$$ 式中　s—感应器加热结束至冷却开始的距离（mm）； 　　　τ—自加热结束至冷却开始的时间（待冷时间），碳钢为 2～3s，合金钢 3～5s

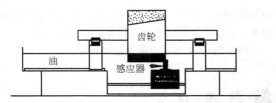

图 3-30　埋液逐齿感应淬火机床示意图

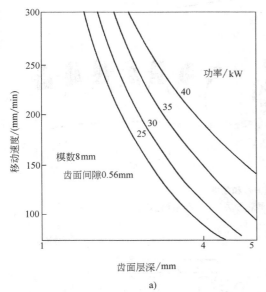

a)

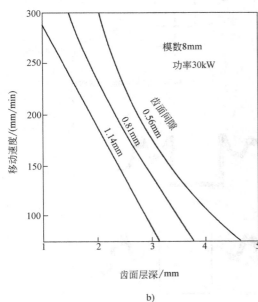

b)

图 3-31　感应器移动速度
对硬化层深度的影响

a) 间隙一定时功率变化　b) 功率一定时间隙变化

（4）埋液加热淬火。为了克服淬火开裂及减小变形，另一种沿齿沟加热及冷却是在冷却液下进行的，其淬火机床示意图见图 3-30。冷却液通常为淬火油。

埋液淬火感应器移动速度对硬化层深度的影响见图 3-31。

应当指出，虽然齿轮工件整体埋在油里，但在加热过程中，相邻齿面还是会受传导热而产生过度回火，因此仍然应采用侧喷冷却方法予以保护，见图3-32。

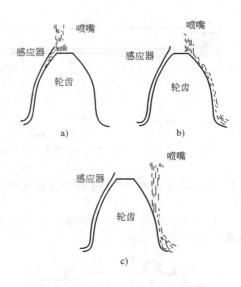

图 3-32　侧喷冷却
a) 不正确　b) 正确　c) 不正确

4. 齿轮感应淬火的屏蔽　屏蔽在齿轮感应加热中主要起防止不希望加热部位免受磁力线的作用。

（1）大模数齿轮单齿感应淬火时齿顶部的屏蔽（见图 3-33）。这种屏蔽可避免齿顶热透，同时还可保护已淬火邻齿不致回火。

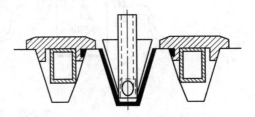

图 3-33　大模数齿轮感应
淬火的齿顶屏蔽

（2）小模数齿轮回转加热淬火时齿根部位的屏蔽。通常齿轮感应淬火是追求沿齿廓硬化，即齿面和齿根均硬化，但有的齿轮由于特殊工况却规定齿根部位不能硬化，如汽车自动变速器飞轮齿圈及同步器齿毂等，为了达到技术要求，只有采用屏蔽措施。

图3-34是齿圈的屏蔽方法和效果。

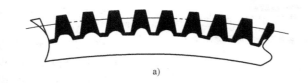

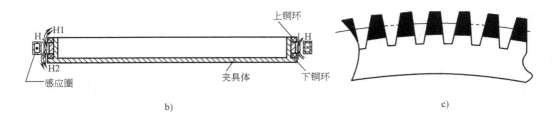

图3-34　齿圈的屏蔽方法和效果

a）常规淬火硬化效果　b）飞轮齿圈屏蔽方法　c）齿圈硬化效果

1）图3-35是同步器齿毂感应淬火硬化层分布要求。

2）图3-36是屏蔽导流块结构图，图3-37所示为屏蔽导流感应淬火效果。

**图3-35　同步器齿毂感应
淬火硬化层分布要求**

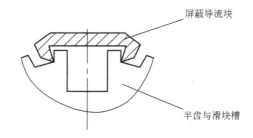

图3-36　屏蔽导流块结构图

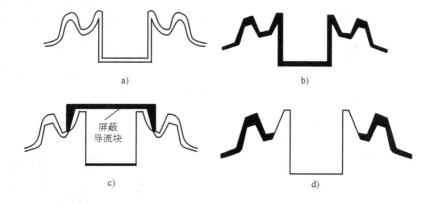

图3-37　屏蔽导流感应淬火效果

a）无屏蔽导流　b）半齿与滑块槽都硬化　c）屏蔽导流块
在滑块槽半齿的齿根部　d）半齿与滑块槽都未硬化

3.4.2.4　低淬透性钢齿轮的感应淬火

模数 2.5 ~ 6mm 的齿轮采用单齿沿齿沟加热淬火比较困难，而用套圈加热淬火不是将整个齿淬透，就是只能淬到齿根以上部位。为了克服工艺上的这种困难而发展了低淬透性钢，目前较常用的有三种，即 55Ti、60Ti、70Ti。

低淬透性钢齿轮的淬火加热

（1）频率选择。低淬透性钢齿轮淬火加热频率可参考表 3-66 进行选择。

表 3-66　低淬透性钢齿轮感应淬火加热频率选择

模数/mm	3 ~ 4	5 ~ 6	7 ~ 8	9 ~ 12
适合钢种	55Ti	60Ti	60Ti	70Ti
推荐频率/kHz	30 ~ 40	8	4	2.5

当现场频率难于匹配时，可采用一些补救措施。一种是采用低的比功率，间断加热，使齿根部位能获得足够的加热深度而齿顶部又不致过热；另一种方法是当加热到齿根部位接近淬火温度的一瞬间，迅速接通自动附加电容，强化齿根部加热，当加热深度达到要求时，立即淬火冷却。

（2）淬火温度及加热速度。低淬透性钢的上临界点较低，淬火温度通常控制在 830 ~ 850℃ 之间。加热速度不宜过大，以避免齿顶与齿根部温差过大，通常采用 0.3 ~ 0.5kW/cm² 的比功率。

（3）淬火冷却。低淬透性钢的临界冷却速度较高，达 400 ~ 1000℃/s（45 钢仅为 150 ~ 400 ℃/s），所以要求淬火冷却速度很高。为了取得良好的冷却效果，可采取表 3-67 推荐的措施。为避免开裂，可采用聚合物水溶液，选择适当的配比。淬火冷却液压力一般 7 × 10⁵Pa，单位面积流量不小于 0.12L/cm²。

表 3-67　加强冷却能力的喷水圈结构

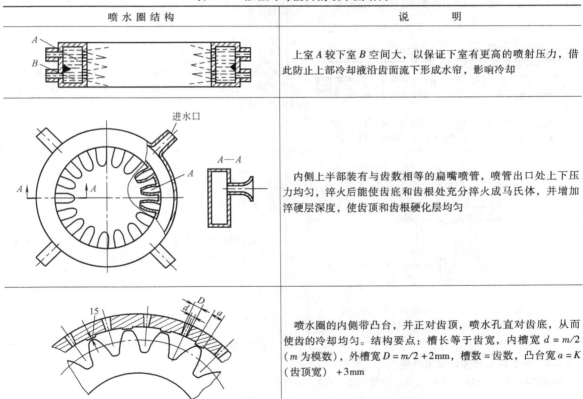

喷水圈结构	说　　　明
	上室 A 较下室 B 空间大，以保证下室有更高的喷射压力，借此防止上部冷却液沿齿面流下形成水帘，影响冷却
	内侧上半部装有与齿数相等的扁嘴喷管，喷管出口处上下压力均匀，淬火后能使齿底和齿根处充分淬火成马氏体，并增加淬硬层深度，使齿顶和齿根硬化层均匀
	喷水圈的内侧带凸台，并正对齿顶，喷水孔直对齿底，从而使齿的冷却均匀。结构要点：槽长等于齿宽，内槽宽 $d = m/2$（m 为模数），外槽宽 $D = m/2 + 2mm$，槽数 = 齿数，凸台宽 $a = K$（齿顶宽）+ 3mm

3.4.2.5　表面淬火齿轮的畸变

齿轮表面淬火时，通常内孔、外圆、齿形、齿向及螺旋角等均要产生一定的畸变，严重时会造成齿轮报废。齿轮表面淬火产生的畸变与很多因素有关，所以防止过大畸变的措施各异，但有些措施是普遍性

的，对减小各类齿轮的畸变都有效果。表 3-68 是减小齿轮表面淬火畸变的一般性措施，可供参考。

对于全齿淬火的小齿轮，其内孔由于多带键槽，因而内孔的畸变往往成为主要矛盾。表 3-69 是减小齿轮内孔畸变的热处理工艺方法。

表 3-68　减小齿轮表面淬火畸变的一般性措施

措　　施	工　艺　方　法
消除毛坯内应力，细化组织	毛坯正火，尤其等温正火效果显著
较低的淬火温度	淬火前调质获得均匀细小的索氏体组织
较短的加热时间	淬火前调质；感应加热频率选择恰当；火焰喷嘴或感应器与被加热齿面间距离不要过大；淬火前预热
消除加工应力	表面淬火前进行 600～650℃ 预热
加热均匀	机床心轴偏摆要小；喷嘴或感应器形状均匀对称；套圈加热时齿轮旋转
缓和冷却	采用合适配比的淬火冷却介质，尽量不采用自来水，而采用各类聚合物水溶液
增加齿轮本体强度	合理安排加工工序，如某些沟槽及减轻孔安排在淬火后加工；合理的结构设计

表 3-69　减小齿轮内孔畸变的热处理工艺方法

工　艺　方　法	说　　明
高频预热法 工艺路线：锻坯正火→粗车→高频感应预热（约700℃）→精车→滚、剃齿→高频感应淬火→回火	粗车毛坯高频感应预热，在表面获得约10mm的加热层，随即冷却，使内孔产生一定预收缩变形，经加工后高频感应淬火。由于精车内孔是在预收缩条件下进行，所以淬火后内孔收缩得到补偿
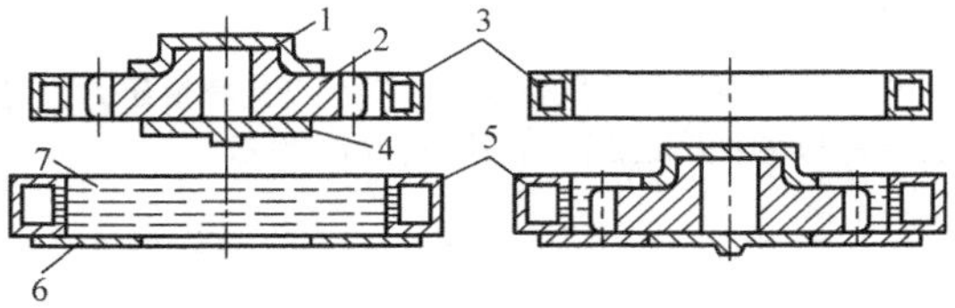 1—上防冷垫　2—齿轮　3—感应圈　4—下防冷垫 5—淬冷圈　6—积液橡胶垫　7—淬火冷却介质	齿轮淬火前在炉中预热（260～320℃），高频感应淬火时加防冷罩盖；当表面冷却接近室温时，取下罩盖让内孔冷却，以减小内孔收缩量
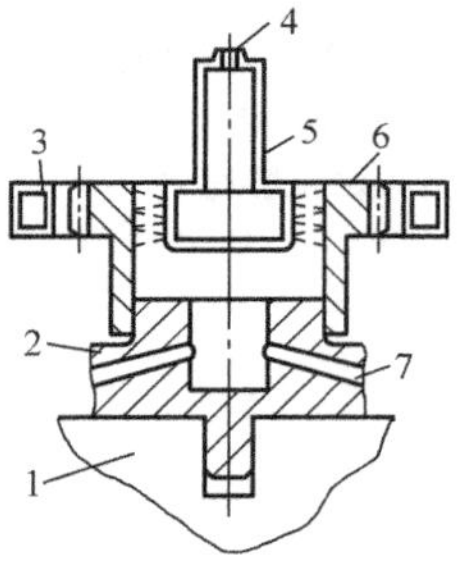 1—淬火机　2—底座　3—感应器　4—入水口 5—喷水管　6—齿轮　7—排水孔	对薄壁花键孔齿轮淬火时，内孔进行喷水冷却，由于内孔表面处于冷态，强度高，可以减小内孔的胀大

3.4.2.6　表面淬火齿轮的常见缺陷

表面淬火齿轮的常见缺陷及防止措施见表3-70。

表 3-70　表面淬火齿轮的常见缺陷及防止措施

序号	缺陷名称	产　生　原　因	防　止　措　施
1	表面硬度过高或过低	钢材碳含量偏高或偏低，预备热处理组织不良；表面脱碳；淬火加热温度不当；冷却不合理；回火温度和保温时间选择不合理	检查钢材碳含量及原始组织，采用首件检查硬度来调整工艺参数；合理选用冷却介质；喷液淬火应能调节压力、流量、温度；浸液淬火应具有循环装置；回火规范选择合理

（续）

序号	缺陷名称	产生原因	防止措施
2	表面硬度不均匀	感应器或火焰喷嘴结构不合理；钢材有带状组织偏析；局部脱碳；加热和冷却不均匀	检查钢材质量；预备热处理组织要均匀；淬火前表面要清洗干净，不允许有油污和锈斑；淬火冷却介质要清洁；喷水孔分布要均匀，并检查有无堵塞现象；加热面温度要均匀
3	硬化层深度过浅	加热时间不足，感应加热频率过高；火焰过于激烈；钢材淬透性低；冷却规范选择不恰当	根据深度合理选择感应加热频率，如无条件，则应调整电参数和机械参数，缓慢加热；调整火焰强度；改变冷却规范；采用预热
4	淬火开裂	淬火温度过高；冷却过于激烈；局部（齿顶、齿端面）过热；钢材碳含量偏高；成分偏析；钢材有缺陷；回火不充分，不及时；齿根圆角尖锐	严格控制淬火温度；修正感应器或火焰喷嘴；调整电参数（感应淬火）或气体参数（火焰淬火）；检查钢材质量；根据钢材选择合适的淬火冷却介质；采用合理的冷却规范；减轻齿顶或端面的冷却速度；加大齿根圆角；沿齿沟淬火采用隔齿淬火方法；有条件者采用埋油淬火（感应淬火）
5	畸变	加热规范不恰当；冷却过激；加热冷却不均匀；原始组织不均匀	改善原始组织；调整加热规范；保证加热和冷却均匀；选择合适的淬火冷却介质；预热

3.4.3　齿轮的渗碳和碳氮共渗

3.4.3.1　齿轮渗碳和碳氮共渗的技术参数

各种齿轮的渗碳层深度，可参考表 3-71 的数据来确定。碳氮共渗层深度一般在 1mm 左右。

根据新近试验提供的齿轮有效硬化层深度选择依据，见图 3-38。从图看到，对于齿轮的弯曲疲劳强度，最佳硬化层深度要小于接触疲劳强度所需的层深，因此合理的硬化层深度选择要兼顾两者。

表 3-71　齿轮渗碳层深度的推荐值

齿轮种类	推荐值	数据来源
汽车齿轮	$(0.15 \sim 0.25)\, m$	汽车行业
拖拉机齿轮	$(0.18 \sim 2.1)\, m$	拖拉机行业
机床齿轮	$(0.15 \sim 0.2)\, m$	机床行业
重型齿轮	$(0.25 \sim 0.3)\, m$	重型行业

注：表中 m 为齿轮模数，单位为 mm。

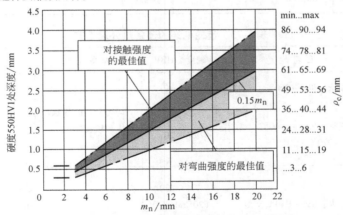

图 3-38　具有常规 m_n/ρ_c 比值渗碳齿轮的最佳层深

m_n—齿轮的法向模数　　ρ_c—轮齿的当量曲率半径

渗碳和碳氮共渗齿轮的表面碳（氮）含量、表面硬度、表层组织及心部硬度见表 3-72。

3.4.3.2　齿轮渗碳及碳氮共渗热处理工艺

1. 齿轮毛坯的预备热处理　齿轮毛坯的预备热处理推荐工艺见表 3-73。

对于大批量生产的汽车、拖拉机渗碳齿轮，为了改善可加工性及变形的稳定性，国内外已广泛采用锻轧后等温正火工艺，其工艺要点是控制冷却方式，使零件在一定的冷速、一定温度下冷却，从而获得均匀的组织及较佳的硬度。

为适应大批量生产，采用等温正火自动线设备。工艺流程为：

锻轧毛坯→加热炉→速冷室（工件速冷至 600℃ 左右）→等温室（根据材料和硬度要求确定等温温度和时间）→出炉。

表 3-72　渗碳和碳氮共渗齿轮的表面碳（氮）含量、表面硬度、表层组织及心部硬度

参　数	推荐值	说　明
表面 C、N 含量	渗碳：w（C）=0.7%～1.0% 碳氮共渗： 　　w（C）=0.7%～0.9% 　　w（N）=0.2%～0.4%	对受载平稳，以耐磨和抗麻点剥落为主的齿轮，C、N 含量选高限；对于受冲击的齿轮，C、N 含量选低限
心部硬度　HRC	$m \leqslant 8$mm 时，33～48 $m > 8$mm 时，30～45	汽车、拖拉机齿轮
	30～40	重载齿轮
表层组织 马氏体	细针状，1～5 级	各类齿轮
表层组织 残留奥氏体	渗碳：1～5 级 碳氮共渗：1～5 级	汽车齿轮
表层组织 碳化物	常啮合齿轮：≤5 级 换档齿轮：≤4 级	汽车齿轮
表层组织 碳化物	平均粒径≤1μm	重载齿轮
表面硬度　HRC	58～62	各类齿轮
	56～60	重载齿轮

表 3-73　齿轮毛坯的预备热处理工艺

钢　号	工 艺 规 范	硬度　HBW	显微组织	备　注
20Cr	正火：900～960℃，空冷	156～197	均匀分布的片状珠光体和铁素体	
20CrMo 20CrMnTi 20SiMnVB	正火：920～1000℃（常用950～970℃），空冷	156～207		1）如果设备条件允许，尽可能选用高于渗碳温度30～50℃正火 2）为了改善可加工性，降低表面粗糙度值，一般可采用以下方法 ① 提高正火温度，加强冷却 ② 采用等温正火工艺
20CrMnMo 20CrNi3 20Cr2Ni2Mo 20Cr2Ni4A 18Cr2Ni4WA	正火：880～940℃空冷 回火：650～700℃	171～229 （20CrMnMo） 207～269 （其余）	粒状或细片状珠光体及少量铁素体	
20Cr2Ni4A 18Cr2Ni4WA 当锻后晶粒粗大时	回火：640℃，6～24h，空冷 正火：880～940℃，（加热速度>20℃/min），空冷 回火：650～700℃	207～269		
40Cr 40Mn2	正火：860～900℃，空冷	179～229	均匀分布的片状珠光体和铁素体	

等温正火的加热温度一般为 930～950℃；等温温度可根据等温温度与硬度的试验曲线（见图 3-39）选择；从加热温度到等温温度的冷却速度可根据硬度-冷速关系曲线确定（见图 3-40）。

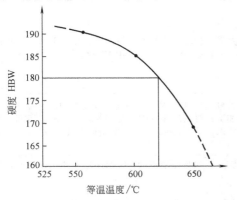

图 3-39　20CrMnTi 钢等温正火时等温温度与硬度的试验曲线

工艺举例：20CrMnTi 变速器齿轮毛坯的预备热处理工艺见图 3-41，等温正火的结果见表 3-74。

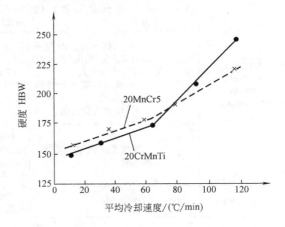

图 3-40　普通正火硬度-冷却速度关系曲线

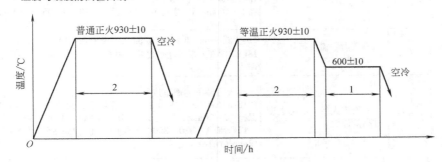

图 3-41　20CrMnTi 钢变速器齿轮毛坯的预备热处理工艺

表 3-74　各种齿轮毛坯等温正火结果

调试零件	牌号	加热温度 /℃	等温温度 /℃	结　　果	
				硬度　HBW	金相组织
1701282-JA	28MnCr5	950	650	180～197	块状 F + 片状 P
1701362-JA	25MnCr5	950	650	180～197	块状 F + 片状 P
1701314-11	20CrMnTi	950	600	172～197	块状 F + 片状 P
2403056-01	20CrMnTi	950	600	172～197	块状 F + 片状 P

2. 齿轮经渗碳和碳氮共渗后的热处理　不同钢材的齿轮经渗碳和碳氮共渗后，根据要求进行不同的淬火、回火，其热处理工艺见表 3-75。渗碳、碳氮共渗后冷却方式（直接淬火除外）的选择见表 3-76。

表 3-75　渗碳、碳氮共渗齿轮各种热处理方式

牌号	序号	齿轮类型	热处理工艺
20CrMnTi 20SiMnVB 20CrMo 20CrMnMo	1	大多数经气体或液体渗碳（或碳氮共渗）的齿轮	渗碳（920~940℃）或碳氮共渗（840~860℃）→炉内预冷，均热（830~850℃），（碳氮共渗者不预冷）→直接淬火（油淬或热油马氏体分级淬火）→回火（180℃，2h）
	2	1）直接淬火后畸变不符合要求而需用压床或套心棒淬火的齿轮 2）渗碳后需进行机械加工的齿轮 3）固体渗碳齿轮	渗碳或碳氮共渗→冷却（冷却方式的选择参阅表 3-76）→再加热（850~870℃）→淬火（油淬或热油马氏体分级淬火）→回火
	3	精度要求较高（7 级）的齿轮	齿轮在渗碳前经过粗加工成形；渗碳后以较慢的冷速冷下来，进行齿形的半精加工；再用高频或中频感应加热装置透热齿部及齿根附近部位进行淬火，回火后再进行齿形的精加工（珩或磨齿），并用推刀精整花键内孔
20，20Cr	4	渗碳齿轮	渗碳后直接淬火，如晶粒较粗大，宜用序号 2 的热处理工艺进行处理
12CrNi3A 20CrNi3A 12Cr2Ni4A 20CrNi2Mo 17Cr2Ni2Mo 20Cr2Ni4A 18Cr2Ni4WA	5	渗碳齿轮	渗碳（900~920℃）→冷却（冷却方式选择参阅表 3-76）→再加热（12CrNi3A、20CrNi3A、12Cr2Ni4A、20Cr2Ni4A：〔（800±10）℃[①]；18Cr2Ni4WA：（850±10）℃）〕→淬火（油或（200±30）℃碱槽，保持 5~10min 后，空冷）→冷处理（-70~-80℃×1.5~2h）→回火
	6	渗碳后还需进行切削加工的齿轮	渗碳→冷却→高温回火（650±10）℃×5.5~7.5h，空冷，18Cr2Ni4WA 则应随炉冷到 350℃以下出炉空冷[②]→再加热→淬火→回火
	7	一般淬火后，心部硬度过高的齿轮	淬火可按下述规范进行： 18Cr2Ni4WA：（850±10）℃保温后，快速放入 280~300℃碱槽中，保持 12~20min，转入 560~580℃硝盐浴中保持 30~50min，油冷 12CrNi3A：820~850℃保温后，在（230±50）℃的碱槽内保持 8~12min 后油冷
	8	碳氮共渗齿轮	碳氮共渗（830~850℃）→直接淬火（油或碱槽，马氏体分级淬火，18Cr2Ni4WA 可用空淬）→冷处理→回火
	9	碳氮共渗后还需进行切削加工的齿轮	碳氮共渗→冷却（冷却方式的选择参阅表 3-76）→高温回火→淬火→回火

① 渗层残留奥氏体过多或心部硬度过高，可降低淬火温度到 760℃；心部硬度偏低、铁素体量过多，可提高淬火温度到 850℃。

② 回火后硬度应不高于 35HRC。如个别零件硬度偏高，可再进行 680~700℃高温回火一次。

表 3-76　渗碳、碳氮共渗后冷却方式（直接淬火除外）的选择

牌号	冷却方式	说明
20Cr 20CrMnTi 20CrMo 12CrNi3A 12Cr2Ni4A 20CrNi2Mo 18Cr2Ni4WA	空冷	气体或盐浴渗碳（或碳氮共渗）后采用。比较简单易行，但齿表面形成一定的贫碳层，影响齿轮使用性能；宜适当降温后出炉并单独摆开，以增加冷速，减少脱碳
	在冷却井中冷却	冷却井为四周盘有蛇形管通水冷却的带盖容器。齿轮自井式渗碳炉中移入冷却井内冷却后，应向其中通入保护气或滴入煤油以保护齿面（最好先在冷却井中倒入适量甲醇）
	在 700℃等温盐浴中保持一段时间后空冷	盐浴渗碳（或碳氮共渗）后采用。齿轮出炉空冷时温度较低，可减少齿面脱碳

（续）

牌　　　号	冷 却 方 式	说　　　明
20CrMnMo 17Cr2Ni2Mo 20CrNi3 20Cr2Ni4A	在缓冷坑中冷却或油冷	20CrMnMo 等这类钢的齿轮如渗碳后空冷，易产生表面裂纹，须慢冷或速冷到 550~650℃ 等温回火。

3. 齿轮的渗碳工艺　齿轮渗碳温度常用 920~930℃。为了减小畸变，对要求渗碳层较浅的齿轮，可采用较低的渗碳温度，表 3-77 所示为渗碳层深度与渗碳温度的选择。

表 3-77　渗碳层深度与渗碳温度的选择

渗碳深度/mm	渗碳温度/℃
0.35~0.65	880±10
0.65~0.85	900±10
0.85~1.0 及以上	920±10

渗碳气氛对渗碳速度及渗层质量有很大的影响。

齿轮多用气体渗碳，渗碳阶段的炉气组分见表 3-78。

表 3-78　渗碳阶段的炉气组分（体积分数）

（%）

C_nH_{2n+2}	C_nH_{2n}	CO	H_2	CO_2	O_2	N_2
5~15	≤0.5	15~25	40~60	≤0.5	≤0.5	余量

渗碳过程中的碳势控制是工艺的关键所在，现代的渗碳基本上已实现了微机碳势控制。

关于渗碳控制系统的配置，可根据齿轮种类、生产量及对质量的要求，参考表 3-79 进行选择。单级控制系统和集散式控制系统，见图 3-42 和图 3-43。

表 3-79　渗碳控制系统的配置

炉型	工件渗碳质量要求	工艺过程管理要求	单级控制系统	集散式控制系统	
				用于分段法工艺控制和工艺过程记录管理	用于自适应法工艺控制和工艺过程记录管理
周期炉	一般	一般	○		
		较高		○	
	较高				○
连续炉	一般		○		
	较高			○	

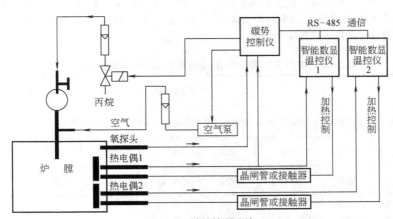

图 3-42　单级控制系统

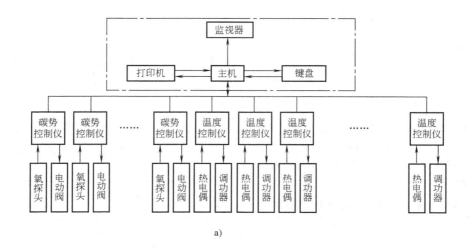

a)

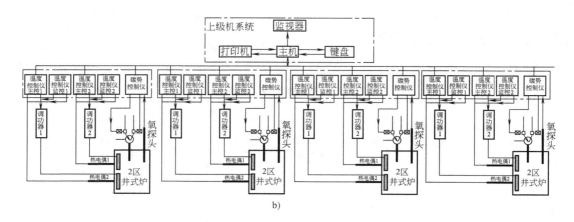

b)

图 3-43　集散式控制系统

a）连续渗碳炉　b）井式渗碳炉

在炉温控制方面，对于大型井式渗碳炉，常常处理渗层要求深的大齿轮，周期很长，建议采用温度炉内主控方式，以保证温度的准确性。表 3-80 是炉内主控和炉外主控两种方式测得的炉内实际温度。

齿轮的典型渗碳工艺举例：

表 3-81 是齿轮在电加热无罐连续式炉中的渗碳工艺。表 3-82 是齿轮在井式炉和多用炉中的渗碳工艺。

表 3-80　炉内主控和炉外主控两种方式测得的炉内实际温度

控制方式	炉内实际温度/℃							
	到温后 0.5h	到温后 1h	到温后 10h	到温后 30h	到温后 50h	到温后 100h	到温后 150h	到温后 180h
炉内主控	928	930	930	929	931	930	931	929
炉外主控	922	929	933	937	939	941	943	944

注：1. 工艺要求温度为 930℃。

2. 炉外主控时，为了保证炉膛内温度达到 930℃，设定温度为 950℃。

表 3-81 齿轮在电加热无罐连续式炉中的渗碳工艺

齿轮名称：变速器齿轮			渗碳层深度：1.0～1.4mm		
材　　料：20CrMnTi			表面硬度：58～62HRC		
工 艺 参 数	各 区 数 值				
	I-1	I-2	II	III	IV
温度/℃	840	920	930	900	840
吸热式气供量/(m³/h)	6	6	4	6	6
富化气（丙烷）供量/(m³/h)	—	0.1～0.3	0.15～0.25	0.1～0.15	0.1
装炉盘数	4	3	6	4	3
碳势 w(C)(%)	—	1.1	1.1	1.0	0.9
炉膛容积/m³	10				
推料周期/min	30～45				

注：渗碳后直接油淬。

表 3-82 齿轮在井式炉和多用炉中的渗碳工艺

技 术 条 件		渗 碳 工 艺
变速器齿轮 材料：20CrMnTi 要求层深：0.8～1.2mm	设备： RQ₃-75-9T	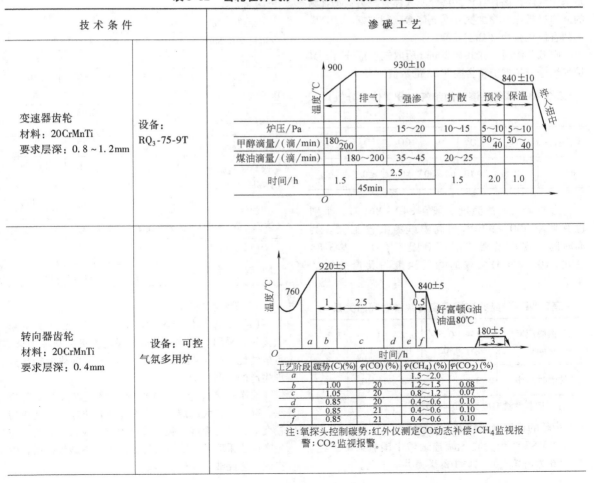
转向器齿轮 材料：20CrMnTi 要求层深：0.4mm	设备：可控 气氛多用炉	

注：氧探头控制碳势；红外仪测定CO动态补偿；CH₄监视报警；CO₂监视报警。

（续）

技 术 条 件	渗 碳 工 艺
齿轮名称：轧钢机齿轮 材料：12CrNi3 要求层深：3.0～3.5mm 表面碳含量：0.7%～0.9%（质量分数） 设备：300kW井式渗碳炉	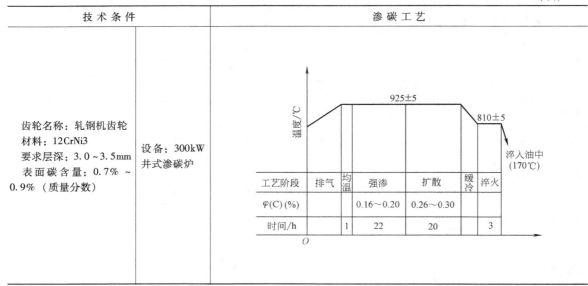

4. 齿轮的碳氮共渗工艺　齿轮的碳氮共渗主要是采用气体共渗，气体共渗介质大体有三类：①含碳的液体有机化合物加氨。②气体渗碳剂加氨。③含碳氮的有机化合物（如三乙醇胺）。

碳氮共渗时，在共渗20min后取气进行分析，其炉气组分应基本上符合表3-83的数值。

表3-83　碳氮共渗时的炉气组分（体积分数）
（%）

C_nH_{2n+2}	C_nH_{2n}	CO	H_2	CO_2	O_2	N_2
6～10	≤0.5	5～10	60～80	≤0.5	≤0.5	余量

齿轮碳氮共渗温度一般在840～860℃，个别也有采用900～920℃的高温碳氮共渗工艺。共渗时间与温度及要求层深等因素有关，表3-84是在840～850℃共渗时渗层深度与共渗时间的关系。

表3-84　碳氮共渗层深度与共渗时间的关系

共渗层深度/mm	0.3～0.5	0.5～0.7	0.7～0.9	0.9～1.1	1.1～1.3
共渗时间/h	3	6	8	10	13

注：碳氮共渗温度为840～850℃。

齿轮的典型碳氮共渗工艺举例。

表3-85为齿轮在无罐连续炉中碳氮共渗工艺。表3-86为齿轮在井式炉中的碳氮共渗工艺。

表3-85　齿轮在无罐连续炉中的碳氮共渗工艺

齿轮名称：变速器齿轮	渗层深度：0.8～1.2mm				
材料：20CrMnTi	表面硬度：58～62HRC				
共渗区段	I-1	I-2	II	III	IV
温度/℃	860	860	880	860	840
吸热式气/(m³/h)	7	6	4	5	6
丙烷/(m³/h)	0	0.08～0.2	0.15～0.2	0.08～0.1	0
氨气/(m³/h)	0.1	0	0	0.3	0.3
吸热式气成分（体积分数）(%)	CO_2 0.2	C_nH_{2n} 0.4	CO 23	H_2 34	CH_4 1.5 / N_2 余量
炉气成分（体积分数）(%)	CO_2 0.2	C_nH_{2n} 0.4	CO 20	H_2 39	CH_4 1.6 / N_2 余量
炉内总时间/h	10				
渗层碳、氮含量	$w(C)=0.85\%～0.98\%$ $w(N)=0.25\%～0.30\%$				

5. 特殊渗碳工艺

（1）大型焊接齿轮的渗碳。对直径比较大的重载齿轮，采用焊接结构比整体锻造重量可减轻42%，可节约优质合金钢58%，是当今大型重载齿轮热处理生产的发展方向。

渗碳焊接齿轮采用先焊接后渗碳淬火的工艺方法，存在着较大的焊接应力和渗碳淬火应力，造成齿轮变形，甚至焊缝开裂，故技术难度较大。为此，在生产中要采取若干防范措施。以下是渗碳焊接齿轮生产的工艺路线，仅供参考。

表 3-86　齿轮在井式炉中的碳氮共渗工艺

技 术 条 件	渗碳工艺
齿轮名称：汽车变速器齿轮 材　　料：40Cr 渗层深度：0.25~0.4mm 表面硬度：≥60HRC 设备：RQ₃-60-9T	温度/℃　850　关闭排气孔　排气　保温　140直接淬火　热油分级淬火 空冷 煤油/(mL/min)：排气 4　保温 5 氨/(L/h)：排气 420　保温 150 时间/min：50~60
齿轮名称：拖拉机变速器齿轮 材　　料：30CrMnTi 渗层深度：0.6~0.9mm 表面硬度：≥58HRC 设备：RQ₃-35-9T	温度/℃　850　820　排气　共渗　扩散　预冷 煤油/(滴/min)：55~65 三乙醇胺/(滴/min)：10~14　60~64　30~34 炉压/Pa：100~150　400~600　200~300 时间/h：0.5　3　2　1
齿轮名称：拖拉机高低档滑动齿轮 材　　料：25MnTiBRE 渗层深度：0.8~1.2mm 表面硬度：58~62HRC 设备：RQ₃-75-9T	温度/℃　860~870　排气　共渗　840 油冷 甲醇/(滴/min)：250 煤油/(滴/min)：220　110　80 氨/(L/h)：300　300　300　200 炉压/Pa：250~300　150~200 时间/min：40　300

齿坯锻造→调质或正火→齿圈粗加工、正火、回火→第二次粗加工，探伤，堆焊过渡层，消除应力退火→堆焊层粗加工，探伤→轮毂、轮辐与齿圈成形焊接→去应力退火，焊缝探伤→粗滚齿→渗碳、球化退火→车去内孔和端面渗碳层，焊缝探伤→淬火、回火、焊缝探伤→精车、精滚齿或磨齿。

为了有效地防渗及控制淬火冷却速度，改善冷却均匀性，焊接齿轮渗碳淬火的装夹就十分重要。图3-44所示为焊接齿轮渗碳前的装夹图。

（2）齿轮的化学催渗渗碳

1）稀土催渗渗碳。稀土渗碳是我国独具特色的一种渗碳工艺，其显著特点是具有催渗效果及细化碳化物的作用，这一工艺在齿轮生产中取得良好效果。

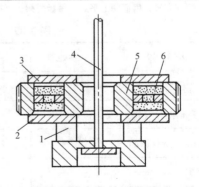

图3-44　焊接齿轮渗碳前的装夹

1—垫块　2—下盖板　3—上盖板
4—吊具　5—齿轮　6—耐火泥

表3-87是稀土渗碳时的炉气成分。从表中看到，由于稀土的加入使炉气中的碳氢化合物减少，CO增加，从而使气氛活化。

表 3-87 稀土渗碳时的炉气成分（体积分数）
（%）

工艺条件		CO_2	CO	O_2	H_2	N_2	CH_4	C_nH_m
880℃ $w(CO_2)=$ 0.1%	加稀土	0.3	14.5	0.8	64.5	14.5	5.2	0.2
	不加	0.5	8.1	0.9	67.9	12.9	9.4	0.4

图3-45是稀土对渗碳速度的影响。从图中曲线可以看到，加入稀土后可使渗碳速度提高30%左右。

定碳及金相分析表明，低温（860~880℃）稀土渗碳后，表面碳含量（质量分数）即使高达1.5%，其渗层碳化物、残留奥氏体及马氏体组织均为良好，而且试验表明具有优异的综合力学性能。由于渗碳温度降低还使齿轮的变形减小。

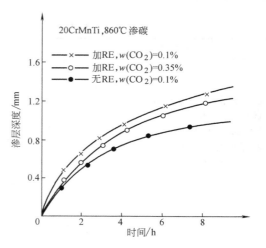

图 3-45   稀土对渗碳速度的影响

2）BH 催渗渗碳。一种是以提高渗碳速度为主要目的的BH催渗渗碳工艺。表3-88~表3-90给出了汽车后桥弧齿锥齿轮的BH催渗渗碳和普通渗碳工艺的对比结果。

表 3-88 从动弧齿锥齿轮原渗碳工艺

区　　域	预处理	一区	二区	三区	四区	五区
温度/℃	480	860	900	930	910	820
碳势 w（C）（%）	—	—	1.05	1.30	1.05	0.95
甲醇/（mL/min）	—	—	60	50	60	—
丙酮/（mL/min）	—	—	10	25	0~10	—
空气流量/（m^3/h）	—	—	—	0/0.35	0/0.30	0/0.25
推料周期	50~52min					

注：装载方法：齿面朝上平放。每盘两摞，每摞6件，每盘12件，下同。

表 3-89 从动弧齿锥齿轮 BH 催渗工艺

区　　段	预处理	一区	二区	三区	四区	五区
温度/℃	480	860	900	930	910	820
碳势 w（C）（%）	—	—	1.20	1.30	1.00	0.85
甲醇/（mL/min）	—	18	0	16	20	20
丙酮/（mL/min）	—	0	18	18	—	—
空气流量/（m^3/h）	—	—	0/0.6	0/0.6	0/0.25	
推料周期	37~38min					

表 3-90　两种渗碳工艺处理后渗层的深度、显微组织和硬度检验结果

对比项目	渗碳层深度/mm	表面硬度HRC	心部硬度HRC	碳化物级别	马氏体、残留奥氏体级别
原工艺	1.75 ~ 1.85	61 ~ 62	33 ~ 35	≤4	4 ~ 5
催渗工艺	1.75 ~ 1.85	61 ~ 62	33 ~ 35	≤3	≤3

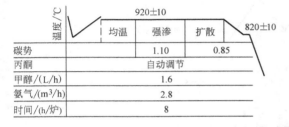

温度/℃	920±10			820±10
	均温	强渗	扩散	
碳势		1.10	0.85	
丙酮	自动调节			
甲醇/(L/h)	1.6			
氨气/(m³/h)	2.8			
时间/(h/炉)	8			

图 3-46　从动弧齿锥齿轮原渗碳工艺

另一种是以减小齿轮畸变为主要目的的降温 BH 催渗工艺。图 3-46、图 3-47 和表 3-91 给出了原渗碳工艺和降温 BH 催渗渗碳工艺淬火后的畸变测量结果。

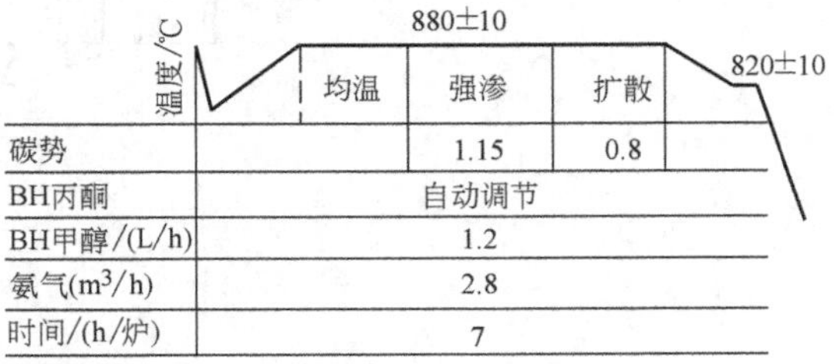

温度/℃	880±10			820±10
	均温	强渗	扩散	
碳势		1.15	0.8	
BH丙酮	自动调节			
BH甲醇/(L/h)	1.2			
氨气/(m³/h)	2.8			
时间/(h/炉)	7			

图 3-47　从动弧齿锥齿轮降温 BH 催渗工艺

（3）真空渗碳。低压真空渗碳渗速快，特别是由于不产生内氧化，可避免齿根表面形成黑色组织，从而提高弯曲疲劳强度；近年来发展起来的高压气淬既可减小齿轮的畸变，还可免去淬火后的清洗。因此，真空渗碳在齿轮热处理中的应用具有广阔的前景。

表 3-91　原渗碳工艺和降温 BH 催渗渗碳工艺淬火后从动弧齿锥齿轮的测量结果

检测项目		原渗碳工艺					降温 BH 催渗渗碳工艺				
		1	2	3	4	平均	1	2	3	4	平均
硬化层深度/mm		1.2	1.1	1.3	1.25	1.2	1.2	1.15	1.15	1.1	1.15
碳化物级别/级		4	5	3	5.5	4.5	3	1.5	2	2.5	2
马氏体、残留奥氏体量（体积分数）（%）		4.5	3	5	3.5	4	3	2.5	3	3.5	3
表面硬度　HRC		59	60	59	62	60	60	62.5	61	60	61
心部硬度　HRC		36	38	37	38	37	38	38.5	37	39	38
变形	内孔/mm	0.06	0.07	0.09	0.10	0.08	0.06	0.05	0.06	0.06	0.06
	内端面/mm	0.12	0.15	0.12	0.13	0.13	0.10	0.11	0.09	0.08	0.09
	外端面/mm	0.09	0.10	0.11	0.09	0.10	0.08	0.07	0.08	0.06	0.07

1）真空渗碳的碳势控制。真空渗碳的碳势控制目前主要是建立在经验基础上的"饱和式调整法"。低压真空渗碳原理和过程见图 3-48。为了改善齿轮齿面和齿根渗碳均匀性，进一步采用了一种称为"小脉冲强渗＋扩散"的模式（见图 3-49），一般每一个小脉冲强渗时间为 50s 左右，脉冲间隔时间为 10s 左右，渗碳效果很好，见图 3-50。

2）真空渗碳的工艺参数

① 温度≥950℃（齿轮钢必须是采用 Al 脱氧的镇静细晶粒钢）。

② 渗碳压力为 500 ~ 1500Pa，一般为 800Pa。

③ 表面饱和碳含量，根据渗碳温度，按图 3-51中曲线选取。

④ 扩散后 $w(C)$ 一般设定为 0.65% ~ 0.85%。

⑤ 渗碳介质流量，根据渗碳温度，按图 3-52 中曲线选取。

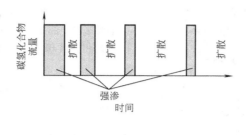

a)

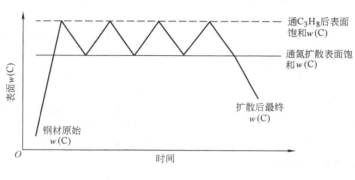

b)

图 3-48　低压真空渗碳原理和过程示意图
a）原理　b）过程

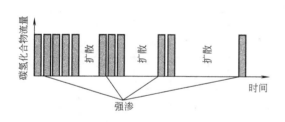

图 3-49　小脉冲强渗 + 扩散
低压真空渗碳示意图

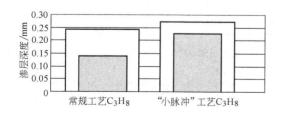

图 3-50　齿轮小脉冲强渗 + 扩散
低压真空渗碳效果
□—齿面深度　▨—齿根深度

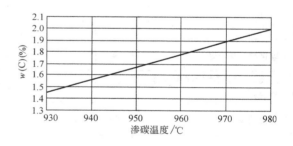

图 3-51　表面饱和碳含量与渗碳温度的关系

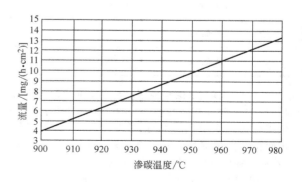

图 3-52　渗碳介质流量与渗碳温度的关系

3.4.3.3 齿轮渗碳及碳氮共渗热处理后的畸变

1. 畸变形式 表 3-92 列举了渗碳及碳氮共渗齿轮热处理的畸变形式。

表 3-92 渗碳及碳氮共渗齿轮热处理的畸变形式

齿轮种类	齿轮参数变化	热处理畸变趋势
圆柱齿轮	直径变化	盘状齿轮的齿顶圆直径通常胀大,轴齿轮齿圆直径通常缩小
	齿顶圆及内孔的不均匀变化	由于齿轮材料质量不均匀,几何形状不均衡及加工不当,热处理时引起不均匀胀缩,从而形成椭圆
	平面翘曲及齿圈锥度	外径较大的盘状齿轮,其端面容易产生翘曲,以及从齿圈形成锥度
	齿间尺寸变化	靠近两端面处齿厚胀得较多,齿宽中部呈凹形
齿轮轴	轴向变化	由于材料、几何形状及工艺等原因造成齿轮弯曲畸变
锥齿轮	齿轴端面及内孔畸变	端面翘曲,内孔呈椭圆
弧齿锥齿轮	螺旋角变化	螺旋角变小,斜齿盘齿轮角度改变较大;斜齿轴齿轮角度改变较小,弧齿锥齿圈、锥齿轮、主动轮角度改变较大
带花键孔齿轮	内孔胀缩	低合金钢齿轮渗碳淬火后,内孔通常缩小;钢材淬透性越高,渗层越厚,则收缩越大;内孔经防渗的齿轮则微胀
		40Cr 钢浅层碳氮共渗淬火后,内孔通常胀大
	内孔锥度	通常截面较小处,内孔收缩较大;截面较厚处内孔收缩较小或微胀

2. 影响齿轮热处理畸变的因素(见表 3-93)

表 3-93 影响齿轮热处理畸变的因素

影响因素	造成齿轮畸变的原因
设计	形状对称性及截面均匀性差,轮辐刚度差
材料	晶粒度不均匀,带状组织严重,淬透性带宽
锻造	锻造流线不对称,锻后冷却不均匀
预备热处理	加热温度过高或过低,冷却不均匀
切削加工	切削量过大,工艺孔位置安排不当
最终热处理	加热不均匀,夹具设计不合理,冷却介质及冷却规范选择不当,渗层质量不均匀

3. 控制齿轮热处理畸变的措施

(1) 合理的齿轮结构设计。减小齿轮热处理畸变的结构设计原则大致为:①加大圆角;②形状尽量对称;③合理安排键槽;④挖槽、打孔,以求均衡冷却;⑤改变支承底面。

(2) 合理地使用淬火夹具及装夹方式。图 3-53 ~ 图 3-55 是几种夹具及装夹方式举例。

(3) 控制渗碳齿轮花键孔精度的方法(见表 3-94)。

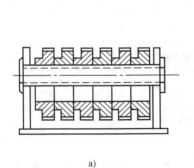
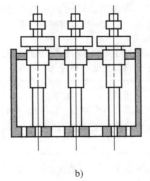
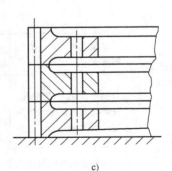

a)   b)   c)

图 3-53 常用的几种夹具

a) 串挂横装夹具 b) 竖装夹具 c) 摞装

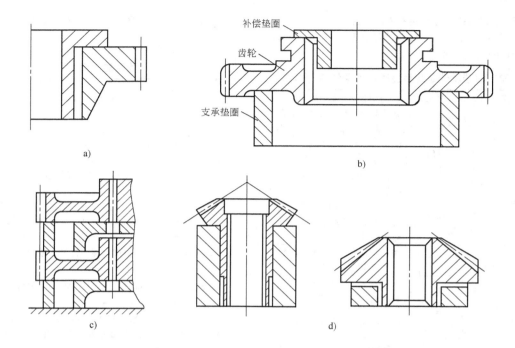

图 3-54　不同形式的垫圈

a) 补偿垫圈　b) 支承垫圈　c) 叠加垫圈　d) 支承垫圈

表 3-94　控制渗碳齿轮花键孔精度的方法

齿轮定位方式	控制花键孔精度的方法	加工工艺路线	说　明
内径定位	热处理后挤键宽及磨内孔	机械加工→渗碳、淬火、回火→挤键宽→磨内孔	热处理时对畸变的控制要求不太严，仅用于内径定位齿轮
底径或键侧定位	热处理后用推刀精整花键	机械加工→内孔镀铜（或采用其他防渗措施）→渗碳、淬火、回火→去铜→推刀精整花键孔	工序复杂，花键孔硬度较低，耐磨性较差，但精度较高
		机械加工→渗碳（然后空冷、缓冷或再加高温回火）→齿部感应淬火→回火→推刀精整花键孔	省掉镀铜工序，但需再次感应加热，齿轮其他方面的精度也较高，花键孔硬度较低
	渗碳后再加热，套心棒淬火	机械加工→渗碳（然后空冷或缓冷）再加热套心棒淬火→回火	适用于淬火时内孔收缩的齿轮（大部分渗碳齿轮）
	热处理后挤花键孔。花键孔出现锥度者可采用补偿垫圈	机械加工→渗碳后直接淬火→回火→挤花键孔	工序简单，但用挤刀挤花键孔所能矫正的畸变很有限，应在原材料质量稳定及工艺控制较严的情况下应用
	热处理前对收缩较大的一端施行预胀孔	机械加工→一端预胀孔→渗碳、淬火、回火	适用于热处理时花键孔出现锥度的齿轮
	热处理后电解加工精整花键孔	机械加工→渗碳、淬火、回火→电解加工精整花键孔	工序简单，适应性强，但需有直流电源的电解加工机床

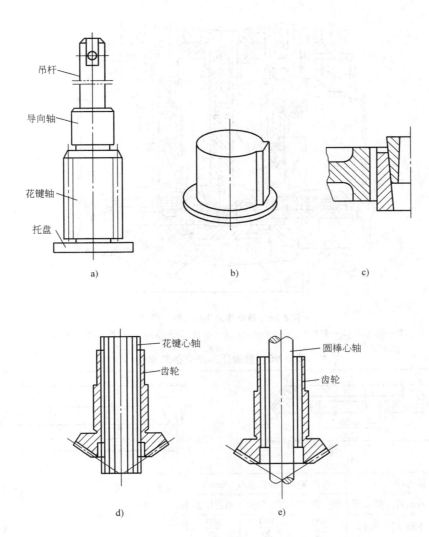

图 3-55　各种花键心轴及吊具
a）吊具　b）花键心棒　c）楔形套　d）花键心轴　e）圆棒心轴

（4）减小锥齿轮热处理畸变的方法。锥齿轮的渗碳淬火畸变在生产中主要采用模压淬火来控制。图 3-56 是一种典型的脉动淬火压床的结构示意图。表 3-95 列出了两种齿轮压淬的参数。当模压淬火齿轮的畸变仍不能有效控制时，可参考表 3-96 中所列项目进行分析。

（5）热处理前的齿轮加工尺寸调整。掌握热处理畸变规律，在热处理前调整齿轮的加工尺寸，以补偿热处理畸变，是批量生产齿轮的常用方法。生产中常用 50 件齿轮在给定条件下进行冷加工和热处理，经过对该批齿轮热处理前后的尺寸测量，并对其数据进行统计学处理，得出畸变趋势，然后确定公差带位置。很显然，加工尺寸的调整是建立在稳定生产的基础之上的。

3.4.3.4　渗碳和碳氮共渗齿轮的常见缺陷

表 3-97 是渗碳和碳氮共渗齿轮的常见缺陷及防止措施。

3.4.3.5　渗碳和碳氮共渗齿轮的质量检验

齿轮的外观质量、表面裂纹、材料的白点和气孔、畸变及表面硬度等，一般在齿轮本体上进行无损检测，而其他很多项目则是通过工艺试样来检查。工艺试样的种类及要求见表 3-98。

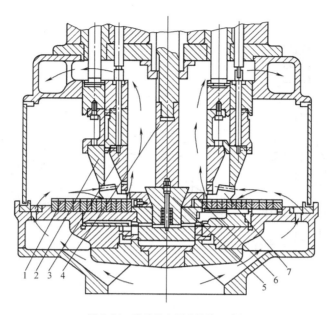

图 3-56　脉动淬火压床结构示意图

1—底模圈　2—外压环　3—内压环　4—心轴　5—压头　6—扩张环　7—齿轮

表 3-95　齿轮压床淬火参数举例

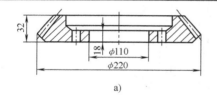

a)　　　　　　　　　　　　　　b)

齿轮	压力/N			冷却条件，油流量/(L/min)			底模的凸凹量 /mm	压床型号
	内压环	外压环	扩张环	第一阶段	第二阶段	第三阶段		
a	11740	16003	3910	$\dfrac{800}{20}$	$\dfrac{190}{30}$	$\dfrac{800}{30}$	0	格里森537
b	30184	52773	9349	$\dfrac{1130}{10}$	$\dfrac{180}{60}$	$\dfrac{1130}{30}$	+0.35	国产 YZ49050/1

表 3-96　压床淬火时锥齿轮畸变失控原因

畸变情况	主　要　原　因	畸变情况	主　要　原　因
内孔椭圆	1) 锥形胀杆与中心模的锥面配合不好 2) 中心模工作面或齿轮内孔表面不净 3) 中心模或限位圈尺寸精度低或尺寸选用不当 4) 中心模压力太小 5) 无压冷却时间太短（对定压压床而言）	外端面平面度公差偏大	1) 外压环压力太小 2) 内压环压力太大 3) 下模面锥度太小 4) 无压冷却时间太长
内端面平面度公差偏大	1) 中心模压力过大或限位圈内径太大 2) 内压环压力太小 3) 外压环压力太大 4) 下模面锥度太大 5) 无压冷却时间太长		

表 3-97 渗碳和碳氮共渗齿轮的常见缺陷及防止措施

序号	缺陷名称	产生原因	防止措施
1	毛坯硬度偏高	正火温度偏低或保温时间不足，使组织中残留少量硬度较高（≥250HV）的魏氏组织，正火温度超过钢材晶粒显著长大的温度	应重新制订正火工艺；检查控温仪表，校准温度，控制正火冷却速度
2	毛坯硬度偏低	正火冷却过缓	重新正火，加强冷却
3	带状偏析	锻造比不够；钢材合金元素和杂质偏析，一般正火难以消除	加大锻造比；改进冶炼工艺
4	层深不足	碳势偏低；温度偏低或渗期不足	提高碳势；检查炉温，调整工艺，延长渗碳（共渗）时间
5	渗层过深	碳势过高，渗碳（共渗）温度偏高；渗期过长	降低碳势；缩短周期，调整工艺
6	渗层不均	炉内各部分温度不均；碳势不均；炉气循环不佳；工件相互接触；齿面有脏物；渗碳时在齿面结焦	齿轮表面清洗干净；合理设计夹具；防止齿轮相互接触；在齿轮料盘上加导流罩，保证炉内各部温度均匀；严格控制渗碳剂中不饱和碳氢化合物
7	过共析 + 共析层比例过大（大于总深度的 3/4）	炉气碳势过高；强渗和扩散时间的比例选择不当	降低碳势；调整强渗与扩散期的比例，如果渗层深度允许，可返修进行扩散处理
8	过共析 + 共析层比例过小（小于总深度的 1/2）	炉气碳势过低，强渗时间过短	提高炉气碳势；增加强渗时间；可在炉气碳势较高的炉中补渗
9	表面碳含量过高，形成大块碳（氮）化物网	炉气碳势过高，强渗时间过长	降低碳势，缩短强渗时间；如果渗层深度允许，可在较低碳势的炉中进行扩散处理；适当提高淬火温度；进行一次渗层的球化退火
10	表面残留奥氏体过多	碳（氮）含量过高；渗后冷却过快，碳（氮）量析出不够，淬火温度偏高	调整渗碳（共渗）工艺，控制碳（氮）含量；从渗碳（共渗）炉或预冷炉中出炉的温度不宜过高；降低淬火温度
11	表面碳含量过低	炉气碳势过低，炉温偏高；扩散时间过长	提高碳势；检查炉温，调整强渗与扩散时间的比例
12	表层马氏体针粗大	淬火温度偏高	降低淬火温度
13	表层出现非马氏体组织	升温排气不充分；炉子密封性差，漏气，使表层合金元素氧化；淬火冷却速度低	从设备和工艺操作上减少空气进入炉内；适当提高淬火冷却速度；在渗碳最后 10min 左右通入适量氢气
14	表层脱碳	渗后出炉温度过高；炉子出现严重漏气；淬火时产生氧化	防止炉子漏气；降低出炉温度；控制淬火时炉内气氛；盐浴炉淬火脱氧要充分；补渗碳
15	心部硬度偏低	淬火温度过低；冷却速度不当，心部游离铁素体过多；选材不当	提高淬火温度；加强淬火冷却；采用两次淬火；更换材料
16	畸变	预备热处理工艺不良；淬火温度偏高；冷却方法不当；夹具设计不合理；材料选择不当	调整淬火工艺；合理设计夹具，改善冷却条件；改换钢材；预备热处理后组织均匀，应力平衡

表 3-98　工艺试样的种类及要求

试样种类	用途	技术要求	数量
中间（过程）试样	调整工艺参数，决定停炉降温时间等	试样材料与齿轮材料相同	按不同工艺及操作水平定
最终试样（圆形或方形试样及齿块）	质量评定：表面及心部硬度、显微组织、表面碳（氮）含量、渗层深度及硬度梯度等	1）与齿轮同批材料，并在相同条件下预备热处理 2）试样的结果用来说明同炉齿轮的质量时，必须有试验依据 3）齿块试样不得少于3个齿	1）间歇炉：1~2个/炉 2）连续炉：1~2件齿轮/批定期检查

用作渗碳层深度测定的试样，其组织应是平衡态；若试样已经过淬火，则推荐用表3-99的工艺进行处理。

3.4.4　齿轮的渗氮

3.4.4.1　齿轮渗氮技术参数的确定

1. 影响渗氮齿轮力学性能的因素（见表3-100）。

2. 渗氮齿轮的技术参数　齿轮的渗氮层深度与模数有关。表3-101所示为齿轮模数与渗氮层深度的关系。

齿轮的渗氮层表面硬度，根据钢材的不同而有所不同，见表3-102。渗氮齿轮的渗层组织可根据使用工况，参考表3-100进行选择。

表 3-99　经淬火的渗碳试样作深度检查前的热处理规范

牌号	加　热		等　温		冷却
	温度/℃	时间/min	温度/℃	时间/min	
10、20	850	20	—	—	空冷
15Cr、20Cr	850	15~20	650	10~20	
20CrMnTi	850	15~20	640	30~60	
12Cr2Ni4	840	15~20	620	180~240	

表 3-100　影响渗氮齿轮力学性能的因素

力学性能		影响因素及其倾向性
接触疲劳强度		1）渗氮层深度增加，接触疲劳强度提高 2）心部强度提高，接触疲劳强度提高 3）表面硬度提高，接触疲劳强度提高
弯曲疲劳强度	光滑试样	1）扩散层深度增加，弯曲疲劳强度提高 2）氮的固溶量增加，弯曲疲劳强度提高
	缺口试样	1）化合物层越厚，弯曲疲劳强度下降 2）晶间化合物严重，弯曲疲劳强度下降
耐磨性	有润滑条件	ε 最耐磨，$\varepsilon + \gamma'$次之，γ'差
	干摩擦条件	γ'最耐磨（γ'的韧性起主导作用）
抗胶合性能		ε 相具有最高的抗胶合性能，依次是 $\varepsilon + \gamma'$，γ'相和纯扩散层
渗氮层脆性		以 ε 相为主的化合物层脆性最高，γ'单相化合物层的渗层具有高的韧性

（续）

力学性能	影响因素及其倾向性

1）经渗氮后试样冲击韧度下降
2）预备热处理为正火时，其冲击韧度比调质的更低，下表为不同材料渗氮后的试验结果

牌 号	预备热处理	离子渗氮	冲击韧度 a_K/（J/cm^2）
38CrMoAlA	930℃正火	—	92.6
		530℃×12h	27.2
	930℃油淬，670℃回火	—	105
		530℃×12h	86.6
40Cr	880℃正火	—	80
		530℃×12h	38
	860℃油淬，600℃回火	—	162
		530℃×12h	72.5
20CrMnTi	930℃正火	—	254
		530℃×12h	25.5
	930℃油淬，620℃回火	—	251
		530℃×12h	68.2

冲击韧度（行标在左侧合并）

表 3-101　齿轮模数与渗氮层深度的关系

模数/mm	公称深度/mm	深度范围/mm	模数/mm	公称深度/mm	深度范围/mm
≤1.25	0.15	0.10~0.25	4.5~6	0.50	0.45~0.55
1.5~2.5	0.30	0.25~0.40	>6	0.60	>0.50
3~4	0.40	0.35~0.50			

注：迄今渗氮齿轮的模数最大到10mm；为提高承载能力，对高速重载齿轮其渗氮层深度已增加到0.7~1.1mm。

表 3-102　不同钢材齿轮渗氮层表面硬度参考范围

牌 号	原始状态		渗氮表面硬度 HV5
	预备热处理	硬度 HBW	
45	正火 调质		250~400
20CrMnTi	正火 调质	180~200 200~220	650~800 600~800
40CrMo	调质	29~32HRC	550~700
40CrNiMo	调质	26~27HRC	450~650
40CrMnMo	正火 调质	220~250	550~700
40Cr	调质	200~220 210~240	500~700 500~650

（续）

| 牌　　号 | 原始状态 | | 渗氮表面硬度 HV5 |
	预备热处理	硬度　HBW	
37SiMn2MoV	调质	250~290	48~52HRC（超声测定）
25Cr2MoV	调质	270~290	700~850
20Cr2Ni4A	调质	25~32HRC	550~650
18Cr2Ni4W	调质	27HRC	600~800
35CrMoV	调质	250~320	550~700
30CrMoAl	正火\n调质	207~217\n217~223	850~1050\n800~900
38CrMoAlA	调质	260	950~1200

注：为提高承载能力，对高速重载齿轮其心部硬度最好调质到300HBW以上。

3.4.4.2　齿轮的渗氮工艺

1. 制造工艺路线　表3-103是针对不同精度要求的齿轮而采用的制造工艺路线。

表3-103　渗氮齿轮的制造工艺路线

一般精度要求	锻造→调质（正火）→车加工→滚齿→剃齿→渗氮
精度要求高的齿轮	锻造→正火或退火→粗车→调质→精车→半精滚齿→去应力退火→精滚齿→剃齿→渗氮→珩齿

2. 预备热处理

（1）调质。渗氮齿轮的预备热处理应当采用调质，调质硬度不仅影响心部强度，同时还影响表面渗氮硬度。渗氮齿轮的心部硬度一般不应低于300HBW。表3-104是美国渗氮齿轮的心部硬度；表3-105是心部硬度与渗氮层硬度的关系，可供参考。

表3-104　美国渗氮齿轮的心部硬度

牌　　号	心部硬度　HBW	回火温度/℃
4140	300~340	552
4150	300~340	552
4340	300~340	552
Nitralloy N	260~300[①]	650~677
Herding Ⅲ	300~340	552

① 在渗氮过程中硬度会因沉淀硬化提高到360~415HBW。

表3-105　心部硬度与最高渗氮层硬度的关系[①]

| 回火温度/℃ | 最高渗层硬度 HRC | 心部硬度　HBW | |
		回火后	渗氮后
538	56	380	350
566	56	363	343
593	56	342	332
621	51	317	315
649	50	292	292
677	47	258	258

① 材料为4340（相当于我国牌号40CrNiMoA）；渗氮工艺为524℃×40h。

（2）去应力退火。去应力退火温度低于调质回火温度而高于渗氮温度20~30℃。

（3）局部防渗。齿轮不需要渗氮的部位要进行防渗处理，不渗氮部位的局部防渗方法见表3-106。

3. 渗氮工艺

（1）齿轮的气体渗氮工艺

1）工艺方法。齿轮气体渗氮工艺方法及其应用见表3-107，可根据齿轮材料及不同技术要求进行选择。

气体渗氮温度通常为500~560℃。渗氮温度的选择与齿轮材料、渗层深度及齿面硬度等因素有关。图3-57是渗氮温度对38CrMoAl钢渗层深度及表面硬度的影响；采用一段法渗氮时渗氮时间与渗层深度的关系，见图3-58。

表3-106 不渗氮部位的局部防渗法

渗氮法	局 部 防 渗 法
气体渗氮	1）镀锡膜：一般膜厚0.003～0.015mm，当锡膜厚度大于0.01mm时，为了防止流锡，可进行350℃左右加热1～2h的均锡处理 2）镀铜膜：一般无孔隙铜膜厚0.01～0.02mm 3）其他有机和无机涂料
离子渗氮	主要采用机械防渗，示例如下 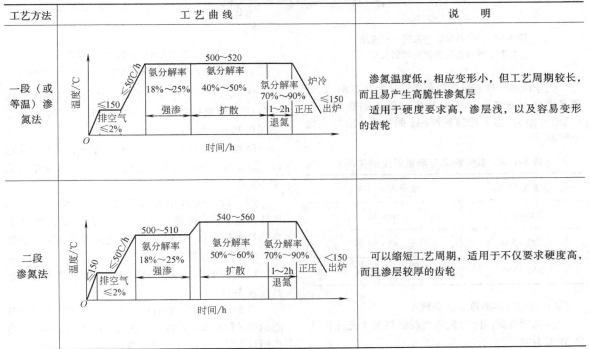

表3-107 齿轮气体渗氮工艺方法及其应用

工艺方法	工 艺 曲 线	说 明
一段（或等温）渗氮法	温度/℃ ≤50℃/h ≤150 排空气 ≤2% 500～520 氨分解率18%～25% 强渗 氨分解率40%～50% 扩散 氨分解率70%～90% 1～2h 退氮 炉冷 ≤150 出炉 正压 时间/h	渗氮温度低，相应变形小，但工艺周期较长，而且易产生高脆性渗氮层 适用于硬度要求高，渗层浅，以及容易变形的齿轮
二段渗氮法	温度/℃ ≤50℃/h ≤150 排空气 ≤2% 500～510 氨分解率18%～25% 强渗 540～560 氨分解率50%～60% 扩散 氨分解率70%～90% 1～2h 退氮 ＜150 出炉 正压 时间/h	可以缩短工艺周期，适用于不仅要求硬度高，而且渗层较厚的齿轮

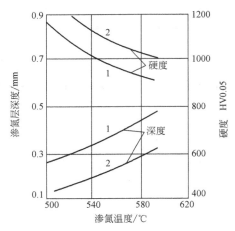

图 3-57　渗氮温度对 38CrMoAl 钢渗层
深度及表面硬度的影响
1—离子渗氮　2—气体渗氮

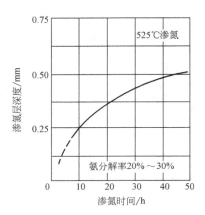

图 3-58　38CrMoAl 钢采用一段法渗
氮时渗层深度与渗氮时间的关系

氨分解率与渗氮温度的关系，见表 3-108。氨分解率增加到 60% ~ 65% 对硬度和深度的影响不大（见图 3-59）。为了控制脆性相 ε 的生成，应增大氨分解率。

表 3-108　氨分解率与渗氮温度的关系

渗氮温度/℃	氨分解率（%）
500 ~ 520	20 ~ 40
520 ~ 540	30 ~ 50
540 ~ 560	40 ~ 60

2）齿轮气体渗氮工艺举例

① 机床齿轮。两种机床齿轮的渗氮工艺见图 3-60 和图 3-61。

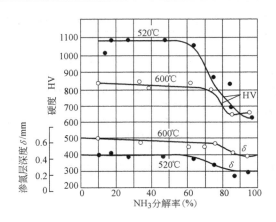

图 3-59　氨分解率对 38CrMoAl 钢
渗氮层深度及硬度的影响

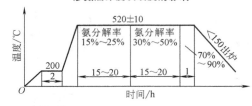

图 3-60　38CrMoAl 钢齿轮的渗氮工艺
注：齿轮模数为 3mm；要求渗层深为 0.25 ~ 0.40mm。

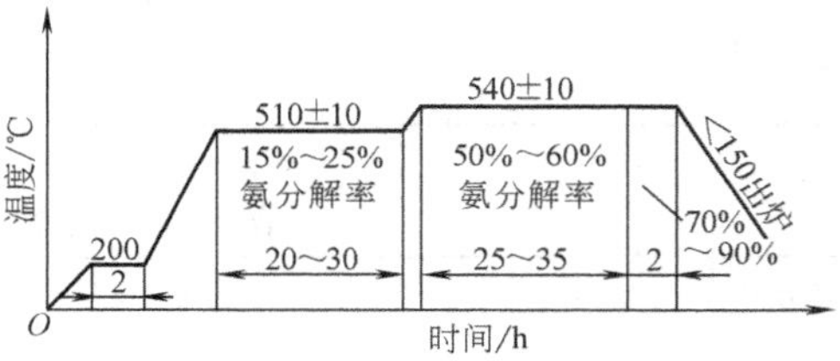

图 3-61　20CrMnTi 钢齿轮的渗氮工艺
注：齿轮模数为 5mm；要求渗层深为 0.45 ~ 0.55mm。

② 高速齿轮。30 万 t 合成氨离心空气压缩机的一种 GJK250 增速器齿轮，材料为 25Cr2MoV，要求渗层深 0.45 ~ 0.55mm。

该齿轮渗氮前经调质、去应力退火，精滚齿及跑合。渗氮及预备热处理工艺见表 3-109，渗氮结果见表 3-110。

（2）齿轮的离子渗氮工艺。离子渗氮工艺比气体渗氮工艺有渗速快、畸变小及化合物层的相组成容易控制等优点。不过，影响工艺稳定性的因素也较多，设备维护也要难一些。

1）离子渗氮工艺。齿轮离子渗氮工艺参数的选择见表 3-111。

表 3-112 为离子渗氮温度和渗氮时间对各种处理态的齿轮钢材渗氮层深度和表面硬度的关系曲线，可供制订齿轮离子渗氮工艺时参考。

表 3-109　齿轮预备热处理及渗氮工艺

工艺名称	工艺曲线
调质	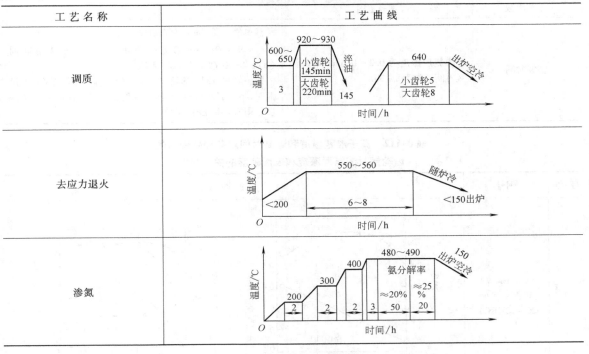
去应力退火	
渗氮	

表 3-110　齿轮渗氮结果

渗氮层深度/mm	齿面硬度 HV	渗层脆性	表层组织
0.5	688~713	1 级	0.01mm 的 ε 相及近表层脉状氮化物

表 3-111　齿轮离子渗氮工艺参数的选择

工艺参数	选择范围	说　明
辉光电压	一般保温阶段保持在 500~700V	与气体电离电压，炉内真空度及工件与阳极间距离有关
电流密度	2~15mA/cm^2	电流密度大，加热速度快，但电流密度过大将使辉光不稳定，易打弧
炉内真空度	133.322~1333.22Pa，生产上常用 266~533Pa（辉光层厚度为 0.5~5mm）	当炉内压力低于 133.322Pa（1Torr）时达不到加热目的，而当压力高于 1333.22Pa（10Torr）时，辉光将受到破坏而产生打弧现象，造成工件局部烧熔
渗氮气体	液氨挥发气，热分解氨或氮氢混合气	液氨虽使用简单，但渗层脆性大；氨热分解后得到1:3 的氮氢混合气可改善渗层性能；氮氢混合气可调整炉气氮势，从而控制渗层相组成分
渗氮温度	含 Al 钢宜采用二段渗氮法：第一阶段 520~530℃ 第二阶段 560~580℃	对某些精度要求较高的齿轮，为减少畸变，也可采用等温（一段）渗氮工艺，一段 510~530℃，但渗氮时间较长
	不含 Al 钢一般采用等温（一段）渗氮工艺，520~550℃	当渗氮温度高于 550℃时，易破坏合金氮化物与基体的共格结合，还会使氮化物发生集聚，导致渗层硬度下降

（续）

工艺参数	选择范围	说　明
渗氮时间	渗氮层深度为 0.2～0.6mm 时，渗氮时间通常为 8～30h	渗氮层深度与时间存在着以下关系： $\delta = K\sqrt{D\tau}$，δ—渗氮层深度（mm）；τ—渗氮时间（h）；D—扩散系数；K—常数 即渗氮时前期渗速较快，以35CrMo 钢为例，在530℃渗氮时，6h 可以获得0.3mm 的深度；而要达到0.5mm 的深度，则需25h 左右的时间

表 3-112　离子渗氮温度和渗氮时间对各种处理态的齿轮钢材渗氮层深度和表面硬度的关系曲线

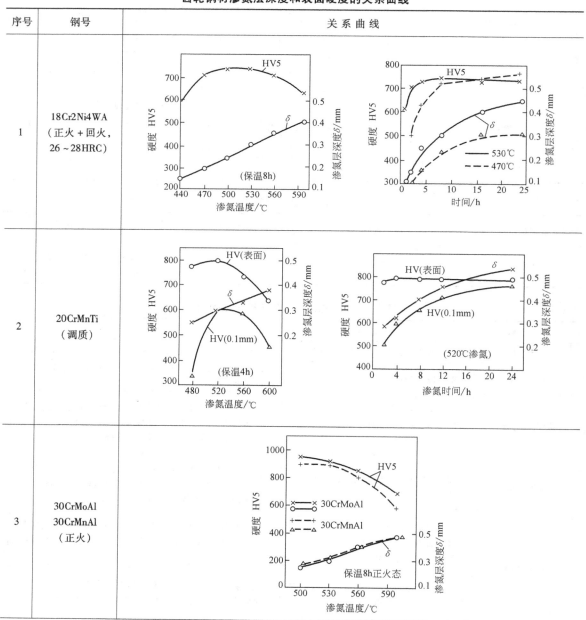

序号	钢号	关系曲线
1	18Cr2Ni4WA（正火＋回火，26～28HRC）	
2	20CrMnTi（调质）	
3	30CrMoAl 30CrMnAl（正火）	

（续）

序号	钢号	关 系 曲 线
4	30CrNi3	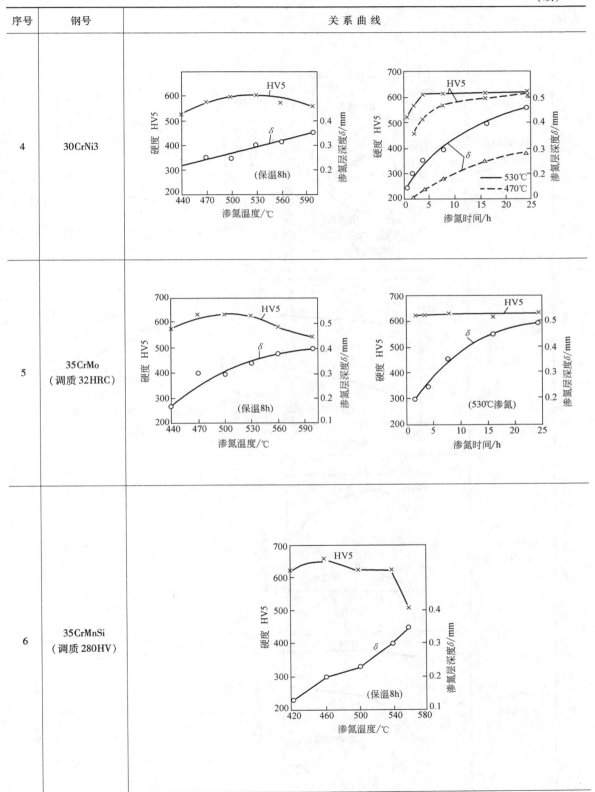
5	35CrMo （调质 32HRC）	
6	35CrMnSi （调质 280HV）	

（续）

序号	钢号	关 系 曲 线
7	38CrMoAlA（调质）	
8	40Cr	
9	40CrNiMo（调质 26～27HRC）	
10	42CrMo（调质 29～32HRC）	

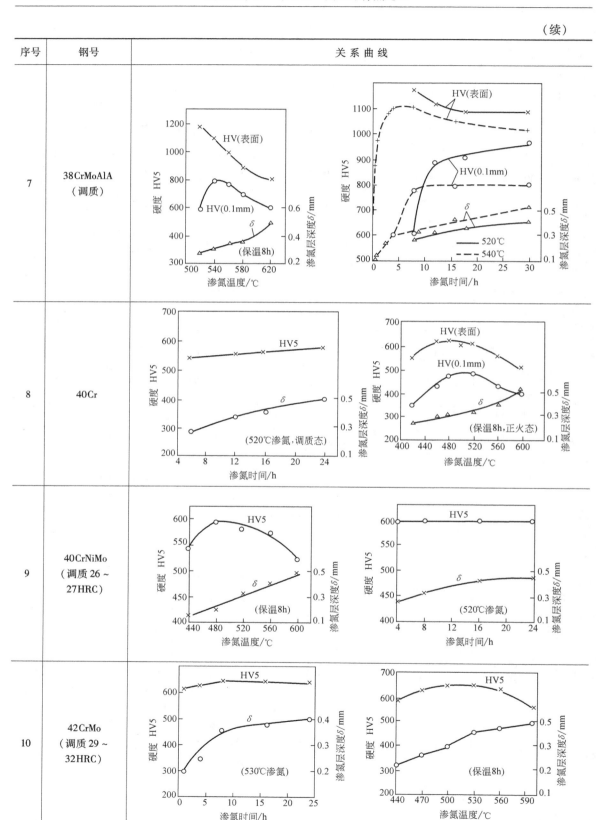

2) 齿轮离子渗氮工艺举例

① 机床齿轮。图 3-62 所示为 38CrMoAl 齿轮的离子渗氮工艺曲线。

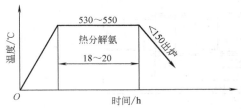

图 3-62　38CrMoAl 齿轮的离子渗氮工艺曲线

注：齿轮模数为 3mm；要求层深为 0.25 ~ 0.40mm。

② 船闸启闭机齿轮。图 3-63 所示为船闸启闭机齿轮的离子渗氮工艺曲线。

（3）齿轮的氮碳共渗工艺。氮碳共渗能显著提高齿轮的耐磨性，抗胶合和抗擦伤能力及耐疲劳性能。

氮碳共渗温度一般为 570℃，低于此温度渗速太慢，高于此温度表层易产生疏松结构。

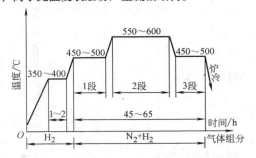

图 3-63　船闸启闭机齿轮的离子渗氮工艺曲线

注：材料为 25Cr2MoV；齿轮模数 m_n 为 6mm；
要求渗氮层深度为 0.7 ~ 0.9mm。

表 3-113 是常用齿轮钢材的氮碳共渗工艺及结果。表 3-114 是一卷扬机圆弧齿轮氮碳共渗工艺。

表 3-113　常用齿轮钢材氮碳共渗工艺及结果

钢　材	工艺号	化　合　层		扩　散　层		备　注
		深度/μm	硬度　HV0.05	侵蚀层深度/mm	硬化层深度/mm	
45	1	10 ~ 12	562 ~ 685	0.2 ~ 0.4		
	2	24 ~ 26	760		0.55	
	3	7 ~ 15	550 ~ 700	0.35 ~ 0.55		HV0.1
	4	10 ~ 25	450 ~ 650	0.24 ~ 0.38		
40Cr	1	7 ~ 15	211 ~ 772	0.15 ~ 0.25		
	2	20 ~ 24	960	0.40	0.30	
	3	6 ~ 12	550 ~ 800	0.10 ~ 0.20		HV0.1
	4	4 ~ 10	560 ~ 600	0.12		
30CrMoA	1	7 ~ 12	888 ~ 940	0.10 ~ 0.20		
	2	20 ~ 22	1170	0.35	0.22	
	3	5 ~ 12	900 ~ 1100	0.10 ~ 0.20		HV0.1
30CrMo	2	19 ~ 21	960	0.40	0.32	
35CrMo	3	5 ~ 12	650 ~ 800	0.10 ~ 0.20		HV0.1
18Cr2Ni4W	1	9 ~ 10	860		0.27	560℃ × 4h
工艺号	氮碳共渗工艺			温度/℃		时间/h
1	酒精 + 氨			570		3
2	盐酸催渗气体氮碳共渗					2
3	尿素					3
4	甲酰胺 + 尿素					2

表 3-114　卷扬机圆弧齿轮氮碳共渗工艺

项　目	技术参数、热处理工艺及处理结果
齿轮结构及尺寸	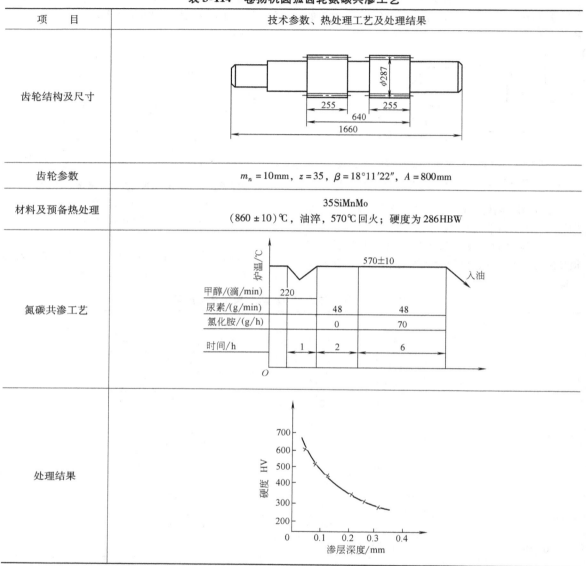
齿轮参数	$m_n = 10mm$，$z = 35$，$\beta = 18°11'22''$，$A = 800mm$
材料及预备热处理	35SiMnMo （860 ± 10）℃，油淬，570℃ 回火；硬度为 286HBW
氮碳共渗工艺	
处理结果	

（4）齿轮的深层渗氮。齿轮接触疲劳强度与其硬化层深度/模数之比密切相关，为了提高齿轮承载能力和扩大应用范围，因而出现了深层渗氮技术。常规渗氮层深度一般都小于 0.6mm，而齿轮的深层渗氮深度可达 1.1mm 左右。

1）深层渗氮工艺。表 3-115 ～ 表 3-117 为气体深层渗氮工艺和结果。

图 3-64 所示为离子深层渗氮工艺曲线。三段离子渗氮结果见表 3-118。

表 3-115　单周期气体渗氮工艺

第一段			第二段		
温度 /℃	时间 /h	分解率 （%）	温度 /℃	时间 /h	分解率 （%）
524	16	30 ～ 34	524	56	60 ～ 64

表 3-116　单周期气体渗氮结果

试样牌号	表面硬度 HRC	渗层深度 /mm	白层深度 /μm	脆性 /级
25Cr2MoV	61	0.63	6	I
42CrMo	60	0.78	3.1	I
40CrNiMo	59	0.74	2	I

表 3-117 两周期气体渗氮结果[①]

试样牌号	表面硬度 HRC	渗层深度 /mm	白层深度 /μm	脆性 /级
25Cr2MoV	63	0.80	8	I
42CrMo	56	0.95	12	II
40CrNiMo	53.2	1.02	10	I

① 两周期工艺,即表 3-115 单周期工艺再重复一次,以达深层渗氮的目的。

表 3-118 三段离子渗氮结果

试样牌号	表面硬度 HV5	渗层深度 /mm	白层深度 /μm	脆性 /级
25Cr2MoV	600 ~ 700	0.95	24	I
42CrMo	566 ~ 593	1.0	19	I
40CrNiMo	524 ~ 558	0.95	22	I

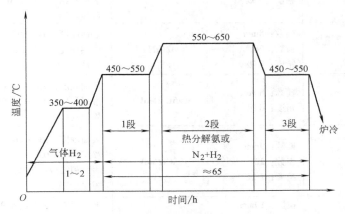

图 3-64 离子深层渗氮工艺曲线

从渗氮速度及表面白亮层的控制考虑,离子渗氮有独特的优越性。

2) 渗氮齿轮的应用范围。由于常规渗氮层深度较浅,因而在齿轮上的应用受到限制,深层渗氮的出现,使渗氮齿轮的应用范围逐渐扩大。表 3-119 是英国的渗氮齿轮工业应用举例。表 3-120 是我国渗氮(离子)齿轮的工业应用举例。

表 3-119 英国的渗氮齿轮工业应用举例

齿轮参数	高速工业用		低速工业用		船用发动机	军舰发动机			非同心轴传动
	蒸汽透平发动机	H/D 压缩机	H/D 碎煤机	H/D 水泥磨	柴油机	燃气透平	燃气透平	燃气透平	燃气透平发动机
功率/kW	6570	4588	336	2237(功率分支)	8056	5787	11190	18550	14000
小齿轮节圆直径 /mm	228	158	234	212	560	202	262	365	283
大齿轮节圆直径 /mm	838	972	1065	1620	1436	652	1318	1273	1165
模数/mm	4.4	4.23	8.47	8.47	12	6.47	6.47	8	8.47

表 3-120 我国渗氮(离子)齿轮的工业应用举例

齿轮名称	主要参数	牌号	离子渗氮结果
257kW(350 马力)涡轮发电机减速器齿轮	模数:2.5mm 齿数:256 精度:6 级 线速度:105.8m/s	40CrNiMo	表面硬度:590 ~ 600HV5 渗层深度:0.75 ~ 0.8mm 表面相结构:γ′单相 脆性:1 级

（续）

齿轮名称	主要参数	牌　　号	离子渗氮结果
炼油厂 3000kW 双圆弧齿轮（对）	模数：4.5mm 齿数：44/64 精度：5～6 线速度：118m/s	34CrNi3Mo	表面硬度：620～610HV5 渗层深度：0.5mm 脆性：1 级
水坝 200t 启闭机 1150 减速器齿轮	模数：6mm 齿数：20 精度：6 级	25Cr2MoV	表面硬度：720～750HV5 渗层深度：0.7～0.75mm 表面相结构：γ' 单相 脆性：1 级
344t 牵引强力采煤机行星减速器内齿圈	模数：8mm 齿数：66 精度：7 级	42CrMo	表面硬度：640～660HV5 渗层深度：0.73mm 脆性：1 级
高速线材轧机齿轮	模数：8mm 精度：6 级	25Cr2MoV	表面硬度：660～730HV5 渗层深度：0.5～0.55mm 脆性：1 级
卷扬机输入轴齿轮	模数：9mm 齿数：22 精度：7 级	25Cr2MoV	表面硬度：730～760　HV5 渗层深度：0.8mm 表面相结构：γ' 单相 脆性：1 级
轧钢机减速器传动齿轮	模数：10mm 齿数：67 精度：7 级	42CrMo	表面硬度：670～680HV5 渗层深度：0.83mm 脆性：1 级

综合国内外应用实践及从齿轮最大切应力深度分析，目前渗氮齿轮的应用范围可到模数 10mm。

（5）气体催渗渗氮。气体渗氮工艺周期较长，而齿轮要求的渗氮层都比较深，为了缩短工艺周期，可采用以下的催渗工艺。

1）预氧化催渗渗氮。预氧化催渗渗氮工艺曲线见图 3-65。工艺中应注意在 300～350℃氧化 1.5h 之后，应立即封炉通氨气，排除炉内空气。预氧化催渗与未氧化催渗两段渗氮速度的比较，见表 3-121。

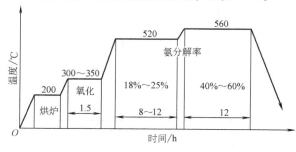

图 3-65　预氧化催渗渗氮工艺曲线

2）加压脉冲气体渗氮。加压脉冲气体渗氮工艺方式，见图 3-66。不同压力对 35CrMo 钢渗氮层硬度分布的影响见图 3-67。加压脉冲循环两段渗氮工艺及效果，见表 3-122。

表 3-121　预氧化催渗与未氧化催渗两段渗氮速度的比较

试样编号	牌号	渗氮时间/h	是否氧化	渗氮效果	
				渗层深度/mm	硬度 HV0.01
89-7-13	38CrMoAl	24	未氧化	0.28	986～991
89-7-14	40Cr	24	未氧化	0.24	510～519
95-11-1	38CrMoAl	24	氧化	0.46	1018～1064
95-12-2	40Cr	24	氧化	0.60	575～595

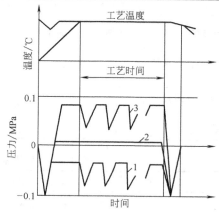

图 3-66　加压脉冲气体渗氮工艺方式示意图
1—低真空脉冲工艺曲线　2—恒压
工艺曲线　3—加压脉冲工艺曲线

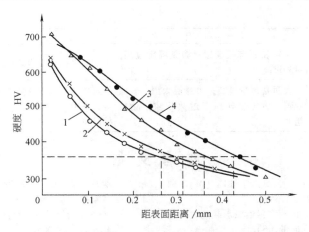

图 3-67 不同压力对 35CrMo 钢渗氮层硬度分布的影响

1—0.2kPa 2—4kPa 3—8kPa 4—30～50kPa

表 3-122 加压脉冲循环两段渗氮工艺及效果

循环次数	工艺时间/h	氮分解率（％）	表面硬度 HV1		化合物层深度/μm		渗层深度/mm	
			38CrMoAl	35CrMo	38CrMoAl	35CrMo	38CrMoAl	35CrMo
1	5	40（530℃）	1051	713	8	21	0.25	0.3
2	10		916	713	13	19	0.34	0.46
3	15	60（580℃）	1051	636	16	25	0.42	0.60

注：530℃×1.5h＋580℃×3.5h 为一个工艺循环。

3.4.4.3 渗氮齿轮的常见缺陷

渗氮齿轮的常见缺陷及防止措施见表 3-123。

表 3-123 渗氮齿轮的常见缺陷及防止措施

序号	缺陷名称	产生原因	防止措施
1	心部硬度偏低	预备热处理时淬火温度偏低，出现游离铁素体，调质回火温度偏高；调质淬火冷却速度不够	提高淬火温度；充分保温，调质回火温度不宜超过渗氮温度过多
2	渗氮层深度过浅	渗氮温度偏低；氮势不足；保温时间过短	提高渗氮温度；检查是否有漏气之处；提高氮势；增加保温时间
3	表层高硬度区太薄	第一段渗氮温度过低，时间偏短；或第二段渗氮温度过高	调整第一段渗氮温度，延长保温时间
4	硬度梯度过陡	第二段渗氮温度偏低，时间过短	提高第二段渗氮温度，延长保温时间
5	渗层深度不均匀	渗氮温度不均匀；工件之间相互接触；气流速度过大	正确设计夹具；合理装炉；气体流量控制适中；离子渗氮采用分解氨；改善炉内工件温度的均匀性
6	局部软点	工件表面有氧化皮或其他脏物；防渗镀涂时污染	渗氮前仔细清洗表面；仔细进行防渗镀涂
7	表面硬度偏低	材料有错；渗氮温度过高或过低；渗氮时间不够；氮势偏低	检查核对材料；调整渗氮温度和时间；降低氮分解率；检查炉子是否漏气

（续）

序号	缺陷名称	产生原因	防止措施
8	组织中出现网状或鱼骨状氮化物	齿轮表面有脱碳层；渗氮温度过高；氮势过高	控制渗氮温度和氮势；齿轮倒角；留足加工余量
9	表面脆性高，产生剥落	表面氮含量过高；渗氮层太深；表面脱碳；预备热处理有过热现象，晶粒粗大	预备热处理时保护加热；留足加工余量；降低氮势；采用二段渗氮法；后期采用退氮方法；细化原始晶粒

参 考 文 献

[1] 黄明志，石德柯，金志浩. 金属力学性能 [M]. 西安：西安交通大学出版社，1986.

[2] ISO 6336-5：2003 圆柱直齿轮和斜齿轮承载能力计算 第 5 部分：材料强度和质量 [S].

[3] 朱孝录. 齿轮传动设计手册 [M]. 北京：化学工业出版社，2005.

[4] 康大韬，叶国斌. 大型锻件材料及热处理 [M]. 北京：龙门书局，1998.

[5] 朱法义，等. 稀土元素在渗碳过程中的行为 [C]//中国机械工程学会第五届年会论文集. 天津：天津大学出版社，1991.

[6] 胡建文，陈国民. 渗碳齿轮有效硬化层深度及碳浓度的设计 [C]//中国机械工程学会第五届年会论文集. 天津：天津大学出版社，1991.

[7] 孙和庆，等. 大型齿轮的渗碳淬火 [C]//第六届全国热处理大会论文集. 北京：兵器工业出版社，1995.

[8] 马森林. ECM 低压真空渗碳技术应用研究与探讨 [J]. 汽车齿轮，2004（2）：23-30.

[9] 胡昌桂，仲生新. 渗碳过程中的碳势控制 [C]//2005 年齿轮材料与热处理工艺技术发展研讨会论文集. 西安，2005.

[10] 何鹏，等. BH 催渗技术对减小齿轮畸变的意义 [C]//2005 年齿轮材料与热处理工艺技术发展研讨会论文集. 西安，2005.

[11] 袁家祥，等. 深层渗碳对热处理设备的要求 [C]//2005 年齿轮材料与热处理工艺技术发展研讨会论文集. 西安，2005.

[12] 沈庆通. 齿轮双频感应淬火的进展 [C]//2006 年齿轮感应淬火技术专题研讨会论文集. 太原，2006.

[13] 闫满刚. 齿轮感应淬火工艺方法的进展 [C]//2006 年齿轮感应淬火技术专题讨论论文集. 太原，2006.

[14] 刘继全. 内齿圈沿齿沟淬火 [C]//2006 年齿轮感应淬火技术专题讨论论文集. 太原，2006.

[15] 李刚，杨歧华. 屏蔽在自动变速器飞轮齿圈高频淬火中的应用 [C]//2006 年齿轮感应淬火技术专题讨论论文集. 太原，2006.

[16] D W Ingham，G Parrish. 齿轮的埋液感应淬火 [C]//2006 年齿轮感应淬火技术专题讨论论文集. 太原，2006.

[17] 王茹华，朱惠文，等. 高频感应加热淬火中的屏蔽导流技术 [J]. 金属热处理，1998（10）：41-42.

[18] 陈涛，陈彬南. 加压气体渗氮和氮碳共渗的研究 [J]. 金属热处理，1998（3）：5-8.

[19] 赵萍. 快速渗氮工艺 [J]. 金属热处理，1998（4）：40-42.

第4章 滚动轴承零件的热处理

洛阳轴承研究所 王中玉 贾刚

滚动轴承品种之多，至今已有6万多个，结构上一般由外套、内套、滚动体［钢球、滚子（圆柱、圆锥、球面）、滚针］、保持架和润滑油等组成。目前，最小的轴承内径仅为0.6mm，最大轴承的外径达5.492m，重量达6.38t。滚动轴承多数为高载荷（球轴承的接触应力达4900MPa，滚柱轴承接触应力达2940MPa）下运行，在套圈和滚动体接触面上承受交变应力，高转速（DN值2.5×10⁶mm·r/min）、在长寿命条件下服役。其失效的主要形式是疲劳剥落、磨损、断裂等。因此，要求滚动轴承用钢应具有：高的硬度、高的抗疲劳性能、高的耐磨性、一定的韧性、良好的尺寸稳定性和冷热加工性等，最终表现为使用寿命长和高的可靠性。

通常套圈和滚动体均采用高碳铬轴承钢，长期实践证明，它是制造滚动轴承的最佳钢种，GCr15钢占滚动轴承用量90%以上。外套带安装挡边及高冲击载荷下工作的滚动轴承，采用含有铬镍钼等元素的合金渗碳钢制造。渗碳钢在表面层一定深度范围内渗碳，形成高硬度表面硬化层，而中心部硬度低，具有高的韧性，适用于承受高冲击载荷条件轴承，如轧机轴承等。

钢中的非金属夹杂，易形成早期疲劳剥落，所以高纯度轴承钢（真空感应＋真空自耗冶炼）用于制造高可靠性、长寿命、高精度轴承，如航空发动机主轴轴承、高精度陀螺轴承和高精密（P2、P4级）机床主轴轴承等。对于在化工、航空、原子能、食品、仪器、仪表等现代工业中所用的滚动轴承，还需具有耐腐蚀、耐低温（－253℃）、耐高温、抗辐射和防磁等特性。因此，滚动轴承用材料种类较多，常用滚动轴承用钢与合金及应用范围见表4-1。

表4-1 常用滚动轴承用钢与合金及应用范围

类别	统一数字代号	牌号	材料规格供应状态	应用范围	最高工作温度/℃	采用标准
高碳铬轴承钢	B00040	GCr4	圆钢、热轧或锻制，不退火	适用于套圈壁厚>14mm，用TSH表面淬火后可获得最佳强韧化效果，表面硬度为60~64HRC，中心硬度为35~45HRC，晶粒细化，表面呈压应力状态 用于承受高冲击载荷条件下的轴承，如铁路轴承，大型转盘轴承，轧机轴承等	轴承工作温度≤120	GB/T 18254—2002
	B00150	GCr15	圆钢、管、钢丝（盘元）、带热轧、锻制，退火或不退火 冷拉（银亮）圆钢、盘元均为退火材	适用于通常工作条件下的套圈和滚动体，在轴承生产中用量达95%以上 套圈壁厚≤25mm，滚子直径≤32mm，钢球直径≤50mm	轴承工作温度－60~120℃，当超过该温度时，需经特殊热处理（S_0、S_1、S_2、S_3、S_4等）	GB/T 18254—2002 GB/T 18579—2001 YB/T 4146—2006
	B00150	HGCr15	圆钢管、钢丝（盘元）、带热轧、锻制退火、不退火 冷拉（银亮）圆钢、盘元均为退火材	适用于航空发动机主轴轴承、陀螺仪表长寿命、高可靠性轴承。采用VIM＋VAR双真空冶炼，钢中氧含量≤9×10⁻⁶	轴承工作温度为－60~120℃，当超过该温度时，需经特殊热处理（S_0、S_1、S_2、S_3、S_4等）	YB/T 4107—2000

（续）

类别	统一数字代号	牌号	材料规格供应状态	应用范围	最高工作温度/℃	采用标准
高碳铬轴承钢	B00150	ZGCr15	冷拉材	精密机床轴承以及货车、客车轴承用滚子，采用电渣重熔	轴承工作温度为 -60~120℃，当超过该温度时，需经特殊热处理（S_0、S_1、S_2、S_3、S_4 等）	YB/T 4101—1998
高碳铬轴承钢	B01150	GCr15SiMn	圆钢热轧，或锻制退火或不退火	适用制造大型轴承套圈和滚子。GCr15SiMn，套圈壁厚>25mm，滚子直径>32mm；GCr15SiMo，套圈壁厚>50mm，滚子直径>55mm，≤2m（套）	轴承工作温度为 -60~120℃，当超过该温度时，需经特殊热处理（S_0、S_1、S_2、S_3、S_4 等）	GB/T 18254—2002
高碳铬轴承钢	B03150	GCr15SiMo	圆钢热轧，或锻制退火或不退火			GB/T 18254—2002
高碳铬轴承钢	B02180	GCr18Mo ZCr18Mo	圆钢，热轧，锻制退火、不退火材 $\phi80~\phi120$mm	用于制造准高速铁路客车车轴轴箱轴承内、外套以及机车轴承 时速>120~200km/h	-60~150	GB/T 18254—2002
渗碳轴承钢	B10200	G20CrMoA	圆钢热轧、锻制、退火钢板	用于制造叉车门架用滚轮、链轮轴承外圈、外球面轴承用紧定螺钉、连杆支承用滚针和保持架组件、特殊用途冲压保持架和冲压滚针轴承外套等	≤100	GB 3203—1982 GB/T 3077—1999
渗碳轴承钢	B12210	G20CrNi2MoA	圆钢 $\phi80~\phi130$mm，热轧不退火	用于制造铁路货车车轴轴箱轴承的内、外套，采用电渣重熔 时速≤120km/h	-60~100	YB/T 4100—1998
渗碳轴承钢	B11200 B12100	G20Cr2Ni4A G10CrNi3MoA	圆钢、轴承毛坯	用于制造高冲击载荷轴承，如轧机用四列圆柱、圆锥滚子轴承等	≤100	GB 3203—1982
渗碳轴承钢	（ISO683/17B32）	16Cr2Ni4MoA	圆钢、热轧，未退火	用于制造带安装法兰挡边特殊结构轴承套圈，如航空发动机轴承内、外套等	≤100	BTXE 201—2005
渗碳轴承钢	A20202 A26202	20Cr 20CrMnTi	圆钢、热轧，ϕ<60mm，未退火	用于制造汽车万向节十字轴、万向节滚针外套、保持架等	≤100	GB/T 3077—1999
渗碳轴承钢	U21152	15Mn	圆钢	用于制造汽车万向节轴承外套	<100	GB/T 699—1999
渗碳轴承钢	U20082	08	钢板、钢带	用于制造冲压保持架、冲压滚针外套	<100	GB/T 5213—2008 GB/T 3077—1999 GB/T 699—1999
渗碳轴承钢	U20102	10	钢板、钢带			
渗碳轴承钢	U20152	15	钢板、钢带			
渗碳轴承钢	A30152	15CrMo	钢板、钢带			
渗碳轴承钢	A30202	20CrMo	钢板、钢带			

（续）

类别	统一数字代号	牌号	材料规格供应状态	应用范围	最高工作温度/℃	采用标准
不锈轴承钢	B21410	G65Cr14Mo	圆钢、锻制退火钢 冷拉圆钢退火和钢丝	用于制造低温（−253℃），腐蚀介质、高温下工作的轴承套圈和滚动体，在海水、河水、蒸馏水、浓硝酸、高温蒸气条件下工作的轴承，电渣重熔	−253~350	GB/T 3086—2008
	B21800	G95Cr18				
	B21810	G102Gr8Mo				
	S30408	06Cr19Ni10	钢板、带圆、钢丝	用于制造耐腐蚀冲压保持架、铆钉、关节轴承套圈等	<150	GB/T 20878—2007 GB/T 3280—2007 JB/T 1221—2007
	S30210	12Cr18Ni9				
	S42020	ZoCr13				
	S42030	30Cr13				
	S43110	14Cr17Ni2				
高温轴承钢	B20443	H13Cr4Mo4Ni4V	圆钢、热轧、冷拉条钢、锻制退火钢	它用于高速 $[DN > (2.5 \sim 3.0) \times 10^6]$、高温、高速航空发动机主轴轴承，在高速运转时产生高的离心力，由此而产生的切向拉应力引起轴套的裂纹扩展和断裂。用一般全淬透性轴承钢，如 Cr4MoV、Cr14Mo，在高转速下会产生套圈断裂，采用该钢完全解决上述问题，所以 H13Cr4Mo4VA 是新型高速高温渗碳轴承钢。采用（VIM + VAR）双真空冶炼高纯度钢	−60~350	YB/T 4106—2000
	B20440	H8Cr4Mo4V（Cr4Mo4V）	热轧、锻制圆钢 冷拉条钢，钢丝为退火状态	用于制造航空发动机主轴轴承耐高温套圈和滚动体，采用（VIM + VAR）熔炼高纯度钢	≤315	YB 4105—2000
		HCr14Mo4	热轧、锻制圆钢 冷拉条钢，钢丝为退火状态	用于制造耐高温、耐腐蚀套圈和滚动体，电渣重熔	≤315	YB/T 1205—1980
	T51841	W18Cr4V	热轧、锻制圆钢 冷拉条钢，钢丝为退火状态	用于制造航空发动机耐高温轴承套圈和滚动体	≤500	WS9-6015—1995 GB/T 9943—2008
		2W10Cr3NiV（高温渗碳钢）	热轧、锻制未退火钢	用于制造航空发动机耐高温轴承套圈和滚动体	≤300	WS9-6027—1996 电渣重熔
		W9Cr4V2Mo	热轧、锻制圆钢 冷拉钢（钢丝）均为退火态	用于制造航空发动机主轴轴承耐高温轴承套圈和滚动体，如 WP-15 发动机等	≤400	试制技术条件电渣重熔
		GCrSiWA	热轧、锻制未退火钢	用于制造航空发动机耐高温轴承套圈和滚动体	≤200	试制技术条件

（续）

类别	统一数字代号	牌号	材料规格供应状态	应用范围	最高工作温度/℃	采用标准
中碳轴承钢		G55SiMoVA（52SiMoVA，50SiMoA）	热轧圆钢、锻制未退火钢冷拉条钢（盘元）为退火态	它是我国自主开发的钢，用于制造石油、矿山三牙轮占头钢球、圆柱滚子和井下动力钻具（螺杆、涡轮）滚动轴承	≤150	Q/XGSZ 329—2008 BXTE 004—2006
	A40502	50CrNi	圆钢	耐冲击载荷下圆柱滚子	≤100	GB/T 3077—1999
	A20402	GCr10（40CrA）	带	用于螺旋滚子轴承中的滚子,用于轧钢机辊道辊子支撑部位	≤100	GB/T 3077—1999 试制技术条件
	U20502	50	圆钢、热轧、锻制未退火钢	用于制造轿车、轻型车中第三代、第四代轮毂轴承套圈、等速万向节外套和中间轴	≤100	GB/T 699—1999 GB/T 3077—1999 要求钢中氧含量 ≤20×10⁻⁶
	U20552	55				
	U21702	70Mn				
	A71452	45MnB				
特大型轴承钢	A30422	42CrMo	调质或正火后表面淬火和回火	用于风力发电偏航、变浆转盘轴承及转盘轴承的套圈,也在矿山、工程机械、港口、龙门吊回转支承上应用	≤100	GB/T 3077—1999 GB/T 1299—2000
	U21502	50Mn				
	T20102	5CrMnMo				
特殊轴承用材及合金		00Cr40Ni55Al3	固溶状态,棒、条、丝	用于制造高真空、高温、防磁、耐腐蚀（抗硝酸、H₂S介质、海水等）套圈和滚动体。它是抗H₂S专用轴承合金	≤450	试制技术条件 真空自耗
		Cr23Ni28Mo5-Ti3Al	棒、条	用于制造高温、高压水、低载荷无磁轴承套圈和滚动体	≤250	试制技术条件
	T23152	7Mn15Cr2Al3-V2WMo	棒、条	用于1900大型板坯连注机结晶器的无磁轴承套圈和滚动体	≤500	GB/T 1299—2000
		Monelk-500	棒、条、丝	用于制造抗氢氟酸、海水等介质中的轴承零件	≤200	试制技术条件
		GH3030	棒	用于制造高温工件条件下关节轴承套圈	≤500	YB/T 5351—2006 YB/T 5352—2006
		L605				
		QBe2.0	棒、丝	用于制造高灵敏无磁轴承	≤150	GB/T 5231—2001
保持架、铆钉支柱等用材	A50403	40CrNiMoA	棒	用于制造航空发动机主轴承中高温、高速实体保持架,较好地满足现代发动机轴承各项要求	≤300	GB/T 3077—1999
		ML15	丝直径0.8~8mm	用于制造保持器支柱和铆钉	≤100	YB/T 5144—2006
		ML20				
	S30408	0Cr19Ni10	丝、板、带、棒	用于制造耐腐蚀轴承支持架和铆钉、冲压保持架等	≤300	GB/T 3280—2007
	S32169	07Cr19Ni11Ti				
	S42010	12Cr13				
	S42020	20Cr13				
	S42030	30Cr13				
	S43110	40Cr13				

（续）

类别	统一数字代号	牌号	材料规格供应状态	应用范围	最高工作温度/℃	采用标准
保持架、铆钉支柱等用材	U2082	08	钢板、带	用于制造冲压保持架（浪形、菊形、槽形、K形、M形）、挡盖、密封圈、防尘盖、冲压滚针轴承外套		GB/T 699—1999 GB/T 5213—2008 GB/T 11253—2007
	U20102	10				
	A30122	15CrMo				
	A30202	20CrMo				
	U20152	15	条钢	用于制造碳钢钢球		GB/T 699—1999
	U20302	30	钢板、保持架毛坯、棒料	用于制造大型轴承实体保持架、带杆端的关节轴承以及碳钢轴承内、外套	≤100	GB/T 699—1999 GB/T 5213—2008
	U20352	35				
	U20452	45				
		T8A	钢带、钢丝	用于制造冲压冠形保持架、弹簧圈、防尘盖等	≤100	GB/T 1222—2007 GB/T 1298—2008
		T9A				
	U21653	65Mn	钢带、丝	用于制造高弹性冲压保持架推力型圈、销圈等	≤100	GB/T 1222—2007
		59-1铅黄铜（HPb59-1）	棒、管	用于制造实体保持架	≤100	GB/T 5231—2001 GB/T 1528—1997
		62黄铜[H62]	带、板	用于制造冲压保持架	≤100	GB/T 2059—2008 GB/T 2040—2008
		6.5-0.1锡青铜（QSn6.5-0.1）	板	用于制造冲压保持架	≤100	GB 2040—2008
		96黄铜（H96）	毛细管丝	铆钉	≤100	GB/T 5231—2001
		二号铜（T2）	丝			
		三号铜（T3）	丝			
		2A11	管、棒	用于制造实体保持架、关节轴承套圈	≤150	GB/T 3190—2008
		2A12				
		10-3-1.5铝青铜（QAl10-3-1.5）10-4-4铝青铜（QAl10-4-4）3.5-3-1.5硅青铜（QSi3.5-3-1.5）	管、棒	用于制造高速高温实体保持架，如航空发动机主轴轴承、铁路机车保持架等	≤200	GB/T 5231—2001 YS/T 622—2007 GB/T 1527—2006
		1-3硅青铜（QSi1-3）	带、棒	用于制造冲压保持架、挡盖、关节轴承、套圈	≤100	GB/T 5231—2001, GB/T 2040—2008 GB/T 2059—2008

对于保持架材料，要求能够承受在运转中振动与冲击载荷的强度，并且有与套圈、滚动体的摩擦小，重量轻等特性。常用保持架的材料有：08、10、30、40、45等优质碳素结构钢，合金结构钢40CrNiMoA以及铜及铜合金如HPb59-1、QAl10-3-1.3、QAl10-4-4、QAl10-5-5、QSi1-3、QSi3.5-1.5-

1等。通常保持架均不需热处理。对于特殊用途保持架需经表面处理，如渗碳、碳氮共渗、氮碳共渗、表面镀银等。

套圈、滚动体均应通过热处理获得所需性能。滚动轴承热处理对提高滚动轴承内在质量，延长使用寿命和可靠性起着重要的作用，所以热处理在轴承制造过程中是关键工序。在轴承制造业中，生产上常用的热处理有：

1) 高碳铬轴承钢所制滚动轴承零件广泛采用马氏体淬-回火工艺（包括 Ms 点以下分级淬火、等温淬火）和贝氏体等温淬火工艺。前者热处理表面为拉应力，后者为压应力，有利于提高轴承寿命。

2) 表面硬化处理方法（如渗碳，碳氮共渗和表面感应淬火等），可获得零件表面的高硬度、最佳硬化层深度和心部更高的韧性，还可以达到强韧性最佳配合，而且获得表面压应力。特别是感应淬火工艺近年来发展更快，是节能、环保热处理的最佳选择。滚动轴承零件的加工过程见表4-2。

表 4-2　滚动轴承零件的加工过程

零件名称		加工过程
套圈		热轧未退火棒料→锻压毛坯 —正火→ 球化退火 ┐ 热轧退火棒料（钢管）————————————┘ →车削加工→淬回火→粗磨（附加回火）→ 细磨→精研工件表面→成品→清洗→防锈
滚动体	冷冲及半热冲钢球	钢丝或冷拉条钢→冷冲或半热冲（热冲）→光球加工→淬火、回火→粗磨→ 强化处理→精磨→精研→成品→清洗→防锈→包装
	热冲及模锻钢球	未退火条钢→ ┌热冲┐ →球化退火→光球（锉削→软磨）→淬火、回火→粗磨→强化 　　　　　　└下料→热锻┘ 处理→精磨→精研→成品→清洗→防锈
	滚柱与滚针	冷拉钢丝或条钢→冷冲、冷轧或车削→淬火、回火→粗磨→精磨→成品→清洗→防锈

4.1　一般用途滚动轴承零件的热处理

4.1.1　铬钢滚动轴承零件的一般热处理

铬轴承钢是制造滚动轴承零件（套圈和滚动体）的主要钢种，其中 GCr15 钢用量最大，其次是 GCr15SiMn 钢。铬轴承钢的使用范围见表4-3。

表 4-3　铬轴承钢的使用范围

牌号	使用范围					
	套圈壁厚 /mm	钢球直径 /mm	圆锥滚子直径 /mm	圆柱滚子直径 /mm	球面滚子直径 /mm	滚针直径 /mm
GCr15	<25	≤50	≤32	≤32	≤32	所有滚针
GCr15SiMn GCr18Mo	≥25	>50	>32	>32	>32	—

注：随着热处理技术发展，扩大了 GCr15 钢的使用范围，滚子直径可达 40mm。

4.1.1.1　预备热处理

1. 退火

（1）球化退火。目的是使组织变为均匀分布的细粒状珠光体，获得最佳的可加工性并为淬火提供良好的原始组织，淬火、回火后获得最佳的力学性能。例如，GCr15 钢退火组织为均匀细粒状珠光体（碳化

物平均直径为 0.5 ~ 1.0μm，最小 0.2μm，最大 2.5μm）和不均匀粗粒状珠光体（碳化物平均直径为 2.5 ~ 3.5μm，最小 0.5μm，最大 6μm）的 206 内套，经不同温度淬火并回火，加工后在轴承寿命试验机上试验，结果见表4-4。

表 4-4　退火组织中碳化物颗粒大小和均匀性对轴承接触疲劳寿命的影响

原始组织	淬火温度 /℃	平均寿命 /h	寿命波动范围 /h	稳定系数[1]
均匀细小粒状珠光体	820	396	198 ~ 561	2.8
	840	811	354 ~ 1941	5.4
	860	581	401 ~ 818	2.0
不均匀粗粒状珠光体	820	340	89 ~ 489	5.4
	840	505	186 ~ 1408	7.6
	860	558	413 ~ 870	2.0

[1] 稳定系数为最长与最短寿命之比。

轴承钢球化退火温度：GCr15 钢为 780 ~ 810℃，GCr15SiMn 为 780 ~ 800℃，GCr18Mo，GCr15SiMo 为 780 ~ 810℃。锻件经特殊热理后，其退火温度应分别降低 10 ~ 20℃。球化退火分为一般球化退火、等温球化退火、快速球化退火和循环球化退火等。

1) 一般球化退火。此种工艺可在箱式电炉、台车式电炉、井式电炉和连续推杆式电炉、可控气氛辊

底炉中进行。一般球化退火工艺曲线见图4-1。

2）等温球化退火。此种工艺最好用双炉进行（即加热炉与等温炉），但亦可用在冷却区带有速冷（风或水冷）装置的推杆式连续退火炉。等温球化退火工艺曲线见图4-2。

3）快速球化退火。快速球化退火实质上是正火后再进行退火的工艺。零件正火后获得索氏体组织，然后选用760～780℃退火。快速球化退火工艺曲线如图4-3所示。

4）循环球化退火工艺曲线见图4-4。

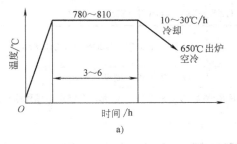
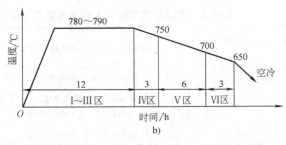

图4-1　一般球化退火工艺曲线

a）用于箱式、井式或台车式炉　b）用于推杆式或大型连续炉

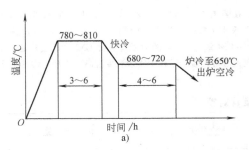
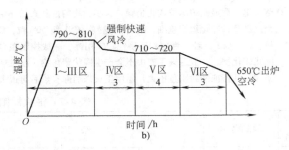

图4-2　等温球化退火工艺曲线

a）双炉等温球化退火　b）带强制快速风冷装置的连续推杆炉的等温球化退火

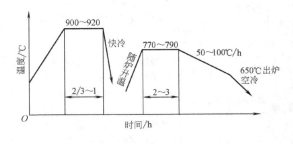

图4-3　快速球化退火工艺曲线

（2）去应力退火。主要目的是消除因机加工和冷冲压在零件中形成的残余应力。去应力退火工艺曲线见图4-5。

（3）再结晶退火。主要用于消除冷轧、冷拔和冷冲压后在零件中所产生的冷作硬化，使破碎了的晶粒得到再结晶。再结晶退火加热规范见表4-5。

2. 铬轴承钢退火技术要求　铬轴承钢球化退火后技术要求见表4-6。

3. 退火缺陷及其对策（见表4-7）。

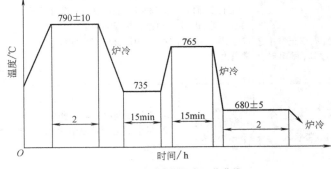

图4-4　循环球化退火工艺曲线

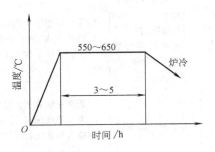

图4-5　去应力退火工艺曲线

表 4-5　再结晶退火加热规范

牌　号	温度/℃	时间/h	备　　注
GCr15	670～720	4～8	具体保温时间应根据装炉量多少确定
GCr15SiMn	650～700	4～8	

表 4-6　铬轴承钢球化退火后技术要求（JB/T 1255—2001，GB/T 18254—2002）

检查项目＼材料牌号	GCr15（HGCr15、ZGCr15）、GCr4	GCr15SiMn、GCr15SiMo、GCr18Mo
硬度[①]	179～207HBW 或 88～94HRB	179～217HBW 或 88～97HRB
显微组织[②]	细小均匀分布的球化组织,按第一级别评定;2～4 级为合格组织,同时允许有细点状球化组织,不允许有 1 级(欠热)、5 级(过热)组织	
网状碳化物	按第四级别图评定:不大于 2.5 级	

① 冷挤压或细化处理（包括 GCr15，S_0～S_4 等特殊工艺处理后，轴承零件退火后，硬度应不大于 229HBW（压痕直径不大于 4.0mm）。

② 球化退火后显微组织按碳化物颗粒大小，均匀性和数量评定。在美国 ASTMA892—2001 规定在 $400\mu m^2$ 面积内碳化物数量越高，球化组织越细，耐磨性越好。CS1 级 508 粒；CS2 级 419 粒；CS3 级 324 粒；CS4 级 234 粒；CS5 级 165 粒；CS6 级 115 粒。考虑到经济性和实用性，一般控制在 CS1～CS4 级。不允许有片状球光体 CN2 和超过规定的 LC1 网状碳化物。一般退火工序中不会产生网状碳化物。超过规定，通常在锻造过程中终锻温度过高，冷却太慢形成碳化物网，其特征网封闭且粗大，需用正火来消除，然后再退火。

表 4-7　退火缺陷及其对策

检查项目		缺陷名称	产　生　原　因	补救办法	防　止　措　施
脱碳层		脱碳层超过规定深度	1)原材料锻造或正火脱碳严重 2)炉子密封性差,或在氧化性气氛中加热,退火温度高,保温时间长 3)正火、重复退火	改其他型号或报废	1)加强对原材料和锻件的脱碳控制 2)正确执行工艺,防止失控、超温 3)尽可能不进行正火和不重复退火 4)提高炉子密封性,在中性火焰炉中加热
显微组织	欠热	点状珠光体加部分细片状珠光体	1)加热温度低或保温时间不足 2)原材料组织不均匀 3)装炉量多,炉子的均温性差,或在正常工艺下,还有部分(局部位置)工件加热不足,或保温时间不够 4)加热温度偏高,冷却速度过快	根据不同缺陷调整工艺,进行二次退火	1)合理制定工艺,严格执行工艺 2)改善炉温均匀度 3)装炉量合理,放置要均匀 4)严格控制原材料及锻件质量 5)控制冷却速度不宜太快
	过热	碳化物颗粒大小不一,分布不均匀,粒状珠光体加部分粗片状珠光体	1)加热温度过高,或在上限温度下保温时间过长 2)原材料组织不均匀 3)装炉量多,炉温均匀性差,或在正常工艺下,仍有部分工件加热温度过高,保温时间过长	先正火而后调整工艺,进行快速退火或正常退火	1)合理制定工艺,严格执行工艺 2)严格控制原材料和锻件质量 3)改善炉温均匀度 4)装炉量合理,摆放均匀
		粗大颗粒碳化物	1)锻造组织有粗大片状珠光体 2)退火温度偏高,冷速慢 3)原材料碳化物不均匀(网状、带状) 4)重复退火	先正火再进行一次退火	1)严格控制原材料和锻件质量 2)尽量不进行重复退火,更不能进行多次退火

（续）

检查项目	缺陷名称	产 生 原 因	补救办法	防 止 措 施
显微组织	网状碳化物超过规定级别	1) 锻造组织有严重碳化物网,退火时无法消除 2) 退火温度过高,同时冷却太慢	先正火再进行一次退火	1) 严格控制锻造组织 2) 防止退火失控超温和冷却太慢
硬度	太硬	组织不合格 1) 欠热,有片状珠光体残留 2) 冷速太快,产生密集点状珠光体	调整工艺,进行二次退火	加热充分,但不过热,冷速合适
	太软	1) 组织过热 2) 多次退火或冷速太慢	先进行正火然后进行退火	

4. 正火 锻件正火的目的为消除和改善网状碳化物,细化和均匀化组织,改善退火组织中粗大碳化物组织。正火工艺主要根据正火目的和正火锻件的原始组织来制定的。铬轴承钢锻件的正火工艺见表4-8。铬轴承钢正火时常见的缺陷及防止办法见表4-9。

5. 双细化处理 将碳化物细化和晶粒细化的工艺,即所谓双细化处理工艺,包括锻造余热淬火后高温回火或等温退火,亚温锻造快速退火和毛坯温挤后高温回火或快速退火等工艺。锻件经双细化处理后可比原始晶粒细化1.5~2.0级,从而提高钢的冲击韧度、抗弯强度和疲劳寿命。经双细化处理后,碳化物颗粒细,尺寸<0.6μm;同时碳化物的均匀性得到改善。所以,在淬、回火后可获得均匀的马氏体组织,提高硬度均匀性,从而可提高轴承的耐磨性和接触疲劳寿命。

(1) 锻造余热淬火后高温回火或快速等温退火

1) 锻造余热淬火加高温回火。其工艺曲线如图4-6所示。此工艺可获得均匀分布的点状珠光体+细粒状珠光体组织,硬度一般为207~229HBW（压痕直径为4.2~4.0mm）。

表4-8 铬轴承钢锻件的正火工艺

正 火 目 的	牌号	正 火 工 艺		
		温度/℃	保温时间/min	冷 却 方 法
消除和减少粗大网状碳化物	GCr15	930~950	40~60	根据零件的有效厚度和正火温度正确选择正火后冷却条件,以免再次析出网状碳化物或增大碳化物颗粒及裂纹等缺陷。一般冷却速度>50℃/min。冷却方法有: 1) 分散空冷 2) 强制吹风 3) 喷雾冷却 4) 乳化液中(70~100℃)或油中循环冷却到零件300~400℃后空冷 5. 70~80℃水中冷却到零件300~400℃后空冷
	GCr15SiMn	890~920		
消除较粗网状碳化物,改善锻造后晶粒度以及消除粗片状珠光体	GCr15	900~920	40~60	
	GCr15SiMn	870~890		
细化组织和增加同一批零件退火组织的均匀性	GCr15	860~900	40~60	
	GCr15SiMn	840~860		
改善退火组织中粗大碳化物颗粒	GCr15	950~980	40~60	
	GCr15SiMn	940~960		

表4-9 铬轴承钢正火时常见缺陷及防止方法

缺陷名称	产 生 原 因	防 止 方 法
碳化物网大于标准规定级别	1) 原材料的碳化物网严重 2) 正火温度偏低或保温时间短 3) 正火后冷却速度太慢	1) 加强原材料检验 2) 正确选择正火温度和保温时间 3) 加快冷却,合理选择冷却方法

（续）

缺陷名称	产　生　原　因	防　止　方　法
脱碳严重,超过机加工余量	1）锻件本身脱碳严重 2）在氧化气氛炉中加热 3）正火温度高,装炉量多,保温时间长	1）加强原材料脱碳检验,严格执行锻造加热规范 2）调整加热炉的火焰为还原性,或采用保护气氛加热 3）正确选择正火加热温度与保温时间
裂纹	1）锻造时遗留在锻件上 2）冷速太快或出冷却介质温度低	1）加强对锻件正火前的裂纹检查 2）严格执行正火工艺,出冷却介质温度不应低于300～400℃,并及时进行退火或回火

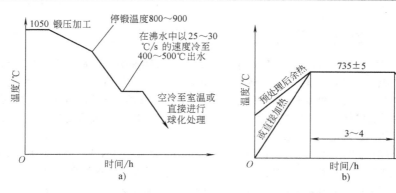

图4-6　锻造余热淬火加高温回火的工艺曲线

a）锻造余热沸水淬火　b）高温回火

2）锻造余热淬火加快速等温退火。将锻造余热沸水淬火的锻件加热到略高于 Ac_1 点进行等温退火,可获得均匀的细小粒状 + 点状珠光体组织,硬度可为 187 ~ 207HBW（压痕直径为 4.2 ~ 4.4mm）。具体工艺曲线如图4-7所示。

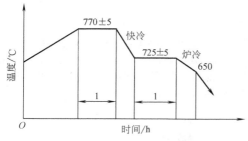

图4-7　经沸水淬火的锻件进行
快速等温退火的工艺曲线

（2）亚温锻后碳化物细化工艺。此种工艺处理后不仅可细化组织,硬度也能符合标准要求,可适用于大批生产,但需指出,供锻压材料的碳化物网必须符合标准规定。亚温锻后碳化物细化工艺曲线如图4-8所示。

（3）高温固溶等温淬火加高温回火。具体工艺曲线如图4-9所示。一般不推荐该工艺,能耗大,增加成本。

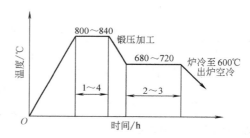

图4-8　亚温锻后碳化物细化工艺曲线

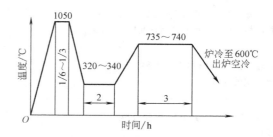

图4-9　高温固溶等温淬火加高温回火工艺

4.1.1.2　最终热处理

1. 淬火　可使零件获得高的硬度和耐磨性,高的接触疲劳寿命和可靠性,高的尺寸稳定性。淬火工艺参数包括淬火加热温度、加热方法、保温时间、冷却介质及冷却方法等。

（1）淬火加热温度。淬火最佳加热温度应使奥氏体中有适宜的碳含量，并溶解大量 Cr、Mn、Mo 合金元素，而不产生晶粒长大及出现过热组织。长期实践证明：以 GCr15 钢为例，固溶体中 w（C）0.5%~0.6%，w（Cr）1%，未溶解碳化物（质量分数）6%~9% 为最佳。高碳铬轴承钢推荐的加热温度见表 4-10。最佳淬火温度为（845±5）℃。

（2）加热时间。淬火加热时间包括升温、均热和保温时间。总的加热时间 = 升温时间 + [（升温 + 均热）]×（0.3~0.5）。加热时间与淬火加热温度高低有关。推荐的轴承钢加热温度与加热时间的关系见表 4-11。

滚动轴承零件的有效厚度如图 4-10 所示。

表 4-10　高碳铬轴承钢推荐的加热温度

零件名称	零件的直径/mm	牌号	加热温度/℃
套 圈	2~20	GCr15	830~850
	20~35	GCr15	830~850
	35~150	GCr15	840~860
	150~300	GCr15SiMn	820~840
	300~600	GCr15SiMn	820~840
	600~1800	GCr15SiMn	820~840
滚 子	1.5~5	GCr15	840~860
	5~15	GCr15	840~860
	15~23	GCr15	840~860
	23~30	GCr15SiMn	820~840
	30~55	GCr15SiMn	830~850
	55~70	GCr20SiMn	830~850
钢 球	0.75~1.5	GCr15	830~850
	1.5~3	GCr15	830~850
	3~14	GCr15	840~860
	14~50	GCr15	840~860
	50~75	GCr15	840~860

（3）淬火冷却介质与冷却方法

1）淬火冷却介质。淬火冷却介质应保证轴承零件在冷却过程中、在奥氏体最不稳定区有足够的冷却速度，而不发生非马氏体转变；在马氏体转变范围 $Ms~Mf$ 内缓慢冷却，以达到减少组织转变应力，从而减少套圈的变形和开裂的效果。

轴承钢具有足够的淬透性，按零件大小（指壁厚），通常选用不同冷却特性的淬火油。常用淬火油有：普通淬火油、快速淬火油、超速淬火油、光亮淬火油、真空淬火油及分级淬火油等。常用淬火冷却介质应用范围见表 4-12。

表 4-11　推荐的轴承钢加热温度与加热时间的关系

牌号	名称	零件有效厚度/mm	加热温度/℃	加热时间/min	备注
GCr15	套圈	<3	835~845	23~35	电 炉 加 热
		>3~≤6	840~850	35~45	
		>6~≤9	845~855	45~55	
		>9~≤12	850~860	55~60	
GCr15SiMn	套圈	>12~15	820~830	50~55	
		>15~20	825~835	55~60	
		>20~30	835~840	60~65	
		>30~50	835~845	65~75	
GCr15	钢球	<3	840~845	23~35	
		>3~15	845~850	35~45	
		>15~50	850~860	50~65	
GCr15	滚子	<3	835~845	23~25	
		>3~10	840~850	35~45	
		>10~22	845~855	45~55	

注：1. 快速（感应）加热温度比表中规定温度高 30~50℃。
2. 产品返修加热温度比正常温度低 5~10℃。
3. 大钢球在水溶性介质中冷却，其加热温度比正常低 10~15℃。

表 4-12　常用淬火冷却介质应用范围

淬火冷却介质	冷却的轴承零件和尺寸范围
普通淬火油	1）GCr15 钢制直径小于 ϕ12mm 的滚动体 2）GCr15SiMn 钢球 3）GCr15 钢制壁厚小于 12mm 的套圈
10%~22% 碳酸钠（质量分数）水溶液	GCr15 钢制直径≥50mm 的滚动体
快速淬火油	GCr15 钢制有效壁厚 13.5mm 以下的套圈
PZ-2A	GCr15 钢制直径 25mm 以下的滚动体和有效壁厚 15mm 以下的套圈
GZ-1 高速淬火油	GCr15 钢制壁厚≤16mm 的套圈和直径≤ϕ32mm 的滚子
快速淬火油	GCr15 钢制壁厚小于 19mm 和 ϕ20~ϕ30mm 滚子
光亮淬火油	适用于保护气体加热的中小截面轴承零件
快速光亮淬火油	适用于可控气氛加热的较大截面轴承零件
真空淬火油（ZZ-1 和 ZZ-2）	适用于在真空炉中加热的 GCr15 钢制的轴承零件
1#、2# 光亮等温（分级）淬火油	适用于 GCr15 钢制轴承套圈的等温淬火和分级淬火，而 1# 使用温度≤120℃，2# 油≤160℃，还可用于外径 150mm 以下，有效壁厚 5.5mm 以下的薄壁套圈淬火

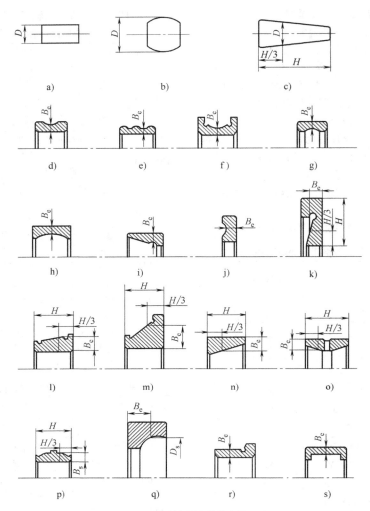

图 4-10　滚动轴承零件的有效厚度

注：1. D 为滚子的有效直径。对圆柱滚子，D 为公称直径；对圆锥滚子，D 为距大端面 $H/3$ 处的
　　　直径（H 为滚子长度）；对球面滚子，D 为最大直径。

　　2. B_e 为套圈的有效壁厚。图 d～图 j 所示的套圈 B_e 为套圈的沟底壁厚；图 k 所示的套圈 B_e 为
　　　距套圈内环面 $H/3$ 处的厚度（H 为内外直径差值的 1/2）；图 l～图 n 所示的套圈 B_e 为距套
　　　圈大端面 $H/3$ 处的壁厚（H 为套圈高度）；图 o、图 p 所示的套圈 B_e 为距套圈端面 $H/3$ 处
　　　的壁厚（H 为套圈高度）；图 q 所示的套圈 B_e、D_s 分别为接触圆处的厚度和直径；图 r、
　　　图 s 所示的套圈 B_e 为套圈滚动面处的壁厚。

　　2）冷却方法。按轴承零件的不同质量要求、
形状、壁厚及尺寸而有所不同。通常马氏体淬火的冷
却方式有：小零件自由落下冷却，上下振动冷却，压
模淬火、分级淬火、等温淬火及旋转机冷却（速度
<1.5m/s）等。其目的为了使套圈变形小，并获得
均匀组织和性能。

　　轴承零件常用的淬火冷却方式与方法见表 4-13。

　　（4）淬火后的质量检验如表 4-14～表 4-18。

　　（5）淬火缺陷及防止办法见表 4-19。

　　2. 冷处理　一般情况下轴承钢在淬火后含有
15%左右残留奥氏体（体积分数），由于这些奥氏体
存在于淬火组织中，虽经常规回火处理，仍不能使其
全部转变和稳定；当零件在室温条件下长期存放时，
其尺寸会因奥氏体转变而变化。冷处理的目的主要是
减少淬火组织中残留奥氏体含量，并使剩余的少量奥
氏体趋于稳定，从而增加尺寸稳定性和提高硬度。

表4-13　轴承零件常用的淬火冷却方式与方法

零件名称	直径、壁厚/mm	淬火冷却的方式与方法	淬火冷却介质温度/℃
滚动体	大中小型滚子和球	自动摇筐、滚筒、溜球斜板和振动导板等	油:30~60
中小型套圈	小于200	手甩、自动摇筐、强力搅动油、喷油冷却、振动淬火机等	油 30~60
大型套圈	200~400	手甩式旋转、淬火机和吊架甩动,同时喷油冷却	油 30~60
特大型套圈和滚子	>1000 薄壁套圈 $\phi40~\phi1000$ 套圈滚子	吊架机动冷却,同时吹气搅油,旋转淬火机冷却,同时吹气搅油	油温 <70
薄壁套圈	<8	在热油中冷却后,即放入低温油中冷却	热油:130~170 低温油:30~80
超轻、特轻套圈	—	先在高温油中冷至油温后,放入压模中冷至 30~40℃时脱模,或将加热与保温的套圈直接放入压模中进行油冷	低温油:30~60

表4-14　轴承零件淬火后的检验（按 JB/T 1255 之规定）

零件名称	检验项目	技术要求	检验方法
套圈	1)硬度 2)显微组织 3)断口 4)裂纹与其他缺陷 5)变形(椭圆、挠曲以及尺寸的胀缩)	1)硬度。套圈淬火后硬度>63HRC 2)显微组织。套圈淬火后显微组织应由隐晶或细小结晶状马氏体、均匀分布的细小残留碳化物和少量的残留奥氏体所组成。不允许有过热针状马氏体或托氏体组织超过规定。淬火后残留粗大碳化物颗粒平均直径 <4.2μm,碳化物网 <3 级,见表4-15 3)断口。套圈淬火后断口具有细小晶粒闪烁光泽的断口,不允许有欠热、过热以及其他形式断口存在 4)不允许有裂纹、脱碳、软点等缺陷不得超过规定值 5)套圈的变形按表 4-16~表4-18进行控制	1)用洛氏硬度计、表面洛氏硬度计、维氏硬度计或显微硬度计检查 2)淬火、回火后显微组织需在套圈纵断面上进行取样,用金相显微镜进行检查,放大倍数为500~1000 倍 　腐蚀剂用4%硝酸酒精溶液(质量分数)。显示淬火、回火晶粒度可用苦味酸苛性钠水溶液(2g 苦味酸,25g 氢氧化钠,100mL 蒸馏水),将试样煮沸 20min 3)将淬过火的套圈用压力机或其他方法压断后,肉眼观察其断口的特征 4)检查软点和脱碳用冷酸洗方法,其深度用金相法测定。软点用硬度计测定。裂纹用磁力探伤、冷酸洗、油浸喷砂等方法进行检查 5)圆度用外径测量仪测量;挠曲用 G803 仪器检查;尺寸胀缩用外径测量仪检查。圆锥内套用 D13 或 D914 检查。在检查出套圈变形超过规定时,则100%需进行变形的检查。套圈变形超过规定可按后述整形方法进行
钢球	1)硬度 2)显微组织 3)断口 4)裂纹和其他缺陷	硬度钢球直径≤45mm,淬火后硬度 >64HRC;钢球直径 >45mm淬火后硬度 >63HRC,其他均同套圈	同套圈的检查方法 1)、2)、3)、4)
滚柱滚针	1)硬度 2)显微组织 3)断口 4)裂纹和其他缺陷	均同套圈	同套圈的检查方法 1)、2)、3)、4)

表 4-15　轴承零件淬回火后的显微组织要求

公差等级	零件材料	成品尺寸						显微组织级别		
		套圈有效壁厚 /mm		钢球直径 /mm		滚子有效直径 /mm		马氏体	托氏体	
									距工作面 3mm 以内	距工作面 3mm 以外
		>	≤	>	≤	>	≤			
所有公差等级	GCr15	微型轴承零件						1～3 级	不允许	
P0 P6 P6x P5	GCr15	—	12	—	25.4	—	12	1～4 级	≤1 级	不予控制
		12	15	25.4	50	12	26		≤1 级	
		15	—	50	—	26	—		≤2 级	
	其他钢种	—	30	—	50	—	26		≤1 级	
		30	—	50	—	26	—		≤2 级	
P2 P4	所有钢种	—	12	—	25.4	—	12	1～3 级	≤1 级	≤1 级
		12	—	25.4	—	12	—	1～4 级	≤1 级	不予控制

注：1. 所有钢种指 GCr15、GCr15SiMn、GCr15SiMo 及 GCr18Mo；其他钢种指 GCr15SiMn、GCr15SiMo 及 GCr18Mo。
2. 表中托氏体指针状托氏体或块状托氏体。

表 4-16　轴承套圈淬火回火后允许直径变动量及外径留量　　　（单位：mm）

公称外径或 公称内径/mm		2、3、4 直径系列	1、0、9、8 直径系列	00、10、09、08、 28、38 尺寸系列	外径留量（推荐值）	
>	≤	直径变动量　max			min	max
—	30	0.06（0.05）	0.08（0.08）	0.10（0.10）	0.15	0.25
30	80	0.12（0.12）	0.14（0.14）	0.16（0.16）	0.20	0.30
80	150	0.18（0.18）	0.25（0.25）	0.30（0.30）	0.30	0.45
150	200	0.25（0.25）	0.30（0.30）	0.35（0.35）	0.35	0.55
200	250	0.30（0.30）	0.40（0.40）	0.50（0.50）	0.50	0.70
250	315	0.45（0.40）	0.55（0.50）	0.65（0.55）	0.65	0.85
315	400	0.50（0.50）	0.60（0.60）	0.70（0.70）	0.80	1.10
400	500	0.65（0.60）	0.70（0.70）	0.85（0.85）	1.10	1.30
500	630	0.80	0.85	1.00	1.20	1.55

注：括弧内值为公称内径的直径变动量，它的外径留量与外圈留量相同。

表 4-17　轴承套圈淬火回火后允许的平面度及高度留量　　　（单位：mm）

内径或外径		2、3、4 直径系列			1、0、9、8 直径系列			00、10、90、80、28、38 尺寸系列		
		高度留量		平面度	高度留量		平面度	高度留量		平面度
>	≤	min	max	max	min	max	max	min	max	max
30	50	0.25	0.35	0.20	0.30	0.40	0.25	0.40	0.50	0.35
50	80	0.30	0.42	0.25	0.35	0.47	0.30	0.45	0.57	0.40
80	120	0.35	0.50	0.30	0.40	0.55	0.35	0.50	0.62	0.45
120	180	0.40	0.55	0.35	0.45	0.65	0.45	0.60	0.75	0.50
180	250	0.45	0.63	0.40	0.55	0.73	0.48	0.65	0.83	0.55
250	300	0.50	0.70	0.45	0.60	0.80	0.52	0.75	0.95	0.60
300	400	0.60	0.85	0.55	0.70	0.95	0.60	0.85	1.10	0.75
400	500	0.70	0.95	0.60	0.80	1.05	0.70	0.95	1.20	0.80

表4-18　推力轴承垫圈及隔圈淬火回火后允许的直径变动量、平面度及高度留量

（单位：mm）

公称外径		2、3、4 直径系列套圈				0、1 直径系列套圈				隔圈			
		直径变形量 max	高度留量			直径变形量 max	高度留量			直径变形量 max	高度留量		
>	≤		平面度	min	max		平面度	min	max		平面度	min	max
30	50	0.15	0.15	0.30	0.40	0.015	0.20	0.35	0.45	—	—	—	—
50	80	0.20	0.25	0.35	0.45	0.20	0.35	0.40	0.50	—	—	—	—
80	120	0.25	0.35	0.40	0.52	0.25	0.35	0.45	0.57	1.0	0.45	0.50	0.65
120	180	0.30	0.40	0.45	0.57	0.30	0.45	0.50	0.62	1.0	0.55	0.60	0.75
180	250	0.35	0.45	0.50	0.65	0.35	0.55	0.60	0.75	1.0	0.70	0.80	1.00
250	300	0.40	0.55	0.60	0.78	0.40	0.70	0.80	0.98	1.2	0.80	1.90	1.10
300	400	0.45	0.65	0.70	0.90	0.45	0.75	0.90	1.10	1.2	0.90	1.00	1.25
400	500	0.55	0.70	0.80	1.00	0.50	0.85	1.00	1.20	1.2	1.10	1.20	1.45
500	600	0.60	0.80	0.90	1.15	0.50	0.95	1.05	1.35	1.5	1.20	1.40	1.70

表4-19　淬火缺陷及防止办法

检查项目	缺陷名称	产生原因	防止办法
显微组织	过热针状马氏体组织	1）淬火温度过高或在较高温度下保温时间过长 2）原材料碳化物带状严重 3）退火组织中碳化物大小分布不均匀或部分存在细片状珠光体	1）降低淬火温度 2）按材料标准控制碳化物不均匀程度 3）提高退火质量,使退火组织为均匀细粒状珠光体
	1～2级托氏体组织	1）淬火温度偏低或淬火温度正常而保温时间不足 2）冷却太慢 3）原材料碳化物不均匀性严重和退火组织不均匀	1）提高淬火温度和延长保温时间 2）增加冷却能力,采用旋转淬火机等 3）按材料标准控制碳化物不均匀程度 4）提高退火组织的均匀性
	局部区域有针状马氏体,同时还存在块状、网状和条状托氏体	1）退火组织极不均匀,有细片状珠光体,组织未球化 2）淬火温度偏高保温时间长 3）原材料碳化物带状严重	1）降低淬火温度,适当延长保温时间 2）增加冷却能力 3）提高退火组织的均匀性
	网状碳化物 >2.5 级	1）原材料的网状超过规定 2）锻造时停锻温度过高以及退火温度过高,冷却缓慢形成网状	在盐炉或保护气氛炉中加热到930～950℃正火,正火后低温退火,再进行淬火回火
	残留粗大碳化物直径超过 4.2μm	1）反复退火 2）原材料碳化物严重不均匀	加强对原材料的控制,尽量避免反复退火
硬度	硬度偏低,显微组织合格	1）淬火保温时间太短 2）表面脱碳严重 3）淬火温度偏低 4）油冷慢,出油温度高	1）延长保温时间 2）在保护气体炉中或涂3%～5%硼酸酒精(质量分数)溶液加热 3）适当提高淬火温度 5～10℃
	硬度偏低,显微组织出现块状或网状托氏体	淬火温度偏低或冷却不良	1）适当提高淬火温度或延长保温时间 2）强化冷却

（续）

检查项目	缺陷名称	产 生 原 因	防 止 办 法
断口	欠热断口	淬火温度偏低	提高淬火温度
	过热断口	淬火温度过高	降低淬火温度
	颗粒状断口	锻造过烧	控制锻造加热温度不要超过1100℃
	带小亮点的断口	网状碳化物严重	按标准控制碳化物网状
软点	体积软点（40～55HRC）	锻造过程局部脱碳；淬火加热温度低，保温不够；冷却不良	提高淬火加热温度或适当延长保温时间以及增加冷却能力
	表面软点（比正常硬度低2～3HRC）	碳酸钠水溶液配制不当，温度较高，碳酸钠水溶液上面有油	采用热配碳酸钠水溶液，温度<35℃，或采用质量分数为15%～20%的碳酸钠水溶液
表面缺陷	氧化、脱碳、腐蚀坑严重	炉子密封性差；淬火前工件表面清洗不干净或有锈蚀；淬火温度高或保温时间长；锻件和棒料的脱碳严重	改进炉子密封性；淬火前工件表面清洗干净，在保护气体炉中加热或涂3%～5%硼酸酒精（质量分数）；盐炉加热淬火后零件需清洗干净
畸变	畸变量超过规定	退火组织不均匀，切削应力分布不匀；淬火加热温度高；装炉量多，加热不均；冷却太快和不均；加热和冷却中机械碰撞	提高退火组织的均匀性；增加去应力退火工序；降低淬火加热温度；提高加热和冷却的均匀性；在热油中冷却或压模淬火；消除加热和冷却中机械碰撞等；采用上述措施后畸变量仍超过规定，可采用整形方法
裂纹	淬火裂纹	1）组织过热，淬火温度过高或在淬火温度上限保温时间过长 2）冷却太快，油温低，淬火油中含水分超过0.25% 3）应力集中，如圆锥内套油沟呈尖角，车加工套圈表面留有粗而深的刀痕，以及套圈断面打字处 4）表面脱碳 5）返修中间未经退火 6）淬火后未及时回火	降低淬火温度；提高零件出油温度或提高淬火油的温度；降低车加工表面粗糙度；增加去应力工序；减少表面的脱碳、贫碳，从设计和加工中避免零件产生应力集中

（1）冷处理的温度。冷处理温度主要根据钢的马氏体转变终止点（Mf）、淬火组织中残留奥氏体含量、冷处理对力学性能的影响、零件的技术要求和形状复杂情况而定。GCr15 钢在加热到正常淬火温度后连续冷却到低温时，马氏体转变终止点（Mf）在 $-70℃$ 左右。低于 Mf 的冷处理，对减少残留奥氏体的效果并不显著。GCr15，GCr15SiMn 钢的冷处理温度对残留奥氏体含量的影响见图 4-11。冷处理温度对 GCr15 钢的多次冲击疲劳的影响见表 4-20，各种热处理规范处理后的套圈尺寸变化见图 4-12。

GCr15 钢所采用的冷处理温度：一般精密品多在 $-20℃$ 冷冻室内处理；高精度（P2、P4 级）产品零件采用 $-78℃$（干冰酒精）或低温箱等其他冷处理方法。此种钢如采用 $-183℃$ 和 $-195℃$ 冷处理与 $-80℃$ 相比，不仅不能显著减少残留奥氏体含量，还会加大零件内应力，会引起超显微裂纹，从而降低疲劳寿命和冲击韧度，所以很少采用。

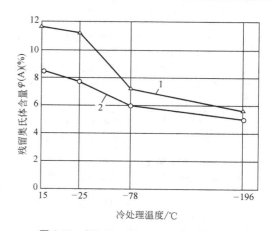

图 4-11　GCr15、GCr15SiMn 钢冷处理温度对残留奥氏体含量的影响

1—GCr15，850℃淬火　2—GCr15SiMn，830℃淬火

（2）冷处理的保温时间。仅从马氏体相变来看，奥氏体的转变是冷到 Ms～Mf 温度范围内完成的。由

表 4-20　冷处理温度对多次
冲击疲劳的影响

热处理规范	多次冲击疲劳寿命/min			
	第 1 次	第 2 次	第 3 次	第 4 次
820℃ 油淬，回火	85	145	55	95
820℃ 油淬，−50℃ 冷处理，回火	140	70	—	105
820℃ 油淬，−80℃ 冷处理，回火	145	70	220	145
820℃ 油淬，−183℃ 冷处理，回火	60	45	40	50

注：试验钢号为 GCr15，试样形状为环状，外径为
52.5mm，内径为 44.80mm，宽度为 15.2mm，在
直径方向进行冲击，冲击能量为 6.08N·m，每分
钟 208 次。

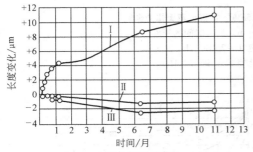

图 4-12　各种热处理规范处理
后的套圈尺寸变化

Ⅰ—在 50～60℃ 油中淬火，150℃ 回火 2h
Ⅱ—在 50～60℃ 油中淬火，−70℃ 深冷处理，
150℃ 回火 2h　Ⅲ—在 50～60℃ 油中淬火，
流动冷水冷却，150℃ 回火 2h

于装入量不同，所以在生产上冷处理保温时间通常规定为 1～1.5h。但应指出，深冷处理并不能使残留奥氏体全部转变。

（3）冷处理的方法。淬冷后到冷处理之间的停留时间不宜过长，一般不超过 2h。生产中，零件淬冷到室温后，立即在低温箱或干冰酒精中进行冷处理。从淬冷后到冷处理之间停留时间越短，冷处理的效果越好。停留时间过久，易出现残留奥氏体的陈化稳定，降低冷处理效果。对形状复杂的零件淬冷到室温后立即进行冷处理会产生开裂。因此，对这类零件在淬火和冷到室温后，可先进行 110～130℃ 保温 30～40min 预回火，再进行冷处理，但回火会使残留奥氏体陈化稳定。冷处理后零件应放在空气中恢复到室温后立即进行回火，否则，会导致零件开裂。一般从冷处理后至回火的停留时间不应超过 4h。

对某些零件的尺寸稳定性有特殊要求时，可采用多次冷处理与活化相结合的工艺，即在第一次冷处理后，待零件温度恢复到室温，就进行 110～120℃ 加热 1～2h 的活化处理，出炉后冷到室温再进行第二次冷处理。

3. 回火　GCr15 和 GCr15SiMn 钢在淬火组织中存在着两种亚稳定组织——马氏体和残留奥氏体，有自发转化或诱发转化为稳定组织的趋势。同时，零件在淬火后处于高应力状态，在长时间存放或使用过程中，极易引起尺寸改变，丧失精度，甚至开裂。通过回火可以消除残余应力，防止开裂，并能使亚稳组织转变为相对稳定的组织，从而稳定尺寸，提高韧性，获得良好的综合力学性能。

（1）回火温度、回火时间对组织和性能的影响。回火温度和回火时间对 GCr15 和 GCr15SiMn 钢残留奥氏体含量的影响见图 4-13 和图 4-14；对硬度的影响

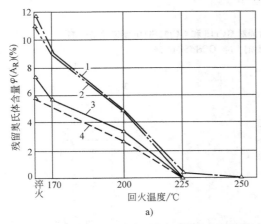

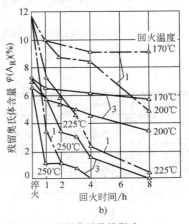

a)　　　　　　　　　　　b)

图 4-13　回火温度、回火时间对 GCr15 钢（850℃ 淬火）残留奥氏体的影响
a）回火温度的影响（保温 8h）　b）回火时间的影响
1—未经冷处理（15℃）　2—冷处理（−25℃，1h）　3—冷
处理（−78℃，1h）　4—冷处理（−196℃，1h）

见图4-15；对应力消除程度的影响见图4-16；对接触疲劳寿命的影响见图4-17和表4-21；对耐磨性的　影响见图4-18；对力学性能的影响见图4-19。

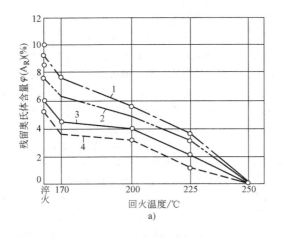 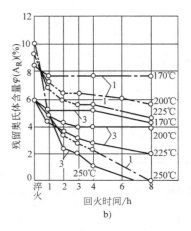

a)　　　　　　　　　　　　　　b)

图4-14　回火温度、回火时间对 GCr15SiMn 钢残留奥氏体的影响

a）回火温度的影响（保温8h）　b）回火时间的影响

1—未经冷处理（15℃）　2—冷处理（-25℃，1h）　3—冷处理（-78℃，1h）　4—冷处理（-196℃，1h）

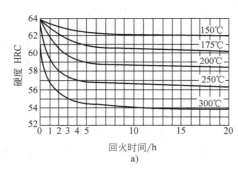 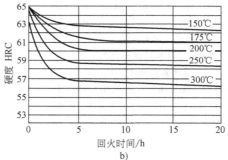

a)　　　　　　　　　　　　　　b)

图4-15　回火温度、回火时间对 GCr15 和 GCr15SiMn 钢硬度的影响

a）GCr15 钢　b）GCr15SiMn 钢

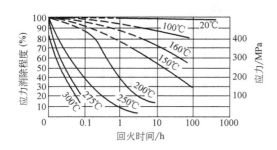 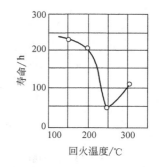

图4-16　回火温度、回火时间对 GCr15 钢应力消除程度的影响　　**图4-17　回火温度对 GCr15 钢接触疲劳寿命的影响**

表 4-21 回火温度对铬轴承钢接触疲劳寿命的影响

钢号	在下列回火温度下的接触疲劳寿命/h							试验条件
	150℃	180℃	200℃	250℃	300℃	350℃	400℃	
GCr15	230	—	205	—	115	—	—	A
GCr15	290	—	—	200	—	—	—	B
GCr15SiMn	400	490	—	250	—	—	—	C
GCr15	15.1	—	13.6	8.6	6.3	3.6	1.3	D
GCr15SiMn	18.2	—	14.1	9.6	6.6	2.3	1.6	E

注：A—在对滚式疲劳试验机上，使 $\phi14.8$ mm 的球在两个 $\phi150$ mm 的圆柱之间滚动，载荷 $p = 1.47$ kN，转速 $n = 1750$ r/min；

B—用 $\phi15$ mm 的球，其他同 A；

C—在对滚式疲劳试验机上试验，$\phi15$ mm 钢球在两个 $\phi250$ mm 圆柱体之间滚动，载荷 $p = 2.45$ kN，转速 $n = 1100$ r/min；

D—在对滚式疲劳试验机上试验，$\phi6$ mm 圆柱形试样，在两个 $\phi150$ mm 圆柱体之间滚动，载荷 $p = 1.04$ kN，转速 $n = 6280$ r/min；

E—试验条件同 D。

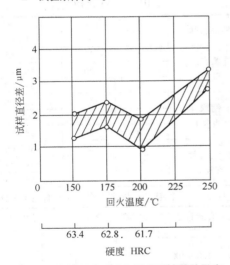

图 4-18 回火温度对 GCr15 钢耐磨性的影响

注：1. 840℃ 加热，150℃ 马氏体分级淬火，-78℃ $\times 2$h 冷处理，不同温度回火 3h

2. 试样直径差指试样原始直径和经磨损试验后试样直径之差。

（2）回火工艺。铬轴承钢回火工艺应根据轴承的服役条件和技术要求来确定。通常分为三种工艺：常规回火——一般轴承零件的回火；稳定化回火——精密轴承零件的回火；高温回火——一些航空轴承及其他特殊轴承零件的回火。为保证轴承在使用条件下尺寸、硬度和性能的稳定，回火温度应比轴承工作温

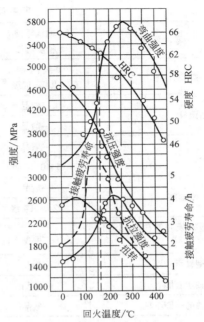

图 4-19 回火温度对 GCr15 钢力学性能的影响

度高 50 ~ 100℃。一般轴承的使用温度均在 120℃ 以下，因此常规回火温度采用 180 ~ 200℃。对载荷较轻、尺寸稳定性要求高的轴承，其零件可采用 200 ~ 250℃ 回火。在高温下工作的轴承，根据使用温度，零件的回火温度可选用 S_0（200℃）、S_1（250℃）、S_2（300℃）、S_3（300℃）或 S_4（400℃）。

通常按轴承零件大小和精度等级来选择回火时间，一般轴承零件是在热风循环空气电炉、油浴炉或硝盐浴炉中进行回火，保温 3 ~ 5h。如果在油浴炉或硝盐浴炉中回火，保温时间可稍缩短。大型和特大型轴承零件的回火时间，根据其尺寸和壁厚可选 6 ~ 12h。

一般轴承零件回火规范见表 4-22，精密轴承零件回火均在油炉中进行，且回火时间可增加 2 ~ 3h。轴承零件高温回火规范见表 4-23。为了保证轴承零件有高的尺寸稳定性，零件回火前必须冷却至室温或者在流动水中冷却，方可进行回火。

（3）回火后技术要求及质量检查

1）回火后技术要求。轴承零件回火后硬度要求见表 4-24。高温回火零件的硬度应符合表 4-25。高于 300℃ 回火后零件的硬度按图样规定。

轴承零件回火后的显微组织、断口、脱碳、贫碳和变形等均按淬火后技术要求检验。轴承零件的回火稳定性应小于 1HRC。钢球的压碎载荷不得低于表 4-26 的规定。

表 4-22　一般轴承零件回火规范

零件名称	轴承零件精度等级	回火温度和时间	备　注
中小型滚柱	0 级、Ⅰ 级、Ⅱ 级、Ⅲ 级	150 ~ 180℃,2.5 ~ 4h	滚子直径≤28mm
大型滚柱	一般品	150 ~ 180℃,3 ~ 6h	28mm < 滚子直径≤50mm
	一般品	150 ~ 180℃,6 ~ 12h	滚子直径 > 50mm
钢球	一般品	150 ~ 180℃,3 ~ 4h	钢球直径 < 48.76mm
	5、10、16 级	150 ~ 180℃,3 ~ 6h	
中小型套圈	一般品	150 ~ 180℃,2.5 ~ 4h	—
	P2 级、P4 级	160 ~ 200℃,3.0 ~ 6h	
大型轴承套圈(GCr15SiMn 钢)	一般品	150 ~ 180℃,6 ~ 12h	—
特大型轴承套圈	一般品	150 ~ 180℃,8 ~ 12h	—
关节轴承套圈	一般品	200 ~ 250℃,2 ~ 3h	—
有枢轴的长圆滚柱	一般品	320 ~ 330℃,2 ~ 3h	—

表 4-23　轴承零件高温回火规范

代号	回火温度/℃ 套圈	滚子	钢球	保温时间/h	回火介质
S_0	200	同一般回火工艺	同一般回火工艺	3	过热气缸油或在热风循环电炉中进行
S_1	250	直径 < 15mm 时为 170 ~ 180	直径 < 25.4mm 时为 150 ~ 160	3	HG-38、HG-52、HG-62 或 HG-72H HG-65H HG-33H
		直径 ≥ 15mm 时为 250	直径 ≥ 25.4mm 时为 250	3	
S_2	300	300	300	3	热风循环电炉中进行
S_3	350	350	350	3	
S_4	400	400	400	3	

表 4-24　轴承零件常规回火后的硬度要求
（按 JB/T 1255 之规定）

零件名称	成品尺寸/mm >	≤	回火后硬度 HRC
套圈有效壁厚		12	60 ~ 65
	12	30	58 ~ 64
	30		57 ~ 63
钢球（直径）		30	61 ~ 66
	30	50	59 ~ 64
	50		58 ~ 64
滚子（有效直径）		20	61 ~ 66
	20	40	59 ~ 64
	40		58 ~ 64

注：同一零件表面硬度差按零件大小和直径来区分：

套圈直径/mm	硬度差 HRC	滚动体直径/mm	硬度差 HRC
≤100	1	< 22	1
>100 ~ 400	2	> 22	2
>400	3		

表 4-25　经高温回火的铬轴承钢轴承零件硬度要求

零件名称	成品尺寸/mm >	≤	高温回火后硬度 HRC 200℃ (S_0)	250℃ (S_1)	300℃ (S_2)	350℃ (S_3) min	400℃ (S_4) min
套圈（有效壁厚）		12	59 ~ 64	57 ~ 62	55 ~ 59		
	12	30	57 ~ 62	56 ~ 60	54 ~ 58		
	30		56 ~ 61	55 ~ 59	53 ~ 57		

（续）

零件名称	成品尺寸 /mm		高温回火后硬度 HRC				
	>	≤	200℃ (S_0)	250℃ (S_1)	300℃ (S_2)	350℃ (S_3) min	400℃ (S_4) min
钢球（直径）		30	61～66	61～66	56～60	52	48
	30	50	59～64	57～61	55～59		
	50		58～64	56～60	54～58		
滚子（有效直径）		20	61～66	61～66	56～60		
	20	40	59～64	57～61	55～59		
	40		58～64	57～60	54～58		

表 4-26　钢球压碎载荷（GB/T 308—2002）

球公称直径 DW/mm	压碎负荷/kN		球公称直径 DW/mm	压碎负荷/kN	
	热处理（不低于）	成品（不低于）		热处理（不低于）	成品（不低于）
3	3.72	4.8	8.5	30.09	37.63
3.175	4.21	5.39	8.731	31.75	39.69
3.5	5.1	6.57	9	33.71	41.94
3.572	5.335	6.84	9.128	34.53	43.17
3.969	6.57	8.43	9.5	37.63	46.84
4	6.66	8.53	9.525	37.83	47.04
4.366	7.92	10.15	9.922	40.89	51.12
4.5	8.62	10.78	10	41.65	51.94
4.762	9.41	12.05	10.319	44.39	54.88
5	10.39	13.33	10.5	45.53	56.91
5.159	11.037	14.15	11	50.37	62.72
5.5	12.64	15.97	11.112	50.96	63.7
5.556	12.84	16.27	11.5	55.08	68.51
5.953	14.8	18.13	11.509	55.47	68.6
6	14.99	19.01	11.906	59	73.5
6.35	16.76	21.27	12	59.98	74.48
6.5	17.64	22.34	12.303	63.01	78.4
6.747	18.91	24	12.5	64.65	80.81
7	20.38	25.87	12.7	67.13	83.3
7.144	21.27	26.95	13	70.36	87.22
7.5	23.42	29.69	13.494	75.85	94.08
7.541	23.98	29.98	14	81.63	100.94
7.938	26.26	32.83	14.288	83.88	104.86
8	26.66	33.32	15	92.512	115.64
8.344	28.93	36.17	15.081	93.29	116.62

（续）

球公称直径	压碎负荷/kN		球公称直径	压碎负荷/kN	
DW/mm	热处理（不低于）	成品（不低于）	DW/mm	热处理（不低于）	成品（不低于）
15.875	104.96	128.38	28	326.54	385.14
16	106.62	131.32	28.575	340.06	396.9
16.669	115.74	142.1	30	374.85	439.04
17	120.34	147	30.162	378.97	441
17.462	127.01	154.84	31.75	419.83	487.06
18	134.95	164.64	32	426.5	494.9
18.256	138.77	168.56	33	440.2	524.07
19	150.33	182.77	33.338	462.95	534.10
19.05	151.12	183.26	34	481.47	557.62
19.844	164.05	198.94	34.925	508.03	582.12
20	166.6	201.88	35	510.19	588
20.5	169.46	211.83	36	539.87	617.4
20.638	177.38	214.62	36.512	555.27	632.1
21	183.65	221.48	38	601.43	683.04
21.431	183.85	229.81	38.1	604.56	689
22	201.5	241.03	39.688	618.08	735.82
22.225	203.7	246.96	40	666.4	745.78
22.5	207.03	252.48	41.275	709.52	798.7
23	220.3	262.64	42	734.71	823.2
23.019	220.7	263.01	42.862	765.18	852.6
23.812	236.18	281.26	44.45	822.91	911.4
24	239.9	287.14	45	843.39	931
24.606	246.57	300.7	46.038	875.1	972.34
25	260.29	309.68	47.625	944.72	1038.8
25.4	268.72	318.5	48	959.62	1068.2
26	281.55	333.2	49.212	1004.96	1116.62
26.194	283.67	337.94	50	1041.25	1156.4
26.988	303.31	357.7	50.8	1074.86	1166.2

2）回火质量检查，回火后质量检查除淬火、回火后的检查项目外，必须进行钢球压碎载荷和耐回火性的检查。耐回火性检查主要是检查回火是否充分，其方法是将已回火零件用原回火温度，重新回火 3h，在原回火硬度测点附近复测，硬度下降不超过 1HRC 者为合格。钢球压碎载荷试验可按 GB/T 308 规定进行。

4. 稳定化处理（补加回火）　稳定化处理主要是为了消除部分磨削应力，进一步稳定组织，提高轴承零件的尺寸稳定性。稳定化处理温度比原回火温度低 20～30℃，一般采用 120～160℃，保温时间为 3～4h。有时选择与回火温度相同。各种零件稳定化处理的保温时间，一般应按照轴承精度等级和尺寸与形状来选择。稳定化处理工艺见表 4-27。

5. 轴承零件淬火、回火后的质量控制　按 JB/T 1255 高碳铬轴承钢滚动轴承零件热处理技术条件执行。显微组织按表 4-15 执行。

表 4-27 稳定化处理工艺

名　称	轴承零件 精度等级	稳定化处理 温度与时间
中小型滚子	0 级、Ⅰ 级 Ⅱ 级	120～160℃,12h 120～160℃,3～4h
钢球	3 级、5 级、 10 级、16 级	120～160℃,12h
大型钢球	20 级、一般品	120～160℃,3～5h
中小型套圈	P2 级 P4 级	粗磨后:140～180℃,4～12h 细磨后:120～160℃,3～24h
	P4 级	120～160℃,3～5h
	短圆柱滚子	120～160℃,3～5h
	P0、P6、P6X	120～160℃,3～5h
大型、 特大型套圈	P0～P6	120～160℃,3～4h

4.1.2 铬钢滚动轴承零件的感应热处理

铬钢滚动轴承零件采用感应淬火及感应回火,其轴承的使用寿命比在炉中加热淬火、回火的提高10%～20%。同时,感应淬火的设备占地面积小,节约能源,劳动条件好,便于机械化,而且还具有零件畸变小、氧化脱碳少等特点。适用于大批量生产轴承圈和滚动体。

4.1.2.1 中型轴承(6308)套圈的感应热处理

轴承套圈大批量感应热处理生产线的工艺流程如下:套圈中频感应加热→送入带有振动淬冷机的油槽中淬冷 1min→清洗→工频感应回火。GCr15 钢制6308 轴承套圈的感应热处理工艺见表 4-28。

轴承套圈在感应热处理自动线上处理比在输送带式炉自动线上处理具有许多优点,6308 轴承套圈在130kW 输送带式联动机上处理与在感应热处理自动线上处理的经济技术比较见表 4-29。

4.1.2.2 钢球的中频感应淬火

1. 感应加热与保温 以 1/2″钢球感应加热为例,总加热时间为 9.3s,节拍为 6 粒/s,总冷却时间为9s。在感应器出口处,钢球温度为 920℃,生产率为200kg/h。经淬火后钢球硬度、断口、压碎载荷均与电阻炉加热的相同。淬火组织虽不如电阻炉处理的均匀,但也在标准的合格范围内。与电阻炉相比,其技术经济指标见表 4-30。

2. 钢球感应加热后电阻炉保温 采用此种淬火加热装置时质量全面合格,氧化脱碳、压碎载荷高于电阻炉加热淬火的钢球,电力消耗可节约 70%,生产率可提高 2.5 倍(平均 350kg/h)。钢球感应加热与电阻炉保温的温度和时间见表 4-31。

表 4-28 GCr15 钢制 6308 轴承套圈感应热处理工艺

轴承零件	中频感应淬火				冷却	工频感应回火					
	推料节拍/ (件/min)	加热温度 /℃	保温时间 /s	总加热 时间/s		推料节拍/ (件/min)	电参数 U_2/V	I_2/A	加热温度 /℃	保温时间 /s	总加热 时间/s
6308/01	9.5	870±5	120	330	油冷	9.5	23.5±0.3	300	215±5	150	300
6308/02	9.5	870±5	120	330		9.5	15.5±0.3	300	215±5	150	300

表 4-29 套圈在传送带式炉中加热与感应加热的经济和技术比较

项目	内　容	130kW 输送带式炉	6308 自动线感应加热设备	备　注
1	淬火、回火耗电量	0.61kW·h/kg	0.38kW·h/kg	
2	材料消耗 镍铬电阻带 耐热钢 淬火、回火设备自重	153.8kg 1775kg 30t	200～300kg 紫铜管 不超过 10kg 不超过 1t	可使用 3～5 年
3	产品质量 脱碳贫碳深度/mm 同件硬度差　HRC 同批硬度差　HRC 圆度畸变/mm 平均寿命/h	0.05～0.08 <1 <2 0.15～0.25 3279	<0.02 <0.5 <1.0 0.08～0.20 4223	在箱式电炉加热淬火＋空气回火

（续）

项目	内　　容	130kW 输送带式炉	6308 自动线感应加热设备	备　　注
4	劳动条件	50%以上热量损失，夏天环境温度超过40℃	90%热量用于加热，环境温度同冷加工	
5	适应范围	多品种、多型号	少品种　大批量	

表4-30　感应加热与电阻炉加热的技术经济指标

加热方式	生产率/(kg/h)	加热时间/s	脱碳深度/mm	氧化耗损(%)	电能消耗/(kW·h/t)
感应加热	200	9.3	0.06	0.1	330
电阻炉加热	70	1800	0.16	0.80	370

表4-31　钢球感应加热与电阻炉保温的温度和时间

钢球直径/mm	重量/g	加热温度/℃	感应加热时间/s	电阻炉保温时间/min	生产率/(kg/h)
20.89	37.0	840±5	16	10～13	290～310
23.27	52.0	840±5	17.3	12～15	345～375
28.85	99.0	845±5	19.3	15～18	480～530
30.45	117.0	850±5	21	15～18	490～535
36.97	207.0	855±5	30	18～21	495～560

4.1.3　铬轴承钢的贝氏体等温淬火热处理

铬轴承钢等温下贝氏体处理后断裂韧度 K_{IC} 比常规马氏体淬火提高30%，裂纹的扩展速率比常规马氏体要慢，零件表面呈压应力，具有高的冲击韧度、尺寸稳定性高和磨削不易产生磨削裂纹等优点。适用于工作条件恶劣、润滑差受高冲击负荷的铁路、轧机、矿山、采煤、钻井等条件下工作。

4.1.3.1　贝氏体淬火工艺特点

（1）毛坯需经碳化物细化处理，通常选用正火和快速退火，要求退火组织为 JB/T 1255 中 2～3 级退火组织。

（2）淬火加热温度比常规马氏体淬火温度高 20～30℃，淬火加热应在可控气氛炉或盐浴炉中进行。

（3）冷却在 220～240℃ 硝盐中进行，按冷却介质的 0.5%～1.5%（质量分数）加水，以调节冷却速度。

（4）零件表面呈压应力，有利于接触疲劳寿命的提高，无淬火裂纹。

（5）贝氏体淬火后套圈尺寸胀大，以 NJ3226/Q1，S0 为例，01 胀大 0.4～0.6mm；02 胀大 0.25～0.4mm。

（6）高的尺寸稳定性。贝氏体淬火后组织为下

贝氏体 + 未溶解碳化物以及 <3%（体积分数）残留奥氏体所组成。在 120℃ 使用温度下，组织稳定，零件尺寸稳定，如用 GCr18Mo 制造的 NJ3226/01、02 尺寸稳定性 $\leqslant 1.25 \times 10^{-5}$mm，小于标准规定值 $\leqslant 1 \times 10^{4}$mm。

（7）力学性能良好。贝氏体淬火与常规马氏体淬火相比，耐磨性、接触疲劳寿命相当、抗弯强度提高 15%，K_{IC} 提高 20%、冲击韧度比回火马氏体高 2 倍以上。

下贝氏体等温淬火可以减少热应力和变形，使零件表面呈压应力，从而提高了轴承寿命和可靠性，但热处理成本要高。

GCr15、GCr18Mo 贝氏体淬火工艺见图4-20 和表4-32。

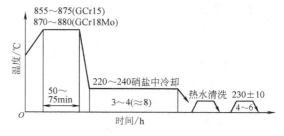

图4-20　GCr15、GCr18Mo 贝氏体淬火工艺

注：括弧时间 8h 适用 GCr18Mo。

表 4-32　推荐的 GCr15、GCr18Mo 贝氏体淬火工艺

牌号	套圈壁厚/mm	淬火工艺参数		盐浴等温时间/h
		温度/℃	保留时间/min	
GCr15	<10	855～860	60	(220～240℃)×(3～4h)
	>10～14	860～865	60	
	>14～18	870～880	60	
	>18～22	870～880	60	
	>22～25	875～885	60	
GCr18Mo	40～45	865～870	60	220℃×8h
	45～50	890～895	60	
	50～55	895～900	60	
	55～60	900～905	60	
100CrMnMoSi8-4-6[①]	55～60	875～885	60～70	220℃×10h
	60～70	885～895	60～70	
	≥70	895～910	60～70	

① 100CrMnMoSi8-4-6 化学成分（质量分数）为：C 0.93%～1.05%，Si 0.40%～0.60%，Mn 0.80%～1.10%，P<0.025%，S<0.015%，Cr 1.80%～2.05%，Mo 0.50%～0.60%，O≤15ppm。

贝氏体淬火后，需经 70～80℃ 热清洗。对于大型轴承零件还需进行回火。其回火工艺见表4-33。

4.1.3.2　贝氏体等温淬火后技术要求

（1）硬度。套圈成品硬度要求见表4-34。

（2）晶粒度。≤8 级，或更细的晶粒度。

（3）显微组织由贝氏体、未溶解碳化物和少量托氏体组成。贝氏体组织≤1 级。

（4）不允许有裂纹。

（5）变形量。贝氏体处理后尺寸均胀大 0.3%～0.4%（直径）。

表 4-33　贝氏体处理后的回火工艺

牌号	回火工艺/℃×h	成品硬度　HRC
GCr15	260×2.5	58±2
GCr18Mo	260×4	—
100CrMnMoSi8-4-6	260×4	—

表 4-34　套圈成品硬度要求

材料	套圈	成品硬度
GCr15	≤25mm	58～62HRC
GCr18Mo GCr15SiMo	>25mm ≤45mm	58～62HRC

4.1.4　一般铬钢轴承零件在各种设备中的热处理工艺

4.1.4.1　一般铬钢套圈的热处理工艺（见表4-35）

表 4-35　一般铬钢套圈的热处理（均在可控气氛电炉中进行）

零件名称	牌号	主要热处理设备	淬火			清洗	回火	稳定化热处理	备注
			淬火温度/℃	总加热时间/min	冷却介质及冷却方法				
轴承套圈（直径小于25mm）	GCr15	输送带式保护气氛炉或网带炉	830～850	保温按1.2～1.5min/mm	在30～80℃的L-AN10、L-AN20全损耗系统用油中冷却	淬火后在3%～5%碳酸钠水溶液（质量分数）中清洗，冷热均可	150～180℃，2.5～3h	120～160℃，3～5h	
			840～850	15～20					

（续）

零件名称	牌号	主要热处理设备	淬火			清洗	回火	稳定化热处理	备注
			淬火温度/℃	总加热时间/min	冷却介质及冷却方法				
轴承套圈（直径>25mm、<200mm）	GCr15	220kW（或170kW、130kW）输送带式电炉	套圈壁厚 Ⅰ区 Ⅱ区 Ⅲ区 3~5mm 840±10　835±5　840±5 5~8mm 845±10　840±5　845±5 8~12mm 850±10　840±5　850±5	40~60	1）在30~80℃的 L-AN10、L-AN20 全损耗系统用油中冷却 2）对易畸变的套圈要自动下落油槽，不得开动液压泵 3）对易出现软点的套圈（有效厚度>11mm）采用手甩或淬火机冷却以及强化冷却等	用其他炉型加热淬火后在3%~5%碳酸钠水溶液（质量分数）中清洗，冷热均可	150~180℃，2.5~3h	120~160℃，3~5h	
		RJX-45-9 箱式电阻炉	套圈壁厚　保温时间 3~5mm：835~845　6~8 5~8mm：840~845　9~12 8~12mm：845~850　13~15 >12mm：850~860　16~20 总加热时间为40~60		1）在30~60℃的 L-AN10、L-AN20 全损耗系统用油中冷却 2）对易畸变的套圈采用120~180℃或在80~100℃热油中冷却 3）对易出软点的套圈采用手甩式或用旋转淬火机强化冷却等				
轴承套圈（直径>25mm）	GCr15	振底式电炉	套圈壁厚　保温时间 Ⅰ区 Ⅱ区 Ⅲ区 <3mm 835±10　830±5　835±5　6~8		1）在30~80℃ L-AN10、L-AN20 全损耗系统用油中振动冷却	在3%~5%碳酸钠水溶液（质量分数）中清洗，冷热均可			

（续）

零件名称	牌号	主要热处理设备	淬火			清洗	回火	稳定化热处理	备注
			淬火温度/℃	总加热时间/min	冷却介质及冷却方法				
轴承套圈（直径＞25mm）	GCr15	振底式电炉	3～5mm 840±10 835±5 835±5 5～8mm 845±10 840±5 835±5 8～12mm 850±10 845±5 840±5	8～12 12～14 14～20	2）对易畸变的套圈自动下落油槽，不得开动液压泵	在3%～5%碳酸钠水溶液（质量分数）中清洗，冷热均可	150～180℃，2.5～3h	120～160℃，3～5h	
中小型套圈	GCr15	CC₁-Ⅱ-45-9x-70、120可控气氛网带炉	套圈壁厚 3mm以下：850～855 3～25mm：850～855 5～10mm：850～855	20～25 25～28 30～40	光亮淬火油油温应不高于80℃		160℃±10℃，3h		保护气氛 N₂ 压力应调至 9.8～14.7×10⁴Pa，甲醇应调至2.5～3mL/min
大型轴承套圈（直径＞440mm）	GCr15SiMn	220kW输送带式电炉	套圈壁厚 Ⅰ区 Ⅱ区 Ⅲ区 8～12mm 815±10 825±5 820±5 12～15mm 820±10 825±5 820±5 16～20mm 830±10 830±5 825±5 21～23mm 825±10 835±5 830±5	50～70	1）在30～60℃的L-AN10、L-AN20全损耗系统用油中冷却时采用手甩或旋转淬火机 2）对于易畸变的，用手甩冷却	套圈淬冷后冷却到80℃以下时在3%～5%碳酸钠水溶液（质量分数）中进行热清洗后再冷清洗	150～180℃，4～6h	120～160℃，25～35h	
大型轴承套圈（直径＞440mm）	GCr15SiMn	RJX-75-9箱式电阻炉	套圈壁厚 8～12mm：820±5 12～16mm：825±5 17～30mm：835±5	50～70	1）在30～60℃的L-AN10、L-AN20全损耗系统用油中冷却时采用手甩或旋转淬火机 2）对于易畸变的，用手甩冷却	套圈淬冷后冷却到80℃以下时在含3%～5%的碳酸钠水溶液（质量分数）中进行热清洗后再冷清洗	150～180℃，4～6h	120～160℃，2.5～3.5h	

（续）

零件名称	牌号	主要热处理设备	淬火			清洗	回火	稳定化热处理	备注
			淬火温度/℃	总加热时间/min	冷却介质及冷却方法				
特大型轴承套圈（直径440~2000mm）	GCr15SiMn	180kW的井式电阻炉	820~840	1）较薄的套圈:工件到温时间少于90min,保温时间20~25min 2）一般工件到温时间大于90min,保温时间为到温时间的1/3	1）在30~80℃的L-AN10、L-AN20全损耗系统用油中冷却 2）套圈直径≤400mm时,壁薄的带架冷却,壁厚的冷却时需吹压缩空气,将油搅动,强化冷却 3）套圈壁较厚,直径400~1100mm,用旋转淬火机冷却3~5min 4）套圈直径>1100mm时均带架冷却	套圈冷却到60℃以下,在60~80℃的8%~10%碳酸钠水溶液（质量分数）中清洗后再冷清洗	150~180℃,12h	120~160℃,4~8h	1）对易畸变的套圈淬火油冷后,出油温度应控制在80~120℃,热整形后方可清洗 2）带油沟的套圈淬火前需进行消除机加工应力退火,以防止产生裂纹,其工艺为600℃,8~10h
关节轴承套圈		RJX-45-9箱式电炉	840~850	35~50	在30~80℃的L-AN10、L-AN20全损耗系统用油中窜动冷却	在3%~5%的碳酸钠水溶液（质量分数）中清洗（冷热均可）	200~250℃,2.5~3.5h	120~160℃,2.5~3.5h	
中型轴承套圈（等温淬火）	GCr15	RJX-45-9箱式电炉	840~850	40~50	在125~135℃的L-AN10或L-AN20全损耗系统用油或在DF2-A和DFE-S等油中等温120~150h	在3%~5%的碳酸钠水溶液（质量分数）中清洗（冷热均可）	不进行回火	120~160℃,3~4h（粗磨、细磨后各一次）	贝氏体等温淬火零件的退火组织为点状或细粒状珠光体,套圈毛坯必须采用900℃正火和760~780℃快速退火工艺

4.1.4.2　一般铬钢钢球的热处理工艺（见表 4-36）

表 4-36　一般铬钢钢球的热处理工艺

零件名称	牌号	主要热处理设备	淬火				清洗	回火	备注
			钢球尺寸/in	淬火温度/℃	总加热时间/min	冷却介质及冷却方法			
钢球	GCr15	G-30 鼓形回转电炉	7/32 ~ 9/32	835 ± 5	18 ~ 22	在 30 ~ 80℃的 L-AN10、L-AN20 全损耗系统用油中冷却		150 ~ 180℃，3 ~ 4h	
			9/32 ~ 23/64	835 ± 5	22 ~ 26				
			23/64 ~ 12mm	845 ± 5	26 ~ 30				
		G-70 回转式电炉	3/8 ~ 1/2	845 ± 5	22 ~ 27	在 15 ~ 40℃,10% ~ 20%碳酸钠水溶液（质量分数）中冷却		150 ~ 180℃，3 ~ 5h	
			1/2 ~ 9/16	845 ± 5	27 ~ 30				
			9/16 ~ 7/8	845 ± 5	30 ~ 35				
			7/8 ~ 13/32	855 ± 5	35 ~ 45				
			13/32 ~ 19/32	855 ± 5	40 ~ 45				
			15/16 ~ 1/2	860 ± 5	45 ~ 50				
			9/16 ~ 45mm	860 ± 5	45 ~ 58				
		RG-45-9B 保护气氛滚筒式电阻炉	5/16	850 ± 5	55min（65 ± 1）kg	PZ-2A 淬火油，温度不高于 90℃		(150 ± 5)℃，2h	(1)回火为油炉 (2)保护气用 1:1 甲醇与丙酮混合液，滴入量为 5 ~ 7mL/min
			1/2		60min（70 ± 1）kg			(150 ± 5)℃，3h	
			5/8		65min（70 ± 1）kg			(150 ± 5)℃，3h	
			3/4		60min（60 ± 1）kg			(150 ± 5)℃，3h	
			3/8		45（40 ± 1）kg			(150 ± 5)℃，3.5h	
			11/16		45（40 ± 1）kg			(150 ± 5)℃，3.5h	
钢球	GCr15SiMn	RJX-45-9 箱式电阻炉	2 ~ 3	835 ± 5	1.5 ~ 2min/mm	在 30 ~ 80℃的 L-AN10、L-AN20 全损耗系统用油中窜动冷却	在 80 ~ 90℃的3% ~ 5%碳酸钠水溶液（质量分数）中清洗	150 ~ 160℃，4 ~ 8h	

4.1.4.3　一般铬钢滚柱、滚针的热处理工艺（见表4-37）

表4-37　一般铬钢滚柱、滚针热处理工艺

零件名称	牌号	主要热处理设备	淬火				清洗	回火	备注
			滚子直径/mm	淬火温度/℃	总加热时间/min	冷却介质及冷却方法			
滚柱	GCr15	G-30回转式电炉	≤5	830~850	18~22	30~80℃的L-AN10、L-AN20全损耗系统用油中窜动或摇晃冷却	在3%~5%（质量分数）的碳酸钠水溶液中清洗	150~180℃，2.5~3.5h	（1）为防止脱碳，淬火前零件清洗干净后涂3%~5%（质量分数）硼酸酒精溶液 （2）对于0级、1级滚子或滚针均在淬火后进行-40~-70℃的冷处理，粗磨后应进行120~160℃、12h的稳定化处理
			5~8	830~850	20~24				
			8~10		22~26				
			10~14		24~30				
		G-70回转式电炉	6~10	830~860	29~35				
			10~15		35~37				
			15~22		37~40				
		RJX-45-9箱式电炉	<6	835~840	保温时间6~8				
			6~11	845±5	保温时间8~10				
			11~16	850±5	10~14				
			16~22	855±5	14~18				
滚针	GCr15	网带炉	所有滚针	845~855	30~45			150~180℃，2~3h	
滚柱	GCr15SiMn	G-70回转式电炉	22~28	820~850	保温时间14~16	30~80℃的L-AN10、L-AN20全损耗系统用油中窜动或摇晃冷却	在3%~5%（质量分数）碳酸钠热水溶液中清洗	150~180℃，3~4h	
		RJX-45-9箱式电炉	22~25	830±5	14~16				
			25~30	835±5	15~17				
			30~35	835±5	16~18				
			35~40	840±5	17~19				
			>41	840±5	18~20				

4.1.5　渗碳钢制中小型轴承零件的热处理

要求轴承工作表面具有高的硬度、耐磨性、高抗疲劳性，而心部具有高的强韧性，承受高冲击载荷的轴承零件采用渗碳钢制造，进行渗碳处理。目前轴承制造中常用的渗碳钢有15Mn，20Cr2Ni4A、20Cr2Mn2MoA、G20CrNiMoA等钢。其用途分别为：15Mn钢主要用于制造汽车万向节轴承外套，20Cr2Ni4A和20Cr2Mn2MoA钢主要用于制造耐高冲击载荷轴承零件，如汽车方向盘轴承外套；

20Cr2Ni4A钢用于制造飞机起落架轴承；G20CrNiMoA钢用于制造汽车轮毂轴承。中小型轴承零件渗碳的技术要求按JB/T 8881—2011执行。

（1）中小型轴承零件渗碳层深度见表4-38。

（2）渗碳淬火后表面硬度应为62~66HRC，回火后应为59~64HRC；心部硬度一般为30~48HRC。表面不允许有软点和硬度不均匀现象。

（3）渗碳轴承零件淬火、回火后渗层断口应为灰色瓷状细小晶粒断口；中心断口应为纤维状，不允许有粗大晶粒断口。渗层组织的显微组织应为隐晶或

细针马氏体和均匀分布的碳化物,以及少量残留奥氏体,不允许有粗大的碳化物网和明显可见的碳化物针。淬火、回火后不允许有裂纹存在,脱碳层深度不应超过零件的实际最小留量。

(4) 渗碳层表面碳浓度应控制在 0.8% ~ 1.05%(质量分数),过渡层碳浓度梯度要平缓。

(5) 中小型渗碳轴承零件热处理工艺见表 4-39。

表 4-38　中小型轴承零件渗碳层深度

有效零件壁厚/mm	有效渗碳层深度/mm
8	0.7 ~ 1.2
8 ~ 14	1.0 ~ 1.6
14 ~ 20	1.5 ~ 2.3
20 ~ 50	≥2.5
50 ~ 80	≥3.0
>80	≥3.5

表 4-39　中小型渗碳轴承零件热处理工艺

牌号	渗碳零件名称	热处理设备	渗碳和淬火、回火后技术要求	渗碳(淬火、回火)工艺
15Mn	汽车万向节滚针外套	180kW 井式气体渗碳炉	1)渗层深度为 0.8 ~ 1.3mm 2)渗层硬度:表面为 60 ~ 64HRC,心部 >25HRC 3)渗碳层组织应为细小针状马氏体和少量残留奥氏体 4)不允许有裂纹 5)畸变不能超过总留量的 1/2	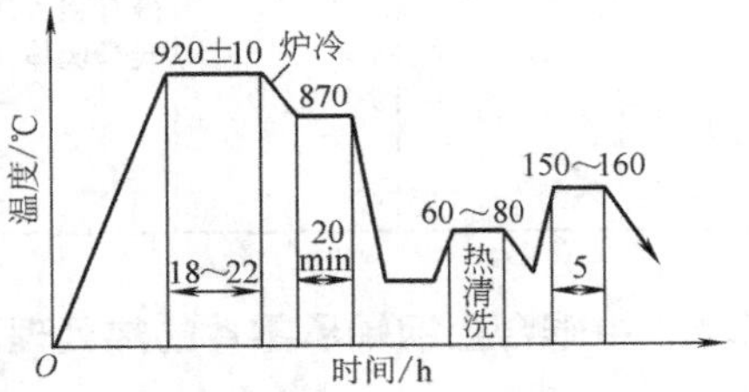 毛坯冷挤压后,在 680 ~ 710℃进行 3 ~ 4h 去应力退火。渗碳剂用煤油或苯
20Cr2Ni4A	汽车方向盘轴承外套	RJJ-35-9-T 井式气体渗碳炉	1)渗碳层深度:776801、676701 为 1.3 ~ 1.7mm,776901 为 1.2 ~ 1.5mm 2)渗碳层硬度:表面硬度为 56 ~ 60HRC,心部硬度为 28 ~ 45HRC,其他技术要求同 15Mn 钢零件	1)毛坯经 930 ~ 940℃加热,保温 30 ~ 50min 后空冷正火,然后再经 630 ~ 650℃回火或 680 ~ 700℃,4 ~ 6h 低温退火 2)渗碳工艺如图所示 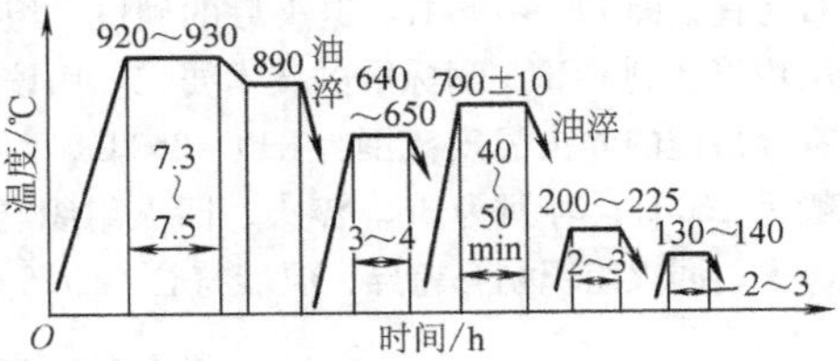
	飞机起落架轴承	RJJ-60-9 井式气体渗碳炉	1)渗碳层深度:7511 内外套为 1.3 ~ 1.6mm,滚子为 1.4 ~ 1.6mm;7512S 内套为 1.8 ~ 2.2mm,外套为 1.3 ~ 1.6mm;7516S 内套为 1.3 ~ 1.6mm,外套为 1.8 ~ 2.2mm,滚子为 1.7 ~ 1.9mm 2)渗碳层硬度,表面为 61 ~ 64HRC,心部为 >35HRC	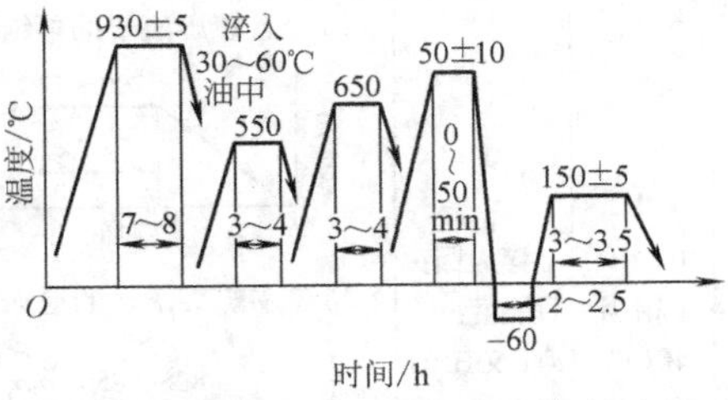 渗碳剂质量分数为 94% 苯,6% 酒精;滴入量:渗碳期为 110 ~ 140 滴/min,扩散期为 55 ~ 70 滴/min,后期为 35 滴/min;回火在油炉中进行

（续）

牌号	渗碳零件名称	热处理设备	渗碳和淬火、回火后技术要求	渗碳（淬火、回火）工艺
20CrNiMo	轴承套圈（外径为 φ135mm，高度为 36mm，壁厚为 9.1mm）	滴注式可控气氛气体渗碳炉	1)有效渗碳层深度为 1.4～1.8mm 2)表面碳浓度应为 0.8%～0.9%（质量分数） 3)硬度：表面为 59～63HRC，心部 >30HRC 4)显微组织：表面应为细针状马氏体 + 少量残留碳化物，不得有粗大碳化物网；心部应为低碳马氏体 + 少量铁素体	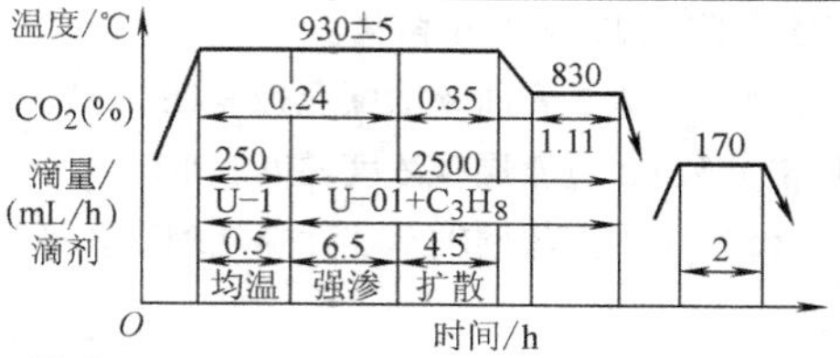 说明： 1)上述工艺事先向微机储存，即设定温度：930℃，830℃；时间：0.5h，6.5h，4.5h；CO_2（体积分数）：0.24%，0.35%，1.11% 2)强渗期一开始设备自动将滴剂 U-1（甲醇）换成 U-01（甲醇 +3% 水）并开始控制通入丙烷量 3)强渗期、扩散期，淬火保温期的 CO_2（体积分数）设定值为 0.24%，0.35%，1.11% 相应的碳势值（质量分数）为 1.15%，0.8%，0.9%

4.1.6 中碳合金钢轴承零件的热处理

对承受冲击载荷条件下工作的轴承，除选用合金渗碳钢外，还采用中碳合金钢来制造。主要中碳合金钢在轴承上的应用见表 4-40。中碳合金钢轴承零件热处理工艺见表 4-41。

G8Cr15 钢的化学成分除碳比 GCr15 钢低外，其他成分均与 GCr15 相同，其退火工艺与 GCr15 钢基本相同，但在实际生产中，退火温度采用较 GCr15 钢低 10℃为宜，即 770～790℃。退火后的硬度、组织和脱碳层均能达到 GCr15 钢标准的技术要求。用该钢制造的零件最佳的淬火温度范围为 830～850℃，回火温度一般为 160℃，时间为 3h。淬火、回火组织与 GCr15 钢淬火、回火组织稍有差异，但能符合 GCr15 钢的热检标准要求。

表 4-40　中碳合金钢在轴承上的应用

牌号	主要用途
GCr10、50CrNiA	制造在高冲击载荷下工作的螺旋滚子轴承零件
65Mn	制造有切口螺旋滚子轴承外套、锁圈和弹簧等
50SiMoA 55SiMoV 52SiMoVA	制造石油与矿山三牙轮钻头中滚动体和井下动力钻具滚动轴承
G8Cr15	制造一般轴承零件或承受低冲击载荷的轴承零件

表 4-41　中碳合金钢轴承零件热处理工艺

零件名称	牌号	零件技术要求	退火（或正火）	淬火、回火	备注
螺旋滚子	GCr10（相当 40Cr）	淬火回火后硬度：40～50HRC	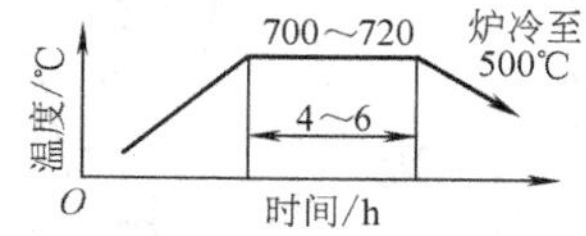 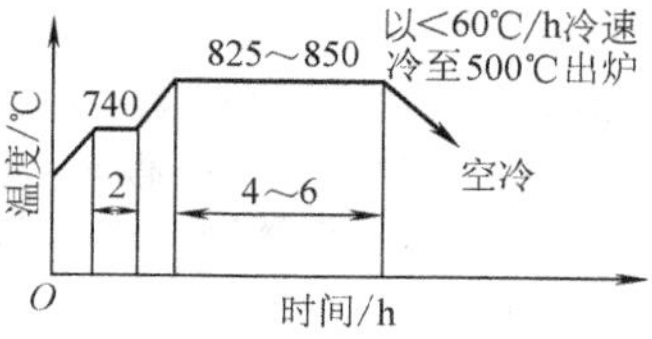	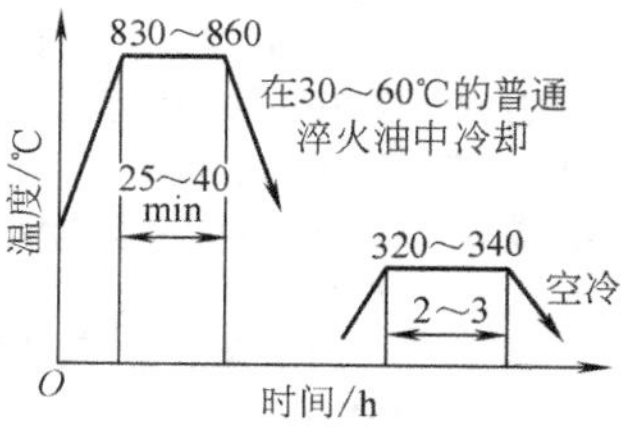	1)在退火加热时，要注意防止脱碳，可用铸铁屑或木炭装箱密封退火 2)退火组织欠热者可按原工艺再退火一次 3)为防止脱碳，需在可控气氛电炉内加热淬火

（续）

零件名称	牌号	零件技术要求	退火（或正火）	淬火、回火	备注
滚子	50CrNiA	淬火回火后，50～55HRC	1）退火 820～850 炉冷至500℃出炉空冷 ≤207HBW 3～5（时间/h） 2）正火：840～860℃，空冷，670～690℃回火后空冷	840～860 4min/mm 在30～60℃普通淬火油中冷却 170 空冷 3（时间/h）	
套圈和滚动体	55SiMoV（52SiMoVA、50SiMo）	按 JB/T 6366—2007 标准执行，淬回火后硬度为 55～59HRC，组织为板条状马氏体＋残留奥氏体＋少量碳化物	1）正火和高温回火：860～870℃保温30～40min，空冷；700～730℃×4～6h，炉冷至650℃ 2）退火：740～760℃×4h，然后以≤20℃/h 炉冷至650℃ 退火后硬度为179～255HBW 3）对于锻件，如套圈毛坯、大钢球坯，采用720～730℃×6～8h 4）返修品采用720℃×6～8h退火	1）淬火：860～870℃×40～50min，淬油 淬火后硬度≥58HRC 2）回火：220～280℃×3h，空冷 回火后硬度：套圈为54～58HRC，钢球为55～59HRC（特殊要求为54～58HRC） 3）渗碳及渗后热处理：（930±10）℃×（24～28）h（C_p0.8%～1.0%）→870℃油淬→680℃×（4～8）h 高温回火→（850±10）℃×（40～60）min 油淬→200～220℃×（3～4）h 回火	大型钢球（76.2mm）可淬碳酸钠水中冷却，其淬火温度应降低20～30℃，通常选用（840±5）℃ 采用可挖气氛加热淬火

4.1.6.1　55SiMoVA 钢制轴承

55SiMoVA（55SiMoA）钢属于耐冲击轴承钢，淬火回火后具有高的强度、韧性、耐磨性和疲劳强度。它是制造三牙钻头中滚动体（钢球、圆柱滚子）和井下动力钻具滚动轴承的专业用钢。30 多年的使用证明，是适宜上述使用条件的最佳钢种。其化学成分（质量分数）为：C 0.48%～0.55%，Mn 0.30%～0.55%，Si 0.90%～1.10%，V 0.15%～0.25%，S、P≤0.15%。采用真空脱气或电渣重熔，硬度为55～58HRC，抗拉强度为 2137MPa，屈服强度为1999MPa，延伸率为7%，断面收缩率为25%。

零件淬回火后技术要求（马氏体淬回火）按 JB/T 6366—2007

（1）硬度。套圈、钢球、滚子淬火后硬度应不低于58HRC；经 200～280℃回火后硬度：套圈为54～58HRC；钢球为55～59HRC（特殊要求为54～58HRC）；滚子硬度为55～59HRC（特殊要求为55～58HRC或59～62HRC）。

1）同一零件的硬度差。套圈外径小于100mm，滚动体直径不大于22mm，同一零件硬度差不大于1HRC；

套圈外径大于100mm，滚动体直径大于22mm，同一零件硬度差不大于2HRC。

2）同一批零件硬度差不大于3HRC。

（2）晶粒度。淬火后奥氏体实际晶粒度应为8级或更细晶粒为合格。按 GB/T 6394 执行。

（3）显微组织。应为隐晶、细小结晶马氏体、少量残留奥氏体和残留碳化物组成。淬回火后显微组织按 JB/T 6366 评定，1～3 级为合格。

（4）裂纹。不允许有裂纹。

（5）套圈变形和表面质量。按 JB/T 6366—2007 中规定执行。

（6）钢球的压碎载荷按 JB/T 6366—2007 中规定执行。

（7）抗回火性必须进行检查。

4.1.6.2　55SiMoVA 渗碳热处理技术要求

（1）表面碳含量。w(C) 为 0.75%～0.80%，如果有特殊要求，表面碳含量可按产品图样规定执行。

（2）硬度。渗碳零件可渗碳后直接淬火，回火或渗碳随后油冷、高温回火；二次淬回火，其硬度、淬火后表面硬度不低于60HRC。

（3）回火后表面硬度为58～62HRC（特殊要求为59～62HRC），心部硬度不低于54HRC。

（4）渗碳层深度按 JB/T 6366—2007 中规定执行。

（5）晶粒度。渗碳淬火后晶粒度应为5级或更细晶粒。

（6）显微组织。按 JB/T 6366—2007 中规定执行。

55SiMoVA 制造的钢球压碎载荷，应符合表4-42之规定。

表4-42　常用 55SiMoVA 钢球压碎载荷

钢球公称直径 /mm	压碎载荷/kN		钢球公称直径 /mm	压碎载荷/kN	
	淬回火后	成品		淬回火后	成品
5	16.0	20.0	17.462	186	232
5.5	19.2	24.0	19.05	220	275
6	22.8	28.5	22.225	296	370
6.35	25.5	31.8	25.4	382	477
6.5	26.8	33.5	26	400	500
7.938	39.7	49.5	26.988	429	536
9.525	56.5	70.5	28	462	577
10.319	65.8	82.2	28.575	476	595
11.112	76.5	95.5	30	526	658
12.7	100	125	31.75	584	730
14.288	126	157	38	820	1020
15.875	154	193	41.275	958	1200

4.1.7　限制淬透性钢（GCr4）制套圈表面淬火（TSH）

TSH（Throagh-Surface-Hardening）的新工艺包括选用低淬透性和限制淬透性特殊钢；整体感应加热或电炉中加热；将加热零件放在特殊冷却装置上用高压水快速冷却，待工件冷却到150℃左右随后空冷。TSH 特殊淬火冷却装置见图4-21。

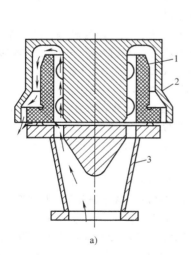
a)

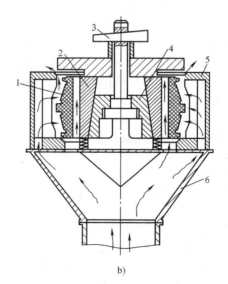
b)

图4-21　TSH 特殊冷却装置

a）铁路轴承内套冷却装置

1—内套　2—可移动上盖　3—固定支架

b）大型轴承圆锥内套冷却装置

1—内套　2—组合轴套　3—锒块　4—轴封　5—密封盖　6—外壳箭头表示水流方向

由于 TSH 表面淬火选用的钢具有低淬透性，因此其套圈表面为高强度马氏体淬硬层，心部为托氏体、索氏体混合组织，在零件表面呈压应力状态。铁路轴承内套圈 TSH 表面淬火后的硬化层深度、硬度及残余应力分布见图 4-22。

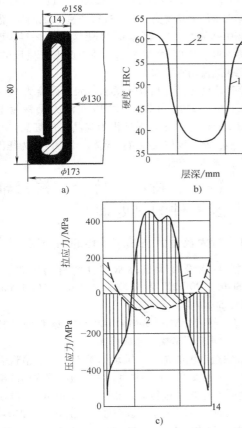

图 4-22　铁路轴承内套 TSH 淬火后硬化层深度、硬度和表面残余应力分布

a）硬化层情况

b）硬度分布

1—GCr4　2—GCr15SiMn

c）残余应力分布

1—GCr4　2—GCr15SiMn

TSH 表面淬火已成功应用铁路客车轴承内套（3226/02）、大型轴承、水泥窑炉和轧机轴承等，近期用 TSH 梯度加热工艺处理的铁路轴承寿命提高 2.86 倍。

TSH 表面淬火与传统全淬透马氏体淬火工艺相比，提高了高冲击负荷轴承寿命和可靠性。如铁路客车轴承内套，以前选用 GCr15SiMn，按常规热处理后表面硬度为 58 ~ 62HRC，短期服役后，一些内套脆性断裂和疲劳失效。TSH 与渗碳钢相比，降低了钢材

成本和加工费用，且热处理工艺简单。

关于 GCr4 TSH 与 GCr15SiMn、18CrMnTi 钢制铁路客车轴承内套组织和硬度比较见表 4-43。

表 4-43　不同钢制铁路轴承内套的组织和硬度

参数	由以下钢制造的套圈的数值			
	GCr15SiMn	18CrMnTi	GCr4	GCr4
钢及其热处理的编号	1	2	3	4
表面硬度 HRC	60 ~ 61	59 ~ 61	62 ~ 64	62 ~ 64
硬化层深度/mm HRC > 58 HRC > 55	全淬透	0.7 ~ 0.9 1.8 ~ 2.1	1.5 ~ 2 2.4 ~ 2.7	2.5 ~ 4 3 ~ 4.5
心部硬度 HRC	60 ~ 61	32 ~ 35	36 ~ 40	40 ~ 45
心部组织	马氏体，碳化物	低碳马氏体	索氏体，托氏体	托氏体
表面残留奥氏体 $\varphi(A_R)$（%）	14 ~ 16	8 ~ 10	6 ~ 8	6 ~ 8
奥氏体晶粒级别	9 ~ 10	9	10 ~ 11	10 ~ 11

GCr4（TSH）表面淬火与 18CrMnTi，GCr15SiMn 钢制铁路客车轴承内套的静强度与冲击功（10 套圈的平均值）见表 4-44；三种钢制铁路客车轴承内套的疲劳寿命见图 4-23。铁路客车轴承内套的力学性能比较见图 4-24。

表 4-44　铁路客车轴承内套的静强度和冲击功

钢号和淬火方法	试验温度/℃	静试验时失效负荷/kN	冲击试验时失效能/kJ
GCr4TSH 淬火	+ 20	1270	> 1.8
	+ 20	1680[1]	—
	- 60		1.45
18CrMnTi 渗碳	+ 20	1190	0.95
	- 60		0.78
GCr15SiMn 全淬透	+ 20	1530	1.05
	- 60		0.67

[1] 服役 40 万公里后套圈；10 个套圈的平均值。

限制淬透性钢 TSH 表面淬火后综合性能优，它是 21 世纪轴承零件热处理新方向。

GCr4 TSH 表面淬火铁路轴承内套的工艺过程：锻造后套圈，需经球化退火，其球化退火工艺为：（790 ± 10）℃ × 2 ~ 3h→（710 ± 10）℃ × 4 ~ 6h 随炉冷却 600℃ 出炉空冷。退火后硬度为 179 ~ 207HBW，退火后显微组织按 JB/T 1255 之规定为 2 ~ 3 级。

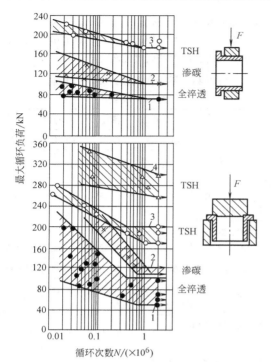

图4-23　三种钢制铁路客车轴承内套的
疲劳寿命（编号与表4-43相同）

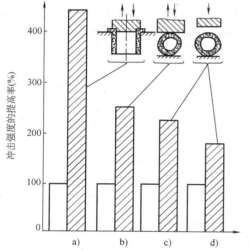

图4-24　GCr4（TSH）**、GCr15SiMn钢制**
铁路客车轴承内套力学性能比较

a)、b) 疲劳强度　c)、d) 在－60℃和＋20℃
时的冲击强度

▢ 为GCr15SiMn（全淬透）

▨ 为GCr4（TSH）

TSH表面淬火：

加热温度为850℃，可用中频感应加热，功率为100kW、频率为2500Hz，或在电炉中加热。

套圈淬火冷却在特殊冷却装置上进行（见图4-21），以保证水以10～15m/s的速度通过淬火零件的表面。水压为1.5～3MPa。控制其快速冷却时间以保证零件于150℃左右自回火。低温回火工艺为160～170℃×6～12h。

空心滚子（直径 $\phi32mm \times 52mm \times \phi12mm$）TSH表面淬火采用大功率高频电流进行快速感应加热，温度为930～960℃，时间为15s，随后均温。内径表面温度为650～750℃时使滚子内外表面形成奥氏体，然后用快速流动水冷却。

TSH表面淬回火后技术要求：表面硬度为61～64HRC；中心硬度为31～43HRC；淬火层深度为2.0～3.5mm。表层的显微组织为隐晶（或细晶）马氏体、残留碳化物以及残留奥氏体，中心组织为托氏体与索氏体的混合组织。

4.2 特大、特小、特轻、精密轴承零件的热处理

4.2.1 特大及重大型轴承零件的热处理

制造特大及重大型轴承零件的材料主要有：GCr15SiMn、20Cr2Ni4A、20Cr2Mn2Mo、5CrMnMo、42CrMo、50Mn等。

4.2.1.1 5CrMnMo、50Mn、42CrMo钢制回转支承轴承套圈的感应淬火

1. 锻造毛坯的调质　轴承套圈不仅要求滚道表面耐磨，而且要有一定的强度，为了改善淬火前的组织，套圈毛坯必须进行调质处理。5CrMnMo钢调质处理工艺如图4-25所示，调质处理后的硬度为230～260HBW。50Mn、42CrMo正火状态为187～241HBW，调质状态为229～269HBW。

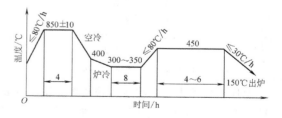

图4-25　5CrMnMo钢调质热处理工艺

2. 回转支承轴承套圈感应热处理　轴承多用于重型起重、挖掘、风力发电偏航、隧道掘进机械及雷达、火炮等方面的回转支承。此种轴承以5CrMnMo、50Mn、42CrMo钢制造，套圈滚道表面硬度要求55～62HRC，有效硬化层深度按表4-45执行，并允许在

滚道上有一宽度为小于 30mm 的软带，且其硬度不应低于 40HRC。过去采用火焰淬火，温度高低不稳，因而其硬化层深度与硬度亦不均，且软带较宽，硬度亦低。采用中频感应淬火时，不仅淬硬深度和硬度均匀一致，而且加热时间短，零件畸变小，氧化和脱碳少，同时劳动条件也较好。

重大型轴承套圈的感应加热采用频率为 2500Hz，感应器固定，并与套圈表面保持 3 ~ 5mm 间隙，套圈随工作盘的转动而进行连续加热。淬火温度为 830 ~ 900℃，淬火冷却介质是从感应器中喷出的 0.05% 聚乙烯醇（质量分数）水溶液。淬火后应立即进行 150℃ 回火。经淬火后的套圈的表面硬化层深度可达 4 ~ 6mm，均匀度仅差 0.5mm，表面硬度为 55 ~ 62HRC，淬火软带宽度在 30mm 以下，软带处的硬度为 40 ~ 50HRC，畸变为 0.25 ~ 0.35mm。

表 4-45　套圈滚道有效硬化层深度
DS 值（按 JB/T 10471—2004）

钢球公称直径 DW/mm	超过	—	30	40	50
	到	30	40	50	
DS/mm		≥3.0	≥3.5	≥4.0	≥5.0

注：1. 滚道有效硬化层的硬度 ≥48HRC。
　　2. 50Mn　42CrMo 正火状态硬度为 187 ~ 241HBW；调质状态硬度为 229 ~ 269HBW。
　　3. 套圈滚道表面硬度为 55 ~ 62HRC。

4.2.1.2 特大型轴承零件的渗碳

1. 渗碳层硬化深度及允许的圆度　淬火后表面硬度和显微组织与中小型渗碳轴承零件的要求相同，要求的渗碳硬化层深度及变形量如表 4-46 和表 4-47 所示。

2. 渗碳轴承零件表面和心部硬度见表 4-48。

表 4-46　特大型渗碳轴承零件有效的渗碳
硬化层深度（JB/T 8881—2011）

（单位：mm）

内外套有效壁厚		滚动体	
有效壁厚	渗碳硬化层深度/mm	滚子直径/mm	渗碳硬化层深度/mm
≤50	≥2.5	≤50	≥2.5
>50 ~ 80	≥3.0	>50 ~ 80	≥3.0
>80	≥3.5	>80	≥3.5

表 4-47　特大型渗碳轴承零件的变形量

（单位：mm）

外圈公称外径 D 或内圈公称内径 d		直径变动量 max		平面度 max	
>	≤	外圈	内圈	外圈	内圈
淬硬层深度 ≥2.5					
	400	—	0.50	—	0.30
400	450	0.60	0.60	0.20	0.40
450	500	0.70	0.70	0.35	0.50
500	600	0.90	0.90	0.40	0.60
600	700	1.00	1.00	0.50	0.70
700	800	1.20	1.10	0.60	0.80
800	900	1.30	1.20	0.60	0.80
900	1000	1.50	1.30	0.80	0.90
1000	1100	1.60	1.50	1.00	1.00
1100	1200	1.80	1.60	1.10	1.20
1200		2.00	1.60	1.20	1.20

注：渗碳轴承零件在渗碳、淬火、回火过程中都会产生收缩。

表 4-48　渗碳轴承零件的表面和
心部硬度（JB/T 8881—2011）

有效渗碳硬化层深度/mm	牌号	心部硬度 HRC	表面硬度 HRC	
			一次淬火或二次淬火	回火后
≤2.5	G20CrMoA G20CrNiMoA	30 ~ 45	61 ~ 66	59 ~ 64
	G20CrNi2MoA G20Cr2Ni4A	32 ~ 48	61 ~ 66	59 ~ 64
≥2.5	G20Cr2Ni4A G10CrNi3MoA G20Cr2Mn2MoA	32 ~ 48	≥61	58 ~ 63

3. 热处理工艺　毛坯锻造后要进行低温退火，其工艺为（680 ± 10）℃（20Cr2Ni4A）或（650 ± 10）℃（20Cr2Mn2MoA），保温 8 ~ 12h，炉冷。加工后进行渗碳、淬火、回火工艺见图 4-26。

为了防止套圈畸变（胀缩、椭圆、挠曲），在二次淬火加热时，要保证套圈装架平整，并采用模压淬火，以防止套圈淬火收缩并保证平面度误差在允许范围内。模具需根据每个型号的具体情况专门设计。

4.2.2　微型轴承零件的热处理

微型轴承（指轴承内径 <9mm）应具有高精度、高灵敏度、长寿命以及使用可靠等要求。微型轴承要求热处理后应具有高而均匀的硬度和耐磨性以及高的

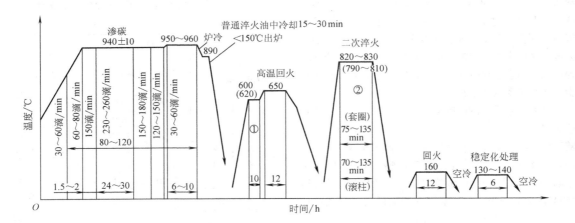

图 4-26　特大型轴承渗碳、淬火、回火工艺

注：设备为（180kW 井式渗碳炉。）

① （600 ± 10）℃，20Cr2Mn2MoA；（620 ± 10）℃，20Cr2Ni4A。

② 820 ~ 830℃，20Cr2Mn2MoA；790 ~ 810℃，20Cr2Ni4A。

尺寸稳定性。由于其接触应力小（＜1960MPa），不易产生疲劳剥落，主要失效形式是磨损。目前微型轴承所选用的钢种有：HGCr15、95Cr18 和 W18Cr4V。零件热处理一般采用保护气氛或真空热处理。微型轴承零件的热处理技术要求见表 4-49，微型轴承热处理工艺曲线见图 4-27，微型轴承零件真空淬火工艺参数见表 4-50。轴承零件淬火后，对 HGCr15 钢制 P2、P4 级零件和 95Cr18 钢制轴承零件均需于淬火后 30min 内进行冷处理（温度为 -70℃以下，时间不少于 30min）。轴承零件的回火：HGCr15 和 95Cr18 钢制零件在油炉中进行，温度为 150 ~ 160℃，时间为 3 ~ 6h；W18Cr4V 钢制零件在真空炉中进行三次回火，温度为 560℃，时间为 2h。此外，对一些特殊用途的轴承零件可进行化学气相沉积（CVD）TiC 或 TiN 来降低轴承工作面的摩擦系数。GCr15 钢制微型轴承零件热处理工艺见表 4-51。为了保证零件有高的尺寸稳定性，其残留奥氏体量（体积分数）≤3%。

表 4-49　微型轴承零件热处理技术要求

零件名称及材料	技 术 要 求		
	金相组织	硬度	表面质量
套圈 HGCr15	按 JB/T 1255 标准，合格级别为 1 ~ 3 级	61 ~ 65HRC（739 ~ 856HV）同一零件不同三点硬度差应小于 1HRC	1）表面呈银白色 2）不得有氧化、脱碳、黑斑、裂纹、软点和锈蚀
钢球 HGCr15		62 ~ 66HRC（766 ~ 906HV），其他同上	
套圈钢球 95Cr18	按 JB/T 1460—2011 标准、合格级别为 2 ~ 4 级	≥58HRC（664HV）其他同上	油淬表面是黄灰色，允许有油淬引起的黑色层。其他同上
套圈 W18Cr4V	按 JB/T 11087—2011 标准淬火后晶粒度应符合标准中 1 ~ 3 级。回火后，合格为 1 ~ 3 级	≥61 ~ 65HRC（≥739HV）	表面应为银白色，不得有氧化和脱碳
钢球 W18Cr4V		62 ~ 65HRC（766 ~ 880HV）	

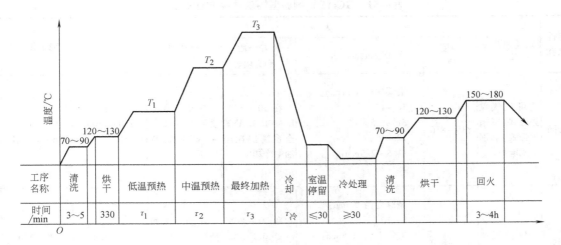

图4-27 微型轴承热处理工艺曲线

注：温度与时间工艺参数参阅表4-50。

表4-50 微型轴承零件真空淬火工艺参数

零件名称及材料	装炉量/kg	加热						冷却					
		低温预热		中温预热		最终加热		气冷			油冷		
		T_1/℃	τ_1/min	T_2/℃	τ_2/min	T_3/℃	τ_3/min	压力/MPa	时间/min	终止温度/℃	压力/MPa	时间/min	油温/℃
轴承套圈 HGCr15	5	500	15	730	30	840~850	35~50	—	—	—	0.04	3~5	50~60
	10					840~850	35~60				0.04	3~5	50~60
	15					840~850	40~60				0.04	3~5	50~60
钢球 HGCr15	2	500	15	730	30	840~850	30~50	—	—	—	0.04	3~5	50~60
	7					840~850	30~60				0.04	3~5	50~60
	11					840~850	30~60				0.04	3~5	50~60
轴承套圈 95Cr18	5	600	10	850	30~40	1070~1080	20~25	—	—	—	0.04	3~5	50~60
	10			850	50~70	1070~1080	25~30				0.04	3~5	50~60
	15			850	80~100	1070~1080	25~30				0.04	3~5	50~60
钢球 95Cr18	5	600	10	850	40~50	1070~1080	20~30	—	—	—	0.04	3~5	50~60
	7			850	60~70	1070~1080	20~30				0.04	3~5	50~60
	11			850	90~110	1070~1080	20~30				0.04	3~5	50~60
轴承套圈 W18Cr4V	3	600	20	850	10	1260~1270	12~15	0.093	10~15	室温	—	—	—
	5	600	30	850	15		15~20	0.093	10~15	室温	—	—	—
	7	600	40	850	20		20~25	0.093	10~15	室温	—	—	—
	10	600	50	850	25		25~30	0.093	2~3	800~900	0.093	3~5	50~60
钢球 W9Cr4V2	3	600	30	850	15	1220~1230	15~20	0.093	10~15				
	5	600	40	850	20		20~25	0.093	10~15				
	7	600	50	850	25		25~30	0.093	2~3	800~900	0.093	3~5	50~60

1. 真空炉型号为 WZ-20 型。

2. 加热室真空度为 <66.7Pa。

3. 为了减少真空热处理变形，可采用多次预热，冷却可采用可控冷速，如真空中预冷、吹冷、气冷后再在油中冷却。

表 4-51　GCr15 钢制微型轴承零件热处理工艺

零件名称	热处理设备	淬　火				冷处理	回　火	稳定化处理
		温度/℃	保温时间/min		冷却介质和方法			
套圈	可控气氛振底式(或输送带式)和网带式电炉	835～850	套圈壁厚 $\delta<1mm$: 10～12 $\delta1～1.5mm$: 12～15 $\delta1.5～2.5mm$: 15～20		在 30～80℃ L-AN10、L-AN20 全系统损耗用油中冷却	流动冷水冲洗后在 -60～ -80℃ 保持 1～2h	150～180℃ 3～4h	120～160℃ 6～8h 2 次
钢球	保护气体回转式电炉	840～850	钢球直径 <1mm: 8～10 直径 1.0～1.5mm: 10～12 直径 1.5～3.175mm: 12～16		在 30～80℃ L-AN10、L-AN20 全系统损耗用油中冷却	流动冷水冲洗后在 -60～ -80℃ 保持 1～2h	150～180℃ 3～4h	120～160℃ 6～8h 2 次

4.2.3　精密轴承零件的热处理

精密轴承,特别是 P_2、P_4 级轴承要求具有高精度、长寿命、耐磨以及高的尺寸稳定性。主要用于坐标镗床主轴轴承、机床主轴轴承、电动机主轴轴承等。零件一般要选用 ZGCr15、GCr15SiMn 钢制造,套圈毛坯要进行细化处理和快速退火;淬火应在可控气氛下或真空炉中加热,温度采用中、下限,经保温后进行马氏体分级淬火或旋转机冷却等方法,以减少畸变;零件在淬冷至室温后 30min 中内进行 -70℃ ×

1～2h 冷处理;根据要求可以适当提高回火温度,延长保温时间,以及在磨削加工后进行二次稳定化处理。精密轴承零件在箱式电炉中热处理工艺见表 4-52。近年来曾对 GCr15 钢轴承精研后的工作表面,试验了二重叠法注入氮离子,显著提高了其表面硬度、耐磨性和接触疲劳寿命。注入氮离子后零件无畸变,表面无氧化,并能很好地保持原有尺寸精度和表面光洁。二重叠法氮离子注入试验工艺见表 4-53。

对于 P2、P4 级轴承零件,要求残留奥氏体量 $\leqslant5\%$。

表 4-52　精密轴承零件在箱式电炉中的热处理工艺

材料	零件名称	淬　火			清洗	冷处理	回火	稳定化处理
		淬火温度/℃	加热时间/min	冷却介质及冷却方法				
GCr15 GCr15SiMn	P_4 级轴承套圈	GCr15: 835～850 GCr15SiMn: 810～830	45～60	1)套圈壁厚 < 8mm 在 150～170℃ 的 L-AN10、L-AN20 全损耗系统用油中摇篮冷却 5～10min 后,再在 30～60℃ 油液中冷却	在 80～90℃ 的 3%～5% 碳酸钠(质量分数)水溶液中热清洗	-60～ -70℃, 1～1.5h	160～200℃ 3～4h	粗磨后: 140～180℃,4～12h
GCr15 GCr15SiMn	P_2 级轴承套圈	GCr15: 835～850 GCr15SiMn: 810～830		2)套圈壁厚 > 8mm,在 30～60℃ L-AN10、L-AN20 全损耗系统用油中用手窜或旋转机冷却		-70℃, 1～1.5h	150～160℃ 3～4h	细磨后: 120～160℃,6～24h

表 4-53　二重叠法氮离子注入试验工艺

注入能量 /keV	注入剂量 /(N⁺/cm²)	束流 /μA	工作室真空度 /Pa	工作室温度/℃
100	3×10^{17}	120～130	0.00133	<150
40	1.8×10^{17}	100～120		

4.2.4　超轻、特轻轴承套圈的热处理

　　超轻、特轻轴承套圈（外径与内径的比值 ≤1.143）在加工过程中，特别是在热处理过程中易畸变。热处理工序是：毛坯进行碳化物均匀细化处理采用正火或快速退火球化工艺；车削加工后进行去应力退火；淬火温度偏下限；采用马氏体分级淬火；模压淬火；在磨削加工后进行附加回火等。超轻、特轻轴承套圈的热处理工艺见图 4-28。

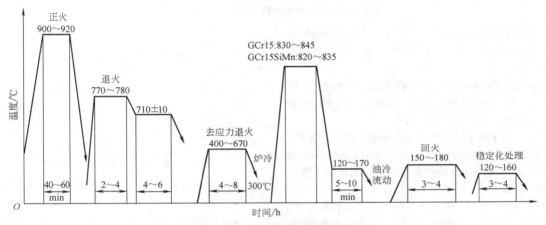

图 4-28　超轻、特轻轴承套圈的热处理工艺

注：套圈壁厚≤8mm，采用马氏体分级淬火、模压淬火或 80～120℃热油中冷却；
　　套圈壁厚>8mm，采用旋转淬火或搅拌冷却。

4.2.5　铁路车辆轴箱轴承零件的热处理

　　铁路轴承包括铁路机车滚动轴承（如机车转向架轴箱轴承、牵引电动机主发电机轴承、传动系统轴承）和铁路车辆车轴轴箱滚动轴承。该类轴承工作条件恶劣、工作温度高（零件需 200℃温火），要求长寿命、高的可靠性等。制造这类轴承均采用电渣重熔钢 ZGCr15、ZGCr18Mo、ZG20CrNi2MoA。

4.2.5.1　铁路客车轴箱轴承热处理技术要求

　　套圈采用 ϕ80mm、ϕ120mm 棒料 ZGCr18Mo 锻造而成，套圈锻造后进行球化退火，其工艺见图 4-29。

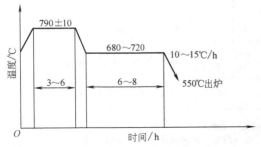

图 4-29　ZGCr18Mo 等温退火工艺

　　退火后要求硬度：179～217HBW。
　　显微组织按 JB/T 1255，2～3 级。
　　套圈采用贝氏体等温淬火工艺。
　　贝氏体等温淬火后技术要求（按 JB/T 1255 执行）：
　　（1）硬度：58～62HRC，同一零件硬度均匀性 ≤1HRC。滚子的硬度（ZGCr15）59～63HRC。
　　（2）显微组织按 JB/T 1255 评定，≤1 级为合格。晶粒度为 8 级或更细晶粒度。
　　（3）其他按 JB/T 1255 中规定执行。
　　（4）套圈尺寸变化，外径涨大 0.3%～0.5%。
　　贝氏体等温淬火工艺
　　ZGCr18Mo 准高速铁路客车轴承套圈均在 REDS270-CN 可控气氛辊底炉上进行；淬火炉膛可放置 15 个料盘；等温槽可容纳 72 个料盘（3 层）；淬火槽介质质量分数为 50% NaNO₂，50% KNO₃，另加 1%～1.5% 水调节冷却速度。等温槽介质（质量分数）为 50% Na₂NO₂ + 50% KNO₃。其工艺过程包括：上料台保护气氛辊底炉加热→淬火槽→等温槽→风冷却台→热水清洗→漂洗→烘干→卸料。ZGCr18Mo 套圈贝氏体等温淬火工艺见图 4-30。

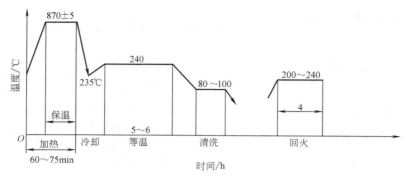

图 4-30 ZGCr18Mo 套圈贝氏体等温淬火工艺

贝氏体等温淬火后套圈外径胀大，其胀大量按直径 0.3% ~ 0.5% 之间变化。其变化量应考虑套圈的磨加工量。

圆柱滚子的热处理，在可控气氛电炉中进行，淬火后经 200℃ 回火后硬度为 60 ~ 64HRC，粗磨后进行稳定化处理，200℃ ×4 ~ 6h 回火。

4.2.5.2 350000 型铁路货车车轴轴箱轴承的热处理

铁路货车轴箱轴承内外套均采用 G20CrNi2MoA 电渣钢 ϕ80、ϕ120mm 棒料锻造而成。圆锥滚子采用 ZGCr15 钢制造。

锻件的热处理为正火 + 高温回火，或高温回火。锻造始锻温度为（1180 ± 25）℃，终锻温度为 880 ~ 930℃。锻后硬度高，难以切削加工，需进行正火 + 高温回火处理，其工艺曲线见图 4-31。采取上述工艺处理后，硬度为 163 ~ 202HBW。

1. 内、外套渗碳后技术要求

1）成品零件渗碳层深度为 1.5 ~ 2.3mm，热处理后有效渗碳层深度为 1.8 ~ 2.6mm（测至 50HRC 处）。

2）零件表面 $w(C)$ 为 0.90% ~ 1.10%。

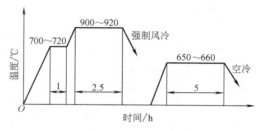

图 4-31 套圈正火 + 高温回火工艺曲线

3）成品表面硬度为 60 ~ 64HRC，心部硬度为 35 ~ 45HRC。

4）显微组织为细小结晶马氏体，均匀分布的碳化物，不允许出现网状或块状碳化物，心部组织为板条马氏体，不允许出现块状铁素体组织。其余未规定项目按 JB/T 8881—2011 之规定执行。

5）外套需跌落试验。

6）内套需扩张试验。

2. 内外套渗碳热处理 20CrNi2MoA 钢渗碳生产线的热处理工艺曲线见图 4-32。

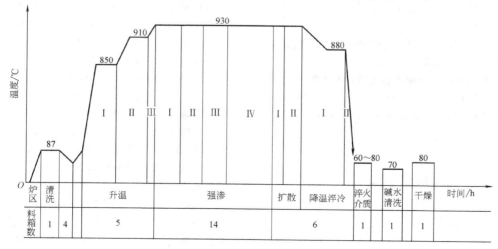

图 4-32 渗碳生产线的工艺曲线

注：1. "60 ~ 80" 为淬火冷却介质温度，"70" 为碱水清洗与温水清洗液温度，80 为干燥温度
2. 推料周期为 40min。

（1）渗碳一次淬火热处理的技术要求。渗碳层深度：1.8～2.4mm；表面碳浓度（质量分数）：0.85%～1.05%；表面硬度为62～66HRC，心部硬度为35～45HRC。

渗碳是在 CTP-13-35-301522-AS 连续渗碳生产线上进行，推料周期为40min。渗碳工艺见图4-32和表4-54，一次淬火在 CTP-243615-AS 生产线上进行。渗碳亦可在可控气氛井式渗碳炉进行。

（2）轴承套圈二次淬火和回火，在 CTP-243615-AS 生产线上进行，推料周期为7min，淬火在40～60℃KGZ-1 快速淬火油中喷油冷却1min，其工艺见图4-33。回火在 RJC-65-3 循环空气回火炉中进行，其工艺为170℃×3～6h。套圈粗磨后进行附加回火，其工艺为(150±10)℃×3～5h。

（3）渗碳热处理后的淬火、回火技术要求：渗碳层深度为1.8～2.6mm，成品零件渗碳层深度为1.5～2.3mm；零件表面碳含量（质量分数）为0.85%～1.05%；二次淬火、回火后零件表面硬度为62～66HRC，回火后硬度为60～64HRC，心部硬度为35～45HRC；二次淬火、回火（最终）后表面显微组织为细小结晶马氏体、均匀分布的碳化物及残留奥氏体；心部组织为板条马氏体。淬火、回火组织按 JB/T 8881 执行。

4.2.5.3 350000 型同圆锥滚子的热处理

在输送带连续式电炉中进行：Ⅰ 区温度为830℃，Ⅱ 区温度为835℃，Ⅲ 区温度为845℃，总加热时间为60min，装一层，油温为30°～60℃，(170±5)℃×6h 回火，回火后硬度为60～64HRC。其他均按 JB/T 1255 之规定执行。轴承套圈粗磨后进行150℃×4～6h 的补充回火。

表 4-54 连续式各区保护气与渗碳炉载富化气量和 CO_2 值之间的关系

气体类别	反应炉	升温区			强　渗　区				扩散区		保护气流量 /(m³/h)
		Ⅰ	Ⅱ	Ⅲ	Ⅰ	Ⅱ	Ⅲ	Ⅳ	Ⅰ	Ⅱ	
吸热式气量 /(m³/h)		5	5	5	20	20	20	20	11	11	117
丙烷量/(m³/h)	6	0	0	0.28～0.34	0.28～0.32	0.18～0.24	0.15～0.20		0		
$w(CO_2)$控制值(%)	0.4					0.235			0.14～0.16		

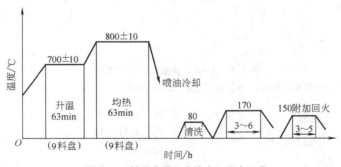

图 4-33 轴承套圈二次淬火、回火工艺

4.2.5.4 铁路机车滚动轴承零件的热处理

铁路机车滚动轴承均采用 ZGCr15、ZGCr18Mo 钢或真空脱气钢制造。

1. 热处理技术条件

成品硬度：

套圈有效壁厚	回火后硬度 HRC
≤12mm	59～64
>12～30mm	57～62

钢球直径	
≤30mm	60～65
30～50mm	59～64
>50mm	58～64

滚子直径	
≤20mm	60～64
20～40mm	58～64

其他均按 JB/T 1255 规定执行。

2. 热处理工艺为 (845±25)℃×(50～75)min→60～90℃油冷→清洗→回火 [套圈200℃×(6～8)h，滚子180℃×(6～8h)]。

粗磨后应进行附加回火：180℃×4h。

4.2.6 汽车轴承零件的热处理

汽车轴承品种多，它适用于高、中、低档轿车，大、中、小型客车，重、中、轻型货车及各种工程机械、农业机械等。轴承要求能适应高速（150km/h），长寿命，高可靠性，低噪声，轻型化等要求。因此，汽车轴承用钢甚多，对汽车轴承用钢应具有高纯净度，钢中氧含量≤20×10⁻⁶。近几年，通用汽车轴承热处理要求轴承按常规热处理及产品图要求执行。

4.2.6.1　汽车轮毂轴承单元的热处理（HBU）

第一代汽车轮毂轴承结构为双列角接触球轴承单元（DAC）和双列圆锥滚子轴承单元（DU），该类轴承用GCr15钢制造，用常规马氏体淬回火工艺。

第二代汽车轮毂轴承单元为外套凸缘（带法兰）双列角接触球轴承单元和双列圆锥滚子轴承单元，内套和滚动体均为GCr15钢制造。凸缘外套采用GB/T 699—1999中的50，55中碳钢制造（日本S55C、美国1070Mn等）。钢中氧含量<20×10⁻⁶。

第三代汽车轮毂轴承单元带凸缘外套选用中碳钢或中碳合金钢制造，滚动体用GCr15钢制造。

第四代汽车轮毂轴承单元内外凸缘套与等速万向节相联接，内外套选用中碳钢50、55、50Mn等制造。

凸缘套圈结构复杂，必须选用表面感应热处理。图4-34为1～3代轮毂轴承单元结构。其技术要求：材料为中碳钢50、55；滚道的表面硬度为58～64HRC，同一零件硬度均匀性≤2HRC，中心硬度为22～28HRC；淬硬层深度≥1.5mm；不允许有裂纹。具体要求产品按图样执行。第三代轮毂轴承零件表面热处理技术要求见图4-35。

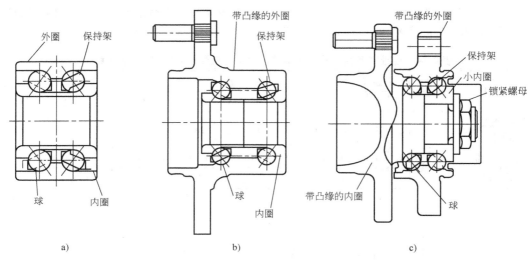

图4-34　1～3代轮毂轴承单元结构

a）第一代轮毂单元 Hub Ⅰ　b）第二代轮毂单元 Hub Ⅱ　c）第三代轮毂单元 Hub Ⅲ

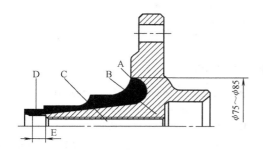

图4-35　第三代轮毂轴承零件
表面热处理技术要求

表面感应热处理采用中频电源：功率为100～160kW，频率为2400～8000Hz可调；在专用淬火机床上进行，加热后喷水冷却，冷却用聚合物水溶液。感应器按产品图进行特殊的设计，用铜管制造，回火

为（160±10）℃×3h。

A处：法兰根部淬硬层直径要求达到φ75～φ85mm。

B处：要求与中心线夹角为45°方向上淬硬层深度 $DS=1.25～2.5$mm，淬硬层硬度为55～62HRC。

C处：要求淬硬层深度 $DS=1.75～4.5$mm，淬硬层硬度为61～65HRC。

D处：淬硬层深度 $DS=0.5～1.8$mm，淬硬层硬度大于40HRC。

E处：不能淬透。

4.2.6.2　水泵轴连轴承的热处理（按JB/T 8563—2010）

水泵轴连轴承适用于汽车、拖拉机、工程机械等内燃机用水泵，它是在水滴飞溅的环境下工作。水泵轴连轴承有两种结构形式：两列球式；一列球一列滚子式，见图4-36。

这种轴承无内套，水泵轴是内套。

水泵轴连轴轴承的热处理关键是水泵轴的热处理要求。水泵轴具有高的硬度、耐磨性和足够的韧性，以适应恶劣环境下工作。

水泵轴用 GCr15 钢制造。水泵轴热处理的技术要求：

1）GCr15 钢马氏体淬回火工艺。套圈硬度为60～64HRC，水泵轴硬度为58～62HRC，其余按 JB/T 1255 中规定执行。

GCr15 钢制水泵轴热处理工艺，零件淬火前原始组织为细小均匀分布的球化组织索氏体组织。热处理在可控气氛网带式热处理生产线上进行，淬火温度为（840±5）℃，加热时间为 45～55min，冷却在 60～90℃油中冷却，热水清洗；回火在热风循环电炉中进行，回火温度为（160±10）℃，保温（4～6）h。

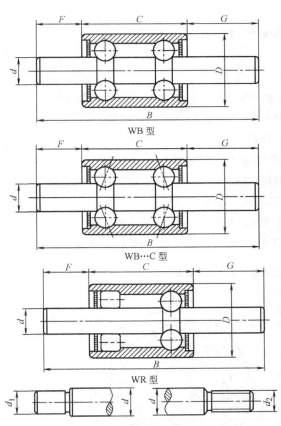

图4-36 水泵轴连轴承结构图
注：WB、WB…C 型为双列球式，WR 型
为一列球、一列滚子式。

2）水泵轴感应淬火。水泵轴中频表面硬化处理应大力推广，它是节能、无污染清洁热处理，能细化

组织，表面呈压应力，能达到强韧性最佳配合，有利于提高轴承寿命。表面感应加热前原始组织为球化组织，退火后硬度控制在 190～207HBW。

水泵轴表面淬火回火技术要求见图4-37。

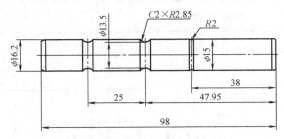

图4-37 水泵轴表面淬火回火技术要求
注：1. 轴表面中频加热淬火（包括倒角，端面除外），硬度为 60～64HRC。
2. 淬硬层深度：1.5～2.5mm，R2.85 部位需防变形，同一零件硬度差不超过 2HRC。
3. 直径方向硬化层深度差不大于 0.5mm。
4. 显微组织按 JB/T 8881—2011 之规定。

感应加热设备：功率为 100～160kW，频率4000～30000Hz，配有卧式淬火机床，感应器用铜管按产品图样进行设计制造。淬火温度为 850～870℃，加热时间 60～80s。淬火冷却用聚合物水溶液喷冷，对于变截面水泵应选用立式淬火机床为宜。回火可采用感应回火（200～220℃×10～15min）或在热风循环电炉中进行，回火工艺为：150～160℃×4～6h。

4.2.6.3 汽车万向节十字轴热处理

十字轴由 20Cr、20CrMnTi 钢制成。

十字轴采用表面硬化的方法（如渗碳处理）硬化。

十字轴渗碳处理后技术要求：十字轴轴颈有效硬化层深度按表4-55 规定。十字轴轴颈的表面硬度为 58～64HRC，同一个十字轴轴颈表面硬度差不大于 2HRC，20CrMnTi 钢制心部硬度为 33～48HRC，用其他钢制造时心部硬度为 25～45HRC。不允许存在裂纹。

20CrMnTi 钢渗碳淬火工艺曲线见图4-38。

4.2.6.4 等速万向节轴承热处理

等速万向节轴承要求所有零件耐摩擦、耐磨损、疲劳强度和其静态及动态下扭转强度必须达到设计要求。除轴承钢球和滚子外，所有零件进行表面硬化处理，如渗碳或高频感应淬火。

等速万向节的主要组成零件及其性能要求见图4-39。

等速万向节由外套、内套、钢球（滚子）和保持架组成。BJ 型万向节的结构见图4-40。

表 4-55　十字轴轴颈有效硬化层深度

轴颈直径 d_0/mm	大于	—	18	30	50
	到	18	30	50	—
硬化层深度/mm		0.6～1.0	0.8～1.2	1.0～1.4	1.1～1.5

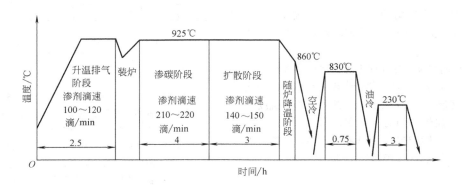

图 4-38　20CrMnTi 钢渗碳淬火工艺曲线

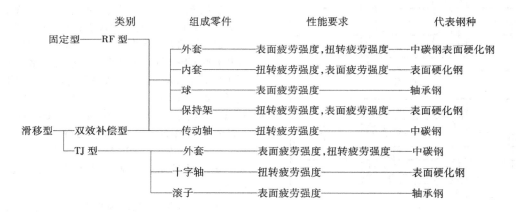

图 4-39　等速万向节的主要组成零件及其性能要求

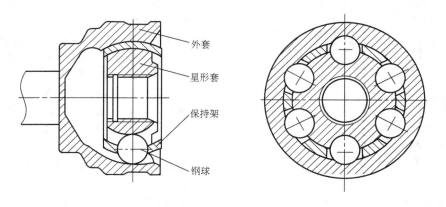

图 4-40　BJ 型万向节的结构

外套用 $w(C)0.45\% \sim 0.53\%$ 的中碳合金钢，进行高频感应淬火。

内套（即星形套）对表面疲劳强度和扭转强度均有要求，因形状复杂不利于用高频感应淬火，目前使用 20CrMnTi、20Cr、20GrMo 等渗碳合金钢。

钢球和滚子用 ZGCr15，进行马氏体淬火回火处理。

保持架采用 15Cr 渗碳钢。

十字轴采用 20Cr、20CrMo 渗碳钢。

外套（壳体）表面球形沟槽部位采用冷锻成形方法，无需机械加工。通常用 $w(C)0.45\% \sim 0.53\%$ 碳钢制造。

外套的表面淬火：TJ 型采用移动法（3 个沟槽），6 个沟槽采用一次淬火法。

高频电源：功率为 $100 \sim 160kW$，频率为 $3 \sim 30kHz$，硬化层深度为 $3.0 \sim 7.0mm$。电源采用晶闸管式。感应器按产品图样要求设计与制造。在专用淬火机床上进行。淬火温度为 850℃。加热时间为 $60 \sim 180s$。加热后喷水冷却，回火在 $(150 \sim 160)℃ \times 3 \sim 6h$。

等速万向节内套（星形套）的热处理：星形套选用 20CrMnTi 钢，其加工过程为：锻造→正火→机械加工（车、铣）→渗碳→淬火→回火→喷砂→磨。正火工艺为 $950℃ \times (2 \sim 3)h$ 风冷。正火后硬度为 $179 \sim 217HBW$。成品的技术要求：表面硬度为 $58 \sim 62HRC$，渗碳层深度为 $1.2 \sim 1.5mm$，其他按 JB/T 8881—2001 规定执行。

渗碳在 RJT-105-9J 井式气体渗碳炉中进行，采用滴注方式，渗碳剂为苯或航空煤油。其渗碳工艺曲线见图 4-38。

表 4-56　各种不锈钢在轴承零件上的应用

钢号	用　　途
65Cr14Mo 95Cr18 102Cr18Mo	1）制造在海水、河水、蒸馏水、硝酸、海洋性气候蒸汽等腐蚀介质中工作的轴承套圈和滚动体 2）制造微型轴承套圈和钢球 3）适于在高真空以及在 $-253 \sim 350℃$ 范围内工作的轴承零件（套圈及滚动体）
06Cr19Ni10 12Cr18Ni9	制造耐腐蚀轴承保持架、防尘盖、铆钉、套圈、钢球等
14Cr17Ni2 20Cr13 30Cr13 40Cr13	制造高速耐腐蚀轴承保持架 制造 BK 型滚针轴承的外套 制造关节轴承的内套 制造耐腐蚀滚针和套圈

4.3　特殊用途轴承零件的热处理

4.3.1　耐腐蚀轴承零件的热处理

耐腐蚀轴承零件通常采用不锈钢制造。所用钢号和应用情况见表 4-56。

4.3.1.1　65Cr14Mo、95Cr18、102Cr18Mo 钢制轴承零件的热处理

65Cr14Mo、95Cr18、102Cr18Mo 钢为高碳、高铬的马氏体不锈钢。该类钢经热处理（淬火、冷处理、回火）后具有高的硬度、弹性、耐磨性以及优良耐腐蚀性。主要制造在腐蚀介质中工作的轴承套圈和滚动体。这类钢也可以用来制造耐高温轴承。

1. 锻造与退火　在锻造过程中，由于这类钢的导热性差，钢中复合碳化物在高温下溶于奥氏体中的速度慢，因此锻造加热速度不宜过快。又因该钢淬透性好，故锻后的冷却速度要慢，应在石灰、热砂或保温炉中冷却。锻件的组织不允许有过热、过烧、孪晶，以及因停锻温度过高、冷却速度慢所产生的粗大碳化物网。正常的锻造组织应由马氏体、奥氏体和一次、二次碳化物所组成，钢的晶粒亦应细小。锻造工艺曲线见图 4-41。锻造后退火工艺见表 4-57。退火后应按 JB/T 1460—2011 标准检查。其技术要求如下：

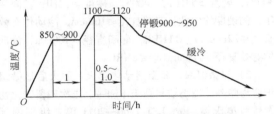

图 4-41　65Cr14Mo、95Cr18、102Cr18Mo 钢制套圈锻造工艺曲线

（1）硬度：$197 \sim 255HBW$（压痕直径为 $4.3 \sim 3.8mm$）。

（2）显微组织为均匀分布的球化组织。允许有分散的一次碳化物，不允许有孪晶碳化物存在。

（3）脱碳层深度不得超过淬火前每边最小加工余量的 2/3。热冲钢球退火后脱碳层的测量应在试件的垂直于环带横截面的磨面上进行。

2. 淬火、回火

（1）65Cr14Mo、95Cr18、102Cr18Mo 钢淬火、回火后技术要求

1）硬度。套圈和滚动体淬火、回火后硬度（经 160℃±5℃ 回火）不应低于 58HRC，通常为 $58 \sim 62HRC$；需经高温回火后套圈和滚动体其硬度为：回火温度 200℃，硬度 ≥56HRC；250℃，硬度 ≥54HRC；

表 4-57　65Cr14Mo、95Cr18、102Cr18Mo 钢制轴承零件退火工艺

退火名称	工艺曲线	应用范围	备　注
低温球化退火	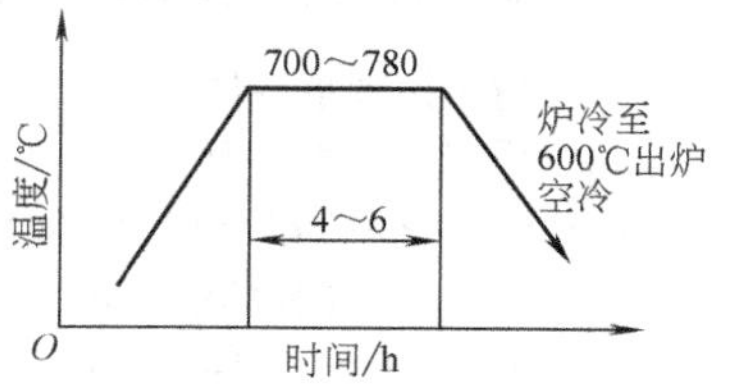	1）冷冲和半热冲球退火 2）淬火过热与欠热零件的返修 3）消除残余应力	零件加工余量小时需密封退火或保护气氛炉退火
等温球化退火	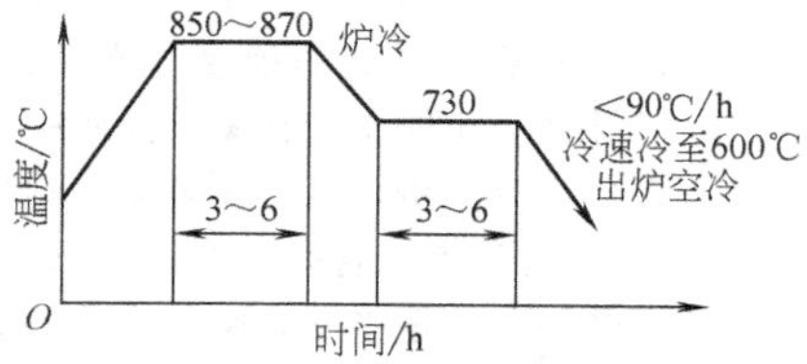	热冲球和锻件毛坯退火	零件加工余量小时需密封退火或保护气氛炉退火
一般球化退火	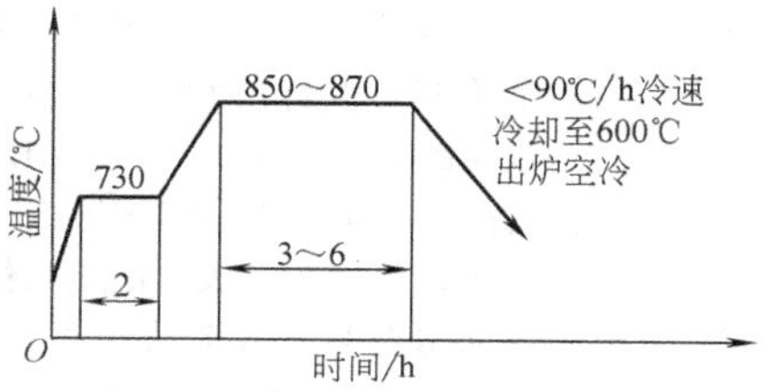	热冲球和锻件毛坯退火	零件加工余量小时需密封退火或保护气氛炉退火

300℃，硬度≥53HRC；400℃，硬度≥52HRC。同一零件的硬度均匀性：套圈直径≤100mm，滚动体有效直径≤22mm，应≤1HRC；套圈直径>100mm，滚动体有效直径>22mm，应≤2HRC。

2）显微组织。套圈滚动体淬火、回火后显微组织应为隐晶、细小结晶马氏体和一、二次残留碳化物及残留奥氏体。按 JB/T 1460—2011 第二级别图评定，2～5 级为合格组织。

3）断口。应为浅灰色细瓷状断口，按 JB/T 1460—2011 中第三级别图评定，2 级为合格。

4）裂纹。淬火、回火后，不应有裂纹。

5）套圈变形。套圈热处理变形按本企业规范执行，或按 JB/T 1255 中规定执行。变形超过规定应进行整形。

6）表面质量。表面的脱碳贫碳应保证在成品零件中不存在。

7）钢球压碎载荷，按表 4-58 执行。

表 4-58　65Cr14Mo、95Cr18、102Cr18Mo 钢制钢球压碎载荷（JB/T 1460—2011）

钢球公称直径/mm	压碎载荷/kN		钢球公称直径/mm	压碎载荷/kN	
	淬回火后	成品		淬回火后	成品
3	3.68	4.8	5.5	11.8	15.0
3.175	3.90	5.10	5.556	12.0	15.2
3.5	5.45	6.95	5.953	13.8	17.0
3.969	6.20	7.90	6	14.8	18.8
4	6.22	7.95	6.35	15.8	20.0
4.5	8.40	10.8	6.5	18.0	23.2
4.762	8.90	11.2	7	19.5	24.8
5	10.8	13.5	7.144	20.0	25.5

（续）

钢球公称直径 /mm	压碎载荷/kN		钢球公称直径 /mm	压碎载荷/kN	
	淬回火后	成品		淬回火后	成品
7.5	23.2	29.0	20.638	158	198
7.938	24.8	30.8	21	172	215
8	27.2	34.0	22	182	225
8.5	29.0	36.2	22.225	185	228
8.731	29.8	37.2	23	195	235
9	33.5	41.5	23.019	198	238
9.5	35.2	44.0	23.812	212	258
9.525	35.5	44.2	24	225	275
10	40.5	49.8	25	235	288
10.319	41.5	51.5	25.4	240	292
11	47.8	59.2	26	260	315
11.112	48.5	59.8	26.988	272	328
11.5	51.5	64.2	28	282	348
11.509	51.8	64.5	28.575	288	355
11.906	55.5	69.0	30	318	392
12	57.5	71.5	30.162	320	395
12.303	59.2	73.5	31.75	355	438
12.7	63.2	78.2	32	375	460
13	65.2	83.2	33.338	392	480
13.494	67.8	86.5	34	418	510
14	74.5	94.5	34.925	430	522
14.288	76.0	96.2	35	450	545
15	84.2	105	36	462	558
15.081	84.5	105	36.512	470	568
15.875	93.8	118	38	510	615
16	98.8	125	40	682	695
16.669	102	130	41.275	600	718
17	110	138	42	632	750
17.462	115	142	42.862	648	765
18	122	152	44.45	697	820
18.256	125	155	45	755	882
19	135	168	47.625	800	935
19.05	135	168	48	858	992
19.844	148	182	50	895	1032
20	155	190	50.8	910	1050

（2）淬火、回火。淬火通常是在真空炉或带有保炉气氛的电炉中加热。淬火加热温度一般选用1050～1100℃。在加热时需先在800～850℃预热，再升温到淬火加热温度。预热时间一般为淬火加热保温时间的两倍，保温时间按零件有效厚度来计算。预热温度和加热温度以及加热时间可参考表4-59。轴承套圈和钢球的热处理工艺见表4-60。轴承零件（淬火、回火后≥55HRC）高温回火热处理工艺曲线见图4-42。工作温度为-253～100℃的轴承零件热处理工艺曲线见图4-43。在 ZC₂-65 真空炉中的热处理工艺曲线见图4-44。

表 4-59　95Cr18、102Cr18Mo、65Cr14Mo 钢轴承零件淬火工艺

有效厚度 /mm	预热		加热		加热设备	备　注
	温度/℃	时间/min	温度/℃	时间/min		
<3	800～850	6～10	1050～1070	3～6	可控气氛炉	加热的保温时间可按1min/mm厚度计算，厚度>14mm者可按40～70s/mm计算
3～5	800～850	10～15	1050～1080	6～10		
6～8	800～850	15～20	1070～1080	10～13		
9～12	800～850	20～25	1080～1100	13～15		
13～16	800～850	25～30	1080～1100	14～16		
17～20	800～850	30～35	1080～1100	16～20		
21～25	800～850	35～40	1080～1100	19～23		

表 4-60　95Cr18、102Cr18Mo、65Cr14Mo 钢制套圈和钢球的热处理工艺

常用热处理设备	零件型号与规格	预热		淬火			清洗	冷处理	回火	补充回火
		温度/℃	时间/min	温度/℃	时间/min	冷却				
箱式电阻炉 RJX-45-9 RJX-50-13	套圈 201/01.02 204/01.02 208/01.02 212/01.02 4612/01.02 132/01.02	850	30 30 30 35 40 40	1080	8～12 9～13 10～14 11～15 13～18 18～20	在30～60℃的 L-AN10 或 L-AN20 油中冷却	碳酸钠水溶液冲洗	-70℃ ×1～3h	150～170℃× 2～3h	130～140℃ ×3～4h
箱式电阻炉 RJX-45-9 RJX-50-13	钢球 1/8～9/32in 9/32～31/64in 31/64～19/32in 19/32～13/16in 13/16～7/8in	850	20～25 20～30 25～30 30～35 35～40	1080	9～13 10～14 11～15 12～16 18～22	在30～60℃的 L-AN10 或 L-AN20 油中冷却	冷碳酸钠水溶液冲洗	-45～-70℃× 1～3h	150～170℃× 2～3h	130～140℃ ×2～3h

注：65Cr14Mo淬火温度以1040～1060℃为宜。

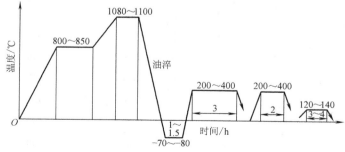

图 4-42　需高温回火的轴承零件热处理工艺曲线

注：1. 预热和淬火保温时间参阅表4-59、表4-60。
　　2. 淬火回火后的硬度≥55HRC。

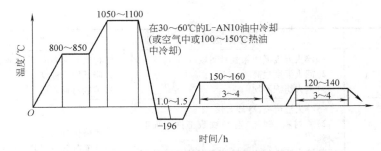

图 4-43　工作温度为 -253~100℃的轴承零件热处理工艺曲线

注：预热和淬火保温时间参阅表 4-59、4-60。

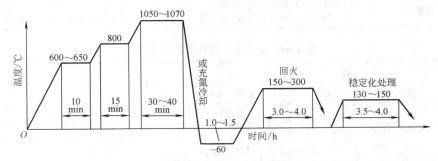

图 4-44　在 ZC₂-65 真空炉中的热处理工艺曲线

淬火、回火后质量检查按 JB/T 1460—2011 标准规定。硬度应符合表 4-61。

表 4-61　65Cr14Mo、95Cr18、102Cr18Mo 钢轴承零件淬火、回火后硬度要求

回火温度/℃	套圈、滚动体硬度 HRC	回火温度/℃	套圈、滚动体硬度 HRC
150 ~ 160	≥58	250	≥54
200	≥56	300	≥53

零件淬火、回火后的表面脱碳层，必须在磨加工过程中除净。

钢球淬火、回火后的压碎载荷值不得低于表 4-58 的规定。

对于在腐蚀介质内工作的轴承零件，如有要求，则需进行耐腐蚀检查。此项检查，一般用人造海水或稀硝酸水溶液来进行。对于在低温下工作的轴承套圈、尚需进行尺寸稳定的检查。检查时将装配前的套圈测定尺寸后，置于 -180 ~ -200℃低温下停留 1 ~ 1.5h，取出后再在室温测定其尺寸，尺寸变化应在合格范围内。

95Cr18 不锈钢在淬火、回火工序常见的缺陷及防止方法见表 4-62。

4.3.1.2　其他不锈钢轴承零件的热处理

1. 奥氏体不锈钢的固溶处理工艺（见表 4-63）。

2. 12Cr13、20Cr13、30Cr13、40Cr13 和 14Cr17Ni2 钢的热处理工艺（见表 4-64）

表 4-62　95Cr18 不锈钢在淬火、回火工序常见的缺陷及防止方法

缺陷名称		产生原因	防止方法
显微组织不合格	欠热	淬火温度低,保温时间短	提高淬火温度或适当延长保温时间
	过热	淬火温度超过上限且保温时间过长	降低淬火温度或适当缩短保温时间
	孪晶碳化物	锻造温度过高,且加热时间长	严格控制锻造加热温度和时间
	一次碳化物沿晶界析出	停锻温度高,超过 1000℃	控制停锻温度在 900 ~ 950℃
畸变		1)淬火温度高或冷却太快 2)加热不均或套圈加热摆放不当	1)用淬火温度的中下限加热 2)在 120 ~ 150℃的热油中或在静止空气中淬火冷却

（续）

缺陷名称	产生原因	防止方法
硬度偏低	1）淬火温度低或保温时间短 2）回火温度过高 3）退火组织不均	1）提高淬火温度,增长保温时间 2）降低回火温度 3）控制材料质量
裂　纹	1）淬火温度高,冷却太快 2）原材料（锻件）有裂纹或工件表面有缺陷 3）淬火后工件未冷到室温就进行冷处理或冷处理后未及时回火	1）严格执行工艺 2）加强对材料和锻件表面质量检查
脱碳与贫碳	1）在电炉加热时间长,温度高 2）工件在淬火前存在脱碳、贫碳层	1）在保护气氛炉、真空炉中加热 2）控制淬火前工件脱碳、贫碳层

表 4-63　奥氏体不锈钢固溶处理工艺

牌　号	固　溶			时　效	备　注
	温度/℃	冷　却	硬度 HBW		
06Cr19Ni10	1080～1100	1）40℃的自来水 2）碳酸钠水溶液	<170		1）在盐浴炉中加热,按有效厚度1～1.5min/mm计算,在电炉中加热可适当延长保温时间 2）去应力退火:300～350℃,4～6h
12Cr18Ni9	1）1100～1150 2）1090～1100		137～179 143～159		
07Cr9Ni11Ti	1）1100～1150 2）1090～1100		143～159	850℃×2h 水冷或空冷	

表 4-64　12Cr13、20Cr13、30Cr13、40Cr13 和 14Cr17Ni2 钢的热处理工艺

牌号	退火			淬火			回火		
	温度/℃	冷却	硬度 HBW	温度/℃	冷却	硬度 HBW	温度/℃	时间/h	硬度 HBW
12Cr13	1）700～800 （3～6h）	空冷	170～200	1000～1050	油、水或空冷		650～700	2	187～200
	2）840～900 （常用860） （2～4h）	以≤25℃/h 炉冷至600℃出炉	≤170	927～1010	油	380～415	230～270	1～3	360～380
	3）850～880 （2～4h）	以20～40℃/h 炉冷至600℃空冷	126～197	925～1000	油或空冷	380～415	230～270	2	360～380
							500	2	260～330
							600	2	215～250
							650	2	200～230
							700	2	195～220
20Cr13	700～800 （2～6h）	空冷	200～230	1000～1050	油或水		—		—
	850～880 （2～4h）	以20～40℃/h 冷却至600℃空冷	126～197	927～1010	油	380～415	330～370	1～3	360～380
	840～900 （常用860℃） （2～4h）	以≤25℃/h 冷至600℃空冷	≤170	950～975	油	—	630～650	2	217～269
30Cr13	同20Cr13	同20Cr13	200～230	1000～1050	油	530～560	200～300	—	48HRC
			131～207	980～1070			150～370		48～53HRC
			≤217	1000～1050		485	200～300		≥48HRC
			—	975～1000			200～250		429～477

（续）

牌号	退火			淬火			回火		
	温度/℃	冷却	硬度 HBW	温度/℃	冷却	硬度 HBW	温度/℃	时间 /h	硬度 HBW
40Cr13	同20Cr13	同20Cr13	200~300	1050~1100	油	530~560	150~370	1~3	48~53HRC
			143~229 ≤217	980~1070			—	—	—
14Cr17Ni2	780 (2~6)h	空冷	126~197	950~975	油	38~ 43HRC	300	2	≥35HRC
	650~760 (10h)	空冷	260~270				275~320	—	321~363
	850~880 (2~4h)	炉冷至750℃ 出炉空冷	≤250				530~550	—	235~277

4.3.2 高温轴承零件的热处理

随着现代航空工业的发展，要求滚动轴承高硬度、耐高温，更高 DN 值（2.4×10^6），在进一步提高推重比条件下，具有更高寿命，可靠性等。通常，高温轴承钢基本上分为三类：

1. 高速工具钢 W 系、Mo 系，如 W18Cr4V、W9Cr4V2Mo、8Cr4Mo4V。

2. 马氏体不锈钢 Cr14Mo4。

3. 新型渗碳高温轴承钢 如 G13Cr4Mo4Ni4V。

制造耐高温轴承零件的钢除要求在一定高温条件下保持高硬度外，还必须具备耐磨损、耐疲劳、抗氧化、耐腐蚀、抗冲击、良好尺寸稳定性以及较好的可加工性等。耐高温轴承钢的钢种和应用见表4-65。

4.3.2.1 HGCr15 钢制高温轴承零件的热处理

用 HGCr15 钢制轴承零件的使用温度一般不超过120℃。为使其能在≤200℃下工作，就必须提高该钢的耐回火性，对锻件毛坯要进行碳化物细化处理，并采用最佳热处理工艺。

1. 套圈毛坯预备热处理 碳化物细化处理工艺曲线见图4-45。

碳化物细化后组织按 JB1255 第一级别检查，应

表 4-65 耐高温轴承钢的钢种和应用

牌号	用 途
GCr15	制造工作温度为 -55~200℃的套圈和滚动体
GCrSiWV	制造工作温度为 -55~250℃的套圈和滚动体
Cr4Mo4V	制造工作温度为 -55~315℃的套圈和滚动体
8Cr14Mo4V	制造高温腐蚀介质中工作的轴承套圈和滚动体，工作温度为 -55~430℃
H13Cr4Mo4Ni4V	制造高温高速（DN 值 >2.4×10^6）航空发动机主轴承，工作温度为 -55~350℃
2W10Cr3NiV	制造高温轴承外套，-55~300℃
W9Cr4V2Mo	制造工作温度为 -55~450℃的套圈和滚动体
W18Cr4V	制造工作温度为 -55~500℃的套圈和滚动体

为≤2级；硬度为 200~229HBW。

2. 淬火、回火工艺 真空淬火回火工艺曲线见图4-46。

回火温度根据轴承使用温度来选择。

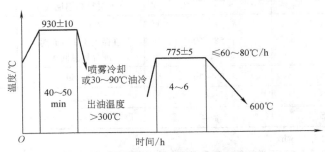

图 4-45 HGCr15 碳化物细化处理工艺曲线

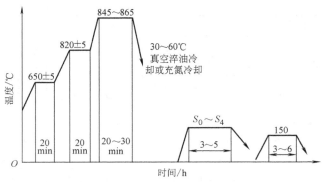

图4-46　HGCr15钢真空淬火回火工艺曲线

注：设备为ZC3-65型真空淬火炉。

高温轴承零件的回火工艺参数见表4-66，高温回火后硬度见表4-67。

表4-66　高温轴承零件回火工艺参数

（℃×h）

回火代号	套圈	滚子	钢球
S_0	$200 \times 3 \sim 5$	$150 \sim 160 \times 3$	$150 \sim 160 \times 3$
S_1	$250 \times 3 \sim 5$	直径≤15mm 180×3 直径>15mm 250×3	直径≤25.4mm 160×3 直径>25.4mm 250×3
S_2	$300 \times 3 \sim 5$	300×3	300×3
S_3	$350 \times 3 \sim 5$	350×3	350×3
S_4	$400 \times 3 \sim 5$	400×3	400×3

对于HGCr15钢制高温轴承零件，在保证尺寸情况下允许返修。返修前进行600~650℃×4h装箱高温回火。

建议高温轴承零件，均在真空炉加热淬火，以保证零件表面光亮、无氧化、无脱碳、变形小、表面呈压应力。

4.3.2.2　GCrSiWV钢制中温轴承零件的热处理

1. 热处理工艺　5D32118CQ轴承系采用耐250℃的GCrSiWV中温轴承钢制造。零件的正火、退火工艺曲线见图4-47，淬火、回火及稳定化处理工艺曲线见图4-48。

2. 技术要求　轴承锻件退火的组织应为细小和均匀的珠光体，硬度一般为207~229HBW。

淬火、回火组织为隐晶马氏体加少量碳化物，晶粒度为9~10级，淬火后硬度≥65HRC，回火后硬度≥60HRC。

淬火、回火后零件的脱碳、贫碳层一般在0.06~0.07mm。

表4-67　高温轴承零件回火后的硬度

回火温度 /℃	回火代号	硬度 HRC		
		GCr15、ZGCr15、HGCr15		
		套圈	钢球	滚子
200	S_0	$60 \sim 63$	$62 \sim 66$ 不进行高温回火	$61 \sim 65$ 不进行高温回火
250	S_1	$58 \sim 62$	$58 \sim 62$ 直径大于25mm时 进行高温回火	$58 \sim 62$ 直径大于15mm时 进行高温回火
300	S_2	$55 \sim 59$	$55 \sim 59$	$55 \sim 59$
350	S_3	≥52	≥52	≥52
400	S_4	≥48	≥48	≥48

注：1. 回火保温时间均为3~4h。

2. 若使用单位要求钢球或滚子进行S_0、S_1高温回火时，其硬度要求与套圈相同。

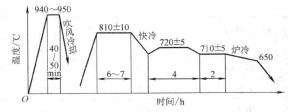

图 4-47　GCrSiWV 中温轴承钢制
零件正火、退火工艺曲线

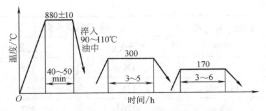

图 4-48　GCrSiWV 中温轴承钢制零件淬火、
回火及稳定化处理工艺

4.3.2.3　Cr4Mo4V 钢制高温轴承零件的热处理

1. Cr4Mo4V 高温轴承钢淬火回火后的技术要求（JB/T 2850—2007）

（1）硬度。淬火后硬度应≥63HRC，回火后套圈的硬度为 60 ~ 65HRC；滚动体硬度为 61 ~ 66HRC。

同一零件的硬度的均匀性：套圈外径大于 100mm，滚动体直径大于 22mm，硬度差应≤2HRC；套圈外径 < 100mm，滚动体直径 < 22mm，硬度差应≤1HRC。

回火稳定性：回火前后硬度差应≤1HRC。

（2）显微组织。淬回火后显微组织应为马氏体，一、二次碳化物和残留奥氏体。按 JB/T 2850—2007 中第二级别图评定，2 ~ 4 级为合格。

（3）裂纹。淬回火后不允许有裂纹。

（4）表面质量。表面脱贫碳深度应保证在成品中不存在。套圈的变形推荐按 JB/T 1255 中规定执行。

（5）钢球压碎载荷按表 4-68 规定。

（6）淬火后晶粒度 2 ~ 4 级为合格。

表 4-68　Cr4Mo4V 钢球压碎载荷（JB/T 2580—2007）

钢球公称直径 /mm	压碎载荷/kN		钢球公称直径 /mm	压碎载荷/kN	
	淬回火后	成品		淬回火后	成品
3	5. 52	6. 91	8	37. 8	47. 3
3. 175	6. 18	7. 73	8. 5	42. 5	53. 2
3. 5	7. 50	9. 38	8. 731	44. 8	56. 1
3. 969	9. 65	12. 0	9	47. 5	59. 4
4	9. 72	12. 1	9. 5	52. 5	66. 0
4. 5	12. 3	15. 3	9. 525	53	66. 3
4. 762	13. 7	17. 2	9. 922	57. 4	71. 7
5	15. 1	18. 9	10	58. 2	72. 8
5. 5	18. 2	22. 8	10. 319	61. 8	77. 4
5. 556	18. 5	23. 2	11	69. 9	87. 4
5. 953	21. 3	26. 6	11. 112	71. 3	89. 1
6	21. 6	27. 0	11. 5	76. 2	95. 3
6. 35	24. 1	30. 2	11. 509	76. 3	95. 3
6. 5	25. 3	31. 6	11. 906	81. 5	101
6. 746	27. 2	34. 0	12	82. 7	103
7	29. 2	30. 4	12. 303	86. 7	108
7. 144	30. 4	36. 5	12. 7	92. 1	115
7. 5	33. 4	41. 7	13	96. 2	120
7. 938	37. 3	46. 6	13. 494	103	129

（续）

钢球公称直径 /mm	压碎载荷/kN		钢球公称直径 /mm	压碎载荷/kN	
	淬回火后	成品		淬回火后	成品
14	110	138	26.988	369	461
14.288	115	143	28	393	492
15	126	157	28.575	408	510
15.081	127	159	30	444	556
15.875	140	175	30.162	449	561
16	142	177	31.75	490	612
16.669	153	192	32	496	620
17	159	199	33.338	533	666
17.462	167	209	34	551	688
18	177	221	34.925	576	720
18.256	182	227	35	578	722
19	196	245	36	606	758
19.05	196	246	36.512	620	775
19.844	212	265	38	630	828
20	215	269	38.1	665	831
20.638	228	285	40	719	899
21	235	294	41.275	756	945
22	256	320	42	776	970
22.225	261	326	42.862	802	1000
23	278	347	44.45	848	1060
23.019	278	348	45	865	1080
23.812	288	360	47.625	945	1180
24	299	374	48	952	1190
25	322	403	50	1012	1260
25.4	331	414	50.8	1034	1290
26	346	432			

2. Cr4Mo4V 钢制高温轴承零件的热处理

高温轴承零件的退火工艺见表 4-69，真空热处理工艺见表 4-70，真空热处理工艺曲线见图 4-49。

Cr4Mo4V 真空热处理后硬度为 63 ~ 65HRC，零件表面光亮。

零件冷至室温后，在真空炉内回火。真空度达到 0.133Pa 充入保护气后，降到 13.3Pa 开始升温。一般回火 3 次，每次 1 ~ 2h。每次炉内零件冷却 100℃时，再升温进行第二次和第三次回火。回火后冷至室温进行冷处理 −71 ~ −80℃ ×1h，冷处理后再进行 400℃ ×

1h 回火。为防止冷处理时工件生锈，事先涂防锈油。

同时还规定，对于外径 >240mm，壁厚 >15mm 的套圈；直径 >30mm 的滚子，直径 >40mm 的钢球，一般不允许冷处理。

为了提高 Cr4Mo4V 的强韧性，可采用下贝氏体等温淬火，如航空燃油泵轴承（68813N）在高应力和高速运转中，同时承受冲击载荷。用常规热处理生产轴承，工作表面常出现早期疲劳，轴承设计寿命为 300h，而采用下贝氏体淬火轴承寿命达到 500h。Cr4Mo4V 下贝氏体淬火工艺见图 4-50。

表 4-69　Cr4Mo4V 钢制高温轴承零件退火工艺

零件名称	技术要求	退火名称	退火工艺	备注
锻造的内外套和热冲钢球		一般退火	720，2；850±10，4~6；以 20~30℃/h 冷速冷至 600℃出炉	
锻造的内外套和热冲钢球	按 JB/T 2850—2007 标准 1）退火后硬度为 197~241HBW 2）脱碳层套圈和滚动体脱碳层深度不得超过每边留量的 2/3。钢球脱碳层深度不得超过磨加工每边留量的 2/3	等温退火	720，2；840±10，4~6；10~30℃/h；720±10，4~6；炉冷至 600℃	用铸铁屑装箱密封
冷冲球		低温退火	650~680，4~6；炉冷至 600℃出炉	

表 4-70　Cr4Mo4V 高温轴承钢真空热处理工艺

加热规范					淬火温度/℃		回火规范 /℃ × h	回火后硬度 HRC
预热温度/℃	时间/min	预热温度/℃	时间/min	终加热推荐 /℃ × min	期望	安全		
600	保温 10	800	保温 15	1085 × 20	1100	1130	550~570℃ ×2 三次,稳定 处理(250±5) ×4~6	60~64 60~65[①]

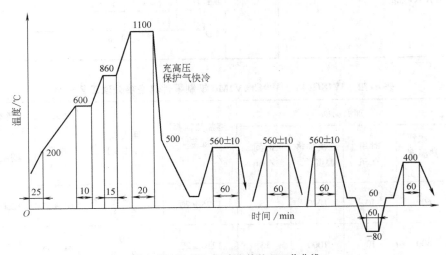

图 4-49　Cr4Mo4V 真空热处理工艺曲线

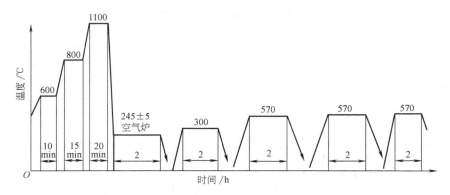

图 4-50　Cr4Mo4V 下贝氏体淬火工艺

4.3.2.4　W18Cr4V、W9Cr4V2Mo 钢制轴承零件的热处理

W18Cr4V、W9Cr4V2Mo 钢制轴承零件的退火工艺见表 4-71，真空热处理工艺规范见表 4-72，热处理工艺曲线见图 4-51，钢球压碎负荷见表 4-73。

表 4-71　W18Cr4V、W9Cr4V2Mo 钢制零件的退火工艺

零件名称	牌号	技术要求	退火名称	工 艺 曲 线	备注
热冲球与半热冲球	W18Cr4V W9Cr4V2Mo	按 JB/T 11087—2011 要求：1) 退火硬度为 197～255HBW 2) 脱碳层深度不应大于单边最小加工余量的 2/3	低温退火	720～760；4～8；炉冷至 600℃出炉	锻件留量小时应装箱密封退火
锻造的套圈和热冲球	W18Cr4V W9Cr4V2Mo		等温退火	720；850±10；30℃/h；720±10；1；2～4；4～6；炉冷至 600℃出炉	

表 4-72　W18Cr4V、W9Cr4V2Mo 钢制零件真空热处理工艺规范

牌号	加热规范				终加热推荐规范 /℃×min	回火规范 /℃×h	回火后	淬火温度/℃	
	一次预热温度 /℃	时间 /min	二次预热温度/℃	时间 /min			硬度 HRC	期望	安全
W18Cr4V	600	10	1000	15	1225×20	550～570℃× 2,3 次	61～65	1250	1280
W9Cr4V2Mo	600	10	1000	15	1210×20	560× 2,3 次	61～65	1220	1240

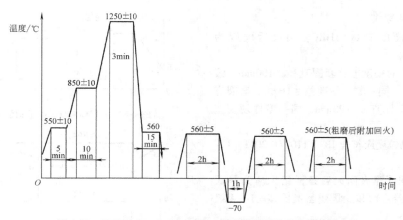

图 4-51 W18Cr4V、W9Cr4V2Mo 钢制轴承零件的热处理工艺

注：1. 淬火前零件应进行装箱退火（850℃×4h），喷丸后方可淬火；滚动体（冷冲或热冲）均要进行装箱
退火，其工艺为850℃×8h 炉冷至400℃出炉。

2. 括号内温度为 W9Cr4V2Mo 的最终淬火温度。

表 4-73 W18Cr4V、W9Cr4V2Mo 钢球压碎负荷（JB/T 11087—2011）

钢球公称直径 /mm	压碎负荷/kN		钢球公称 直径/mm	压碎负荷/kN	
	淬火回火后	成品		淬火回火后	成品
4	6.66	8.53	13	70.36	87.72
4.5	8.43	10.78	13.494	75.85	94.08
4.762	9.41	12.05	14	81.63	100.94
5	10.39	13.33	14.288	85.06	104.86
5.556	12.84	16.27	15.081	94.77	116.62
5.953	14.80	18.13	15.875	104.96	128.38
6.35	16.76	21.27	16.669	115.74	142.10
6.5	17.64	22.34	17.462	127.01	154.84
6.747	18.91	24.0	18	134.95	164.64
7.144	21.27	26.95	18.256	138.77	168.56
7.5	23.42	29.69	19.05	151.12	183.26
7.938	26.26	32.83	19.844	164.05	198.94
8.5	36.09	37.63	20	166.60	201.88
8.731	31.75	39.69	20.688	177.38	214.62
9	33.71	41.94	21	183.65	221.48
9.525	37.83	47.04	22	201.50	241.03
10	41.65	51.94	22.225	203.70	246.96
10.319	44.39	54.88	23.019	220.70	257.74
11.112	51.45	63.70	23.812	236.18	281.26
11.509	55.47	68.60	24	239.90	287.14
11.906	59	73.5	25.4	268.72	318.50
12	59.98	74.48	26.988	303.31	357.70
12.303	63.01	78.40	28.575	340.06	396.9
12.7	67.13	83.30	30.162	378.97	441.00

热处理后技术要求：

1）淬火后硬度应 ≥ 63HRC，回火后硬度为 61～65HRC。

2）同一零件的硬度差：套圈直径 <100mm，滚动体直径≤22mm，同一零件硬度差 ≤1HRC；套圈直径 >100mm，滚动体直径 >22mm，同一零件硬度差 ≤2HRC。

3）淬火后晶粒度应符合 JB/T 11087—2011，1～4 级为合格。

4）显微组织：淬火回火后显微组织应为马氏体，一次、二次碳化物和少量残留奥氏体。1～4 级为合格。

5）回火稳定性。轴承零件淬火、回火后需进行回火稳定性检查。相应点的最大硬度差应 ≤1HRC。其回火规范为 560℃×2h，回火后，测定回火前后相应点的硬度。

6）零件不允许有裂纹。

7）脱碳层应小于 0.09mm。可按各企业标准执行。

4.3.2.5　H13Cr4Mo4Ni4V 新型高温轴承零件渗碳热处理

大多数航空发动机主轴轴承 DN 值≤2.2×10⁶，轴承工作温度在 220℃以下。为了提高发动机效率及降低燃料消耗率，轴承的转速需相应提高。在高温下，DN 值提高到 2.3×10⁶，采用全淬透钢（HCr4Mo4V、W18Cr4V）制造的轴承将面临着套圈断裂的问题。新研制的 H13Cr4Mo4Ni4V 高温渗碳轴承钢，是 Cr4Mo4V 的改型钢，（含碳质量分数降低了 0.10% 左右，镍的质量分数增加了 4%），既保持了 Cr4Mo4V 的各种高温性能，又提高了断裂韧度，心部的断裂韧性 K_{1C} > 60MPa $\sqrt{m}$，而心部硬度为 43～45HRC，有效地阻止裂纹，减缓和消除套圈断裂失效的危险。我国从 20 世纪 90 年代曾对该钢进行了全面的研究，发动机高温主轴轴承高速寿命已达到设计要求。套圈工艺过程为锻件→退火→车加工→渗碳→高温回火→去除不需要渗碳层→二次淬火→第一次高温回火→冷处理→二次高温回火→冷处理→高温回火→粗磨附加回火→细磨附加回火。

1. **套圈毛坯的退火**　套圈的退火工艺见图 4-52。

退火后硬度≤230HBW，组织为均匀细粒状珠光体。

2. **套圈的渗碳**　套圈的渗碳在井式渗碳炉或可控气氛多用炉进行，碳势采用微机自动控制。

渗碳的技术要求：渗碳层深度为 1.6～1.8mm（有效深度为 1.0～1.5mm），表面碳含量为 0.75%～0.85%（质量分数）。其渗碳工艺见图 4-53。

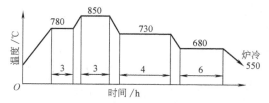

图 4-52　H13Cr4Mo4Ni4V 钢套圈退火工艺

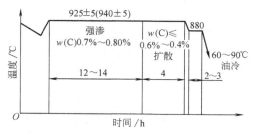

图 4-53　H13Cr4Mo4Ni4V 渗碳工艺

注：1. 括号内渗碳温度的渗碳时间相应缩短。
　　2. 渗碳时间按产品图样有效渗碳层深度而定。

3. **高温回火**　高温回火是使渗碳层中奥氏体转变成珠光体，呈细小的均匀球化组织，降低硬度，去除不需要渗碳层，为最终淬火提供良好的原始组织。其高温回火工艺见图 4-54。

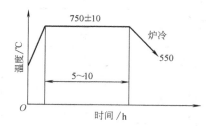

图 4-54　H13Cr4Mo4Ni4V 高温回火工艺

高温回火后硬度为 45HRC 左右。

4. **最终热处理**　淬火、回火后的技术要求：

渗碳层深度：1.6～1.8mm（有效深度 1.0～1.5mm），按产品图样规定执行。渗碳层的表面碳含量为 0.75%～0.85%（质量分数），以保证成品的表面碳含量 >0.8%（质量分数）。渗碳层表面硬度为 60～64HRC，中心硬度为 35～48HRC。渗碳层显微组织为隐晶（细小结晶）马氏体，均匀细小分布的残留碳化物以及少量残留奥氏体。心部组织为低碳板条马氏体。

变形量：套圈的变形按大小而定，以保证磨加工能去除脱碳、贫碳层，深度应不大于 0.06mm。表面应力呈压应力。

H13Cr4Mo4Ni4V 钢淬火、回火推荐在真空炉中进行，也可在盐浴炉中进行。其渗碳后淬火回工艺见图 4-55。淬火后硬度为不小于 63HRC。

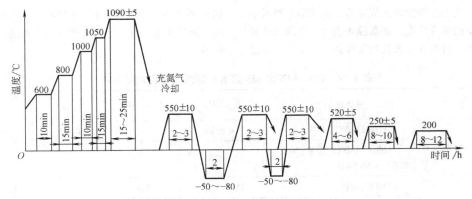

图 4-55 H13Cr4Mo4Ni4V 钢渗碳后淬回火工艺

5. 去应力处理 粗磨后（第一次）去应力处理为 520℃ ×4 ~ 6h，细磨后（第二次）在循环空气炉中进行，250℃ ×8 ~ 10h。精磨后（第三次）在油中进行，200 ~ 250℃ ×8 ~ 12h。

4.3.3 防磁轴承零件的热处理

防磁轴承需选用磁导率 $\mu < 1.0$ 的材料制造。常用防磁轴承材料有：铍青铜 QBe2.0、Monelk-500、00Cr40Ni55Al3、Cr23Ni28Mo5Ti3AlV、7Mn15Cr-2Al3V2WMo、00Cr15Ni60Mo16W4 等。

4.3.3.1 7Mn15Cr2Al3V2WMo 合金轴承零件的热处理

7Mn15Cr2Al3V2WMo 系奥氏体沉淀硬化无磁钢。它的固溶处理温度为 (1180 ± 5)℃，保温时间为 40 ~ 60min，在 ≤40℃ 流动水中冷却，时效温度为 650℃，保温 20h。7Mn15Cr2Al3V2WMo 钢制轴承零件的固溶时效工艺见图 4-56。

固溶时效处理后硬度：套圈的硬度 >42HRC，滚子的硬度 >43HRC，中隔圈的硬度 >41HRC。

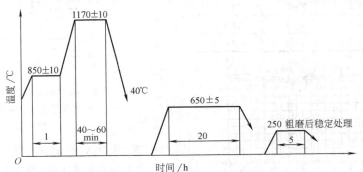

图 4-56 7Mn15Cr2Al3V2WMo 钢制轴承零件的固溶时效工艺

4.3.3.2 Cr23Ni28Mo5Ti3AlV 合金轴承零件的热处理

Cr23Ni28Mo5Ti3AlV 系 Fe 基奥氏体沉淀硬化性合金。它的强化通过固溶时效达到。其固溶时效工艺见图 4-57。

固溶时效后硬度为 48 ~ 52HRC。

对于固溶热冲球（材料加热到 1100 ~ 1120℃），经锉削、软磨后不需要固溶处理，可以采用 900℃ × 3h 中间时效和 720 ~ 750℃ ×10h 最终时效。

4.3.3.3 00Cr40Ni55Al3、00Cr40Ni55Al3.5 合金的滚动轴承零件固溶时效处理

该合金系 Cr、Ni 基无磁弥散硬化耐蚀合金，在 500℃ 以下具有高的性能。在许多腐蚀介质中，如硝酸、H_2S、海洋性气候等条件下，有好的耐蚀性。同时，该合金无磁，也可制作高温、无磁轴承。

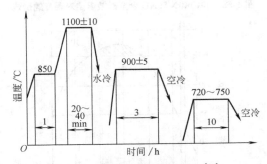

图 4-57 Cr23Ni28Mo5Ti3Al3V 合金固溶时效工艺

该合金是通过固溶时效或固溶、冷变形、再时效后具有优良的综合性能，如高温硬度等。它的强化相由 γ 相分解，析出 α 相及其与基体共格的面心立方晶格 γ′ 相和 $Ni_3(Al)$ 相所致。固溶时效后具有高的硬度、强度及耐蚀性。固溶时效对力学性能的影响见表 4-74。

表 4-74　00Cr40Ni55Al3 固溶时效对力学性能的影响

合金牌号	热处理制度	R_m/MPa	$R_{p0.2}$/MPa	A(%)	硬度
00Cr40Ni55Al3	1160 ~ 1180℃, 水淬	≤882	—	20 ~ 30	≤90HRB
	1160 ~ 1180℃, 水淬; 600 ~ 650℃ ×5h 时效	≥1470	—	5	≥55HRC
00Cr40Ni55Al3.5	1150℃, 水淬	784 ~ 882	588	>30	90 ~ 100HRB
	1200℃, 水淬; 70%冷变形; 500 ~ 550℃ ×5h 时效	1960 ~ 2371.6	1666	—	64 ~ 67HRC

该合金固溶温度、保温时间、时效温度及时间对力学性能、晶粒大小的影响见表 4-75, 图 4-58 ～ 图 4-60。

表 4-75　固溶工艺对晶粒大小、硬度影响

固溶温度 /℃	保温时间 /h	晶粒大小 (级)	硬度 HRC
1180	0.5 ~ 2	8 ~ 9	26 ~ 28
1200	0.5 ~ 2	7 ~ 8	25 ~ 26
1220	0.5 ~ 2	5 ~ 7	21 ~ 23
1240	0.5 ~ 2	5 ~ 3	17 ~ 19

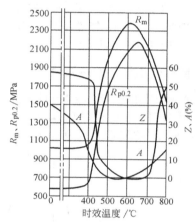

**图 4-60　00Cr40Ni55Al3.5 合金
时效温度对力学性能的影响**
1150℃ 淬火

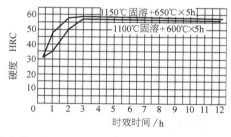

图 4-58　00Cr40Ni55Al3 合金时效温度对硬度的影响

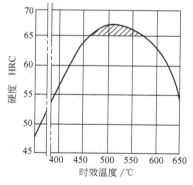

**图 4-59　00Cr40Ni55Al3 合金的冷变形量
（变形量 90%）、时效温度与硬度的关系**

该合金制造滚动轴承零件工艺过程：

原材料经固溶处理→冷冲球或热冲球套圈、车削加工→锉削、软磨接近成品尺寸→时效处理、粗磨、细磨、精磨→成品尺寸→装配。套圈和钢球固溶与时效工艺见表 4-76。

**表 4-76　00Cr40Ni55Al3 钢制套圈和钢球
固溶与时效工艺**

序号	名称		固溶工艺	时效工艺
1	套圈		棒料固溶处理 1150 ~ 1180℃ × 40 ~ 60min, 水淬	600 ~ 650℃ × 5 ~ 10h 后空冷
2	钢球	冷冲	线材固溶: 1150 ~ 1180℃ × 30 ~ 40min, 水冷	600℃ × 5 ~ 10h 后空冷
		热冲	1150 ~ 1170℃ ×30 ~ 40min, 热冲	600℃ × 5 ~ 10h 后空冷

固溶时效后零件的热处理技术要求：固溶处理晶粒度：6～9 级；时效后硬度：套圈≥55HRC，钢球≥56HRC；不允许有裂纹。

4.3.3.4　Monel K-500 合金制轴承零件热处理

该合金是奥氏体沉淀硬化型无磁耐蚀 Ni-Cu 合金。具有较好的力学性能和耐腐蚀性能。在固溶状态下，塑性好，可采用冷变形，且焊接性好。少量的 S、Pb 杂质元素使合金力学性能恶化，产生热脆性。因此，合金在进行加热时严禁使用 S、Pb 等元素燃料加热。

该合金耐腐蚀性能优良。它适用于工作温度≤120℃，氢氟酸、磷酸、H_2S 气体、氯化物、海水等腐蚀介质中工作的滚动轴承元件，如 3/16G200 合金球等。它可以通过冷变形和时效提高硬度，同时会稍许影响耐蚀性。

该合金通过固溶（固溶后冷变形）和时效处理提高强度。合金可以固溶态或冷变形态交货。固溶态交货硬度≤170HV，冷变形态（≤279HBW（视冷变形量而定）。固溶处理：870～980℃×1～1.5h 在≤40℃流动水中冷却；时效处理：550～600℃×4～5h 后空冷。

固溶加 20% 冷变形后的力学性能：R_m = 784～999MPa，A≥20%，硬度≥20HRC。

固溶后 20% 冷变形加 550～600℃×4～5h 时效：R_m = 1029MPa，A > 10%，硬度≥28～35HRC。

固溶后 40% 冷变形加 530～550℃×5～6h 时效：R_m = 1176～1372MPa，A > 5%，硬度 > 30HRC。

以加工 3/16G200 合金球为例：固溶→冷冲球→锉削加工→软磨→时效处理→硬磨、精磨至成品尺寸。

4.3.3.5　00Cr15Ni60Mo16W4 合金制轴承零件的固溶时效处理

00Cr15Ni60Mo16W4（又称 Hastelloy Alloy C-276）合金系奥氏体加工硬化型 Ni-Cr-Mo-W 系耐蚀合金。它适用于制造氯碱、农药、石油化工、海水等腐蚀介质中的轴承元件。

该合金固溶态塑性好，冷加工强化效应大，经冷变形及时效后，可获得高的强度和硬度。

固溶处理：1150～1200℃，≤40℃流动水中冷却。

时效处理：450～500℃×5～7h 后空冷。

固溶时效后硬度≥40HRC。

该合金冷变形量对硬度的影响见表 4-77。

4.3.3.6　不锈钢高温轴承零件的渗氮

渗氮的不锈钢有 12Cr18Ni9、06Cr19Ni10、1Cr18Ni9Ti（旧牌号）、12Cr13、20Cr13 等。

**表 4-77　00Cr15Ni60Mo16W4 合金
冷变形量对硬度的影响**

冷变形量（%）	0	5	10	25	33	50	60
硬度 HV	244～257	256～266	283～303	362	386～412	399～441	426～441

1. 渗氮前的预备热处理　渗氮前的预备热处理是为了消除应力，改善组织，减少畸变，为提高渗氮质量创造条件。不锈钢渗氮前的预备热处理见表4-78。

2. 去除钝化膜　由于不锈钢中的合金元素（如铬和镍等）与空气中氧接触后，在零件表面形成一层极薄而致密的氧化膜，即钝化膜（厚度为 1～3nm，呈无色玻璃状），覆盖在金属表面，使渗氮无法进行，因此必须将其去除。去除钝化膜的方法有：

（1）喷砂。用细砂在 1.5～2.5MPa 压力下喷吹零件的表面除膜。

（2）渗氮炉中加氯化铵。氯化铵加入量按炉子体积进行计算，通常为 80～250g/m³。为了减慢氯化铵的分解速度，常在其中加入一定比例的细砂。

（3）酸洗。在硝酸、氢氟酸、盐酸水溶液中酸洗，其溶液（1000mL）的成分如下：

硝酸（相对密度 1.4）　140mL；氢氟酸（相对密度 1.13）60mL；盐酸（相对密度 1.19）10mL；其余为水。

酸洗温度为 70～80℃，酸洗时间以使原表面失去光泽为准，然后在 40～50℃ 热水中刷洗，再在流动冷水中冲洗，最后烘干。

（4）喷砂和炉中放置氯化铵相结合。喷砂、酸洗后应立即装炉。

3. 渗氮工艺　不锈钢轴承零件渗氮工艺见表4-79。渗氮温度与氨分解率的关系见表 4-80。

4. 渗氮后质量检查　渗氮后质量检查的项目包括：外观、渗氮层深度、渗氮层表面硬度和脆性以及畸变等。

5. 渗氮时常见的缺陷及防止方法（见表 4-81）。

4.3.3.7　铍青铜（QBe2.0）轴承零件的热处理

QBe2.0 的热处理包括固溶和时效两个过程。固溶后应获得单相的 α 固溶体组织。最高固溶温度不能超过包晶反应的温度 864℃，一般选用 780～800℃。在这个温度范围内，合金中固溶体含 Be 量与 864℃时基本上相接近，所以在时效后有最佳的性能。保温时间一般按零件的厚度、装炉量和选用设备而定。一般情

表 4-78　不锈钢渗氮前的预备热处理

牌　号	渗氮前的预备热处理	热处理后硬度 HBW
12Cr13	1000 ~ 1050℃,淬水;700 ~ 780℃回火,水冷或空冷	179 ~ 241
20Cr13	1000 ~ 1050℃,淬水;600 ~ 700℃回火,水冷或空冷	241 ~ 341
1Cr18Ni9Ti 06Cr19Ni10,12Cr18Ni9	1000 ~ 1150℃,淬水;回火:700℃×20h 或 800℃×10h	

表 4-79　不锈钢轴承零件渗氮工艺

牌　号	渗氮规范			渗氮层深度/mm	渗氮层表面硬度 HV
	温度/℃	时间/h	分解率(%)		
1Cr18Ni9Ti 06Cr19Ni10 12Cr18Ni9	Ⅰ　560	30	45 ~ 55	0.15 ~ 0.20	950 ~ 1150
	Ⅱ　580	20	55 ~ 65		
	Ⅰ　560	8	25 ~ 40	0.15 ~ 0.20	950 ~ 1150
	Ⅱ　560	34	40 ~ 60		
	Ⅲ　580	3	85 ~ 95		
	560	48 ~ 60	40 ~ 50	0.15 ~ 0.25	900 ~ 1200
	580	80	35 ~ 55	0.2 ~ 0.3	900 ~ 1200
12Cr13	500	48	18 ~ 25	0.15	1000
	600	48	30 ~ 50	0.30	900
	500 ~ 520	55	20 ~ 40	0.15 ~ 0.25	950 ~ 1100
	540 ~ 560	55	40 ~ 45	0.25 ~ 0.35	850 ~ 950
	Ⅰ　530	18 ~ 22	35 ~ 45	≥0.25	≥650
	Ⅱ　580	15 ~ 18	50 ~ 60		
20Cr13	500	48	20 ~ 25	0.12	1000
	560	48	35 ~ 55	0.26	900

表 4-80　不锈钢轴承零件渗氮温度与氨分解率的关系

渗氮温度/℃	520	560	600	650
氨分解率（%）	20 ~ 40	40 ~ 55	40 ~ 70	50 ~ 90

表 4-81　不锈钢轴承零件渗氮时常见的缺陷及防止方法

缺陷名称	产生原因	防止方法
局部渗不上	1)零件清洗不干净 2)装炉量多,炉气不均匀 3)加入氯化铵量小 4)设备老化,管道堵塞	1)严格对零件清洗 2)减少装炉量,改进炉内管道系统提高炉气的均匀性 3)适当增加氯化铵量 4)定期维修设备和清洗管道
腐蚀	液氨水分多;放入 NH_4Cl 量过多;操作不当	使用纯度 ≥99.8 的氨,氯化铵控制在 80 ~ 200g/m³
脆性大	未按工艺执行,液氨水分过多,渗氮零件倒角太小,炉子密封性不好	渗氮零件倒角≥0.5mm,使用一级氨,增加高温回火工序
内套内径黑皮磨不掉	内套内径磨削时尺寸磨大或渗氮后尺寸缩小	内套内径磨削后按图样控制尺寸,或适当加大内径留量

（续）

缺陷名称	产 生 原 因	防 止 方 法
畸变大	渗氮前零件存在较大的加工应力或操作不当	对易畸变零件渗氮前应进行高温回火和尽量采用低温渗氮
渗氮层深度不够	渗氮温度低或保温时间短	提高渗氮温度或延长保温时间

况下，在电炉中加热，零件厚度 < 3mm 时，保温 30 ~ 60min；零件厚度 > 3mm 时，保温 60 ~ 120min。

固溶后冷却，采用低于 30℃ 的水。由于铍青铜在固溶后的冷却过程中，脱溶进行得非常迅速，零件加热后应迅速淬入水中，以便获得单相过饱和 α 固

溶体。

铍青铜的时效温度选用 315 ~ 330℃ 较好，保温时间为 2 ~ 3h。

铍青铜制轴承零件热处理工艺见表 4-82。

铍青铜热处理常见缺陷及防止方法见表 4-83。

表 4-82　铍青铜（QBe2.0）制轴承零件热处理工艺

零件名称	技术要求	工序名称	热处理规范
套圈和滚动体	固溶时效后硬度 ≥38HRC	固溶时效	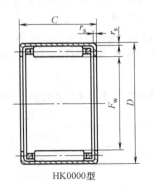

表 4-83　铍青铜（QBe2.0）热处理常见缺陷及防止方法

缺陷名称	产 生 原 因	防 止 方 法
固溶时效后硬度 <38HRC	1）时效温度高 2）固溶温度和保温时间不合适	1）零件加热前要清洗干净 2）在保护气氛或真空炉中加热
零件氧化	1）零件清洗不干净 2）加热时氧化	对原材料进行固溶→车加工→时效处理→磨加工→稳定处理
畸变	零件在固溶处理时易畸变	—

4.4　冲压外套滚针轴承的热处理

冲压外套滚针轴承通常用优质碳素结构钢（08、10、15、20）和合金结构钢 C15CrMo、20CrMo 制造。

冲压外套滚针轴承有带保持架冲压外套滚针轴承和冲压外套满滚针轴承两种，即 BK 型和 HK 型，如图 4-61 和图 4-62 所示。

该类轴承体积小，使用范围广，生产批量大，每

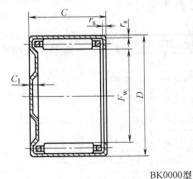
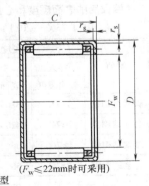

HK0000型　　　　　　　　　BK0000型　　　　　（F_W≤22mm时可采用）

图 4-61　带保持架的冲压外套滚针轴承

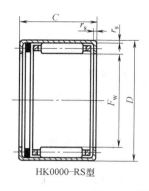

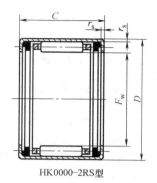

HK0000-RS型　　　　　　　　　　HK0000-2RS型

图 4-61　带保持架的冲压外套滚针轴承（续）

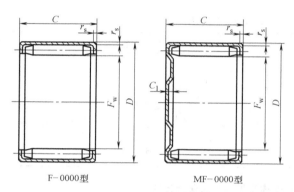

F-0000型　　　　　　　　MF-0000型

图 4-62　冲压外套满滚针轴承

年 3 ～ 4 亿套。通常采用表面化学热处理，如渗碳、氮碳共渗等方法。

4.4.1　冲压外套滚针轴承热处理的技术要求

冲压外套滚针轴承热处理的技术要求按 JB/T 7363—2011《滚动轴承　低碳钢轴承零件碳氮共渗热处理技术要求》执行。

（1）硬度。碳氮共渗（或渗碳）直接淬火并回火后的表面硬度和心部硬度见表 4-84。

表 4-84　碳氮共渗（或渗碳）直接淬火并回火后的表面硬度和心部硬度

（JB/T 7363—2011）

产品类型	钢种	硬度　HV		
		淬火	回火	
		表面硬度	表面硬度	心部硬度
保持架	碳素结构钢	≥713	380 ~ 650	140 ~ 380
	合金结构钢	≥713	420 ~ 620	270 ~ 350
冲压外圈	碳素结构钢	≥766	664 ~ 856	140 ~ 450
	合金结构钢	≥766	664 ~ 856	270 ~ 450

注：如用户对心部硬度无要求，生产厂家可不检查心部硬度。

（2）硬化层深度按 JB/T 7363 要求执行。特殊要求按产品图样规定执行。冲压外圈的有效硬化层深度应从表面垂直测到 550HV 处。

如用户对硬化层深度未提出要求，可按表 4-85 碳氮共渗（或渗碳）总硬化层深度执行。

表 4-85　碳氮共渗（或渗碳）总硬化层深度

（JB/T 7363—2011）

产品类型	最小壁厚/mm	总硬化层深度/mm	
		碳素结构钢	合金结构钢
保持架	<0.5	0.02 ~ 0.07	0.05 ~ 0.12
	0.5 ~ 1.0	0.02 ~ 0.15	0.07 ~ 0.15
	>1.0	0.02 ~ 0.15	0.08 ~ 0.20
冲压外圈	≤0.5	0.07 ~ 0.18	
	0.5 ~ 1.0	0.08 ~ 0.25	
	>1.0	0.15 ~ 0.30	

（3）显微组织。滚动轴承零件碳氮共渗后的显微组织应为含氮马氏体、碳氮化合物及残留奥氏体，按 JB/T 7363 标准级别图评定，1 级、2 级为合格，不允许有 3 级、4 级黑色组织存在。渗碳后的显微组织应为细针状马氏体，分散细小的碳化物以及少量残留奥氏体，参照 JB/T 8881 标准级别图评定。

（4）直径变动量。碳氮共渗（或渗碳）后轴承保持架和薄壁冲压拉伸外套的直径变动量，按表 4-86 执行。

表 4-86　最终热处理后零件的直径变动量

（单位：mm）

零件外径	直径变动量
<25	≤0.02
25 ~ 50	≤0.03
>50	<0.05

4.4.2 碳氮共渗（或渗碳）热处理工艺

滴注式渗碳气氛：用97%（质量分数）工业甲醇（CH₃OH）在820℃以上温度通入炉内，裂解形成保护气氛（称为载气），然后通入纯度为99.9%的化学纯乙醇（C₂H₅OH）或丙酮作为富化气形成渗碳气氛，控制碳势 $w(C)$ 为0.80%～1.10%。若碳氮共渗还需向炉内通入氨气（NH₃），其量控制在0.5%～3%（炉内容积）。设备为可控气氛网带炉。

装炉方法：零件外径<25mm时，允许散装均匀一层进入炉内。零件外径>25mm时，工件之间应有一定间隙且排放整齐进入炉内。

加热温度：渗碳温度为（870±10）℃，共渗温度为（850±5）℃，时间为50～60min，按渗层深度确定。

冷却：淬火油控制在60～90℃，静油冷却，以减少变形。对于易变形的零件，油温控制在100～120℃。

（1）08、10、15、20钢冲压的BK、HK型冲压滚针轴承零件在网带炉内的化学热处理工艺见表4-87。

表4-87　BK、HK型冲压滚针轴承零件在网带炉内的化学热处理工艺

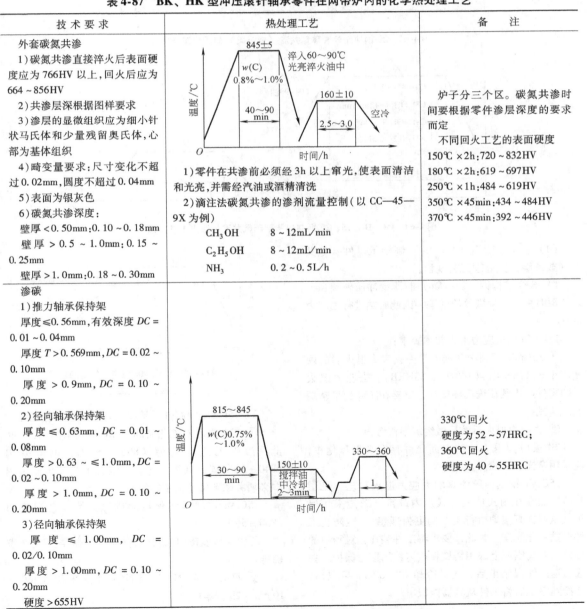

技 术 要 求	热 处 理 工 艺	备 注
外套碳氮共渗 1）碳氮共渗直接淬火后表面硬度应为766HV以上，回火后应为664～856HV 2）共渗层深根据图样要求 3）渗层的显微组织应为细小针状马氏体和少量残留奥氏体，心部为基体组织 4）畸变量要求：尺寸变化不超过0.02mm，圆度不超过0.04mm 5）表面为银灰色 6）碳氮共渗深度： 壁厚<0.50mm：0.10～0.18mm 壁厚>0.5～1.0mm：0.15～0.25mm 壁厚>1.0mm：0.18～0.30mm	845±5　淬入60～90℃光亮淬火油中　$w(C)$ 0.8%～1.0%　40～90 min　160±10　空冷　2.5～3.0 1）零件在共渗前必须经3h以上窜光，使表面清洁和光亮，并需经汽油或酒精清洗 2）滴注法碳氮共渗的渗剂流量控制（以CC—45—9X为例） CH₃OH　8～12mL/min C₂H₅OH　8～12mL/min NH₃　0.2～0.5L/h	炉子分三个区。碳氮共渗时间要根据零件渗层深度的要求而定 不同回火工艺的表面硬度 150℃×2h：720～832HV 180℃×2h：619～697HV 250℃×1h：484～619HV 350℃×45min：434～484HV 370℃×45min：392～446HV
渗碳 1）推力轴承保持架 厚度≤0.56mm，有效深度 DC =0.01～0.04mm 厚度 T >0.569mm，DC =0.02～0.10mm 厚度>0.9mm，DC =0.10～0.20mm 2）径向轴承保持架 厚度≤0.63mm，DC =0.01～0.08mm 厚度>0.63～≤1.0mm，DC =0.02～0.10mm 厚度>1.0mm，DC =0.10～0.20mm 3）径向轴承保持架 厚度≤1.00mm，DC =0.02/0.10mm 厚度>1.00mm，DC =0.10～0.20mm 硬度>655HV	815～845　$w(C)$ 0.75%～1.0%　30～90 min　150±10 搅拌油中冷却2～3min　330～360　1	330℃回火硬度为52～57HRC； 360℃回火硬度为40～55HRC

（2）20 钢制冲压外套碳氮共渗（或渗碳）与回火工艺曲线见图 4-63。

（3）所有低碳钢制保持架碳氮共渗与回火工艺曲线见图 4-64。

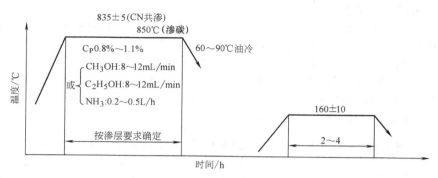

图 4-63　20 钢冲压外套碳氮共渗（或渗碳）与回火工艺曲线

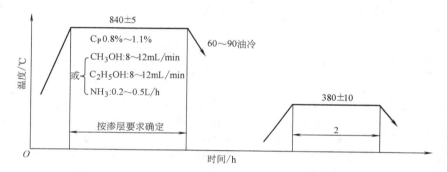

图 4-64　08、10、15、20 钢制保持架碳氮共渗与回火工艺曲线

（4）合金结构钢（15CrMo）制轴承零件碳氮共渗（或渗碳）热处理工艺规程。

1）合金结构钢（15CrMo）制薄壁冲压外圈在毛坯拉深时极易产生裂纹等缺陷，因此必须进行去应力退火。

15CrMo 钢去应力退火技术要求：

① 15CrMo 钢制滚动轴承零件去应力退火后的硬度应小于 128HBW（140HV、78HRB）。去应力退火后的零件用小载荷维氏硬度计，直接在工件的平整端面上测试。

② 去应力退火后的显微组织不作考核。

③ 去应力退火后的表面允许存在少量氧化皮，应采用窜光法去除。

15CrMo 钢制冲压外套的去应力退火工艺（见图 4-65）通常在箱式炉或井式炉内进行（若能采用保护气氛或在真空炉执行工艺则更为理想），应防止工件严重氧化脱碳。为此，要求将工件装在相对密封的容器内，周围或上部用铸铁粉或铸铁屑覆盖保护。去应力退火保温结束后，随炉冷却 40～60min 后取出，空冷到室温后将工件从容器内取出。

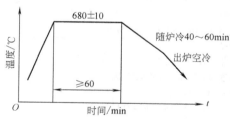

图 4-65　15CrMo 钢冲压外套的去应力退火工艺

2）15CrMo 钢制轴承零件最终热处理工艺规程：

① 工艺温度及工艺时间。15CrMo 钢制冲压外圈低温渗碳工艺温度为（800±5）℃，也可采用（840±5）℃碳氮共渗工艺，但制订工艺及生产过程中必须考虑到尺寸胀缩等因素。

15CrMo 钢制车制保持架碳氮共渗工艺温度为（850±5）℃。

低温渗碳及碳氮共渗工艺时间根据渗层深度要求确定。

② 回火。15CrMo 钢制冲压外圈采用（160±10）℃×2h 低温回火工艺。

15CrMo 钢制车制保持架采用（580 ± 20）℃ ×（1 ~ 2）h 高温回火工艺。

（5）08、10、15CrMo 保持架氮碳共渗的技术要求。

1）硬度：常规氮碳共渗的硬度要求为：360 ~ 600HV0.05；硬度随工艺温度的提高而降低，但工艺温度必须控制在相变温度以下，否则即变成低温碳氮共渗了。

2）渗层：白亮层深度要求为 0.005 ~ 0.01mm。

3）心部组织为基体组织。

4）氮碳共渗工艺曲线见图 4-66。

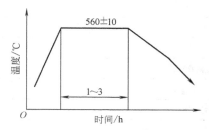

图 4-66　08、10、15CrMo 钢
保持架氮碳共渗工艺
注：表面硬度为 654HV，中心硬度为 166HV；
深度为 0.0075mm。

氮碳共渗气氛为乙醇和氨气，可在连续式网带炉（或渗氮炉）中进行。

08、10 钢冲压保持架采用渗碳热处理，渗碳温度为（845 ± 5）℃，渗碳时间根据产品图样要求而定，通常加热 60 ~ 90min，在 120 ~ 150℃ 油中进行分级淬火；回火工艺按零件硬度来选择，如 52 ~ 57HRC，用 330℃ × 1h；40 ~ 55HRC 用 360℃ × 1h。

（6）渗碳热处理。15CrMo 钢制摩托车大头连杆冲压滚针保持架渗碳工艺。技术要求：渗碳层深度为 0.08 ~ 0.10mm；表面硬度为 410 ~ 590HV，中心硬度 > 270 ~ 350HV；表面 $w(C)$ 为 0.7% ~ 0.9%，变形量 ≤ 0.03mm。

其最佳工艺为：（840 ± 5）℃ ×（45 ~ 60）min 渗碳 → 60 ~ 90℃ 油淬 → 清洗 → 350℃ × 2h 回火。渗碳在可控气氛网带炉中进行，渗剂采用滴注法炉内裂解。甲醇流量为 10 ~ 15mL/min，乙醇流量为 5 ~ 8mL/min。

（7）08、10、15CrMo 钢冲压外套渗碳热处理。渗碳在可控气氛连续网带炉中进行。渗碳温度为：Ⅰ区 870℃，Ⅱ区 870℃，Ⅲ区 840℃；时间为 30 ~ 60min；油淬。气氛：甲醇 7m³/h，丙烷 260L/h；碳势控制在 $w(C)$ 0.80% ~ 1.0%。渗碳层深 0.08 ~

0.14mm，硬度为 710 ~ 810HV。回火工艺为（150 ~ 160）℃ ×（1 ~ 2）h，在循环空气电炉中进行。

弯边工艺：口部需局部高频感应退火，以便于装配时弯边，退火温度控制在 600 ~ 700℃，时间约为 1s。退火后硬度控制在 480HV 左右保证弯边不产生裂纹。

冲压外套退火后应进行振动抛光，以去除退火痕迹，通常采用振动审光（加磨料）4h 即可。装配滚针和保持架后，可在滚边机上进行弯边。

高频感应退火部位控制应不超过变薄拉深台阶下 1mm，以保证滚道部位的硬度不低于 664HV。

高频感应加热设备的功率为 8 ~ 30kW，频率为 200 ~ 300kHz，并配有退火机床。通常退火机床由调速电动机，时间继电器、感应圈和工作台等组成。

近期，冲压外套滚针轴承的渗碳（或碳氮共渗）热处理采用组装后进行整体热处理，经多年生产实践表明，其产品质量完全满足用户要求。该工艺优点：节能，生产率高、成本低，适用于大批量生产。

带保持架冲压外套滚针轴承由冲压外套、保持架和滚针三部分组成。滚针必须达到 G3、G5 级 GB/T 309—2001 要求方可装入冲压外套和保持架，然后进行弯边，待全部完成后再进行热处理。热处理前成品必须清洗干净、烘干后，方可进入热处理工序。热处理后产品质量符合要求后再进行串光处理，待冲压外套表面质量达到要求后，再进行清洗、防锈、涂油、包装出厂。

对于冲压外套中的焊接保持架，为了提高综合力学性能，必须进行渗碳或碳氮共渗处理，其工艺与冲压外套滚针轴承相同。

4.5　保持架、铆钉等轴承零件的热处理

滚动轴承中的保持架是保持滚动体彼此相隔一定距离，并阻止滚动体之间的相互冲撞与摩擦。对于滚柱轴承保持架，还有防止滚柱歪斜的作用。在工作时保持架除了受有离心力的作用外，还与轴承套圈和滚动体发生滑动摩擦。所以，保持架材料应具有良好的导热性、耐磨性、一定的强度和小的摩擦系数，与套圈和滚动体应有相近的膨胀系数，并且要便于加工等。有些特殊的保持架还要求有自润滑性、耐高温和耐蚀性等。保持架常用的金属材料及其用途见表 4-88，中小型轴承采用冲压保持架，大型轴承一般用机械加工保持架。保持架、铆钉等零件热处理工艺见表 4-89。

表 4-88　保持架的常用金属材料及其用途

材　料	用　　途
08、10、15	制造 BK、HK 型轴承滚针轴承外套,浪形、盒形、菊形、筐形、Z 形、盆形、E 形等冲压保持架和防尘盖、挡圈、密封圈等
ML15、ML20	制造保持架铆钉、长圆柱和螺旋滚子等轴承的支柱
20、40、45	制造特大型轴承支柱、大型圆锥轴承的内外隔圈和保持架等
40CrNiMoA	制造高温、高速轴承实体保持架,工作温度≤315℃
06Cr19Ni10、07Cr19Ni11Ti、14Cr17Ni2	制造防锈性能较高的保持架、垫圈和铆钉
S16SiCuCr	制造在润滑不良条件下工作的轴承保持架
T8A、T10A	制造冠形保持架、防尘盖等
H62、H96	制造冲压保持架和铆钉
HPb59-1	制造高强度实体保持架和保持架挡圈
QAl10-3-1.5	制造高温、高速实体保持架,工作温度≤200℃
QSi1-3	制造实体保持架、挡盖和关节轴承内套
QSi3.5-3-1.5	制造高温、高速实体保持架,工作温度≤315℃
2A11、2A12	制造高温、高速实体保持架
T2、T3	制造冲压铆钉

表 4-89　保持架、铆钉等零件的热处理工艺

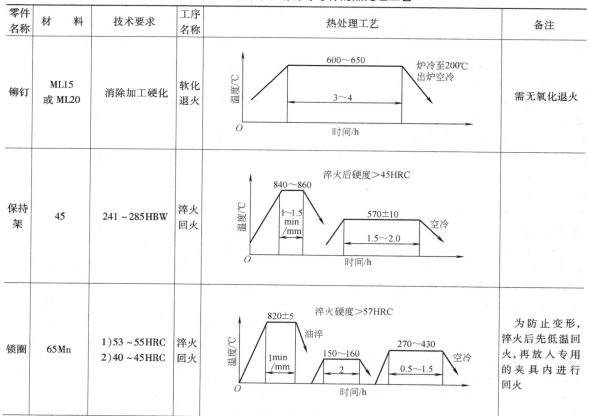

零件名称	材　料	技术要求	工序名称	热处理工艺	备注
铆钉	ML15 或 ML20	消除加工硬化	软化退火		需无氧化退火
保持架	45	241~285HBW	淬火回火		
锁圈	65Mn	1)53~55HRC 2)40~45HRC	淬火回火		为防止变形,淬火后先低温回火,再放入专用的夹具内进行回火

（续）

零件名称	材　料	技术要求	工序名称	热处理工艺	备注
保持架	14Cr17Ni2	231～363HBW 或255～302HBW	淬火回火	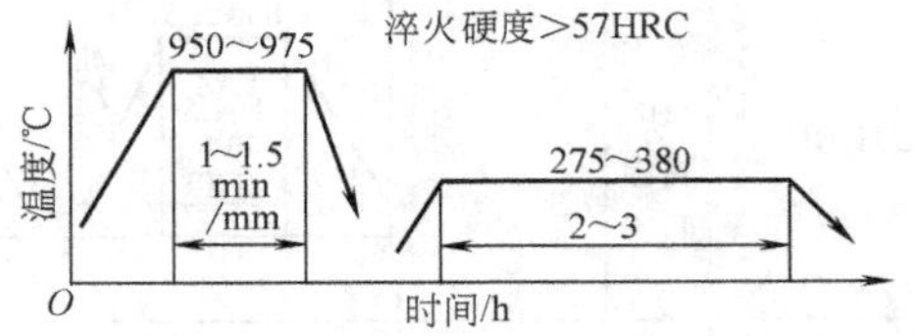 淬火：950～975℃，1～1.5min/mm，淬火硬度>57HRC；回火275～380℃，2～3h（温度/℃ — 时间/h 曲线）	300℃×2h回火，>35HRC 530～550℃×1.5h回火，≥235～277HBW
冲压保持架及铆钉	06Cr19Ni10 或 07Cr19Ni11Ti	消除加工硬化（软化处理）	淬火	淬火：1100～1120℃，0.5～1.0h，在<40℃水中冷却或在碳酸钠水溶液中冷却（温度/℃ — 时间/h 曲线）	最好在真空炉中加热
冲压保持架	08、10	消除加工硬化	软化退火	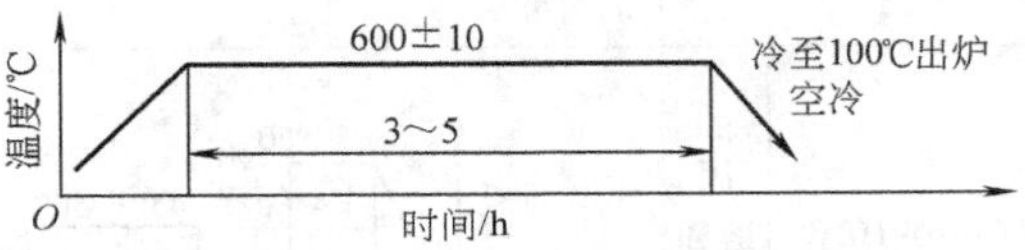 600±10℃，3～5h，冷至100℃出炉空冷（温度/℃ — 时间/h 曲线）	需无氧化退火
保持架	S16SiCuCr 石墨钢	1）硬度：149～197HBW 2）显微组织：珠光体+石墨+少量铁素体,不允许有封闭网状碳化物 3）钢中化合碳量（总碳量）减去石墨碳含量 w(C)≥0.4% 4）石墨形状链状球状或少量条状	退火（或淬火回火）	退火：760±10℃，2～4h，30～50℃/h冷至650℃出炉空冷；淬火860～870℃，1～1.5min/mm，油淬；回火690±10℃，2～10h，空冷（温度/℃ — 时间/h 曲线）	自润滑保持架
挡圈	08、10	氮碳共渗后,硬度>40HRC,渗氮层深度0.4～0.7mm,处理后表面应为均匀银白色	氮碳共渗	预热200～300℃，30～60s；氮碳共渗540～560℃，2～3h，水冷；清洗≈100℃（温度/℃ — 时间/h 曲线）1）氮碳共渗保温时间:挡圈厚度<2.5mm时为2h;挡圈厚度>2.5～4mm时为2.5h;挡圈厚度4～6mm时为3h 2）在5%～10%热碳酸钠水溶液中进行100%清洗150℃×3h回火	

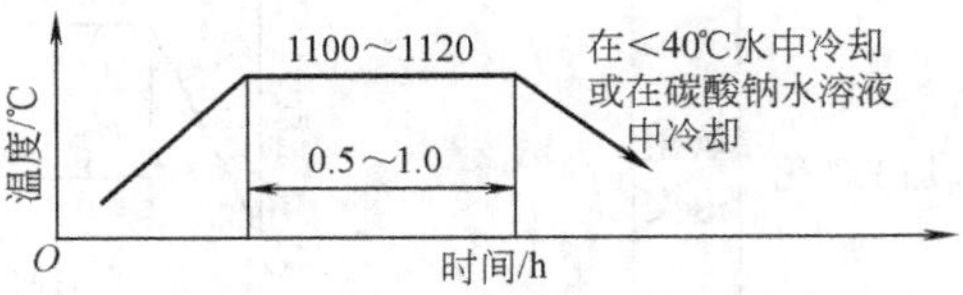

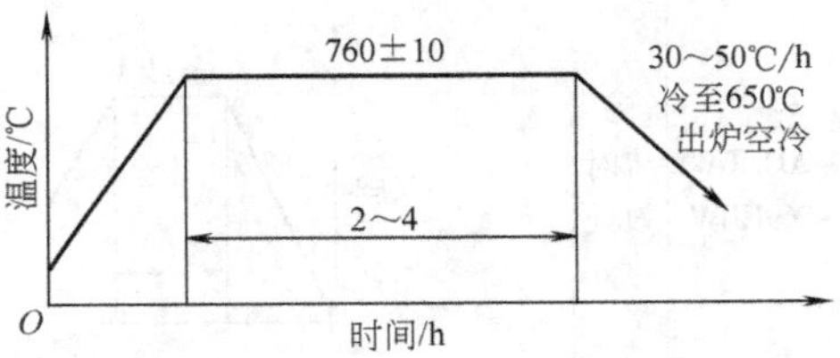

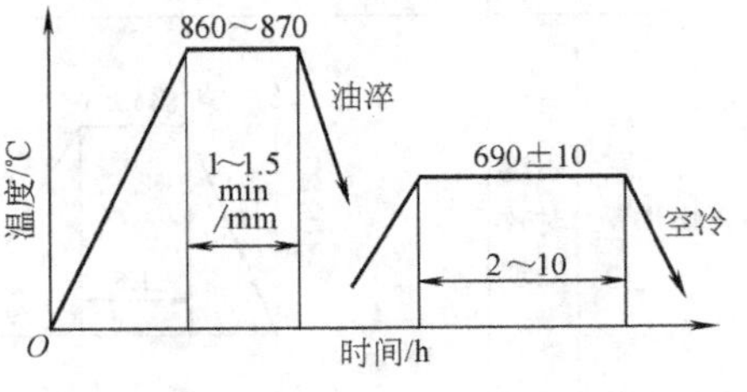

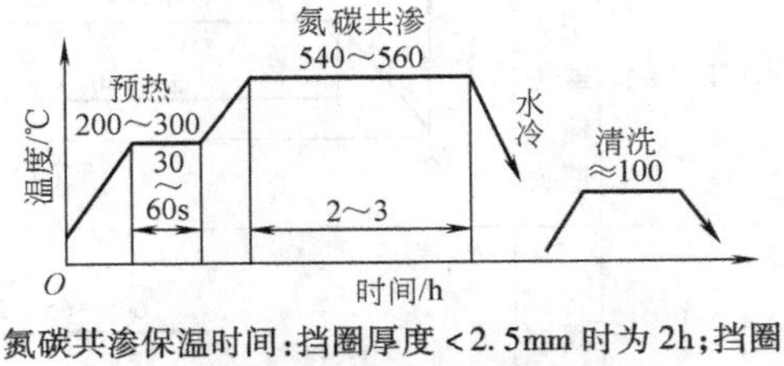

（续）

零件名称	材　　料	技术要求	工序名称	热处理工艺	备注
保持架	40CrNiMoA	33～37HRC	淬火和高温回火	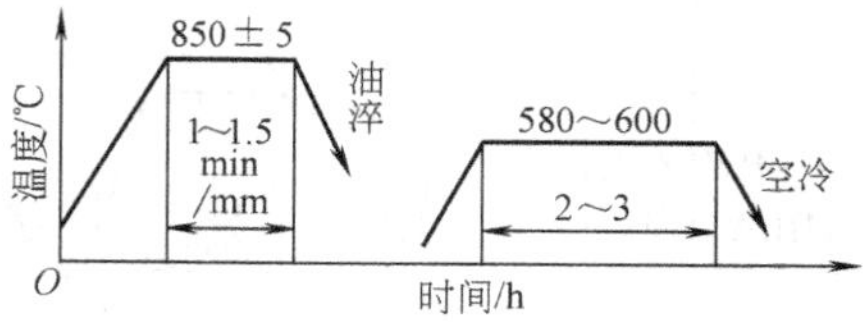 温度/℃；850±5；1～1.5 min/mm；油淬；580～600；2～3；空冷；时间/h	
冲压保持架	H62	消除加工硬化	软化退火	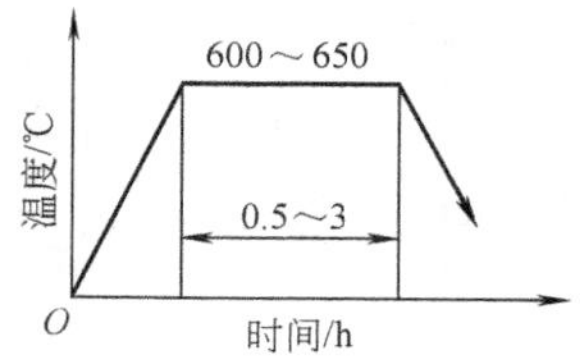 温度/℃；600～650；0.5～3；时间/h。必须装箱密封退火，在退火箱出炉后待零件冷至100℃以下时开箱	冷加工后必须进行去应力退火，270～300℃×2～3h
保持架	QSi1-3	177～209HBW	固溶和时效	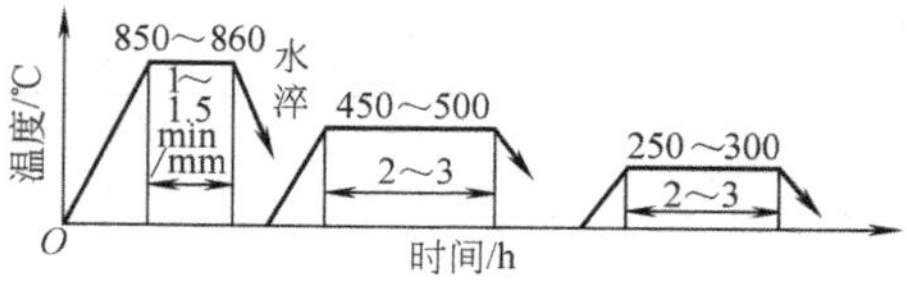 温度/℃；850～860；1～1.5 min/mm；水淬；450～500；2～3；250～300；2～3；时间/h	将管料进行热处理，达到要求后再加工成保持架，并进行去应力退火
保持架	QAL10-3～1.5	1)130～200HBW 2)202～269HBW	固溶时效处理	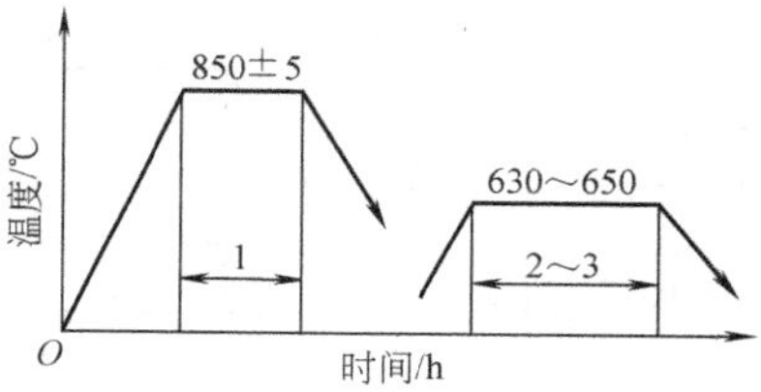 温度/℃；850±5；1；630～650；2～3；时间/h	
保持架	QAL10-3～1.5	130～200HBW	固溶时效处理	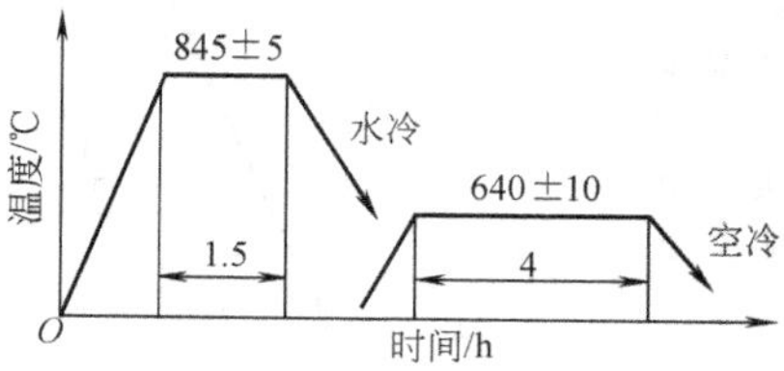 温度/℃；845±5；1.5；水冷；640±10；4；空冷；时间/h	
保持架	HPb59-1	消除加工硬化	软化退火或去应力退火	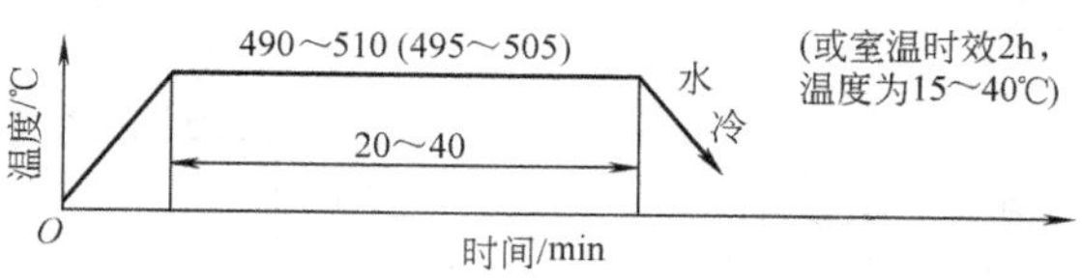 温度/℃；490～510（495～505）；20～40；水冷；（或室温时效2h，温度为15～40℃）；时间/min	括号内是去应力退火温度
保持架	2A11（T4）2A12（T4）	>60HRB	固溶时效处理	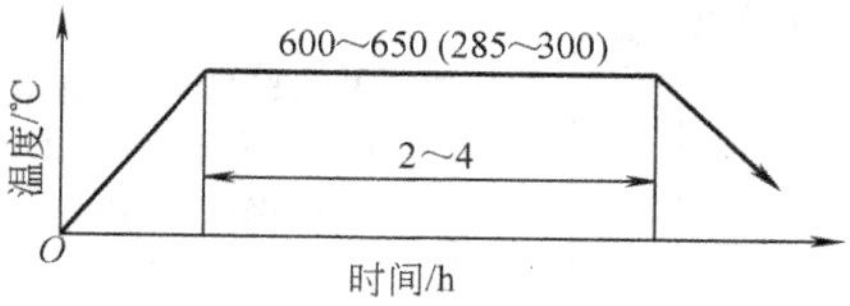 温度/℃；600～650（285～300）；2～4；时间/h	括号内为人工时效温度

参 考 文 献

[1] 全国滚动轴承标准化技术委虽会. JB/T 1255—2001 高碳铬轴承钢滚动轴承零件　热处理技术条件 [S]. 北京：机械工业出版社，2001.

[2] 全国滚动轴承标准化技术委员. JB/T 1460—2011 滚动轴承　高碳铬不锈钢轴承零件　热处理技术条件 [S]. 北京：机械工业出版社，2011.

[3] 全国滚动轴承标准化技术委员会. JB/T 2850—2007 滚动轴承　Gr4M04V　高温轴承钢零件　热处理技术条件 [S]. 北京：机械工业出版社，2007.

[4] 全国滚动轴承标准化技术委员会. JB/T 6366—2007 滚动轴承　中碳耐冲击轴承钢零件　热处理技术条件 [S]. 北京：机械工业出版社，2007.

[5] 全国滚动轴承标准化技术委员会. JB/T 8881—2011 滚动轴承　零件渗碳热处理　技术条件 [S]. 北京：机械工业出版社，2012.

[6] 全国滚动轴承标准化技术委员会. JB/T 7361—2007 滚动轴承　零件硬度试验方法 [S]. 北京：机械工业出版社，2007.

[7] 全国滚动轴承标准化技术委员会. JB/T 7363—2011 滚动轴承　低碳钢轴承零件碳氮共渗　热处理技术条件 [S]. 北京：机械工业出版社，2011.

[8] 刘耀中等. 热处理工艺对 55SiMoV 钢组织与性能的影响 [J]. 金属热处理，1996（2）：10-13.

[9] 全国滚动轴承标准化技术委员会. JB/T 2974—2004 滚动轴承代号方法的补充规定 [S]. 北京：机械工业出版社，2004.

[10] 全国滚动轴承标准化技术委员会. JB/T 11087—2011 滚动轴承　钨系高温轴承钢零件　热处理技术条件 [S]. 北京：机械工业出版社，2011.

[11] 全国滚动轴承标准化技术委员会. JB/T 8566—2008 滚动轴承　碳钢轴承零件　热处理技术条件 [S]. 北京：机械工业出版社，2011.

[12] 全国滚动轴承标准化技术委员会. GB/T 290—1998 滚动轴承　冲压外圈滚针轴承　外形尺寸 [S]. 北京：中国标准出版社，2004.

[13] 全国滚动轴承标准化技术委员会. JB/T 8878—2011 滚动轴承　冲压外圈滚针轴承　技术条件 [S]. 北京：机械工业出版社，2012.

第5章 弹簧的热处理

天津大学 苏德达 师春生

弹簧（含弹性元件，下同）是量大面广的基础零件，对于动力机械、仪器仪表及武器中的控制性元件是非常关键的零件。它的基本功能是利用材料的弹性和弹簧的结构特点，在产生及恢复变形时，可以把机械功或动能转换为形变能，或者把形变能转换为动能或机械功，以便达到缓冲或减振、控制运动或复位、储能或测量等目的。所以，在各类机械设备、仪器仪表、军工产品、电器开关及家具家电甚至文具玩具中都广泛使用弹簧。影响弹簧质量和耐用度的因素很多，如设计、材料选择、生产工艺及工况条件等。其中，材料和热处理对弹簧的各种性能及其耐用度有重要的甚至是决定性的影响。

本章主要介绍各类机械设备中常用的弹簧材料和典型弹簧的热处理，对于特殊用途的弹性材料和元件的热处理只作扼要介绍。

5.1 弹簧的分类、服役条件、失效方式和性能要求

5.1.1 弹簧的分类

弹簧种类很多，可按形状、承载特点、制造方法、材料成分和不同用途分类，每一类又分为若干小类和不同的规格。GB/T 1805—2001 弹簧术语中列出了 22 种，弹簧行业 1990 年提出的内部标准《弹簧分类》中分为 15 个小类。弹簧行业多采用按形状分类为主，在机械制造业中多按用途分类或按上述两者综合命名。现将弹簧分类综合于表 5-1。

表 5-1 弹簧的分类

分类法		弹 簧 名 称	分类法		弹 簧 名 称
按形状特征分类	螺旋弹簧	包括压缩螺旋弹簧、拉伸螺旋弹簧和扭转螺旋弹簧三大类（见图 5-1a、b、c）；外形有圆柱形、锥形、中凸形、中凹形；截面有圆截面、矩形截面、方形截面等；螺旋数有单螺旋和多螺旋；螺距有等螺距和变螺距等	按形状特征分类	线弹簧	圆弧形线弹簧（卡簧）、弹性挡圈（同心或偏心）、蛇形弹簧、S 或 Z 字形弹簧
	板弹簧	单板或多板弹簧，等截面和变截面板簧，弓形板弹簧、椭圆形板弹簧（图 5-1d、e、f）及悬臂板弹簧等		片弹簧	单片或多片舌簧、平面矩形片簧、梯形或弧形片簧、网状弹簧片、刮片弹簧等
	杆弹簧	实芯扭杆、空芯扭杆、弓形、框形扭杆（轿车用稳定杆）、弹性方棒或圆棒	按承载特点及载荷大小分类	压缩螺旋弹簧	Ⅰ类载荷弹簧（$\tau_j \leqslant 1.67\,[\tau]$），Ⅱ类（$\tau_j \leqslant 1.26\,[\tau]$），Ⅲ类（$\tau_j \leqslant 1.12\,[\tau]$） Ⅰ类交变载荷作用次数 $N > 10^6$，Ⅱ类 $N = 10^3 \sim 10^5$，Ⅲ类 $N < 10^3$
	碟簧	普通碟形弹簧，组合（叠合、对合及复合等）碟形弹簧，有支承面和无支承面碟形弹簧，膜片弹簧，圆板及波形弹簧及圆筒形弹簧			
				拉伸螺旋弹簧	环形（A 型、B 型）、半圆形
	环形弹簧	简单型弹簧和组合型弹簧			
	蜗卷弹簧	平面蜗卷弹簧（接触型与非接触型）、截锥蜗卷弹簧（笋形弹簧）		扭转螺旋弹簧	单臂、双臂、对扭和双扭 按弯曲负荷分类：$\sigma_j = 0.625\sigma_b$（Ⅱ类负荷），$\sigma_j = 0.8\sigma_b$（Ⅲ类负荷）
按制作方法及精度分类		冷成形弹簧和热成形弹簧两大类，又分Ⅰ、Ⅱ、Ⅲ级精度	按用途分类		缓冲或减振弹簧、悬架弹簧、气门或阀门弹簧、电站安全阀弹簧、纺织摇架弹簧、喷油嘴调压弹簧、柱塞弹簧、模具弹簧、密封弹簧、电器开关弹簧、定位卡簧、平衡弹簧、液压元件控制弹簧（为调速弹簧）、武器中的枪击弹簧、子母弹中的皇冠尾翼导向弹簧、钟表及玩具中的弹簧（如发条、游丝）、测力弹簧、仪表弹性元件。运动器械用簧（如扩胸器簧、单杠、双杠及撑高杆）、家具弹簧、坐垫弹簧等
按弹簧材料分类	金属类弹簧	碳素钢弹簧、低合金钢弹簧、冷拔钢丝弹簧、油淬火钢丝弹簧、不锈钢弹簧、耐热钢弹簧、高温合金弹簧、铜合金弹簧（如锡青铜弹簧、锡磷青铜弹簧、铍青铜弹簧等）、钛合金弹簧及特殊合金弹簧等			
	非金属类弹簧	橡胶弹簧、塑料弹簧、流体（空气或液体）弹簧等			

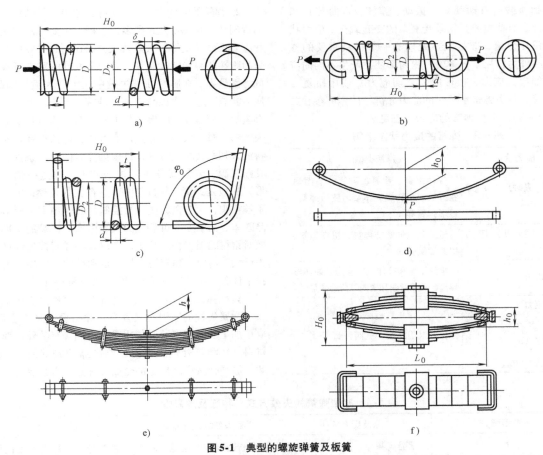

图 5-1 典型的螺旋弹簧及板簧

a）压缩螺旋弹簧 b）拉伸螺旋弹簧 c）扭转螺旋弹簧 d）单板弹簧 e）多板弓形弹簧 f）椭圆形板弹簧

d—材料直径 D_2—弹簧中径 t—节距 φ_0—自由扭转角 D—弹簧外径 H_0—弹簧自由高度

δ—间距 h—板簧弧高 h_0—自由弧高 L_0—自由弦长

5.1.2 弹簧的服役条件和失效方式

1. 弹簧的服役条件和应力状态　弹簧服役条件是指它工作的环境（温度和介质）及应力状态等因素。工作温度可分为低温（室温以下）、室温、较高温度（120～350℃）、高温（400℃以上）几个档次。工作环境介质有空气（干燥气和潮湿气）、水蒸气、雨水、燃烧产物、油及酸碱水溶液等。普通机械弹簧一般是在室温或较高工作温度、大气条件下承受负荷，也有用于耐蚀、承受高应力等各种特殊用途的弹簧。应当指出，工作持续时间也是一个值得考虑的重要因素。

弹簧的载荷特性由弹簧变形时载荷（P 或 T）与变形（F 或 φ）之间的关系曲线表示。常见者有三类：直线型、渐增型、不重合型。各类弹簧的载荷特性见表 5-2。

表 5-2　各类弹簧的载荷特性

载荷特性	P-F 曲线	弹簧种类
直线型		圆柱形（圆或矩形截面）螺旋弹簧（包括压簧、拉簧和扭簧）、扭杆、单片或单板弹簧等
渐增型或先直线后渐增		圆柱形不等螺距压缩螺旋弹簧、圆锥形螺旋弹簧、多股压缩螺旋弹簧、中凸形及中凹形螺旋弹簧、组合（塔形）螺旋弹簧、笋形弹簧（蜗卷螺旋弹簧）等
加载和卸载时特性线不重合型		多板组合弹簧、组合碟簧、组合环形弹簧、接触型蜗卷弹簧等

弹簧载荷有动载荷（振动、扭转、弯曲等）和静载荷，有些重要弹簧承受复杂的交变载荷。应力状态是设计弹簧、选材及热处理的一个极其重要的参数。在外力作用下，弹簧材料内部往往产生不同的应力：如弯曲应力、扭转应力（切应力）或弯扭复合应力等。各类弹簧承载时的应力分析与计算可参看文献 [1~3]。典型弹簧的应力状态见表 5-3。

表 5-3　弹簧的应力状态举例

应力状态	弹簧类型
弯曲应力（σ_{bb}）为主	各种板簧、片簧、碟簧、平面蜗卷弹簧、扭转螺旋弹簧、波形弹簧、弓形弹簧等
扭转（剪切）应力（τ_b）	压缩和拉伸螺旋弹簧、扭杆弹簧、蜗卷螺旋弹簧
复合应力	承受压缩和拉伸复合应力，如环形弹簧、承受弯曲和横向载荷的弹簧
交变应力 对称（σ_{-1}、τ_{-1}） 非对称（$\sigma_{max}-\sigma_{min}$） 脉动（$0-\sigma_{max}$）	各种气门弹簧、气阀弹簧

2. 弹簧的失效方式　由于弹簧服役条件的复杂性和苛刻性，其失效方式有多种多样，主要有断裂失效和应力松弛（变形）失效两大类。在断裂失效中又可分为脆性断裂和塑性断裂，其中突发性的脆性断裂的危害性最大。在脆性断裂失效中又可分为脆性断裂、疲劳断裂、应力腐蚀断裂及腐蚀疲劳断裂。此外，还有氢脆、镉脆及黑脆等。其中疲劳断裂约占弹簧断裂失效的 80% ~ 90%。在生产实践中，可依据弹簧断口特征来判断其断裂方式，可根据弹簧的受力条件找出其断裂源，分析其裂纹的扩展速率。应力松弛（变形）失效是弹簧工作过程中普遍存在的现象，但一般不被重视，而它在那些执行控制性元件中则是影响产品效率、灵敏度及可靠性的关键因素。弹簧的早期失效对钢材的浪费相当严重，造成直接和间接的经济损失巨大。所以，弹簧的失效分析和预防是一项重要的技术任务。有关这方面的问题请参阅资料 [4]。

典型弹簧的失效方式、特征及危害性见表 5-4。

弹簧失效的原因比较复杂，除与设计是否合理、成形加工质量、安装和使用是否正确等有关外，弹簧材料好坏和热处理质量是影响产品的关键因素。因此，加强弹簧产品质量的全面管理是完全必要的。

表 5-4　典型弹簧的失效方式、特征及危害性

典型弹簧		工况及受力条件	主要失效方式和特征	事故危害性
螺旋弹簧	气门弹簧	承受高频率、高应力非对称交变应力，在燃烧产物、较高温度下工作	疲劳断裂及应力松弛，断在 1~3 圈，断面与轴线呈 45°，断裂源一般在弹簧内表面	断簧掉入气缸内引发机毁人亡事故或降低发动机效率，增加耗油量
	活塞式压缩机气阀弹簧	工作介质为各种气体，温度较高，行程短，频率高。弹簧工作时，除压缩外还有转动、摇摆和振动	疲劳断裂，并圈处磨损后折断，被阀片卡断等 应力松弛，被压缩在阀座孔内，失掉弹性	断簧掉入气缸内、将气缸顶破，造成机毁人亡事故，降低机器效率，噪声很大
	电站锅炉安全阀弹簧	静应力，工作温度较高	应力松弛为主	失控引发锅炉爆炸
	喷油嘴调压弹簧	高应力，高频率，工作温度较高	疲劳断裂和应力松弛	喷油量失控或失稳，降低内燃机效率
	轿车悬架弹簧	高应力，振动大，受冲击或摇摆，受泥水、泥沙等腐蚀	断裂和应力松弛	舒适性降低
	模具弹簧	高应力，受冲击，振动大	断裂和应力松弛	停机事故，噪声大
	液压元件调压弹簧	高应力	应力松弛为主	降低控制精度
	扭转密封弹簧	静应力、在油井中工作	应力松弛	漏油日益严重
	纺织机摇架弹簧	微振室温（<50℃）要求 $\left(\dfrac{\Delta P}{P},\%\right)_{10}<5\%$	应力松弛（加压失控）	纺纱粗细不匀，严重影响服装出口
汽车、火车用板簧		高弯曲应力，冲击和振动，受泥水、泥沙等侵蚀	腐蚀疲劳断裂、应力腐蚀断裂、脆断、磨损和应力松弛	停车待修，板簧耗损量大，降低行车舒适性

（续）

	典型弹簧	工况及受力条件	主要失效方式和特征	事故危害性
片弹簧	转子发动机刮片簧	高温受弯曲应力	应力松弛（变形失效）	急剧降低机器效率，甚至停机
	电器接插件片簧	室温工作	应力松弛（变形）	接触不良，引发故障
	地震仪拾震器片状异形弹簧	在深井中工作（<100℃）	应力松弛	地震仪失灵
	网状弹簧片	高应力，高频率，工作温度较高	疲劳断裂（一般在片簧根部），应力松弛、丧失弹性	造成停机事故，降低设备效率
蜗卷弹簧	汽车平衡弹簧	室温工作，往复弯曲	疲劳断裂和磨损、松弛	玻璃升降失效
	钟表发条、游丝	室温工作，往复弯曲回转	应力松弛，偶有断裂	走速不稳，甚至停走
碟形和环形弹簧		高应力，接触磨损	断裂、磨损和应力松弛	降低吸振、减振性能

5.1.3　对弹簧的性能要求

弹簧质量好坏应包括弹簧材料、几何形状、尺寸精度和表面质量（美观）等，其中，对弹簧材料的性能要求是其重点。具体内容如下。

1. 力学性能方面　由于弹簧是在弹性范围内工作，不允许产生永久变形。弹性好坏可用应变能或弹性比功（U）表示，根据应力应变曲线 $U \propto \dfrac{\sigma_e^2}{E}$ 或 $U' \propto \dfrac{\tau_e^2}{G}$ 可知，弹性应变能（比功）与材料的弹性极限（σ_e 或 τ_e）的平方成正比，与弹性模量成反比。要求弹性应变能或比功较大，也就是要求弹簧材料有良好的微塑性变形抗力，即弹性极限（σ_e 或 τ_e）、屈服极限（$R_{p0.2}$ 或 $\tau_{0.2}$）和屈强比（R_{eL}/R_m）要高，所以弹簧钢一般属于高强度或超高强度钢。弹簧材料的种类和热处理工艺对上述性能影响很大。相对而言，它们对钢材的弹性模量（E 或 G）的影响较小。例如，各种碳素钢、低合金钢的弹性模量 $E = 210000\text{MPa}$，$G = 80000\text{MPa}$ 左右。所以，优选合金成分和改善热处理技术是提高弹性的主要方向。另一方面，许多重要弹簧是在交变载荷条件下长期工作，则要求弹簧有很高的疲劳强度，同时要求有良好的抗应力松弛性能，减少永久变形，以便保证机电产品效率的正常发挥和仪表的工作灵敏性及可靠性。因为应力松弛过程就是弹簧长期在室温或较高温度下工作时材料内部的微塑性变形逐渐转变为永久变形的必然结果。为了提高弹簧的耐用度，对材料的冶金质量有很高要求。例如：要求弹簧材料表面不应有裂纹或类裂纹、凹坑、刻痕等缺陷，在弹簧加工过程中更不应产生上述缺陷，要求钢质纯净（各种夹杂物含量要少、

其形状和大小应在 1 级以内），第二相质点匀、细、圆，显微组织均匀，不含脆性马氏体等，尽可能减少表面脱碳。同时，要求材料尺寸公差应按合同或有关标准进行验收。各项指标合格后才能投产使用。

2. 理化性能方面　弹簧的工况很复杂，有些弹簧是在较高或高温下长期工作的，因此要求弹簧材料有良好的耐热性，即有高的蠕变极限、蠕变速率较小和较低的应力松弛率。相反，有些弹簧是在严寒地带工作，则要求材料有较高的低温冲击韧度、较低的脆性转化温度（θ 或 ΔT_{TRS} 低），以免发生冷脆。这方面的性能与弹簧材料的化学成分和组织状态有密切关系。

在腐蚀介质中工作的弹簧，其表层金属与腐蚀介质发生化学或电化学反应，弹簧表层逐渐被腐蚀，易造成腐蚀脆性断裂。特别是在交变应力作用下，材料的疲劳极限将显著降低，弹簧更易发生腐蚀疲劳断裂失效。所以，在这种情况下使用的弹簧必须具有良好的耐蚀性。

对于精密仪器和电器仪表中使用的弹性元件，则要求有高导电、无磁性、不产生火花或恒弹性等。例如，铜合金弹性材料能满足高导电性能要求，钛合金、铜合金及奥氏体不锈钢弹性材料能满足无磁的要求，恒弹性合金的热胀系数很小，弹性模量在 $-50 \sim 100℃$ 之间基本上无变化，这是精密测量仪表及电子仪器中比较理想的弹性材料。

3. 工艺性能方面　对于要求淬火而其截面尺寸较大的弹簧，其钢材应有相应的淬透性、较小的过热敏感性和表面脱碳倾向小，才能保证弹簧表里组织和性能的均匀性。在冷、热成形时要求材料有足够的塑性和良好的弯曲、扭转及缠绕性能，以便保证或提高弹簧的制造质量。尺寸较小的弹簧热处理时变形大、

难以矫正和保证弹簧产品质量，宜选用已强化的弹簧材料，冷成形后不经淬火、回火，只需进行低温退火。这样更能保证大批量小弹簧的产品质量和成本低廉。

5.2　弹簧材料及其热处理

弹簧材料的种类繁多，生产上用量最多的是弹簧钢材，如碳素弹簧钢、低合金弹簧钢及高强度弹簧钢等；其次是具有特殊性能的弹簧材料，如不锈耐酸弹簧钢、耐热弹簧钢及合金（镍基、钛基及钴基合金、高弹性高导电的铜基合金）。非金属弹性材料有橡胶、塑料、陶瓷及流体等。本章只介绍金属类弹簧材料，其中又以通用弹簧钢材为重点。

5.2.1　通用弹簧钢材及其热处理

5.2.1.1　通用弹簧钢材

弹簧钢大部分是圆钢（GB/T 1222—2007）、盘条（GB/T 4354—2008）和扁钢（YB/T 037—2005），用以制造各种尺寸较大的热或冷成形螺旋弹簧和板（片）簧。冶金弹簧钢的生产都是按国家或冶金标准进行。各种冶金弹簧钢的化学成分如表 5-5 所示。

弹簧钢的 w（C）是 0.3% ~ 1.2%，其中，碳素弹簧钢 w（C）一般为 0.6% ~ 0.9%，属于高碳钢；合金弹簧钢的 w（C）一般为 0.45% ~ 0.70%。钢中碳含量的增加能有效地提高冷变形强化或马氏体相变强化效果，获得较高的强度和弹性极限，这是碳素弹簧钢的主要优点。但是，碳素弹簧钢的淬透性小，抗应力松弛性能不够好、耐蚀性差和弹性模量温度系数较大，只能用于制造截面积较小、工作温度不高的弹簧。为了改善上述性能，在钢中加入 Si、Mn、Cr、Ni、Mo、V、W、Nb 及 B 等合金元素制成合金弹簧钢。大体上可分为：①锰弹簧钢和硅锰弹簧钢；②硅铬、硅铬钒和硅锰钨弹簧钢；③铬锰、铬钒和铬锰钒弹簧钢；④硼弹簧钢及稀土弹簧钢；⑤其他多元量少的低合金弹簧钢。

表 5-5 中列出 GB/T 1222—2007 标准中的各种通用弹簧钢的化学成分，充分反映了上述合金化原理。在 2007 年修订的标准中共有 15 个钢种。其中，碳素弹簧钢 3 个；锰钢 1 个；硅锰钢 2 个；含硼钢 2 个；铬锰钢 2 个；硅铬钢 3 个；铬钒钢和钨铬钒钢各 1 个。取消了 1984 标准中的 55Si2Mn、55Si2MnB、60CrMnMoA 3 个钢种，又增加了 55SiCrA 1 个钢种。

应当指出，取消的 3 个钢号仍然在某些早期定型产品中还在应用，在国际上已应用较多的弹簧新钢种（如 55CrSiA 等）也受到推广使用。由于硅锰钢和硅锰钨钢的冶炼及成材工艺问题较多，硅酸盐夹杂物难以消除，热加工时表面脱碳倾向大，奥氏体晶粒长大趋势明显，这些缺点严重影响了弹簧钢的力学性能和使用寿命。而铬锰系弹簧钢的上述工艺性能却好得多，而且它具有更好的淬透性，因而可用来制造截面积更大、要求力学性能更好的弹簧。

从国内外弹簧工业发展形势看，弹簧钢远不能满足客观的需要，从碳素工具钢、高速工具钢、超高强度钢、不锈钢和耐蚀、耐热钢中选用不少牌号，甚至选用铜基、镍基或镍铬基等合金中来制造一些特殊用途的弹簧或弹性元件。关于这些弹簧钢和弹性合金的牌号、化学成分、冷热加工工艺及性能可参考有关技术标准和资料 [5]。在下面各节中还将作详细介绍。

各种弹簧钢的热处理工艺参数、处理后的力学性能及主要用途如表 5-6 所示。

表 5-5　弹簧钢的化学成分（GB/T 1222—2007）

序号	统一数字代号	牌号	化学成分（质量分数）（%）										
			C	Si	Mn	Cr	V	W	B	Ni	Cu①	P	S
										不大于			
1	U20652	65	0.62 ~ 0.70	0.17 ~ 0.37	0.50 ~ 0.80	≤0.25				0.25	0.25	0.035	0.035
2	U20702	70	0.62 ~ 0.75	0.17 ~ 0.37	0.50 ~ 0.80	≤0.25				0.25	0.25	0.035	0.035
3	U20852	85	0.82 ~ 0.90	0.17 ~ 0.37	0.50 ~ 0.80	≤0.25				0.25	0.25	0.035	0.035
4	U21653	65Mn	0.62 ~ 0.70	0.17 ~ 0.37	0.90 ~ 1.20	≤0.25				0.25	0.25	0.035	0.035
5	A77552	55SiMnVB	0.52 ~ 0.60	0.70 ~ 1.00	1.00 ~ 1.30	≤0.35	0.08 ~ 0.16		0.0005 ~ 0.0035	0.35	0.25	0.035	0.035

（续）

序号	统一数字代号	牌号	化学成分（质量分数）（%）											
			C	Si	Mn	Cr	V	W	B	Ni	Cu[①]	P	S
										不大于			
6	A11602	60Si2Mn	0.56 ~ 0.64	1.50 ~ 2.00	0.70 ~ 1.00	≤0.35				0.35	0.25	0.035	0.035
7	A11603	60Si2MnA	0.56 ~ 0.64	1.60 ~ 2.00	0.70 ~ 1.00	≤0.35				0.35	0.25	0.025	0.025
8	A21603	60Si2CrA	0.56 ~ 0.64	1.40 ~ 1.80	0.40 ~ 0.70	0.70 ~ 1.00				0.35	0.25	0.025	0.025
9	A28603	60Si2CrVA	0.56 ~ 0.64	1.40 ~ 1.80	0.40 ~ 0.70	0.90 ~ 1.20	0.10 ~ 0.20			0.35	0.25	0.025	0.025
10	A21553	55Si2CrA	0.51 ~ 0.59	1.20 ~ 1.60	0.50 ~ 0.80	0.50 ~ 0.80				0.35	0.25	0.025	0.025
11	A22553	55CrMnA	0.52 ~ 0.60	0.17 ~ 0.37	0.65 ~ 0.95	0.65 ~ 0.95				0.35	0.25	0.025	0.025
12	A22603	60CrMnA	0.56 ~ 0.64	0.17 ~ 0.37	0.70 ~ 1.00	0.70 ~ 1.00				0.35	0.25	0.025	0.025
13	A23503	50CrVA	0.46 ~ 0.54	0.17 ~ 0.37	0.50 ~ 0.80	0.80 ~ 1.10	0.10 ~ 0.20			0.35	0.25	0.025	0.025
14	A22613	60CrMnBA	0.56 ~ 0.64	0.17 ~ 0.37	0.70 ~ 1.00	0.70 ~ 1.00			0.0005 ~ 0.0040	0.35	0.25	0.025	0.025
15	A27303	30W4Cr2VA	0.26 ~ 0.34	0.17 ~ 0.37	≤0.40	2.00 ~ 2.50	0.50 ~ 0.80	4.00 ~ 4.50		0.35	0.25	0.025	0.025

① 根据需方要求，并在合同中注明，钢中残余铜含量应不大于0.20%（质量分数）。

表 5-6　热轧弹簧钢热处理后的力学性能（GB/T 1222—2007）及主要用途

牌　　号	热处理			力学性能（不小于）					交货状态	HBW（不大于）	主　要　用　途
	淬火淬火温度/℃	介质	回火温度/℃	屈服强度 R_{eL}/MPa	抗拉强度 R_m/MPa	断后伸长率		断面收缩率 Z（%）			
						A(%)	$A_{11.3}$(%)				
65	840	油	500	785	980	—	9	35	热轧	285	用作一般机器上的圆、方螺旋弹簧或冷拔钢丝作小型机械的弹簧
70	830	油	480	835	1030	—	8	30	热轧	285	
85	820	油	480	980	1130	—	6	30	热轧	302	用作汽车、拖拉机及一般机器上的扁形弹簧、圆形螺旋弹簧，以及其他用途的钢丝等
65Mn	830	油	540	785	980	—	8	30	热轧	302	用作截面直径小于15mm的中小型、低应力弹簧，如座垫板簧，弹簧发条等。冷拔钢丝的冷卷成形弹簧
60Si2Mn	870	油	480	1180	1275	—	5	25	热轧	321	用作汽车、拖拉机、铁道车辆上的板簧、螺旋弹簧，气缸安全阀及止回阀簧，也用于制造承受交变载荷及中等应力下工作的大型弹簧等
60Si2MnA	870	油	440	1375	1570	—	5	20	热轧	321	
60Si2CrA	870	油	420	1570	1765	6	—	20	热处理	321	用作承受重载荷和重要用途的大型螺旋弹簧和板簧

（续）

牌　号	热处理			力学性能（不小于）					交货状态	HBW（不大于）	主　要　用　途
	淬火温度/℃	淬火介质	回火温度/℃	屈服强度 R_{eL}/MPa	抗拉强度 R_m/MPa	断后伸长率		断面收缩率 Z（%）			
						A（%）	$A_{11.3}$（%）				
60Si2CrVA	850	油	410	1665	1860	6	—	20	热处理	321	用作极重要的和重载下工作的螺旋弹簧与板簧
55SiCrA	860	油	450	1300 （$R_{p0.2}$）	1450 ~ 1750	6	—	25	热处理	321	用作承受较大载荷的扁形弹簧或直径在30mm以下的螺旋弹簧
55CrMnA	830 ~ 860	油	460 ~ 510	1080 （$R_{p0.2}$）	1225	9	—	20	热轧	321	用作载荷较高、应力较大的板簧，也用作直径较大（50mm）的螺旋弹簧
60CrMnA	830 ~ 860	油	460 ~ 520	1080 （$R_{p0.2}$）	1225	9	—	20	热轧		
50CrVA	850	油	500	1130	1275	10	—	40	热轧	321	用作特别重要的承受高应力的各种尺寸的螺旋弹簧，也可用大截面的以及在300℃以下工作的重要弹簧，如各种阀门弹簧、喷油嘴弹簧
30W4Cr2VA	1050 ~ 1100	油	600	1325	1470	7	—	40	热处理	321	用作高温（500℃以下）条件使用的弹簧，如400t锅炉蝶形阀弹簧等
60CrMnBA	830 ~ 860	油	460 ~ 520	1080 （$R_{p0.2}$）	1225	9	—	20	热处理	321	用于汽车前后簧、副簧
55SiMnVB	860	油	460	1225	1375	5	—	30	热轧	321	用于汽车前后簧、副簧

5.2.1.2　冷成形用弹簧钢丝及其热处理

1. 弹簧钢丝分类及其热处理工艺原理　弹簧钢丝是制造各种螺旋弹簧等用量较多的材料，品种繁多。按其化学成分的不同，可分为碳素弹簧钢丝、合金弹簧钢丝（如硅锰弹簧钢丝、铬钒弹簧钢丝、硅铬弹簧钢丝等）、不锈弹簧钢丝等。按供货状态不同，可分为硬态和软态两大类，前者有冷拉强化的弹簧钢丝、油淬火-回火弹簧钢丝、形变热处理弹簧钢丝等，用硬态材料冷成形弹簧不需进行淬火，只需进行去应力退火（在弹簧行业中俗称低温回火）；后者以退火状态供货，它包括碳素工具钢丝、低合金和高合金钢丝，用这类材料冷成形的弹簧必须进行淬火和回火、达到所要求的组织和力学性能才能使用。目前，以冷拉碳素弹簧钢丝和各种油淬火-回火钢丝用量最大。

弹簧钢丝的强化原理有如下几个方面：合金化强化、冷形变强化、马氏体相变强化和沉淀强化（时效硬化）。其中，形变和相变强化占有重要地位。反映在弹簧钢丝生产过程就是拔丝和热处理两道工序。弹簧钢丝生产厂的两个支柱车间就是拉丝车间和热处理车间，而热处理又是其中的关键工序。

弹簧钢丝产品的热处理一般可分为中间热处理和最终热处理两类：前者有退火（等温退火、再结晶退火等）、正火及索氏体化处理，主要目的是软化，为冷拉工序准备良好的组织条件；后者有铅浴淬火、油淬火-回火、形变热处理及贝氏体等温淬火等。只

有冷拉弹簧钢丝是通过铅浴淬火后经过多次拉拔达到所需的力学性能，其他硬态弹簧钢丝都是通过热处理达到所要求的力学性能。常用弹簧钢丝的冷拉和热处理过程、工艺原理、质量问题及组织性能特点，见图5-2和表5-7。

生产弹簧钢丝的主要原料是热轧盘条（亦称线材），盘条质量的好坏直接影响弹簧钢丝的质量。为了减少金属的耗损（一般达5%）、拉丝前容易清洗并提高钢丝性能的均匀性，目前多采用控制轧制技术或"散卷控制冷却"等来提高盘条质量。

拉丝车间用来生产弹簧钢丝的盘条质量应符合国家标准，即优质碳素钢（65、70、85、65Mn）和碳素工具钢（T7A、T8A、T9A、T10A）盘条符合GB/T 4354—2008，琴钢丝用钢为GB/T 699—1999中60 ~ 80、65Mn、70Mn和GB/T 1298—2008中的T8MnA、T9A等钢种，其盘条应符合GB/T 14981—2009质量要求，盘条的尺寸为4 ~ 16mm。制造异形钢丝时，宽边为5 ~ 15mm，盘条的圈径为500 ~ 1000mm。盘条往往存在着各种表面缺陷，如椭圆或其他异形、飞边、折叠、鳞皮、凹坑及刻痕，甚至有表面裂纹，表面脱碳更属常见的现象。线材内部缺陷则有缩孔、疏松、偏析、气孔及非金属夹杂物等。这些缺陷不仅影响拔丝的生产过程，而且直接影响弹簧钢丝的质量。为了进一步提高钢丝质量，可对盘条进行剥皮处理。

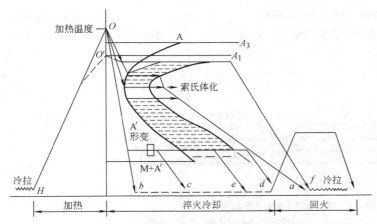

图 5-2　弹簧钢丝的热处理工艺原理示意图

HOa—铅浴淬火（索氏体化）　　HOb—油淬火　　HOc—低温形变热处理

HOd—贝氏体等温淬火　　HOe—复合组织（B$_下$ + M）处理

HO′f—等温退火（球化）工艺

表 5-7　常用弹簧钢丝的主要生产过程、热处理工艺原理、质量问题、组织性能特点

序号	钢丝名称	冷拔前热处理	冷拉	热处理工艺原理图	热处理质量问题	金相组织	冷卷簧性能	供应状态
1	冷拉弹簧钢丝	中间热处理（退火、或正火或焙燃处理）	多道次冷拉到所需尺寸	铅淬火（索氏体化）见图5-2中HOa曲线	1）表面脱碳 2）先共析铁素体超标 3）脆性马氏体	纤维状组织	好但内应力大易变形	硬
2	油淬火-回火弹簧钢丝或带材			油淬火（+铅浴回火）见图5-2中HOb曲线	1）表面脱碳 2）组织粗大 3）非马氏体过多 4）回火不足	回火马氏体	好	硬
3	形变热处理弹簧钢丝			低温形变热处理工艺见图5-2中HOc曲线	1）形变量不足 2）回火不足	回火马氏体	较好	硬
4	下贝氏体钢丝或钢带			等温淬火工艺见图5-2中HOd曲线，HOe为复合组织处理工艺	1）非B$_下$量过多 2）回火不足	B$_下$为主	好	硬
5	退火态弹簧钢丝			普通退火或等温退火（球化）工艺见图5-2中HO′f曲线	球化级别不合格 表面脱碳	球状珠光体	好但淬火时极易变形	软

2. 冷拉弹簧钢丝及其热处理　　冷拉弹簧钢丝分为碳素弹簧钢丝（GB/T 4357—2009）、重要用途的65Mn弹簧钢丝和琴钢丝，都是用盘条拉拔而成。在拉拔前，盘条经过索氏体化处理，目的是提高其塑性，以利于冷拔。

（1）钢丝的索氏体化（俗称铅淬火或焙燃处理），钢丝铅淬火设备布置如图5-3所示。处理时将盘条2（或钢丝）置于放线架1上，一般是十几根或几十根连续地通过加热炉3，在炉中运行一定时间将

钢丝加热900~950℃后，连续地浸入450~600℃的铅浴槽4中冷却，随后出炉空冷或淋水冷却，最后由收线架5收成捆。这种热处理使盘条（或钢丝）获得均匀细片状珠光体（即索氏体），它具有优异的冷拉性能，断面收缩率可达80%~90%。热处理后钢丝通过酸洗和沾白灰以备拉拔，冷拉后的钢丝达到了所需要的力学性能。

盘条在炉中的淬火加热温度（℃）主要由钢中碳含量及线径大小而定，通常由下式确定

$$t_{淬火} = 900 - 50w（C）+ 10d$$

式中　w（C）——钢中碳含量（%）；
d——钢丝或盘条直径（mm）。

上述方程为直线关系，如图5-4所示。

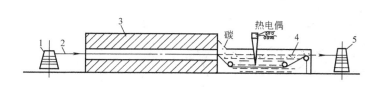

图5-3　钢丝铅淬火设备布置简图
1—放线架　2—盘条或钢丝　3—加热炉　4—铅浴槽　5—收线架

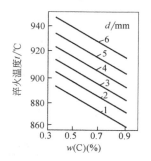

**图5-4　铅淬火时钢丝加热温度与
其碳含量及丝径大小的关系**

盘条在炉中加热的最短时间 τ_{min}（s）可用下式确定

$$\tau_{min} = \frac{3600C\gamma d}{4\alpha} \times \ln\frac{t_0 - t_a}{t_0 - t}$$

式中　t_0——炉温（℃）；
　　　t_a——室温（℃）；
　　　t——钢丝温度（℃）；
　　　α——钢丝表面传热系数（W/(m²·K)）；
　　　C——钢的比热容（J/(kg·K)）；
　　　ρ——钢的密度（kg/m³）；
　　　d——钢丝直径（mm）。

对于某种盘条，C、ρ 及 α 取平均值，当 $\left(\frac{t_0 - t_a}{t_0 - t}\right)$ 为定值时，则 $\tau_{min} = Kyd$，其中 $K = \frac{3600C\rho}{4\alpha}\ln\left(\frac{t_0 - t_a}{t_0 - t}\right)$；$y$ 为安全系数，一般取 $y = 1.25$。

由上述可知，钢丝在炉中的加热时间可近似地认为与钢丝直径成正比。

弹簧钢丝的热处理是连续性流水线作业，通道式加热炉（燃料炉或电阻炉）长十几米甚至几十米，由钢丝直径大小，加热炉长度及铅浴槽长度可确定钢丝的运行速度，用无级变速器来调整收线机的回转速度。

钢丝在炉中加热过程中必须完成奥氏体化过程，实际上钢丝将发生如下几个转变：①应变时效；②回复、再结晶及珠光体球化；③奥氏体的形成；④奥氏体晶粒长大及成分均匀化等。由于炉内温度分布不均，钢丝之间也有差异，所以，加热时钢丝内部奥氏体化过程也不完全一致。例如，煤气加热炉长 15m，分成预热、加热及均热三段。钢丝在成形马弗砖孔中通过，可同时并排处理 24~30 根钢丝，加热温度为 900~920℃，在炉中加热时间为 6min；则 φ5.6mm

钢丝加热转变的四个阶段占总加热时间的百分数分别为 13.3%、20%、20% 及 46.7%。实践表明，奥氏体形成、长大和成分均匀化过程占 50% 以上是合适的。提高加热炉预热段温度，将缩短前两个转变过程所需的时间、延长后两个转变过程的时间，这有利于提高生产率。调整铅淬火前的组织状态或适当提高钢丝的加热温度都可改善索氏体处理后的组织均匀性，改善冷拉性能并提高钢丝的综合力学性能。

铅浴淬火也可采用电接触加热法进行处理，其优点是加热速度快，加热时间较短、热效率高，所占生产面积较小，比较容易采用保护气氛加热，减少钢丝表面脱碳和金属耗损等。

钢丝加热到奥氏体状态是淬火的前提条件，铅浴淬火时的冷却条件对冷拉弹簧钢丝的组织和性能也有很大影响。由于淬火冷却介质的不同，索氏体处理便有不同的名称，例如，铅浴处理、盐浴处理、流态层处理及热水浴处理等，甚至风冷处理，正火也属于这个范围。

1）铅浴处理。目前，国内外仍广泛采用铅浴作为铅浴处理的淬火冷却介质。在生产中，根据钢中碳含量及丝径大小确定铅浴温度。钢中碳含量越多，铅浴温度应越高；丝径越大，铅浴温度（℃）应越低。通常用下式计算

$$t_{铅浴} = 400 + 60w（C）- 15d$$

式中　w（C）——钢中碳含量（%）；
　　　d——钢丝直径（mm）。

上述关系亦可用图5-5表示。

实际生产时，盘条通过铅浴的时间约为 60s。

铅浴的主要优点是有很好的导热能力，钢丝可在较短时间内从奥氏体化温度冷却到接近铅浴的温度。如根据碳钢的冷却转变图来计算，钢丝在 500℃ 左右的铅浴中完成索氏体转变的时间只需 20s，而实际生

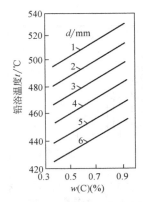

图 5-5　铅浴温度与钢中碳含量及钢丝直径大小的关系

产中钢丝在铅浴中通过的时间约 1min。但是，对于锰含量较高（如 65Mn、T8Mn 等）或钢中含有较多的 Si、Cr 等合金元素时，将延长珠光体转变的孕育期，要求获得全部均匀细小的索氏体，就需延长在铅浴中的停留时间，否则易出现脆性组织——马氏体。

铅浴淬火中另一个主要问题是当 20~30 根赤热钢丝同时进入铅浴中，大量的热传导给铅浴，它虽有良好的导热性，仍不能将这些热量散发出去，而恰在此处覆盖着相当厚的木炭，以防止钢丝表面氧化和脱碳，故在钢丝入铅浴处附近区域造成了非常严重的过热现象。这个过热区域较大，其温度可达 700℃，比铅浴要求温度高 300℃ 左右。很明显，钢丝从加热炉出来后，必然通过该过热区并先析出铁素体，形成的片层珠光体亦较粗，从而降低弹簧钢丝的力学性能。

影响铅浴波动的因素很多，如铅液数量、铅液是否能循环流动、铅槽结构、钢丝加热温度的高低、钢丝尺寸大小和数量，以及运行速率等。实践证明：钢丝直径越大，其加热温度越高，则铅液的过热现象越严重。用液压泵循环冷却铅液可保证钢丝淬火冷却质量，但设备比较复杂和昂贵。如果在过热区域安置冷却水套或水管，通过控制水的流量亦可有效地消除铅液的过热现象，安全、简易、可靠。

铅淬火工艺中出现的质量问题有：钢丝表面脱碳、组织粗大、先共析铁素体量超标（标准规定应少于 5%（体积分数））和出现脆性马氏体。其中前两项质量问题是钢丝加热过程中发生的，后两项是淬火冷却中产生的。这些问题严重影响钢丝热处理质量，即降低弹簧钢丝的疲劳寿命和应力松弛稳定性。

铅浴处理是获得高质量冷拉弹簧钢丝的重要首选工艺。但该工艺还存在一些严重缺点，就是铅蒸气和铅尘埃等污染环境、引起工作人员铅中毒、造成严重公害。所以，取代铅浴处理、采用无铅索氏体处理已

成为拉丝行业中的重要技术课题。另外一种改善办法是采用 SRQF（由多种硅酸盐 K₂O、Na₂O、MgO、CaO、Al₂O₃、SiO₂ 等配制而成）新型覆盖材料取代木炭。优点是铅蒸气的逸出可达到国家排放标准（≤0.03mg/m³，而用木炭覆盖时高达 0.21mg/m³），经济效益好，节能，减轻工人劳动强度及隔热性能好等。

2）非铅浴处理。由于铅蒸气和铅尘埃污染问题，曾试用 80~100℃ 的肥皂水浴液作淬火冷却介质代替铅浴，成本低，但较难控制，易出现马氏体组织，使高碳钢丝容易发生脆断；也有采用无毒、无臭、不燃和冷却能力可调的聚乙烯醇水溶液或 4%~7% 聚丙烯酸钠水溶液（质量分数）作淬火冷却介质，取代铅浴进行索氏体处理（目前仍在试用和研究）。国内外还试用流态化床作为盘条热处理时的加热和冷却介质。为获得匀细的索氏体，可采用加热段、冷却段和等温转变段三段处理，即盘条通过温度为 850~1000℃ 的流态床加热段加热一定时间后，通过吹惰性气体获得温度为 100℃ 的低温流态床，防止先共析铁素体析出，再在 450~550℃ 的流态床中继续冷却，使过冷奥氏体等温转变为索氏体。这种处理过程只需 2min 即可完成，而设备的全长只有普通铅浴处理的 1/4。

其他如盐浴的冷却能力和铅浴相近，但由于一些不易克服的缺点，如钢丝表面粘盐、不易清洗等，未能获得推广应用。

对于细规格弹簧钢丝的中间热处理，往往用正火代替铅淬火。鼓风冷却可进一步提高冷速，但其冷速不均匀，钢丝表面氧化严重。如先进行喷雾冷却，然后空冷则可避免上述缺点，又能提高处理钢丝的质量。

（2）冷拉弹簧钢丝的力学性能。冷拉碳素弹簧钢丝（GB/T 4357—2009）适于制造静载荷和动载荷机械弹簧，按丝径不同共有 81 个规格，按照抗拉强度分为低抗拉强度、中等抗拉强度和高抗拉强度，分别用符号 L、M 和 H 代表。按照弹簧载荷特点分为静载荷和动载荷，分别用 S 和 D 代表。不同强度等级和不同载荷等级组合得到的类别代码为 SL 型、SM 型、SH 型、DM 型和 DH 型。其抗拉强度与丝径的关系见图 5-6。重要用途碳素弹簧钢丝（YB/T 5311—2006）用于制造具有高应力、阀门弹簧等重要用途的不经热处理或仅经低温回火的弹簧。按用途钢丝分为三组，即 E 组，F 组和 G 组。

在弹簧设计中，材料的抗拉强度是一个关键性数据。图 5-6、图 5-7 中由 d 的大小可查出相应的抗拉

强度，但比较麻烦。为此，可采用回归方程通式
$R_m = a - b\ln d$ 很方便地算出。图5-6中 L、M、H 组
的抗拉强度与丝径的关系相应为：

L 组方程：$R_m = 1846 - 305\ln d$

M 组方程：$R_m = 2099 - 338\ln d$

H 组方程：$R_m = 2351 - 374\ln d$　　$d \geqslant 0.2\text{mm}$

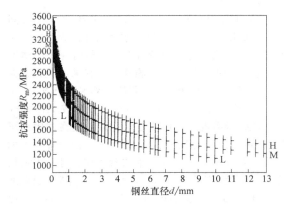

图5-6　冷拉碳素弹簧钢丝（GB/T 4357—2009）
L、M、H 组成的抗拉强度与丝径的关系

LL：SL 型，钢丝直径：1.0～10.0mm。MM：SM 型，钢丝
直径：0.3～13.0mm；DM 型，钢丝直径：0.08～13.0mm。
相同直径的 SM 型和 DM 型钢丝的抗拉强度相同。HH：SH 型，
钢丝直径：0.3～13.0mm；DH 型，钢丝直径：0.05～
13.0mm。相同直径的 SH 和 DH 型钢丝的抗拉强度相同。

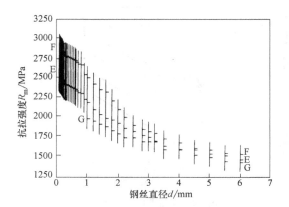

图5-7　重要用途碳素弹簧钢丝（YB/T 5311—2006）
抗拉强度与丝径的关系

EE：E 组，钢丝直径：0.08～6.0mm

FF：F 组，钢丝直径：0.08～6.0mm

GG：G 组，钢丝直径：1.0～6.0mm

冷拉弹簧钢丝应具有良好的工艺性能（见表5-
8），其中重要用途碳素弹簧钢丝要求比碳素弹簧钢
丝具有更好的扭转和缠绕性能，以利于成形；对钢丝
的表面质量要求也更高，以保证其疲劳寿命。

3. 油淬火-回火钢丝（国内简称油淬火钢丝，国
外简称油回火钢丝）　冷拉碳素弹簧钢丝（特别是细
规格）可达到很高的综合力学性能。对于低合金钢
丝能否通过索氏体化和冷拉达到上述优异性能呢？这

表5-8　冷拉弹簧钢丝的工艺性能要求

弹簧钢丝种类	丝径 d/mm	扭转次数≥		弯曲次数	缠绕试验（按 GB/T 2976—2004）
		静载荷	动载荷		
碳素弹簧钢丝	$0.70 \leqslant d \leqslant 0.99$	40	50	扭转到规定次数时应不断裂，表面应不出现扭转裂纹或分层	需方要求时，丝径大于3mm的钢丝可进行弯曲检验，当钢丝绕芯棒弯180°成 U 形时，不应有任何裂纹痕迹	丝径小于3mm的钢丝可采用缠绕试验，芯棒直径=d，紧密缠绕4圈，不出现任何裂纹
	$0.99 < d \leqslant 1.40$	20	25			
	$1.40 < d \leqslant 2.00$	18	22			
	$2.00 < d \leqslant 3.50$	16	20			
	$3.50 < d \leqslant 4.99$	14	18			
	$4.99 < d \leqslant 6.00$	7	9			
	$6.00 < d \leqslant 8.00$	4	5			
	$8.00 < d \leqslant 10.00$	3	4			
重要用途碳素弹簧钢丝		E 组	F 组	G 组		
	$\leqslant 2.00$	25	18	20	扭转变形应均匀，表面不得有裂纹和分层，断口应垂直于轴线	根据需方要求，丝径大于1mm的钢丝应进行弯曲检验，弯曲后试样表面不得产生裂纹或折断	芯棒直径=d（d<4mm）；芯棒直径=2d（d≥4mm），缠绕5圈后钢丝不得折断和产生裂纹
	$>2.00～3.00$	20	13	18			
	$>3.00～4.00$	16	10	15			
	$>4.00～5.00$	12	6	10			
	$>5.00～6.00$	8	4	6			

条道路至今未能实现。其原因是合金钢索氏体化时要求加热温度较高、保温时间较长，才能获得比较均匀的奥氏体；另一方面，钢的淬透性较高，在铅浴中冷却需更长的时间才能完成珠光体转变。上述原因使其处理时间比碳素钢丝铅淬火长得多，否则易出现脆性相——马氏体；第三，合金钢丝的冷拉性能不良，达到大的压缩率相当困难。所以，在很长一段时期内低合金弹簧钢丝一般以退火状态供货。

油淬火-回火钢丝的出现比冷拉弹簧钢丝晚几十年，它对弹簧行业的生产技术带来了一次飞跃。因为，弹簧钢丝冷拉到所需规格后，不是靠冷变形强化达到所要求的力学性能指标，而是通过马氏体相变强化来实现。只要钢有足够的淬透性，粗、细钢丝均能获得比较匀细的回火马氏体和良好的综合力学性能。这类钢丝内部没有内应力，挺直性能优异，冷绕簧性能良好，而且质量均匀稳定，弹性极限较高，抗疲劳性能好，从而取代用退火料绕簧后再进行逐个淬火-回火的生产工艺，极大地提高了劳动生产率和产品质量。大直径的油淬火-回火钢丝、钢棒也容易制造（而冷拉大直径弹簧钢丝制造相当困难）。所以，油淬火-回火弹簧钢丝是一种应用前景很广阔的材料。

油淬火-回火弹簧钢丝分两大类：一类是普通质量的油淬火-回火钢丝，用于制造一般用途的机械弹簧；另一类是专门用来制造阀门弹簧或其他要求高疲劳性能的阀门弹簧钢丝。主要不同点是后者的冶金质量高，含有害杂质元素（S、P、O 等）更少，非金属夹杂物数量少，表面质量更高，力学性能波动范围更严等。

我国自 20 世纪 70 年代开始研究和生产油淬火-回火钢丝，并列入国标。主要品种有：阀门用油淬火-回火铬钒合金弹簧钢丝（YB/T 5008—1993）、阀门用油淬火-回火碳素钢丝（YB/T 5102—1993）、油淬火回火碳素弹簧钢丝（YB/T 5103—1993）、油淬火回火硅锰合金弹簧钢丝（YB/T 5104—1993）及阀门用油淬火回火铬硅合金弹簧钢丝（YB/T 5105—1993）。这些标准目前由新国标 GB/T 18983—2003 代替。这类弹簧钢丝已在汽车拖拉机等生产中得到广泛应用。

（1）油淬火-回火弹簧钢丝的热处理。冶金企业通常采用连续运转的专用热处理生产线来生产各种油淬火-回火弹簧钢丝。淬火加热设备有两种：一种是电阻炉马弗管（内衬渗铝管或不锈钢管）辐射加热法，见图 5-8a；另一种是利用钢丝电接触直接加热法，见图 5-8b。前者中加热炉长：淬火油槽长：回火铅浴炉长 ≈ 4∶1∶2，适于处理 $\phi2 \sim \phi7\text{mm}$ 的弹簧钢丝。淬火加热温度由钢种、丝径大小及在炉内加热时

间长短等因素决定，一般选 800～950℃，其下限适于处理碳素钢和锰钢，上限适于处理 50CrVA 等低合金钢丝。加热时间与炉温、丝径大小及其运行速度等有关，炉温越高、丝径越细、则加热时间越短，每毫米直径需加热 30～50s，低合金钢丝的加热时间应为碳素钢丝的 2～3 倍。淬火油温应控制在 40～70℃，油应循环流动，保证冷却均匀稳定，获得匀细的马氏体。回火一般在铅浴中进行，回火温度和时间应根据钢种、丝径大小及其运行速度快慢来决定。例如，50CrVA 钢丝的回火温度为 400～500℃，回火时间不少于 10s。

如果提高炉温（高于 1000℃）或采用电接触加热法，它的加热速度大，将显著缩短其加热时间；处理钢丝的加热温度亦可适当提高（如 50CrVA 钢丝可提高到 1000℃），有利于获得超细晶粒，提高生产率，但淬火油槽和回火铅浴炉应适当加长，才能保证冷却和回火时间都比较充分，否则会造成回火不足等质量事故。

为了防止钢丝表面脱碳，在加热管中有保护气氛（如滴入微量甲醇等）可获得良好的效果。

油淬火-回火工艺中存在的质量问题主要有：①钢丝表面脱碳超标；②硬度过高，这是回火不足造成的，导致钢丝变脆；③组织粗大，这是加热温度过高的结果；④操作不当，使钢丝发生碰伤或刻痕等缺陷。

（2）油淬火-回火弹簧钢丝的力学性能。机械弹簧用油淬火-回火钢丝有两个标准：碳素钢丝的 GB/T 1222—2007 和 60Si2MnA 硅锰钢的 GB/T 1222—2007，其抗拉强度（R_m）与丝径（d）的关系见图 5-9，后者是低合金钢（Si＋Mn），其 R_m 比前者（碳素钢）要高。由于硅、锰合金元素增加钢的淬透性，当丝径较小时，其差距并不大；当丝径较大时（$d > 5\text{mm}$），则强度差距增大。还应指出，油淬火-回火碳素钢丝（GB/T 1222—2007）分 A、B 两类：A 类选 GB/T 4354—2008《优质碳素钢盘条》制造，即选 55、60、60Mn、65、65Mn、70 及 70Mn 钢制造；B 类钢丝选 65、65Mn、70、70Mn、75 和 80 钢制造。丝径由 $\phi2\text{mm}$ 开始到 $\phi12\text{mm}$ 以上，共有 18 个规格，按抗拉强度高低均分为 A 类和 B 类，B 类的 R_m 比 A 类高 98.1MPa，强度上下波动范围为 ±73.6MPa。60Si2MnA 钢丝按抗拉强度的不同分为 A、B、C 三类，其中，A 类的强度最低，B 类居中，C 类最高，并且 C 类比 B 类、B 类比 A 类均高 98.1MPa。而丝径（d）的大小不同，A、B 类各有 24 个规格（由 $\phi2 \sim \phi14\text{mm}$），C 类只有 16 个规格（由 $\phi2 \sim \phi12\text{mm}$）。$R_m$ 的上下波动范围为 ±73.6MPa。

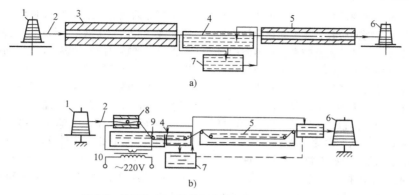

图 5-8　油淬火-回火弹簧钢丝热处理生产线布置简图
a）马弗管间接（辐射）加热法　b）电接触直接加热法
1—放线架　2—钢丝　3—加热炉　4—淬火油槽　5—铅浴回火槽
6—收线架　7—淬火油循环冷却装置　8—冷接点（铅浴）
9—热接点（铅浴）　10—稳压器及调压器

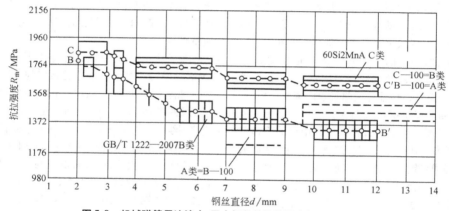

图 5-9　机械弹簧用油淬火-回火钢丝的抗拉强度与丝径的关系

$\boxed{\;|\;}$—GB/T 1222—2007 B 类，A 类比 B 类的 R_m 低 98.1MPa

$\boxed{\;=\;}$—GB/T 1222—2007 C 类，B 类比 C 类，A 类比 B 类的 R_m 分别低 98.1MPa

　　阀门用油淬火-回火弹簧钢丝的抗拉强度和丝径的关系见图 5-10。由该图可见，55CrSi 钢的强度最高，它有 16 个规格（丝径由 $\phi1.6\sim\phi8mm$）；其次是 50CrVA 钢，它有 21 个规格（丝径由 $\phi1.0\sim\phi10mm$）；碳素钢的强度最低，它有 11 个规格（丝径由 $\phi2\sim\phi6mm$）。上述三种阀门用油淬火-回火钢丝的强度中值在图中用圈点标出，强度上下波动范围相同，皆为 ±73.6MPa，但 50CrVA 的 $\phi1.0\sim\phi1.8mm$ 例外，强度波动范围值达 98.1MPa。

　　阀门用油淬火-回火弹簧钢丝的塑性及工艺性能要求见表 5-9。

　　应指出，机械弹簧用油淬火-回火钢丝对工艺性能要求和阀门用油淬火-回火钢丝基本相同。但对断面收缩率和扭转试验没有具体指标。国外航空用的油淬火-回火钢丝的抗拉强度上下波动 ±49MPa，其

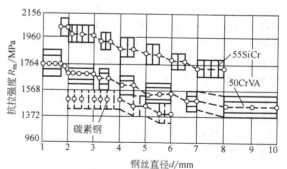

图 5-10　阀门用油淬火-回火弹簧钢丝的抗拉强度与丝径的关系

$\boxed{|\;|\;|}$—55SiCr 钢丝，16 个规格

$\boxed{=}$—50CrVA 钢丝，21 个规格

$\boxed{|\;|\;|}$—碳素钢丝，11 个规格

至 ±29.4MPa。在规格品种方面，国外大规格的油淬火-回火钢棒的直径达 20~30mm，小规格的丝径小于 1.0mm。

（3）油淬火-回火弹簧钢丝的发展趋势

1）近年来，日本开发的高强度油淬火-回火钢丝专门用来制造汽车阀门弹簧，其化学成分（质量分数）为：C 0.57%~0.62%，Si 1.40%~1.6%，Mn 0.50%~0.80%，Cr <0.15%，V 0.05%~0.10%，另加 Ni、S 和 P 均≤0.020%（可简写为 60Si2MnNiVA）。它的抗拉强度（R_m）与丝径（φ2~φ6mm）的关系正好落在 55SiCr 钢丝的上方，即比 55SiCr 钢的 R_m（见图 5-10）高约 150MPa。这是由于该钢含有较多的碳、镍和钒的结果；另一方面，钢中有镍可提高淬透性和韧性，是合金化强化为主的典型实例。从含 C、Si、Mn 三种元素含量看，这种高强度钢是在 60Si2MnA 钢基础上开发出来的新型弹簧钢。添加 Ni 和 V，通过精炼技术尽可能减少 P、S、O 等有害元素的量，不像 60Si2MnA 那样形成较多的硅酸盐夹杂物，V 和 Ni 可细化晶粒和显微组织。所以，这种钢具有很高的强韧性，与俄罗斯 ГОСТ 60С2Н2А 较为接近。

表 5-9　阀门用油淬火-回火弹簧钢丝的塑性及工艺性能要求

油淬火-回火钢丝名称	钢丝直径 d/mm	断面收缩率 Z(%)	单向扭转试验	弯折试验	缠绕试验 芯棒直径 $=d$ （$d≤4.0$mm） 芯棒直径 $=2d$ （$d>4.0$mm）
碳素钢丝 65Mn 钢丝	2.0~5.0 5.5~6.0	45 40	单向扭转 7 圈后向反向扭转至断或进行单向扭转	—	$d≤6.0$mm，应进行缠绕试验，密绕 2 圈以上，表面不得产生裂纹或破断
50CrVA 钢丝	2.0~3.5 4~10	45 40	$d≤6.0$mm，应进行试验，标距 $l=100d$，同一方向扭转 3 圈后观察试样表面有无局部裂纹，再连续扭转至断为止断口平齐，不得有裂纹及毛刺	$d>6.0$mm，应进行弯折试验，弯曲半径 $=d$，弯折 90°后不得有裂纹或破断	
55CrSi 钢丝	2.0~3.5 4~8	45 40			

2）世界著名的油淬火-回火弹簧钢丝的生产厂家——瑞典 Garphyttann，在 20 世纪 80 年代推出的专利产品 OTEVA-40，其主要成分相当我国的 65Mn，但钢中含 Mn 量较多，而且加入微量元素 Ti 或 V，从而获得 ASTM11 级以上的超细晶粒油淬火-回火弹簧钢丝，其强度水平比油淬火-回火碳素弹簧钢丝的要高，接近 50CrVA 油淬火-回火钢丝的水平。我国压缩机行业气阀弹簧攻关组采用电接触快速加热条件下（加热速度 50℃/s 左右），将钢丝加热到 820~850℃后于油中淬火，铅浴中回火，一次处理就可获得 ASTM11~14 级超细晶粒的油淬火-回火 65Mn 钢丝和 ASTM11~12 级 50CrVA 油淬火（1000℃）回火弹簧钢丝。此外，日本采用感应加热（循环 3~4 次加热法）可生产较粗规格的超细晶粒的高强度热处理弹簧棒材。

超细晶粒油淬火-回火弹簧钢丝有优异的综合力学性能，扭转和冷绕弹簧性能良好。众所周知，晶粒越细小，钢丝的韧性越好，弹簧在断裂过程中需消耗较多的功；另一方面，根据 Hall-Pitch 方程，65Mn 钢丝的屈服强度（R_{eL}）与其晶粒度呈线性关系，即晶粒越细小，则弹簧钢丝的 R_{eL}（或 $R_{p0.2}$）或屈强比（$R_{p0.2}/R_m$）越高。所以，超细晶粒油淬火-回火 65Mn 弹簧钢丝比普通热处理者高，和瑞典 OTEVA-40 的性能基本一致。扭转疲劳试验表明：用超细晶粒油淬火-回火钢丝制成的弹簧比用普通热处理具有更高的疲劳寿命。由于这种钢丝的 $R_{p0.2}$ 和屈强比均较高，用它绕制的阀门弹簧也具有更好的抗应力松弛性能。

这一套处理技术，专门用来处理压缩机广泛使用的细规格（φ0.5~φ2.0mm）气阀弹簧钢丝，其产品占领了国内市场。生产实践证明，用这种超细晶粒油淬火-回火钢丝制成的气阀弹簧的耐用度提高了几倍到几十倍，获得了显著的技术经济效益。

3）形变热处理技术在弹簧钢方面的应用最为广泛，低温形变热处理（LTMT）弹簧钢丝的开发是具体实例之一。实际上它是一种超细晶粒、高强度的油淬火-回火弹簧钢丝。形变热处理生产线设备布置和图 5-8b 基本相似。不同点有二：一是热接点（电极）铅浴槽中安置了一个拔丝模，让过冷奥氏体状态下进行拉拔变形后立即油淬，然后回火，其工艺过程如图 5-2 中曲线 c 所示；二是用拉丝机取代收线机。

70、80、65Mn、70Mn、80Mn、60Si2Mn、50CrVA 及 65Si2MnWA 等钢种均可试制和生产形变热处理弹簧钢丝。主要工艺参数：奥氏体化温度为 800~950℃；形变温度为 400~340℃（铅浴）；拉拔时断面缩率约 25%；油淬（油温 ≈70℃、循环冷却）；回火温度在 350~400℃（铅浴炉或流动粒子炉）范围内选择。拉拔形变时润滑是一个关键技术问题。形变热处理弹簧钢丝和油淬火钢丝力学性能的比较见表 5-10。

由表 5-10 中数据可知，在相同的塑性条件下，形变热处理弹簧钢丝的抗拉强度（R_m）比普通油淬火钢丝高 250~300MPa。有关形变热处理工艺参数的选择及其对组织与性能的影响请参阅有关技术资料。

表 5-10　形变热处理弹簧钢丝与油淬火钢丝力学性能比较

弹簧钢丝种类及牌号		丝径 d /mm	抗拉强度 R_m/MPa		断面收缩率 Z（%）	扭转次数	缠绕性能
			形变热处理钢丝	油淬火-回火钢丝			
碳素钢丝	70	2.0~2.5	1850~2000	1422~1569	≥50	≥5	芯轴直径 =d 合格
	80	>2.5~3.0	1800~1950				
	65Mn	>3.0~3.5	1750~1900	1422~1569	≥45	≥4	芯轴直径 =2d 合格
	80Mn	>3.5~4.0	1700~1850			≥3	
		>4.0~4.5	1650~1800	1373~1520		≥3	
		>4.5~5.0	1600~1750			≥3	
50CrVA 钢丝		3.0	1850~2000	1650	45	—	合格（自绕）

4. 退火（或冷拉）状态供应的低合金弹簧钢丝 这类弹簧材料包括硅锰弹簧钢丝（如 60Si2MnA）、铬硅弹簧钢丝、铬钒弹簧钢丝及阀门用铬钒弹簧钢丝。此外，还有 65Si2MnWA 及 70Si3MnA 等。硅锰弹簧钢丝交货状态有冷拉（L）、退火（T）、正火（Zh）、高温回火（Gh）和银亮（Zy）等五种，丝径从 1.0~12.0mm。铬钒或铬硅弹簧钢丝只有冷拉（L）和退火（T）两种，丝径从 0.8~12.0mm。阀门用铬钒弹簧钢丝有冷拉（L）、退火（T）、冷拔+银亮（L+Zy）、退火+银亮（T+Zy）等 4 种，丝径从 0.5mm 到 12.0mm。

这类钢丝是软态或半硬态，冷绕成弹簧后必须进行热处理（淬火和回火），达到所要求的力学性能后方能使用。弹簧质量的高低不仅与钢丝原材料的好坏有密切关系，在很大程度上取决于热处理的工艺水平。特别是那些细规格（丝径小于 1.0mm）的钢丝绕制成的压缩机阀门弹簧，数量大而尺寸很小，热处理生产时很难保证质量（例如，极易变形、淬火质量达不到要求、表面氧化、锈蚀严重等），故一般选用油淬火-回火钢丝来制造。

用退火态或油淬火-回火钢丝（规格较粗者）进行磨光或抛光，使其表面质量提高，减少了表面缺陷，从而提高弹簧的疲劳寿命。如成盘供货或以一定长度（2m）的直条钢棒供货，常用来制造非常重要的弹簧，

如轿车的气门弹簧、喷油嘴调压弹簧及石油工业中的钻头卡簧等，这类弹簧都必须进行淬火-回火后才能使用。热处理时应保护其表面质量（不能碰撞而造成刻痕或氧化脱碳等），如采用磨光或抛光油淬火钢丝制造上述重要弹簧，则其热处理比较简单，又能保证弹簧的内在质量。

5.2.1.3　弹簧用钢板及薄钢带

弹簧钢钢板和钢带用来制造碟簧、波形弹簧和蜗卷螺旋弹簧等。钢种有碳素钢、低合金钢及高合金钢三类。由于状态不同，弹簧钢带（板）可分为两类：一类是退火钢带（<200HV）和冷轧钢带（半硬态，230~270HV）；另一类是全硬态（≤33HRC）。热处理钢带有调质钢带（淬火、回火态）和贝氏体钢带。常用弹簧钢钢板和钢带的种类及技术标准见表 5-11。

1. 弹簧钢热轧钢板（GB/T 3279—2009） 弹簧钢热轧钢板选用的钢号及其化学成分应符合 GB/T 1222—2007 的规定。供货状态下的力学性能见表 5-12。这类材料制成的弹簧都必须经过合适的热处理后才能获得所需的力学性能。

2. 热处理弹簧钢带 （YB/T 5063—2007）热处理弹簧钢带有两种：即通过淬火-回火处理的调质钢带和经过等温淬火的下贝氏体钢带。它们都是用连续作业炉生产。热处理时一般不测定钢带的加热温度，而是控制

淬火加热炉钢带进出口处的炉温及回火浴炉的温度。例如，厚度约 0.3mm 的 T10A 钢带，运行速度为 8m/min 时，淬火加热炉（炉长 4m）的入口处温度为 840℃，出口处温度为 930℃。钢带加热好后引入温度为 320℃的铅锑合金浴炉中进行贝氏体等温淬火（或直接油淬），随后按所需强度级别、连续在 380～580℃的浴炉中回火。按国标，热处理弹簧钢带的强度高低分为Ⅰ、Ⅱ、Ⅲ级，其力学性能和相应的回火温度见表 5-13。显然，用调质或下贝氏体钢带制成的弹簧均不需再淬火-回火处理，只进行去应力退火就可以了。

表 5-11　常用弹簧钢钢板和钢带的种类及技术标准

种类	技术标准	牌号	规格 厚度 δ/mm	供货状态
弹簧钢热轧钢板	GB/T 3279—2009	自选（GB/T 1222—2007）	0.35～15	退火或高温回火
热处理钢带	GB/T 1298—2008 GB/T 1222—2007 YB/T 5058—2005	50A、65、75、85、95 或 T7A、T8A、T9A、 T10A、T12A 65Mn、60Si2MnA 70Si2CrA	0.08～1.5	冷轧后经热处理强化
冷轧钢带	YB/T 5058—2005	65Mn、T7～T13A、50CrVA、60Si2Mn	0.1～3.0	冷轧后经再结晶退火

表 5-12　弹簧钢热轧钢板的力学性能（GB/T 3279—2009）

序号	牌号	力学性能			
		厚度 <3mm		厚度 3～15mm	
		抗拉强度 R_m/ （N/mm²）不大于	断后伸长率 $A_{11.3}$① （%）不小于	抗拉强度 R_m/ （N/mm²）不大于	断后伸长率 A （%）不小于
1	85	800	10	785	10
2	65Mn	850	12	850	12
3	60Si2Mn	950	12	930	12
4	60Si2MnA	950	13	930	13
5	60Si2CrVA	1100	12	1080	12
6	50CrVA	950	12	930	12

① 厚度不大于 0.90mm 的钢板，断后伸长率仅供参考。

表 5-13　热处理弹簧钢带的力学性能及推荐的回火温度

牌号	强度级别	抗拉强度 R_m/MPa	硬度 HV	推荐的回火温度/℃
T7A、T8A T9A、T10A （GB/T 1298—2008）	Ⅰ	1270～1560	375～485	490～570
65Mn、 60Si2MnA （GB/T 1222—2007）	Ⅱ	1560～1860	486～600	430～500
70Si2CrA （YB/T 5058—2005）	Ⅲ	>1860	>600	370～430

3. 冷轧钢带（YB/T 5058—2005）弹簧钢和工具钢冷轧钢带按尺寸精度分为：普通厚度精度（PT. A）、较高厚度精度（PT. B）、普通宽度精度（PW. A）、较高宽度精度（PW. B）4 种；按表面质量分为：普通级（FA）、较高级（FB）两种；按边缘状态分为：切边（EC）、不切边（EM）两种；按软硬程度分为：冷硬钢带（H）、退火钢带（TA）、球化退火钢带（TG）3 种。弹簧钢和工具钢冷轧钢带的力学性能见表 5-14。用退火态钢带制造的弹簧或弹性元件必须进行淬火-回火处理后才能达到所需的力学性能。

表5-14　弹簧钢和工具钢冷轧钢带的力学性能（YB/T 5058—2005）

牌号	钢带厚度/mm	退火钢带		冷硬钢带
		抗拉强度 R_m/（N/mm²）	断后伸长率 A_{xmm}（%）	抗拉强度 R_m/（N/mm²）
65Mn	≤1.5	≤635	≥20	735～1175
T7、T7A、T8、T8A	>1.5	≤735	≥15	
T8Mn、T8MnA、T9 T9A、T10、T10A、T11 T11A、T12、T12A、85	0.10～3.00	≤735	≥10	
T13、T13A		≤880	—	—
Cr06		≤930	—	
60Si2Mn、60Si2MnA 50CrVA		≤880	≥10	785～1175
70Si2CrA		≤830	≥8	

注：A_{xmm} 中 X 表示试样标距长度值。

5.2.2　特殊用途的弹簧钢、合金钢的热处理

为了满足各种弹簧在不同工况条件下的性能要求，必须选用特殊性能的弹簧材料，如不锈耐蚀弹簧钢、高导电、无磁、耐热和恒弹性材料等。

5.2.2.1　不锈耐蚀弹簧钢及其热处理

在腐蚀性介质中或在较高温度下工作的弹簧和弹性元件，采用冷拔弹簧钢丝或油淬火-回火钢丝来制造已不能胜任时，就必须用不锈钢或耐热钢来制造。常用不锈耐蚀弹簧钢的品种主要有奥氏体类、马氏体类、过渡类（沉淀硬化型）等，其牌号及主要用途

如表5-15所示。

1. 马氏体类不锈弹簧钢　马氏体相变强化的不锈弹簧钢有 20Cr13、30Cr13、40Cr13 及 14Cr17Ni2 等钢号。用退火态材料制成的弹簧必须进行淬火和回火处理，达到所需的力学性能后才能使用。采用油淬火-回火的 30Cr13 及 40Cr13 不锈钢丝来制造弹簧，则其生产工艺简单，可免去高温淬火时弹簧易变形、软硬不匀等缺点。实践表明：采用电接触加热法处理上述不锈钢丝（即油淬火-回火）可获得良好效果。例如，φ1.7mm 40Cr13 不锈弹簧钢丝的快速加热工艺：淬火温度为（1070±10）℃、加热时间为9s；（3

表5-15　常用不锈耐蚀弹簧钢的牌号及主要用途举例

钢　种	牌号	主　要　用　途　举　例
马氏体相变强化 的不锈钢	30Cr13 40Cr13	在弱腐蚀介质（如空气、水蒸气、淡水、盐水、硝酸及某些浓度不高的有机酸等）温度不超过30℃都有良好的耐蚀性
	14Cr17Ni2	有良好的耐酸性，能耐一定温度、浓度的硝酸及大多数有机酸和有机盐的水溶液
奥氏体形变强化 的不锈钢	12Cr18Ni9 1Cr18Ni9Ti（旧牌号）	适用于腐蚀性强的介质，如硝酸及许多有机酸和无机酸的水溶液，含 Ti 的 18-8 型不锈钢在各种温度和浓度下均有较好的抗晶间腐蚀性能
	0Cr18Ni12MoTi 1Cr18Ni12Mo2Ti	适用于硫酸、磷酸、蚁酸、醋酸介质中工作，有良好的抗晶间腐蚀能力
沉淀强化 A-M 不 锈钢	07Cr17Ni7Al 0Cr17Ni7Mo2Ti 1Cr17Ni4Mo3N 07Cr12Ni4Mn5Mo3Al	耐蚀性能介于 Cr13 型和 18-8 型不锈钢之间
马氏体时效不 锈钢	00Cr12Ni9Cu2TiNb 00Cr12Co12Ni4Mo4TiAl	耐蚀性能优于 Cr13 型不锈钢，在硝盐介质中有良好的耐蚀性

60±10）℃分级冷却10s；在 40～60℃油中冷却9s；再在（460±10）℃铅浴中连续回火32s，回火后应在油中冷却，以防止回火脆性。处理后钢丝的力学性能如下：R_m≥1600MPa，HRC≥45，弯、扭及缠绕性能

良好。

14Cr17Ni2 钢属于马氏体-铁素体型不锈钢，它具有较高的耐蚀性和力学性能，但脆性倾向较大。其淬火温度为 980～1000℃，回火温度为 350～450℃。

2. 奥氏体类耐蚀不锈弹簧钢　通用的 18-8 型镍铬奥氏体不锈钢比上述马氏体不锈钢具有更好的耐蚀性及良好的冷变形性能。在常温或低温下有很高的塑韧性。在室温下保持奥氏体组织、无磁，它属于形变强化的不锈弹簧钢。简单的 18-8 型奥氏体不锈钢的一个严重缺点是发生晶间腐蚀现象。因此，在钢中加入适量的钛或铌等元素，使其和碳结合，基体的铬含量不降低，在晶界附近不会形成贫铬区，从而防止晶间腐蚀现象的出现。在 18-8 型钢中加入 Mo2% ~4%（质量分数），可提高它在硫酸和氯化物中的耐蚀性。为了获得纯奥氏体组织，相应增加钢中的镍含量，于是得到一些新的奥氏体不锈钢，如 0Cr18Ni9Ti 和 1Cr18Ni9Ti、0Cr18Ni12Mo2Ti 及 1Cr18Ni12Mo2Ti 等。

相关标准推荐的不锈弹簧钢号只有 1Cr18Ni9、0Cr19Ni10、0Cr17Ni2Mo2 及 0Cr17Ni8Al 等。按其抗拉强度的不同分为 A（丝径 0.08 ~8.0mm，共 41 个规格）、B（丝径 0.08 ~10.0mm，共 44 个规格）、C（丝径 0.1 ~6.0mm，共 36 个规格）三组，其力学性能见图 5-11。B 组的强度最高，A 组最低，C 组居中。三组的抗拉强度中值线在图 5-11 中分别用 BB′、AA′ 及 CC′ 连线表示。三组钢丝的强度波动皆为 ±122.6MPa。由此可知，相关标准推荐的弹簧用不锈钢的强度波动范围比油淬火钢丝者要大。应当指出，对于 18-8 型奥氏体在深度冷拔时，形变将诱发马氏体相变；试验证明，面缩率越大，温度较低时，诱发马氏体的数量越多，钢丝强化效果越大。如冷拉不均匀，诱发马氏体量也不均匀，这是造成此类钢丝强度波动较大的原因，甚至发现一盘 50kg 重的 ϕ2.5mm 的 1Cr18Ni9 高强度不锈钢丝，头部的 R_m > 1850MPa，而中尾部只有 1530MPa，强度差值达 320MPa，远远超过上述冶标的技术要求。

3. 沉淀硬化（PH 型）不锈弹簧钢及其热处理

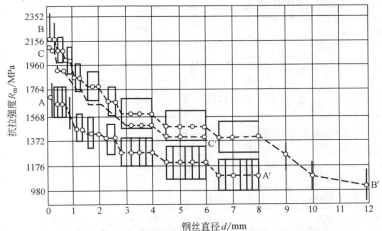

图 5-11　冷拉不锈弹簧钢丝的强度与丝径的关系（按 YB（T）11—1983 绘出）

|||| —A 组，中值线为 AA′，适用 12Cr18Ni9、022Cr19Ni10 及 06Cr17Ni12Mo2 三种钢

□ —B 组，中值线为 BB′，适用于 12Cr18Ni9 及 022Cr19Ni10 两种钢

C 组未标出，但标出其中值线为 CC′，适用于 0Cr17Ni8Al 钢

用来制造弹簧或弹性元件的沉淀硬化型不锈钢有 07Cr17Ni7Al（简称 17-7PH）、07Cr15Ni7Mo2Al（简称 15-7MoPH）、1Cr17Ni14Mo2N 及 0Cr12Ni14Mn5Mo3Al（YB/E7）等钢号。这类钢中含铬镍量低于 18-8 型不锈钢，奥氏体更不稳定，易于转变为马氏体，故称为奥氏体-马氏体过渡类不锈钢。它的耐蚀性比奥氏体不锈钢要低，但优于马氏体不锈钢。钢中的铝、钼等合金元素在时效过程中起沉淀强化作用，能进一步提高其强度和耐热性。

07Cr17Ni7Al 钢的冷加工和热处理过程比较复杂，主要有下列几种情况：固溶处理（A 处理）、调节处理（T 处理）、冷处理（R 处理）、冷变形（C 处理）及沉淀硬化处理（H 处理）。具体工艺流程见图 5-12。

4. 马氏体时效不锈钢　马氏体时效不锈钢主要有四个系列：Fe-Cr-Ni-Mo、Fe-Cr-Ni-Ti、Fe-Cr-Ni-Co-Mo 及 Fe-Cr-Co-Mn。由于这类钢的超低碳[w(C)≤0.03%]，热处理后得到板条马氏体，再经沉淀强化（时效），既保留了马氏体时效钢的高强度、高弹性极限和优良的塑性、韧性、冷加工性优异等特点，又具有不锈钢的耐蚀性，但价格昂贵。国产钢号有：00Cr12Ni9Cu2TiNb、00Cr13Ni6MoNb 及 00Cr12Co12Ni4Mo4TiAl 等。

上述几类不锈耐蚀弹簧钢经不同热处理后的力学性能见表 5-16。

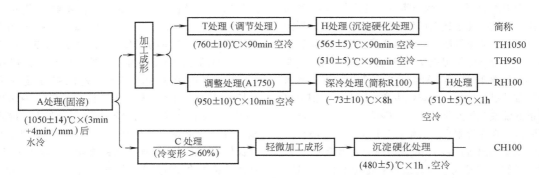

图 5-12　沉淀硬化不锈弹簧钢（17-7PH）的工序流程及工艺参数

表 5-16　不锈耐蚀弹簧钢经不同处理后的力学性能

钢种	牌　号	处理工艺	抗拉强度 R_m/MPa	屈服强度 R_{eL}/MPa	A (%)	Z (%)	硬　度
马氏体类不锈钢	20Cr13	1000 ~ 1050℃ 油（水）淬 + 500℃ 回火	1226	832	7 ~ 11	45	—
	30Cr13	1050℃油淬 + 450℃回火	1600	≥900	15	46	43 ~ 48HRC
	40Cr13	1000 ~ 1100℃ 油淬 + 450℃ 回火	1500 ~ 1700	≥900	10 ~ 15	42	46 ~ 50HRC
	14Cr17Ni2	1000 ~ 1020℃ 油淬 + 350℃ 回火	≥1275	≥832	≥10	—	—
奥氏体类不锈钢	12Cr18Ni9 1Cr18Ni9Ti	1050℃ 固溶处理 + 深度冷拉	1860	1730	—	42	420HV
沉淀硬化不锈钢	07Cr17Ni7Al (17-7PH)	A 处理	892	274	35	—	85HBW
		TH1050	1421	1340	9		43HRC
		TH950	强硬性比 TH1050 处理高，但塑韧性较低				47HRC
		RH950	1548	1441	6		—
		CH900	1823	$E = 130GN/mm^2$ $G = 50GN/mm^2$	2		49HRC
	07Cr15Ni7Mo2Al (15-7MoPH)	A 处理	892	377	30	—	90HBW
		TH1050	1819	1441	7		45HRC
		RH950	1607	1490	6		49HRC
		CH900	1823	1789	2		50HRC
马氏体时效不锈钢	00Cr12Co12 Ni4Mo4TiAl	950 ~ 1100℃ 固溶 540 ~ 570℃ 时效 3h	1610 2160	1288 1860	10	50 20	420HV >47HRC
	00Cr13Ni6MoNb Costom455（美）	816℃，1h 空冷 (500 ± 20)℃ 空冷	1668 ~ 1875	1620 ~ 1746	10 ~ 18	40 ~ 60	49HRC

5.2.2.2　耐热弹簧钢和合金

　　在室温 ~ 250℃ 范围内工作的弹簧，一般选用冷拉碳素钢丝或油淬火钢丝。工作温度更高时，可选用各种不锈弹簧钢、高合金工具钢或耐热弹性合金。各种弹簧钢、工具钢及耐热合金的允许工作温度见表 5-17。

表 5-17 各种弹簧钢、工具钢及耐热合金的允许工作温度

钢种	牌号或材料	允许工作温度/℃
碳钢	碳素弹簧钢丝	120
	65Mn 弹簧钢丝	120
	油淬火-回火弹簧钢丝	190 ~ 300
低合金钢	60Si2MnA	200 ~ 250
	50CrVA	250 ~ 300
	55CrSi、60CrSiA	250 ~ 300
	60Si2CrVA	350
	65Si2MnWA	350
不锈钢	30Cr13 及 40Cr13	240 ~ 400
	12Cr18Ni9	300 ~ 400
	07Cr17Ni7Al（17-7PH）	350
	0Cr12Ni4Mn5Mo3Al	350
	0Cr14Co14Ni4Mo4TiAl	500
高合金工具钢	30W4Cr2VA（DIN30WCrV179）	350 ~ 500
	3Cr2W8VA	350 ~ 550
	65Cr4W3Mo2VNb	350 ~ 550
	W18Cr4V	350 ~ 550
铁镍基高温合金	Ni36CrTiAl（3J1）	400
	Ni36CrTiAlMo5（3J2）	400
	Ni36CrTiAlMo8（3J3）	400
耐热合金	GH2132、A286（美）（0Cr15Ni26MoTi2AlB）	510 ~ 550
	GH4169、Inconel718（美）	600 ~ 650

耐高温高弹性合金主要用来制造自动仪器、仪表调压阀门弹簧，大型飞机发动机油门弹簧、差压膜片、膜盒和波纹管，微型继电器弹簧片、电视机显像管内支撑弹簧片及汽油转子发动机刮片弹簧等。下面介绍三类耐热弹簧材料。

1. 高合金工具钢 热作模具钢 3Cr2W8V 及 4Cr5MoSiV、高速钢 W18Cr4V 的耐热性能好，其热处理工艺比较成熟，也可用来制造耐热弹簧。钢丝热卷簧成形后，经淬火-回火后硬度 <60HRC。但是，高合金工具钢的热处理工艺比较复杂，性脆，耐热性不够稳定，故应用较少。新型热作模具钢 30W4Cr2V（DIN30WCrV179）、65Cr4W8MoV（DIN65WMo348）等，钢中碳及钨含量较低，不仅降低了成本，也改善了钢的塑性和韧性，有利于缠簧并改善其热处理工艺性。

2. 奥氏体沉淀强化合金 这类材料属于 Fe-Ni 基耐热合金，主要有 Ni36CrTiAl（3J1）、Ni36CrTiAlMo5（3J2）及 Ni36CrTiAlMo8（3J3）等。在淬火状态（固溶处理）为奥氏体组织，有良好的塑性，易于成形加工，再通过时效处理、析出弥散分布的金属间化合物。这类合金的主要优点是在较高工作温度下仍保持高弹性，高的弹性稳定性，且无磁、耐蚀性好。热处理后的力学性能见表 5-18。

铁基奥氏体沉淀硬化合金有 Cr14Ni25Mo 及 3Cr19Ni9WMoNbTi 等。合金中含有较多的铬和镍，故在室温下为奥氏体组织；又含有 Mo、W、Nb 及 Ti 等强碳化物形成元素，故固溶后沉淀强化显著，并形成稳定的第二相，阻止晶粒粗化，故有较高的热强性，在高温下有良好的抗氧化和耐蚀性。GH2132、A286 美（0Cr15Ni26MoVTi2AlB）也属于这一类合金，其热处理工艺和处理后的力学性能见表 5-18。

3. 镍基及钴基耐热高弹性合金 它们是一些不含或少含铁的镍基合金（合金含量为质量分数），可分为两类：Ni-Cr（19%）系列和 Ni-Cr（15%）-Co（29%）系列，组织为 Ni-Cr 基奥氏体。钴基耐热合金中含有（10% ~ 20% Cr + Ni），并有少量的 Mo、Ti、Nb、W、Al 等元素。它们属于高级弹性合金，具有高弹性、高疲劳极限、高的弹性稳定性、耐蚀、无磁等，用来制造在燃气中长期工作的弹性元件及钟表仪器中的精密弹簧。它们的热处理工艺及力学性能见表 5-18。

表 5-18 耐热弹簧钢及合金的热处理工艺和力学性能

种类	牌号	热处理工艺	力学性能			
			R_m	$R_{p0.2}$	A	HRC
			/MPa		（%）	
高合金工具钢	3Cr2W8V	1050 ~ 1150℃油淬 600 ~ 650℃回火	—	—	—	50 ~ 54
	4Cr5MoSiV	1020 ~ 1025℃油淬 540 ~ 650℃回火	—	—	—	~ 54
	30W4Cr2V	1050 ~ 1100℃油淬 600 ~ 670℃回火	1377 ~ 1667	—	—	—
	W18Cr4V，W9Cr4V2	1180 ~ 1220℃油淬 560℃回火三次	—	—	—	58 ~ 60

（续）

种类		牌号	热处理工艺		力学性能			
					R_m	$R_{p0.2}$	A	HRC
					/MPa		（%）	
奥氏体沉淀硬化合金		Ni36CrTiAl（3J1）	冷拉棒材：650~700℃ 时效 2~4h		≥1373	—	≥5	—
			冷拉丝材：600~650℃ 时效 2~4h		≥1472	—	$A_{11.3}$≥5	—
		Ni36CrTiAlMo5（3J2）	ϕ0.3~ϕ2mm (700±10)℃ >ϕ2.0mm 时效 2~4h		≥1570	—	—	—
		Ni36CrTiAlMo8（3J3）	980~1000℃ 油淬 750℃ 时效 4h		≥1472	—	—	—
耐热合金	铁基	Cr14Ni25Mo	980~1000 ℃油淬	700~720℃时效 16h	932	618	20	
				30%冷变形 650~700℃时效 8~16h	1246~1354	1079~1187	10~16	
		GH2132（A286 美）	980℃油淬 720℃时效 12~20h 空冷		1030~1040	716~765	25~27	$Z=43\%~47.5\%$
			冷拉 60% 650~700℃时效 8~16h		1422~1521	1310~1408	7~13	$Z=18\%~27\%$
	镍基	Inconel700	1175℃固溶 2h 空冷 875℃时效		1177	716	25	
		Inconel718（GH4169）	925℃固溶 1h 空冷 720℃时效		1403	1167	20	
		Inconel X-750	950℃固溶 1h 730℃时效 8h+620℃时效 8h		1275~1344	903~1040	21~26	
	钴基	Co40NiCrMo（3J21）	1150~1180℃水淬 +冷变形 {1级 2级 +500~550℃时效 4h		1177~1472	—	>3	—
					>1570~1864	—		
					2452~2649	1373~1570	3~5	600~700HV
		Co40NiCrMoW（3J22）			2943~3139	1619~1668	4~6	>750HV
		Co40TiA（3J24）			1960~2100	>1177	4~6	550~600HV

5.3　弹簧的最终热处理

由于弹簧选材、成形方法和要求性能的不同，其热处理主要有三种类型：

1）凡是用已经强化的丝材或带材冷成形的弹簧或弹性元件，不需高温淬火，只需进行去应力退火处理。

2）凡是热成形或用退火态材料绕制的弹簧都必须进行淬火-回火或进行等温淬火。

3）凡是经过固溶处理或冷拉（轧）的沉淀硬化型材料制成的弹簧必须进行时效强化处理。

表5-19列出了弹簧材料种类及弹簧的热处理方法。

表5-19中三种热处理方法以第1、2类在弹簧生产上应用最广，第3类是特殊用途弹簧常用的热处理方法。此外，对于一些重要用途的弹簧或弹性元件，还应进行表面喷丸强化及预应力处理（例如强压、强拉、强扭及强弯处理等），这些内容将在下节中讨论。本节将按弹簧的形状及结构特点分别介绍其热处理工艺。

表 5-19　弹簧材料种类及弹簧的热处理方法

类别	弹簧材料种类及其技术标准	热处理方法
1	碳素弹簧钢丝（GB/T 4357—2009） 重要用途碳素弹簧钢丝（YB/T 5311—2010） 形变热处理弹簧钢丝、超细晶粒油淬火-回火弹簧钢丝 冷轧硬棒材和带材 GB/T 2059—2008、GB/T 2061—2004、GB/T 2059—2008 热处理弹簧钢带 冷拔强化不锈弹簧钢丝（YB（T）11—1983 中 18-8 不锈钢丝和钢带） 形变硬化的铜合金弹簧材料	去应力退火（有时称稳定化处理）
2	热轧弹簧钢棒和扁钢（GB/T 1222—2007） 退火态供应的钢丝（YB/T 5136—1993 及 GB/T 5218—1999） 普通碳素钢热轧钢带（GB/T 3524—2005）、冷轧钢带（软态）（GB/T 716—1991） 优质碳素钢带（退火态、GB/T 3522—1983） 弹簧钢、工具钢冷轧钢带（YB/T 5058—2005） 镍基合金带（GB/T 2072—2007） 马氏体不锈弹簧钢丝（退火态）和钢带（软）	淬火和回火
3	沉淀硬化型不锈弹簧钢（17-7PH）、高弹性合金、恒弹性合金 铍青铜和钛青铜 耐热合金（Inconel718、X-750 等）GH2132（A-286）、00Cr12Co12Ni4Mo4TiAl	这类材料一般经固溶处理、冷缠成簧后必须进行沉淀强化（时效处理）

5.3.1　已强化材料制成弹簧的去应力退火

5.3.1.1　用冷拉碳素钢丝缠绕成簧的热处理工艺

由于冷拉强化的钢丝已具备了弹簧所需的力学性能，用它绕制的各种螺旋弹簧（如压簧、拉簧和扭簧等）不需淬火、只进行去应力低温退火，工艺简便、成本低廉，在弹簧行业生产中应用极为广泛。例如，纺织机械中的摇架加压弹簧（一般用冷拉碳素弹簧钢丝 C 组制造），液压元件中的调压弹簧（由

T9A 钢丝制造）及电冰箱压缩机的支承弹簧（由 T8A ~ T10A 冷拉弹簧钢丝制造）等是一些重要的实例。

这类弹簧去应力退火（俗称低温回火）的目的有三：

1）消除冷拉钢丝和冷绕簧时产生的内应力。

2）提高钢丝的抗拉强度、屈服极限和弹性极限。

3）减少弹簧的变形并提高其抗应力松弛性能。

去应力退火工艺的选择与钢的化学成分、冷变形程度及丝径大小等因素有关。对于冷拉碳素钢丝绕制的弹簧来讲，比较合适的退火温度及保温时间见表 5-20。

表 5-20　冷拉强化碳素钢丝制弹簧的去应力退火工艺

丝径 d/mm	退火温度/℃	保温时间/min
≤2.0	240 ~ 280	10 ~ 20
>2 ~ 4	260 ~ 300	20 ~ 30
>4 ~ 6	280 ~ 320	25 ~ 35
>6 ~ 8	300 ~ 340	30 ~ 40

注：1. 只适用于硝盐炉加热，如在箱式电阻炉加热时，其保温时间应延长 10 ~ 20min。
　　2. 适当提高退火温度，可缩短加热保温时间。

冷拉碳素钢丝制成的弹簧经适当退火后将显著降低其内应力，如图 5-13 所示。加热温度不应超过其再结晶温度，否则，导致软化。去应力退火工艺虽然简单，但它对弹簧的力学性能、特别是对材料的微塑性变形抗力（$R_{p0.2}$、$R_{p0.1}$、$R_{p0.05}$ 和 σ_e）的影响显著。例如，摇架加压前簧（用直径 2.2 ~ 2.6mm 钢丝绕制的圆柱形压缩螺旋弹簧）经不同退火工艺处理后，其力学性能的变化见图 5-14。如果用琴钢丝制造时相应力学性能见图 5-15。图 5-16 为液压元件中的调压弹簧［它选用 T9A 冷拔钢丝（丝径为 2.8mm）制造］，经不同温度退火后的力学性能变化。由图 5-14 ~ 图5-16 可知，力学性能变化一致，强度指标（R_m、$R_{p0.2}$ 等）与退火温度的关系曲线呈凸形，而塑性指标呈凹形。当退火温度小于 100℃ 时，其力学性能变化不大；当退火温度在 200℃ 左右时，强度达峰值、而塑性达低谷，这是应变时效的缘故。应变时效强化程度与钢种、冷变形程度等因素有关。当退火温度接近 400℃ 时，将引起强度、硬度急剧下降，而塑性显著上升，这种现象是由于回复过程中亚结构的变化、特别是再结晶造成的。电镜分析表明，T9A 冷拉钢丝在 420℃ 可观察到再结晶现象。所以，冷拉碳素钢丝绕制的弹簧的去应力退火温度不应超过400℃。

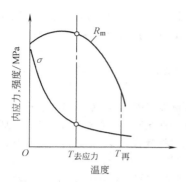

**图5-13　退火温度对冷拔
弹簧钢丝内应力的影响**

R_m—钢丝强度　σ—绕簧时产生的内应力及冷
拔时的内应力　$T_再$—再结晶退火温度

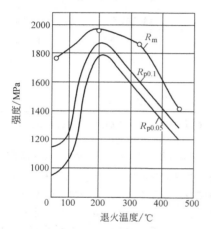

**图5-14　退火温度对冷拉碳
素弹簧钢丝强度的影响**

注：丝径为2.65mm。

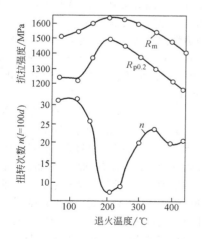

图5-15　退火温度对琴钢丝力学性能的影响
注：保温时间为15min。

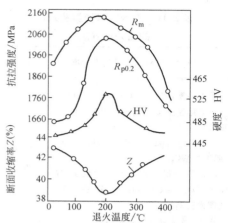

**图5-16　退火温度对T9A冷拔钢丝制
调压弹簧力学性能的影响**

注：保温时间：30min。参数：丝径2.8mm、
$H_0=31.5mm$、$D=11.5mm$、
总圈数10，有效圈数8。

图5-17为退火温度（保温0.5h）对Ⅱ$_a$弹簧（用冷拉碳素钢丝Ⅱ$_a$组制造，丝径为2.5mm、$H_0=$36.8mm、内径10.3mm、螺距4.82mm）负荷损失率$\left(\dfrac{\Delta P}{P_C},\%\right)$的影响。该图中还列出了英国SRAMA的研究结果。由该图可知，Ⅱ$_a$弹簧在250～350℃退火0.5h、在设定的松弛条件下可获得最小的负荷损失率。这种规律性变化和图5-14中曲线基本一致，因在该温度范围内退火后，弹簧材料具有最佳的微塑性变形抗力（σ_e和σ_{a2}等），故弹簧的松弛稳定性最好，和表5-20中所选工艺参数完全符合。

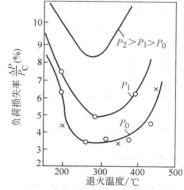

图5-17　退火温度对弹簧负荷损失率的影响

0—0 Ⅱ$_a$组弹簧（摇架
弹簧）试验结果 $\begin{cases}弹簧用\phi2.65mm\\冷拔钢丝制造\\松弛负荷 P_2>P_1>P_0\end{cases}$

松弛条件：$\begin{cases}P_0=284MPa\\T=80℃\\t=48h\end{cases}$

5.3.1.2　油淬火-回火钢丝制弹簧的去应力退火工艺

发达国家早已采用油淬火-回火碳素钢丝来制造气门弹簧，优质油淬火-回火铬钒钢丝亦在飞机发动机中使用。目前设计高应力弹簧时，都要求选用油淬火-回火的高强度弹簧钢丝。过去，汽车及火车等发动机中的气门弹簧热处理一直是个技术难题；现在，采用油淬火钢丝来制造就简便多了。

用各种油淬火钢丝绕制的弹簧需进行去应力退火。在冷卷簧时其材料内部留下了残余应力，低温退火可将这些内应力消除到一定程度。另外，在热处理过程中钢丝内部组织及性能会发生相应变化（与图5-13～图5-17 相类似），有利于提高弹簧的尺寸稳定性、疲劳寿命和抗应力松弛性能。

图 5-18～图 5-21 为退火温度对几种有代表性的油淬火钢丝力学性能的影响。图 5-18 为油淬火碳素钢丝和冷拉碳素弹簧钢丝在相同退火条件下力学性能的比较。它说明，在 400℃退火时，油淬火钢丝仍有较高的微塑性变形抗力（σ_e、R_{eL} 等）和塑性（A、Z）。半铬钒钢油淬火-回火钢丝也存在类似规律，但在退火时没有出现像冷拉弹簧钢丝或琴钢丝那样的强烈的应变时效现象，如图 5-19 所示；图 5-20、图 5-21 分别为两种阀门用油淬火-回火高强度硅铬钢丝的力学性能与退火温度的关系，它们的应变时效和淬火时效现象比较明显。这表明，用此类油淬火钢丝制成的弹簧有更高的疲劳强度、疲劳寿命和抗应力松弛性能。

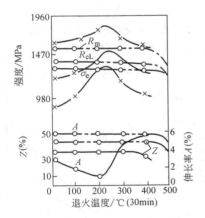

图 5-18　油淬火回火碳素钢丝（点画线）和冷拉弹簧钢丝（实线）经退火后力学性能的比较

图 5-22 为几种油淬火-回火钢丝绕制的螺旋弹簧的载荷损失率与退火温度的关系曲线。其中，曲线1、2、3 为 Garphytann 厂提出的 OTEVA 钢丝的实验数据，曲线 4 为国内对 50CrVA 钢丝制摇架弹簧的测试结果。由图 5-22 可知，用不同种类的油淬火钢丝制造的弹簧的载荷损失率均在 400℃左右退火后出现最小值，因此比较合适的去应力退火温度应在 350～420℃范围内选择。

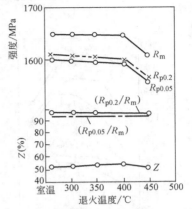

图 5-19　半铬钒钢油淬火-回火钢丝（φ4.5mm）的力学性能与退火温度的关系

注：保温时间为 20min。

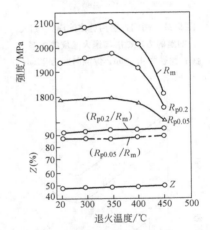

图 5-20　阀门弹簧用高强度油淬火-回火钢丝的力学性能与退火温度的关系

注：保温时间为 20min。

生产上油淬火钢丝制弹簧的去应力退火工艺见表5-21。

5.3.1.3　冷拉强化不锈钢丝制弹簧的去应力退火工艺

和冷拉碳素弹簧钢丝相类似，用冷拉强化的 18-8 型不锈钢丝绕制的弹簧必须进行去应力退火，因为退火能提高它的弹性极限和尺寸稳定性。图 5-23 所示为退火温度对冷拔 12Cr18Ni9 钢丝力学性能的影响。由该图可见，随退火温度的升高，抗拉强度（R_m）和硬度（HV）逐渐增大，而断面收缩率（Z）下降；当退火温度为 400～430℃时，R_m、HV 达最大值，而 Z 值达低谷。图 5-24 为 12Cr18Ni9 钢丝制摇架弹簧负荷损失率与退火温度的关系。图中曲线 1 和 2 分别代表 YB（T）11—83 的 B 和 A 组的强度水平，由图可知，弹簧在 400~460℃ 退火后可获得最低的载荷损失率。

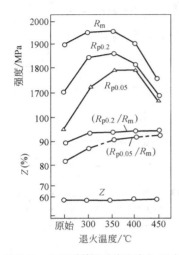

图 5-21　阀门弹簧用硅铬油淬火-回火钢丝的力学性能与退火温度的关系

注：丝径为 4.5mm，保温时间为 20min。

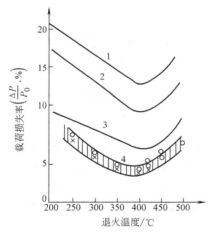

图 5-22　退火温度对油淬火钢丝制弹簧载荷损失率的影响

Garphytann 厂的实验数据：1—OTEVA31（与 GB4360 相当）　2—OTEVA60（半铬钒钢）　3—OTEVA62（与 YB/T 5008—1993 相当）（丝径 3.8mm，缠绕比 6，弹簧有效圈数 5.5）

国内试验数据：4—50CrVA 弹簧，丝径为 2.5mm；松弛条件：$P_0 = 284N$，$T_R = 80℃$，$t_R = 40~300h$

表 5-21　油淬火钢丝制弹簧的去应力退火工艺

钢丝品种	丝径 d/mm	退火温度 /℃	保温时间 /min
碳素弹簧钢丝	—	320~400	20~30
50CrVA 钢丝	≤3	360~380	20
	>3	380~400	30
60Si2MnA 钢丝	≤3	390~410	20
	>3	410~430	30
55SiCr 钢丝	—	350~400	20~30
65Si2MnWA 钢丝	≤3	400~440	20
	>3	420~460	30

注：1. 丝径越细退火温度及时间选下限。

2. 第二次去应力退火时，其温度应比第一次低。

3. 在连续生产线上退火时，其工艺参数应由实验结果决定。

4. 此表中数据只适于硝盐浴中加热，如在空气井式炉或箱式炉中加热，保温时间应适当延长。

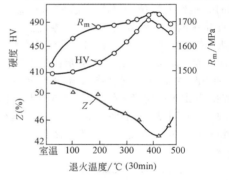

图 5-23　退火温度对 12Cr18Ni9 制摇架弹簧力学性能的影响

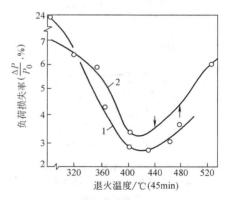

图 5-24　退火温度对 12Cr18Ni9 制摇架弹簧负荷损失率的影响

1—$R_m = 1864MPa$　松弛条件：$P_0 = 284N$

2—$R_m = 1531MPa$　松弛条件：$P_0 = 255N$

80℃×50h

由图 5-23 和图 5-24 中数据可优选出 18-8 型不锈钢弹簧合适的退火温度为 400~460℃，生产上 18-8 型不锈钢弹簧的热处理工艺见表 5-22。

表 5-22 18-8 型不锈钢弹簧的热处理工艺

丝径 d/mm	固溶处理温度 /℃	保温时间 /min	去应力退火温度 /℃	保温时间 /min
≤3.0	1050~	5~15	400~460	30~35
>3.0~25	1100℃	30~45	420~480	45~60
>25	水冷	1~2min/mm	420~500	60~120

图 5-25 不仅绘出了 18-8 型不锈钢的力学性能与退火温度的关系曲线，也列出了弹簧在 300℃、168h 松弛条件下的松弛率与退火温度之间的变化曲线。平均应力分别为 900MPa（曲线 1）、600MPa（曲线 2）及 300MPa（曲线 3）。由这组曲线可知，所加应力越高，弹簧松弛率也越大；弹簧在 300℃×168h 松弛条件下，其松弛率较小的退火温度应选 400~530℃；如从弹性极限和抗拉强度最大值考虑，为了获得最优的疲劳性能，该类弹簧的去应力退火温度应在 400℃ 左右。

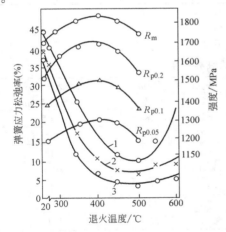

图 5-25 18-8 型（EN58A）不锈钢（丝径 2.64mm）的强度和弹簧的松弛率与退火温度的关系

（应力：1—900MPa，2—600MPa，3—300MPa；松弛条件：300℃×168h）

5.3.2 螺旋弹簧的热处理（淬火和回火）

圆截面材料直径大于 12mm、矩形截面材料边长大于 10mm、板厚大于 8mm 的螺旋弹簧一般采用热成形法制造。热成形的弹簧必须进行淬火和回火才能达到所需要的力学性能。

5.3.2.1 热成形压缩螺旋弹簧的热处理工艺

1. 弹簧用钢及其淬透性 弹簧热处理时首先要根据钢的临界点正确选择其淬火加热温度，表 5-23 列出了各种弹簧钢的临界点及淬火回火温度。

表 5-24 中的热轧弹簧钢棒材均可制造各种压缩螺旋弹簧。棒料长度一般为 2~6m。碳素弹簧钢的淬透性很差，只适于制造尺寸较小的弹簧；截面尺寸较大的螺旋弹簧一般选用低合金弹簧钢制造，因为它们的淬透性好，能保证整个截面淬透，回火后可获得匀细的回火马氏体（旧称回火托氏体或回火索氏体）。和未淬透者比较，它可获得更高的弹性极限、屈服强度与疲劳强度，其塑性、韧性较高、冷脆性亦较好。

热轧弹簧钢的淬火临界直径见表 5-24。

选用和验收热轧弹簧钢材，除尺寸要求应符合公差外，还应特别注意其表面是否有较严重的裂纹、划痕、刮伤、分层、斑疤、飞边或折叠、锈蚀麻坑及表面脱碳超标等，还应检查钢中的非金属夹杂物等级。所有上述各种缺陷在热处理过程中均不能消除，一般只会扩大其危害性，降低其力学性能和使用寿命。

2. 热成形弹簧的热处理

（1）火车缓冲器压缩螺旋弹簧的热处理

1）弹簧的制造工艺路线，钢材检查→切削（断）料（→两端制扁）→（加热钢棒 / 热卷弹簧）→整形 〈淬火（再加热） / 余热淬火〉→热整形→回火→端面磨削→喷丸处理→冷（或热）强压处理→探伤→涂漆或磷化喷漆→检验→包装。

2）弹簧的淬火和回火工艺，铁路车辆缓冲器内外圈弹簧为圆截面圆柱形压缩螺旋弹簧，材料用钢为 55Si2Mn 或 60Si2Mn，具体规格尺寸见表 5-25。

表 5-23 常用弹簧钢加热和冷却时的临界点和热加工温度的选择　　　　（单位：℃）

钢种	牌号	Ac_1	Ac_3	Ar_1	Ar_3	Ms	卷簧加热温度	淬火温度	回火温度
碳素弹簧钢	65	727	752	696	730	280	800~900	840	600
	70	730	743	693	727	280		830	480
	75	725	750	—	—	230		820	480
	85	723	737	—	695	230		820	480

（续）

钢　种	牌　号	Ac_1	Ac_3	Ar_1	Ar_3	Ms	卷簧加热温度	淬火温度	回火温度
锰钢	65Mn（60Mn/70Mn）	720	740	689	741	270	850~950	820	540
硅锰弹簧钢	55Si2Mn	775	840	—	—	285	900~950	870	480
	55Si2MnB	768	—	—	—	289		870	480
	60Si2Mn	765	810	700	770	260		870	440~500
	60Si2MnA	755	810	700	770	260		870	440~500
	70Si3MnA	765	780	—	—	270		860	430
铬锰钢	50CrMn	740	785	700	—	300	900~950	840	490
铬钒钢	50CrVA	740	810	688	746	300	900~1000	850	500
硅铬钢	55SiCr 60SiCrA						900~950	870	420
含微量元素的硅锰弹簧钢	55SiMnVB	745	790	675	720	—	900~950	870	480
	60Si2CrVA	770	780	710	—	—	900~1000	850	410
	55SiMnMoV	743	815	620	700	290	900~1000	870	550
	55SiMnMoVNb	744	775	550	656	—	900~1000	880	530

注：1. 快速加热时，卷簧温度还可适当提高。

　　2. 淬火冷却介质：淬火油（40~100℃）。

　　3. 回火时间：（1.5~2.0min/mm）×d，铬锰、硅锰钢弹簧回火后水冷。

表5-24　热轧弹簧钢的淬火临界直径

序号	钢　种　及　牌　号	淬火临界直径/mm		油淬火时的淬火临界板厚/mm
		水淬	油淬	
1	碳素弹簧钢，65、70、75、80	<15	<8	<5
2	锰弹簧钢，65Mn	<25	15	9
3	硅锰弹簧钢，55Si2Mn，60Si2Mn	<30	20	12
4	铬锰弹簧钢，50CrMn	≈40	34	20
5	铬钒弹簧钢，50CrVA	50	40	24
6	铬锰硼弹簧钢，60CrMnB（BSUP11）	55	45	27~30
7	硅铬等弹簧钢，60Si2CrA，60Si2CrVA，65Si2MnWA	60~70	50	30
8	多元微合金化弹簧钢，55SiMnMoV（Nb）B，60CrMnMo（SAE4161H）	≈100	75（90~110）	>50

表5-25　火车缓冲器弹簧的具体参数

压缩螺旋弹簧名称		料径 d	中径 D_2	自由高度 H_0	有效圈数 n	总圈数 n_i	工作载荷 P_1/N	最大载荷 P_2/N	最大切应力 τ_{max}/MPa	旋向
		mm								
组合簧 1	外簧	38	120	185	3.2	4.7	73967	93980	808	左
	内簧	16	60	202	9	10.5	12260	13930	744	右
组合簧 8	外簧	37	125	220	4.8	6.3	19895	33590	724	左
	内簧	16	72	220	8.7	10.2	7083	12233	742	右
轴箱弹簧		36	190	318	4.7	6.2	27076	55525	706	左

3）主要热处理设备及工艺参数：

① 棒料加热，一般采用自动上料出料的步进式加热炉，炉温最高达 1100℃，以天然气为燃料，并能控制炉内气氛实现无氧化脱碳加热。料径可达 60mm，长度不超过 8m，钢棒的加热温度一般为 880～950℃，保温时间按料径 0.5min/mm 计算。

② 卷制，使用计算机控制的有芯或无芯热卷机，加工料径为 20～60mm，把加热好的棒料热卷成所需规格的压缩螺旋弹簧。热卷成形后弹簧的温度应在 840℃以上，便于直接淬火，即淬入 50～80° 油中。弹簧出油池的温度应控制在 120～180℃ 范围内，以防止其变形，减小淬火应力。淬火后弹簧的硬度大于 54HRC。

③ 回火，淬火后的弹簧在 2h 内必须回火，以防止淬火裂纹的产生。回火炉采用 PID 控制，使回火温度控制在 ±3℃ 以内，回火温度为 400～450℃，保温时间按料径 6min/mm 计算。回火后弹簧的硬度达 45～50HRC。热处理过程中易发生变形的弹簧另作处理，一般应增加整形工序。

4）用 55Si2Mn 或 60Si2MnA 棒料制造的压缩螺旋弹簧有如下三种淬火工艺（见图 5-26）。

① 常规热处理（见图 5-26a）：即弹簧热成形和淬火两道工序分开进行，故叫二次加热淬火法。此法的优点是弹簧淬火质量稳定，缺点是操作程序繁杂、能耗多、劳动强度大、生产周期较长、生产率低。如无保护气体加热时钢材表面氧化脱碳严重，这将显著降低弹簧的疲劳寿命。

② 热卷簧余热淬火（又叫一次加热淬火法），如图 5-26b 所示。即把热卷、整形和淬火工序合并完成，俗称余热淬火法。其优点是减少一次高温加热，故其表面氧化脱碳少、节约能耗、作业占地面积较小、生产率高等。存在的主要问题是必须在较短时间内完成卷簧和整形（达到尺寸要求），它的温度不致降到 Ar_3 以下。国内铁路工厂及弹簧厂多采用此法进行生产，表 5-25 中两种组合缓冲器螺旋弹簧是其实例。

③ 高温形变热处理（见图 5-26c），它和图 5-26b 工艺曲线相似，不同点在于形变热处理中的热卷簧和整形不应进行奥氏体再结晶，应保留一部分形变强化效果，而余热淬火法不考虑此现象。在一般生产条件下，b、c 两种工艺很难区别。如目前研究的新产品"变径螺旋压缩弹簧"，加热时将钢棒用"靠模"轧制成变径钢棒及热卷、淬火等工序在较短时间内连续完成，强韧化效果良好。这就是真正的形变热处理工艺。

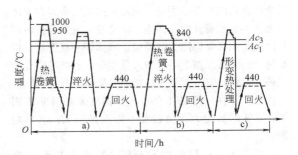

图 5-26　热成形螺旋弹簧的三种热处理工艺
a）常规热处理　b）热卷簧余热淬火　c）高温形变热处理

很显然，为了实现上述工艺，必须有先进的轧制和热卷簧机，整个工序由计算机程序控制。某厂引进英国热卷机，编制了圆柱形螺旋压缩弹簧的热卷程序（见图 5-27）。具体参数如下：料径 $d=60mm$、弹簧自由高度 $H_0=700mm$、总圈数（n_i）6.25、有效圈数（n）4.25。加热时采用保护气氛，用电阻炉加热，炉温和绕簧温度都能精确控制，淬火冷却介质为水或油。经过上述处理生产的弹簧质量稳定可靠，既节约能耗和钢材（每年节能约合标准煤 300t、节约钢材 40t），又提高了生产率（1000t/年）。

④ 回火，上述三种淬火工艺处理后的弹簧都应及时回火，回火工艺基本相同。具体回火规范由所要求的组织、性能而定，如弹簧要求 40～45HRC 时，回火温度选 450～500℃；如要求 43～47HRC 时，则选 400～450℃，回火保温时间以 1.5～2.0min/mm 计算。

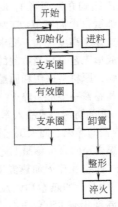

图 5-27　大型螺旋弹簧热卷时计算机程序框图

（2）电站锅炉安全阀弹簧的热处理。火电厂已向高参数、大容量（300～600MW）、多机组和高度自动化方向发展，其辅机——脉冲式安全阀在配套质量上和国外先进厂家比较时，仍存在较大差距，特别是安全阀弹簧的质量差距更为明显。如果安全阀在规定压力下不能准确开启与回座，将使发电机组运行的可靠性得不到必要保障。如果安全阀弹簧一旦失效，将给整个机组甚至整个电厂的人员生命、财产带来直接威胁。目前，安全阀弹簧存在的质量问题有：①热稳定性差，即在一定的工作应力、温度及长时间作用下，弹簧的抗应力松弛性能不能满足要求；②早期断裂。

实践表明：制造能耐高温、抗应力松弛（蠕变）、不断裂的安全阀弹簧是急待解决的技术难题之一。

1）安全阀弹簧的材料选择和制造工艺路线：这类安全阀弹簧一般用圆钢（$\phi42 \sim \phi55mm$）制造，主要是 50CrVA 和 30W4Cr2VA 两种钢材。优点是价格适当，来源广。50CrVA 有冷拉态（L）、热轧态（Zh）和银亮（Zy）钢三种，在油（或先水后油）中可淬透。屈强比（R_{eL}/R_m）可达 0.85 以上，$R_{eL} = 1128MPa$，即强韧性水平、疲劳强度和抗应力松弛性能均能满足要求。

安全阀弹簧是圆柱形螺旋压缩弹簧，钢棒直径有 $\phi42mm$、$\phi48mm$ 及 $\phi55mm$ 三种；旋绕比（D_2/d）较小，为 3 ~ 6；弹簧中径 D_2 分级为 126 ~ 252mm、144 ~ 288mm、165 ~ 330mm 三种；n 为 3.5，n_i 为 9 ~ 9.15。刚度大，$P' = 3911N/mm$；几何精度要求比 GB/T 239—1999 I 级精度要高，特性线呈直线变化，负荷偏差小。弹簧端圈均为 2.5 ~ 3 圈，每端端尖至 3/4 圈处要求与邻圈贴合，其间隙不大于 0.5mm。弹簧螺距的大小由压缩到并紧变形的 80% 时工作圈不得接触。所以，弹簧自由高度 H_0 应为工作圈高度 + 两端的过渡圈和支撑圈高度之和。要求达到上述技术条件，对于热卷成形工艺是相当苛刻的。

制造工艺路线：原材料探伤和质量检查→下料→辗尖→钢棒加热和卷簧→整形→淬火→回火→热定型（热强压）处理→表面防锈→成品入库。

2）安全阀弹簧的淬火、回火工艺：50CrVA 安全阀弹簧的热卷、淬火及回火可参照上述火车缓冲簧的工艺进行，只不过热卷及淬火加热温度可适当提高，即提高到 950 ~ 1050℃。如热卷和调整时能达到尺寸精度要求、弹簧温度仍在 850℃ 左右，可直接淬火，否则应进行一次再加热淬火。回火温度为 500℃ 左右。热处理时应随炉放入力学性能试棒，以便及时检验弹簧材料的性能。

3）弹簧的强压处理：目前，工厂采用三次立定处理（冷强压），能达到一定的稳定化效果。试验表明，采用热强压处理能获得最佳的稳定化效果。具体

工艺是将安全阀弹簧加压（其应力应稍超过材料的屈服强度，但不应达到并紧状态），固定弹簧，置入一定温度的炉中，保持一定时间后再松开。经过热强压处理的弹簧应通过应力松弛试验（具体方法见 5.4 节有关内容），找出弹簧的最佳热强压处理工艺。由于安全阀弹簧的价格占整个安全阀价格的 1/3，所以，提高安全阀弹簧的制造精度和热处理质量是非常重要的任务。

（3）热卷簧热处理缺陷及其预防措施

1）热卷簧缺陷及其预防。

① 支承圈末端越出弹簧圈外。这与端部制扁、弯成圆弧不当有关。

② 弹簧末端面反背，它与制扁形状不当有关。

③ 弹簧倾斜过大，它与矫正不当、弹簧端面不平、钢料加热温度不匀等因素有关。

④ 弹簧螺距不匀，与设备精度及调整螺距不当有关。

⑤ 弹簧弯曲变形过大，与加热不匀及卷簧工艺不当有关。

⑥ 过热或过烧，与炉温过高有关。

⑦ 弹簧表面氧化脱碳严重，与炉温过高有关。

⑧ 卷制裂纹，只能报废，这与材料缺陷有关，应加强对原钢材的检验。

⑨ 擦伤及锤痕，这与操作不当有关。

⑩ 弹簧直径不合格，这与芯轴尺寸不当有关。

2）弹簧淬火及回火过程中产生的缺陷。热卷簧过程中产生的各种缺陷在淬火时只能加剧其危害性，所以，热卷簧合格是减少热处理废品的前提条件。事实上，弹簧在热处理过程中还会产生新的缺陷，主要有：

① 淬火裂纹。特别是水淬时容易出现这种缺陷。产生的原因有：材料内部存缺陷，淬火加热温度过高，淬水冷却不当造成等。

② 淬火变形。如弹簧倾斜、弯曲过大、螺距不匀等形式，采用模具压紧装置淬火方法可克服上述缺点。

③ 硬度不均匀或硬度不足。产生的原因主要是加热不匀、弹簧温度过低及淬火冷却介质冷却能力不足等。

④ 晶粒粗大及显微组织粗化导致弹簧变脆，克服的办法是防止钢材过热。

⑤ 弹簧表面脱碳层深度超标。这与加热温度过高、保温时间过长、未采用保护气体加热有关。

5.3.2.2　冷成形压缩螺旋弹簧的热处理工艺

（1）调压弹簧的工作特点、性能要求、钢材选择

及制造工艺路线

调压弹簧是喷油器（液压泵）中的一个关键零件，它的质量好坏直接影响喷油时的喷射压力和燃油雾化状况，从而影响发动机的功率、经济性和排放指标。由于柴油机向高速、大马力、体积小、结构紧凑、噪声小的方向发展，因而对调压弹簧的工作性能提出了更高的要求。主要有：

1）工作应力大，$\tau > 800\text{MPa}$。

2）刚度大，达 $120 \sim 330\text{N/mm}$，而缠绕比小（≈ 3）。

3）承受交变载荷，要求疲劳寿命高，超过 1×10^7 次。

4）抗应力松弛性能好，在工作温度（$< 100℃$）长期工作后，其载荷损失率小于 5%。

实践表明，喷油器调压弹簧的主要失效形式是早期断裂和开启压力下降严重（即应力松弛现象严重）。所以，正确选择钢材、进行合理的热处理工艺、喷丸强化和强压处理有重要意义。一般选用退火态 50CrVA 钢丝制造。

某厂喷油器调压弹簧如图 5-28 所示。主要参数：$d = 2.3^{+0.06}_{0}\text{mm}$，$D_2 = 7\text{mm}$，$n_i = 8.5$，$n = 6.5$，$H_0 = 24^{+0.60}_{-0.40}\text{mm}$，旋向：右。压缩至 $H_1 = 21.8\text{mm}$ 时，$P_1 = 271\text{N}$，$\tau_1 = 622\text{MPa}$；压缩至 $H_2 = 21.1\text{mm}$ 时，$P_2 = 363\text{N}$，$\tau_2 = 835\text{MPa}$。展开长度：187mm。

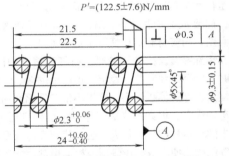

图 5-28　喷油器调压弹簧工作图样

制造工艺路线：冷绕簧→淬火→回火→磨平端面→内外倒角→探伤→喷丸处理→强压处理→精磨端面→抛光→涂防锈油、成品检验（1×10^7 次的台架疲劳试验）。

（2）热处理工艺

1）淬火工艺：900℃ 加热，油淬，硬度达 58HRC。

2）回火工艺：$320 \sim 340℃$，回火 30min（浴炉），获得匀细的回火马氏体，硬度为 $50 \sim 53\text{HRC}$。

3）调压弹簧的立定处理和热定型（$200℃ \times 2\text{h}$），将簧压缩到并圈程度。如采用热强压处理可使该簧的载荷损失率 ≤5%。

5.3.3　板簧的热处理

5.3.3.1　板簧用钢及制造工艺路线

板簧的截面积（长×宽）一般比圆截面螺旋弹簧大得多。为了能淬透、获得良好的综合力学性能，常选用低合金热轧弹簧扁钢制造。主要系列有硅锰钢（如 55Si2Mn、60Si2Mn 及 70Si3Mn 等）、铬锰钢（如 50CrMn 等）、硼弹簧钢（如 55SiMnB、55SiMnVB 及 35SiMnVBA 等）和多元微合金化弹簧钢（如 55SiMnMoVA 及 55SiMnMoVNb 等）。铁路车辆及重型汽车用板簧的厚度为 $12 \sim 16\text{mm}$，宽度为 $100 \sim 150\text{mm}$，供货长度一般为 $2 \sim 6\text{m}$。材料进厂后必须进行严格验收，如钢号、规格、化学成分、力学性能、尺寸公差和外观质量等。验收合格后才能投产。

铁路板簧的制造工艺路线如下：

切料（按工艺要求长度）→簧板中心冲窝或钻孔→质检→簧板端面加工（冲制吊杆孔、弯头、剪切成梯形、卷耳）→质检→加热→簧板弯曲及淬火→质检→回火→质检→表面喷丸→选配簧板装配成套（嵌装热簧箍、调整、板间涂油等）→弹簧成品验收（载荷试验、尺寸检查、外观检查、打印标记及表面涂漆等）→成品入库。

汽车钢板弹簧的用量很大，不仅要满足新汽车的配套要求，还要大量供应汽车配件以便满足行驶汽车的板簧消耗。

汽车板簧生产工艺路线见图 5-29。由该图可见，汽车和火车用的板簧生产主要工艺基本相同；由于两者结构设计和装配上的差异而略有不同。

板簧质量的好坏与原材料密切相关，同时要靠生产设备、工艺及检测手段来保证，淬火和回火是其中的关键工序。

5.3.3.2　板簧的淬火和回火

由于板簧选用的钢种及规格不同，其淬火、回火工艺参数可参考表 5-23 中的有关数据，但在生产实际中又要考虑具体的热处理设备、能源及工艺流程等情况，确定加热炉的炉温和板簧的运行速度，从而确定加热时间及其实际温度。在年产 5000t 板簧的专业板簧生产厂中，加热炉有两个系列：一个是连续式生产加热炉，另一个是周期性作业的加热炉。前者多采用液压步进式加热炉，其设备优点是周期和步进距离均可调，炉温分布比较均匀。炉底板选用 CrMnN 耐热钢制造、步进梁选用 Cr25Ni20Si2N 钢制造。对于批量较小、多品种板簧的生产宜采用周期性作业炉进行生产。有条件者建议采用保护气氛加热，以便减少板簧表面氧化和脱碳现象。

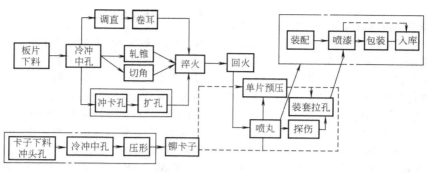

图 5-29　汽车板簧生产工艺路线

－－－－　单片板簧生产工艺路线　－·－·－总成生产路线

——　共用生产路线

淬火成形是板簧热处理生产中的一个重要工序，即把加热好的板簧置于淬火机上压形，随即入油中冷却。常用的淬火机有两种：一种为机械式淬火机，优点是夹紧力较大、自动入油中淬火和摆动，工作可靠、维修方便；缺点是噪声大、入油速度较慢，在连续生产中不宜使用。另一种为液压式（二缸或三缸）垂直入油淬火机，它的夹紧和摇摆动作分别由一个液压缸承担，并可采用微机或常规电气控制。为了适用短片变截面板簧的成形淬火，最近设计制造了一种反弓硬柔性链成形淬火机，淬火冷却介质能循环流动，可提高淬火质量，板簧形状好，并适于大批量生产。

淬火池中安装多台淬火机的生产线，采用板式输送链，工件放在淬火机上夹紧，入油冷却、摇摆、自动卸片，再由输送链将板簧送出淬火池。这样可降低操作人员的劳动强度，生产连续性强，还可采用水溶性淬火冷却介质代替淬火油，避免了燃油着火及带油过多而污染环境等问题。

板簧的回火同样有两种方式：即连续式回火炉和周期性作业回火炉，两者都应安装热循环装置，以保证炉温均匀。前者，板簧的回火温度由所需硬度值选定，一般为 450～500℃，而 35SiMnB 板簧在 400～420℃回火。快速回火时，炉温可适当提高，以避免回火不足等不良现象。后者，采用车底式回火炉，它装料多，有热循环装置，板簧回火时间较长。由于其炉温分布均匀，有效地保证了板簧的回火质量，而且操作方便，生产成本较低。

5.3.3.3　板簧热处理缺陷及其预防

（1）淬火板簧的硬度不足或过高。主要原因是板簧加热温度过低或过高，或冷却不足、不均匀造成的，或回火工艺不当造成的。

（2）过热或过烧。板簧过热还可再淬火回火得以补救，过烧时只能报废。

（3）板簧表面氧化及脱碳严重。上述两缺陷是由于炉温过高、保温时间太长造成的。

（4）板簧变形不符合技术要求（例如旁弯等）。

5.3.4　扭杆弹簧及稳定杆的热处理

5.3.4.1　扭杆弹簧的结构特点、性能要求、钢材选择及其制造工艺路线

扭杆弹簧是利用杆的扭转弹性变形而起弹簧作用的零件，它最简单的结构是一直杆。一端固定，在另一端加上扭转载荷（即承受扭转应力）。扭杆可分为实芯扭杆和空芯扭杆两类，其截面又有圆形、方形、矩形、椭圆形及多边形等。图 5-30 为扭杆弹簧的结构示意图，用管材制造扭杆可减重量 40%。

和螺旋弹簧及板簧比较时，扭杆弹簧结构简单，工作时无摩擦，弹簧特性稳定，不产生颤振、单位体积储能大，弹簧体积较小，属于小型轻量化产品。它在汽车、火车、坦克及装甲车等方面获得广泛应用。轿车中的稳定杆用量也很大，它是将扭杆弯成弓形或框形等结构，使车身减少倾斜或横向摆动，能提高悬架车的制动性能和乘员的舒适感。

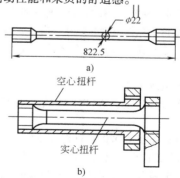

图 5-30　扭杆弹簧结构简图

a）实心扭杆　b）串联式扭杆

根据承载（扭转应力）的高低选用所需的钢种（见表 5-26）。最大工作应力可分为：1250MPa、1200MPa、1150MPa、1100MPa 及 1000MPa 五级。军用和公路重型汽车的悬架弹簧，其沉降挠度不得超过 10%。承受单向载荷的扭杆弹簧，热处理后必须进行表面喷丸强化及强扭处理才能达到所要求的性能，并

采用电渣重熔的优质钢材（如 SAE4340 钢）制造。轿车及一般载重汽车用扭杆悬架和稳定杆，如最大工作应力仅为 900MPa、800MPa 及 700MPa 时，沉降挠度不超过 2% ~ 4% 时，这类扭杆经热处理或冷作硬化后可不进行喷丸和强扭处理。

表 5-26　汽车悬架用扭杆热成形弹簧钢的选择

调质后的抗拉强度 R_m/MPa	1000 ~ 1300		1350 ~ 1550	1400 ~ 1600		1500 ~ 1700
淬透性（扭杆直径）/mm	12	16（20）	25	30 ~ 40	50	70
选用钢种	55 60 70	65Mn 70Mn	55Si2MnA 60Si2MnA	55CrMn 60CrMn	50CrVA	50CrMnMoVA SAE4340

扭杆弹簧的制造工艺路线：

切料（→镦锻→退火）→端部加工→淬火→回火→喷丸处理→强扭处理→检验→防锈处理。如来料为磨光或抛光料时，可免去镦锻及退火工序。上述制造工艺只适于高应力（τ_{max} > 900 ~ 980MPa）、永久变形（2 ~ 4/8 ~ 12）% 的调质扭杆弹簧，对于 τ_{max} = 720 ~ 790MPa 的扭杆，淬火回火后应进行喷丸，但不作强扭处理；对于表面强化的扭杆，在 τ_{max} = 823MPa、永久变形为 2% ~ 4% 条件下，不进行喷丸，只作强扭处理。

5.3.4.2　扭杆弹簧的热处理工艺

1. 调质处理（调质扭杆）　这是一种常规热处理方法，淬火加热温度为 830 ~ 890℃，油淬。如果选低硬度 415 ~ 495HBW（即工作应力达 735 ~ 882MPa），宜选 500℃ 左右回火；若选高硬度 47 ~ 52HRC（即工作应力达 883 ~ 932MPa），宜选 400℃ 左右回火。

热处理应注意：淬火加热时应防止表面氧化和脱碳，不得产生过热现象。回火时要求做到及时和充分。

2. 高频感应淬火（高频扭杆）　高频感应淬火在齿轮热处理中广泛应用，但在扭杆弹簧热处理中是一种新工艺。其优点是扭杆热处理后变形很小，表面几乎不产生氧化和脱碳现象。但是，扭杆弹簧的高频感应淬火工艺尚有待深入研究，例如：淬火深度对扭杆弹簧疲劳性能的影响、非淬硬层部分在外力作用下是否发生屈服，回火工艺应如何选择等。

（1）淬硬率的确定。以 45 钢制造的扭杆（见图 5-30a）为例：

$$淬硬率 = \frac{从表面至硬度 > 45HRC 的位置}{扭杆半径} \times 100\%$$

图 5-31 示出了扭杆经高频感应热处理和调质处理后力学性能的对比。如淬硬率增加到 70% 时，在相同的塑性（Z 值）条件下，扭杆的扭转屈服强度比现行的调质工艺提高 40% 以上；如淬硬层较浅时，它的断面收缩率却低得多。如淬硬率在 30% ~ 100% 范围内时，残余压应力为（800 ~ 650）MPa，和喷丸强化水平相当，即高频感应淬火扭杆的残余压应力不比喷丸者差。

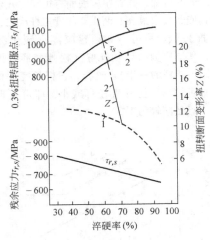

图 5-31　两种热处理工艺时、淬硬深度
对力学性能及残余应力的影响
1—高频感应热处理　2—调质处理

（2）高频感应淬火扭杆在低温回火时的力学性能。图 5-32 所示为低温回火温度（保温时间：30min）对扭杆力学性能的影响。由该图可看出：由室温到 180℃ 时，τ_s 一直在上升达最大值，超过 200℃ 则急剧下降。但 Z 值随回火温度的升高不断上升，它与 τ_s 的变化规律是不同的。

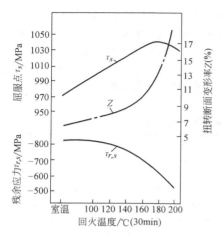

图 5-32 低温回火温度对扭杆力学性能的影响
注：保温时间：30min。

（3）扭杆疲劳性能与淬硬层深度的关系。在应力为（500 ± 420）MPa 条件下进行疲劳试验。结果表明：淬硬率 ≤40% 和 ≥80% 时均发生疲劳断裂；而淬硬率在 50% ~ 70% 时，扭杆的疲劳寿命长，不发生断裂。图 5-33 为高频热处理扭杆（曲线 1）和调质扭杆（曲线 2、3）的 S-N 曲线对比。试验条件：平均应力 $\tau_m = 500$MPa，应力幅 ± 420MPa，淬硬率为 40%。由该图可知，高频扭杆表面有很高的残余压应力，故其疲劳极限最高，调质高硬度扭杆次之，普通调质扭杆最低。另外，高频感应淬火硬化深度达 50% 时，其抗应力松弛性能好（松弛变形量仅为普通淬火回火扭杆的一半）。这样，扭杆长度（相当汽车幅长）可缩短，扭杆直径可减小，即可实现扭杆轻量化（重量减轻约 1/3）。

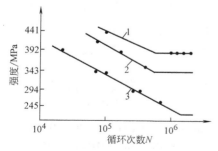

图 5-33 三种不同热处理扭杆的 S-N 曲线
平均应力：500MPa
1—高频扭杆 2—高硬度调质扭杆
3—低硬度调质扭杆

5.3.5 轿车悬架弹簧的热处理

汽车和火车的悬架弹簧在结构上有三种：压缩螺旋弹簧、组合式板簧和扭杆弹簧。它们支承车厢，起缓冲和减振作用。这里只介绍轿车用压缩螺旋悬架弹簧的热处理工艺。

5.3.5.1 悬架弹簧的结构及工况特点、钢材选用制造工艺路线

这类弹簧的结构有多种多样，主要有圆柱形和腰鼓形两种，前者应用普遍，后者是结构更合理的新产品。悬架弹簧是在周期性扭转、弯曲等交变应力下工作，经常承受振动和冲击，还受到水雾和泥沙等的侵蚀，容易发生疲劳断裂失效。由于它的工作应力大、工况条件恶劣，常选用 55CrMnA、50CrVA、55SiCrA、60SiCrVA、60CrMnMoA、60CrMnBA 或其他高强度弹簧钢制造。如果用 60Si2MnA 钢材制造时，要求冶炼时 S、P 含量较低，$w(Sb + Pb + Sn + As + Bi) \leqslant 0.01\%$、$w(O_2) < 0.0025\%$，$w(N) \leqslant 0.0012\%$。提高钢的纯净度主要是保证钢有很好的强韧性和弹簧有很高的疲劳寿命。材料直径一般为 10 ~ 16mm（圆钢或盘条），此尺寸正好处于冷热成形之间，既可用冷成形，也可用热成形来制造悬架弹簧。

1. 圆柱形压缩螺旋悬架弹簧的制造工艺路线：

（1）采用 Cr-Si 油淬火钢丝制造时，其工艺路线为：卷制→去应力退火→磨端面→喷丸→冷或热强压处理→探伤→负荷分选→磷化喷涂→包装入库。

（2）采用热轧态或退火态的盘条（60Si2MnA，225 ~ 298HBW，表面脱碳层深度为 0.4% ~ 0.9%d）来生产悬架弹簧时，其制造工艺路线为：材料矫直

冷卷簧
　　　　→磨端面→调整
热卷簧

再加热淬火
　　　　　→回火
余热淬火

（→精磨端面）→探伤→喷丸→冷或热强压→负荷分选→磷化喷涂→包装入库。

2. 腰鼓形悬架弹簧的开发及其制造工艺 减轻自重、提高行车安全性及舒适性和降低能耗是各种车辆、特别是轿车工业的发展方向。采用变截面板簧可降低其重量 30% ~ 50%、板簧片数可减少 50% ~ 70%；采用变截面变螺距的腰鼓形压缩螺旋弹簧亦可达到类似效果。

图 5-34 绘出了腰鼓形和圆柱形悬架弹簧的结构特点。前者的优点：①弹簧工作特性线是曲线变化（渐增型）、变刚度；而后者是直线型、等刚度。②重量轻、净重小，减少了无效圈数，小型化可节约钢材和能耗。③弹簧并紧高度（H_b）最小，因而降低汽车悬架高度，使轿车流线型更好，空间利用率高。④防止共振和转向撞击。⑤不等螺距，工作应力分布较均匀，故弹簧使用寿命长，减少松弛变形，提高轿车行驶时的安全性和舒适性。⑥能降低成本。缺

点是其制造技术难度较大，而圆柱形压簧的制造工艺简单。

图 5-35 为腰鼓形悬架弹簧的展开长度及具体形状和尺寸的一个实例，还可以设计制造其他非线性力学特性曲线的紧凑型腰鼓弹簧。

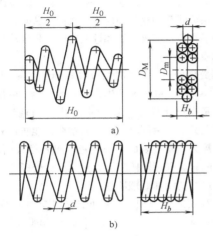

图 5-34　悬架弹簧的结构
a) 腰鼓形　b) 圆柱形

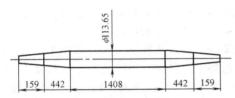

图 5-35　腰鼓形悬架弹簧的展开长度及尺寸

悬架弹簧的失效主要是脆断。例如，轿车前悬架弹簧的具体参数：料径 9.5mm，用 60CrVA 油淬火钢丝制造，外径为 100mm，$H_0 = 339$mm，右旋，$n = 6.3$，$n_i = 7.5$；最大负荷为（2097 ± 97）N（压缩至 205mm）时，热处理后硬度为 50HRC。要求疲劳寿命 20 万次，实际使用寿命只有 13 万次。失效原因是由于原材料内部有微孔裂纹和金属渣片，夹杂物等级严重超标造成的。又例如，某厂用此料冷卷成簧后，通过淬火和快速回火后的硬度达 52HRC，其台架试验（在工况条件下）的寿命只有 4.3 万次，发生早期断裂失效的原因主要是热处理时表面脱碳严重和回火不足造成的。

某轿车前悬架弹簧用 60Si2MnA 线材制造，料径 $d = 10.8$mm，硬度为 30HRC，在卷簧过程中发生断裂。原因是材料的冶金质量差，断口呈灰色，金相分析可看到少量的点状石墨；弹簧表面有刻痕，夹杂物等级超标（氧化物直径达 25μm）。刻痕过深及石墨

质点是造成弹簧断裂的主要原因。

由上述失效分析可知，硅锰系弹簧钢只能满足低应力的悬架簧对性能的要求；对于高应力者应选淬透性好、冶金质量更高的 50CrVA 或 55SiCrA 等钢种制造。目前，为了减少钢中非金属夹杂物（SiO_2、CaO 及 Al_2O_3 等），进一步改善钢材的表面质量，并研制新型弹簧钢 SRS-60［最佳成分（质量分数）：C 0.60%，Si 1.5%，Mn 0.50%，Cr 0.50%，V 0.20%］来制造汽车悬架弹簧，比用 60Si2MnA 钢可减轻重量 15% ~ 20%，可制成力学性能好的油淬火钢丝（粗规格），有利于冷卷簧生产。美国在 4340（Cr-Ni-Mo 钢）高强度钢的基础上增加了 Si、Mo 含量，并加入少量的 V，研制成 RK360 弹簧钢［主要成分（质量分数）：C 0.40%、Si 2.5%、Mn 0.80%、Ni 2.0%、Cr 0.85%、Mo 0.40%、V 0.2%］，其淬透性比 60Si2MnA 钢好得多，热处理后的硬度达 54HRC，K_{IC} 值高达 1470 ~ 1580N/mm$^{3/2}$，而 60Si2MnA 钢的 K_{IC} 值低于 980N/mm$^{3/2}$，使弹簧钢强韧性达到了空前的高水平。

5.3.5.2　悬架弹簧的热处理工艺

用油淬火钢丝或钢棒卷制的悬架弹簧只需进行去应力退火。例如，用 55SiCr 油淬火钢丝卷制的悬架弹簧的退火工艺为 380℃ × 1h。如用退火或热轧态盘条卷制的悬架弹簧必须进行淬火和回火后才能达到所需要的力学性能。具体工艺：

1. 常规热处理工艺　批量生产时，采用输送带或步进式连续加热炉，保护气氛加热到 860 ~ 880℃时油淬，再在热风循环的周期性作业炉或连续式回火炉中保持足够的时间，使其硬度达到 46 ~ 52HRC。

2. 高温形变热处理　将钢棒进行感应加热或电接触加热到 950 ~ 1000℃，立即用靠模轧制成图 5-35 那样的形状及尺寸，再热卷成簧后淬火（余热淬火）和回火。这是一种强化的热处理生产工艺，生产率高，又可获得超细晶粒和形变热处理强韧化效果。对于 Si-Cr 系（SAE9254）钢，其抗拉强度可达 1770 ~ 2060MPa，$Z > 45%$，$A > 7%$，弹簧表面无脱碳现象。用这种方法制造的悬架弹簧具有很高的疲劳强度和抗应力松弛性能。

如果生产条件不具备时，可将轧制、绕簧和淬火工序分开进行，淬火方法可按常规工艺或等温淬火工艺进行。

5.3.5.3　强压处理

悬架弹簧热处理还应进行喷丸处理来提高其疲劳寿命，进行强压处理来提高其抗应力松弛性能。

（1）冷强压处理：将悬架弹簧在室温下压并

（圈）1 次或 3 次、每次停留 1~3s。

（2）热强压处理（亦称热稳定化处理）：在 250℃ 箱式电炉中加热、保温 20min 后取出，迅速放到强压机上进行热压、随即水冷。

5.3.6　碟簧的热处理

5.3.6.1　碟簧的结构及工作特点、用钢和制造工艺路线

碟簧是一种结构紧凑、单位体积材料的变形较大、缓冲时吸振能力强、适于各种组合使用方式和变刚度特性等优点，广泛用于矿山、冶金及车辆等机械装备中。它是一种承受轴向静或动负荷的圆锥形环盘，既可单只使用，亦可叠合或对合使用。其结构截面图如图 5-36 所示。当碟簧厚度（δ）小于 6mm 时无支承面（A 型）；当 $\delta > 6$mm 时有支承面（B 型）。GB/T 1972—2005 将碟簧按 D/t、h_0/t 比值（18、28、40）不同，分为三个系列：系列一：$D/t = 18$、$h_0/t = 0.4$；系列二：$D/t = 28$、$h_0/t = 0.75$；系列三：$D/t = 40$、$h_0/t = 1.3$。每一系列有 29 种规格。

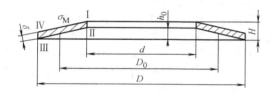

图 5-36　碟形弹簧的截面图

D—碟簧外径（mm）　　H—碟簧自由高度（mm）
d—碟簧内径（mm）　　δ—碟簧单件厚度（mm）
D_0—碟簧反转中心所在的圆周的直径（mm）
h_0—将碟簧压平时的变形量 $h_0 = H - \delta$（mm）

碟簧用钢有优质碳素弹簧钢，一般用于 A 系列的小碟簧；低合金弹簧钢（60Si2MnA 及 50CrVA 等）用来制造中大型碟簧。这些材料都以热轧或冷轧态圆钢或钢板供货。

大中型碟簧的生产流程如下：

备料 →机加工成形———————————→
　　　　↘冷或热冲压成形→去毛刺↗

淬火→回火→强压处理
　　　→检验→表面处理→包装入库

其中，$t < 1$mm 时，用钢板冲制，如 1mm $< t < 6$mm 时，可用钢板冷冲或热冲制碟簧毛坯。表面处理有氧化、磷化或镀镉，后者应进行脱氢处理。

5.3.6.2　碟簧的热处理工艺

1. 毛坯退火　为了消除冷冲时的加工硬化现象，便于切削加工，毛坯需进行退火。退火工艺为（600 ± 10）℃、保温 1~2h，随炉冷到 400℃ 左右出炉。

2. 碟簧的等温淬火　批量大而厚度较小的碟簧采用输送带式保护气氛加热炉和等温槽进行下贝氏体等温淬火、连续回火。这种热处理生产设备比较先进，能保证碟簧的热处理质量，表面无脱碳，内应力较小，不易产生淬火裂纹和翘曲变形，硬度均匀，有较高的疲劳寿命。

碟簧热处理后的硬度：$t < 1$mm，48~52HRC；1mm $< t \leqslant 6$mm，46~50HRC；$t > 6$mm，44~48HRC。

碟簧在氧化性箱式电炉中加热（周期性作业）时，可在其表面涂刷淬火油 + 石墨粉，能防止氧化和脱碳，淬火后碟簧表面呈银灰色。对外径大而较薄、易变形的碟簧采用模压淬火和模压回火处理，可提高碟簧的尺寸精度和处理质量。

3. 碟簧的中频加热、形变淬火工艺　以两种较大碟簧：$D/t = 140/8 = 17.5$ 及 $D/t = 290/17 \approx 17.1$ 为例。

（1）$\phi140$mm 碟簧。用 60Si2Mn 圆钢制造时的工艺路线：下料→机加工（车削、磨削）→中频感应形变淬火→回火→强压处理→喷丸→磨支承面→负荷试验→表面处理→检验→包装入库。

（2）$\phi290$mm 大碟簧。用 60Si2MnA 厚钢板制造的工艺路线：气割下料→退火→机加工（车、磨）→中频感应形变淬火→回火→强压处理→喷丸→磨支承面→负荷试验→表面处理→包装入库。

中频电源为 BPS 型：100kW、8000Hz，DGF—C—10800 中频感应淬火控制设备和模压淬火（油冷），具体电参数和热处理工艺参数见表 5-27。

常规热处理（冷、热成形后重新加热淬火法）的主要工艺问题是：生产效率低，碟簧变形严重，表面氧化、脱碳超标，废品率高（达 40%）；而中频感应加热模压淬火法的主要优点是：生产效率高，变形小，几乎无脱碳和氧化，提高了碟簧的制造精度，显著减少了废品率。特别是碟簧经过上述中频形变淬火比常规热处理者可获得更好的力学性能和更高的疲劳寿命（见表 5-28）。由表 5-28 中数据可知，中、大型碟簧经中频感应加热、模压淬火及回火后的疲劳寿命比普通热处理（箱式电炉加热淬火者）高得多，值得推广应用。若无感应加热装置时，将碟簧表面涂上淬火油和石墨混合剂，放在箱式电炉中加热，到温后钩出放在冲床上成形后立即油淬，也能达到上述形变淬火的效果。

表 5-27　碟簧的中频感应淬火工艺参数

| 碟簧外径 D/mm | 电　参　数 | | | | | | 加热时间/s | 成形压力/kN | 预冷时间/s | 喷油时间/s | 感应器与工件间隙/mm | 淬火冷却介质 | 淬火加热温度/℃ |
	发电机电压/V	发电机电流/A	激磁电流/A	功率因数	匝比	输入功率/kW							
140	700	135	2.8	0.95	8:2	75	45~50	150~200	3~5	25~30	5~7	L—AN22	890~920
290	520	135	2.5	0.75	20:2	55	260~270	450~500	1~2	120~130	4~5	L—AN22	890~920

表 5-28　两种碟簧经不同热处理后疲劳寿命对比

碟簧外径 D 及材料	热处理工艺及表面强化			最大负荷 P_{max}/kN	加荷方法	断裂周次 $N/10^4$	断裂情况	原材料	疲劳试验条件
140mm 碟簧 (60Si2Mn)	原工艺：电炉加热淬火、回火 + 喷砂			85	分三次加载 37.7kN	0.84~1.38		板坯	300kN 脉冲疲劳试验机，加载频率：1000~1200 次/min
	中频感应加热模压淬火 + 480℃回火 2.5h	试件 1	喷砂	100	变形 1mm 10 万次、75.4kN 变形 2mm 10 万次 再达 P_{max}	8.93		锻坯	
		试件 2				10.2			
		试件 3	喷丸			13.2			
		试件 4				7.3	未断		

碟簧外径 D 及材料	热处理工艺及表面强化			P_{max}	P_{min}	振幅/mm	断裂周次 $N/10^4$	断裂情况	原材料	疲劳试验条件
290mm 碟簧 (60Si2MnA)	原工艺：电炉加热淬火回火 + 喷砂			44	28	3	8.76	断	板坯	WPH—100 型脉冲疲劳试验机
	同上	试件 0	喷丸	36	28	1.5	18.0	未断	板坯	
	中频感应加热模压淬火 + （450±10）℃回火 3.5h	试件 5	喷丸	45	29	2.2	23.0	断（喷丸时间短）	板坯	ZDMP—100 型液压脉动疲劳试验机，加载频率：400 次/min
		试件 6		45	29	2.2	34.3	断	板坯	
		试件 7		45	29	2.2	50.0	未断（喷丸时间长）	板坯	

5.3.7　汽车离合器膜片弹簧的热处理

有些汽车采用膜片弹簧作离合器的压紧装置，具有结构简单、紧凑、零件少、占用空间小等优点。由于膜片弹簧的非线性工作特性，使离合器工作性能稳定，不致因摩擦片的磨损而使其压紧力发生显著变化。它的使用寿命比用螺旋弹簧离合器要长，运行中故障亦较少。

5.3.7.1　膜片弹簧的结构特点、性能要求及其制造工艺路线

膜片弹簧的结构如图 5-37 所示，其工作应力分析表明：有窗口的断面 A—A 的应力大于无窗口断面的应力。膜片弹簧的结构较复杂，但其外形和碟簧非

常类似。膜片弹簧压平时，如果小端变形量大，则碟形部分的变形也较大。上表面（Ⅰ、Ⅳ）为压应力，而下表面（Ⅱ、Ⅲ）为拉应力，Ⅰ点处的压应力最大，Ⅲ点处的拉应力最大（见图 5-37b）。这种簧一般选用 50CrVA 或 60Si2MnA 钢板制造，其主要失效形式为早期断裂和应力松弛。所以，膜片弹簧必须进行合适的热处理和强化处理后才能使用。

制造工艺路线如下：

剪板下料→车内圆→车外圆→冲孔槽→磨平面→车外圆、倒 R2 圆角→倒 φ14 孔 R2 圆角→热冲压成形→淬火→回火→喷丸强化→强压（6 次）→检验（压平试验的载荷不得超差）→包装入库。

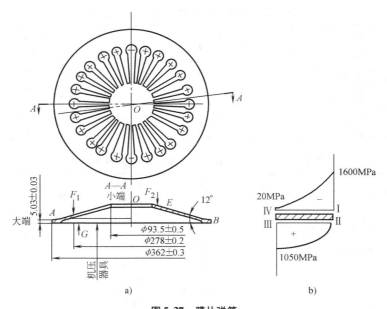

图 5-37　膜片弹簧

a）膜片弹簧结构　b）压平时 A—A 截面的应力分布

5.3.7.2　热处理工艺及强压处理

1. 淬火工艺　将成形的簧片在 920℃ 箱式电炉中加热 4 ~ 5min（为防止氧化和脱碳，在其表面涂上石墨粉和淬火油调成的膏状物，热成形时也是如此）后进行模压淬火（油冷），淬火后片簧的硬度应达到 58 ~ 62HRC。

2. 回火工艺　将淬火后的多个簧片及时装入夹具中压紧回火。第一次回火为 450℃ × 5h，硬度合格后进行第二次回火，在 480℃ 回火 5h。回火后水冷，硬度达 42 ~ 46HRC 为合格。组织为回火马氏体。淬回火都应控制簧片的变形。

3. 强压处理　其目的是减小膜片弹簧工作过程中的松弛变形或弹力减退现象，稳定其自由锥高。强压处理时必须使膜片弹簧大端变形量（λ）适当超过 $\lambda_{1\,\mathrm{I}}$（见图 5-37）和 $\lambda_{1\,\mathrm{III}}$，使材料内部发生一定量的微塑性变形和残余内应力。第二次强压时其应力分布将发生改变，经过几次强压处理后使膜片弹簧的自由锥高基本稳定。

图 5-38 为膜片弹簧载荷（P）-变形（λ）特性线。当离合器压紧时，膜片弹簧变形达 λ_{1b}，R 为曲线拐点，λ_{1b} 一般小于拐点处的变形量 λ_{1R}；彻底分离时，膜片弹簧的变形量在曲线谷点 λ_{1t} 附近。经过计算得到：$\lambda_{1\mathrm{II}} - \lambda_{1t} \approx 0.5 - 1.0\mathrm{mm}$（式中 $\lambda_{1\mathrm{II}}$ 为 σ-λ_{I} 曲线上最大变形量）。所以，膜片弹簧强压处理时必须超过谷点 0.5 ~ 1.0mm。究竟强压处理几次合适呢？表 5-29 列出了强压次数对膜片弹簧载荷的影响。由

该表中数据可知，第 1、2 次强压处理效果最显著，第 3 次强压的效果急剧变小。由此可见，生产上采用 6 次强压是不必要的，只需强压处理 3 次就可达到技术要求。

应指出，上述工艺属于冷强压处理，如果采用适当的热强压工艺还可缩短生产周期，使膜片弹簧的载荷损失率达最小值。

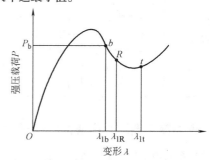

图 5-38　膜片弹簧的工作载荷-变形特性曲线

5.3.8　平面蜗卷弹簧的热处理

平面蜗卷弹簧是用细长的扁带或丝材绕成平面螺旋线形的一种弹簧，它又分接触型和非接触型两种，弹簧的一端固定，另一端施加扭矩，使材料产生弯曲变形。它储存较多的应变能，常用来制造汽车玻璃升降器的平衡弹簧、吸尘器的收线装置、自动武器的供弹具以及钟表、仪器机构中的原动力发条。现只介绍汽车的平衡弹簧和汽车安全带卷收器的平面蜗卷弹簧。

表 5-29　膜片弹簧负荷与强压次数的关系（加载行程为 λ_{1max} 时）

试验号	强压处理次数及弹簧载荷/N（kg）				
	1 次	2 次	3 次	4 次	5 次
1	5808（592）	5503（561）	5523（563）	5533（564）	5543（565）
2	6014（613）	5719（583）	5690（580）	5680（579）	5680（579）
3	5925（604）	5641（575）	5631（574）	5631（574）	5631（574）
4	5994（611）	5709（582）	5700（581）	5690（580）	5690（580）

5.3.8.1　平衡弹簧的热处理工艺

1. 平衡弹簧的结构特点、用钢及制造工艺路线

图 5-39 所示为汽车玻璃升降器平衡弹簧，它属于非接触型平面蜗卷弹簧。其失效形式有二：一为断裂失效（见图中箭头所示处），一为松弛变形失效，不起平衡作用。

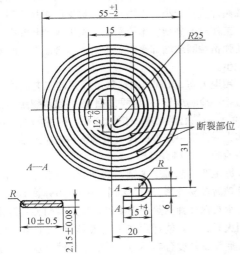

图 5-39　汽车玻璃升降器平衡弹簧

这种弹簧多采用特殊截面钢材制造，主要有三类：

（1）YB/T 5063—2007，热处理弹簧钢带 I、II、III 级，用钢为 65Mn、T7A、T8A、T9A、60Si2MnA 及 70SiCrA 等。

（2）YB/T 5183—2006，汽车车身附件用异形钢丝（65Mn 及 50CrVA）。

（3）YB/T 5058—2005，弹簧钢、工具钢冷轧钢带，用钢有：65Mn、50CrVA、60Si2Mn 及 60Si2MnA 等。厚度系列：0.5～4.0mm，共 22 种；宽度系列：5～50mm，共 21 种。

现以矩形截面（10mm × 2.15mm 和 12mm × 2.5mm）65Mn 钢退火料为例，介绍其制造工艺过程。具体工艺过程如下：下料→修边→卷制成形→端部加工→淬火→回火→（缠紧处理）→检验→涂防锈油→包装入库。

2. 平衡弹簧的热处理工艺　淬火方法有直接油淬、下贝氏体等温淬火及马氏体分级淬火等；回火在硝盐浴中回火，370℃ ×30min。

经热处理后平衡弹簧的组织、力学性能及疲劳寿命见表 5-30。

由表 5-30 可看出，平衡弹簧在技术条件中要求往复疲劳寿命超过 4 万次，直接油淬者往往达不到要求，而采用等温淬火或分级淬火却能达到，特别是下贝氏体等温淬火和马氏体分级淬火使其寿命达 6 万次左右。

表 5-30　65Mn 平衡弹簧经不同热处理后的组织、力学性能及疲劳寿命

热处理工艺[1]	显微组织	淬火后硬度 HRC		回火后硬度 HRC		回火后抗拉强度 R_m/MPa		往复疲劳寿命/次（3～10 个弹簧寿命的平均值）
		1	2	1	2	1	2	
直接油淬（820℃ ×10min）	100% M	61	62	48	49	1580	1707	35752
马氏体分级淬火（860℃ 加热 8min，280℃ 分级 2min，淬火）	70% M + 30% B下	58	57	50	50	1687	1717	60202
马氏体分级-贝氏体等温淬火（860℃ 加热 8min，280℃ 等温停留 20min）水冷	30% M + 70% B下	55	56	50	50	1707		40195
下贝氏体等温淬火（860℃ 加热 8min，280℃ 等温停留 30min）水冷	≈100% B下	52	53	50	50	1687		59967

[1] 均在 370℃ 硝盐浴中回火 30min。1—10mm × 2.5mm 带钢，2—12mm ×2.5mm 带钢；M—马氏体，B下—下贝氏体。

如用热处理扁钢带制造平衡弹簧时，则其工艺路线比较简单：下料→两端局部退火→卷制成形（包括端部成形加工）→定型和去应力退火（与缠紧处理合并进行）→检验→表面处理→包装入库。

热处理钢带硬度应控制在40～46HRC范围内，两端弯钩部分的硬度经局部退火后降至35HRC左右，在680℃浴炉中短时加热即可。用这种方法生产的平衡弹簧往复疲劳寿命达4.5～5.5万次。

5.3.8.2　汽车安全带卷收器平面蜗卷盘簧的热处理工艺

轿车高速行驶时发生恶性事故的可能性及危害性都很大。为了确保人身安全，乘员必须套上安全带。其卷收器应符合GB 14166—2003要求，卷收器中的平面蜗卷盘簧就是一个重要的功能性零件，它属于接触型蜗卷弹簧。工作圈数≥25，展开长度为4150mm，系由截面为0.25mm×8mm薄钢带制造。它装在直径为55mm的弹簧盒中。它的失效方式主要是断裂和松弛。

常用薄钢带有碳素钢（60、65、75、85、T8A等）及低合金钢（60Mn、60Si2MnA等）。比较便宜的是选退火态厚度为0.22mm 60薄钢带制造，这种薄钢带比较宽，用滚切法割成宽度为8mm的窄条，再通过连续热处理炉加热到820～860℃，压模整形后油淬，于360～400℃回火，达到YB/T 5063—2007中规定的技术要求：$R_m > 1900$MPa、硬度 > 600HV。试制产品经测定：$R_m = 2190$MPa，硬度 = 665HV。

盘簧的制造工艺路线：断料→两端头退火（<370HV）→端部加工成形→卷制→去应力退火及定形→表面处理（发蓝或镀镍）→寿命考核→入库。

寿命考核方法：将薄带拉出和回卷，试验50000次，拉出速度低于30次/min，拉力载荷为88N。

5.3.9　压缩机气阀弹簧的热处理

压缩机是一种重要的通用机械，无论是动力压缩机还是工艺流程压缩机，气阀都是压缩机的心脏。阀簧是启闭气阀的功能部件，所以，它的质量好坏对压缩机运行性能有重要影响。阀簧一旦失效（失效方式主要有早期断裂和应力松弛），将直接降低压缩机的功效，或使工艺流程不能正常运行，严重时将导致机毁人亡的恶性事故。压缩机的使用寿命要求达8000h，但在20世纪70年代，我国压缩机连续使用几十小时或几百小时后事故频繁，其中，气阀弹簧寿命短已成为压缩机行业的技术关键之一。

气体压缩机的工作介质有空气（空压机）、氧气、氢气、氮气及二氧化碳等。由于气阀结构的不同、气阀弹簧主要有两大类：一类是用圆柱形压缩螺旋弹簧定位，分散安装在阀座内，上面顶着阀片作启闭运动；另一类是整体式网状弹簧片和阀片等完成启闭工作，更简单的还有舌状弹簧片（小型压缩机使用）。

5.3.9.1　活塞式压缩机气阀弹簧的热处理

1. 原生产工艺中存在的问题和改革方案　这类弹簧一般是圆柱形压缩螺旋弹簧（有两种端部结构：两端都磨平和一端磨平而另一端为平面绕成阿基米德螺旋线型。）其特点是簧丝径（d）细小（0.5～1.5mm），弹簧外形也较小，而且一只气阀座内分装3～20只阀簧。例如，L8-60/7双缸两级复动式空压机中阀簧在较苛刻条件下工作，转速高（高达1470r/min），工作介质温度为150～200℃；设计时外圈环形阀片直径大，由十几只阀簧支承着两个阀片；内圈阀片直径较小，仅用几只阀簧支承阀片启闭。所以，工作时不平衡，不能平稳，发生抖动和摇摆，因而使弹簧端圈或端部磨损、折断，或弯曲、卡断等时有发生。

用退火态50CrVA钢丝制造阀簧的工艺路线：材料检验→冷卷成形→粗磨两端平面→粗调螺距→拼头（倒角）→精磨两端面→精调螺距、高度和垂直度→油淬火→清洗→定型回火→精调整→去应力退火→发蓝→检验，共14道工序。

原生产工艺工序繁杂，周期长，手工操作量大，热处理时极易变形，丝径细小的一串串弹簧加热、淬火，很难保证弹簧热处理质量；采用专门夹具进行定型回火时，大量能耗用在工夹模具上，加热时间长，回火后弹簧硬度分布不匀，其变形仍然严重。每生产一只阀簧平均需1.2h，生产率太低，而生产成本很高，可以认为是一条"少、慢、差、费"的工艺路线。改革办法不应只看作是热处理工艺问题，而是要从阀簧生产方法、整个制造工艺过程中探求更好的技术去解决。

2. 新阀簧的制造工艺路线　当时，国内尚未生产过油淬火50CrVA钢丝、只能供应退火态材料，事实上至今仍不能供应力学性能合格、质量稳定的细规格（例如丝径0.5mm）的油淬火50CrVA钢丝。压缩机行业阀簧攻关组采用自行发明技术（见发明项目82—07—014）：电接触快速加热、分级冷却、油淬、带温回火及回火后油冷工艺，获得了超细晶粒（ASTM11级以上）的油淬火50CrVA细规格钢丝、力学性能均匀稳定，保证了国内压缩机行业的需要。

阀簧的制造工艺路线：自动机卷簧→磨端面→去应力退火→防锈处理→包装入库。

表 5-31　新型油淬火钢丝与退火态钢丝热处理后力学性能比较

牌号	丝径 d/mm	热处理方法	抗拉强度 R_m/MPa	硬度 HRC	弯曲次数[3] ($r=25$, 180°)	扭转次数 (360°, $l=100d$)	自绕性能
50CrVA	0.5~1.3	油淬火回火丝 950~1000℃, 3~5s 440~500℃回火16s	1570~1680	46~50	11~17	14~28	良好
	0.9	原工艺[1]	1380~1430	40~44	11~14	2~7	合格
		新工艺[2]	1580~1620	46	6~8	15~29	良好
60Si2MnA	1.0~1.3	新工艺	1680~1780	48~52	11~20	21~23	良好
65Si2MnWA	0.5~1.0	新工艺		46~50	7~8	21~24	良好
	1.0	原工艺	1540~1570	46~50	3~6	4~6	合格
		新工艺	1570~1720	47~50	7~8	21~24	良好
40Cr13	0.5~1.7	新工艺: 1050~1100℃, 3~5s, 400~520℃铅浴回火16s		44~47	5	17~22	良好

① 原工艺：900℃盐浴炉加热80s，油淬，380~400℃空气炉中回火30min。

② 新工艺：电接触快速加热到950~1050℃，370℃等温，油淬火，连续在360℃铅浴炉中回火16s。

③ $d<0.8$mm者不测弯曲、扭转次数，只测带扣拉力，其值达到破断力的58%~62%，新型油淬火钢丝均能达到这项指标。

和原工艺路线比较，主要区别是将阀簧的热处理（淬、回火）改为对原材料先进行油淬火-回火后再卷制成簧。它显著缩短了生产周期，工序减少了，完全避开了小弹簧小批量周期性热处理过程所带来的许多技术难点，改为钢丝的连续热处理。只要钢丝热处理后的质量好，力学性能稳定，冷卷簧性能良好，就可能减少大量的手工劳动，大幅度提高劳动生产率和阀簧的质量及使用寿命。表5-31列出了两种热处理方法所得钢丝的力学性能比较。由该表中数据可知，新型阀簧钢丝的特点是强韧性比原工艺处理好得多。而且表面质量好，呈深蓝色，光亮，无氧化脱碳，置于室内储存一年不生锈，扭转疲劳寿命高。这种钢丝具有优良的自动机冷卷簧性能（见表5-32）。

由表5-31及表5-32可见，新工艺生产的阀簧钢丝能卷制出合乎技术要求的弹簧，并具有优异的力学性能，生产成本每只6元降到不足0.2元。经过20多年的运行考验，对于铁道上用NPT空压机（阀簧丝径为0.5mm50CrVA）气阀弹簧的使用寿命由几十到几百小时提高到8000h；对于油漆厂用4L44/2型工艺压缩机阀簧（丝径为1.3mm50CrVA）的使用寿命由500h左右提高到17200h；对于煤矿用L5.5-40/8空压机新阀簧使用寿命平均达9000h。这是一条多快好省的工艺路线。

表 5-32　两种工艺处理钢丝（50CrVA）冷卷簧性能比较

序号	冷卷簧技术指标	退火态钢丝	新工艺油淬火钢丝
1	弹簧自由高度的变化	≈1.5mm	≈0.4mm
2	弹簧圈数的变化	±0.5圈	几乎不变
3	弹簧外径的椭圆度	0.1mm	几乎不变
4	弹簧外径的变化	0.4mm	几乎不变
5	弹簧螺距的变化	不均匀度达0.4mm	均匀
6	弹簧拼头性能	不好	好

5.3.9.2　压缩机网状弹簧片的热处理

1. 网状弹簧片的结构特点、受力条件、钢材选择及制造工艺路线　石油工业用2V-6.5/12型空压机中使用网状气阀，其弹簧片系一圆形薄件，四个象限内各有一个按一定弧度翘起的簧爪（见图5-40）。它与上述环状阀比较，其优点是线性弹性好，气流阻力较小，温升低，摩擦力小等；缺点是结构复杂、制造困难。弹簧片簧爪根部、阀片中环与环连接处均存在应力集中现象。由于簧爪承受弯曲应力，并有撞击及颤动等，故其失效方式一般在应力集中的根部或附近断裂。另一种失效方式是应力松弛，使簧爪翘起的高度逐渐降低，即降低压缩机的效率。

图 5-40　网状弹簧片

网状弹簧片选用厚 0.5mm、宽 100mm 的 65Mn 退火钢带制造，原始组织为粒状珠光体，力学性能见表 5-33。由表中数据可知，原材料有各向异性特征。为了保证弹簧片四个簧爪具有相同的性能，冲裁簧片毛坯时应取 45°向。

表 5-33　退火态 65Mn 薄钢带不同取向的力学性能

抗拉强度 R_m/MPa			伸长率 A（%）			弯曲次数			硬度 HRC
纵向	斜 45°	横向	纵向	斜 45°	横向	纵向	斜 45°	横向	任意
910	807	801	9.9	9.6	8.6	10	10	3.7	24

网状弹簧片制造工艺路线：冷冲成圆片毛坯→去毛刺→淬火（检验）→回火（检验）→热定型→切开簧爪→热定型（检验）→表面处理→成品入库。

2. 网状弹簧片的热处理工艺　工厂采用的热处理及热定形工艺见图 5-41。该工艺的特点：工序繁杂，生产周期长，簧片的硬度不足（37HRC），组织为回火马氏体，但已出现再结晶迹象，没有注意簧爪取向问题等。这些是弹簧片使用寿命短的主要原因。

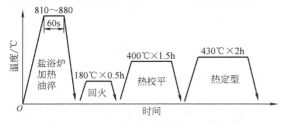

图 5-41　工厂原热处理及热定形工艺曲线

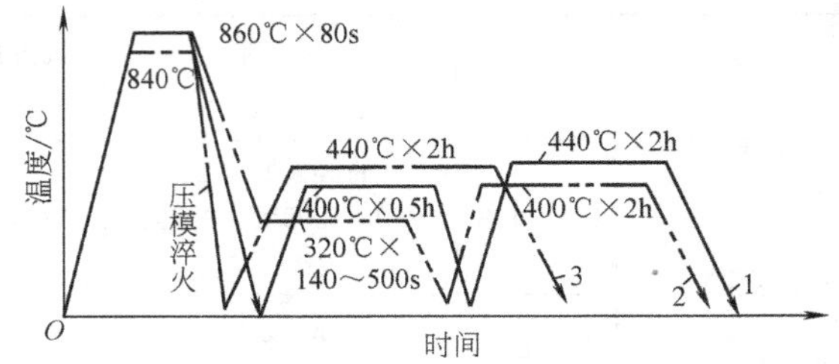

图 5-42　65Mn 钢网状弹簧片改进的三种热处理工艺
1—淬火回火工艺　2—等温淬火工艺　3—光亮模压淬火工艺

图 5-42 中列出了三种改进工艺：

1）淬火、回火工艺（实线）：860℃盐浴中加热 80s，油淬、400℃回火 0.5h + 440℃×2h 热定形。

2）等温淬火工艺（双点画线）：860℃盐浴炉中加热 80s 后淬入 320℃硝盐浴炉中等温 140s + 400℃×2h 热定形。

3）光亮模压淬火工艺（点画线）：在 840℃保护气氛炉中加热 3min，后取出模压（模内水冷）+ 440℃×2h 热定形。

随炉试样处理后的力学性能及疲劳寿命见表 5-34。由该表可知，三种新工艺比原工艺可获得相等或更好的力学性能和疲劳寿命，却减少了工序，缩短了生产周期（由 4h 缩短到 2h 左右），节约能耗，减轻了劳动强度。特别是光亮模压淬火 + 热定形的生产方法，处理后的网状弹簧片表面光洁、平整、硬度分布更加均匀稳定，减少了清洗和热压平工序。厚度仅为 0.5mm 的圆形弹簧片采用这种淬火方法后能确保质量，内应力也小，可将回火和热定形工序结合起来，更为省事。

为了进一步提高薄弹簧片的疲劳寿命，改善其边缘条件，延长裂纹萌生期（N_o）有重要意义，表 5-35 中列出了不同边缘条件对 N_o 的影响。由此表中数据可知，弹簧片的边缘条件对其裂纹萌生期 N_o 有重要影响。因此，对于网状（也包括舌状）弹簧片的生产，最后应增加一道光整或抛光工序。

表 5-34　随炉试样处理后的力学性能及疲劳寿命

序号	热处理及热定形工艺	HRC	R_m/MPa	A（%）	弯曲次数（纵向）	弯曲疲劳试验 10^5		300h 实物模拟实验
						N_o[1]	N_f[2]	
1	淬回火工艺	42	1424	6.7	36	7.26	8.16	无裂纹
2	等温淬火工艺，等温 140s	44	1524	6.5	41	9.22	10.45	无裂纹
	等温淬火工艺等温 500s	43	1408	6.9	38	5.26	6.21	—
3	光亮模压淬火工艺	40~42	—	—	—	—	—	—
0	工厂原工艺（图 5-41）	37						有一片出现裂纹

① N_o—裂纹萌生期。

② N_f—疲劳寿命，名义应力为 324MPa，数据为 4~5 个试样之平均值。

表 5-35　边缘条件对弹簧片 N_o 的影响（名义应力 $\sigma_{max} = 324MPa$）

弹簧片的边缘条件	有　缺　口　试　样		无　缺　口　试　样		
	V 形	U 形	冲裁	锉平	磨光
N_o/次	7.26×10^5	4.75×10^6	8.23×10^6	1.39×10^7	$> 2.88 \times 10^7$

5.3.10　卡簧的热处理

卡簧或卡圈是线弹簧中最简单的一种零件，如图 5-43 所示。材料截面有圆形、矩形两大类，端部结构有不同样式：端部平齐、或带弯曲、有同心和偏心的等。

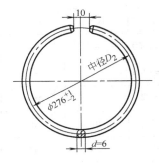

图 5-43　卡簧（圈）

5.3.10.1　拖拉机卡圈的选材及制造工艺路线

拖拉机用卡圈结构简单，由冷拉碳素弹簧钢丝制造，其制造工艺有两种：

（1）单体成形。定尺下料→冷卷成形→端部加工及整平→去应力退火→发蓝→检验→成品包装入库。

（2）连续成形。盘料通过自动卷簧机或用车床密绕成形→单个卡簧切断→磨两端面、去毛刺→整平→去应力退火→检验→表面防锈处理→成品入库。

上述两种生产工艺各有优缺点，单体生产时工序繁、料头多、生产率低，但整形容易；连续密绕成形时生产率相同、料头少，由于冷卷时有较大内应力，故整平较困难。但可设计专用夹具，将去应力退火与热定形结合起来，可显著减少整平工作量，并提高卡簧的制造精度。

这种卡簧热处理工艺简单，只需进行去应力退火，具体工艺为：硝盐浴炉 320℃ ×20min。

5.3.10.2　石油牙轮钻头用卡簧的热处理

牙轮卡簧是钻头中一个非常重要的零件，它一旦失效（断裂或松弛），将导致钻头掉入油井的严重事故，造成很大损失。因此，对牙轮卡簧的质量要求非常严格。

1. 卡簧技术要求、用钢及制造工艺路线　卡簧

丝径不同，有十几种规格，一般按尺寸选用不同的钢种制造。尺寸较小者（$d \leqslant 5.3mm$），选用 75 钢制造；尺寸较大者（$d \geqslant 5.4mm$），选用 50CrVA 或 55SiCrA 钢丝制造。

卡簧的技术要求主要靠热处理工艺来实现，具体内容如下：

（1）卡簧成形后进行等温淬火，用 55SiCrA 等油淬火钢丝制造时，冷成形后只进行 260 ~ 288℃ 去应力退火处理。

（2）表面磷化处理后在防锈油中浸泡。

（3）硬度要求应符合表 5-36。

表 5-36　不同丝径的卡簧对硬度的要求

卡簧料径 d/min	2.0 ~ 4.2	4.2 ~ 5.0	5.0 ~ 5.4	5.4 ~ 8.0
硬度　HRC	50 ~ 55	48 ~ 54	47 ~ 54	47 ~ 54

（4）金相组织。经等温淬火者应是均匀的下贝氏体；用油淬火钢丝制造者应是匀细的回火马氏体。

（5）检验。卡簧应符合图样尺寸及公差要求，卡簧表面应光滑、无铁锈及氧化皮和脱碳等缺陷，如小坑、刻痕、薄片、接缝、擦伤及裂纹等。其最大深度不得超过料径的 3.5%。

（6）卡簧应进行压缩试验。例如：卡簧（料径 $d = 6.20mm$）经压缩恢复后应超过卡簧槽直径（$\phi86.61mm \pm 0.05mm$）1.524mm。

（7）卡簧应作扭曲试验。用卡钳夹住一端，另一端扭转，其扭转角应大于 180° 为合格。

（6）和（7）两项试验应各取三个试样。

牙轮卡簧的制造工艺路线有两种：

1）油淬火-回火钢丝→冷卷成形→端部加工→去应力退火→强压（弯）处理→检验→表面磷化和浸油→成品包装入库。

2）退火态磨光料 50CrVA→检验→冷卷簧→端部加工 →淬火──→回火 →预压缩处理→检验→表面　　　　等温淬火　　磷化和浸油→成品、包装入库。

2. 卡簧的热处理工艺　卡簧等温淬火、回火工艺见表 5-37，等温淬火和普通淬火-回火后的力学性能比较见表 5-38。

表5-38 说明了在三种弹簧钢制卡簧经不同热处理的工艺中，以75钢的等温淬火的综合力学性能最好，50CrVA及55SiCrA也存在类似规律，但不如75钢那样显著。不过，低合金弹簧钢可制成规格较粗的油淬火钢丝，更便于制造卡簧。

卡簧经过上述热处理后仍不能满足对压缩试验的要求，还应进行预压缩处理（采用合适的预压工艺）后才能满足其应力松弛的性能要求。

表5-37　卡簧等温淬火、回火工艺

钢种	淬火加热温度/℃	等温温度/℃	等温时间/min	硬度HRC
75	800～850	260～280	10～20	48～52
50CrVA	860～900	300～320	30	48～52
55CrSiA	860～900	300～320	30	50～52

注：回火温度和保温时间与等温温度和等温时间相同，硬度几乎不变。

表5-38　卡簧用钢经等温淬火和普通淬火-回火后力学性能的比较

牌号	热处理工艺	硬度 HRC	抗拉强度 R_m/MPa	屈服强度 R_{eL}/MPa	延伸度 A（%）	断面收缩率 Z（%）	冲击韧度 a_K/(J/cm²)
75	贝氏体等温淬火	50.4	2010	1020	1.9	34.5	48
	淬火、回火	50.2	1750	870	0.3	6.7	4
50CrVA	860℃加热，300℃等温30min	46	—	$R_{p0.01}=1060$	—	—	—
	另加300℃补充回火	46	—	$R_{p0.01}=1246$	—	—	—
	860℃淬火+300℃回火1h	45～50	>1470	$R_{p0.01}=824$	>8	≥40	—
55SiCrA	890℃等温淬火	50	1950	1725	10	46	73.5
	另加+325℃回火	50.5	1920	1770	8.3	45	50.0
	870℃油淬+400℃回火	51	1980	1830	7.5	38	37.1

5.3.11　汽车风窗玻璃刮水器胶条弹簧的热处理

5.3.11.1　胶条弹簧的性能要求、材料选择及制造工艺路线

汽车风挡玻璃雨刮器是保证司机在雨天安全行车的重要配件。胶条弹簧的服役条件是在雨水或大气中工作。要求耐蚀性好，有足够的弹性；否则，胶条与玻璃压不紧，雨水刮不净。但弹力又不宜过高，使胶条与玻璃之间摩擦力过大，增加了电动机负荷。一般选用不锈钢（如1Cr18Ni9Ti、07Cr17Ni7Al及07Cr15Ni7Mo2Al钢等）制造。不同型号雨刮器用片弹簧的规格也不一样。现以厚0.6mm、宽4.0mm、长400mm弹簧片为例，选用厚1.0mm的07Cr17Ni7Al钢带材制造，其制造工艺路线如下：

固溶处理→冷变形60%→下料→去毛刺→端部加工→时效强化→表面钝化处理→检验→成品包装入库。

5.3.11.2　弹簧片的热处理工艺

07Cr17Ni7Al和07Cr15Ni7Mo2Al为典型的沉淀硬化不锈钢，采用CH处理，其工艺曲线见图5-44。两

种钢经不同时效温度处理后的力学性能见图5-45。由图5-45可见，选择480℃×1h时效工艺是合理的。

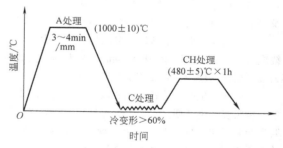

图5-44　07Cr17Ni7Al和07Cr15Ni7Mo2Al制弹簧片的CH处理工艺

钝化处理可进一步提高弹簧片的耐蚀性。未经钝化者的腐蚀速率为14g/（h·m²）；而经钝化处理者为11.07g/（h·m²）。

雨刮器胶条弹簧片应进行台架试验：包括抗振试验（1750次/min×1h）、耐蚀试验（喷水）、刮净试验和耐久试验。结果表明：两种沉淀硬化不锈钢制造的胶条弹簧通过了150次的耐久试验，达到了汽车部门提出的全部技术要求。

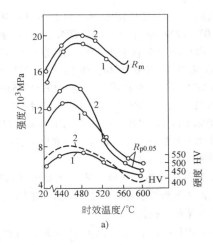

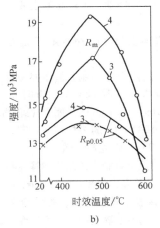

**图 5-45　时效温度对 07Cr17Ni7Al
及 07Cr15Ni7Mo2Al 经 CH
处理后力学性能的影响**

1、2 炉号—07Cr17NiAl 钢；

3、4 炉号—07Cr15Ni7Mo2Al 钢

5.3.12　耐热弹簧的热处理

耐热弹簧在较高温度下长期工作，对其材料性能的要求是：有足够的高温强度和良好的抗氧化、抗应力松弛性能。根据工作温度高低来选用耐热弹簧钢或耐热合金（见表 5-17）。

5.3.12.1　W18Cr4V 钢制耐热弹簧的热处理工艺

军用耐热压缩螺旋弹簧选用银亮高速钢（料径 d =9、12、16（mm）三种）制造。热处理后硬度要求达到 45～50HRC，在并圈状态下置于 200℃的恒温炉中2h，在工作负荷下置于428℃的恒温炉中5h。经五次全压缩（压并）后其变形量不超过自由高度（H_0 = 98.5mm）的 2% 。

制造工艺路线：下料→热成形→整形→磨端面→退火→调整→淬火→回火→热强压处理→检验→防锈处理→成品包装入库。

为了达到该簧的性能要求，不宜采用 W18Cr4V 高速钢的常规热处理工艺，而改用强韧化工艺（见图 5-46）。

（1）预备热处理（退火）。弹簧热成形后将两端磨平、调整预制高度（比 H_0 稍大）和垂直度，在 740℃进行 2h 退火、炉冷到 500℃以下出炉。

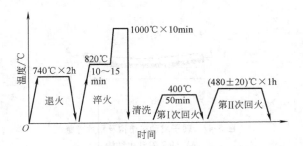

图 5-46　W18Cr4V 钢制耐热弹簧的强韧化工艺

（2）淬火。在 820℃预热 10～15min 后放入高温盐浴炉中加热到 1000℃保持 10min，再于 100℃淬火油中淬火。得到合金元素（W、Cr、V）含量不高的低碳马氏体，硬度为 55HRC 左右。

（3）回火。第一次回火工艺：400℃×50min；第二次：480℃×1h，硬度为（50±2）HRC。

（4）热定型（热强压处理）。按图样要求的工艺进行两次热定型：第一次将簧压缩到接近并紧状态（仍低于工作变形量），在 200℃恒温箱中保持 24h；第二次将簧压缩到最大变形后，置于 430℃炉中保持 5h。经过上述处理后，该簧全压缩的永久变形量 <2% 。

5.3.12.2　转子发动机刮片弹簧的热处理

1. 刮片弹簧的结构特点、服役条件、失效形式及其制造工艺路线　转子发动机是一种新型发动机，如图 5-47a 所示。它具有结构简单、重量轻、高速动力性能好等优点。转子发动机缸体 3 内有一个三角形转子 4（见图 5-47a），转子的三个边把缸体分割成三个工作室，转子转动一周，每个工作室依次进气、压缩、点火爆发到排气，完成一个工作循环。为了保证密封，转子的三角上都有一个刮片 5，其刮片底部均有一个弓形刮片弹簧 6，它的作用是保证刮片始终与缸体型面贴合。由于刮片弹簧的工作质量直接影响到刮片与缸体贴合的密封效果，直接影响到转子发动机的性能好坏，因此，刮片弹簧是转子发动机中一个关键性零件。其形状和具体尺寸见图 5-47b。

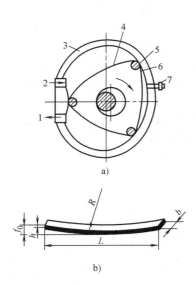

图 5-47　转子发动机结构及刮片弹簧
a）转子发动机结构
1—排气口　2—进气口　3—缸体　4—转子
5—刮片　6—刮片弹簧　7—火花塞
b）刮片弹簧
L—刮片弹簧长度（62mm）　h—刮片
弹簧厚度（0.63mm）　b—刮片弹簧宽
度（4.93mm）　f_0—刮片弹簧自
由高度　R—片簧弧度半径

由于刮片弹簧是在发动机燃烧室中工作，工况条件相当恶劣：工作温度长期处于 300 ~ 400℃，还受到瞬时扫过表面的高温燃烧产物和进气、排气口冷热混合气体的交替作用，故其受力情况比较复杂，既有静载荷又有动载荷，前者较大，后者较小（循环载荷）可忽略不计；所以，刮片弹簧的主要失效形式是蠕变和应力松弛。

刮片弹簧的选材非常重要，一些发达国家用高级材料制造。例如，德国用钴基弹性合金（Co40）；日本用 07Cr17Ni7Al 或 07Cr17Ni7Mo2Al、高温合金 A286、65WMo 或弹性合金 3J3、3J1 等；国内试制时选用耐热弹簧钢 65WMo、弹性合金 3J1 及 3J3、07Cr17Ni7Mo2Al、铁基耐热合金 0Cr15Ni25Ti2MoVB（GH2132 或 A286）及镍基耐热合金 NiCr19Fe18Nb5Mo3TiB（GH4169 即 Inconel718）制造。具体工艺路线：固溶处理→冷变形→下料成形修边→时效→检验→成品。

2. 刮片弹簧的热处理工艺　正确选材和热处理是决定刮片弹簧性能好坏的主要因素。不同的材料应选择其合适的热处理工艺。

（1）3J1 弹性合金制刮片弹簧的热处理工艺：1050℃淬火（固溶处理）+ 30% 冷变形 + 700℃ × 40min 时效。

（2）3J3 基本上与（1）相同，只是冷变形量改为 35%。

（3）A286 耐热合金制刮片弹簧的热处理工艺：1050℃淬火 + 30% 冷变形 + 650℃ × 4h 时效。

（4）GH4169（Inconel718）制刮片弹簧的热处理工艺：950 ~ 1050℃ × 1h 固溶处理 + 720℃ × 8h 空冷（55℃/h）+ 620℃ × 8h 空冷时效。

上述几种耐热合金制成的刮片弹簧经不同温度的夹平试验后挠度及应力松弛率（$\Delta\sigma/\sigma$，%）的比较见表 5-39。由该表中数据可知，弹性合金 3J1、3J3 经正常热处理后仍不能满足刮片弹簧的性能要求，容易导致应力松弛失效（在 400℃夹平 150h 后，松弛率（$\Delta\sigma/\sigma$，%）都在 10% 以上。）GH2132（即 A286）尚可达到要求，而镍基高温合金 718（GH4169）性能更好，在 550℃夹平 100h 后挠度变化小于 10%。

工厂在 22120 型转子发动机上通过了 600h 的装机试验，证明 GH4169 合金可满足性能要求。

表 5-39　几种耐热合金制刮片弹簧在不同温度下夹平试验
挠度（f）及应力松弛率的比较

耐热合金牌号	热处理工艺及冷变形程度	在 320℃下夹平 150h				在 400℃下夹平 150h				在 550℃下夹平 100h	
		Δf /mm	$\Delta f/f$ （%）	$\Delta\sigma$ /Pa	$\Delta\sigma/\sigma$ （%）	Δf /mm	$\Delta f/f$ （%）	$\Delta\sigma$ /Pa	$\Delta\sigma/\sigma$ （%）	$\Delta f/f$ （%）	$\Delta\sigma/\sigma$ （%）
3J1	1050℃固溶 + 30% 冷变形 + 700℃ × 40min 时效	0.084	1.40	11.27	1.56	0.813	13.6	109	15.1	—	—
3J3	1050℃固溶 + 35% 冷变形 + 700℃ × 4h 时效	0.068	1.13	9.11	1.28	0.56	9.3	75	10.4	—	—
GH2132（A286）	1050℃固溶 + 30% 冷变形 + 650℃ × 4h 时效	0.048	0.72	5.78	0.21	0.21	8.4	27	3.8	—	—
GH4169（718）	1000℃固溶 + 720℃ × 8h 时效（55℃/h）+ 620℃ × 8h 时效									7	12

5.3.13 电子表音叉的热处理

1. 电子表音叉的结构特点、选材及其制造工艺路线 由电子元件和音叉组成的振荡器比晶体管振荡器有许多优点：制造方便、成本低廉，又有很高的温度稳定性，因而可省去恒温措施，有利于设备的小型化和降低能耗。这一点对于空间技术的应用非常有利。目前已制造的 800 ~ 15000Hz 的音叉振荡器，其精度已达 1×10^{-7}。音叉固有频率的稳定性对手表定时的影响特别重要。音叉部件固有频率的变化与选用的材料密切相关，采用铁镍恒弹性合金 3J58 制造音叉，其外形及主要尺寸如图 5-48 所示。技术要求：$f = 360Hz$，频率温度系数 $v_f \leq 3.0 \times 10^{-6}/℃$，机械品质因数 $Q \geq 5000$。它在装表前是否处于稳定状态是一个关键性技术难题。

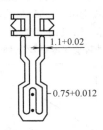

图 5-48 音叉外形及主要尺寸

音叉的制造工艺路线：线切割下料成形→焊铁环→时效处理→整形→稳定化处理→电抛光或电镀→钻簧柱孔→粘磁芯→镶簧柱及调整片→粗调频率→老化处理→精调频率→老化处理。

2. 音叉件的时效处理、稳定化处理和老化处理 3J58 合金是铁镍基沉淀硬化型弹性材料。热处理工艺：高温固溶处理（1050℃ ×20 ~ 30min）、水冷和 60% 冷变形轧成板料，用线切割法制成音叉。还应进行下列三种处理（时效、稳定化和老化）才能达到所要求的性能。

（1）时效处理工艺。音叉件的时效是在真空炉（真空度 13.3Pa 以下）内进行。时效温度在 500 ~ 700℃ 范围内选择，保温时间均为 3h。测得其频率系数（v_f）、机械品质因数（Q）和维氏硬度（HV）值与时效温度的关系如图 5-49 所示。由此图可见，为了得到最小的 v_f、且 Q 值最大，其时效工艺为 $610^{+5}_{-0}℃ \times 3h$。

（2）稳定化处理工艺。稳定化处理的目的是消除音叉在时效及整形过程中产生的内应力。稳定化处理第一阶段工艺为 350℃ ×4h，使其内应力降低 50% ~ 70%，但内应力的消除仍不充分；第二阶段工艺为

400℃ ×24h，使音叉件的漂移值减小。

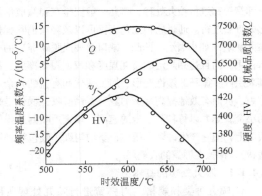

图 5-49 时效温度对 3J58 音叉件频率温度系数，机械品质因数及硬度的影响
注：保温时间 3h。

（3）老化处理工艺

1）音叉件经过 $610^{+5}_{-0}℃ \times 3h$ 的时效处理及 350℃ ×4h 的稳定化处理后，再进行第一阶段的高低温老化或振动老化处理。研究证明：高低温循环老化工艺的最高温度宜选 $170^{+5}_{-0}℃$，它和振动老化处理比较时，振动老化时前三天的漂移量较大，达 22×10^{-6}，三天以后其漂移渐趋于平稳。而170℃ ⇌ -50℃高低温循环老化处理的音叉，从开始其频率漂移量就较小，两周内的最大漂移量为 5.7×10^{-6}。因此，选定 + 170℃ ⇌ -50℃（各保温 1h）为高低温循环 20 次的老化处理工艺。

2）居里点上下加热的高低温循环老化工艺。高温（130℃ ⇌ 170℃）反复两次→室温→低温（-45℃ ~ -50℃），不同温度下各保温 1h，循环两次。

3）振动老化工艺。70℃ 大振幅振动 8 天，室温下小振幅振动 4 天。大振幅振动时，线圈感应电势为 1.2 ~ 1.5V；小振幅振动时相应为 0.68 ~ 0.2V。

5.4 弹簧的特殊处理

在弹簧生产过程中，除与材料及热处理有密切关系外，在达到成品之前，往往需进行一些特殊处理才能使弹簧有满意的使用性能。其中，喷丸强化处理和离子渗氮能进一步提高弹簧的疲劳寿命，离子渗氮还可提高耐蚀性和耐热性；而强压（弯、扭、拉等）处理则是改善弹簧的抗应力松弛性能的有效方法。

5.4.1 弹簧的喷丸强化处理

喷丸处理是一种表面强化技术。弹簧是该工艺在生产上应用最早的典型零件之一，特别是那些承受循环载

荷、容易发生疲劳损坏的各种压缩螺旋弹簧、板簧和扭杆弹簧等都进行喷丸处理。喷丸一般安排在弹簧成形及热处理后进行。通过这种工艺不仅可以减轻或消除弹簧表面缺陷（如小裂纹、凹凸、缺口及表面脱碳等）的有害作用，而且达到规定的喷丸强度和表面覆盖率时，在其表层产生循环的塑性变形、加工硬化和有益的残余压应力，从而有效地提高弹簧的疲劳寿命。喷丸操作是采用小金属球丸以每秒数十米的速度，频繁地喷射到弹簧表面上，使它产生许多小压坑，呈均匀细小鼓包状（犁地状），覆盖在弹簧的表面层。

5.4.1.1　喷丸处理的基本要素

1. 喷丸种类和规格　对弹簧进行喷丸处理所用的弹丸一般有下列几种：硬钢丝切断丸、铸铁丸、铸钢丸及有机玻璃丸等。弹丸的直径为 0.3～1.7mm。由直径小于 3mm 的钢丝制造的轻型压缩弹簧，采用直径为 0.4mm 钢丸，由直径为 3～6mm 钢丝制作的中型压缩弹簧，采用直径为 0.7mm 钢丸；对于重型弹簧采用直径为 0.8mm 钢丸。

用硬钢丝或琴钢丝切断成长度等于丝径的圆柱形钢丸，由于棱角锐利，不宜用来喷丸处理弹簧，而要先空运转一定时间后，待棱角变钝、接近球形，才能正常使用。在生产过程中，由于旧丸的消耗，必须补充一定数量的新钢丸，此时要注意单位时间的投射量，减少新丸的有害作用。铸钢丸的特点是单价较高，而使用寿命较长，消耗量较少。如果铸钢丸碎成几块，单个重量将显著减小，而且形成新的尖锐棱角。为了保证原有的喷丸效果，必须通过筛选，获得良好的钢丸。

喷丸处理一般分自由喷丸和应力喷丸两种，前者弹簧处于自由状态下喷丸，后者弹簧处于应力状态下喷丸。喷丸强化效果与其工艺（如丸的直径、喷丸机的结构特点、喷射速度与时间及喷丸强度等因素）密切相关。喷丸强度用标准试片（Almen 片）的弧高度值表示。对于不同的喷丸强度范围，采用三种厚度不同的标准试片：A 型试片厚度 $t = 1.295$mm，相当于中等喷丸强度（应用较多）；C 型试片厚度 $t = 2.388$mm，常用于高喷丸强度；N 型试片厚度 $t = 0.787$mm，用于低喷丸强度。例如，喷丸强度 0.37A 表示用 A 型试片的弧高值为 0.37mm，余下类推。

2. 喷丸机械　喷丸机通常由下列几部分构成：弹丸加速装置（如离心式及气压式）、弹丸循环装置、弹丸分离装置、弹丸补充装置和操纵被加工零件运动的装置等。

5.4.1.2　弹簧表面喷丸处理条例

1. 螺旋弹簧的喷丸处理　拉伸螺旋弹簧很少进行

喷丸处理，而压缩螺旋弹簧（特别是气门簧及缓冲簧）通过合适的喷丸处理后能显著提高其疲劳极限和使用寿命。例如，用各种阀门弹簧钢丝冷卷成如下规格的气门弹簧（丝径为 3.8mm、缠绕比为 6、$n_i = 7.5$）去应力退火温度：油淬火钢丝皆为 400℃、琴钢丝为 275℃，保温时间皆为 30min。疲劳试验机的转速为 4000r/min。每个弹簧在室温下进行疲劳试验。试验时的应力：气门关闭时承受的应力最小（τ_{min}），打开时承受的应力最大（τ_{max}），并按正弦曲线循环变化，循环次数达 15×10^6 而不破坏。由试验测得的 Goodman 图见图 5-50。由图可见，各种油淬火钢丝和琴钢丝制作的气门弹簧有近似的疲劳强度，但是，经过超细晶粒处理的钢丝弹簧具有更高的疲劳强度。应强调指出的是，弹簧经过合适的喷丸处理后，其疲劳强度明显增加（提高约 20%～30%）。如从抗应力松弛性能比较，在 120℃试验时，其抗应力松弛性能最好的是硅铬油淬火钢丝，铬钒钢丝次之，油淬火碳素钢丝又次之，而冷拉硬钢丝和琴钢丝制弹簧最差。

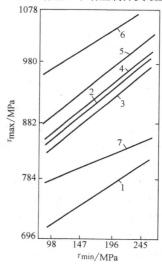

图 5-50　各种材料制阀门弹簧的疲劳性能（Goodman 图）对比
1—琴钢丝（未喷丸）　2—琴钢丝（已喷丸）
3—油淬火碳素钢丝（喷丸后）　4—油淬火硅铬钢丝（喷丸后）　5—油淬火铬钒钢丝（喷丸后）　6—超细晶粒油淬火钢丝（喷丸后）　7—超细晶粒油淬火钢丝（未喷丸）

图 5-51 所示为优质弹簧钢制造的热成形压缩螺旋弹簧经喷丸处理前后疲劳性能的对比；图 5-52 为用阀门油淬火铬钒钢丝冷卷螺旋弹簧经喷丸处理前后的疲劳。两图中的虚线为未喷丸，实线为已喷丸、且实线皆在虚线的上方，这表明喷丸处理有效地提高了弹

簧的疲劳强度。例如，50t 货车用缓冲压缩螺旋弹簧（料径 30mm），在初载荷 2842N、最大载荷 48990N 条件下工作，未喷丸时的平均寿命只有 44.4 万次；经喷丸后可达 237.8 万次，即寿命提高 5 倍以上。

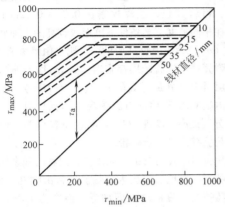

图 5-51　热卷螺旋弹簧的疲劳

性能（Goodman 图）

——经喷丸，断裂加载次数：$N = 10^5$

---- 未喷丸，断裂加载次数：$N = 2 \times 10^6$

材料：优质弹簧钢，钢材表面经磨光

或剥皮螺距大于料径

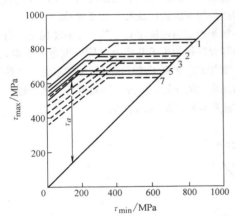

图 5-52　冷卷阀门弹簧（铬钒油淬火

钢丝制）的疲劳性能（Goodman 图）

——已喷丸　断裂加载次数：$N = 10^7$

---- 未喷丸

用沉淀硬化型不锈钢（Cr12Mn5Ni4Mo3Al）绕成压缩螺旋弹簧进行对比试验，两种弹簧尺寸：外径为 18mm、14mm，丝径 $d = 3$mm、2mm，螺距 $t = 5.6$mm、5mm，自由高度 $H_0 = 57$mm、30mm，喷丸时应使其表面（特别是弹簧内表面）喷丸良好，即覆盖率应达饱和程度，保证弹簧内外表面均形成一定深度的均匀残余压应力层，如图 5-53 所示。由该图可见，当喷丸的喷射强度为 0.4mmN 时，弹簧内外表面

均具有最大的残余压应力，因而它的疲劳寿命也最高（见图 5-54）。

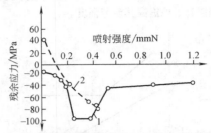

图 5-53　喷丸的喷射强度对 Cr12Mn5Ni4Mo3Al

不锈钢（$d = 2$mm）冷卷压缩螺旋

弹簧残余应力的影响

1—弹簧外表面　2—弹簧内表面

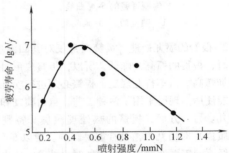

图 5-54　喷丸的喷射强度对 Cr12Mn5Ni4-

Mo3Al 不锈钢弹簧疲劳寿命的影响

弹簧尺寸：丝径 $d = 2$mm，$D = 14$mm，

$H_0 = 30$mm，$t = 5$mm，$C = 6$

试验条件：$\tau_{max} = 1095$MPa，应力比 $r = 0.1$，

频率 $f = 1200$ 次/min

图 5-55 所示为丝径 $d = 2$mm 的 Cr12Mn5Ni4-Mo3Al 不锈钢卷制的弹簧经喷丸前后的 Goodman 图。如前所述，沉淀硬化型不锈钢弹簧经喷丸后比未喷丸者具有更高的疲劳强度和疲劳寿命。

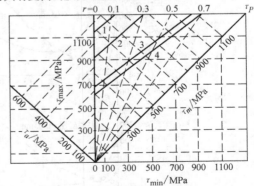

图 5-55　沉淀硬化型不锈钢（Cr12Mn5Ni4-

Mo3Al）弹簧喷丸前后的 Goodman 图

丝径 $d = 2$mm

图 5-56 为冷拔强化的 12Cr18Ni9 不锈钢弹簧（丝径 $d=3mm$）的 S-N 曲线。该曲线同样表明，喷丸处理能有效地提高其疲劳强度。

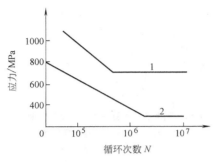

图 5-56　$\phi 3.0mm$ 12Cr18Ni9 不锈钢丝
卷制弹簧的 S-N 曲线
1—喷丸后　2—未喷丸

2. 板簧的喷丸处理　板簧通常仅对其凹面喷丸。喷丸时，板簧的弧高会降低，所以，板簧成形时应适当增加弧高。汽车行业规定，板簧必须进行喷丸处理后才能使用。现已采用了两种工艺：自由喷丸和预应力喷丸。另一方面，板簧的热处理质量（特别是其表面质量）对喷丸工艺也有重要影响。现以 60Si2Mn 板簧经不同表面处理后进行喷丸对比试验：自由喷丸板簧截面为 6.2mm×69.5mm；预应力喷丸板簧截面为 7.2mm×69.5mm。采用两种喷丸设备：工厂生产用的机械离心式喷丸机和实验室用的气动式喷丸机。原表面喷丸时用 $\phi 0.8mm$ 钢丝丸，喷丸强度约 0.60A；经处理的表面喷丸时用 $\phi 0.6mm$ 铸钢丸，喷丸强度为 0.50A。采用 X 射线应力仪测定沿钢板深度

（δ）各层的残余应力（σ_r）的分布，结果见图 5-57。各试样 σ_r-δ 曲线上的特征值见表 5-40。由图 5-57 及表 5-40 中数据可见，板簧在空气中加热时将引起表面脱碳，其深度（δ_c）达 0.35mm；如果采用感应淬火时，可将其脱碳层深控制在 0.09~0.12mm 范围内。在相同喷丸工艺条件下可形成较高的表面残余压应力（$\sigma_{r,s}$），应力喷丸后的 $\sigma_{r,s}$ 比自由喷丸者略高。如果弹簧表面有脱碳层存在时，其 σ_{rs} 均不能达到无脱碳层自由喷丸那样高的 σ_{rs}（$\approx 560MPa$），无脱碳面自由喷丸的 σ_{rs} 值比有脱碳者（包括自由及应力喷丸）分别提高 70% 和 27%。对比试验说明，现行喷丸工艺仍有待进一步改善。

从应力喷丸与自由喷丸比较，前者的残余压应力场深度（δ_0）比后者要大一倍。在自由喷丸条件下，δ_s 值随喷丸强度的增大而加深，但在应力喷丸条件下，δ_s 值基本上不随预应力值的高低而发生明显变化（见图 5-58）。该图表明，预应力喷丸主要影响表面至 δ_0 深度范围内的残余应力值，而对最高残余压应力值的深度 δ_s 的影响不明显。提高 δ_s 层以内的残余压应力水平，能有效地把疲劳裂纹源推至残余拉应力附近萌生，此处所加的工作应力（σ）和残余拉应力相加，便在板簧此处发生断裂失效。

板簧表面粗糙度越高，其疲劳强度越低。由于板簧断裂源往往萌生于其侧面（即厚度弯曲表面），而现行喷丸工艺忽略了这一薄弱区域的喷丸，这就削弱了喷丸强化的作用。为此，针对现行工艺作进一步调整才能提高板簧的喷丸效果。

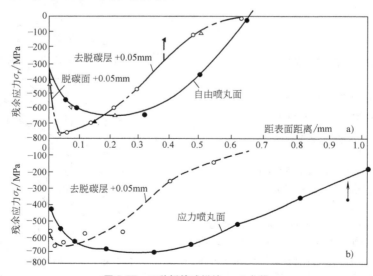

图 5-57　三种板簧试样的 σ_r-δ 曲线
a) 自由喷丸　b) 应力喷丸

表 5-40　各板簧试样 σ_r-δ 曲线上的特征值

喷丸方式	试样表面处理	σ_{rs}/MPa	σ_{rmax}/MPa	δ_s/mm	δ_0/mm	δ_c/mm
自由喷丸	自由喷丸面	−320	−650	0.20	0.65	0.35
	无脱碳层 + 喷丸	−560	−760	0.05	0.60	—
	脱碳面 + 喷丸	−400	−760	0.05	0.60	0.35
应力喷丸	应力喷丸面	−440	−720	0.30	~1.20	0.35
	无脱碳层 + 喷丸①	−560	−680	0.05	0.60	0.35
	脱碳面	~0				0.35

① 去掉脱碳层后的喷丸为自由喷丸。

σ_{rs}—表面残余压应力；σ_{rmax}—最大残余压应力；δ_c—热处理时脱碳层深度；δ_0—残余压应力场深度；δ_s—最大残余压应力深度。

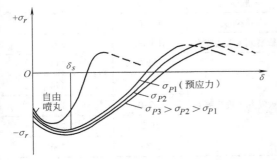

图 5-58　不同预应力喷丸和自由喷丸条件下的 σ_r-δ 曲线示意图

表 5-41 为喷丸处理对 55Si2Mn 平板试样的疲劳极限及货车板簧寿命的影响。平板试样喷丸后比未喷者的疲劳极限提高 90%；货车用板簧的平均寿命提高 6 倍多。

某汽车弹簧厂针对 60Si2Mn 板簧（规格为 7mm×65mm×560mm、经 920℃ 淬火、480℃ 回火、硬度为 42~47HRC）进行喷丸处理，用 65 冷拔钢丝丸、丸径等于丝径（0.8~1.2mm）、新丸占 50%（质量分数）。设备：离心式喷丸机，叶轮转速为 2500r/min、喷射丸速度为 70m/min，叶轮中心至试样喷射表面的距离为 0.5m，喷射角为 45°，喷射作用时间：24s；同时放入 AlmenC 试片弧高值来测定其喷丸强度；再对每片板簧进行疲劳试验，所得其平均疲劳寿命见表 5-42。由表 5-42 可知，在该试验条件下，喷丸强度为 0.18C 时，单片板簧的疲劳寿命最长。

应力喷丸可进一步提高板簧的疲劳极限，见表 5-43。棱边喷丸良好，也可提高板簧的疲劳寿命，见表 5-44。

表 5-41　喷丸对 55Si2Mn 平板试样及板簧使用寿命的影响

试样或板簧	试验条件		疲劳极限/MPa		寿命（平均)/万次		备　注
			未喷丸	喷丸后	未喷丸	喷丸后	
平板试样	板簧表面脱碳层深度为 0.12~0.15mm	丸径 0.4~0.6mm，转筒直径 500mm，转速 2250r/min，丸流量 100~120kg/min	474	903	—	—	板簧硬度，喷丸后 39.5~44.5HRC；未喷丸：30~32HRC
	钢板表面经过研磨		858	—	—	—	未喷丸板簧硬度：42.5~44.5HRC
货车用 12 片板簧	初载荷 68600N，最大载荷：在初载荷下再压下 20mm		—	—	6~35 (15.4)	65~130 (93.5)	未喷丸板簧 16 片，喷丸板簧 8 片

表 5-42　喷丸强度对 60Si2Mn 汽车板簧疲劳寿命的影响

序号	喷丸强度	疲劳寿命（10 片平均值）次数
1	未喷丸	37500
2	0.16C	116250
3	0.18C	193500
4	0.20C	172500

注：疲劳试验机频率：15000 次/h，预加载荷：4.5min。

表 5-43　55Si2Mn 钢板弹簧喷丸及应力喷丸后的疲劳极限

试样厚度 /mm	试样类型	疲劳极限/MPa		
		未喷丸	喷丸	应力喷丸[①]
13	带槽平板	363	461	784
10	平板	343	686	833

注：55Si2Mn 热轧表面淬火、回火后的硬度为 40HRC。

① 试样在弯曲状态下喷丸，喷丸面受弯曲拉应力：784～882MPa。

表 5-44　棱边喷丸对 60Si2Mn 钢板弹簧疲劳寿命的影响

序号	组别	热处理工艺	脱碳层深度/mm	硬度　HRC	喷丸方案	断裂周次	疲劳寿命对比（%）
1	I	920℃，保温 5min，油冷；540℃，回火 50min	0.136	39～40	一般喷丸	107800	100
2				40	一般喷丸 + 棱边喷丸	161280	150
3				41～42	一般喷丸 + 棱边喷丸	160160	149
4	II	920℃，保温 5min，油冷；510℃，回火 24min	0.097	44～45	一般喷丸	75880	100
5				43～44	一般喷丸	90440	
6				43	一般喷丸 + 棱边喷丸	183960	221
7				44～45		95200	114
8				44～45		144480	174
9				44～45	一般喷丸 + 棱边喷丸	85210	102
10				40～42		201320	243
11				41		129360	156

注：板簧尺寸：6mm×65mm×650mm，试验应力：1029MPa。

5.4.2　高应力弹簧的离子渗氮

1. 高应力弹簧的工作特点和性能要求　随着发动机等工业的发展，设计中常使用高应力、高频率的气门弹簧及喷油器调压弹簧（见图 5-28），它们承受的切应力达 800～900MPa，比国际规定值高 50%，疲劳安全系数由通常的 1.3 降到 1.1，而其疲劳寿命要求达到 $2.3×10^7$ 次。采用传统的弹簧材料和热处理工艺已很难满足上述技术要求，急需探求新的强化技术。实现这些技术有下列三条途径：

（1）开发新的高强度弹簧钢材。这是目前国际上普遍采用的途径，即采用先进的冶炼技术（如真空冶炼），尽可能除去钢中有害杂质元素，适当控制钢中碳含量，加入适量的镍和细化晶粒的合金元素（如 V、Ti 及 Nb 等），提高材料的强韧性水平，并使其夹杂物及第二相质点达到小、匀、细、圆的程度，尽可能提高材料的表面质量。

（2）采用形变热处理和超细晶粒处理技术，进一步提高弹簧材料的强韧性水平。

（3）对弹簧表面采用强化技术。例如：喷丸强化和离子渗氮处理等。

众所周知，在一般情况下，弹簧的表面强化的传统技术是喷丸（如上所述）；采用离子渗氮等强化处理却很少研究，最近国内已在这方面进行了一些探索性工作。

2. 弹簧的离子渗氮工艺、组织和性能　离子渗氮是最终热处理工序。为了保证弹簧整体力学性能的优良，必须要求前面的热处理工序（淬火及回火）达到预定要求。根据冷成形前钢丝的状态不同，其离子渗氮工艺略有差异。

（1）退火状态 50CrVA 钢丝冷卷成簧的热处理工艺，如图 5-59a 所示。

（2）50CrVA 油淬火-回火钢丝成簧的离子渗氮工艺，如图 5-59b 所示。

上述两种热处理工艺及制造路线基本相同，其中，离子渗氮工艺也相同（400～450℃×5h）；主要不同点是退火钢丝冷卷成簧后必须进行淬火和回火，而油淬火钢丝冷卷成簧后只需去应力退火。50CrVA 钢丝

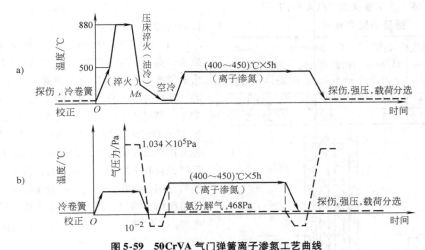

图 5-59 50CrVA 气门弹簧离子渗氮工艺曲线

a）退火状态钢丝成簧 b）油淬火-回火钢丝成簧

制弹簧经 400~450℃ 离子渗氮 5h 后渗层硬度的变化如图 5-60 所示。由该图可看出，离子渗氮温度过低，则渗层深度太浅；离子渗氮温度过高，则芯部强硬性显著降低。故弹簧离子渗氮工艺宜选（400~450）℃×5h。

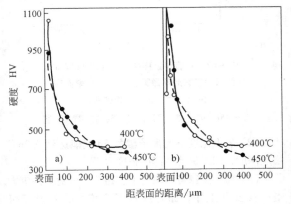

图 5-60 50CrVA 钢丝弹簧经不同温度渗氮后的渗层硬度分布

a）疲劳试验前 b）疲劳试验后

（渗氮时间：5h）

对渗氮前的淬火-回火工艺必须严格控制。第一，要求得到匀细的回火马氏体组织，这有利于提高弹簧材料的强韧性，也有利于提高离子渗氮层组织的致密性，防止渗层出现网状、块状、针状及脉状等脆性氮化物。第二，采用压床油淬或超声油淬空冷工艺，冷却均匀，所得淬火组织匀细，变形亦较少，其冲击韧度 a_K 比普通油淬者提高约 1/3。第三，应防止弹簧表面脱碳。第四，应控制回火后的硬度要比图样要求的高 2~4HRC，为离子渗氮工艺留有硬度余量。因

为渗氮时间太长，弹簧芯部硬度仍有所下降。

对于油淬火钢丝宜选用较高强度、硬度（上限）水平的材料，它的制造工艺路线较退火钢丝制簧更简单，生产成本低，经济效益更好。

采用 50CrVA 油淬火钢丝卷制的弹簧经 400℃ 和 450℃ 离子渗氮后的组织见表 5-45。

由图 5-60 可知，50CrVA 弹簧经离子渗氮后表层硬度远高于基体硬度，而且最高硬度峰不在表面，而在距表面约 20μm 处。400℃ 离子渗氮层硬度最高达 1080HV，高于 450℃ 渗氮者（988HV）。但前者的硬度变化梯度较陡。基体硬度也是 400℃ 处理的高于 450℃ 处理的，但渗层总深度的情况相反（见表 5-45），450℃ 处理渗层深度大于 400℃ 处理的。

表 5-45 50CrVA 钢离子渗氮层的组织特征

离子渗氮工艺	化合物层		渗层总深度 /mm		脉状组织 (JB 2849 —1980)
	相组成（X射线分析）	厚度 /μm	金相法	硬度法	
400℃×5h	$\gamma' + \varepsilon$	2.0	0.15	0.18	极少
450℃×5h	$\gamma' + \varepsilon$	3.3	0.18	0.20	轻微

3. 离子渗氮弹簧的疲劳寿命 采用 AH-1 型多工位疲劳试验机进行其疲劳寿命考核。按高应力条件试验的弹簧主要参数：$d = 4mm$，$D_2 = 32mm$，右旋，$H_0 = 69mm$，$n = 5$，$n_i = 7$。气门关闭（安装）高度 $H_1 = 53mm$，启开时高度 $H_2 = 30mm$。此时弹簧内外侧受力分析见表 5-46。在疲劳试验机中共装 32 个弹簧，共振频率为 32.5Hz，应力比 $r = 0.43$，试验结果见图 5-61，其统计实例的工艺条件见表 5-47。

表5-46　离子渗氮 50CrVA 气门
弹簧的受力分析

切应力 计算 部位	安装高度 41.5mm τ_m/MPa	振幅 11.5mm τ_a/MPa	$H_2=30mm$ 时的最大切 应力 τ_2/MPa	$H_1=53mm$ 时的切应 力 τ_1/MPa
弹簧内侧	605.8	253.7	859.6	352.1
弹簧外侧	432.7	181.2	613.9	251.5

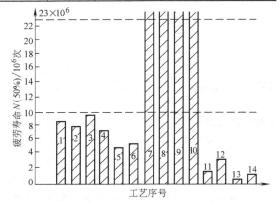

图 5-61　不同处理工艺下高应力气门弹簧的
疲劳寿命对比直方图

由图 5-61 可知，经离子渗氮和喷丸处理的
50CrVA 气门弹簧在高应力条件下的疲劳寿命能达到
23×10^6 的技术要求；而经传统工艺（如油淬火回火
工艺、等温淬火工艺、气体氮碳共渗工艺）却不能
满足技术要求。用 65 钢制造高应力弹簧的疲劳寿命
与技术要求相差甚远。

表5-47　图5-61中所示统计实
例的工艺条件

序号	牌号	材料及热处理工艺
1		油淬火回火钢丝
2		油淬火回火钢丝
3		880℃淬火，400℃回火
4		880℃淬火，320℃回火（等温 5min）
5		880℃淬火，320℃回火（等温 50min）
6	50CrVA 钢弹簧	油淬火回火钢丝弹簧 + 450℃ 气体氮碳 共渗
7		油淬火回火钢丝弹簧 + 400℃ ×5h 离子 渗氮
8		油淬火回火钢丝弹簧 + 450℃ ×5h 离子 渗氮
9		油淬火回火钢丝弹簧 + 气动式喷丸
10		油淬火回火钢丝弹簧 + 滚筒式喷丸
11		840℃淬火，320℃回火
12	65 钢 弹簧	840℃淬火，320℃等温 140s，320℃回火
13		840℃淬火，320℃等温 30min，未回火
14		840℃淬火，+320℃回火（等温 30min）

注：2 号数据取自上海弹簧研究所资料（马鸿萍）,《弹簧
工程》1989（2）：17～26，余为天津大学科技资料。

4. 50CrVA 弹簧离子渗氮工艺的可行性及技术经
济分析弹簧的离子渗氮有如下特点：

（1）表层强化效果好。喷丸强化能显著提高弹簧
疲劳寿命（30% ～50%）的主要原因：使弹簧表层
形成较高的残余压应力，清除了材料表面的不良缺
陷，使疲劳源不易在表面处萌生，而转移到次表面层
萌生，即提高了疲劳裂纹萌生期（N_0）。众所周知，
N_0 约占疲劳寿命的 80% ～90%。离子渗氮后 50CrVA
弹簧比渗氮前的疲劳寿命提高 1 倍以上。因为离子渗
氮层也具有很高的残余压应力，而且，渗氮时的阴极
溅射作用，清除了弹簧表面的微裂纹等缺陷，使表面
的组织结构均匀，获得较稳定的位错亚结构，故其疲
劳寿命不比喷丸强化者差。并且，其抗应力松弛性能
优于喷丸工艺，见图 5-62。

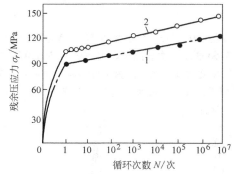

图 5-62　在疲劳过程中与钢丝成 45°方向
的两种工艺处理弹簧（第二圈）表面残
余压应力（$\Delta\sigma_r$）松弛曲线
1—400℃离子渗氮工艺　2—气动式喷丸工艺

（2）较低温度下的离子渗氮 5h 就能达到 0.2mm
渗层深度，同时保持芯部的强度水平。

（3）离子渗氮可以缩短工艺路线。可免去去应力
退火及喷丸工序，综合成本不会增加，甚至还可
降低。

（4）渗氮层具有良好的耐蚀性和耐热性。这些优
点是喷丸工艺不能比拟的。

（5）离子渗氮工艺无公害、工作条件舒适、节约
能源（电、气等）。而喷丸时噪声大、产生粉尘，污
染环境，工作条件很差。

（6）离子渗氮是一种先进热处理技术。其设备在
我国已达世界先进水平。炉子生产容量可达 1 千件气
门弹簧的水平；而国内生产的喷丸设备质量及工艺水
平较低。

不足之处是离子渗氮设备较贵，工艺过程较长。

总之，离子渗氮工艺在制造高应力弹簧、耐蚀及
耐热弹簧等方面是一种有效的热处理强化手段。

5.4.3 弹簧的应力松弛和抗应力松弛处理

5.4.3.1 弹簧应力松弛特性指标、测试方法及其影响因素

1. 应力松弛曲线及其特性指标 弹簧在使用过程中的主要失效形式是疲劳断裂和应力松弛。疲劳断裂失效的严重危害性非常明显，故被人们重视；而应力松弛（或松弛变形）是最为常见的现象，却往往不被人关注。事实上，内燃机气门弹簧、喷油器调压弹簧、轿车悬架弹簧、锅炉气阀弹簧、纺织摇架弹簧及日用电器、仪表中各种弹性元件都普遍存在应力松弛现象，其危害性有时比断裂失效还要严重。

应力松弛是指弹簧或弹性元件在恒应变条件下的应力随工作时间的延续而减小的现象。它是在服役时由于材料的弹性变形逐步向微塑性变形转变的结果。国家标准 GB/T 10120—1996《金属应力松弛试验方法》中规定，试样有拉伸与弯曲两种，将测试结果绘成应力松弛曲线，如图 5-63 所示。该曲线明显地分为两个阶段：第 I 阶段为从开始到持续较短时间内，应力随时间急剧降低（见图 5-63 中的 ab 线段）；第 II 阶段为应力随时间而慢慢降低，持续时间很长，其斜率（即松弛率）趋于一恒定值（见图 5-63 中 bc 线段）。在一定温度（t）和一定初始应力（σ_0）的条件下，弹簧或弹性元件的抗应力松弛性能的好坏可从如下特性指标来判断：

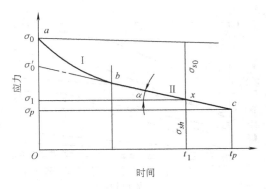

图5-63 典型的应力松弛曲线

(1) 剩余应力 σ_{sh}（或用 σ_{sh}/σ_0,% 表示）。它越大时表示其抗应力松弛性能越好，松弛掉的应力 $\sigma_{s0} = (\sigma_0 - \sigma_{sh})$ 也就越少。

(2) 松弛率 v_s（$v_s = \mathrm{d}\sigma/\mathrm{d}t$）。单位时间的应力松弛值，$v_s$ 越小，其抗应力松弛性能越好。

(3) 松弛稳定系数 s_0（$s_0 = \sigma_0'/\sigma_0$）。σ_0' 为直线段外延伸至纵坐标轴的应力值，s_0 越大时表示其松弛稳定性越好。

(4) 松弛速度系数 t_0（$t_0 = 1/\tan\alpha$）。α 为松弛曲线直线段与横坐标轴间的夹角，α 角越小，t_0 越大，则其松弛稳定性能越好。

根据弹簧或弹性元件的服役条件，需综合考虑上述特性指标，才能较全面地评定其应力松弛性能的好坏。由于应力松弛过程很长（一般达 $10^5\mathrm{h}$），故在松弛曲线中的时间多采用对数坐标，纵坐标除用应力（σ_{sh}、σ_{s0} 或 $\Delta\sigma$ 等）表示外，还可用载荷或载荷损失率（$\Delta P/P_0$,% 等）表示。

2. 弹簧应力松弛测试方法 弹簧的松弛试验方法有多种多样。对于螺旋压缩弹簧可采用简单的螺栓固定法进行松弛试验，如图 5-64b 所示。初载荷取在弹簧的弹性范围之内（一般取上限），把一批自由高度相等的弹簧加上载荷 P_0，例如，摇架弹簧 P_0 为 284N，对应的高度为 H_0，然后把加载后的弹簧放入恒温（例如 80℃）炉中，在 H_0 保持不变（恒应变）的条件下，每隔一定时间后取出冷却，再测定其载荷值（P），便可按下式求出弹簧的载荷损失率，即

$$\frac{\Delta P}{P_0} = \frac{P_0 - P}{P_0} \times 100\%$$

以载荷损失率为纵坐标，松弛时间 t_R（h）为横坐标（一般取对数），便可绘出弹簧的应力松弛曲线。利用这些曲线的回归方程可以推算弹簧经长时间使用后的载荷损失率。

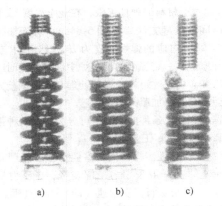

图5-64 压缩螺旋弹簧的松弛试验及强压处理装置

a) 原弹簧自由高度　b) 松弛试验加压
c) 强压处理加压

由于应力与载荷成正比，应力松弛率亦可用下式表示：

拉应力条件下：$\dfrac{\Delta\sigma}{\sigma_0} = \dfrac{\sigma_0 - \sigma}{\sigma_0} \times 100\%$

切应力条件下：$\dfrac{\Delta\tau}{\tau_0} = \dfrac{\tau_0 - \tau}{\tau_0} \times 100\%$

此外，还可用弹簧高度变化$\left(\dfrac{\Delta H}{H_0}\right)$来表示。

3. 影响弹簧应力松弛性能的因素　主要有下列三个方面：

（1）弹簧材料的种类及其化学成分。根据使用性能及经济性的要求，已研制出许多通用弹簧钢和各种特殊用途的弹性合金，它们都具有较好的抗应力松弛性能。从应力松弛热力学看，宜采用弹性极限高的材料，加入的合金元素能使位错运动较困难，宜加入那些能阻碍原子沿晶界扩散、降低界面能的元素，如加入微量的硼或稀土元素等。

（2）热加工（轧、拔等）特别是热处理技术是改变材料组织结构和性能的有效手段，对弹簧抗应力松弛有重要影响。

（3）弹簧或弹性元件的各种预应力处理（Prestressing）技术。它们是成簧后控制弹性稳定性好坏的最后手段，必须选用先进技术和工艺才能使弹簧成品达到所要求的抗应力松弛性能。

Prestressing 在国内尚没有准确的译名，它的含义是对弹簧进行预（先）应力处理，通过这种处理可使弹簧产生微量塑性变形，达到减少其松弛变形的目的。众所周知，生产弹簧时广泛采用"立定"处理，有时是压并处理来提高气门弹簧等的抗松弛变形的能力，这种操作可称为冷强压处理。热强压处理则是在载荷 P_P 超过了材料的弹性极限，在规定温度 t_P 下保持一定时间的处理方法（见图 5-64c）。对于摇架弹簧 $P_P = 392N$，对应的弹簧高度为 H_P，然后固定之，把它放在室温或一定温度的恒温炉中保持一定时间后再取出冷却。由上述可知，强压处理和松弛试验方法非常类似，只是所加载荷不同而已。

根据处理工艺条件的不同，可分为如下几种强压处理（Prestressing）工艺。

1）冷强压处理。将弹簧在室温下强压处理几小时到几十小时（一般采用多工位装簧、在压力机上进行压缩），亦可进行多次快速（动）强压处理。

2）热强压处理（见前述）。

3）电强压处理。将强压装置不是放入恒温炉中，而是放入两电极板之间通电加热较短时间后取下快冷。其中又可分工频电源加热和脉冲电源加热两种。

4）磁场强压处理。将强压弹簧装置放入强磁场浴炉中处理。

对于拉伸弹簧应进行强拉处理；对于扭转螺旋弹簧应进行强扭处理；对于片（板）弹簧应进行强弯处理；对于蜗卷弹簧则应进行缠紧处理等。所有上述

种种都属于预应力处理（Prestressing）。由于这种处理所加载荷较高，超过了材料表层的弹性极限，将发生微量塑性变形。当卸掉外加载荷时，处于弹性变形的心部力求恢复原状，在恢复过程中将受到已塑性变形的外层抑制。恢复后表层的应力与所加载荷的作用相反、二者叠加可使弹簧截面内的危险应力降低，并移到其表层以下，且小于按弹性变形计算的工作应力。所以，强压处理产生的残留变形和加工硬化现象，有利于提高弹簧的弹性极限和承载能力。提高处理的温度（特别是磁场或交流电直接加热时）将加速该过程中的组织结构状态的变化，可获得快速而稳定化效果，是一种先进的热处理技术。但是，由于强压处理后产生了永久变形，因而，弹簧的预制高度应适当增加。

5.4.3.2　压缩螺旋弹簧的抗应力松弛处理（强压）

螺旋弹簧中有压簧、拉簧及扭簧三大类，其中压缩螺旋弹簧的抗应力松弛处理（强压）应用最多，扭簧次之，拉簧则更少。现以摇架弹簧、气门弹簧、液压元件中的调压弹簧及电冰箱压缩机支承弹簧为讨论对象，材料有冷拉硬钢丝（65、II_a 组及 T9A）、油淬火钢丝（65、50CrVA、55SiCrA）及 12Cr18Ni9 不锈弹簧钢丝，按图样要求冷卷成簧后进行不同的处理（去应力退火后再经各种不同的强压处理），测绘其应力松弛曲线，所得结果如图 5-65、图 5-66、表 5-48 及表 5-49 所示。

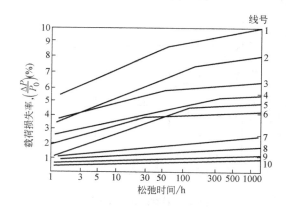

图 5-65　常用弹簧钢丝制摇架弹簧经不同强压处理后的应力松弛曲线

松弛试验条件：$P_0 = 284N$，$t_R = 80℃$

图 5-65 为常用弹簧钢丝卷制的纺织摇架弹簧经不同强压处理后的应力松弛曲线。由该图可看出，在半对数坐标中，所有曲线皆为直线型，不过，未经强压者（线号 1 ~ 5）或经冷强压者（6）的松弛曲线均分为 I、II 阶段；而经热强压者（线号 7 ~ 10）均为

表 5-48　常用钢丝制摇架弹簧的抗应力松弛特性指标

线号	弹簧钢丝种类	弹簧处理或强压方法	松弛Ⅱ阶段特性指标		$\left(\dfrac{\Delta P}{P_0},\%\right)_{10}$
			a	$b\ (v_s)$	
1	65，冷拔态		6.89	0.383	11.25
2	Ⅱ$_a$，冷拔态		5.74	0.304	9.20
3	65，油淬火	未强压处理	5.22	0.190	7.36
4	50CrVA，油淬火		4.26	0.150	6.00
5	50CrVA，形变热处理		3.75	0.142	5.37
6	Ⅱ$_a$，冷拔态	冷强压（25℃/6h，392N）	3.28	0.154	5.04
7	Ⅱ$_a$，冷拔态		0.85	0.219	3.34
8	65，油淬火	热强压处理	0.73	0.145	2.38
9	50CrVA，油淬火		0.53	0.080	1.44
10	50CrVA，形变热处理		0.41	0.061	1.09
11	Ⅱ$_a$，冷拔态	磁场处理（170℃，3h，225000A/m）未强压	5.36	0.286	8.6
12	Ⅱ$_a$，冷拔态	磁场处理（170℃，3h，225000A/m），392N 强压	0.37	0.100	1.51
13	Ⅱ$_a$，冷拔态	电脉冲强压（发明专利：16142 号）	0.52	~0	0.52
14	50CrVA，形变热处理	电脉冲强压	0.37	0.005	0.43

注：线号 11～14 在图 5-65 中未画出。冷强压属工厂现行工艺，热强压为优选工艺。

一条直线，即松弛过程Ⅰ阶段消失（或经历时间太短），只有松弛过程第Ⅱ阶段。其数学回归方程通式：$(\Delta P/P_0,\%)=a+b\ln t$。各种材料不同处理后回归方程中的 a、b 及工作 10 年后的弹簧载荷损失率 $(\Delta P/P_0,\%)_{10}$ 列于表 5-48。由 a、b 值及弹簧工作 10 年后的载荷损失率 $\left(\dfrac{\Delta P}{P_0},\%\right)_{10}$ 的变化规律可作如下分析：

（1）纺织摇架簧如不进行强压处理，形变热处理钢丝的抗应力松弛性能最好，其次是油淬火钢丝，最差的是冷拔硬钢丝；进行相同的热强压处理后仍有类似规律，但其差异明显缩小。

（2）钢种相同（如 50CrVA 或 65 钢），若热处理工艺不同（其组织状态也不一样），则弹簧具有不同的抗应力松弛性能。例如，这两种钢经过低温形变热处理后的抗松弛性能优于普通油淬火钢丝。

（3）应特别指出，冷强压处理（或立定处理）能提高弹簧的抗松弛性能；而合适的热强压处理（Hot prestressing）使弹簧的 a（即直线与纵坐标上的交点，a 值越小，其松弛性能越好），b（即松弛率 v_s）及 10 年载荷损率 $(\Delta P/P_0,\%)_{10}$ 显著降低。这充分说明，热强压处理有效地提高了压缩螺旋弹簧的抗松弛性能，其实质是一种预应力热稳定化处理新技术，它把弹簧加热、保温、强压、冷却（快冷）、载荷分选（高度分选）等工序连成一条自动生产线，从而提高了产量和质量，又降低了成本。

（4）弹簧热强压处理技术中，由于加热方法不同，可分为普通热强压（一般采用恒温箱式电炉加热）、电强压（又可分为工频电流及脉冲电流通过弹簧本身进行加热）和热磁场中强压等。其中磁场中强压和电脉冲强压处理系我国首创。由表 5-48 中 13、14 两项的 a、b 及 $\left(\dfrac{\Delta P}{P_0},\%\right)_{10}$ 数据比较，其值极小。它比普通热强压的抗松弛效果还要好得多，可以说它非常接近理想水平，受到国内外重视。

（5）目前纺织行业要求摇架加压前簧的抗应力松弛性能指标为：工作 10 年后的载荷损失率 ≤5%。由表 5-48 中数据可知，用Ⅱ$_a$、65 及 50CrVA 油淬火钢丝、50CrVA 形变热处理钢丝卷制的摇架弹簧，经合适的热强压处理后均能满足上述要求。但从材料来源及生产成本考虑，选用Ⅱ$_a$ 冷拉钢丝来制造该类弹簧是比较合适的，但必须通过热强压处理来保证。如对Ⅱ$_a$ 弹簧采用先进的电脉冲强热或热磁场中强压，还可达到更好的抗松弛性能（见表 5-48 中 12、13 行中有关数据），并接近 50CrVA 形变热处理钢丝的应力松弛水平。显然，Ⅱ$_a$（或 C 组冷拔硬钢丝）的成本比形变热处理 50CrVA 钢丝者低得多。

图 5-66 为 T9A 冷拉钢丝制液压元件中的调压弹簧和 12Cr18Ni9 冷拉不锈钢丝制的摇架弹簧经不同强

压处理后在不同温度下的松弛曲线，这些曲线的松弛Ⅱ阶段的特性指标见表5-49。由图5-66及表5-49可知，如果松弛温度为80℃，两种冷拉态钢丝（T9A和12Cr18Ni9）卷制的两种弹簧，其抗应力松弛特性指标的变化规律与图5-65及表5-48相似。热强压处理的效果最显著，工频电强压次之、只经去应力退火者最差。从松弛曲线看，热或电强压过的弹簧只有松弛第Ⅱ阶段：如提高松弛温度（由80℃提高到200℃），均使 a、b 及 $\left(\dfrac{\Delta P}{P_0},\%\right)_{10}$ 值明显升高，即松弛性能急剧恶化。由该图还可判断，T9A高强度钢丝制的液压件弹簧的松弛曲线均在12Cr18Ni9者的上方，说明不锈弹簧钢的12Cr18Ni9的抗应力松弛性能明显优于T9A。

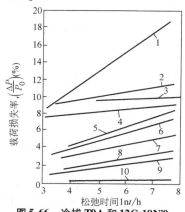

图5-66　冷拔T9A和12Cr18Ni9
钢丝制弹簧的检弛曲线

5.4.3.3　片弹簧的抗应力松弛处理（强弯）

试验材料有马氏体时效不锈钢（00Cr12-Co12Ni4Mo4TiAl）及铜合金（黄铜H68及锡磷青铜QSn6.5-0.1），前者用于子母弹中的皇冠尾翼，后者用于制造精密仪器仪表中的弹性元件。

1. 皇冠尾翼片簧的抗应力松弛处理

（1）皇冠尾翼片簧的结构特点、性能要求及制造工艺路线。尾翼片簧宏观外形酷似一顶皇冠，其侧视图见图5-67a。它是用厚度为0.75mm马氏体时效不锈钢（00Cr12Co12Ni4Mo4TiAl）带材冲制成片簧的展开形状（见图5-67b），卷成筒形，在对接处焊好，再将12片尾翼加工并向外伸展，使其外形酷似皇冠，故称该弹性元件为皇冠尾翼。它和子弹相连的小端外圆 $\phi71.6$mm，散开端为 $\phi137$mm，高度为146mm。一颗子母弹内共存放147个小子弹，每个小子弹都安置一个皇冠尾翼片簧。子弹存放时将尾翼约束在盖罩中的位置2（图5-67c），它相当于应力松弛状态。投弹时，顶开尾翼的罩盖，12片均布的簧片能自动张开，起导向作用，保证引爆雷管垂直向下撞击目标。不使用子母弹时（即长期储存），则簧片均约束在罩盖内，其技术要求，储存10年后，所有弹簧片在松开时的回弹量保持95%（或挠度损失率小于5%）以上。

皇冠尾翼片簧的制造工艺路线：固溶处理（950～1100℃）→片材冲孔落料（展开形）→卷圆→焊接→尾部加工成形→时效处理→强弯处理→检验→成品包装入库。

表5-49　冷拔T9A及12Cr18Ni9钢丝制弹簧经不同强压处理
后在不同温度下的松弛特性（Ⅱ阶段）

线号	弹簧	钢丝种类	处理方法		松弛温度/℃	松弛Ⅱ阶段特性指标		方程拟合误差（%）	$\left(\dfrac{\Delta P}{P_0},\%\right)_{10}$
						a	$b\ (v_s)$		
1	调压弹簧	T9A 丝径2.8mm		未强压	160	3.162	1.948	2.07	25.33
2					80	9.025	0.110	0.26	10.38
3				电强压（Ⅰ）	80	～0	0.921	0.99	10.28
4				热强压		～0	0.699	1.33	7.51
5	摇架弹簧	12Cr18Ni9 线径2.5mm	均经最佳去应力退火	未强压	200	8.292	0.447	0.02	13.33
6					80	6.959	0.305	0.22	10.43
7				电强压（Ⅰ）	200	～0	1.440	2.08	13.82
8					80	0.972	0.280	0.52	4.16
9				热强压	200	～0	0.498	0.92	5.33
10					80	0.119	0.046	0.02	0.64

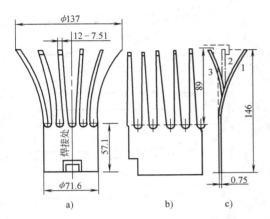

图 5-67 子母弹中皇冠尾翼片簧的外形及结构
a）侧视图 b）片簧展开图
c）单片伸开端的三种状态

（2）片簧的时效处理及强弯处理。00Cr12-Co12Ni4Mo4TiAl 钢中含有 1/3 以上的贵重合金元素，故其价格昂贵。它经固溶处理后的片材有优异的冷成形性能，通过合适的时效处理能达到满意的综合力学性能。不同温度（保温时间皆为 3h）时效后片簧的硬度（HRC）及载荷损失率 $\frac{\Delta P}{P_0}$（%）的变化见图 5-68。由该图可见，在 540～570℃时效处理后，材料的强化效果最显著，此时，硬度达最大值，而片簧的载荷损失率相应降低到最小值。故最佳时效工艺为（540～570）℃×3h。

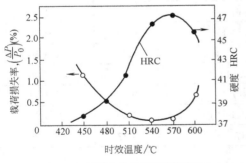

图 5-68 片簧的载荷损失率及硬度随时效温度的变化曲线

松弛及强弯处理均模拟皇冠尾翼实际工作情况进行。松弛试验（参看图 5-67c 中的位置 2）及强弯处理时相当该图中片散开端弯到位置 3，即松弛试验时加在片簧尾节的载荷应在材料的弹性极限以内，而强弯时所加载荷应稍超过该材料的屈服强度，可近似地看成一个简单的悬臂梁来计算片簧的受力情况。该片簧根部承受的最大弯曲应力

$$\sigma_{max} = \frac{2Eh}{2l} \cdot y$$

式中 y——最大挠度，松弛时，$y = 35mm$，强弯时，$y = 50mm$；

E——该材料的弹性模量，取 $E = 210GPa$；

h——片簧材料厚度，$h = 0.75mm$；

l——片簧有效长度，$l = 89mm$。

用此式计算出松弛时的 $\sigma_{max} = 1044MPa$，而 $R_{eL} = 1288MPa$（$R_m = 1610MPa$）；强弯时的 $\sigma_{max} = 1505MPa$，$> R_{eL}$（1288MPa）。由此可见，两种处理时所选载荷均可满足技术要求。

热强弯处理是将该片簧放在恒温炉中，在不同温度下强弯不同时间后取出测量其挠度变化率（见图 5-69a），图 5-69b 为相应电阻值的变化曲线。由该图可见，在每一个温度下强弯时，挠度变化率随强弯时间的延长均存在一个极小值；而且，处理温度升高时使达到极小值的时间提前。电阻值的变化现象也类似。电阻值降低，表明材料基体内部的畸变程度和挠度变化率减小，这是弥散相析出的结果，表明马氏体时效不锈钢片簧在强弯处理时析出的弥散相仍然起着改善抗松弛性能的作用，此现象可称为应变诱发时效。最佳的热强弯工艺为 200℃×0.5h。

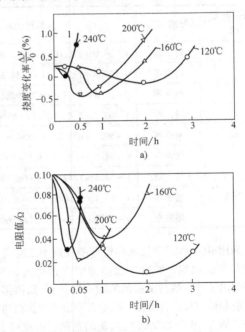

图 5-69 不同温度下强弯处理时的挠度变化率、电阻值和时间的关系
a）挠度变化率-时间 b）电阻值-时间

工频电接触加热强弯处理的较佳工艺为：60A

（电流）保持6～8s。此法由于通电加热很短，片簧受热不易均匀，材料内部的组织结构转变不够充分和均匀，故对抗应力松弛性能的改善不如普通热强弯者。

图5-70为00Cr12Co12Ni4Mo4TiAl片簧在25℃、80℃及160℃的应力松弛曲线，图中曲线1为仅进行过时效处理，2为工频电强弯处理，3为热强弯处理。这些曲线均可分为瞬态松弛（Ⅰ阶段）和稳定态松弛（Ⅱ阶段）。一般用稳定态松弛动力学方程来预测长时间片簧的应力松弛量（或挠度损失量），从而预测其应力松弛失效寿命。

著名的松弛动力学拟合方程是Li方程，

$$(\sigma_0 - \sigma) / \sigma_0 = K (t+a)^{-1} (m^* - 1)$$

对于片簧，$y \propto \sigma_{max}$，故可将上式改写成

$$y - y_i = k (t+a)^{-1} / (m^* - 1)$$

式中　　σ——载荷应力（MPa）；

σ_0——原加载荷应力（MPa）；

t——松弛时间（h）；

K、k、m^*——皆为常数；

y——片簧散开端的最大挠度（mm）；

y_i——片簧散开端的第i次挠度（mm）。

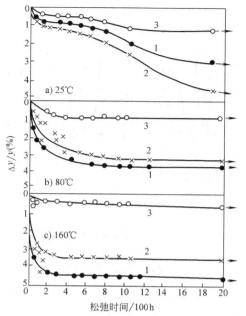

图5-70　不同温度下片簧经不同强弯处理后的松弛曲线

1—时效后未强弯　2—工频电接触加热后强弯　3—时效后热强弯

表5-50　不同强弯工艺不同温度下片簧的松弛动力学方程

松弛温度 /℃	处理工艺	片簧松弛动力学拟合方程	均平根差 s	储存10年后挠度损失率（%）
25 （室温）	时　效	$y - 26.0 = 120.0 (t+7081.9)^{-1} / (5.4 - 1)$	0.11	6.24
	电强弯	$y - 26.0 = 132.1 (t+4454.3)^{-1} / (5.2 - 1)$	0.27	10.59
	热强弯	$y - 32.5 = 65.7 (t+7799.8)^{-1} / (5.3 - 1)$	0.15	1.44
80	时　效	$y - 60.2 = 3.6 \times 10^7 (t+81500)^{-1} / (1.4 - 1)$	0.18	3.88
	电强弯	$y - 59.7 = 677.7 (t+254.6)^{-1} / (2.0 - 1)$	0.15	3.86
	热强弯	$y - 58.5 = 6.0 (t+1.3 \times 10^{-3})^{-1} / (1.7 - 1)$	0.09	0.98
160	时　效	$y - 54.8 = 1747.3 (t+66.2)^{-1} / (1.6 - 1)$	0.15	5.17
	电强弯	$y - 56.4 = 5.50 (t+1.0 \times 10^{-2})^{-1} / (2.19 - 1)$	0.09	3.36
	热强弯	$y - 57.0 = 1.9 \times 10^{10} (t+69.4)^{-1} / (1.17 - 1)$	0.13	1.75

利用IBM-PC/XT微机和解非线性最小二乘优化法拟合实验数据，所得松弛动力学方程见表5-50。表中列出了计算值与试验值的均方根差s，其值都很小，说明该方程拟合良好。表中还列出了片簧在约束条件下储存10年后挠度损失率的数值。由此可见，三种工艺处理的尾翼片簧在25～160℃进行对比试验时，证明经热强弯者具有最佳的抗应力松弛性能，皇冠尾翼片簧在约束条件下储存10年后，其挠度损失率均小于5%，不会发生应力松弛失效现象，完全满足其设计和使用寿命要求。

2. 铜合金片弹簧的抗应力松弛处理　根据ASTME328—1978标准，设计了等应力松弛试样（梯形），将片材用线切割成形。松弛和强弯处理时加载荷装置是自行设计制造的，使试样的预加挠度和实际施加于试样的应力呈线性关系，将应变片贴在试样表面上，用静态应变仪测量其相应的应变值、再换算成应力。

图5-71为铜合金片试样经不同强弯处理（H68：

外加应力 450MPa，分别在 100℃、120℃、140℃强弯 1h；QSn6.5-0.1：外加应力 516MPa、分别在 100℃、120℃、140℃强弯 1h）后在 80℃测得的松弛曲线。由该图可看出：在所选温度下强弯处理均可改善铜合金片材的抗应力松弛性能，但在 120℃强弯 1h 的效果最好。和未热强弯者比较时，经热处理的松弛曲线不呈曲线变化，试验数据基本上均匀分布在直线附近，其回归方程通式为

$$\sigma_{sh} = a - b\ln t$$

式中　σ_{sh}——剩余应力（MPa）；

　　　t——松弛处理时间（h）；

　　　a——应力坐标轴上的截距，即 σ_0'；

　　　b——应力松弛率，即 v_s。

回归结果见表 5-51。显然，$b(v_s)$ 值越小，其抗应力松弛性能越好。

总之，无论哪种弹簧材料制造的弹簧或弹性元件，在长期使用过程中都会发生应力松弛现象。通过适当的热强压（强弯等）处理可以获得最佳的抗应力松弛性能，从而有效地提高其工作稳定性，这对于弹簧生产具有普遍意义，对于汽车工业，仪器仪表工业、宇航业、轻纺工业及家用电器中某些弹性元件具有重要意义。

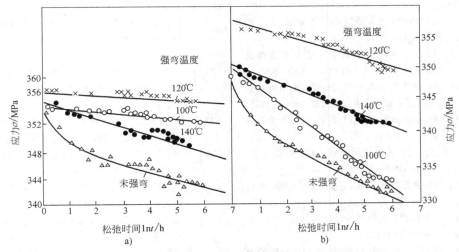

图 5-71　铜合金片在 80℃时的应力松弛曲线

a）黄铜（H68）　b）锡磷青铜（QSn6.5—0.1）

表 5-51　两种铜合金热强弯后 80℃时的应力松弛方程

材料名称	强弯处理工艺	松弛动力学回归方程	标准方差 s	相关系数 R
黄铜片 H68	140℃，1h	$\sigma_{sh} = 355.8 - 1.32\ln t$	0.618	0.969
	120℃，1h	$\sigma_{sh} = 357.6 - 0.36\ln t$	0.362	0.870
	100℃，1h	$\sigma_{sh} = 355.3 - 0.50\ln t$	0.507	0.860
锡磷青铜片 QSn6.5-0.1	140℃，1h	$\sigma_{sh} = 350.8 - 1.60\ln t$	0.416	0.989
	120℃，1h	$\sigma_{sh} = 358.0 - 1.25\ln t$	0.762	0.941
	100℃，1h	$\sigma_{sh} = 350.4 - 3.14\ln t$	0.727	0.969

参 考 文 献

［1］　张英会. 弹簧 [M]. 北京：机械工业出版社，1982.

［2］　罗辉. 机械弹簧制造技术 [M]. 北京：机械工业出版社，1987.

［3］　殷仁龙. 机械弹簧设计理论及其应用 [M]. 北京：兵器工业出版社，1993.

［4］　苏德达，等. 弹簧的失效分析 [M]. 北京：机械工业出版社，1988.

［5］　陈复民，李国俊，苏德达. 弹性合金 [M]. 上海：上海科技出版社，1986.

［6］　苏德达，等. 碳素钢丝铅淬火及其组织转变的研究 [J]. 金属制品，1987（2）：2-10.

［7］　李志康，等. 在铅浴炉表面采用 SRQF 覆盖剂的尝试 [J]. 金属制品，1987（2）：41-42.

［8］　李晓红，等. 弹簧钢丝的抗拉强度与其丝径关系的回归分析及其应用. 弹簧工程，1996（1）：17-21.

［9］　苏德达，等. 弹簧钢丝的低温形变热处理 [C] //第

一届全国热处理年会论文集. 北京，1966.

[10] 苏德达，等. 碳钢的低温形变热处理 [J]. 金属科学与工艺，1983，2（1）：21-31.

[11] 朱达明，等. 超细晶粒形变热处理钢丝及其弹簧性能 [C] // 第四届全国弹簧学术会议论文. 洛阳，1991.

[12] Margaret O′ Molley BSC, Stress relaxation of springs [J], Wire industry, 1988 (2)：808-813.

[13] 山田凯朗. 日本气门弹簧用钢丝 [J]. 陈立，译. 弹簧工程，1994（3）：18-29.

[14] 胡家骅，等. 热卷弹簧的计算机程序编制和形变热处理 [C] // 全国五届弹簧学术会议论文集. 扬州，1993.

[15] 孙希发. 电站锅炉安全阀弹簧的工艺研究 [J]. 弹簧工程，1996（4）：26-32.

[16] 周平刚. 喷油器调压弹簧加工工艺分析及改进 [C] // 全国三届弹簧学术会议论文. 无锡，1989.

[17] 马鸣图，等. 汽车板簧生产工艺—设备的研究进展 [C] // 全国六届弹簧学术会议论文. 泰安，1995.

[18] 吴武川，等. 扭杆弹簧的应用与发展 [C] // 全国四届弹簧学术论文. 洛阳，1991.

[19] 曾林. 车用稳定杆及其发展前景 [J]. 弹簧工程，1993（2）：2-8；1993（3）：2-7.

[20] 刘诚勇. 扭杆弹簧制造 [J]. 弹簧工程，1998（1）：13-14.

[21] 项松年. 轿车螺旋悬架弹簧的设计和制造 [J]. 弹簧工程，1989（3）：1-12.

[22] 本间达. 弹簧材料的最新动向——冷卷成形圆的弹簧钢丝 [J]. 董洪业，译. 弹簧工程，1993（2）：29-33.

[23] 祖荣祥. 高弹性减退抗力弹簧钢的研究 [J]. 弹簧工程，1990（1）：16-23.

[24] 胡家骅，等编译. DIN 2093：1990 碟形弹簧尺寸质量要求 [S]. 弹簧工程，1991（2）：39-45；1991（3）：33-39.

[25] 王建强. 碟簧形变淬火工艺的发展及特点 [J]. 上海：弹簧工程，1990（1）：27-30.

[26] 王建强. 碟簧中频加热形变淬火的应用与分析 [C] // 全国三届弹簧钢学术会议论文. 厦门，1986.

[27] 谭驭民，等. 大型膜片弹簧的制造 [J]. 弹簧工程，1989（2）：49-53.

[28] 夏长高，等. 汽车离合器膜片弹簧强压处理的分析研究 [C] // 全国六届弹簧学术会议论文集，泰安，1995.

[29] 苏德达，等. 汽车平衡弹簧的热处理及疲劳寿命 [J]. 弹簧工程，1985（3）：18-25.

[30] 杨永强. 空压机弹簧片阀材料的强韧化工艺及疲劳性能的研究 [D]. 天津：天津大学，1987.

[31] 姚家鑫，等. 汽车风挡玻璃雨刮器胶条弹簧用材料及其热处理工艺 [J]. 机械工程材料，1983（5）：52-54.

[32] 张成杰. 高速工具钢 W18Cr4V 制作耐热弹簧的热处理工艺 [C] // 全国五届弹簧学术会议论文集. 扬州，1993.

[33] 严惠新，译. DIN 2089：1984 圆弹簧丝及条制圆柱螺旋弹簧计算及设计 [S]. 弹簧工程，1988（2）：56-63.

[34] 王仁智，等. 汽车板簧的热处理与表面强化工艺 [C] // 全国七届弹簧学术会议论文集. 阳泉，1997.

[35] 王海棠. 喷丸强化对汽车钢板弹簧寿命的影响 [C] // 全国三届弹簧钢学术论文. 厦门，1988.

[36] 田洪大，等. 高应力高周压簧国产化初探 [J]. 弹簧工程，1989（2）：35-39.

[37] 吴秉民. 高应力弹簧热处理技术及其对疲劳性能影响的研究 [D]. 天津：天津大学，1991.

[38] 苏德达，等. 压缩螺旋弹簧应力松弛性能和组织结构的研究 [J]. 金属热处理学报，1990（3）：1-12.

[39] 苏德达，等. 去应力退火与加温强压处理对液压弹簧应力松弛性能的影响 [J]. 弹簧工程，1993（4）：5-9.

[40] 武凤. 高合金不锈弹簧钢松弛处理工艺及松弛机理研究 [D]. 天津：天津大学，1988.

[41] 朱知寿. 弹簧应力松弛测试技术及松弛机理研究 [D]. 天津：天津大学，1989.

[42] 苏德达，等. 马氏体时效不锈钢片簧抗应力松弛处理及松弛失效寿命预测 [J]. 天津大学学报，1998（2）：234-240.

[43] 苏德达，等. 铜合金应力松弛性能及其影响因数的研究 [J]. 天津大学学报，1991（3）：86-92.

[44] 肖林. 铜合金应力松弛性能及其组织变化的研究 [D]. 天津：天津大学，1990.

第6章 紧固件的热处理

贵州高强度螺栓厂　张文典

贵州省机械电子产品质量监督检验院　周艳

　　紧固件是机械、冶金、电器、仪表、石油、化工、建筑和交通运输等设备及工具上不可缺少的通用零部件。主要种类有螺纹紧固件、垫圈、挡圈、销和铆钉等。随着工业的发展，新型紧固件不断出现，性能要求越来越高，因而热处理的重要性更为突出。

6.1　螺纹紧固件的热处理

6.1.1　通用螺纹紧固件

　　通用螺纹紧固件系指 GB/T 3098.1—2010、GB/T 3098.2—2000 和 GB/T 3098.4—2000 所对应的螺栓、螺钉、螺柱和螺母。这类紧固件的用量最大，使用范围最广。

6.1.1.1　力学性能分级

　　根据 GB/T 3098.1—2010，螺栓、螺钉和螺柱的力学性能见表6-1。

　　根据 GB 3098.2—2000，粗牙螺母的力学性能见表6-2。细牙螺母的力学性能分级与粗牙螺母相似，可详见 GB/T 3098.4—2000，这里不再一一列举。

表 6-1　螺栓、螺钉和螺柱的力学性能

序号	力学性能或物理性能		性能 等级									
			4.6	4.8	5.6	5.8	6.8	8.8		9.8 $d\leqslant$16mm	10.9	12.9/ 12.9
								$d\leqslant$16mm[①]	$d>$16mm[②]			
1	抗拉强度 R_m/MPa	公称[③]	400		500		600	800		900	1000	1200
		min	400	420	500	520	600	800	830	900	1040	1220
2	下屈服强度 R_{eL}[④]/MPa	公称[③]	240	—	300		—	—	—	—	—	—
		min	240		300		—	—	—	—	—	—
3	规定塑性延伸强度 $R_{p0.2}$/MPa	公称[③]	—	—	—	—	—	640	640	720	900	1080
		min	—	—	—	—	—	640	660	720	940	1100
4	紧固件实物的规定塑性延伸 0.0048d 的应力 R_{pf}/MPa	公称[③]	—	320		400	480	—	—	—	—	—
		min	—	340[⑤]		420[⑤]	480[⑤]	—	—	—	—	—
5	保证应力 S_p/MPa	公称	225	310	280	380	440	580	600	650	830	970
	保证应力比 $S_{p,公称}/R_{eL,min}$ 或 $S_{p,公称}/R_{p0.2,min}$ 或 $S_{p,公称}/R_{pf,min}$		0.94	0.91	0.93	0.90	0.92	0.91	0.91	0.90	0.88	0.88
6	机械加工试件的断后伸长率 A（%）	min	22	—	20	—	—	12	12	10	9	8
7	机械加工试件的断面收缩率 Z（%）	min					52			48	48	44
8	紧固件实物的断后伸长率 A_f（%）	min	—	0.24		0.22	0.20	—	—	—	—	—
9	头部坚固性		不得断裂或出现裂纹									
10	维氏硬度　HV（$F\geqslant$98N）	min	120	130	155	160	190	250	255	290	320	385
		max	220[⑥]					250	320	335	360	380	435

（续）

序号	力学性能或物理性能			性 能 等 级										
				4.6	4.8	5.6	5.8	6.8	8.8 $d \leqslant$ 16mm[1]	8.8 $d >$ 16mm[2]	9.8 $d \leqslant$ 16mm	10.9	12.9/ 12.9
11	布氏硬度　HBW（$F=30D^2$）		min	114	124	147	152	181	245	250	286	316	380
			max		209[6]			238	316	331	355	375	429
12	洛氏硬度　HRB		min	67	71	79	82	89			—		
			max		95.0[6]			99.5			—		
	洛氏硬度　HRC		min		—				22	23	28	32	39
			max		—				32	34	37	39	44
13	表面硬度　HV0.3		max		—				⑦		⑦⑧		⑦⑨
14	螺纹未脱碳层的高度 E/mm		min						$1/2H_1$			$2/3H_1$	$3/4H_1$
	螺纹全脱碳层的深度 G/mm		max						0.015				
15	再回火后硬度的降低值　HV		max						20				
16	破坏扭矩 M_B/Nm		min		—				按 GB/T 3098.13 的规定				
17	冲击吸收能量 KV[10]/J		min	—	27	—		27	27	27	27	⑪	
18	表面缺陷						GB/T 5779.1[12]						GB/T 5779.3

① 数值不适用于栓接结构。

② 对栓接结构 $d \geqslant$ M12。

③ 规定公称值，仅为性能等级标记制度的需要。

④ 在不能测定下屈服强度 R_{eL} 的情况下，允许测量规定非比例延伸0.2%的应力 $R_{p0.2}$。

⑤ 对性能等级4.8、5.8和6.8的 $R_{pf.min}$ 数值尚在调查研究中。表中数值是按保证载荷比计算给出的，而不是实测值。

⑥ 在紧固件的末端测定硬度时，应分别为：250HV、238HBW 或 HRB$_{max}$99.5。

⑦ 当采用 HV0.3 测定表面硬度及心部硬度时，紧固件的表面硬度不应比心部硬度高出30HV 单位。

⑧ 表面硬度不应超出390HV。

⑨ 表面硬度不应超出435HV。

⑩ 适用于 $d \geqslant$ 16mm。

⑪ KV 数值尚在调查研究中。

⑫ 由供需双方协议，可用 GB/T 5779.3 代替 GB/T 5779.1。

表6-2　螺母力学性能（粗牙螺母）

螺纹规格 /mm		性 能 等 级								
		04[1]			05[1]			4[2]		
>	≤	$R_{p0.2}$/MPa	HV	HRC	$R_{p0.2}$/MPa	HV	HRC	$R_{p0.2}$/MPa	HV	HRC
—	M4									
M4	M7									
M7	M10	380	188~302	≤31.8	500	272~353	28~37.3	—	—	—
M10	M16									
M16	M39							510	117~302	≤31.8

（续）

螺纹规格/mm		性能等级								
		5②			6②			8②		
>	≤	$R_{p0.2}$/MPa	HV	HRC	$R_{p0.2}$/MPa	HV	HRC	$R_{p0.2}$/MPa	HV	HRC
—	M4	520			600			800	180~302	≤31.8
M4	M7	580	130~302	≤31.8	670	150~302	≤31.8	855		
M7	M10	590			680			870	200~302	≤31.8
M10	M16	610			700			880		
M16	M39	630	146~302		720	170~302		920	233~353	21.5~37.3

螺纹规格/mm		性能等级								
		8③			9③			10②		
>	≤	$R_{p0.2}$/MPa	HV	HRC	$R_{p0.2}$/MPa	HV	HRC	$R_{p0.2}$/MPa	HV	HRC
—	M4				900	170~302	≤31.8	1040		
M4	M7	—	—	—	915			1040		
M7	M10				940	188~302	≤31.8	1040	272~353	28~37.3
M10	M16				950			1050		
M16	M39	890	180~302	≤31.8	920			1060		

螺纹规格/mm		性能等级					
		12②			12③		
>	≤	$R_{p0.2}$/MPa	HV	HRC	$R_{p0.2}$/MPa	HV	HRC
—	M4	1140			1150		
M4	M7	1140	295~353	31~37.5	1150		
M7	M10	1140			1160	272~353	28~37.3
M10	M16	1170			1190		
M16	M39	—	—	—	1200		

① 薄型螺母：公称高度 $m \geq 0.5D$、$H < 0.8D$ 的螺母为薄型螺母，性能等级按 04、05 级。

② 1 型螺母：公称高度 $m \geq 0.8D$、$H < 0.94D$ 的螺母为 1 型螺母。

③ 2 型螺母：公称高度 $m \geq 0.94D$ 的螺母为 2 型螺母。

有关螺纹紧固件力学性能的一些技术说明如下：

（1）保证应力（S_p）系指螺栓或螺母应保证的承载能力。用规定的螺纹夹具在试验机上对试件施加轴向载荷，将载荷加到试件要求的应力时保持 15s，去除应力后螺栓的永久伸长量 $\leq 12.5\mu m$ 为合格；螺母以可用手拧下或用扳手旋松不超过半圈后用手可拧下为合格。

（2）楔负载试验。用规定斜度的垫片垫着螺栓头部进行拉力试验，拉力试验应持续到发生断裂。断裂应发生在未旋合螺纹长度内或无螺纹杆部，而不应发生在头部和头杆接合处。最小拉力载荷 $F_{m\ min}$ 符合 GB/T 3098.1—2010 为合格。楔负载不适用于沉头螺钉、螺柱和螺杆。

（3）头部坚固性试验。对 $d \leq 10mm$、且长度太短而不能进行楔载荷试验的螺栓，要求作这项试验。把螺栓插到支撑平面和孔轴线成一定角度的孔板中（板的厚度应大于螺栓直径的两倍），用锤打击螺栓头部，使头部支撑面和模具的支撑面相贴合，在头杆结合处，放大 8~10 倍目测检查，不能发现任何裂纹。对于全螺纹的螺栓，即使在第一扣螺纹上出现裂纹，只要头部未断掉，仍视为合格。

（4）E、G 和 H_1 值的含意，是金相法测量脱碳层时的表示方法，见图 6-1。

用金相法测量脱碳层时，将试件置于显微镜下，

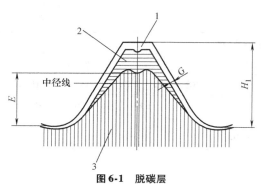

图 6-1　脱碳层

1—全脱碳　2—不完全脱碳　3—基体金属

E—螺纹未脱碳层的高度

G—螺纹全脱碳层的深度

H_1—最大实体条件下外螺纹的牙型高度

应放大 100 倍进行检查。

（5）螺母的级别中，04、05 表示螺母公称高度为螺纹公称直径的 0.5 ~ 0.8 倍之间的螺母。前面不带"0"的级别表示螺母的公称高度大于或等于螺纹公称直径的 0.8 倍。

（6）增碳试验。表面硬度在紧固件的头部或末端进行测定。基体金属硬度从距螺纹末端 $1d$ 处截取

一个横截面，制备并测定。表面硬度值应等于或小于基体金属硬度值加上 30HV。超过 30HV，表示已增碳。对 10.9 级或 12.9 级最大表面硬度不应大于 390HV 或 435HV。

6.1.1.2　常用材料

根据螺纹紧固件成形方法的不同，对材料的要求和选择也不同。冷镦或冷挤压成形的螺纹紧固件要求材料的塑性好，形变抗力小，表面质量高，以保证冷作成形并且不会开裂，要选用冷镦用钢；热压热锻成形的要求材料具有良好的热塑性，保证热作成形并不产生裂纹，要选用热加工用钢。切削成形的紧固件要求材料的可加工性好，要求材料为片状珠光体组织，甚至要求用易削钢。

1. 用于冷作成形的钢材　GB/T 715—1989 中列出了标准件用碳素热轧圆钢，GB/T 6478—2001 中给出了冷镦用钢（仍沿用铆螺二字的拼音"ML"表示，如 ML10，ML40Cr，ML15MnVB 等）。

用于冷作成形的钢材，S、P、Si、Mn 一般要比同类牌号的一般用钢低，铸锭和材料的表面质量控制比较严格，以减小变形抗力和防止变形开裂。表 6-3 ~ 表 6-5 分别列出这些钢的化学成分和力学性能。

表 6-3　普通碳素铆螺用钢化学成分和力学性能

牌号	化学成分（质量分数）（%）					试样处理规范	R_m	A	Z	冷顶锻试验	热顶锻试验
	C	Mn	Si	S	P		MPa	（%）		$x = \dfrac{h_1}{h}$	
			不大于				不小于				
BL2	0.09 ~ 0.15	0.25 ~ 0.55	0.07	0.040	0.040	热轧状态	335 ~ 410	33	—	0.4	1/3 高度
BL3	0.14 ~ 0.22	0.30 ~ 0.60	0.07	0.040	0.040		370 ~ 460	28	—	0.5	1/3 高度

表 6-4　冷镦用钢的化学成分

序号	统一数字代号	牌　号	化学成分（质量分数）（%）					
			C	Si	Mn	P	S	Alt
1	U40048	ML04Al	≤0.06	≤0.10	0.20 ~ 0.40	≤0.025	≤0.025	≥0.020
2	U40088	ML08Al	0.05 ~ 0.10	≤0.10	0.30 ~ 0.60	≤0.025	≤0.025	≥0.020
3	U40108	ML10Al	0.08 ~ 0.13	≤0.10	0.30 ~ 0.60	≤0.025	≤0.025	≥0.020
4	U40158	ML15Al	0.13 ~ 0.18	≤0.10	0.30 ~ 0.60	≤0.025	≤0.025	≥0.020
5	U40152	ML15	0.13 ~ 0.18	0.15 ~ 0.35	0.30 ~ 0.60	≤0.025	≤0.025	—
6	U40208	ML20Al	0.18 ~ 0.23	≤0.10	0.30 ~ 0.60	≤0.025	≤0.025	≥0.020
7	U40202	ML20	0.18 ~ 0.23	0.15 ~ 0.35	0.30 ~ 0.60	≤0.025	≤0.025	—
序号	统一数字代号	牌　号	化学成分（质量分数）（%）					
			C	Si	Mn	P	S	Cr	Alt
8	U41188	ML18Mn	0.15 ~ 0.20	≤0.10	0.60 ~ 0.90	≤0.025	≤0.025	—	≥0.020
9	U41228	ML22Mn	0.18 ~ 0.23	≤0.10	0.70 ~ 1.00	≤0.025	≤0.025	—	≥0.020
10	A20204	ML20Cr	0.17 ~ 0.23	≤0.30	0.60 ~ 0.90	≤0.025	≤0.025	0.90 ~ 1.20	≥0.020

（续）

序号	统一数字代号	牌号	化学成分（质量分数）（%）						
			C	Si	Mn	P	S	Cr	Mo
11	U40252	ML25	0.22 ~ 0.29	≤0.20	0.30 ~ 0.60	≤0.025	≤0.025	—	—
12	U40302	ML30	0.27 ~ 0.34	≤0.20	0.30 ~ 0.60	≤0.025	≤0.025	—	—
13	U40352	ML35	0.32 ~ 0.39	≤0.20	0.30 ~ 0.60	≤0.025	≤0.025	—	—
14	U40402	ML10	0.37 ~ 0.44	≤0.20	0.30 ~ 0.60	≤0.025	≤0.025	—	—
15	U40452	ML45	0.42 ~ 0.50	≤0.20	0.30 ~ 0.60	≤0.025	≤0.025	—	—
16	L20158	ML15Mn	0.14 ~ 0.20	0.20 ~ 0.40	1.20 ~ 1.60	≤0.025	≤0.025	—	—
17	U41252	ML25Mn	0.22 ~ 0.29	≤0.25	0.60 ~ 0.90	≤0.025	≤0.025	—	—
18	U41302	ML30Mn	0.27 ~ 0.34	≤0.25	0.60 ~ 0.90	≤0.025	≤0.025	—	—
19	U41352	ML35Mn	0.32 ~ 0.39	≤0.25	0.60 ~ 0.90	≤0.025	≤0.025	—	—
20	A20374	ML37Cr	0.34 ~ 0.41	≤0.30	0.60 ~ 0.90	≤0.025	≤0.025	0.90 ~ 1.20	—
21	A20404	ML40Cr	0.38 ~ 0.45	≤0.30	0.60 ~ 0.90	≤0.025	≤0.025	0.90 ~ 1.20	—
22	A30304	ML30CrMo	0.26 ~ 0.34	≤0.30	0.60 ~ 0.90	≤0.025	≤0.025	0.80 ~ 1.10	0.15 ~ 0.25
23	A30354	ML35CrMo	0.32 ~ 0.40	≤0.30	0.60 ~ 0.90	≤0.025	≤0.025	0.80 ~ 1.10	0.15 ~ 0.25
24	A30424	ML42CrMo	0.38 ~ 0.45	≤0.30	0.60 ~ 0.90	≤0.025	≤0.025	0.90 ~ 1.20	0.15 ~ 0.25

序号	统一数字代号	牌号	化学成分（质量分数）（%）						
			C	Si	Mn	P	S	B	Alt	其他
25	A70204	ML20B	0.17 ~ 0.24	≤0.40	0.50 ~ 0.80	≤0.025	≤0.025	0.0005 ~ 0.0035	≥0.02	
26	A70284	ML28B	0.25 ~ 0.32	≤0.40	0.60 ~ 0.90	≤0.025	≤0.025	0.0005 ~ 0.0035	≥0.02	
27	A70354	ML35B	0.32 ~ 0.39	≤0.40	0.50 ~ 0.80	≤0.025	≤0.025	0.0005 ~ 0.0035	≥0.02	
28	A71154	ML15MnB	0.14 ~ 0.20	≤0.30	1.20 ~ 1.60	≤0.025	≤0.025	0.0005 ~ 0.0035	≥0.02	
29	A71204	ML20MnB	0.17 ~ 0.24	≤0.40	0.80 ~ 1.20	≤0.025	≤0.025	0.0005 ~ 0.0035	≥0.02	
30	A71354	ML35MnB	0.32 ~ 0.39	≤0.40	1.10 ~ 1.40	≤0.025	≤0.025	0.0005 ~ 0.0035	≥0.02	
31	A20378	ML37CrB	0.34 ~ 0.41	≤0.40	0.50 ~ 0.80	≤0.025	≤0.025	0.0005 ~ 0.0035	≥0.02	Cr 0.20 ~ 0.40
32	A74204	ML20MnTiB	0.19 ~ 0.24	≤0.30	1.30 ~ 1.60	≤0.025	≤0.025	0.0005 ~ 0.0035	≥0.02	Ti 0.04 ~ 0.10
33	A73154	ML15MnVB	0.13 ~ 0.18	≤0.30	1.20 ~ 1.60	≤0.025	≤0.025	0.0005 ~ 0.0035	≥0.02	V 0.07 ~ 0.12
34	A73204	ML20MnVB	0.19 ~ 0.24	≤0.30	1.20 ~ 1.60	≤0.025	≤0.025	0.0005 ~ 0.0035	≥0.02	V 0.07 ~ 0.12

注：Alt 表示全铝量；测定酸溶铝质量分数不小于 0.015%，应认为是符合本标准。

表 6-5　冷镦用钢的力学性能

序号	牌　号	试件热处理制度	力 学 性 能				硬　度
			$R_{p0.2}$	R_m	A	Z	热轧状态硬度
			/MPa		（%）		HBW
			≥		≥		≤
1	ML10Al	渗碳温度：880~980℃ 直接淬火温度：830~870℃ 保温时间不少于1h 回火温度：150~200℃ 回火时间最少1h	250	400~700	15	—	137
2	ML15Al		260	150~750	14	—	143
3	ML15		260	450~750	15	—	—
4	ML20Al		320	520~820	11	—	156
5	ML20		320	520~820	11	—	—
6	ML20Cr		490	750~1100	9	—	—
7	ML30	正火温度：Ac_3 +（30~50）℃ 保温时间不少于30min，空冷	295	490	21	50	179
8	ML33		290	490	21	50	—
9	ML35		315	530	20	45	187
10	ML40		335	570	19	45	217
11	ML45		355	600	16	40	229
12	ML15Mn	880~900℃淬水、180~200℃回火，水、空冷	705	880	9	40	—
13	ML25Mn	正火温度：Ac_3 +（30~50）℃ 保温时间不少于30min，空冷	275	450	23	50	170
14	ML30Mn		295	490	21	50	179
15	ML35Mn		430	630	17	—	187
16	ML37Cr	830~870℃淬油；540~680℃回火，水冷	630	850	14	—	—
17	ML40Cr	820~860℃淬油；540~680℃回火，水冷	660	900	11	—	—
18	ML30CrMo	860~900℃淬油；490~590℃回火，水冷	785	930	12	50	—
19	ML35CrMo	830~870℃淬油；500~600℃回火，水冷	835	980	12	45	—
20	ML42CrMo	830~870℃淬油；500~600℃回火，水冷	930	1080	12	45	—
21	ML20B	860~900℃淬油；550~660℃回火，水冷	400	550	16	—	—
22	ML28B	850~890℃淬油；550~660℃回火，水冷	480	630	14	—	—
23	ML35B	840~880℃淬油；550~660℃回火，水冷	500	650	14	—	—
24	ML15MnB	860~900℃淬水；200~240℃回火，水、空冷	930	1130	9	45	—
25	ML20MnB	860~900℃淬水；550~660℃回火，水、空冷	500	650	14	—	—
26	ML35MnB	840~880℃淬油；550~660℃回火，水冷	650	800	12	—	—
27	ML15MnVB	860~900℃淬油；340~380℃回火，水冷	720	900	10	45	207
28	ML20MnVB	860~900℃淬油；370~410℃回火，水冷	940	1040	9	45	—
29	ML20MnTiB	840~880℃淬油；180~220℃回火，水冷	930	1130	10	45	—
30	ML37CrB	835~875℃淬油；550~660℃回火，水冷	600	750	12	—	—

2. 用于切削和热压成形的钢材　国标中所列各种牌号的普通碳钢、碳素结构钢和合金结构钢都可以用于切削成形。为了提高切削速度，6.8 级和低于 6.8 级的螺栓以及 4、5、6、04 级螺母允许使用易切削钢。

热压、热锻成形时应选用热作用钢，即保证热顶锻性能的钢。

3. 材料的选择和力学性能的关系　GB/T 3098.1—2010、GB/T 3098.2—2000 和 GB/T 3098.4—2000 各标准中都推荐了各级别的螺栓、螺母用钢的成分，可详见标准。

为了选择方便，表 6-6 给出了不同强度级别、不同直径的螺栓推荐选用的常用钢号。

表 6-6　不同强度级别、不同直径的螺栓材料的选择

公称螺纹直径 /mm	强　度　等　级					
	3.6，4.6，4.8	5.6，5.8	6.8	8.8	10.9	12.9
	牌　　　　号					
<6	Q215-A，Q235-A	20，30、35	30，35、45	35、45、15MnB ML35、ML45 ML15MnB	35、45、15MnVB ML35、ML45、ML15MnVB	40Cr 35CrMo ML35CrMo
6 ~ 12	Q215-B，Q235-B	ML20 ML35	ML30 ML35 ML45		40Cr、20MnTiB 20MnVB	
12 ~ 24	10、15、20 BL2，BL3 （DL2，DL3） （TL2，TL3） ML10、ML15			35、45、15MnB ML35①、ML45① ML15MnVB	ML20MnTiB ML20MnVB ML40Cr	
24 ~ 30	ML20 Y12			20Cr、20MnTiB 20MnVB ML20MnTiB ML20MnVB	40CrMn 35CrMo ML35CrMo	40CrMnMo 30CrMnSiA

① 选用这些材料时应先作淬透性试验，按相同材料、相近规格螺栓热处理工艺淬火并回火，然后在距试杆端头 1 倍直径处切开，在其横截面上自表面向心部 1/4 直径处测量硬度，三点都能达到 GB/T 3098.1—2010 规定的硬度范围时，这批材料可以用于制造本栏的螺栓材料；如果只是表面能达到，而 1/4 直径处达不到规定硬度时，该批材料只能改作制造比本栏直径小一级或强度级别低一级的螺栓用。

6.1.1.3　预备热处理

坯料预备热处理的目的是为以后的加工成形作好显微组织准备。成形的方法不同，要求的组织也不同，因而热处理工艺也不同。

1. 球化退火　冷作用钢要求进行球化退火，以得到铁素体基体上均匀分布的球状碳化物组织。球化

组织硬度低、塑性好，冷作成形时不易产生裂纹。表 6-7 列举了一些钢材的球化退火工艺。

2. 改善切削性能的热处理　为了改善切削性能，要求钢材具有片状珠光体组织，这种组织易断屑、不粘刀、表面光洁。碳素钢、低碳低合金钢一般采用正火，而中碳合金钢要求完全退火，见表 6-8。

表 6-7　钢材球化退火工艺

退火类型	牌　　号	工　艺　曲　线
普通球化退火	（ML） 10、15、20、25 15Cr、20Cr 15MnB、15MnVB 20MnTiB	

（续）

退火类型	牌　号	工　艺　曲　线
普通球化退火	（ML） 35、40、45 40Cr、35CrMo 42CrMo	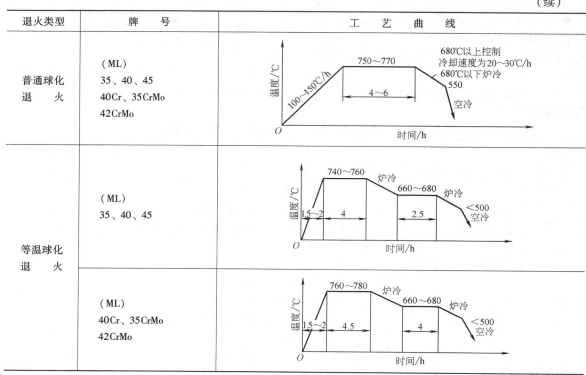
等温球化退火	（ML） 35、40、45	
	（ML） 40Cr、35CrMo 42CrMo	

注：应根据炉型、炉子大小适当调整工艺参数。

表6-8　切削用钢正火和退火工艺

牌　　　号	工　艺　曲　线
08、10、15、20、25 30、35、40、45、10Mn 15Mn、20Mn、15Cr 20Cr、Y12、Y20	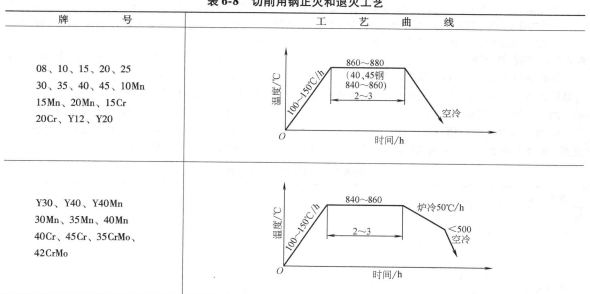
Y30、Y40、Y40Mn 30Mn、35Mn、40Mn 40Cr、45Cr、35CrMo、 42CrMo	

注：应根据炉型、炉子大小适当调整工艺参数。

3. 再结晶退火　在冷拔过程中，由于加工硬化，需进行中间退火，即再结晶退火，以恢复材料冷拔前的性能。退火应考虑到变形量与再结晶时晶粒度之间的关系，防止晶粒粗大。压缩比为 20% ~ 40% 时钢材的再结晶退火工艺见表6-9。

表 6-9　压缩比为 20%~40% 时钢材的再结晶退火工艺

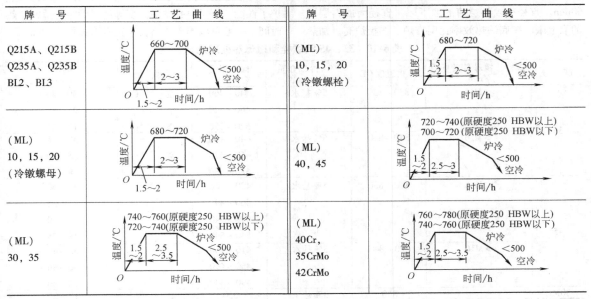

牌　号	工 艺 曲 线	牌　号	工 艺 曲 线
Q215A、Q215B Q235A、Q235B BL2、BL3	660~700　炉冷　<500 空冷　2~3　1.5~2　时间/h	(ML) 10、15、20 (冷镦螺栓)	680~720　炉冷　<500 空冷　1.5~2　2~3　时间/h
(ML) 10、15、20 (冷镦螺母)	680~720　炉冷　<500 空冷　2~3　1.5~2　时间/h	(ML) 40、45	720~740(原硬度250 HBW以上) 700~720(原硬度250 HBW以下)　炉冷　<500 空冷　1.5~2　2.5~3　时间/h
(ML) 30、35	740~760(原硬度250 HBW以上) 720~740(原硬度250 HBW以下)　炉冷　<500 空冷　1.5~2　2.5~3.5　时间/h	(ML) 40Cr、 35CrMo 42CrMo	760~780(原硬度250 HBW以上) 740~760(原硬度250 HBW以下)　炉冷　<500 空冷　1.5~2　2.5~3.5　时间/h

注：应根据炉型、炉子大小适当调整工艺参数。

6.1.1.4　成品或半成品的最终热处理

1. 一般热处理要求　力学性能为 8.8 级和高于 8.8 级的螺栓和 05、8（>M16 的 1 型粗牙螺母）10、及 12 级的粗牙螺母、05、6（>M16）、8、10 及 12 级的细牙螺母一般都要求经过调质处理，才能达到力学性能规定中的各项要求。

根据螺栓和螺母的螺纹精度、硬度、加工方法、工艺路线和用户具体要求，或进行成品热处理，或进行半成品热处理。成品热处理是在零件全部加工成形（含螺纹）后进行淬火和回火。螺纹精度为 6H[⊖]、6g[⊖] 的一般规格的螺栓和螺母可以进行成品热处理，以减少滚丝轮、搓丝板、丝锥等工具的消耗量，提高生产率和降低成本。半成品热处理是在加工螺纹之前或下料之后的坯料状态下进行淬火和回火。螺纹精度高于 6H、6g 或加工工艺、表面粗糙度和畸变等有特殊要求的螺栓和螺母以及切削加工的小批零件常进行这种方式的热处理。

切削成形的螺栓和螺母在加工时原材料表面的脱碳层已基本切除，可以在脱氧良好的盐浴炉中加热淬火。但是采用冷镦成形时，原材料的脱碳层不但仍然存在，而且被挤向牙尖，见图 6-1。尽管在严格脱氧的盐浴炉中或在一般保护气氛炉中加热，也无法克服原材料造成的脱碳。因此 E 和 G 值往往超过标准规定的允许范围。只有采用可以严格控制碳势的可控气氛炉，才可以在加热的同时，对脱碳的表面进行适度的复碳，以保证 E 和 G 值都在合格范围之内。

2. 热处理设备的选择　通用紧固件生产量大、价格低廉、利润微薄，但是螺纹部分又是比较细微相对精密的结构。因此，要求热处理设备必须具备生产能力大、自动化程度高、热处理质量好。同时，要求设备造价和运行费必须尽可能低。20 世纪 90 年代以来，带有保护气的连续式热处理生产线已占主导地位。炉型有振底炉机组、网带炉机组和链板炉机组等，其中以振底炉的设备造价最低，热效率最高，维修费用又最低，因此热处理成本也最低。网带炉居中，链板炉最高。在网带炉中无罐式又优于罐式的。振底炉、网带炉适用于中小规格紧固件；链板炉适于较大的紧固件。

3. 热处理工艺的确定　各种材料制造的螺栓和螺母的热处理规范可参考表 6-10~表 6-12。具体编制热处理工艺时，还应根据所使用的设备、装载方式、零件的尺寸和结构特点结合工艺试验来制定。一般来说，淬火加热的保温时间，盐浴炉中工件装筐的为 0.4min/mm，单件吊装的为 0.3min/mm（按有效厚度）；气体加热炉堆装的按料层计算为 1.2~1.5min/mm，散装的为 1~1.2min/mm（按散装零件的有效厚度）。在连续式淬火炉的额定生产率下，零

⊖　6H 为内螺纹公差 6 级，6g 为外螺纹公差 6 级——GB/T 2516—2003。

件在炉内有效加热区中通过的时间一般为 20 ~ 60min。直径小或料层薄的取下限，直径大或料层厚的取上限。振底炉热效率比网带炉、链板炉高，加热时间可以短些。需要复碳的零件可根据气氛的类型、炉子性能、原材料脱碳层深度等情况确定合适的加热时间，一般可以等于或略长于正常淬火加热时间。

表 6-10　35、45 钢螺栓和螺母热处理规范

牌　号	螺栓、螺母名义直径/mm	淬火温度/℃	淬火冷却介质（质量分数）	回火温度/℃	冷却介质	硬度 HRC
35	≤M16	830 ~ 850	5% 盐水	440 ~ 460	空　气	30 ~ 36
				460 ~ 520	空　气	25 ~ 30
				520 ~ 580	空　气	18 ~ 25
	>M16	840 ~ 860	5% 盐水	440 ~ 460	空　气	30 ~ 36
				460 ~ 520	空　气	25 ~ 30
				520 ~ 580	空　气	18 ~ 25
45	≤M16	810 ~ 830	5% 盐水	420 ~ 460		35 ~ 40
				460 ~ 490		30 ~ 36
				490 ~ 540		25 ~ 30
				540 ~ 590		18 ~ 25
	>M16	820 ~ 840	5% 盐水	410 ~ 450		35 ~ 40
				450 ~ 490		30 ~ 36
				490 ~ 540		18 ~ 30
30Mn		850	3% 盐水	550	空　气	18 ~ 25

表 6-11　螺栓和螺母用部分合金钢热处理规范和力学性能

牌　号	螺栓名义直径或试样截面/mm	热处理规范				力学性能					硬度 HRC	备　注
		淬火温度/℃	淬火冷却介质	回火温度/℃	冷却介质	R_m/MPa	$R_{p0.2}$/MPa	A(%)	Z(%)	a_K/(J/cm²)		
30CrMnSi	≤25	890	370℃硝盐浴			1357.3	1073.1		57	109.8		适用于 < M24 最终热处理件
	25	880	油	540	水或油	≥1078	≥882	≥10	≥45	≥49		
	60	880	油	540 ~ 560	水或油	≥882	≥735	≥15	≥45			>ϕ50 可水淬
30CrMo 38Cr	≤20	860 ~ 880	水淬油冷	600 ~ 630	水或油	≥784	≥588	≥15	≥50	≥78.4		也可用 880 ~ 900℃ 油淬
	22 ~ 36	860、880	水淬油冷	570 ~ 590	水或油	≥784	≥588	≥15	≥50	≥78.4		
35CrMo 40Cr	≤20	840 ~ 860	油	620 ~ 650	水或油	≥784	≥588	≥15	≥50	≥78.4	24 ~ 32	硬度供参考（下同）>ϕ50 可水淬
	20 ~ 39	840 ~ 860	油	600 ~ 630	水或油	≥784	≥588	≥15	≥50	≥78.4	24 ~ 32	
	> 39 ~ 90	860 ~ 880	油	580 ~ 610	水或油	≥784	≥588	≥15	≥50	≥78.4	24 ~ 32	
40Cr	≤20	840 ~ 860	油	540 ~ 560	水或油	≥980	≥784	≥9	≥45	≥58.8	28 ~ 33	
	25	850	油	500	水或油	≥980	≥784	≥9	≥45	≥58.8		
35CrMo	25	850	油	500	水或油	≥980	≥784	≥12	≥45	≥78.4		
42CrMo	60	840	油	570 ~ 600	水或油	≥980	≥784	≥10	≥45		30 ~ 35	可用于大截面螺栓
40B	25	840	水	550	水	≥784	≥637	≥12	≥45			
25Cr2MoVA	25	900	油	620	空气	≥931	784	≥14	≥55	≥78.4		
	55 ~ 85	900	油	620	空气	833	686	14		58.8		
	> 85 ~ 130	900	油	620	空气	784	833	14		58.8		
40Cr2MoV	25	860	油	600	油	≥1127	≥931	≥10	≥45	≥58.8		
	55 ~ 85	860	油	600	油	882	686	15		58.8		
	> 85 ~ 130	860	油	600	油	833	647	15		58.8		

表 6-12　螺栓和螺母用低碳低合金钢的热处理和力学性能

牌　号（含 ML）	试样毛坯直径 /mm	热 处 理 规 范				力 学 性 能					硬度 HRC
		淬火温度 /℃	淬火冷却介质（质量分数）	回火温度 /℃	冷却	R_m /MPa	$R_{p0.2}$ /MPa	A (%)	Z (%)	a_K /(J/cm²)	
15MnB（成分，质量分数，%）（C0.15，Si0.16，Mn1.26，B0.007　P0.019，S0.013）	6	880	10% 盐水	稳定化处理状态		1575.8	1189.7	13.0	59.3	62.82	
				200	空冷	1476.9	1251.5	12.7	60.7	62.72	
				350	空冷	1156.4	1127	12.7	65.0	63.7	
				400	空冷	1058.4	1009.4	13.4	65.0	117.6	
15MnVB（成分，质量分数，%）（C0.16，Mn1.53　V0.10，B0.0027　Si0.12，P0.016，S0.019）	15	880	10% 盐水	淬火状态		1366.1	974.1	13.04	47.0	—	45
				200	空冷	1325.9	1110.3	12.63	50.9	—	43
				250	空冷	1294.6	1124.1	12.90	57.4	—	41
				300	空冷	1227.0	1111.3	12.43	60.7	—	39
				400	水冷	1089.8	1048.8	14.67	64.2	—	34
				500	水冷	912.4	889.8	17.56	68.7	—	27
20MnTiB	15	860	油	200	空冷	≥1127.0	≥931	≥10	≥45	≥68.6	
		870	油	200	空冷	≥1244.6	≥1009.4	≥14	≥62	≥100.9	
		890	油	200	空冷	≥1205.4	≥1089.8	≥12.5	≥60.5	≥112.7	

　　淬火冷却介质的选择首先应保证有足够的冷却能力。冷镦用钢的淬透性一般低于相同牌号的非冷镦钢，因此淬火冷却介质的冷却能力应选用高一些的；还应考虑畸变和开裂，碳含量大于 0.4%（质量分数）的碳素钢，开裂倾向严重。特别是淬火冷却介质的冷却能力和零件直径（厚度）达到最不利的配合的时候，开裂特别严重。曾经有这样的事例，45 钢制造的 M10 的螺栓，按正常温度加热淬火，无论是盐水或清水，都产生相当比例的裂纹，当直径增大到 M16 时，用同

批钢材制造的零件，以相同条件淬火，则没有裂纹产生。当把上述淬火冷却介质换成 25% NaOH（质量分数）水溶液时，M10 的螺栓也不出现裂纹。长杆零件应当注意弯曲问题，必要时可增加校直工序。螺母淬火后容易出现内径胀大，应根据淬火后内径胀大的统计数据在螺母加工时相应减小内径尺寸。

　　零件的回火温度应按力学性能要求适当选择。表 6-10 ～表 6-12 已给出一些参考数据。但不能低于表 6-13 给出的最低回火温度，特别是低碳合金钢。

表 6-13　各级螺栓用钢成分范围及最低回火温度

性能等级	材 料 和 热 处 理	化学成分极限（熔炼分析，%）[1]						回火温度（最低）/℃
		C		P	S	B[2]		
		最小	最大	最大	最大	最大		
4.6[3][4]	碳钢或添加元素的碳钢	—	0.55	0.050	0.060	未规定		—
4.8[4]		—	0.55	0.050	0.060			
5.6[3]		0.13	0.55	0.050	0.060			
5.8[4]		—	0.55	0.050	0.060			
6.8[4]		0.15	0.55	0.050	0.060			
8.8[6]	添加元素（如硼、锰或铬）的碳钢淬火并回火	0.15[5]	0.40	0.025	0.025	0.003		425
	碳钢淬火并回火	0.25	0.55	0.025	0.025			
	合金钢淬火并回火[7]	0.20	0.55	0.025	0.025			
9.8[6]	添加元素（如硼、锰或铬）的碳钢淬火并回火	0.15[5]	0.40	0.025	0.025	0.003		425
	碳钢淬火并回火	0.25	0.55	0.025	0.025			
	合金钢淬火并回火[7]	0.20	0.55	0.025	0.025			
10.9[6]	添加元素（如硼、锰或铬）的碳钢淬火并回火	0.20[5]	0.55	0.025	0.025	0.003		425
	碳钢淬火并回火	0.25	0.55	0.025	0.025			
	合金钢淬火并回火[7]	0.20	0.55	0.025	0.025			

（续）

性能等级	材 料 和 热 处 理	化学成分极限（熔炼分析,%）[1]					回火温度（最低）/℃
		C		P	S	B[2]	
		最小	最大	最大	最大	最大	
12.9[6][8][9]	合金钢淬火并回火[7]	0.30	0.50	0.025	0.025	0.003	425
12.9[6][8][9]	添加元素（如硼、锰、铬或钼）的碳钢淬火并回火	0.28	0.50	0.025	0.025	0.003	380

① 有争议时，实施成品分析。

② 硼的含量可达 0.005%，非有效硼由添加钛和/或铝控制。

③ 对 4.6 和 5.6 级冷镦紧固件，为保证达到要求的塑性和韧性，可能需要对其冷镦用线材或冷镦紧固件产品进行热处理。

④ 这些性能等级允许采用易切钢制造，其硫、磷和铅的最大含量（质量分数）为：硫 0.34%；磷 0.11%；铅 0.35%。

⑤ 对碳含量（质量分数）低于 0.25% 的添加硼的碳钢，其锰的最低含量（质量分数）分别为：8.8 级为 0.6%；9.8 级和 10.9 级为 0.7%。

⑥ 对这些性能等级用的材料，应有足够的淬透性，以确保紧固件螺纹截面的芯部在"淬硬"状态、回火前获得约 90% 的马氏体组织。

⑦ 这些合金钢至少应含有下列的一种元素，其最小含量（质量分数）分别为：铬 0.30%；镍 0.30%；钼 0.20%；钒 0.10%。当含有二、三或四种复合的合金成分时，合金元素的含量不能少于单个合金元素含量总和的 70%。

⑧ 对 12.9/12.9 级，表面不允许有金相能测出的白色磷化物聚集层。去除磷化物聚集层应在热处理前进行。

⑨ 当考虑使用 12.9/12.9 级时，应谨慎从事。紧固件制造者的能力、服役条件和扳拧方法都应仔细考虑。除表面处理外，使用环境也可能造成紧固件的应力腐蚀开裂。

对于允许表面较粗糙的螺栓，如电杆螺栓和建筑上使用的螺栓，在可控气氛炉中加热后可直接落入热锌槽中进行贝氏体等温淬火，同时完成热镀锌工序，省去回火工序。

对性能优良的可控气氛热处理生产线，螺栓或螺母的发蓝工序可在回火炉中与回火工序一道完成，省去发蓝工序；也可以配制一定成分的发蓝液，从回火炉中出来的零件直接落入这种发蓝液中完成发蓝处理工序。

4. 炉气及气氛控制 吸热式气氛、滴注式气氛和氮基气氛（包括空分氮、氨燃烧气氛、净化放热式气氛等）都可以用作紧固件淬火加热的保护气氛或复碳气氛。甲醇滴注或炉外裂解形成的气氛，理论氢含量 $w(H_2)$ 为 66.7%，对处理件有产生氢脆的危险，又易爆炸，成本又高，应尽量不选用。吸热式气氛使用的历史较长，也比较普遍，但不适合回火保护，因为 700℃ 以下，一氧化碳不稳定，将析出大量炭黑。氮基气氛氢含量低，没有氢脆和爆炸危险，低温下也不析出炭黑，不但可以作为淬火加热时的保护气氛，还可以用于回火的保护加热，且原料来源广。

淬火加热和气体渗碳相比，加热周期较短，尤其是连续式炉、零件不停地进入炉中，空气和水分也随之带入炉中，增加了气氛的氧化和脱碳趋势。炉气和零件的碳含量根本无法建立平衡状态。为了防止零件的脱碳，必须增加碳氢化合物的添加量。从实际测量炉气成分可以看到，炉气中 CH_4 的含量远远高于炉气平衡时对应零件碳含量碳势相应的 CH_4 含量，由此证明炉气是处于非平衡状态。因此，也就不能应用炉气平衡理论用碳势控制仪表来控制炉内气氛。除非把生产过程放得非常缓慢。实际的生产过程，零件脱碳、渗碳的控制是借助于随炉金相分析的结果与炉气中 CH_4 含量、或对应的露点或氧势值建立经验曲线，确定合理的控值范围，以此指导生产中调整碳氢化合物的添加量，从而使 CH_4、或露点或氧势达到规定的范围，保证零件的表面碳含量达到合格范围。

螺纹的脱碳会导致螺栓在未达到力学性能要求的拉力时先发生脱丝，使螺纹紧固件失效，因此规定了各个级别的 E 和 G 值。前面已经谈到原材料的脱碳，如果退火不当，更会使原材料脱碳加深。另外，由于淬火加热炉气控制不当，也会造成螺纹脱碳超差。对于 E 和 G 值超差的脱碳螺纹件，在淬火加热的同时，必须采取复碳工艺。这是一项比较复杂的热处理工艺。在复碳时除了按淬火时控制炉子气氛之外，还要掌握好复碳时间和炉气碳势的搭配关系。图 6-2 所示为在非平衡条件下复碳过程的示意图。图 6-2a 表示螺纹牙的原始脱碳状态，E 和 G 值均已超差；图 6-2b 表示一般渗碳过程。复碳则相当这两种情况的叠加。图 6-2c 表示经过时间 t_1 后的结果，复碳不足。图 6-2d 表示经过时间 t_2 后的结果，复碳适当。图 6-2e 表示经过时间 t_3 的结果，复碳过度。大量的生产实践证明，经过以上的复碳过程，尽管在热处理前螺纹的 E 和 G 值已超差，都可以在最终热处理后使其都达到合格范围。

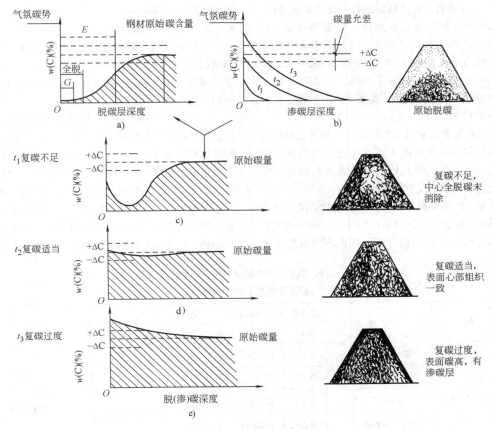

图 6-2　复碳过程示意图

a）原始脱碳状态　b）一般渗碳过程
c）复碳不足　d）复碳适当　e）复碳过度

6.1.2　专用螺纹紧固件

6.1.2.1　紧定螺钉

GB/T 3098.3—2000 中紧定螺钉的力学性能等级

见表 6-14。紧定螺钉的用材和热处理方法与通用螺纹紧固件基本相同，可以参照通用螺纹紧固件的热处理工艺进行。

表 6-14　紧定螺钉的力学性能等级

力　学　性　能		性　能　等　级			
		14H	22H	33H	45H
维氏硬度（HV10）	大于	140	220	330	450
	小于	290	300	440	560
布氏硬度 HBW（$F = 30D^2$）	大于	133	209	314	428
	小于	276	285	418	532
洛氏硬度	HRB	大于	75	95	—	—
		小于	105	—	—	—
	HRC	大于	—	—	33	45
		小于	—	30	44	53
螺纹未脱碳层的最小高度 E，大于		—	1 $H_1/2$	2 $H_1/3$	3 $H_1/4$
全脱碳层的最大深度 G_{max}/mm		—	0.015	0.015	不允许有全脱碳层
表面硬度　HV0.3	小于	—	320	450	580

注：内六角紧定螺钉没有 14H，22H 级和 33H 级。

6.1.2.2　自攻螺钉、自攻锁紧螺钉和自钻自攻螺钉

这几种螺钉都用渗碳钢制造，经浅层渗碳（或碳氮共渗）后淬火并低温回火，达到其力学性能要求。它们的力学性能要求详见 GB/T 3098.5—2000、GB/T 3098.7—2000、和 GB/T 3098.11—2002。现把这些标准中有关渗层深度、硬度要求以及推荐用材料综合于表 6-15 中。

这类螺钉由于要求具备能自攻、自钻低碳钢板的性能，因此要求高硬度的表面以实现切削和挤压能力，与此同时还必须有足够的芯部强度和韧性的配合，以防止在工作中发生扭曲或扭断。

这类螺钉的渗碳属于浅层渗碳。因此，国内外大都选用网带炉或振底炉连续生产线生产。热处理工艺可参考 6.1.1.4、4 的控制方法，根据不同渗层深度确定合适的渗碳时间。

6.1.2.3　耐腐蚀紧固件

一般在常温下防止大气腐蚀的紧固件，可以用普通钢材制造，然后经表面镀锌或镀铬，也可以采用化学热处理来提高表面的耐蚀性。但是当耐蚀性要求更高时，应选用不锈钢制造。

1. 不锈钢螺栓、螺钉、螺柱和螺母的材料和力学性能　根据 GB/T 3098.6—2000 规定，不锈钢紧固件的材料用英文字母 A、C 和 F 以及其后的数字表示，英文字母放在前面，中间用一字线隔开，后面用数字表示力学性能的级别，该数字对应其抗拉强度的（R_m/MPa）1/10，详见表 6-16。不锈钢紧固件材料见表 6-17。马氏体和铁素体不锈钢紧固件的力学性能见表 6-18。奥氏体不锈钢紧固件的力学性能见表 6-19。

表 6-15　自攻螺钉、自攻锁紧螺钉和自钻自攻螺钉的渗碳层深度、硬度和材料

名　称	螺纹规格	渗碳层深度/mm		硬　　　度		材　　料
		min	max	表　面	心　部	
自攻螺钉 （GB/T 3098.5）	ST2.2 和 ST2.6	0.04	0.12	≥45HRC 或 ≥450HV0.3	270～390HV5	渗碳钢 16Mn、20Mn 15MnB 等
	ST2.9～ST3.5	0.05	0.18			
	ST3.9～ST5.5	0.10	0.23		270～390HV10	
	ST6.3～ST8	0.15	0.28			
自攻锁紧螺钉 （GB/T 3098.7）	M2、M2.5	0.04	0.12	≥450HV0.3	290～370HV10	A　20Mn、15MnB
	M3、M3.5	0.05	0.18			
	M4、M5	0.10	0.25			
	M6、M8	0.15	0.28			B　10、15
	M10、M12	0.15	0.32			
自钻自攻螺钉 （GB/T 3098.11）	ST2.9、ST3.5	0.05	0.18	≥560HV0.3	270～425HV5	20Mn、15MnVB
	ST3.9～ST5.5	0.10	0.23			
	ST6.3	0.15	0.28			

表 6-16　不锈钢紧固件的性能标记

材　　料		性　能　等　级				
类　别	组　别	45	50	60	70	80
A 奥氏体	A1	—	A1—50	—	A1—70	A1—80
	A2	—	A2—50	—	A2—70	A2—80
	A4	—	A4—50	—	A4—70	A4—80

（续）

材料		性 能 等 级				
类 别	组 别	45	50	60	70	80
M 马氏体	M1	—	M1—50	—	M1—70	—
	M3					M3—80
	M4	—	M4—50	—	M4—70	—
F 铁素体	F1	F1—45	—	F1—60	—	—

表 6-17 不锈钢紧固件材料

类别	组别	化学成分（质量分数）（%），不大于									钢 号
		C	Si	Mn	P	S	Cr	Mo	Ni	其 他	
A 奥氏体不锈钢	A1	0.12	1	6.5	0.2	0.15~0.35	16~19	0.7	5~10	Ti: 5×C%~0.8%	12Cr18Ni9（易切削）
	A2	0.18	1	2	0.05	0.03	15~20	—	8~19	Ti: 5×C%~0.8% Nb: 10×C%~1%	06Cr19Ni10
	A4	0.08	1	2	0.045	0.03	16~18.5	2~3	10~15		06Cr17Ni2Mo2Ti
M 马氏体不锈钢	M1	0.09~0.15	1	1	0.05	0.03	11.5~14	—	1		12Cr13
	M3	0.17~0.25	1	1	0.04	0.03	16~18	—	1.5~2.5		14Cr17Ni2
	M4	0.08~0.15	1	1.5	0.06	0.15~0.35	12~14	0.6	1		20Cr13（易切削）
F 铁素体不锈钢	F1	0.12	1	1	0.04	0.03	15.0~18	—	1	Ti: 5×C%~0.8% Nb: 10×C%~1%	022Cr18Ti

表 6-18 马氏体和铁素体不锈钢紧固件的力学性能

材料		性能等级	螺栓、螺钉和螺柱			螺母	螺栓、螺钉、螺柱和螺母					
			R_m/MPa	$R_{p0.2}$/MPa	A（%）	S_p/MPa	硬 度					
类 别	组 别						HV		HBW		HRC	
			大于	大于	大于		大于	小于	大于	小于	大于	小于
M 马氏体	M1	50	500	250	0.2d	500	155	220	147	209	—	—
		70	700	410	0.2d	700	220	330	209	314	20	34
	M3	80	800	640	0.2d	800	240	340	228	323	21	35
	M4	50	500	250	0.2d	500	155	220	147	209	—	—
		70	700	410	0.2d	700	220	330	209	314	20	34
F 铁素体	F1 $d≤24$mm	45	450	250	0.2d	450	135	220	128	209	—	—
		60	600	410	0.2d	600	180	285	171	271	—	—

注：d 为螺纹直径。

表 6-19　奥氏体不锈钢紧固件的力学性能

材　料		性能等级	螺纹直径 /mm	螺栓、螺钉和螺柱			螺　母
类　别	组　别			R_m/MPa 大于	$R_{P0.2}$/MPa 大于	A（%）	S_p/MPa
A 奥氏体	A1、A2	50	≤39	500	210	0.6d	500
	A3、A4	70	≤24	700	450	0.4d	700
	A5	80	≤24	800	600	0.3d	800

2. 典型钢种的耐蚀性　12Cr13 和 20Cr13 钢具有较高的韧性和冷变形性能，经过热处理后抛光的螺栓和螺母，在弱腐蚀介质（如盐水溶液，一定含量的硝酸、醋酸及若干含量不高的有机酸等）中，在温度不超过30℃的条件下有良好的耐蚀性；但在硫酸、盐酸、热磷酸、热硝酸、熔融碱、水果汁、蔬菜汁及乳制品中耐蚀性差。

022Cr18Ti 钢在退火状态下使用，在硝酸和有机酸（除醋酸、蚁酸、草酸外）中有良好的耐蚀性。

14Cr17Ni2 钢经淬火、回火后具有高的强度、韧性和耐蚀性。对氧化性的酸类（一定温度、含量的硝酸，大多数有机酸），以及有机盐类的水溶液，都具有良好的耐蚀性。

12Cr18Ni9 钢经固溶处理后呈现单相奥氏体组织，在不同温度和含量的各种强腐蚀介质中（如硝酸、大多数有机酸和无机酸的水溶液、磷酸、碱及煤气等）均有良好的耐蚀性。

06Cr17Ni12Mo2Ti 钢由于 Ni 和 Mo 的增加，增强了在稀硫酸中的耐蚀性，可用于硫酸铵化肥、人造纤维等工业使用的 1%～20%（质量分数）稀硫酸中。

3. 坯料预备热处理　奥氏体不锈钢经过固溶处理可使其软化。固溶温度一般在 1000～1150℃，加热均匀后水冷；直径小于 6mm 的线材，在牵引式可控气氛连续退火炉中加热后可在强循环的可控气氛中气冷。固溶热处理后得到单一而均匀的奥氏体组织，硬度低，便于冷成形。

铁素体和马氏体不锈钢一般要求低于临界点退火，包括再结晶退火。退火温度在 700～780℃之间。

4. 成品或半成品的最终热处理　为了达到 GB/T 3098.6—2000 规定的力学性能要求，奥氏体和铁素体不锈钢的强化途径主要靠冷作硬化。例如 12Cr18Ni9 螺栓采用冷拉、冷镦及滚压螺纹后，其强度可达 $R_m ≥1078$MPa。

马氏体不锈钢紧固件，强度 $R_m ≥700$MPa 的需经淬火和回火。淬火温度在 925～1050℃之间，980℃附近加热可获得高的淬火硬度。

几种不锈钢的热处理规范及力学性能见表6-20。

表 6-20　几种不锈钢的热处理规范及力学性能

牌　号	热　处　理　规　范				力　学　性　能					硬度 HBW	备　注
	淬火温度/℃	淬火冷却介质	回火温度/℃	冷却介质	R_m/MPa	$R_{p0.2}$/MPa	A（%）	Z（%）	a_K/（J/cm²）		
12Cr13	1000～1050	水或油	700～790	油、水或空气	≥588	≥412	≥20	≥60	≥88.2		
	925～1000	油	230～370	空气	1274	931	15	60		360～380	回火 2h
	925～1000	油	540	空气	980	784	20	65		260～330	回火 2h
	925～1000	油	600	空气	784	617.4	22	65		210～250	回火 2h
	925～1000	油	650	空气	715.4	588	23	68		200～230	回火 2h
	再结晶退火规范：760℃，2h，炉冷至600℃出炉									170～195	供中间退火参考

（续）

牌　号	热 处 理 规 范				力 学 性 能					硬度 HBW	备　注
	淬火温度/℃	淬火冷却介质	回火温度/℃	冷却介质	R_m /MPa	$R_{p0.2}$ /MPa	A (%)	Z (%)	a_K /(J/cm²)		
20Cr13	1000 ~ 1050	水或油	700 ~ 790	空气	≥647	≥441	≥16	≥55	≥78.4		
	1050	空气	500	空气	1225	931	7	45	49		
	1050	空气	600	空气	833	637	10	55	68.6		
	1050	油	660	空气	847.7	695.8	19	63.5	127.4		
	再结晶退火规范：780℃，2h，炉冷至500℃出炉										供中间退火参考
14Cr17Ni2	950 ~ 975	油	275 ~ 300	油	≥1078		≥10		≥49		
	1030	油	680	油	940.8	754.6	17	59			
	再结晶退火规范：780℃，2h，炉冷至500℃出炉										供中间退火参考
12Cr18Ni9	1100 ~ 1150	水	—	—	539 ~ 637	196 ~ 343	50 ~ 60	60 ~ 70	> 196		退火
	1000 ~ 1150	水	时效：800℃，10h		641.9	303.8	55	75	245		时效
	850	水									供中间退火参考

　　不锈钢热处理应尽可能在可控气氛中进行。奥氏体和铁素体不锈钢以及 14Cr17Ni2 等马氏体不锈钢，因其铬含量较高，应选用氢气或氨分解气体保护，炉子要求有耐热钢炉罐，炉气露点应控制在 -60℃ 以下。对于 06Cr13 型不锈钢推荐采用氢含量高于 18%（体积分数）的氨燃烧气体保护，露点也要控制在 -60℃ 以下。CO 对铬是氧化性气氛，因此含有 CO 的各种保护气氛都不能用于不锈钢的热处理。

6.1.2.4　耐高温和低温的螺纹连接副

　　GB/T 3098.8—2010 规定了耐热用螺纹连接副。这类连接副既要承受高温、交变载荷，又要在相当大的程度上保持预紧力和耐疲劳强度的工况条件下使用。要求具有高的抗松弛性、足够的强度、低的缺口敏感性、一定的持久强度、小的蠕变脆化倾向和良好的抗氧化性。表 6-21 列出了不同温度时耐热螺纹连接副的材料选用。表 6-22 为几种钢材的高温力学性能。表 6-23 为几种钢材的抗松弛性。

表 6-21　不同温度时耐热螺纹连接副的材料选用

持续工作的极限温度（参考）/℃	螺栓、螺柱		螺母	
	材料牌号	标准编号	材料牌号	标准编号
400	35A 45	GB/T 699—1999	35	GB/T 699—1999
500	30CrMo 35CrMo 35CrMoA	GB/T 3077—1999	35、45	GB/T 699—1999
			20CrMoA	GB/T 3077—1999
510	21CrMoV		20CrMoA 35CrMoA	GB/T 3077—1999
550	20CrMoV 21CrMoV		30CrMo 35CrMo	GB/T 3077—1999
570	20CrMoVTiB 20CrMoVNbTiB		20CrMoV 21CrMoV	
600	18Cr12MoVNbN	GB/T 20878—2007	20CrMoV	
650	GH2132		21CrMoV	

　　注：1. 螺栓、螺柱应比螺母的硬度高（如高 30 ~ 50HBW）。
　　　　2. 受力套管的材料，推荐采用与螺母相同的材料。

表 6-22　几种钢材的高温力学性能

牌号	热处理条件	性能	高温短时力学性能	高温力学性能 /MPa 蠕变极限	持久极限	使用范围
30CrMo	880℃淬油 650℃回火	R_m	20℃ 725.2；200℃ 656.6；300℃ 715.4；400℃ 629.2；500℃ 558.6	$R_m/10^4$：450℃ —；500℃ 139.2；550℃ 57.8　　$R_m/10^5$：450℃ 107.8；500℃ 68.6；550℃ 34.3	$R_m/10^4$：525℃ 294；550℃ 186.2；600℃ 107.8　　$R_m/10^5$：525℃ 225.4；550℃ 132.3；600℃ 75.5	<450℃螺栓 <500℃螺母
		R_{eL}	20℃ 588；200℃ 490；300℃ 519.4；400℃ 480.2；500℃ 421.4			
35CrMo	880℃淬油 650℃回火	R_m	20℃ 877.1；400℃ 733；450℃ 669.3；500℃ 545.9	$R_m/10^4$：450℃ 156.8；500℃ 83.3；550℃ 49　　$R_m/10^5$：450℃ 102.9；500℃ 49；550℃ 24.5		<480℃螺栓 <510℃螺母
		$R_{p0.2}$	20℃ 771.3；400℃ 575；450℃ 554.7；500℃ 487.1			
25Cr2MoV	930℃淬油 620~650℃回火	R_m	20℃ 882；300℃ 744.8；400℃ 700.7；500℃ 637；550℃ 558.6	$R_m/10^4$：450℃ 225.4；500℃ 78.4；525℃ 49；550℃ 29.4	$R_m/10^4$：500℃ 254.8~284.2；550℃ 98；600℃ 49　　$R_m/10^5$：500℃ 186.2~205.8；525℃ 107.8；550℃ 58.8；600℃ 29.4	<530℃螺栓 <570℃螺母
		$R_{p0.2}$	20℃ 784；300℃ 656.6；400℃ 607.6；500℃ 588；550℃ 480.2			
25Cr2Mo1V	第一次正火：1030~1050℃ 第二次正火：950~970℃ 650~680℃回火 6h	R_m	20℃ 872.2；500℃ 695.8；525℃ 666.4；600℃ 656.6		$R_m/10^4$：550℃ 215.6　　$R_m/10^5$：550℃ 147~176.4	<570℃螺栓
		$R_{p0.2}$	20℃ 764.4；500℃ 646.8；525℃ 597.8；600℃ 558.6			
40Cr2MoV	855℃淬油 750℃回火	R_{eL}	20℃ 882；100℃ 833；200℃ 764.4；300℃ 680；350℃ 637	DVM：400℃ 392；450℃ 235.2；500℃ 127.4		<550℃大截面螺栓

（续）

牌号	热处理条件	高温短时力学性能 /MPa	蠕变极限 /MPa	持久极限 /MPa	使用范围
12Cr13	1030～1050℃淬油,750℃回火	R_m: 20℃ 602.7, 200℃ 529.2, 400℃ 490, 500℃ 362.6, 600℃ 225.4；$R_{p0.2}$: 20℃ 406.7, 200℃ 367.5, 400℃ 362.6, 500℃ 274.4, 600℃ 176.4	$R_m/10^4$: 400℃ —, 450℃ —, 500℃ 93.1, 593℃ —；$R_m/10^5$: 400℃ 120.5, 450℃ 102.9, 500℃ 55.9, 593℃ 34.3	$R_m/10^4$: 170℃ 254.8, 500℃ 215.6, 530℃ 186.2；$R_m/10^5$: 170℃ 215.6, 500℃ 186.2, 530℃ 156.8	<500℃,但在375～175℃略有热脆性
20Cr13	1000～1020℃空冷,720～750℃回火	R_m: 20℃ 705.6, 300℃ 543.9, 400℃ 519.4, 500℃ 431.2, 550℃ 343；$R_{p0.2}$: 20℃ 509.6, 300℃ 392.0, 400℃ 396.9, 500℃ 357.7, 550℃ 274.4	$R_m/10^4$: 450℃ —, 500℃ 156.8, 593℃ 66.6	$R_m/10^4$: 450℃ 284.2, 470℃ 205.8, 500℃ 186.2, 530℃ 98；$R_m/10^5$: 450℃ 254.8, 470℃ 176.4, 500℃ 156.8, 530℃ 74.5	<500℃
12Cr18Ni9	1050℃淬水,持久极限经800℃,10h时效	R_m: 20℃ 607.6, 400℃ 441, 600℃ 392, 700℃ 274.4, 800℃ 176.4；$R_{p0.2}$: 20℃ 274.4, 400℃ 176, 600℃ 176.4, 700℃ 156.8, 800℃ 98	$R_m/10^4$: 482℃ 172.5, 593℃ 89.2, 704℃ 32.3, 815℃ 5.88；$R_m/10^5$: 482℃ 127.4, 593℃ 78.4, 704℃ 86.2, 815℃ 18.6	$R_m/10^4$: 550℃ 186.2～235.2, 600℃ 127.4～166.6, 650℃ 58.8～98, 700℃ 49～68.6；$R_m/10^5$: 550℃ 137.2～196, 600℃ 88.2～127.4, 650℃ 39.22～68.6, 700℃ 29.4～49	<600℃
20Cr1Mo1VTiB	1050℃淬油,680℃回火6h	室温 R_m 1006.5, R_{eL} 955.5		570℃ $R_m/10^5$: 172.5～211.7	<570℃螺栓
20Cr1Mo1VNbB	1000℃正火,670℃回火6h；1050℃油淬,680℃回火6h	R_m: 室温 1015.3, 500℃ 742.8, 540℃ 713.4, 570℃ 662.5；R_{eL}: 室温 928.1, 500℃ 693.8, 540℃ 676.2, 570℃ 632.1		570℃ $R_m/10^5$:（光滑）235.2,（缺口）230.7	<570℃螺栓

表 6-23　几种钢材的抗松弛性

在下列时间（h）内的残余应力/MPa

牌号	热处理状态	试验温度/℃	初应力/MPa	25	100	200	500	1000	2000	3000	4000	5000	8000	10000	20000
35CrMo	880℃正火,650℃回火 2h	450	147.0	100.9	96.0	—	83.3	81.3	77.4	73.5	—	69.6①	—	56.8①	—
			245.0	161.7	147.0	—	127.4	120.5	114.7	110.3	—	100.0①	—	80.4①	—
	1000℃正火,650℃回火 2h	450	147.0	111.7	106.8	—	99.0	96.0	92.1	90.2	—	81.3①	—	68.6①	—
			245.0	193.1	178.4	—	167.9	158.8	149.0	143.1	—	129.4①	—	102.9①	—
	880℃淬油,650℃回火 2h	400	147.0	100.0	87.2	—	66.6	63.7	57.8	55.9	—	51.9①	—	44.1①	—
			245.0	161.7	125.2	—	103.9	97.0	86.2	82.3	—	75.5①	—	62.7①	—
			343.0	219.5	186.2	—	133.3	117.6	108.8	106.8	—	96.8①	—	80.4①	—
25Cr2MoV	920℃正火,650℃回火 2h	500	117.6	93.1	89.2	—	86.2	79.4	73.5	72.5	—	68.6	—	55.9	—
			245.0	193.1	156.8	—	156.8	156.8	149.9	137.2	—	122.5	—	90.2	—
			343.0	250.9	235.2	—	214.6	200.9	196.0	—	—	176.4	—	147.0	—
	920℃淬油,650℃回火 2h		117.6	98.0	93.1	—	81.3	76.4	70.6	67.6	—	55.7	—	37.2	—
			345.0	154.8	145.0	—	125.4	117.6	107.8	101.9	—	91.1	—	70.6	—
			343.0	212.7	193.1	—	167.6	156.8	148.0	137.2	—	122.5	—	92.1	—
	1000℃正火,650℃回火 2h		117.6	98.0	95.1	—	89.2	86.2	83.3	81.3	—	76.4	—	68.6	—
			245.0	201.9	192.1	—	179.3	171.5	164.6	158.8	—	149.0	—	127.4	—
			343.0	264.0	252.8	—	237.2	230.3	225.4	217.6	—	210.7	—	186.2	—
	980℃正火,650℃回火 1.5h		294.0	—	—	181.3	170.5	156.8	143.1	136.2	—	—	—	—	—
			343.0	—	—	210.7	196.0	185.2	156.8	127.4	—	—	—	—	—

（续）

牌号	热处理状态	试验温度/℃	初应力/MPa	在下列时间(h)内的残余应力/MPa											
				25	100	200	500	1000	2000	3000	4000	5000	8000	10000	20000
	1040℃×1h 正火,960℃×1h 正火,670℃×6h 回火	525	298.0	—	—	194.0	179.3	165.6	—	132.3	128.4	—	—	—	—
		525	343.0	—	—	219.5	198.0	180.3	—	143.1	131.3	—	—	—	—
		550	294.0	—	—	173.5	155.8	114.7	—	85.3	—	—	—	—	—
		550	343.0	—	—	200.9	187.3	129.4	—	99.0	—	—	—	—	—
	1030~1050℃ 正火,650℃ 回火 6h	525	245.0	—	—	176.4	164.6	147.0	127.4	122.5	—	—	98.0[1]	90.2[1]	—
		525	294.0	—	—	205.8	196.0	166.6	137.2	129.4	—	—	107.8[1]	100.9[1]	—
		525	343.0	—	—	245.0	225.4	205.8	183.3	166.6	—	—	127.4[1]	117.6[1]	—
		550	245.0	—	—	142.1	127.4	107.8	84.3	73.5	—	—	51.0[1]	42.1[1]	—
		550	294.0	—	—	186.2	156.8	129.4	98.0	88.2	—	—	58.8[1]	49.0[1]	—
		550	345.0	—	—	205.8	181.2	140.1	112.7	98.0	—	—	68.6[1]	58.8[1]	—
		550	382.0	—	—	215.6	200.9	174.4	149.0	134.2	—	—	78.4[1]	63.7[1]	—
25Cr2Mo1V	1030~1050℃ 正火,950~970℃ 正火,680℃ 回火 6h	525	245.0	—	—	182.3	147.0	142.1	133.3	127.4	—	—	112.7[1]	105.8[1]	—
		525	294.0	—	—	205.8	193.1	176.4	156.8	151.9	—	—	132.3[1]	125.4[1]	—
		525	343.0	—	—	211.7	198.0	186.2	166.6	161.7	—	—	142.1[1]	132.3[1]	159.7 ~ 178.9
		550	245.0	—	—	142.1	127.4	117.6	102.9	98.0	—	—	71.5[1]	65.7[1]	—
		550	294.0	—	—	162.9	156.8	142.1	122.5	107.8	—	—	78.4[1]	68.6[1]	—

（续）

牌号	热处理状态	试验温度/℃	初应力/MPa	在下列时间(h)内的残余应力/MPa											
				25	100	200	500	1000	2000	3000	4000	5000	8000	10000	20000
25Cr2Mo1V	1030 ~ 1050℃正火,950 ~ 970℃正火,680℃回火6h	550	343.0	—	—	193.1	173.5	156.8	137.2	122.5	—	—	83.3①	73.5①	—
			392.0	—	—	210.7	196.0	176.4	156.8	147.0	—	—	102.9①	88.2①	159.7 ~ 178.9
20Cr1Mo1VTiB	1050℃淬油,680℃回火6h	520	294.0	—	—	—	—	—	—	—	—	—	—	—	—
		570	294.0	—	—	—	—	—	—	—	—	—	—	58.8 ~ 88.2	—
		520	294.0	—	—	—	—	—	—	—	—	—	—	196.0①	188.2①
			343.0	—	—	—	—	—	—	—	—	—	—	220.5①	210.9①
	1050℃淬油,680℃回火6h	540	294.0	—	—	—	—	—	—	—	—	—	—	175.4①	166.6①
			343.0	—	—	—	—	—	—	—	—	—	—	189.1①	177.4①
			393.0	—	—	—	—	—	—	—	—	—	—	210.7①	196.0①
20Cr1Mo1VNbB		570	294.2	—	—	—	—	—	—	—	—	—	—	88.2①	68.6①
			343.0	—	—	—	—	—	—	—	—	—	—	102.9①	88.2①
	1030℃淬油,700℃回火6h	540	294.0	—	—	—	—	—	—	—	—	—	—	173.5①	166.6①
	1030℃淬油,725℃回火6h		294.0	—	—	—	—	—	—	—	—	—	—	156.8①	151.9①
	1000℃正火,700℃回火6h		294.0	—	—	—	—	—	—	—	—	—	—	200.9①	196.0①
	1030℃正火,700℃回火6h		294.0	—	—	—	—	—	—	—	—	—	—	206.8①	203.8①

① 系外推值。

在低温条件下工作的螺栓和螺母，当工作温度低于某一临界值时，钢材的韧性急剧下降而产生脆断。所以，应选用适当的钢材和热处理工艺，使在较低的工作温度下仍能保持一定的韧性。一般钢（除硼钢外）在 -30°C 以上工作时的 a_K 值降低不大。目前国标中还没有对低温下工作的螺纹连接副作专门的规定，本处仅根据有关资料作简单的介绍。表 6-24 介绍了几种钢材，这些钢材适用于制造在 -30℃ 以下温度工作的螺纹连接副。

表 6-24　几种钢材的低温冲击值

牌　号	热处理规范	常温抗拉强度 R_m /MPa	a_K/（J/cm²）									
			试　验　温　度 /℃									
			+20	0	-20	-50	-80	-100	-140	-188	-196	-253
30CrMo	800℃ 退火	637.0	117.6	98.0	82.3	56.8	25.5	—	—	—	—	—
	860℃ 淬油 700℃ 回火	705.6	189.1	184.2	178.4	159.7	117.6	—	—	—	—	—
	860℃ 淬油 620℃ 回火	891.8	152.9	151.9	149.9	146.0	135.2	—	—	—	—	—
35CrMo	830℃ 淬油 640～650℃ 回火	829.1	171.5	—	172.5	159.7	132.3	93.1	53.7	50.0	—	—
	830℃ 淬油 580℃ 回火	971.2	143.1	—	135.2	134.7	73.5	59.8	44.1	36.3	—	—
42CrMo	830℃ 淬油 580℃ 回火	1005.8	114.7	—	114.7	99.0	82.3	56.8	46.1	45.1	—	—
1Cr18Ni9Ti	1100～1150℃ 淬水 800℃ 时效	641.9	245.0	—	335.2	220.5	205.8	186.2	166.6	137.2	127.4 >176.4	缺口试样 光滑试样

6.1.2.5　耐磨螺栓和螺母

某些螺栓和螺母（如调节螺栓和螺母、部分轮胎螺栓和杯形螺母等），经常需要调整或装卸，应采取增加耐磨性措施，如渗碳、碳氮共渗或高频感应淬火。

这些螺栓和螺母常选用 Q235A、Q235B、10、20、15Cr、20Cr 等制造，也有的用 Y12 易切削钢，经过渗碳或碳氮共渗，达到表面耐磨的目的。一般螺距在 1mm 以下的，渗层深度选 0.05～0.15mm；在 1mm 以上选 0.15～0.30mm。表面硬度为 76～85HRA。

有些 40Cr、35CrMo 或 42CrMo 螺栓，经高频感应淬火，使表面硬度达到 50～55HRC，以达到耐磨的目的。

12Cr13、20Cr13 及 12Cr18Ni9 等不锈钢螺栓和螺母，为达到耐磨或防止咬死，常进行渗氮处理。为了防止脆性过大，可采用较高的温度（如 620℃ 左右）的气体渗氮、碳氮共渗或离子渗氮。

6.2　垫圈、挡圈、销和铆钉的热处理

6.2.1　垫圈和挡圈

一般垫圈和挡圈，不经热处理而直接使用。要求高的可采用中碳钢或中碳合金钢经调质后使用。目前尚未制定有关标准。

弹性垫圈（包括弹簧垫圈、齿形或锯形锁紧垫圈、鞍形或波形弹性垫圈三种）和弹性挡圈大多数都用弹簧钢制造，热处理工艺和弹簧热处理相似。表 6-25 列举了它们的主要技术要求。

表 6-25　弹性垫圈及弹性挡圈的技术要求

名称及标准编号	材料	力 学 性 能			
		硬度　HRC	弹　性	韧　性	抗氢脆性
弹簧垫圈 GB/T 94.1—2008	65Mn 70 60Si2Mn	42 ~ 50	按 GB94.1 表 3 规定的载荷连续加载三次，自由高度 $\geqslant 1.67S_{公称}$	按 GB94.1 规定扭转 90°不断裂	按 GB94.1 表 3 规定的载荷加压放置 48h、去载后不断裂
齿形、锯齿锁紧垫圈 GB/T 94.2—1987	65Mn	40 ~ 50	压缩到 S + 0.12mm，松开后高度 > S + 0.12mm	切开，固定一端拉另一端至一倍内径，不得断裂	压缩到 S + 0.12mm，48h 后松开不断裂
鞍形、波形弹性垫圈 GB/T 94.3—2008	65Mn	40 ~ 50	按 GB94.3 表 2 规定的载荷压缩并松开 $H \geqslant H_{\min}$	—	按 GB94.3 表 2 规定的载荷压缩 48h，松开不断裂
弹性挡圈 GB/T 959.1—1986	65Mn 60Si2Mn	$d \leqslant 48$mm 47 ~ 54 $d > 48 \sim 200$mm 44 ~ 51	用定位夹钳缩外径至小于 $0.99d_0$（孔用），扩内径至 $1.01d_0$（轴用），连续 5 次，不超差	把挡圈装在直径等于沟槽尺寸的 1.1 倍的试验轴上，48h 不断裂	—

弹簧垫圈是用梯形弹簧钢丝卷制而成；齿形或锯形锁紧垫圈、鞍形或波形弹性垫圈和弹性挡圈等都是用弹簧钢板冲压成形的。材料的供货状态要求经过球化退火，保证细晶粒的球状碳化物组织。

这类零件的淬火工艺为：65Mn 淬火温度为 820 ~ 840℃，60Si2Mn 为 860 ~ 880℃，70 钢为 780 ~ 830℃。因为都是小件或薄形零件，淬火冷却介质一般都用油。回火温度一般在 380 ~ 450℃，可以根据每个品种的要求及材料的不同而作相应调整。淬火加热时必须严格防止脱碳和氧化。大批量生产都是在带有保护气氛的振底炉或网带炉淬火—清洗—回火自动线中进行。零星小批零件可在盐浴炉中加热淬火，一般回火炉中回火。盐浴炉必须严格脱氧，当原材料脱碳超差时，必须进行复碳淬火。

这类零件的硬度检查方法为：有的可以直接在洛氏硬度计上测量，有的由于尺寸过细或过薄，只能在显微硬度计上测量。弹性、韧性和氢脆检查，可参考表 6-25 并详细按所列标准检查。这里不一一介绍。

6.2.2　销

销的种类很多，根据使用条件不同，其材料选择和热处理要求也各不相同。GB/T 121—1986 规定了各种锥销及柱销的技术条件，材料选用和热处理要求见表 6-26。

表 6-26　销的材料选用及热处理要求

材　料			热处理（淬火并回火）	表面处理
种　类	牌　号	标准编号		
碳 素 钢	35	GB/T 699—1999	28 ~ 38HRC	氧化镀锌钝化 （磨削表面除外）
	45		38 ~ 46HRC	
合 金 钢	30CrMnSiA	GB/T 3077—1999	35 ~ 41HRC	
铜及其合金	H62	GB/T 5231—2001	—	
	HPb59-1	GB/T 5231—2001	—	
	QSi3-1	GB/T 5231—2001	—	
特 种 钢	12Cr13、20Cr13	GB/T 1220—1992	—	
	14Cr17Ni2		—	
	12Cr18Ni9		—	

碳素结构钢和合金结构钢制造的销类，一般经调质处理，其热处理工艺和设备基本上与螺纹紧固件相同。为防止大气或海水腐蚀，对受力不大的可选用铜或铜合金。在高温或耐蚀条件下使用的可根据具体工作条件选用 12Cr13、20Cr13、14Cr17Ni2、12Cr18Ni9 等。

6.2.3　铆钉

根据 GB/T 116—1986 规定，铆钉用材料、热处理及表面处理见表6-27。

碳素钢铆钉的原材料要经球化退火（参见表6-7）。镦制后由于产生了冷作硬化，为便于铆接，应进行再结晶退火。再结晶退火工艺可参照表 6-9 进行。由于铆钉已是成品，应在保护气氛中进行。

奥氏体不锈钢要消除冷作硬化，应加热到 1000～1050℃后在水中淬火，以达到软化的目的。

表 6-27　铆钉用材料、热处理及表面处理

种　　类	材　　料		热处理	表面处理
	牌　号	标准编号		
碳素钢	Q215、Q235	GB/T 700—1988	退火 （冷镦产品）	无
	ML3、ML2	GB715		镀锌钝化
	10　15	GB/T 699—1999	退火 （冷镦产品）	无
	ML10　ML20	GB6478		镀锌钝化
特殊钢	0Cr18Ni9	GB/T 1220—1992	无	无
	12Cr18Ni9		淬火	
铜及其合金	T2	GB/T 5231—2001	无	无
	T3			钝化
	H62		退火	无
				钝化

6.3　质量检验和控制

紧固件的热处理，除了一般的质量检验和控制外，还有一些特殊的质量检验和控制。

6.3.1　脱碳与渗碳

前面已经谈到螺纹紧固件的脱碳可按图 6-1 进行金相检验。由于金相检验受观察者的观察误差限制，难以定量判断，当产生争议时，国标 GB/T 3098.1—2010 和 GB/T 3098.3—2010 还规定了用硬度法仲裁。硬度法规定用 2.94N 载荷的显微硬度计测量检验是在相邻的两个螺纹牙上进行，见图 6-3。测出 HV0.3（1），HV0.3（2）和 HV0.3（3）三点的显微硬度值，当：

未脱碳　HV0.3（2）≥HV0.3（1）－30
　　　　　　　　　　　　　　　　　　（6-1）

未增碳　HV0.3（3）≤HV0.3（1）＋30
　　　　　　　　　　　　　　　　　　（6-2）

时为合格。

以上两式实际上给出零件表面脱碳和渗碳的公差带。由式（6-1）规定了在 2 点处因脱碳造成的硬度降低值不得超过 30HV0.3；由（6-2）式可知，3 点因渗碳造成的硬度升高值不得超过 30HV0.3。

在大批量热处理生产过程中，金相法也好，显微

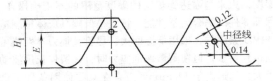

图 6-3　脱碳层的硬度测量法

硬度法也好，只能是定时抽检。因为其检查时间长，成本高。为了及时判断炉子的控碳情况，可以用火花检测和洛氏硬度检测对脱碳和渗碳作初步判断。火花检测是把已淬火的零件，在砂轮机上由表及里轻轻磨火花，判别表层和心部的碳是否一致。当然，这要求操作者要有熟练的技巧和火花鉴别能力。洛氏硬度检测是在六角螺栓的一个侧面上进行。先把淬火零件的一个六角平面用砂纸轻轻磨光，测第一次洛氏硬度；然后再把这个面在砂轮机上磨去 0.5mm 左右，再测一次洛氏硬度。如果两次的硬度值基本相同，说明既不脱碳、也不渗碳。前次硬度低于后次时，说明表面脱碳。前次硬度高于后次硬度时，说明表面渗碳。在一般情况下，两次硬度差在 5HRC 以内时，用金相法或显微硬度法检查，零件的脱碳或渗碳基本在合格范围之内。

6.3.2　硬度与强度的关系

在螺纹紧固件检测中，不能简单地根据硬度值查

有关手册，折合成强度值。这中间有一个淬透性因素的影响。因为 GB/T 3098.1—2010 和 GB/T 3098.3—2000 中规定仲裁硬度是在零件横截面的 1/2 半径处测量。拉力试样也是从 1/2 半径处截取。因而不排除零件中心部分有低硬度、低强度部分存在。

一般情况下，材料的淬透性好，螺杆部横截面上硬度能均匀分布。只要硬度合格，强度和保证应力也能达到要求。但是当材料的淬透性差时，虽然按规定的部位检查，硬度是合格的，但强度和保证应力往往达不到要求，尤其是表面硬度趋于下限时。

为了把强度和保证应力控制在合格范围之内，往往提高硬度的下限值。如 8.8 级的硬度控制范围：对 M16 以下各规格为 26～31HRC，M16 及以上规格为 28～34HRC；10.9 级控制在 36～39HRC 为宜。

6.3.3　再回火试验

8.8～12.9 级的螺栓、螺钉和螺柱，应进行比表 6-13 规定的最低回火温度低 10℃ 保温 30min 的再回火试验。在同一试样上，试验前后三点硬度平均值之差不得超过 20HV。

再回火试验可以检查因淬火硬度不足，用过低的温度回火来勉强达到规定的硬度范围的不正确操作，保证零件的综合力学性能。特别是低碳马氏体钢制造的螺纹紧固件，采用低温回火，尽管其他力学性能可以达到要求，但在测量保证应力时，残留伸长量波动很大，远远大于 12.5μm。而且在某些使用条件下会发生突然断裂现象。在一些汽车及建筑用螺栓中，已出现过突然断裂事故。通过再回火试验，紧固件的硬度如果明显下降，就可发现淬火不足的问题。当采用高于表 6-13 的最低回火温度回火后，可以消除上述现象。但是用低碳马氏体钢制造 10.9 级螺栓时，应当特别慎重。

6.3.4　氢脆的检查和控制

氢脆的敏感性随紧固件的强度增加而增加。对于 10.9 级及其以上的外螺纹紧固件或表面淬硬的自攻螺钉以及带有淬硬钢制垫圈的组合螺钉等紧固件，为了减小氢脆的危险，要求电镀后进行去除氢脆的处理。

去氢处理应在电镀完成后 4h 内进行，一般在恒温箱中进行，温度为 190～230℃，去氢时间从达到规定温度时开始计算，见表 6-28。

表 6-28　紧固件最短去氢时间

零件	最短去氢时间/h
10.9 级的螺钉、螺栓和螺柱	4
12.9 级的螺钉、螺栓和螺柱	6
带硬度 400～500HV 弹性垫圈组合件	8
带硬度 500～600HV 弹性垫圈组合件	12
自攻螺钉	2
自攻锁紧螺钉	6

弹性垫圈和弹性挡圈在各自的标准中都规定了防止氢脆的技术要求和检查规程。

螺纹紧固件可用旋紧的办法，在专用夹具上，旋到使螺杆承受相当保证应力的载荷下，试验最少应持续 48h，而紧固件应至少每隔 24h 重新拧紧一次，并施加到初始的拧紧扭矩或载荷。松开后螺纹紧固件不产生断裂。这种方法就作为氢脆的检查方法。

氢脆试验的灵敏度取决于试验的开始时间，所以这种试验应尽快进行，最好在制造过程结束后的 24h 内进行。这个时间目前还处在研究中。

参 考 文 献

[1]　机械工程手册编委会.机械工程手册：第5卷［M］.2版.北京：机械工业出版社，1996.

[2]　杨黎明，等.机械零件设计手册［M］.北京：国防工业出版社，1995.

第7章 大型锻铸件的热处理

燕山大学 廖波 肖福仁
第二重型机器厂 杨正汉

大型锻件通常指需用 1000t 或更大吨位水压机生产的锻件。它们大多是国民经济与国防建设所必需的各种大型关键设备的主要基础零部件，如：大型汽轮机的发电机转子，大型轧机的工作辊与支承辊，大型高压容器的筒体与封头，大型舰船的主轴、尾轴与舵杆，大型火炮的身管等。这些锻件都是由钢锭直接锻成的，因而在热处理中必须考虑冶炼、铸锭、锻造等过程对锻件内部质量的影响。主要影响因素是：

1）化学成分不均匀与多种冶金缺陷的存在。

2）晶粒粗大且很不均匀。

3）较多的气体与夹杂物。

4）较大的锻造应力和热处理应力。

一般说，锻件的尺寸和重量越大，钢中的合金成分含量越高，这些问题就越严重。

大型锻件在生产中往往要进行好几次热处理，其中在锻造成形后立即进行的热处理称为锻后热处理或预备热处理；经切削加工后进行的热处理称为最终热处理。

7.1 大型锻件的锻后热处理

大型锻件锻后热处理的目的是：防止白点与氢脆，改善锻件内部组织，消除锻造应力，降低硬度提高锻件的可加工性，细化晶粒提高锻件的超声波探伤性能，使锻件获得良好的力学性能或为后续热处理过程准备良好的组织条件。对于不再进行最终热处理的锻件，通过锻后热处理必须保证锻件达到技术条件规定的组织与性能。

7.1.1 大锻件中的白点与氢脆

白点是钢中的一种内部裂纹。在锻件的纵向断裂面上呈现为边缘清晰的圆形或椭圆形银白色斑点；在横向低倍试样上为发纹状小裂纹，长度数毫米，最大数十毫米。见图7-1。在扫描电镜下，白点的微观形貌为由撕裂岭和解理小平面构成的穿晶准解理，见图7-2。

白点的出现将导致锻件横向性能（主要是塑性、韧性）急剧降低并成为最危险的断裂源，严重降低工件的使用性能与寿命。因而，一旦发现白点，锻件

a)

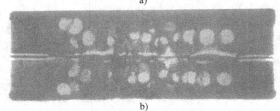

b)

图7-1 白点的宏观照片

a）横向试样照片　b）纵向试样照片

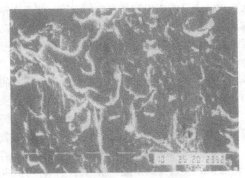

图7-2 34CrNi3Mo 钢中白点的扫描电镜照片

应报废或改锻为较小尺寸的锻件。

白点是在钢中的氢与应力联合作用下产生的。白点的形成温度一般为 50～200℃，基本上不随钢的化学成分而变。白点的形成需要孕育期，使钢中的氢形成足够程度的偏聚和使金属脆化。白点多形核于晶界、亚晶界、夹杂物表面及其他晶体缺陷处。

为防止白点的形成，必须将钢中残留氢限制在钢的无白点极限氢含量以下。钢的无白点极限氢含量受控于钢的白点敏感性并与钢的化学成分、组织状态等因素有关。Ni、Mn、Ni-Cr 等合金元素使钢的白点敏感性增高；Zr、Nb、Mo、W、V、Ti、单独存在的 Cr

及稀土元素 Ce 等可使钢的白点敏感性有所下降。在各种组织中，白点敏感性下降的顺序是：珠光体、贝氏体、马氏体；混合组织比单一组织更易出现白点。细化晶粒、碳化物质点的细化与片状化、位错密度增加等因素可加大结构缺陷对氢的捕获作用，可减小钢的白点敏感性。

按照白点敏感性的不同，可将生产中常用的钢分为以下四组：

第一组　白点敏感性较低的碳素结构钢和低碳低合金钢，如 25、15CrMo、20CrMo、20MnMo 等，其无白点极限含氢量可取为 3.5×10^{-6}。

第二组　白点敏感性中等的中碳低合金钢，如 40Cr、35CrMo、34CrMo1A 等，其无白点极限氢含量可取为 3×10^{-6}。

第三组　白点敏感性较高的中、高碳 Ni-Cr 合金钢，如 40CrNi、34CrNi1Mo、5CrNiMo、70Cr3Mo 与 9Cr2Mo 等，其无白点极限含氢量可取为 2.7×10^{-6}。

第四组　白点敏感性很高的高镍合金钢，如 12CrNi3MoV、18Cr2Ni4WA、34CrNi3Mo、26Cr2Ni4Mo 等。其无白点极限含氢量可取为 1.8×10^{-6}。

还应特别注意，少量残留奥氏体的出现可急剧增大钢的白点敏感性。因为，残留奥氏体不仅阻碍氢的扩散逸出，而且有吸引和储存氢的作用，使氢在钢中局部地区高度富集。随后，当残留奥氏体转变为马氏体时，高度富集的氢与巨大的相变应力相结合，形成白点的危险性便大大增加了。

白点所造成的脆性，随钢在加载时应变速率的升高而急剧增加，这种现象称为钢的第一类氢脆。

当钢中的氢不足以形成白点时，钢的塑性、韧性也随钢中氢含量的增加而降低，但下降程度随加载时应变速率的升高而减小，这一现象称为钢的第二类氢脆。随着第二类氢脆的出现，钢的塑性指标可减少一半以上，并在持久加载时导致钢的延迟断裂。因而对于多种重要大锻件必须考虑第二类氢脆所造成的危害。为避免第二类氢脆，重要大锻件中的剩余氢应降至 $(1 \sim 1.5) \times 10^{-6}$ 以下。

7.1.2　大锻件的扩氢计算

大型锻件用钢中的原始氢含量因钢的冶炼方法不同而异。据多年统计资料，在正常情况下的氢含量是：

碱性电炉钢　　　　　　$(4 \sim 5) \times 10^{-6}$

经一次真空处理后　　　$(2 \sim 3) \times 10^{-6}$

经两次真空处理后　　　$(1 \sim 1.5) \times 10^{-6}$ 或更低。

不难看出，只有经过两次真空处理以后，大型锻件用钢方能完全免除白点与氢脆的危害。无以上条件时，为防止白点、氢脆，大型锻坯应在锻后热处理中，通过等温退火将钢中氢含量降低至允许的数值之内。

圆柱形大锻件的扩氢效果可利用如下准数方程进行定量计算

$$U = \frac{H}{H_0} = \phi\left(\frac{D\tau}{R^2}, \frac{PR}{Q}, \frac{r}{R}\right) \qquad (7-1)$$

式中　U——锻件中氢的浓度准数；

H_0——去氢退火前锻件中原始氢含量；

H——去氢退火后锻件中的氢含量；

$D\tau/R^2$——为达到浓度准数 U 所必需的时间准数，通常称为福氏准数，以 F_0 表示。其中 D 为氢的扩散系数，可由表 7-1 查出；τ 为扩散时间（h），R 为圆柱形锻件的半径（cm）；

PR/Q——毕氏准数，通常以 Bi 表示。其中 P 为渗透性系数，Q 为透过性系数。在计算毕氏准数时，比值 P/Q 可近似取为 $1/(2.5 \mathrm{cm}^{-1})$；

r/R——位置准数，r 为计算位置的半径（cm）。

表 7-1　氢在 α-Fe 及 γ-Fe 中的扩散系数

温　度	扩散系数（cm²/h）	
/℃	α-Fe	γ-Fe
1500	1.43	1.90
1400	1.38	1.49
1300	1.31	1.19
1200	1.25	0.90
1100	1.19	0.684
1000	1.11	0.468
900	1.02	0.313
800	0.97	0.205
700	0.84	0.112
690	0.8295	—
660	0.798	—
650	0.7875	—
645	0.777	—
630	0.7665	—
620	0.756	—
610	0.7455	—
600	0.735	0.056
500	0.612	0.023
400	0.497	0.007
300	0.360	0.002
200	0.240	—
100	0.008	—
50	0.004	—
20	0.001	—

计算时，应先确定毕氏准数与位置准数。若已知退火时间与退火温度，即可算出时间准数，然后由表7-2求得相应的浓度准数 U，进而算出经

退火后锻件中指定部位的剩余氢含量。若已知所必须达到的浓度准数 U，即可算出为此所必需的退火时间 τ。

表 7-2　圆柱形锻件的 Bi、Fi、r/R 与 U 之间的关系

Fi	Bi									
	4		6		10		15		30	
	r/R									
	0.0	0.5	0.0	0.5	0.0	0.5	0.0	0.5	0.0	0.5
	U									
0.02	0.99931	0.99266	—	0.99563	—	0.99176	—	0.99043	—	—
0.04	0.99786	0.96237	0.99886	0.95236	0.99758	0.93678	0.99810	0.92769	0.99839	0.91186
0.06	0.98970	0.90998	0.98805	0.88792	0.98335	0.85918	0.98104	0.84133	0.97798	0.82559
0.10	0.93439	0.79640	0.91635	0.75542	0.89935	0.70709	0.88723	0.68210	0.87109	0.64907
0.20	0.69869	0.55632	0.65034	0.49689	0.59981	0.43926	0.57119	0.40740	0.54186	0.37398
0.30	0.49164	0.38697	0.43206	0.32655	0.37361	0.27301	0.34668	0.24545	0.31547	0.21751
0.40	0.34242	0.26898	0.28441	0.21460	0.23430	0.16977	0.20906	0.14788	0.18369	0.12663
0.50	0.23806	0.18095	0.18696	0.14103	0.14574	0.10559	0.12654	0.08910	0.10695	0.07373
0.60	0.16547	0.12993	0.12286	0.09268	0.09064	0.06567	0.07589	0.05368	0.06227	0.04292
0.80	0.07992	0.06275	0.05306	0.04003	0.03506	0.02540	0.02754	—	0.02111	0.01455
1.00	0.03860	0.03031	0.02291	0.01729	0.01356	0.00982	0.01000		0.00716	
1.20	0.01865	0.01464	0.00900	0.00747	0.00524	0.00380	0.00363		0.00243	
1.40	0.00900	0.00770	0.00427	0.00322	0.00203	0.00147	0.00132	—	—	—
1.50	0.00626	0.00491	0.00281	0.00212	0.00126	0.00092	—	—	—	—

对于非轴类锻件，扩氢计算准数方程将变为式（7-2）～式（7-4）的形式。

板形件

$$U = \frac{H}{H_0} = \phi\left(\frac{D_\tau}{S^2}, \frac{PS}{Q}, \frac{x}{S}\right) \qquad (7\text{-}2)$$

式中　S——板厚之半（cm）；

　　　　x——计算位置至平板中性面的距离（cm）。

短圆柱体

$$U = \frac{H}{H_0} = \phi_1\left(\frac{D_\tau}{R^2}, \frac{PR}{Q}, \frac{r}{R}\right) \cdot \phi_2\left(\frac{D_\tau}{L^2}, \frac{PL}{Q}, \frac{x}{L}\right)$$
$$(7\text{-}3)$$

式中　R——圆柱体的半径（cm）；

　　　　L——短圆柱体长度之半（cm）；

　　　　r、x——分别为计算位置的半径和至短圆柱体长度之半处的距离（cm）。

平行六面体

$$U = \frac{H}{H_0} = \phi_1\left(\frac{D_\tau}{S^2}, \frac{PS}{Q}, \frac{x}{S}\right) \cdot$$
$$\phi_2\left(\frac{D_\tau}{B^2}, \frac{PB}{Q}, \frac{y}{B}\right) \cdot \phi_3\left(\frac{D_\tau}{L^2}, \frac{PL}{Q}, \frac{z}{L}\right) \qquad (7\text{-}4)$$

式中　S、B、L——平行六面体的厚度、宽度与长度之半（cm）；

　　　　x、y、z——计算位置至厚度、宽度与长度方向中性面的距离（cm）。

计算时，ϕ_1、ϕ_2、ϕ_3 等函数的数值可自参考文献［3］中查出。

7.1.3　大锻件的晶粒细化问题

大型锻件由于原始钢锭尺寸较大，结晶缓慢；锻造时间长，加热次数多，而且锻造比小，变形不均匀；加热速度慢，保温时间长；某些大锻件用钢的奥氏体晶粒遗传严重等原因，往往晶粒十分粗大而且不均匀。

晶粒粗大不仅使大锻件的性能低劣、寿命下降，而且使其在作超声波探伤时出现草状波。声波信号迅速衰减，底波消失，以致无法探伤。为了提高大锻件的力学性能和改善其探伤性能，必须细化其晶粒组织。

对于大多数锻件来说，通过退火、正火、调质等处理可使大锻件中粗大的晶粒得到细化。对于奥氏体

晶粒遗传比较严重的钢种（如 26Cr2Ni4MoV、34CrNi3Mo 等），往往要通过多次正火（或退火）和提高重结晶时的加热速度等方法才能使锻件的晶粒获得细化或一定程度的细化。典型工艺见图 7-11。

7.1.4 锻后热处理工艺的制定原则与工艺参数

大型锻件在完成锻造工序后应立即进行锻后热处理。在制定工艺时，应遵守以下原则：

（1）使锻件尽快地、充分地由奥氏体转变为铁素体-碳化物组织，这样做不仅有利于氢的脱溶与扩散，而且有利于晶粒的调整与细化。应根据钢的过冷奥氏体稳定性并充分考虑锻件中成分与组织不均匀性的影响，合理确定锻件的冷却速度、过冷温度及过冷保温时间等工艺参数。

（2）通过去氢退火将锻件中的氢降至极限氢含量以下并使其分布均匀，以免除白点、氢脆的危害。对多数大锻件来说，这是锻后热处理的首要任务，必须完成。去氢退火的关键工艺参数是：

1）退火温度通常取(650 ± 10)℃，具体数值见表 7-3，因退火温度与高温回火温度相近，故有时将它们列在一起。

2）保温时间参看典型工艺曲线或由式（7-1）~式（7-4）算出。

3）冷却速度应足够缓慢，以减少锻件中的残余应力。

（3）经过一次或多次重结晶使晶粒细化、组织改善、性能提高。

多数碳钢锻件和部分低合金钢锻件的锻后热处理就是最终热处理。对于这类锻件，在锻后热处理中均需安排一次正火和回火，以使其获得必要的组织与性能。对于含合金元素较多、性能要求较高的锻件，尽管还要进行最终热处理，锻后也要进行一次甚至多次重结晶，以便改善锻件的组织与性能，为最终热处理准备良好的组织条件和提高锻件的超声波探伤性能。

在重结晶中，关键工艺参数是：

1）加热速度，在 ≈600℃ 以下，钢处于冷硬状态，要限制加热速度；在 ≈600℃ 以上可以快些。对于尺寸较大或合金元素较多的锻件，可在 ≈650℃ 加一个保温台阶，以减小锻件中的内外温差和内应力。

2）加热温度见表 7-3。

3）在可能的情况下，过冷温度应尽量低一些，以使组织转变更彻底和获得更细的组织。具体数值见典型工艺曲线。

表 7-3　常用大锻件用钢的正火（退火）、高温回火温度

牌　号	正火或退火温度/℃		高温回火温度/℃	
	单独生产	配　炉	单独去氢	考虑性能
15	900 ~ 920	880 ~ 920	620 ~ 660	580 ~ 660
25	870 ~ 890	870 ~ 900	620 ~ 660	580 ~ 660
35	860 ~ 880	850 ~ 870	620 ~ 660	580 ~ 660
45	830 ~ 860	820 ~ 850	620 ~ 660	580 ~ 660
55	810 ~ 830	810 ~ 840	620 ~ 660	580 ~ 660
40Mn	840 ~ 860		580 ~ 620	560 ~ 640
50Mn	820 ~ 840		580 ~ 620	560 ~ 640
20SiMn	910 ~ 930	900 ~ 930	630 ~ 660	560 ~ 660
35SiMn	880 ~ 900	880 ~ 920	630 ~ 660	560 ~ 660
35SiMnMo	880 ~ 900	880 ~ 920	630 ~ 660	560 ~ 660
60SiMnMo	820 ~ 840	810 ~ 840	630 ~ 660	
37SiMn2MoV	880 ~ 900	880 ~ 920	630 ~ 660	560 ~ 660
20MnMo	880 ~ 900	870 ~ 900	630 ~ 660	560 ~ 660
18MnMoNb	920 ~ 940	900 ~ 950	640 ~ 660	
42MnMoV	870 ~ 890	870 ~ 900	640 ~ 670	
30CrMnSi	880 ~ 900	870 ~ 920	630 ~ 660	560 ~ 600
18CrMnTi	880 ~ 900		620 ~ 660	
15CrMo	900 ~ 920	890 ~ 920	630 ~ 660	560 ~ 660
20CrMo	890 ~ 910	880 ~ 910	630 ~ 660	560 ~ 660
30CrMo	870 ~ 890	850 ~ 900	630 ~ 660	560 ~ 600
34CrMo1A	860 ~ 880	850 ~ 900	630 ~ 660	
35CrMo	880 ~ 900		630 ~ 660	
42CrMo	850 ~ 870		640 ~ 660	
18CrMnMoB	880 ~ 900		680 ~ 710	
20Cr2Mn2MoA	870 ~ 890			
60CrMnMo	830 ~ 850	820 ~ 860	680 ~ 660	

（续）

牌　　号	正火或退火温度/℃		高温回火温度/℃	
	单独生产	配　炉	单独去氢	考虑性能
24CrMoV	880～900	870～920	630～660	
30Cr2MoV	940～960		690～720	
35CrMoVA	910～920		630～660	
20Cr	880～900	870～920	630～660	560～660
40Cr	850～870	840～880	630～660	560～660
55Cr	820～840	820～850	630～660	
34CrNiMo	860～880	850～920	630～660	560～660
34CrNi2Mo	860～880	850～920	630～660	560～660
34CrNi3Mo	860～880	850～920	630～660	560～660
18Cr2Ni4WA	900～920	890～920	630～660	
20Cr2Ni4A	870～890		610～650	
35CrNiW	860～880	850～900	630～660	560～660
6CrW2Si	780～800（退火）			
5CrMnMo	840～860	830～860	620～660	
5CrNiMo	840～860	830～860	620～660	
5CrNiW	840～860	830～860	620～660	
5CrSiMnMoV	870～890		640～660	
20Cr13	1000～1050			
30Cr13	1000～1050			
GCr15	790～810（退火）			
GCr15SiMn	790～810（退火）			
Cr5Mo	1000～1050	1000～1050		730～750

7.1.5　大锻件锻后热处理的基本工艺类型与典型工艺曲线

根据大锻件所用钢种、截面尺寸、组织性能要求及装炉情况的不同，可将在生产中经常采用的大锻件锻后热处理工艺分为以下 10 种类型，其工艺曲线如图 7-3～图 7-12 所示。

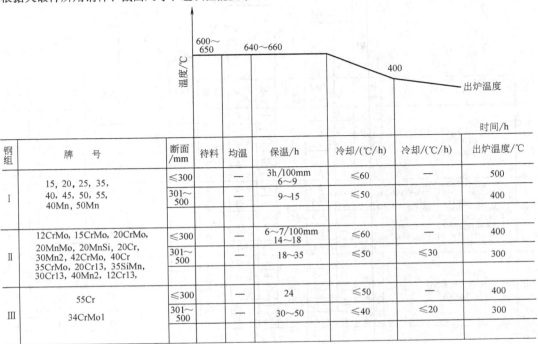

钢组	牌　　号	断面/mm	待料	均温	保温/h	冷却/(℃/h)	冷却/(℃/h)	出炉温度/℃
I	15, 20, 25, 35, 40, 45, 50, 55, 40Mn, 50Mn	≤300	—		3h/100mm 6～9	≤60	—	500
		301～500			9～15	≤50		400
II	12CrMo, 15CrMo, 20CrMo, 20MnMo, 20MnSi, 20Cr, 30Mn2, 42CrMo, 40Cr 35CrMo, 20Cr13, 35SiMn, 30Cr13, 40Mn2, 12Cr13,	≤300	—		6～7/100mm 14～18	≤60	—	400
		301～500			18～35	≤50	≤30	300
III	55Cr 34CrMo1	≤300			24	≤50		400
		301～500			30～50	≤40	≤20	300

图 7-3　等温炉冷

注：一般用于坯料。

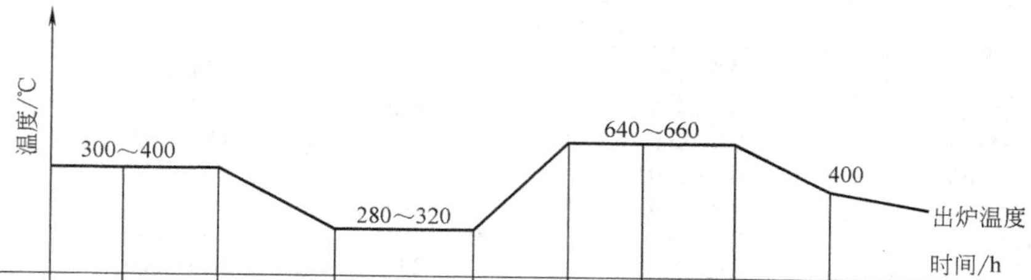

温度/℃ 曲线：300~400 → 280~320 → 640~660 → 400 → 出炉温度（时间/h）

钢组	牌　号	断面/mm	待料	保温/h	冷却	保温/h	升温/(℃/h)	均温	保温/h	冷却/(℃/h)	冷却/(℃/h)	出炉温度/℃
IV	35CrNiW 34CrNi1Mo 35CrMnSi 24CrMoV 25Cr2MoV	≤300	—	3	炉冷	6	按功率	—	24	≤50	≤25	≤300
		301~500	—	3~4		6~8	≤100	—	24~42	≤40	≤20	≤250
V	5CrMnMo 5CrNiMo 5CrNiW 5CrMnSiMoV	≤200	—	3	炉冷	5	≤100	—	18	≤50	≤25	≤300
		201~400	—	4		7	≤80	—	18~36	≤40	≤20	≤250
VI	34CrNi2Mo 34CrNi3Mo 20Cr2Ni4MoA 20Cr2Mn2MoA 18Cr2Ni4W	≤300	—	3		7	≤100	—	45	≤40	≤20	≤200
		301~500	—	4		7~9	≤80	—	54~90	≤30	≤15	≤150

图 7-4　起伏等温退火

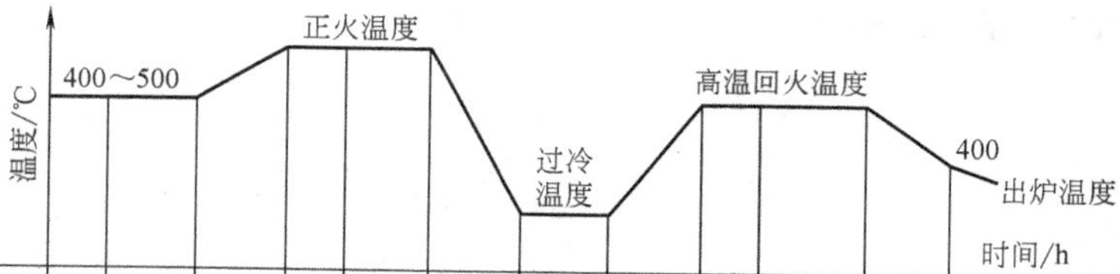

温度/℃ 曲线：400~500 → 正火温度 → 过冷温度 → 高温回火温度 → 400 → 出炉温度（时间/h）

钢组	牌　　号	截面/mm	待料	保温/h	升温/(℃/h)	均温	保温/h	冷却	保温/h	升温/(℃/h)	均温	保温/h	冷却/(℃/h)	冷却/(℃/h)	出炉温度/℃
I	15，20，25，30，35 40，45，50，55， 40Mn，50Mn	<250	—	1	按功率	—	1~2	空冷至350~400℃	2	按功率	—	8~12	空	空	
		251~500	—	2		—	2~4		5		—	12~20	空	空	
		501~800	—	3		—	5~7		10		—	20~32	≤50	≤30	350
		801~1000	—	4		—	8~10		15		—	32~40	≤50	≤30	300
		1001~1300	—	5		—	11~14		20		—	40~60	≤40	≤20	250
II	15CrMo，20CrMo，20MnSi， 20MnMo，12CrMo，18MnMoNb 20Cr，18CrMnTi，35CrMo， 30Mn2，18CrMnMo，40Mn2， 40Cr，42CrMo，42MnMoV， 35SiMn，12Cr13，20Cr13，30Cr13， 38SiMnMo，30CrMnSi，Cr5Mo， 35SiMnMo	<250	—	2	按功率	—	1~2	空冷至300~350℃	2	按功率	—	10~15	≤60	—	400
		251~500	—	3~5		—	2~4		5		—	15~30	≤50	≤30	350
		501~800	—	5~7		—	5~7		10		—	30~48	≤50	≤30	300
		801~1000	—	7~10		—	8~10		15		—	50~60	≤40	≤20	250
		1001~1300	—	10~13		—	11~14		20		—	70~90	≤30	≤15	200
III	50SiMn，55Cr， 50Cr，34CrMo1A， 35CrMoVA	<250	—	2	按功率	—	1~2	空冷至300~350℃	2	按功率	—	18	≤60	—	400
		251~500	—	3~5		—	2~4		5		—	20~40	≤50	≤30	350
		501~800	—	5~7		—	5~7		10		—	40~64	≤50	≤30	300
		801~1000	—	7~10		—	8~10		15		—	64~80	≤40	≤20	250
		1001~1300	—	10~13		—	11~14		20		—	80~105	≤30	≤15	200

图 7-5　热装炉正火、高温回火

注：Ⅰ组钢过冷度为 400~500℃，Ⅱ、Ⅲ组钢为 350~400℃

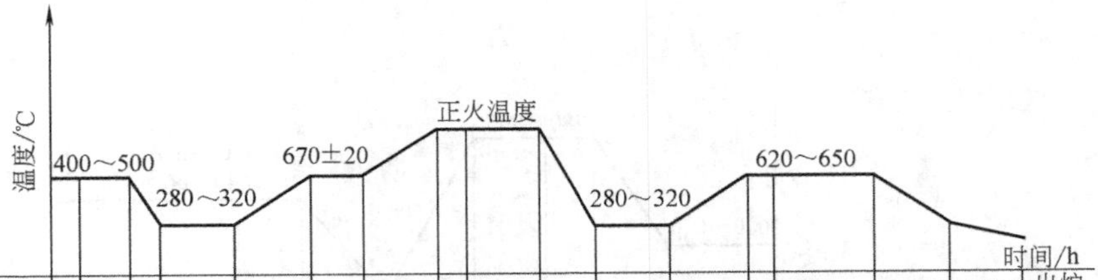

图中曲线标注：温度/℃，时间/h，400~500，280~320，670±20，正火温度，280~320，620~650

钢组	牌号	截面/mm	待料	保温/h	冷却	保温/h	加热/(℃/h)	保温/h	升温/(℃/h)	均温	保温/h	冷却	保温/h	升温/(℃/h)	均温	保温/h	冷却/(℃/h)	冷却/(℃/h)	出炉温度/℃
IV	24CrMoV 25CrMoV 40CrNiMoA 34CrNi1Mo 35CrNiW 37SiMnMoV 30CrNiMo1V	<300	–	2	炉冷	2	–	–	按功率	–	2~3	①空冷至300~350℃	4	按功率	–	25	炉冷	炉冷	250
		301~500	–	3~4		4~6	≤80	3	≤100	–	3~5		6~10	≤80	–	30~40	≤40	≤20	200
		501~700	–	4~5		6~9	≤70	4	≤80	–	5~7		10~16	≤60	–	50~70	≤30	≤15	150
		701~1000	–	5~6		9~12	≤60	5	≤70	–	7~10		16~25	≤50	–	80~110	≤20	≤10	120
V	5CrMnMo 5CrNiMo 5CrNiW 5CrMnSiMoV 5SiMnMoV 60CrMnMo 60SiMnMo	<300	–	2	炉冷	2	–	–	按功率	–	2~3	空冷至300~350℃	4	按功率	–	27	炉冷	炉冷	≤250
		301~500	–	3~4		4~6	≤80	3	≤100	–	3~5		6~10	≤80	–	27~45	≤40	≤20	250
		501~700	–	4~5		6~9	≤70	4	≤80	–	5~7		10~16	≤60	–	45~63	≤30	≤15	200
		701~1000	–	5~6		9~12	≤60	5	≤70	–	7~10		16~25	≤50	–	63~90	≤20	≤10	150
VI	34CrNi2Mo 34CrNi3Mo 18CrMnMoB 20CrNi4 20CrMnMo 18CrNiW	<300	–	2	炉冷	2	–	–	按功率	–	2~3	空冷至300~350℃	4	按功率	–	35	炉冷	炉冷	≤200
		301~500	–	3~4		4~6	≤80	3	≤100	–	3~5		6~10	≤80	–	40~60	≤40	≤20	150
		501~700	–	4~5		6~9	≤70	4	≤80	–	5~7		10~16	≤60	–	65~100	≤30	≤15	120
		701~1000	–	5~6		9~12	≤60	5	≤70	–	7~10		16~25	≤50	–	105~160	≤20	≤10	100

① 在严格测温下，小截面可空冷至300℃，入炉后，如温度回升，可拉台车调整，待炉温稳定后，开始计算保温时间。

图7-6　热装炉过冷、正火、高温回火

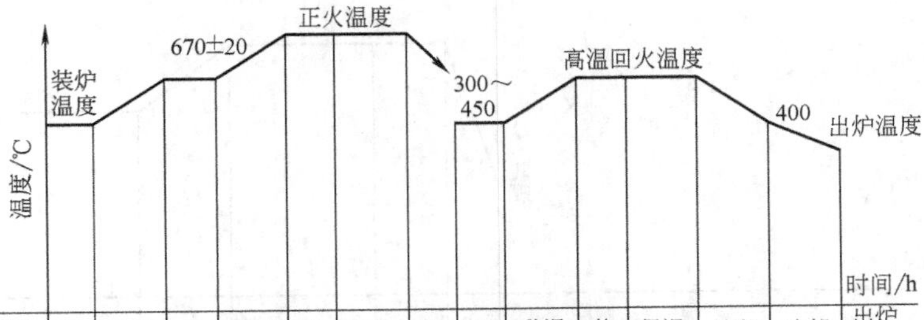

图中曲线标注：温度/℃，时间/h，装炉温度，670±20，正火温度，300~450，高温回火温度，400，出炉温度

牌号	截面/mm	装炉℃	保温/h	升温/(℃/h)	保温/h	升温/(℃/h)	均温	保温/h	冷却	保温/h	升温/(℃/h)	均温	保温/h	冷却/(℃/h)	冷却/(℃/h)	出炉温度/℃
15,20,25,35,40,45,50,55, 20Cr,40Cr,20MnMo,20MnSi, 15CrMo,20CrMo,12CrMoV, 35CrMo,34CrMo1A,30CrMnSi, 35SiMn,38SiMnMo, 35SiMnMo,42CrMo,15CrMoA	<300	≤850	–	–	–	–	–	2	空冷至≤250℃	1	按功率	–	2~5	空	空	400
	301~500	≤650	–	–	1~2	按功率	–	2~4		2	按功率	–	6~10	≤60	–	400
	501~700	≤550	1~2	≤70	3~4	≤100	–	5~7		3	≤80	–	10~14	≤50	≤30	350
	701~1000	≤450	2~3	≤60	5~6	≤80	–	7~10		4	≤60	–	14~20	≤40	≤20	300
	1001~1300	≤300	3~4	≤50	7~8	≤60	–	10~13		5	≤60	–	20~26	≤30	≤15	250
55Cr,60CrMnMo,Cr5Mo, 34CrNi1Mo,35CrNiW,34CrNi2Mo, 34CrNi3Mo,35CrNiW,50SiMn, 5CrMnMo,18Cr2Ni4W,5CrNiMo, 5CrNiW,5CrMnSiMoV	<300	≤600	1	≤60	1	按功率	–	2	空冷至≤200℃	2	按功率	–	3~8	≤60	–	400
	301~500	≤500	1~2	≤50	2~3	按功率	–	2~4		2	按功率	–	6~15	≤50	≤30	350
	501~700	≤400	2~3	≤40	4~5	≤100	–	5~7		4	≤60	–	15~21	≤50	≤30	300
	701~1000	≤300	3~4	≤40	6~7	≤80	–	7~10		5	≤50	–	21~30	≤40	≤20	250
	1001~1300	≤250	3~4	≤30	7	≤60	–	10~13		6	≤50	–	30~40	≤30	≤15	200

图7-7　冷装炉正火、高温回火

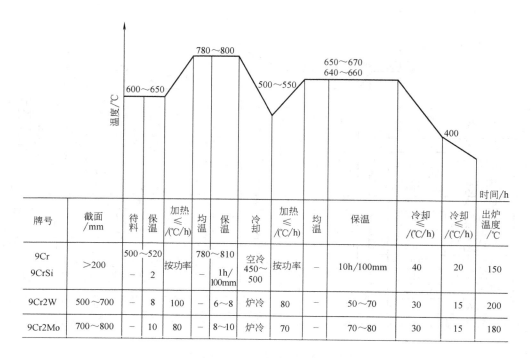

牌号	截面 /mm	待料	保温	加热 ≤ /(℃/h)	均温	保温	冷却	加热 ≤ /(℃/h)	均温	保温	冷却 ≤ /(℃/h)	冷却 ≤ /(℃/h)	出炉 温度 /℃
9Cr 9CrSi	>200	500～520 —	2	按功率	780～810	1h/ 100mm	空冷 450～ 500	按功率	—	10h/100mm	40	20	150
9Cr2W	500～700	—	8	100		6～8	炉冷	80	—	50～70	30	15	200
9Cr2Mo	700～800	—	10	80		8～10	炉冷	70	—	70～80	30	15	180

图 7-8　热装炉球化退火

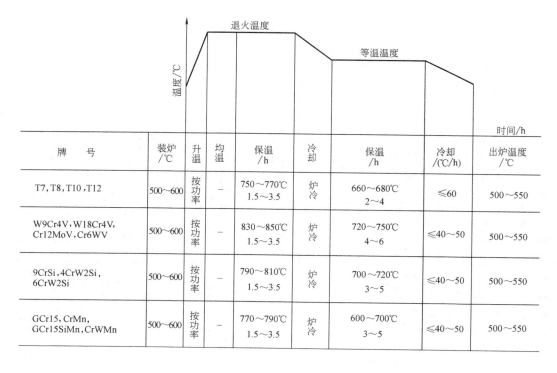

牌　　号	装炉 /℃	升温	均温	保温 /h	冷却	保温 /h	冷却 /(℃/h)	出炉温度 /℃
T7,T8,T10,T12	500～600	按功率	—	750～770℃ 1.5～3.5	炉冷	660～680℃ 2～4	≤60	500～550
W9Cr4V,W18Cr4V, Cr12MoV,Cr6WV	500～600	按功率	—	830～850℃ 1.5～3.5	炉冷	720～750℃ 4～6	≤40～50	500～550
9CrSi,4CrW2Si, 6CrW2Si	500～600	按功率	—	790～810℃ 1.5～3.5	炉冷	700～720℃ 3～5	≤40～50	500～550
GCr15,CrMn, GCr15SiMn,CrWMn	500～600	按功率	—	770～790℃ 1.5～3.5	炉冷	600～700℃ 3～5	≤40～50	500～550

图 7-9　冷装炉球化退火

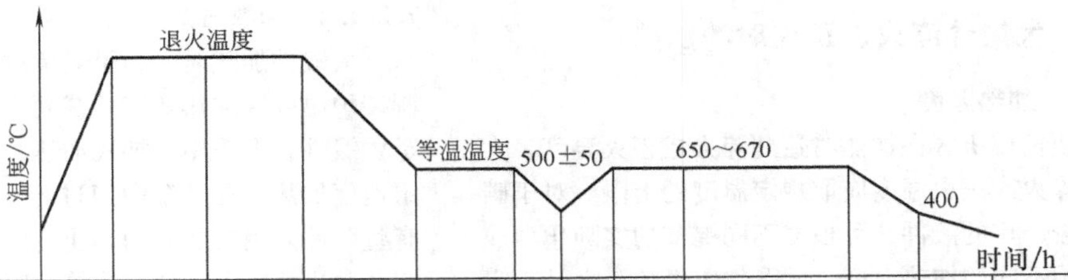

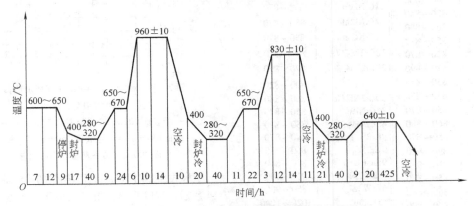

牌号	装炉温度/℃	升温	均温	保温/h	冷却/(℃/h)	保温/h	冷却	升温	均温	保温/h	冷却/(℃/h)	冷却/(℃/h)	出炉温度/℃
T7，T8 T10，T12	500～600	按功率	—	750～770℃ 1.5～3.5	炉冷	660～680℃ 2～4	炉冷	按功率	—	按 5～6h/100mm 计算	≤30	≤15	200
5CrW2Si 6CrW2Si	500～600	按功率	—	790～810℃ 1.5～3.5	炉冷	700～720℃ 3～5	炉冷	按功率	—	按 8～10h/100mm 计算	≤30	≤15	200
GCr15 GCr15SiMn	500～600	按功率	—	770～790℃ 1.5～3.5	炉冷	680～700℃ 3～5	炉冷	按功率	—	按 10～15h/100mm 计算	≤30	≤15	200
3Cr2W8V	500～600	按功率	—	900～910℃ 1.5～3.5	炉冷	730～750℃ 3～5	炉冷	按功率	—	按 10～15h/100mm 计算	≤30	≤15	200

图 7-10　工具钢锭制件锻后热处理

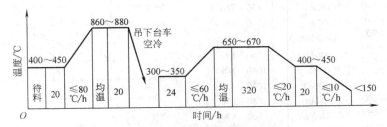

图 7-11　巨型汽轮发电机转子锻件锻后热处理工艺

注：材料为 26Cr2Ni4MoV，直径为 φ1200mm。

图 7-12　大型支撑辊锻件锻后热处理

注：材料为 70Cr3Mo，直径为 φ1500mm。

7.2　大型锻件的最终热处理

大型锻件粗加工后进行的热处理称为最终热处理，多采用淬火、正火及随后的高温回火等工艺，以达到技术条件所要求的性能，或为后续热处理过程准备良好的组织条件。

7.2.1 大锻件淬火、正火时的加热

7.2.1.1 加热温度

为使负偏析区在加热时达到淬火或正火温度，大锻件的淬火或正火温度应取规定温度的上限。对于碳偏析比较严重的锻件，可根据不同锭节的实际化学成分，采用不同的加热温度。大锻件用钢的淬火、正火加热温度如表7-3、表7-4所示。

表7-4 常用大锻件用钢的淬火加热温度

牌　号	温度/℃	牌　　号	温度/℃
25	850～880	60CrMnMo	830～850
35	850～870	24CrMoV	870～890
45	830～850	30CrMoV9	850～870
55	800～830	30Cr2MoV	840～850
50Mn	800～820	35CrMoVA	890～910
60Mn	800～820	60CrMoV	840～860
65Mn	800～820	20Cr	820～840
35Mn2	800～850	40Cr	840～860
45Mn2	810～840	55Cr	820～840
50Mn2	810～840	40CrNi	840～860
20SiMn	880～900	45CrNi	830～850
35SiMn	860～880	34CrNiMo	850～870
42SiMn	840～860	34CrNi2Mo	850～870
50SiMn	820～840	34CrNi3Mo	850～870
55Si2Mn	860～880	18Cr2Ni4WA	890～910
60Si2MnA	850～870	20Cr2Ni4A	870～890
70Si3MnA	850～870		800～820
35SiMnMo	870～890	30Cr2Ni2Mo	860～880
42SiMnMo	850～870	35CrNiW	850～870
60SiMnMo	830～850	45CrNiMoV	850～870
37SiMn2MoV	850～870	9Cr2	840～870
42SiMnMoV	860～880	9Cr2W	860～880
55Si2MnV	850～870	9SiCr	840～860
20MnMo	890～910	4CrW2Si	910～930
18MnMoNb	910～930	6CrW2Si	850～900
32MnMoVB	850～870	Cr12MoV	1020～1040
42MnMoV	860～880		1130～1150
24CrMnN	870～890	5CrMnMo	830～860
30CrMnSi	850～870	5CrNiMo	830～860
35CrMnSi	850～870	5CrNiW	830～860
18CrMnTi	800～870	5CrSiMnMoV	850～870
15CrMo	890～910	5SiMn2W	860～890
20CrMo	880～900	3Cr2W8	1040～1060
30CrMo	860～880	3Cr2W8V	1040～1060
34CrMo1A	850～870	4CrWMo	850～870
35CrMo	850～870	4SiMnMoV	900～920
42CrMo	840～860	20Cr13	980～1000
18CrMnMoB	870～890	30Cr13	1000～1050
20Cr2Mn2MoA	870～890	GCr15	820～860
	800～820	GCr15SiMn	820～840
34Cr3WMoV	850～860	1Cr18Ni9Ti	1100～1150
30CrMn2MoB	870～890	Cr5Mo	1000～1050
32Cr2MnMo	870～890		
35CrMnMo	850～870		
38CrMnNi	850～870		
40CrMnMo	850～870		

7.2.1.2 加热方式

大锻件加热时，为了避免过大的热应力，应该控制装炉温度和加热速度。截面大、合金元素含量高的重要锻件，多采用阶梯式加热，即在低温装炉后按规定速度加热，在升温中间进行一次或两次中间保温。有些锻件采用较低的加热速度而不进行中间保温。只有截面尺寸较小、形状简单、原始残余应力较小的碳钢和低合金结构钢锻件，才允许高温装炉、不限制加热速度或在低温装炉后采用最大功率升温。

高温装炉直接加热时，锻件中不同部位的升温曲线，如图7-13所示。可以看出，在这种情况下锻件表面与中心的最大温差很大，出现最大温差时工件心部温度低于200℃，钢仍处于冷硬状态，易因巨大的温差应力而产生内部裂纹。

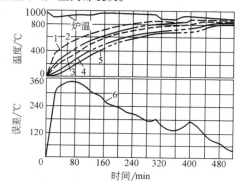

图 7-13 φ800mm 40CrNi 钢坯加热曲线

注：炉温为950℃，热装炉。

1—距表面10mm 2—距表面70mm 3—距表面130mm 4—距表面260mm 5—距表面400mm 6—表面与中心温差

阶梯式加热时锻件中不同部位的升温曲线，如图7-14所示。可以看出，由于采取了中间保温，在加热中出现了两次最大温差。第一个出现在心部温度

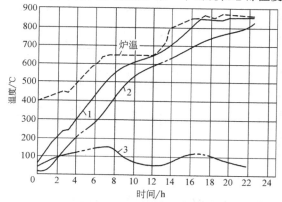

图 7-14 φ900mm 40Cr2MoV 锻件加热曲线

1—距表面15mm 2—中心处 3—表面与中心温差

为 ≈350℃ 时，数值仅为图 7-13 曲线的 1/3。出现第二个最大温差时，锻件心部温度已升高至 ≈700℃，钢已处于塑性状态，无开裂危险。当锻件尺寸很大时，加热中第一个最大温差的数值仍会较大，这时要在 ≈400℃ 等温一段时间，待工件表面和心部都升至较高温度时再继续加热。这样可以减小第一个最大温差的数值和使其在更高些的温度范围出现。

7.2.1.3　升温速度

锻件在加热过程的低温阶段，升温速度要控制在 30～70℃/h，经中间保温后，整个截面上塑性较好，升温速度可以快些，一般取 50～100℃/h。

7.2.1.4　均温与保温

当加热炉主要测温仪表（一般台车式炉指炉顶测温仪表，井式炉指各段炉壁仪表）指示炉温到达规定温度时，即为均温开始，至目测工件火色均匀并与炉墙颜色一致时为均温终了。

为使工件心部达到规定温度、完成奥氏体转变并使其均匀化，锻件在均温后尚需进行保温。保温时间根据工件有效截面确定。对碳素结构钢与低合金结构钢锻件，保温时间按 0.6～0.8h/100mm 计算。对中、高合金钢锻件，按 0.8～1h/100mm 计算。各种形状锻件有效截面计算方法见表 7-5。

表 7-5　有效截面计算方法

锻 件 形 状	尺 寸 关 系	有 效 截 面
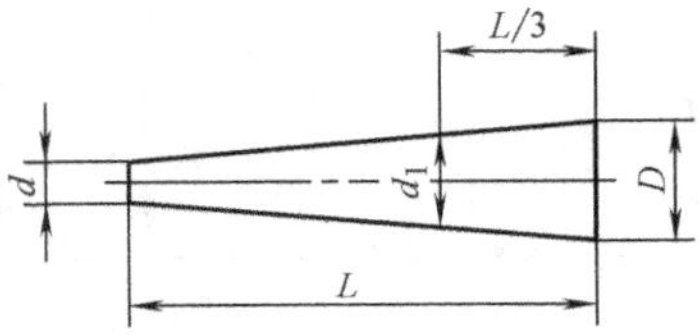	$d < D$	d_1
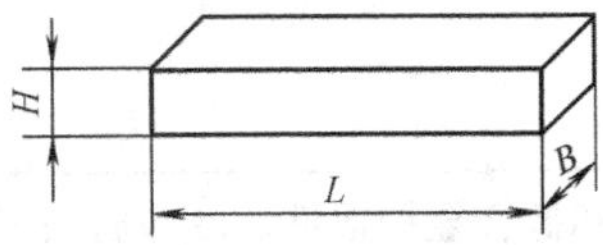	$H < B \leqslant 1.5H$	H
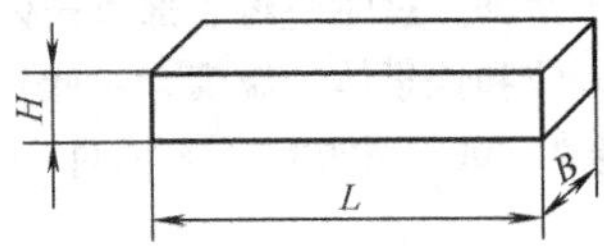	1) $1.5H < B \leqslant 3H$ 2) $B > 3H$	1) $(1 \sim 1.5)H$ 2) $1.5H$
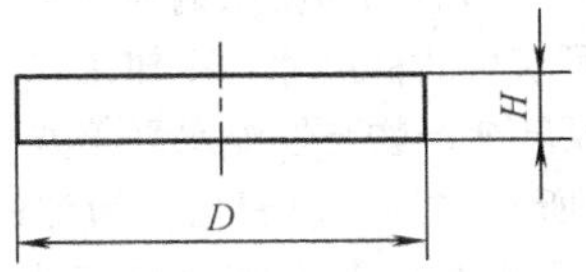	$3H < D$	$1.5H$
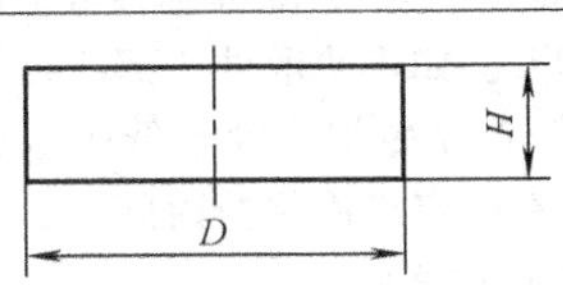	1) $1.5H < D \leqslant 3H$ 2) $H < D \leqslant 1.5H$	1) $(1 \sim 1.5)H$ 2) H
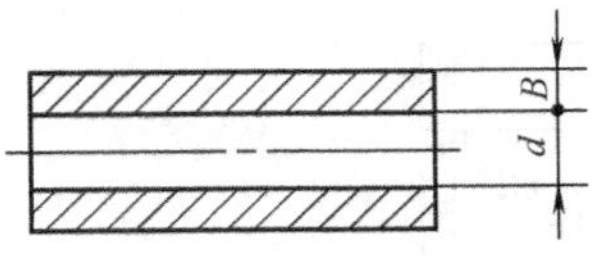	1) $d > B$ 2) $d < B$	1) $1.5B$ 2) $(1.5 \sim 2)B$
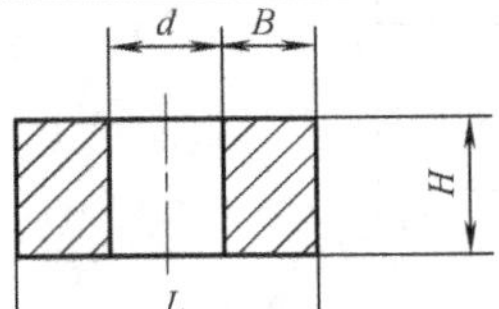	1) $d < B \begin{cases} B < H < 1.5B \\ 1.5B < H \end{cases}$ 2) $d > B \begin{cases} B < H < 1.5B \\ 1.5B < H \end{cases}$	1) $\begin{cases} (1 \sim 1.5)B \\ (1.5 \sim 2)B \end{cases}$ 2) $\begin{cases} B \\ (1 \sim 1.5B) \end{cases}$

（续）

锻 件 形 状	尺 寸 关 系	有 效 截 面
	1）$H<B\leqslant 1.5H$ 2）$B\geqslant 1.5H$	1）$(1\sim1.5)H$ 2）$1.5H$
	$D<L$	D
	$D<L$	D
	$d<L<D$	L
	$L<d<D$	d

7.2.2　大锻件淬火、正火时的冷却

在大锻件淬火、正火冷却过程的工艺参数中，最关键的是选择恰当的冷却速度和终冷温度。

对于性能要求很高的高合金钢大锻件，必须选择能够保证工件心部奥氏体完全躲过珠光体和上贝氏体转变的冷却速度，以使锻件沿整个截面获得下贝氏体或下贝氏体加马氏体组织。终冷温度的选择主要取决于锻件的冶金质量。对于夹杂物、气体含量都很少，化学成分十分均匀的优质电站大锻件，终冷温度可选择为 40～60℃ 或 60～80℃。对于冶金质量较差的锻件，终冷温度可提高至 200～250℃。在终冷温度下的保持时间，应以使锻件心部完成所规定的组织转变为准。

对于大型碳钢和低合金钢锻件，冷却后获得下贝氏体的要求有时难于达到。这时应将心部奥氏体过冷到防止出现粗大珠光体和铁素体的温度，对低合金锻件终冷温度可选为 400～450℃；碳钢件可选为 450～500℃。

对照相应锻件的冷却曲线和所用钢种的过冷奥氏体连续转变曲线，可获得锻件尺寸、冷却速度、冷却时间、终冷温度以及转变产物与性能水平等方面的完整资料。从图 7-15 所示实例可以看出，为使锻件心部无珠光体，应保证锻件心部冷却速度不小于 v_1，终冷温度不高于 450℃。如要使锻件心部获得马氏体组织，必须保证锻件心部冷却速度不低于 v_2，且应过冷到 300℃ 以下。在确定终冷保持时间时，必须充分考虑组织转变热效应的影响。

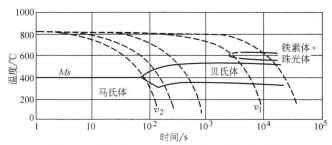

图 7-15　3.5%Ni-Mo-V 钢奥氏体连续冷却转变图

7.2.2.1　冷却方式及冷却曲线

大锻件常用的冷却方式有：静止空气冷却、鼓风冷却、喷雾冷却、油冷、水冷、喷水冷却及水淬油冷、空-油冷却（延迟淬冷）、水-油双介质淬火、油-空双介质淬火等。这些冷却方式并不能完全满足大锻件冷却的要求，还有待于寻求新的淬火冷却介质和冷却方法。对形状复杂、截面变化较大的工件，为使冷却均匀和减小淬火应力，有时采用工件在炉内稍降低

温度后再出炉淬火的方法。

1. 水冷　水冷工件经高温回火后的强度、塑性、韧性和脆性转变温度等力学性能都比油冷好（特别是心部性能）。因此，在不引起缺陷扩大的前提下，应采用水冷。但是这时工件截面上的最大温差可达750～800℃，如锻件冶金质量不好，巨大的内应力会使工件产生裂纹甚至断裂。图7-16～图7-19是锻件的不同截面水冷曲线。

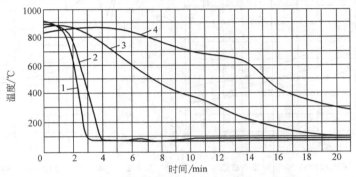

图7-16　φ300mm×2000mm　9Cr 钢锻件水冷曲线

注：水温为20℃。

1—距表面15mm　2—距表面30mm　3—距表面75mm　4—距表面150mm

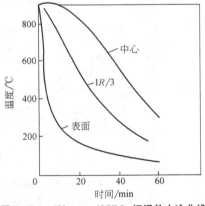

图7-17　φ450mm　42SiMn 钢锻件水冷曲线

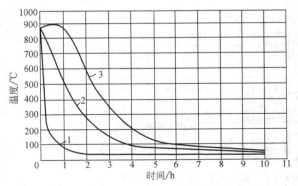

图7-18　φ920mm　NiCrMoV 钢锻件水冷曲线

1—表面　2—距表面230mm 处　3—中心

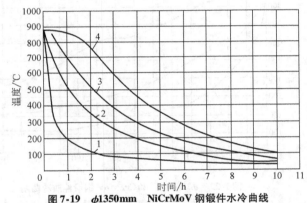

图7-19　φ1350mm　NiCrMoV 钢锻件水冷曲线

1—表面　2—距表面225mm　3—距表面450mm　4—中心

在判断锻件在淬火冷却中能否采用水冷时，首先应考虑锻件化学成分和基础性能的影响，按式（7-5）计算出锻件的碳当量 CE。

$$CE = C\% + \frac{Mn\%}{20} + \frac{Ni\%}{15} + \frac{Cr\% + Mo\% + V\%}{10} \qquad (7-5)$$

当计算结果（成分为质量分数）为：

1）锻件中正偏析区的碳当量 CE≤0.75%，正偏析区的碳含量≤0.31% 时，锻件可以毫无危险地采用水淬。

2）锻件中正偏析区的碳当量 CE = 0.75% ～0.88%，正偏析区的碳含量 = 0.32% ～0.36% 时，锻件可以采用水淬，但需特别小心。

3）锻件中正偏析区的碳当量 CE ≥ 0.88%，正偏析区的碳含量 ≥ 0.36% 时，若无特殊的指示与指导，禁止水淬。

随着大锻件用钢碳含量的逐步降低和电渣重熔、钢包精炼、真空除气、真空脱氧等先进冶炼工艺的采用，大锻件的冶金质量有了明显提高，承受较大淬火

应力而不引起开裂的可能性有所增加，应当扩大急冷和深冷的应用。

2. 油冷　油冷时锻件中最大温差比水冷小，一般不超过 500℃。图 7-20 ~ 图 7-23 是不同截面锻件的油冷冷却曲线。采用空-油冷却（延迟淬冷）可显著降低工件内外温差（见图 7-24）。

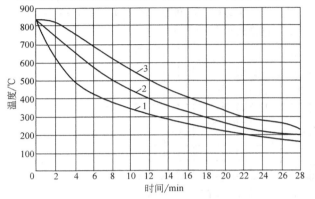

图 7-20　φ200mm　40Cr2MoV 钢锻件油冷曲线
1—表面　2—距表面 1/3 半径处　3—中心

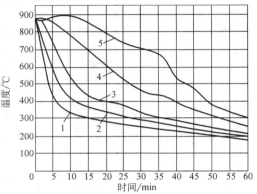

图 7-21　φ460mm×2000mm　50Mn2 钢锻件油冷曲线
注：油温 50℃。
1—距表面 15mm　2—距表面 30mm　3—距表面 65mm
4—距表面 120mm　5—距表面 200mm

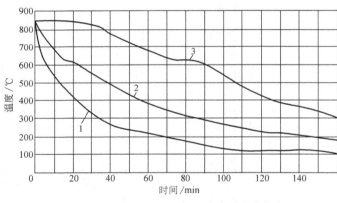

图 7-22　φ700mm　40Cr2MoV 钢锻件油冷曲线
1—表面　2—距表面 1/3 半径处　3—中心

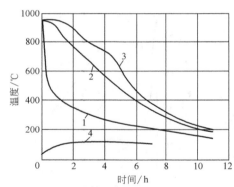

图 7-23　φ1270mm 锻件油冷曲线
1—表面　2—距表面 1/2 半径处
3—中心　4—油温

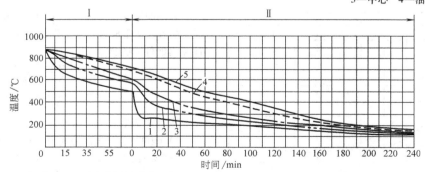

图 7-24　φ600mm　34CrNiMo 钢锻件空冷（Ⅰ）随后油冷（Ⅱ）的冷却曲线
1—距表面 10mm　2—距表面 70mm　3—距表面 105mm
4—距表面 200mm　5—距表面 300mm

3. 空冷　空冷或鼓风冷的冷却能力比水冷、油冷小得多，故在一定程度内可避免锻件内部缺陷的扩大，但空冷时锻件的性能潜力不能充分发挥。图 7-25、图 7-26 是大锻件的空冷曲线。

4. 水淬油冷　图 7-27、图 7-28 是水淬油冷冷却曲线。

5. 双介质淬火　水-空-水、油-空-油双介质淬火方式，可使心部热量向外层传播，以减少锻件截面上的温差，使冷却比较均匀，降低淬火应力。

图 7-29 所示为水-空双介质淬冷曲线。工件在空气中预冷 12min 后，随即水冷 2min、空冷 3min 再交替冷却至 35min，然后空冷。

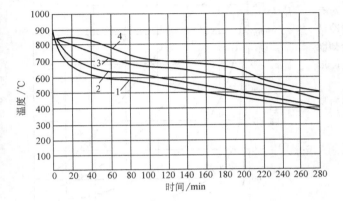

图 7-25　ϕ650mm　45Cr 钢锻件空冷曲线

注：静止空气；加热温度：表面 900℃。

1—距表面 20mm　2—距表面 50mm

3—距表面 105mm　4—中心

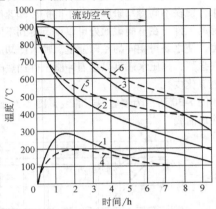

图 7-26　ϕ950mm　28CrNiMoV7.4 钢锻件空冷曲线

1、4—表面和中心温差　2、5—表面温度

3、6—中心温度

------ 虚线为静止空气冷却　——实线为鼓风冷却

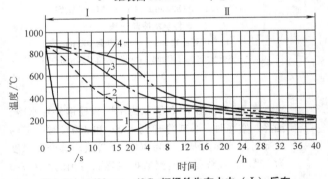

图 7-27　ϕ400mm　40Cr 钢锻件先在水中（Ⅰ）后在油中（Ⅱ）冷却曲线

1—距表面 10mm　2—距表面 75mm　3—距表面130mm　4—距表面 200mm

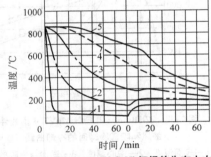

图 7-28　ϕ800mm　40CrNi 钢锻件先在水中（Ⅰ）后在油中（Ⅱ）冷却曲线

1—距表面 10mm　2—距表面 70mm　3—距表面130mm　4—距表面 360mm　5—距表面 400mm

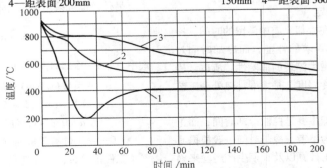

图 7-29　ϕ870mm　34CrMoA 钢转子锻件水-空双介质淬火曲线

1—表面　2—距表面 1/3 半径　3—中心

6. 喷雾、喷水冷却　喷雾冷却是利用压缩空气与压力水的共同作用，使之成为细雾状向工件表面喷射的冷却方法。喷水冷却是将高压水直接向工件表面均匀喷射的冷却方法。在喷射冷却时，工件要旋转，以使冷却均匀。这种冷却方式的优点是在冷却过程中可以改变风量、水量及水压，以达到调节冷却速度的效果，使在不同冷却阶段得到不同的冷却速度。对有阶梯的工件，在不同截面处可以调节得到不同的冷却能力，使之获得相同的冷却速度。喷水冷却的冷却能力很强烈，高压水还可以猛烈冲刷工件加热时表面形成的氧化皮。

图 7-30 所示为喷雾冷却曲线，图 7-31 所示为喷水冷却曲线。

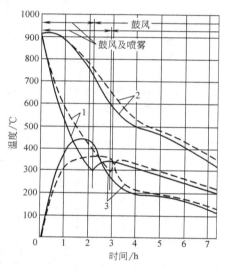

图 7-30　φ950mm　28CrNiMoV7.4 钢锻件在鼓风和喷雾冷却时的冷却曲线

1—表面温度　2—中心温度　3—表面与中心的温差

注：实线——水压为 4.6MPa 的喷雾冷却，
虚线——水压为 2.5MPa 的喷雾冷却。

7.2.2.2　冷却时间的确定

冷却时间是指工件在冷却介质中停留的时间。冷却时间过短，会达不到要求的性能，而冷却时间过长、终冷温度过低，会增大淬裂的危险性。所以，确定适当的冷却时间及终冷温度，是大锻件热处理工艺中的一个重要问题。

在生产中的淬火冷却主要是控制冷却时间，而工件表面的终冷温度仅作为参考。冷却时间一般根据实测的各种冷却曲线、理论计算以及长期生产经验来确定。必须注意，即使相同截面的工件，在相同的淬火冷却介质及冷却时间内冷却，也会由于冷却设备容量、淬火冷却介质的温度、介质循环条件及工件在介质中的移动方式等情况不同，造成工件心部温度的显著差别。所以，在规定冷却时间的同时，还要严格控制冷却条件。

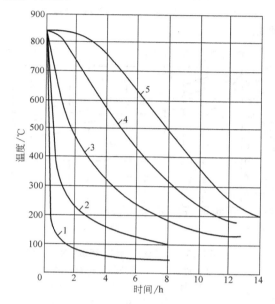

图 7-31　φ1800mm　Cr-Ni-Mo-V 钢锻件喷水冷却曲线

1—距表面 15mm　2—距表面 100mm
3—距表面 200mm　4—距表面 450mm
5—中心

图 7-32 和图 7-33 所示为不同直径钢件在水冷、油冷、空冷时，心部冷却到 450℃ 和 300℃ 时所需的冷却时间（淬火温度取为 860℃，淬火冷却介质温度为 40℃），曲线是由实测数据整理而得到的。表 7-6 列出一些具体冷却工艺可供参考，生产中根据工件形状、材质及生产条件，在制订具体冷却工艺时，作适当调整。

另外，也可采用简化公式来估计冷却时间

$$\tau = a \times D \tag{7-6}$$

式中　　τ——冷却时间（s）；

a——系数（s/mm）；油冷时，$a = 9 \sim 13$；水冷时，$a = 1.5 \sim 2$；水淬油冷时，水淬：$a = 0.8 \sim 1$，油冷：$a = 7 \sim 9$；

D——工件有效截面（mm）。

工件正火时，一般规定表面终冷温度为：碳素结构钢、低合金结构钢不高于 $250 \sim 400℃$；高、中合金结构钢、模具钢，不高于 $200 \sim 350℃$。

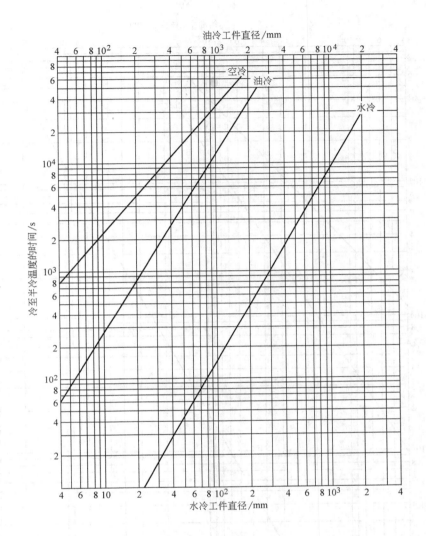

图 7-32 不同直径锻件心部冷却至温度 $t = \dfrac{1}{2}\left(t_{淬} + t_{介}\right)$ 的时间

7.2.3 大锻件的回火

大锻件回火的目的是消除或降低工件淬火或正火冷却时产生的内应力，得到稳定的回火组织，以满足综合性能要求。在回火过程中还可继续去氢和使氢分布均匀，对降低或去除氢脆的影响是有利的。

大锻件淬火后应及时回火，规定时间间隔如下：

（1）碳素结构钢、低合金结构钢锻件直径不大于 700mm 者，小于 3h；直径大于 700mm 者小于 2h。

（2）中、高合金结构钢锻件，不超过 2h。

（3）水淬、水淬油冷锻件，模具钢、轧辊钢及其他重要锻件，均应立即回火。

7.2.3.1 回火温度的选择

大锻件的回火温度应根据对锻件性能、组织的要求和每个锻件的具体情况确定。用小试样作出的回火温度与性能之间的关系曲线，只能作为选择大锻件回火温度时的参考。

表 7-7 是各种大锻件用钢的硬度与回火温度间的关系，表 7-8 是屈服强度与回火温度间的关系，可作为选择回火温度的依据。但应指出，由于各工厂的实际生产条件和生产经验不同，同一钢号锻件的回火温度不必完全一致。

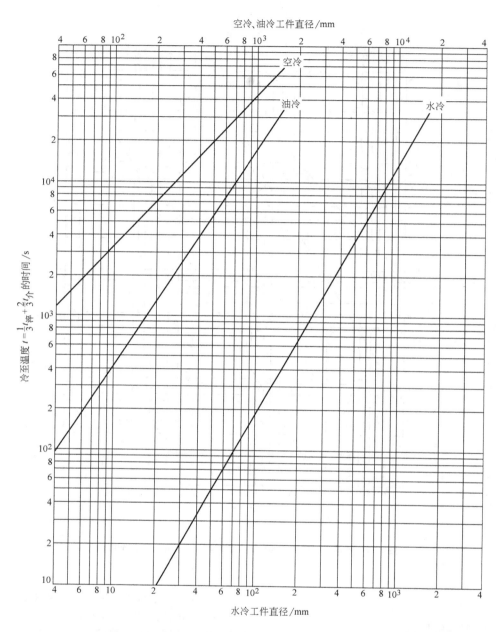

图 7-33　不同直径锻件心部冷却至 $t = \frac{1}{3}t_{淬} + \frac{2}{3}t_{介}$ 的时间

表 7-6　具体冷却工艺举例

冷却	截面/mm	~100	101~250	251~400	401~600	601~800	801~1000
油冷	淬火冷却介质	油	油	油	油	油	油
	淬冷时间/min	20	20~50	45~80	70~120	110~160	150~220

（续）

冷却	截面/mm	~100		101~250		251~400		401~600		601~800			801~1000		
水淬油冷	淬火冷却介质	水	油	水	油	水	油	水	油						
	淬冷时间/min	1~2	~15	1~3	15~30	2~5	25~60	3~6	50~100						
水冷	淬火冷却介质	水		水		水									
	淬冷时间/min	1~3		3~10		10~16									
双介质淬冷	淬火冷却介质			水	空 水	水	空 水			油	空	油	油	空	油
	淬冷时间/min			1~3	2~3 3~6	4~8	3~5 6~8			80~100	5~10	30~60	100~140	10~15	50~80

注：1. 碳钢及低合金钢冷却时采用下限，中合金钢采用上限。

2. 截面 401~600mm "水-油" 冷却仅适用于碳素结构钢及低合金结构钢。

3. 工件装在垫板上淬冷时，应当延迟冷却时间。

4. 淬冷前油温不大于 80℃，水温为 15~35℃

表 7-7　各种大锻件用钢的硬度与回火温度的关系

回火温度/℃ 牌号	160~220HBW	180~220HBW	197~241HBW	217~255HBW	229~269HBW	241~285HBW	269~302HBW	280~320HBW	320~340HBW	50~70HS	60~80HS	≥75HS
35	640	570	510①									
45		590	550~590①	530~560①	530①	510①						
55				590	570							
65Mn							540					
40Cr		590	560~610①		530~590①	510~560①	540①					
55Cr					600	570						
35SiMn			580									
20CrMo	660											
20CrMo9（德）		650										
34CrMo1		670	640	620	590	550~620①	520					
35CrMo		660	610	580	560	530~580①	560①					
24CrMo10（德）		680										
40CrNi		660	570									
35CrMnMo				610	580							
40CrMnMo				620	600	570						
60CrMnMo			650③			630		570				
32Cr2MnMo						610	590	580				
30CrMnSi				610	580							
34CrNiMo				630								
34CrNi2Mo					620							
34CrNi3Mo				630④	620	590	560	550	530			
30Cr2Ni2Mo				640		590~620②	600②	560				

（续）

回火温度/℃ 牌号	160~220HBW	180~220HBW	197~241HBW	217~255HBW	229~269HBW	241~285HBW	269~302HBW	280~320HBW	320~340HBW	50~70HS	60~80HS	≥75HS
30Cr2Ni3Mo					640②							
24CrMoV						660						
35CrMoV					590	560						
30CrMoV9（德）						620						
30Cr2MoV				690④		680						
35CrNiW				630	600	580~630①						
18MnMoNb					610							
18CrMnMoB						580						
30CrMn2MoB							580					
50SiMnMoB					630							
9Cr2								640				320①
9CrV							590③	560③			350①	
9Cr2W				690							350①	
9Cr2Mo										390		320
5CrMnMo						640		560				
5CrNiMo						570					460	
6CrW2Si				670								
20Cr13					630	600						
30Cr13			670③			600③						
Cr5Mo		640										

注：1. 回火温度偏差为±10℃。
　　2. 淬火、正火冷却方式：①水淬油冷；②水淬；③空冷；④鼓风冷却。
　　3. 无标注者为油冷。

表7-8　根据屈服强度选择回火温度参数表

温度/℃ ＼ 牌号 R_{eL}/MPa	250	300	350	400	450	500
510						
520						
530					40Cr·300	
540					45CrNi·150	
550				40Cr·300	35CrMo·250	35CrMo·400① 35CrMo·150
560	20MnMo③ 35·750③		35① 40·150①	20MnMo① 35CrMo·500	40·60②	20CrMo① 34CrMo1·700
570		35 20MnMo 35·250				40Cr 35CrMo·300
580	45.800③	40·300	20MnMo① 40Cr·500	40Cr·200	20CrMo① 35CrMo·150	40Cr·200①
590	20MnSi③		45 45·150	15CrMo	45CrV 50SiMn 35CrMo·450①	35CrMo 34CrMo1·500

（续）

牌号 ＼ R_{eL}/MPa ＼ 温度/℃	250	300	350	400	450	500
600	35	40 35·300①		50Mn2 35CrMo·150	40Cr 35CrMnMo·800	18MnMoNb 35CrMnMo·500
610	40 15CrMo·60③	45·500	40·60①	34CrMo1③	35CrMo	34CrMo1
620	15CrMo③		15CrMo	42CrMo·400	18MnMoNb 34CrNi2Mo·400③	Cr13 34CrNiMo 34CrNiMo·200 34Mn2MoB·350
630	45③	45		40Cr	34CrMo1 34CrMo1·400	35CrMo① 34CrNi3Mo·400④
640		35CrMo·650④	35CrMo 35CrMo·450	20CrMo①	32Cr2MnMo·1300	Cr5MoV 35SiMnMo
650				34CrMo1 34CrMo1·250	20CrMo9	24CrMo10
660						
670			34CrMo1 34CrMo1·250		24CrMo10	
680					20Cr13	
690					30Cr2MoV④ 30Cr2MoV·650④	

牌号 ＼ R_{eL}/MPa ＼ 温度/℃	550	600	650	700
510		40Cr·30	45CrNi	42CrMo
520				
530	20CrMo 45CrNi·150 40Cr·70	45CrNi		
540	40Cr		42CrMo 40Cr·30①	34CrMo1·200①
550	45CrNi	35CrMo	40Cr① 34CrMo1	35CrMo·100①
560	55·150	18MnMoNb 40Cr·100①	35CrMo·140①	34CrNiMo·300
570	35CrMo	34CrMo1 42CrMo 35CrMo·100①	35CrMo① 34CrMo1·150① 18CrMnMoB·400	30CrMn2MoB·350
580	18MnMoNb 40Cr·150	34CrMo1·100 18CrMnMoB·400①	34CrNiMo·300 35CrMnMo·400	5CrMnMo 18CrMnMo1·350
590	34CrMo1 35CrMo·250	34CrMo1·150① 34CrNiMo·300 18CrMnMoB·350 32Cr2MnMo·650	35CrNiW·250 32Cr2MnMo·400	35CrMo·50① 32Cr2MnMo·300

（续）

温度/℃ ＼ 牌号 R_{eL}/MPa	550	600	650	700
600	42CrMo 55Cr·400 40CrNiMo·600	40Cr① 34CrNiMo·250 35CrMnMo·300	5CrMnMo 32Cr2MnMo·300 30CrMn2MoB·500	34CrNi3Mo （30Cr2MnMo）·170②
610	34CrMo1·150 35CrMnMo·500 32Cr2MnMo·750	40CrV① 1Cr13 40CrV·150① 32Cr2MnMo·350	（30Cr2Ni3Mo）·220②	32Cr2MnMo 32Cr2MnMo·220
620	40Cr① 32Cr2MnMo·600 50SiMnMoB·250③	35CrNiW 35CrNiW·350 34CrNi3Mo·550 50SiMnMoB·650		
630	2Cr13 40CrV·200① 35CrNiW·250①	45CrV①	32Cr2MnMo	
640	35CrMnMo 50SiMnB·250①	14CrMnMoVB		
650	30CrMn 20MoB·200	34CrNiMo		
660			34Cr3WMoV	
670		24CrMoV		30Cr2MoV
680				
690	24CrMoV	30Cr2MoV		
510				
520				34CrNi3Mo
530	25CrNi4·30			
540			34CrNi3Mo	
550	18CrMnMoB 18CrMnMoB·400		45CrNi① 18CrNiW·300	34CrNi3Mo·300① 18CrNiW·200
560	30CrMn2MoB·150	34CrNi3Mo	34CrNi3Mo·300①	34CrNiMo·60
570	45CrNi① 18CrNiW·300		34CrNiMo·60	
580	34CrNi3Mo 34CrNi3Mo·200	34CrNi3Mo·200		
500	32Cr2MnMo·200 30Cr2NiMo·250	34CrNi3MoV		
600				
610		45CrNiMoV		34Cr3WMoV
620			34Cr3WMoV	34CrNi3Mo·70
630	34Cr3WMoV·400			
640	34Cr3WMoV			
650		30Cr2MoV		
660				
670				
680				
690				

注：1. 牌号后有数字者，表示纵向性能，其数字为截面尺寸（mm），有括号者为横向性能，只写钢号者为切向性能。

　　2. 淬火、正火冷却方式：①水淬油冷；②水淬；③空冷；④鼓风冷却。

　　3. 无标明者为油冷。

7.2.3.2　回火中的加热与冷却

1. 入炉温度及升温前的停留时间　高合金钢大锻件淬冷终了时，心部尚有未充分转变的过冷奥氏体，在回火入炉温度下停留时，表面温度升高，心部温度则继续降低，使心部尚未转变的奥氏体继续分解。所以，在回火入炉的低温下长时间停留，实际上是心部继续冷却的过程。回火入炉温度应根据钢的奥氏体等温转变图来确定，一般 Ms 点附近，停留时间应保证过冷奥氏体得到充分转变。

碳钢和低合金钢锻件在淬火冷却中，过冷奥氏体转变已经基本完成，入炉回火只是为了减少锻件中的内外温差，以降低锻件中的内应力。

2. 升温、均温和回火保温　回火加热时所产生的热应力与淬火后的残余应力叠加，可促使工件中的缺陷扩大，所以回火加热速度要比淬火加热速度低一些，一般控制在 30 ~ 100℃/h。

高温回火时，炉子测温仪表到温后即为均温开始，当锻件表面火色均匀且与炉膛颜色一致时即为均温终了。低温回火时无法判断火色，应根据实际经验，选择足够长的回火时间。

均温结束即为保温开始。实际上，保温时心部继续升温到回火温度，并完成回火转变过程。淬火后的回火保温时间可选为 ≈ 2h/100mm，而正火后的回火为 ≈ 1.5h/100mm。

3. 回火后的冷却与残余应力　大锻件高温回火后快冷，会引起大的残余应力，其数值主要取决于该钢的弹-塑性转变温度（碳钢和低合金钢为 400 ~ 450℃，合金钢为 450 ~ 550℃）以上阶段的冷却速度。为了减小锻件中的残余应力，应尽量降低锻件在高温阶段的冷却速度。为了缩短回火冷却时间以提高生产率，锻件在弹-塑性转变温度以下区域可以采取较快的冷却速度。

调质大锻件中的残余应力是热残余应力，沿截面的分布规律是：表面受压，心部受拉，由中心到表面近似为一条不对称的余弦曲线，中心处的轴向应力约比切向应力大一倍。必要时可根据锻件用钢的物理参数与回火工艺过程对应力分布曲线进行定量计算。

当只需控制锻件表面残余应力时，可以用以下经验公式进行估算

$$\left.\begin{array}{l} \sigma_z = 0.48\Delta t \\[2mm] \sigma_\tau = 0.42\Delta t \end{array}\right\} \qquad (7\text{-}7)$$

式中　σ_z、σ_τ——分别为锻件表面的轴向与切向残余应力（MPa）；

Δt——锻件在高温阶段冷却时，工件中的最大温差（℃）。

通常对重要锻件规定为，经高温回火后工件表面的残余应力值不得高于其屈服强度的 10% 或 40MPa，即可由上式算出在高温回火时应当采取的冷却速度。

4. 回火脆性（第二类回火脆性）　用对回火脆性敏感的钢材制造大锻件时，为获得较高的冲击韧度，要求回火后快冷。但这将引起大的残余应力。在不引起回火脆性的温度下（450℃）再进行补充回火，可使残余应力降低 50% 左右。为了保证冲击韧度符合要求而残余应力又小，大锻件应采用对回火脆性不敏感的碳钢或添加 w（Mo）为 0.25% ~ 0.5% 或 w（W）为 0.5% ~ 1% 的合金钢来制造，并尽量降低钢中砷和锡等杂质的含量。

采用合金化的方法来消除大锻件用钢的第二类回火脆性，是有局限性的，关键在于提高钢液的纯净度，尽量减少有害杂质磷、砷、硒、锑的含量及其在晶界上的偏析程度。

7.2.4　大锻件最终热处理工艺举例

一般常用大锻件用钢，按其导热性能、碳化物溶解的难易程度以及对终冷温度的要求，可划分为以下四组：

第一组　碳含量（质量分数）小于 0.45% 的碳素结构钢及低合金结构钢；

第二组　碳含量（质量分数）大于 0.45% 的碳素结构钢及低合金结构钢；

第三组　中、高合金结构钢；

第四组　工模具钢。

大锻件的最终热处理工艺规范见表7-9 和表7-10。各组按工件截面大小具体选定工艺参数。对截面更大、合金元素很高的重要锻件应参考专门著作慎重制定。

7.2.5　大锻件热处理后的力学性能

常用的不同截面的优质碳素钢、合金结构钢大型锻件，在调质处理后的力学性能列于表7-11 和表7-12。不锈钢和耐酸钢锻件热处理后的力学性能见表7-13。各表中的性能数据皆指轴类锻件在距表面 1/3 半径处切取纵向试样的性能。

表7-9　大锻件最终热处理工艺规范（适用于煤气加热炉）

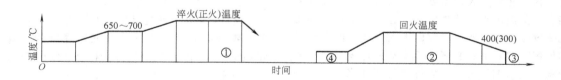

组别	截面/mm	装炉温度/℃	保温/h	升温≤/(℃/h)	保温/h	升温≤/(℃/h)	均温/h	保温/h	冷却	装炉温度/℃	保温/h	升温≤/(℃/h)	均温/h	保温/h	冷却≤/(℃/h)	冷却	出炉温度/℃
I	≤100	加热温度	—	—			目测	0.6~0.8/100mm	空冷或按表7-6冷却	350~400			目测	1.5~2/100mm，但不小于4	空冷	空冷	—
I	101~250	加热温度					目测	0.6~0.8/100mm	空冷或按表7-6冷却	350~400	1	100	目测	1.5~2/100mm，但不小于4	空冷	空冷	—
I	251~400	加热温度	—	—			目测	0.6~0.8/100mm	空冷或按表7-6冷却	350~400	1~2	100	目测	1.5~2/100mm，但不小于4	空冷	空冷	—
I	401~600	加热温度					目测	0.6~0.8/100mm	空冷或按表7-6冷却	350~400		80	目测	1.5~2/100mm，但不小于4	炉冷	空冷	500~400
I	601~800	600~650			3~4	100	目测	0.6~0.8/100mm	空冷或按表7-6冷却	350~400			目测	1.5~2/100mm，但不小于4	炉冷	空冷	450~350
I	801~1000	600~650			4~5	80	目测	0.6~0.8/100mm	空冷或按表7-6冷却	350~400		60	目测	1.5~2/100mm，但不小于4	50	空冷	400~300
II	≤100	加热温度	—	—			目测	0.6~0.8/100mm	空冷或按表7-6冷却	350~400			目测	1.5~2/100mm，但不小于4	空冷	空冷	—
II	101~250	加热温度					目测	0.6~0.8/100mm	空冷或按表7-6冷却	350~400			目测	1.5~2/100mm，但不小于4	空冷	空冷	—
II	251~400	加热温度	—	—			目测	0.6~0.8/100mm	空冷或按表7-6冷却	350~400		80	目测	1.5~2/100mm，但不小于4	炉冷	空冷	500~400
II	401~600	600~650			2~3	100	目测	0.6~0.8/100mm	空冷或按表7-6冷却	350~400		60	目测	1.5~2/100mm，但不小于4	炉冷	空冷	450~350
II	601~800	600~650			3~4	80	目测	0.6~0.8/100mm	空冷或按表7-6冷却	350~400		50	目测	1.5~2/100mm，但不小于4	50	空冷	400~300
II	801~1000	400~450	2~3	50	4~5	60	目测	0.6~0.8/100mm	空冷或按表7-6冷却	350~400		40	目测	1.5~2/100mm，但不小于4	40	炉冷	300~200
III	≤100	加热温度	—	—			目测	0.8~1.0/100mm	空冷或按表7-6冷却	250~350		100	目测	1.0~2.5/100mm，但不小于4	空冷	空冷	—
III	101~250	加热温度					目测	0.8~1.0/100mm	空冷或按表7-6冷却	250~350		100	目测	1.0~2.5/100mm，但不小于4	炉冷	空冷	500~400
III	251~400	加热温度					目测	0.8~1.0/100mm	空冷或按表7-6冷却	250~350		80	目测	1.0~2.5/100mm，但不小于4	炉冷	空冷	450~350
III	401~600	600~650			2~3	100	目测	0.8~1.0/100mm	空冷或按表7-6冷却	250~350		60	目测	1.0~2.5/100mm，但不小于4	50	空冷	400~300
III	601~800	600~650			3~4	80	目测	0.8~1.0/100mm	空冷或按表7-6冷却	250~350		50	目测	1.0~2.5/100mm，但不小于4	40	炉冷	350~250
III	801~1000	400~450	2~3	50	4~5	60	目测	0.8~1.0/100mm	空冷或按表7-6冷却	250~350		40	目测	1.0~2.5/100mm，但不小于4	30	炉冷	300~200
IV	≤100	400~450	1	70	1~2	100	目测	0.8~1.0/100mm	空冷或按表7-6冷却	250~350		80	目测	1.0~2.5/100mm，但不小于4	炉冷	空冷	≤400
IV	101~250	400~450	1~2	60	1~2	100	目测	0.8~1.0/100mm	空冷或按表7-6冷却	250~350		60	目测	1.0~2.5/100mm，但不小于4	封炉冷	炉冷	400~350
IV	251~400	400~450	1~2	50	2~3	80	目测	0.8~1.0/100mm	空冷或按表7-6冷却	250~350		50	目测	1.0~2.5/100mm，但不小于4	40	炉冷	350~300
IV	401~600	400~450	2~3	40	3~4	60	目测	0.8~1.0/100mm	空冷或按表7-6冷却	250~350		40	目测	1.0~2.5/100mm，但不小于4	30	炉冷	300~250
IV	601~800	400~450	2~3	30	4~5	50	目测	0.8~1.0/100mm	空冷或按表7-6冷却	250~350		30	目测	1.0~2.5/100mm，但不小于4	20	炉冷	250~200

① 对截面很小的工件，保温时间可增长至1.3~1.5倍。

② 小截面工件或在较低温度回火时，保温时间可增长至1.3~1.5倍。

③ 出炉温度上限适用于畸变倾向小的一般工件，畸变倾向大或重要锻件出炉温度采用下限。

④ 18CrNiW的回火入炉保温时间为规定的1.5倍。

表 7-10　12Cr13、20Cr13、Cr5Mo 大锻件热处理工艺规范

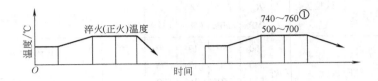

截　面 /mm	装炉温度 /℃	保温 /h	升温 ≤/（℃/h）	均温 /h	保温 /h	冷　却	装炉温度 /℃	保温 /h	升温 ≤/（℃/h）	均温 /h	保温 /h	冷　却
≤50	550~650	0.5	—	目测	0.75	按表7-6 或空冷	350~400	1	100	目测	1~2	空　冷
51~100	400~500	1.0	—		1.0		300~350	1	100		3~4	油　冷
101~150	350~450	1.5	—		1.5		300~350	1.5	100		4~6	油　冷
151~1300②	350~450	2~3	80		2~3	空冷	300~350	2~3	60		6~10	炉冷至250 出炉

① 740~760℃ 为 Cr5Mo 钢的回火温度。

② 截面 150~300mm 工艺参数仅适用于 Cr5Mo 钢锻件。

表 7-11　优质碳素钢大锻件热处理后的力学性能

牌号	截面尺寸 /mm	试样 方向	试验状态	R_m /MPa	R_{eL} /MPa	A （%）	Z （%）	a_K/ （J/cm²）	HBW	类型	温度/℃	冷却
15	≤100	纵向	正火	350	200	27	55	65	99~143	正火	900~920	空
	>100~300		正火、正火+回火	340	170	25	50	60		回火	600~680	空、炉
	>300~500		正火+回火	330	150	24	45	55				
20	≤100	纵向	正火	400	220	24	53	60	103~156	正火	880~900	空
	>100~300		正火、正火+回火	380	200	23	50	60				
	>300~500		正火+回火	370	190	22	45	60		回火	600~650	空、炉
	>500~700			360	180	20	40	50				
25	≤100	纵向	正火	430	240	21	50	50	110~170	正火	870~890	空
	>100~300		正火、正火+回火	400	220	20	48	40				
	>300~500		正火+回火	390	210	18	40	40		回火	600~650	空、炉
	>500~750											
30	≤100	纵向	正火	480	250	19	48	40	126~179	正火	860~880	空
	>100~300		正火、正火+回火	470	240	19	46	35				
	>300~500		正火+回火	460	230	18	40	35		回火	600~650	空、炉
	>500~750			450	220	17	35	30				
35	≤100	纵向	正火	520	250	18	43	35	128~187	正火	860~880	空
	>100~300		正火、正火+回火	500	260	18	40	30		回火	600~650	空、炉
	>300~500		正火+回火	480	240	17	37	30		淬火	860~880	水、油
	>500~750			460	230	16	32	25				
	≤100		淬火+回火	560	300	19	48	60	≤207	回火	600~680	炉、空
	>100~300			540	280	18	40	50				

（续）

牌号	截面尺寸/mm	试样方向	试验状态	力学性能 Rm/MPa	ReL/MPa	A(%)	Z(%)	aK/(J/cm²)	HBW	类型	温度/℃	冷却
40	≤100	纵向	正火 正火、正火+回火 正火+回火	560	280	17	40	30	≤207	正火	840~860	空
	>100~300			540	270	17	36	30		回火	600~650	炉、空
	>300~500			520	260	16	32	25				
	>500~750			500	250	15	30	25		淬火	830~850	水
	≤100		淬火+回火	630	350	18	40	50	170~217	回火	580~640	炉、空
	>100~300			600	300	17	35	40				
45	≤100	纵向	正火 正火、正火+回火 正火+回火	600	300	15	38	30	≤207	正火	830~860	空
	>100~300			580	290	15	35	25		回火	580~630	炉、空
	>300~500			560	280	14	32	25		淬火	820~850	水、油
	>500~750			540	270	13	30	20				
	≤200		淬火+回火	650	360	17	35	40	187~228	回火	600~640	炉、空
50	≤100	纵向	正火 正火、正火+回火 正火+回火	620	320	13	35	30	≤229	正火	830~860	空
	>100~300			600	300	12	33	25		回火	600~650	空、炉
	>300~500			580	290	12	30	25				
	>500~750			560	270	12	28	20				
	≤100		淬火+回火	700	400	13	34	25	≤241			
	>100~300			660	360	12	32	20				
60	≤300	纵向	正火+回火	660	330	10	25	30	175~228	正火	800~820	空
										回火	640~660	炉、空
50Mn	≤100	纵向	正火+回火	650	340	13	35		≤225	正火	820~840	空
	>100~300			620	320	12	33			回火	600~650	空
	≤60		淬火+回火	800	550	8	40	35	≥229	淬火	820~840	油
	>60~100			780	500	7	35	30		回火	600~650	空

表 7-12　合金结构钢大锻件热处理后的力学性能

牌号	截面尺寸/mm	试样方向	试验状态	力学性能 Rm/MPa	ReL/MPa	A(%)	Z(%)	aK/(J/cm²)	HBW	类型	温度/℃	冷却
30Mn2	≤100	纵向	正火	600	300	20	50	80	≤241	正火	840~860	空
	>100~300			560	280	18	48	60				
35Mn2	≤100	纵向	正火	630	320	18	45		≤241	正火	840~860	空
	>100~300		正火+回火	590	300	18	43	30		回火	600~650	空、炉
	≤60		淬火+回火	800	650	16	50	60	229~269	淬火	800~820	水
	>60~100			760	600	16	50	60		回火	620~640	水
	>100~300			700	500	16	45	60				

（续）

牌号	截面尺寸/mm	试样方向	试验状态	R_m/MPa	R_{eL}/MPa	A(%)	Z(%)	a_K/(J/cm²)	HBW	类型	温度/℃	冷却
45Mn2	≤100	纵向	正火 正火、正火+回火	700	360	16	38		≤241	正火	830~850	空
	>100~300			680	340	15	35			回火	590~650	空、炉
	≤60		淬火+回火	850	700	15	45			淬火	830~850	油
										回火	550~650	水
50Mn2	≤100	纵向	正火 正火、正火+回火 正火+回火	750	400	14	35		187~241	正火	820~840	空
	>100~300			730	380	13	33					
	>300~500			700	360	12	30			回火	590~650	空、炉
20MnMo	≤150	切向	正火+回火	480	270	14	40	50	179~217 197~228	正火	900~920	空
										回火	580~600	水
	100~300		淬火+回火	510	310	14	40	50		淬火	890~910	水+油
										回火	580~600	空
22MnMo（20MnMo1）	≤130	切向	正火+回火	500	300	15	40	50	145~190	正火	860~880	空
										回火	590~610	空、炉
18MnMoNb	≤115	切向	正火+回火	600	450	16	40	70	187~228	正火	940~960	空
	≤300		淬火+回火	650	500	16	40	70		回火	630~650	空、炉
	301~500			600	450	16	40	60		淬火	910~930	油，水+油
	501~800			550	400	15	35	50		回火	600~620	空、炉
20SiMn	≤120	纵向	正火+回火	550	340	32	72	80		正火	930~950	空
	>120~250			540	320	30	68	80		回火	560~610	空，炉
	>250~400			500	280	16	35	60				
35SiMn	≤100	纵向	淬火+回火	850	550	15	45	60	228~269	淬火	870~900	油 水+油
	>100~300			750	450	14	35	50	217~269			
	>300~400			700	400	13	30	40	217~255	回火	580~600	油
	>400~500			680	380	11	28	40	197~255			
55Si2MnV	≤100	纵向	淬火+回火	950	800	12	40	50		淬火	850~870	油
										回火	620~640	空
40Cr	≤100	纵向	淬火+回火	750	520	15	45	60	≤285	淬火	840~860	水，油
	>100~200			750	500	14	42	50				
	>200~300			700	450	13	40	40	≤269			
	>300~500			630	380	10	35	30	≤255	回火	540~580	空
	>500~800			600	350	8	30	25				
35CrMo	≤100	纵向	淬火+回火	750	550	15	45	60	228~269	淬火	840~860	油
	>100~300			700	500	15	45	50				
	>300~500			650	450	15	35	40	217~255	回火	600~620	空
	>500~800			600	400	12	30	30				

（续）

牌号	截面尺寸/mm	试样方向	试验状态	R_m/MPa	R_{eL}/MPa	A(%)	Z(%)	a_K/(J/cm²)	HBW	类型	温度/℃	冷却
34CrMo1	≤1000	纵向	正火+回火	580	350	17	40	60	179~229	正火 回火	870~890 640~660	空 炉、空
30CrMnSi	≤100 >100~200	纵向	正火+回火	650 600	400 350	16 16	40 40	30 30	≤229 ≤229	淬火 回火	860~880 620~640	水 油、水
	≤100 >100~200		淬火+回火	850 720	600 470	16 16	35 35	60 50	241~285 229~269			
45CrV	400~600 >600~900	纵向	淬火+回火	800 750	600 520	12 10	40 38	30 25	241~285 229~269	淬火 回火	850~870 540~590	油 炉
37SiMn2MoV （35SiMnMoV）	≤100 >100~300 >300~500 >500~700	纵向	淬火+回火	900 850 800 750	750 700 650 600	14 14 14 14	40 40 40 40	50 50 50 40	241~286 220~269	淬火 回火	870~890 630~650	油 空
42MnMoV	≤100 >100~300 >300~500 >500~700	纵向	淬火+回火	800 750 700 650	650 600 550 500	12 12 12 12	40 40 35 35	50 50 40 30	241~286 228~269	淬火 回火	830~850 580~650	油 水+油 空
34CrNiMo	≤100 >100~300 >300~500 >500~800	纵向	淬火+回火	870 780 700 650	750 650 550 500	15 14 14 14	45 40 35 32	70 60 50 40	≤321	淬火 回火	850~870 560~640	油 炉
34CrNi3Mo	≤100 >100~300 >300~500 >500~800 >800~1000	纵向	淬火+回火	920 870 820 750 700	 800 750 700	 14 14 13	 40 38 35	 70 60 50	表面 264~341 表面 262~321 表面 241~302	淬火 回火	850~870 560~640	油 炉
18CrNiW	25	纵向	一次淬火+ 二次淬火+回火	1150	850	12	50	100		一次 淬火 二次 淬火 回火	950 850 160	空 空 空
	≤150	纵向	淬火+回火	1150 1100	850 800	11 12	40 50	90 90	表面 332~387	淬火 回火 淬火 回火	860~870 150~170 860~870 550~570	油 空 油 空

表 7-13　不锈钢和耐酸钢热处理后的力学性能

牌号	截面尺寸 /mm	试样方向	力　学　性　能					HBW	热　处　理		
			R_m /MPa	R_{eL} /MPa	A (%)	Z (%)	a_K /(J/cm²)		类　型	加热温度 /℃	冷　却
12Cr13	≤60	纵向	600	420	20	60	90	187～217	淬火＋回火	1000～1050 700～790	油、水 油、水、空
20Cr13	≤100	纵向	660	450	16	55	80	97～248	淬火＋回火	1000～1050 680～720	油、空 空
30Cr13	≤100	纵向 切向	850 850	650 650	12 10	45 30	50 40	≥241	淬火＋回火	1000～1050 600	油 空
17Cr18Ni9	≤60 >60～100 >100～200	纵向	650 600 580	250 240 220	40 35 30	50 45	100 80 60	207～341	淬　火	1100～1150	水
1Cr18Ni9Ti （旧牌号）	≤60 >60～100 >100～200	纵向	550 540 500	220 200 200	40 38 25	55 50 30	100 80 60	≤192	淬　火	1100～1150	水

7.3　大锻件的化学热处理

随着对大型重载齿轮、大型齿轮轴及其他大型耐磨、耐压件使用寿命和承载能力要求的不断提高，化学热处理（主要是渗碳和渗氮）在大锻件生产中的应用日益广泛，并已取得成效。

7.3.1　大型重载齿轮的深层渗碳

7.3.1.1　主要技术要求

为了防止齿轮表面硬化层被压碎和防止齿面剥落，大型重载齿轮的渗碳层深度应为齿轮模数的 0.15～0.25 倍，并保证在硬化层过渡区中切应力与抗剪强度之比不大于 0.55。为使齿轮具有较高的接触疲劳强度和弯曲疲劳强度，齿轮表层碳的质量分数应控制在 0.75%～0.95%。经最终热处理后，对齿轮表面硬度要求分为 4 级：58～62HRC、55～60HRC、54～58HRC 和 52～56 HRC，心部硬度为

30～46HRC。渗碳层中的碳化物颗粒应接近球形、直径小于 1μm 并且比较均匀。渗层与心部间过渡平缓，自 w（C）为 0.4% 处至心部组织的深度应占整个渗碳层的 30%。经长时间渗碳处理后心部晶粒度不应低于 6 级。

7.3.1.2　典型工艺

（1）在大型滴注式气体渗碳炉中渗碳，典型工艺如图 7-34 所示。

（2）在普通台车炉、井式炉、罩式炉中采用涂覆渗碳，典型工艺如图 7-35 所示。

渗层深度与渗碳扩散时间的关系，如式（7-8）所示。

$$\delta = K\sqrt{\tau}$$

式中　δ——渗碳层深度（mm）；

τ——渗碳扩散时间（h）；

K——计算系数，根据生产经验确定。据介绍在 925℃渗碳扩散时，K 值可取 0.63；930℃时，$K=0.648$；950℃时，$K=0.727$。

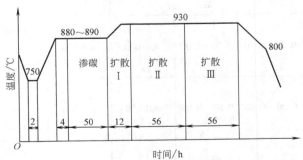

图 7-34　20CrNi2Mo 钢人字齿轮的深层渗碳工艺曲线

注：经球化退火、淬火、回火处理后，有效硬化层深 6mm，齿面硬度为 75～77HS。

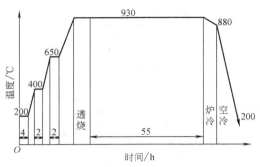

图 7-35　20CrNi2Mo 钢 ϕ1659mm 大齿轮
涂覆渗碳工艺曲线

注：经高温回火、淬火、回火处理后，有效硬化层深度
为 4.6mm、齿面硬度为 57～60HRC、碳化物 1～2 级。

7.3.2　大锻件的渗氮处理

　　对于轻载、高速齿轮，形状尺寸精度要求很高的齿轮和难于加工的磨损件，渗氮处理是一种比较理想的工艺。42CrMo 钢大型缸体内孔气体渗氮工艺如图 7-36 所示，35CrMo 钢转盘齿轮离子渗氮工艺如图 7-37 所示。

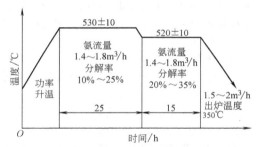

图 7-36　42CrMo 钢大型缸体内孔气体渗氮工艺

要求：渗氮层深度 0.4～0.45mm；
表面硬度：530HV10；脆性：1 级

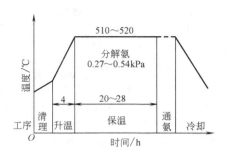

图 7-37　35CrMo 钢转盘齿轮离子渗氮工艺

注：技术要求：渗氮层深度 0.4～0.5mm，
表面硬度≥500HV，表面脆性：
1 级，脉状组织 <1 级。

7.4　热轧工作辊的热处理

7.4.1　热轧工作辊的种类、材质及技术要求

　　热轧工作辊按其在轧钢过程中的作用分为开坯辊、型钢轧辊、板带材热轧工作辊。

　　开坯辊把钢锭轧成扁坯或方坯，要承受巨大的冲击力和轧制力作用，同时还受到热钢锭的高温加热作用和强制冷却的作用。因此，开坯辊首先应具有高的强和韧性，保证在工作中辊不断，其次是良好的抗热裂性。热轧工作辊为使被轧钢材成为半成品或成品板带材，必须保持良好的表面状态。因此，热轧工作辊除了要求抗热裂性之外，还必须具有良好的耐磨性和抗表面粗糙能力。型钢轧辊的工作条件和要求介于开坯辊和热轧工作辊之间。

　　常用热轧工作辊材料及其化学成分见表 7-14，力学性能见表 7-15。

表 7-14　常用热轧工作辊材料及其化学成分

牌　号	质量分数（％）							
	C	Si	Mn	P	S	Cr	Ni	Mo
60CrMnMo	0.55～0.65	0.25～0.40	0.70～1.00	≤0.030	≤0.030	0.80 ~ 1.20	≤0.25	0.20 ~ 0.30
50CrNiMo	0.45～0.55	0.20～0.60	0.50～0.80	≤0.030	≤0.030	1.40 ~ 1.80	1.00 ~ 1.50	0.20 ~ 0.60
50CrMnMo	0.45～0.55	0.20～0.60	1.30～1.70	≤0.030	≤0.030	1.40 ~ 1.80	—	0.20 ~ 0.60

表 7-15　热轧工作辊用钢的力学性能

牌　号	表面硬度 HBW	R_m /MPa	R_{eL} /MPa	A (%)	Z (%)	A_K /J
60CrMnMo	229~302	932	490	9	25	24.5
50CrNiMo	217~286	755				
50CrMnMo	229~302	785	441	9	25	24.5

7.4.2　锻后热处理（正火 + 回火）

锻后热处理的主要目的是消除锻造应力，细化晶粒，改善可加工性。在钢液氢含量较高的情况下，防止白点形成是最重要的任务之一。为此，要适当延长扩氢时间。热轧工作辊锻后热处理工艺规范见图 7-38。

7.4.3　调质

热轧工作辊的最终热处理是调质。调质前热处理余量一般单边为 10~15mm，尖角要倒钝，尽可能圆滑过渡。对于槽口较大的热轧工作辊，粗加工时要预开槽。调质的目的是保证轧辊表层具有细珠光体或索氏体组织，规定的硬度和力学性能，以及心部具有足够的韧性。热轧工作辊调质工艺规范见图 7-39。

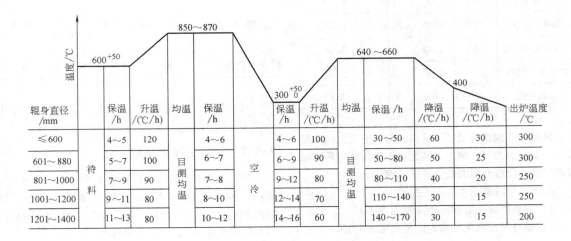

图 7-38　热轧工作辊锻后热处理工艺规范

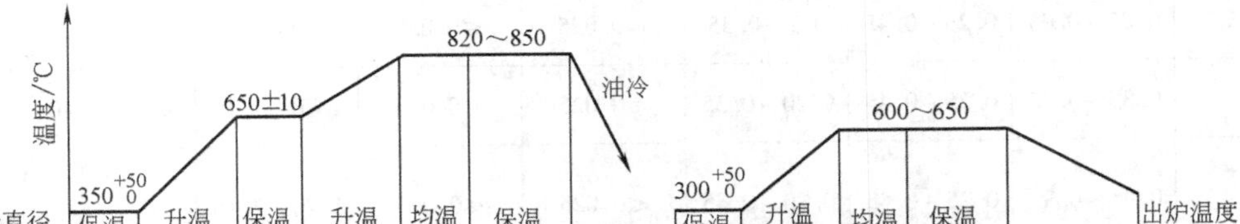

图 7-39　热轧工作辊调质工艺规范

7.5　冷轧工作辊的热处理

7.5.1　冷轧工作辊的种类和技术要求

冷轧工作辊按所轧制产品可分为：冷轧钢铁用、冷轧非铁金属用、冷轧特种合金用；按轧机类型可分为：连轧机、可逆轧机、平整机和多辊轧机用的冷轧工作辊。典型冷轧工作辊主要尺寸见表 7-16。

表 7-16　典型冷轧工作辊尺寸

轧机名称	辊身直径 /mm	辊身长度 /mm	轧辊总长 /mm	单重 /t
1200 冷轧机	400	1200	2920	1.575
1700 冷轧机	500	1700	3690	3.226
2300 冷轧机	550	2300	5000	5.321
1700 冷连轧机	660	1700	3745	6.06
双机架平整机	610	1700	3745	5.395
铝板轧机	650	2800	5060	8.85

冷轧工作辊在轧钢时，辊身表面承受巨大的接触应力、交变应力和摩擦力。因此冷轧工作辊应具有很高的强度、硬度和耐磨性、足够的韧性。

冷轧工作辊的技术要求主要有：

1）表面硬度和有效淬硬深度见表 7-17。
2）辊身表面两端软带允许宽度见表 7-18。

表 7-17　冷轧工作辊表面硬度和有效淬硬深度

级别	辊身表面 HS	辊身有效淬硬深度/mm			辊颈表面硬度 HS
		直径 ≤300	直径 301~600	直径 601~900	
I	≥95	6	10	8	
II	90~98	8	12	10	35~50
III	80~90	10	15	12	

表 7-18　辊身两端允许软带宽度

（单位：mm）

辊身长度	≤600	601~1000	1001~2000	≥2000
允许软带宽度 ≤	40	50	60	70

3）辊身表面除两端软带外，硬度不均匀性不大于 ±1.5HS。

7.5.2　冷轧工作辊用钢

冷轧工作辊常用钢牌号和化学成分见表 7-19。俄罗斯一些厂家已开发和应用碳含量较低的钢，如 75XCMФ（75CrSiMoV），60X2CMФ（60Cr2SiMoV）。日本已开发含 $w(Cr)$ 5.0% 的高碳铬钼钢。

表 7-19　冷轧工作辊常用钢牌号及其化学成分

牌号	化学成分（质量分数）（%）							
	C	Si	Mn	P	S	Cr	Mo	其他
9Cr2	0.85~0.95	0.25~0.45	0.2~0.35	≤0.025	≤0.025	1.70~2.10		
9Cr2Mo	0.85~0.95	0.25~0.45	0.20~0.35	≤0.025	≤0.025	1.70~2.10	0.20~0.40	
9Cr2W	0.85~0.95	0.25~0.45	0.20~0.35	≤0.025	≤0.025	1.70~2.10		W 0.30~0.60
9Cr2MoV	0.83~0.90	0.20~0.40	0.20~0.40	≤0.025	≤0.025	1.60~1.90	0.20~0.35	V 0.08~0.12
9Cr3Mo	0.85~0.95	0.25~0.45	0.20~0.35	≤0.025	≤0.025	2.50~3.50	0.20~0.40	
85CrMoV	0.8~0.9	0.25~0.45	0.2~0.35	≤0.025	≤0.025	1.8~2.4	0.2~0.4	V 0.05~0.15

7.5.3　冷轧工作辊制造工艺路线

冷轧工作辊制造工艺路线如下：

炼钢————————→炉外精炼————————→铸锭 }
炼钢————————————————→真空铸锭 }
炼钢→铸锭→锻造→退火→电渣重熔铸锭 }

→锻造→锻后热处理→粗加工→{ 超声波探伤 / 调质 }—
├—辊颈硬度检查　超声波探伤
├—→半精加工————————→最终热处理
├—辊身硬度检查
└—→精车及粗磨→第二次回火→精加工

7.5.4　锻后热处理

冷轧工作辊的锻后热处理目的和热轧辊的相同，只是冷轧工作辊用钢是白点敏感性高的钢种，因而防止白点形成就成为最重要任务之一。

冷轧工作辊锻后热处理工艺规范，如图 7-40 所示。若要求热处理后得到球状珠光体，则应将等温温度从 650~660℃ 提高到 700~720℃；若发现组织中有碳化物网，则应延长在 790~810℃ 的保温时间或提高温度至 820~840℃；若轧辊直径在 600mm 以上或锻造情况不良，则在等温退火之前应增加一次正火处理，如图 7-41 所示。也有采用两次正火和回火处理的，在这种情况下，可以取消调质工序，但平整机冷轧工作辊除外。

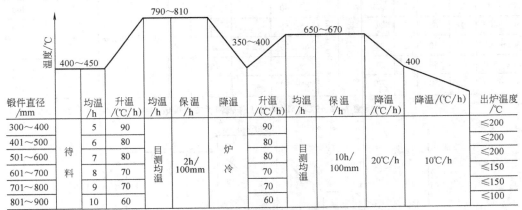

锻件直径/mm	均温/h	升温/(℃/h)	均温/h	保温/h	降温	升温/(℃/h)	均温/h	保温/h	降温/(℃/h)	降温/(℃/h)	出炉温度/℃
300~400	5	90				90					≤200
401~500	6	80				80					≤200
501~600	7	80	目测均温	2h/100mm	炉冷	80	目测均温	10h/100mm	20℃/h	10℃/h	≤200
601~700	8	70				70					≤150
701~800	9	70				70					≤150
801~900	10	60				60					≤100

（图中温度：400~450、790~810、350~400、650~670、400）

图 7-40　冷轧工作辊锻后热处理工艺规范（例一）

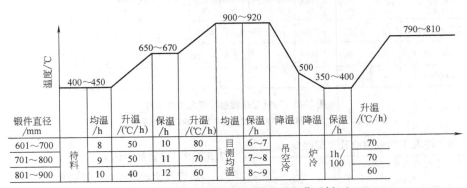

锻件直径/mm	均温/h	升温/(℃/h)	保温/h	升温/(℃/h)	均温/h	保温/h	降温	降温	保温/h	升温/(℃/h)
601~700	8	50	10	80	目测均温	6~7	吊空冷	炉冷	1h/100	70
701~800	9	50	11	70		7~8				70
801~900	10	40	12	60		8~9				60

（图中温度：400~450、650~670、900~920、500、350~400、790~810）

图 7-41　冷轧工作辊锻后热处理工艺规范（例二）

7.5.5　调质

冷轧工作辊调质的目的是彻底消除网状碳化物，细化碳化物，得到细珠光体或索氏体组织，提高屈强比，满足辊颈硬度要求，为最终热处理做好组织准备。

9Cr2Mo 钢冷轧工作辊的调质工艺规范如图 7-42 所示。9Cr2Mo 钢在 900℃ 保温 3h 后，只有微量未溶碳化物；在 930℃ 保温 3h 后，碳化物全部溶解，但晶粒急剧长大，淬冷时易开裂。直径大于 700mm 的 9Cr2Mo 钢冷轧工作辊一般不进行油淬调质热处理，因为调质效果差，而且容易开裂。

7.5.6　淬火与回火

冷轧工作辊最终热处理要达到辊身所要求的表面

硬度和硬度均匀度，有效淬硬层深度，平缓的硬化过渡区，较好的残余应力状态和组织状态。

淬火方法有整体加热淬火、差温加热淬火和感应淬火三种。

7.5.6.1 整体加热淬火

炉内整体加热淬火是冷轧工作辊淬火最早使用的方法。整体淬火工艺规范如图 7-43 所示。表

7-20 为淬火时中心孔冷却时间。加热前辊颈要进行绝热。安装中心孔通水冷却用导管，辊身表面涂防氧化脱碳剂。加热结束后，先将软管与导管连接好，清除辊身表面氧化皮，然后立即投入水槽中的激冷圈内进行淬冷。冷轧工作辊整体淬火如图 7-44 所示。

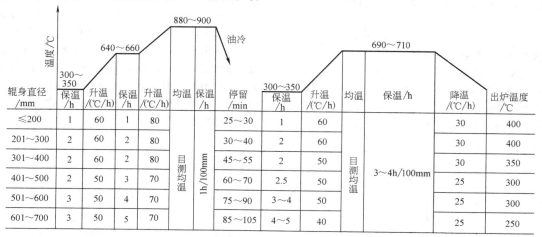

辊身直径 /mm	保温 /h	升温 /(℃/h)	保温 /h	升温 /(℃/h)	均温	保温 /h	停留 /min	保温 /h	升温 /(℃/h)	均温	保温/h	降温 /(℃/h)	出炉温度 /℃
≤200	1	60	1	80	目测均温 1h/100mm	25～30	1	60	目测均温	3～4h/100mm	30	400
201～300	2	60	2	80		30～40	2	60			30	400
301～400	2	60	2	80		45～55	2	50			30	350
401～500	2	50	3	70		60～70	2.5	50			25	300
501～600	3	50	4	70		75～90	3～4	50			25	300
601～700	3	50	5	70		85～105	4～5	40			25	250

图 7-42 9Cr2Mo 冷轧工作辊调质工艺规范

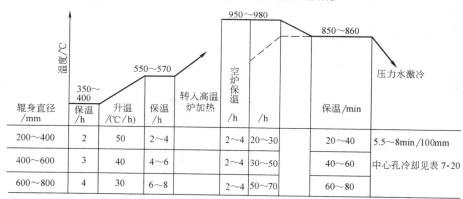

辊身直径 /mm	保温 /h	升温 /(℃/h)	保温 /h	转入高温炉加热	空炉保温 /h	/h	保温 /min	
200～400	2	50	2～4		2～4	20～30	20～40	5.5～8min/100mm
400～600	3	40	4～6		2～4	30～50	40～60	中心孔冷却见表 7-20
600～800	4	30	6～8		2～4	50～70	60～80	

图 7-43 冷轧工作辊整体淬火工艺规范

注：虚线为辊身表面温度，即表面加热到850～860℃以后应立即降低炉温。

表 7-20 冷轧工作辊中心孔冷却时间

辊身直径 /mm	中心孔通水规范 /min	备 注
200	2/3, 3/x	分子为通水时间
250	2/3, 4/x	
300	2/4, 3/3, 3/x	
400	3/6, 4/5, 4/x	分母为停止通水时间
500	3/5, 3/4, 4/3, 3/x	
501～600	3/5, 4/4, 5/3, 6/x	x 为停水后不再通水
601～700	3/6, 4/5, 5/3, 6/x	
701～800	3/5, 4/6, 5/5, 5/5, 4/x	

7.5.6.2 差温加热淬火

这种方法是将冷轧工作辊辊身置于开合式差温炉内，辊颈处于炉外，在加热过程中轧辊以一定速度自转。在开合式差温热处理炉内的冷轧工作辊的淬火工艺，如图 7-45 所示。

7.5.6.3 感应淬火

冷轧工作辊感应淬火方法有：工频连续感应淬火、中频同时感应淬火、双频连续感应淬火、工频双感应器连续感应淬火、工频无导磁体高感应器连续感应淬火等。

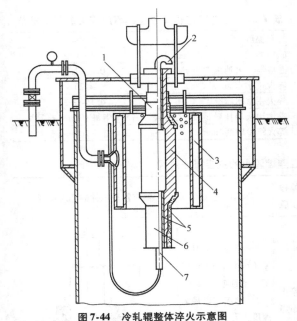

图 7-44　冷轧辊整体淬火示意图
1—上部绝热罩　2—上部内孔导水管　3—淬火激冷圈
4—轧辊　5—绝热材料　6—下部绝热罩
7—下部内孔导水管

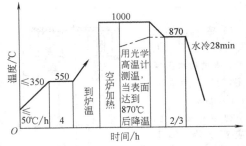

图 7-45　在开合式差温热处理炉内的冷轧工作辊的淬火工艺
注：点画线表示轧辊表面温度。中心孔通水规范：通/停、
3/4、4/5、4/x。

1. 工频连续感应淬火　这种方法的淬火装置，如图 7-46 所示。

操作程序如下：

（1）预热。冷轧工作辊在感应加热淬火前要进行预热，其目的为改善淬火后的残余应力状态，增加有效淬硬层深度。

预热方法有：①在淬火机床上用连续感应加热法预热；②在普通热处理炉内整体加热；③先炉内预热，后感应预热。炉内预热规范见图 7-47。感应预热规范见表 7-21。

（2）连续感应淬火。冷轧工作辊的工频连续感应淬火的基本规范，如表 7-22 所示。冷轧工作辊工频连续感应淬火的主要操作过程，如表 7-23 所示。

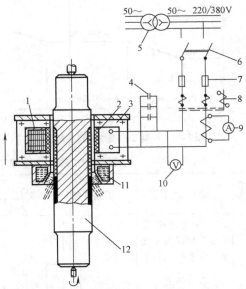

图 7-46　冷轧辊工频连续感应淬火装置原理图
1—感应器绕组　2—隔热层　3—感应器导磁体
4—电容器组　5—变压器　6—开关　7—熔丝
8—接触器　9—电流互感器　10—电压表
11—喷水器　12—轧辊

2. 中频同时感应淬火　这种方法是将冷轧工作轧辊身置于高度大于辊身长度的高频感应器内进行感应加热，然后将冷轧工作辊吊入置于水槽中的激冷圈内进行淬冷，如图 7-48 所示。中频频率的选择，应根据轧辊直径确定，表 7-24 可供参考。

表 7-21　冷轧工作辊感应预热规范

预热次数	感应器			两次加热间隔时间/min	辊身表面温度/℃
	电压/V	电流/A	上升速度/（mm/s）		
A. 辊身尺寸：ϕ510mm×1680mm，无中心孔					
1	370	1800	4.0	3	400
2	370	1800	3.2	3	550
3	375	1800	3.0	3	650
4	375	1850	1.8	3	750
B. 辊身尺寸：ϕ500mm×1200mm，有中心孔					
1	370	1800	2.0	3	500
2	375	1900	1.3	10	800
3	340	1750	1.2	10	820
C. 辊身尺寸：ϕ400mm×1200mm					
1	400	1800	2.5		715
2	400	1800	2.5		785

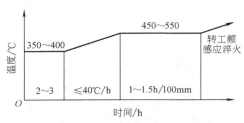

图 7-47 冷轧工作辊炉内预热规范

表 7-22 冷轧工作辊工频连续感应淬火的基本规范

加热温度/℃	900 ~ 940
感应器比功率/（kW/cm²）	0.1 ~ 0.2
感应器上升速度/（mm/s）	0.8 ~ 1.2
淬火用水水温/℃	≤25
淬火用水水压/MPa	0.1 ~ 0.3
淬火用水消耗量/（m³/h）	≈5（指每 100mm 辊径）
淬火续冷时间/min	≈5（指每 100mm 辊径）

表 7-23 冷轧工作辊工频感应连续淬火的主要操作过程

操作步骤	操作过程	感应器与工件的相对位置	操作步骤	操作过程	感应器与工件的相对位置
下部预热	1）调整感应器，使与轧辊保持一定相对位置 l_1（mm）$$l_1 = \frac{2}{3}H$$ 2）绕组通水轧辊自转（10~20r/min）3）通电加热至规定时间后，感应器上升，开始连续加热		停止加热	1）感应器上升至 l_3（mm），切断电源，继续喷水 2）感应器以最大速度上升 $l_3 =$ 辊身长 $+ l_1 +$（20~50）	
喷水淬火	感应器上升至规定距离 l_2（mm）后，喷水冷却轧辊。$l_2 = H +$（70~100）		感应器停止上升	1）感应器上升至 l_4（mm），停止上升，继续喷水至规定时间：$l_4 = l_3 +$（50~100）2）停止喷水，感应器下降，卸下轧辊	

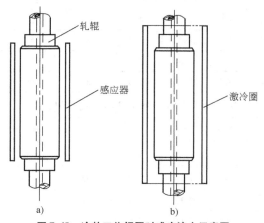

图 7-48 冷轧工作辊同时感应淬火示意图
a）同时加热 b）冷却

表 7-24 轧辊加热频率的选择

中频频率/Hz	8000	2500	1200
辊身直径/mm	<200	<350	350 ~ 600

感应器比功率的选择，应根据感应电流的频率确定，生产中使用的数据，如表 7-25 所示。

表 7-25 中频同时感应淬火感应器比功率的选择

电流频率/Hz	8000	2500	1000
感应器比功率/（W/cm²）	18 ~ 22	25 ~ 31	15 ~ 18

举例：辊身尺寸为 φ175mm×375mm 的冷轧工作辊，采用 8000Hz 中频同时感应淬火，工艺参数如下：

加热温度：880 ~ 900℃；

感应器输出功率：38～45kW；

加热时间：16～17min；

淬冷：空冷 70～90s，喷水冷却 8min。

3. 双频连续感应淬火　这种方法是在工频连续感应器和喷水器之间，增加一个中频感应器。中频电源以 250Hz 为佳，也有使用 500，1000，1200 和 2500Hz 的。

中频感应器高度一般为 150～250mm，频率较低的取下限，频率较高的取上限。

中频感应器的功率一般为工频感应器的 1/2～1/4。中频感应器和工频感应器之间的间距为 90～120mm。感应器上升速度为 0.5～0.6mm/s。

双频感应淬火前，冷轧工作辊要在炉中预热，或用工频感应器进行连续感应加热预热。

4. 工频双感应器连续感应淬火　这种方法是在工频连续感应淬火的感应器和喷水器之间，增加一个工频感应器，这两个单相感应器并联接入电源。

上、下感应器功率之比一般在 1.5～2.5 范围内。上、下感应器之间的距离为 60～80mm，感应器上升速度为 0.6～1.0mm/s。

淬火加热前，冷轧工作辊要在炉中预热或感应加热预热。

举例：一根直径为 500mm 的冷轧工作辊的淬火操作记录见表 7-26。上、下感应器的匝数分别为 19 和 33，感应器内径 535mm，高度 200mm，感应器之间的距离为 80mm。

表 7-26　工频双感应器感应
加热淬火操作记录

操 作 项 目	预　　热	淬火加热
感应器起始位置/mm	130	130
下部预热时间/s	30	30
高压电压/V	6500～6600	6400～6500
感应器端电压/V	430	430
感应器电流/A	1750～2000	1750～2050
感应器移动速度/（mm/min）	102	104
冷却水压/Pa		19.6×10^3
续冷时间/min		70

5. 工频无导磁体高感应器连续感应淬火　这种工频感应器如图 7-49 所示，没有导磁体，用耐火水泥固定线圈。线圈高度一般为 450mm 或更高一些。线圈的匝间间距是不相同的。用这种方法加热可以得到较深的有效淬硬层。例如，对直径 400mm 的冷轧

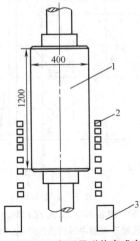

图 7-49　工频无导磁体高感应
器连续淬火示意图
1—轧辊　2—线圈　3—喷水器

工作辊的高感应器连续工频感应淬火的操作记录如表 7-27 所示。

表 7-27　400 冷轧辊工频感应加热淬火记录

项　　　　目	预　　热	淬火加热
感应器起始位置/mm	270	270
感应器停电位置/mm	1510	1510
高压电压/V	9250	8800
感应器端电压/V	360	340
感应器电流/A	2700	3000
感应器移动速度/（mm/min）	上 180、下 300	60
轧辊转速/（r/min）	100	100
喷水淬冷位置/mm		690
续冷位置/mm		1860
续冷时间/min		30

7.5.6.4　冷处理

冷轧工作辊淬火后淬火层中有一部分残留奥氏体，如图 7-50 所示。残留奥氏体的分布状态和数量与淬火工艺有直接关系，而且在低温回火后不发生变化。冷处理的目的是将残留奥氏体含量降低至一定数值，从而提高冷轧工作辊表面硬度和有效淬硬层深度。

中、小型冷轧工作辊一般用干冰加酒精进行冷处理，大型冷轧工作辊则用液氮或液态空气。当冷轧工作辊温度降至冷处理介质的温度后，即将冷轧工作辊取出空冷。

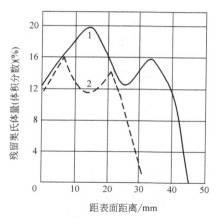

**图 7-50　直径 500mm 的 9Cr2MoV 钢
冷轧辊淬火层中残留奥氏体的分布**
1—在 650℃ 的炉中预热　2—四次感应预热

7.5.6.5　回火

冷轧工作辊淬火后或经冷处理后应及时回火，其目的是减少淬火后的残余应力。

冷轧工作辊回火后残余应力减少的幅度，主要取决于回火温度的高低和回火次数，而与回火时间的长短关系不大。但是，回火温度和回火时间对冷轧工作辊表面硬度的影响却很明显。图 7-51 所示为 9Cr2 钢淬火后，在不同温度和不同时间回火后的硬度变化曲线。

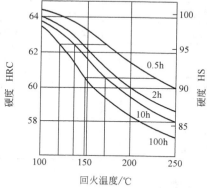

**图 7-51　9Cr2 钢的硬度与回火
温度和回火时间的关系**

冷轧工作辊在 200℃ 以下回火时，主要是马氏体比容减小，残留奥氏体量变化不大。在 200℃ 以上回火时，残留奥氏体量才明显减少。

冷轧工作辊的回火，一般在油槽中进行。工频连续感应淬火的冷轧工作辊的回火规范见图 7-52。

7.5.6.6　第二次回火

对于要求辊身硬度大于 95HS 的冷轧工作辊，在精车和粗磨后应进行第二次回火。其目的是近一步降

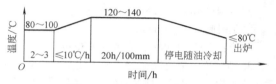

图 7-52　冷轧工作辊回火规范

低淬火残余应力和磨削应力，其回火温度比第一次回火低 10℃。回火保温时间为第一次回火的一半。

7.5.6.7　冷轧工作辊热处理质量检查

冷轧工作辊锻后热处理后一般只进行超声波探伤检查，有时也用锤式布氏硬度计抽检硬度。调质后沿两条对称母线检查两端辊颈硬度，每条母线不少于两个测定点。最终热处理后首先进行目测外观检查，然后进行辊身硬度检查。当辊身直径 ≤300mm 时，检查两条母线，当直径 >300mm 时检查 4 条母线，每条母线上相邻两点的间距应大致相等，当辊身长度 ≥1200mm 时，不应超过 200mm，<1200mm 时，不应超过 150mm，且每条母线上测定点数不少于 4 点，采用肖氏硬度计进行测量。至于有效淬硬层深度，由于至今国内尚缺可用的仪器，可不进行检测，由工艺保证或在轧辊使用中进行考核。最终热处理后可能出现的质量缺陷和防止措施见表 7-28。

表 7-28　最终热处理缺陷和防止措施

缺陷名称	产生原因	防止措施
硬度低	1）淬火温度低	1）通过调整电压或机械参数提高淬火温度
	2）淬火水压低、水量不够	2）增大水压或水量
硬度不均匀	1）喷水器反水	1）降低水压，改变喷水角度
	2）感应器、喷水器不正	2）调整好感应器、喷水器
辊身下端软带过宽	1）感应器起步位置太高	1）降低起步位置
	2）供水过迟	2）提前喷水
辊身上端软带过宽	1）感应器停电过早	1）提高感应器停电位置
	2）感应器停止位置过低	2）提高感应器停止位置
辊身上端边缘脱落（掉边）	1）感应器停电过晚	1）降低感应器停电位置
	2）感应器停止位置过高	2）降低感应器停止位置
		3）加保护环（外径与辊身直径相同）

7.5.6.8　与热处理质量有关的失效和损坏形式

冷轧工作辊在使用中损坏和失效的主要形式有：

1）辊身表面产生粘辊、辊印、压痕（坑）。

2）辊身表面剥落、掉块、鱼鳞、裂纹。

3）折断、压碎。

4）使用到规定尺寸。

这些损坏和失效的原因很多，如钢的质量差、热处理质量不佳、使用不合理或出现轧制事故、修磨不彻底或不及时、设计结构强度不够等，但与热处理质量有关的失效和损坏的形式有如下一些：

1）从辊身或辊身与辊颈之间的过渡区折断，可能由于热处理残余应力过大，淬硬层薄。

2）裂纹源不在辊身表面的疲劳剥落，可能是淬硬区过渡层残余应力过大，淬硬层薄。

3）辊身中间表面掉块、压碎，可能是因硬化层太薄，而且淬火过渡区很陡。

4）辊印、压痕（坑），可能是淬硬层硬度不足。

5）辊身表面出现裂纹，可能是马氏体针太粗，表面压应力过大，残留奥氏体量过高。

7.6　支承辊的热处理

7.6.1　支承辊的种类和技术要求

支承辊按所属轧机可分为冷轧支承辊和热轧支承辊。热轧支承辊又可分为板材、带材轧机支承辊、中厚板轧机支承辊和特厚板轧机支承辊。按其制造方法，又有整锻和镶套之别。支承辊的特点之一是尺寸大、重量大，典型支承辊尺寸范围如表 7-29 所示。支承辊直接与热轧或冷轧工作辊相接触，与冷轧工作辊受力情况相似。其技术要求为：表面硬度见表 7-30，辊身有效淬硬层深度见表 7-31，辊身两端允许软带宽度见表 7-32，辊身表面硬度不均匀性不大于 ±2HS，辊颈表面硬度不均匀度不大于 ±5HS。

表 7-29　典型支承辊尺寸范围

轧机名称	辊身直径/mm	辊身长度/mm	轧辊全长/mm	单重/t
1700 热连轧机粗轧	1550	1670	4942	36.5
1700 热连轧机精轧	1570	1700	4800	36.6
铝板轧机	1400	2800	5850	47.4
中厚板轧机	1500	2450	5380	42.8
4200 特厚板轧机	1810	4250	8640	104.4
3300 特厚板轧机	2000	3300	7460	107.7
八辊可逆轧机	1250	1400	5200	24.8
1700 冷轧机	1300	1700	4500	24.1
1700 冷连轧机	1525	1700	4495	33.5

表 7-30　支承辊表面硬度

项　目	辊身表面硬度　HS			辊颈表面硬度 HS
	一　级	二　级	三　级	
热　轧	60 ~ 70	50 ~ 60	40 ~ 50	35 ~ 50
冷　轧	65 ~ 75	60 ~ 70	55 ~ 65	

表 7-31　辊身有效淬硬层深度

辊身表面硬度　HS	50 ~ 60	55 ~ 65	60 ~ 70	65 ~ 75
有效淬硬层深度/mm	≥55	≥50	≥45	≥40

表 7-32　辊身两端允许软带宽度

辊身长度/mm	<1500	1500 ~ 2000	>2000
允许软带宽度/mm	≤60	≤80	≤100

7.6.2　支承辊用钢

常用支承辊的钢号及其化学成分见表 7-33。有时也使用 9CrV、60CrMnMo 等钢。

表 7-33　常用支承辊的钢号及其化学成分

钢号	化学成分（质量分数）（%）								用　途
	C	Si	Mn	P	S	Cr	Ni	Mo	
9Cr2Mo	0.85 ~ 0.95	0.25 ~ 0.45	0.20 ~ 0.40	≤0.025	≤0.025	1.70 ~ 2.10		0.20 ~ 0.40	整锻辊 镶套辊 辊套
70Cr3Mo	0.60 ~ 0.75	0.40 ~ 0.70	0.50 ~ 0.80	≤0.025	≤0.025	2.00 ~ 3.00	≤0.60	0.25 ~ 0.60	
42CrMo	0.38 ~ 0.45	0.20 ~ 0.40	0.50 ~ 0.80	≤0.030	≤0.030	0.90 ~ 1.20		0.15 ~ 0.25	镶套辊 芯轴
35CrMo	0.32 ~ 0.40	0.20 ~ 0.40	0.40 ~ 0.70	≤0.030	≤0.030	0.80 ~ 1.10		0.15 ~ 0.25	

7.6.3　锻后热处理

支承辊用钢是白点敏感性较高的钢种，而且支承辊截面很大，在钢锭氢含量较高时，防止白点形成，就成为锻后热处理的首要任务。另外，还要细化奥氏体晶粒，消除网状碳化物和使珠光体球化。

9Cr2Mo钢整锻支承辊和辊套锻后热处理规范参照图7-40和图7-41进行；42CrMo和35CrMo钢心轴按合金结构钢大锻件热处理规范，70Cr3Mo钢整锻支承辊锻后热处理规范见图7-53。

7.6.4　预备热处理

整锻支承辊粗加工后进行预备热处理，为最终热处理做好组织准备，满足辊颈硬度要求，细化晶粒。支承辊预备热处理工艺规范如图7-54所示。

7.6.5　最终热处理

最终热处理要达到辊身所要求的表面硬度、硬度均匀性和有效淬硬层深度。

7.6.5.1　整锻支承辊的最终热处理

整锻支承辊的最终热处理常用以下三种方法。

1. 正火 + 回火　对于辊身表面硬度要求为40～

50HS的支承辊，一般用9Cr2Mo钢制造，最终热处理为正火加回火。其热处理工艺规范可采用图7-54所示工艺参数，但回火温度应降至600～650℃。

2. 工频连续感应淬火和回火　对于辊身要求硬度大于50HS的9Cr2Mo钢支承辊，一般采用工频连续感应淬火和回火。

（1）预热：先按图7-47所示规范在炉中预热，然后再进行1～2次感应加热预热。

（2）感应淬火：采用比功率为0.07～0.10kW/cm²的三相感应器，感应器上升速度为0.6～1.0mm/s，淬火续冷时间为35～45min。

（3）回火：支承辊回火工艺规范见图7-55，回火后表面硬度与回火温度的关系见图7-56。

3. 差温淬火和回火　采用差温淬火的支承辊在淬火前要留有较大的热处理余量，一般单边为3～5mm。

在进行差温加热之前，支承辊要在差温炉或者普通热处理炉中进行中温预热，以便减少快速加热过程中的热应力，淬火后得到较好的残余应力状态。预热温度一般为400～600℃。在差温炉中预热取上限。预热时间以支承辊辊身表里温度大体一致为准。

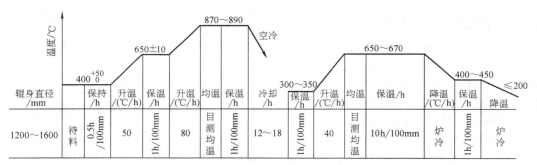

图 7-53　70Cr3Mo 钢支承辊锻后热处理规范

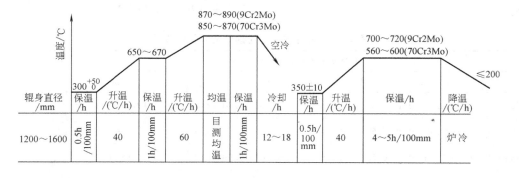

图 7-54　支承辊预备热处理工艺规范

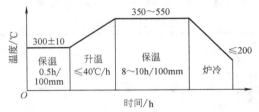

图 7-55　支承辊回火工艺规范

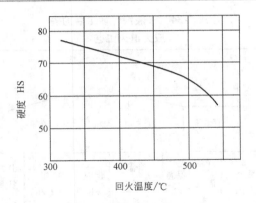

图 7-56　支承辊回火后表面硬度与回火温度的关系

在快速升温过程中，炉温为 950～1000℃，辊身表面升温速度为 150～250℃/h。辊身表面温度要控制在 880～930℃范围内，并以此调节炉温。在保温过程中，每保温一个小时，有效加热层大约增加 25～30mm。

从快速升温开始到高温保温结束，辊身心部或中心孔表面温度不超过 700℃，要适当降低预热温度或提高升温速度。否则从快速加热开始到保温结束要进行中心冷却。

为了避免过大的热处理应力，又能得到要求的有效淬硬层深度，差温加热支承辊淬火采用水淬油冷方式。

淬火结束后，允许进行粗略的硬度检查，并应尽快入炉回火。70Cr3Mo 钢支承辊差温热处理工艺规范见图 7-57。

7.6.5.2　镶套辊辊套的最终热处理

9Cr2Mo 钢辊套最终热处理工艺见图 7-58。

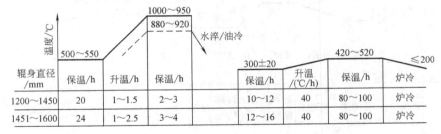

图 7-57　70Cr3Mo 钢支承辊差温热处理工艺规范

注：虚线上的数字为辊身表面温度，以此控制炉温。

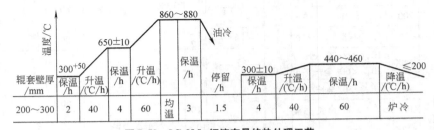

图 7-58　9Cr2Mo 钢滚套最终热处理工艺

7.7　大锻件的其他热处理工艺

7.7.1　锻件切削加工后的去应力退火

一般锻件加工后的去应力退火工艺列于表 7-34。

细长比大于 10 的轴及板类锻件的去应力退火工艺如表 7-35 所列。

（1）对有硬度及力学性能要求的零件，消除应力温度应比最后热处理回火温度低 20～30℃。

（2）对有回火脆性的钢，消除应力温度宜采用 400～450℃，但保温时间应当加长。

7.7.2　锻件矫直加热与回火工艺

锻件热处理后的加热矫直与回火工艺见表 7-36。

表 7-34 一般锻件加工后的去应力退火工艺

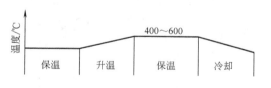

截面 /mm	装炉 温度 /℃	保温 /h	升温 /（℃/h） ≤	保温 /h	冷却 /（℃/h）	出炉 温度 /℃
≤250	<400	—	100	6～8	停火炉冷	<350
251～500	<350	1～2	80	8～12	60	<250
>500	<200	2～3	60	12～14	40	<200

表 7-35 细长比大于 10 的轴及板类锻件的去应力退火工艺

截面 /mm	装炉 温度 /℃	保温 /h	升温 /（℃/h） ≤	保温 /h	冷却 /（℃/h）	出炉 温度 /℃
≤250	<300	1	80	6～8	60	<200
251～500	<300	2	70	8～10	50	<150

表 7-36 锻件热处理后的加热矫直与回火工艺

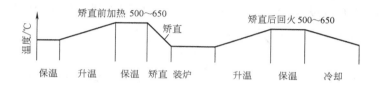

牌　号	截面 /mm	弯曲度 /（mm/m）	校直 方法	装炉 温度 /℃	保温 /h	升温/ （℃/h） ≤	保温 /h	矫直	装炉 温度 /℃	升温/ （℃/h） ≤	保温 /h	冷却/ （℃/h） ≤	出炉 温度 /℃
w（C）<0.4%碳钢，20MnSi，20MnMo，15CrMo，17MoV，20CrMo9，24CrMo10	<400	<15	冷校	加 热 温 度	—	—	4～6	停矫温度不低于 350～400℃	350～400	—	6～8	空冷	—
		<15	热校										
	400～700	<10	冷校		—	—	6～9			80	8～12	炉冷	≤450
		>10	热校										
	<700	全部	热校				9～12			80	12～15		≤400
35CrMo，35SiMn，34CrMo1A，45，40Cr 以及 Ⅱ、Ⅲ组合金结构钢	<400	<10，<60/全长	冷校	加 热 温 度	—	—	4～6	停矫温度不低于 350～400℃	350～400	80	6～8	炉冷	≤400
		>10，<60/全长	热校										
	400～700	<6，<30/全长	冷校				6～10			60	8～12	50	≤350
		>6，>30/全长	热校										
	>700	全部	热校				10～14			50	12～15		≤300
55Cr，60Mn，60SiMn，60CrNi 及工模具钢	<400	<3	冷校	400～450	2～3	50	4～7		350～400	50	6～8	50	≤350
		>3	热校										
	>400	全部	热校	400～450	2～3	40	7～14			40	8～15	40	≤250

注：1. 经第二次热处理的锻件均采用热矫（碳钢及低合金钢截面<150mm 者可冷矫）。

2. 阶梯轴类锻件截面过渡区大于 80mm 者一律热矫。

3. 矫直前加热温度及矫后去应力退火温度，均应低于工件回火温度。

表 7-37　电渣焊焊接件热处理工艺

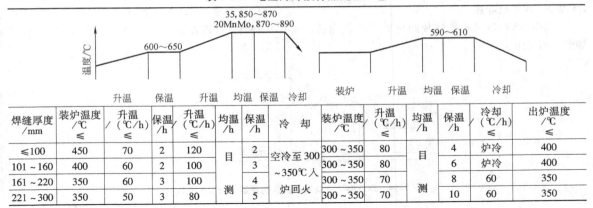

焊缝厚度 /mm	装炉温度 /℃ ≤	升温 /（℃/h） ≤	保温 /h ≤	升温 /（℃/h） ≤	均温 /h	保温 /h	冷却	装炉温度 /℃	升温 /（℃/h） ≤	均温 /h	保温 /h	冷却 /（℃/h） ≤	出炉温度 /℃ ≤
≤100	450	70	2	120	目 测	2	空冷至 300 ~350℃入 炉回火	300~350	80	目 测	4	炉冷	400
101~160	400	60	2	100		3		300~350	80		6	炉冷	400
161~220	350	60	3	100		4		300~350	70		8	60	350
221~300	350	50	3	80		5		300~350	70		10	60	350

注：本规范适用于 35，20MnMo 钢制电渣焊焊接件。

7.7.3　电渣焊焊接件的热处理工艺

筒体或其他零件电渣焊接后需进行热处理，以改善焊缝及热影响区的显微组织，消除焊接应力，获得良好的力学性能。35 钢、20MnMo 钢电渣焊焊接件热处理工艺可参见表 7-37；去应力退火工艺参阅表 7-38。

表 7-38　焊接件去应力退火工艺

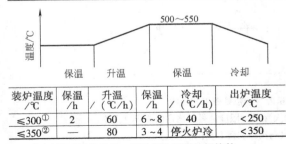

装炉温度 /℃	保温 /h	升温 /（℃/h）	保温 /h	冷却 /（℃/h）	出炉温度 /℃
≤300[①]	2	60	6~8	40	<250
≤350[②]	—	80	3~4	停火炉冷	<350

① 适用于形状复杂、容易产生变形的焊接件。
② 适用于形状简单、不容易产生变形的焊接件。

7.8　大型铸件的热处理

大型铸钢件的强度与锻钢件相近，但塑性、韧性较差，内部组织不均匀、不致密，内部化学成分偏差较大，导热性较差而且形状复杂。因此，在热处理中要特别注意减少内部应力，防止开裂的问题，但不必考虑氢的危害。在制订热处理工艺时，可参考相同钢号的奥氏体等温转变图、奥氏体连续冷却转变图和淬透性曲线。但必须注意到化学成分不均匀、晶粒粗大及其他铸造缺陷的影响。

7.8.1　大型铸件热处理的种类与目的

1. 均匀化退火　其目的在于消除或减轻铸钢件中的成分偏析，改善某些可溶性夹杂物（如硫化物

等）的形态，使铸件的化学成分、内部组织与力学性能趋于均匀和稳定。

2. 正火 + 回火　通过重结晶细化内部组织，提高强度和韧性，使铸件得到良好的综合力学性能，并使工件的可加工性得到改善。

3. 退火　稳定铸件的尺寸、组织与性能，使铸件的塑性、韧性得到明显提高。退火过程操作简便，热处理应力很小，但工件强度、硬度稍低一些。

4. 调质　由于淬火（油冷或喷雾）时热处理应力很大，要慎重采用。只用于铸件性能要求很高的情况，而且只能在铸件经过充分退火之后进行。通过调质可使铸件的综合力学性能得到较大幅度的提高。

5. 消除应力退火　其目的在于消除铸件中的内应力，主要用于修补件、补焊件、焊接件及粗加工应力的消除，以防止缺陷并使工件尺寸稳定。消除应力退火的温度必须低于工件回火温度 10~30℃；保温时间（h）一般按 δ/25 计算（δ 为工件最大壁厚，mm），随后在炉内缓冷。

7.8.2　重型机械类铸件热处理实例

重型机械包括冶金机械、矿山机械、电站机械、起重机械、运输机械、船舶机械等。其中冶金机械中大型铸件较多，尺寸更大。冶金机械包括冶金炉、加热炉、轧钢机、连铸机等设备的机械部分。

冶金机械类铸件的特点是重量较大，壁较厚，形状较简单的多，部分铸件要求耐热。从受力情况看，有动载荷，也有静载荷，部分铸件受重荷。

7.8.2.1　轧钢机机架

ZG230-450 轧钢机机架的高温退火工艺曲线，如图 7-59 所示。

7.8.2.2　汽轮机缸体

ZG20CrMoV 汽轮机缸体的热处理工艺曲线，如

图7-60所示。

7.8.2.3 水轮机叶片

ZG0Cr13Ni6Mo水轮机叶片的热处理工艺曲线，如图7-61所示。

7.8.2.4 轧钢机减速器大齿轮热处理实例

铸件材质：铸造合金钢ZG 35CrMo。

铸件热处理方法：正火＋回火。热处理工艺曲线见图7-62。

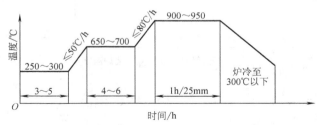

图7-59 ZG230-450轧钢机机架的高温退火工艺曲线

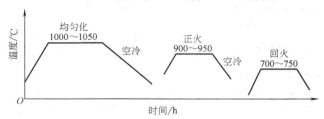

图7-60 ZG20CrMoV汽轮机缸体的热处理工艺曲线

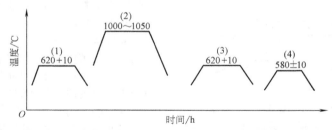

图7-61 ZG0Cr13Ni6Mo水轮机叶片的热处理工艺曲线

（1）软化退火 （2）高温正火 （3）一次回火（最大限度地得到稳定的诱导奥氏体）

（4）二次回火（为了得到回火马氏体和诱导奥氏体）

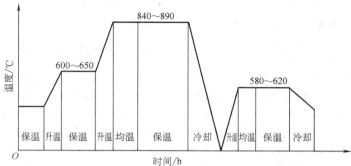

铸件截面/mm	装炉温度/℃	保温时间/h	升温速率/(℃/h)	保温时间/h	升温速率/(℃/h)	均温时间/h	保温时间/h	冷却方式	升温速率/(℃/h)	均温时间/h	保温时间/h	冷却速率/(℃/h)	出炉温度/℃
<100	<450	—	≤100	1.5	≤120	—	1.5	空冷	≤120	—	3	≤80	≤450
100~200	<400	1.5	≤90	2	≤100	—	1.5~3.0	空冷	≤100	—	3~6	≤70	≤400
200~400	<350	2.0	≤80	3	≤100	—	2.0~4.5	空冷	≤80	—	4~9	≤60	≤300

图7-62 轧钢机减速器大齿轮热处理工艺曲线

7.8.2.5　轧辊热处理实例

铸件特点：铸件重量 25.8t。工作面尺寸 $\phi 1200 \times 2350$ mm。

铸件材质：合金球墨铸铁。

化学成分（质量分数）：C 3.3% ~ 3.6%，Si 0.5% ~ 0.6%，Mn 0.4% ~ 0.6%，P ≤ 0.08%，S < 0.06%，Mo 0.4% ~ 0.6%，Cr 0.09% ~ 0.12%，Ni 1.8% ~ 2.2%。

铸件热处理方法：正火 + 回火。四辊可逆中板轧机轧辊热处理工艺曲线见图 7-63。

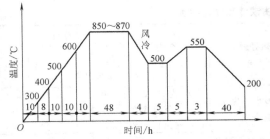

图 7-63　四辊可逆中板轧机轧辊热处理工艺曲线

热处理后铸件检验：力学性能，抗拉强度 650 ~ 700MPa，断后伸长率 A 为 2% ~ 3%，冲击韧度 a_K 为 10 ~ 15J/cm²。

7.8.2.6　500kg 钢锭模热处理实例

铸件材质：球墨铸铁 QT450—10。

化学成分（质量分数）：C 3.6% ~ 4.0%，Si 2.3% ~ 2.7%，Mn < 0.6%，P < 0.2%，S < 0.04%，Mg 0.04% ~ 0.07%。

铸件热处理方法：低温石墨化退火。500kg 钢锭模低温石墨化退火工艺曲线见图 7-64。

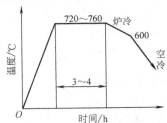

图 7-64　500kg 钢锭模低温石墨化退火工艺曲线

热处理后铸件检验：

力学性能：抗拉强度 R_m > 450MPa，断面伸长率 A > 10%，硬度为 170 ~ 200HBW。

金相组织：铁素体 > 9%，余为珠光体。

7.8.2.7　150t 转炉大齿轮轴热处理实例

铸件特点：结构为一不等截面轴；外形尺寸：直径为 $\phi 850$ ~ $\phi 1050$ mm，长度为 3870mm；重量为 24.5t，承受低速重载。

铸件材质：铸造低合金钢 ZG35CrMoV。

铸件热处理目的：消除铸造过程中产生的粗大魏氏组织，提高强度硬度。

铸件热处理方法：浇注后均匀化退火 + 粗加工后调质，工艺曲线见图 7-65。

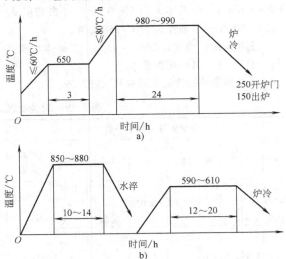

图 7-65　150t 转炉大齿轮轴热处理工艺曲线

a）均匀化退火　b）调质处理

7.8.2.8　渣缸热处理实例

铸件材质：球墨铁铸 QT600—3。

化学成分（质量分数）：C 3.3% ~ 3.5%，Si 2.8% ~ 3.2%，Mn 0.4% ~ 0.6%，P < 0.07%，S < 0.025%，RE 0.02% ~ 0.04%，Mg 0.05% ~ 0.09%。

铸件热处理方法：退火，工艺曲线见图 7-66。

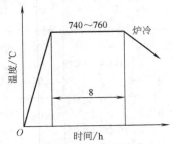

图 7-66　渣缸热处理工艺曲线

热处理后铸件检验：

力学性能：抗拉强度 R_m 650 ~ 750MPa，断面伸长率 A 为 3% ~ 7%，冲击韧度 a_K 为 10 ~ 40J/cm²，硬度为 210 ~ 250HBW。

金相组织：珠光体 30% ~ 50%，渗碳体与磷共晶小于 1.5%，其余为铁素体。

7.8.2.9　炼焦炉炉门框热处理实例

铸件材质：球墨铸铁 QT600—3。

化学成分（质量分数）：C 3.3% ~ 3.5%，Si 2.4% ~

3.1%，Mn 0.5% ~ 0.7%，P < 0.08%，S < 0.025%，
RE 0.04% ~ 0.05%，Mg 0.03% ~ 0.05%。

铸件热处理工艺：退火，工艺曲线见图7-67。

热处理后铸件检验：力学性能：抗拉强度 R_m 为
630 ~ 700MPa，伸长率 A 为 5% ~ 7%，冲击韧度 a_K
为 25 ~ 50J/cm^2，硬度为 210 ~ 250HBW。

金相组织：珠光体 30% ~ 45%，渗碳体与磷共
晶小于 1.5%，其余为铁素体。

冶金球墨铸铁件热处理实例见表7-39。

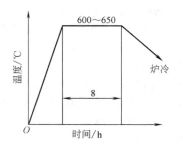

图 7-67　炼焦炉炉门框热处理工艺曲线

表 7-39　冶金机械球墨铸铁件热处理实例

铸件名称	化学成分（质量分数）（%）								热处理工艺	金相组织	力学性能			
	C	Si	Mn	P	S	RE	Mg	合金元素			R_m /MPa	A /（%）	a_K /（J /cm^2）	HBW
烧结机伞齿轮	3.4 ~ 3.6	2.5 ~ 2.9	0.5 ~ 0.7	<0.07	<0.025	0.03 ~ 0.04	0.04 ~ 0.08	—	920℃，保温3h，空冷	珠光体大于75%，余为铁素体，球化1~2类	760 ~ 860	2 ~ 4	10 ~ 25	255 ~ 280
卷管机胎模	3.4 ~ 3.6	2.5 ~ 2.8	0.6 ~ 0.8	<0.15	<0.05	≥0.03	≥0.035	Mo 0.2 ~ 0.5	920 ~ 950℃，保温3h；炉冷至840 ~ 860℃，保温3h，油淬；400℃回火，保温12h，空冷	索氏体，少量铁素体	900 ~ 1100	1 ~ 2	8 ~ 17	400 ~ 500

7.8.2.10　矿山机械球墨铸铁铸件热处理实例（见表7-40）

表 7-40　矿山机械球墨铸铁铸件热处理实例

铸件名称	化学成分（质量分数）（%）							热处理工艺	金相组织	力学性能			
	C	Si	Mn	P	S	RE	Mg			R_m /MPa	A /（%）	a_K /（J /cm^2）	HBW
反击式破碎机锤头板	3.3 ~ 3.7	2.3 ~ 2.9	0.4 ~ 0.6	<0.08	<0.025	0.02 ~ 0.06	0.04 ~ 0.06	900℃，保温3h，油淬；400℃回火	索氏体，少量铁素体，渗碳体与磷共晶小于2%，球化1~2类	1000 ~ 1200	1 ~ 2	10 ~ 15	480 ~ 530
悬浮分级机伞齿轮	3.4 ~ 3.7	2.4 ~ 2.9	0.6 ~ 0.8	<0.08	<0.03	0.04 ~ 0.06	0.04 ~ 0.08	900 ~ 920℃，保温3h，空冷	珠光体大于75%，渗碳体与磷共晶小于1.5%，余为铁素体，球化1~2类	800 ~ 900	2 ~ 5	10 ~ 30	255 ~ 320
减速机机体	3.5 ~ 3.9	2.2 ~ 3.1	0.6 ~ 0.9	<0.1	<0.02	0.02 ~ 0.06	0.04 ~ 0.06	500℃，保温1h，升温至860℃，保温1h，空冷；500 ~ 550℃回火，保温40min，空冷	珠光体大于90%，余为铁素体，球化1~2类	700 ~ 900	2 ~ 5	—	250 ~ 290
筒型内滤真空过滤机蜗轮	3.5 ~ 3.9	2.2 ~ 3.1	0.6 ~ 0.9	<0.1	<0.02	0.02 ~ 0.06	0.04 ~ 0.06	500℃，保温1h，升温至850℃，保温1 ~ 1.5h；降至700 ~ 720℃，保温1 ~ 1.5h，炉冷	铁素体大于95%，余为珠光体	450 ~ 530	15 ~ 20	—	156 ~ 196

7.8.2.11　矿山机械铸钢件热处理实例

铸钢件热处理实例（一～三）见表 7-41～表 7-43。

表 7-41　矿山机械铸钢件热处理实例（一）

矿山机械铸件		热处理规范
类　　别	材　　料	
机座、锤砧、箱体垫铁及托盘等热处理用附件	w（C）0.2%～0.3%的碳钢	890～910℃正火 600～620℃回火
飞轮机架、锤体、水压机、工作缸等	w（C）0.3%～0.4%的碳钢	840～860℃正火 600～620℃回火
联轴器、车轮、气缸、齿轮、齿轮圈等	w（C）0.4%～0.5%的碳钢	850～860℃正火 600～620℃回火
较高压力作用下承受摩擦和冲击的零件，如齿轮等	ZG40Mn	850～860℃正火 400～450℃回火
承受摩擦的零件，如齿轮等，耐磨性比ZG40Mn 高	ZG40Mn2	830～850℃正火＋350～400℃回火 830～850℃淬火＋350～450℃回火
高强度的零件，如齿轮和齿轮圈等	ZG50Mn2	810～830℃正火 550～600℃回火
水压机的工作缸、水轮机转子等，铸造性能及焊接性能良好，	ZG20SiMn	900～920℃正火 570～600℃回火
承受摩擦的零件	ZG20SiMn	870～890℃正火＋570～600℃回火 870～880℃淬火＋400～450℃回火
齿轮车轮及其他耐磨零件	ZG42SiMn	860～880℃正火＋520～680℃回火 860～880℃淬火＋520～680℃回火
齿轮、齿圈等，可代替 ZG40Cr	ZG50SiMn	840～860℃正火＋520～680℃回火
高强度铸件，如齿轮、齿轮圈等	ZG40Cr	830～860℃正火＋520～680℃回火 830～860℃淬火＋520～680℃回火
承受冲击磨损零件，如齿轮、滚轮等	ZG35CrMnSi	880～900℃正火＋400～450℃回火
链轮、电铲的支撑轮、轴套、齿轮、齿轮圈等零件	ZG35CrMo	900℃正火＋550～600℃回火 850℃淬火＋600℃回火
起重机及矿山机械上的车轮，耐磨性较高，焊接性差，	ZG65CrMn	840～860℃正火＋600～650℃回火
各种破碎机衬板、锤头、挖掘机斗齿、履带板等承受冲击磨损的零件，耐磨性高	ZGMn13	1050～1100℃水韧处理

表 7-42　矿山机械铸钢件热处理实例（二）

矿山机械铸件		正火（淬火）规范					
材　料	铸件壁厚 /mm	装　炉		650~700℃		淬火温度	
		温度 /℃	均温时间 /h	加热速率 ≤ /（℃/h）	均温时间 /h	加热速率 ≤ /（℃/h）	保温时间 /h
w（C）0.2%~ 0.4%的碳钢	<200	≤650	—	—	2	120	1~2
	200~500	400~500	2	70	3	100	2~5
	500~800	300~350	3	60	4	80	5~8
	800~1200	250~300	4	40	5	60	8~12
	1200~1500	≤200	5	30	6	50	12~15
w（C）0.4%~ 0.5%的碳钢 ZG40Mn ZG40Mn2 ZG50Mn2	<200	400~500	2	100	3	100	1~2
ZG20SiMn ZG35SiMn ZG42SiMn ZG50SiMn ZG40Cr	200~500	250~350	3	80	4	80	2~5
ZG35CrMoSi ZG35CrMo ZG65Mn	500~800	200~300	4	60	5	60	5~8
ZGMn13	<40	<450	1~1.5	<100	1~1.5	—	1
	40~80	<350	1.5~2	50~70	1.5~2	70~90	1~1.5

表 7-43　矿山机械铸钢件热处理实例（三）

矿山机械铸件		正火（淬火）后回火规范						
材　料	铸件壁厚 /mm	装　炉		回火温度		冷却 ≤ /（℃/h）		出炉温度 /℃
		温度 /℃	均温时间 /h	加热速率 ≤ /（℃/h）	保温时间 /h			
w（C）0.4%~ 0.5%的碳钢	<200	300~400		120	2~3	停火开炉冷闸门		450
	200~500	300~400		100	3~8	停火开炉冷闸门		400
	500~800	300~400	2	80	8~12	停火开闸门	停火开闸门	350
	800~1200	300~400	3	60	12~18	50	30	300
	1200~1500	300~400	3	50	18~24	40	30	250

（续）

矿山机械铸件		正火（淬火）后回火规范					
材　料	铸件壁厚 /mm	装　炉		回火温度		冷却 ≤ /（℃/h）	出炉温度 /℃
		温度 /℃	均温时间 /h	加热速率 ≤ /（℃/h）	保温时间 /h		
w（C）0.4%~ 0.5%的碳钢							
ZG40Mn	<200	300~400	1	100	2~3	停火开炉冷闸门	350
ZG40Mn2							
ZG50Mn2							
ZG20SiMn							
ZG35SiMn	200~500	300~400	2	80	3~8	停火开炉冷闸门	350
ZG42SiMn							
ZG50SiMn							
ZG40Cr						停火开闸门 / 停火开闸门	
ZG35CrMnSi	500~800	300~400	2	60	8~12	50 / 30	300
ZG35CrMo							
ZG65Mn							

参 考 文 献

［1］ 康大韬，叶国斌．大型锻件材料及热处理．北京：科学出版社，1998．

［2］ 仲复欣．大型重载齿轮的深层渗碳［J］．金属热处理，1985（3）：28-33．

［3］ 石康才，等．离子渗氮工艺在石油钻采机械中的应用［J］．金属热处理，1987（4）：26-28．

［4］ 机械工程学会铸造分会．铸铁［M］．北京：机械工业出版社，2002．

［5］ 陈琦，彭兆弟．铸件热处理实用手册［M］．北京：龙门书局，2000．

第8章　工具的热处理

成都工具研究所　李惠友

昆山奥马热工科技有限公司　袁家栋

8.1　工具的服役条件及工具用钢

8.1.1　工具的服役条件

本章所叙述的内容包括在机床上使用的切削工具和各种手工工具的热处理。被切削的材料包括钢铁、非铁金属以及木材等各种材料。手工工具属低速切削，往往以摩擦为主，有时伴有较大的冲击。机用工具通常切削速度较高，会产生大量的切削热，切削刃上的温度较高。

工具在切削时，切削刃与工件之间，切削刃与切除的切屑之间会产生强烈的摩擦，因此要求工具必须有高的硬度。一般说来，工具的硬度越高，耐磨性也越好。切削刃要承受挤压应力和弯曲应力，还要承受不同程度的冲击力，因此工具必须具备较高的抗弯强度和挤压强度，还应有较高的冲击韧度。同时，伴随摩擦还会产生高温，因此工具必须具备热硬性，特别是高速切削和加工难切削材料时热硬性尤为重要。

有时韧性会成为工具的最重要的性能，因为在工具的切削过程中，切削刃会在外力的作用下产生崩刃、折断和破碎等情况，这时韧性就决定了工具的寿命，因此在国外极其重视工具的韧性。

8.1.2　工具的失效特征

切削工具常见的失效形式主要有以下几种：

1. 磨损　磨损是在正常使用情况下，切削工具最常见的失效形式。切削工具产生严重磨损时会发出尖叫声或产生明显振动，甚至无法切削。磨损大都是由于工具与被加工工件或切屑之间的磨粒磨损造成的，有时也可能是由于工件表面形成积屑瘤而形成的粘合磨损所造成的。

工具产生不正常磨损的主要原因是耐磨性不高，耐磨性不高大都是由于硬度不足或热硬性不足造成的。热处理时产生的工具表面脱碳、脱元素等现象也可能造成耐磨性降低。为提高工具表面的耐磨性，应该选择高耐磨性、高热硬性的原材料。热处理时，在不使切削刃脆化的前提下，尽量提高工具的硬度；选择合适的表面处理，也可以提高工具表面的耐磨性。

2. 崩刃　崩刃也是切削工具常见的失效形式之一，其中包括微崩刃、大块崩刃、掉牙、掉齿等现象。很多崩刃现象的产生是由于切削时切削刃长期承受周期性的循环应力所产生的一种疲劳破坏现象，有时也可能是由于突然产生的冲击应力造成的。

间断切削的工具或切削时承受较大冲击载荷的工具更容易产生崩刃现象。制造这类工具的原材料应该组织均匀，不应有严重的碳化物偏析，热处理硬度宜取下限，不应产生过热及回火不足等增加工具脆性的现象。

3. 断裂、破碎　切削工具由于承受较大的冲击力或因工具自身的脆性较大，有时会产生整体断裂、破碎现象，如钻头的扭断、折断，拉刀的拉断，锯条的折断，锯片铣刀的破碎等都属于这一类。

工具的断裂、破碎与工具本身的韧性不足有关，但这种失效不完全是韧性不足引起的，如拉刀的断裂有时就是因为强度不足或有内裂纹引起的。仪表用的小钻头多以折断形式失效，但试验分析表明，小钻头折断不完全是钻头本身脆性大造成的，多数情况下是因为钻头的耐磨性不够，产生较大的磨损以后还继续钻削，切削阻力增大，致使钻头折断。

4. 被加工工件达不到技术要求　在切削过程中，由于工具产生严重磨损或工具的切削刃上有明显的崩刃现象，这时工具虽然可以继续切削，但由于被加工工件的尺寸精度或表面粗糙度达不到技术要求，因而工具不能继续使用。

8.1.3　工具用钢

1. 工具钢的牌号　作为切削工具用钢，手工工具和低速切削的工具通常选用碳素工具钢或合金工具钢，机床上用的切削工具一般多选用高速工具钢。

常用工具钢的牌号见表8-1。在碳素工具钢中有T7～T13等牌号；在合金工具钢中仅推荐了国内常用的9SiCr等牌号；在高速工具钢中推荐了一些普通高速工具钢和高性能高速工具钢的牌号，包括一些国外应用较多而国家标准中未列入的高速工具钢牌号；此外还推荐了4个牌号的低合金高速工具钢以及瑞典、美国的粉末高速工具钢的牌号，供读者选用。

表 8-1　常用工具钢的牌号

钢　　种		牌　　　　号
碳素工具钢		T7,T8,T9,T10,T11,T12,T13
合金工具钢		9SiCr,CrWMn,Cr2,9Mn2V,GCr6,GCr15,Cr12Mo,Cr12MoV 旧牌号:CrW5,Cr6WV,CrMn
高速工具钢	普通高速工具钢	W6Mo5Cr4V2,W18Cr4V,W9Mo3Cr4V,W6Mo5Cr4V3,W6Mo5Cr4V4, W2Mo9Cr4V2,CW6Mo5Cr4V2,CW6Mo5Cr4V3 推荐的美国牌号:M10(Mo8Cr4V2)
	高性能高速工具钢	W6Mo5Cr4V2Co5,W7Mo4Cr4V2Co5,W2Mo9Cr4VCo8,W12Cr4V5Co5, W6Mo5Cr4V2Al,W6Mo5Cr4V3Co8 推荐的美国牌号:M34(W2Mo8Cr4V2Co8);T4(W18Cr4VCo5);T5 (W18Cr4V2Co8)
	低合金高速工具钢	W4Mo3Cr4VSi,W3Mo3Cr4V2 推荐的美国牌号:Vasco Dyoc(W2Mo4Cr4V2Si) 推荐的瑞典牌号:D950(W2Mo5Cr4V2)
	粉末高速工具钢	推荐的瑞典牌号: ASP23(W6Mo5Cr4V3),ASP30(W6Mo5Cr4V3Co5),ASP53(W4Mo3Cr4V8), ASP60(W6Mo7Cr4V6Co10) 推荐的美国牌号: CPM Rex T15(W12Cr4V5Co5),CPM Rex 76(W10Mo5Cr4V3Co9),CPM Rex 10V(MoCr5V10),CPM Rex 20(W6Mo10Cr4V2),CPM Rex 25(W12Mo6Cr4V5)

2. 工具钢的性能　工具钢应该具备的主要性能是耐磨性、韧性、热硬性（或高温硬度）和制造某些工具必须具备的工艺性能，如淬硬性、淬透性、淬火畸变的大小、脱碳敏感性、塑性、可加工性、可磨削性等。切削用工具钢的相对性能指标，见表 8-2。

由表 8-2 可见，在几种类型工具钢中，碳素工具钢的耐磨性和热硬性最低，淬硬深度最浅，而且淬火时，产生畸变和开裂的倾向大，但它的价格低廉，因此它适用于制造形状简单的工具。

油淬工具钢（合金工具钢）与碳素工具钢在性能上大体相似，只是由于含有合金元素，因此淬透性好，淬火可以采用油冷或热浴冷却，以减少淬火的畸变和开裂，同时有较高的力学性能和耐回火性。因此，适用于制造形状较复杂的手工工具和切削性能要求不高的切削工具。

表 8-2　切削用工具钢的相对性能指标

材料类型	耐磨性	韧　　性	热硬性	淬硬深度	成　　本
碳素工具钢	2 ~ 4	3 ~ 7	1	浅	1
油淬工具钢	4	3	3	中	1
高碳高铬钢	8	1 ~ 2	6	深	3
高速工具钢	7 ~ 9	1 ~ 3	8 ~ 9	深	3 ~ 5

Cr12 型高碳高铬工具钢，由于碳含量高，铬含量高，有很高的耐磨性、淬透性，有较高的耐回火性以及很小的淬火畸变，因此适用于制造断面尺寸较大、形状复杂、耐磨性要求较高的工具。

高速工具钢的耐磨性和热硬性最好，淬硬深度深，淬火畸变和开裂的倾向小。但它的韧性低，价格昂贵。因此，高速工具钢用于制造切削速度较高的机用切削工具，包括形状复杂的大规格的各种切削工具。

高速工具钢包括普通高速工具钢和高性能高速工具钢。高性能高速工具钢主要有高钒高速工具钢和含钴高性能高速工具钢，国产的含铝和含氮的高速工具钢也在此列。普通高速工具钢用来制造各种普通切削工具。高碳高钒高速工具钢和含铝、含氮的高速工具钢耐磨性极好，但可磨削性差，只适用于制造形状简单，热处理后不需要再磨削或只需少量磨削的工具。含钴的高速工具钢具有很高的热硬性和耐磨性，主要用于制造加工各种耐热合金等难加工材料的工具。

表8-3中列举了几种高速工具钢主要性能的相对

指数。耐磨性最好的高速工具钢是W12Cr4V5Co5，相对耐磨指数为92；W18Cr4V高速工具钢的耐磨性最差，相对耐磨指数只有40。韧性最好的高速工具钢是W2Mo9Cr4V2，相对韧性指数为75；W12Cr4V5Co5高速工具钢的韧性最差，相对韧性指数只有27。热硬性最好的高速工具钢是W2Mo9Cr4VCo8，相对热硬性指数为92。可磨削性以W18Cr4V为最好，相对可磨削性的指数为80。W12Cr4V5Co5和W6Mo5Cr4V4两种高速工具钢的可磨削性的指数最低，只有20。

此外，从表8-3中可以看出，W2Mo9Cr4VCo8是一种各项性能指数都很好的高性能高速工具钢，相对耐磨性指数为90，相对热硬性指数为92，均为最高档次；相对韧性指数和相对可磨削性指数也不低，都是40，它是一种综合性能较好的高性能高速工具钢。

表8-3　几种高速工具钢主要性能的相对指数

牌　号	对应的美国牌号	相对耐磨性	相对韧性	相对热硬性	相对可磨削性
W6Mo5Cr4V2	M2	52	72	40	60
W6Mo5Cr4V4	M4	80	48	68	20
W2Mo9Cr4V2	M7	58	75	41	52
Mo8Cr4V2	M10	54	72	40	50
W6Mo5Cr4V3Co8	M36	52	40	75	60
W18Cr4V	T1	40	60	40	80
W12Cr4V5Co5	T15	92	27	80	20
W2Mo9Cr4VCo8	M42	90	40	92	40

3. 工具钢的选用　选择工具用钢时，首先要考虑工具的使用寿命，必须使工具能够很好地服役；其次，还要考虑到工具的生产率、制造难易和生产成本的高低等因素。

选材时要根据工具的类型、规格大小、切削方式是连续切削还是断续切削、切削速度的高低、进给量的大小、有无切削液、被加工材料的可加工性好坏等诸多因素，确定该种工具要求的最主要的性能是什么，是耐磨性、韧性、还是热硬性。例如，插齿刀、拉刀属于断续切削，所以韧性是第一位的性能要求；铣刀和滚刀属于高速重切削，耐磨性要求是第一位的；钻头属于低速重切削，所以韧性最重要；丝锥由于切削时容易折断，所以韧性和强度要求是第一位的。

根据工具对性能的主要要求，选择最合适的材料。表8-2和表8-3列举的几种工具钢和几种高速工

具钢各种性能的相对指数，在选择工具材料时可以作为参考。

同样一种工具可能因切削条件的差别而对性能的要求有所不同。例如，粗加工用的车刀由于是高速切削，切削用量较大，通常要求很高的热硬性；而精加工用的车刀由于切削用量较小，热硬性要求不高，而对耐磨性的要求较高。

同样，也要考虑生产效率的高低和制造的难易。例如，为提高生产效率而采用热轧成形法制造钻头，此法要求材料必须具备很高的热塑性，因此采用具有良好热塑性的W6Mo5Cr4V2高速工具钢制造；齿轮滚刀和剃齿刀热处理后需要磨削加工，其材料必须具备良好的可磨削性。耐磨性和热硬性都很好的W6Mo5Cr4V2Al高速工具钢就是因为可磨削性差，大大降低了生产率，因而不能用来制造这种齿轮刀具。

在选材时还要考虑生产成本。例如，不要求热硬性的手工工具和低速切削的工具，选用高速工具钢就会大大增加生产成本，浪费资源，因而一般不选用高速工具钢。同样，对热硬性要求不太高的切削工具，一般不选用 W2Mo9Cr4VCo8 的钴高速工具钢制造，否则不仅增加生产成本，而且含钴的 W2Mo9Cr4VCo8 高速工具钢也发挥不了热硬性好的优势。

低合金高速工具钢用作正常高速工具钢的代用品，用来制造某些不太重要的工具，其目的是降低工具的制造成本，因为低合金高速工具钢的合金元素含量比正常的高速工具钢低，价格比较便宜。试验证明，低合金高速工具钢进行氮化钛或其他工艺的物理涂层以后，切削性能大幅度提高，甚至超过正常的高速工具钢，符合低碳生产理念。

粉末高速工具钢的最大特点是碳化物的颗粒细小均匀，与冶炼法相比可以在钢中加入更多的碳、钒等合金元素，得到性能更高的高速工具钢。粉末高速工具钢的可磨削性好，更适于制造形状复杂的齿轮刀具。特别需要的地方也可选用合金元素含量更高的粉末高速工具钢。

目前，国内在工具的选材方面大体上情况如下。

通常钳工五金工具类的锤子、克丝钳、锻工锤等承受冲击的工具用 T7 和 T8 钢制造。锉刀、手用锯条和低速切削的金属带锯多用 T10 和 T12 钢制造。机用锯条和高速切削的金属带锯用高速工具钢制造。木工用的圆锯、手锯和錾子多用 T8 和 T10 高碳钢制造，木工用的铣刀、钻头、刨刀和切刀常用 T8 和 T10 制造，切削速度较高时，也采用高速工具钢制造。手工用的丝锥、板牙、铰刀常用 9SiCr、GCr15、GCr6 或 T12 钢制造，要求耐磨性高的圆板牙也采用高速工具钢制造，机用丝锥采用高速工具钢制造。

滚丝轮和搓丝板要求较高的耐磨性，尺寸较大，多采用高碳高铬钢 Cr12MoV 制造。

机床上用的金属切削工具，如铣刀、钻头、铰刀等一般可以采用 W6Mo5Cr4V2、W18Cr4V、W9Mo3Cr4V 等普通高速工具钢制造。滚刀、插齿刀、剃齿刀等齿轮刀具根据加工的材料不同和切削速度的高低一般可以采用普通高速工具钢 W6Mo5Cr4V2 制造，也可以采用 W6Mo5Cr4V2Co5、W2Mo9Cr4VCo8 等高性能高速工具钢制造；必要时也采用 Asp23 和 Asp30 等粉末高速工具钢制造。有些热硬性要求不高的切削工具也可采用低合金高速工具钢制造。

车刀一般应该采用耐磨性高的高速工具钢来制造，如采用 W12Cr4V5Co5、W6Mo5Cr4V3 和 W6Mo5Cr4V2Al 制造，可以得到较高的使用寿命。

8.1.4　工具用钢的质量要求

8.1.4.1　碳素工具钢与合金工具钢的质量要求

碳素工具钢与合金工具钢退火后的珠光体级别和网状碳化物级别分别按 GB/T 1298—2008 和 GB/T 1299—2000 的第一级别图和第二级别图评定，合格的级别见表 8-4 规定。

Cr12 型高铬工具钢的共晶碳化物组织按 GB/T 1299—2000 第三级别图评定，其合格级别为：产品直径 ≤50mm 者，≤3 级；直径 50～70mm 者，≤4 级；直径 70～120mm 者，≤5 级；直径 >120mm 者，≤6 级。

表 8-4　碳素工具钢和合金工具钢的退火组织要求

牌　　号	珠光体组织	网状碳化物
T7、T8、T8Mn、T9	≤φ60mm 者 1～5 级	≤φ60mm 者 ≤2 级
T10、T11、T12、T13	≤φ60mm 者 2～4 级	≤φ60mm 者 ≤2 级 >φ60～φ100mm 者 ≤3 级
9SiCr、Cr6、CrWMn、CrMn	≤5 级	≤φ60mm 者 ≤3 级
丝锥用 9SiCr	2～4.5 级	≤φ60mm 者 ≤2 级

球化组织良好的钢淬火过热敏感性小，可加工性好，工艺性能好。严重的网状碳化物使钢的塑性降低，淬火开裂倾向增大，增加切削刃的脆性，降低工具的使用寿命。

此外，对碳素工具钢与合金工具钢的淬火硬度，淬透性等也有要求，但这些技术要求一般都能得到保证，所以工具制造者一般都不作检验。

8.1.4.2　高速工具钢的质量要求

1. 碳化物不均匀度　高速工具钢碳化物不均匀度按 GB/T 9943—2008 第一、第二级别图评定，应符合表 8-5 的规定。碳化物不均匀度级别过高，钢的强度和热硬性下降，脆性增大，刀具容易产生崩刃、断齿等现象，显著地降低工具的使用寿命。同时碳化物不均匀度的增加会造成淬火时钢的晶粒不均匀长大，增加钢过热的敏感性，增加工具的淬火开裂倾向。

有时用户需对高速工具钢材料进行锻打，经反复锻打后碳化物会发生弯曲、折叠现象，此时的碳化物级别应按 JB/T 4290—2011《高速工具钢锻件　技术条件》评定。

2. 大块角状碳化物　高速工具钢中碳化物的尺寸不应过大，否则也会降低工具的使用寿命，甚至造成切削时产生崩刃现象。高速工具钢中大块角状碳化物尺寸的大小应符合 GB/T 9943—2008 的规定。钨系高速工具钢中的大块角状碳化物在呈分散分布和集中分布时，其最大尺寸根据钢材规格的大小应符合表 8-6 的规定。钨钼系高速工具钢钢丝的碳化物尺寸不得大于 12.5μm。

表 8-5　高速工具钢碳化物不均匀度级别的规定

刀具种类	钢材直径 /mm	碳化物级别	备　　注
齿轮刀具 螺纹刀具 拉刀	$\phi \leqslant 40$	$\leqslant 3$	钻头、铣刀、车刀等通用刀具的碳化物级别可以放宽 1 级
	$\phi > 40 \sim 60$	$\leqslant 4$	
	$\phi > 60 \sim 80$	$\leqslant 5$	
	$\phi > 80 \sim 100$	$\leqslant 6$	
	$\phi > 100 \sim 120$	$\leqslant 7$	

表 8-6　钨系高速工具钢大块角状碳化物的允许尺寸

钢材直径 /mm	分散分布的角状碳化物/μm	集中分布的角状碳化物/μm
≤15	18	16
>15 ~ 40	21	18
>40 ~ 80	23	21
>80 ~ 120	25	23
>120	双方协议	双方协议

3. 宏观组织　高速工具钢的宏观组织按 GB/T 1979—2001 一组的规定，中心疏松、一般疏松和偏析均不得大于 1 级。

8.2　工具钢的热处理工艺

8.2.1　碳素工具钢与合金工具钢的热处理工艺

8.2.1.1　退火

为了降低钢材的硬度，便于切削加工；为了得到较好的退火组织，为淬火作准备；为了淬火工件重新淬火，工具钢需要进行退火。常用碳素工具钢与合金工具钢的退火工艺规范见表 8-7。

对不容易球化的钢可以采用循环退火的方法，第一次等温后重新加热到退火温度，而后再冷却到等温温度保温，这样反复多次，以增进球化效果。

表 8-7　碳素工具钢和合金工具钢的退火工艺

牌号	加热 温度 /℃	加热 保温时间 /h	冷却 缓冷	冷却 等温 温度/℃	冷却 等温 保温时间/h	硬度 HBW
T7	740 ~ 750			650 ~ 680		≤187
T8	740 ~ 750			650 ~ 680		≤187
T9	740 ~ 750			650 ~ 680		≤192
T10	750 ~ 760			680 ~ 700		≤197
T11	750 ~ 760			680 ~ 700		≤207
T12	760 ~ 770	2 ~ 4	<30℃/h，炉冷到 500 ~ 600℃ 出炉	680 ~ 700	4~6，等温后炉冷到 500 ~ 600℃ 出炉	≤207
T13	760 ~ 770			680 ~ 700		≤217
9SiCr	790 ~ 810			700 ~ 720		179 ~ 241
CrWMn	770 ~ 790			680 ~ 700		207 ~ 255
CrMn	780 ~ 800			700 ~ 720		197 ~ 241
Cr2	770 ~ 790			680 ~ 700		179 ~ 229
9Mn2V	750 ~ 770			670 ~ 690		≤229

（续）

牌号	加　热		冷　却			硬度 HBW
	温度/℃	保温时间/h	缓冷	等　温		
				温度/℃	保温时间/h	
GCr6	780 ~ 800		<30℃/h，炉冷到 500 ~ 600℃出炉	700 ~ 720	4~6，等温后炉冷到 500 ~ 600℃出炉	179 ~ 207
GCr15	780 ~ 800			700 ~ 720		179 ~ 207
CrW5	800 ~ 820	2 ~ 4		680 ~ 700		229 ~ 285
Cr6WV	830 ~ 850			720 ~ 740		≤235
Cr12	850 ~ 870			730 ~ 750		217 ~ 269
Cr12MoV	850 ~ 870			730 ~ 750		207 ~ 255

8.2.1.2　正火

为细化已经过热的工具钢的晶粒度或消除过共析钢网状碳化物，应该对工具钢进行正火处理。碳素工具钢和合金工具钢的正火规范，如表 8-8 所示。细化晶粒可以采用中下限加热温度；消除网状碳化物应采用上限加热温度，促使碳化物完全溶入奥氏体。碳素工具钢和合金工具钢的正火组织一般为片状珠光体，通常还要进行球化退火，使珠光体球化。

表 8-8　碳素工具钢和合金工具钢的正火工艺

牌　号	加热温度/℃	保温时间系数(s/mm)	冷却方式	硬度 HBW
T7	800 ~ 820			241 ~ 302
T8	760 ~ 780			241 ~ 302
T9	780 ~ 800			241 ~ 302
T10	830 ~ 850			255 ~ 329
T11	840 ~ 860			255 ~ 329
T12	850 ~ 870		视工件尺寸大小可采取空冷、风冷、硝盐(400℃左右)冷却、油冷	269 ~ 341
T13	860 ~ 880	盐浴炉:20 ~ 25 空气炉:50 ~ 80		269 ~ 341
Cr2	930 ~ 950			302 ~ 388
9SiCr	900 ~ 920			321 ~ 415
CrMn	900 ~ 920			321 ~ 415
CrWMn	970 ~ 990			388 ~ 514
GCr6	900 ~ 950			270 ~ 390
GCr15	900 ~ 950			270 ~ 390

8.2.1.3　调质

为了使工件加工后能够得到较低的表面粗糙度值，细化淬火前的组织，减少最终的热处理畸变，并得到高而均匀的淬火硬度，可以采用调质作为预备热处理工序。常用碳素工具钢和合金工具钢的调质工艺，如表 8-9 所示。

表 8-9　碳素工具钢与合金工具钢的调质工艺

牌　号	淬　火		回　火		硬度 HBW
	温度/℃	冷却介质	温度/℃	时间/h	
T8	770 ~ 780	水	640 ~ 680	2 ~ 3	183 ~ 207
T10	780 ~ 810	水	640 ~ 680	2 ~ 3	183 ~ 207
T12	800 ~ 830	水	640 ~ 680	2 ~ 3	183 ~ 207
9SiCr	860 ~ 890	油	700 ~ 720	2 ~ 3	197 ~ 241

（续）

牌　号	淬　火		回　火		硬度 HBW
	温度/℃	冷却介质	温度/℃	时间/h	
CrMn	850～880	油	700～720	2～3	197～241
CrWMn	830～860	油	700～720	2～3	207～245
GCr15	840～870	油	700～720	2～3	197～241
GCr6	810～840	油	700～720	2～3	197～241

8.2.1.4　去应力退火

去应力退火用于消除由于冷塑性加工产生的加工硬化或消除切削加工产生的内应力。去应力退火常用的温度为 600～700℃，根据工件的大小和装炉量的不同，保温时间为 0.5～3h，采用空冷或炉冷。Cr12MoV 钢的去应力退火温度可以采用 760～790℃。

为消除磨削加工产生的内应力，可以采用 500℃退火；为消除精磨后的内应力，退火温度甚至可以降至 160℃。

8.2.1.5　淬火

1. 淬火加热　碳素工具钢和合金工具钢工具的淬火加热可在盐浴炉中进行。盐浴的成分和脱氧剂见第1卷第2章。必须在脱氧状态良好的条件下才能对工具进行加热，通常盐浴中的氧化物含量应控制在 0.3%（质量分数）以下，以避免工具加热时产生氧化脱碳。

在可控气氛炉中加热可以很好地防止工具表面产生氧化脱碳，很多手工工具和五金工具常采用可控气氛炉或保护气氛炉加热，还可以实现自动化连续生产，大大提高生产率。

Cr12MoV 钢制的滚丝轮和搓丝板采用真空气淬炉处理，有很好的效果。但是对大多数碳素工具钢和合金工具钢来说，采用真空炉的意义不大，这主要是因为这些工具本身的售价较低，采用设备复杂的真空炉，会提高生产成本，同时在技术上也有一定的难度，因为一般气淬不足以使碳素工具钢和合金工具钢淬硬。

现在，工具很少采用直接在空气炉中加热淬火，因为这会造成工具表面的氧化脱碳，这对高碳钢的工具来说是不允许的。在特殊的情况下，一定要在空气炉中加热时，可以在工具的表面涂一层硼砂，以减少氧化脱碳。

碳素工具钢和合金工具钢的热处理工序为：预热→淬火加热→冷却→回火。

在淬火加热之前，工具应进行预热，对形状复杂的刀具，预热工序更是必不可少。预热的温度一般为 500～650℃，Cr12MoV 类的高碳高铬工具钢应该增加一次 800～850℃ 的预热。通常预热的保温时间与淬火加热时间相同。

碳素工具钢与合金工具钢的淬火加热温度、淬火冷却介质和淬火硬度，如表8-10所示。

表 8-10　碳素工具钢与合金工具钢的淬火回火工艺

牌　号	淬　火			回　火	
	加热温度/℃	冷却介质	硬度　HRC	加热温度/℃	硬度[①]HRC
T7	780～800 800～820	盐或碱的水溶液 油或熔盐	62～64 59～61	140～160 160～180 180～200	61～63 58～61 56～60
T8	760～770 780～790	盐或碱的水溶液 油或熔盐	63～65 60～62	140～160 160～180 180～200	62～64 58～61 56～60
T10	770～790 790～810	盐或碱的水溶液 油或熔盐	63～65 61～62	140～160 160～180 180～200	62～64 60～62 59～61

（续）

牌 号	淬 火			回 火	
	加热温度/℃	冷却介质	硬度 HRC	加热温度/℃	硬度[1]HRC
T12	770~790 790~810	盐或碱的水溶液 油或熔盐	63~65 61~62	140~160 160~180 180~200	62~64 61~63 60~62
T13	770~790 790~810	盐或碱的水溶液 油或熔盐	63~65 62~64	140~160 160~180 180~200	62~64 61~63 60~62
Cr2	830~850 840~860	油 硝盐	62~65 61~63	130~150 150~170	62~65 60~62
9SiCr	850~870	油,硝盐	62~65	140~160 160~180	62~65 61~63
CrMn	840~860	水,油	63~66	130~140 160~180	62~65 60~62
CrWMn	820~840 830~850	油 硝盐	62~65 62~64	140~160 170~200	62~65 60~62
SiMn	780~800 800~840	水 油,硝盐	62~65	150~160	62~64
9Mn2V	780~800	油,硝盐	≥62	150~200	60~62
CrW5	820~860	水,油	64~66	150~170 200~250	61~65 60~64
Cr6WV	950~970 990~1010	油 硝盐	62~64 62~64	150~170 190~210 第一次500 第二次190~210	62~63 58~60 57~58
Cr12MoV	1000~1040 1115~1130	油,硝盐 油,硝盐	62~63 45~50	150~170 200~275 510~520多次	61~63 57~59 60~61
GCr6	800~825 790~810	油,硝盐 水	62~65 63~65	160~180	≥61
GCr15	830~850 840~860	油 硝盐	62~65 61~63	160~180	≥61

① 碳素工具钢为在盐或碱水溶液中淬冷并经相应温度回火的硬度。

（1）淬火加热温度。淬火加热温度根据表8-10进行选择，应根据加热介质的不同，工具形状复杂程度，材料的原始组织等因素进行调整。

在空气炉中加热时，应比盐浴炉加热提高10~20℃。工具形状复杂，断面尺寸变化较大时，为减少淬火畸变和开裂，可以采用下限淬火加热温度。具有片状珠光体或细粒状珠光体组织的钢过热倾向大，宜采用下限淬火温度。

淬火冷却方法也影响到淬火加热温度的选择。采用油或熔盐等较缓慢的淬火冷却介质淬火时，加热温

度可以采用比水溶液淬火高 10 ~ 20℃。采用贝氏体
等温淬火或马氏体分级淬火可以采用上限的淬火加热
温度。

对尺寸较大（≥φ25mm）需要水淬的碳素工具钢
工具，为避免因淬硬层浅，硬度梯度陡而产生弧状裂
纹，应该适当提高淬火加热温度。例如，T12 钢制的
大规格手用丝锥，淬火温度可以提高到 800 ~ 820℃。

碳素工具钢和合金工具钢的淬火组织的检验通常
以工具钢淬火后马氏体针的大小，即以马氏体的级别
来衡量淬火的效果，一般马氏体针应该在 3 级以下。
淬火温度过高，马氏体针粗大，增加工具的淬火开裂
倾向。

（2）淬火加热时间。淬火加热时间的长短与工
具的尺寸大小、钢材的种类等因素有关，通常以工具
的有效厚度乘以加热系数来确定。工具有效厚度计算
方法和普通工具钢的加热系数，如表 8-11 所示。

**表 8-11　工具的有效厚度计算方法和
淬火加热系数**

工具类型	有效厚度	加热系数/(s/mm)
圆棒形工具（钻头、铰刀、圆拉刀等）	外径	碳素工具钢： 空气炉:50 ~ 80 盐浴炉:20 ~ 25 合金工具钢： 空气炉:70 ~ 90 盐浴炉:25 ~ 30
扁平形的工具（如锯片、圆板牙、搓丝板、扁拉刀等）	厚度	
空心圆柱形工具	(外径 －内径)/2	
不规则形状工具	主要部分的厚度	

按表 8-11 选择加热系数时，较小尺寸的工具宜
选择上限加热系数。选择上限淬火温度时，宜选择下
限加热系数。某些五金工具常采用快速加热或高频感
应加热，淬火温度远远高于正常淬火加热温度，此时
加热系数应大大缩小。此外。选择淬火加热系数时，
还应考虑到加热设备的类型、容量、装炉量和装夹方
式及预热情况等因素。

在一定的淬火加热温度下，保温时间的长短，
必须以奥氏体均匀化为目标。通常工具淬火加热时
间应该包括工件入炉以后，加热炉的仪表升高到设
定淬火温度的时间，全部工件都达到淬火加热温度
的时间，所有工件由表面到心部全部热透的时间。
同时还必须考虑钢的组织转变和组织均匀化的时间。
图 8-1 是 T8 共析钢组织均匀化的实例。到达淬火温
度时，钢的组织为珠光体，第一条线是形成 φ 奥氏

体 = 0.5% 的线（组织为珠光体 + 奥氏体 + 碳化
物），第二条线为 φ（奥氏体）= 99.5% 的线（组织
为奥氏体 + 碳化物），以后再经过较长时间的保温
才形成均匀的奥氏体。

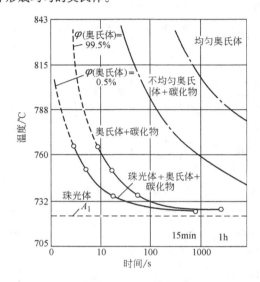

**图 8-1　淬火温度和加热时间对
T8 钢组织转变的影响**

以上是 T8 共析钢的情况，如果是亚共析钢还必
须考虑铁素体溶入奥氏体的时间；对过共析钢来说，
如果需要碳化物溶解，同样也要考虑碳化物溶解时
间。通常人们在计算加热时间时往往都没有考虑到奥
氏体组织的均匀化时间。

2. 冷却　碳素工具钢与合金工具钢淬火冷却介
质，根据工具的材料、硬度、畸变要求及工件的尺寸
大小来选择。不含合金元素的碳素工具钢一般都采用
水溶液、水-油或水-硝盐浴（或碱浴）双介质淬火。
含合金元素的合金工具钢或小尺寸的碳素工具钢件可
以采用油冷或硝盐浴（或碱浴）冷却。Cr12 型高铬
钢可以采用油冷，在真空炉中加热时采用氮气冷却。
碳素工具钢与合金工具钢的淬火冷却方法的选择，可
以参考表 8-12。

质量分数为 40% ~ 50% NaOH 饱和水溶液的冷却
能力比质量分数为 5% ~ 10% NaOH 水溶液的为好，
工件产生畸变和开裂的倾向也小。对某些易畸变的工
件，有时可以采用 150℃ 的热油淬火。油温在 80 ~
120℃ 时，既有较高的冷却能力，又有利于减少畸变。
马氏体分级淬火和贝氏体等温淬火适用于合金工具钢
和小尺寸的碳素工具钢件。分级和等温温度的高低和
保温时间的长短，可根据工具的硬度、性能要求及畸
变和开裂倾向大小来决定。

表 8-12 碳素工具钢与合金工具钢的淬火冷却方法

冷却方法	淬火冷却介质(质量分数)	介质温度/℃	适 用 范 围
单液淬火	水溶液:40%~50% NaOH 5%~10% NaOH(或 NaCl)	≤40	>φ12mm、形状简单的碳素工具钢
	L-A N15、L-A N32 淬火油	20~120	合金工具钢,<φ5mm 碳素工具钢
双介质 淬火	水溶液-油		>φ12mm、形状复杂的碳素工具钢
	水溶液-硝盐(或碱浴)		>φ12mm、形状复杂的碳素工具钢
马氏体分级 淬火	50% KNO₃ + 50% NaNO₂	150~200	合金工具钢,<φ12mm 的碳素工具钢
	85% KOH + 15NaNO₂ 以及总重 量 3% 的水	150~180	合金工具钢,≤φ25mm 碳素工具钢
贝氏体等温 淬火	硝盐	150~200	合金工具钢,<φ12mm 的碳素工具钢
	碱浴	150~180	合金工具钢,≤φ25mm 碳素工具钢

8.2.1.6 回火

碳素工具钢和合金工具钢的回火温度可以根据表 8-10 作大致选择,也可以根据第 4 卷的"淬火钢在不同温度回火的力学性能曲线"的内容来选择。贝氏体等温淬火的工具可以采用下限的回火温度。在硝盐中或油中回火时,回火时间为 1.5h~2h。工件的尺寸较大或装炉量较多时回火时间应适当延长。

碳素工具钢与合金工具钢一般都只进行一次回火,Cr12Mo 类的工具钢采用高温淬火时,淬火后钢中存在大量的残留奥氏体,应进行多次回火。

8.2.2 高速工具钢的热处理

8.2.2.1 退火

由于高速工具钢中有较高的碳含量和大量的合金元素,在冶金厂轧制或锻造以后,即使在空冷的情况下,也会有较高的硬度,因此必须进行软化退火,达到标准规定的硬度值才能出厂。工具制造者有时要对高速工具钢钢材进行锻造成形或为改善碳化物偏析而进行锻造,有时用热轧成形的方法制造工具,有时要对淬火件进行返修等都需要对高速工具钢进行退火。

近年来,国内外的试验都说明,高速工具钢退火时,如果保温时间太长,由于碳合物聚集长大,会显著地降低工具的使用寿命,因此选择合理的退火工艺规范非常重要。

常用高速工具钢的退火温度和退火以后的硬度见表 8-13。退火的保温时间根据装炉量等情况应有所不同,一般应在 3~4h。保温后可采用 10~20℃/h 的速度冷却至 600℃以下出炉;也可采用冷至 740~760℃,停留 4~6h,再冷至 600℃以下出炉的等温退火方法。

表 8-13 高速工具钢的热处理工艺

牌　号	退火温度/℃	退火硬度 HBW	淬火温度/℃	回火温度/℃	回火硬度 HRC
W18Cr4V	850~870	≤255	1270~1285	550~570	≥63
9W18Cr4V	840~860	≤262	1260~1280	550~570	≥63
W9Mo3Cr4V	840~870	≤255	1220~1240	550~570	≥63
W12Cr4V5Co5	850~870	≤277	1220~1240	530~550	≥65
W6Mo5Cr4V2	840~860	≤255	1210~1230	540~560	≥63
9W6Mo5Cr4V2	840~860	≤255	1190~1210	540~560	≥65
W6Mo5Cr4V2Al	840~860	≤269	1220~1240	540~560	≥65
W6Mo5Cr4V3	840~860	≤262	1190~1210	540~560	≥64
W2Mo9Cr4V2	840~860	≤255	1190~1210	540~560	≥65
W6Mo5Cr4V2Co5	840~860	≤269	1190~1210	540~560	≥64
W6Mo5Cr4V3Co8	840~860	≤269	1190~1210	540~560	≥64
W7Mo4Cr4V2Co5	870~890	≤269	1180~1200	530~550	≥66
W2Mo9Cr4VCo8	870~890	≤269	1170~1190	530~550	≥66

高温退火是一种新的退火方法，可以大大缩短退火周期，提高退火质量。高温退火方法的加热温度为 $Ar_1 + (10 \sim 20)$℃，即退火温度由普通退火的 840 ~ 860℃，提高到 880 ~ 920℃。以前的退火方法在 Ar_1 点以下保温，由于温度较低，虽然保温时间长，但高速工具钢仍然不能进行充分的再结晶，钢材不能充分软化。高温退火时温度在 Ar_1 以上，相变可以瞬间完成，相变进行得很充分，进行了完全的再结晶，因而钢材充分软化。

图 8-2 为高温退火工艺曲线与以前的普通退火工艺曲线的比较。由图可见，高温退火工艺的保温时间大大缩短，冷却阶段的保温时间几乎被取消，因而退火周期大大缩短。高温退火钢材的硬度更低，可加工性更好，切削效率可以提高 20%；制成工具的切削寿命，比普通退火的高速工具钢制造的工具，提高 15% ~ 20%。

8.2.2.2　改善可加工性的热处理

为改善高速工具钢的可加工性，改善工具的表面粗糙度，可以按表 8-14 推荐的工艺对高速工具钢进行预备热处理。使毛坯的硬度达到 280 ~ 370HBW。

表 8-14 中一次处理的方法（工艺方法 I、II）比调质处理（工艺方法 III）的效果更好。采用此法处理的高速工具钢在较大的切削用量的条件下，加工的表面粗糙度 Ra 可以达到 1.6μm。

一次处理的方法加热温度较低，在以后淬火加热

时奥氏体晶粒度不均匀长大的倾向小。淬火前进行 720 ~ 760℃ 的退火，可避免晶粒不均匀长大。

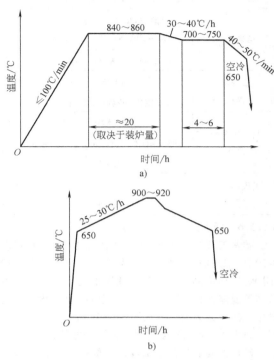

图 8-2　高速工具钢新旧退火工艺曲线
a）原退火工艺（Ю. А. Геллр 建议）
b）新退火工艺

表 8-14　改善高速工具钢可加工性的预备热处理

工艺方法	加热温度/℃		加热系数 /(s/mm)	冷却方法	回　火
	W18Cr4V	W6Mo5Cr4V2			
I	850 ~ 870	840 ~ 860	25 ~ 35	风冷或油冷	—
II	880 ~ 890	870 ~ 880	20 ~ 30	720 ~ 730℃ 停留 60 ~ 90s 后空冷	—
III	900 ~ 920	880 ~ 900	15 ~ 20	空冷或油冷	620 ~ 700℃ 0.5 ~ 2h

8.2.2.3　去应力

经塑性变形方法加工的毛坯以及冷拉、冷挤的各种工具的原材料或毛坯，为消除钢的冷作硬化现象，采用 720 ~ 760℃ 的低温退火方法。对形状复杂、切削加工量较大或薄片状工具，为了减少淬火畸变或产生淬火裂纹，常用 600 ~ 650℃ 高温回火法消除应力。为消除磨削加工的应力可在 200 ~ 500℃ 回火 1 ~ 2h，粗磨后可在 500℃ 去应力，精磨后可在 200℃ 去除应力。

8.2.2.4　淬火

下面叙述的高速工具钢热处理工艺参数主要适用于盐浴炉加热。

1. 预热　高速工具钢导热性差，工件不容易烧透，淬火加热前必须进行预热，一般要进行两次预热：

低温预热：450 ~ 500℃，保温 1 ~ 1.5min/mm（空气炉）；600 ~ 650℃，保温 0.8 ~ 1.0min/mm（盐浴炉）。

中温预热：800 ~ 850℃，保温 0.4 ~ 1.0min/mm（盐浴炉）。

尺寸不大、形状简单的工具可以采用一次预热，对大多数工具来说，以两次预热为好，这有利于减少淬火的畸变和开裂，而且第一次预热烤干工具表面的水分，工具进入盐浴炉时不会产生盐浴溅射现象，生

产更加安全。也可采用三次预热的方法，即再增加一次 1050～1100℃ 的高温预热。高温预热时间与淬火加热时间相同。高温预热可以使工具表层与心部温差更小，更有利于减少工具的畸变与开裂，同时可以适当缩短淬火加热时间。

2. 淬火加热

（1）淬火加热温度。高速工具钢工具淬火加热温度的选择，首先是由制造工具的高速工具钢的成分决定的；其次，也要考虑工具的种类和规格，专门针对具体加工对象制造的工具还必须考虑到被加工材料的可加工性和切削规范等使用条件。

各种常用高速工具钢的淬火加热温度，如表 8-13 所示。推荐的几种低合金高速工具钢的淬火加热温度，如表 8-15 所示。

表 8-15　几种低合金高速工具钢的热处理规范

牌　　号	国家	淬火温度/℃	回火温度/℃
D950	瑞典	1160～1180	540～560
Vasco dyoc	美国	1150～1190	525～560
W4Mo3Cr4VSi	中国	1160～1180	540～560
W3Mo2Cr4VSi	中国	1160～1180	540～560

随着淬火加热温度的升高，碳化物不断地溶入高速工具钢的基体，残留碳化物的数量不断减少。图 8-3 显示了 W18Cr4V 和 W6Mo5Cr4V2 两种高速工具钢在淬火加热时，钢中的碳化物数量逐渐减少的情况。W18Cr4V 高速工具钢中碳化物的质量分数淬

火加热前在 25% 以上，加热到 1300℃ 时只有 15% 左右。W6Mo5Cr4V2 高速工具钢中碳化物的质量分数淬火加热前在 20% 以上，加热到 1300℃ 时只有 10% 多一些。

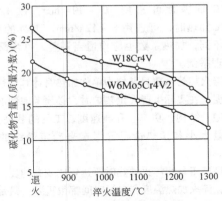

图 8-3　高速工具钢中碳化物数量与淬火温度的关系

随着碳化物的不断溶入基体，基体中的 C 及 W、Mo、Cr、V 等合金元素的含量不断升高，这有利于提高淬火后形成的马氏体的耐磨性和热硬性。图 8-4 为 W18Cr4V 和 W6Mo5Cr4V2 两种高速工具钢 C 及 W、Mo、Cr、V 含量随着淬火温度的升高而升高的情况。基体中 C 的含量几乎随着淬火加热温度的升高而直线上升。Cr 的含量随着淬火温度的升高而增加，1100℃ 以上 Cr 含量不再增加，说明 Cr 的碳化物在 1100℃ 几乎全部溶入基体。W、Mo、V 的含量随着淬火加热温度的升高而不断上升，直到 1300℃ 其含量还在增加，说明此时这些碳化物只是部分溶入基体，尚未完全溶解。

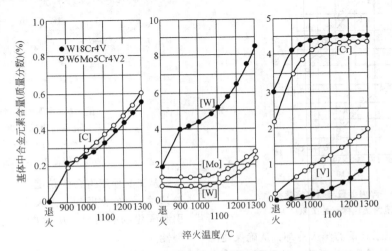

图 8-4　高速工具钢中合金元素含量与淬火温度的关系

（2）淬火加热时间。高速工具钢的淬火加热时间通常以工具的有效厚度乘以加热系数来计算。有效厚度的计算方法，可以参考表8-11。高速工具钢在盐浴中的加热系数与淬火加热温度有关，1150～1240℃加热时可选用10～12s/mm，在1250～1300℃加热时，可选用8～12s/mm。工具的种类、规格不同，加热系数也应作适当调整，可参阅工具热处理举例。

淬火加热系数只是作为单件加热时计算加热时间的依据，在实际生产大量装炉时，必须考虑到加热炉的类型、结构、功率、升温速度、工具的装夹方式、装炉量大小和预热情况等因素来确定最终的加热时间。

高速工具钢淬火加热时要达到比较高的奥氏体化程度，淬火加热温度和保温时间都很重要，只是淬火温度的作用更大一些，两者作用的综合考虑，可以用淬火参量公式来表达。

$$P = t\ (37 + \lg\tau)$$

式中　　P——淬火参量；

　　　　t——淬火加热温度；

　　　　τ——淬火加热时间。

公式中的淬火参量 P，代表了淬火加热温度和加热时间的综合作用。在淬火过程中，无论淬火加热温度和保温时间怎样变化，只要两者的作用最终结果和淬火参量相同，那么奥氏体化的程度就应该是相当的。图8-5表示淬火参量、碳化物量和残留奥氏体量的关系。

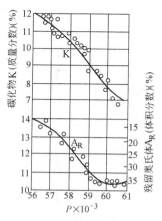

图8-5　淬火参量与碳化物量和残留奥氏体量的关系

3. 冷却　高速工具钢的淬火冷却，从确保在冷却过程中碳化物不从奥氏体中析出、保证最好的合金化程度的角度来说，应该是冷却速度越快越好；但从避免工具产生开裂和减少畸变、防止开裂的角度来说，冷却速度越慢越好。在实际生产中，往往都是在保证淬火硬度的前提下，尽量缓慢冷却，以免产生开裂、畸变。

高速工具钢在从高温炉中出来后，在浸入到淬火冷却介质之前，即使在高温短时间的停留都会有碳化物析出。这种碳化物的析出过程通过高倍电子显微镜可以清晰地观察到。

图8-6显示了W2Mo9Cr4V2高速工具钢在1190℃奥氏体化后，冷却时中间停留对碳化物析出的影响。图8-6a是从奥氏体化温度直接水冷，中间没有停留，基体和晶界都非常清晰，没有任何析出物。图8-6b是从奥氏体化温度冷却到980℃停留30s，晶界和晶粒内部都有碳化物析出。

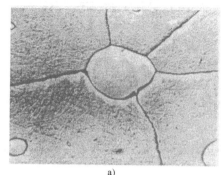

a)

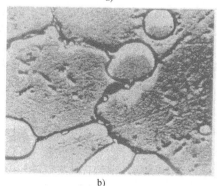

b)

图8-6　高温停留对碳化物析出的影响

a）从奥氏体化温度直接水冷 12600×

b）在980℃停留30s后水冷 12600×

从工具使用寿命的角度来说，高速工具钢淬火冷却时，最好立即浸入淬火冷却介质，中间停留会引起碳化物的析出，从而损害工具的耐磨性和热硬性。

关于高速工具钢淬火的冷却方法，早期较普遍采用的油冷淬火现在已经较少采用。现在国内工具厂多采用 500~600℃ 的分级冷却。俄罗斯曾试验提高分级温度，甚至把分级温度提高到 680℃。提高分级温度有利于减少淬火畸变。欧美国家则多采用 550℃ 的分级温度。从工具使用寿命的角度来说，应该是分级的温度越低，工具寿命越长。

从减少工具淬火畸变、防止开裂的角度来说，等温淬火更有利。进行等温淬火的工具应先在分级盐浴中冷却，然后再冷却到贝氏体转变区作等温停留。通常是在 240~260℃，等温 60~240min。由表 8-16 可见，W18Cr4V 高速工具钢从淬火加热的奥氏体状态在 260℃ 停留（等温）60min 以上，可以形成大量贝氏体。随着停留时间的延长，贝氏体含量增加，马氏体含量减少，残留奥氏体含量增加。大量贝氏体的形成可以显著地提高钢的韧性，但钢的硬度有所下降。

表 8-16　等温时间对 W18Cr4V 高速工具钢组织和硬度的影响

等温时间/h	等温后冷却的马氏体点/℃	室温下的相组成（体积分数）(%)				硬度 HRC
		碳化物	贝氏体	马氏体	奥氏体	
0	210	5	0	75	20	65.6
1	160	5	25	45	25	65.5
2	70	5	40	20	35	61.2
3	<0	5	50	0	45	57.8
4	<0	5	55	0	40	59.4

8.2.2.5　回火

高速工具钢的回火应达到最佳的二次碳化物析出（硬化效应），残留奥氏体充分分解和彻底消除残余应力的三大目标。

普通高速工具钢的回火硬化峰值在 560℃ 左右，所以高速工具钢的回火温度通常选择在 560℃。回火硬度峰值的位置与回火的保温时间有一定的关系。图 8-7 为回火保温时间从 0.5h 增加到 100h 时，回火硬度峰值的变化情况。由图可见，随着回火保温时间的增长，回火硬度峰值的位置向低温方向移动。反之，回火温度的升高，也可以缩短回火保温时间，正是基于这种原因，高温短时间的回火才得以实现。

回火温度与回火保温时间的关系，可以用回火参量来说明。其表达式如下：

$$P = t(20 + \lg\tau)$$

式中　P——回火参量；

$\quad\quad t$——回火温度；

$\quad\quad \tau$——回火时间。

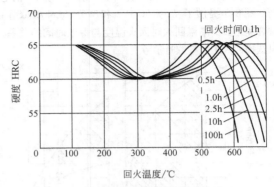

图 8-7　高速工具钢回火温度和回火时间与硬度的关系

尽管回火温度、回火保温时间有所不同，只要回火参量相同，回火的效果就相当。

形状简单的一般高速工具钢工具可以采用两次回火，形状复杂的大型工具可以采用三次、甚至四次回火。贝氏体等温淬火的高速工具钢工具，高碳高速工具钢及钴高速工具钢工具，由于淬火后残留奥氏体量较多，可适当增加回火次数。

低高温回火法，即先在 320~380℃ 回火一次，然后在 560℃ 回火两次，可以使 W18Cr4V 和 W6Mo5Cr4V2 高速工具钢的硬度增加 0.5~2HRC，冲击韧度提高 20%~50%，工具的切削寿命提高 40%。这是由于低温回火时有渗碳体型碳化物析出，促进高温回火（560℃）时 M_2C 型碳化物的大量均匀析出，减少了碳化物沿晶界析出。同时低温回火时也有部分残留奥氏体转变成贝氏体。低高温回火的高速工具钢比普通回火的高速工具钢有较高的硬度和韧性。

在单件加热或自动线上回火时，可以采用 580℃ × 20min 或 600℃ ×10min 快速回火。

为了防止回火过程中奥氏体陈化稳定，回火后应该尽快冷却至室温。形状复杂的大型工具，第一次回火时必须缓慢加热（可在 400℃ 预热）或在 500℃ 以下入炉，然后缓慢上升至回火温度保温，冷却时也应缓慢（也可置于铁桶内冷却），以防开裂。

8.2.2.6　同步热处理

同步热处理是指高速工具钢工具在盐浴热处理时，实行淬火加热、冷却和回火工序采用同样的保温时间，即以同一节拍进行生产。它可以实现热处理的全盘自动化，大大缩短生产周期，同时保证了产品质量的一致性和稳定性。生产实践证明，自动化热处理的工具，比普通热处理的工具切削寿命可以提高 20%~30%。

实现同步热处理的关键是正确选择回火温度和保温

时间,以便和淬火加热保温时间相匹配,实现同节拍生产。图8-8提供了W6Mo5Cr4V2和W6Mo5Cr4V2Co5两种高速工具钢高温回火时回火温度与保温时间的关系,供选择回火工艺参数时参考。

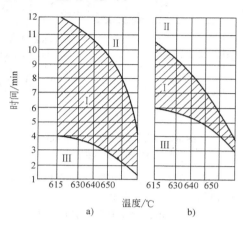

图8-8　高温回火时回火温度与保温时间的关系

a) W6Mo5Cr4V2 (1220℃加热淬火)

b) W6Mo5Cr4V2Co5 (1235℃加热淬火)

图8-8中,在Ⅰ区内任何一点的回火温度与回火时间的搭配组成的回火规范,均可使高速工具钢工具达到正常回火。在Ⅱ区内选择的回火规范会造成过回火,在Ⅲ区内选择的回火规范会造成回火不足。

8.2.2.7 高温盐浴热处理表面脱碳的检测和温度控制

1. 盐浴加热表面脱碳的检测　高速工具钢工具在高温盐浴炉中加热,虽然对盐浴定期进行脱氧,但由于加热温度高,工具表面不可避免地要产生脱碳现象,因此会影响工具淬火的质量。

长期以来,国内流行的控制脱碳的方法是对盐浴中氧化钡的含量进行控制,但这种方法只能间接地反映工具表面的脱碳情况。

国外很多国家采用钢箔法测量高温盐浴的脱碳倾向,这比测量盐浴中氧化钡的含量能更直接地反映出工具表面的脱碳情况。具体的方法:用0.1mm厚、尺寸为70mm×20mm的$w(C)$为1.0%的高碳钢钢箔,在盐浴的使用温度加热8min,然后水冷。根据钢箔的脱碳情况可以判断盐浴的脱碳倾向,判断钢箔脱碳的情况有三种方法。

(1) 弯曲法。对加热并水冷的钢箔进行弯曲,根据钢箔的弯曲程度,可以判断盐浴的脱碳倾向。根据经验并结合化验分析,可以确定某一个弯曲度为合格标准。

(2) 定碳法。化验经高温盐浴加热并水冷的钢箔的碳含量,如果$w(C)$在0.96%以上,即确定盐浴状态良好。

(3) 仪器法。由于钢的碳含量不同,其热电势的高低也不同,因此可以利用测量钢箔表面热电势的方法,来显示钢的表面碳含量的高低。国外已有专门的仪器测量钢箔的脱碳情况,称为交流器,如图8-9所示。这种仪器的原理是利用两个电极3和4,一个是被加热的电极;另一个是冷的电极,两个电极之间由于温差产生热电势。由于盐浴的脱碳情况不同,因而钢箔的碳含量不同,所以在两个电极之间产生的热电势不同,由此可以检测出试样的脱碳情况。由于事先测量了不同的碳含量钢箔的热电势,因此很容易测出钢箔的脱碳情况。

2. 高温盐浴温度的控制　高温盐浴炉控温一直是一个难题,其难点在于,在1200~1300℃的高温下,由于没有合适的耐高温材料作保护管,无法直接用热电偶作为感温元件,长期以来一直采用辐射高温计作为感温元件。

采用辐射高温计作为感温元件的最大缺点,是由于辐射高温计固定在盐浴炉的上方,高温盐浴表面有大量的烟雾,影响测量结果的稳定性和准确性;同时采用辐射高温计测量的只是盐浴表面的温度,这与在盐浴内部加热的工件的实际温度有一定的差值。

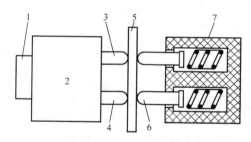

图8-9　交流器简图

1—连接电缆和补偿接头　2—机壳

3—被加热的电极　4—冷的电极

5—热处理的被测钢箔

6—夹持压紧器　7—夹持压紧器的外壳

采用插入式辐射高温计可以克服上述缺点。插入式辐射高温计如图8-10所示,它是在辐射高温计的下面,接一个封闭的延长管,并把延长管插入盐浴的内部。在工作时,向管的内部通压缩空气,可以吹走管顶端的烟雾。这样就测到了盐浴内部的温度,并克服了烟雾对测量准确性的影响。

制作插入式辐射高温计的关键,是插入盐浴内部的那一段管子的材料,它既要耐高温,又要耐急冷急

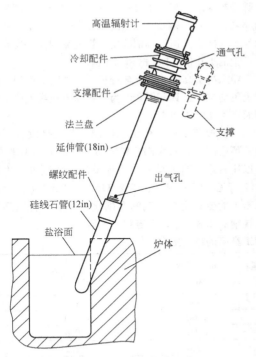

图 8-10　插入式辐射高温计

注：1in = 25.4mm。

热。据介绍，一种称为硅线石的陶瓷材料，具有这种耐高温又耐急冷急热的性能，插入式辐射高温计顶端的接管，就是用这种材料制造的。

由于对耐高温材料的开发，已经可以制造耐高温的热电偶保护管，可以用高温热电偶直接插入盐浴炉进行测、控温，因而可以更稳定、精确地控制高温盐浴炉的温度。虽然在国内外都已经有关于在盐浴中试验和使用高温热电偶的报道，但是，热电偶套管的寿命是这项技术能否普遍应用的关键。目前，用高温热电偶直接插入盐浴炉进行测控温的方法，应用已日趋普遍，有效地提高了高速工具钢热处理的控温精度和稳定性。

8.2.2.8　高速工具钢工具的真空热处理

高速工具钢工具在真空炉中进行热处理，畸变小，表面光洁，无氧化脱碳，车间工作环境好，采用微机控制可以减少手工操作，工艺重复性好。

工件在真空炉中加热，只能靠辐射传热，加热速度比盐浴炉慢得多，必须采用多段预热，长时间保温。可采用 3 ~ 4 段预热，4 段预热的温度可以采用 700℃、800℃、1050℃、1150℃。加热系数可以延长到 40 ~ 60s/mm。在装炉量不太大时，可以采用接近或稍低于盐浴炉加热的淬火加热温度。例如，W6Mo5Cr4V2 高速工具钢可以采用 1200 ~ 1220℃。在

装炉量较大时，应注意炉子中心部位的工件被遮挡，热量辐射不到，即形成"阴影"，造成较大的温差，因此应适当地延长淬火加热保温时间。

高速工具钢工具在真空炉中淬火的冷却方式，现在大都采用高纯氮气冷却（氮气的纯度：99.999%）。在采用氮气冷却时，随着氮气压力的增大，其冷却能力也增加。采用常压氮气冷却时，冷却速度很小，只适用于尺寸很小或对热硬性要求不高的工具。常压气淬的工具畸变小，韧性好。但由于冷却速度小，有碳化物自高速工具钢的基体中析出，因此钢的硬度和热硬性显著下降（见图 8-11）。

采用 0.2MPa 压力真空淬火时，高速工具钢工具的尺寸不能太大，否则也会产生硬度和热硬性下降的现象。采用 0.5MPa 压力淬火时，高速工具钢工具的尺寸可以达到 100mm，接近盐浴分级淬火的冷却能力。也有的真空炉不增加或少增加冷却气体的压力，而是增加气体的流量，同样可以达到高的冷却效果。

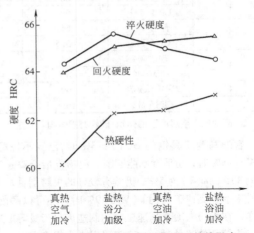

图 8-11　冷却方式对高速工具钢热硬性的影响

高速工具钢工具在真空炉中淬火时，容易产生混晶现象，即晶粒的尺寸大小相差悬殊。有时也会因为冷却速度不足而产生碳化物析出的现象。工件表面脱元素也是高速工具钢真空淬火时容易产生的表面缺陷。但只要采取相应的工艺措施，这些问题可以得到解决。

8.2.2.9　粉末冶金高速工具钢的热处理

1. 粉末冶金高速工具钢的特性　粉末冶金高速工具钢采用熔融钢液高压气雾化制粉，经过筛选、分选、装罐压实、抽真空密封和热等静压等工序，制成钢锭，再锻造、轧制成粉末冶金钢材。

粉末冶金高速工具钢是由非常细小的颗粒压制而成，它的碳化物颗粒均匀细小，因此它克服了冶炼法制造的高速工具钢碳化物偏析带来的一系列缺点，并

诞生了冶炼法不可能制造的新成分高速工具钢。

（1）改善了材料的力学性能。与冶炼法制造的普通高速工具钢相比，粉末冶金法制造的高速工具钢力学性能大幅度提高。粉末冶金法制造的 M2（W6Mo5Cr4V2）高速工具钢，比普通 M2 高速工具钢的韧性高 20%，而有些粉末冶金高速工具钢的力学性能，比冶炼法制造的高速工具钢提高的幅度更大。表 8-17 为普通的 M42（W2Mo9Cr4V2Co8）、T15（W12Cr4V5Co5）和 M4（W6Mo5Cr4V4）高速工具钢和用粉末冶金法制造的 CPM M42、CPM T15 和 CPM M4 高速工具钢，在相近的化学成分和热处理硬度条件下，力学性能的比较情况。

由表 8-17 可见，CPM M42、CPM T15 和 CPM M4 三

个牌号粉末冶金高速工具钢的冲击吸收能量分别为普通 M42、T15 和 M4 的 2.1 倍、5.3 倍和 3.2 倍。三个牌号粉末冶金高速工具钢的抗弯强度分别为普通高速工具钢的 1.6 倍、1.8 倍和 1.5 倍。

粉末冶金高速工具钢热处理后的硬度更均匀，组织也更均匀，工具不再会因为碳化物堆积或大块碳化物而产生切削刃崩刃。

（2）改善了材料的工艺性能。首先是改善了材料的可磨削性，对大部分粉末冶金高速工具钢来说，可以比普通高速工具钢成倍地提高可磨削性。由表 8-17 可见，CPM M42、CPM T15 和 CPM M4 三个牌号粉末冶金高速工具钢的磨削比，分别为普通高速工具钢的 2.8 倍、3.7 倍和 2.5 倍。

表 8-17　部分粉末冶金高速工具钢的性能数据

序　号	钢　号	淬火回火硬度 HRC	冲击吸收能量 /J	抗弯强度 /MPa	磨削比[①]
1	普通 M42	68	5.8	2600	1.8
	CPM M42	68	12.0	4060	5.0
2	普通 T15	66	5.4	2200	0.6
	CPM T15	65.5	28.5	4040	2.2
3	普通 M4	64	13.5	3640	1.1
	CPM M4	64	43.4	5430	2.7
4	CPM Rex 76	69	13.6	4150	3.8
5	普通 M2	65	17.6	3880	3.9

① 磨削比 = 金属磨削的体积/砂轮磨损体积。

普通高速工具钢的 $w(V) > 3\%$ 时，已经不好磨；$w(V) > 5\%$ 时，几乎就不能磨削。但粉末冶金高速工具钢 T15 的 $w(V)$ 为 5%，仍然有较好的可磨削性。有的粉末冶金高速工具钢 $w(V)$ 为 9% 时，还可以磨削。这样，在用粉末冶金高速工具钢制造齿轮刀具等磨削加工量较大的工具时，生产率可以大大提高。

粉末冶金高速工具钢还克服了普通高速工具钢的锻造困难，热处理容易过热、开裂、畸变等缺点。

（3）制造出合金元素含量更高的新牌号高速工具钢。由于不再担心碳化物的偏析问题和磨削及锻造等工艺问题，因此粉末冶金高速工具钢的成分有了巨大的突破。首先是大幅度提高了钢的钒含量，

几乎所有的粉末冶金高速工具钢的 $w(V)$ 都 > 3%，有的 $w(V)$ 高达 9.8%。同时，还提高了钢的碳含量，几乎所有的粉末冶金高速工具钢都是高碳高速工具钢，其 $w(C)$ 几乎均 > 1.20%，一些牌号粉末冶金高速工具钢的 $w(C) > 2\%$。

粉末冶金高速工具钢的价格比普通高速工具钢贵，一般只有对有特殊要求的齿轮刀具和切削难加工材料的刀具才采用。

2. 粉末冶金高速工具钢的牌号和成分　目前粉末冶金高速工具钢的生产厂家主要在瑞典（已被法国 ERASTEEL 公司收购）、美国、日本和奥地利，其生产的粉末冶金高速工具钢的牌号和化学成分，如表 8-18 所示。

表 8-18　粉末冶金高速工具钢的牌号和化学成分

国　别	牌　号	主要合金元素成分（质量分数）（%）					
		C	W	Mo	Cr	V	Co
瑞　典	APS23	1.28	6.40	5.00	4.20	3.10	—
	ASP30	1.28	6.40	5.00	4.20	3.10	8.50
	ASP53	2.45	4.20	3.10	4.20	8.00	—
	ASP60	2.30	6.50	7.00	4.00	6.50	10.50

（续）

国　别	牌　号	主要合金元素成分（质量分数）（%）					
		C	W	Mo	Cr	V	Co
美　国	CPM Rex T15	1.50	12.0	—	4.00	5.00	5.00
	CPM Rex 76	1.50	10.0	5.30	3.80	3.10	9.00
	CPM Rex 10V	2.40	—	1.30	5.30	9.80	—
	CPM Rex 20	1.30	6.30	10.50	4.00	2.00	—
	CPM Rex 25	1.80	12.50	6.50	4.00	5.00	—
日　本	HAP10	1.35	3.00	6.00	5.00	3.80	—
	HAP20	1.40	2.00	7.00	4.00	4.00	5.00
	HAP40	1.30	6.00	6.00	4.00	3.00	8.00
	HAP50	1.60	8.00	6.00	4.00	4.00	8.00
	HAP70	2.00	12.00	10.00	4.00	5.00	12.00
奥地利	S390PM	1.60	10.50	2.00	4.80	5.00	8.00
	S590PM	1.30	6.30	5.00	4.20	3.00	8.40
	S690PM	1.33	5.90	4.90	4.30	4.10	—
	S790PM	1.30	6.30	5.00	4.20	3.00	—

3. 粉末冶金高速工具钢的热处理　各国的粉末冶金高速工具钢根据其牌号和化学成分的不同，都有其相应的热处理规范，以下为一些热处理工艺参数的举例。

（1）粉末冶金高速工具钢的退火。瑞典对其 4 种牌号的粉末冶金高速工具钢推荐的退火规范为：在 850 ~ 900℃ 保温后，以 ≤10℃/h 的速度缓冷至 700℃ 出炉。

（2）粉末冶金高速工具钢的淬火。从热处理的基本原理来说，粉末冶金高速工具钢与普通高速工具钢的热处理应该是相同的，其差别在于粉末冶金高速工具钢的碳化物颗粒均匀细小，更容易溶入基体，因此相同化学成分的粉末冶金高速工具钢可以选择比普通高速工具钢稍低的淬火温度（降低 5 ~ 8℃）。同样，由于粉末冶金高速工具钢奥氏体更容易均匀化，可以采用较短的保温时间，可以减少 1/3 的保温时间。

各国的粉末冶金高速工具钢根据其牌号不同，其热处理的规范也不同。例如，瑞典的 4 种牌号粉末冶金高速工具钢的淬火温度均为 1160 ~ 1180℃。美国粉末冶金高速工具钢 CPM Rex T15 的淬火温度采用 1230℃，CPM Rex M42 的淬火温度采用 1190℃，CPM Rex 20 采用 1190℃。奥地利的粉末冶金高速工具钢 S390PM 的淬火温度采用 1150 ~ 1240℃。日本粉末冶金高速工具钢的淬火温度列于表 8-19。

（3）粉末冶金高速工具钢的回火。由于粉末冶金高速工具钢的碳化物均匀细小，奥氏体化更充分，回火二次硬化更充分，回火的效果更好。回火的温度和保温时间与普通高速工具钢大体相同。一般采用两次或三次回火。日本粉末冶金高速工具钢的回火工艺参数列于表 8-19。有的粉末冶金高速工具钢对回火温度进行了调整，如奥地利的 S390PM 粉末冶金高速工具钢采用 500℃ 回火。

表 8-19　日本粉末冶金高速工具钢的热处理工艺参数

牌　号	硬度 HRC	淬火温度 /℃	回火温度 /℃	回火次数
HAP10	61 ~ 64	1100 ~ 1170	560 ~ 580	2
	64 ~ 66	1100 ~ 1200	550 ~ 570	2
HAP20	62 ~ 65	1100 ~ 1170	560 ~ 580	3
	65 ~ 67	1100 ~ 1190	550 ~ 570	3
HAP40	63 ~ 65	1100 ~ 1170	560 ~ 580	3
	65 ~ 68	1180 ~ 1200	550 ~ 570	3
HAP50	64 ~ 66	1100 ~ 1170	560 ~ 580	3
	66 ~ 69	1170 ~ 1200	550 ~ 570	3
HAP70	65 ~ 69	1160 ~ 1180	560 ~ 580	3
	68 ~ 70	1180 ~ 1210	560 ~ 580	3

8.2.2.10　高速工具钢的深冷处理

通常人们把工件在干冰或氟利昂气体中冷却到 -80℃ 左右称为冷处理。深冷处理则是冷却到更低的温度，一般都是采用液体氮使工件冷却到 -190℃ 以下。

液氮处理可以采用液氮罐直接冷却，也可采用可以进行控温的深冷处理箱冷却，并用微机进行程序控制，整个程序完全自动进行。深冷处理液氮流程的示意图，见图8-12。它主要由低温储存器、循环风机、螺纹管、温度控制器和室温蒸发器等部分组成。

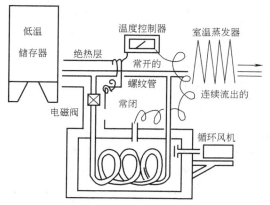

图8-12　深冷处理液氮流程示意图

在深冷处理箱中通常采用较长的保温时间，其程序为：工具缓慢冷却到 -193.9℃，保温 10～40h，然后再升温到50℃，最后缓冷到室温，工艺过程由电脑控制完成。

采用液氮深冷处理比干冰冷处理对提高高速工具钢工具耐磨性的效果更好（见表8-20）。在工业化国家深冷处理的应用已有多年历史，特别是用于工厂自制的工具效果更好。深冷处理的高速工具钢钻头、车刀、铣刀、丝锥、拉刀和齿轮刀具的效果很好，大都可以提高刀具寿命 2～4倍，高者可达 5 倍以上。

深冷处理后刀具的韧性、硬度、强度变化不大，深冷处理之所有能够提高刀具的寿命，主要是深冷处理后高速工具钢中的残留奥氏体彻底转变，同时钢中析出细小的碳化物，使钢的耐磨性大为提高。

表8-20　深冷处理的效果比较

被处理材料	冷却介质	处理温度/℃	耐磨性变化
W18Cr4V	干冰	-78.5	比未处理件提高 1.5 倍
	液氮	-190	比未处理件提高 2.25 倍
W2Mo8Cr4V	干冰	-78.5	比未处理件提高 1 倍
	液氮	-190	比未处理件提高 1.75 倍

8.2.2.11　高速工具钢刀具的表面强化

高速工具钢刀具表面强化的方法很多，蒸汽处理和氧氮共渗是目前国内在商品钻头上应用最多的方法。QPQ技术是目前国外应用较多、效果很好的方法，它适用于大量廉价的通用刀具。PVD 氮化钛及其他的涂层法是强化效果最好的方法，价格较贵，适用于精密贵重的刀具。液体硫氮共渗、电解渗硫、电火花强化、超声波强化、镀硬铬等方法对自用刀具也有较好的强化效果。激光表面强化和离子注入等新技术也正在引起人们的关注。

1. 蒸汽处理　蒸汽处理是很老、也很实用的表面强化方法，直到现在国内外在高速工具钢钻头等工具上的应用仍然很普遍。蒸汽处理是使工具在过热的蒸汽中加热，表面形成 1～5μm 厚致密的蓝黑色 Fe_3O_4 氧化膜（见图8-13）。氧化膜不仅使工具有了漂亮的商品外观，增加了工具表面的防锈能力，而且工具切削时还可以储存切削液，减少摩擦，延长工具的使用寿命。通常蒸汽处理可以提高工具寿命30%左右。

图8-13　蒸汽处理形成的氧化膜　500×
注：抛光，未浸蚀

蒸汽处理的温度为 540～560℃，保温时间为 60～90min。进汽压力为 0.04～0.05MPa，正常处理时炉膛的压力为 0.03～0.05MPa。处理的次数为一次或两次。预先清理是得到良好氧化膜的关键之一，可以采用化学脱脂法，必要时可以采用三氯乙烯气相脱脂。蒸汽处理后刀具表面应浸淬火油或锭子油。蒸汽处理后工具表面色泽应比较均一，不应有明显的花斑、锈迹或发红。经质量分数为 10% $CuSO_4$ 溶液浸泡，10min 内工具表面不得析出铜。

2. 氧氮化（氧氮共渗）　氧氮化处理是目前国内在高速工具钢直柄钻头上应用最多的表面强化方法。它是在含氮和含氧的气氛中作氧氮共渗，渗层内部是氮的扩散层，外层为氧化膜（见图8-14）。渗氮层具有高的耐磨性，氧化膜主要起防锈作用，对提高可加工性也有一定的好处。标准 JB3192 对氧氮化的质量和检验方法作了规定。高速工具钢直柄钻头氧氮化渗层的深度应为 15～45μm，表面硬度为 900～1150HV，氧化膜的厚度为 1～5μm。氧氮化一般可以提高高速

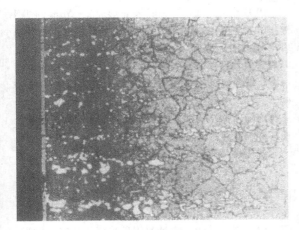

图 8-14　氧氮共渗层组织　500×
浸蚀剂：甲醇∶盐酸∶硝酸＝100∶10∶3

工具钢直柄钻头寿命 50%～100%。

氧氮化根据原料不同可以分为很多种，目前国内应用较多的是氨水汽化法及氨气和水蒸气混合法。

（1）氨水汽化法。以 25% 左右（质量分数）的氨水滴入渗氮炉中分解。以 45kW 电炉为例，其工艺方法为：工件于 350℃ 入炉，以 140～160 滴/min 的速度滴入氨水，排气 30min 左右。升温到 540～560℃ 以后，以 200 滴/min 的速度滴入氨水（800～1000mL/h），保温 90～120min。出炉后空冷，浸油。该法的特点是设备简单，投资少。缺点是氮的浓度不好控制，如氨水的来源及浓度不稳定，将影响渗层质量的稳定性。

（2）氨气、水蒸气混合法。由液氨汽化和锅炉水蒸气混合通过过热炉使混合气的温度升到 250℃ 以上，然后通入氧氮共渗炉中。通过控制氨气和水蒸气的比例，可以控制渗层中氮含量。通常氨气和水蒸气的比例为 1∶1。氧氮共渗的温度为 540～560℃，保温时间根据装炉量的不同，通常为 1.5～3h。该法的优点是可以较大范围内调节氮含量；缺点是质量不容易稳定控制，管道设备较复杂，设备投资较大。

3. QPQ 处理　QPQ 处理是在盐浴氮碳共渗基础上开发的兼有耐磨和抗蚀双重作用的表面强化技术。由于 QPQ 处理渗层中的氮的浓度更高，它比一般的氮碳共渗和氧氮化有更高的耐磨性，而且具有非常好的耐蚀性。它是目前国外在高速工具钢工具上应用最多的表面强化方法。

高速工具钢刀具 QPQ 处理工艺：

1）去油。大量生产时采用金属清洗剂或喷砂，少量生产时采用汽油清洗。

2）预热：350～400℃ 的空气炉中预热 15～20min。

3）氮化：530～550℃ 的盐浴中，保温 10～40min。

4）氧化：350～370℃ 的盐浴中，保温 15～20min。

5）空冷→清洗→干燥→浸油。

渗氮盐浴中的氰酸根含量的控制非常重要，通常应控制在 30%～35%（质量分数）范围内，最佳含量为 32%～34%。影响强化效果最大的因素是渗氮的规范，渗氮规范的选择最好以切削试验为准。在某一渗氮温度下，逐渐加长渗氮时间，并作相应的切削试验，直到得到最好的切削寿命。

在渗氮炉中工件表面形成氮的扩散层，其深度为 10～45μm，硬度可达 1200HV 以上，但脆性很小。在渗氮炉中不允许形成化合物层，否则工具的切削刃会变脆。工件在氧化炉中处理后，在渗氮层的外面形成 1～3μm 的氧化膜，增加了工具的防锈能力，对提高工具的切削寿命也有一定好处。

QPQ 技术设备投资少，生产成本低，强化效果好，无公害，产品质量稳定。

QPQ 技术用于钻头、铣刀、铰刀、丝锥、齿轮刀具和拉刀等刀具，均可提高切削寿命两倍以上。对切削耐热合金和难加工材料，效果更佳。

这种方法不仅大幅度提高工具的使用寿命，而且可以大幅度降低工具寿命的分散度，提高工具寿命的稳定性。表 8-21 是对同一盒的 10 支高速工具钢钻头进行的钻孔试验的结果。由表 8-21 可看出，QPQ 处理钻头的寿命为未处理钻头寿命的 414%。未处理钻头寿命的分散度（最高钻孔数/最低钻孔数）为 15.2。QPQ 处理后钻头寿命的分散度仅为 1.98。类似的试验进行了多次，不管处理前钻头寿命的分散度有多大，QPQ 处理后钻头寿命的分散度都降低到 2 左右，说明 QPQ 处理不仅大幅度提高工具的使用寿命，而且可以很好地减少工具寿命的分散度，大大提高工具质量的稳定性。

表 8-21　QPQ 处理对钻头寿命的影响

钻头状态	钻头编号	钻孔数	钻头寿命分散度	平均钻孔数	提高寿命（%）
未作 QPQ 处理	1	5	15.2	34.4	100
	2	7			
	3	20			
	4	64			
	5	76			
QPQ 处理	6	106	1.98	142.4	414
	7	113			
	8	117			
	9	160			
	10	210			

4. 硫碳氮共渗　硫碳氮共渗渗层中除碳氮以外还含有硫，硫在工具表面有润滑和减少摩擦的作用。这种工艺通常可以提高刀具寿命 1～2 倍，多用于自用工具。

硫碳氮共渗的盐浴含有 30%～34%（质量分数）的氰酸根，含氰根 0.8%（质量分数）以下，盐浴中加入硫化钾。活性硫的含量控制在 $(2～5)×10^{-6}$。为提高盐浴的活性，要向盐浴中通空气，通空气的量为每 100kg 盐浴剂 1.5～3L/min。高速工具钢工具硫碳氮共渗的温度为 560～570℃，时间为 10～60min。

由于硫碳氮共渗的盐浴中含有氰根，因此硫碳氮共渗处理后，清洗工件的水必须经过消毒处理才能排放。

5. 物理涂层（PVD）　物理涂层也称气相沉积，在工具上应用的主要是氮化钛和氮铝化钛涂层。物理涂层的方法一般是在真空中使金属 Ti 或 Ti-Al 气化，且离子化，与氮离子互相撞击，在电磁场的作用下，在工件表面形成氮化钛或氮铝化钛镀层。

作为高速工具钢工具的物理涂层方法按沉积过程中金属 Ti 熔化、蒸发并离子化形成的原理不同，镀层的主要方法有阴极溅射法、辉光放电离子镀法和弧光放电离子镀法。目前，较先进的方法是弧光放电离子镀方法中的多弧离子镀和非平衡阴极磁控溅射离子镀。阴极溅射法生成的镀层组织致密，生产过程容易控制。多弧离子镀沉积速度快，生产率高，结合强度高，大小件均适合。

弧光放电离子镀就是将 Ti 置于真空中，用弧光放电使其熔化、蒸发，由放电的强弱来控制蒸发量的大小。图 8-15 是多弧离子镀装置原理图。冷阴极弧源置于上部及四周，可以在整个真空室内获得大量均布的单原子金属 Ti，可以均匀快速地在工件表面沉积成镀层。

PVD 涂层法通常在刀具表面形成 2～5μm 的 TiN 镀层，其硬度在 2000HV 以上。镀层不宜过厚，否则容易使切削刃脆化。PVD 涂层具有很高的耐磨性，一般可以提高工具寿命 2～5 倍，可以提高工具切削效率 30% 以上，尤其适用于齿轮滚刀、插齿刀等精密工具。但 PVD 涂层设备投资较大，生产成本较高，操作过程也比较复杂，对被处理的工具表面粗糙度值要求较低。

6. 激光表面强化　很多国家对高速工具钢的激光热处理进行了大量的试验研究工作。高速工具钢表面激光强化主要有激光淬火、激光重熔和激光涂层等多种方法。

（1）激光淬火。它是利用激光束的高密度能量，使高速工具钢工具表面快速加热相变，然后利用工具本身的自然快速冷却，使工具表面淬硬。由于快速加热和快速冷却的结果，在工具表面形成高硬度淬火层（1000HV），从而提高工具的耐磨性。

工具的激光淬火实际上是一种表面硬化，形成马氏体与碳化物的混合物淬火层。采用激光淬火的工具通常需要预先进行正常的淬火才能有较好的效果。

（2）激光重熔。它是利用激光快速加热，使工件表面相当薄的一层组织快速熔化。高速工具钢快速熔化区的组织为精细的孪晶马氏体、残留奥氏体、未溶碳化物和 δ 铁素体的混合物，回火后析出枝晶状的 M_6C 碳化物。激光表面熔化区在 600℃ 高温回火时，才能达到硬度峰值，最高硬度可达 1200HV（见图 8-16）。

W6Mo5Cr4V2 高速工具钢车刀采用功率为 800W

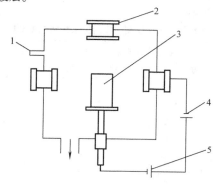

图 8-15　多弧离子镀装置原理图
1—反应气进口　2—阴极电弧源
3—工件　4—主弧电源
5—工件偏压电源

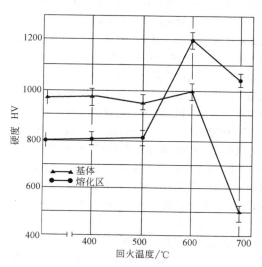

**图 8-16　重熔区和正常淬火区
回火后的显微硬度**

的 CO_2 激光器熔化后，于560℃、2h回火后，熔化区深度达600~800μm，结果提高了高速工具钢的硬度和韧性，切削时车刀的寿命提高了200%~500%。

（3）激光合金化。它是在工件表面涂上合金元素粉末，然后利用高能激光束使其快速熔化，在工件表面上形成一层合金层，以提高钢的耐磨性和热稳定性。用于激光合金化的常用元素和化合物有C、WC、Co、BC等粉末，再加添加剂、粘结剂，混和后制成饱和涂料。

激光合金化的涂层厚度一般不超过80~100μm，最好利用10~40J铷激光器熔化。利用Co（钴）作合金化涂料，激光合金化后Co溶入基体，提高了α→β的转变温度和耐回火性，回火时形成金属间化合物，并析出 M_6C 碳化物，促进弥散硬化，提高了二次硬化作用。表面软化温度比普通高速工具钢提高了350℃，比激光淬火提高了70~100℃，工具可承受675~680℃的高温。

用功率1kW的 CO_2 激光器在W6Mo5Cr4V2高速工具钢的表面采用W粉末激光合金化，可以形成80~100μm的合金层，进行560℃两次回火以后，把合金层磨削到40~50μm，经这样处理的单刃车刀，切削寿命可以提高600%。

7. 离子注入法　它首先将要注入的元素离子化，并在数千伏的电压下，将离子导入质量分析器进行筛选，然后在几十千伏到几百千伏的高压下将离子加速到要求的高能状态。最后在处理室内对工件进行扫描，把离子注入工件的表面。

离子注入与以往的扩散法不同，不受固溶度和扩散系数的限制，可以将任何一种元素注入任何一种物质中去，可以得到以往技术不可能得到的特殊成分和结构。由于处理温度在150℃以下，工件无畸变。它与PVD等方法不同，注入层与基体之间无明显界限，所以膜层不易剥落。

注入的元素有N、Ti、C、P、Mo、B、Ta、Co等，主要的作用是改善材料的耐磨性、耐蚀性和耐疲劳性能。英国采用离子注入法可使高速工具钢丝锥的寿命提高12倍。美国对M35、M7、M2等高速工具钢注入WC、Co，可使工具寿命提高2~6倍，已经大量用于生产。离子注入法用于M2高速工具钢的冲头，甚至可以提高寿命70~80倍。

8.3　工具钢热处理后的金相组织

几种有代表性的碳素工具钢、合金工具钢和高速工具钢淬火及回火后的金相组织中，碳化物、残留奥氏体所占的比例，如表8-22所示。

表8-22　工具钢热处理后的相组成

牌　号	相组成[①]（体积分数）（%）			
	淬　火　后		回　火　后	
	碳化物	残留奥氏体	碳化物	残留奥氏体
T7	—	2~3	3	2~3
T8	—	4~5	4~5	4~5
T12	3~5	5~8	10~12	5~8
CrWMn	4~6	16~18	12~14	16~18
Cr12Mo	8~9	18~20	15~16	18~20
W18Cr4V	16~19	22~25	22~24	<1
W6Mo5Cr4V2	14~16	20~22	20~22	1

① 基体为马氏体。

8.3.1　碳素工具钢与合金工具钢热处理后的金相组织

8.3.1.1　碳素工具钢与合金工具钢热处理后的相组成

如表8-22所示，亚共析钢T7、共析钢T8由于没有过剩碳化物，淬火后的组织中94%~98%（体积分数）为马氏体，仅有2%~5%（体积分数）的残留奥氏体。回火后钢中的残留奥氏体没有变化，但有3%~5%（体积分数）的碳化物析出。这种钢的耐磨性主要取决于马氏体基体。

过共析钢淬火后有3%~5%（体积分数）的碳化物未溶入奥氏体而被保留下来，同时还有5%~8%（体积分数）的残留奥氏体未发生转变。回火后残留奥氏体的数量不变，但有碳化物析出，使碳化物的数量增加到10%~12%。碳化物数量的增加提高了钢的耐磨性。

CrWMn、Cr12MoV等合金工具钢的情形与T12钢相似，只是淬火后残留碳化物和残留奥氏体的数量更多。残留碳化物的数量达到体积分数为4%~9%，残留奥氏体的数量达到体积分数为16%~20%。回火后这两种钢的碳化物数量增加到体积分数为12%~16%，而残留奥氏体的数量不变（Cr12MoV钢1000℃淬火）。由于碳化物数量的增加，且碳化物为合金碳化物，因而这类钢比碳素工具钢有更高的耐磨性。

8.3.1.2　碳素工具钢与合金工具钢热处理后的金相检验

碳素工具钢热处理后的金相检验主要是检验马氏体针的大小，用以衡量淬火加热是否恰当，有无淬火过热或淬火不足的现象发生。

图 8-17 所示为碳素工具钢的淬火马氏体级别图。丝锥、锉刀淬火后的马氏体级别不应大于 3 级；手用锯条不应大于 2.5 级。马氏体级别过高（如达到 4 级以上），说明淬火温度过高，工具的韧性下降。如果工具的刃部发现有托氏体，说明淬火温度不足，这是不允许的。

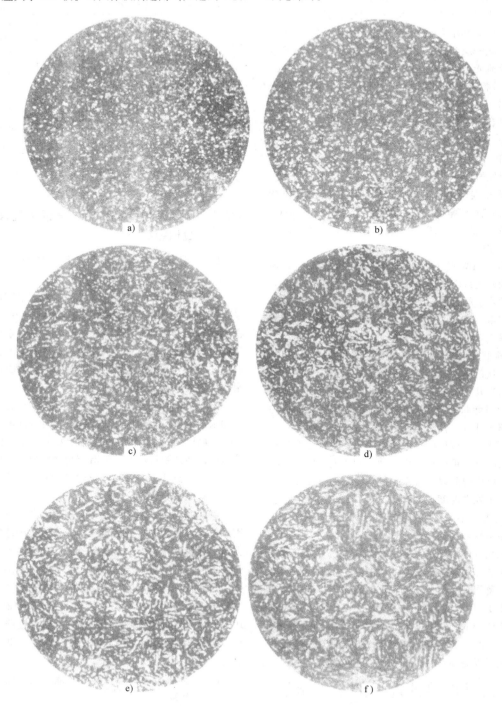

图 8-17　碳素工具钢淬火马氏体级别　500 ×

[w（硝酸酒精）为 4% 浸蚀]

a) 1 级　b) 2 级　c) 3 级　d) 4 级　e) 5 级　f) 6 级

　　9SiCr 一类的低合金工具钢的淬火组织的金相检验仍以检验淬火后马氏体针的大小作为衡量标准。合金工具钢淬火后马氏体针的尺寸按图 8-18 来评定，丝锥、板牙、搓丝板不应大于 3.5 级，铰刀不应大于 3 级。

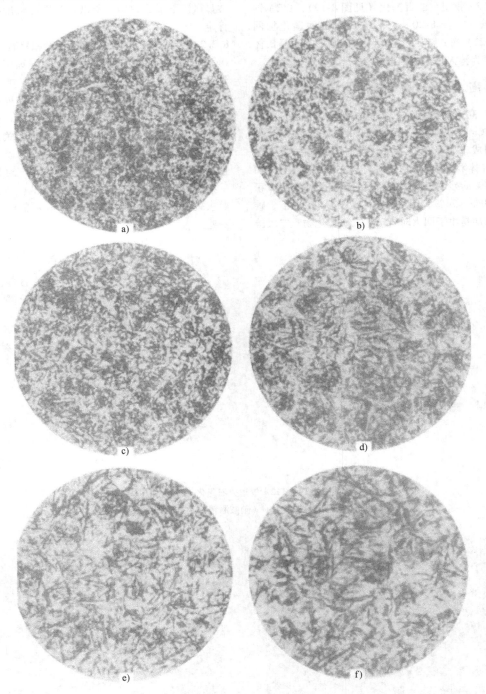

图 8-18　合金工具钢淬火马氏体级别　500×

[w（硝酸酒精）为 4% 浸蚀]

a) 1 级　b) 2 级　c) 3 级　d) 4 级　e) 5 级　f) 6 级

8.3.1.3　普通工具钢热处理后的组织缺陷举例

碳素工具钢与合金工具钢热处理后常见的组织缺陷有：T12A 钢退火的石墨化（见图 8-19），T12A 钢淬火脱碳（见图 8-20），以及 9SiCr 钢的碳化物网（见图 8-21）等；淬火形成的 4 级以上的粗大马氏体针也应视为淬火过热缺陷组织。

8.3.2　高速工具钢热处理后的金相组织

8.3.2.1　高速工具钢热处理后的相组成

W18Cr4V 和 W6Mo5Cr4V2 两种高速工具钢淬火后的相组成，如表 8-22 所示，隐针马氏体的基体上还保留有体积分数为 14% ~ 19% 的未溶碳化物和 20% ~ 24% 的残留奥氏体。回火后碳化物增加到体积分数为 20% ~ 24%，残留奥氏体减少到 1% 以下。碳化物的增加是由于回火时析出了二次碳化物，二次碳化物通常为 M_2C 和 M_6C 碳化物。

高速工具钢淬火后形成的隐针马氏体非常细小。在显微镜下很难评定，所以通常以晶粒度的大小来评定。

8.3.2.2　高速工具钢热处理后的金相检验

1. 淬火晶粒度　W6Mo5Cr4V2 等钨钼系高速工具钢淬火晶粒度评级图，见图 8-22。

高速工具钢淬火晶粒度的大小是淬火加热温度和加热时间的直接反映，它与钢的强度、韧性、耐磨性、热硬性和工具的使用寿命有直接关系，对车刀、大规格锥柄钻头等要求耐磨性、热硬性较高而且承受冲击力较小的工具，淬火晶粒度可以稍粗大一些。对小规格钻头、中心钻、丝锥、细长拉刀等要求较高强度和韧性的刀具，淬火晶粒度应稍细一些。

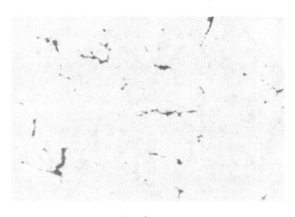

a)

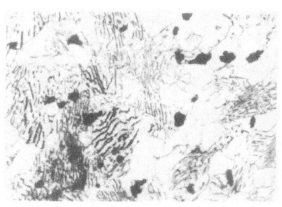

b)

图 8-19　T12A 钢退火石墨化　500 ×
a）未浸蚀　b）w（硝酸酒精）为 4% 浸蚀

图 8-20　T12A 钢淬火脱碳（经回火）　500 ×
[w（硝酸酒精）为 4% 浸蚀]

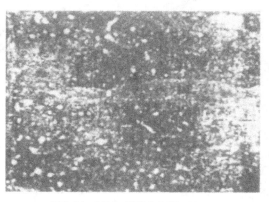

图 8-21　9SiCr 钢碳化物网　500 ×
[w（硝酸酒精）为 4% 浸蚀]

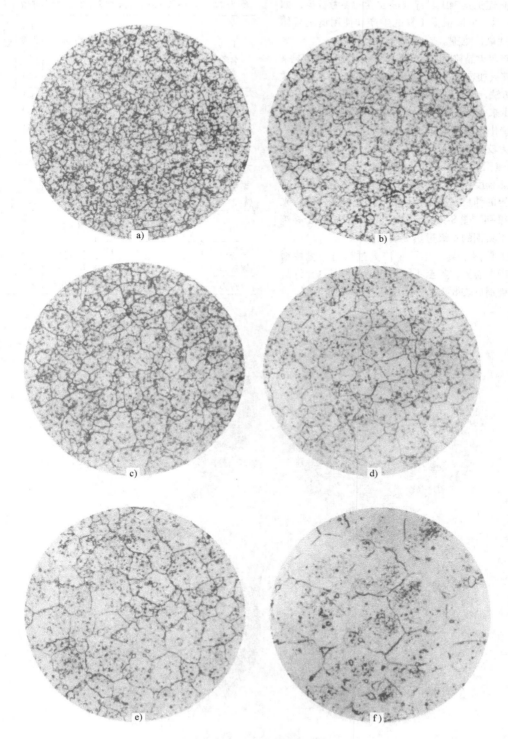

图 8-22　高速工具钢淬火晶粒度（钨钼系）　500×

[w（硝酸酒精）为 4% 浸蚀]

a) 11 号　b) 10.5 号　c) 10 号　d) 9.5 号　e) 9 号　f) 8 号

各种高速工具钢工具淬火晶粒度的参考数据，如表 8-23 所示。可以根据工具的生产和使用情况具体选择晶粒度最佳范围。

在检查淬火晶粒度时，尚需参考碳化物溶解情况来综合考虑淬火加热的效果。碳化物溶解情况目前尚无较好的检查方法，通常以淬火后每个晶粒内残留的碳化物颗粒的多少来衡量，如在 9# 大小晶粒内，有 5～8 颗碳化物时为碳化物溶解良好，9～12 颗时，为一般，13～15 颗时则为较差。

2. 高速工具钢淬火过热程度的检查　高速工具钢淬火过热程度以碳化物形貌的变化来确定。根据碳化物沿晶界的伸长、拖尾及呈网状的程度的不同，来确定过热级别。图 8-23 为适用于 W6Mo5Cr4V2 等钨钼系高速工具钢的 4 级过热级别图。

高速工具钢工具产生严重淬火过热时，脆性增加，容易产生崩刃，甚至不能切削。各种工具允许的淬火过热级别见表 8-23。

表 8-23　高速工具钢工具热处理金相检验技术要求

工具名称	规格/mm	淬火晶粒度/级		过热程度允许级别/级	回火程度允许级别/级
		钨钼系	钨系		
直柄钻头	≤φ3	10.5～12	10～11.5	≤1	≤2
	>φ3～φ20	10.0～11	9～10.5	≤2	
中心钻		10～11.5	9.5～11	≤1	
锥柄钻头	≤φ30	9.5～11	9～10.5	≤2	
	>φ30	9.5～10.5	8.5～10		
切口、锯片铣刀		10～11.5	9.5～11	≤2	
铣刀、铰刀		9.5～11	9～10.5	≤2	
车刀	≤16×16	8.5～10.5	8～10	≤2	
	>16×16			≤3	
齿轮刀具		9.5～11	9～10.5	≤2	
螺纹刀具		10～11.5	9.5～11	≤1	
拉刀		9.5～11	9～10.5	≤1	

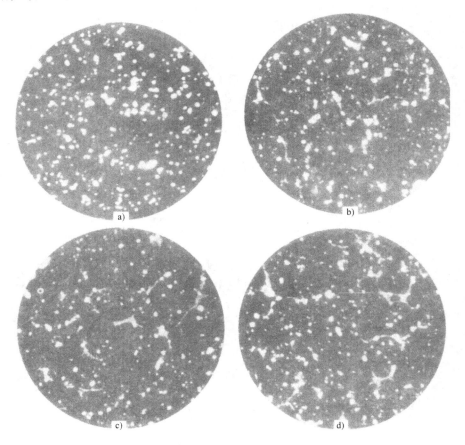

图 8-23　高速工具钢过热级别图（钨钼系）　500×

[w（硝酸酒精）为 4% 浸蚀]

a) 1 级　b) 2 级　c) 3 级　d) 4 级

3. 高速工具钢回火质量的检验　高速工具钢正常回火后，用 4% 硝酸酒精（质量分数）腐蚀后基体组织为黑褐色；回火不充分时颜色变浅，甚至有时会显现出晶界。根据基体组织对腐蚀的接受程度，可以判断回火是否充分。回火程度的检验受腐蚀剂的浓度、浸蚀温度的高低、浸蚀时间的长短影响较大。对 4% 硝酸酒精（质量分数）溶液规定的浸蚀规范为：

20～25℃≤3min；26～30℃≤2min；>30℃≤1min。

图 8-24 所示为 W6Mo5Cr4V2 等钨钼系高速工具钢回火程度级别图，1 级和 2 级为回火充分和正常回

火，3 级为回火不充分。钨系高速工具钢和大尺寸高速工具钢的回火程度级别另有规定。大规格高速工具钢碳化物偏析严重，碳化物聚集处的奥氏体合金化程度高，不易受浸蚀，容易显示回火不充分。

8.3.2.3　高速工具钢热处理后的组织缺陷举例

高速工具钢热处理常见的组织缺陷有，如图 8-25 所示的淬火脱碳组织，图 8-26 所示的淬火过烧组织及图 8-27 所示的淬火奈状断口组织。奈状断口组织的重要特征是晶粒大小不均，有个别粗大晶粒。图 8-23 中的严重过热也属于热处理组织缺陷。

图 8-24　高速工具钢回火程度级别图（钨钼系）　**500 ×**

[w（硝酸酒精）为 4% 浸蚀]

a) 1 级　b) 2 级　c) 3 级

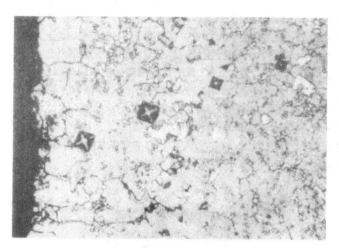

图 8-25　W18Cr4V 高速工具钢

淬火脱碳组织　500 ×

[w（硝酸酒精）为 4% 浸蚀]

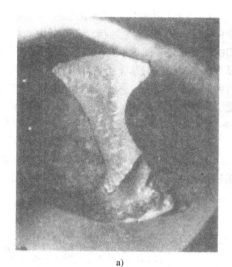

a)

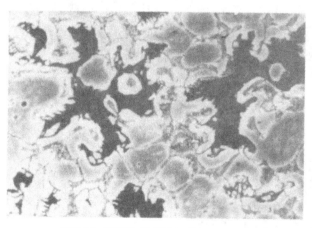

图 8-26　W18Cr4V 高速工具

钢淬火过烧组织　500 ×

[w（硝酸酒精）为 4% 浸蚀]

b)

图 8-27　高速工具钢淬火的萘状断口

[w（硝酸酒精）为 4% 浸蚀]

a) 5 ×　　b) 500 ×

8.4　如何获得高速工具钢工具的最佳使用寿命

　　一般的工具热处理工作者往往着眼于制造出合格的产品，不出废品，但一个好的工具热处理工作者应该制造出切削寿命最长的工具，就是所谓的名牌或王牌工具，这也是工具的使用者最期望的。

　　国内外大量的切削试验表明，用同一牌号高速工具钢制造的尺寸精度几乎相同的工具，国内与国外，国内不同厂家，甚至同一厂家的同一批产品，其切削寿命相差很大，有时高达 20 倍。能够找出影响工具寿命的因素，从而能制造出高寿命的工具是一个极为重要的课题。

　　影响工具寿命主要有四大因素：材料、几何形状、热处理质量和质量保证。以下叙述的是材料和热处理因素对工具寿命的影响。

8.4.1　材料与材质的影响

　　1. 材料种类的影响　　合理地选材是得到高的使用寿命的最重要的条件。所谓合理选材就是根据工具的种类、规格、被加工材料和具体的切削条件等因素，找出工具要求的主要性能是耐磨性、韧性、热硬性、或有其他的工艺性能要求，再根据材料所具备的各种性能的指标来选择材料的种类和具体牌号，以便最大限度地满足工具对材料的性能要求，得到最好的切削效果。

如果选材不合理，就不可能得到高的使用寿命。例如，要求高热硬性的工具不采用高速工具钢，而用碳素工具钢或合金工具钢；要求热硬性很高的工具不采用钴高速工具钢，只采用普通高速工具钢，都不可能得到高的工具使用寿命。

有时为了某种特殊用途，不应该只按常规选材。例如，切削速度不高的圆板牙，通常国内是用 9SiCr 等低热硬性的材料制造，而在国外，对某些要求耐磨性较高的圆板牙采用高速工具钢制造，因此其切削寿命肯定是 9SiCr 材料制造的圆板牙不能相比的。又比如，某些自动线上的工具，为了延长使用时间，减少换刀次数，常采用高级材料制造。

2. 材料质量的影响　材料质量对工具寿命的影响最突出的是高速工具钢的碳化物分布的影响。例如，W18Cr4V 高速工具钢的碳化物不均匀度级别由 3 级增大到 7 级，插齿刀的切削寿命下降 30%。大块碳化物在切削过程中甚至会造成刀具崩刃，当然会降低工具的切削寿命。碳素工具钢与合金工具钢的网状碳化物对工具的使用寿命有不利的影响，严重的碳化物网可能引起工具崩刃。碳素工具钢的严重石墨化也会影响到工具的使用寿命。

8.4.2　热处理的影响

1. 退火的影响　高速工具钢退火方法和退火温度对工具的寿命影响较大。例如，W6Mo5Cr4V2 高速工具钢轧制钻头，在不同的温度轧制后，采用低温的回火退火比正常的相变退火有较高的寿命，见图 8-28。

高速工具钢工具锻造或轧制以后，退火温度过高或保温时间过长会引起碳化物聚集长大，淬火时不易

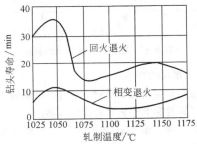

图 8-28　退火方法对钻头寿命的影响

溶入基体，因而影响到工具的切削性能，降低工具的使用寿命，见图 8-29。

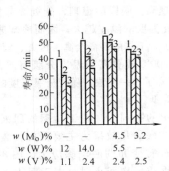

图 8-29　退火保温时间对工具寿命的影响
1—未退火　2—退火 20h
3—退火 50h

2. 淬火的影响

（1）淬火加热的影响。淬火加热对工具的寿命影响最大，通常在热处理时是根据淬火晶粒度和碳化物溶解情况来判断淬火温度是否合适。但这种方法不够严格，因为它只是给一个晶粒度的范围。

从工具使用寿命出发，最直接的办法还是针对具体的工具和使用条件选择不同的淬火加热规范直接进行切削试验，确定能够得到最佳寿命的淬火规范。

从充分发挥合金化的角度来说，最好的淬火规范是在保持高速工具钢足够韧性的前提下，碳化物充分溶入基体，以便回火时能充分二次硬化，从而得到最佳的使用寿命。

（2）淬火冷却的影响。如果单纯从切削寿命的角度来看，高速工具钢淬火冷却的速度越快越好。图 8-30 对三种高速工具钢的试验表明，在几种冷却方法中，水冷和油冷淬火的工具寿命最高。因为它保证了在冷却过程中，最少量的碳化物的析出，从而保证了更充分的二次硬化，得到最高的耐磨性。

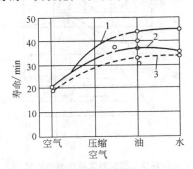

图 8-30　冷却速度对高速工具钢工具寿命的影响
注：1、2、3 分别为三个牌号的高速工具钢

如果单纯从工具寿命的角度出发，在不产生开裂和工具畸变合格的条件下，淬火冷却速度越快，工具寿命越高。同样的道理，分级冷却温度越低，与奥氏体化温度的温差越大，因而冷却速度快，碳化物析出少，工具的寿命会高，因此，550℃分级淬火应该比600℃或更高的温度分级有更高的寿命。图8-31证实了这一说法，随着分级温度的升高，工具的寿命降低。

3. 回火的影响 高速工具钢的回火应该以得到最高的二次硬化效果为主要目标，然后是残留奥氏体充分转变和彻底消除应力。图8-32表明，在未经回火或一次回火时，由于回火不充分或应力未彻底消除，会降低工具的使用寿命。当然回火过度时引起硬度下降，也会降低工具的使用寿命。

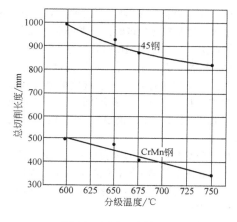

**图 8-31 分级温度对工具
切削寿命的影响**

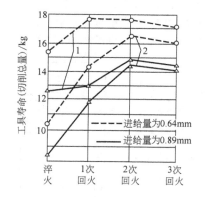

图 8-32 回火对工具寿命的影响
1—W18Cr4V 钢
2—W6Mo5Cr4V2 钢

8.4.3 力学性能的影响

8.4.3.1 硬度的影响

硬度是高速工具钢热处理唯一的必须检测的指标。几种高速工具钢的试验结果说明，高速工具钢的硬度越高，耐磨性也越高，如图8-33所示。但是金属切削是一个复杂的过程，因此工具的耐磨性不等于切削寿命。对几种高速工具钢工具试验的结果说明，过高的硬度反而会降低工具的寿命，如图8-34所示。一般说来，对某种工具，在一定的切削条件下，都有一个可以得到最高使用寿命的最佳硬度。

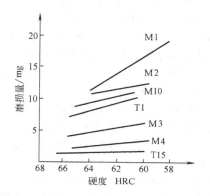

图 8-33 硬度与耐磨性的关系
注：牌号为美国牌号。

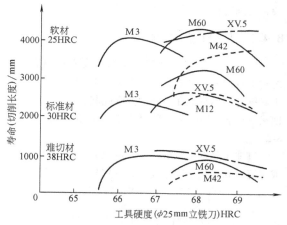

图 8-34 硬度与工具寿命的关系

8.4.3.2 韧性的影响

韧性是影响高速工具钢工具寿命的重要因素。但是因为工具的标准中未对韧性作具体的规定，所以往往被人们忽视。图8-35表明，工具的硬度过高会导致韧性下降，切削刃变脆就是工具寿命降低的原因。国外对此非常重视，并进行了大量的试验研究。

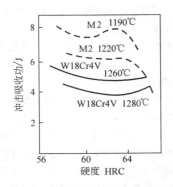

图 8-35 高速工具钢工具硬度对韧性的影响

8.4.4 显微组织的影响

1. 晶粒度的影响 淬火晶粒度是检验高速工具钢淬火组织的最重要的指标。晶粒度在一定程度上可以反映出高速工具钢的奥氏体化的程度。但是高速工具钢的晶粒度与钢的化学成分的波动、碳化物颗粒的大小和分布以及钢材预先退火的方法等因素有很大的关系。因此，即使对不同批号的同一牌号的高速工具钢也不可能在淬火温度与晶粒度之间找到严格的对应关系。

高速工具钢的晶粒度对工具寿命的影响已有大量试验数据，但各国试验的结论不尽相同。

美国用粉末冶金高速工具钢（排除碳化物偏析的影响）进行的试验说明，连续切削工具的使用寿命几乎不受晶粒度的影响，而断续切削工具的使用寿命几乎与晶粒度大小呈直线关系，晶粒越细，工具寿命越高（见图 8-36）。

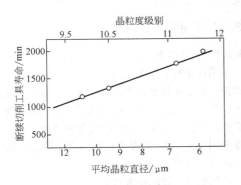

图 8-36 奥氏体晶粒度对工具寿命的影响

前苏联对直径 8mm 的 W6Mo5Cr4V2 高速工具钢钻头试验的结果认为，9～10 级晶粒度时工具有最高的使用寿命，过细或过粗的晶粒度都会使工具寿命降低，如图 8-37 所示。

德国的试验结果认为，高速工具钢工具的寿命与

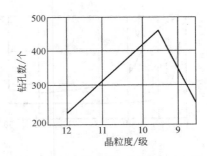

图 8-37 晶粒度对高速工具钢钻头寿命的影响

晶粒度之间无明显的关系。

美国钢铁学会工具钢分会和金属切削研究会联合进行大量试验以后得出的结论比较客观，他们认为，工具的具体情况不同，晶粒度的影响不完全一致。应该根据工具的品种规格、工具的材料和切削条件以及被加工材料等因素，以实际切削试验得到的具体结果为准。

2. 碳化物溶解情况的影响 在专业工具厂把高速工具钢工具淬火时碳化物的溶解情况作为检验的内容。一般来说，就是规定在淬火后检查，在一个晶粒内残留几颗未溶的碳化物为合格。虽然这种方法不太严格，但在一定程度上反映了碳化物的溶解情况。

作为高速工具钢工具在淬火时应该在保证一定韧性的条件下，尽量使碳化物充分溶入基体，以便在回火时有最大的二次硬化效应。

最新的切削试验证明，高速工具钢二次硬化析出的二次碳化物对工具寿命的影响远大于一次碳化物和基体合金化的作用。

8.4.5 表面状态对工具寿命的影响

1. 表面脱碳、脱元素的影响 高速工具钢工具在盐浴中加热淬火不可避免地会产生脱碳，用控制 BaO 含量的方法不能保证完全不脱碳，在采用精密的金相法（例如萨道夫斯基法）检查时，切削刃都有不同程度的脱碳。严格的检查表明，在盐浴中加热，高速工具钢表面还有脱元素的现象，如图 8-38 所示，在高温盐浴中保温 2min 之内，高速工具钢表面 Mo 的含量就已经明显下降，W 的含量也开始下降。

如果工具热处理后，不是前刃面和后隙面同时刃磨，表面碳和合金元素含量的降低无疑会降低工具的使用寿命。

2. 刃磨烧伤的影响 很多精密工具热处理后表面要进行刃磨，可以除去表面缺陷，但如果刃磨时进给量过大，产生大量热量，也会造成高速工具钢表面

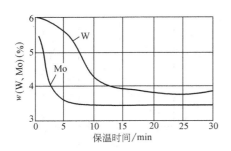

图8-38　高速工具钢表面W、Mo含量与盐浴中保温时间的关系

硬度降低，损害工具的使用性能，严重时可能降低工具寿命30%（见图8-39）。

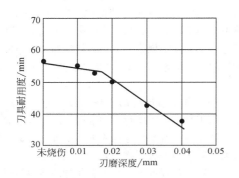

图8-39　刃磨烧伤对工具寿命的影响

3. 表面强化的影响　好的表面处理会有效地提高工具的使用寿命。例如：氧氮化可以提高工具寿命30%~80%，QPQ处理可以提高工具寿命200%~300%，而PVD涂层可以提高工具寿命300%~500%。

高速工具钢工具的寿命经常好坏不均，好坏相差很大。例如：同一批钻头，有的可钻200多个孔，有的却只能钻10个孔，寿命相差20倍。QPQ处理可以缩小使用寿命上的差距，同样一批钻头经QPQ处理后，所有的钻头钻孔数均在150~300个左右，好坏相差很小。这一点对提高工具质量稳定性非常重要。

8.5　典型工具的热处理

8.5.1　锉刀的热处理

8.5.1.1　技术要求

锉刀的服役条件主要是承受摩擦磨损，因此要求锉刀要有高的硬度和耐磨性。锉刀通常用碳素工具钢T12制造。锉刀热处理的关键是防止淬火时齿部发生脱碳和要求在淬火的同时进行熟练的矫直。

锉刀的技术要求如下：

硬度：刃部64~67HRC，柄部≥35HRC；

淬火深度：齿尖以下>1mm；

金相组织：马氏体针<3级，齿部无脱碳；

畸变：弯曲<0.1mm/100mm。

8.5.1.2　热处理工艺

锉刀的热处理工艺路线为：淬火加热→冷却→热矫直→冷透→清洗→回火→清洗→检查。

为防止锉刀淬火时氧化、脱碳，可采用高频感应快速加热或在含有黄血盐的盐浴中进行加热，也可在含有氰盐的盐浴中加热（氰盐有剧毒，应尽量避免采用）。含黄血盐的盐浴成分（质量分数）为：黄血盐35%＋碳酸钠15%＋氯化钠50%。其中黄血盐的成分可以在10%~40%范围内选择，但盐浴中的氰根（CN⁻）需控制在5%以上，以免齿部产生脱碳。

锉刀的热处理工艺：

淬火温度：750~790℃；

淬火冷却介质：低于30℃的盐水或清水；

回火：160~180℃，45~60min。

8.5.1.3　工艺说明

1）小锉刀采用较高的淬火温度，在碱浴中冷却。

2）淬火热矫直是指锉刀在水中淬火冷却到180~200℃时，从水中取出在水槽边矫直的方法。准确掌握锉刀在水中的冷却时间十分重要，出水过早，会因锉刀内部热量的散出使锉刀回火，因而降低锉刀的硬度；出水过晚，则因锉刀完全淬硬增加矫直的困难，甚至造成锉刀开裂或折断。锉刀应在短时间内矫直好，然后完全浸入水中冷透。

8.5.2　手用锯条的热处理

8.5.2.1　技术要求

手用锯条的服役条件与锉刀相似，基本上属于摩擦磨损，但手用锯条较薄，容易折断，而且锯齿也容易产生崩刃。因此，手用锯条除了要求有高的硬度和耐磨性以外，还必须有很好的韧性和弹性。通常手用锯条采用T10、T12碳素工具钢，或采用低碳钢（20钢）渗碳淬火制成。

手用锯条的技术要求如下：

硬度：82.5~84.5HRA；销孔处：<74HRA；

金相组织：马氏体<3级；

畸变：侧面平面度<1.2mm；平面平面度<1.5mm；锯条弯成200mm的半圆复原后，畸变不能超差。

8.5.2.2　热处理工艺

T10、T12钢手用锯条的热处理工艺见表8-24，淬火温度为 770 ~ 790℃，油冷，175 ~ 185℃ 回火 45min。

手用锯条淬火时，为减少侧弯，应采用合适的夹具，使锯条处于紧张状态下淬硬。淬火时产生的平面弯曲，可置于压紧的夹具中，在回火时压平。

表 8-24　高碳钢手用锯条的热处理规范

预热	加热	冷却	回火	销孔处理	备注
650 ~ 720℃	770 ~ 790℃	油淬	175 ~ 185min 回火	550 ~ 650℃ 5 ~ 10s 回火	为防止淬火加热时氧化、脱碳，可用下列成分（质量分数）盐浴加热：NaCN 20%，NaCl 60%，Na_2CO_3 20%，CN^- 控制在 5% ~ 6%

锯条材料如果采用 20 钢，可采用液体渗碳，渗碳后直接淬火。渗碳盐浴的参考配方（质量分数）：尿素 40% + 碳酸钠 28% + 氯化钾 20% + 氯化钠 12%。

大量生产时，可采用高频感应淬火。由于高频感应淬火只淬硬齿部和背部，锯的韧性好，可大大减少锯条使用时的折断现象。同时高频感应淬火容易实现自动化和机械化，提高生产率、改善劳动条件。

也有的厂家试验采用低碳钢材料，刃口进行表面离子渗钨、铬等合金元素，制造出类似高速工具钢成分的锯条，切削效果很好。

8.5.3　手用丝锥的热处理

8.5.3.1　技术要求

手用丝锥是在手工和低速切削条件下使用的工具，主要失效形式是摩擦磨损，因此齿部要求高的硬度和耐磨性。由于切削时丝锥要承受较大的摩擦力和扭转力，因此丝锥要求较高的整体强度和较高的韧性。

手用丝锥的材料多采用 T12 碳素工具钢制造。

刃部硬度：规格 M1 ~ M3 的丝锥为 59 ~ 61HRC；规格 M3 ~ M8 的丝锥为 60 ~ 62HRC；规格 > M8 的丝锥为 61 ~ 63HRC。

柄部硬度：30 ~ 45HRC（< M12 的丝锥为 30 ~ 55HRC）。

金相组织：淬火马氏体 < 3 级。

8.5.3.2　热处理工艺

手用丝锥的热处理工艺见表 8-25。

表 8-25　碳素工具钢手用丝锥的热处理工艺

预热	加热	冷却			柄部处理	回火
		≤M12	M12 ~ 25	> M25		
600 ~ 650℃	770 ~ 790℃	200 ~ 220℃ 硝盐等温 30 ~ 40min	180℃ 碱浴分级后在硝盐中等温	水油双介质淬火	600℃，10 ~ 60s，水冷	180 ~ 220℃，90 ~ 120min

8.5.3.3　热处理工艺说明

（1）专业工具厂生产的手用丝锥多采用滚压法制造。在原材料与滚丝尺寸正常的情况下，较大规格（> M8）的手用丝锥采用较高的淬火温度和较低的等温温度，以便得到较高的淬火硬度和较深的淬硬层。较小规格的丝锥采用较低的淬火温度和较高的等温温度，以便得到较高韧性。

（2）滚压后中径尺寸接近上限的丝锥。应在保证硬度的前提下，采用下限淬火温度和上限等温温度，以便减少中径尺寸淬火回火后的增量。中径尺寸接近中下限者，应在保证金相组织合格的前提条件下，采用上限淬火温度和下限等温温度，以便增加淬火回火后的尺寸增量。

（3）在等温冷却时应控制好等温时间。等温后冷至室温检查硬度，根据淬火硬度确定回火工艺。

（4）由于手用丝锥淬火时柄部与刃部一起硬化。淬火后必须进行柄部退火。柄部退火可以采用高频感应加热或盐浴加热。盐浴加热采用快速回火，加热后水冷。加热时只允许柄部的 1/3 ~ 1/2 浸入盐浴中。

8.5.4　圆板牙的热处理

8.5.4.1　技术要求

圆板牙属于手工切削或低速切削的工具，要求齿部有较高的耐磨性，同时齿部不能太脆，因此要有较高的韧性。圆板牙多用 9SiCr 钢制造。

硬度：60 ~ 63HRC。

金相组织：马氏体针 < 3 级。

尺寸：螺纹的中径应控制在要求的范围内。

8.5.4.2　热处理工艺

圆板牙的热处理工艺路线为：预热→淬火加热→冷却→检查→回火→清洗→检查→发黑→外观检查。

圆板牙的热处理工艺见表 8-26。

表 8-26　圆板牙的热处理工艺

预　热	加　热	冷　　却					回　火
		M1～2.5	M3～5	M6～9	M10～15	M16～24	
600～650℃	850～870℃	160～170℃ 30～45min	170～180℃ 30～45min	180～190℃ 30～45min	190～200℃ 30～45min	200～210℃ 30～45min	190～200℃ 90～120min

8.5.4.3　工艺说明

（1）由于大直径钢材的中心组织比小直径的钢材的中心组织差，因此大规格的圆板牙常采用稍低的淬火温度。

（2）提高等温温度容易使板牙螺纹中径长大，反之则使中径缩小。在实际生产中，大规格圆板牙趋向于缩小，小规格圆板牙趋向于胀大，因此大规格圆板牙的等温温度比小规格的高。通过调节等温温度可以控制圆板牙螺纹的中径尺寸。

（3）根据圆板牙的淬火硬度，确定回火工艺参数。

8.5.5　手用铰刀的热处理

8.5.5.1　技术要求

手用铰刀是手用或低速切削的工具，主要要求的性能是耐磨性，因此手用铰刀刃部要求高硬度。手用铰刀常用的材料为9SiCr钢。

硬度要求：规格 φ3～φ8，62～64HRC；＞φ8，63～65HRC。

柄部硬度：30～45HRC。

手用铰刀的弯曲畸变量根据直径和长度的不同，允差为0.15～0.3mm。

8.5.5.2　热处理工艺

手用铰刀的热处理工艺路线为：预热→淬火加热→冷却→矫直→回火→清洗→硬度检查→发黑→外观检查。

手用铰刀可采用整体淬火，然后进行柄部退火。柄部退火可采用在600℃硝盐中加热20～40s后水冷，或在820～830℃盐浴中加热8～20s，淬入150～180℃硝盐中，冷却30s以上；也可采用高频加热退火。

手用铰刀的热处理工艺见表8-27。

8.5.5.3　工艺说明

（1）为了减少手用铰刀的淬火弯曲，淬火前进行去应力退火。

（2）为减少直径小于13mm铰刀的畸变，淬火温度可取下限，采用在硝盐中进行马氏体分级淬火。对于直径大于13mm的铰刀，为提高其淬透性，可采用

表 8-27　手用铰刀的热处理工艺

预　热	加　热	冷　　却		回　　火	
		φ3～φ13	φ13～φ50	φ3～φ8	φ10～φ50
600～650℃	850～870℃	160～180℃，硝盐	≤80℃油冷至100～150℃	170～180℃，90～120min	140～160℃，90～120min

上限淬火温度，热油冷却。

（3）对切削部分较长、淬火弯曲超差的铰刀，可采用下列方法矫直：

1）淬火矫直。铰刀淬火后利用余热进行矫直，适用于小批量或大规格铰刀的矫直。

2）夹具矫直。把畸变超差的铰刀置于夹具中（见图8-40），给弯曲部分加压，然后连同夹具一起浸到140～160℃硝盐中，加热10min后，取出水冷。经检查合格后作稳定化处理。此方法适用于大量生产或对淬火矫直后未合格的铰刀的稳定化处理。

图 8-40　铰刀夹具矫直示意图

8.5.6　搓丝板的热处理

8.5.6.1　技术要求

搓丝板是滚压螺纹的工具，工作时齿部承受强烈的挤压力和冲击力，通常因为齿尖的磨损或齿面的疲劳破坏而失效，因此搓丝板要求齿部有较高的耐磨性和耐疲劳性能。搓丝板通常由9SiCr钢或Cr12MoV钢制造。

硬度：齿部以下3～5mm为58～61HRC。

基体组织：淬火马氏体＜3级。

齿面无脱碳。畸变在允许的范围之内，畸变是热

处理过程中的关键问题。

8.5.6.2　热处理工艺

9SiCr 钢搓丝板通常在盐浴炉中进行热处理。Cr12MoV 钢搓丝板可以在盐浴炉中进行热处理，也可在真空炉中进行热处理。

1. 9SiCr 钢搓丝板的盐浴热处理　9SiCr 钢搓丝板在盐浴炉中热处理的工艺路线为：预热→淬火加热→冷却→清洗→回火→清洗→硬度检查→发黑→外观检查。

热处理工艺见表 8-28。

表 8-28　9SiCr 钢搓丝板盐浴热处理的工艺

预　热	加　热	冷　　却		回　火
		≤M6	>M6	
600 ~ 650℃	860 ~ 870℃	170 ~ 180℃，硝盐	≤80℃油冷	210 ~ 230℃，2 ~ 3h

2. Cr12MoV 钢搓丝板的真空热处理　Cr12MoV 钢搓丝板比 9SiCr 钢搓丝板具有更高的耐磨性。采用真空热处理淬火畸变小，容易满足齿部对畸变的高要求。真空热处理也减少了齿面脱碳的可能性，有利于提高搓丝板的使用寿命，是比盐浴热处理更好的热处理方法。

Cr12MoV 钢搓丝板真空热处理的工艺见表 8-29。

表 8-29　Cr12MoV 钢搓丝板真空热处理的工艺

第一次预热	第二次预热	淬火加热	冷却	回火
850℃，10min 真空度：0.133Pa	980℃，10min 真空度：1.33Pa	1050℃，10min 真空度：13.33Pa	真空油	170℃ 1.5h，2 次

8.5.6.3　工艺说明

1. 盐浴炉淬火畸变的控制　搓丝板在滚压齿形的过程中，由于金属塑性流动阻力的影响，使齿面形成中部外凸的形状。淬火时希望形成齿面内凹趋向，以抵消挤压成形时造成的外凸形状。

盐浴淬火时，常用提高齿面冷却速度的方法使齿面产生内凹，这可借助图 8-41 所示的夹具。由于两块搓丝板相背，齿面向外，在背部常垫有一定厚度的铁板，从而使齿部形成比背面较快的冷却速度。一般通过背部垫不同厚度的铁板来达到调节冷却速度的目的，大规格的搓丝板应采用较薄的铁板。

2. 畸变超差的矫正　搓丝板通常由于纵向平行度超差而不合格。对轻微超差者可在磨底平面时垫些

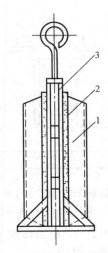

图 8-41　搓丝板淬火夹具示意图
1—搓丝板　2—铁板　3—夹具

纸片作少量修正，对超差严重者则必须矫正。

（1）内凹超差。搓丝板内凹齿面超差，可采用背面热点法矫正（见图 8-42）。为防止热点引起裂纹，搓丝板先在 180℃ 硝盐中预热 30 ~ 60min，然后取出擦去表面附着的盐，悬空放置。用氧乙炔焰热点，热点处表面的温度和热影响区以不影响内部硬度为原则，热点后空冷。经 180 ~ 200℃ 去应力回火 1 ~ 2h 后，清洗、上油、防锈。

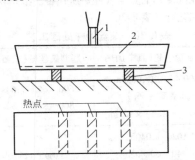

图 8-42　搓丝板齿面内凹热点矫直示意图
1—火焰　2—搓丝板　3—垫块

（2）外凸超差。搓丝板外凸超差时，可在背面局部加热，将齿面向上，在矫直机上加压矫正（见图 8-43），保持压力至室温。为避免加压时损伤齿部，压头应作成与搓丝板齿距相同的螺纹压头。

8.5.7　滚丝轮的热处理

8.5.7.1　技术要求

滚丝轮是外螺纹滚压工具，工作时刃部承受摩擦、疲劳和冲击，因此滚丝轮要求有高的耐磨性，高的疲劳强度和高的韧性。滚丝轮一般用热处理畸变

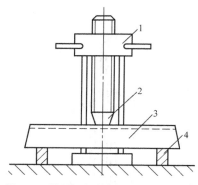

图 8-43　搓丝板齿面外凸热点矫直示意图
1—矫直机　2—螺纹压头　3—搓丝板　4—垫块

小，淬透性好，耐磨性高的 Cr12 型高铬钢制造，应用较多的是 Cr12MoV 钢。

硬度：59～62HRC；要求滚丝轮表面无脱碳、无麻点。

8.5.7.2　热处理工艺

根据螺纹成形的方法不同，滚丝轮有滚制和磨制的两种，其热处理工艺和设备也随之不同。

1. 滚制滚丝轮　由于螺纹滚压成形后不再进行磨削加工，因此热处理操作中，要减少畸变和防止麻点。盐浴加热容易在齿部形成麻点。早期采用箱式电炉，密闭加热（以木炭为保护介质），后来为真空炉加热、氮气冷却的真空气淬炉所代替。滚丝轮真空炉热处理工艺列于表 8-30。

表 8-30　滚丝轮热处理工艺

工艺	滚制滚丝轮（真空加热）	磨制滚丝轮（盐浴加热）
预热	800～850℃，60s/mm 真空度：(66.7～ 1.3)×10²Pa	600～650℃,60s/mm 800～850℃,30s/mm
加热	1020～1040℃， 40～60s/mm 真空度：(6.7～ 5.3)×10⁴Pa氮气	1090～1110℃ 15～20s/mm
冷却	真空度：(8.1～ 8.8)×10⁴Pa氮气 ≤180℃出炉	180～250℃ 硝盐 20min （或≤120℃热油）
回火	第一次：200～220℃，3h 第二次：180～200℃，2h	1)450～520℃,硝盐,2h 2) -70～-80℃,30～40min 3)450～520℃,硝盐,2h

2. 磨制滚丝轮　磨制滚丝轮的热处理工艺路线如下：预热→淬火加热→冷却→回火→清洗→冷处理→回火→清洗→硬度检查→发黑（或喷砂）→外观

检查。

由于热处理后要磨制螺纹，因此对热处理的表面质量要求不太高。淬火加热可以在盐浴炉中进行，常常采用淬火和高温回火，以得到二次硬化的效果。二次硬化的滚丝轮脆性稍大，因此应适当降低淬火加热温度，其热处理工艺列于表 8-30。

8.5.7.3　工艺说明

滚丝轮采用真空热处理，寿命高，外观好。如果条件不具备，可采用木炭装箱方法。其工艺为：800～850℃预热，900～950℃二次预热，淬火加热温度为 1010～1030℃，保温时间为 50～60min；淬火冷却：150～180℃硝盐，保温 20～30min 或油冷。回火：200～240℃，2～4h。

8.5.8　车刀的热处理

8.5.8.1　技术要求

车刀要求高的耐磨性、热硬性，热处理硬度在 64HRC 以上，通常以高硬度为好。

热处理后车刀的弯曲允许量，依规格不同为 0.15～0.3mm。

为了满足车刀的高耐磨性、高热硬性的要求，尤其是切削用量较大及切削难加工材料和切削长工件中间不得换刀等情况，应采用高碳、高碳高钒、甚至含钴的高速工具钢，例如 9W6Mo5Cr4V2，W12Cr4V5Co5，W6Mo5Cr4V2Al，W6Mo5Cr4V3 等牌号。加工非铁金属等软材料的工具可采用普通高速工具钢或合金钢制造。

8.5.8.2　热处理工艺

车刀的热处理工艺路线为：

预热→淬火加热→冷却（矫直）→清洗→回火→清洗→表面整理→检查。

1. 淬火加热　车刀淬火加热通常采用盐浴炉。应该在 850℃左右进行预热。淬火加热温度和加热时间可参考表 8-31 和图 8-44（系指在足够功率的盐浴炉中，装炉量较大的情况下的淬火加热系数）。

表 8-31　几种高速工具钢车刀的淬火温度

牌　号	车刀断面尺寸 /mm	加热温度 /℃	晶粒度
W6Mo5Cr4V2	≤9×9	1235～1245	9～9.5
	9×9～26×26	1240～1250	8.5～10
W18Cr4V	≤9×9	1290～1300	8.5～9.5
	9×9～26×26	1300～1310	8～9
CW6Mo5Cr4V3	≤9×9	1215～1225	9～9.5
	9×9～26×26	1220～1230	8.5～10

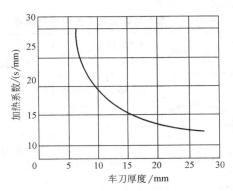

图 8-44　车刀淬火加热系数

为了获得足够高的耐磨性和热硬性，车刀热处理尽量采用高的淬火加热温度，最高温度在钢的熔点以下20℃左右，因此小颗粒碳化物充分溶解，钢的晶粒粗大，具有轻度过热组织，但不允许出现碳化物网、莱氏体等严重过热或过烧组织，以免力学性能过分降低。

2. 淬火冷却　车刀淬火通常采用油冷或在550～620℃的盐浴中冷却。对厚度≤12mm、长度达200mm的细长车刀，为减少畸变，可在240～280℃的硝盐中保温1.5～2h，作分级淬火。

车刀直立装夹时，淬火后不经矫直就能达到畸变的允许值。对细长车刀可在油冷或分级淬火后于室温下冷矫直。

3. 回火　高速工具钢车刀一般采用560℃三次回火，每次保温1～1.5h；也可在560℃两次回火，每次保温2～2.5h。

在淬火后进行 -70～-80℃ 的冷处理可提高车刀的切削性能。如果进行 -190℃ 的深冷处理，对提高车刀的切削性能效果会更好。

8.5.9　拉刀的热处理

8.5.9.1　技术要求

拉刀是低速切削的工具，在切削过程中拉刀承受很大的拉应力，主要的破坏形式是齿部磨损，有时也会产生拉断等情况，因此制造拉刀的材料首先必须具备很高的耐磨性，同时要有很高的抗拉强度，同时拉刀热处理后需要磨削加工，因此材料的可磨削性要好。拉刀一般由普通高速工具钢制造，不太重要的拉刀也可采用合金工具钢制造。

拉刀热处理后的硬度要求为：切削齿、精切齿部分63～67HRC；前后导向部分≥50HRC；柄部40～52HRC。

拉刀热处理后的径向圆跳动允许量见表8-32。

表 8-32　拉刀热处理后的径向圆跳动允许量

全长/mm	直径/mm		
	≤50	50～90	>90
	径向圆跳动量/mm		
≤900	0.25	0.30	0.35
900～1200	0.30	0.35	0.40
>1200	0.35	0.40	0.40

8.5.9.2　热处理工艺

拉刀热处理工艺路线为：预热→淬火加热→冷却热矫直→(清洗)→回火（热矫直）→回火→柄部处理→清洗→检查→表面处理。淬火加热通常用盐浴炉，回火用电阻炉或盐浴炉。

1. 预热　一般拉刀在800～870℃预热一次，时间为加热时间的2～3倍。直径≥60mm时，需经550～600℃低温预热，保温1h以上（空气炉），然后进行中温预热。

2. 淬火加热　在保证硬度合格的前提条件下，为减少畸变应选择较低的淬火温度和较长的保温时间。拉刀的淬火加热温度和淬火保温时间的加热系数可参考表8-33和图8-45。

表 8-33　拉刀淬火加热温度

钢　　号	拉刀直径/mm	加热温度/℃
W18Cr4V	≤50	1270～1280
	50～90	1265～1275
	>90	1260～1270
W6Mo5Cr4V2	≤50	1215～1225
	50～90	1210～1220
	>90	1205～1215

3. 淬火冷却　拉刀的淬火冷却根据生产现场的条件和需要可在以下的冷却方式中选择：

（1）油冷。拉刀在进行淬火加热后浸入60～120℃的热油中，待拉刀表面冷却到200～300℃后（小拉刀应取上限），取出热矫直。为减少拉刀淬火畸变，应注意油槽温度的均匀性，并使用静止的油淬火。

（2）短时间等温冷。拉刀在550～620℃的盐浴中分级，待表面温度冷却到650～700℃时，转入240～280℃的硝盐中等温30～40min，再取出热矫直。直径较大的拉刀（直径≥70mm）应采用两次等温，即在550～620℃分级冷却后，转入等温炉前，需在540～550℃盐浴中保温。

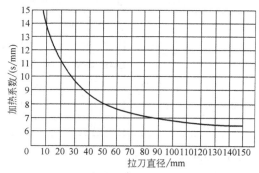

图 8-45　拉刀淬火加热系数

（3）长时间等温冷。拉刀在 550~620℃ 的盐浴中分级冷却后，在 240~280℃ 等温 3h，以后空冷至室温，清洗后冷矫直。

上述油冷和短时间等温冷却的大型拉刀，在冷却到 200℃ 左右时，将导向部分浸入中温盐浴中加热（浸入深度 20mm），可减少顶针孔开裂的危险。同时，在拉刀冷至室温前，不能清洗，清洗时应将水煮沸，以防产生开裂。

4. 回火　拉刀回火温度为 550~570℃，保温 1~3h，一般回火两次。长时间等温冷却的拉刀回火 4~5 次。回火应及时，一般拉刀冷至室温后在 2~4h 内回火。易开裂的大型拉刀应在冷至室温前（150℃ 左右）就回火，需回火 4 次。

5. 柄部处理　柄部加热温度为 890~910℃，保温时间按 12~18s/mm 计算，淬火采用油冷或在 250℃ 左右的硝盐中冷却，小型拉刀可采用空冷。

8.5.9.3　矫直

矫直是拉刀热处理的关键工序，需要很高的操作技巧和非常丰富的实践经验，拉刀热处理的成败与否多取决于能否很好地完成矫直操作。

拉刀矫直前，先正确找出弯曲部位，弯曲方向和弯曲量，然后根据拉刀的尺寸和工序选择不同类型的压力机。

1. 淬火后的热矫直

（1）单方向弯曲的拉刀。一般可按表 8-34 的步骤矫直。最大弯曲量多位于前导向部和刃部的前几个齿。每次加压时，拉刀受力点应沿同一方向（各截面径向圆跳动最高点的连线），并自精切齿向柄部移动。刃部长度在 1000mm 左右者压 4 点，刃部长度 750mm 者压 3 点，500mm 以下者压 2 点或 1 点。

（2）S 形（波形）弯曲的拉刀。对 S 形弯曲的拉刀开始矫直时，可按表 8-34 的步骤压成单向弯曲，

然后按表 8-35 的步骤继续矫直。

表 8-34　单方向弯曲拉刀的热矫直顺序

序号	弯曲示意图	矫直时拉刀温度/℃	弯曲方向	加压后弯曲量
1		约 150~200	原弯曲方向	—
2		约 150~200	第一次压后方向	原弯曲量的 1/2~1/3
3		约 100	恢复到原弯曲方向	—
4		约 100	第二次压后方向	根据弯曲恢复量确定
5		约 50	恢复到原弯曲方向或平直	—
6		约 50	第三次压后方向	留出弯曲恢复量，可为 0.3~1.5mm

注：1. 细长拉刀或大直径拉刀应增加矫直次数为 4~5 次。

2. 油冷却的拉刀，第一次加压后应达到平直，以观察弯曲恢复方向，并增加一次矫直。

表 8-35　S 形弯曲拉刀的热矫直顺序

序号	弯曲示意图	矫直时拉刀温度/℃	弯曲方向	加压后弯曲量
1		约 150~200	原弯曲方向	—
2		约 150~200	单方向弯曲	成倍增加
3		约 150~200	平直	

2. 回火后热矫直　拉刀回火后弯曲会恢复，可在出炉后，在螺旋压力机上持压热矫直。回火热矫直的效果以第一次回火后进行矫直为好，以后逐渐减弱。一般拉刀回火后冷至 400℃ 左右（细长拉刀的温

度可高些）开始加压。拉刀在压力下冷却使弯曲得到矫直，通常在冷至室温前卸去应力。

如在回火热矫直后有回火工序，则将拉刀向反方向压过一些，以备在回火后弯曲的恢复。

3. 精修矫直　回火和柄部处理后的拉刀，如仍未达到弯曲允许值，可选择以下方法精矫：

（1）将直径和弯曲量基本相同的两支拉刀，凸面对凸面靠拢，在最高点中间垫以淬硬的钢块，然后用铁丝将柄部和精切齿部扎紧，使拉刀产生与原变形方向相反的弹性变形，在回火过程中即发生部分塑性变形，而达到矫直的目的。

（2）利用在柄部与前导部之间未淬硬部位加压的方式，使拉刀形成波形弯曲，从而保证柄部和刃部偏差均在公差范围之内。

（3）用淬火回火后的钢锤敲击拉刀凹形面的容屑槽的底部，可使弯曲矫正，但此法易损坏刃齿和引起裂纹，因此此法只用于弯曲量较小的中小型拉刀的精矫。

8.5.10　齿轮刀具的热处理

8.5.10.1　技术要求

齿轮刀具主要指插齿刀、齿轮滚刀、剃齿刀等齿轮加工刀具。齿轮刀具切削规范较重，要求精度较高，因此制造齿轮刀具的材料要具有较高的耐磨性和韧性，较好的热硬性，还要有较好的可磨削性，精密的齿轮刀具还要求有较高的内孔尺寸稳定性。

齿轮刀具热处理硬度一般规定为 63～66HRC，高性能高速工具钢制造的齿轮刀具硬度要求为 65～68HRC。

齿轮刀具一般都由高速工具钢制造，切削难加工材料的或在较高速度下切削的齿轮刀具，常采用 W6Mo5Cr4V2Co5，W2Mo9Cr4VCo8 等高性能高速工具钢制造，必要时也可采用粉末冶金高速工具钢制造。

8.5.10.2　热处理工艺特点

齿轮刀具的热处理与一般高速工具钢刀具的热处理基本相同，其不同之处在于：

（1）由于齿轮刀具，特别是大规格齿轮刀具，高速工具钢的碳化物聚集较严重，刀具尺寸大，形状复杂，热处理时容易产生过热和裂纹。

（2）部分大型刀具内孔尺寸较大，尺寸精度要求较高，如在制造后长期存放，由于残留奥氏体的转变和内应力的变化，常发生内孔胀大，精度超差现象。

为了防止齿轮刀具淬火开裂的发生，常采取以下措施：

（1）适当降低淬火温度。延长淬火加热保温时间，通常大规格齿轮刀具采用淬火温度的下限。例如 W18Cr4V 高速工具钢采用 1265～1275℃ 淬火；W6Mo5Cr4V2 高速工具钢采用 1210～1220℃ 淬火。淬火加热系数可参考图 8-46。

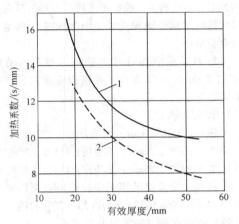

图 8-46　大规格齿轮刀具的淬火加热系数
1—盘形刀具　2—筒形刀具

（2）等温处理。大型齿轮刀具经多次分级冷却后，于 240～280℃ 等温 2～4h，可以有效地防止淬火开裂。对容易开裂的刀具，应在第一次回火加热后，立即转入等温槽进行等温处理，其方法与淬火等温处理相同。经等温处理的刀具，需经 4～5 次回火。

（3）及时回火。大规格齿轮刀具的淬火裂纹，一般产生于冷却至马氏体点以下的温度。因此，对未经等温处理的刀具可在其表面温度冷至 100℃ 左右及时入炉回火，可减少开裂趋向，此时需增加一次回火。

（4）对大规格的齿轮刀具可采用电渣重熔高速工具钢制造。这种高速工具钢沿断面尺寸由里向外，碳化物偏析相差很小，可有效地防止淬火开裂。同样，采用碳化物细小均匀的粉末冶金高速工具钢制造，也可有效地防止淬火开裂。

为了防止长期存放时发生尺寸长大，稳定齿轮刀具的尺寸，可采取以下措施：

（1）冷处理。齿轮刀具淬火以后进行冷处理可以促进残留奥氏体的转变，防止长时间存放变形。为防止开裂，冷处理可在第一次或第二次回火后进行。冷处理温度为 -70～-80℃，保温时间为 60min。

（2）人工稳定化处理。刀具在磨削后于 500℃ 保温 1h 回火或在 200℃ 保温 2h 回火，可以消除磨削应力，提高储存期间的尺寸稳定性。必要时，可把最终的磨削工序分为粗磨和精磨两次进行，粗磨后于 500℃回火 1h，精磨后于 200℃回火 1h，这样可以彻底消除磨削应力，尺寸更加稳定。

8.5.10.3　齿轮刀具的真空热处理

齿轮刀具采用真空热处理可以得到无氧化脱碳的光洁表面，省去酸洗、喷砂等工序。齿轮刀具真空油淬可比盐浴加热分级淬火减少畸变 30%，真空气淬的畸变会更小。

齿轮刀具真空热处理工艺规范举例，模数为 3mm 的 W6Mo5Cr4V2 高速工具钢齿轮滚刀真空热处理的工艺如下：

1. 淬火加热

预热：800℃，20min；真空度：0.133Pa；

预热：1000℃，20min；真空度：133Pa（充氮气）；

加热：1220℃，25min；真空度：133Pa（充氮气）。

2. 冷却　在真空油淬炉中淬冷或在高压真空气淬炉中，采用 50×10^4 Pa 压力冷却。氮气的纯度（体积分数）要求在 99.999% 以上。

3. 回火　真空淬火以后为保持工具光洁的表面，应采用真空回火。为增加热传导能力，回火炉抽真空后应回充 6.7×10^4 Pa 的氮气。真空回火每次保温 2h，可回火 3 次。为提高效率，降低成本，也可采用井式电阻炉代替真空回火炉，通入氮气保护进行回火。

8.5.11　小型高速工具钢刀具的热处理

小型刀具指直径 3mm 以下的杆状刀具和厚度在 0.5mm 以下的片状刀具。

小型刀具由于体积小，刃薄，虽然切削量不大，但要求刀具必须有高的强度和韧性；在热处理畸变、表面腐蚀以及脱碳等方面，比一般刀具有更高的要求。

小型刀具常用材料有 W6Mo5Cr4V2 和 W18Cr4V 等牌号高速工具钢。相比之下，在正常热处理后，W6MoCr4V2 高速工具钢有更高的强度和韧性，淬火温度也比较低，有利于减少淬火畸变，因此一般多选择 W6Mo5Cr4V2 高速工具钢。

8.5.11.1　热处理工艺

1. 盐浴热处理　小型刀具对热硬性要求不高，在达到相同硬度的前提下，采用较低的淬火温度和正常的回火温度，比用正常淬火温度和较高的温度回火（≥600℃）可得到更高的强度和韧性。小型刀具在盐浴中的热处理工艺见表 8-36。

2. 真空热处理　高速工具钢小钻头采用真空热处理，可以提高生产率，避免淬火脱碳，减少热处理畸变。

W6Mo5Cr4V2 高速工具钢小钻头真空淬火方法：用 φ20mm 左右的不锈钢套筒装钻头，筒高于钻头长 5 ~ 10mm。装量松紧适当。套筒放在托盘上，可放 3 ~ 4 层。装量可达 1000 ~ 1500 件。

表 8-36　小型刀具的盐浴热处理工艺

牌　　号	淬　　火		回　　火		次数	硬度 HRC
	温度 /℃	时间 /s	温度 /℃	时间 /h		
W6Mo5Cr4V2	1200 ~ 1210	50 ~ 80	560 ~ 580	1 ~ 1.5	3	61 ~ 63
W18Cr4V	1240 ~ 1260	40 ~ 60	560 ~ 580	1 ~ 1.5	3	61 ~ 63
W6Mo5Cr4V2	1200 ~ 1220	40 ~ 80	560 ~ 580	1 ~ 1.5	3	62 ~ 65
W18Cr4V	1250 ~ 1270	40 ~ 60	560 ~ 580	1 ~ 1.5	3	62 ~ 65

小钻头的真空热处理工艺规范大体如下：

预热：750℃，20min；真空度：0.133Pa；

预热：850℃，20min；真空度：0.133Pa；

预热：1050℃，20min；真空度：133.3Pa；

加热：1205 ~ 1210℃，20min；真空度：133.3Pa；

冷却：6.7×10^3 Pa 氮气冷却。

8.5.11.2　工艺说明

1. 去应力退火　如果原材料是盘钢丝和薄钢带，则毛坯下料后，应在加压状态下，于 600 ~ 650℃加热 4 ~ 6h（可用木炭作为保护介质），以消除内应力和矫正毛坯的畸变。

2. 盐浴淬火　盐浴淬火时，由于小型刀具尺寸很小，可以不用预热。

图 8-47 是小钻头淬火加热夹具及其夹持方式。钻头的柄部吸附于磁性夹具，刃部浸入盐浴中加热。

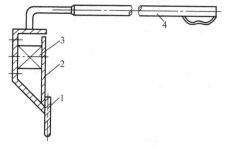

图 8-47　小钻头淬火用磁性夹具

1—钻头　2—铁板　3—磁铁　4—手柄

图 8-48 是切口铣刀的淬火夹具及其夹持方式。

刀具固定在小槽上，保持垂直的加热状态，使其不易畸变。

3. 回火　小型刀具允许的热处理畸变甚小，淬火产生的畸变很难在冷状态下矫正，因此应采用回火热矫直的方法。

杆状刀具可采用图 8-49 所示的预加应力的方法矫直。刀具整齐地排列在正三角形的铁盒中，用楔铁插入施压，装夹后在硝盐炉或空气炉中回火。

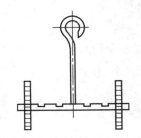

图 8-48　切口铣刀的淬火夹具

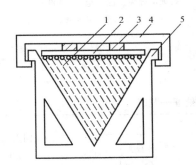

图 8-49　小钻头回火矫直夹具
1—钻头　2—压板　3—楔铁
4—框架　5—三角盒

片状刀具按一致的弯曲方向重叠，用螺栓压板夹紧，如图 8-50 所示。第一次回火加热到 350～400℃，保温 1～2h，取出拧紧螺母，使其压平，然后再入炉升温继续回火。

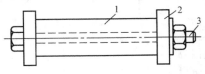

图 8-50　切口铣刀回火夹具
1—铣刀　2—压板　3—螺栓

4. 清洗　盐浴加热的小型刀具，必须经反复多次的沸水清洗，彻底清除表面的残存盐，以防刀具表面发生腐蚀。

5. 表面处理　盐浴加热易造成刀具表面颜色不均，有碍外观，并降低表面的防锈能力。由于小型刀具不宜进行喷砂，可作发黑处理或蒸汽处理。在进行蒸汽处理前最好在加入 0.2%～0.5%（质量分数）尿素的稀盐酸中浸 30～60s，以除去工件表面的锈斑，随后进行中和清洗，再进行蒸汽处理。

8.5.12　高速工具钢对焊刀具的热处理

为节约高速工具钢，杆状刀具非切削部分采用结构钢（45 钢或 40Cr 钢）。结构钢部分与高速工具钢部分，通过电弧焊或摩擦焊焊接。由于焊缝的存在和焊接高温的影响，使其热处理方法与整体高速工具钢刀具有所不同。

1. 对焊后的冷却　对焊时在焊缝两侧很小区域内，被加热到很高的温度。焊后如果直接空冷，高速工具钢一侧发生马氏体相变，结构钢的柄和未受热影响的高速工具钢部分则仍为索氏体-珠光体组织（见图 8-51）。由于显著的比体积差将引起巨大的组织应力，以致产生裂纹。这种裂纹一般都发生在高速工具钢一侧自淬硬区到未受热影响区的过渡层。对圆棒料来说，此裂纹呈环形并与焊缝相平行。

为此，对焊刀具焊接后应立即投入 650～750℃（珠光体转变区）的炉中保温，待料罐装满后再保温 1～2h，然后直接升温到退火温度进行退火。如果保温后没有条件继续作退火处理，则保温的温度，应在珠光体转变速度最大的区域（740～760℃），保温时间延长至 2～3h，使焊缝两侧都充分转变成珠光体-索氏体组织，随后空冷时可避免开裂。

2. 退火　焊接毛坯的退火规范可参考表 8-14。但退火温度应提高 10～20℃，保温时间按装炉量多少确定，一般采用 6～8h。以强化扩散作用，提高焊缝强度。

3. 淬火　焊接刀具盐浴淬火加热的长度应离焊缝 10～15mm。加热长度太短会减少切削部分的有效长度；加热超过焊缝易产生裂纹。因为加热超过焊缝时，高速工具钢一侧将全部淬硬成马氏体组织，而结构钢一侧为过热的魏氏体组织，焊缝两侧悬殊的比容差会产生巨大的组织应力，应力峰值出现在焊缝截面上高速工具钢部分脱碳层（对焊加热时氧化所致）的里侧。因此，裂纹通常出现在邻近焊缝的高速工具钢部分，并呈弧状。如果在焊缝以下加热，则马氏体分级淬火后焊缝一侧的高速工具钢组织从托氏体过渡到马氏体（见图 8-51），缓和了比体积差，使应力减小。

有些刀具由于结构上的特点，不得不超过焊缝加热，为了防止裂纹，应采用以下做法：采用短时间或长时间等温淬火；淬火冷却至 100℃左右立即回火；淬火后不宜直接进行冷处理和冷矫直；不要进行酸洗处理。

焊接刀具的淬火开裂,多为焊接不良所致。这种裂纹的特征与热处理不当引起的裂纹有所不同。前者往往是沿焊缝截面发生的,断口处常见莱氏体、黑色氧化物夹杂、奈状断口或者焊缝外缘表面存在脱碳层等缺陷(见图8-52)。

图8-51　W18Cr4V 钢(右)与45
钢对焊组织(空冷)　400 ×
w(硝酸酒精)4%浸蚀

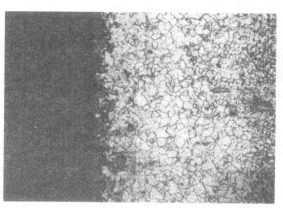

图8-52　W18Cr4V 钢(右)与45 钢
对焊后淬火、回火组织　400 ×
w(硝酸酒精)4%浸蚀

8.5.13　常用五金和木工工具的热处理

常用五金和木工工具的热处理见表8-37。

表8-37　常用五金、木工工具热处理一览表

工具名称、简图	材　料	硬度　HRC		淬　火			回火温度 /℃
		工作部分 (a)	其他部分 (b)	加热方式	加热温度 /℃	冷却介质	
克丝钳	T7、T8	52 ~ 56		大量生产:气体保护炉　少量单件:盐浴炉局部加热	780 ~ 800	钳口油冷 3 ~ 4s 后,全部油冷、水冷或淬碱浴	200 ~ 260
手虎钳	45、50	42 ~ 50		整体加热、局部淬火,或局部加热整体淬火	810 ~ 840	水	300 ~ 380
中心冲	T7、T8	53 ~ 57	32 ~ 40	整体加热,a、b 段,分别淬火;a 段回火后,b 段局部高温快速回火	770 ~ 780	水	270 ~ 300
钳工錾子	T7、T8	53 ~ 57	32 ~ 40	整体加热 a、b 段,分别淬火;a 段回火后,b 段局部高温快速回火	770 ~ 780	水	270 ~ 300

（续）

工具名称、简图	材料	硬度 HRC 工作部分 (a)	其他部分 (b)	淬火 加热方式	加热温度 /℃	冷却介质	回火温度 /℃
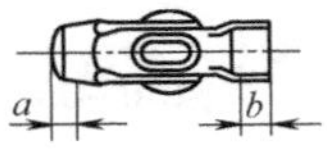 钳工锤	50			专业生产厂：连续式加热炉，局部淬火	810～840	水	250～300
钳工锤	T7、T8	49～56		少量单件：盐浴炉局部加热淬火	770～780	水	270～350
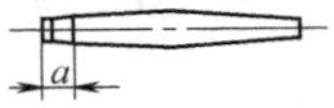 一字（十字）旋具	50、60			局部加热淬火或整体加热局部淬火	820～850	水	250～320
一字（十字）旋具	T7、T8	48～52		局部加热淬火或整体加热局部淬火	770～780	水	300～350
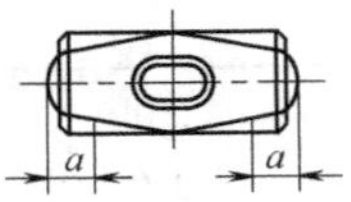 大锤	T7	49～56		局部加热淬火或整体加热局部淬火	790～810	水	270～350
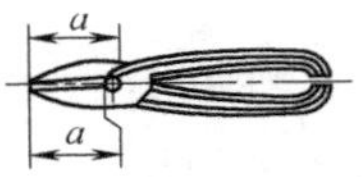 铁皮剪	T7	52～60		局部加热淬火或整体加热局部淬火	780～800	水	200～320
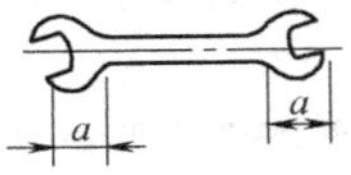 呆扳手	50	全部		盐浴炉或连续式加热炉	820～840	水	380～420
呆扳手	40Cr	41～47		盐浴炉或连续式加热炉	840～860	油硝盐	400～440
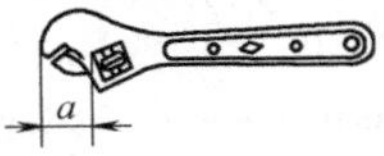 活扳手	50	全部		盐浴炉或连续式加热炉	810～830	水油分级	380～420
活扳手	40Cr	41～47		盐浴炉或连续式加热炉	840～860	油硝盐	400～440
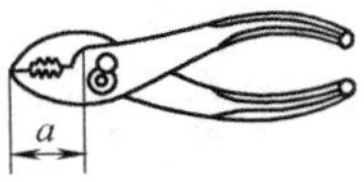 鲤鱼钳	50	48～54		局部加热淬火或整体加热局部淬火	820～840	水	290～310
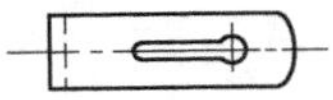 木工刨刀片	轧焊刀片 GCr15 刀体:20	61～63		整体加热全淬或局部淬火	840～860	油	150～170
木工刨刀片	T8、T9	57～62		整体加热全淬或局部淬火	770～790	水	220～230
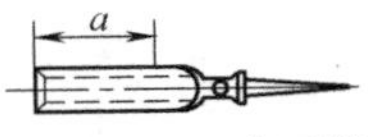 木工錾子	T8、T9	57～62		局部加热淬火或整体加热局部淬火	770～780	水	200～230

（续）

工具名称、简图	材 料	硬度 HRC		淬 火			回火温度 /℃
		工作部分 (a)	其他部分 (b)	加热方式	加热温度 /℃	冷却介质	
木工斧头	T7、T8	50 ~ 56		局部加热淬火或整体加热局部淬火	770 ~ 790	水	270 ~ 350
木工手锯	T10	42 ~ 47		盐浴炉或保护气体炉	770 ~ 790	油	450 ~ 470
木工钻头	T7、T8	44 ~ 48		局部加热淬火或整体加热局部淬火	770 ~ 780	水	360 ~ 420
木工钳子	T7	43 ~ 50		局部加热淬火或整体加热局部淬火	770 ~ 780	水	300 ~ 400

参 考 文 献

［1］ 吴元昌. Crucible 公司的粉末冶金高速钢［J］. 工具技术，1995（1）：33-35.

［2］ 李惠友. 国外刀具热处理技术近况［J］. 工具技术，1996（5）：24-26；1996（6）：34 -37.

［3］ 李惠友. 怎样才能使高速钢工具达到最高使用寿命［J］. 工具技术，1998（2）：34-37；1998（3）：33-38；1998（4）21-24.

［4］ 邓玉坤. 高速度工具钢［M］. 北京：冶金工业出版社，2002.

［5］ 李倬勋. W3Mo2Cr4VSi 低合金高速钢代 M2 通用高速钢制造 TiN 涂层刀具的可能性研究［J］. 工具技术，1992（1）：26-27.

［6］ Геллер Ю. А. Инструмент Стали［M］. Москва：Металлугия，1983.

［7］ Смольников Е А. Средства контроля обезуглерожив а юшей а ктивности высоко температурных соляных Ванн для термическая обрботки инструмента［J］. М и ТОМ，1987（3）：26-30.

［8］ Заблацкий В К. Сокрашенный отжиг быстрежушей стали［J］. М и ТОМ，1987（3）：32-34.

第9章 模具的热处理

北京机电研究所 陈再良 王德文

9.1 模具材料的分类及要求

在现代工业生产中模具是实现少、无加工先进制造技术中的重要工艺装备，模具产品的质量不仅关系到生产制品的质量和性能，而且直接影响生产效率和成本。

模具使用情况统计分析表明，模具的质量在很大程度上取决于模具材料和热加工工艺。根据模具的使用条件，正确地选择模具材料和制订合理的工艺非常重要。

9.1.1 模具材料的分类

模具材料按模具的用途可分为：冷作模具钢、热作模具钢、塑料模具钢及其他模具材料（硬质合金、钢结硬质合金、铸铁等）。这里所指的模具材料均指模具工作部分用材。

1. 冷作模具钢 冷作模具钢用于制造冲裁模、挤压模、拉深模、冷镦模、弯曲模、成形模、剪切模、滚丝模和拉丝等模具。按工艺性能和承载能力，冷作模具钢的分类如表9-1所示。

表9-1 冷作模具钢的分类

类型	牌号
低淬透性钢	T7A、T8A、T9A、T10A、T11A、T12A、MnSi、Cr2、9Cr2、GCr15、CrW5
低变形钢	9Mn2V、CrWMn、9CrWMn、9Mn2、MnCrWV、SiMnMo、9SiCr
高耐磨微变形性钢	Cr12、Cr12MoV、Cr12MoV1、Cr5Mo1V、Cr4W2MoV、Cr2Mn2SiWMoV、Cr6WV
高强度高耐磨性钢	W6Mo5Cr4V2、W12Mo3Cr4V3N
高强韧性钢	6W6Mo5Cr4V、6Cr4W3Mo2VNb、7Cr7Mo2V2Si、7CrSiMnMoV、6CrNiMnSiMoV、8Cr2MnWMoVS
抗冲击性钢	4CrW2Si、5CrW2Si、6CrW2Si、9SiCr、60Si2Mn、5CrMnMo、5CrNiMo、5SiMnMoV

2. 热作模具钢 根据合金元素的含量和热处理工艺性能，热作模具钢的分类如表9-2所示。

表9-2 热作模具钢的分类

类型		牌号
高强韧热作模具钢		5CrNiMo、5CrMnMo、4CrMnSiMoV、5SiMnMoV、5Cr4Mo、5CrSiMnMoV、4SiMnMoV、5Cr2NiMoV、3Cr2WMoVNi
高热强热作模具钢		3Cr2W8V、4Cr5MoSiV、4Cr5MoSi-V1、4Cr5W2VSi、5Cr4Mo3SiMnVAl、3Cr3Mo3W2V、5Cr4W5Mo2V、4Cr3Mo3SiV、4Cr4MoWSiV、4Cr4Mo2WSiV、4Cr5WMoSiV、25Cr3Mo3VNb、3Cr3Mo3V、5Cr4W2Mo2VSi、5Cr4W3Mo2VNb
高耐磨热作模具钢		8Cr3、7Cr3
特殊用热作模具钢	奥氏体耐热钢	5Mn15Cr8Ni5Mo3V2、7Mn10Cr8Ni10Mo3V2、Cr14Ni25Co2V、45Cr14Ni14W2Mo
	超高强钢	40CrMo、40CrNi2Mo、30CrMnSiNi2A
	马氏体时效钢	18Ni（250）、18Ni（300）、18Ni（350）
	高速钢	W18Cr4V、W6Mo5Cr4V2

3. 塑料模具钢 塑料模具用钢与冷作、热作模具用钢性能要求有很大差别，目前已形成塑料模具钢系列，其分类如表9-3所示。

表9-3 塑料模具钢的分类

类型	牌号
渗碳型	10、20、20Cr、20CrMnTi、12CrNi3A
调质型	45、55、40Cr、5CrNiMo、5CrMnMo
淬硬型	T10A、T12A、9Mn2V、CrWMn、Cr2、GCr15、Cr12、Cr12MoV、9SiCr、MnCrWV
预硬型	3Cr2Mo、5CrNiMnMoVSCa、3Cr2NiMnMo、4Cr5MoSiVS、8Cr2MnWMoVS
耐蚀型	20Cr13、40Cr13、12Cr18Ni9、10Cr17Mo
时效硬化型	18Ni（250）、18Ni（300）、18Ni（350）、06Ni6CrMoVTiAl、25CrNi3MoAl

4. 其他模具材料 其他模具材料主要有硬质合金、钢结硬质合金、铸铁、非铁金属及非金属材料等。

为了适应高耐磨、高抗压、高精度、高寿命的需

要，冷冲裁、冷镦及挤压模等，特别是多工位级进冲模的凸凹模部分常选用硬质合金或钢结硬质合金材料

制作模具。硬质合金和钢结硬质合金的化学成分和性能见表9-4和表9-5。

表9-4　硬质合金的化学成分和性能

牌号	化学成分（质量分数）（%）			物 理 力 学 性 能				
	WC	Co	TiC	密度 /（g/cm³）	硬度 HRA	抗弯强度 /MPa	抗压强度 /MPa	弹性模量 E/MPa
YG6	94	6	—	14.6～15.0	89.5	1400	4600	62000
YG6X	93.7	6	0.3	14.6～15.0	91.0	1450	4600	—
YG6A	92.0	6	2.0	14.6～15.0	92.0	1450	4600	—
YG8	92.0	8	—	14.5～14.9	89.0	1500	4470	—
YG15	85.0	15.0	—	13.9～14.1	87.0	2100	3660	54000
YG20	80	20	—	13.4～13.7	85.6	2600	3500	—
YG20C	80	20	—	13.4～13.9	82～84	1800	3600	50000

表9-5　钢结硬质合金的化学成分和性能

合金牌号	硬质相类及含量（质量分数）（%）	硬度 HRC		抗弯强度 /MPa	冲击韧度 /（J/cm²）	密度 /（g/cm³）
		加工态	工作态			
TLMW50	WC50	35～42	66～68	2000	8～10	10.2
DT	WC40	32～38	61～64	2500～3600	1.8～2.5	9.8
GW50	WC50	35～42	66～68	1800	1.2	10.2
GW40	WC40	34～40	63～64	2600	9	9.8
GJW50	WC50	34～38	65～66	2000	7	10.2
GT33	TiC33	38～45	67～69	1400	4	6.5
GT35	TiC35	39～46	67～69	1400～1800	6	6.5
GTN	TiC25	32～36	64～68	1800～2400	8～10	6.7
TM6	TiC25	35～38	65	2000	—	6.6

9.1.2　模具材料的使用和工艺性能要求

根据不同用途的模具材料，在使用性能和工艺性能方面主要考虑以下几方面。

1. 使用性能要求

（1）硬度和热硬性（热稳定性）。模具在工作应力的作用下应能保持其形状和尺寸，硬度是模具钢的重要力学性能指标。因此，经过热处理后的模具应具有足够高的硬度，如冷作模具一般硬度在 55～65HRC，而热作模具硬度可适当降低，一般在 35～55HRC 范围内。

热硬性是指模具在受热或在高温工作条件下保持组织和性能稳定，具有抗软化的能力。钢的热硬性主要决定于钢的化学成分和热处理制度，它是热作模具钢的重要性能指标之一。

（2）耐磨性。模具在工作中承受相当大的压应力和摩擦力，要求模具在使用中应保持其尺寸及形状不变，持久耐用，所以模具材料应具有良好耐磨性。模具的耐磨性不仅取决于钢的成分、组织和性能，而且与工作温度、载荷（压力）状态、润滑等工况条件有较大的关系。

一般来讲，提高模具钢的硬度有利于提高钢的耐磨性，同时降低材料的韧度。

（3）强度和韧性。模具在工作中承受很大载荷，包括冲击、振动、扭转和弯曲等复杂应力。重载荷的模具往往由于强度不够、韧性不足，造成模具边缘或局部损坏而提前失效；钢的晶粒度和钢中碳化物的数量、大小及分布情况以及残留奥氏体量等，对钢的强度和韧性有很大的影响。高硬度的材料其韧性差，表面缺口敏感性大，承载能力差，是模具早期失效的重

要原因之一。

（4）疲劳性能。模具在一定温度范围承受周期性载荷。因此，要求模具材料具有高的疲劳抗力指标。模具材料成分、加工工艺、模具结构和使用工况均影响疲劳寿命。

实践表明，根据使用条件和性能要求，合理地选择模具钢的化学成分、组织状态及热处理工艺，能够得到足够高的强度和韧性的最佳配合。

根据各种模具的工作条件，还应分别考虑高温强度、导热性及耐蚀性等。

2. 工艺性能要求 由于模具是在高硬度、高强度、高耐磨性及足够韧性的状态下使用，所以要求模具钢的冶金质量高，应尽量减少钢中气体含量、非金属夹杂物和有害元素（硫、磷等）含量；同时，为了保证钢材具有良好的性能，还要经过正确的热加工（锻、轧），以改变断面形状，改变铸态组织和性质，然后经切削加工而制成一定形状的模具，再进行最终热处理（正火、淬火及回火），这样才能得到模具所要求的使用性能。因此，模具钢的工艺性能对模具制造同样十分重要。

（1）可加工性。可加工性是指锻、轧等热加工性能以及切削、研磨等形式的冷加工性能，它们与钢的化学成分、冶金质量、组织状态及硫、磷含量等有关。模具钢大部分是含有多种合金元素，尤其是高碳、高合金钢，在进行热加工时要严格控制加热温度及冷却方式，以避免或减少热加工废品；而在冷加工之前，应做好预备热处理，以改善组织状态，以减少在冷加工过程中刀具的磨损，并提高模具的表面质量。

（2）热处理变形和淬火温度。制成的模具，进行最终热处理时要求模具的尺寸与形状变化越小越好。因此，在热处理时对模具所产生的变形程度要求很严；同时，要求淬火温度范围足够宽，以减少出现过热现象。

（3）淬硬性和淬透性。模具钢对这两种性能的要求，根据不同模具的使用条件各有侧重。例如，对于要求表面具有高硬度的冲裁模具和拉深模具用钢，淬硬性显得较为重要；对于要求整个截面具有均匀一致性能的热作模具和塑料模具钢，则淬透性显得更为重要。

（4）脱碳敏感性。模具表面发生脱碳、会使模具表面层的性能降低。因此，要求模具钢的脱碳敏感性越低越好。在相同的加热条件下，钢的脱碳敏感性主要决定于钢的化学成分，特别是碳含量。

（5）表面抛光性能。塑料模具型腔表面质量要求高，采用机械、电和化学等抛光方式提高表面可加工性。

9.2 冷作模具的热处理

9.2.1 冷作模具的工作条件和要求

冷作模具主要用于完成金属或非金属材料的冷态成形，包括冲裁模、弯曲模、拉深模、挤压模和冷镦锻模等。

（1）冲裁模工作部位是刃口，要求工作中刃口不易崩刃，不易变形，不易磨损和不易折断。

（2）弯曲和拉深模用于板材的成形，工作应力一般不大。拉深模要求工作面保持光洁，不易发生粘着磨损和擦伤；弯曲模除以上要求外，还要求有一定的抗断裂能力。

（3）冷挤压模和镦锻模主要用于材料体成形，工作应力大，其中挤压模应力更大。材料在型腔中剧烈变形同时产生热量，模具在反复的应力和温度约300℃环境中工作，要求模具工作时不易变形，不易开裂，不易磨损。

几种典型冷作模具工作应力和模具硬度比较如图9-1所示。

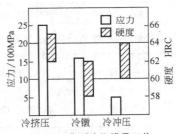

图9-1 典型冷作模具工作
应力和使用硬度比较

9.2.2 冷作模具的主要失效形式

冷作模具主要失效形式有过载失效、磨损失效、咬合失效和疲劳失效四种形式。

（1）过载失效。模具材料本身承载能力不足以抵抗工作载荷作用而引起的失效。当材料韧性不足时易产生脆断和开裂，当强度不足时易产生变形和镦粗失效。冷挤压和冷镦模具易产生此类失效。

（2）磨损失效。模具工作部位与被加工材料之间的摩擦损耗，使工作部位（刃口、冲头）形状和尺寸发生变化而引起失效。对工作表面尺寸和质量要求高的冲裁模、挤压模易产生此类失效。

（3）咬合失效。模具工作部位与被加工材料在高压力摩擦下，润滑膜破裂发生咬合——被加工材料

"冷焊"到模具表面，引起被加工产品表面质量出现划痕等失效。在拉深、弯曲模及冷挤压模中易发生此类失效。

（4）多冲疲劳失效。冷作模具承受的载荷都是以一定冲击速度和能量反复作用，其工作状态与小能量多冲疲劳试验相似。由于模具材料硬度高，多冲疲劳寿命多在 1000～5000 次，而且裂纹萌生期占寿命绝大部分，疲劳源和裂纹扩展区不明显。多冲疲劳失效常见于重载模具，如冷挤压、冷镦冲头等模具。

9.2.3　冷作模具钢的选用

为了满足冷作模具高应力、高耐磨和长寿命需要，通常多选用高碳钢或高碳合金钢。选材时应依据模具结构、服役条件、被加工材料性质、设备及润滑条件、加工产品批量等综合考虑。

（1）选用钢材原则——满足使用性能，发挥材料潜力，经济合理。首先满足使用性能——根据模具使用要求，提出模具材料的性能指标（硬度、强度、韧性、耐磨性、变形性、可加工性等）；发挥材料潜力——由于模具材料不同加工工艺和改性技术可以得到不同性能的组合，优选性能组合仍然是节能、节材、提高模具性能的主要途径。

经济合理——由于模具产品特殊要求，模具材料和加工技术的成本较高，应综合考虑优选经济合理的模具材料和生产工艺。

（2）常用冷作模具钢的选用。常用冷冲模具和冷锻模具材料选用及热处理工艺与使用性能见表 9-6 ～表 9-9。

表 9-6　常用冷冲模具材料选用

模具类型	使用条件	推荐材料	工作硬度　HRC
冲裁模	轻载（δ≤2mm）	T10A、9SiCr、CrWMn、9Mn2V、Cr12	54～62（凸模） 58～64（凹模）
	重载（δ>2mm）	Cr12MoV、Cr4W2MoV、5CrW2Si、7CrSiMnMoV、6CrNiMnSiMoV	56～62（凸模） 58～64（凹模）
	精冲	Cr12、Cr12MoV、Cr4W2MoV、W6Mo5Cr4V2、8Cr2MnWMoVS	58～62（凸模） 59～63（凹模）
	易断凸模	W6Mo5Cr4V2、6Cr4W3Mo2VNb、6W6Mo5Cr4V、7Cr7Mo2V2Si	54～62
	高寿命、高精度模	Cr12MoV、8Cr2MnWMoVS（或硬质合金类）	58～62（凸模） 60～64（凹模）
弯曲模	一般模	T8A、T10A、45、9Mn2V、Cr2、6CrNiMnSiMoV	54～62（凸模） 58～62（凹模）
	复杂模	CrWMn、Cr12、Cr12MoV、Cr4W2MoV	56～62（凸模） 58～64（凹模）
拉深模	一般模	T8A、T10A、CrWMn、Cr12、7CrSiMnMoV	54～62（凸模） 58～64（凹模）
	重载长寿命模	Cr12MoV、Cr4W2MoV、W18Cr4V、W6Mo5Cr4V2 硬质合金类	56～62（凸模） 58～64（凹模）

表 9-7　常用冷锻模具材料选用

模具类别	模具名称	使用条件	推荐材料	工作硬度 HRC
冷挤压模	轻载冷挤模	铝合金：挤压力≤1500MPa	Cr2、MnCrWV（小型）、Cr6WV、Cr12MoV（中型）、YG15	60～62 56～61
	重载冷挤压模	钢件：挤压力 1500～2000MPa 钢件：挤压力 2000～2500MPa	凸模：6W6Mo5Cr4V、W6Mo5Cr4V2	60～62
			凹模：Cr12MoV、6Cr4W3Mo2VNb、YG20C	58～60
			凸模：W6Mo5C4V、W18Cr4V	60～63
	模具型腔冷挤压凸模	一般中、小型	Cr2、9SiCr、T10A	59～61
		大型复杂件	5CrW2Si	59～61
		成批压制（挤压力 2000～2500MPa）	Cr12MoV、6Cr4W3Mo2VNb	59～61
			W6Mo5Cr4V2、6W6Mo5C4V、W18Cr4V	61～63

（续）

模具类别	模具名称	使 用 条 件	推 荐 材 料	工作硬度 HRC
冷镦模	切料模	低碳钢	T10A、Cr2、9SiCr、Cr12MoV	58～61
		中碳钢、合金结构钢	Cr12、Cr12MoV、W18Cr4V、7Cr7Mo2V2Si	58～61
	初镦冲头	低碳钢、中碳钢、合金结构钢	T10A、Cr2	58～61
	初镦凹模	低碳钢、中碳钢、合金结构钢	T10A、Cr12MoV、YC20C	59～61
	终镦冲头	低碳钢	T10A、60Si2Mn、7CrSiMnMoV	53～57
		中碳钢、合金结构钢	6Cr4W3Mo2VNb、7Cr7Mo2V2Si、W18Cr4V、W6Mo5Cr4V2	61～63
	终镦凹模	低碳钢	T10A、6Cr4W3Mo2VNb、7Cr7Mo2V2Si、5Cr4Mo3SiMnVAl	60
		中碳钢，合金结构钢	Cr12MoV 6Cr4W3Mo2VNb、7Cr7Mo2V2Si、7CrSiMnMoV、YG20C	55～60
	内外六角十字槽凸模	低碳钢	60Si2Mn、9SiCr	54～60
		中碳钢，合金钢	6W6Mo5Cr4V、W6Mo5Cr4V2、6Cr4W3Mo2VNb	56～61
	切边冲头	低碳钢	9SiCr、Cr12MoV	60～63
		中碳钢，合金结构钢	5Cr4Mo3SiMnVAl、6Cr4W3Mo2VNb、7Cr7Mo-2V2Si	59～62
	切边凹模	低碳钢	T10A	61～63
		中碳钢，合金结构钢	Cr12MoV、7Cr7Mo2V2Si	61～63
	冲孔冲头	低碳钢，中碳钢，合金结构钢	W18Cr4V、W6Mo5Cr4V2	57～62
	冲孔凹模	低碳钢，中碳钢，合金结构钢	W18Cr4V	60～63
粉末冷压模	冲头凹模	非铁金属粉末	W6Mo5Cr4V2、W18Cr4V、YG20、Cr12、Cr12MoV	59～63
		钢铁粉末	Cr4W2MoV、6W6Mo5Cr4V	
冷精压模	平面精压模	非铁金属	T10A	59～61
		钢　件	Cr2、Cr12MoV	59～61
	刻印精压模	非铁金属、钢件	9Cr2、Cr12MoV	58～60
		不锈钢、高强度材料	6W6Mo5Cr4V、6Cr4W3Mo2VNb、5CrW2Si	
	立体精压模	浅型腔	Cr2、9Cr2	60～62
		复杂型	5CrW2Si、5CrNiMo、5CrMnMo、9SiCr	54～60

注：可以选用性能相近的其他材料；可以采用适当的表面改性处理技术。

表 9-8　部分冷作模具钢热处理工艺及力学性能

材料和典型热处理工艺	抗压屈服强度/MPa	抗弯屈服强度/MPa	抗弯断裂强度/MPa	挠度/mm	冲击韧度/(J/cm²)	断裂韧度/MPa·m^{1/2}	硬度 HRC	备　注
W6Mo5Cr4V2 1190～1210℃淬火+560℃回火	≈3000	≈4000	≈4300	2.4	≈55	≈16	62～64	冷挤，冲头模具
Cr12MoV 1020℃淬火+200℃回火	≈2400	≈2500		2.3	≈12	≈7	60～62	冷冲,冷镦模具

（续）

材料和典型 热处理工艺	抗压屈服 强度/MPa	抗弯屈服 强度/MPa	抗弯断裂 强度/MPa	挠度 /mm	冲击韧度 /（J/cm²）	断裂韧度 /MPa·m^{1/2}	硬度 HRC	备　注
Cr12 950～980℃淬火＋200℃回火	≈2600	≈1900		1.7	≈8		60～62	冷冲，拉延模具
CrWMn 840℃淬火＋200℃回火	≈2300	≈1700		2.3	≈2.2		60～62	冷冲，拉延模具
6Cr4W3Mo2VNb（65Nb） 1150℃淬火＋520～560℃回火	≈2600	≈3700	≈4200	6.0	≈50	≈17	60～62	冷挤，冷镦模具
7Cr7Mo2V2Si（LD） 1150℃淬火＋550℃回火	≈2700	≈3900	≈4600	4.7	≈50	≈17	60～62	冷挤，冷冲模具
6Cr4Mo3Ni2WV（CG2） 1100℃淬火＋540℃回火	≈2400	≈3700	≈4300	3	≈25	≈19	60～62	冷冲，切边模具
5Cr4Mo3SiMnVAl（012Al） 1090～1120℃淬火＋510℃回火	≈2400	≈3600	≈4200	4	≈20	≈16	60～62	冷镦，冲头模具
7CrSiMnMoV（CH1） 840～900℃淬火＋200℃回火	≈2300	≈3200	≈4000	4.2	≈17		60～62	冷冲，拉延模具
8Cr2MnWMoVS（8Cr2S） 860～880℃淬火＋200℃回火	≈2400	≈3100		4	≈30		60～62	冷冲，塑料模具
6CrNiSiMnMoV（GD） 900℃淬火＋200℃回火	≈2200	≈3000	≈3700	5		≈21	60～62	冷冲，冷挤模具
9Cr6W3Mo2V（GM） 1120℃淬火＋540℃回火	≈3000	≈3600		4.8	≈22	≈20.2	62～64	冷却，切边模具
5Cr4Mo2W2VSi（VascaMA） 1100～1200℃淬火＋510～560℃回火	≈2400	≈3500		2.5	≈18		61	冷镦，热挤模具
W18Cr4V 1260℃淬火＋560℃回火	≈3000		≈2800	1.8	≈16		62～64	冲头

表 9-9　常用冷作模具钢使用性能和工艺性能比较

牌　号	工作硬度 HRC	耐磨性	韧度	淬火不 变形性	淬硬深度	可加工性	脱碳敏感性
Cr12	58～64	好	差	好	深	较差	较小
Cr12MoV	55～63	好	较差	好	深	较差	较小
9Mn2V	58～62	中等	中等	较好	较浅	较好	较大
CrWMn	58～62	中等	中等	中等	较浅	中等	较大
9SiCr	57～62	中等	中等	中等	较浅	中等	较大
Cr4W2MoV	58～62	较好	较差	中等	深	较差	中等
6W6Mo5Cr4V	56～62	较好	较好	中等	深	中等	中等
W18Cr4V	60～65	好	较差	中等	深	较差	小
W6Mo5Cr4V2	58～64	好	中等	中等	深	较差	中等
CrW2Si	54～58	较好	较好	中等	深	中等	中等
T10A	56～62	较差	中等	较差	浅	好	大
9SiCr	58～62	中等	中等	较差	较浅	中等	大

（续）

牌　　号	工作硬度 HRC	耐磨性	韧度	淬火不 变形性	淬硬深度	可加工性	脱碳敏感性
Cr2	58～62	中等	中等	中等	较浅	较好	较大
5CrNiMo	47～51	中等	好	较好	较深	好	中等
60Si2Mn	47～51 57～61	中等	中等	较差	较深	较好	极大
65Mn	47～61 57～61	中等	中等	较差	较深	较好	较小
40Cr	45～50	差	中等	中等	中等	好	小
6Cr4W3Mo2VNb（65Nb）	57～61	较好	较好	中等	深	较差	较小
7Cr7Mo2V2Si（LD）	57～62	较好	较好	中等	深	较差	较小
7CrSiMnMoV（CH-1）	57～61	较好	较好	好	较深	中等	中等
6CrNiSiMnMoV（GD）	57～62	较好	较好	好	较深	中等	中等
8Cr2MnWMoVS（8Cr2S）	58～62	较好	中等	好	较深	较好	中等
5Cr4Mo3SiMnVAl（012Al）	52～54 57～62	较好	较好	好	深	较差	较大

9.2.4　冷作模具的热处理工艺

冷作模具热处理主要包括模具预备热处理和模具最终热处理两类。此外，还有模具加工中的工序间热处理和使用中的恢复热处理等。

9.2.4.1　模具的预备热处理

模具预备热处理主要包括退火、正火和调质处理。主要目的是消除毛坯残留组织缺陷，降低硬度，有利后续冷热加工处理，提高性能和寿命。

（1）正火的目的是消除碳素工具钢、合金工具钢中的残留碳化物网，细化不均匀的片状珠光体。

对于原材料中粗大的一次残留碳化物，要充分锻造，碳化物尺寸合格后，采用正火使组织均匀化。

几种冷作模具钢的正火规范如表 9-10 所示。

表 9-10　几种冷作模具钢的正火规范

牌号	Ac_{cm}/℃	正火温度/℃	硬度　HBW
T7A	770	800～820	229～285
T8A	740	800～820	241～302
T10A	800	830～850	255～321
T12A	820	850～870	269～341
Cr2	900	900～920	302～388
9CrWMn	900	880～900	302～388
9SiCr	870	900～920	320～415
CrWMn	940	970～990	388～514
9Mn2V	860	860～880	—
5CrMnMo	760	870～890	≤227
5CrNiMo	770	870～890	≤227

（2）去应力退火的目的是消除模具淬火或精加工前的残余应力，或避免高速钢返修淬火时出现的萘状断口。其工艺规范如表 9-11 所示。

表 9-11　去应力退火工艺规范

碳素工具钢及 合金工具钢	加热至 630～650℃，保温 1～2h
高合金工具钢	加热至 680～700℃，保温 1～3h

（3）球化退火的目的是获得满意的机械加工性能，并作好淬火前组织准备。球化退火组织对最终热处理后的强韧性、畸变、开裂倾向、耐磨性、断裂韧度有显著的影响。

球化温度以选在 Ac_1 以上 20～50℃为宜。保证能加速球化过程和形成均匀的球化体。要避免在退火中温度过低出现残留的厚片状碳化物，温度过高出现新的片状及棱角状碳化物。球化退火的等温温度和保持时间要选择在不出现片状或片、球状混合组织，并有合适的球化速度范围为宜。

冷作模具钢的球化退火加热温度及成批毛坯等温球化退火工艺规范如表 9-12 所示。

（4）调质处理的目的是获得细珠光体和超细碳化物，消除碳化物网、带，消除加工后的残余应力，改善组织，便于机械加工，防止淬火开裂和减小淬火畸变。

冷作模具钢的调质工艺，可采用在常规加热温度淬火后进行 640～680℃高温回火的工艺。调质后的硬度一般≤229HBW。

表 9-12　冷作模具钢毛坯成批等温球化退火工艺规范

牌　号	加热温度×保温时间	等温温度×保持时间	退火硬度 HBW	显　微　组　织
T7A，T8A	750～770℃×1～2h	680～700℃×2～3h	163～187	珠光体 1～5 级
T10A，T12A			179～207	珠光体 2～4 级，碳化物网≤2 级
9Mn2V	750～770℃×3h	680～700℃×4～5h	≤229	珠光体 2～5 级，碳化物网≤2 级
Cr2	790～810℃×2～3h	700～720℃×3～4h	≤229	珠光体 2～5 级 碳化物网≤2 级
9Cr2			≤217	
9SiCr			≤229	
CrWMn	790～810℃×2～3h	700～720℃×3～4h	≤241	
9CrWMn	780～800℃×2～3h	670～720℃×2～3h	≤229	
8Cr3	790～810℃×2～3h	700～720℃×3～4h	≤241	
Cr12	850～870℃×2～3h	730～750℃×3～4h	≤255	共晶碳化物≤3 级
Cr12MoV	850～870℃×2～4h	740～760℃×4～6h	≤241	
W18Cr4V	850～870℃×2～4h	740～760℃×4～6h	≤241	
W6Mo5Cr4V2	840～860℃×2～4h	740～760℃×4～6h	≤229	
Cr4W2MoV	860～920℃×3～4h	740～760℃×6～8h	≤255	
6Cr4W3Mo2VNb（65Nb）	850～870℃×4h	730～750℃×6～8h	≤229	
7Cr7Mo2V2Si（LD）	840～860℃×2～4h	730～750℃×4～6h	≤225	
6W6Mo5Cr4V	850～860℃×2～4h	740～750℃×4～6h	197～229	
7CrSiMnMoV（CH1）	820～840℃×2～4h	680～700℃×3～5h	≤229	
6CrNiSiMnMoV（GD）	760～780℃×2～4h	680～700℃×3～5h	≤229	
8Cr2MnWMoVS（8Cr2S）	780～820℃×4～6h	炉冷至 550℃空冷	≤229	

9.2.4.2　模具的最终热处理

1. 淬火工艺　冷作模具钢常用的淬火工艺规范见表 9-13 所示，冷作模具钢常用加热系数见表 9-14 所示。

模具淬火处理时的脱碳、氧化、内应力及组织不均匀性对磨损、开裂、疲劳强度及抗咬合性能均有显著的影响。对要求耐磨或随后进行电加工的模具，应采用上限加热温度和保温时间系数；对要求强韧性的模具可采用下限加热温度和保温时间系数。

表 9-13　冷作模具钢常用的淬火工艺规范

模具类别	牌　号	淬火温度/℃	冷　却　方　法	要求回火后硬度　HRC
小型模具 大中型模具	T7A～T12A	760～780 800～850	盐水→热油 盐水→热油	>58
厚度<20mm 模具 厚度 20～60mm 模具	Cr2，9Cr2，GCr15	840～880	热油、冷油 碱浴	>58
大中型重载模具	Cr2，9Cr2，GCr15	810～850	水喷淬或碱水淬	>58
厚度<15～20mm 模具 大中型重载模具	60Si2MnA	860～880	热油 碱浴或碱水	≥58
小型模具 中型模具	9Mn2V	760～780 790～810	冷油或热油 碱浴	≥58

（续）

模具类别	牌　号	淬火温度/℃	冷却方法	要求回火后硬度　HRC
中型模具	9CrWMn	820～840	碱浴、油	62～64
简单模具	Cr12	960～1000	160～180℃热油	62～64
复杂模具		1080～1100	250℃硝盐	40～50
重载模具	Cr12MoV	1020～1040	油	60～62
微畸变淬火	Cr12MoV	980～1020	空冷、铝板	58～62
高韧性模具	W6Mo5Cr4V2	1140～1160	油	57～61
高抗压、高强度模具	W6Mo5Cr4V2	1160～1200	油	59～62
高抗压、高强度模具	W18Cr4V	1200～1250	油	59～64
高耐磨模具	Cr4W2MoV	900～920	油	58～62
高强韧模具		960～980	空气、油	
		1020～1050	油、蒸汽	
高强韧模具	7Cr7Mo2V2Si（LD）	1100～1150	油冷	≥60
高强韧模具	6Cr4W3Mo2VNb（65Nb）	1080～1120	油	≥61
		1120～1160		
		1180～1190		
简单模具	9SiCr	860～880	油	≥58
复杂模具	9SiCr	860～880	热油等温	≥58

表 9-14　冷作模具钢的常用加热系数

钢　种	加热温度/℃	加热系数 K/（min/mm）	
		盐浴炉	电阻炉
碳素工具钢	550～620	1	—
	760～840	0.4～0.5	1～1.5
低合金模具钢	550～620	1	—
	820～950	0.5～0.6	1～1.5
中、高合金模具钢	550～620	1	—
	800～850	0.5	1～1.5
	950～1100	0.3～0.4	0.6～0.8
	950～1100（不预热）	—	1～1.3

2. 回火工艺　冷作模具淬火后应及时回火以防止淬火应力引起的变形和开裂。常用冷作模具钢回火温度和硬度如表9-15所示。回火时间根据模具钢种类和尺寸大小而定，一般碳素工具钢与低合金工具钢为 90～180min，高合金模具钢为 120～180min。

表 9-15　常用冷作模具钢的回火温度与硬度

牌　号	淬火硬度 HRC	达到下列硬度（HRC）范围的回火温度/℃				
		45～50	52～56	54～58	58～61	60～63
T7A	62～64	330	250	220	170	150
T8A	62～64	350	270	230	190	160
T10A，T12A	62～64	370	290	250	210	170
9Mn2V	62.0	380	300	250	220	150～180

（续）

牌　号	淬火硬度 HRC	达到下列硬度（HRC）范围的回火温度/℃				
		45 ~ 50	52 ~ 56	54 ~ 58	58 ~ 61	60 ~ 63
Cr2	62	450	290	300	200	150
9SiCr	65	450	350	320	250	190
5CrW2Si		420	280	250	—	—
Cr12（980℃淬火）	63	—	—	320 ~ 350	250	180 ~ 190
Cr12MoV（1030℃淬火）	63	—	540	400	230	170
5CrMnMo		380	250	200	—	—
W6Mo5Cr4V2	>60	—	—	—	620	560
W18Cr4V	>62	—	—	—	620	560
6W6Mo5Cr4V						560
Cr4W2MoV	60 ~ 62	—	—	—	520 ~ 540	—
7Cr7Mo2V2Si（LD）		—	—	—	—	530 ~ 540
6Cr4W3Mo2VNb（65Nb）		—	—	540 ~ 580		
60Si2Mn		400	—	300 ~ 350		

　　冷作模具钢应避免在表 9-16 所示的回火脆性温度范围内回火。回火温度对几种冷作模具钢抗压强度的影响见图 9-2。

　　对于高精度、高合金钢制模具，为提高硬度，稳定尺寸，减少磨裂倾向和提高使用寿命，在淬火后可采用 -40 ~ -80℃（干冰 + 酒精冷却剂）或 -180℃（液氮冷却剂）的冷处理。冷处理时间为 30 ~ 120min。为减少冷处理的内应力可分级冷却。冷处理后立即进行回火处理。

9.2.4.3　冷作模具的热处理工艺举例

　　典型冷作模具及其热处理工艺举例见表 9-17。精密及性能要求较高的模具，应在保护气氛炉或真空炉中热处理。

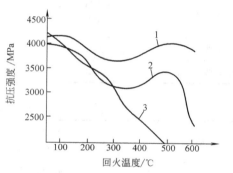

图 9-2　回火温度对几种冷作
模具钢的抗压强度的影响
1—W6Mo5Cr4V2 钢　2—Cr12MoV 钢
3—CrWMn 钢

表 9-16　冷作模具钢的回火脆性温度范围

牌号	CrWMn	9Mn2V	GCr15	9SiCr	Cr12	Cr12MoV
温度/℃	250 ~ 300	190 ~ 230	200 ~ 250	200 ~ 240	290 ~ 330	325 ~ 375

表 9-17　典型冷作模具及其热处理工艺举例

模具	材料	模具简图	热处理工艺	备　注
凹模	T8A	165×120×25　20.2　3.1　80.5	780~800　12min　w(NaOH)10%　170　7min	碱水-硝盐复合分级淬火，刃口 59 ~ 62HRC，其余 50 ~ 55HRC

（续）

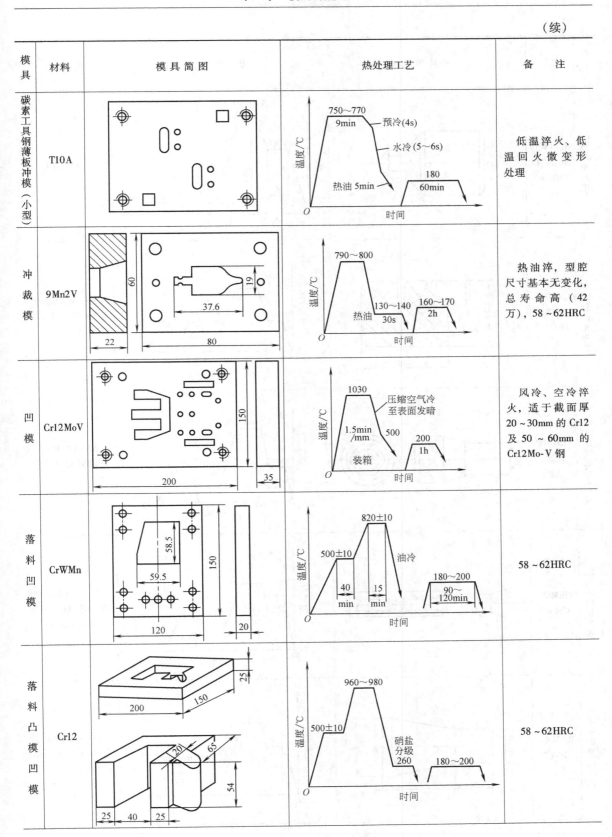

模具	材料	模具简图	热处理工艺	备 注
碳素工具钢薄板冲模（小型）	T10A		750~770 9min　预冷(4s)　水冷(5~6s)　热油 5min　180 60min	低温淬火、低温回火微变形处理
冲裁模	9Mn2V	60　19　37.6　22　80	790~800　热油　130~140 30s　160~170 2h	热油淬，型腔尺寸基本无变化，总寿命高（42万），58~62HRC
凹模	Cr12MoV	150　200　35	1030　压缩空气冷至表面发暗　1.5min/mm　500　装箱　200 1h	风冷、空冷淬火，适于截面厚20~30mm的Cr12及50~60mm的Cr12Mo-V钢
落料凹模	CrWMn	58.5　59.5　150　120　20	820±10　500±10　油冷　40 min　15 min　180~200　90~120min	58~62HRC
落料凸模凹模	Cr12	25　150　200　20　65　54　25　40　25	960~980　500±10　硝盐分级 260　180~200	58~62HRC

（续）

模具	材料	模具简图	热处理工艺	备　注
冷镦六角凸模	6Cr4W3-Mo2VNb（65Nb）	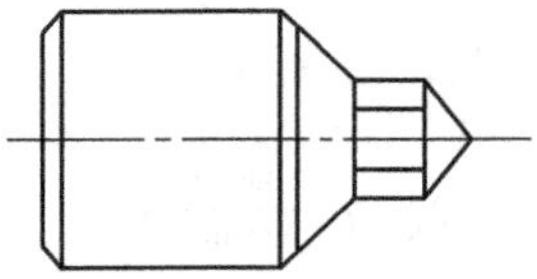	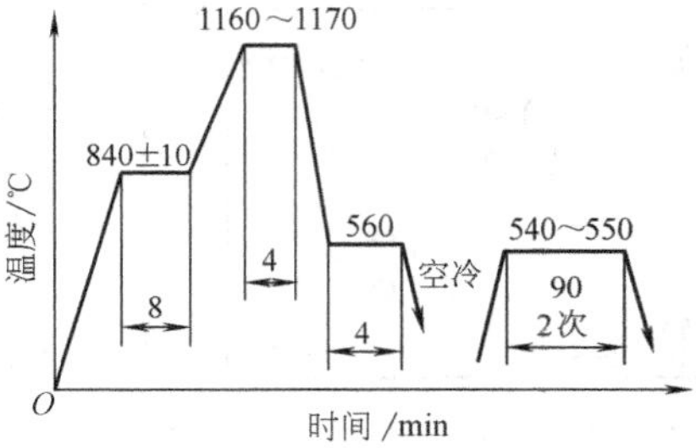	59～61HRC
十字槽螺钉光冲模	6Cr4W3Mo-2VNb（65Nb）	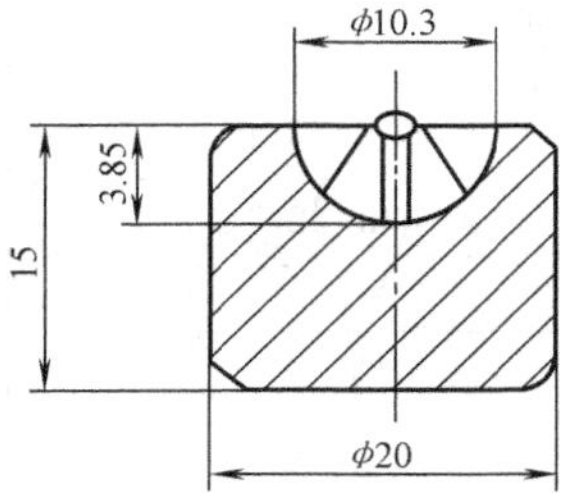	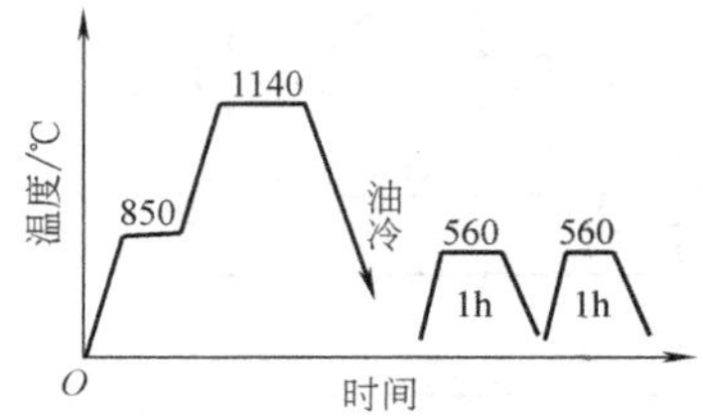	59～60HRC M6螺钉寿命平均8万件
六角螺母冲头	7Cr7Mo-2V2Si（LD）	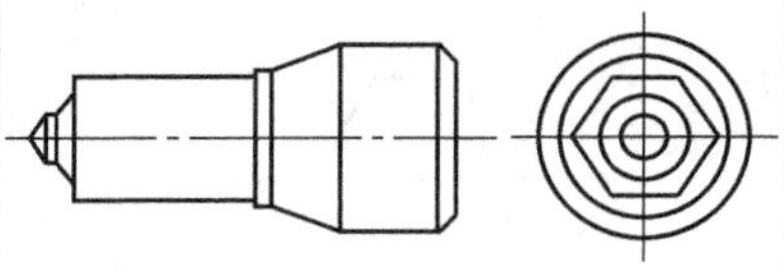	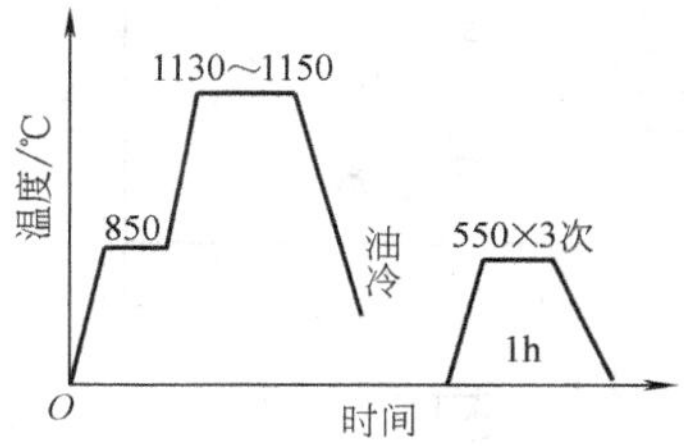	60～62HRC M12螺母寿命平均7.8万件
活塞销冷挤冲头	W6Mo5-Cr4V2	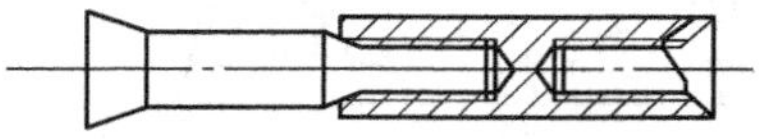	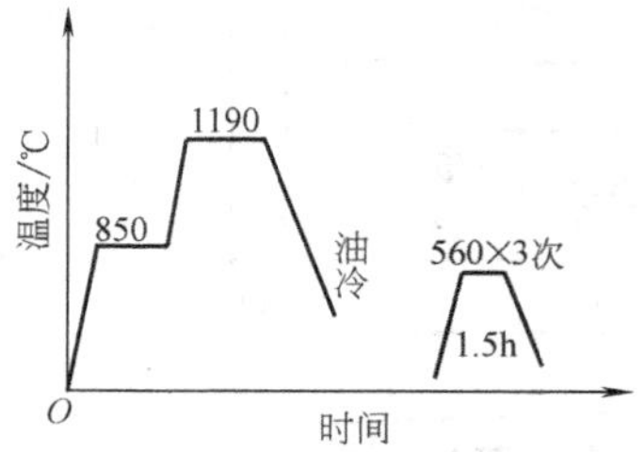	62～64HRC ϕ48活塞销（20Cr）寿命平均1.5万件
汽车板簧冲孔凸模	W6Mo5-Cr4V2	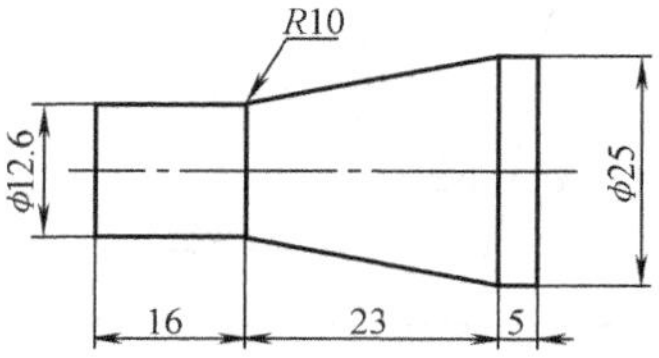	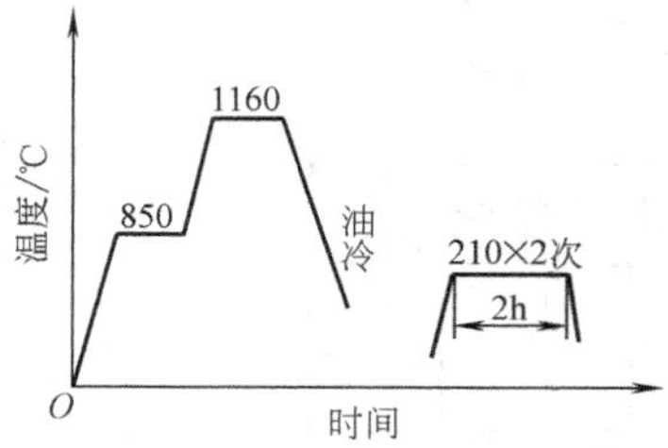	60～62HRC 冲压9mm钢板寿命1200～2000次

（续）

模具	材料	模具简图	热处理工艺	备　注
硅钢片冷冲模	Cr12MoV	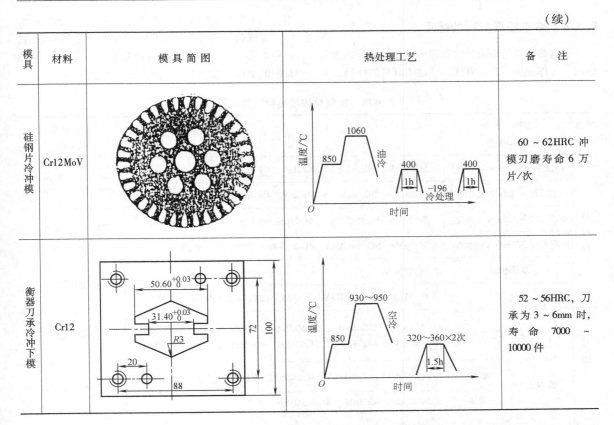		60～62HRC 冲模刃磨寿命 6 万片/次
衡器刀承冷冲下模	Cr12			52～56HRC，刀承 3～6mm 时，寿命 7000～10000 件

9.3　热作模具的热处理

9.3.1　热作模具的工作条件和要求

　　热作模具主要用于加热金属或液态金属制品的成形，这类模具可分为机锻模、锤锻模、挤压模和压铸模等。

　　（1）压力机锻模是用于各种压力机进行毛坯成形的工具，其模具承受载荷近于静态。

　　（2）锤锻模是用各种吨位锤产生巨大的冲击功进行毛坯变形的工具，毛坯在短时间内快速成形，模具承受很大冲击载荷和热磨损。

　　（3）热挤压模是将加热到一定温度的金属毛坯挤压成形的模具（冲头）承受巨大压力、弯矩、拉力以及与金属毛坯的摩擦。

　　（4）压铸模是液态金属制品成形的工具，要求有一定的强韧性、耐热疲劳性和耐蚀性。

9.3.2　热作模具的主要失效形式

　　热作模具失效形式主要有变形失效、热疲劳失效、热磨损失效和断裂失效四种。

　　（1）变形失效是指在高温下毛坯与模具长期接触使用后，模具出现软化而发生塑性变形。对于钢铁材料成形，当模具表面软化后硬度低于 30HRC 时，容易发生变形而堆塌。工作载荷大、工作温度高的挤压模和锻模凸起部位易产生这类失效。

　　（2）热疲劳是指在环境温度发生周期性变化条件下工作的模具表面出现网状裂纹。热作模具工作温差大，急冷急热反复速度快的热压铸模、锻模等易出现热疲劳裂纹，此裂纹属于表面裂纹，一般较浅，在机械应力作用下向内部扩展，最终产生断裂失效。

　　（3）断裂是指材料本身承载能力不足以抵抗工作载荷而出现失稳态下的材料开裂，包括脆性断裂、韧性断裂，疲劳断裂和腐蚀断裂。热作模具断裂（特别是早期断裂），与工作载荷过大、材料处理和选材不当及应力集中等有关。挤压冲头及模具凸起部位、根部等易出现断裂失效。

　　（4）热磨损失效是指模具工作部位与被加工材料之间相对运动产生的损耗，包括尺寸超差和表面损伤两种形式。模具工作温度、材料的硬度、合金元素及润滑条件等都影响模具磨损。相对运动剧烈和有凸起部位的模具，如热挤压冲头等，易产生磨损失效。

9.3.3　热作模具材料的选用

影响热作模具寿命的因素很多，例如模具的受力情况、工作温度、冷却方式，被加工材料的性质、变形量、变形速度以及润滑条件等。因此，在选择材料时，应根据模具的类型及具体工作条件合理地选用。各种常用热作模具材料的选用参照表 9-18。常用模具钢的使用性能和工艺性能比较参见表 9-19。

表 9-18　常用热作模具材料的选用

模具类型	零件名称和工作条件		推荐材料	工作硬度HRC
锤锻模	高度小于 275mm（小型）		5CrMnMo、5CrNiMo、5SiMnMoV、4SiMnMoV	38～42（模面）33～38（模尾）
	高度 275～325mm（中型）		5CrMnMo、5CrNiMo、5SiMnMoV、4SiMnMoV	
	高度 325～375mm（大型）		5CrNiMo、5CrMnSiMoV、4CrMnSiMoV、5CrNiTi	34～40（模面）28～35（模尾）
	高度大于 375mm（特大型）		5CrNiMo、5CrMnSiMoV、4CrMnSiMoV、5CrNiTi、5CrNiW	
	堆焊模块		5Cr2MnMo	350～400HBW
	镶块式		4Cr5MoSiV1、3Cr2W8V、3Cr3Mo3W2V、4CrMnMoSiV	
机锻模	整体式		5CrNiMo、5CrMnMo、4CrMnMoSiV、5CrMnSiMoV、4Cr5MoSiV、4Cr5MoSiV1、4Cr5W2SiV、3Cr2W8V、4Cr3Mo3W2V、5Cr4Mo2W2SiV	28～34
	镶拼式	镶块	4Cr5MoSiV1、4Cr5MoSiV、4Cr5W2SiV、3Cr2W8V、5Cr4W2 Mo2SiV	
		模体	5CrNiMo、5CrMnMo、4CrMnMoSiV	
热挤压模	冲头		3Cr2W8V、3Cr3Mo3W2V、4Cr5W2SiV、4Cr5MoSiV1、4Cr5MoSiV、4CrMnMoSiV	44～55
	凹模		3Cr2W8V、3Cr3Mo3W2V、4Cr5MoSiV、4Cr5MoSiV1、硬质合金、钢结硬质合金、高温合金	
温挤压模	冲头凹模		W18Cr4V、W6Mo5Cr4V2、6W6Mo5Cr4V、6Cr4W3Mo2VNb	50～62
高速锻模	凸、凹模		4Cr5W2SiV、4Cr5MoSiV、4Cr5MoSiV1、4Cr3Mo3W4VTiWb	44～55
热切边模	凸、凹模		6CrW2Si、5CrNiMo、3Cr2W8V、4Cr5MoSiV1、4CrMnSiMoV、8Cr3、W6Mo5Cr4V2、W18Cr4V、硬质合金	35～55
压铸模	锌及其合金		40Cr、30CrMnSi、40CrMo、CrWMn、5CrMnMo、4Cr5MoSiV、3Cr2W8V、20 钢（碳氮共渗）	50～60
	铝、镁及其合金		3Cr2W8V、4Cr5MoSiV、4Cr5MoSiV1、4Cr5W2SiV、3Cr3Mo3W2V，马氏体时效钢	42～50
	铜及其合金		3Cr2W8V、3Cr3Mo3W2V、3Cr3Mo3Co3V、3Cr2W9Co5V、18Ni（250）、18Ni（350）	290～375HBW
	钢铁材料		3W23Cr4MoV、3Cr2W8V（表面渗金属 Cr—Al—Si）	400～690HV

表9-19　常用热作模具钢使用性能和工艺性能比较

牌号	热处理硬度 HRC	室温力学性能				高温屈服强度			高温冲击韧度			高温硬度			抗氧化			热稳定性	热磨损		热疲劳		热熔损	可锻性	可加工性
		$R_{p0.2}$	Z(%)	K_{IC}	A_K	600℃	650℃	700℃	600℃	650℃	700℃	600℃	650℃	700℃	600℃	700℃	1000℃		850℃	950℃	950~20℃	750~20℃			
5CrNiMo	41~41.6	差	良	优	优	差	差	差	中	中	良	差	差	差	差	差	中	差	差	差	中	差		优	优
5CrMnMo	41~42.3	差	良	优	中												中			中					优	
5CrMnSiMoV	39.8~40.3	差	良	优	优	差	差	中	良	优	优	差	差	中	差	差	良	良	差	差	中	中		良	中
5Cr2NiMoVSi	38.8~40.2	差	优	优	优	差	差	中	优	优	优	差	中	良	差	中	良	良	差	中	良	良		良	优
3Cr2MoWVNi	40.5~41.2	差	优	优	优	优	中	中	优	优	优	中	中	良	优	优	优	良	中	差	良	良	差	良	良
4Cr5MoSiV1	43.7~44.2	差	优	良	优	优	中	差	优	优	良	优	优	差	优	优	优	中	良	优	良	中	差	优	良
4Cr5MoSiV	47~48	良	良	中	中	良	中	差	中	中	中	中	中	差	优	优	优	良	良	优	良	中	差	优	中
4Cr5W2VSi	48.5~49.2	优	良	中	中	良	差	差	良	良	良	良	良	中	良	良	优	中	优	良	良	中	良	优	良
4Cr5Mo2MnSiV	44.2~45	良	中	中	中	优	中	中	中	良	中	中	中	中	优	优	优	良	优	良	良	中	差	优	中
4Cr3Mo3W2V	44~44.2	优	中	中	良	优	良	中	良	良	中	优	良	中	良	中	良	良	良	良	良	中		差	良
4Cr3Mo3SiV	48.2~48.5	中	良	中	中	优	优	中	优	优	中	中	中	中	中	中	中	中	优	优	中	优		中	中
3Cr3MoVNb	47~48.8 / 40.5~41.2	良	优	差	差	良	良	良	优	优	优	优	优	中	中	中	差	中	优	优	优	优		良	良
4Cr3Mo3W4VNb	47.5~48 / 49.0~49.5	优	差	差	差			中					优	中								中		优	

9.3.4　热作模具的热处理工艺

热作模具的工作条件恶劣，特别是工作温度高，性能要求苛刻。为了适应不同状态下使用，热作模具的材料和热处理工艺要求都比较高。下面主要对锤锻模、热挤压模、金属压铸模具用钢的热处理工艺分别进行论述。

9.3.4.1　锤锻模的热处理工艺

1. 锤锻模用钢　用于锤锻模的钢主要有 5CrNiMo、5CrNiW、5CrNiTi、5CrMnMo、5Cr2MnMo、5Cr2NiMoV 钢等。这类锤锻模用钢的淬透深度及 600～700℃时的硬度见表 9-20。硬度与冲击韧度的关系如图 9-3 所示。

2. 锤锻模的热处理工艺

（1）退火。锤锻模钢需在锻后进行完全退火或等温退火。退火工艺如表 9-21 所示，不同尺寸的模块退火工艺规范如表 9-22 所示。

对于易形成白点的模块，需进行预防白点退火，见图 9-4 所示。

（2）淬火。模具在淬火前应检查和清除刀痕等加工缺陷。为避免氧化、脱碳，应采用保护气氛或装箱保护加热。锤锻模具钢的淬火工艺如表 9-23 所示。

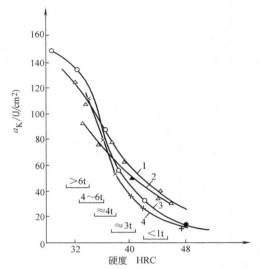

图 9-3　锤锻模用钢的硬度与冲击韧度的关系
1—5CrNiW 钢　2—5CrNiTi 钢　3—5CrNiMo 钢
4—5CrMnMo 钢
注：所标吨系数指锻锤的吨位。

表 9-20　锤锻模用钢的淬透深度和 600～700℃时的硬度

牌　　号	淬　透　深　度	在 600～700℃时的硬度　HBW
5CrNiMo	300mm × 300mm × 400mm，经 820℃ 加热淬火，650℃ 回火 10h 后，整个截面硬度一致	207～125
5CrMnMo	90～100mm	175～115
5CrNiW	350mm 正方体，经 830～880℃加热后淬火，有 65～75mm 深度的高硬度区	202～120
5CrNiTi	350mm 正方体，830～880℃加热淬火后，有 70～100mm 的高硬度区	179～165
5Cr2NiMoV	160mm×200mm 截面可淬透	

表 9-21　锤锻模用钢退火工艺

牌　　号	加　　热		等　　温		硬度　HBW	冷却方式
	温度/℃	时间/h	温度/℃	时间/h		
5CrMnMo	850～870	4～6	650～680	2～4	197～241	以 50℃/h 炉冷至 500℃出炉
5CrNiMo	760～780	4～6	650～680	2～4	197～241	
5Cr2NiMoV	790～810	4～6	720～730	2～4	220～230	
5CrNiW	780～800	4～6			197～241	

表 9-22　不同尺寸模块的退火工艺规范

锤锻模规格 /mm	600~650℃预热时间/h	升温	加热温度/℃	保温时间/h	冷　却
250×250×250	2		830~850	4~5	
300×300×300	3	随炉缓慢升温	830~850	5~6	随炉冷却（以50℃/h）至500℃以下出炉空冷
350×350×350	4		830~850	6~7	
400×400×400	5		840~860	7~8	
450×450×450	6		840~860	8~9	
500×500×500	7		840~860	9~10	

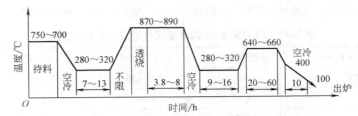

图 9-4　5CrMnSiMoV 钢模块普通退火与预防白点退火工艺曲线

表 9-23　锤锻模具钢淬火工艺

牌　号	淬火温度/℃	淬火冷却介质	硬度　HRC
5CrNiMo	830~860	油	58~60
5CrNiW	840~860	油	55~59
5CrNiTi	830~850	油	55~58
5CrMnMo	820~850	油	52~58
5Cr2NiMoV	940~970	油	60~61

锤锻模具在淬火加热时，要进行一次或二次预热。锤锻模具常规的淬火温度是选在奥氏体晶粒不长大的温度范围，以保证有较高的冲击韧度。对热锻模具钢组织与断裂韧度之间关系的深入研究表明，采用较高温度淬火，有助于提高锻模的断裂抗力，减少锻模的开裂。

锤锻模在常规温度淬火后，一般在钢中残留着约10%（体积分数）的残留奥氏体。在箱式电炉中加热时，加热系数按 2~3min/mm 选用。盐浴炉加热时则为 1min/mm。尺寸较大的锤锻模在淬火时要预冷到 780~800℃后再淬冷。小模块的预冷时间为 3~5min，大模块约为 5~8min。淬冷油的允许温度范围为 30~80℃。

一般锤锻模在冷至 150~200℃时，就应从油槽中取出，立即装炉回火。

（3）回火。模具的回火温度，要按模具的工作条件和不发生脆断来确定。锤锻模的燕尾因应力集中较大，要求有高的韧性，其硬度要低于型腔的硬度。

锤锻模具钢的回火温度与硬度的关系，如表 9-24 所示。

锻模回火的时间应充分，否则会造成模具心部硬度偏高，产生开裂。

锻模回火后的冷却应注意防止第二类回火脆性，同时应进行二次回火，第二次回火温度低于第一次回火温度约10℃，保温时间可缩短20%~25%。

锻模燕尾的回火可在专用的燕尾回火炉中进行，也可采用降低燕尾冷却速度及燕尾预冷的淬火方法，有时可用燕尾自回火法。

3. 堆焊锻模的热处理工艺　堆焊锻模可以用45Mn2 钢作为铸钢基体，用 5Cr2MnMo 钢作堆焊层。

表 9-24　锤锻模具钢的回火温度与硬度的关系

牌　号	回火温度/℃	回火硬度　HRC
5CrMnMo	460~490	42~47
	490~520	38~42
	520~550	34~38
5CrNiTi	475~485	45~41
	485~510	43~39
	600~620	37~33
5CrNiW	520~540	45~41
	530~550	43~39
	590~610	37~38
	670~690	30~25
5Cr2NiMoV	500	50.5
	550	49.5
	640~660	41~45
	660~680	37~41

5Cr2MnMo 钢经 880℃淬火，620℃回火后硬度为 388~354HBW，$a_K \geqslant 30J/cm^2$，R_m 为 1350MPa，其性

能与5CrNiMo钢相近，但高温性能要高一些。堆焊锻模的耐用度与5CrNiMo钢锻模相当。

5Cr2MnMo钢堆焊锻模的退火工艺曲线如图9-5所示，5Cr2MnMo钢堆焊锻模的淬火与回火工艺如表9-25所示。

9.3.4.2 热挤压模具的热处理工艺

1. 热挤压模具用钢　热挤压模具用钢要求有高的断裂抗力、抗压、抗拉及屈服强度，冲击韧度，断裂韧度，耐回火性及高温强度，室温和高温硬度。此外，还要求具有高的导热性、小的热胀系数、高的高

温相变点和抗氧化能力。热挤压模具的主要用钢如表9-26所示。

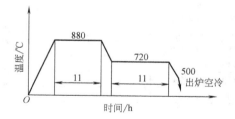

图9-5　5Gr2MnMo钢堆焊锻模的退火工艺曲线

表9-25　5Cr2MnMo钢堆焊锻模的淬火与回火工艺

堆焊锻模类型（高度 H/mm）		小型（≤275）	中型（≤325）	大型（≤375）	特大型（≤500）
硬度　HBW		444~398	388~354	363~321	341~309
淬火	加热时间/h	3~3.5	4~4.5	5~5.5	5~6
	加热温度/℃	880	880	880	880
	保温时间/h	3~3.5	4~4.5	5~5.5	5~6
	出炉后预冷时间/min	3~4	4~5	5~6	6~7
	油冷时间/min	30~35	45~50	60~80	90~100
	出油温度/℃	150~180	150~180	150~180	150~180
回火	回火温度/℃	580	600	620	630~640
	回火时间/h	3~3.5	3.5~4.0	4.0~4.5	4.5~5.0

表9-26　热挤压模具主要用钢

模具名称	牌　号	工作硬度 HRC	备注
机械压力机及水压机冲头	3Cr2W8V	44~50	水冷却
	3Cr3Mo3W2V	44~50	
	6Cr4Mo3Ni2WV	48~52	
	3Cr3Mo3VNb	44~98	
	5Cr4Mo3SiMnVAl	48~52	
	5Cr4W5Mo2V	48~52	
	4Cr5W2VSi	43~47	
	4Cr5MoSiV1	43~47	
机械压力机及水压机凹模	3Cr2W8V	38~45	水冷却
	3Cr3Mo3W2V	43~46	
	3Cr3Mo3VNb	43~46	
	6Cr4Mo3Ni2WV	48~52	
	4Cr3Mo3W4VTiNb	48~52	
	4Cr5MoSiV	43~47	
	4Cr5MoSiV1	43~47	

2. 热挤压模具的热处理工艺

（1）退火。热挤压模具在锻后需经良好的球化退火，以改善组织，消除内应力，降低硬度，为最终热处理作好组织准备。

热挤压模具钢的退火工艺如表9-27所示。为确

保模具钢具有良好的耐磨性、韧性和小的热处理畸变倾向，退火后要十分注意碳化物的形状、大小及分布状态。

3Cr2W8V、3Cr3Mo3VNb、5Cr4W5Mo2V等热挤压模具钢还可用如图9-6所示的快速球化退火工艺。该工艺由一次加热油淬（温度可为淬火温度）和二次加热后随炉冷却两个工序组成。特点是在两次加热时不需保温和等温时间，只需均温即可。炉冷的冷却速度可在较大的范围内变化，而对组织和退火的硬度影响不大。图9-7所示为3CrMo3VNb钢快速球化退火二次加热温度与硬度的关系。三种钢在快速球化退火后，硬度均可控制在220HBW以下，球化组织均匀，可避免链状碳化物的出现。表9-28为三种热挤压模具钢快速球化退火后的硬度。

（2）调质。为获得均匀的圆、细碳化物分布，热挤压模具可采用调质作为预备热处理。3Cr3Mo3W2V锻后经1150℃油淬，730℃高温回火后可显著提高断裂韧度。

（3）正火。中碳高合金、大截面（>φ100mm）热挤压模具钢易出现沿晶链状碳化物，在球化退火时难以消除，还需用正火予以消除。3Cr3Mo3W2V锻后

经1130℃正火和球化退火后，可消除链状碳化物。

（4）淬火。淬火温度要按模具的工作条件、结构及形状、制造工艺和性能要求来确定。对断裂韧度、抗热疲劳和抗热磨损要求较高及淬火处理后需电

加工的模具要采用上限和较高的温度淬火。对要求畸变小、晶粒细、冲击韧度高的模具，应用低限的温度淬火。表9-29所列为推荐的热挤压模具钢的淬火工艺

表9-27 热挤压模具钢的退火工艺

牌 号	退 火 工 艺	退火后硬度 HBW
3Cr2W8V	840~880℃→720~740℃等温，炉冷至500℃出炉	≤241
3Cr3Mo3W2V	870℃加热→730℃等温，炉冷至500℃以下出炉	229~197
3Cr3Mo3VNb	840℃加热→710℃等温，炉冷至500℃以下出炉	187
5Cr4W5Mo2V	850℃加热→750℃等温，炉冷至500℃以下出炉	212~197
4Cr3Mo3W4VTiNb	850℃加热→720℃等温，炉冷至500℃以下出炉	229~170
4Cr5MoSiV 4Cr5MoSiV1（H13）	860~890℃加热，炉冷至500℃以下出炉	≤223
4Cr5W2VSi	860~880℃加热，炉冷至500℃出炉	≤229
5Cr4Mo3SiMnVAl	860℃加热→720℃等温，炉冷至500℃以下出炉	≤229
5Cr4W2Mo2VSi	920℃加热→790℃等温，炉冷至500℃以下出炉	≤229

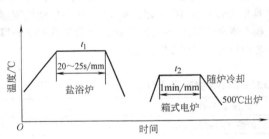

图9-6 热挤压模具钢快速球化退火工艺

注：t_1：3Cr2W8V，1050℃；3Cr3Mo3VNb，1030℃；
5Cr4W5Mo2V，1100℃
t_2：3Cr2W8V，850~870℃；3Cr3Mo3VNb，
850~870℃；5Cr4W5Mo2V，850~870℃

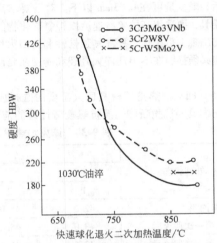

图9-7 3Cr3Mo3VNb 钢快速球化退火二次加热温度与硬度的关系

表9-28 三种热挤压模具钢快速球化退火后的硬度

牌 号	快速球化退火的加热温度/℃		硬 度 HBW
	一次加热（t_1）	二次加热（t_2）	
3Cr2W8V	1050	850~870	220
3Cr3Mo3VNb	1030	850~870	180~200
5Cr4W5Mo2V	1100	850~870	200

表 9-29　热挤压模具钢的淬火工艺

牌　　号	淬火加热温度/℃	淬火冷却介质	淬火后硬度　HRC
3Cr2W8V	1050～1100	油	50
	1150～1160	油	53～55
3Cr3Mo3W2V	1030～1090	油	52～55
3Cr3Mo3VNb	1060～1090	油、盐水	46～48
5Cr4W5Mo2V	1130～1150	油	56～60
4Cr3Mo3W4VTiNb	1160～1200	油	55～57
4Cr5MoSiV	1020～1050	油、空气	56～58
4Cr5MoSiV1（N13）	1020～1080	油、空气	56～58

淬火加热保温时间的选择应保证组织转变的完成和可获得要求的合金元素固溶程度。淬火加热保温时间过短，将降低钢的热硬性及耐回火性。淬火加热保温时间对 3Cr3Mo3VNb 钢硬度的影响如表 9-30 所示。

中碳合金钢制热作模具的淬冷一般可采用油淬。对于畸变要求较高的模具，还可采用 80～150℃ 的热油冷却。3Cr2W8V 钢制热挤压模具按图 9-8 所示工艺处理后，畸变量可在 0.03mm 以下。对于要求高强韧性的模具，要采用高的淬冷速度以抑制碳化物的沿晶析出和出现上贝氏体，提高其强韧性和耐回火性。但其冷速必须控制在不出现淬火开裂和畸变在允许的范围内。

（5）回火。热挤压模具回火温度的选择应是在不影响模具的抗脆断能力及抗热疲劳性能的前提下，尽可能提高模具的硬度。因此，应根据模具的工作条件和具体的失效形态来确定具体的回火温度和硬度。热挤压模具钢的回火工艺见表 9-31。

9.3.4.3　金属压铸模具钢的热处理

压铸金属用模具根据被压铸材料性质的不同，可分为压铸锌合金用模具、压铸铝合金（或镁合金）用模具、压铸铜合金用模具以及压铸铁金属用模具。由于使用条件特别是工作温度不同，所用的模具材料及热处理工艺也不同。

1. 压铸锌合金用模具的热处理　压铸锌合金用模具型腔的工作温度不超过 400℃，用一般结构钢制的模具寿命已可达 20～40 万次，优质模具钢制的模具寿命可高达 100 万次以上。

表 9-30　淬火加热保温时间对 3Cr3Mo3VNb 钢硬度的影响

处理状态	硬度　HRC					
	淬火加热保温时间/min					
	1	2	4	6	8	20
1060℃油淬	42.0	45.0	47.0	47.0	47.5	48.0
600℃第一次回火后	43.0	45.0	48.0	48.5	48.0	49.0
570℃第二次回火后	42.5	45.5	47.5	48.0	48.5	48.5

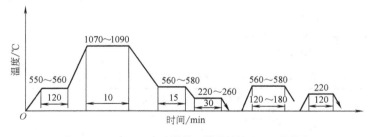

图 9-8　3Cr2W8V 钢制热挤压模具的热处理工艺曲线

（1）压铸锌合金用模具用钢有合金结构钢：40Cr、30CrMnSi、40CrMo；模具钢：CrWMn、5CrMnMo、4Cr5MoSiV、3Cr2W8V 等。

（2）压铸锌合金用模具钢的热处理工艺见表 9-32。

2. 压铸铝合金用模具的热处理　压铸铝合金用模具型腔的工作温度高达 600℃ 左右。其主要失效形式为粘模、热疲劳、拐角和夹角及锐边处开裂（粗裂纹或劈裂）、磨损或腐蚀。

（1）压铸铝合金用模具用钢。常用的模具钢有3Cr2W8V、4Cr5MoSiV1 钢等。此外，也有使用马氏体时效钢 18Ni250 钢的。3Cr3Mo3W2V、3Cr3Mo3VNb 钢在压铸铝合金用模具上应用获得良好的效果。

（2）压铸铝合金用模具的热处理工艺。工艺路线：锻造→球化退火→粗加工→去应力退火（650℃）→精加工→最终热处理→钳修→打光→渗氮（或氮碳共渗）→装配。

压铸铝合金用模具钢的淬火与回火工艺见表9-33。热处理后的硬度一般不超过48HRC，过高易产生热裂。图9-9所示为三种压铸铝合金用模具的热处理工艺曲线。

表 9-31　热挤压模具钢的回火工艺

牌　　号	淬火温度/℃	回 火 工 艺				回火后硬度 HRC
		温度/℃	时间/h	次　　数	冷却方式	
3Cr2W8V	1050～1100	560～580	>2	>1	空、油	44～48
		600～640	>2	>1	空、油	40～44
	1100～1150	600～620	≥1	≥2	空、油	44～48
		640～660	≥1	≥2	空、油	40～44
4Cr5W2VSi	1050～1100	580～620	≥2	≥2	空、油	48～52
		520～560	≥2	≥2	空、油	52～56
3Cr3Mo3W2V	1030～1050	650～660	≥2	≥2	空、油	38～44
		600～620	≥2	≥2	空、油	48～52
5Cr4Mo3SiMnVAl	1090～1100	580～600	≥2	≥2	空、油	53～55
4Cr3Mo3W4VNb	1170～1190	620～640	≥2	≥2	空、油	50～52
3Cr3Mo3VNb	1070～1090	610～630	≥2	≥2	空、油	45～47
5Cr4W5Mo2V	1120～1140	620～640	≥2	≥2	空、油	49～51

表 9-32　压铸锌合金用模具钢的热处理工艺

模具名称	模具材料	热处理工艺	硬度 HRC
小衬模	CrWMn	800～820℃ 盐炉加热，淬油（油温 80～100℃）；410～430℃×1h 回火	50
小模数齿轮压铸模（冷挤压成形）	DT1 工业纯铁	中温固体碳氮共渗后直接淬火 渗剂（质量分数）：黄血盐 15% + 碳酸钡 15% + 木炭 70%，用少许锭子油拌匀 工艺：820～840℃×4～5h，出炉开箱直接油冷，180～200℃回火 1～2h	表面硬度：58～63

表 9-33　压铸铝合金模具用钢的淬火与回火工艺

牌　　号	淬火与回火工艺	硬度 HRC
3Cr2W8V	550～600℃预热，1050℃加热，预冷至850℃油淬，在610℃、580℃进行两次回火（结合进行渗氮或氮碳共渗）	40～45（渗氮表面为 56～58HRC）
1Cr9W6	1120～1140℃加热，油淬，再进行 560～570℃回火	42～45
18Ni250	固溶温度820℃，时效温度为482℃	50
2Cr10MoSiVWNiN	1010～1050℃加热，油淬，再在 565～590℃回火	35～39

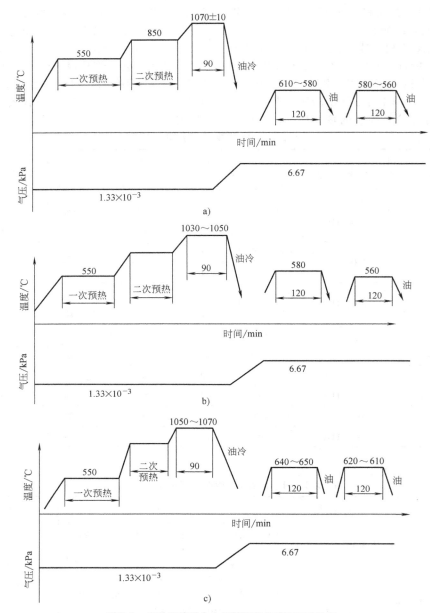

图 9-9　三种压铸铝合金用模具的热处理工艺曲线

a) 3Cr2W8V　b) 3Cr3Mo3W2V　c) 3Cr3Mo3VNb

为保证压铸铝合金用模具钢的热处理质量,要避免出现畸变、开裂、脱碳、渗碳、氧化或腐蚀等弊病,应在脱氧良好的盐浴中,或在有保护气氛的炉中,或装箱保护加热,或在真空炉中热处理。淬火加热时宜采用 450~500℃ 和 800~850℃ 的两次预热。装箱加热时应在 500℃ 以下入炉。

模具加热后淬冷过程的冷却速度,对模具性能和寿命的影响至关重要。冷速低,尺寸稳定性好,畸变、开裂倾向小,但显微组织会出现晶界碳化物或上

贝氏体,从而降低断裂韧度。

模具淬火后应立即回火,以免开裂。回火温度根据工作硬度和钢的回火温度-硬度曲线来选定。通常推荐 3Cr2W8V 钢制压铸模型腔的硬度为 42~48HRC,4Cr5MoSiV 和 4Cr5MoSiV1 钢制的硬度为 44~50HRC。实际生产中选用 40~45HRC 的硬度时,可获得高的使用寿命。模具硬度过硬时,易产生热裂或热疲劳。

(3)压铸铝合金用模具的防粘模处理。粘模是压铸铝合金模具常见的失效形式,采用渗氮或氮碳

共渗处理是防粘模的有效措施，也可采用涂层处理以提高抗粘模的能力。

1）液体氮碳共渗。可在尿素、碳酸钠、碳酸钾、苛性钾的混合盐浴中进行。盐浴温度为 570℃，表面硬度为 1150HV，渗层深度为 0.025mm。

2）离子氮碳共渗。在离子渗氮炉中，通以 10:1 的氨和乙醇，进行离子氮碳共渗，处理时间为 4h。化合物层厚度为 0.021mm，扩散层厚度为 0.212mm，表面硬度为 965HV。

3）保护膜。在型腔表面涂敷矿物油或石墨润滑油剂后，在 500 ~ 550℃炉中加热 30 ~ 60min，可在模腔表面形成黑色保护膜。

3. 压铸铜合　金用模具的热处理工艺　铜合金的熔点在 850 ~ 920℃之间，压铸铜合金用模具型腔的最高工作温度可达 750℃以上，因此对模具用料要求有更高的热强性和热疲劳抗力。

（1）模具材料。压铸铜合金的模具材料和使用寿命如表 9-34 所示。一般的压铸铜合金的模具寿命为 3 ~ 8 万次。

（2）压铸铜合金用模具的热处理工艺。压铸铜合金用模具的热处理工艺参数，如表 9-35 所示。

在采用气体渗氮时，为防止出现铜合金粘模现象，渗氮后要经 520℃ × 4h 的扩散处理，使表面硬度降至 700HV 左右，以免发生剥落、开裂。

表 9-34　压铸铜合金的模具材料和使用寿命

模具材料	被压铸材料	使用寿命（参考）
3Cr2W8V	黄铜	1.8 ~ 3.5 万次
3Cr2W9Co5V	黄铜	3.0 ~ 3.5 万次
3Cr3Mo3V	黄铜	4.0 ~ 5.0 万次
3Cr2W5Co5MoV	黄铜	6 ~ 6.5 万次
1Cr9W6	黄铜	3.1 万次
4Cr5MoSiV	黄铜	0.5 万次

4. 压铸铁金属用模具的热处理　压铸铁金属用模具的型腔表面温度可达 1000℃以上。模具寿命很低，仅几百次就会因腐蚀、热裂、畸变而失效。

（1）模具材料。表 9-36 所示为压铸黑色金属用模具材料及其热处理。

（2）模具的热处理工艺。3Cr2W8V 钢制压铸模可用渗铝、三元共渗来提高模具的表面性能。渗铝时可用 98%（质量分数）铝铁合金 + 2%（质量分数）氯化铵的渗剂，铝铁合金中 w（Al）为 50%。将零件与渗剂共同装入箱内加热，加热温度为 950℃，保温 15h。开箱后，模具重新装炉升温到 900℃，保温 4h 后，出炉空冷。渗铝层深度为 0.3mm，表面硬度为 386 ~ 405HV。

表 9-35　压铸铜合金用模具的热处理工艺参数

钢　　号	退火温度 /℃	淬　　火 温度/℃	淬　　火 冷 却 介 质	回火温度 /℃	硬度 HBW
3Cr2W8V	850	1100 ~ 1150	油、空气，500℃盐浴等温淬火	670 ~ 700	290 ~ 375
3Cr2W9Co5V	760 ~ 800	1130 ~ 1180	油、空气，500℃盐浴等温淬火	670 ~ 700	290 ~ 375
3Cr3Mo3V	710 ~ 750	1020 ~ 1070	油、空气，500℃盐浴等温淬火	670 ~ 700	290 ~ 375

表 9-36　压铸黑色金属用模具材料及其热处理

材 料 及 热 处 理	压铸零件及材料	寿命/次	失 效 原 因
3Cr2W8V，常规热处理	T8 钢，肋骨剪（重量 97g）	数十至数百	大 裂 纹
3Cr2W8V，表面渗铝	T8 钢，肋骨剪（重量 97g）	1190	网状裂纹
	20Cr13，汽轮机叶片	100 余	网状裂纹
3Cr2W8V，Cr-Al-Si 三元共渗	20Cr13，汽轮机叶片	100 余	网状裂纹
3W23Cr4MoV	45 钢齿轮（重量 690g）	100 余	

Cr-Al-Si 三元共渗渗剂组成（质量分数）：铬粉 40%、硅铁粉 10%、铝铁粉 20%、三氧化二铝粉 30%，另加氯化铵 1%。将零件装入箱内，埋在渗剂中，在炉内 1050℃的温度加热 10h 后，渗层深度为 0.08 ~ 0.20mm，渗层硬度为 500 ~ 690HV。模具在三元共渗后需进行淬火、回火处理，如图 9-10 所示。

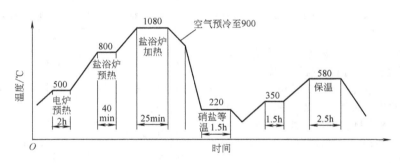

图 9-10　经 Cr-Al-Si 三元共渗后的 3Cr2W8V 钢制模具的热处理工艺

注：压铸叶片模具尺寸为 300mm×129mm×60mm。

9.4　塑料模具的热处理

9.4.1　塑料模具的工作条件和分类

按塑料制品不同，塑料模具可分为热塑性模具和热固性模具两类。其工作条件，见表 9-37。

（1）热固性模具。在加热和一定条件下，能直接固化成不溶或不熔性的塑料制品的工具。成形材料主要是酚醛树脂、三聚氰胺树脂等。

（2）热塑性模具。在加热温度内可反复软化和冷凝成形制品的工具。成形材料主要是聚乙烯、尼龙等。

表 9-37　塑料用模具的工作条件

名称	工作条件	工作特点
热固性塑料用压模	受热（200～250℃），受力大，易磨损，易浸蚀。还受到脱模的周期性冲击和碰撞	压制各种胶木粉。一般含有大量固体填充剂，多以粉末直接加入压模，热压成形，热机械载荷及磨损较重
热塑性塑料注射模	受热、受压、受磨损，但不严重，部分品种含有氯及氟等析出腐蚀性气体，有较大侵蚀作用	塑料中通常不含固体填料，以软化形态注入型腔，当含有玻璃纤维填料时会加剧对型腔的磨损

9.4.2　塑料模具的主要失效形式

塑料模具失效形式主要有三种：表面损伤失效、变形失效和断裂失效。

（1）表面损伤失效。模具型腔表面粗糙度恶化，尺寸超差及表面侵蚀；热固性模具成形中固体添加剂、热塑性模具成形材料中的 Cl、F 元素都会加剧表面损伤。

（2）塑性变形失效。模具在持续加热、受压力作用下局部发生塑性变形，提高模具表面强度、硬度可改善使用性能。

（3）断裂失效。塑料模具形状复杂，存在应力集中，易产生断裂。复杂型腔，大中型可选用合金钢类材料（如渗碳钢或预硬钢）提高断裂抗力。

9.4.3　塑料模具材料的选用

塑料模具形状复杂，加工难度大，一般说来价格比较昂贵。为保证模具的高寿命，防止早期损坏，合理地选择模具材料是十分重要的。

1. 塑料模具钢的性能要求　塑料模具钢的使用要求与冷作、热作模具钢相比，力学性能要求不太高，表面性能要求高。具体要求如下：

（1）较高的硬度、好的耐磨性，型腔表面硬度要求 30～60HRC，淬硬性 >55HRC，并要有足够的硬化深度，心部有足够强韧性，以免发生脆断、塑性变形。

（2）一定的抗热性和耐蚀性。

（3）由于塑料模一般结构较复杂，型腔表面粗糙度值要求低，精度要求高，同时要保证有优良的工艺性能。

1）热处理变形小，并有较好的淬透性。

2）可加工性好，要有优良的抛光性能和耐磨性。

3）对使用冷挤成形工艺加工的塑料模，要求材料有较好的冷挤压成形性，退火后硬度要低，塑性要好，变形抗力要小，便于成形加工，淬火后变形抗力高。

4）其他工艺性能要良好，如可锻性和焊接性等。

表 9-38 为常用塑料模具钢使用性能和工艺性能比较表。

表 9-38　常用塑料模具钢使用性能和工艺性能比较

材料		使用硬度 HRC	耐磨性	抛光性能	淬火后变形倾向	硬化深度	可加工性	脱碳敏感性	耐蚀性
类别	牌号								
渗碳型	20	30 ~ 45	差	较好	中等	浅	中等	较大	差
	20Cr	30 ~ 45	差	较好	较小	浅	中等	较大	较差
淬硬型	45	30 ~ 50	差	差	较大	浅	好	较小	差
	40Cr	30 ~ 50	差	差	中等	浅	较好	小	较差
	CrWMn	58 ~ 62	中等	差	中等	中等	中等	较大	较差
	9SiCr	58 ~ 62	中等	差	中等	中等	中等	较大	较差
	9Mn2V	58 ~ 62	中等	差	小	浅	较好	较大	尚可
预硬型	5CrNiMnMoVSCa	40 ~ 45	中等	好	小	深	好	较小	中等
	SM3Cr2NiMnMo	32 ~ 40	中等	好	小	深	好	中等	中等
	SM3Cr2Mo	40 ~ 58	中等	好	较小	较深	好	较小	较好
	8Cr2MnWMoVS	40 ~ 42	较好	好	小	深	好	较小	好
耐蚀型	SM20Cr13	30 ~ 40	较好	较好	小	深	中等	小	好
	12Cr18Ni9	30 ~ 40	较好	较好	小	深	中等	小	好

2. 塑料模具的材料选择　可参照表 9-39。

表 9-39　塑料模具材料的选用

工作条件	推荐材料
小批量、低精度、小尺寸模具	SM45、SM55 或 10、20 钢渗碳、40Cr 低熔点合金、锌基合金等
较大载荷、较大批量的模具	20Cr、12CrNi3A（渗碳）
大型、复杂、大批量的注射模和挤压成形模	SM3Cr2NiMnMo、SM3Cr2Mo、5CrNiMo、5CrMnMo
热固性塑料模和高耐磨的注射模等	T10A、T12A、9Mn2V、CrWMn、9SiCr、MnCrWV、Cr2、GCr15、8Cr2Mn-WMoVS、Cr12、Cr12MoV 等
耐腐蚀、高精度	SM20Cr13、SM40Cr13、90Cr18MoV、12Cr18Ni9
复杂、精密、高耐磨	5CrNiMnMoVSCa、8Cr2MnW-MoVS、4Cr5MoSiVS、6Ni6CrMoV、25CrNi3MoAl、18Ni（250）、18Ni（300）、18Ni（350）

9.4.4　塑料模具钢的热处理工艺

塑料模具钢热处理包括预备热处理和最终热处理。要求处理后的模具有适中的工作硬度，易于加工；有足够的强度和韧性；较小的淬火变形量，型腔表面容易抛光；及一定的耐蚀性和耐热性。

1. 退火　表 9-40 为塑料模具用钢的退火工艺。

对冷压成形模用钢，要求硬度 ≤150HBW，$A \geqslant 35\%$；型腔复杂的深型腔，要求硬度 ≤130HBW，$A \geqslant 45\%$。

2. 淬火　塑料模具淬火时，要采取防氧化、脱碳、侵蚀和畸变的措施。淬火工艺如表 9-41 所示。要求高韧性的塑料用模可采用低碳钢或低碳合金钢进行渗碳或碳氮共渗处理。

3. 回火　塑料模具钢回火温度与硬度关系见表 9-42。

4. 渗碳型塑料模具用钢的热处理工艺　对渗碳层的要求，一般渗层厚度为 0.8 ~ 1.5mm，渗层碳含量为 0.7% ~ 1.0%（质量分数）；渗层不允许有粗大的未溶碳化物、网状碳化物、晶界内氧化等缺陷。

渗碳温度一般在 900 ~ 920℃，保温时间为 5 ~ 10h。也可采用分段渗碳法，第一段为高温渗入阶段（900 ~ 920℃、5 ~ 8h），第二段为中温扩散阶段（820 ~ 840℃、2 ~ 3h）。12CrNi3A 渗碳后可直接空冷淬火而达到满意之效果，其工艺为 910℃渗碳后随炉冷至 800 ~ 850℃，出炉风冷，然后于 200 ~ 250℃回火 2 ~ 4h，其硬度可达 53 ~ 56HRC，变形轻微。

5. 预硬型塑料模具钢的热处理工艺　预硬型塑料模具钢的热处理工艺规范可参照表 9-43。

6. 时效塑料模具钢的热处理工艺　马氏体时效钢 18Ni（250）、18Ni（300）、18Ni（350）的热处理工艺规范可参照表 9-44 实施。我国自己研制的时效硬化钢的热处理工艺规范也可参照表 9-44。

7. 塑料模具的热处理工艺举例

（1）20Cr 钢制的胶木用模，硬度要求为 50～54HRC，畸变量要求为 0.1mm。模具简图及热处理工艺如图 9-11 所示。

（2）CrWMn 钢制胶木用模，要求硬度为 51～55HRC，畸变量要求 B 为 0，A 为 0.07mm。模具简图和热处理工艺如图 9-12 所示。

表 9-40　塑料模具用钢的退火工艺

牌　号	加热		等温		冷 却 方 式	退火后硬度 HBW
	温度/℃	时间/h	温度/℃	时间/h		
10、20	890～910	4～6	—	—	炉冷至 200℃，出炉空冷	≤131
15Cr、20Cr	860～880	6～8	—	—	炉冷至 200℃，出炉空冷	≤140
40、40Cr	820～840	>2	—	—	炉冷至 500℃，出炉空冷	≤163
T7A～T12A	760～780	3～4	680～700	5～6	炉冷至 500℃，出炉空冷	187～207
CrWMn	780～790	2～4	680～700	4～6	炉冷至 300℃，出炉空冷	207～255
5CrNiMnMoVSCa	760～780	2	670～690	6～8	炉冷至 550℃，出炉空冷	217～220
8Cr2MnWMoVS	790～810	2～3	690～710	4	炉冷至 550℃，出炉空冷	≤229
25CrNi3MoAl	740～760	2～4	680～700	4～6	出炉空冷（或水冷）	240
SM3Cr2Mo	850±10	2	720±10	4	炉冷 500℃，出炉空冷	≤229
SM3Cr2NiMnMo	850±10	2	700±10	4	炉冷 500℃，出炉空冷	≤229

表 9-41　塑料模具钢的淬火工艺

牌　号	加热温度/℃	淬 火 方 式
20Cr	860～880	油或水冷
40Cr	840～880	油或水冷
45	820～860	油或水冷
Cr2	830～850	油冷
9Mn2V	780～800	油冷
CrWMn	800～820	油冷
5CrMnMo	830～850	油冷
5CrNiMo	840～860	油冷
Cr12MoV	960～980	油冷
SM20Cr13	980～1000	油冷
SM40Cr13	1000～1050	油冷（52～55HRC）
5CrNiMnMoVSCa（SNiSCa）	860～920	油冷（62～63HRC）
8Cr2MnWMoVS（8Cr2S）	860～900	空冷（62～63HRC）
SM3Cr2Mo	850～880	油冷
SM3Cr2NiMnMo	850～870	油冷或空冷

表 9-42　塑料模具用钢回火温度与硬度关系

牌　号	达到下列硬度的回火温度/℃					
	28～32HRC	30～35HRC	35～40HRC	40～45HRC	45～50HRC	50～54HRC
45	470～500	430～480	370～430	310～370	260～310	160～180
40Cr	420～480	400～440	340～400	270～340	210～270	160～180
8Cr2MnWMoVS	—	—	～650	～630	～580	～500

（续）

牌　　号	达到下列硬度的回火温度/℃					
	28～32HRC	30～35HRC	35～40HRC	40～45HRC	45～50HRC	50～54HRC
5CrNiMnMoVSCa	—	—	≈650	≈600	≈550	≈300
SM3Cr2Mo	≈700	≈650	≈550	400～550	300～400	≈200
SM3Cr2NiMnMo	—	≈650	≈600	≈550	350～450	≈150
SM20Cr13	—	≈600	≈550	300～500	<200	—
SM40Cr13	650	≈600	≈580	≈550	500～530	200～300

表 9-43　预硬型塑料模具钢热处理工艺规范

牌　　号	退火温度/℃	硬度　HBW	淬火温度/℃（冷却方式）	硬度　HRC	回火温度/℃	硬度　HRC
5CrNiMnMoVSCa	780	≤255	880（油冷或空冷）	>58	200	57
					300	54
					400	50.5
					500	48
					600	43.5
					650	36
8Cr2MnWMoVS	800±10	≤255	860～900（空冷）	63	200	62.3
					500	53.7
					550	51.1
					600	47.1
					650	36.7
SM3Cr2NiMnMo	650～700	≤255	850～870（油冷或空冷）	52	250	49.5
					400	47.0
					550	41.5
					600	37.0
					650	35.0
SM3Cr2Mo	710～740	≤235	840～870（油冷）	51	200	50
					300	48
					400	46
					500	42
					600	36

表 9-44　时效硬化模具钢的工艺规范

牌　　号	固溶温度/℃	时效温度/℃	硬度　HRC	强度/MPa
18Ni（250）	815	482	50～52	1850
18Ni（300）	816	482	53	2060
18Ni（350）	816	510	57～60	2490
06Ni6CrMoV	800～850（油冷）	500～520（6～8h）	42～47	
25CrNi3MoAl	850～900（油冷）	510～530（8～10h）	40～42	

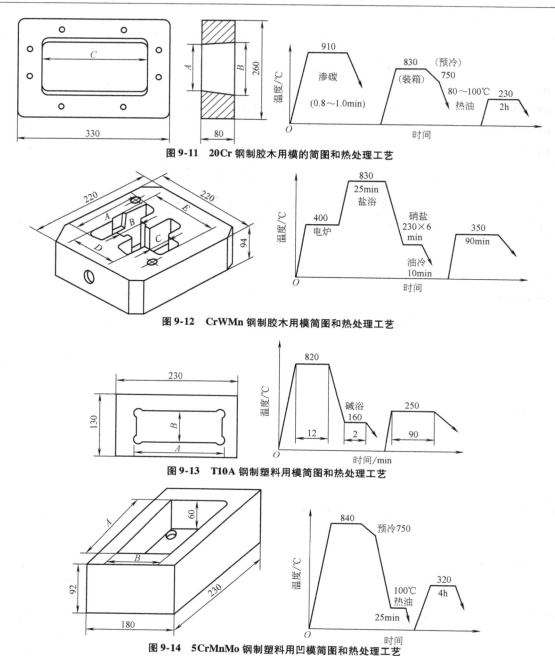

图 9-11　20Cr 钢制胶木用模的简图和热处理工艺

图 9-12　CrWMn 钢制胶木用模简图和热处理工艺

图 9-13　T10A 钢制塑料用模简图和热处理工艺

图 9-14　5CrMnMo 钢制塑料用凹模简图和热处理工艺

（3）T10A 钢制塑料用模，要求硬度为 52 ~ 56HRC，畸变量 - 0.05mm。模具简图和热处理工艺如图 9-13 所示。

（4）5CrMnMo 钢制塑料用凹模要求硬度为 50 ~ 53HRC，畸变量为 A 处 - 0.06mm，B 处 - 0.04mm。模具简图和热处理工艺见图 9-14。

9.5　提高模具性能和寿命的途径

采用高强韧模具材料和强韧化处理及表面强化工艺，是提高模具使用性能和延长模具使用寿命的十分重要的措施。但由于模具的尺寸、形状的复杂程度和工作条件及失效类型的差异极为悬殊，因此，在选材、确定热处理工艺和使用硬度时，要十分注意模具的具体使用条件。

9.5.1　高强韧模具材料的应用及效果

高强韧模具材料的应用及使用寿命见表 9-45。

表 9-45　高强韧模具材料的应用及效果实例

牌　号	热　处　理　工　艺	模　具	使用寿命/次
3Cr3Mo3W2V （HM1）	550℃第一次预热，800℃第二次预热，1030～1060℃加热，油淬；600～620℃回火 3 次；硬度为 44～48HRC	轴承套圈热挤压凸凹模	1～3 万
	550℃第一次预热，800℃第二次预热，1110～1130℃加热，油淬；640～660℃回火 3 次；硬度为 38～42HRC	高强度钢形状复杂锻件精锻模	约 1000
3Cr3Mo3VNb （HM3）	550℃第一次预热，800℃第二次预热，1040～1060℃加热，油淬；560～640℃回火；硬度为 48～42HRC	易脆裂的轴承套圈热挤压模	1～3 万
		连杆辊锻模	1～2 万
		压铸铝合金模具	15～20 万
5Cr4W5Mo2V （RM2）	550℃第一次预热，800℃第二次预热，1120～1140℃加热，油淬；610～630℃回火两次；硬度为 50～52HRC	轴承套圈热锻冲模	1～2 万
5Cr4Mo3SiMnVAl （012Al）	550℃第一次预热，800℃第二次预热，1090～1110℃加热，油淬；520～540℃×2h 回火 3 次；硬度为 60～62HRC	M12 六角螺母下冲模	11 万
6Cr4W3Mo2VNb （65Nb）	550℃第一次预热，800℃第二次预热，1150～1170℃加热，油淬；540～570℃回火 3 次；硬度为 58～60HRC	M10 螺栓冷镦顶模	16～20 万
		平圆头十字槽冲模	9 万
		不锈钢异形件冷镦模	2～2.5 万
Cr4W2MoV	550℃第一次预热，800℃第二次预热，980～1000℃加热，油淬；400～420℃回火两次；硬度为 56～58HRC	钢板弹簧冲孔凸模	约 800
8Cr2MnWMoVS	预硬态使用：860～880℃加热，空冷，硬度为 60～64HRC；560～620℃回火，硬度为 36～44HRC；560℃离子渗氮 8h，硬度为 1000～1100HV0.1	胶木模、陶土模	
	在高硬态使用，550℃第一次预热，800℃第二次预热，860～900℃空淬；160～250℃回火；硬度为 58～60HRC	电阻连接复合模	60～150 万
7Cr7Mo3V2Si （LD-2）	550℃第一次预热，800℃第二次预热，1090～1100℃加热，油淬；520～540℃回火两次；硬度为 58～60HRC	M10 六角螺母下冲模	18 万
		M12 六角螺栓冷镦模	40 万
		3/4in 轴承钢球冷镦模	3.5～4 万

注：模具的热处理工艺及使用硬度要按模具的尺寸大小、形状复杂程度及工作条件选定。

9.5.2　模具强韧化处理工艺及实例

模具的强韧化处理及应用实例见表 9-46。

对于高精密，要求尺寸和性能稳定的模具，常常采用真空热处理工艺。常见模具钢真空热处理工艺参数见表 9-47。

真空热处理的模具往往比常规热处理的模具的使用寿命有显著提高。图 9-15 所示为真空热处理工艺对冷作模具耐用度的影响。

表 9-46　模具强韧化处理应用实例

模具名称	模具材料	强韧化工艺及方法	应用效果及使用寿命/次
枪管座锻模	3Cr2W8V	高温淬火，高温回火 1130～1150℃油淬，640～660℃回火，硬度为 38～42HRC	0.8～0.1 万

（续）

模具名称	模具材料	强韧化工艺及方法	应用效果及使用寿命/次
一字槽光冲模	60Si2MnA	贝氏体等温淬火 850~870℃加热，230~240℃×25min 等温后空冷；280~300℃回火；硬度为 56~58HRC	2~3 万
六角螺母冷镦下冲模			10~15 万
分电器螺塞螺纹滚丝模	Cr12MoV	贝氏体等温淬火 980~1000℃加热，270~280℃×4h 等温空冷，400~420℃回火；硬度为 54~56HRC	5~8 万
硅钢片冲孔冲模（φ10mm）		1030~1050℃空冷，在 -70℃冷处理 60min，然后 180~200℃的回火	刃磨寿命 12 万（未冷处理的为 5 万次）
不锈钢餐具中温热辊轧模具	5Cr4W5Mo2V	中温回火 1130~1140℃加热，油淬；440~450℃回火；硬度为 54~58HRC	15~25 万
精密冷冲模	CrWMn	贝氏体等温淬火 820~840℃加热，在 230~240℃等温后空冷；230~250℃回火；硬度为 54~56HRC	8~10 万
活塞销冷挤冲头	W6Mo5Cr4V2	1170~1190℃加热，油淬；560℃回火 3 次；62~64HRC	1~1.5 万次
螺钉冷镦模	W6Mo5Cr4V2	1170~1180℃加热，油淬；200~220℃回火；硬度为 60~62HRC	10~15 万

表 9-47　常用模具钢真空热处理工艺参数

牌号	预　热		淬　火			回火温度/℃	硬度 HRC
	温度/℃	真空度/Pa	温度/℃	真空度/Pa	冷　却		
9SiCr	500~600	0.1	850~870	0.1	油（≥40℃）	170~190	61~63
CrWMn	500~600	0.1	820~840	0.1	油（≥40℃）	170~185	62~63
9Mn2V	500~600	0.1	780~820	0.1	油	180~200	60~62
5CrNiMo	500~600	0.1	840~860	0.1	油或 N_2 气	480~500	39~44.5
Cr5MoV	一次 500~550 二次 800~820	0.1	970~1000	10~1	油或 N_2 气	160~200	60~62
3Cr2W8V	一次 480~520 二次 800~850	0.1	1050~1100	10~1	油或 N_2 气	560~580 600~640	42~47 39~44.5
4Cr5W2SiV	一次 480~520 二次 800~850	0.1	1050~1100	10~1	油或 N_2 气	600~650	38~44
7CrSiMnMoV	500~600	0.1	880~900	0.1	油或 N_2 气	450 200	52~54 60~62
4Cr5MoSiV1（H13）	一次 500~550 二次 800~820	0.1	1020~1050	10~1	油或 N_2 气	560~600	45~50
Cr12	一次 500~550 二次 800~850	0.1	960~1000	10~1	油或 N_2 气	180~240	58~62
Cr12MoV	一次 500~550 二次 800~850	0.1	980~1050 1080~1120	10~1	油或 N_2 气	180~240 500~540	60~64 58~60

（续）

牌号	预 热		淬 火			回火温度 /℃	硬度 HRC
	温度 /℃	真空度 /Pa	温度 /℃	真空度 /Pa	冷 却		
W6Mo5Cr4V2	一次 500~600 二次 800~850	0.1	1100~1150 1150~1220	10	油或 N₂ 气	200~300 540~600	58~62 62~65
W18Cr4V	一次 500~600 二次 800~850	0.1	1000~1100 1240~1300	10	油或 N₂ 气	180~220 540~600	58~62 62~66
7Cr7Mo2V2Si （LD）	一次 550 二次 850		1080~1150	10	油或 N₂ 气	530~630	58~55
5Cr4Mo3SiMnVAl （012Al）	850	0.1	1100~1150	10	油或 N₂ 气	510~560	58~62
60Si2Mn	600	0.1	830~860	10	油或 N₂ 气	220~250	57~59

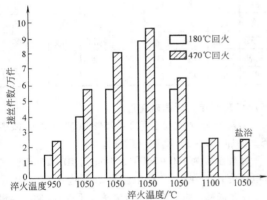

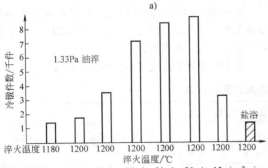

图 9-15 真空热处理工艺对冷作模具寿命的影响

a) Cr12MoV 钢搓丝板

b) W6Mo5Cr4V2 钢十字槽螺钉冷镦成形冲头

9.5.3 模具表面强化技术及应用实例

模具表面强化处理是提高使用性能和寿命的重要措施。目前模具表面强化的主要方法分为三类：

（1）不改变表面化学成分的方法。主要有高频感应淬火、火焰淬火、电子束相变硬化、激光淬火和加工硬化等。

（2）改变表面化学成分的方法。有渗碳、渗氮、渗硼、渗硫、渗金属、多元共渗、TD 法和离子注入等。

（3）表面形成覆盖层的方法。有镀金属、堆焊、高能束合金化层、化学气相沉积（VCD）和物理气相沉积（PVD）等。

各种表面强化方法的主要特性比较，如表 9-48 所示。

9.5.3.1 表面强化方法的选择原则

1. 提高模具表面的耐磨性 模具钢的耐磨性与钢中碳化物的类型与数量有关，即使是高碳高铬类模具钢，其耐磨性仍不能满足要求。采用表面强化的方法来提高模具表面的耐磨性是行之有效的。有关资料表明，气体氮碳共渗可使高速钢表面的耐磨性提高2~5倍。渗硼层、渗钒层、碳化钛层的耐磨性就更高。

2. 耐磨性与强韧性的良好配合 对大多数模具材料来说，提高强韧性往往要损失耐磨性。解决这个矛盾的方法是选择合适的模具材料，进行适当的热处理，使其获得最佳的强韧性基体，然后通过表面强化的方法提高表面耐磨性。例如，缝纫机梭子的冷挤压凸模，采用高速钢 W18Cr4V 制造，模具经常碎裂，使用寿命极不稳定；改用基体钢 6Cr4W3Mo2VNb 后韧性大大改善，但耐磨性不足，寿命仅 1.6 万件；用 6Cr4W3Mo2VNb 淬火后加气体氮碳共渗处理，其寿命达到 2.68 万件，基体的强韧性与表面耐磨性达到了良好的配合。

3. 提高抗咬合能力 在拉深、挤压等类模具中，常发生"冷焊"现象，解决这类问题的方法是通过表面处理降低模具表面的摩擦因数。有的表面处理方法使其表面疏松、内有微孔，塑性好，不但有利于降低表面摩擦因数，而且微孔中的油还可以改变润滑状况，提高抗拉毛、烧伤和抗咬合能力。表面渗硫、渗氧就具有这类特性。

4. 改变表面应力状态 模具钢经过淬火、回火后，表面处于拉应力状态，这将促使裂纹的早期形成。很多表面处理方法可以改变模具表面的这种应力状态，变拉应力为压应力。由于表面形成了较大的残余压应力，从而延迟了疲劳裂纹的产生和扩展，有利于提高模具的冲击疲劳失效抗力，提高了模具使用寿命。这是仅采用模具新钢种和改变热处理工艺方案所不能做到的。例如，电子束相变强化表面和真空渗氮处理后均可使模具表面形成 600 ~ 800MPa 的残余压应力。

表9-48 不同表面强化方法的主要特性比较

表面处理方法 性能	镀		N-C 共渗	离子渗氮	真空渗氮	渗硫	渗硼	CVD TiC	PVD TiC	TD 法			超硬合金	工模具钢
	Cr	Ni-P								VC	NbC	Cr₇C₃		
硬度	良	良	良	良	良	一般	优	优	优	优	优	优	优	标准
耐磨性	良	良	良	良	良	一般	良	优	优	优	优	良	优	标准
抗热粘着性	良	良	良	良	良	良	良	优	优	优	优	良	标准	标准
抗咬合性	良	良	良	良	良	优	良	优	优	优	优	良	标准	标准
抗冲击性	一般	一般	一般	一般	一般	标准	一般	标准	标准	标准	标准	标准	一般	标准
抗剥落性	一般	一般	良	良	良	优	一般	良	良	良	良	良	—	—
抗变形开裂	一般	一般	优	良	良	优	良	良	良	良	良	良	—	—

5. 提高抗氧化性和耐蚀性 有些热作模具和塑料模具均有氧化和腐蚀问题，仅仅靠模具材料本身固有的性能来满足使用要求，往往感到不足，因此常常需要用表面强化处理的方法来弥补。例如，塑料模具钢表面镀铬就具有较好的耐蚀性。

9.5.3.2 表面强化技术的应用

1. 渗氮 这是模具表面改性常用的方法。部分模具的渗氮工艺和效果如表9-49所示。

2. 渗硫 低温电解渗硫法：以工件为阳极，坩埚或辅助工具为阴极，在硫氰酸盐浴中，通过电场的作用，熔盐发生电解电离产生 S^{2-} 离子并推向阳极，与 Fe^{2+} 离子结合形成硫化层。

熔盐成分（质量分数）：75% KCNS + 25% NaC-NS，另加 1% ~ 3% K_4Fe（CN）₆。

处理温度为 180 ~ 200℃，时间为 10 ~ 25min，工作电压为 0.8 ~ 4V，工作电流为 2 ~ 7A。

工艺流程：脱脂酸洗→水清洗（干燥）→装夹→烘干（预热）→电解渗硫→清洗→烘干→浸油→检验。

3. 渗硼 渗硼是模具制造中比较有效的化学热处理工艺。渗硼层硬度高（1500 ~ 2000HV），耐磨性好，耐热性能显著提高。

常用的渗硼工艺规范如表9-50所示。

表9-49 部分模具的渗氮工艺和效果

渗氮类型	工 艺 规 范						
	模具材料	渗 氮 工 艺				渗氮层深度 /mm	表面硬度 HV
		阶 段	温度/℃	时间/h	氨分解率（%）		
气体渗氮	3Cr2W8V	I	480 ~ 490	20 ~ 22	15 ~ 25	0.20 ~ 0.35	≥600
		II	520 ~ 530	20 ~ 24	30 ~ 50		
		III	600 ~ 620	2 ~ 3	100		
	Cr12MoV	I	490 ~ 500	15	15 ~ 25	0.15 ~ 0.25	≥750
		II	520 ~ 530	30	35 ~ 50		
		III	540 ~ 550	2	100		
	40Cr	I	470 ~ 480	10	15 ~ 25	0.20 ~ 0.28	≥480
		II	510 ~ 520	25	30 ~ 50		
		III	550 ~ 560	2	100		

（续）

渗氮类型	工 艺 规 范
气体氮碳共渗	滴注式气体氮碳共渗工艺 1）Cr12MoV 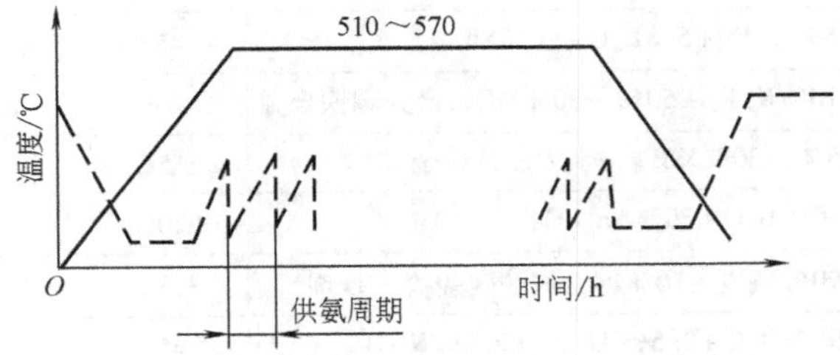 2）3Cr2W8V 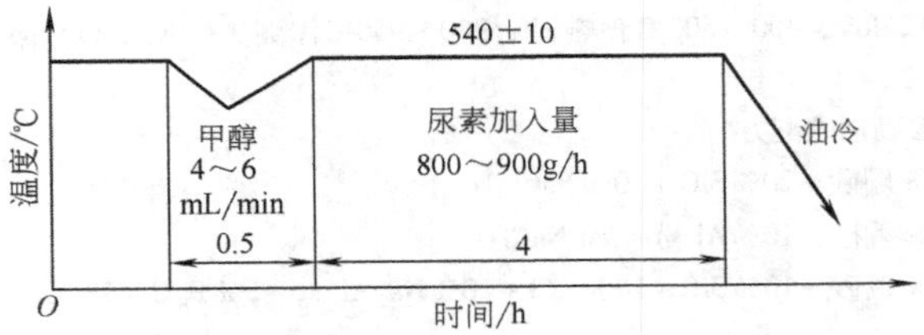

部分模具钢的渗氮工艺与使用效果			
模 具 名 称	模 具 材 料	渗 氮 工 艺	使 用 效 果
冲头	W18Cr4V	500～520℃×6h	提高 2～4 倍
铝压铸模	3Cr2W8V	500～520℃×6h	提高 1～3 倍
热锻模	5CrMnMo	480～500℃×6h	提高 3 倍
冷挤压模	W6Mo5Cr4V2	500～550℃×2h	提高 1.5 倍
压延模	Cr12MoV	500～520℃×6h	提高 5 倍

离子渗氮

真空渗氮

典型渗氮工艺曲线

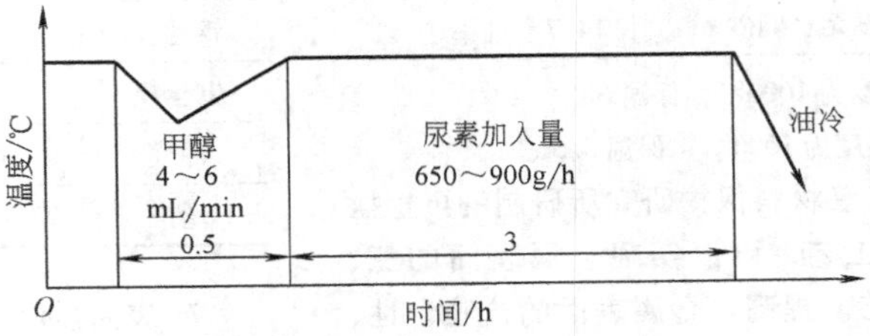

表9-50　常用渗硼工艺规范

渗硼类型	工艺规范					
	序号	配方（质量分数）	处理材料	工艺	层厚/μm	组织
固体渗硼	1	$20\% \sim 30\%$ 木炭粉 $+5\%$ KBF$_4$ $+0.5\% \sim 3\%$ $(NH_2)_2CS$，余为硼铁合金	45钢	$700 \sim 900℃ \times 3h$	$40 \sim 184$	双相
	2	5% KBF$_4$ $+5\%$ B$_4$C $+90\%$ SiC	45	$700 \sim 900℃ \times 4h$	$20 \sim 200$	双相
	3	10% KBF$_4$ $+50\% \sim 80\%$ SiC，余为硼铁合金	45	$850℃ \times 4h$	$90 \sim 100$	单相 Fe$_2$B
	4	$5\% \sim 20\%$ KBF$_4$，余为硼铁合金	S55C	$750 \sim 950℃ \times 6h$	$40 \sim 230$	双相
	5	80% B$_4$C $+20\%$ Na$_2$CO$_3$	S20C	$900 \sim 1100℃ \times 3h$	$90 \sim 320$	
	6	90% 硼铁 $+10\%$ 碱金属的碳酸盐（膏剂）	S55C	$900 \sim 1100℃ \times 5h$	$75 \sim 340$	单相 Fe$_2$B
	7	95% B$_4$C $+2.5\%$ Al$_2$O$_3$ $+2.5\%$ NH$_4$Cl	45	$950℃ \times 5h$	160	双相
	8	80% B 粉 $+16\%$ Na$_2$B$_4$O$_7$ $+4\%$ KBF$_4$	40Cr	$900℃ \times 1 \sim 2h$	$130 \sim 160$	双相
盐浴渗硼	1. 45钢，$400 \sim 450℃$ 预热 2h；$920 \sim 950℃$ 渗硼 $3 \sim 5h$，空冷至淬火温度，水或油冷；$160 \sim 180℃$ 回火 $1 \sim 1.5h$；清洗，$100℃$ 2. Cr12MoV，$400 \sim 600℃$ 预热 2h；$940 \sim 950℃$ 渗硼 $3 \sim 5h$；$980℃$ 保温后油淬；清洗，$100℃$；$(250 \pm 10)℃$ 回火 $1 \sim 2h$ 盐浴渗硼剂的配方 ① 70% 硼砂 $+20\%$ SiC $+10\%$ NaCl ② 85% 硼砂 $+10\%$ Al 粉 $+5\%$ NaCl ③ 50% 硼砂 $+10\%$ SiC $+10\%$ KCl $+20\%$ Na$_2$AlFe$_6$ $+5\%$ B$_4$C $+5\%$ Cr$_2$O$_3$					

4. TD法　利用硼砂作为盐浴向金属表面扩散 V、Nb、Ti、Cr 等金属元素。由于硼砂熔点为740℃，其分解温度高达1573℃，在渗金属的温度范围内（850 ~ 1000℃）极为稳定，而且熔融态的硼砂又能使金属表面洁净，有利于金属元素的吸附。

TD法的盐浴配比见表9-51。

表9-51　TD法的盐浴配比

渗入元素	盐浴组成（质量分数）	渗层/μm	流动性
渗铬	10% 金属铬粉 $+90\%$ 无水硼砂	17.5[①]	好
渗钒	10% 钒铁 $+90\%$ 无水硼砂	22.0[①]	好
渗铌	7% Nb $+93\%$ 无水硼砂	17.2[②]	好
	3% Nb $+97\%$ 无水硼砂	14.7[②]	

① T8A 材料，温度为1000℃，保温 6h。
② T12A 材料，温度为1000℃，保温 5.5h。

5. LT工艺　武汉材料保护研究所研制的再生盐 J—1 用于 LT 处理工艺，可以实现金属表面的氮、硫、碳、氧四元共渗。提高了金属表面的抗咬合性、耐磨性、抗疲劳性和耐蚀性等。在模具上的应用取得了良好效果。

LT 工艺处理温度低（500 ~ 580℃）、工艺时间短（1 ~ 1.5h），渗层可达 8 ~ 12μm。设备仅需一个中温外热式盐浴炉。

工艺流程为：脱脂→预热→LT 处理（500 ~ 580℃，10 ~ 180min）→冷却→沸水去盐→沸水烫干→浸热油。

6. 离子注入　金属的离子注入工艺是将高能束流的离子轰入金属材料表面，形成极薄的近表面合金化层，从而改变了金属表面的物理、化学和力学性能。部分模具离子注入后的使用寿命参照表9-52。

表9-52　部分模具离子注入后的使用寿命

模具	材料	注入元素	使用寿命
钢丝模	YG8	N	提高 3 倍
铜丝模	YG3	N	提高 5 倍
冲模	Cr 钢	N	提高 2 倍
丝锥	W6Mo5Cr4V2	N	提高 2 倍

7. 表面强化应用举例　模具的表面强化工艺及应用效果举例见表9-53。

表 9-53 模具的表面强化工艺及应用效果举例

模具名称	模具材料	表面强化工艺	应用效果
磁性材料粉末压制模	Cr12MoV	粉末渗硼: 渗剂:93% SiC + 5% KBF_4 + 2% B_4C 工艺:900 ~ 920℃ × 4h 渗硼,油冷;200℃回火	6 个月
拉深冲模	40Cr	盐浴渗硼: 渗剂:6% NaCl + 12% Na_2CO_3 + 70% $Na_2B_4O_7$ + 12% SiC 工艺:930 ~ 950℃ × 3 ~ 4h 渗硼,850℃预冷,油淬;200℃ × 4h 回火	约 1 万次
M14 螺母冷镦模	Cr12MoV	氮碳共渗: 渗剂:甲醇:氨 = (2 ~ 3):(8 ~ 7) 工艺:540 ~ 560℃ × 3 ~ 4h,空冷或油冷	10 ~ 15 万次
级进式连续拉深凹模	Cr12	盐浴渗钒: 渗剂:10% V_2O_5 + 5% Al + 85% $Na_2B_4O_7$ 工艺:940 ~ 950℃ × 3 ~ 4h 渗钒,油冷;200℃回火	一次拉深寿命可达 8 万次

注:表面强化工艺中渗剂成分均为质量分数。

9.6 模具热处理的缺陷分析及预防措施

9.6.1 模具热处理的畸变方式及控制

9.6.1.1 模具热处理的畸变方式

模具壁厚均匀性、形状对称性、结构刚性等对淬火畸变有显著的影响。图 9-16 为热处理畸变的基本特征。图 9-17 为凹模壁厚对型腔淬火畸变的影响。几种常用冷作模具的淬火畸变见表 9-54。

9.6.1.2 模具热处理畸变影响因素

模具热处理过程产生的尺寸和形状畸变主要由热应力和相变应力引起,这类应力受多种因素的影响,例如钢的碳含量、模具的尺寸形状、钢的基本特性及热处理工艺等。表 9-55、表 9-56 分别为模具钢的基本特性及工艺因素对热处理畸变倾向的影响。

9.6.1.3 控制和减少热处理畸变的措施

采取正确的热处理工艺和相应的预防畸变措施,可使模具的热处理畸变控制在最小限度内。已畸变的模具也可采取热矫正方法予以矫正。

生产中可采用如下的一些预防热处理畸变的措施。

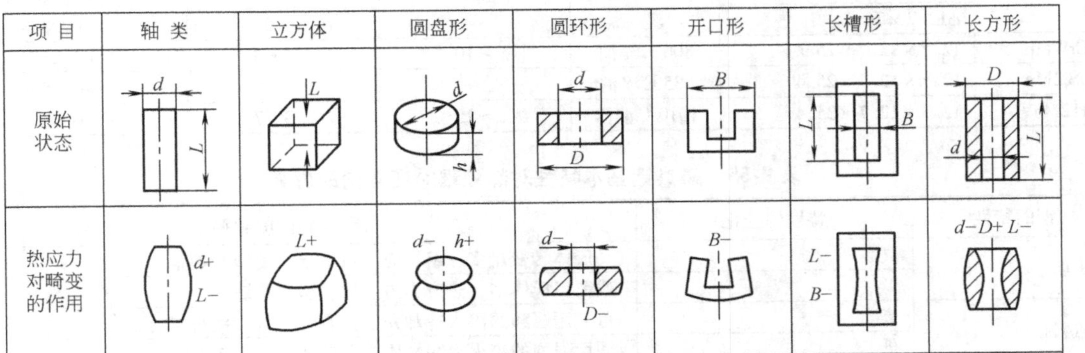

图 9-16 热处理畸变的基本特征

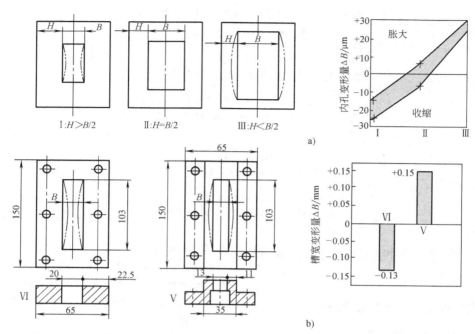

图 9-17　凹模壁厚对型腔淬火畸变的影响

a）不同壁厚比的 T10A、CrWMn 钢试样　　b）T10A 钢不同壁厚凹模

表 9-54　几种常用冷作模具钢的淬火畸变

牌　号	试样尺寸/mm	淬火工艺	残留奥氏体量 $\varphi(A)$（%）	体积变化率（%）	平均尺寸变化率（%）
T10	$\phi 9.5 \times 28.6$	785℃淬盐水	≈9	+0.94	+0.3
	$\phi 28.6 \times 76.2$			+0.47	+0.15
	$\phi 12.7 \times 76.2$			+0.24	+0.08
9CrWMn	$12.7 \times 12.7 \times 25.4$	800℃淬油	≈10	+0.63	+0.21
60Si2Mn	$12.7 \times 12.7 \times 25.4$	885℃淬油	—	+0.55	+0.18
Cr12MoV	$12.7 \times 12.7 \times 25.4$	1010℃油淬	≈25	-0.07	-0.03

表 9-55　模具钢基本特性对热处理畸变倾向的影响

钢的特性	特性的变化	对畸变倾向的影响
Ms 点	高	马氏体转变量多，组织应力占主导，使型腔趋胀
	低	残留奥氏体多，热应力占主导，型腔趋缩
淬透性	高	可采用缓和的淬火冷却介质，有利于减少翘曲与畸变
	低	需用强烈的淬火冷却介质，但畸变大，且难控制
碳化物均匀性	优	各向畸变均匀，可减少翘曲程度
	劣	通常畸变大，加重翘曲及各向胀缩
相成分的影响	马氏体量增多	增加体积膨胀量，增大组织应力，不利于减小畸变
	残留奥氏体量增多	能补偿马氏体的体积膨胀，有利于减小畸变或实现微畸变
	贝氏体量增多	有利于减小畸变
	碳化物量增多	对体积变化无影响
回火转变	残留奥氏体转变成马氏体	使体积膨胀
塑性变形抗力	强韧性高	有利于减小热应力引起的畸变
	马氏体转变区强度高	有利于减小组织应力引起的畸变
锻造纤维方向	垂直于型孔	型孔趋于缩小
	平行于型孔	型孔趋于胀大

表 9-56　工艺因素对冷作模具型腔畸变倾向的影响

工艺因素		中碳钢 （45、50）	高碳工具钢 （T10A）	低合金工具钢 （CrWMn，9Mn2V）	高合金工具钢 （Cr12，Cr12MoV）
常规淬火		显著趋胀	显著趋胀	趋胀为主	趋缩
淬火温度		上限时多胀	上限时剧缩	上限时多胀	上限时剧缩
		下限时少胀	下限时少缩	下限时少胀	下限时少缩
淬火冷却介质	盐水	胀	缩	—	—
	油	缩	缩	①	①
	碱浴	胀	②	胀	—
	硝盐	胀	胀	②	②
深冷处理		—	—	趋胀	明显趋胀
回火影响		收缩	显著收缩	200～300℃回火区趋 胀，其他区回火趋缩	<450℃趋缩 500～550℃趋胀
流线的影响		—	—		纵向趋胀 横向趋缩
工件形状		厚壁少缩	薄壁趋胀 厚壁趋缩	薄壁趋胀 厚壁趋缩	薄壁趋胀 厚壁趋缩

① 合金工具钢用热油作淬火冷却介质时，会增大模具型孔胀大的趋向；用冷油时，则会减小型孔收缩的趋向。
② 碳素工具钢、合金工具钢淬碱浴或硝盐时，碱浴或硝盐中水分多，碱浴或硝盐的使用温度低，在碱浴或硝盐中停留时间短，都易使型孔趋向于胀大。

1. 正确选用模具材料　碳素工具钢淬透性低，淬火畸变大；合金工具钢淬透性高，畸变小。此外，模具钢的纤维流向对畸变有显著影响，平行于纤维流线方向的畸变要大于垂直方向的畸变。选用模具材料正确可减少畸变。

例如，用 T10A 钢制的陶瓷模型芯凹模，双介质淬火后，口部呈喇叭口，畸变大（0.12mm），根部易开裂，改用 CrWMn 钢后，质量达到要求。

2. 采用合理的模具设计　模具设计时，对壁厚不均匀的模具要增加工艺孔，对形状复杂的模具，要采用镶拼块结构，不用整体结构；对有薄壁、尖角的模具，要改用圆角过渡和增大圆角半径。模具增加工艺孔示例见图 9-18。

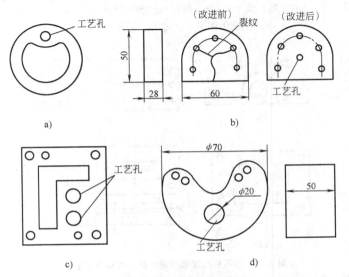

图 9-18　模具增加工艺孔示例

3. 采用去应力退火　模具冷加工后淬火前采用去应力退火可减少淬火畸变。图9-19示出了模具钢冷加工后的去应力退火对减少淬火畸变的作用。

4. 做好淬火前原始组织的预备热处理　模具钢采用六面锻造、反复镦拔、预先正火、快速球化退火等工艺，可消除碳化物网、带及链，并获得均匀、细小分布的碳化物，在淬火时可获得最小的畸变。

5. 采用合理的热处理工艺　以下热处理方法可以减少畸变：

①采用预热和预冷工艺，以减少热应力；②采用下限淬火加热温度；③用马氏体分级淬火或贝氏体等温淬火；④在 M_s 点以下进行缓冷并及时回火。

6. 采用机械加固以减少热处理畸变　采用机械加固以减少热处理畸变的方法见图9-20。

7. 采用合理的进入淬火槽的方向与冷却方式　模具进入淬火槽的方向及冷却方式合理，是减少模具热处理畸变的有效措施。

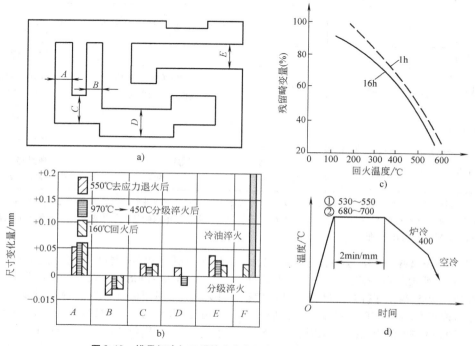

图9-19　模具钢冷加工后的去应力退火对减少淬火畸变的作用

a）模具　b）去应力退火及淬火冷却介质对 Cr12 钢试样畸变的影响　c）去应力退火对残留畸变的影响　d）去应力退火工艺曲线

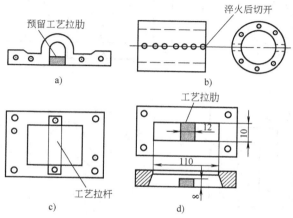

图9-20　模具机械加固以减少热处理畸变的措施

a）加工时预留工艺拉肋　b）成对加工后淬火　c）加工艺拉杆　d）长槽凹模预留工艺拉肋

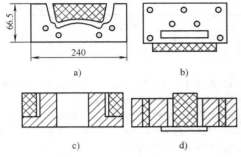

图 9-21　减少热处理畸变用热平衡辅具

a）安置在型腔中　b）安置在背面
c）安置在孔外　d）安置在内孔中

8. 采用热平衡辅具减少热处理畸变　图 9-21 为

热平衡辅具的应用。模具在冷却过程中，还可应用压力机或其他机械夹具，对模具施加限制，以减少翘曲变形。

9. 低温调质预缩处理　低温调质预缩处理是在稍高于 A_1 点的温度预淬火并进行高温回火（550～650℃）。处理后的体积可小于退火状态，以此抵消淬火时马氏体转变而产生的膨胀效应。其效果是可以削弱高速钢的异常畸变倾向，可使 Cr12MoV 钢的纵横向淬火畸变胀缩率差异降低 50%，减轻翘曲作用。

9.6.2　模具热处理常见缺陷及预防措施

模具热处理中常见的缺陷、产生原因及防止措施，如表 9-57 所示。

表 9-57　模具热处理中常见的缺陷、产生的原因及预防措施

缺陷类型	产生原因	预防措施
球化组织粗大不均，球化不完善，组织中有网状、带状或链状碳化物	1）锻造工艺不佳，如锻造加热温度过高，变形量小，停锻温度高，锻后冷速缓慢等，使锻造组织粗大，并有网状、带状及链状碳化物存在，球化退火时难以消除 2）球化退火工艺不佳，如退火加热温度过高或过低、等温温度低或等温时间短等，可造成退火组织不均或球化不完善	1）改进锻造工艺或采用正火预备热处理，消除网状和链状碳化物及碳化物不均匀性 2）采用双重热处理，快速匀细球化退火工艺 3）正确制订球化退火工艺规范 4）合理装炉，保证炉料温度的均匀性 5）以调质处理代球化退火
过热或过烧，组织粗大	1）球化组织不良 2）淬火加热温度过高，或保温时间过长 3）工件放置位置过分靠近加热元件而产生过热 4）对截面变化较大的模具，淬火工艺参数选择不当，在薄截面和尖角处产生过热	1）正确制订淬火工艺，严格控制淬火温度和加热时间 2）定期检测和校正测温仪表，保证仪表的正常运行 3）工件与加热元件间应保持足够的距离
硬度低或不均	1）原始组织中碳化物偏析或组织粗大 2）模具表面退火脱碳或淬火加热脱碳 3）工件截面大，淬透性差 4）淬火温度过高，残留奥氏体量多，或淬火温度过低，加热时间不足，相变不完全 5）淬冷速度慢，分级、等温温度过高或时间过长，淬火冷却介质选用不当 6）碱浴中水分过少或淬火油老化 7）工件出淬火冷却介质时，温度过高，冷却不足 8）高速钢回火不充分 9）回火温度过高	1）保证有良好的预备热处理组织 2）彻底消除模具表面的氧化皮 3）进行良好的盐浴脱氧 4）选用淬透性高的钢 5）正确制订淬火、回火工艺参数 6）采用真空加热淬火，保护气氛加热淬火 7）严格控制碱浴中水分含量 8）正确选用淬火冷却介质和冷却方式 9）回火要充分 10）采用冷处理 11）进行表面强化处理
脱碳	1）盐浴老化，脱氧不良 2）工件、夹具向盐浴中带进铁锈 3）在箱式炉中加热时保护不良	1）盐的质量必须符合标准的要求，并经 300～500℃×2～4h 的烘干脱水 2）盐浴定期脱氧，严格控制盐浴中氧化物含量：BaO（或 Na_2O）≤0.2%～0.5%（质量分数），FeO≤0.3%

（续）

缺陷类型	产 生 原 因	预 防 措 施
裂纹	1）钢中有严重的网状、带状及链状碳化物 2）钢中有大的机械加工或冷塑性变形应力 3）加热或冷速过快，淬火冷却介质选择不当，冷却温度过低 4）淬火加热时过热、过烧 5）模具厚薄不均，热应力和组织应力过大 6）返修淬火加热时，未经中间退火处理 7）回火不及时或回火不足 8）电火花加工层存在显微裂纹	1）改进锻造和球化退火工艺，消除网状、带状及链状碳化物，改善球化组织的均匀性 2）进行淬火前的去应力退火（>600℃） 3）严格控制淬火加热温度和时间，防止过热、过烧 4）采取预热和预冷措施 5）淬火后及时回火，回火要充分
腐蚀	1）盐浴中碳酸盐或硫酸盐的含量过高 2）在 400～500℃的硝盐中等温或分级冷却时产生氧化腐蚀 3）模具和夹具向盐浴中带进氧化物	1）控制盐浴中碳酸盐含量，不用黄血盐作高温盐浴脱氧剂，加活性炭除硫酸盐 2）避免向盐浴中带入氧化物 3）用氯盐作分级冷却介质（不用氯化钙） 4）模具淬火、回火后及时清除表面残盐

参 考 文 献

[1] 冯晓曾，等. 模具用钢和热处理 [M]. 北京：机械工业出版社，1982.

[2] 许发樾. 模具标准应用手册 [M]. 北京：机械工业出版社，1994.

[3] 蒋昌生. 模具材料及使用寿命 [M]. 江西：江西人民出版社，1982.

[4] 冯晓曾，等. 提高模具寿命指南 [M]. 北京：机械工业出版社，1994.

[5] 全国模具标准化技术委员会. JB/T 7715—1995 冷锻模具用钢及热处理技术条件 [S]. 北京：机械工业出版社，1996.

[6] 全国模具标准化技术委员会. JB/T 8431—1996 热锻模具用钢及其热处理技术条件 [S]. 北京：机械工业出版社，1997.

[7] 姜祖赓，等. 模具钢 [M]. 北京：冶金工业出版社，1988.

[8] 陈蕴博. 热作模具钢的选择与应用 [M]. 北京：国防工业出版社，1993.

[9] 陈再良，等. 典型冷作模具钢性能与失效关系探讨 [J]. 金属热处理，2006，31（2）：87-93.

[10] 王德文. 新编模具实用技术 300 例 [M]. 北京：科学出版社，1996.

[11] 崔崑. 国内外模具钢发展概况. 金属热处理，2007，32（1）：1-11.

[12] 徐进，陈再枝，等. 模具材料应用手册 [M]. 北京：机械工业出版社，2001.

[13] 陈再枝，等. 塑料模具钢应用手册 [M]. 北京：化学工业出版社，2005.

[14] 赵昌盛. 实用模具材料应用手册 [M]. 北京：机械工业出版社，2005.

第 10 章　量具热处理

雷仲眉

哈尔滨量具刃具集团热处理分厂　王滴石

10.1　量具用钢

10.1.1　对量具用钢的要求

选择量具用钢应着重考虑对量具耐磨性、尺寸稳定性、可加工性和耐蚀性等方面的影响。

1. 耐磨性　量具工作面必须有高度耐磨性才能在长期使用中保持精度，因此淬火硬度高、耐磨性好的过共析钢常在入选之列。

2. 尺寸稳定性　量具在使用和存放过程中应能保持最小的尺寸变化，因此量具中应尽量减少残留奥氏体量和残余应力值。一般认为含 Cr、W、Mn 等合金元素的钢对减小时效变形有良好作用。

3. 可加工性　良好的可加工性可保证批量生产中热处理的高生产率；减少热处理后磨削加工时受损伤的可能性。为此，应选用可加工性好、材质均匀、组织良好及退火硬度适当的钢材。

4. 耐蚀性　为提高量具对大气、手汗等的耐蚀性，许多量具采用镀铬等表面处理方法或采用马氏体不锈钢。例如，千分尺的某些零件采用无光泽镀铬；

千分表量杆则因表面处理不能保证齿条精度而选用不锈钢 95Cr18；卡尺零件则采用 30Cr13 或 40Cr13 不锈钢板冲裁制成。在量具生产中，为保证耐蚀性已越来越多地采用可淬硬的不锈钢。

以上各项要求应根据各种量具的不同特点、精度等级、制造方法和单件或批量生产等因素综合考虑，其他如淬透性、强度、热胀系数等，根据产品性能要求加以考虑。

10.1.2　量具常用钢种及质量要求

表 10-1 列出了量具常用钢种及其特点，可供参考。

量具工作面都要求高度光洁，如对钢中非金属夹杂物和碳化物液析等不加控制，可能在量块等表面粗糙度值极低的表面上产生细小的点状缺陷；夹杂物还可能引起区域性的残余应力分布，导致力学性能的各向异性，助长不均匀的变形；较严重的碳化物偏析则可能造成残留奥氏体的不均匀分布，影响尺寸稳定性。因此，量具用钢对于钢材的原始组织往往有一定要求，可参考表 10-2。

表 10-1　量具常用钢种及其特点

牌　号	用　途　举　例	特　　点
GCr9	中、小型高精度量规及量具零件	1）碳化物颗粒均匀细小，退火及淬火硬度均匀 2）硫含量低，夹杂物少 3）经适当热处理后尺寸稳定性好 4）GCr9 淬透性尚好，GCr15 较好，GCr15SiMn 淬透性更好
GCr15 （Cr2）	各种量规、量块及其他高精度量具零件，如千分尺螺纹量杆，正弦规工作台及滚柱等	
GCr15SiMn	尺寸较大或厚实的高硬度、高精度的量具零件和量规，如石油量规、正弦规工作台等	
CrWMn	要求高硬度、高耐磨性的量规和量具零件	1）淬火硬度高，耐磨性好，淬透性好 2）碳化物细小，淬火后晶粒细 3）退火易生成碳化物网、磨削性较差，磨削时较易出现裂纹 4）退火硬度较高
9Mn2V	要求淬火畸变小的量规、卡板及其他一般量具	1）淬火畸变小，淬透性好 2）淬火硬度稍低于其他合金工具钢
90Cr18MoV	耐磨及耐锈蚀的量具零件，如百分表量杆等	1）耐蚀性好、耐磨性好 2）碳化物分布不均匀 3）可加工性及抛光性尚好

(续)

牌　号	用途举例	特　点
30Cr13 40Cr13	耐磨及耐蚀的量规及量具零件，如卡尺尺身、尺框等，亦可用于渗氮量块	1）耐蚀性好、耐磨性好、淬火回火后硬度低于90Cr18MoV 2）碳化物分布较均匀 3）可加工性及抛光性好
T8A T10A	尺寸不大，具有一定韧性和耐磨性的量具零件，如卡尺尺身、尺框，宽座角尺长边，百分表销子等	1）退火硬度低、可加工性好，磨削及抛光性好 2）随碳含量升高、耐磨性也提高
T12A	尺寸不大，高耐磨性的量具零件，如百分表齿轮，下轴套等	3）淬透性低，淬火易出现软点，淬火畸变大，耐磨性不如含铬钨等元素的合金工具钢
65Mn	卡尺平弹簧、卡尺深度尺及其他量具用弹性零件	1）价格便宜 2）容易过热
45	中硬度量具零件，如千分尺微分筒体，螺纹轴套，百分表上轴套等	1）价格便宜，容易购得 2）可加工性好，热处理容易 3）耐磨性稍差，韧性较好

表10-2　对量具用钢的原材料显微组织的级别要求

钢　种	退火组织			残留碳化物网			带状组织	非金属夹杂物（GB/T 18254—2002）			
	GB/T 18254—2002	GB/T 1299—2000	GB/T 1298—2008	GB/T 18254—2002	GB/T 1299—2000	GB/T 1298—2008	GB/T 18254—2002	氧化物	硫化物	碳化物液析	点状不变形夹杂
铬轴承钢	1～4			≤3			≤2.5	≤2	≤2.5	≤1	≤2.5
合金工具钢		≤5			≤3						
碳素工具钢			T8 1～5 T10 2～4 T12 2～4			≤2					

注：1. 除量块等特高精度和极细表面粗糙度的工件外，一般量规和量具零件对非金属夹杂物可不作特殊要求。其他钢种用作量块等工件时，对非金属夹杂物的要求可参照表中铬轴承钢标准。

　　2. 如条件许可，对量块等工件，带状组织及塑性夹杂物的标准，可分别按2级要求。

　　3. 合金工具钢的退火组织按GB/T 1299—2000规定为≤5级，但对不再经预备热处理（如调质等）的量具用钢，最好要求退火组织≤4级。

10.2 量具热处理工艺

　　量具工作时受外加应力小，工作环境一般都较好。量规和量具零件的热处理原则上与一般工具钢和结构钢的热处理相似，只是根据要求的不同需更多地考虑尺寸稳定性、工作面耐磨性及耐蚀性等。

10.2.1 量具制造工艺路线简介

　　锻造→退火→正火或调质→切削加工→淬火→热矫直→冷水冲洗→冷处理→回火→人工时效→清洗→发黑处理（或喷砂）→磨削加工→人工时效→精磨（或研磨）。

　　根据不同产品的要求选用以上全部或部分工序，或者另外安排工艺路线。

10.2.2 预备热处理（或第一次热处理）

　　1. 退火　量具退火工艺规范见表10-3。

　　2. 正火　为改善一些中碳钢量具零件的原始组织，减小机械加工表面粗糙度和提高强度，可用正火作为预备热处理或最终热处理。例如，用45钢制造的千分尺微分筒体，为减小拉削内孔的表面粗糙度和提高强度，采用正火作为最终热处理。

3. 消除网状碳化物　如果过共析钢中网状碳化物较严重或组织粗大，淬火时易产生裂纹，磨削时也容易产生裂纹。淬火前这类金相组织缺陷可以用适当的预备热处理来减轻或消除，方法是将钢加热到稍高于或接近于 A_{cm} 温度，保持一定时间使碳化物网全部

或大部分溶入奥氏体中并适当均匀化，然后快冷，使碳化物不致沿晶界析出，再在 Ac_1 以下合适的温度回火或正常退火，以调整到所需的硬度和组织（见表 10-4）。

消除网状碳化物的处理只是一种补救措施，关键仍在于正确掌握钢的停锻温度和冷却速度，使退火后不存在碳化物网。

表 10-3　量具退火工艺规范

牌　号	加　　　热		冷　　　却			硬　度 HBW
	温度/℃	时间/h	缓慢冷却	等温后冷却		
				温度/℃	等温时间/h	
T8	740 ~ 750	2 ~ 6	以 < 30℃/h 炉冷至 500 ~ 600℃ 出炉空冷	650 ~ 660	等温 4 ~ 6h 后炉冷到 500 ~ 600℃出炉	≤187
T10	740 ~ 750			680 ~ 700		≤197
T12	760 ~ 770			680 ~ 700		≤207
GCr9	780 ~ 800		以 < 20℃/h 炉冷至 500 ~ 600℃ 出炉空冷	710 ~ 720		170 ~ 207
GCr15	780 ~ 800			710 ~ 720		179 ~ 207
GCr15SiMn	790 ~ 810			710 ~ 720		179 ~ 207
CrWMn	770 ~ 790			680 ~ 700		207 ~ 255
9Mn2V	750 ~ 770			670 ~ 690		≤229
90Cr18MoV	700 ~ 750① 850 ~ 880②			680 ~ 700		≤230
30Cr13，40Cr13	760 ~ 800① 850 ~ 870②					≤200 ~ 240 ≤217

注：二者可根据情况选用。
① 为高温回火软化。
② 为完全退火。

表 10-4　常用量具钢消除碳化物网及调质处理规范

牌　号	消　除　碳　化　物　网　处　理				调　质　处　理			
	除网温度① /℃	冷却	回火温度② /℃	冷却	淬火温度 /℃	冷却	回火温度 /℃	冷却
GCr9	880 ~ 900	油	700 ~ 720	炉冷至 ≤500℃ 出炉	830 ~ 860	油	700 ~ 720	炉冷至 ≤500℃ 出炉
GCr15	900 ~ 920	油	700 ~ 730		840 ~ 870	油	700 ~ 720	
GCr15SiMn	880 ~ 900	油	700 ~ 730		830 ~ 860	油	700 ~ 720	
CrWMn	930 ~ 960	油	710 ~ 730		830 ~ 860	油	700 ~ 720	
T10	800 ~ 820	油或水	700 ~ 720		780 ~ 810	油或水	690 ~ 710	
T12	820 ~ 840	油或水	700 ~ 720		790 ~ 820	油或水	690 ~ 710	

① 碳化物网粗、厚、完整的采用上限除网温度；细、薄、不完整的碳化物网选用较低的除网温度。
② 也可用常规退火工艺代替除网处理后的回火。

4. 调质　为改善机械加工表面粗糙度，细化淬火前的组织，消除机械加工应力，减小热处理变形并得到均匀而稍高的硬度，可用调质处理作为预备热处理。方法是，加热到稍高于正常淬火温度使碳化物较充分的溶解于奥氏体中，然后淬冷，再加热到 Ac_1 以下适当温度保持一段时间后慢冷，以调整到适宜加工的组织和硬度。例如，用 GCr15 钢制造的螺纹环规，热处理后内孔只能用铸铁棒蘸金刚砂研光，因此淬火前必须先得到尽可能小的内螺纹表面粗糙度，并且还应尽量减少淬火后内孔的畸变，为此可采用调质处理作为预备热处理。对于粗粒或大小不均的球状珠光体，在低速切削时（如铰孔或拉削），表面加工粗糙度特别粗，这种组织不易改善，只能用调质处理进行一些调整。

在批量生产和最终热处理后不便于用磨床加工的量规和量具零件，淬火前的表面粗糙度往往是生产过程中的关键问题之一，必须予以重视。淬火前的表面粗糙度按加工方法不同（精车、铰孔、拉削等）与显微组织有直接关系，因此常需要选用适当的预备热处理工艺来调整显微组织。

10.2.3　最终热处理（或第二次热处理）

1. 淬火　根据产品技术要求或加工制作的需要，量规和量具零件可以选用盐浴炉、真空炉、可控气氛炉、流态化炉或感应加热设备进行加热。百分表测杆两头端部有螺纹不通孔，杆身有垂直于中心线的横孔，如采用盐浴炉加热，熔盐渗入小孔，淬火后极不

易洗净，造成日后内孔生锈，因此以选用箱式电阻炉、可控气氛炉等为宜。卡尺尺框只需在测量面局部淬火，因此常采用感应淬火，也可用激光淬火。针形塞规直径小，可在专用夹具上直接通电加热自冷淬火。

淬火夹具的设计应不用或少用量具工作面作为与夹具接触的支承面；夹具及装载的工件应不致影响熔盐、气体或冷却介质的畅通流动；长形工件应沿轴线方向直立装载；装载的工件尽量不相互接触；工件在夹具上装卸方便又不易滑落；夹具本身有足够的强度并便于修理。单件或少量生产时工件用铁丝绑扎，铁丝横竖相交处要打结，否则加热后铁丝伸长，工件易脱落。

常用量具钢的淬火温度参考表 10-5。原始组织为极细的片状或点状珠光体的零件和返修品取下限或较低的淬火温度，反之则取表中上限或较高的淬火温度。

加热时间根据炉型、装载量、工件尺寸及形状因素来确定。在盐浴炉中一般为 $0.4 \sim 0.8$ min/mm；辐射电阻炉选用 $1 \sim 2$ min/mm；流态化炉可在 $0.5 \sim 1$ min/mm 范围内选用。

淬火冷却介质可选用淬火油、低温硝盐、聚合物水溶液或食盐水，根据不同产品及钢的牌号选择。对于量规，为减少尺寸不稳定因素，一般不选用分级或等温淬火，如用油淬火，油温也以保持在室温为宜。使用水溶性聚合物淬火冷却介质，淬火槽中需安装搅拌装置（用其他淬火冷却介质，淬火槽中也应有搅拌装置，但对于聚合物水溶液要特别强调这一点），介

表 10-5　常用量具钢的淬火及回火温度

牌　号	淬火温度/℃	淬火冷却介质	淬火后硬度 HRC	回火温度/℃	回火后硬度　HRC
GCr9	820 ~ 850	油、硝盐、碱浴	62 ~ 66	130 ~ 170	62 ~ 65
GCr15	830 ~ 860	油、硝盐、碱浴	62 ~ 66	130 ~ 170	62 ~ 65
GCr15SiMn	820 ~ 850	油、硝盐、碱浴	62 ~ 66	130 ~ 170	62 ~ 65
CrWMn	820 ~ 850	油、硝盐、碱浴	62 ~ 66	130 ~ 170	62 ~ 65
9Mn2V	780 ~ 810	油、硝盐、碱浴	≥62	130 ~ 170	≥60
T8A	750 ~ 780	水、硝盐、碱浴	62 ~ 65	130 ~ 150	≥62
T10A	760 ~ 790	水、硝盐、碱浴	62 ~ 65	130 ~ 160	≥62
T12A	760 ~ 790	水、硝盐、碱浴	62 ~ 65	130 ~ 160	≥62
90Cr18MoV	1050 ~ 1070	油	> 55	200 ~ 300	53 ~ 58
				550 ~ 580	43 ~ 46
65Mn	790 ~ 820	水，油	> 56	300	52
				400	45
				500	37

质温度以不超过 30℃ 为好，介质含量则根据钢种及工件尺寸而定。

有些量具零件对尺寸稳定性并无严格要求，为减少淬火变形，可以采用低温硝盐分级或等温淬火。

2. 回火　以在热浴（硝盐或热油）中回火为宜。辐射加热炉低温时加热效率很低，如用于回火，炉内需有风扇强制对流传热，而且回火保温时间至少应比热浴回火长 1～2 倍或更多，并宜适当提高回火温度。一般只要回火温度选择适当，回火时间稍长并无不利之处，而回火保温时间不足则对量具可能产生不良影响。

常用量具钢的回火温度可参考表 10-5。一些结构钢制的量具零件可根据钢的牌号及产品硬度要求，按一般结构钢工件选择回火温度。

回火时间根据设备装炉方式和装炉量以及工件大小来确定。热浴回火保温时间应不少于 1h，截面尺寸在 50mm 以上者需 2～4h。有时将回火与稳定化处理合并进行则需更长时间。

不进行冷处理的量具淬火后应立即进行回火，以免发生裂纹。批量生产时，特别是对正弦规工作台之类的方形或矩形的实心工件，装炉时应避免密实地重叠堆放，以防止加热时不易透烧而造成回火不足。在低温硝盐中回火时装量不宜太多或过密，否则入炉时工件会使硝盐槽中的温度下降过多，凝固在工件上的硝盐较长时间才能完全熔化，不但降低了生产率，还可能导致回火不足。

3. 冷处理　对尺寸稳定性要求高的工件，淬火冷至室温后应立即（最好在 0.5h 以内）进行冷处理，将工件冷至 −70～−80℃ 或 −196℃，使残留奥氏体尽可能多地转变为马氏体，工件硬度会相应地有所提高。随后进行的回火（或人工时效处理）则促使合金元素重新分配，降低应力，使组织结构趋于稳定。

−70～−80℃ 的冷处理可在专用冷冻机或在加有干冰的酒精（或丙酮）中进行，酒精置于绝热的容器中，如一次装入量稍多可用金属管插入容器底部，缓缓吹入空气，能使温度均匀。−196℃ 的深冷处理在液氮中进行。冷处理过程中冷至规定温度后应保持0.5～1h，以保证工件都达到此温度。工件淬火后应冷至室温再进行冷处理，以防止急冷产生裂纹。形状复杂或厚薄悬殊的工件，冷处理前宜将细薄部分用石棉包扎，冷处理完毕后，待工件温度升至室温立即进行回火或人工时效。操作时应戴手套等防护用品以防止冻伤。冷处理前应擦干工件上的水分及杂物。

4. 时效处理　人工时效宜在热浴中进行。一般量规（硬度≥62HRC 者）可在淬火后以 140～160℃进行 8～10h 人工时效（与回火合并进行）。要求硬度≥63HRC 的量块等产品则在回火后再进行 120℃ ×48h 的人工时效处理；或冷处理与时效处理反复数次

的冷热循环处理。

工件在精磨后宜在 120℃ 时效 10h，以消除磨削应力。工件精磨后留出少量研磨余量，然后在室温存放半年或一年（时间越长越好）进行自然时效，最后再研磨成成品，这是保持尺寸稳定性的最佳方案。

5. 矫直　矫直有两类方法。

（1）热矫直，工件未冷透时趁热矫直，或对淬火后需用较高温度回火的工件用专用夹具进行回火矫直，工件夹紧后送进回火炉中，待工件及夹具加热后取出再次夹紧，然后缓慢冷却。

（2）冷矫直，工件淬火及回火后冷压或冷敲（常用反压法）矫直。冷矫直后的工件需进行去应力回火，回火温度不应超过原来的回火温度。这种措施不能保证消除全部矫直应力，因此对容易发生扭曲的量具零件应尽量设法减少淬火时的变形，已发生变形的零件则最好采用热矫直。

量具零件在装配过程中不允许再进行敲打，否则经过一段时间可能使量具（如卡尺、千分尺等）使用不灵活，甚至卡住。

10.2.4　量具热处理的技术要求

1. 硬度　在国家有关标准中，对各种量具的硬度都有明确的规定（见表 10-6）。为提高耐磨性，生产厂可以在保证尺寸稳定性的前提下适当提高硬度要求。

表 10-6　量具热处理硬度要求举例

标准号	产品名称	测量面硬度值
GB/T 21389—2008	游标卡尺	碳钢或工具钢≥664HV（≈58HRC） 不锈钢≥551HV（≈52.5HRC） [其他量面≥382HV（≈40HRC）]
GB/T 1216—2004	千分尺	工具钢≥766HV（≈62HRC） 不锈钢≥530HV（≈51HRC）
GB/T 6093—2001	量块	≥800HV（≈63HRC）
GB/T 22521—2008	角度量块	≥63HRC
GB 1957—2006	光滑极限量规	58～65HRC
GB/T 4749—2003	石油钻杆接头螺纹量规	60～63HRC

2. **显微组织**　量具热处理的显微组织要求见表 10-7。为提高产品质量，生产厂可制定高于表 10-7 规定的厂标。

表 10-7　量具热处理的显微组织要求

钢　　种	马氏体等级	托氏体量	碳化物网等级	脱碳层
碳素工具钢	≤3.5	测量面不允许有托氏体	≤3	测量面经磨加工后，应保证无脱碳层
合金工具钢铬轴承钢	<3		≤3	
不锈钢	≤3			

注：高频感应淬火后的马氏体级别允许放宽 0.5 或 1 级。例如，碳素工具钢可允许 4 或 4.5 级。

10.2.5　量块及高尺寸稳定性量规的热处理特点

量块是长度计量的基准，技术要求也最高。按 GB/T 6093—2001《量块》的规定，量块测量面的硬度不应低于 800HV（≈63HRC）；尺寸稳定性技术标准见表 10-8。

表 10-8　量块尺寸稳定性技术标准

精度等级	每年长度的最大允许变化
00、0、K	± (0.02 + 0.5L) μm
1、2、(3)	± (0.05 + 1L) μm

注：1. 表中 L 为量块标称长度（m）。
　　2. 带括号的等级根据订货供应。

00 级、0 级和 K 级量块根据用户的特殊订货要求应能供给成套量块中心长度的实测值，也即标明每量块精确的实际尺寸。因此，因时效而发生尺寸变化是不允许的。

量块在 10～30℃ 范围的热胀系数应为 $(11.5 ± 1.0)\,μm/(m·℃)$。此数值为一般钢的热胀系数值，以便在测量钢制件时不会因热胀系数不同而造成误差。

为保证量块之间的研合性，00、0 和 K 级量块量面的表面粗糙度 Ra 值应分别不大于 0.01μm；1、2 和（3）级不允许大于 0.016μm。

从上述技术标准可以看出，量块质量的关键在于在保证硬度和量面的表面粗糙度（量面的表面粗糙度由硬度和研磨质量而定）要求的基础上保证尺寸的时效稳定性。

用硬质合金制成的量块硬度可达 70HRC，耐磨性高而研磨表面粗糙度低，尺寸稳定性好，但材料和加工成本高，而且热胀系数只有 $6.5\,μm/(m·℃)$，

与 GB/T 6093—2001 的要求相差甚多。最近出现的陶瓷量块，尺寸稳定性、研磨粗糙度和耐磨性更佳，但也有和硬质合金制造量块所遇到的类似问题。因此目前用于制造量块的材料仍以过共析钢为主。

钢中含有 Cr、Mo、W、Co 等合金元素对马氏体分解转变的第 2 阶段（或称"均匀分解"阶段，即马氏体中碳的扩散达到可以觉查的程度）有扼制作用，使钢保持过饱和固溶体加弥散碳化物的状态到较高的回火温度尚不改变（可保持高硬度）。Si、Mn、Cr 等合金元素则明显地提高了残留奥氏体转变的温度，使其在较低温度下的转变缓慢下来。这两种作用可阻碍回火马氏体和残留奥氏体的分解，对量块的尺寸稳定性有良好的作用。因此，选用含有这些元素的合金过共析钢是合理的。

对材料质量方面的要求比一般量具严格（见表 10-2 注 1 和注 2），以保证加热时固溶均匀，不易过热，研磨后表面粗糙度低。

现行的含铬轴承钢标准对材质要求高，适宜制造量块。

用 30Cr13 或 40Cr13 不锈钢渗氮制成的量块可达到 950～1000HV 的硬度，研磨后的量面粗糙度和色泽皆优于淬火钢，而且耐蚀性强。这种量块的心部是经过调质处理的索氏体组织，因此尺寸极稳定。缺点是材料和制造成本高于淬火钢。此外热胀系数大约为 $9.98～11\,μm/(m·℃)$，比 GB/T 6093—2001 的规定稍低，但差别不大，是可供考虑的量块制造的方案之一。

众所周知，淬火、冷处理和回火后量块中马氏体的分解将导致体积（尺寸）缩小，残留奥氏体向马氏体转变会使体积（尺寸）增大，而残余应力（第一类和第二类应力）的松弛或重新分布根据不同条件可能使尺寸胀大或者缩小。从热力学观点看，二者都使系统的自由能降低，因此是长时间放置中的自发过程，其结果是导致量规的尺寸变化（尽管只是以 μm/m 计的微小变化）。

上述三个进程互有影响。例如，因两种介稳定相（马氏体和残留奥氏体）的转变而导致的微塑性变形会加速相变过程和应力的松弛，同时内应力又对相的转变起激活作用，使其达到较平衡的状态，而三种因素复杂的相互作用对尺寸变化的影响是难以预测的。

根据一般的经验，整体热处理的量块成品在置放过程中的前 8、9 个月尺寸变化较大，以后逐渐减小。尺寸变化的过程有的是先缩后胀，也有的是先胀后缩，这可能是工艺条件或工艺方法，甚至是实际操作上的差别而造成的组织和应力的差异所产生的后果。

总之，量块热处理工艺的要点在于，尽量减少残留奥氏体量；增加马氏体的正方性以及减小残余应力。

对 GCr15 钢量块可选用（850 ±5）℃在油中淬火至室温，及时进行 -78℃冷处理以减少残留奥氏体量，然后进行回火以减小马氏体正方性和残余应力。1985 年以前，国内量块标准要求硬度≥64HRC，在批量生产中为保证高硬度常在冷处理后选择 120℃保温 48h 回火并时效的工艺。GB/T 6093—2001 将硬度标准定为≥800HV（≈63HRC），这就为提高回火温度以提高尺寸稳定性创造了条件。推荐采用以下工艺：

（850 ±5）℃加热→常温油冷→ -78℃冷处理→140 ~150℃回火 3 次，每次保温 1h（分 3 次回火有利于保持高硬度）→120℃人工时效 48h →精磨→120℃保温 10h（去应力回火）→研磨。

国外有冷处理和回火多次交替的工艺，以求得到最佳的尺寸稳定性。淬火后残留奥氏体处于多向压应力下，阻止了马氏体转变，由于奥氏体与马氏体线胀系数不同，这种对奥氏体的压应力随温度降至零度以下而减小，从而促进了马氏体转变。加热回火时，因在低温形成的马氏体晶体周围的奥氏体结构的破坏，使转变容易进行而发生附加的马氏体转变。另外，加热时的回复过程使显微组织中位错聚积密度减少，过应力减小以及位错和点缺陷重新分布提高了残留奥氏体和马氏体的稳定性。尽管多次交替反复冷处理和回火的循环的热理效应递减，但总的效果却提高了。其工艺如下：

（850 ±5）℃加热→常温油冷→ -78℃冷处理→150℃回火两次，每次 1h → -78℃冷处理→150℃回火 1h → -78℃冷处理→120℃人工时效 48h →精磨→120℃保温 10h →研磨。

用 30Cr13 或 40Cr13 钢经调质或高温软化（见表10-3）得到 240HBW 左右的索氏体组织，再经气体渗氮而制成的量块，硬度 >900HV，研磨精度高，尺寸稳定性极佳。推荐的渗氮工艺如下：

表面活化处理（采用喷细砂等），540 ~550℃气体渗氮（氨分解率 25% ~30%），≤10mm 量块渗氮24h（渗层 0.15 ~0.18mm）；20 ~100mm 量块渗氮48h（渗层 0.22 ~0.24mm）。

长度大于 100mm 的 GCr15 量块，为保证尺寸稳定可采用两端工作部分局部淬火的方法，工艺如下：

整体淬火→280 ~300℃回火（≥55HRC）→量块端部约 10mm 浸入 820 ~825℃盐浴中加热 2 ~2.5min在水中淬火→用同样方法对量块另一端淬火→120 ~130℃回火 24h。

也可以先将长量块整体淬火及经 280 ~300℃回火，然后用感应加热对两端分别淬火，最后进行120 ~130℃回火 24h。

不大于 5mm 的量块的绝对尺寸变化量很小，因此不作过多地考虑，但磨削后常因应力重新分布而发生翘曲变形，故对小规格量块应注意尽量减少淬火和磨削应力。

如前所述，淬火钢的马氏体分解和残留奥氏体转变是自发过程，因此将热处理后的量块坯料经粗加工后留出少量加工余量，在室温自然时效半年至一年后再进行最后的精磨和研磨是提高量块尺寸稳定性的最佳方案。

上述内容也适用于其他需要尺寸稳定的精密机件的热处理。

10.2.6 热处理后机械加工（磨削）对量具的影响

量规和量具零件多采用过析钢，以期淬火后得到高硬度。热处理后高硬度的工件在磨削时常发生各种弊病，影响产品质量或造成废品。除磨削时冷却不足或不当、砂轮选择不合适或修磨不及时、磨削规范不当以及机床振动等多种原因外，有时也和材料或热处理不合适有关，这类问题在量具生产中时有发生，造成冷、热加工之间的问题混淆不清，互相扯皮。在此将对这类问题的相互影响和关联进行综合分析，供读者参考。

1. 烧伤 在磨削时的瞬时高温下金属表面可能产生一层极薄的氧化膜，呈现出不同的回火色，并造成一定厚度的热影响区使表层硬度下降，通常称其为烧伤、软化或磨糊。

烧伤变色通常不均匀，如烧伤很轻或随后的研磨使变色层被除去，常看不出烧伤的痕迹，但对表层的耐磨性会有影响，必须防止。磨削操作不当，砂轮选择不合适或砂轮磨钝等常成为烧伤的重要因素。一般而言，材料或热处理质量与烧伤没有太多关系。

2. 裂纹 磨削规范或磨削条件不当，在被磨削的表面形成一个较强烈的烧伤中心，造成不均匀的应力，在交替的高温与急冷下应力值渐增，直至产生裂纹。因烧伤中心很多，相互间距小，故磨削裂纹呈细小网状，数量多而深度浅，裂纹走向垂直于砂轮前进方向，裂纹断面上一般无氧化色。

淬火温度过高，回火不足可造成工件残余应力大，即使在合理的磨削条件下也可能产生磨削裂纹，但这种裂纹相对于纯粹的磨削裂纹来说一般较稀疏，也较宽而深。较严重的网状碳化物和材料导热性差都能促进磨削裂纹的产生。

钢中残留奥氏体在磨削时可能转变成淬火马氏体，较脆。所以残留奥氏体量多的工件在磨削时容易发生磨削裂纹。

工件硬度与磨削裂纹的形成有关，硬度小于55HRC的工件虽可能发生烧伤但产生磨削裂纹的情况极少；60HRC以上的工件，都会使磨削裂纹发生的可能性大为增加。磨裂多在表面发生变色后才出现，烧伤前很少开裂。

3. 变形（翘曲）　即使磨削状况良好，因磨削而使磨面呈现拉应力仍是不可避免的。另外，因为磨去了一层金属使原来处于平衡状态的应力遭受破坏，使零件处于新的不稳定的应力状态，磨后的零件会因应力的重新分布而很快发生时效变形（翘曲），较长且不厚的零件（如卡尺尺身等零件）最为严重。

为减少上述弊病，各道冷、热加工工序都应尽量减少引入的应力；在磨削加工之间进行人工时效；沿零件合适的长度方向安排磨削方向。另外，应特别强调磨削过程中应经常翻面，注意使零件正反两面的磨削量基本一致，使两面引入的磨削应力尽量达到平衡，这一点是非常重要的。

10.3　典型量具热处理

10.3.1　百分表零件的热处理

千分表、百分表品种规格很多，为适用于不同的场合，其结构和选料都不尽相同。表10-9为百分表零件的热处理。

10.3.2　游标卡尺零件的热处理

游标卡尺零件在热处理过程中易产生畸变，故需采取有效防止措施。游标卡尺主要零件的热处理见表10-10。

表10-9　百分表零件的热处理

零件名称	零件简图及技术条件	热处理流程	热处理工艺	备　注
测杆	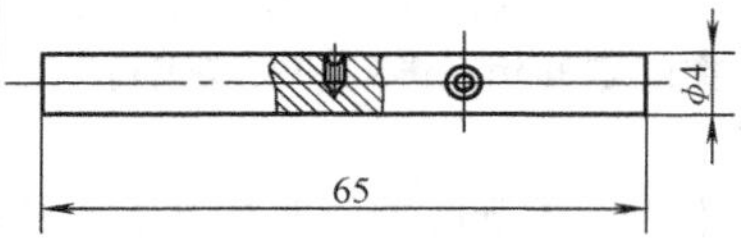 材料：95Cr18 硬度：53～57HRC 直线度：≤0.05mm	清洗→淬火→回火→清洗→矫直→稳定化处理→清洗	淬火（真空炉）：清洗工件后送入1050～1060℃炉中，保温40min（真空度13.33～1.33Pa）通氮冷却 回火：在电炉中加热至200～250℃，保温4h 稳定化处理：在电炉中加热至180～220℃保温4h	1）也可在可控气氛炉中加热，油淬 2）淬火夹具应能保持测杆直立，相互间有一定间隔，使加热均匀，减少弯曲。夹具使用前应清除一切污物，保证清洁 3）测杆有中心通孔及不通的槽孔，残盐不易洗净，故不可用盐浴加热
轴齿轮	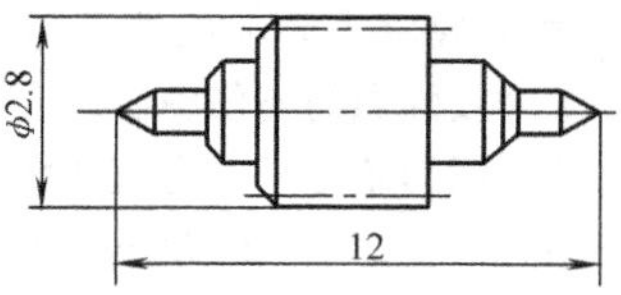 材料：25Cr13Ni2 硬度：50～55HRC	清洗→淬火→回火→清洗	淬火（真空炉）：工件用汽油洗净，装在洁净的不锈钢小盘中，允许重叠，但不可堆放过厚，在1050～1060℃保温60～80min，真空度为13.33～1.33Pa，保温后通氮冷却 回火（油槽）：140～160℃×2h，回火后用汽油洗净	

（续）

零件名称	零件简图及技术条件	热处理流程	热处理工艺	备 注
下轴套	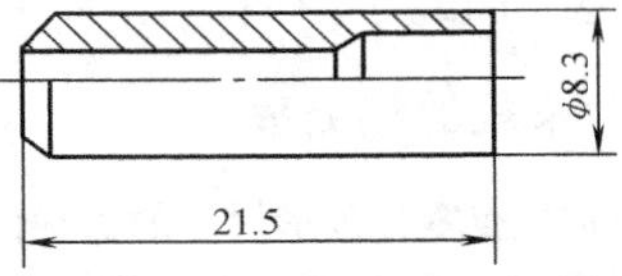 材料：T12A 硬度：58～62HRC 淬火马氏体级别≤2.5级	淬火→热水洗→回火→清洗→喷吵	淬火（盐浴）：650～700℃预热7min再加热至780～800℃保温7min，均匀分散地撒入油中冷却 回火（盐浴）：210～230℃×2h	

表10-10 游标卡尺主要零件热处理

零件名称	零件简图及技术要求	热处理工艺流程	热处理工艺	备 注
卡尺尺身	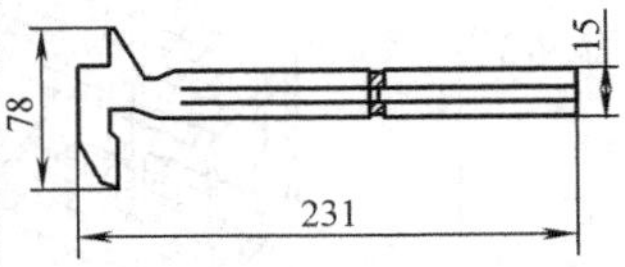 材料：T8A 或 40Cr13 测量面及距测量面2mm处硬度：59～64HRC（T8A），53～58HRC（40Cr13），距测量面2mm处以外的尺身硬度为40～48HRC，测量面淬火马氏体级别≤3级（T8A）弯曲度（平面及测面）≤0.1mm	淬火→清洗→回火（装夹具压直）→高频感应加热卡爪测量面局部淬火（淬大爪→清洗→淬小爪）→回火→清洗→矫直→稳定化处理→清洗→尺槽喷砂→防锈	淬火（盐浴）：650～700℃预热6min（T8A）或9min（40Cr13），再加热到800～810℃（6min）或900～910℃（9min），加热后淬入150～170℃硝盐浴中进行分级后，空冷至室温或油冷 回火（电炉）用专用夹具（见下图）夹紧，在380～420℃（T8A）或250～300℃（40Cr13）回火并矫直3h（T8A）或4h（40Cr13） 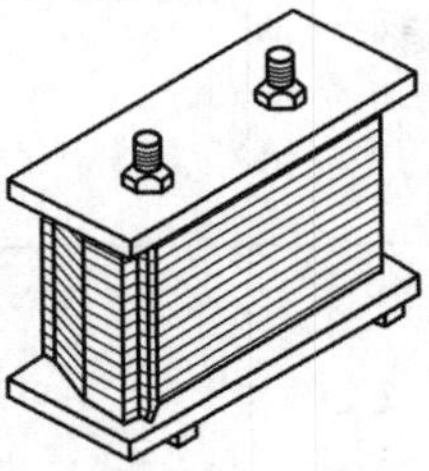 高频感应淬火：用专用感应器将大爪测量部分局部加热至860～900℃（T8A）或1100～1130℃（40Cr13），浸入150～170℃硝盐浴中分级冷却，清洗，再用专用感应器局部加热小爪测量部分（加热温度同大爪），再浸入150～170℃硝盐浴中分级冷却 回火：150～170℃×2h（盐浴） 稳定化处理：凡经过冷矫直的尺身需在150～170℃进行2h的稳定化处理	1）装入专用夹具淬冷，见下图，操作时注意，尽量减少弯曲  2）盐浴淬火后，在专用夹具上压紧回火矫直，如回火后仍有弯曲超差者，可进行一次冷矫直，然后补充一次压紧回火 3）为使高频感应加热卡爪局部淬硬，达到需要的淬硬深度，又不使卡爪过热，加热时应多次断续送电 4）尺身上的深度尺槽易有残盐造成日后工序间或成品生锈，故采用尺槽喷砂工序，也可用酸洗中和及防锈处理达到相同目的
卡尺尺框	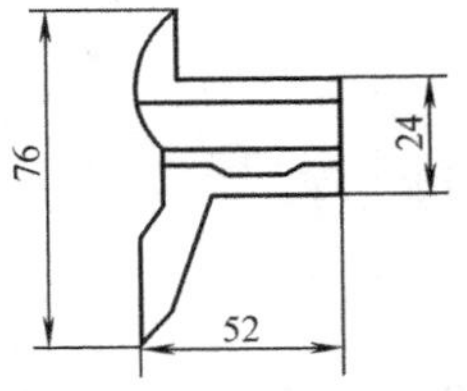 材料：T8A 或 40Cr13 技术要求：同卡尺尺身	大卡爪测量面进行局部高频感应淬火→清洗→小卡爪测量面进行局部高频感应淬火→回火→清洗→防锈处理	同卡尺尺身，高频感应加热卡爪测量面	

10.3.3　千分尺零件的热处理

千分尺品种规格较多，其中以中、小尺寸的千分尺使用最广，其主要零件的热处理见表10-11。

10.3.4　螺纹环规和塞规的热处理

环规和塞规是检查外径和孔径尺寸的量规，螺纹环规热处理后只进行余量极小的研磨加工，因此要求淬火前有较高的尺寸精度和较低的表面粗糙度，淬火后畸变小、脱碳极少，并有较好的研磨性能。其热处理工艺见表10-12。

10.3.5　卡规的热处理

卡规是检查零件外形尺寸的板状量具，常用卡规在成批生产时，多由渗碳钢制成。热处理工艺见表10-13。

表 10-11　千分尺主要零件的热处理

零件名称	零件简图及技术要求	热处理工艺流程	热处理工艺	备　注
螺纹测杆	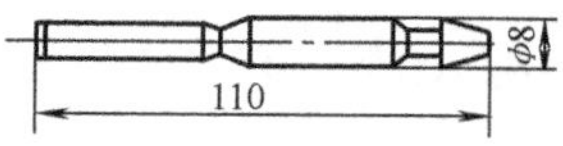 　材料：GCr15　硬度：58~62HRC　直线度：≤0.15mm　淬火马氏体级别：≤2级	淬火→回火→清洗→矫直→稳定化处理→清洗→磨削加工→端部焊硬质合金处喷砂→高频感应加热焊硬质合金测头	淬火（盐浴）：650~700℃预热7min，再加热到850~860℃，保温7min，淬入200~220℃硝盐浴中进行分级1min，再取出空冷至室温　回火（盐浴）：190~210℃×2h　稳定化处理（盐浴）：160~180℃×2h	1）用专用夹具加热淬火如附图，夹具设计应使工件直立，相互间有足够间隙，以尽量减少弯曲，并保证淬火冷却均匀，每夹装数十件，每炉可装两夹同时加热，以满足批量生产需要　2）淬火后弯曲在允许范围内的，可免除矫直和稳定化处理工序 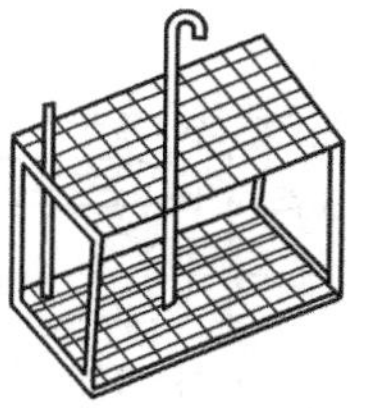
校对量柱	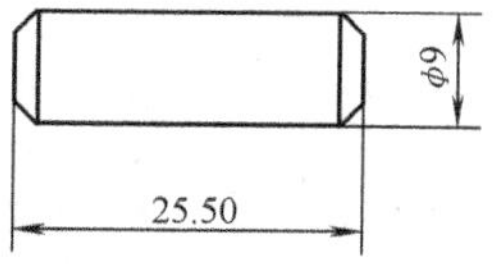 　材料：GCr15　硬度：62~65HRC　直线度：根据不同长度量柱而定　淬火马氏体级别≤2级	淬火→清洗→深冷处理→回火→清洗→中间部分高频感应加热退火→矫直→稳定化处理→清洗	淬火（盐浴）：650~700℃预热10min，再加热到850~860℃，保温10min，油淬，热水冲洗→冷水冲洗后立即进行冷处理　冷处理：−70~80℃淬透，保持30~60min　回火（盐浴）：130~150℃×8h　中间部分退火（感应加热）：量柱中间部分局部加热到700~800℃，空冷	1）长度≥75mm的零件装在专用夹具上直立加热，相互间有间隙，每夹装数十件，以满足批量生产需要　2）长度≥75mm的零件淬火后弯曲超差的中间局部退火，以便矫直，淬火弯曲在允许范围内的可免除局部退火及矫直、稳定化处理等工序
微分筒体	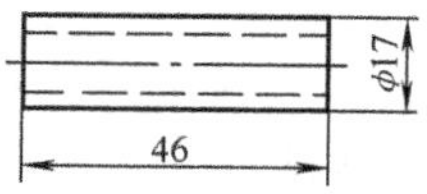 　材料：45钢　硬度：170~207HBW		正火：铁丝扎成串，在860~880℃盐浴中加热10min后吹风冷却	

表 10-12　螺纹环规和螺纹塞规热处理工艺举例

零件名称	零件简图及技术要求	热处理工艺流程	热处理工艺	备注
螺纹环规	材料：GCr15 硬度要求： 调质后为 170～229HBW 成品为 ≥58HRC 显微组织要求： 调质后要求 1～3 级 成品要求马氏体级别≤2 级	调质→机械加工→淬火→清洗→回火→清洗→喷砂→防锈处理	调质：淬火时将工件用铁丝绑扎成串，在盐浴中预热到 650～700℃，保持 7min，再加热到 855～860℃，保温 7min，或在电炉中加热 40～60min 后油淬，然后在电炉中进行 700～720℃×10h 的高温回火 淬火（盐浴）：650～700℃预热 8min，再加热到 850～860℃，保温 8min 后油淬 回火（盐浴）：160～180℃×8h	调质处理的目的在于降低机械加工内螺纹的表面粗糙度值
螺纹塞规	材料：GCr15 要求：≥58HRC 淬火马氏体级别≤2 级	淬火→清洗→回火→清洗→发蓝	淬火（盐浴）：650～700℃预热 8min，再加热到 850～860℃，保温 8～9min 后油淬 回火（盐浴）：160～180℃×8h	

表 10-13　卡规的热处理工艺

技术要求	工艺流程	热处理工艺	备　注
卡规 材料：15 钢、20Cr 硬度：80～83HRA 渗碳层深度： 一般卡规：1.0～1.3mm 样板卡规：0.7～1.0mm	调质→机械加工→渗碳→喷砂→一次淬火、回火→二次淬火、回火→清洗→磨→时效	调质：900～950℃淬火，600～650℃回火（组织为索氏体） 渗碳：920℃气体渗碳 一次淬火：840～860℃加热，水、油或聚合物水溶液淬火 回火：650～660℃保温 1.5～2h 二次淬火：770～790℃加热，水、油或聚合物水溶液淬火 回火：170～190℃保温 1～1.5h 时效：140～150℃保温 3～4h	1）样板卡规品种繁多，用量不大，为避免渗碳、淬火冗长工序，除尺寸较大者外，可用工具钢制造 2）形状复杂的，常用手工研磨，要求热处理变形小 3）保证高尺寸稳定性的要进行冷处理 4）大尺寸卡规可进行局部淬火

参 考 文 献

[1] 全国钢标准化技术委员会. GB/T 1298—2008 碳素工具钢 [S]. 北京：中国标准出版社.

[2] 全国钢标准化技术委员会. GB/T 1299—2000 合金工具钢 [S]. 北京：中国标准出版社.

[3] 冶金工业部《合金钢钢种手册》编写组. 合金钢钢种手册：第三册　合金工具钢、高速工具钢[M].北京：冶金工业出版社，1983.

[4] Ю. М. 拉赫金，А. Г. 拉赫斯塔德特. 机械制造中的热处理手册（1980 原著中译本）[M]. 上海：上海科学技术文献出版社，1986.

[5] 雷仲眉，林仪初. 优质工具的制造 [J]. 金属热处理（中国台湾），2001（2）（总 69 期）：46-61.

第11章 汽车、拖拉机及柴油机零件的热处理

11.1 活塞环的热处理

活塞环包括气环和油环，又有整体环和组合环之分。气环主要用来密封气体，一般汽油机设 2~3 道气环，柴油机设 3~4 道气环。油环用来调节（或控制）气缸壁上的润滑油。有些发动机的油环采用螺旋撑簧油环，由铸铁环体和螺旋撑簧组成。有些汽油发动机的油环采用钢带组合油环，由刮环和衬环组成。

11.1.1 活塞环的服役条件和失效方式

活塞环在高温、高压的燃气介质中往复运动，在润滑不良的条件下，与气缸套发生激烈的摩擦。随着发动机性能指标的不断提高，压缩比及转速也相应提高，活塞环的工作条件更为恶劣。

活塞环的主要失效方式是磨损、擦伤和疲劳折断。

11.1.2 活塞环的材料

11.1.2.1 对材料性能的要求

活塞环材料应在工作温度下保持足够的强度和弹性，具有一定的抗擦伤性、耐磨性和较小的摩擦因数，并有一定的韧性、抗疲劳能力和良好的抗燃气腐蚀能力，且易于制造。

11.1.2.2 材料类型

GB/T 1149.3—2010《内燃机 活塞环 第三部分：材料规范》，规定了气缸直径小于或等于 200mm 的往复活塞式内燃机活塞环的基本材料规格，见表 11-1。

表 11-1 活塞环材料及其力学性能

级别	力学性能		材料					
	典型弹性模量/MPa	最低抗弯强度/MPa	类型	最低硬度值①			特殊要求	细级别	典型应用
				HV30	HRB	HRC			
10	90000	300	灰铸铁	200	93	—	不经热处理	MC11	压缩环，刮环及油环
	90000	350		205	95	—		MC12	
	100000	390		205	95	—		MC13	
20	115000	450	灰铸铁	255	—	23	热处理	MC21	压缩环，刮环
		450		290	—	28		MC22	
		450		390	—	40		MC23	
		500		320	—	32		MC24	
	130000	650		365	—	37		MC25	
	145000	550	碳化物铸铁	265	—	25	热处理珠光体	MC31	
		500		300	—	30	热处理马氏体	MC32	
40	160000	600	可锻铸铁	210	95	—	热处理珠光体	MC41	
		600		250	—	22	热处理马氏体	MC42	
		600		300	—	30		MC43	
		1000		280	—	27	热处理碳化物	MC44	
50	160000	1100	球墨铸铁	255	—	23	热处理马氏体	MC51	压缩环，刮环及薄形油环
		1300		255	—	23		MC52	
		1300		290	—	28		MC53	
		1300		210	95	—	珠光体	MC54	
				225	97	—	铁素体	MC55	
		1300		345	—	35	热处理马氏体	MC56	

（续）

级别	力学性能		材料						典型应用
	典型弹性模量/MPa	最低抗弯强度/MPa	类型	最低硬度值①			特殊要求	细级别	
				HV30	HRB	HRC			
60	210000	—	钢	370	—	38	铬钼钒合金	MC61	压缩环
				390	—	40	铬硅合金	MC62	螺旋撑簧和压缩环
				485	—	48	铬硅合金	MC63	压缩环
				450	—	45	铬硅合金	MC64	压缩环
				270	—	26	马氏体 $[w(Cr)\geqslant 11\%]$	MC65	压缩环，油环及刮片环
				270	—	26	马氏体 $[w(Cr)\geqslant 17\%]$	MC66	压缩环及刮片环
				—②	—	—	奥氏体 $[w(Cr)\geqslant 16\%]$	MC67	衬环
				45②	—	—	非合金	MC68	衬环及刮片环

① 硬度值是三个测量点（开口、离开口 90°和 180°处各一点）的平均值。HV30 硬度试验按 GB/T 4340.1—2009 的规定进行。HRB 和 HRC 仅供参考，采用 HRB 和 HRC 硬度测量方法，受活塞环几何形状和材料的限制，所列硬度值仅适用于各个细级别规定的材料。其他硬度测量法及其相当值均由供需双方协商决定。

所有的硬度值是指成品整体环和刮片环。而渗氮钢环的硬度值仅适用于其心部硬度。

② 衬环的硬度值取决于制造工艺，成品衬环的硬度值由供需双方协商决定。

1. 铸铁　活塞环常采用灰铸铁和合金铸铁，石墨形态为片状，因而具有良好的导热性、减摩性、耐磨性和抗擦伤能力。大量生产中最常用的合金铸铁是铬合金铸铁和钨合金铸铁。加入钼、钒、钛等合金元素可以提高热稳定性、细化晶粒和提高耐磨性。高速柴油机有采用含多合金元素（如镍、铬、钼、钨、钒、铌等）的合金铸铁，使其在基体组织上形成较多细小硬质点，从而提高活塞环的耐磨性。

球墨铸铁活塞环具有高的强度、弹性和抗折断能力，特别适用于要求高载荷、高速运行的发动机。球墨铸铁活塞环的缺点是抗擦伤能力和减摩性不如片状石墨铸铁，所以应通过镀铬、喷涂钼等表面处理改善早期走合性能，提高其表面的抗擦伤能力和耐磨性。

活塞环材料有时还采用半可锻铸铁。半可锻铸铁的碳、硅含量在可锻铸铁和灰铸铁之间，高于一般可锻铸铁的上限，并加有合金元素（主要是铬、钼）。由于高温石墨化退火不完全，基体组织中留有一部分未分解的碳化物。

此外，蠕墨铸铁具有介于球墨铸铁和灰铸铁之间的力学性能、物理性能和铸造工艺性能，也可望在活塞环生产中得到应用。

常用铸铁活塞环材料的化学成分见表 11-2。使用此表时，应根据生产条件和零件特征，通过试验和试生产确定合适的化学成分范围，以达到预期的材料性能指标。几种铸铁活塞环材料的性能比较列于表 11-3。

表 11-2　常用铸铁活塞环材料的化学成分

材料名称	化学成分（质量分数）（%）												
	C	Si	Mn	P	S	W	Cr	Mo	Cu	V	Ti	Mg	其他
钨铬钼合金铸铁	3.65~3.90	2.6~2.8	0.85~0.95	0.45~0.50	≤0.1	0.35~0.45	0.15~0.20	0.15~0.20	—	—	—	—	—
	3.6~3.9	2.5~2.9	0.7~1.0	0.4~0.5	≤0.1	0.3~0.5	0.15~0.35	0.15~0.35	—	—	—	—	—
铬铌合金铸铁	3.7~3.9	2.7~2.9	0.6~0.8	0.3~0.5	≤0.05		0.25~0.35		—	—	—	—	Nb 0.25~0.35
铬钼铜合金铸铁	2.9~3.3	1.9~2.4	0.9~1.3	0.35~0.65	≤0.1		0.2~0.5	0.3~0.6	0.8~1.4	—	—	—	—
	3.0~3.5	1.8~2.2	0.8~1.0	0.4~0.6	≤0.1		0.25~0.5	0.35~0.6	0.7~1.0	—	—	—	—

（续）

材料名称	化学成分（质量分数）（%）												
	C	Si	Mn	P	S	W	Cr	Mo	Cu	V	Ti	Mg	其他
铬钼铜合金铸铁	3.6~4.0	2.0~2.3	0.6~0.9	0.4~0.6	≤0.1	—	0.2~0.3	0.2~0.3	0.2~0.3	—	—	—	—
钨铬合金铸铁	3.5~3.9	2.4~2.9	0.6~0.9	0.25~0.45	≤0.1	0.4~0.8	0.2~0.3	—	—	—	—	—	—
钨钒钛合金铸铁	3.6~3.9	2.2~2.7	0.6~1.0	0.35~0.50	≤0.06	0.4~0.65	—	0.05~0.1	—	0.1~0.15	0.01~0.1	—	—
	3.6~3.9	2.5~2.9	0.7~1.0	0.4~0.5	≤0.1	0.3~0.5	<0.2	—	—	0.2~0.3	0.1~0.15	—	—
	3.4~3.9	2.4~2.9	0.6~0.9	0.25~0.45	≤0.1	0.3~0.5	—	—	—	0.15~0.25	0.05~0.1	—	—
钨铬铜合金铸铁	2.8~3.1	1.8~2.1	0.8~1.0	0.3~0.45	≤0.1	0.35~0.45	0.25~0.4	—	0.6~1.0	—	—	—	—
球墨铸铁	3.4~3.8	2.1~2.6	0.6~0.9	≤0.1	≤0.016	—	0.2~0.4	0.4~0.8	—	—	—	—	—
	3.4~3.6	2.5~3.0	≤0.6	≤0.1	≤0.03	—	0.1~0.2	—	—	—	—	>0.03	RE 0.01~0.025
	3.6~3.8	3.0~3.3	0.7~0.9	<0.2	≤0.03	—	—	0.2~0.35	—	—	—	>0.03	RE 0.015~0.03
半可锻铸铁	2.5~3.0	1.7~2.0	0.7~1.0	<0.1	<0.12	—	0.4~0.6	0.4~0.6	—	—	—	—	—

表 11-3　几种铸铁活塞环材料的性能比较

材料名称 （成分：质量分数）	抗弯强度 σ_{bb}/MPa	抗拉强度 R_m/MPa	伸长率 A（%）	硬度 HRB	冲击韧度 a_K/（J/cm²）	弹性模量 E/GPa
灰铸铁	≥350	—	—	96~106	—	77~82
合金铸铁（Cr0.3%）	500~550	—	—	96~106	—	90~101
合金铸铁（Cr0.2%，Mo0.2%）	500~530	—	—	100~105	—	85~90
合金铸铁（W0.4%，Cr0.2%，Mo0.2%）	≥400	—	—	98~108	—	90~110
球墨铸铁	1300~1600	650~750	≥3	100~112	≥20	155~175
球墨铸铁	≥1200	≥600	≥2	—	—	160
半可锻铸铁	880	—	—	98~108	—	142~171

2. 钢　钢活塞环具有强度高、抗折断性能好、尺寸小、大量生产时成本低等优点，用作第一道气环或油环时，通常配以不同的表面涂层。

钢带组合油环有较好的控油效果，而且生产方便、成本低，在大量生产中经常选用，其材料一般是T8A 和 65Mn 钢。

螺旋撑簧油环中，撑簧材料采用碳素弹簧钢丝、65Mn 及 50CrVA 钢等。

第一道气环采用 SAE9254 [w(Cr)≤1%] 并经镀铬（或等离子喷钼）处理，或采用高铬钢 [w(Cr)18% 钢、w(Cr)13% 钢] 并经渗氮处理，这在国外汽油机中的应用迅速增长。Ⅰ型截面油环采用 w（Cr）13% 钢、w（Cr）6% 钢并经渗氮处理，与铸铁环相比，具有径向弹力均匀、减摩、降低油耗、减少排放等优点，在美国正在进行大功率柴油机的运行试验。

3. 铁基粉末冶金　粉末冶金工艺具有金属利用率高、机械加工量少、降低能耗、材料性能均匀、材料内部孔隙有储油功能等优点。英国在 1979 年已有几种轿车发动机采用铁基粉末冶金活塞环，直径小于 50.8mm（2in）的活塞环，生产能力为 300 片/min。制造工艺路线为：混合配料→压制→烧结→再次压制→再次烧结→浸油→精整。

粉末冶金活塞环材料的化学成分和力学性能见表 11-4。

表 11-4　粉末冶金活塞环材料的化学成分和力学性能

化学成分（质量分数）（%）								力学性能		
C	Si	Mn	S	P	Mo	Cu	Fe	R_m/MPa	E/GPa	硬度　HV
0.9 ~ 2.0	≤0.3	≤0.5	≤0.2	≤0.2	0.4 ~ 1.7	2.0 ~ 4.5	余量	385	117	150

11.1.2.3　材料选择

活塞环材料种类较多，选择材料时不仅要根据不同内燃机的各道环的工作要求，还要从气缸—活塞—活塞环摩擦副的材料匹配，以及制造方便和经济合理等诸方面作综合考虑，以追求最佳的组合和较高的工程效率。

11.1.3　活塞环的热处理工艺

11.1.3.1　活塞环的制造工艺路线

1. 铸铁活塞环　铸铁活塞环可采用单体铸造和筒体铸造。通常，品种单一、生产量大的活塞环采用单体铸造；而品种多、产量较低的活塞环宜采用筒体铸造。它们的工艺路线分别为：

单体铸造→机加工→去应力退火→半精加工→表面处理→精加工→表面处理→成品。

筒体铸造→机械加工→热定形→内外圆加工→表面处理→精加工→表面处理→成品。

2. 钢带组合油环　刮环的工艺路线是：下料→淬火→回火→拉边→绕圆→热定形→镀铬→磷化→切口、修口。

衬环有波形环和 U 形环，其工艺路线是：下料→成形→淬火→回火→表面处理→切口、修口。

11.1.3.2　热处理工艺

1. 去应力退火

（1）凡仿形加工成椭圆形的铸铁活塞环，在粗磨两端面后应进行去应力退火，其目的是消除铸造应力和机械加工应力，稳定加工过程中及使用过程中活塞环的尺寸及精度；可采用图 11-1a 或 b 所示的工艺，经图 11-1a 工艺处理的活塞环的硬度均匀性较好。

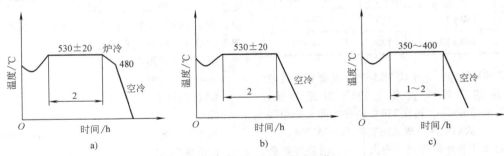

图 11-1　活塞环去应力退火工艺
a)、b) 铸铁活塞环　c) 螺旋撑簧

（2）螺旋撑簧去应力退火工艺见图 11-1c。

2. 热定形　筒体铸造正圆形半成品环在没有仿形车设备时，必须进行热定形处理，使活塞环在工作状态时有恰当的弹力。

热定形前将开口的环装夹，使环撑开成一定开口间隙。装夹方法有两种：

（1）用椭圆形心轴装夹，心轴直径比环的内径稍大些，使切口处形成合适的间隙。

（2）用 T 形或楔形撑板装夹，把环的开口撑大到合适间距。

铬钼铜合金铸铁及钨铬铜合金铸铁活塞环的热定形工艺见图 11-2，保温时间应随环的尺寸加大而适当延长。灰铸铁的刹车气泵小型环的热定形温度采用 500 ~ 550℃。经过这样处理后，环在自由状态下呈椭圆形。

应注意热定形夹具的合理设计和保证炉温均匀，以防止活塞环的硬度不均和开口间隙不一。另外，热定形温度较高，应采取措施防止零件氧化。

3. 钢带环的热处理　刮环用钢带的淬火、回火是在管式炉内进行的。例如，某厂采用的管子直径为

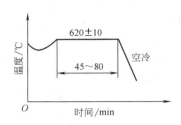

图 11-2　铸铁活塞环热定形工艺

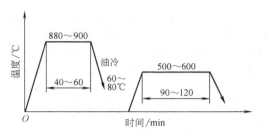

图 11-3　球墨铸铁活塞环淬火回火工艺

25mm，淬火加热炉长 5m、功率为 15kW。回火炉长 6m、功率为 5kW。淬火冷却介质为淬火油。回火后在通水冷却的压模中冷却。钢带在炉内的行进速度为 3m/min。

将淬火、回火后的钢带拉边后在绕圆机上绕圆，随后将它和定形胎套一起放到热定形筒内，四周用铸铁屑填紧，封盖后在井式炉内进行光亮热定形处理。其淬火、回火和热定形温度见表 11-5。

表 11-5　刮环淬火、回火和热定形温度

材料	淬火温度 /℃	回火温度 /℃
T8A	860 ± 10	380 ± 10
65Mn	870 ± 10	390 ± 10

材料	热 定 形		
	温度/℃	时间/min	硬度　HRA
T8A	380 ± 10	120	74 ~ 78
65Mn	390 ± 10	120	74 ~ 78

衬环的热处理工艺是将 T8A 钢带压成 U 形或波形，再在滚压淬火设备上进行滚压淬火，带速为 2.8 ~ 3m/min，再在 380℃的井式回火炉中回火 60min，回火后空冷。成品硬度为 70 ~ 75HRA。

4. 球墨铸铁环的淬火、回火　淬火时将环重叠并在夹具上压紧，按图 11-3 所示的工艺在有保护气氛的炉内进行加热，油淬后经碱水清洗并烘干后回火。

11.1.4　活塞环的表面处理

活塞环表面处理的目的是提高耐磨性、耐热性，改善与气缸壁的走合性能。通常在气环的外圆面上镀铬、喷涂钼或进行渗氮、激光热处理，端面进行磷化处理。油环一般进行镀锡或磷化处理，也可镀铬、喷涂钼。表 11-6 列举了常用的表面处理工艺及其性能特点。

活塞环最常用的表面处理工艺是镀铬，它能成倍地提高耐磨性。为了走合好，有的厂采用了松孔镀铬或疏型松孔网纹镀铬，有的厂在镀铬并珩磨后再进行液态喷砂处理，以产生点状小浅孔铬层，不仅改善了表面润滑，而且还平衡了铬层的拉应力，提高了环的抗疲劳能力。

对于要求更高的耐热性和抗粘着磨损能力的活塞环，可以采用喷涂钼处理。钼涂层软化温度高，热稳定性好。多孔的喷涂钼层能储油，有利于走合、抗拉缸。常用的喷涂钼的方法有钼丝喷涂和等离子喷涂。典型的等离子喷涂工艺参数如下：

喷枪至工件距离	110mm
喷枪输出功率	17.4kW
喷枪工作电压	58V
喷枪工作电流	300A
送粉气流量	600 ~ 800L/h
涂层缠绕间距	1.58mm
保护气流量　氮	400 ~ 550L/h
氩	1200 ~ 1300L/h
生产能力	70 片/40min

表 11-6　表面处理及其性能特点

工　艺	硬化层深度 /mm	硬　度 HV	耐热性/℃		特　点
			熔点	软化点	
镀铬	0.15 ~ 0.20	≥750	1778	300	耐磨
喷涂钼	0.15 ~ 0.25	700 ~ 800	2640	500	耐热，耐粘着磨损
激光热处理	0.15 ~ 0.25	800 ~ 1000	1560	500	耐磨，没有剥落

喷涂钼成本高、工艺较复杂，仅在机车等高载荷活塞环上应用。

激光热处理工艺较简单，但由于目前设备尚有待改进，生产率还比较低，所以目前活塞环激光热处理尚处于试应用阶段。某厂采用 500W 二氧化碳激光器处理铬钼铜合金铸铁环，每分钟能处理 3 片，硬化带宽 1.8mm，总层深为 0.25mm。其热处理工艺参数见表 11-7。

活塞环表面处理在活塞环制造中占有重要位置，表面处理的方法也较多，应根据使用要求、生产批量和工艺、设备的可靠性综合考虑。目前大量生产中常采用镀铬、磷化和镀锡处理，通常第一道气环外圆面、刮环及螺旋撑簧油环刮油面应镀铬，其他环则采用磷化、镀锡。

表 11-7　直径 207mm 活塞环激光热处理工艺参数

零件	扫描速度 /(m/min)	功率密度 /(W/cm²)	光斑直径 /mm	焦点与环面间距/mm
气环	1.32	4.5×10^4	1	6
油环	1.32	10^4	0.5	3

11.1.5　活塞环的质量检验

铸铁活塞环的金相检验要求列于表 11-8、表 11-9，活塞环的力学性能及其他技术要求的检验列于表 11-10。

表 11-8　普通合金铸铁单体铸造和筒体铸造活塞环的金相检验

检验项目			标准规定			评定方法
			JB/T 6016.1—2008	QC/T 555—2009	JB/T 6290—2007	
石墨	石墨长度 /μm	单体环断面系数	≤150/≤0.8	≤120/≤0.8		在整个磨面内选取最长的石墨进行评定，不允许有 3 根石墨超出规定尺寸
			≤180/>0.8~1.0	≤150/>0.8~1.0		
			≤200/>1.0~1.2	≤180/>1.0~1.2		
			≤220/>1.2	≤200/>1.2		
		筒体环径向厚度 /mm	—	—	≤150/<4.5	
					≤180/≥4.5	
	E 型石墨 (%)	单体环	≤10	≤5		有 3 个视场不合格则判为不合格
		筒体环径向厚度 /mm	—	—	≤20/<4.5	
					≤10/≥4.5	
基体组织	磷共晶链长 /μm	单体环断面系数	≤150/≤1.0	≤150/≤1.1		珠光体、磷共晶、铁素体在整个磨面选取最差视场进行评定，如有 3 个视场不合格则判为不合格，游离渗碳体和莱氏体有 1 个视场出现则判为不合格
			≤180/>1.0	≤180/>1.1		
		筒体环			≤200	
	单个磷共晶面积/μm²		≤1000	≤1000	≤2000	
	磷共晶-碳化物复合物	碳化物长度/μm	≤30	≤30	≤50	
		碳化物面积/μm²	≤300	≤300	≤500	
	游离铁素体（体积分数）（%）		≤5	≤5	≤3	
	珠光体		应为索氏体型珠光体、细片状珠光体，允许有针状组织，不允许有粒状珠光体、游离渗碳体和莱氏体存在			

注：JB/T 6016.1—2008《内燃机单体铸造活塞环金相检验》。

QC/T 555—2009《汽车、摩托车发动机单体铸造活塞环金相标准》。

JB/T 6290—2007《内燃机筒体铸造活塞环金相检验》。

表 11-9　球墨铸铁活塞环的金相检验

<table>
<tr><td colspan="3" rowspan="2">检 验 项 目</td><td colspan="2">标 准 规 定</td><td rowspan="2">评 定 方 法</td></tr>
<tr><td>JB/T 6016.3—2008</td><td>QC/T 284—2009</td></tr>
<tr><td rowspan="2">石墨</td><td colspan="2">球化率（%）</td><td>≥75</td><td>≥70</td><td rowspan="2">在整个磨面上选取最差的视场进行评定（每个视场不允许有 3 颗石墨超过规定尺寸），有 3 个视场不合格则判为不合格</td></tr>
<tr><td colspan="2">球径/μm</td><td>≤50</td><td>≤45</td></tr>
<tr><td rowspan="5">基体组织</td><td rowspan="2">游离铁素体（体积分数）（%）</td><td>铸态、正火</td><td>≤15</td><td>≤15</td><td rowspan="5">在整个磨面上选取最差视场进行评定，如有 3 个视场不合格则判为不合格</td></tr>
<tr><td>淬火回火</td><td>≤5</td><td>≤5</td></tr>
<tr><td colspan="2">磷共晶（体积分数）（%）</td><td>≤1</td><td>≤1</td></tr>
<tr><td colspan="2">碳化物（体积分数）（%）</td><td>≤3</td><td>游离渗碳体、碳化物及磷共晶总含量 ≤5</td></tr>
<tr><td colspan="2">珠光体片间距离/μm</td><td>—</td><td>≤0.60</td></tr>
</table>

注：JB/T 6016.3—2008《内燃机球墨铸铁活塞环金相检验》。

　　　QC/T 284—2009《汽车摩托车发动机球墨铸铁活塞环金相标准》。

表 11-10　活塞环的力学性能及其他技术要求的检验

<table>
<tr><td colspan="3" rowspan="2">检 验 项 目</td><td colspan="3">技 术 要 求</td></tr>
<tr><td>GB/T 1149.4—2008</td><td>QC/T 554—1999</td><td>TB/T 1382—2006</td></tr>
<tr><td rowspan="4">硬度 HRB</td><td rowspan="2">铬合金铸铁</td><td>D≤150mm</td><td>98 ~ 108[①]</td><td rowspan="2">98 ~ 108</td><td rowspan="2">94 ~ 107</td></tr>
<tr><td>D >150mm</td><td>94 ~ 105[①]</td></tr>
<tr><td colspan="2">钨合金铸铁</td><td>96 ~ 106[①]</td><td>96 ~ 106</td><td>—</td></tr>
<tr><td colspan="2">球墨铸铁</td><td>—</td><td>100 ~ 110</td><td>—</td></tr>
<tr><td colspan="3">同片环上硬度差　HRB</td><td>≤3[①]</td><td>≤4</td><td>≤3（D≤200mm）
≤4（D >200mm）</td></tr>
<tr><td rowspan="4">典型弹性模量 E/GPa</td><td rowspan="2">合金铸铁</td><td>单体铸造</td><td>93.163[①]</td><td rowspan="2">98 ± 14</td><td>—</td></tr>
<tr><td>筒体铸造</td><td>112.776[①]</td><td>—</td></tr>
<tr><td colspan="2">球墨铸铁及可锻铸铁</td><td>160</td><td>球墨铸铁 156.8 ± 14</td><td>—</td></tr>
<tr><td colspan="2">钢</td><td>200</td><td>—</td><td>—</td></tr>
<tr><td rowspan="4">抗弯强度 σ_bb/MPa</td><td rowspan="2">合金铸铁</td><td>单体铸造</td><td>≥392[①]</td><td rowspan="2">≥392</td><td>—</td></tr>
<tr><td>筒体铸造</td><td>≥471[①]</td><td>—</td></tr>
<tr><td colspan="2">可锻铸铁</td><td>≥600 ~ 1000</td><td>—</td><td>—</td></tr>
<tr><td colspan="2">球墨铸铁</td><td>≥1100 ~ 1300</td><td>≥882</td><td>—</td></tr>
<tr><td colspan="3">弹性模量与抗弯强度极限值的比值 E/σ_bb</td><td>—</td><td>≤240</td><td>≤220（D/a≤24）
≤240/（D/a >24）</td></tr>
<tr><td rowspan="2">切向弹力消失率（%）（试验温度℃×时间 h）</td><td colspan="2">合金铸铁</td><td>≤12（300℃×3h）</td><td>≤20（350℃×6h）</td><td rowspan="2">≤15（350℃×1h）</td></tr>
<tr><td colspan="2">球墨铸铁</td><td>≤8（300℃×3h）</td><td>≤12（350℃×6h）</td></tr>
</table>

（续）

检验项目		技术要求		
		GB/T 1149.4—2008	QC/T 554—1999	TB/T 1382—2006
不镀铬环外圆漏光度（弧度）	每处检查	≤25°[①]	≤25°	≤25°
	同片环总和	≤45°[①]	≤45°	≤45°
	开口两侧	各30°内不许漏光[①]	各15°内不许漏光	各30°内不许漏光

注：表中 D 为环的外圆直径，a 为径向厚度。

① 为 GB/T 1149.4—2008 中的数据。

　　GB/T 1149.4—2008《内燃机 活塞环 第4部分：质量要求》。

　　QC/T 554—1999《汽车、摩托车发动机活塞环技术条件》。

　　TB/T 1382—2006《机车、动车用柴油机零部件活塞环》。

11.2　活塞销的热处理

11.2.1　活塞销的服役条件和失效方式

　　活塞销连接活塞和连杆小头，在运动时相当于双点支承梁，在较高工作温度下承受非对称交变载荷和一定的冲击载荷，其表面长期在润滑条件较差（一般靠飞溅润滑）的摩擦条件下工作。

　　活塞销的主要失效方式是表面磨损和疲劳裂纹。

11.2.2　活塞销材料

　　活塞销要求具有足够的强度、韧性、耐磨性及疲劳极限；为减小往复惯性力，还要求重量小。因此，活塞销通常采用渗碳钢制造，渗碳热处理后进行精加工以达到较低的表面粗糙度值和较高精度要求。活塞销常用材料及技术要求见表11-11。

　　活塞销内孔、外圆表面渗碳层深度的技术要求见表11-12。

表 11-11　活塞销常用材料及技术要求

适用范围		气缸直径为200mm 以内的内燃机	机车、动车用柴油机	船用柴油机
材料		20、15Cr、20Cr、20Mn2	12CrNi3A、18Cr2Ni4WA、20CrMnTi、20Cr	15、20[①]、15Cr、20Cr[①]
渗碳层深度/mm		详见表11-12	1.1～1.7	0.6～0.8（δ<3.5mm） 0.8～1.2（δ=3.5～8mm） 1.2～1.8（δ>8mm）
内孔表面脱碳		贫碳层深度≤0.03mm（一等品、优等品）	—	—
硬度 HRC	外圆表面	58～64 57～64（有体积稳定性要求时）	60～63（12CrNi3A） 57～62（其余材料）	56～61
	同一销上硬度差	≤3	≤3	≤5
硬度 HRC	心部硬度	20 ｜ ≤38（δ=2～10mm）	21～42	
		15Cr、20Cr ｜ 24～45（δ=2～10mm） 20～40（δ=10～18mm）		
		20Mn2 ｜ 24～48（δ=2～18mm）		

注：表中 δ 为活塞销壁厚。

① 20、20Cr 钢的碳含量不得超过 0.22%（质量分数）。

表 11-12　活塞销内孔、外圆表面渗碳层深度的技术要求

活塞销壁厚/mm		1.5～3	>3～4	>4～6	>6～8	>8～10	>10
渗碳层深度/mm	外圆表面	≥0.25	≥0.30	≥0.40	0.5～1.2	0.6～1.2	0.8～1.7
	内孔表面	≥0.05	≥0.10	≥0.40			
内外表面渗碳层深度之和占壁厚的比例(%)		≤40	≤35	≤33			—

注：内孔表面不渗碳时，外圆表面渗碳层深度由产品图样规定。

碳钢及 15Cr、20Cr、20Mn2 等钢渗碳层深度为过共析层加共析层加 1/2 过渡层。外圆表面渗碳层深度小于或等于 0.6mm 时，过共析层加共析层之和应占渗碳层深度的 25%～70%，并允许不出现过共析层。

12CrNi3A、18Cr2Ni4WA、20CrMnTi 等钢渗碳层深度为过共析层加共析层加过渡层，过共析层加共析层深度应为渗碳层深度的 50%～75%。

11.2.3　活塞销的热处理工艺

11.2.3.1　活塞销的制造工艺路线

活塞销的制造工艺路线为：

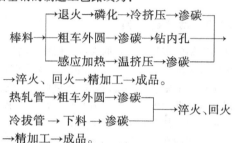

棒料→（退火→磷化→冷挤压→渗碳、粗车外圆→渗碳→钻内孔、感应加热→温挤压→渗碳）

→淬火、回火→精加工→成品。

热轧管→粗车外圆→渗碳
冷拔管→下料→渗碳　→淬火、回火

→精加工→成品。

大量生产的活塞销均为冷挤压或温挤压成形，产量较少的活塞销则采用钻削加工成形或管料制造。

11.2.3.2　冷挤压活塞销坯料的退火

冷挤压活塞销坯料退火的目的主要是降低硬度、提高塑性，为挤压工艺作准备。几种材料的退火要求及典型工艺见表 11-13。

表 11-13　活塞销材料的退火要求及典型工艺

材料	退火工艺	硬度 HBW
15Cr	（750±10）℃加热，随炉冷到 550℃ 出炉空冷	≤137
20Cr、20CrMo	（860±10）℃加热，滴甲醇保护，随炉冷到 600℃ 出炉坑冷（进行表面保护，防止脱碳和氧化）	≤140
20Cr	（850±10）℃燃油炉内装箱加热，炉冷到 300℃ 以下空冷	≤140
20	（880±10）℃加热，保温 0.5h 后空冷	≤140

坯料退火后尚需磷化处理，以改善冷挤压条件，减少挤压成形所需的挤压力和提高挤压模具的寿命。

采用温挤压可以取消坯料的退火和磷化处理。某厂采用 2500Hz 中频感应加热，螺旋形的感应圈长达 1500mm。直径 28mm 的活塞销坯料在感应圈内的总加热时间约 1min，坯料加热到 600℃ 后逐个挤压成形。

11.2.3.3　活塞销渗碳热处理工艺

1. 工艺及设备　渗碳钢活塞销在渗碳后经淬火、低温回火处理。性能要求较高的活塞销采用二次淬火、回火处理，第一次淬火的目的在于消除渗层中的网状渗碳体，并细化心部组织；第二次淬火是为了细化渗层组织并使渗层得到高硬度。合金元素含量较高的活塞销在渗碳淬火后要进行深冷处理，以减少渗层中的残留奥氏体量，特别是要求尺寸稳定的活塞销，更需要进行深冷处理以控制残留奥氏体量。

汽车、拖拉机活塞销生产厂一般采用 20Cr、20CrMo 钢冷挤压成形和双面渗碳处理。渗碳层深度一般根据活塞销的壁厚来决定，目前有关标准中的技术要求尚不够准确，应与渗碳工艺过程精确控制的技术水平相适应，进一步优化设计—材料—工艺三方面的组合，在保证零件服役性能的条件下降低成本，提高效率。活塞销渗碳热处理后表面硬度为 58～64HRC，同一销上的硬度差不大于 3HRC，心部硬度为 24～45HRC。表面显微组织为细针状马氏体，允许有少量块状碳化物，不允许有粗块状或连续网状碳化物，碳化物 1～4 级为合格。心部显微组织为板条状马氏体和铁素体，不得有大块铁素体。热处理后一般内孔不再进行磨削加工，应控制贫碳层小于 0.03mm。

（1）渗碳工艺及设备。常采用井式渗碳炉滴注式气氛气体渗碳或吸热式气氛气体渗碳。滴注式气体渗碳剂一般采用煤油和甲醇，典型渗碳工艺见图 11-4 和表 11-14。吸热式气氛渗碳常采用吸热式气氛为载气，丙烷或甲烷为富化气。典型渗碳工艺的主要参数为：

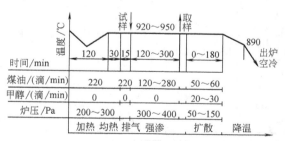

图 11-4　20Cr 钢活塞销渗碳工艺

注：采用 RJJ-105-9T 渗碳炉

渗碳温度为（930±10）℃，排气期气氛：RX5≈7m³/h、C₃H₈0.2m³/h；渗碳期气氛：RX2m³/h、C₃H₈0.15m³/h，炉压为 600Pa；扩散温度为（900±10）℃，扩散期气氛：RX2m³/h、C₃H₈0.15m³/h，炉压为 250～400Pa，降温到 850℃ 出炉风冷。渗碳设备为 RJJ-105-9T。

表 11-14　20Cr 活塞销渗碳工艺参数

渗碳层深度 /mm	渗碳温度 /℃	试棒		滴量/（滴/min）			扩散期时间 /h	表面碳含量 （质量分数） （%）
		炉内时间 /h	要求层深 /mm	强渗期	扩散期			
				煤油	煤油	甲醇		
1.3 ~ 1.9	950 ± 10	5	1.4	120	—	60 ~ 70	2.5 ~ 3	0.8 ~ 1.05
1.0 ~ 1.4	940 ± 10	3	1.1	180	50 ~ 60	20 ~ 30	2	0.8 ~ 1.05
0.8 ~ 1.1	940 ± 10	2.5	0.8	200	50 ~ 60	20 ~ 30	1.5	0.8 ~ 1.05
0.5 ~ 0.8	930 ± 10	2	0.8	280	—	—		0.7 ~ 1.0

注：渗碳设备为 RJJ-105-9T 井式气体渗碳炉，滴量每 100 滴为 4mL。

（2）渗碳后的热处理工艺及设备。渗碳后一般在带有水冷却套的冷却井中冷却，把甲醇送入冷却井中保护以避免脱碳。

在小批量生产场合，重新加热淬火设备可采用盐浴炉，典型的淬火加热工艺见表 11-15。淬火冷却介质为 PZ-2A 快速淬火油，淬火硬度高（>58HRC）且均匀，无淬火软点。采用油浴炉回火，回火温度为 160 ~ 180℃，回火时间为 3h。

表 11-15　活塞销盐浴淬火加热温度和时间

壁厚 δ/mm	<3	3 ~ 4	4 ~ 6	6 ~ 8	>8
加热温度/℃	840	840	840	870	870
加热时间/min	0.8δ	0.8δ	0.8δ	0.7δ	0.7δ

在大量生产场合，重新加热淬火设备采用网带式炉或振底式炉。某厂 20Cr 活塞销振底式炉加热，炉气气氛为 RX 气氛，淬火加热温度为（840 ± 10）℃，保温时间为 60min，淬火冷却介质为全损耗系统用油。回火温度为（190 ± 10）℃，回火时间为 90min。

2. 铬钢活塞销渗碳层碳化物的控制　铬钢活塞销渗碳时如控制不当，易在表层形成粗大碳化物块；当表层碳含量超过共析成分时，渗碳后的冷却速度慢（如炉冷或冷却筒冷却）易析出大块状碳化物和形成网状碳化物。粗大块状碳化物和网状碳化物削弱了渗层与金属基体的联系，易造成应力集中，使渗层变脆，应予严格控制。目前，碳势控制基本上已普及，计算机控制渗碳过程技术的应用也日臻完善，缺少碳势控制手段的生产厂为防止出现以上碳化物缺陷，应加速实现碳势控制，并全面优化渗碳工艺（如渗碳、扩散温度、炉气氛和时间控制，渗碳后的冷却控制等），以获得合适的表面碳含量和碳浓度分布、合适的渗层和心部显微组织，为渗碳后的热处理做好准备。

3. 内孔渗碳淬硬对活塞销疲劳寿命的影响　内孔渗碳淬硬活塞销比内孔不渗碳淬硬活塞销有较高的疲劳寿命，使用调查表明，双面渗碳不仅提高了活塞销疲劳寿命，还可以大量节约原材料，简化工艺过程，降低生产成本。因此，大量生产活塞销的工厂普遍采用双面渗碳淬硬工艺。只有某些生产批量小，又受到制造工艺限制的活塞销仍采用单面渗碳。

根据光测弹性应力分析的试验结果，在图 11-5 所示的活塞销内孔的 C 点和 D 点或 D' 点之间存在着很大的平面拉应力。内孔表面未经淬硬的活塞销，在内孔 C 点和 D 点或 D' 点之间的某一点上首先产生疲劳损坏。而内孔表面淬硬的活塞销，首先在外表面产生疲劳裂纹。所以，对内孔未渗碳淬硬的活塞销，内孔表面粗糙度很重要，内孔表面粗糙度值越低，则疲劳寿命越高。

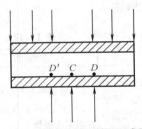

图 11-5　活塞销受力情况示意图

4. 活塞销的稀土低温渗碳直接淬火工艺　稀土低温渗碳直接淬火工艺从 1990 年起在 6 家活塞销生产厂进行了试验和生产应用，渗碳温度为 860 ~ 880℃，平均渗速为 0.13 ~ 0.16mm/h。经 2000h 耐久性考核，平均磨损量为 0.015mm，最大磨损量为 0.02mm。按活塞销的平均磨损量在 0.1mm 时作为报废计算其寿命时，该工艺生产的活塞销的寿命为 12000h。在试验载荷为（21 ± 1）kN、载荷比为 0.25 的试验条件下进行失圆应力疲劳寿命对比试验表明，该工艺较常规工艺处理的活塞销的疲劳寿命提高 2.1 倍。

与渗碳后缓冷重新加热淬火工艺相比，该工艺的主要特点有：

（1）由于稀土的微合金化作用，在渗层中形成弥散分布的碳化物，使其周围基体的碳含量较低，直接淬火后形成板条状或细针状马氏体，较高碳马氏体有更好的韧性，可能对疲劳寿命有所贡献。

（2）活塞销内孔表面的脱碳和贫碳都会使其可靠性降低，重新加热淬火很容易引起内孔表面脱碳，而直接淬火工艺可以有效地防止或减轻内孔表面的脱碳现象。

11.2.4　活塞销的质量检验

常用钢活塞销的质量检验参见表 11-16。

表 11-16　常用钢活塞销的质量检验

检验项目		检验方法	检验要求
渗碳层深度		过共析层加共析层加 1/2 过渡层	按产品图样要求
		过共析层加共析层加过渡层	按产品图样要求，过共析层加共析层深度应为渗碳层深度的 50% ~75%
硬度 HRC	表　面	不同部位至少测三点，取平均值	按产品图样要求，同一销的工作面硬度差不大于 3HRC
	心　部		
组织	渗碳层	距活塞销两端 20mm 之内横向截取，观察整个截面	细针状马氏体，不允许有粗块状或连续网状碳化物
	心　部		板条状马氏体和铁素体，不允许有大块铁素体
表面质量		观察	无裂纹、锈蚀、麻点、黑斑、刻痕、磨削缺陷、碰撞痕迹、尖角、毛刺、氧化皮
探　伤		磁力探伤	无裂纹，注意退磁
压碎试验		在两平面间压碎或用 V 形槽	

11.2.5　活塞销的常见热处理缺陷及预防补救措施

活塞销的常见热处理缺陷及预防补救措施见表 11-17。

表 11-17　活塞销的常见热处理缺陷及预防补救措施

缺陷名称	产生原因	预防及补救措施
渗层碳含量过高，表层有粗块状或连续网状碳化物，淬火后渗层中残留奥氏体级别过高等	1）渗碳炉气气氛碳势过高 2）强渗后扩散时间不够或扩散温度过低	1）应控制炉气气氛碳势合适 2）改进扩散工艺，在 900 ~920℃扩散，以消除过多的碳化物 3）在 860 ~880℃长时间加热后淬火，以消除碳化物网 4）采用深冷处理或二次淬火，消除过量的残留奥氏体
渗层碳含量过低	1）渗碳时炉气气氛碳势过低 2）炉气气氛循环不良 3）零件装炉量过大	1）严格控制炉气气氛碳势 2）改进炉气气氛循环系统 3）减少装炉量，保证零件间间隙合适，避免堆放 4）层深未超上限者允许补渗
渗碳层深度不合格	1）渗碳温度控制不当 2）渗碳时间控制不当	1）健全温度控制管理体系并认真实施 2）严格控制渗碳时间 3）渗碳层深度偏浅时允许补渗
渗碳层深度不均匀	1）零件表面附有脏物或积灰 2）装炉不当，零件表面相互挤碰	1）渗碳前应清理 2）装炉要合理摆放 3）层深未超上限者允许降低渗碳温度补渗
表面脱碳	1）渗碳后在空气中冷却时，冷却速度过慢 2）重新加热淬火时炉气碳势过低或盐浴脱氧不良	1）空冷时避免零件密集堆放 2）渗碳后在保护气氛中冷却 3）放在带水套的冷却井中冷却 4）盐浴及时脱氧 5）脱碳层深度在磨削余量范围者允许通过，否则报废
材料裂纹	原材料缺陷	报废

11.3 连杆的热处理

11.3.1 连杆的服役条件和失效方式

连杆由小头、杆身和大头三部分组成。连杆小头与活塞一起作往复运动，大头与曲轴一起作旋转运动，杆身作复杂的平面摆动。连杆在工作中除受交变的拉、压应力外，还承受弯曲应力。

连杆的失效方式主要是疲劳断裂，常发生在连杆上的三个高应力区，即杆身中间、小头和杆身的过渡区以及大头和杆身的过渡区（螺栓孔附近）。原材料的缺陷，锻造折叠及淬火裂纹的漏检也常常导致连杆的断裂事故。

11.3.2 连杆材料

11.3.2.1 连杆常用材料及技术要求

QC/T 527—2009 规定连杆应采用下列材料：40、50（精选碳含量）；45Mn、40Cr、35CrMo、42CrMo。

由于球墨铸铁和可锻铸铁的可加工性优良，在交变载荷作用下的疲劳强度与一般碳钢相近，而制造成本低，有少数机型也使用铸铁连杆。

连杆常用材料及技术要求列于表 11-18。

连杆调质处理后的显微组织应为均匀的细晶粒索氏体，不允许有片状铁素体和非金属夹杂物，脱碳层深度在工字形表面上不得大于 0.10mm。

一般规定连杆经热处理后力学性能为：抗拉强度 $R_m \geq 750MPa$；屈服强度 $R_{eL} \geq 550MPa$；冲击韧度 $a_K \geq 60J/cm^2$。

连杆调质后均应进行强化喷丸处理。

11.3.2.2 非调质钢

采用铁素体-珠光体型非调质钢制造汽车连杆、曲轴等零件，由于可取消调质工序、改善可加工性，与调质钢相比，具有简化工艺过程、提高材料利用率、改善零件质量、降低能耗和制造成本低等优点，因而可取得良好的经济效益和社会效益。这类钢的化学成分特点是在中碳钢基础上适当提高硅、锰元素含量 $[w(Si)$ 一般在 0.2% ~ 0.5%，$w(Mn)$ 一般在 1.5% 以下] 并添加微量钒、铌、钛等元素，通过相间沉淀析出、晶粒细化以及促进晶内铁素体（IGF）组织形成等途径提高钢的强韧性。此外，为改善钢的可加工性，通常加入 $w(S)$ 0.035% ~ 0.08%。

我国自"七五"以来，在非调质钢研制及国产化应用上均取得一定成果。表 11-19 和表 11-20 分别列出国内用于制造连杆的几种非调质钢的化学成分和力学性能。

表 11-18 连杆常用材料及技术要求

牌号	技术要求		备 注
	热处理	硬度 HBW	
45	调质	217 ~ 293	一般规定在同一连杆上的硬度差应小于等于 40HBW
40Cr	调质	217 ~ 293	
35CrMo	调质	217 ~ 293	
40MnB	调质	229 ~ 269	表中硬度范围系某些生产厂的技术规定
55	锻造余热淬火、回火	229 ~ 269	
18Cr2Ni4W	调质	321 ~ 363	

表 11-19 连杆用非调质钢的化学成分

牌号	化学成分（质量分数）（%）						
	C	Si	Mn	S	P	V	其 他
35VS	0.32 ~ 0.38	0.17 ~ 0.37	0.6 ~ 1.0	0.04 ~ 0.07	≤0.04	0.07 ~ 0.12	Cr≤0.25 Ni≤0.25 Cu≤0.25
35MnV(N)	0.32 ~ 0.38	0.20 ~ 0.50	1.3 ~ 1.5	0.02 ~ 0.06	≤0.035	0.07 ~ 0.12	Cr≤0.25 Ni≤0.25 Cu≤0.25 （N≤0.0090）
35MnVS	0.32 ~ 0.38	0.17 ~ 0.37	1.1 ~ 1.4	0.04 ~ 0.08	≤0.04	0.07 ~ 0.12	Cr≤0.25 Ni≤0.25 Cu≤0.25
38MnVS	0.37 ~ 0.42	0.50 ~ 0.75	1.30 ~ 1.50	0.045 ~ 0.065	≤ 0.035	0.080 ~ 0.13	Cr0.10 ~ 0.20 Mo≤0.06 Cu≤0.25 Al0.01 ~ 0.03 N0.01 ~ 0.02 Ni≤0.20
40MnV	0.36 ~ 0.42	0.20 ~ 0.50	1.3 ~ 1.5	≤0.04	≤0.035	0.07 ~ 0.12	Cr≤0.25 Ni≤0.25 Cu≤0.25
43MnS	0.40 ~ 0.46	0.10 ~ 0.40	0.95 ~ 1.3	0.06 ~ 0.09	≤0.025	—	Al0.015 ~ 0.040 Ti≤0.01 Cr≤0.25 Ni≤0.25 Mo≤0.05 Cu≤0.40

表 11-20　连杆用非调质钢的力学性能

牌号	R_m /MPa	$R_{p0.2}$ /MPa	A （%）	Z （%）	a_K /(J/cm^2)	硬度 HBW
35VS	≥790	≥520	≥17	≥33	≥48	207 ~ 241
35MnV（N）	≥735	≥490	≥15	≥45	≥49	223 ~ 262
35MnVS	≥850	≥600	≥18	≥40	≥60	229 ~ 269
38MnVS	≥862	≥579	≥15	≥30	≥39J	265 ~ 302
40MnV	≥720	≥480	≥15	≥40	A_K≥39J	255 ~ 302
43MnS	—	—	—	—	—	217 ~ 255

　　为了保证在大批量连续生产条件下非调质钢零件性能和质量的稳定，不仅要求严格控制钢材化学成分（包括残留元素控制）和冶金质量（如钢的纯净度及晶粒度等），更需严格控制锻坯的加热温度、终锻温度等热加工参数及锻后的控制冷却，以获得要求的珠光体—铁素体组织和性能。

11.3.3　连杆的热处理工艺

11.3.3.1　连杆的制造工艺路线

　　调质钢连杆一般的制造工艺路线为：

锻造→调质→喷丸→硬度及表面检验→矫正→精压→探伤→机加工→成品。

　　不少工厂采用锻造余热淬火后回火来代替调质，在回火后趁热矫正代替冷矫正以减少矫正应力。

　　非调质钢连杆应于锻造后在控制冷却曲线实现控制冷却，以获取稳定的可取代调质的力学性能。

11.3.3.2　连杆的调质工艺

　　常用碳素钢和合金结构钢连杆的调质工艺见表 11-21。

11.3.3.3　连杆锻造余热淬火、回火工艺

　　采用锻造余热淬火，不仅可简化工艺、节能，而且还可改善可加工性、提高力学性能。40Cr 和 45 钢制造的连杆采用调质和锻造余热淬火、回火工艺处理后的力学性能比较见表 11-22。

表 11-21　常用碳素钢和合金结构钢连杆的调质工艺

用　途	牌号	淬　火 加热温度 /℃	淬　火 冷却方式	回　火 加热温度 /℃	回　火 保温时间 /min	回　火 冷却方式	硬　度 HBW
轿车、吉普及小拖拉机	40Cr	860 ± 10	油冷	620 ± 10	60	水冷	241 ~ 298
	45	840 ± 10	盐水 12s 后入油	670 ± 10	30 （盐浴）	空冷	207 ~ 241
	45Mn2	840 ~ 860	油冷	620 ~ 640	162	喷水	228 ~ 269
载重车及拖拉机	45	终锻≥950	60 ~ 110℃ 热油 35s	610 ± 10	120	空冷	217 ~ 289
	45	810 ~ 830	盐水 5s 后空冷①	580 ~ 600	120	空冷	228 ~ 269
	40MnB	850 ± 10	油冷	650 ± 10	120	空冷	229 ~ 269
	55	终锻≥900	油冷	650 ± 10	150	水冷	229 ~ 269
重型车	40Cr	850 ± 10	油冷	610 ± 10	210	水冷	223 ~ 280
	40CrMoA	860 ± 10	油冷	550 ± 10	180	空冷	
	40SiMn	860 ± 10	油冷	560 ± 10	150	空冷	
大马力柴油机	42CrMo	870 ± 10	油冷	610 ~ 630	240	空冷	298 ~ 321
	42CrMo	860 ± 10	油冷	550 ~ 580	180	空冷	311 ~ 331

① 控制盐水冷却时间的工艺只限于手工操作的小量生产方式。

表 11-22　经不同工艺处理的 40Cr 和 45 钢连杆的力学性能

牌号	热处理工艺	力 学 性 能				
		R_m /MPa	Z (%)	A (%)	a_K 纵向/横向 /(J/cm²)	硬度 HBW
40Cr	1160℃锻造余热淬火→660℃回火	856	66.1	19.5	166/94	252~260
	850℃淬火→610℃回火	799	65.6	20.6	163/59	249~255
45	1180℃锻造余热淬火→600℃回火	914	58.2	19.3	123	246
	850℃淬火→550℃回火	877	57.4	18.2	121	235

w（C）为 0.40%~0.55% 的中碳钢锻件通常采用锻造余热淬火。大批量生产时应注意以下各点：

（1）锻造加热温度以 1100~1220℃为宜，如 45 钢的锻造加热温度可选在 1150~1220℃范围内。

（2）实际生产中，终锻温度即淬火温度，一般为 900~1050℃。操作中应注意控制终锻至入油淬火之间的停留的时间，以防析出铁素体。

（3）应控制淬火油温度及连杆在油中停留的时间。

（4）为了防止淬火后放置时间过长，引起裂纹，应于淬火后及时回火。

对于大批量生产，感应加热是一种既经济又有效的毛坯加热方法。由于控制温度准确，可保证终锻温度稳定，特别适合采用锻造余热淬火工艺。这在工厂设计（新厂设计或老厂技术改造）时，应予优先考虑。以下介绍应用实例。

某厂生产的 488 发动机连杆，材料为 40Mn2S；化学成分（质量分数）：C0.38%、Mn1.50%、S0.074%、P0.018%、Si0.33%、Cr0.2%。钢材的轧制温度：1180~1210℃；终轧温度：850℃。轧材的规格为 ϕ40mm 及 ϕ35mm 两种，分别用于试制连杆体和连杆盖。锻造生产工艺为：下料→感应加热→辊锻制坯→液压模锻成形→切边→余热淬火→回火→强力喷丸→探伤→精压→硬度检查→重量检查。辊锻温度为 1250~1280℃，淬火温度为 900~950℃，回火温度 600~610℃。锻件的显微组织为回火索氏体加少量游离铁素体，组织级别为 1 级。热处理后锻件表面脱碳层深度为 0.05~0.08mm。金属低倍组织流线与外形相符。连杆硬度为 229~255HBW，硬度差为 26HBW。连杆锻件的整体拉伸断裂载荷为 131.0kN。连杆锻件表面经喷丸强化处理后，表面残余压应力在 240~300MPa 之间。连杆锻件可加工性良好，重量公差合格。试制连杆的拉压疲劳强度 σ_{-1} 为 286.2MPa，连杆杆身的安全系数为 1.87~2.23。发动机台架试验和行车道路试验未发现异常。

某厂生产的柴油发动机连杆，采用材料为 40MnB。坯料规格是 55 方钢。锻造加热采用中频感应加热，加热温度为 1200~1250℃，淬火温度约 900℃，回火温度为 620~630℃。淬火冷却介质为淬火油，油温为 40~80℃，油中停留时间不少于 10min。硬度为：淬火后 444~578HBW，回火后 255~302HBW。力学性能为：R_{eL} = 816MPa，R_m = 952MPa，A = 18%，Z = 57.5%。

11.3.3.4　聚合物淬火冷却介质的应用

近年来聚合物淬火冷却介质的应用发展较快，这类介质通过改变含量、温度和搅拌，可得到水和油之间较大范围的冷速，满足不同的应用。此外，它对改善生产环境（安全、减少污染和排放等）以及节约燃料资源也具有重要意义。在这类介质中，PAG（聚烷撑乙二醇）淬火液应用较广泛，其国产产品有较好的技术特性，并取得生产应用实效。

应用聚合物淬火冷却介质时，应根据介质特性，对淬火冷却装备系统进行必要的技术改造，使冷却工艺参数在受控状态，以保证获得稳定的淬火能力。

某厂生产 42CrMo 连杆及曲轴锻件，调质设备为推杆式连续热处理炉生产线。为解决"水淬开裂，油淬不硬"问题，选择北京华立精细化工公司生产的今禹 8-20PAG 淬火冷却介质。设计了一套与该淬火冷却介质相配套的冷却循环装置，保证淬火液温度严格控制在最佳使用温度 30~60℃。并通过试验优选出较适宜的今禹 8-20 含量（质量分数）：用于连杆为 12%；用于曲轴为 8%~9%。经生产考核表明，两种零件淬火效果好，产品合格率高。该厂使用今禹 8-20 淬火冷却介质已有三年多时间，未发生淬火冷却介质变质，冷却特性变差等质量问题，且使用含量低，粘度小，淬火时带出量少，消耗费用仅为油淬的 50%~60%，可大大减少生产费用及不良品的损失费用。

11.3.3.5　非调质钢连杆控制冷却工艺

非调质钢应用初期在强韧性配合上表现为韧性稍差、可加工性不够稳定等问题，这除与钢材及锻造工艺有关外，更重要的是锻后冷却控制粗放，无法保证稳定得到合适的显微组织和力学性能。

北京机电研究所根据汽车工业规模化生产对连杆性能稳定性的要求，开发研制出非调质钢连杆控制冷却生产线，可用于汽车连杆控制冷却，实现冷速在 $20 \sim 120℃/min$ 范围按设计曲线自动控制。

非调质钢依靠控制锻后冷速来获得合适的组织。非调质钢的组织是铁素体加珠光体，并在铁素体基体上分布着碳化物等沉淀析出相。在 $750 \sim 550℃$ 温度范围内的冷速决定着铁素体与珠光体的相对量。冷速快对铁素体析出有抑制作用，珠光体量多且细化，还可抑制沉淀相的粗化，使其强度高而塑性低。慢冷使铁素体得以充分析出，同时珠光体会相对粗化，使韧性、塑性提高而强度下降。因而控制冷速可获得较好强韧性的综合性能。例如，经试验表明：35VS 钢锻造加热温度应选在 $1050 \sim 1220℃$，锻后冷速应为 $60 \sim 100℃/min$。

某厂生产轿车连杆，材料为 43MnS，锻造加热温度为 $1150 \sim 1250℃$，终锻温度为 $900 \sim 1100℃$。连杆锻后控制冷却在通过式的辊链炉中进行，入炉温度不得低于 $800℃$。设备分三区控温，一、二区具有加热与冷却功能，三区只冷却，温度控制在 $250 \sim 550℃$，连杆在炉中运行时间为 $12 \sim 15min$，出炉时连杆小头温度应低于 $400℃$，出炉后空冷。控制冷却设备生产率为 $480 \sim 720$ 件/h。经以上"控锻控冷"处理后的连杆锻件硬度为 217~255HBW；组织为片状珠光体加网状铁素体（不允许有贝氏体、马氏体）；晶粒度为：小头、大头部分从表面到心部为 6~7 级到 4 级；杆身部分为 7~6 级。

11.3.3.6　连杆的强化喷丸

连杆锻件应进行强化喷丸，可以使材料表层产生剧烈的塑性变形，晶体点阵发生畸变，形成高密度的位错缠结，从而使表层强化。50 钢光滑试样经强化喷丸后表面硬度由 270HV1 提高到 350HV1。表 11-23 列出了 50 钢试样强化喷丸后残余应力及强化层深。

表 11-23　50 钢试样强化喷丸后残余应力和强化层深

喷丸强度（弧高）[①]/mm	表面残余压应力/MPa	强化层深度/mm
0.18C	−490	0.4
0.20C	−600	0.5

① 以弧高（单位 mm）表示喷丸强度，数字后字母表示试样标准。如 0.18C 表示采用 C 型标准试样测量弧高为 0.18mm。

45 钢连杆调质处理后，其硬度为 228~269HBW，未强化喷丸者表面应力仅为 −50MPa，甚至有的表面处于拉应力状态。而 18Cr2Ni4W 连杆热处理后距表面深度 0.3~0.4mm 处还有 294~392.3MPa 拉应力。当喷丸强度为 0.18C 时，45 钢连杆表面残余压应力提高到 −350MPa。用 ±374MPa 交变应力在高频疲劳试验机上试验时，连杆疲劳寿命由未喷丸时的 48 万次提高到 190 万次。230 和 150 型发动机的 18Cr2Ni4W 钢连杆在热处理后需经抛光处理，劳动强度大，生产率低，产品质量差。改用强化喷丸后，提高了劳动生产率 15 倍，还明显提高了弯曲、拉压疲劳强度。表 11-24 列出几种连杆强化喷丸的工艺参数。

表 11-24　几种连杆强化喷丸的工艺参数

牌号	钢丸直径/mm	喷丸速度/(m/s)	钢丸流量/(kg/min)	喷丸强度（弧高）/mm	喷丸时间/min	覆盖率/(%)
18Cr2Ni4W	0.8~1.2	70~80	—	—	4	
18Cr2Ni4W	1.0~1.2	75~82	300	0.38~0.44	3~4	
45	1.0~1.2	70	140~160	0.18C	1.5	≥100
42CrMoA	0.8~1.0	70~80	200	0.46~0.76A	1~1.2	≥100

11.3.3.7　涨断连杆

发动机连杆涨断加工技术是目前国际上连杆生产的最新技术，有着传统连杆加工方法无法比拟的优越性，其加工工序少，节省精加工设备，节材、节能，生产成本低。涨断连杆可使连杆头盖、杆的定位精度、装配精度大幅度提高，显著提高连杆的承载能力、抗剪能力，对提高发动机生产技术水平和整机性能具有重要影响。

连杆分离面的涨断工艺（CRACKING TECHNOLOGY）是把连杆盖从连杆本体上断裂而分离开来。其加工方法是先对连杆大头孔的断裂线处先加工出两条应力集中槽，然后带楔形的压头往下移动进入连杆大头孔，当压头往下移动时对连杆大头孔产生径向力，使其在槽子处出现裂缝，在径向力的作用下，裂缝继续扩大，最终把连杆盖从连杆本体上涨断而分离出来。理想的连杆及连杆盖涨断后的分离面，是不带任何塑性变形的脆性断裂，使其可装配性达到最佳。影响其脆性断裂的因素很多，如断裂速度及材料等。典型涨断连杆用化学成分如表 11-25 所示。涨断连杆用钢力学性能见表 11-26。

11.3.4　连杆的质量检验

常用碳钢和合金结构钢连杆的质量检验见表 11-27。

表 11-25　涨断连杆用钢化学成分

牌号	化学成分(质量分数)(%)						
	C	Mn	Si	S	P	V	其他
C70S6	0.67 ~ 0.73	0.40 ~ 0.70	0.15 ~ 0.25	0.050 ~ 0.070	≤0.045	0.03 ~ 0.050	Cr≤0.20, Al≤0.010, Ni≤0.20, Mo≤0.05

表 11-26　涨断连杆用钢力学性能

牌号	R_m/MPa	$R_{p0.2}$/MPa	A(%)	Z(%)	A_K/J	硬度　HBW
C70S6	≥900	≥550	≥10	≥20	≥39	252 ~ 296

表 11-27　40、40Cr、40MnB 钢连杆的质量检验

检验项目	检验方法	检验要求
表面质量	观察	无裂纹、发纹、折叠、过烧、氧化坑、错移、金属未充满
纤维方向	显示宏观组织	金属纤维方向应沿着连杆中心线并与外形相符，无紊乱及间断
硬度	按图 11-6 所示位置检查	按产品图样要求
显微组织	按图 11-6 所示部位取样抽检，参考图 11-7 评级	匀细的索氏体。可参考图 11-7 评级，1 ~ 4 级为合格，5 ~ 6 级须经喷丸强化后方可装车，7 ~ 8 级需重新调质
探伤	磁粉探伤	有裂纹者报废

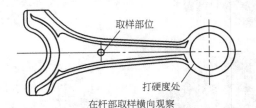

在杆部取样横向观察

图 11-6　连杆硬度及显微组织检测部位

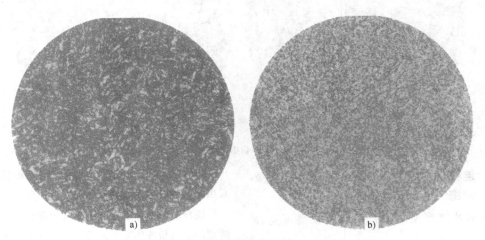

a)　　　　　　　　　　　　　　　　b)

图 11-7　汽车连杆及连杆盖显微组织标准（一汽厂标）　400 ×

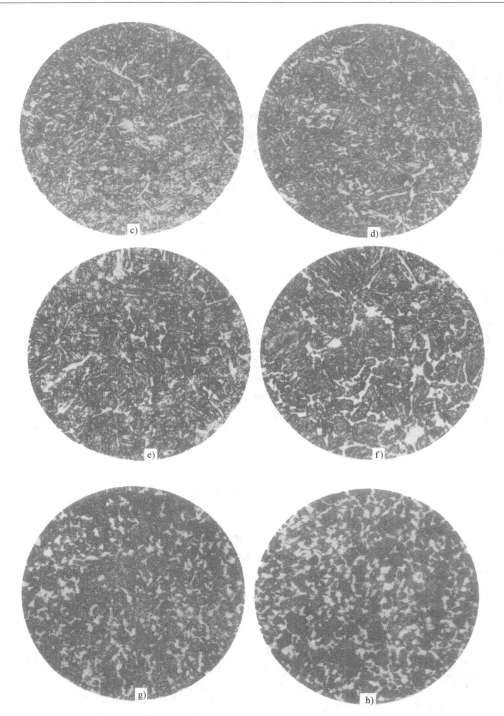

图 11-7　汽车连杆及连杆盖显微组织标准（一汽厂标）　400×（续）

11.3.5　连杆的常见热处理缺陷及预防补救措施

连杆热处理常见缺陷及预防补救措施见表 11-28。

连杆生产中，均需 100% 检查硬度和裂纹，也可采用剩余磁场检测装置进行硬度自动分选。

连杆酸洗处理多数已被喷丸清理替代，采用喷丸清理后给磁粉探伤带来困难，只能改用荧光探伤，使连杆缺陷部位聚集的荧光磁粉在紫外灯下激发出黄绿光。国外已有利用光电转换元件取代目测的自动分选装置，这种自动检测装置的检测灵敏度（缺陷尺寸×深度）为4mm×0.5mm，检测速度为50件/h。

表 11-28　连杆热处理常见缺陷及预防补救措施

缺 陷 名 称	形 成 原 因	预防及补救措施
块状夹杂物（见图 11-8）	冶炼不良	加强原材料进厂检验
折叠（见图 11-9）	锻造不良	加强锻件表面质量检验
脱碳	1）高温下锻造加热时间过长 2）热处理操作不当	控制加热时间或通保护气氛，防止连杆在锻造、热处理过程中脱碳
硬度低	加热温度低或淬火冷却速度慢	重新淬火
淬火裂纹	淬火冷却过快，材料成分不对	注意材料成分和选择冷却条件
组织不均匀	淬火操作不当，冷却速度慢	严格执行淬火工艺，加强抽检，以便及时发现

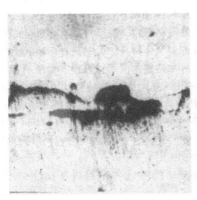

图 11-8　40 钢连杆显微组织中的
块状夹杂物　100 ×

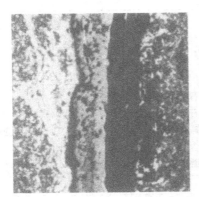

图 11-9　40 钢连杆锻造折叠的显微
图片（裂纹附近严重氧化脱碳）

11.4　曲轴的热处理

11.4.1　曲轴的服役条件和失效方式

曲轴主要承受交变的弯曲-扭转载荷和一定的冲击载荷，轴颈表面还受到磨损。

曲轴在使用过程中的主要失效方式有如下两种：

（1）疲劳断裂。多数是轴颈与曲柄过渡的圆角处产生疲劳裂纹，随后向曲柄深处发展造成曲轴断裂。其次是轴颈中部的油道内壁产生裂纹，发展为曲柄处的断裂。

（2）轴颈表面的严重磨损。

11.4.2　曲轴材料

制造曲轴的材料有钢和球墨铸铁，钢又可分碳素结构钢（如 45、50 钢）、合金结构钢（如 40Cr、50Mn、35CrMo、42CrMo、35CrNiMo、18Cr2Ni4WA）以及非调质钢（如 45V、48MnV、49MnVS3）。最常用的材料是 45 钢和球墨铸铁，非调质钢的应用发展很快，而球墨铸铁在轿车上用得较广，并正向载重车上扩展。曲轴材料的选择，首先要满足零件力学性能的要求，它取决于发动机设计的强度水平；其次要考虑曲轴的疲劳强度和耐磨性。曲轴的性能除与材料有关外，还取决于热处理及其他表面强化工艺，零件的加工精度和表面粗糙度也有十分重要的影响；对载荷较大的曲轴通常采用合金结构钢，锻坯要求调质处理，目的是提高强度并为以后的感应淬火作准备。如果能采用锻造余热淬火、回火或锻后控冷正火，则可达到节能、改善可加工性、提高零件质量的效果。而采用非调质钢，则可获得更显著的效果。

锻钢曲轴对材料的要求如下：

（1）钢的碳含量要精选，碳含量的变动范围应不大于 0.05%（质量分数）。钢的含硫、磷量应不大于 0.025%（质量分数）。

（2）钢的非金属夹杂物、脆性夹杂物、塑性夹杂物的含量标准，应不超过 GB/T 10561—2005 规定的 2.5 级。

（3）钢的淬透性曲线应在所用钢号的淬透性曲

线范围内。

球墨铸铁曲轴应按 GB/T 1348—2009 中的规定，采用不低于牌号为 QT700-2 的球墨铸铁制造。内燃机标定转速低于 1500r/min 的球墨铸铁曲轴可以采用不低于牌号 QT600-3 的球墨铸铁制造。

汽车发动机曲轴常采用力学性能不低于 QT600-3 的球墨铸铁制造。农业用发动机曲轴规定球墨铸铁的力学性能有不低于 QT800-2 的。

11.4.3 曲轴的热处理工艺

11.4.3.1 曲轴的制造工艺路线

锻钢曲轴和球墨铸铁曲轴的制造工艺路线分别是：

锻钢曲轴：锻坯调质（或正火）→矫直→清理→检验→粗加工→去应力退火→精加工→表面热处理→矫直→磨削加工→检验。

球墨铸铁曲轴：铸造→正火（或正火加高温回火）→矫直→清理→加工→去应力退火→表面热处理→矫直→精加工。

球墨铸铁曲轴亦有采用加合金元素、铸态不经预备热处理的，其制造工艺路线为：

铸造→清理→加工→表面热处理→精加工。

曲轴预备热处理的目的是达到必要的力学性能、改善可加工性，并为最终热处理作组织准备。最终热处理的目的是提高疲劳强度和轴颈耐磨性，达到产品设计要求。

气缸直径小于或等于 200mm 的往复活塞式内燃机曲轴热处理技术要求见表 11-29。

曲轴用非调质钢的化学成分和力学性能列于表 11-30。

某厂曲轴用非调质钢 49MnVS3，对残留元素及元素分析允许偏差规定为：残留元素 $w(Cr) \leqslant 0.30\%$、$w(Mo) \leqslant 0.08\%$、$w(Ni) \leqslant 0.040\%$、$w(Cr + Ni + Mo) \leqslant 0.60\%$，元素分析允许偏差（质量分数）（%）：$C \pm 0.03$、$Si \pm 0.03$、$P \pm 0.006$、$S_{-0.005}^{+0.008}$、$Mn \pm 0.04$、$V + 0.03$。按 JK 图片评定非金属夹杂物的最高允许含量为：A3、B2、C1、D1。曲轴锻造工艺为：中频感应加热，加热温度为（1230 ± 25）℃，终锻温度为（1125 ± 20）℃。锻件的控制冷却在长约 80m 的隧道式冷却装置中进行。曲轴悬挂吊装，由传动链传送。控制冷却装置由 A 段、B 段、C 段组成。A 段长 35m，经过 20min，使曲轴锻件从 920℃ 控制冷却到 600℃。B 段长 29m，主要是对锻件进行消除应力冷却，使锻件温度降至 200℃。C 段长 10m，使锻件强制冷却至能用手摸为止。锻件经过控制冷却装置的总时间约 35min。

各种发动机曲轴所用材料及热处理工艺见表 11-31。

表 11-29 气缸直径小于或等于 200mm 的往复活塞式内燃机曲轴热处理技术要求

	项　目		锻　钢	球　墨　铸　铁
预备热处理	毛坯硬度 HBW	调质	207～320	—
		正火	163～277	220～320
	同一曲轴硬度差　HBW		≤50	≤50
	显微组织（体积分数）	调质	索氏体，1～4 级	—
		正火	晶粒度 I4～10 级 晶粒不均匀度级差≤3 级 不允许有魏氏组织 带状组织不大于 1 级	石墨球化级别 1～3 级 石墨球径大小 5～8 级 珠光体含量≥珠 85 级，须经表面处理的曲轴珠光体含量≥珠 75 级 游离渗碳体≤2%，磷共晶≤1.5%，总量≤3%
最终热处理	轴颈表面感应淬火、渗氮处理	淬硬层深度 DS/mm	2.0～4.5	1.5～4.5
		硬度 HRC 45 钢	≥52	42～55
		硬度 HRC 合金钢	≥53	
		同一曲轴硬度差　HRC	≤6	≤6
		显微组织	细针状马氏体，3～7 级	3～6 级
		氮碳共渗 渗层深度/mm		≥0.10
		氮碳共渗 表面硬度 HV 0.10		≥420
		离子渗氮 渗层深度/mm		≥0.15
		离子渗氮 表面硬度 HV 0.10		≥500

表 11-30 曲轴用非调质钢的化学成分和力学性能

| 牌号 | 化学成分（质量分数）（%） | | | | | | 力 学 性 能 | | | | | |
	C	Si	Mn	S	P	V	R_m/MPa	$R_{p0.2}$/MPa	A（%）	Z（%）	A_K/J	硬度 HBW
45V	0.42 ~ 0.48	0.17 ~ 0.37	0.5 ~ 0.8	≤0.035	≤0.035	0.06 ~ 0.12	≥686	≥441	≥17	≥40	≥49	—
48MnV	0.45 ~ 0.51	0.17 ~ 0.37	0.90 ~ 1.20	0.010 ~ 0.035	≤0.035	0.05 ~ 0.10	≥689	≥400	≥13	≥26		207 ~ 269
49MnVS3	0.44 ~ 0.50	0.15 ~ 0.35	0.60 ~ 1.00	0.045 ~ 0.065	≤0.035	0.08 ~ 0.13	780 ~ 900	≥500	≥8	≥20	≥40	238 ~ 281

表 11-31 各种曲轴所用材料及热处理工艺

| 用途 | 牌号 | 预备热处理 | | 最终热处理 | | |
		工艺	硬度 HBW	工艺	层深/mm	硬度 HRC
轿车、轻型车、拖拉机	45	正火	170 ~ 228	感应淬火，回火	2 ~ 4.5	55 ~ 63
	50Mn	调质	217 ~ 277	氮碳共渗：570℃，180min，油冷	>0.5	≥500HV0.1
	QT600-3	正火	229 ~ 302	氮碳共渗：560℃，180min，油冷	≥0.1	>650HV
载重车及拖拉机	QT600-3	正火	220 ~ 260	感应淬火，自回火	2.9 ~ 3.5	46 ~ 58
	45	正火	163 ~ 196	感应淬火，自回火	3 ~ 4.5	55 ~ 63
	45	调质	207 ~ 241	感应淬火，自回火	≥3	≥55
重型载重车	45	正火	—	氮碳共渗	≥0.30	≥300HV10
	QT900-2	正火 + 回火	280 ~ 321	—	—	—
	35CrMo	调质	216 ~ 269	感应淬火，回火	3 ~ 5	53 ~ 58
大功率柴油机	QT600-3	正火 + 回火	240 ~ 300	—	—	—
	35CrNi3Mo	调质	—	渗氮，490℃，60h	≥0.3	≥600HV
	35CrMo	调质	—	离子渗氮，515℃，40h	≥0.5	≥550HV10
	QT600-3	正火 + 回火	—	渗氮，510℃，120h	≥0.7	≥600HV

11.4.3.2 曲轴的感应淬火

曲轴在大量生产中，广泛采用感应淬火。淬火方法通常有两种：一种是采用整圈分开式感应器，曲轴在静止状态下的感应淬火方法；另一种是采用半圈淬火感应器，曲轴在旋转状态下的感应淬火方法。

曲轴半圈淬火感应器由有效圈、外侧板、定位块、淬火冷却装置四个主要部分组成。图 11-10 所示为半圈淬火感应器。电流通过有效圈将电能转变为热能。它是由异形纯铜管焊接成一个串联的"8"字形回路的半圆形施感导体。图 11-11 所示为半圈淬火感应器有效圈。

6100 发动机曲轴轴颈和有效圈尺寸见表 11-32。

曲轴是一个形状复杂的零件，采用整圈分开式感应器使曲轴在静止状态下感应加热淬火时，感应器所产生的纵向（轴向）磁场，由于曲柄对磁场的屏蔽，使被加热的曲轴轴颈圆周及轴向各部位产生极大的差异，导致淬火后轴颈圆周各处的轴向硬化区差异极大；静止状态下感应加热，感应器与轴颈的位置相对固定，感应器与轴颈圆周各处的径向间隙无法保持一致，导致淬火后轴颈圆周硬化层深度不均。因此，此种淬火方法已越来越少被采用。

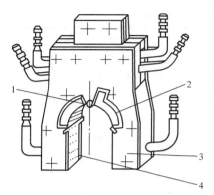

图 11-10　半圈淬火感应器
1—定位块　2—有效圈　3—外侧板
4—淬火冷却装置

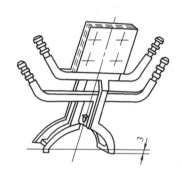

图 11-11　半圈淬火感应器有效圈

表 11-32　6100 发动机曲轴轴颈
和有效圈尺寸

轴颈名称	轴颈尺寸/mm		有效圈尺寸/mm		
	直径	宽　　度	有效圈形状	直径	宽度
连杆轴颈	64	37.46 ~ 37.66	大于半圈 3mm	69	34
小主轴颈	76	35.75 ~ 35.90		81	32
大主轴颈	76	43.61 ~ 43.71		81	40

采用半圈淬火感应器曲轴旋转感应加热方法，不仅因为改变了感应器产生的磁场方向，由纵向变为横向（周向），基本消除了曲柄对磁场的屏蔽，从而淬火后轴颈各处的硬化区保持均匀，而且由于曲轴相对感应器作旋转，感应器靠定位块对轴颈作相对的柔性跟踪旋转运动，感应器借助于定位块，能稳定地保持感应器与轴颈的间隙，保证了淬火后轴颈硬化层深度的均匀性和稳定性。因此，曲轴半圈感应器旋转加热淬火正越来越被广泛运用。

采用半圈感应器旋转加热淬火的优点是硬化层深而均匀、硬化区宽度均匀、能减轻曲轴淬火畸变量和防止油孔淬裂。表 11-33 列出 6100 发动机曲轴的感应加热电参数和淬火工艺参数。

曲轴轴颈采用半圈感应加热淬火后，虽然大幅度提高了轴颈耐磨性，但由于轴颈与曲柄连接的圆角 R 处未淬火，连接处产生较大的拉应力，使曲轴的疲劳强度有所降低。为了适应大功率的汽车、拖拉机、柴油机的需要，采用轴颈、圆角同时感应淬火的方法是十分有效的。

轴颈、圆角同时淬火的感应器，是在轴颈半圈淬火感应器的基础上改变有效圈弧形段截面的角度，并增添弧段的导磁体，使圆角 R 和轴颈同时在较强的感应电流下被加热淬火。

曲轴经轴颈、圆角同时感应加热淬火后，不仅可以消除轴颈与圆角交接处的拉应力，而且使圆角处产生较大的压应力，因而大大提高了曲轴的疲劳强度。锻钢曲轴经轴颈、圆角同时淬火后疲劳强度可提高 1 倍以上。而对球墨铸铁曲轴，淬火后疲劳强度仅提高 30% 左右，所以球墨铸铁曲轴为较大幅度提高疲劳强度往往采用圆角滚压或渗氮工艺加圆角滚压。

495 发动机曲轴轴颈、圆角同时感应加热的电参数和淬火工艺参数见表 11-34，感应淬火后硬化层硬度分布见图 11-12。

曲轴轴颈、圆角同时感应淬火时，除应保证圆角的硬化层深度达到产品图样的规定外，还应控制硬化层的形状和分布，使硬化层在整个圆角处完整延续并圆滑过渡。

表 11-33　6100 发动机铸态球墨铸铁曲轴的感应加热电参数和淬火工艺参数

淬火轴颈	变压器匝比	电　参　数				工　艺　参　数				硬化层深度 /mm
		电压 /V	电流 /A	功率 /kW	功率因数 cosφ	加热时间 /s	提前冷却时间/s	冷却时间 /s	水压 /MPa	
连杆轴颈	13/2	720	155	100	0.93	10.2	0.5	3.7	0.10	2.5 ~ 4.5
小主轴颈	14/2	620	190	88	0.96	9.8	0.5	4.8	0.20 ~ 0.30	2.25 ~ 4.25
大主轴颈	13/2	620	165	95	0.85	10.4		4.8	0.35	2.25 ~ 4.25

注：曲轴材料：QT600-3（含铜）；原始组织：铸态，珠光体含量≥75%（体积分数），硬度为 220 ~ 260HBW；电源设备：BPSD160/8000；感应器与零件之间间隙：2mm。

表11-34 495发动机曲轴轴颈、圆角同时感应加热的电参数和淬火工艺参数

淬火轴颈	变压器匝比	电 参 数				工 艺 参 数				
		电压/V	电流/A	功率/kW	功率因数 cosφ	加热时间/s	加热温度/℃	冷却介质	冷却时间/s	终冷温度/℃
主轴颈	8/1	650	160～180	100～120	0.97	13	880～930	风-雾-风	2-4-4	300～380
连杆轴颈	8/1	650	140～160	90～110	0.97	10	880～930	风-雾-风	2-3-4	300～380

注：材料：QT600-3（含铜）；原始组织：正火加高温回火，珠光体含量≥85%（体积分数），硬度为240～320HBW；技术要求：50～55HRC，层深3～4mm；电源设备：BPS 100/8000×2；感应器与曲轴之间间隙：轴向 $a_1 = 1$mm，径向 $a_2 = 2$mm，径向中间 $a_3 = 2.5$mm。

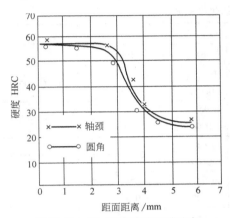

图11-12 495曲轴硬化层硬度分布

此外，圆角磨削加工后的表面粗糙度对曲轴的疲劳寿命有直接影响，应引起足够的重视。若在圆角处出现台阶、烧伤，此处即为疲劳裂纹的起源，将造成曲轴的早期损坏。

曲轴轴颈、圆角同时感应淬火将会增加畸变。根据曲轴形状、尺寸特征，选择合理的淬火次序；根据曲轴材料的淬火冷却特性，确定合适的延迟淬火冷却工艺等，均可减少曲轴的淬火畸变。

为保证曲轴工作中的尺寸精度，应于感应淬火后的低温回火过程中，采用专用夹具进行静态逆向矫直，利用相变塑性达到无应力矫直的效果。

PAG淬火冷却介质在大型曲轴感应加热淬火中的应用也引人注目。某厂16V240和12V180柴油机曲轴，材料分别为42CrMoA和50CrMoA，调质后感应加热、喷淋淬火，淬火冷却介质为（质量分数）11.5%的AQ251，与油淬相比，可获得更高、更均匀的表面硬度和较深的淬硬层深度，减少淬火裂纹和磨削裂纹；且容易获得稳定的淬火质量，取得明显的经济效益。

曲轴感应淬火后多采用自热回火处理。对尺寸精度要求较高的曲轴，应采用热风循环的低温回火炉进行回火，如40Cr钢曲轴采用（160±20）℃回火2h，

充分回火可将硬度控制在较窄的范围，如55～60HRC，可以减少磨削裂纹，还能在长期使用过程中保证尺寸稳定。

11.4.3.3 曲轴的渗氮和铁素体氮碳共渗

大功率柴油机（如机车和船舶用的柴油机）曲轴通常采用离子渗氮或气体渗氮处理。其渗层较深，工艺周期很长，往往选用大型、专用设备。曲轴渗氮后，具有很高的表面硬度、极好的耐磨性、疲劳强度，耐蚀性也很好。但由于工艺费用十分昂贵，目前只在少数性能要求较高的大型曲轴上应用。表11-31中列出了一些应用实例。

汽车、拖拉机曲轴往往采用铁素体氮碳共渗处理，其渗层虽然很薄，但具有摩擦因数低，提高抗咬合抗擦伤能力、提高疲劳强度与耐磨性等优异性能，这种工艺还具有处理温度较低、时间短、热处理畸变小、节能效果显著、工艺费用较低等优点，因而得到广泛采用。

盐浴氮碳共渗工艺对环境的污染不容忽视，所以不宜大规模推广。目前国内曲轴较多采用的是含氧气氛的气体氮碳共渗。图11-13是495柴油机曲轴在连续式推盘炉生产线上进行气体氮碳共渗处理的工艺。

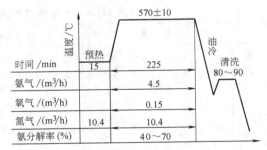

图11-13 495柴油机曲轴气体氮碳共渗工艺
注：材料为QT600-3，毛坯正火硬度为229～302HBW，渗层深度为0.10～0.16mm。

锻钢曲轴或球墨铸铁曲轴，由于加工过程和热处理过程所产生的应力，在表面热处理后均产生畸变，而矫直又会显著降低曲轴的疲劳强度。特别是氮碳共

渗处理的曲轴，其硬化层薄，几乎没有加工磨量，所以更需严格控制畸变。毛坯热处理后可以采用热矫正，冷态矫正及粗加工后均应进行去应力退火。去应力退火温度一般应高于氮碳共渗温度，通常采用600℃，2h。在粗加工后的去应力退火，一般要通入氮气保护，以防止曲轴氧化。如果氮碳共渗后的曲轴还要矫正，矫正后应在氮碳共渗温度和气氛的条件下进行去应力退火，随后要进行磁粉探伤和退磁处理。

11.4.3.4　球墨铸铁曲轴热处理

铸铁成分、铸造和热处理质量对球墨铸铁曲轴的性能影响很大。铸态球墨铸铁不允许有石墨飘浮、皮下气孔和疏松等缺陷，球化分级按 GB/T 9441—2009《球墨铸铁金相检验》评定，一般应不低于4级。热处理工艺参数的影响和要求可参见第1卷有关球墨铸铁热处理部分。

典型的球墨铸铁曲轴的成分、预备热处理工艺及其组织与性能见表11-35和表11-36。

表 11-35　球墨铸铁曲轴的化学成分

序号	化学成分（质量分数）（%）								牌号
	C	Si	Mn	P	S	Mg	RE	其他	
1	3.80 ~ 4.05	2.0 ~ 2.3	0.6 ~ 0.8	<0.1	<0.03	0.025 ~ 0.045	0.02 ~ 0.035	—	QT600-3
2	3.7 ~ 3.9	2.0 ~ 2.3	0.5 ~ 0.8	≤0.1	≤0.025	0.03 ~ 0.045	0.025 ~ 0.04	—	QT600-3
3	3.0 ~ 3.5	2.4 ~ 2.8	0.3 ~ 0.5	<0.1	0.03 ~ 0.035	0.045 ~ 0.05	0.04 ~ 0.05	Cu 0.35 ~ 0.40	QT600-3
4	3.6 ~ 3.8	2.1 ~ 2.4	0.3 ~ 0.5	≤0.075	≤0.03	0.045 ~ 0.07	0.03 ~ 0.07	Mo 0.25 ~ 0.35 Cu 0.5 ~ 0.7	—
5	3.5 ~ 3.7	2.4 ~ 2.6	0.7 ~ 0.9	0.06 ~ 0.08	0.012 ~ 0.018	0.04 ~ 0.06	0.03 ~ 0.05	—	QT600-3
6	3.7 ~ 4.2	2.4 ~ 2.6	0.5 ~ 0.8	<0.1	≤0.02	>0.04	—	—	—
7	3.0 ~ 3.5	2.2 ~ 3.0	0.5 ~ 0.8	<0.1	≤0.03	0.02 ~ 0.05	0.03 ~ 0.06	—	—
8	3.5 ~ 3.8	1.8 ~ 2.2	0.5 ~ 0.8	≤0.1	≤0.03	0.045 ~ 0.06	0.035 ~ 0.05	—	QT600-3

表 11-36　球墨铸铁曲轴的力学性能和预备热处理工艺

序号	力　学　性　能					显微组织（体积分数）				热处理工艺
	R_m /MPa	R_{eL} /MPa	A (%)	a_K /(J/cm²)	硬度 HBW	球化分级	Fe₃C 量	珠光体量	其他	
1	760 ~ 930	693	2 ~ 4	20 ~ 40	255 ~ 285	≥4级	<3%	>85%	不允许有二次碳化物网存在	
2	700 ~ 800	650 ~ 730	2 ~ 3	5 ~ 20	240 ~ 300	≥4级	≤5% +磷共晶	≥70%		

（续）

序号	力学性能					显微组织（体积分数）				热处理工艺
	R_m /MPa	R_{eL} /MPa	A (%)	a_K /(J/cm²)	硬度 HBW	球化分级	Fe₃C 量	珠光体量	其他	
3	800~900	—	2~4	20~50	250~330	≥4 级	≤5% +磷共晶	80%~95%	—	890±10，2~2.5，空冷；500~550，3，空冷
4	≥900	—	≥2	≥20	280~341	≥4 级	≤2%	≥70%	不允许存在磷共晶	650~700，2；880~900，4，空冷；550~600，3.5，空冷
5	≥600	—	2	15	240~280	—	—	75%~90%	—	800，0.5；900~920，2.5；880，0.5，风冷；550，3~4，空冷
6	780~930	—	2.7~5	25~40	228~320	—	≤2%	≥85%	—	880~900，1.5，雾冷；500~550，4，空冷
7	700~900	—	3	>25	229~285	≥4 级	≤3% +磷共晶	75%~80%	—	900~940，2；840~860，1，风冷；580~600，2.5，空冷
8	600	—	2	15	240~280	≥4 级	≤2%	≥80%	—	950±10，3h；880~890，0.5h，雾冷或空冷；550~600，3h，空冷

注：本表中序号与表 11-35 相对应，其材料牌号和化学成分见表 11-35。

球墨铸铁曲轴主要采用正火处理（见表 11-31）。为提高球墨铸铁曲轴的力学性能，也可采用调质或正火后进行表面淬火、贝氏体等温淬火等工艺。感应淬火的方法与锻钢曲轴相似，但加热速度应稍低些（一般为 75 ~ 150℃/s）。淬火加热温度可取 900 ~ 950℃，自热回火温度约 300℃，炉中回火温度为 180 ~ 220℃。经此处理后的表面硬度可达 52 ~ 57HRC。球墨铸铁曲轴经圆角、轴颈同时感应淬火后疲劳强度有显著提高，但由于球墨铸铁组织不同于钢，疲劳强度提高的幅度不如钢（一般提高 30% 左右，而钢可提高 1 倍以上）。球墨铸铁曲轴和锻钢曲轴一样，均可经氮碳共渗处理使疲劳极限和耐磨性大幅度提高，和锻钢曲轴不同的是所得氮碳共渗层深度较浅，硬度较高。

圆角滚压是提高曲轴承载能力常用的工艺措施之一。同曲轴轴颈、圆角同时感应淬火以及渗氮、氮碳共渗等工艺相比，圆角滚压具有强化效果显著、效率高、成本低等优点，因而在汽车发动机曲轴中的应用日益广泛。以铸态珠光体球墨铸铁曲轴为例，经圆角滚压后，其弯曲疲劳强度提高的幅度可达 100% 以上，远高于其他工艺的强化效果，使球墨铸铁曲轴的疲劳强度水平达到甚至超过同尺寸的锻钢曲轴。东风汽车公司经过 10 年的研究，先后开发出 QS-1 型专用和 QR-1 型通用曲轴圆角滚压机床，研制了曲轴弯曲变形的滚压矫直专家系统，并在 6102D$_2$ 柴油发动机中，成功地利用圆角滚压球墨铸铁曲轴取代了原锻钢曲轴，投入批量生产。

11.4.4　曲轴的质量检验

GB/T 23339—2009 对曲轴材料的化学成分、本体硬度、力学性能、硬化层深度、表面硬度和硬化层宽度、渗氮曲轴的渗氮层深度和表面硬度、显微组织、表面质量及磁粉探伤等项目的检验方法和检验规则作了规定。

曲轴感应加热淬火的质量检验见表 11-37。

表 11-37　曲轴感应淬火质量检验

检验项目		检验要求	检验设备或方法
淬硬层组织	钢	3～7 级马氏体	金相显微镜，400×
	球墨铸铁	3～6 级马氏体	
淬硬层深度 /mm		按 GB/T 5617—2005 及产品图样的技术要求	维氏硬度计，载荷 10～50N（1～5kgf）
淬硬区长度及位置		按产品图样要求	腐蚀法或硬度法
表面硬度 HRC		按产品图样要求	硬度计或锉刀
裂纹		不允许有任何裂纹	磁粉探伤机
表面烧伤		淬火表面不得烧伤	—

11.4.5　曲轴的常见热处理缺陷及预防补救措施

曲轴感应淬火常见缺陷及防止措施见表 11-38。

表 11-38　曲轴感应淬火常见缺陷及防止措施

缺陷名称	产　生　原　因	防　止　措　施
淬硬层分布不均	1）轴颈与感应器不同心 2）感应器内电流分布不均 3）油孔影响	1）保证轴颈与感应器同心度偏差不大于 1mm 2）在感应器上合理配置导磁体 3）油孔中打入钢（或铜）销子
油孔处的放射性裂纹	1）油孔处加热不均或局部过热 2）油孔周围冷却不均或过于激烈引起裂纹的发展	1）油孔中打入钢（或铜）销子 2）合理配置导磁体 3）适当提前冷却 4）改用半圈感应器加热和浸水冷却 5）改用其他淬火冷却介质
"C" 形裂纹和淬硬层剥落	1）锻造折叠 2）淬硬层过深或层深偏差大 3）油孔内壁淬火裂纹的发展 4）自热回火温度低 5）磨削工艺不当 6）材料淬透性过高	1）改进锻造工艺 2）油孔中打入钢（或铜）销子 3）油道壁过薄，应改进设计 4）保证回火温度 5）用半圈感应器加热和浸水冷却 6）改进磨削工艺 7）检查材料的化学成分和淬透性
淬火过渡区域的裂纹	1）淬火应力集中 2）磨削工艺不当	1）保证感应器与轴颈的合理间隙 2）改善磨削工艺

（续）

缺陷名称	产　生　原　因	防　止　措　施
淬硬表面的网状裂纹	1）淬硬表面过热和激烈冷却 2）淬硬层太深或自热回火温度低 3）磨削切削用量过大	1）适当减少加热时间或比功率 2）保证感应器与轴颈间的合适间距 3）降低冷却水压，提高水温，保证自热回火温度 4）改善磨削工艺
硬度不够和软点	1）材料碳含量低或有严重带状组织 2）淬火温度低 3）冷却水温高或水压低 4）感应器喷水孔部分堵塞	1）确保材料化学成分和组织合格 2）适当增加加热时间 3）适当提高冷却水压和降低水温 4）清理感应器喷水孔

11.5　凸轮轴的热处理

11.5.1　凸轮轴的服役条件和失效方式

凸轮轴是发动机配气机构中的主要零件，它的主要作用是保证气阀按一定的时间开启和关闭。凸轮与挺杆组成一对摩擦副。

凸轮轴在工作过程中除承受一定的弯曲和扭转载荷外，主要是凸轮部分承受周期变化的挤压应力以及与挺体相接触产生的滑动带滚动的摩擦。

凸轮轴的主要失效方式是凸轮的粘着磨损（也称擦伤，严重时产生熔接现象）和凸轮表面因挤压应力的反复作用而造成的麻点或表面剥落，以及凸轮尖的磨损。所以，要求凸轮轴除具有相应的强度和硬度外，还应具有良好的抗擦伤性、抗接触疲劳能力和耐磨性。

11.5.2　凸轮轴材料

凸轮轴材料主要取决于其在发动机中的工作条件、使用工况；凸轮—挺杆间的最大接触应力、相对滑动速度、润滑条件、润滑油的品种、匹配挺杆的材料、硬度及表面状况；带有机油泵传动齿轮的凸轮轴尚须考虑机油泵驱动齿轮的工作载荷等。

凸轮轴根据其在发动机中的位置可分为下置凸轮轴和顶置凸轮轴。下置凸轮轴广泛应用于大中型发动机，由于凸轮—挺杆间的接触应力大，易造成点蚀、剥落；螺旋齿轮驱动机油泵传动齿轮时负荷、滑差较大，易造成磨损。顶置凸轮轴广泛应用于轿车、轻型车高速发动机，由于转速高、润滑条件差，凸轮易出现擦伤和磨损。可见，对于不同结构、不同车型、速度和功率的发动机，凸轮轴的工作条件、使用工况不同，因而对材料的要求也有所不同。

目前制造凸轮轴的材料、工艺种类较多，可分为钢和铸铁两大类。钢凸轮轴按毛坯不同可分为锻钢凸

轮轴、辊锻（楔横轧）凸轮轴及圆钢切削而成的凸轮轴；按最终热处理工艺可分为感应淬火钢凸轮轴、渗碳钢凸轮轴、渗氮（或氮碳共渗）钢凸轮轴（按渗氮方法不同，还可分为盐浴、气体、离子渗氮或氮碳共渗）。铸铁凸轮轴可分为冷激铸铁凸轮轴、可淬硬铸铁凸轮轴、球墨铸铁感应淬火凸轮轴、氩弧重熔铸铁凸轮轴、激光熔凝强化铸铁凸轮轴等。

各种发动机的凸轮轴所用材料及工艺列于表 11-39。

汽车、拖拉机厂常采用 45 钢感应淬火来生产凸轮轴，所用材料应严格控制碳含量［精选碳含量（质量分数）0.42% ~ 0.47%］，以保证合适的淬透性。

合金铸铁的弹性模量比中碳钢和球墨铸铁低，而且还具有减小接触比压和保持润滑油膜的优点。所以，对于马力大、转速高的发动机的凸轮轴往往采用合金铸铁来制造。常用的两种合金铸铁成分见表 11-40。此类铸铁均需经热处理使凸轮尖部达到一定的硬度，也称可淬硬铸铁。尤其前一种广泛用于小轿车的发动机中。

冷激铸铁凸轮轴是借助冷铁对高温铁液的激冷作用，使凸轮的升程区，尤其是凸轮尖部表面局部激冷而获得白口组织的耐磨层，因此不需热处理。

冷激铸铁凸轮轴凸轮尖部表面组织为软硬相间的复相组织，其渗碳体具有很高的硬度和低的摩擦因数。因此，与冷激铸铁挺杆匹配时不易发生粘着现象。摩擦过程初期，珠光体因磨损而凹下，形成渗碳体突起，两个表面实际上是渗碳体骨架相互接触，避免了珠光体与珠光体的粘接。另外在珠光体凹下部分易于储存润滑油，改善了润滑效果。因此，冷激铸铁凸轮尖和冷激铸铁挺杆这对摩擦副的油膜保持性好，摩擦阻力小且磨损极微，可以在相当大的载荷及转速范围内工作，而保持较高的耐磨性。

冷激铸铁凸轮轴具有最优秀的抗擦伤性能，对润滑油品种不敏感，同时也有较好的抗点蚀剥落性和较高的耐磨性，且生产成本低。冷激铸铁凸轮轴在欧洲各国的汽车及拖拉机上用得比较多，在美国及日本都

用在载重车上。

冷激铸铁的化学成分，主要是碳含量要足够高，以保证冷激层硬度和碳化物量。根据设计结构的不同，可选择加入合金元素，主要是铬，有时也加入少量钼、铜、镍，以提高强度及硬度。典型的冷激铸铁凸轮轴的化学成分见表11-41。

可淬硬铸铁与冷激铸铁凸轮轴的轴颈一般不需进行感应淬火。

表11-39　各种凸轮轴所用材料及热处理工艺

用途	材料	预备热处理		最终热处理		
		工艺	硬度 HBW	工艺	层深/mm	硬度　HRC
小拖拉机 轿车 吉普	QT600-3	正火	229~302	贝氏体等温淬火		43~50
	合金铸铁	去应力退火	241~302	贝氏体等温淬火，氮碳共渗	0.10~0.15	>700HV
	45	调质	187~229	感应淬火、回火	3.0~6.0	轴颈55~63 齿45~58
轿车	合金铸铁	去应力退火	248~331	凸轮感应淬火、回火		52~60
轿车、载重车	冷激铸铁	去应力退火	凸轮尖>47HRC			
载重车 拖拉机	45	正火	163~197	感应淬火、回火	2.5~5.5	轴颈55~63 齿45~58
	QT600-3	去应力退火	230~280	贝氏体等温淬火		≥45
重型车	20	—	—	渗碳淬火、回火	1.3~1.7	58~62
	QT600-3	去应力退火	≥170	贝氏体等温淬火	—	43~51
	50	正火		感应淬火、回火	1.5~2.0	59~63
大马力 柴油机	船 20CrMnTi	正火		渗碳淬火、回火	1.7~2.2	56~61
	机车 50Mn	退火 去应力退火	241~285	感应淬火、回火　凸轮	2~5	58~60
				轴颈	1.5~4	55~62
	45	正火		感应淬火、回火	1.3~2.5	50~55

表11-40　常用的两种合金铸铁的化学成分

材料名称	化学成分（质量分数）（%）									
	C	Si	Mn	S	P	Ni	Cr	Mo	V	Cu
镍铬钼合金铸铁	3.2~3.4	2.00~2.20	0.65~0.85	<0.10	<0.10	0.40~0.50	0.90~1.10	0.40~0.45	—	—
铜钒钼合金铸铁	3.2~3.4	1.90~2.10	0.70~0.90	<0.10	<0.10	0.40~0.60		0.30~0.50		0.80~1.00

表11-41　典型的冷激铸铁凸轮轴的化学成分

材料名称	化学成分（质量分数）（%）								
	C	Si	Mn	S	P	Ni	Cr	Mo	Cu
铬镍钼合金铸铁	3.6	2.0	0.7	<0.15	<0.15	0.2	0.5~1.1	0.2	
低铬合金铸铁	3.6	1.5	0.6				0.1~0.3		

11.5.3　凸轮轴的热处理工艺

11.5.3.1　凸轮轴的感应热处理

汽车、拖拉机等内燃机的凸轮轴大都采用感应热处理以提高强度及耐磨性。根据凸轮轴结构和要求的不同，可对凸轮轴的凸轮、支承轴颈、偏心轮、齿轮等不同部位，按不同要求进行感应淬火。

加热方法：根据不同结构的凸轮轴可采用一次加热一个部位（中型以上多缸发动机用凸轮轴）或一次加热多个部位（轻、小型发动机用凸轮轴）。

感应器类型：凸轮轴（特别是凸轮）淬火感应器一般可分为两类：圆形感应器和仿凸轮形感应器。前者应用普遍，多数用于凸轮轴中频感应淬火；后者多数用于凸轮高频感应淬火或具有特殊形状、特殊要求的凸轮感应加热表面淬火。圆形感应器内径大于支承轴颈外径，零件与感应器的间隙较大，并且凸轮周边与感应器间隙不等，采用零件旋转加热方式。多个凸轮（或多个部位）同时淬火采用多个圆形感应器并联的组合感应器，加热方式采用零件旋转加热。仿凸轮形状感应器，零件与感应器的间隙较小，且也比较均匀，间隙可根据凸轮各部位不同硬化层深的要求来改变仿形形状。为了获得凸轮周边均匀的硬化层深，一般对曲率半径较小的部分增大间隙。仿凸轮形感应器一般做成分开式，适合于单件和小批量生产。

在凸轮轴感应淬火中，常出现因凸轮之间或凸轮与其他淬火部位（如偏心轮、齿轮等）之间的间距过小，而发生后淬火的凸轮对它紧邻的已淬火的凸轮或其他已淬火部位造成回火现象，使该处硬度降低。这是感应器所产生的磁场在感应器轴向两端的漏磁使已淬火凸轮局部范围二次加热所致。为了避免这一现象，在感应器轴向两端必须采取屏蔽措施，如在感应器有效圈外侧加"Π"形导磁体，使感应器有效圈所产生的磁场集中在有效圈的内侧，以减少磁场的泄漏，同时也提高了感应器的输出效率。图 11-14 是一个带有屏蔽装置的双圈圆形凸轮轴淬火感应器实物照片。生产实践证明，如果在"Π"形导磁体的两端分别加一纯铜片重复屏蔽，则屏蔽效果更好（见图 11-15）。

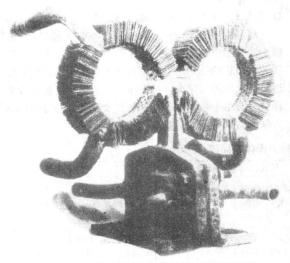

图 11-14　凸轮轴感应加热用的双圈圆形感应器

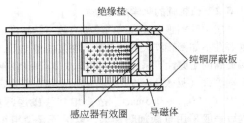

图 11-15　"Π"形导磁体两端加屏蔽的示意图

6102 发动机凸轮轴中频感应淬火工艺参数及技术要求列入表 11-42。

某厂生产可淬硬铸铁凸轮轴，20 世纪 80 年代小批量试制时，采用 108 中频发电机组电源、立式通用淬火机 GCT-120，圆形感应器带喷水孔，加磁屏蔽，单个凸轮加热，淬火冷却介质为 8% ~ 10%（质量分数）的聚丙烯酸钠（ACR）水溶液，工件转速为 100r/min，加热时间为 6 ~ 8s，预冷 1s，喷淬 4 ~ 6s。桃尖硬度为 51 ~ 54HRC，升程处淬硬层深≥3mm，淬火后经 250℃ × 1.5h 回火。90 年代该厂在凸轮轴加工线上装一凸轮轴全自动淬火机，专门处理 4 缸汽油机的合金铸铁凸轮轴，生产能力为 120 根/h，该淬火机采用晶闸管中频电源，在 3.6kHz 时输出 200kW，有可控温的淬火液槽及淬火机，有软化水的冷却循环系统，有一电控柜。凸轮轴材料为镍铬钼合金铸铁，铸态组织：桃尖附近 3mm 深度处是细片状珠光体基体上初生渗碳体及石墨；基圆部分的合金碳化物允许全部网状分布；石墨为 A 型、E 型，长度 4 ~ 7 级；基体硬度为 241 ~ 320HBW。加工工序为：铸坯铣两端面→打中心孔→粗、精车支承轴颈→加热 10 ~ 13s，预冷 > 5s→淬火。淬火后组织：表层细针状马氏体加残留奥氏体加少量珠光体，初生渗碳体未改变；淬硬层深度≥1.5mm，桃尖允许较深，淬硬层不进入杆部；表层硬度为 48HRC。为降低表面淬火应力、稳定组织，有利于消除磨削裂纹，淬火后在 1000 ~ 2500Hz 中频感应加热回火设备中进行低温回火。

表 11-42　6102 发动机凸轮轴中频感应淬火工艺参数及技术要求

| 淬火部位 | 变压器匝比 | 电　参　数 | | | | | 热处理参数 | | | | 淬火后硬度HRC | 淬硬层深度/mm |
		空载电压/V	载荷电压/V	电流/A	有效功率/kW	功率因数 cosφ	加热时间/s	间隙时间/s	冷却时间/s	水压/MPa		
大轴颈	19/1	750	740 ± 5	270 ± 5	95	0.96	4.4	0	4.4	0.15	55 ~ 63	3.4
小轴颈	19/1	750	740 ± 5	245 ± 5	82	0.95	4.0	0	4.0	0.15	55 ~ 63	—
齿　轮	19/1	750	740 ± 5	215 ± 5	62	0.90	4.3	0	1.3	0.15	45 ~ 58	—
凸　轮	12/1	750	700 ± 5	220 ± 10	70	0.96	4.1	0	2.5	0.15	55 ~ 63	2.9，尖 4.8
偏心轮	12/1	750	650 ± 10	230 ± 10	70	0.96	3.3	0	4.4	0.15	55 ~ 63	—

注：材料为 45 钢；锻件正火后硬度为 163 ~ 197HBW；电源设备为 BPS100/8000，淬火水温为 35 ~ 40℃。

11.5.3.2　凸轮轴的化学热处理

虽然中碳钢感应淬火的凸轮轴有较高的硬度，但其耐磨性不如渗碳淬火的凸轮轴，在某些情况下，为获得更高的耐磨性可采用 20、20Cr 或 20CrMnTi 钢进行渗碳淬火（见表 11-39）。考虑到凸轮轴渗碳后磨量较大（约 0.4~0.5mm），故需增加渗碳层深度。渗碳后一般采用重新加热淬火，以保证显微组织良好，使用寿命高。淬火、回火后的凸轮轴硬度应不低于 56HRC，汽车凸轮轴应不低于 58HRC。

气体氮碳共渗能显著提高抗擦伤和防止热胶合、咬合的能力。在 100℃ 的工作温度下，氮碳共渗的抗咬合能力与抗擦伤能力均超过淬火、回火，甚至超过渗碳淬火。合金铸铁氮碳共渗后的硬度高达 700HV 以上，耐磨性为中碳钢感应淬火件的 2 倍。如 680 汽油发动机的合金铸铁凸轮轴采用贝氏体等温淬火及去应力处理后再进行尿素气体氮碳共渗处理，氮碳共渗工艺见图 11-16。

某厂 EQ491 凸轮轴，材料为铬钼合金铸铁，制造工艺路线为：铸造毛坯→加工中心孔→中频感应淬火→粗磨→精磨→矫直→清洗→离子氮碳共渗→抛光。离子氮碳共渗设备为 LD-75A 离子氮化炉，凸轮轴采用竖直插入方式装夹，装载量 300 根/炉。主要工艺参数：共渗温度为 550~600℃，时间为 2.5~4h，氨气流量为 0.6~1.5L/min，丙烷气流量为 5~15mL/min，压力为 1500~2200Pa，电压为 500~800V，电流为 20~80A，冷却方式为真空炉冷。处理后化合物层深

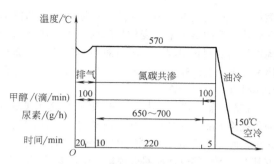

图 11-16　凸轮轴气体氮碳共渗工艺
注：材料为合金铸铁；层深为 0.10~0.15mm；
设备为 RJJ-35。

度为 0.008~0.016mm，扩散层深度大于 0.20mm。

除合金铸铁外，球墨铸铁凸轮轴也可采用氮碳共渗处理及离子渗氮处理。SH760 汽车凸轮轴采用尿素氮碳共渗处理后，解决了凸轮轴的早期拉毛和磨损的质量问题，产品质量稳定，使用寿命成倍提高。氮碳共渗的缺点是渗层较浅，不能承受较大的载荷，一般适用于中小功率发动机。

11.5.3.3　球墨铸铁凸轮轴的热处理

球墨铸铁凸轮轴一般选用 QT600-3 球墨铸铁，除少数采用中频感应淬火或氮碳共渗以外，大多数球墨铸铁凸轮轴是采用毛坯正火或去应力退火，加工后进行贝氏体等温淬火。贝氏体等温淬火的工艺参数选择可参阅第 1 卷有关球墨铸铁热处理章节。表 11-43 为球墨铸铁贝氏体等温淬火实例。

表 11-43　球墨铸铁凸轮轴贝氏体等温淬火实例

| 序号 | 化学成分（质量分数）（%） | | | | | | | 贝氏体等温淬火参数 | | | | 显微组织（体积分数） | 硬度 HRC |
	C	Si	Mn	S	P	Mg	RE	加热温度/℃	保温时间/min	等温温度/℃	停留时间/min		
1	3.7~3.9	2.0~2.3	0.5~0.8	<0.025	<0.1	0.035~0.045	0.025~0.04	860±10	30	270±10	60	贝氏体+≤5%马氏体+少量残留奥氏体	34~38
2	3.5~3.7	2.4~2.6	0.7~0.9	<0.02	<0.1	0.04~0.06	0.03~0.05	870±10	15	240±10	45	贝氏体+10%~15%马氏体+少量残留奥氏体	44~48
3	3.7~4.2	2.4~2.6	0.5~0.8	≤0.02	≤0.1	>0.04	0.02~0.04	860±10	30	290~300	45	贝氏体+少量马氏体和残留奥氏体	39~46

凸轮轴贝氏体等温淬火均在半精加工后进行。经贝氏体等温淬火后，凸轮轴要伸长约 0.3%，应予以注意。贝氏体等温淬火后的凸轮轴弯曲程度一般不超过 0.5mm/m，超差时应施以热矫直。贝氏体等温淬火后可以省去回火处理，淬火后为下贝氏体基体组织，具有良好的综合力学性能。适用于中、小型发动机和中小批量生产。

11.5.3.4　凸轮轴的其他强化工艺

如前所述，冷激铸铁凸轮轴具有优良的使用性能，但迄今为止冷铁只能靠手工摆放，所以生产操作要有严

密的协调及组织管理相配合，否则质量就不易稳定。近年来先后出现了非合金灰铸铁凸轮轴表面氩弧重熔和激光重熔（熔凝）硬化工艺，下面分别作一简介。

1. 氩弧重熔铸铁凸轮轴 氩弧重熔铸铁凸轮轴表面形成垂直于凸轮表面的莱氏体组织，凸轮表面硬度高达 54~64HRC，硬化层深度达到 2~2.5mm，有很高的抗擦伤性、耐磨性和耐热性，在运转中能承受更大的中心压力（<1000MPa），因而获得良好的使用性能。

氩弧重熔表面硬化工艺是利用普通钨极氩弧焊，凸轮接焊机正极，焊炬接负极，凸轮绕轴心转动，焊炬除作横向摆动外，还靠一个精密凸轮靠模保证钨棒（焊极）端部到凸轮表面各点的距离不变，凸轮转动一圈，即完成一个凸轮的重熔处理，使凸轮表面的珠光体转变为所希望的莱氏体组织。

凸轮表面氩弧重熔工艺的特点是适用于凸轮间距小的凸轮轴，因为凸轮间距小，采用冷激工艺不易安置冷铁，而氩弧重熔则不受此限制。又由于采用铸铁凸轮的重熔工艺，使铸坯铸造方便，成品率高，便于实现自动化，在逐步稳定氩弧重熔工艺的前提下，这种方法具有较好的发展前景。

2. 激光熔凝强化铸铁凸轮轴 铸铁激光重熔可获得好的表面质量，硬化层深度达 1~1.3mm，硬度达 60~68HRC（714~970HV0.1）；合理的预热和缓冷能有效地清除重熔表层的开裂和气孔，其耐磨性比普通冷激铸铁提高 2~3 倍；重熔表层的组织为细密的 Fe_3C（大量）+ M（少量）+ A（多量），其中 A 具有非常好的强韧性和抗塑变能力，从而赋予硬化层以优异的耐磨性、良好的热硬性和抗擦伤性，这对于在高接触应力、较高温升条件下工作的摩擦副是理想的耐磨层。

11.5.4 凸轮轴的质量检验

JB/T 6728.1—2008 对凸轮轴硬度、力学性能、显微组织、硬化层深度、表面宏观质量及磁粉探伤等项目的检验方法和检验规则作了规定。

凸轮轴感应淬火的质量检验见表11-44。

11.5.5 凸轮轴的常见热处理缺陷及预防补救措施

凸轮轴感应淬火常见缺陷及防止措施见表11-45。

表 11-44 凸轮轴感应淬火的质量检验

检验名称	检验项目		检验要求	检验设备或方法	备 注
显微组织	淬硬层组织	钢	3~7级马氏体	金相显微镜400×	—
		合金铸铁	细针状马氏体，基体上均匀分布着碳化物网或针和石墨以及少量残留奥氏体		
表面质量	淬硬区长度及位置		按产品图样要求	腐蚀法或硬度法	—
	裂纹		不允许有任何裂纹	磁力探伤机	100%探伤后退磁
	其他		淬火表面不得烧伤		
硬度	表面硬度		按产品图样要求	维氏硬度计或锉刀	—
	淬硬层深度		按 GB 5617 及产品图样的技术要求	维氏硬度计，载荷 10~50N（1~5kgf）	界限硬度值=0.8×允许的表面硬度下限值（HV）

表 11-45 凸轮轴感应淬火常见缺陷及防止措施

缺陷名称	产生原因	防止措施
凸轮表面软点	零件旋转过快，在凸轮背水面形成软点或低硬度	使零件转速降至 50r/min 以下
感应加热时，相邻的淬火轴颈回火	两个淬火部位间距太小；感应器与淬火部位的相对位置不合适	在感应器上加屏蔽装置；在感应器两侧装上导磁材料以调整感应器的相对位置
凸轮尖部和边角淬硬层崩落	1）凸轮尖部过热 2）淬硬层太深 3）冷却过于激烈 4）自热回火温度低 5）钢的含碳量及淬透性过高 6）感应器与凸轮间隙过小	1）减少加热时间 2）加大感应器内径和减少感应器有效高度 3）减少冷却水压和提高冷却水温 4）调整零件与感应器相对位置 5）保证合适的自热回火温度 6）控制好钢的化学成分和淬透性

（续）

缺陷名称	产生原因	防止措施
凸轮尖部硬度偏低和显微组织级别偏低	淬火加热温度不足	在感应器有效圈外圆装"Π"形硅钢片
铸铁凸轮局部熔化或显微组织中残留奥氏体量过多	淬火加热温度过高	1）减少加热时间或比功率 2）加大感应器内径或减少有效圈高度
铸铁凸轮的硬度不均匀或硬度偏低	1）毛坯铸态组织不合格，如石墨粗大 2）毛坯铸态硬度低 3）加热温度低	1）使毛坯铸态硬度及组织合格 2）适当增加加热时间

11.6 挺杆的热处理

11.6.1 挺杆的服役条件和失效方式

挺杆在发动机气缸体导管内作上下往复运动，同时绕自身轴线作旋转运动。挺杆与凸轮相接触的端面为球面，在与凸轮相对滑动的过程中为点接触（理论上），承受很大的接触应力，最大接触应力可达1500MPa。

挺杆的主要失效方式有：磨损、擦伤和接触疲劳破坏。

11.6.2 挺杆的材料

11.6.2.1 挺杆材料及热处理的技术要求

根据QC/T 521—1999，汽车发动机四冲程顶置式及侧置式气门挺杆的材料及热处理的技术要求如下：

（1）挺杆可用15Cr、20Cr、45Cr、20、45钢制造，也可用化学成分符合图样要求的合金铸铁制造。

（2）挺杆材料及热处理技术要求见表11-46。

（3）挺杆底部工作表面需经磷化处理或其他表面处理。

（4）挺杆磷化前，底部工作表面应进行探伤。

如果采用磁粉探伤，探伤后应退磁。

（5）经机械加工后的挺杆工作表面不应有裂纹、蜂窝孔、黑点、刻痕、凹坑等有害缺陷，在挺杆非工作表面允许有少量黑点及加工痕迹。

11.6.2.2 挺杆材料选择

挺杆和凸轮轴构成一对摩擦副，挺杆材料选择时必须考虑到它们之间的适应性。

渗碳后的钢挺杆有较高的硬度、高的接触疲劳强度和耐磨性，但它的储油性和减摩性均较差，所以较易出现擦伤。用合金铸铁来制造挺杆和凸轮轴有日益增多的趋向。冷激铸铁挺杆表面组织中有大量的针状碳化物，它们能起着一个相当坚固的骨架作用，而表面经磨陷成微凹的珠光体部分又起着储油作用，因而耐磨性、减摩性及储油性均较好。冷激铸铁挺杆再经淬火、回火处理能提高接触疲劳寿命。从试验和使用的结果表明，经过适当表面强化的合金铸铁挺杆和凸轮轴，在耐磨性和抗擦伤能力等方面都优于钢制挺杆和凸轮轴。目前以使用铬钼或铬镍钼合金铸铁$w(Ni)$（0.4% ~ 0.50%，$w(Cr)$ 0.5% ~ 1.0%，$w(Mo)$ 0.4% ~0.6%）为多，也使用铜钒钼合金铸铁。

表11-47列举一些发动机挺杆和凸轮轴的材料选配。

表11-46　挺杆材料及热处理技术要求

类　　别			钢制挺杆		铸铁挺杆
材料			15Cr、20Cr、20	45Cr、45	合金铸铁
热处理			渗碳或碳氮共渗	感应淬火	—
硬化层深度/mm			0.6 ~ 1.5	≥2	≥2
显微组织	底部工作表面		回火马氏体和少量针状托氏体		针状渗碳体、莱氏体和适量石墨
	杆部		回火托氏体		细珠光体基体
硬度	底部工作表面	淬火后	58 ~65HRC		58 ~65HRC
		不淬火			≥52HRC
	杆部及窝座		≥36HRC		241 ~285HBW
备　　注			渗层组织应为细致的马氏体，不允许网状渗碳体、游离铁素体，心部为低碳马氏体	—	底部工作表面应为冷激、冷激淬火或麻口淬火组织

表 11-47 挺杆和凸轮轴材料的选配

用 途	挺 杆	硬度 HRC	凸 轮 轴	硬度 HRC
载重车、拖拉机、轿车	1）35 钢碳氮共渗	57 ~ 62	45 钢感应淬火	55 ~ 63
	2）冷激铸铁	≥52	45 钢感应淬火	55 ~ 63
	3）冷激铸铁	≥52	冷激铸铁	>47
	4）20Mn2B 或 20Cr 钢渗碳淬火	55 ~ 62	45 钢感应淬火	55 ~ 62
	5）冷激合金铸铁	≥55	球墨铸铁感应淬火	45 ~ 55
	6）20 钢渗碳淬火	53 ~ 58	球墨铸铁感应淬火	45 ~ 55
	7）合金铸铁淬火	58 ~ 63	45 钢感应淬火	55 ~ 63
	8）冷激铸铁淬火、回火	≥58	45 钢感应淬火	55 ~ 63
	9）冷激铸铁淬火、回火	≥58	冷激铸铁	>47
	10）合金铸铁淬火、回火	≥55	合金铸铁凸轮感应淬火、回火	52 ~ 60
吉普、拖拉机	1）35 钢堆焊合金铸铁（冷激）	60 ~ 66	45 钢感应淬火	55 ~ 63
	2）20Cr 钢渗碳淬火	55 ~ 63	球墨铸铁贝氏体等温淬火	43 ~ 50
重型载重车	1）合金铸铁碳氮共渗	≥795HV0.5	20 钢渗碳淬火	58 ~ 62
	2）50Mn2 钢淬火或冷激铸铁	47 ~ 54	球墨铸铁贝氏体等温淬火	43 ~ 51
机 车	20Cr 钢渗碳淬火	58 ~ 63	45 钢感应淬火	50 ~ 55

11.6.3 挺杆的热处理工艺

各种挺杆热处理工艺及技术要求见表 11-48。

11.6.3.1 钢制挺杆的热处理

在大量生产中，钢制挺杆通常采用冷挤或热镦成形，而小批量生产的挺杆则采用棒料加工成形。

1. 制造工艺路线 菌状挺杆通常采用热镦成形，

其工艺路线为：

下料→感应加热后热镦→加工→渗碳→淬火、回火→精加工→磷化→成品。

筒状挺杆常采用冷挤压成形，其工艺路线为：

下料→退火→磷化、皂化→冷挤压→加工→渗碳或碳氮共渗→淬火、回火→精加工→磷化→成品。

表 11-48 各种挺杆热处理工艺及技术要求

材 料	预备热处理	最终热处理	技术要求 层深 /mm	技术要求 硬度 HRC
20Cr	退火：（760 ± 10）℃，保温 180min，降到（700 ± 10）℃ × 120min，炉冷到 500℃后出炉空冷	渗碳：（930 ± 10）℃，空冷，盐浴正火：900 ~ 920℃，空冷，淬火：（820 ± 10）℃，硝盐浴，回火：（280 ± 10）℃	1.2 ~ 1.6	53 ~ 60
35 钢堆焊合金铸铁	退火：（860 ±10）℃ ×120min，降至（750 ±10）℃,120min 后空冷	高频堆焊后水冷，再在（300 ±10）℃回火 3h	堆焊层 ≥1.5	60 ~ 66
35 钢或 Y15 钢	—	碳氮共渗：（860 ±10）℃，10% 盐水（质量分数）淬火；回火：（180 ±10）℃,90min	0.2 ~ 0.4	58 ~ 62
冷激合金铸铁	550℃退火 4h	淬火：（860 ± 10）℃，油淬；回火：180℃,120min	—	58 ~ 63
15Cr		（940 ±10）℃气体渗碳后空冷，（860 ± 10）℃油淬，（180 ±10）℃回火	1.0 ~ 1.4	58 ~ 63
可淬硬合金铸铁		855℃油淬,160℃回火	—	>55
20	—	（920 ±10）℃渗碳后空冷，（820 ± 10）℃淬火，（280 ±10）℃回火	1.1 ~ 1.5	53 ~ 58
冷激合金铸铁	（550 ±10）℃退火 6h	（560 ± 10）℃液体渗氮（盐浴成分：(NH₂)₂CO: Na₂CO₃ : KCl = 5:1:1)180min 后油冷	—	≥795HV
50Mn2	退火：（820 ± 10）℃ × 180min 后，炉冷到 600℃后出炉空冷	淬火：820℃，淬入轻柴油 回火：300 ~ 320℃ ×2h	—	47 ~ 54

2. 热处理工艺　图11-17 和图11-18 分别列出 15Cr 和 35 钢挺杆在井式炉中的渗碳工艺。

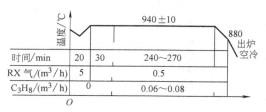

图 11-17　15Cr 钢挺杆在 RJJ-60-9T 井式炉中的渗碳工艺

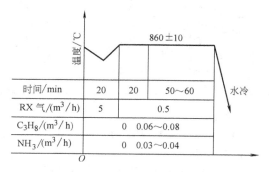

图 11-18　35 钢挺杆在 RJJ-60-9T 井式炉中的碳氮共渗工艺

11.6.3.2　合金铸铁挺杆的热处理

铸铁挺杆主要有合金铸铁和冷激铸铁两大类，其他尚有球墨铸铁挺杆。挺杆制造有整体铸造的，有在钢制成杆体头部堆焊上合金铸铁以及用单体铸造的合金铸铁挺杆头与钢制杆体对焊等形式。

1. 制造工艺路线

（1）合金铸铁整体铸造可分为以下几种：

1）合金铸铁整体铸造（不激冷）→去应力退火→机械加工→淬火、回火→精加工→表面处理→成品。

2）合金铸铁整体铸造，端面激冷→去应力退火→机械加工→表面处理→成品。

3）合金铸铁整体铸造，端面激冷→去应力退火→机械加工→淬火、回火→精加工型→表面处理→成品。

（2）合金铸铁整体铸造（冷激）→去应力退火→机械加工→氮碳共渗→精加工→成品。

（3）钢制杆体→堆焊端部（冷激）→回火→精加工→成品。

（4）钢制杆体
单体铸造头部(冷激)　}→对焊
→热处理→精加工→表面处理→成品。

2. 热处理工艺

（1）铸铁挺杆的热处理工艺随化学成分、使用条件和制造方法的不同有很大差别。铸铁挺杆的使用性能与显微组织、硬度、表层和次表层的残余应力有较大关系。碳化物网将使挺杆早期失效，表现形式是点蚀剥落和快速磨损。显微组织中有较多的垂直于工作球面的针状碳化物，细回火马氏体基体和点状、片状石墨配合时，具有最好的使用性能。较高的硬度对耐磨也是有利的。铸铁挺杆的使用性能与组织、硬度的关系见图 11-19。硬度及组织与铸件的合金成分及铸造工艺有关。热处理的主要作用在于使基体组织转变为马氏体，以抵抗高的接触应力，或通过表面处理的方法提高挺杆端面的硬度。

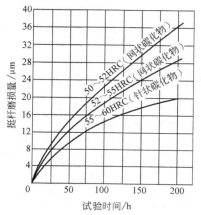

图 11-19　镍铬钼合金铸铁挺杆的组织和硬度与磨损量的关系

注：主要化学成分为 w（Ni）0.4% ~ 0.5%，

w（Cr）0.9% ~ 1.10%，

w（Mo）0.40% ~ 0.55%。

（2）冷激铸铁挺杆，随着发动机性能指标不断提高，挺杆端面接触应力也越来越高，容易引起冷激铸铁挺杆体最常见的失效即疲劳剥落。为此，冷激铸铁挺杆必须经淬火＋回火处理。为保持冷激铸铁挺杆优良的抗擦伤性能，热处理不得使较多量碳化物分解成团状石墨，并应使基体组织中的珠光体都转变为马氏体，所以淬火加热温度应严格控制，并防止脱碳。冷激铸铁挺杆的淬火加热一般采用盐浴加热。

（3）高频堆焊冷激合金铸铁挺杆进行 300℃ 回火，能减缓应力集中，但是不适当地提高回火温度会降低表面残余压应力并导致挺杆早期疲劳剥落。图 11-20 表明，回火温度过高会使疲劳寿命下降。图 11-21 表明了不同温度回火后挺杆的表面残余应力分布情况。

几种冷激合金铸铁挺杆的热处理工艺列于表
11-49。

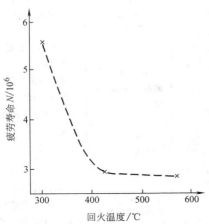

图 11-20 疲劳寿命随回火温度的变化

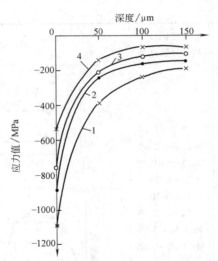

图 11-21 不同温度回火后挺杆表面应力的分布
回火温度：1—300℃ 2—400℃ 3—450℃
4—570℃

表 11-49 冷激合金铸铁挺杆的热处理工艺

材料	化学成分（质量分数）（%）	热处理工艺	端面硬度 HRC	显微组织（体积分数）
铬钼合金铸铁	C 3.45 ~ 3.65 Si 2.0 ~ 2.4 Mn 0.6 ~ 0.9 S ≤0.12 P ≤0.20 Cr 0.2 ~ 0.4 Mo 0.3 ~ 0.5	去应力退火 560±10 炉冷 <300 120	≥52	莱氏体 + 少量珠光体，有少量点状石墨
镍铬钼合金铸铁	C 3.5 ~ 3.7 Si 1.7 ~ 1.9 Mn 0.7 ~ 1.0 S <0.10 P <0.10 Ni 0.5 ~ 0.7 Cr 0.25 ~ 0.35 Mo 0.4 ~ 0.6	去除应力退火 540~560 120 氮碳共渗 560~570 180 空冷 350~400 油冷（≤80）	铸态 55 ~ 62，氮碳共渗后 >795HV0.2	球面为较细针状莱氏体，基体为85%珠光体，白口层深度为2~6mm

（续）

材料	化学成分 （质量分数）（%）	热处理工艺	端面硬度 HRC	显微组织 （体积分数）
镍铬钼 合金铸 铁	C 3.2～3.4 Si 2.20～2.40 Mn 0.65～0.85 S ＜0.10 P ＜0.10 Cr 0.90～1.10 Ni 0.40～0.50 Mo 0.40～0.65	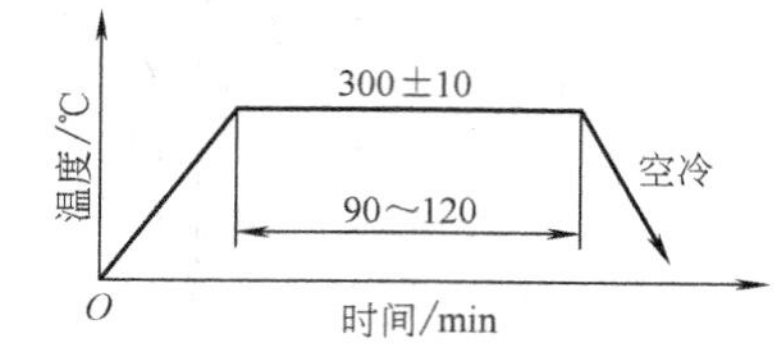	60～65（20 钢杆体高频堆 焊）	挺杆端工作面的显微 组织为： 30%～60%碳化物＋ 马氏体＋15%残留奥氏 体＋≤0.5%细点状 石墨
		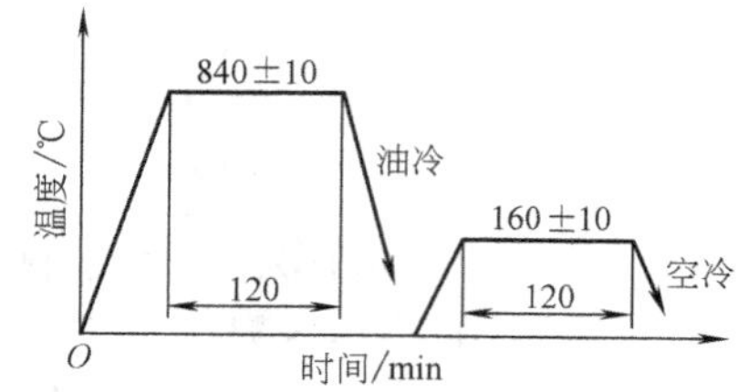	铸态 277～ 352HBW 热 处 理后 57～63	回火马氏体＋少量点 状石墨＋少量渗碳体 （垂直于表面，要求保 留10%）
镍铬钼 合金铸 铁	C 3.6～3.8 Si 1.8～2.0 Mn 0.8～0.95 S ＜0.03 P ＜0.02 Ni 0.7～0.8 Cr 0.45～0.55 Mo 0.08～0.12	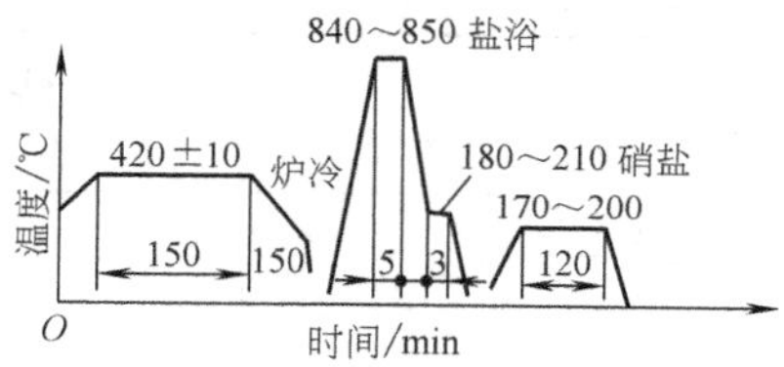	63～65	基体：碳化物＋极少 量莱氏体＋马氏体 石墨：呈点状均匀分 布＜3%，白口层深度 为3～8mm
镍铬钼 铜合金 铸铁	C 3.4～3.6 Si 2.1～2.4 Mn 0.7～0.9 S ＜0.05 P ＜0.1 Cr 0.4～0.6 Mo 0.4～0.60 Cu 0.15～0.2 Ni 0.5～0.7 Ti 0.07～0.1	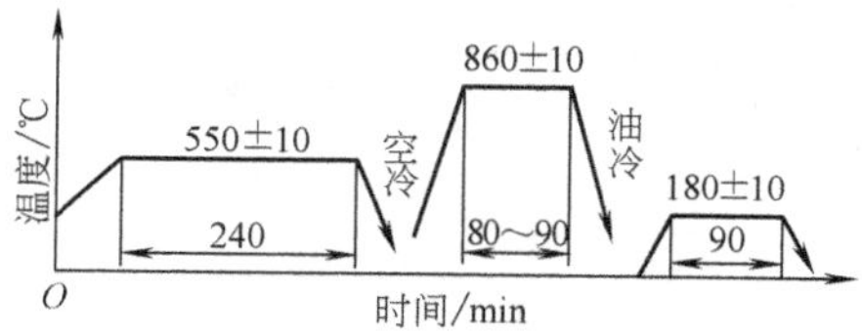	58～63	—
镍铬钼 铜合金 铸铁	C 3.4～3.6 Si 2.1～2.4 Mn 0.7～0.9 S ＜0.05 P ＜0.1 Cr 0.4～0.6 Mo 0.4～0.60 Cu 0.15～0.2 Ni 0.5～0.7 Ti 0.07～0.1	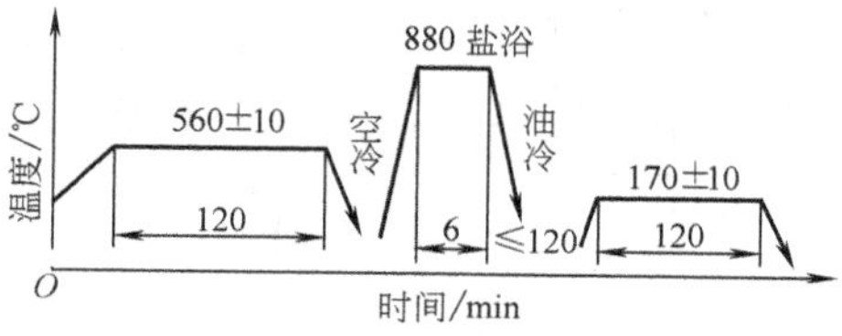	＞63	—

（续）

材料	化学成分 （质量分数）（%）	热处理工艺	端面硬度 HRC	显微组织 （体积分数）
铬钼铜 合金铸 铁	C 3.6~3.8 Si 1.7~1.9 Mn 0.6~0.8 Cr 0.3~0.6 Mo 0.4~0.6 Cu 0.6~0.8 S <0.10 P <0.12	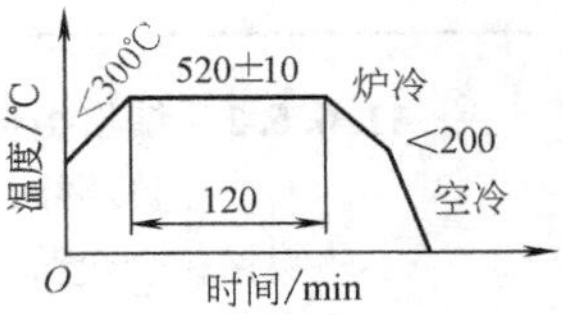 <300℃　520±10　炉冷 温度/℃　　　　　<200 　　120　　空冷 O　　时间/min	58~63	—

11.6.4　挺杆的质量检验

汽车发动机四冲程顶置式及侧置式气门挺杆的质量检验应按 QC/T 521—1999 规定的检验规则进行。

11.6.4.1　渗碳钢挺杆的质量检验

渗碳钢挺杆的热处理质量检验见表 11-50。

表 11-50　渗碳钢挺杆热处理质量检验

检验项目	检验方法	检验要求
表面质量	观察	无裂纹、刻痕、发裂、皱纹、碰伤和氧化皮
渗碳层深度/mm	显微检查按过共析层＋共析层＋1/2过渡层，测量渗碳淬火有效硬化层深度应按 GB/T 9450—2005 测定	按零件图样要求
硬度 HRC	10% 锉刀检查，2% 硬度计检查	按零件图样要求
显微组织	表层	金相显微镜观察	细针状马氏体＋碳化物，断续或连续网状碳化物深度 <0.14mm。表面硬度合格时，允许有少量残留奥氏体
	心部	金相显微镜观察	板条马氏体＋铁素体

11.6.4.2　合金铸铁挺杆的质量检验

镍铬钼合金铸铁挺杆的热处理质量检验见表 11-51。

**表 11-51　镍铬钼合金铸铁挺杆的
热处理质量检验**

检验项目	检验方法	检验要求
硬度 HRC	在端面测定，至少三点	58~65（淬火后）
显微组织	每炉最少取一个试样进行金相组织检验	1）热处理零件表面不允许有脱碳、氧化和石墨生长现象 2）基体组织为细马氏体 3）石墨和碳化物分布应符合铸态显微组织检验要求 4）在距端面 2.6~8.5mm 范围内允许出现 6 级碳化物

11.6.5　挺杆的常见热处理缺陷及预防补救措施

11.6.5.1　渗碳钢挺杆常见热处理缺陷的预防及补救措施

渗碳钢挺杆常见热处理缺陷的预防及补救措施见表 11-52。

表 11-52　渗碳钢挺杆常见热处理缺陷的预防及补救措施

缺陷名称	产生原因	预防及补救措施
渗碳层深度不均（见图 11-22、图 11-23）	炉气流动不良，炉子密封不好，零件不干净并重叠堆放	不许重叠堆放，保证炉气流动好、气氛均匀，不漏气。当渗层偏差小，最大层深未超过规定者可以返修
过热	渗碳温度偏高或渗碳时间过长	应严格按规定操作。过热组织可采取 850~900℃ 正火后，重新淬火
渗碳层碳含量过高	渗碳温度过高，炉气碳势过高，扩散时间不够	应严格按规定操作。可采取 900~910℃ 扩散后正火，再重新加热淬火

（续）

缺陷名称	产生原因	预防及补救措施
脱碳（见图11-24）	炉气碳势低，盐浴脱氧不良，渗碳后空冷太慢	适当提高炉气碳势，在保护气氛中冷却，出炉后散放快冷，可补渗后再加热淬火
软点	淬火温度偏低，连续炉出料端温度低	允许返修淬火

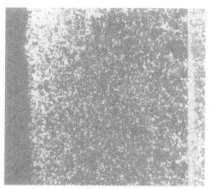

图 11-22　15Cr 钢挺杆渗碳层较浅处的显微组织中出现亚共析组织　100 ×

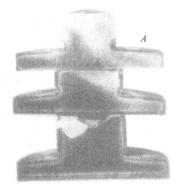

图 11-23　15Cr 钢挺杆渗碳层深度不均的宏观照片

注：图中 A 端面因氧化阻碍渗碳，几乎全无渗碳层。

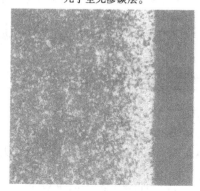

图 11-24　15Cr 钢挺杆表面脱碳的显微组织　100 ×

11.6.5.2　镍铬钼合金铸铁挺杆常见热处理缺陷的预防及补救措施

镍铬钼合金铸铁挺杆常见热处理缺陷的预防及补救措施见表 11-53。

表 11-53　镍铬钼合金铸铁挺杆常见热处理缺陷的预防及补救措施

缺陷名称	产生原因	预防及补救措施
表面脱碳	加热温度过高或炉气碳势过低	1）淬火加热应在保护气氛中进行 2）当脱碳深度低于磨削加工余量者可磨去
过热	加热温度过高	1）严格控制淬火加热温度 2）出现过热，不能补救
硬度低	加热温度低或保温时间不足	允许重新加热淬火
淬火软点	淬火零件脏或淬火油温过高	保证零件清洁，保证淬火油温

11.7　排气阀的热处理

11.7.1　排气阀的服役条件和失效方式

排气阀在高温下高速运动和复杂而多变的应力状态下工作，其盘端面露在燃烧室中，承受高温（600～850℃）、高压燃气的冲刷与腐蚀。典型汽车排气阀危险区及温度分布状态如图 11-25 所示，从图中看出：

（1）排气阀的最高温度在其盘部和颈部（A、C 区），汽油发动机排气阀的最高温度在 C 区，柴油发动机排气阀的最高温度在 A 区。这些部位要求高的热强度和良好的耐蚀性。

（2）与阀座接触的盘锥面（B 区）是排气阀的又一个危险区，该区要求抗热腐蚀、热疲劳、热损等综合性能。

（3）排气阀的杆部和杆端部（D、E 区）分别与导管、摇臂接触，均属磨损区，该区要求良好的减摩和耐磨性。

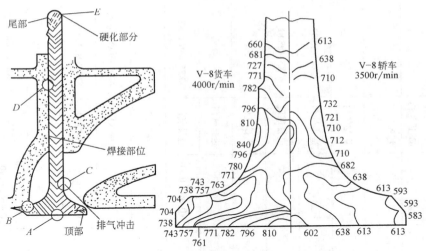

图 11-25 典型汽车排气阀危险区及温度分布状态

排气阀的失效方式主要是盘部烧蚀、盘锥面腐蚀与磨损、杆部与颈部折断、杆部和杆端面的磨损与擦伤。其中，盘锥面产生腐蚀麻坑较为普遍，而排气阀的烧蚀与折断是最严重的失效方式。

11.7.2 排气阀的材料

11.7.2.1 排气阀材料及技术要求

根据 QC/T 469—2002《汽车发动机气门技术条件》，排气阀材料的化学成分应符合表11-54 的规定。

排气阀材料的热处理工艺及力学性能见表11-55。

QC/T 469—2002 规定排气阀的热处理及其他技术要求如下：

（1）气阀经调质处理后的硬度为 30～40HRC，每个气阀的硬度差不得大于 4HRC。奥氏体钢或焊接气阀的硬度按图样规定。

（2）气阀杆端面经淬火硬化后，其硬度应不低于 48HRC。淬硬层深度不小于 0.6mm，过渡区不得出现在锁夹槽部。

（3）合金结构钢及马氏体型耐热钢气阀经调质处理后，其金相组织为回火索氏体。奥氏体型耐热钢气阀的晶粒度在 3 级以上（含 3 级）为合格。

（4）外观要求：气阀表面不得有裂纹、氧化皮及过烧现象。非加工表面应平整、光滑，不允许有影响使用性能的锻造缺陷。工作表面不得有伤痕、麻点、腐蚀等有害缺陷。

（5）气阀锻造金属流线，应符合气阀外形的纤维方向。

（6）杆部焊接的气阀，焊接处的抗拉强度应不低于基体材料的抗拉强度；杆端部焊接气阀其抗剪强度按图样规定。

（7）气阀盘锥面应经密封性试验。

（8）气阀应经无损探伤。磁粉探伤后，应进行退磁处理。

11.7.2.2 排气阀材料选择

排气阀材料要求有足够的高温强度和耐磨性，良好的抗氧化和抗燃气腐蚀性能，较高的热传导率和较低的膨胀系数以及优良的冷热加工和焊接性。

排气阀材料是按照其工作环境温度、介质及耐久性要求来选择的。目前多数选用马氏体型的 Cr-Si 钢和奥氏体型的 Cr-Mn-Ni 和 Cr-Ni 钢。常用排气阀材料及其技术要求见表11-56。

11.7.3 排气阀的热处理工艺

11.7.3.1 马氏体型耐热钢排气阀的热处理

1. 制造工艺路线 马氏体型耐热钢棒料→电镦→锻造成形→调质→矫直→机械加工→杆端部淬火→抛光→成品。

2. 热处理工艺 马氏体型耐热钢排气阀都在稳定的回火索氏体组织状态使用。其热处理工艺为整体调质后杆端部局部淬火。

4Cr9Si2 排气阀调质处理的工艺参数见表11-57。

4Cr9Si2 排气阀调质处理后有时会出现冲击韧度偏低的现象，可采用两次淬火调质工艺，第一次在 1020℃加热、油淬；第二次在 960℃加热、油淬后进行回火，回火后需水冷。这样处理可提高冲击韧度，改善钢的综合性能，但也降低了排气阀的硬度。4Cr9Si2 钢在 450～600℃回火有回火脆性，因此回火后需快速冷却。

4Cr10Si2Mo 钢排气阀的热处理工艺见表11-58。

排气阀热处理后需经喷丸和矫直，为了消除内应力，可再进行第二次回火（300℃，120min，空冷）。马

表 11-54　常用气门材料的牌号及化学成分（QC/T 469—2002）

类别	牌号	C	Si	Mn	P	S	Ni	Cr	Mo	W	N	Co	Fe	其他	用途	相当牌号 ISO 683/XV
结构钢	40Cr	0.37~0.44	0.17~0.37	0.50~0.80	≤0.035	≤0.035		0.80~1.10							排气门杆部,进气门	
	45Mn2	0.42~0.49	0.17~0.37	1.40~1.80	≤0.035	≤0.035									排气门杆部,进气门	
马氏体钢	4Cr9Si2	0.35~0.50	2.00~3.00	≤0.70	≤0.035	≤0.030		8.00~10.00							进排气门	X45CrSi93
	5Cr9Si3	0.40~0.50	2.70~3.30	≤0.80	≤0.040	≤0.030		8.00~10.00							进排气门	
	5Cr8Si2	0.45~0.55	1.00~2.00	≤0.60	≤0.030	≤0.030		7.50~9.50							进排气门	X50CrSi82
	4Cr10Si2Mo	0.35~0.45	1.90~2.60	≤0.70	≤0.035	≤0.030		9.00~10.50	0.70~0.90						进排气门	
	8Cr20Si2Ni	0.75~0.85	1.75~2.25	0.20~0.60	≤0.030	≤0.030	1.15~1.65	19.00~20.50							进排气门	
	9Cr18Mo2V	0.80~0.90	≤1.00	≤1.50	≤0.040	≤0.030	16.5~18.5		2.0~2.5					V0.30~0.60	进排气门	X85CrMoV182
	4Cr14Ni14W2Mo	0.40~0.50	≤0.80	≤0.70	≤0.035	≤0.030	13.00~15.00	13.00~15.00	0.25~0.40	2.00~2.75					排气门	
奥氏体材料	5Cr20Mn8Ni2N(21-2N)	0.50~0.60	≤0.25	7.00~10.00	≤0.040	≤0.030	1.50~2.75	19.50~21.50			0.20~0.40				排气门	X55CrMnNiN208
	5Cr21Mn9Ni4N(21-4N)	0.48~0.58	≤0.35	8.00~10.00	≤0.040	≤0.030	3.25~4.50	20.00~22.00			0.35~0.50			C+N≥0.90	排气门	X53CrMnNiN219
	2Cr21Ni12N(21-12N)	0.15~0.28	0.75~1.25	1.00~1.60	≤0.035	≤0.030	10.50~12.50	20.00~22.0			0.15~0.30				排气门	
	5Cr21Mn9Ni4Nb2WN (21-4NWNb)	0.45~0.55	≤0.45	8.00~10.00	≤0.050	≤0.030	3.50~5.00	20.00~22.00		0.80~1.50	0.40~0.60			Nb1.80~2.50 C+N≥0.90	排气门	X50CrMnNiNbN219
	6Cr21Mn1OMoVNbN	0.57~0.65	≤0.25	9.50~11.50	≤0.050	≤0.025	≤1.58	20.00~22.00	0.75~1.25		0.40~0.60			V0.75~1.00 Nb1.00~1.20	排气门	
	3Cr23Ni8Mn3N(23-8N)	0.28~0.38	0.50~1.00	1.50~3.50	≤0.040	0.030	7.00~9.00	22.00~24.00	≤0.50	≤0.50	0.25~0.35				排气门	X33CrMnNiN238

（续）

类别	牌号	C	Si	Mn	P	S	Ni	Cr	Mo	W	N	Co	Fe	其他	用途	相当牌号 ISO 683/XV
高温合金	GH145（Inconel751）	≤0.10	≤0.50	≤1.00	≤0.015	≤0.015	余	14.00~17.00					5.00~9.00	Nb0.70~1.20 Ti2.20~2.60 Al0.90~1.50	排气门	NiCr15Fe7TiAl
推焊合金	Stellite 6	0.90~1.40	1.60~2.00	≤0.50	≤0.030	≤0.030	≤3.00	26.00~32.00	≤1.00	3.50~5.50		余			盘锥面堆焊	
	Stellite F	1.50~2.00	0.90~1.30	≤0.50	≤0.030	≤0.030	20.50~23.50	24.00~27.00	≤1.00	11.50~13.00		余	≤1.35		盘锥面堆焊	
	P37S（粉）	1.50~1.75	0.90~1.30	≤0.30	≤0.030	0.02~0.03	21.00~24.00	27.50~29.00	≤0.60			余		$O_2+N_2 \leqslant 6\times10^{-4}$	盘锥面堆焊	
	Eatonite 6（粉）	1.50~2.00	1.10~1.50	0.50~1.00	≤0.025	≤0.020	15.00~18.00	26.00~30.00	4.00~5.00				余		盘锥面堆焊	
	Ni102（粉）	0.72~0.84	3.50~4.20				余	13.00~16.00				余		B3.0~3.8	杆端面堆焊	
	Stellite F（粉）	1.50~2.00	0.90~1.30	≤0.50	≤0.030	≤0.030	21.00~24.00	24.00~27.00	≤0.60	11.50~13.00		余	≤3.00	B≤0.05	盘锥面堆焊	

表 11-55　排气阀材料的热处理工艺及力学性能（QC/T 469—2002）

材料	牌　号	热处理工艺				力学性能						热处理方法
		淬火	回火	固溶	时效	R_m/MPa	R_{eL}/MPa	$A(\%)$	$Z(\%)$	硬度 HBW	硬度 HRC	
结构钢	40Cr	(850±10)℃,油冷	(520±20)℃,水冷			≥980	≥785	≥9	≥45	283~341		淬火、回火
	45Mn2	(850±10)℃,油冷	(550±20)℃,水冷			≥880	≥750	≥10	≥45	283~341		淬火、回火
	4Cr9Si2	1000~1050℃,油冷	700~780℃,空冷			≥880	≥590	≥19	≥50	266~325		淬火、回火
马氏体钢	5Cr9Si3	1000~1050℃,油冷	720~820℃,空冷或水冷			≥900	≥700	≥14	≥40	266~325		淬火、回火
	5Cr8Si2	1000~1050℃,油冷	720~820℃,空冷或水冷			≥900	≥685	≥14	≥40	266~325		淬火、回火
	4Cr10Si2Mo	1000~1050℃,油冷	720~760℃,空冷或水冷			≥880	≥680	≥10	≥35	266~325		淬火、回火
	8Cr20Si2Ni	1030~1080℃,油冷	700~800℃,缓慢冷却			≥880	≥680	≥10	≥15	296~325		淬火、回火
	9Cr18Mo2V	1050~1080℃,油冷	720~820℃,缓慢冷却			≥1000	≥800	≥7	≥12	296~325		淬火、回火
奥氏体材料	4Cr14Ni14W2Mo			1100~1200℃,水冷	720~800/6h,水冷	≥690	≥315	≥25	≥35	≤248		固溶、时效
	5Cr20Mn8Ni2N(21-2N)			1140~1180℃,水冷	760~815/4~8h,空冷	≥900	≥550	≥8	≥10		≥30	固溶、时效
	5Cr21Mn9Ni4N(21-4N)			1140~1180℃,水冷	760~815/4~8h,空冷	≥950	≥580	≥8	≥10		≥28	固溶、时效
	2Cr21Ni12N(21-12N)			1100~1200℃,水冷	700~800/6h,空冷	≥780	≥390	≥26	≥20	≤248		固溶、时效
	5Cr21Mn9Ni4Nb2WN (21-4NWNb)			1160~1200℃,水冷	760~850/6h,空冷	≥950	≥580	≥12	≥15		≥28	固溶、时效
	6Cr21Mn10MoVNbN			1160~1200℃,水冷	760~850/6h,空冷	≥1000	≥800	≥8	≥10		≥30	固溶、时效
	3Cr23Ni8Mn3N(23-8N)			1150~1170℃,水冷	800~830/8h,空冷	≥850	≥550	≥20	≥30		≥22	固溶、时效
高温合金	GH145 (Incone1751)			1100~1150℃,水冷	840/24h+700/2h,空冷	≥1100	≥750	≥12	≥20		≥32	固溶、时效
堆焊合金	Stellite 6										≥40	
	Stellite F										≥40	
	P37S(Stellite FS)										≥40	
	P25										≥32	
	Eatonite 6											
	Ni102 粉										≥50	

氏体型耐热钢排气阀一般都采用杆端部局部淬火,以提高其耐磨性。气阀杆端部表面淬火后硬度应为50HRC以上,当杆端部长度大于4mm时,硬化层深应不小于2mm。当杆端部长度小于或等于4mm时,硬化层深不小于1mm。杆端部表面淬火可采用感应加热、电解液加热及火焰加热淬火等方法来实现。

表 11-56　常用排气阀材料及其技术要求

牌　号	硬度　HRC		杆端部硬化层深度/mm	备　注
	杆部及盘部	杆端部		
4Cr9Si2	30~37	>50	>3	按不同型号发动机的要求提出
	30~40	>50	—	
	32~37	>50	>3	
4Cr10Si2Mo	30~40	≥50	3~5	按不同型号发动机的要求提出
	32~37	≥50	>3	
	30~35	≥50		
4Cr14Ni14W2Mo	220~280HBW 22~30	≥53	2~3	—
	—	≥600HV	≥0.04	杆部渗氮
	—	≥750HV	0.05~0.10	杆部离子渗氮
5Cr21Mn9Ni4N	34~40	50~60	0.6~1.0	焊耐磨合金
5Cr21Mn9Ni4N 与 4Cr9Si2 焊接	28~38	55~63	1.5~3	电解液淬火或感应淬火
5Cr21Mn9Ni4N 与 45Mn2 焊接	28~38	55~63	1.5~3	

注:表中数据为有关生产厂的技术要求,有的与国家标准及行业标准略有差异。

表 11-57　4Cr9Si2 排气阀调质处理的工艺参数

工　序	加热温度/℃	加热介质	保温时间/min	冷却方式	显微组织
淬火	1030~1050	盐浴	5~20	油淬	马氏体+碳化物
回火	680~700	空气	90~120	油冷或水冷	回火索氏体+碳化物

表 11-58　4Cr10Si2Mo 钢排气阀的热处理工艺

序号	淬　火					回　火			硬度 HRC
	温度/℃		加热介质	时间/min	冷却方式	温度/℃	时间min	冷却方式	
	预热	淬火							
1	850	1040±10	盐浴	5~8	油冷	630±10	150	水冷	31~36
2	850	1050±10	盐浴	5	油冷	680±10	120	空冷	32~37
3	840	1050±10	盐浴	15	油冷	750±10	180	空冷	30~35

11.7.3.2　奥氏体型耐热钢排气阀的热处理

1. 制造工艺路线　根据 GB/T 12773—2008《内燃机气阀用钢及合金棒材》,气阀的原材料可按退火状态或固溶处理状态提供。排气阀可分为整体阀与焊接阀,不少奥氏体型耐热钢排气阀的盘锥面采用等离子堆焊、杆端面采用氧乙炔堆焊硬质合金。奥氏体型耐热钢排气阀的制造工艺路线可分为以下两种:

(1) 整体阀:下料→电镦→顶锻→热处理→机械加工→盘锥面及杆端面堆焊合金→热处理→精加工→表面处理→成品。

(2) 焊接阀:盘部、颈部下料→电镦→顶锻; 杆部、锁夹槽部、杆端部下料→热处理→机械加工→盘锥面堆焊→热处理→机械加工→对焊→矫直→去应力→退火→机械加工→杆端部感应淬火。

2. 热处理工艺　奥氏体型耐热钢排气阀一般都经固溶处理和时效。5Cr21Mn9Ni4N 钢经不同热处理后的组织和性能见表 11-59。

表 11-59　5Cr21Mn9Ni4N 钢经不同热处理后的组织和性能

热处理工艺名称		固溶处理	不完全固溶处理	退　火
工艺规范		1150 ~ 1180℃，0.5 ~ 1h，水冷	1070 ~ 1120℃，0.75 ~ 1h，水冷	860 ~ 900℃，6h，炉冷
显微组织		奥氏体基体 + 极少量碳化物	奥氏体基体 + 少量细小均布的碳化物	奥氏体基体 + 大量细小颗粒状碳化物
晶粒度/级		2 ~ 5	5 ~ 9	9 ~ 10
可加工性		较难切削	较易切削	易切削
高温持久强度	750℃加热 100h	160MPa 1150℃加热、水冷；750℃回火，4h，空冷	125MPa 1100℃加热，0.5h，水冷；750℃回火，4h，空冷	60MPa 900℃加热，7h，缓冷
	800℃加热 100h	80MPa 1170℃加热，0.5h，水冷，750℃回火，8h，空冷	62MPa 1100℃加热，1.5h，水冷；750℃回火，8h，空冷	37MPa 800℃加热，6h，缓冷
室温力学性能	R_m/MPa	710 ~ 1150	1070 ~ 1275	1050 ~ 1128
	R_{eL}/MPa	570 ~ 875	760 ~ 895	758 ~ 765
	A（%）	3.4 ~ 36	11 ~ 30	12.4 ~ 33
	Z（%）	4 ~ 32.5	12 ~ 31	12.8 ~ 30
	硬度　HBW	≥302	280 ~ 330	295 ~ 310

按表 11-59 经不同热处理后 5Cr21Mn9Ni4N 钢的显微组织见图 11-26。从表 11-59 可以看出：原材料采用退火状态，具有良好的电镀和可加工性。经加工后进行固溶热处理，可获得良好的高温强度。另外，

5Cr21Mn9Ni4N 钢的固溶温度范围很窄，固溶温度过低则冷拔、矫直比较困难；若固溶温度过高，易产生过热、过烧。产生这类缺陷，生产厂是无法补救的。

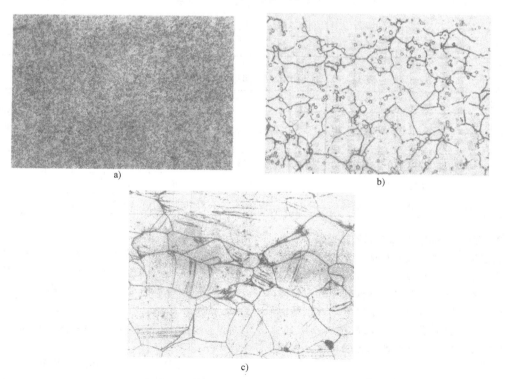

a)

b)

c)

图 11-26　经不同热处理后 5Cr21Mn9Ni4N 钢的显微组织

a）退火，400 ×　　b）不完全固溶处理，400 ×　　c）固溶处理，100 ×

5Cr21Mn9Ni4N 钢排气阀的典型热处理工艺见图11-27。

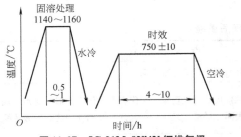

图 11-27　5Cr21Mn9Ni4N 钢排气阀的典型热处理工艺

原材料若已经过固溶处理，则制造厂不再进行固溶处理，只需进行时效处理。时效处理不但可以消除加工应力，而且可以提高强度、硬度和韧性。时效温度应严格控制，温度过高，会产生层状析出，析出物主要是 $M_{23}C_6$ 和少量 CrN。层状析出会导致降低室温韧性、疲劳强度、耐蚀性。层状析出的产生还与固溶温度过高、固溶后冷却速度太慢、钢中氮含量不合理等因素有关。一旦产生层状析出，生产中是很难补救的，所以生产中应严格控制，以防止这种组织出现。

奥氏体钢整体排气阀应在磨削加工后进行镀铬或渗氮处理，以提高阀杆及杆端面耐磨性。

采用 4Cr9Si2 钢或 45Mn2 钢制造阀杆可以节省贵重的 5Cr21Mn9Ni4N 钢，改善导热性以及通过适当的热处理进一步改善排气阀的使用性能。5Cr21Mn9Ni4N 钢与 4Cr9Si2 钢焊接排气阀热处理工艺见表11-60。

表 11-60　5Cr21Mn9Ni4N 钢与 4Cr9Si2 钢焊接排气阀热处理工艺

热处理工艺名称	热处理工艺规范
5Cr21Mn9Ni4N 固溶处理、时效	见图 11-27
4Cr9Si2 淬火、回火	1050℃ 盐炉加热 5 ~ 20min 后淬油，670℃ 回火 1h
去应力退火	370℃，1h

焊接排气阀的杆端部应进行感应淬火或电解液淬火。21-4N 钢排气阀的杆端面和盘锥面可根据设计要求堆焊钴基或镍基合金，常用的有司太立（Stellite）合金、国产的 Co-01 ~ Co-04、Ni-02 ~ Ni-04 等钴基或镍基合金。

机车及船用大马力柴油机的排气阀常用 4Cr14Ni14W2Mo 钢制造，其化学成分见表11-61。

4Cr14Ni14W2Mo 钢排气阀热处理工艺见图11-28。

表 11-61　4Cr14Ni14W2Mo 钢化学成分（质量分数）　　　　（%）

材　　料	C	Si	Mn	S	P	Ni	Cr	Mo	W	Fe
4Cr14Ni14W2Mo	0.40 ~ 0.50	≤0.8	≤0.7	≤0.03	≤0.035	13.0 ~ 15.0	13.0 ~ 15.0	0.25 ~ 0.40	2.00 ~ 2.75	余量

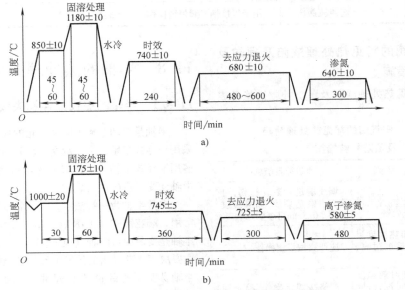

图 11-28　4Cr14Ni14W2Mo 钢排气阀热处理工艺

a）工艺 1　b）工艺 2

11.7.4　排气阀的质量检验

排气阀热处理质量检验见表 11-62。

表 11-62　排气阀热处理质量检验

检验项目		检验方法	检验要求
纤维方向		宏观检查	锻造金属流线应符合气阀外形的纤维方向
表面质量		观察	表面不得有裂纹、氧化皮及过烧现象。工作表面不得有伤痕、麻点、腐蚀等有害缺陷，非加工表面应平整、光滑，不允许有影响使用性能的锻造缺陷
硬度	杆部、盘部	硬度测量	30 ~ 40HRC（每个气阀的硬度差不得大于 4HRC）
	杆端部		≥48HRC
基体金相组织	合金结构钢	金相显微镜观察	应为回火索氏体，其游离铁素体含量不得超过视场面积的 5%（体积分数），1 级合格。奥氏体晶粒度≥6 级
	马氏体耐热钢		应为回火索氏体，不允许有游离铁素体及连续网状碳化物，奥氏体晶粒度≥6 级
	奥氏体耐热钢		为奥氏体，奥氏体晶粒度≥3 级，层状析出物按照产品图样及技术文件规定
渗氮层	渗氮层深度	金相显微镜观察	应符合产品图样及技术文件规定
	渗氮层疏松		1 ~ 3 级为合格
	渗氮层中氮化物		马氏体钢气阀离子渗氮渗氮层中氮化物级别 1 ~ 3 级合格
堆焊层		金相显微镜观察	堆焊合金层与基体之间应为冶金结合，其金相组织及冶金质量应符合产品技术文件的规定
杆端部淬火硬化层		金相显微镜观察	硬化层深度应符合 JB/T 6012.2—2008 或产品图样要求
探伤		磁粉探伤	应无裂纹
		超声波探伤	用于焊接排气阀焊缝探伤，应无裂纹

11.7.5　排气阀的常见热处理缺陷及预防及补救措施

排气阀的常见热处理缺陷及预防补救措施见表 11-63。

表 11-63　排气阀的常见热处理缺陷及预防补救措施

缺陷名称	产生原因	预防补救措施
裂纹	锻造温度过高或停锻温度太低	调质前进行磁粉探伤，可检查出锻造裂纹，如果裂纹深度≤0.5mm 可事前除去
奥氏体晶粒粗大	锻造加热温度过高，固溶温度过高、时间过长	应严格按规定操作
奥氏体钢的层状析出	固溶和时效温度过高、时间过长，固溶后冷却速度不够，钢中氮含量不合适	严格按规定操作，检查钢中氮含量

11.8　半轴的热处理

11.8.1　半轴的服役条件和失效方式

半轴是机动车辆上驱动车轮的杆件。一般载重车采用全浮式半轴，主要承受驱动和制动转矩；小客车多用半浮式半轴，工作载荷为弯扭复合力矩。此外，半轴还受一定的冲击载荷。

多数半轴为一端法兰式（见图 11-29a），重型车常用二端花键式（见图 11-29b），而越野车的内、外半轴是变截面台阶轴（见图 11-29c）。半轴使用寿命主要决定于花键齿的抗压陷和耐磨损的性能。载重车半轴易损坏的部位还有杆部与凸缘的连结处（图 11-29a 中 C 处）或花键端（图 11-29a 中 A 处）以及花键与杆部相连结处（图 11-29a 中 B 处）。A 处的花键齿与齿轮直接接触，受冲击扭转力最大；B、C 处应力集中严重。在上述部位易产生疲劳断裂。

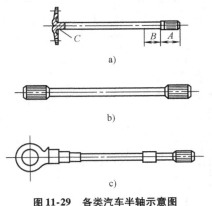

图 11-29　各类汽车半轴示意图

a) 一端法兰式　b) 二端花键式

c) 变截面台阶轴

11.8.2　半轴材料

半轴应具有足够的强度（大多数半轴的计算工作应力 $\tau_{max} = 347 \sim 530MPa$）、韧性和良好的抗疲劳性能，一般都用中、低碳合金钢制造。当硬度在 45HRC 以下时，半轴的疲劳强度随硬度增加而成比例地增加。所以，调质半轴的硬度范围取 37 ~ 47HRC 为宜。

图 11-30 是半轴沿长度方向和截面的应力分布，除法兰盘根部和花键根部应力较高外，其他部分是较均匀的，而截面内应力是表面最大，心部为零。因此，在选用材料和强化工艺时，应保证半轴的强度分布能与其在使用工况下的应力分布相适应。

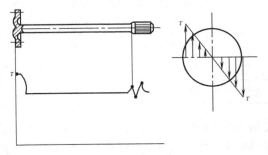

图 11-30　半轴沿长度方向和截面的内应力分布

按照 QC/T 294—1999《汽车半轴技术条件》的规定，汽车半轴的技术要求主要有：

（1）在保证产品设计性能要求条件下，推荐采用的半轴材料牌号为 40Cr、42CrMo、40MnB、40CrMnMo、35CrMo、35CrMnSi、40CrV 和 45 钢。

（2）半轴热处理工艺，推荐采用调质处理后表面中频感应淬火处理工艺。调质处理后，心部硬度为 24 ~ 30HRC；中频感应淬火处理后杆部表面硬度不低于 52HRC；花键处允许降低 3HRC；杆部硬化层深度范围为杆部直径的 10% ~ 20%，硬化层深度变化不大于杆部直径的 5%；杆部圆角应淬硬；法兰盘硬度不低于 24HRC。在保证半轴性能指标要求条件下，也允许采用其他热处理工艺，如正火处理后进行表面中频感应淬火工艺。

（3）感应淬火后半轴的金相组织：调质处理后表面中频感应淬火处理，硬化层为回火马氏体，心部为回火索氏体；正火处理后表面中频感应淬火处理，硬化层为回火马氏体，心部为珠光体加铁素体。

（4）半轴表面不应有折叠、凹陷、黑皮、砸痕及裂纹等缺陷。杆部表面允许有磨去裂纹的痕迹。磨削后存在的磨痕深度不大于 0.5mm，同一横断面不允许超过两处。

（5）半轴磁粉探伤后应退磁。

无论是调质半轴或是表面感应淬火的半轴，均要选择淬透性合适的材料，以保证半轴的淬硬层深度达到规定要求。所以，小型的汽车、拖拉机半轴往往选用 40Cr、40MnB 钢制造；而对粗大的重型载重汽车半轴需选用淬透性较高的合金结构钢，如 42CrMo、40CrNi、40CrMnMo。材料淬透性太低，则半轴的静扭转强度和疲劳极限将达不到要求；而淬透性过高，则表层残余压应力降低，使疲劳强度下降，甚至形成淬火裂纹。

半轴常用材料及技术要求列于表 11-64。

越野车的内、外半轴一般是变截面台阶轴，要求较高的冲击韧性；过去往往采用低碳合金钢渗碳处理，现多采用中碳合金钢感应淬火。

11.8.3　半轴的热处理工艺

11.8.3.1　半轴的调质

1. 制造工艺路线　下料→锻造成形→正火或退火→机械加工→调质→喷丸→矫直→精加工→成品。

2. 热处理工艺　调质半轴的锻坯热处理主要考虑机械加工的要求，一般采用正火处理，对于正火后硬度过高的钢材，可采用退火。表 11-65 列出了几种半轴的锻坯热处理工艺。半轴调质工艺见表 11-66。

11.8.3.2　半轴的感应淬火

1. 制造工艺路线　下料→锻造成形→调质或正火→铣端面、打中心孔→矫直→机械加工→清洗→中频感应淬火→回火或自热回火→矫直→精加工→成品。

表 11-64　半轴常用材料及技术要求

产品	牌　号	预备热处理	整体调质		感应淬火		渗碳淬火	
			杆部硬度 HRC	法兰硬度 HRC	硬化层深度 /mm	表面硬度 HRC	渗层深度 /mm	表面硬度 HRC
轿车，吉普车	40Cr	—	28～32	28～32	4～6	50～55	—	—
	40MnB	正火	41～47					
	20CrMnTi	—	—	—	—	—	1.5～1.8	58～63
	42CrMo	—	37～41	22～32	1～2	50～55	—	—
载重车	40Cr	正火			3～6	49～62		
	12Cr2Ni4A	正火	—	—	—	—	1.2～1.6	58～63
	40MnB	正火，187～241HBW			4～7	52～58		
	40MnB	调质，229～269HBW			4～7	52～63		
重型车	40CrMnMo	退火，≤255HBW	37～44					
	40Cr	正火			7～10	50～55		
	40CrNi	退火			8～10	53～60		

表 11-65　几种半轴锻坯热处理工艺

牌　号	工艺	加热温度 /℃	保温时间 /min	冷　却　方　式	硬度 HBW
40MnB、40Cr	正火	860～900	45	流动空气冷却，以80℃/h的冷速冷到 600℃后空冷	187～241
40CrMnMo	退火	860～880	100		≤255

表 11-66　半轴调质热处理工艺

牌　号	淬　火			回　火			
	加热温度 /℃	保温时间 /min	冷却方式	加热温度 /℃	保温时间 /min	冷却方式	硬度 HRC
40MnB	840±10	45	油冷	300～350	150～180	水冷	41～47
40CrMnMo	840±10	60	油冷	480±10	120	水冷	37～44
40Cr	840～860	50～55	垂直入水3～5s后，提法兰出水空冷	400～460	120～150	水冷	37～44

　　锻坯热处理的目的，除考虑机械加工的要求外，还要为感应淬火作组织准备。一般采用调质处理，有条件的工厂最好采用锻热淬火加高温回火，这对以后的加工和感应淬火都极为有利。

　　此外，应高度重视冷热加工协调对热处理质量的影响。如汽车半轴感应加热定位，应根据加工工艺特性进行分析，做到冷热加工工艺、检验定位基准统一。半轴法兰盘端中心孔深度与法兰内端面的相对位置要准确：以保证法兰内端面与矩形感应器的距离，此距离过大或过小都不能保证感应淬火热处理质量，将导致半轴工作时早期损坏。

　　2. 热处理工艺

　　（1）半轴感应淬火后的力学性能；半轴经感应淬火后，屈服强度与疲劳极限均有提高，尤以疲劳极限的提高最为显著。半轴静扭强度对比试验结果见表 11-67，40MnB 钢半轴疲劳极限对比试验结果见表 11-68。

表 11-67　半轴静扭强度对比试验结果

半轴直径 /mm	牌号	热　处　理	硬化层深度 /mm	屈服转矩 /J	断裂转矩 /J	最大扭角 /（°）	断裂部位
35	40Cr	调质	—	5000 ~ 5600	7700 ~ 8100	90 ~ 100	近花键
		调质 + 感应淬火	~ 4	6000 ~ 6500	8200 ~ 8500	60 ~ 90	杆部
50	40MnB	调质	—	16500 ~ 17000	23700 ~ 24500	300 ~ 600	杆部
		正火 + 感应淬火	4	15000 ~ 17000	16750 ~ 20500	45 ~ 75	花键尾根
		正火 + 感应淬火	5	16000 ~ 18000	19000 ~ 23000	37 ~ 53	花键尾根
		正火 + 感应淬火	6.5	18000 ~ 20000	23000 ~ 24500	42 ~ 50	花键尾根
		正火 + 感应淬火	8	21000 ~ 22000	28500 ~ 30000	55 ~ 63	花键尾根
52	40MnB	调质 + 感应淬火	10 ~ 11	20000 ~ 20500	30000	63 ~ 67	花键尾根
		正火 + 感应淬火	16 ~ 17	23000 ~ 25500	30000 ~ 32000	63	花键尾根
	40CrMnMo	调质	—	20000 ~ 21000	30000	150 ~ 790	

表 11-68　40MnB 钢半轴疲劳极限对比试验结果

编号	热　处　理	表面硬度 HRC	硬化层深度 /mm	硬化层深度与直径之比（%）	循环次数 /10^3 次	损坏情况	备注
1	调质	37 ~ 42	—	—	132	花键部分断裂	第一组
2	中频感应淬火	54 ~ 58	4 ~ 6.5	8 ~ 13	590	花键齿早期断裂	
3		46 ~ 48	3 ~ 6.5	6 ~ 13	501	未损坏	
4		52 ~ 58	3.2 ~ 6.6	—	501	花键处产生疲劳裂纹	
5	调质	37 ~ 42	—	—	9	近花键处断裂	第二组
6	中频感应淬火 250℃ 回火	52	4 ~ 7	9.5	200	未断	
7	中频感应淬火 300℃ 回火	50 ~ 52	4 ~ 7	9.5	134	杆部断裂	
8	中频感应淬火 250℃ 回火	52 ~ 54	4 ~ 7	9.5	200	未断	

注：第一组扭转力矩为 0 ~ 6000N·m，第二组扭转力矩为 0 ~ 3300N·m，频率为 400 次/min，扭转摆角为 ±5.75°。

表 11-67 中数据表明：感应淬火半轴的静扭强度高于调质半轴，感应淬火硬化层越深，其静扭强度越高。数据还表明，40MnB 钢中频感应淬火可以代替 40CrMnMo 钢调质半轴。表 11-68 中数据表明：中频感应淬火半轴疲劳寿命比调质半轴提高很多倍，因此半轴调质处理工艺多数已被中频感应淬火所取代。

（2）半轴感应淬火工艺参数的选择：半轴淬硬层深度的确定应以保证半轴内任何一点的扭转应力均小于或等于该点的剪切屈服强度。图 11-31 中点画线表示半轴感应淬火后的强度分布情况，$a'o$ 表示半轴的扭转应力分布情况。若淬硬层太浅，则半轴强度不足，图 11-31a 中 $b'b$ 区域为危险区；若淬硬层太深（见图 11-31c），则由于半轴表层残余压应力降低而降低疲劳寿命。合适的淬硬层深度应如图 11-31b 所示。

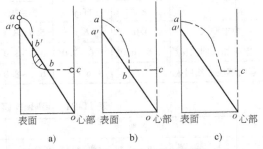

图 11-31　半轴感应淬火硬化层与强度分布
a）太浅　b）合适　c）太深

通常，感应淬火硬化层深度可以根据半轴杆部直径的大小和产品设计结构形状来确定。对轻型载重车和小轿车的法兰盘式半轴（杆部直径在 50mm 以下）淬硬层深度可按下列要求确定（见图 11-32）。

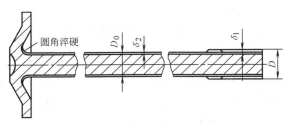

图 11-32　半轴表面淬火的硬化层深度

花键部：齿根硬化层深度（按测量到半马氏体区计算）应达到花键部轴颈的 10%（$\delta_1 = 10\% D$）。

杆部：硬化层深度应达到杆部直径的 15%（$\delta_2 = 15\% D_0$）。

法兰根部：要求法兰盘与杆部连接的过渡圆角淬硬。在实际生产中，圆角处硬化区域的最小直径应比半轴杆部直径大 25%。

这些要求是为了保证半轴的静强度和疲劳强度。花键与杆部的淬硬层深度对静强度影响较大，法兰圆角淬硬对疲劳极限影响较大。每种表面淬火半轴都有最佳的硬化层深度，应考虑到硬化层深度对表层残余压应力的影响。表 11-69 列出了直径为 50mm 的带法兰半轴感应淬火后花键尾根部位的残余压应力。

从表 11-69 中可看出硬化层深度超过最佳值后，再增加硬化层深度则表面残余压应力下降。试验表明，随表面残余压应力下降，其疲劳寿命也随之下降。

半轴感应淬火，一般都采用功率为 100～320kW、频率为 2500～8000Hz 的中频电源，连续加热者频率较低，整体一次感应淬火的所需频率较高，功率也大些。为了保证法兰圆角加热，可采用带导磁体的感应器。

表 11-69　40MnB 半轴感应淬火后表面残余压应力

工　艺	硬化层深度/mm	硬化层深度与直径之比（%）	残余压应力/MPa
正火＋感应淬火	4	8	−400
正火＋感应淬火	5	10	−480
正火＋感应淬火	6.5	13	−324
正火＋感应淬火	8	16	−340
调质	—	—	−260

半轴整体感应淬火后可以自热回火。连续加热淬火的半轴可以采用整体感应加热回火，中频电源功率为 100kW、频率为 2500Hz；也可采用在电炉内回火，回火温度一般为 180～250℃。回火后表面硬度为 52～58HRC。

EQ1090E 后桥半轴连续淬火后经不同方式回火的试验数据见表 11-70。数据表明，感应加热回火的疲劳寿命较炉中回火为高。其原因是，感应快速加热时，最表层首先瞬时产生马氏体分解，使体积收缩处于相变超塑性阶段，待整体回火完成后表层形成更大的压应力，具有一个更理想的有利于提高疲劳强度的应力分布；而炉内加热缓慢没有这种条件。

（3）半轴感应淬火举例：40MnB 钢制造的带法兰半轴的表面感应淬火技术要求见表 11-71，其淬火工艺可以采用连续加热淬火和整体一次加热淬火，工艺参数见表 11-72 和表 11-73。

表 11-70　EQ1090E 后桥半轴连续淬火后经不同方式回火的试验数据

回火方式	淬硬层深度/mm			表面硬度　HRC			疲劳次数
	花键	杆部	法兰根	花键	杆部	法兰根	
炉中回火	5.0	7.0	5.0～8.4	52～61	52～56	52～56	55.8×10⁴ 次出现裂纹
感应加热回火	5.6～6.0	6.0～7.0	6.0～8.0	52～58	52～57	51～54	试至 724×10⁴ 次未断
矫直后感应加热回火	5.5	6.0	6.3～8.0	53～57	55～58	53～56	试至 727×10⁴ 次未断

表 11-71　40MnB 钢半轴表面感应淬火技术要求

技　术　要　求					零件简图
车型	硬　　度		硬化层深度/mm		
	正火后 HBW	表面淬火后 HRC	花键部	杆　部	
CA10	187～241	52～58	4～6	5～7	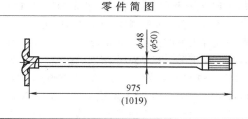
EQ1090	187～241	52～63	4～7	4～7	

注：表图中括号内尺寸为 EQ1090 半轴尺寸。

表 11-72　40MnB 钢半轴感应淬火工艺参数（CA10）

项　目	连续淬火			整体淬火
	法兰圆角	杆部	花键	
发电机空载电压/V	340	400	400	750
发电机负载电压/V	335	410	400	730
发电机负载电流/A	280	285	250	460
发电机有效功率/kW	85	89	85	260
功率因数 $\cos\phi$	1.0	0.99	0.98	0.9
变压器匝比	11/1			12/4
电容量/μF	147.35			—
加热时间/s	—			58
冷却时间/s	—			28
水压/MPa	0.15 ~ 0.35			0.15 ~ 0.35
淬火冷却介质温度/℃	25 ~ 45			30 ~ 40
淬火冷却介质（质量分数）	0.2% ~ 0.3%聚乙烯醇水溶液			水
感应器移动速度/（mm/s）	3 ~ 12，常用 3 ~ 6			

表 11-73　40MnB 钢半轴感应淬火工艺参数（EQ1090）

项　目	连续淬火			整体淬火	
	法兰圆角	杆部	花键	机组	晶闸管电源
发电机空载电压/V	—	—	—	750	—
发电机负载电压/V	420	750	750	730	620
发电机负载电流/A	140	145	145	460	1000
发电机有效功率/kW	33	80	75	260	400
功率因数 $\cos\phi$	0.9	0.93	0.9	0.95	0.95
变压器匝比	24/1			5/2	5/2
电容量/μF	39.5			28	240
加热时间/s	—			60	32
冷却时间/s	—			28	28
水压/MPa	0.15 ~ 0.3			0.15 ~ 0.3	
淬火冷却介质温度/℃	20 ~ 40			25 ~ 40	
淬火冷却介质（质量分数）	0.2% ~ 0.3%聚乙烯醇水溶液			水	
感应器移动速度/（mm/s）	3 ~ 12			—	

半轴曾采用连续淬火，其感应器如图 11-33 所示。现在采用矩形感应器进行整体一次加热淬火，感应器如图 11-34 所示。

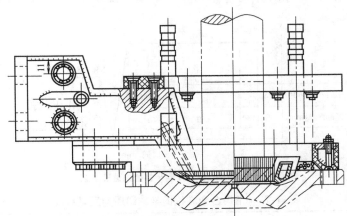

图 11-33　半轴连续淬火用感应器

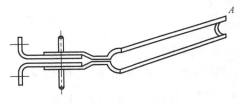

图 11-34　半轴整体一次感应淬火感应器

半轴连续淬火存在效率低，不便于机械化和自动化的缺点，而且连续淬火使半轴靠近光杆的花键区常常产生软带，强度较低，使用中往往在花键尾部断裂。这是由于感应器移到该处时，磁感应线强烈地偏移到未失去铁磁性的光杆部位所引起的。采用矩形感应器进行整体一次感应加热时，其有效圈电流方向平行于半轴中心线，并产生垂直于工件轴线的横向磁场，所以半轴的轴向几何尺寸变化（如花键—光杆、多阶轴及台肩轴等）时，不会引起磁感应线的偏移。所以，工件表面的感应电流是均匀的，半轴表面可以获得均匀加热。图 11-35 是带法兰的半轴采用矩形感应器整体一次感应淬火时实际观察的表面均温加热曲线。由于在有效圈 A 端圆弧（见图 11-34）上镶有硅钢片导磁体，所以法兰根部圆角部位升温较快，加热均温时间长，保证了该处的硬化层深度和足够的硬化区域。采用整体一次感应淬火还能提高花键齿顶的硬度。

采用矩形感应器加热时，由于感应器和零件之间间隙较大（一般为 5 ~ 8mm），所以升温慢，加热时间长，硬化层较厚且均匀。

半轴回火也可采用矩形感应器加热，采用 15 ~ 20℃/s 的升温速度，控制感应加热回火温度在（250 ± 10）℃ 范围内，可以使半轴表面硬度控制在 52 ~ 63HRC 的范围内，性能良好。

11.8.3.3　半轴的渗碳热处理

1. 制造工艺路线　下料→锻造成形→预备热处理→矫直→机械加工→渗碳→淬火、回火→矫直→精加工→成品。

2. 热处理工艺　渗碳半轴锻坯热处理主要考虑机械加工的要求，并为渗碳热处理作组织准备，一般采用正火处理。对于正火后硬度较高的钢材，可以再加一次高温回火处理。表 11-74 列出几种渗碳半轴锻坯的热处理工艺。

20CrMnTi 钢半轴的热处理工艺见图 11-36。

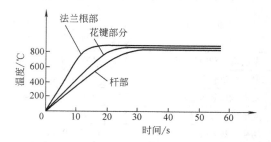

图 11-35　采用矩形感应器整体一次感应淬火时半轴表面的均温加热曲线

表 11-74　几种渗碳半轴锻坯的热处理工艺

牌号	工艺名称	加热温度/℃	保温时间/min	冷却方式	硬度HBW
12Cr2Ni4	正火	960 ~ 980	150 ~ 180	空冷	≤269
	回火	640 ~ 660	120	空冷	
20CrMnTi	正火	960 ~ 980	150 ~ 180	风冷	156 ~ 207

11.8.4　半轴的质量检验

常用合金结构钢半轴调质的质量检验见表11-75，半轴表面感应淬火的质量检验见表11-76。

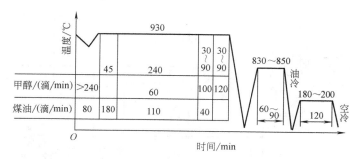

图 11-36　20CrMnTi 钢半轴的热处理工艺

表 11-75　常用合金结构钢半轴调质的质量检验

检验项目		检验方法	检验要求
硬度	淬火后	用硬度计测量抽检	≥49HRC
	回火后		38 ~ 50HRC
硬化层深度		测至半马氏体区	大于杆部半径的 1/2
显微组织	硬化层	显微观察	回火后为索氏体或带有部分托氏体的索氏体
	心部		从中心到花键底径半径 3/4 范围允许有铁素体
径向圆跳动/mm		以顶尖孔定位	按图样及工艺文件要求

表 11-76　半轴表面感应淬火的质量检验

检验项目	检验方法	检验要求		
		花键部	杆部	法兰圆角
硬化层深度	硬度计（GB5617）	$\delta_1 \approx$ 10% D	$\delta_2 \approx$ 15% D_0	圆角淬硬
表面硬度	硬度计	≥49 HRC	≥52 HRC	—
硬化部位	硬度计或锉检	按图样要求		
显微组织	显微观察	硬化层内为回火马氏体，心部为回火索氏体		
畸变	用百分表	按图样要求 一般情况下，杆部径向圆跳动≤1mm 花键部径向圆跳动 ≤0.3mm		
探伤	磁粉探伤机	无裂纹		

11.8.5　半轴的常见热处理缺陷及预防补救措施

半轴调质的常见缺陷及预防补救措施见表11-77。半轴表面感应淬火的常见缺陷及预防补救措施见表11-78。

表 11-77　半轴调质的常见缺陷及预防补救措施

缺陷名称	产生原因	预防补救措施
淬火后硬度低或硬化层深不够	1）加热温度低或加热时间短 2）加热后在空气中停留时间长，零件降温过多 3）水温太高	可重新加热淬火
杆部淬火裂纹	钢中碳和合金元素含量偏高，淬透性偏高	检验原材料淬透性，改变淬火冷却速度
花键裂纹	1）淬火加热温度高 2）水温过低	严格执行工艺
回火后硬度低	回火温度高、时间长	可返修
淬火裂纹	原材料缺陷	加强原材料检验及管理

表 11-78　半轴表面感应淬火的常见缺陷及预防补救措施

缺陷名称	产生原因	预防及补救措施
硬化层组织不均匀	感应加热温度低或淬火冷却速度慢	严格执行工艺
花键裂纹	材料淬透性高，冷却太快，硬化层太深	1）提高淬火水温，用热水淬火 2）采用聚合物淬火冷却介质 3）检验原材料淬透性
淬火软带	在连续淬火时，由于零件形状尺寸变化使磁通改变而引起	1）改用矩形感应器 2）减慢感应器移动速度或加大功率 3）预备热处理正火改为调质
软点	冷却不均或加热不均	改进工艺
畸变	1）淬火应力 2）顶针压力 3）半轴自重及旋转离心力	1）淬火后矫直 2）淬火机床上自动矫正

11.9　喷油泵柱塞偶件和喷油嘴偶件的热处理

11.9.1　喷油泵和喷油嘴偶件的服役条件和失效方式

喷油泵柱塞偶件由柱塞与柱塞套组成，喷油嘴偶件由针阀体与针阀组成。柱塞偶件和喷油嘴偶件均属精密偶件，要求尺寸配合精度高、因而尺寸稳定性高。它们处于一定配合间隙下工作，通常由于磨损使间隙超差而失效。喷油嘴位于燃烧室顶部，因此还要求一定的耐蚀性和耐回火性。

11.9.2　喷油泵和喷油嘴材料

柱塞偶件和喷油嘴偶件除应符合上述工作条件、达到规定的使用性能外，还要求热处理畸变小。喷油泵和喷油嘴偶件常用材料及技术要求见表11-79。

GCr15 钢广泛用于柱塞偶件和中、小功率柴油机的针阀偶件。大功率柴油机常用 W18Cr4V 和 W6Mo5Cr4V2 钢制造针阀，用 18Cr2Ni4WA 钢制造针阀体。机车用柴油机可采用 27SiMnMoVA 钢制造针阀体。随着柴油发动机性能指标的不断提高，对喷油泵和喷油嘴偶件要求越来越高，其选材也更科学。

某厂采用20CrMoS材料制造用于重载车的发动机喷油嘴偶件，材料化学成分（质量分数,%）为：C0.17～0.22，Si0.15～0.40，Mn0.60～0.90，Cr0.30～0.50，Mo0.40～0.55，S0.015～0.040，P≤0.035，Al≤0.05；末端淬透性为：J_9=31～44HRC；供货状态为冷拉退火态，显微组织为铁素体＋珠光体，硬度为179～239HBW。与传统材料18Cr2Ni4WA相比，其主要特点有：

表11-79　喷油泵和喷油嘴偶件常用材料及技术要求

牌　号	技　术　要　求		用　途
	热　处　理	硬度　HRC	
GCr15	球化退火，淬火及深冷处理，回火，稳定化处理	62～65	柱塞、柱塞套
GCr15SiMn	正火，球化退火，去应力退火，淬火及冷处理，回火，稳定化处理	62～65	柱塞、柱塞套
GrWMn	淬火及冷处理，回火，稳定化处理	62～65	柱塞、柱塞套
W18Cr4V	退火，淬火，回火，稳定化处理	62～66	针阀
W6Mo5Cr4V2	退火，淬火，回火，稳定化处理	62～66	针阀
18Cr2Ni4WA	渗碳（层深0.6～0.9mm），淬火及冷处理，回火，稳定化处理	≥58	针阀体
25SiCrMnVA	渗碳，淬火，回火，稳定化处理	≥58	针阀体
27SiMnMoVA	渗碳（层深0.5～0.9mm），淬火，回火，稳定化处理	58～62	针阀体

（1）由于 Ms 点较高（18Cr2Ni4WA为310℃，20CrMoS为360℃），可减少残留奥氏体含量〔在相同渗碳热处理条件下，18Cr2Ni4WA的残留奥氏体体积分数为18%，20CrMoS的残留奥氏体体积分数为3.4%〕。大量检测证明，喷油嘴一般在250℃左右的环境下工作，若存在大量残留奥氏体，会在一定温度下逐渐转变为马氏体，引起体积膨胀，尺寸发生变化，造成卡死失效。因此，减少残留奥氏体含量是提高使用寿命的途径之一。

（2）经快速室温磨损对比试验表明，两种材料试样的相对耐磨性较接近：18Cr2Ni4WA为2.7160～4.4120mm，20CrMoS为3.9810～5.1430mm。

（3）在相同机加工工艺条件下，20CrMoS的综合加工性能优于18Cr2Ni4WA。20CrMoS的可加工性良好，能满足高速精密加工的需要。

（4）20CrMoS的热胀系数较小，且与配合件的热胀系数较接近。

（5）20CrMoS经渗碳随罐风冷后，不需进行高温回火，因此畸变量小。20CrMoS渗层碳化物形态和分布良好。20CrMoS耐回火性优于18Cr2Ni4WA。

经耐久试验和可靠性考核，证明20CrMoS钢制造的喷油嘴具有良好的使用寿命，能满足柴油机的高速增压使用要求。

11.9.3　喷油泵和喷油嘴偶件的热处理工艺

11.9.3.1　制造工艺路线

热轧退火棒料→自动机械加工→热处理→精加工→稳定化处理→成品。

11.9.3.2　热处理工艺

1. 渗碳　针阀体形状复杂、精度高，要求有高的耐磨性、尺寸稳定性和一定的冲击韧度，因此很多厂采用低碳合金结构钢制造，并经渗碳热处理。国内除部分厂仍沿用中孔堵碳的固体渗碳工艺外，很多厂采用低温820～830℃或中孔塞碳棒的860～880℃的气体渗碳法。与固体渗碳相比，工人有较好的劳动条件，并可以用CO_2红外仪或氧探头控制碳势，以保证渗碳质量。法国ECM公司利用模拟和仿真技术开发了INFRACARB真空渗碳软件，该软件装备在低压真空渗碳ICBP系列装备上使用后获得了良好的效果。低压渗碳具有防止出现非马氏体、质量好、热处理畸变小、运行费用低、有利环境保护及方便生产等优点。

2. 马氏体分级淬火　部分偶件采用马氏体分级淬火。马氏体分级淬火是从奥氏体化温度淬到稍高于或稍低于上马氏体点温度的液态介质（如热油、盐浴等）中，在淬火冷却介质中保温到整个钢件内外温度均匀后取出缓慢冷却（通常在空气中），以避免钢件内外产生大的温差。在钢件冷却到室温时，整个截面很均匀地形成马氏体，因而避免形成过大的残余应力。因此，马氏体分级淬火是减轻零件开裂、减小零件畸变及残余应力的有效措施。马氏体分级淬火时必须控制的工艺参数为奥氏体化温度、分级淬火热浴的温度、在热浴中的保温时间及从热浴中取出后的冷却工艺等。

马氏体分级淬火温度对钢淬火后的残留奥氏体量影响很大。此温度过低或过高，都会影响奥氏体热陈化稳定程度。分级温度过低时，不但会提高残留奥氏体量，而且还会使随后的冷处理效果减弱。马氏体分级淬火温度和保温时间对 GCr15 钢残留奥氏体量的影响如图 11-37 所示。

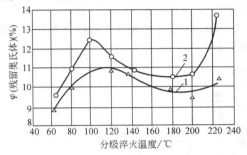

**图 11-37　马氏体分级淬火温度和保温时间
对 GCr15 钢残留奥氏体量的影响**
1—850℃油淬，分级淬火保温 5min
2—850℃油淬，分级淬火保温 30min

马氏体分级淬火保温时间以工件内外温度均匀为止，按偶件的大小不同，一般为 2～5min。保温时间过长将引起残留奥氏体量增加（见图 11-38）。

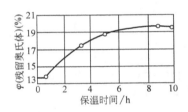

**图 11-38　GCr15 钢 [$w(C)$ 1.04%，$w(Cr)$ 1.56%，
$w(Mn)$ 0.3%] 850℃加热、175℃分级保持
不同时间对残留奥氏体量的影响（分级后油冷）**

从分级淬火热浴中取出后的冷却方式对残留奥氏体量也有很大影响（见图 11-39）。分级等温后水冷，残留奥氏体量最少，油冷则略有增加，空冷时残留奥氏体量比油冷时有较大的增加。在实际生产中还应控制淬火油温和从油槽中取出工件的时间，淬火油温过高或过早地从油槽中取出工件（工件未冷透），均将使残留奥氏体量增多。

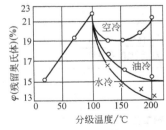

**图 11-39　GCr15 钢 880℃加热，在 Ms 点以下不同
温度分级保持 30min 后冷到室温时的残留奥氏
体量和分级温度的关系**

3. 光亮淬火　偶件的淬火多数是在盐浴中进行加热，容易出现脱碳或贫碳现象。盐浴淬火后清洗困难，其细小的喷孔常被残存的盐渣阻塞。清洗不净还会造成喷孔堵塞、中孔及座面锈蚀、雾化不良或卡死现象。

在含氧的保护气氛中往往会对铬合金元素产生氧化，使零件表面形成 0.01～0.03mm 的黑色组织（托氏体），增加研磨困难，降低使用寿命，所以采用氮基气氛保护较为合理。目前所用的氮气纯度为 99.5%（体积分数），加适量有机液体，GCr15 钢淬火后贫碳及黑色组织可控制在 0.02mm 以内。

高速钢和轴承钢采用真空淬火能进一步提高产品质量，表面光亮不用清理，硬度很均匀稳定，淬火畸变小，重现性好。

4. 冷处理　冷处理要及时，尽可能在淬火后立即进行，在室温停留的时间最好不超过 30min。如 GCr15 钢淬火后在室温停留 1h，对残留奥氏体稳定化效应则显著增长（见图 11-40）。

如果冷处理前先进行回火，再冷处理，则使冷处理效果大为减弱，使工件耐磨性降低（见图 11-41）。

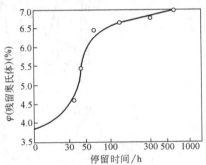

**图 11-40　淬火后室温停留时间对在
-78℃冷处理效果的影响**

注：GCr15 钢，850℃加热后淬入 15℃油中。

5. 回火　主要根据偶件的硬度要求选择回火温度。在硬度达到技术要求的前提下，尽可能选择较高的回火温度，以提高马氏体和残留奥氏体的稳定性，松弛淬火应力和保证尺寸稳定。通常 GCr15 钢制柱塞偶件硬度要求为 62～65HRC，一般采用 160℃回火，回火时间为 2～6h。

6. 稳定化处理　精密偶件均需进行 1～2 次稳定化处理，160℃回火后的 GCr15 钢可采用 130℃稳定化处理 4~6h，通常在粗磨后进行。用 GCr15SiMn 或 W18Cr4V 钢制造的偶件采用 2~3 次稳定化处理。W18Cr4V 的稳定化处理温度为 120℃，时间为 6h，而 GCr15SiMn 钢的三次稳定化处理温度分别为 175℃、

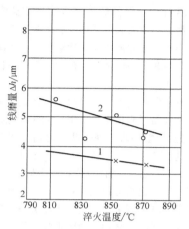

图 11-41　CrWMn 钢淬火后立即冷处理与淬火后经回火再冷处理的耐磨性比较

1—立即冷处理　2—回火后再冷处理

155℃和130℃，时间各为 8h。三次稳定化处理分别在回火、粗磨和精磨后进行。

11.9.3.3　精密偶件的热处理工艺举例

1. GCr15 钢柱塞偶件的热处理工艺　GCr15 钢柱塞偶件热处理的硬度要求为 62~65HRC，可以采用油冷淬火，其热处理工艺见图 11-42；也可采用马氏体分级淬火，其热处理工艺见图 11-43。

2. GCr15SiMn 钢柱塞偶件的热处理工艺　其热处理工艺见图 11-44。

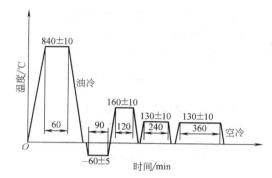

图 11-42　GCr15 钢柱塞偶件热处理工艺（油淬）

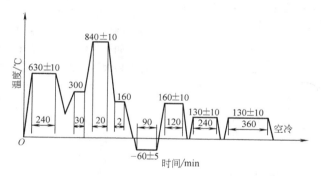

图 11-43　GCr15 钢柱塞偶件热处理工艺（马氏体分级淬火）

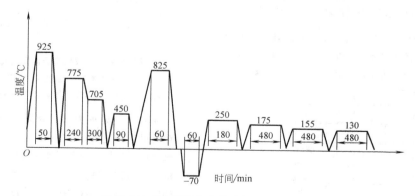

图 11-44　GCr15SiMn 钢柱塞偶件热处理工艺

3. 18Cr2Ni4WA 钢针阀体的热处理　18Cr2Ni4WA 钢针阀体可以采用两种热处理工艺：

（1）渗碳后随罐空冷后直接冷处理，其热处理工艺如图 11-45 所示。热处理硬度要求≥58HRC。

当残留奥氏体量多导致硬度低时，可重复冷处理，并进行回火一次，回火时间为 120min。若上述方法仍达不到硬度要求，可先在 (650±10)℃实施保温 4h 的回火，然后再加热到 (800±10)℃，保温 150～180min，通入吸热式保护气氛和少量丙烷。出炉后油冷（油温保持在 100～140℃）、清洗后，再按图 11-45 进行冷处理、回火和稳定化处理。

（2）渗碳后重新加热淬火，其热处理工艺如图 11-46 所示。

针阀体内孔直径很小，顶端喷孔仅 0.25mm 左右，

在气体渗碳条件下较难保证孔内渗碳要求，所以以多数工厂均采用固体渗碳，上述两种工艺均采用固体渗碳。

4. 25SiCrMoVA 钢针阀体的热处理工艺　其热处理工艺见图 11-47。

5. W18Cr4V 钢针阀的热处理工艺　W18Cr4V 钢针阀热处理硬度要求为 62～66HRC，其热处理工艺有两种，油淬或马氏体分级淬火。其热处理工艺见图 11-48 和图 11-49。

6. W6Mo5Cr4V2 钢针阀的热处理工艺　其热处理工艺见图 11-50。

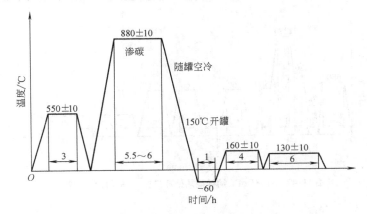

图 11-45　18Cr2Ni4WA 钢针阀体热处理工艺（直接冷处理）

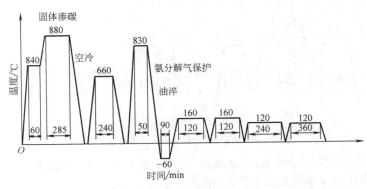

图 11-46　18Cr2Ni4WA 钢针阀体热处理工艺（渗碳后重新加热淬火）

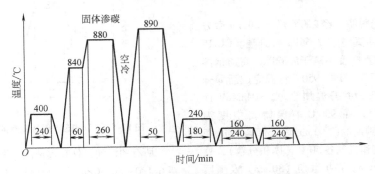

图 11-47　25SiCrMoVA 钢针阀体热处理工艺

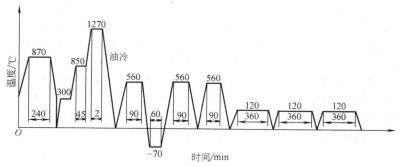

图 11-48　W18Cr4V 钢针阀热处理工艺（油淬）

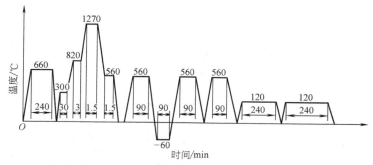

图 11-49　W18Cr4V 钢针阀热处理工艺（马氏体分级淬火）

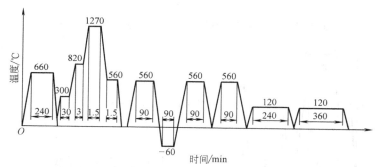

图 11-50　W6Mo5Cr4V2 钢针阀热处理工艺

7. 各种偶件的真空热处理　GCr15 钢、高速钢偶件的真空淬火及 27SiMnMoV 钢偶件的真空渗碳淬火（渗碳层深度为 0.5~0.9mm）工艺分别如图 11-51~11-53 所示。

生产中，零件先脱脂，经 200℃ 烘干 30min 后方可装炉，装炉后先抽真空达 2.66Pa 后升温。GCr15 钢在加热到 840℃ 时真空度不高于 5.32Pa，高速钢淬火加热时真空度低于 3.33Pa；950℃ 保温完成后即升压，压力为 53~93Pa，并升温加热。27SiMnMoV 钢针阀体渗碳处理时，在 930℃ 前保持真空度为 6.65Pa，在 930℃ 渗碳期的前 60min 内，每隔 5min 送一次气，气体中丙烷和氮气各 50%（体积分数），总耗气量为 80~110L/min。在扩散期（30min）及随后

冷却至 900℃ 过程中保持真空。

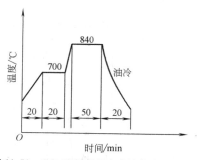

图 11-51　GCr15 钢偶件真空淬火热处理工艺

所有的淬油工件在淬油前应送氮气入炉，炉压升至 61180~86450Pa 后打开内炉门，将工件淬油，从

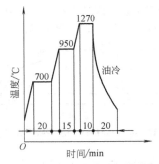

图 11-52　W18Cr4V 高速钢偶件真空
淬火热处理工艺

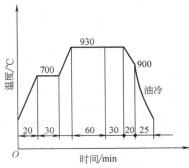

图 11-53　27SiMnMoV 钢偶件
真空渗碳淬火热处理工艺

内炉门打开到工件入油应在 8~10s 内完成。工件淬油时间一般为 20min 左右，出油后在前室需停留 20min 左右，待温度降到 100℃ 后送入氮气或空气，在压力达到 100kPa 后开外炉门，工件出炉。

11.10　履带板的热处理

11.10.1　履带板的服役条件和失效方式

拖拉机和推土机的履带板主要承受压力和一定的冲击载荷，其表面与地面或泥沙碎石接触产生磨损。

履带板的主要失效方式是表面磨料磨损、压弯和断裂。

11.10.2　履带板材料

履带板要求具备足够的强度、一定的冲击韧度和良好的耐磨性。常用材料及技术要求列于表 11-80。

表 11-80　履带板的常用材料及技术要求

牌　号	热处理技术要求
40SiMn2	调质，364~444HBW 齿部中频感应淬火，45~58HRC；其余部分，32~45HRC
ZGMn13	水韧处理，156~229HBW
ZG31Mn2Si	淬火并低温回火，38~54HRC

大、中型履带拖拉机（包括推土机、起重机）常用热轧的 40SiMn2 履带异形板材，小型拖拉机常用 ZGMn13 及 ZG31Mn2Si 铸造履带板。它们的化学成分见表 11-81。

高锰钢 ZGMn13 属高碳、高合金钢，是高合金耐磨专用钢。高锰钢经过固溶处理（俗称水韧处理）后，在室温下为奥氏体组织。这种钢韧性、塑性高，但屈服强度与硬度较低。在很大压力和冲击载荷作用下发生塑性变形时，奥氏体转变成马氏体，产生明显的加工硬化，使硬度由 200HBW 提高到 45~55HRC，耐磨性大大提高，适于制造拖拉机履带板，但由于合金含量高，所以成本较高。

ZG31Mn2Si 可以用来替代 ZGMn13 制造小型拖拉机的履带板。铸造后经变质处理、水韧处理和回火获得低碳马氏体组织。

表 11-81　常用履带板材的化学成分

牌号	化学成分（质量分数）（%）					其　他			
	C	Si	Mn	S	P				
40SiMn2	0.37~0.44	0.60~1.00	1.40~1.80	≤0.04	≤0.04	—			
ZGMn13	1.10~1.50	0.40~1.00	11.00~15.00	≤0.05	≤0.09	Cr≤1.0	Ni≤0.5	Cu≤0.5	Mn/C≥8
ZG31Mn2Si	0.26~0.36	0.5~0.9	1.10~1.60	≤0.05	≤0.05	—			

大、中型拖拉机、推土机履带板广泛采用 40SiMn2 钢，它们在钢厂热轧成型钢，便于机械加工厂制造。

11.10.3　履带板的热处理工艺

11.10.3.1　40SiMn2 钢履带板的热处理

1. 制造工艺路线　热轧成形→下料→机械加工→热处理→成品。

2. 热处理工艺　40SiMn2 钢可采用快速加热，在清水中淬冷。40SiMn2 钢淬透性较高，受淬火冷却介质温度变化影响较小。但对回火脆性很敏感。在 200~300℃ 回火时，冲击韧度为 22J/cm²。回火温度 380~510℃ 时，冲击韧度为 90~110J/cm²。其热处理工艺如图 11-54 所示。

图 11-55 所示履带板是在柴油加热的推杆式连续

炉内进行热处理的。若采用箱式电炉，往往由于装载量较多，需保温 60~90min。

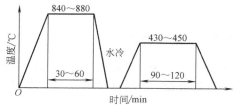

图 11-54　40SiMn2 钢履带板热处理工艺

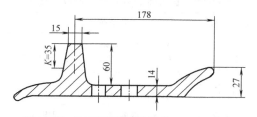

图 11-55　拖拉机履带板的横截面及硬度要求

注：K 段内硬度为 45~58HRC，其余硬度为 32~45HRC。

只进行上述调质处理的履带板，耐磨性较差，平均使用寿命仅 2000~3000h。根据使用要求，齿部（即履刺部分）硬度应略高于板部的硬度，以提高齿部的耐磨性。而板部硬度稍低，有利于防止断裂。为达到履带板横截面不同部位的硬度要求（见图 11-55），通常采用两种工艺：一种是履带板整体调质后，用 100kW、8000Hz 的中频电流对齿部进行感应淬火，然后回火。另一种方法是整体加热淬火后，中频感应加热回火。在回火时，应设计合适的感应器，以调节感应器与履带板各部位之间的间隙，使履带板齿部和板部获得不同的硬度。

11.10.3.2　ZGMn13 钢履带板的热处理

1. 制造工艺路线　铸造→热处理→成品。

2. 热处理工艺　铸态组织不允许有明显的柱状结晶。有 3~4 级的柱状晶者应先进行退火处理。消除部分柱状晶后，再进行水韧处理。消除柱状晶的退火工艺见图 11-56。铸态组织中没有柱状晶的履带板可直接进行水韧处理。履带板在连续式炉中加热，其水韧处理工艺见图 11-57。

11.10.3.3　ZG31Mn2Si 钢履带板的热处理

1. 制造工艺路线　铸造→热处理→成品。

2. 热处理工艺　履带板在连续式炉中加热，其水韧处理及回火工艺如图 11-58 所示。

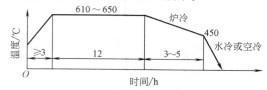

图 11-56　ZGMn13 钢履带板退火工艺

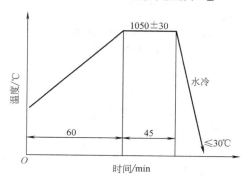

图 11-57　ZGMn13 钢履带板水韧处理工艺

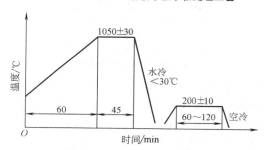

图 11-58　ZG31Mn2Si 钢履带板水韧处理及回火工艺

11.10.4　履带板的质量检验

40SiMn2 钢及 ZG31Mn2Si 钢履带板在热处理过程中仅检验硬度。ZGMn13 钢履带板在连续式炉中进行水韧处理时，每隔 2h 检查两块履带板的显微组织，中央试验室还定期抽检履带板的硬度。热处理质量检验要求列于表 11-82。

淬火组织为 7~10 级的 ZGMn13 钢履带板为不合格，允许重新加热进行水韧处理；但只允许返修一次，返修不合格者应作报废处理。

表 11-82　40SiMn2、ZG31Mn2Si 和 ZGMn13 钢履带板热处理质量检验要求

检验项目	检验要求		
	40SiMn2	ZG31Mn2Si	ZGMn13
硬度	整体 364~444HBW 或齿部 45~58HRC，其余 32~45HRC	38~54HRC	156~229HBW
显微组织	—	—	按碳化物的形态（溶解、析出、过烧）、大小、分布情况，以及基体晶粒大小定级。一般规定 1~6 级合格，7~10 级不合格

参 考 文 献

[1]　敖炳秋. 浅淡汽车零部件材料及制造工艺的发展趋势 [J]. 汽车科技, 1996 (1): 1-3.

[2]　朱法义, 林东, 刘志儒, 等. 活塞销的稀土低温渗碳直接淬火新工艺 [J]. 金属热处理, 1997 (9): 27-28.

[3]　中国机械工程学会热处理分会. 第六届全国热处理大会论文集 [C]. 北京: 兵器工业出版社, 1995.

[4]　王志强. 今禹 8-20 淬火剂在 42CrMo 钢锻件热处理中的应用 [J]. 金属热处理, 1997 (4): 32-33.

[5]　陈蕴博, 马炜. 汽车连杆用非调质钢及其控锻控冷技术 [J]. 国外金属热处理, 1997 (1): 32-34.

[6]　解挺. 非调质钢强韧性的影响因素 [J]. 国外金属热处理, 1997 (3): 12.

[7]　马静芬. 取消 6110 连杆正火工艺试验 [J]. 金属热处理, 1998 (1): 50-51.

[8]　仲玉杰, 王德. 柴油机球铁曲轴圆角与轴颈中频同时加热淬火 [J]. 金属热处理, 1985 (3): 19-27.

[9]　施爱莉. 国产化非调钢 49MnVS3 在桑塔纳轿车上的应用 [C] // 中国汽车材料学会第九届年会论文, 1994.

[10]　胡明娟, 潘健生. 钢铁化学热处理原理 [M]. 上海: 上海交通大学出版社, 1996.

[11]　段桂明, 等. 铸铁凸轮轴 [C] // 汽车、农用车铸件典型工艺技术、质量控制专题研讨会论文汇编, 1997.

[12]　李敏宝, 孔祥一, 赵玉君. 半轴感应淬火的性能及使用效果 [J]. 金属热处理, 1984 (3): 1-6.

[13]　孟少农. 机械加工工艺手册: 第 1 卷 [M]. 北京: 机械工业出版社, 1991.

[14]　黄泽民, 等. STEYR 重载车发动机用 20CrMoSi 渗碳钢性能及应用研究 [C] // 中国汽车材料学会第十届年会论文. 1996.

[15]　张建国. 真空热处理新技术 [J]. 金属热处理, 1998 (5): 2-5.

[16]　全国内燃机标准化技术委员会. GB/T 1149.3—2010 内燃机 活塞环 第 3 部分: 材料规范 [S]. 北京: 中国标准出版社, 2011.

第12章　金属切削机床零件的热处理

北京第一机床厂　曹灵生

北京机床研究所　张魁武

12.1　机床导轨的热处理

12.1.1　导轨服役条件及失效形式

机床的床身、立柱、横梁和转台都有导轨。机床的精度、加工精度和使用寿命在很大程度上取决于其导轨的几何精度和内在质量。机床导轨有滑动导轨、滚动导轨和静压导轨三种类型。滑动导轨的失效形式主要有三种，一是导轨工作面磨损，丧失精度；二是导轨工作面拉伤，表面粗糙度恶化；三是导轨工作面碰伤。滚动导轨的主要失效形式为接触疲劳损坏和重压下产生塑性变形。机床导轨维修的工作量占整台机床修理工作量的比例很大。正确合理地选择机床导轨的材料和热处理方法是提高其耐磨性、抗擦伤能力和疲劳强度，保持精度，延长使用寿命的重要措施之一。

12.1.2　导轨材料

机床主导轨按所用材料可分为铸铁导轨和镶硬化钢导轨。其他材料，如树脂混凝土和陶瓷等应用尚少。塑料导轨主要用于导轨副的运动导轨，即上导轨或称副导轨。常用的导轨材料列于表12-1。

表12-1　机床导轨材料

材料类别		牌　号	热　处　理	配合副(上导轨)	特　点
铸铁	灰铸铁	HT250,HT300,HT350,低应力铸铁(抗拉强度250～300MPa)	感应淬火或火焰淬火，导轨面硬度不小于65HS或68HS,有效硬化层深度不小于1.5mm(高频感应淬火不小于0.8mm)	填充聚四氟乙烯导轨软带,HT200,HT250	1)耐磨性好 2)抗擦伤能力较好 3)承载能力:粘结填充聚四氟乙烯导轨软带的导轨副一般不大于1MPa,铸铁导轨副一般不大于1.5MPa
			接触电阻加热淬火		
			高温时效或振动时效	填充聚四氟乙烯导轨软带	1)可进行刮研加工 2)耐磨性一般 3)抗擦伤能力差
	球墨铸铁	QT500-7,QT600-3	表面淬火与灰铸铁表面淬火相同	填充聚四氟乙烯导轨软带,HT200,HT250	1)刚度高 2)耐磨性和抗擦伤性能均较好
			高温时效或振动时效		1)刚度高 2)可进行刮研加工
	耐磨铸铁	MTPCuTi25、30 MTP25、30 MTVTi25、30 MTCrMoCu25、30、35 MTCrCu25、30、35	高温时效或振动时效	填充聚四氟乙烯导轨软带 与主导轨同类的低一级的耐磨铸铁ZZnAl4Cu1Mg	1)导轨面可不淬火 2)可进行刮研加工 3)耐磨性较好 4)承载能力:粘结填充聚四氟乙烯导轨软带的导轨副一般不大于1MPa,耐磨铸铁导轨副一般不大于1.5MPa

（续）

材料类别		牌　号	热　处　理	配合副（上导轨）	特　点
钢	轴承钢	GCr15 GCr15SiMn	1）球化退火 2）整体淬火或表面淬火，要求硬度 58～63HRC，有效硬化层不小于 1.5mm 3）低温时效	1）滑动导轨填充聚四氟乙烯导轨软带，HT200，HT250，HT300 2）滚动导轨：GCr15 滚动体	1）接触疲劳强度高 2）耐磨性好 3）抗擦伤能力强 4）承载能力：滑动导轨软带配合副一般不大于 1MPa，铸铁配合副一般不大于 1.5MPa
	工具钢	T7，T8，9Mn2V，9SiCr，CrWMn，7CrSiMnMoV			
	结构钢	45，55，40Cr，42CrMo，50CrVA	1）正火或调质 2）整体或表面淬火 3）低温时效	填充聚四氟乙烯导轨软带，HT200，HT250，HT300	1）耐磨性好 2）抗擦伤能力较好 3）承载能力，同上栏滑动导轨 4）一般不用于滚动导轨
	渗碳钢	20Cr，15CrMn，20CrMnTi，20CrMnMo	1）正火 2）渗碳后整体淬火或表面淬火，硬度要求 58～63HRC 3）低温时效	1）滑动导轨：填充聚四氟乙烯导轨软带，HT200，HT250，HT300 2）滚动导轨：GCr15 滚动体	1）接触疲劳强度高 2）耐磨性好 3）抗擦伤能力强 4）承载能力，同上一栏
	渗氮钢	38CrMoAl	1）调质或正火 2）渗氮，渗层深度≥0.5mm，表面硬度≥850HV	填充四氟乙烯导轨软带，HT200，HT250，HT300	1）耐磨性最好 2）抗擦伤能力最好 3）热处理变形小 4）承载能力：一般不大于 1MPa 5）一般不用于滚动导轨

12.1.3　铸铁导轨的感应淬火

机床导轨采用感应淬火，工艺参数易于控制，淬火质量稳定，生产效率高。常用感应淬火的频率范围有高频、超音频、中频三种。

选择设备频率的主要依据是对导轨有效硬化层深度的要求。高频感应淬火的淬硬层深度为 1mm 左右，超音频的淬硬层深度可达 1.5～2mm，中频的淬硬层深度为 2～4mm。

12.1.3.1　加热设备

通常高频感应加热设备的振荡频率为 200～300kHz，超音频的加热设备频率多用 30～50kHz。高频、超音频感应加热设备的输出功率有 60kW、100kW、200kW、250kW 等几种。中频感应加热设备的振荡频率一般为 2500Hz 和 8000Hz，输出功率分别有 100kW、200kW、250kW 和 500kW 几种。为保证输出功率的稳定，保持淬火过程中导轨淬火温度均匀一致，感应加热设备应配备电源稳压装置。

12.1.3.2　淬火机床

目前，我国各机床企业在用的淬火机床大多数是自制或由大型机床（如磨床、单臂刨床等）改装而成的。淬火机床按感应器、导轨的固定或移动可分为感应器固定、导轨移动，导轨固定、感应器移动两种。感应器固定，感应加热输出电缆线短，功率损耗少。按工作台的移动方式淬火机床又可分为台车式与滑动式等。

图 12-1 为台车式感应淬火机床，淬火工件放在台车工作台上，台车在轨道上行走，感应器固定，但需加浮动机构，以保持运行中感应器与导轨之间的间隙一致。

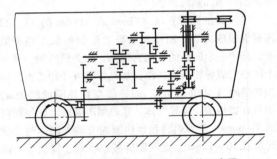

图 12-1　台车式感应淬火机床结构示意图

滑动式淬火机床一般用大型机床改装，被淬火机床导轨放在其工作台上，工作台移动，感应器固定。经改装制成的淬火机床，工作台运行平稳，系统精度高，则此种淬火机床在淬火运行中能很好地保持感应器与导轨

间的间隙一致，运行速度恒定，经淬火后的导轨质量比较稳定。图 12-2 所示为用单臂刨床改装的滑动式淬火机床，承载 10t，可进行长×宽×高 = 7000mm × 1200mm × 1000mm 规格以下床身导轨的淬火。

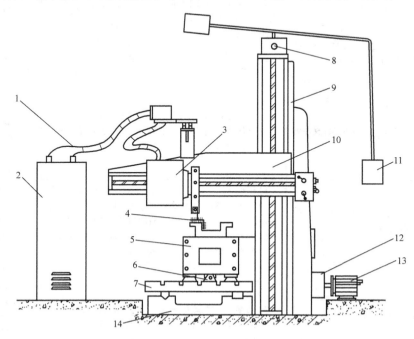

图 12-2　用单臂刨床改装的滑动式淬火机床
1—电源铜排　2—感应电源电柜　3—淬火变压器　4—感应器　5—被淬火床身
6—调整楔铁　7—机床工作台　8—升降电动机　9—立柱　10—悬臂
11—控制盘　12—减速箱　13—调速电动机　14—机床导轨

图 12-3 所示为一台中频感应淬火机床。淬火机床用一台大型机床改装而成。中频淬火变压器和感应器装在溜板上，由溜板拖动淬火变压器和感应器作直线运动，实现连续淬火。

12.1.3.3　感应器

导轨感应加热的感应器，无论高频、超音频还是中频，设计原则大致相同，只是在具体的导轨淬火过程中，有关数据应通过试验加以调整。下面介绍的是导轨超音频加热时的感应器。

感应器的制作：将 φ12mm 或 φ14mm 的 T1、T2 纯铜管拉成方管，制作成仿导轨形状的双回路有效圈，其中一个回路的功能为预热，称为预热圈；另一个回路完成导轨表面的淬火加热并喷液冷却淬火，称为加热圈（见图 12-4）。加热圈与预热圈的间距 a，如只有加热圈安装导磁体，预热圈不装时，此间距可选 5~6mm；若加热圈和预热圈均安装导磁体时，此间距取 10~12mm。此间距的减小有利于避免导轨两端出现软带。

在感应器加热圈外侧内棱上沿 45° 方向钻喷水孔，直径为 1mm，孔中心距为 3mm；当淬火面积大，进水量不够时，可在感应器上另加 2~3 个进水孔（水压应控制在 0.10~0.15MPa）。为提高加热效果，在感应器的预热圈和加热圈上应粘导磁体，导磁体粘结的位置与数量需通过工艺试验确定。淬火感应器与电源连接的夹持部分依不同的机床有所不同，图中未画出。

1. 山形导轨淬火感应器（见图 12-5）　为使导轨峰顶不过热，感应器内角 α 应小于山形导轨角（5°~15°），最佳角度需通过工艺试验确定。为提高加热效果，应分别在预热圈和加热圈的适当位置安装导磁体（图中未画出），以得到硬化深度较均匀的淬火层。

2. V 形导轨淬火感应器（见图 12-6）　感应器与导轨底部的间隙应尽量小，一般取 1.5~2mm，感应器内角 α 一般小于 V 形导轨内角（25°~30°），最佳角度需通过工艺试验确定。在预热圈和加热圈上应安

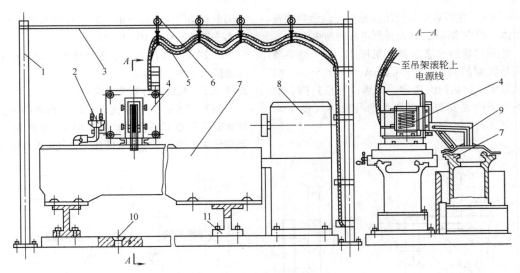

图 12-3　中频感应淬火机床

1—立柱　2—分水器　3—钢索　4—淬火变压器　5—导线　6—滚轮　7—工件（被淬火机床床身）
8—淬火机　9—感应器　10—下水道　11—工作台

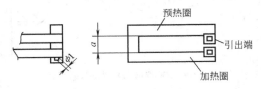

图 12-4　导轨淬火感应器

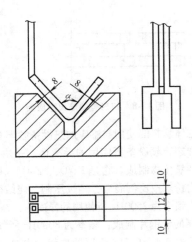

图 12-6　V 形导轨淬火感应器

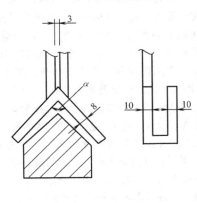

图 12-5　山形导轨淬火感应器

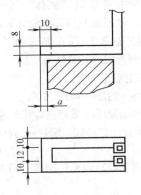

图 12-7　平导轨感应器

装适当数量的导磁体（图中未画出），以提高加热效果。为防止 V 形槽内未淬火区积水影响加热，应在感应器预热圈后部增设 V 形风嘴，向床身导轨运动的反方向吹风。

3. 平导轨感应器（见图 12-7）感应器伸出导轨

长度 $a = 5$mm，在预热圈和加热圈分别安装适当数量的导磁体（图中未画出），以得到更好的加热效果。

4. 矩形导轨淬火感应器（见图12-8）感应器与淬火导轨面的间隙：$a = 4.5$mm、$b = 1.5$mm。根据导轨各面的加热情况确定。在感应器预热圈和加热圈的不同位置安装适当数量的导磁体（图中未画出）。

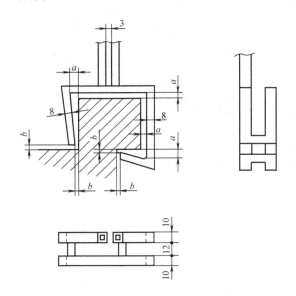

图 12-8　矩形导轨淬火感应器

导磁体材料的使用与感应加热设备频率有关，一般高频和超音频设备所使用的导磁体，是由铁氧体，即铁磁性氧化物制成。它是 Fe_2O_3、ZnO、CuO、NiO 等氧化物粉末按比例混合，经过压制、烧结而成的 n 形元件；频率为 2500Hz 所使用的导磁体，是由 $0.2 \sim 0.5$mm 厚的硅钢片制成；频率为 8000Hz 所使用的导磁体，是由 $0.1 \sim 0.35$mm 厚的硅钢片制成。硅钢片应经过磷化处理，以保证片间绝缘。中频设备使用的导磁体也可用中频铁氧导磁体，其铁氧体密度为 $4.5 \sim 5$g/cm^3，最高磁导率 $\mu \geqslant 62.5 \times 10^{-4}$H/m（直流特性），相对磁导率 $\mu = 6.25 \times 10^{-4}$H/m，电阻大于 10kΩ，中频耗损 $\leqslant 0.05$W/kg。

12.1.3.4　工艺参数

1. 导轨淬火温度　$900 \sim 920$℃。

2. 导轨移动速度（或感应器移动速度）视具体导轨加热情况而定，高频、超音频的移动速度一般可取 $2 \sim 4$mm/s。

3. 感应器与导轨表面的间隙　可参考图12-5 ~ 图12-8。

4. 冷却　由感应器加热圈外侧内棱喷水孔沿45°

方向向移动的反方向喷水（或聚合物水溶液）冷却，压力一般控制在 $0.10 \sim 0.15$MPa。

5. 回火　在加热炉中进行低温回火，也可采用导轨淬火余热自回火。

12.1.3.5　灰铸铁导轨淬火实例

例1　XKA714 数控铣床导轨的超音频淬火，其导轨断面见图12-9。导轨长 1.04m，材料为 HT300，要求导轨上表面及内侧表面淬火，硬度为 $67 \sim 74$HS。

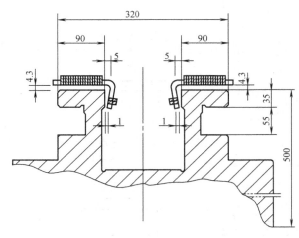

图 12-9　XKA714 数控铣床导轨断面

感应器及与导轨的间隙如图中所示。为使淬火导轨表面加热温度均匀，分别在感应器预热圈和加热圈粘相同数量的导磁体。为减少淬火后的导轨下凹变形，上导轨面淬火前加工成中间上凸 $0.20 \sim 0.25$mm。

感应淬火加热设备功率为 200kW，频率为 $30 \sim 50$kHz。淬火工艺：加热温度为 $900 \sim 920$℃；导轨移动速度为 3.3mm/s；电参数：阳极电压为 3.5kV，阳极电流为 5.5A，栅极电流为 1A；喷水压力 0.15MPa。回火：淬火余热自回火。分别先后淬左、右导轨，但导轨淬火时运动方向应同向。淬火后硬度为 $67 \sim 74$HS，淬硬层深度 > 1.5mm。

例2　仪表机床床身导轨超音频淬火

仪表机床床身导轨截面及其感应器见图12-10，材料为 HT300，要求导轨表面淬火，硬度为 $67 \sim 74$HS。为使导轨淬火后畸变小，采取双导轨同时淬火，感应器为双轨式感应器，感应器与导轨面的间隙见图12-10。为保证导轨面加热到淬火温度，且温度均匀，分别在感应器适当部位粘一定数量的导磁体。由图12-10可见，淬火时感应器距燕尾底平面间隙仅 $1.5 \sim 2$mm，所以棱角处易烧损，为避免此情况发生，应将此处铁屑、油污等清理干净，并去毛刺，将棱角处适当倒钝。

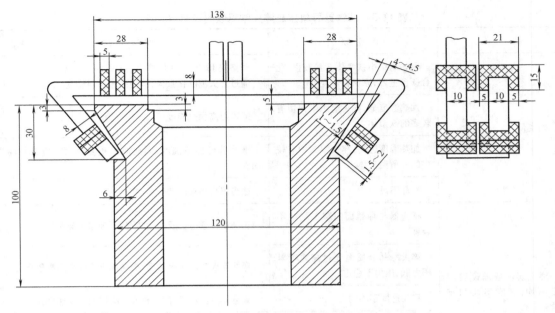

图 12-10　仪表机床床身导轨截面及其感应器

感应加热设备功率为 200kW，频率为 30 ~ 50kHz。

淬火工艺：加热温度为 900 ~ 920℃；导轨移动速度为 3.3mm/s；电参数：阳极电压为 4.5kV；阳极电流为 4.2A；栅极电流为 0.8A；喷水压力为 0.15MPa。回火：180℃ × 2h。淬火后硬度，导轨上表面 67 ~ 74HS，燕尾斜面上应有 2/3 高度的硬度大于 67HS。

12.1.3.6　感应淬火导轨灰铸铁技术条件和质量要求

1. 灰铸铁的技术条件　所用灰铸铁应满足 JB/T 3997—2011《金属切削机床灰铸铁技术条件》的要求，$w(P) \leq 0.15\%$，化合碳为 0.6% ~ 0.8%（质量分数）。导轨表面硬度：导轨长度≤2500mm 时，不得低于 190HBW；导轨长度 >2500mm 或重量 >3t 时，不得低于 180HBW。显微组织应符合表 12-2 规定。导轨的加工表面粗糙度 $Ra < 3.2\mu m$。除有特殊要求外，凡边缘、尖角都应倒角。

表 12-2　灰铸铁导轨显微组织合格范围

项目	合格范围
石墨	分布形状以 A 型为主，放大 100 倍时，长度为 5 ~ 30mm
珠光体	$\varphi(P) \geq 95\%$，以索氏体和细片状珠光体为主，最大片间距在放大 500 倍时 <2mm
铁素体	$\varphi(F) < 5\%$
磷共晶	$\varphi(磷共晶) < 2\%$，小块状，分布均匀
游离碳化物	不允许存在

2. 淬火后的质量要求

（1）淬火表面不得有裂纹、烧伤。

（2）成品表面平均硬度值。灰铸铁 HT200 和 HT250 导轨的硬度应 ≥65HS，HT300 和 HT350 导轨应 ≥68HS，规定淬硬区域内不应有软点、软带。

（3）中频和超音频感应淬火的成品表面显微组织 3 ~ 6 级合格，高频感应淬火者允许出现 7 级，不允许有粗大马氏体 + 大量残留奥氏体的过热组织或托氏体及珠光体加马氏体组织。

（4）成品有效硬化层深度，高频感应淬火者 ≥0.8mm，超音频感应淬火者 ≥1.5mm，中频感应淬火者 ≥2.0mm。

12.1.3.7　灰铸铁导轨感应淬火常见缺陷及解决办法（见表 12-3）

12.1.4　铸铁导轨的火焰淬火

铸铁导轨火焰淬火有工艺及设备简单易行的优点，但其缺点是加热温度较难控制，容易过热，淬后变形较大。

火焰淬火灰铸铁的技术要求与感应淬火的要求相同。

固定机床床身，用氧乙炔焰加热，使火焰喷嘴及喷水装置沿导轨表面移动，连续进行淬火。加热过程中必须保持乙炔和氧气压力稳定，火焰喷嘴垂直导轨表面，移动速度均匀。

火焰喷嘴及冷却水喷嘴常用 φ12mm × 2mm 无缝钢管压扁，弯成与导轨面相似的形状，火焰喷嘴面向

表 12-3　灰铸铁导轨感应淬火常见缺陷及解决办法

缺　陷	产生原因	解决办法
硬度低	原始组织中铁素体含量较多,化合碳含量低,原材料硬度低	严格按 JB/T 3997 标准控制原材料 通过正火消除铁素体,并提高原材料硬度
	加热温度低,淬火组织中保留有较多的铁素体	适当提高加热温度
	加热温度过高,淬火组织中有较多的残留奥氏体	适当降低加热温度,因此原因重复淬火前应进行高温回火
	冷却不足	适当提高淬火冷却介质的喷射压力
硬化层浅或淬硬层深度不均;硬度不均和有软带	感应器与导轨面间隙不均或不合理	正确设计感应器及浮动装置,合理布置导磁体
	淬火冷却介质温度过高或喷射压力低、压力不稳定	降低淬火冷却介质温度,提高淬火冷却介质喷射压力
	移动速度不均匀	调整或维护机床,使导轨或感应器的移动速度稳定
	在淬火导轨的起止端或中断淬火后又继续淬火的交界处常出现软带	为避免起止端软带的产生,感应器可伸出起淬端外 3 ~ 5mm 处预热,使起淬端达到 750℃ 左右再开始进行连续淬火。尾端可装与导轨截面相同的辅助导轨,保证该处加热足够。中断淬火后应退回起始端再淬
淬火裂纹	原材料成分不符或有组织缺陷	严格按 JB/T 3997 标准控制原材料
	淬火加热温度高,冷却太剧烈	适当降低淬火加热温度,降低淬火冷却介质压力
	淬火中途停顿,随后从该处继续接淬,重复淬火前未进行高温回火或正火	淬火中途停顿后,应退回起始端重淬,重淬前应进行高温回火或正火
	裂纹最易发生于导轨的两端,特别是淬火终端,一般,裂纹易发生于淬硬与未淬硬的过渡区域或未淬硬区	调整起始端和终端的加热、冷却状况;两端可加与床身导轨截面相同的辅助导轨,以改善两端的加热状况
淬火畸变	导轨感应淬火后导致表面下凹,导轨长度方向的中部表面下凹值最大,下凹值的大小与床身的刚度、长度、淬火硬度、淬硬层深度、金相组织、感应器的设计以及淬火操作等有关	导轨面淬火的床身设计应保证有足够刚度
		调整冷热加工工序,如将不需淬火的导轨底面的机械加工放在淬火后进行,以保证床身淬火时有较高的刚性
		合理设计感应器,尽可能采用双导轨(或多条导轨)同时淬火,如不能,只能单条导轨淬火时应保证两导轨(或多条导轨)面上淬火时的移动方向一致
		导轨与感应器的相对移动速度应均匀;导轨与感应器之间的间隙在淬火运动过程中应保持一致
		在导轨淬火前的机械加工中,应使导轨自两端至中部逐渐凸起,中部最大凸起 0.1 ~ 0.3mm;也可在淬火时加一使导轨面上凸的预应力,用以抵消淬火后的下凹

导轨的一侧钻 $\phi0.5mm$ 的小孔若干，小孔间距约 3mm。导轨淬火火焰喷嘴见图12-11。

为了使导轨面的棱角处不致产生局部过热，在山形导轨峰部、V形导轨上部及平面导轨两边缘处要适当加大火焰喷嘴小孔的间距。冷却水喷嘴与火焰喷嘴制成一体，二者之间间距为 10～20mm。冷却水喷嘴的孔径取 0.8～1.0mm，喷水孔之间中心距为 3mm。

冷却水孔应向运行的反方向倾斜 10°～30°角，冷却水压 $\geqslant0.15MPa$。

火焰正常颜色为蓝色，焰长 10～15mm，火焰喷嘴与导轨面距离取 8～10mm，火焰喷嘴的喷焰孔数目、乙炔的压力和火焰喷嘴的移动速度分别根据淬火表面宽度和要求的淬硬层深度选择，如表12-4和表12-5所示。

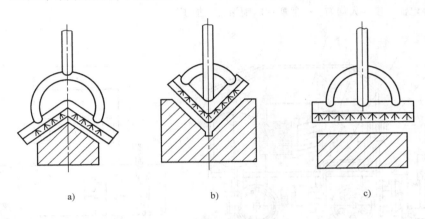

图 12-11　导轨火焰喷嘴

a) 山形导轨　b) V形导轨　c) 平面导轨

表 12-4　喷焰孔数和乙炔压力与导轨面宽度关系

导轨表面宽度 /mm	6.35	12.7	19.0	25.0	31.0	38.0	44.0	50.0	57.0	63.0	70.0	76.0
喷焰孔数	3	5	7	9	11	13	15	17	19	21	23	25
乙炔压力/MPa	0.03	0.045	0.063	0.08	0.056	0.063	0.070	0.077	0.084	0.091	0.097	0.105

注：山形导轨峰部、V形导轨上部及平面导轨两侧边缘处出焰孔的孔距应适当加大。

表 12-5　火焰喷嘴移动速度与淬硬层深度关系

淬硬层深度/mm	8	6.4	4.8	3.2	1.6	0.8
火焰喷嘴移动速度/(mm/min)	50	75	100	125	150	175

火焰淬火后的导轨应在加热炉中低温回火，也可采用淬火余热自回火或火焰加热回火。

手工操作的火焰淬火，虽然设备简单，成本低，但工艺性稳定差，加热温度难以控制，目前应用在导轨淬火上的已少见。

质量检查：

外观：不允许有淬火裂纹及烧伤熔融。

硬度：按图样要求，硬度不均性不得大于10HS。

淬硬层深度及金相组织：必要时，检查与导轨截面形状相同的试块硬化层深度及金相组织是否符合图样或工艺要求。

畸变量：$\leqslant0.20mm/m$。

12.1.5　铸铁导轨的接触电阻加热淬火

接触电阻加热淬火的优点是设备及工艺操作简单，普通灰铸铁机床导轨经此法淬火后，比不淬火的导轨耐磨性可提高1倍，并显著改善抗擦伤能力。缺点是只有局部导轨面被淬硬，且淬硬层很浅，容易出现打火烧伤。该工艺方法多应用于机床导轨的维修中。

进行接触电阻加热淬火的铸铁导轨，对灰铸铁材料的要求同感应淬火，表面粗糙度 Ra 应为 1.6～3.2μm，淬火前应将导轨表面油污清洗干净。

12.1.5.1　设备

接触电阻加热淬火设备是小车式淬火机，如图

12-12 所示。在导轨磨削加工后即可进行接触电阻加热淬火。淬火机主要由主变压器、电动机、控制变压器、铜滚轮（淬火头）等组成。淬火机主变压器容量一般为 1～3kVA，具有多组抽头，以调整工作电流。在一台淬火机上可以用一个铜滚轮与导轨构成一对电极；为了提高淬火效率，也可采用双轮或多轮。用多轮时，每两轮串联成一组，每组各用一台变压器，以便于调整电流，使淬火均匀。一般所用的铜滚

轮用纯铜制成，其圆周上的花纹为"S"形（见图12-13），也有鱼鳞形和锯齿形花纹的。为防止铜滚轮温度过高，可在轮轴中通水冷却。

接触电阻加热淬火后的畸变不大，可用油石手工或机械打磨去除淬火时在导轨表面形成的一薄层熔结物和氧化物。为提高效率，可制作专用磨光机。若零件要求更低的表面粗糙度值时，可进行精磨加工。

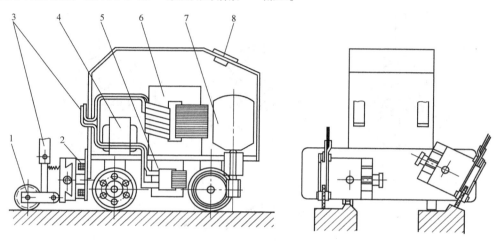

图 12-12　小车式接触电阻加热淬火机
1—铜滚轮　2—电磁离合器　3—铜排导线　4—控制变压器
5—电流互感器　6—主变压器　7—电动机　8—电流表

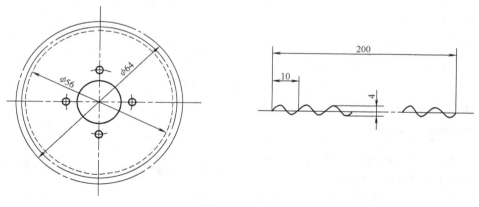

图 12-13　铜滚轮

12.1.5.2　淬火工艺参数

淬火铜滚轮轮缘花纹线宽：$\delta = 0.8～1$mm；淬火电流：$I = 450～600$A。

变压器二次电压：开路电压 <5V，负载电压为 $0.5～0.6$V。电流小，加热不足，淬硬层浅；电流过大，加热温度过高，易出现打火烧伤凹坑。

铜滚轮线速度：$v = 2～3$m/min。速度过慢，加热时间长，淬火温度高，易形成较多残留奥氏体，严

重时甚至会形成莱氏体，造成硬度低、耐磨性下降；速度过快，淬火温度低，淬硬层深度及宽度减小，甚至出现淬火条纹断续现象，也会使耐磨性降低。

铜滚轮施于导轨表面的压力：$F = 40～60$N。接触压力过低时，接触电阻大，加热温度过高，易形成残留奥氏体及莱氏体；接触压力过高时，接触电阻小，加热温度低，淬硬层过浅，硬度不足。

铜滚轮进给量 = $(0.9～1.0)×$铜滚轮曲线跨距。

12.1.5.3　质量检验

淬火后质量评定按 JB/T 6954—2007《灰铸铁材料接触电阻加热淬火质量检验与评级》进行。主要检验项目有：经磨石手工或机械打磨、或精磨加工后的硬化层深度≥0.18mm；硬度≥550HV；淬硬面积应不少于需淬火表面的25%；显微组织，为隐晶马氏体加少量残留奥氏体或细针状马氏体加少量残留奥氏体，2～4 级为合格。淬火条纹力求排列整齐，少

无断线，少无烧伤小坑，淬火面上不允许有纵向软带。

灰铸铁导轨经接触电阻加热淬火的金相组织与耐磨性的对比试验见表 12-6。由表可见，Ⅰ、Ⅱ组正常淬火显微组织（JB/T 6954—2007 的 2～4 级）的耐磨性比铸态的提高一倍以上，而Ⅲ、Ⅳ组过热、过烧非正常组织（JB/T 6954—2007 的 5～6 级）的耐磨性没有提高，甚至下降了。

表 12-6　耐磨性对比试验结果

试验组别	处理状态及显微组织	相对耐磨性(%)	试验条件
Ⅰ	接触电阻加热淬火，马氏体＋少量残留奥氏体	267	压力为 105.8kPa，L—AN32 全损耗系统用油润滑
Ⅰ	铸态，主要为片状珠光体	100	
Ⅱ	接触电阻加热淬火，马氏体＋少量残留奥氏体	223	
Ⅱ	铸态，主要为片状珠光体	100	压力为 55.9kPa，L-AN32 全损耗系统用油＋Cr_2O_3 0.2%（质量分数）润滑
Ⅲ	接触电阻加热淬火，粗大马氏体＋多量残留奥氏体和莱氏体	97	
Ⅲ	铸态，主要为片状珠光体	100	
Ⅳ	接触电阻加热淬火，粗大马氏体＋多量残留奥氏体和莱氏体	75	
Ⅳ	铸态，主要为片状珠光体	100	

12.1.6　镶钢导轨热处理

在磨床及数控机床中，为提高机床的定位精度，减少传动阻力，以便机床传动及进给系统动作轻便，反应灵敏，常使用滚动导轨。铸铁导轨不能适应滚动的点或线接触疲劳载荷，而镶钢淬硬导轨的接触疲劳强度较高，一般要求滚动导轨硬度≥60HRC。如果硬度降低，则承载能力明显下降，如硬度为 55HRC 时的承载能力仅为 60HRC 时的2/3。同时，淬硬层还需有足够深度。

镶钢导轨一般较长，截面不对称，侧面有安装孔，在热处理过程中往往易产生淬火畸变。减少畸变的措施是：

(1) 做好预备热处理，如材料的正火、球化退火和去应力退火等。

(2) 采用分级淬火，减少淬火的组织应力。

(3) 淬火空冷过程中趁热校直。

(4) 先将导轨装配在机床上再进行感应淬火。

(5) 采用渗氮工艺硬化。

(6) 为保证导轨精度应进行多次时效或稳定化

处理。

镶钢滚动导轨的热处理方式有整体淬火，渗碳淬火，感应淬火和渗氮等，其实例见表 12-7。

12.1.7　机床导轨用材和热处理的进展

机床导轨用材和热处理明显的发展趋向：

(1) 铸铁淬火导轨比例增加。

(2) 镶钢导轨比例增加。

(3) 直线滚动导轨比例增加。直线滚动导轨的突出优点是无间隙，可施加预紧力，刚度高，能长期保持精度，可高速运行，低速无爬行。直线滚动导轨主要由导轨体、滑块、保持器、滚珠和端盖等组成。国内外大都在专业生产厂制造、组装或单元部件出售。

(4) 非金属导轨，特别是塑料导轨比例增加。

(5) 采用水基淬火冷却介质代替水作为灰铸铁导轨淬火冷却介质的比例增加。采用适当含量的水基淬火冷却介质不但能保证灰铸铁导轨表面淬火硬度和淬硬层深度，而且有利于防止导轨淬火开裂，减小畸变，并对导轨能起一定的工序间防锈作用。

表 12-7　镶钢导轨热处理工艺举例

镶钢导轨图样	工艺流程	热处理工艺
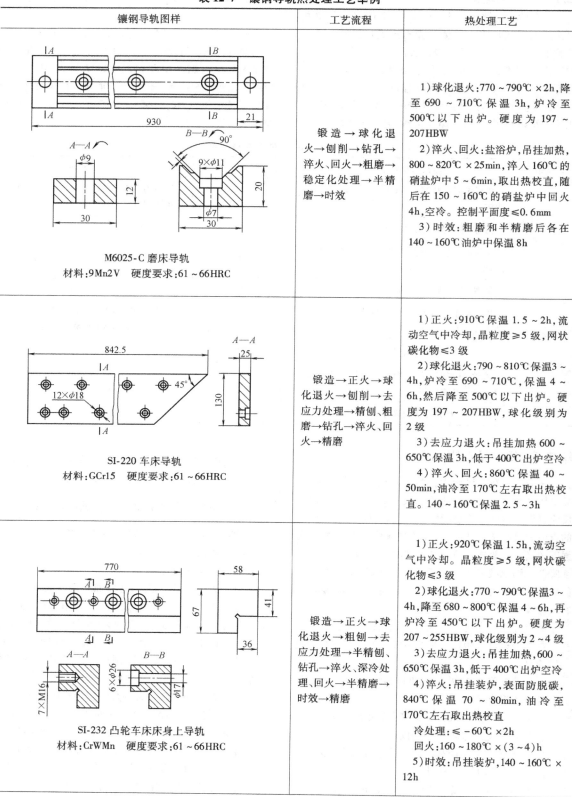 M6025-C 磨床导轨 材料:9Mn2V　硬度要求:61～66HRC	锻造→球化退火→刨削→钻孔→淬火、回火→稳定化处理→半精磨→时效	1)球化退火:770～790℃×2h,降至 690～710℃保温 3h,炉冷至 500℃以下出炉。硬度为 197～207HBW 2)淬火、回火:盐浴炉,吊挂加热,800～820℃×25min,淬入 160℃的硝盐炉中 5～6min,取出热校直,随后在 150～160℃的硝盐炉中回火 4h,空冷。控制平面度≤0.6mm 3)时效:粗磨和半精磨后各在 140～160℃油炉中保温 8h
SI-220 车床导轨 材料:GCr15　硬度要求:61～66HRC	锻造→正火→球化退火→刨削→去应力处理→精刨、粗磨→钻孔→淬火、回火→精磨	1)正火:910℃保温 1.5～2h,流动空气中冷却,晶粒度≥5 级,网状碳化物≤3 级 2)球化退火:790～810℃保温 3～4h,炉冷至 690～710℃,保温 4～6h,然后降至 500℃以下出炉。硬度为 197～207HBW,球化级别为 2 级 3)去应力退火:吊挂加热 600～650℃保温 3h,低于 400℃出炉空冷 4)淬火、回火:860℃保温 40～50min,油冷至 170℃左右取出热校直。140～160℃保温 2.5～3h
SI-232 凸轮车床床身上导轨 材料:CrWMn　硬度要求:61～66HRC	锻造→正火→球化退火→粗刨→去应力处理→半精刨、钻孔→淬火、深冷处理、回火→半精磨→时效→精磨	1)正火:920℃保温 1.5h,流动空气中冷却。晶粒度≥5 级,网状碳化物≤3 级 2)球化退火:770～790℃保温 3～4h,降至 680～800℃保温 4～6h,再炉冷至 450℃以下出炉。硬度为 207～255HBW,球化级别为 2～4 级 3)去应力退火:吊挂加热,600～650℃保温 3h,低于 400℃出炉空冷 4)淬火:吊挂装炉,表面防脱碳,840℃保温 70～80min,油冷至 170℃左右取出热校直 冷处理:≤-60℃×2h 回火:160～180℃×(3～4)h 5)时效:吊挂装炉,140～160℃×12h

（续）

镶钢导轨图样	工艺流程	热处理工艺
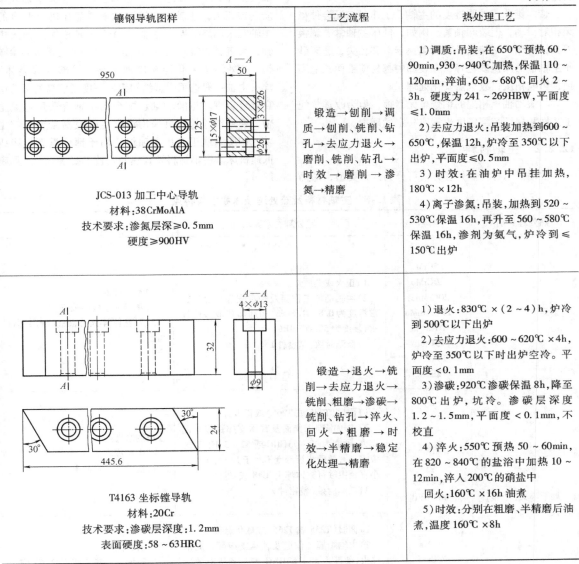 JCS-013 加工中心导轨 材料:38CrMoAlA 技术要求:渗氮层深≥0.5mm 硬度≥900HV	锻造→刨削→调质→刨削、铣削、钻孔→去应力退火→磨削、铣削、钻孔→时效→磨削→渗氮→精磨	1)调质:吊装,在650℃预热60～90min,930～940℃加热,保温110～120min,淬油,650～680℃回火2～3h。硬度为241～269HBW,平面度≤1.0mm 2)去应力退火:吊装加热到600～650℃,保温12h,炉冷至350℃以下出炉,平面度≤0.5mm 3)时效:在油炉中吊挂加热,180℃×12h 4)离子渗氮:吊装,加热到520～530℃保温16h,再升至560～580℃保温16h,渗剂为氨气,炉冷到≤150℃出炉
T4163 坐标镗导轨 材料:20Cr 技术要求:渗碳层深度:1.2mm 表面硬度:58～63HRC	锻造→退火→铣削→去应力退火→铣削、粗磨→渗碳→铣削、钻孔→淬火、回火→粗磨→时效→半精磨→稳定化处理→精磨	1)退火:830℃×(2～4)h,炉冷到500℃以下出炉 2)去应力退火:600～620℃×4h,炉冷至350℃以下时出炉空冷。平面度<0.1mm 3)渗碳:920℃渗碳保温8h,降至800℃出炉,坑冷。渗碳层深度1.2～1.5mm,平面度<0.1mm,不校直 4)淬火:550℃预热50～60min,在820～840℃的盐浴中加热10～12min,淬入200℃的硝盐中回火:160℃×16h油煮 5)时效:分别在粗磨、半精磨后油煮,温度160℃×8h

（6）近年来，采用数控导轨淬火机床，精制淬火感应器，使导轨淬火质量得到很大提高。此外，淬火畸变较小的激光淬火在机床导轨上也有少量应用。它的畸变量仅为高频感应淬火的 1/10～1/5，可大大节省淬火后的磨削加工。

12.2　机床主轴的热处理

12.2.1　主轴服役条件及失效形式

主轴是机床的重要零件之一，主要传递动力。切削加工时，高速旋转的主轴承受弯曲、扭转和冲击等多种载荷，要求它具有足够的刚度、强度、耐疲劳、耐磨损以及精度稳定等性能。

与滑动轴承相配的轴颈可能发生咬死（又称抱轴），使轴颈工作面咬伤，甚至咬裂，这是磨床砂轮主轴常见的失效形式之一。主要原因有润滑不足、润滑油不洁净（含有杂质微粒）、轴瓦材料选择不当、结构设计不合理、加工精度不够、主轴副装配不良及间隙不均等。咬死现象一旦发生，则主轴运转精度下降，磨削时产生振动，被磨削零件表面出现波纹。解决措施除针对上述原因改进外，在主轴选材和热处理方面，应提高硬度、热硬性、热强度以增强抗咬死能力。实践证明：抗咬死能力依 65Mn 钢中频感应淬火→GCr15 钢中频感应淬火→38CrMoAlA 钢渗氮顺序提高。

带有内锥孔或外圆锥度的主轴,工作时与配合件虽无相对滑动,但装卸频繁。例如,铣床主轴常需调换刀具,磨床头尾架主轴常需调换卡盘和顶尖,磨床砂轮主轴常需调换砂轮等,在装卸中都易使锥面拉毛磨损,影响精度,故也需硬化处理。

与滚动轴承相配的轴颈虽无磨损,但为改善装配工艺性和保证装配精度也需有一定的硬度。

12.2.2　主轴材料

主轴依用材和热处理方式可分为四种类型,即局部(或整体)淬火主轴;渗碳主轴;渗氮主轴和调质(或正火)主轴。与滚动轴承或静压轴承配合的主轴宜采用渗碳淬火主轴或局部(或整体)淬火主轴,大直径渗碳淬火主轴应选用含合金元素多的渗碳钢,有效渗碳硬化层深度取上限。局部(或整体)淬火主轴一般选用中碳结构钢,硬度要求高的可选用高碳合金钢。与滑动轴承配合的主轴宜采用渗氮主轴,要求较低的也可采用渗碳主轴或高碳合金钢主轴。调质(或正火)主轴仅适用于部分重型机床或低速机床。主轴材料及其热处理技术要求与特点见表12-8。

表 12-8　主轴材料及热处理技术要求与特点

热处理类别	牌号	热处理技术要求	特　　点
渗碳	20Cr 15CrMo 20CrMo 20CrMnTi 20CrMnMo 20CrNi3 15CrMn 20MnVB 12CrNi3	1)正火或调质 2)主轴端部工作面及轴承支撑部位渗碳层深度为 0.8～1.6mm,局部加热或整体淬火,硬度为 58～63HRC 3)低温时效(精密件)	1)耐磨性好 2)承受冲击性能较好 3)对整体淬火件,去渗碳层部位可机械加工
局部淬火(或整体淬火)	45 50 60 40Cr 50Cr 42CrMo 40MnVB	1)调质(T235 或 T265)或正火 2)主轴端部工作面及轴承支撑部位局部淬火,硬度为 48～53HRC 或 52～57HRC,感应淬火有效硬化层深度不小于1mm。(对于小直径主轴可整体淬火,C48 或 C52) 3)低温时效(精密件)	1)耐磨性好 2)生产成本低 3)能承受一定冲击
	65Mn GCr15 GCr15SiMn 9Mn2V	1)调质(T235 或 T265)或球化退火 2)主轴端部工作面及轴承支撑部位局部淬火,硬度为 58～63HRC,感应淬火有效硬化层深度不小于1mm,(对小直径和短主轴可整体淬火 C58) 3)低温时效(精密件)	1)耐磨性好 2)精加工后表面粗糙度 Ra 值可达到 0.02～0.04μm 3)整体淬火主轴承受冲击性能差
渗氮	38CrMoAl 38CrMoAlA	1)调质(T235 或 T265)或正火 2)渗氮层深度为 0.4～0.9mm,硬度 ≥850HV 3)低温时效(精密件)	1)耐磨性好 2)抗胶合能力强,不易"抱轴" 3)精加工后表面粗糙度 Ra 可达 0.04μm 4)不能承受撞击
调质(或正火)	45 55 40Cr 50Mn2	调质(T235)或正火	1)生产成本低 2)仅适用于部分重型机床或低速机床

12.2.3　主轴的热处理工艺

典型机床主轴的热处理工艺实例如下：

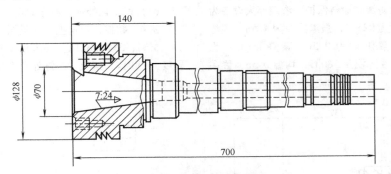

图 12-14　XA6132A 铣床主轴

工艺流程：锻造→正火→机械加工→淬火、回火
→机械加工。

热处理工艺：

(1) 正火：840~860℃×(3~4)h 加热后空冷。

(2) 淬火：淬火前先将主轴头部所有螺纹孔和
销孔分别用螺钉和销堵上。主轴吊挂，头部 140 处浸
入盐浴中于 820~840℃加热 20~22min，出炉后吊挂
置于主轴内锥孔淬火专用喷头上，喷头整个浸入质量
分数为 5%~10% 的 NaCl 水溶液中，喷冷 9~11s 后
转入油槽中冷却。

(3) 快速回火：吊挂，将 140 部分浸入硝盐浴
中于 380~400℃加热 20~25min，出炉后空冷。

(4) 清洗、喷砂，防锈。

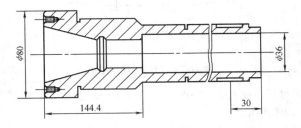

图 12-15　XHA784 加工中心主轴

例 1　XA6132A 铣床主轴（见图 12-14）

材料：45 钢；要求头部 140 处淬火，硬度为
48~53HRC。

例 2　XHA784 加工中心主轴（见图 12-15）

材料为 20CrMnMo，要求头部 144.4 尺寸及尾部
30 尺寸处渗碳淬火，渗碳层深度为 1.3~1.5mm，硬
度 60~65HRC。

工艺流程：锻造→机械加工→渗碳→机械加工
（头部螺孔、销孔和尾部键槽等）→淬火→机械加工。

热处理工艺：

(1) 渗碳：930℃强渗 4.5h，扩散 2.5h，降温至
800℃出炉坑冷，热校直。

(2) 淬火：头部：先将主轴头部螺纹孔、销孔
堵上，然后吊挂于盐浴炉中，830~850℃加热头部
144.4 处 20~22min，油冷 13~15min。尾部：吊挂于
盐浴炉中，830~850℃加热尾部 30 处 10~15min，油
冷 4~5min，空冷至室温后清洗。

(3) 回火：于 180℃回火 3~3.5h。

例 3　数控车床主轴（见图 12-16）

材料：15CrMo；渗碳层深度：1.1~1.4mm；硬
度：58~63HRC；螺纹、螺纹孔处防渗碳。

工艺流程：下料→粗车→调质（T215）→钻孔、
半精车、螺纹 M70×2 处加工至 φ75，M60×2 处加工
至 φ65mm→渗碳淬火→螺纹处车去渗碳层、车螺纹、
粗磨→稳定化处理→半精磨→精磨。

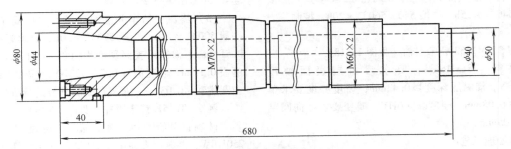

图 12-16　精密数控车床主轴

热处理工艺：

（1）调质：900℃×2h油冷，500×2h回火。

（2）渗碳淬火：螺孔处用螺钉防渗碳保护，螺纹处外圆及端面涂防渗碳涂料保护。渗碳淬火设备为多用炉。渗碳温度为925℃，强渗阶段为4.5h，碳势$w(C)$1.15%，扩散阶段为2.5h，碳势$w(C)$为0.75%，渗碳结束后降温至780℃，均温0.5h，置多用炉前室油冷。

（3）回火与校直：180~200℃回火3~3.5h。回火后趁热矫直至径向圆跳动≤0.10mm，矫直后再回火、矫直，直至合格。

（4）稳定化处理：油煮160℃×12h。

例4　数控龙门铣主轴（见图12-17）

材料：38CrMoAlA；要求渗氮层深度为0.6mm，硬度≥850HV，螺纹、花键处及平衡区不渗氮。

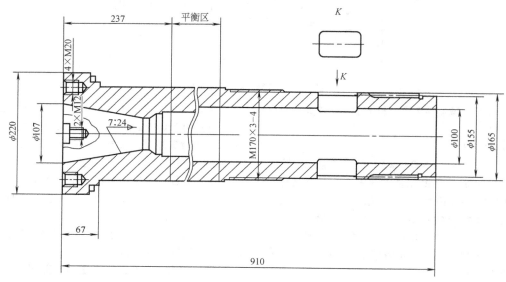

图12-17　数控龙门铣主轴

工艺流程：锻造→粗车→调质（T265）→精车、钻孔、攻螺纹、钳→时效→磨、车、粗磨→渗氮→钳、磨、车螺纹、精磨。

热处理工艺：

（1）调质：要求硬度为250~280HBW，940℃×（3~4）h油冷，650~670℃×（3~4）h回火。

（2）时效：600℃×5h降温至350℃以下出炉空冷。

（3）渗氮：离子渗氮。螺纹孔用螺钉防渗氮保护，M170螺纹、尾部花键和平衡区用薄铁板（镀锌铁板应将镀层去除）包裹防渗氮。二段渗氮，一段530~540℃×15h，二段550~560℃×20h，控制压力在240Pa左右。

例5　M1432磨床主轴（见图12-18）

材料：38CrMoAlA；要求渗氮层表面硬度≥950HV，渗氮层深度≥0.43mm，硬度梯度要求单边磨去0.08mm，硬度≥900HV，畸变要求径向圆跳动≤0.05mm。

热处理工艺：

（1）调质：粗车后加热到940℃，保温2.5~3h，

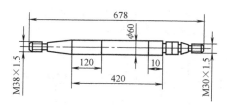

图12-18　M1432磨床主轴

油淬，在650~690℃回火3~3.5h。硬度为248~280HBW。

（2）时效：半精车后在610℃×5~5.5h，炉冷至≤350℃出炉空冷。

（3）渗氮：精车并磨削后进行二段离子渗氮，一段500℃×18h，二段570℃×20h，分解氨流量为0.5L/min。渗氮后表面硬度为1081~1115HV。单边磨去0.1mm，硬度仍有907~933HV，脆性1级，径向圆跳动≤0.03mm。渗氮前螺纹部分进行防渗保护。

例6　T615K镗床镗杆（见图12-19）

材料：38CrMoAlA钢；基体硬度为220~250HBW，渗氮层表面硬度≥900HV；渗氮层深度为0.45~0.65mm。

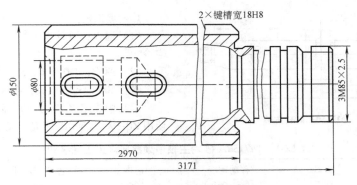

图 12-19　T615K 镗床镗杆

热处理工艺：

（1）退火：锻后 840 ~ 870℃ × 5h，炉冷至 550℃，出炉空冷。

（2）调质：粗车后 930 ~ 950℃ × 1.5h，油淬；620 ~ 650℃ × 5h，空冷，矫直。

（3）去应力处理：精车外圆及锥孔，粗刨键槽后进行，600 ~ 620℃ × 10 ~ 12h，炉冷至 150℃ 出炉空冷。

（4）渗氮：渗氮前螺纹处进行防渗保护。粗磨后气体渗氮，先在氨分解率为 18% ~ 25% 的气氛中，经 500 ~ 510℃ × 20h 渗氮，再于氨分解率为 40% ~ 50% 的气氛中，经 510 ~ 520℃ × 70h 渗氮，最后在氨分解率 >90% 的气氛中退氮 2h，炉冷至 150℃ 出炉。硬度≥950HV，精磨、精研后成品表面硬度≥900HV。

例 7　TY7432 剃齿刀磨齿机前主轴（见图 12-20）

材料：GCr15 钢；要求硬度：62HRC。

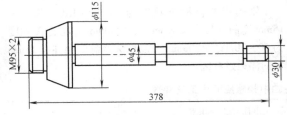

图 12-20　TY7432 剃齿刀磨齿机前主轴

热处理工艺：

（1）球化退火：锻后 780℃ × 2h 炉冷至 710℃ × 4h，再炉冷至≤500℃，出炉空冷。显微组织为球状珠光体 2 ~ 5 级，碳化物网≤3 级。

（2）淬火：车削后盐浴炉淬火，先在 550℃ 预热，升温到 850℃，保温 40min，淬入 160℃ 硝盐，保持 12min 取出空冷。

（3）冷处理：淬火后 -60℃ 处理 2h，取出。

（4）回火：回复到室温后进行 160℃ × 8h 回火。

（5）时效：粗磨后 160℃ × 16h 时效，径向圆跳动≤0.2mm。

例 8　MQ8260 曲轴磨床头架主轴（见图 12-21）

材料：65Mn 钢；要求调质到（250 ± 15）HBW，外圆 φ110mm，φ85mm 及 5 号锥孔要求淬火硬度为 56 ~ 62HRC。

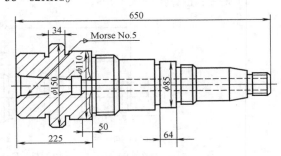

图 12-21　MQ8260 曲轴磨床头架主轴

热处理工艺：

（1）退火：锻后 800℃ × 3h，炉冷至 550℃ 后空冷。

（2）调质：车内外圆后进行，810℃ × 2h，油淬；630℃ × 3.5h 高温回火，空冷。

（3）淬火：225 段局部盐浴炉淬火，800℃ × 20min，淬入盐水 10s 取出入油冷；φ85mm × 64mm 段中频感应淬火，在 ZP100、2500Hz 中频设备上加热，感应器内径为 φ95mm，高 25mm，功率为 50kW，移动速度为 120 ~ 130mm/min。

（4）回火：整体 200℃ × 4h 空冷。

（5）时效：粗磨加工后 160℃ × 6h，空冷。

在局部盐浴炉淬火前，φ150mm × 34mm 段和螺纹段应包扎石棉耐火绳，保证淬火硬度≤30HRC，为随后的钻孔和车螺纹做好准备。50mm 段为淬火过渡区，不考核硬度。

例 9　M7150A 平面磨床砂轮主轴（见图 12-22）

材料：65Mn 钢；要求心部调质到（250 ± 15）HBW，表面中频感应淬火硬度≥59HRC。

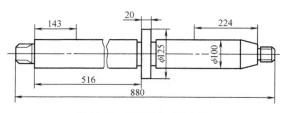

图 12-22 M7150A 砂轮主轴

热处理工艺：

（1）退火：锻后 800℃ ×3h，炉冷至 550℃ 出炉空冷。

（2）调质：810℃ ×2.5h，先盐水淬冷 20s 再油冷，然后 600℃ ×4h 回火，空冷。

（3）中频感应淬火：精车后进行中频感应淬火，使用 ZP-100、2500Hz 设备，工艺参数见表 12-9。

表 12-9 M7150A 砂轮主轴中频感应淬火工艺参数

淬火部位尺寸 /mm	功率 /kW	移动速度 /(mm/min)	温度 /℃	感应器尺寸 /mm	淬火冷却介质
$\phi100 \times \frac{143}{224}$	50	110～130	820	$\phi115 \times 29$	喷水
$\phi125 \times 20$	50	同时加热	840	$\phi135 \times 34$	喷雾20s,空冷

（4）回火：160℃ ×4h。

（5）时效：粗磨后 160℃ ×10h。

20mm 段的两边及锥体段硬度允许低至 50HRC。

例 10 CA8480 轧辊车床主轴（见图 12-23）

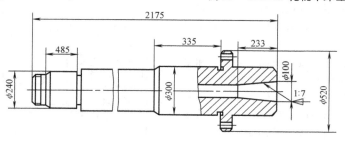

图 12-23 CA8480 轧辊车床主轴

材料：45 钢；要求表面感应淬火，硬度为 45～50HRC。

热处理工艺：

（1）正火：锻后 840～860℃ 空冷。

（2）感应淬火：粗车后使用 208 中频发电机和 $\phi1000mm \times 5000mm$ 卧式淬火机淬火。工艺参数如表 12-10 所示。

（3）回火：井式炉 320～340℃ ×4h，空冷。

锥孔用锉刀检查硬度为 45～50HRC，有 8～15mm 宽的软带。$\phi300mm$ 及 $\phi240mm$ 外圆肖氏硬度为 60～70HS。$\phi300mm$ 一段靠法兰盘处允许有 15mm 宽的淬火过渡区。

表 12-10 CA8480 轧辊车床主轴中频感应淬火工艺参数

淬火部位	感应器尺寸 /mm	匝比	功率因数 $\cos\varphi$	电容 /kF	电压 /V	功率 /kW	淬火方式	速度
1:7锥孔	$L=250$	1:6	0.95	627	600	120	连续	
$\phi300$ (mm)外圆 $\phi240$	$\phi308 \times 22$ $\phi247 \times 16$	1:6	0.90～0.95	481	750	190	连续	感应器移动 150～170mm/min

例 11 C2150 卧式六轴自动车床主轴（见图 12-24）

材料：45 钢无缝钢管。要求调质硬度为 235HBW，表面淬火硬度为 48～53HRC。

热处理工艺：

（1）调质：加热到 830～850℃ ×1.5h，水淬；

再加热到 600℃ ×2h 回火。硬度为 220～250HBW。

（2）感应淬火：在 GP-100，250kHz 高频感应加热设备上，对粗、精车后的主轴进行淬火，工艺参数见表 12-11。内孔淬火采用图 12-25 所示的内孔感应器。

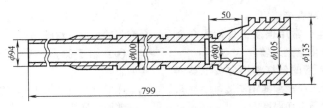

图 12-24　C2150 卧式六轴自动车床主轴

表 12-11　C2150 卧式六轴自动车床主轴高频感应淬火工艺参数

淬火部位	感应器截面尺寸 /mm	感应器与轴表面间隙 /mm	线速度 /(mm/s)	加热温度 /℃	淬火冷却介质
内孔、外圆	8×7	2	3	900～920	自来水喷冷

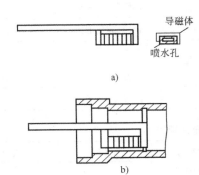

图 12-25　内孔感应器
a) 感应器结构　b) 淬火时位置

淬火表面硬度为 52～57HRC，淬硬层深度为 1.0～1.5mm，径向圆跳动≤0.40mm。内孔硬度可用手提式 Emco-Intesfs83 型内表面洛氏硬度计测量。

（3）回火：220～240℃回火 2h。

12.2.4　机床主轴用材料及热处理的进展

机床主轴的转速越来越快，一般在 10000r/min 以上，国外数控加工中心达 5 万～6 万 r/min，甚至更高；精度越来越高；传递转矩越来越大。对主轴提出了更高的精度保持性、耐磨性以及抗擦伤，抗咬死等的要求，促使其用材和热处理向更高档次发展。表现在以下几方面：

（1）渗碳主轴和渗氮主轴均有较大幅度的增加。

（2）局部淬火结构钢机床主轴的碳含量有向高含量发展趋向。例如，使用 50、55、60 和 65Mn 钢代替原 45、40Cr 钢，以提高其淬火硬度。

（3）研制新型的刚度高、惯性小、耐磨性好的陶瓷主轴材料，表面喷涂陶瓷的主轴已有所应用。

（4）滚动轴承和静压轴承的主轴应用有增加趋势。

（5）美国超精密加工机床主轴有的采用不锈钢制造，以求获得高硬度、高耐蚀性和低表面粗糙度值的统一。

（6）用于加工中心和数控机床的电主轴，结构简单、紧凑，传动平稳、振动噪声小，能实现无级变速和高转速、高精度，近年来得到了较快发展。

12.3　机床丝杠的热处理

12.3.1　丝杠服役条件及失效形式

丝杠是机床的重要零件之一，应用于机床的进给机构和调整移动机构。在螺纹车床、螺纹磨床、铲床、坐标镗床和测量机中，其精度高低直接影响这些机床的加工精度、定位精度或测量精度。数控机床在高进给速度下要求工作平稳和高定位精度，故应使用滚珠丝杠副减少摩擦阻力。其动、静摩擦因数相差极小，在静止、低速和高速时摩擦转矩几乎不变，传动灵敏、平稳，低速无爬行。传动效率可达 90% 以上，比梯形丝杠副高 2～4 倍，滚珠丝杠可消除轴向间隙，提高轴向刚度，预拉伸安装可减少丝杠的受热伸长量，故定位精度和重复精度高。

滑动丝杠主要失效形式是磨损，滚珠丝杠主要失效形式是接触疲劳，同时也存在磨损。对于精密滑动丝杠和精密滚珠丝杠还应具有良好的几何精度稳定性。此外，在腐蚀性介质和较高温度等特殊条件下工作的丝杠，还要求具有耐蚀性和耐热性等。

12.3.2　丝杠材料

1. 梯形丝杠材料　梯形丝杠的材料和热处理工艺选用一般原则如下：

（1）低精度、轻载荷丝杠常用碳素结构钢制造，经正火、调质处理，或用冷轧易削钢直接机械加工而成。

（2）低精度、有耐磨性要求的丝杠可用中碳结构钢制造，经氮碳共渗处理直接使用。

（3）高精度轻载荷丝杠常用碳素工具钢或合金工具钢制造，经调质或球化退火处理。

（4）高精度，工作频繁的丝杠常用合金工具钢制造，整体淬火，还有采用高级渗氮钢制造，经渗氮处理。渗氮丝杠可承受较高工作温度。

（5）高精度、要求耐磨的小规格丝杠可用低合金钢制造，进行渗碳淬火。

（6）用于测量、受力不大的丝杠可采用感应淬火。

梯形丝杠材料见表12-12。

梯形丝杠原材料的允许缺陷级别见表12-13。

表 12-12　梯形丝杠材料

丝杠精度等级及工作条件		牌　号	热　处　理
普通精度 （≥7 级）	轻载	45，50	正火或调质
		Y45MnV	
	中载	40Cr，45，Y40Mn	氮碳共渗，硫氮碳共渗
高精度 （≤6 级）	轻载	T10A，T12A，45，40Cr	调质，球化退火
	重载	9Mn2V，CrWMn，T12A	淬火
		38CrMoAlA，35CrMo，20CrMnTi	渗氮
	高温	05Cr17Ni4Cu4Nb	固溶处理 + 时效

表 12-13　梯形丝杠原材料的允许缺陷

丝杠精度		≤6 级		7 级	≥8 级	渗氮丝杠
钢　号		（T10A） （T12A）	CrWMn 9Mn2V	T10（T10A） T12（T12A） 45，40Cr Y40Mn	45 40Cr Y40Mn	20CrMnTi 38CrMoAlA
宏观检查	中心疏松	≤2	≤2	≤3	≤3	≤2
	一般疏松	≤2	≤2	≤3	≤3	≤2
	方形液析	≤2	≤2	≤3	≤3	≤2
微观检查	氧化物	≤2	≤2	≤3	≤3	≤2
	硫化物	≤2	≤2	≤2	≤3	≤2
	氧硫化合物	≤3	≤3	≤4	≤5	≤3
	带状碳化物	≤2	≤2			
	网状碳化物	≤3[①] ≤2[②]	≤3	碳素工具钢≤3[①] ≤2[②]		
	珠光体球化级别	2 ~ 4	2 ~ 4	碳素工具钢2 ~ 4		

① 截面 >60mm。

② 截面 ≤60mm。

2. 滚珠丝杠材料　滚珠丝杠的材料和热处理工艺选用一般原则如下。

（1）低精度、轻载荷滚珠丝杠用碳素结构钢制造，有些可冷轧成形直接使用。

（2）高精度、大载荷滚珠丝杠多用合金工具钢和轴承钢制造。常采用感应淬火，也有采用火焰淬火和整体淬火的。

（3）小规格滚珠丝杠有些厂家习惯用渗碳淬火。

（4）某些热处理时易变形的高精度滚珠丝杠可用渗氮钢制造，经渗氮处理后使用。

（5）在腐蚀和高温环境中工作的滚珠丝杠可选用沉淀硬化不锈钢制造。

滚珠丝杠用材料见表12-14。

滚珠丝杠原材料的允许缺陷级别见表12-15。

表 12-14　滚珠丝杠材料及热处理

丝杠精度等级及工作条件	牌　号	热　处　理
低精度、轻载	冷轧 60 钢	
高精度、重载	GCr15，GCr15SiMn CrWMn，9Mn2V 50CrMo	外圆中频感应淬火，沿滚道感应淬火，整体淬火
高精度、热处理易变形	38CrMoAlA	渗氮
小规格	20CrMnTi	渗碳淬火
腐蚀、高温介质工作	1Cr15Co14Mo5VN 05Cr17Ni4Cu4Nb	固溶 + 深冷 + 时效 固溶 + 时效

表 12-15　滚珠丝杠原材料允许缺陷

检查	项目	精密级	标准级	普通级
宏观检查	中心疏松	≤2	≤2.5	≤2
	一般疏松	≤1	≤1.5	≤2
	偏　析	≤2	≤2	≤2
微观检查	氧化物	≤2	≤2.5	≤2
	硫化物	≤2	≤2.5	≤3
	网状碳化物	≤2.5	≤3	≤3
	带状碳化物	≤2	≤3	≤3
	碳化物液析	≤2	≤2	≤2
	珠光体球化级别	GCr15、GCr15SiMn：2 ~ 5 级 9Mn2V、CrWMn：2 ~ 4 级		

3. 滚珠螺母和反向器的材料和热处理　滚珠丝杠副的滚珠螺母和反向器的用钢和热处理技术要求，见表 12-16。

表 12-16　滚珠螺母和反向器材料

零件名称	牌　号	热处理技术要求
滚珠螺母	GCr15、CrWMn	整体淬火 60 ~ 62HRC
反向器	GCr15、CrWMn	整体淬火 58HRC
	20CrMnTi	离子渗氮深度 0.3 ~ 0.4mm，硬度≥550HV
	40CrMo 40Cr	离子渗氮深度 0.3 ~ 0.4mm，硬度≥500HV

12.3.3　梯形螺纹丝杠的热处理

12.3.3.1　普通丝杠的热处理

1. 正火　载荷轻的 7 级和 7 级以下梯形螺纹丝杠，可用此种工艺。为减少正火时弯曲变形可将坯料通过电阻加热、三辊热校直的方法进行正火。

2. 调质　中碳结构钢调质后硬度要求 220 ~ 250HBW。回火后如径向圆跳动超差应进行矫直，并作去应力处理。中频感应加热调质，与电炉加热调质相比，具有操作方便，劳动强度低，质量稳定，氧化脱碳少，成本低的优点。中频感应加热调质自动线已在生产中应用多年，效果良好。

3. 气体氮碳共渗：20 世纪 80 年代中开始采用此种工艺处理普通梯形丝杠，耐磨性提高 1 倍左右，用于中等载荷。例如，X60 铣床工作台升降丝杠，尺寸为 φ32mm × 620mm，45 钢制造。棒料经正火后，粗加工，经 590 ~ 600℃ ×（6 ~ 8）h，随炉冷却至 300℃ 以下出炉空冷的去应力处理，再进行气体氮碳共渗。共渗气源有酒精水溶液裂解气加氨气和直接滴酒精入渗氮炉，同时通氨气。要求表面硬度为 480HV0.1，白亮层深度≥12μm。典型工艺是在 570℃ 保温 3 ~ 4h。冷却方式有两种。一是提罐至炉外冷却，继续通氨气和裂解气，待冷却到 180℃ 以下，丝杠出罐，表面呈银灰色；另一种是保温结束后立即出炉，出罐油冷，表面呈黑色。也有在精车螺纹后进行硫碳氮共渗处理。例如，45 钢的 7 级普通丝杠，在 RRN-60-6 型炉进行滴注式硫碳氮共渗。滴注液配比为 80mL 工业酒精加 20mL 硫代氰酸铵（NH4CN），滴量为 100 ~ 140 滴/min（2.5 ~ 3mL/min），氨流量为 20 ~ 25L/min，处理温度为 570 ~ 580℃，保温 3 ~ 4h，提罐冷却。表面硬度≥480HV0.1，白亮层厚度≥12μm。

12.3.3.2　精密丝杠的热处理

6 级和 6 级以上丝杠为精密丝杠。

1. 精密不淬硬丝杠　通常用高碳工具钢制造，少数用结构钢制造。

例 1　SG8630 车床 T85 × 12 丝杠

材料为 T12A 钢，下料后进行球化退火，车、磨后分别进行中，低温时效。热处理工艺曲线见图 12-26。硬度≤207HBW。

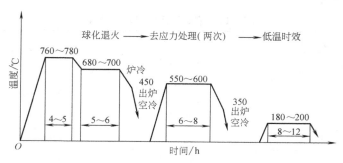

图 12-26　T12A 钢丝杠热处理工艺曲线

例 2　45 钢 $\phi35mm \times 1150mm$ 6 级丝杠

在粗车后进行正火、调质球化，在精车和粗磨后进行中、低温时效。热处理工艺曲线见图 12-27。硬度为 190～220HBW。

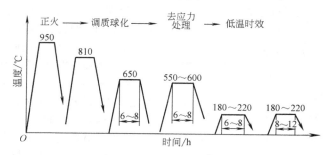

图 12-27　45 钢丝杠热处理工艺曲线

2. 精密淬硬丝杠

例 1　SM8650A 车床丝杠

丝杠直径为 $\phi102mm$，全长 6486mm，螺纹部分长 5460mm，螺纹部分采用 14 段相接，每段长 392mm（包括接头每段长 421mm），如图 12-28 所示。材料为 T12A 钢。下料后球化退火，车外圆及铣梯形螺纹，然后在 550～600℃ 去应力处理，再于 760～780℃ 加热淬火，220～260℃ 回火，磨外圆和螺纹后，进行低温时效，具体热处理工艺曲线如图 12-29 所示。硬度为 56～60HRC，径向圆跳动 ≤0.15mm。

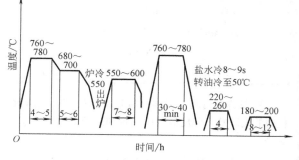

图 12-29　T12A 钢接头丝杠热处理工艺

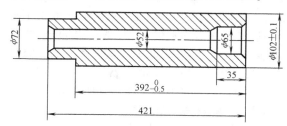

图 12-28　SM8650A 车床接头丝杠段

例 2　C8955 铲床丝杠（见图 12-30）

螺纹精度 6 级。材料为 CrWMn 钢，整体淬硬。

工艺流程：下料 $\phi70mm \times 1595mm$ →正火→球化退火→粗车外圆及螺纹→去应力处理→粗磨外圆、半精车螺纹、铣键槽→淬火、回火→粗磨外圆及螺纹→

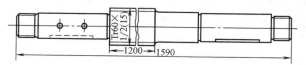

图 12-30　C8955 铲床丝杠

低温时效→精磨外圆及螺纹。热处理工艺曲线如图 12-31 所示。6 级精度丝杠低温时效 1 次，4 级和 5 级精度低温时效两次。成品硬度为 56～61HRC。

例 3　中小规格精密淬硬丝杠（$\phi<50mm$）淬硬丝杠多用 9Mn2V 钢制造。

工艺流程：下料—正火（消除网状碳化物合格者不做）→球化退火→粗车外圆和螺纹→去应力处理→粗磨外圆、半精车螺纹、铣键槽→淬火、回火→

粗磨外圆及螺纹→低温时效→精磨外圆及螺纹。热处理工艺曲线见图12-32。

例4　S7332 螺纹磨床丝杠（见图 12-33）

材料为 9Mn2V 钢。5 级精度。

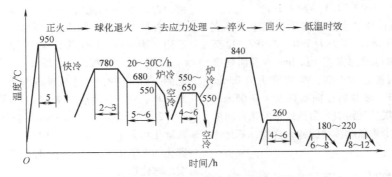

图 12-31　CrWMn 钢淬硬丝杠热处理工艺曲线

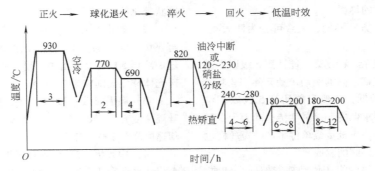

图 12-32　9Mn2V 钢淬硬丝杠热处理工艺曲线

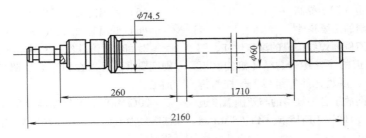

图 12-33　S7332 螺纹磨床丝杠

工艺流程:下料→调质→粗车及粗磨外圆→中频感应淬火→热矫直→冷处理→回火→磨外圆、粗磨螺纹→低温时效→精磨→低温时效。

热处理工艺:

(1) 中频感应淬火:设备为 100kW,2500Hz 的中频发电机,卧式淬火机,带有三个淬火托架。工艺为输出功率 40kW,电压为 400V,电流为 120A,$\cos\varphi 0.95$,感应器内径为 $\phi 80\text{mm}$,高 20mm,感应器移动速度为 100mm/min。

(2) 冷处理:-70℃×2h。

(3) 回火:200~240℃×6~8h。

(4) 低温时效:180~200℃×12~24h,二次。

淬火层深度为 5.5~6mm,硬度 ≥56HRC,显微组织为细针状马氏体加均匀分布的碳化物,径向圆跳动 ≤0.7mm。

例5　C8955 铲床丝杠

材料为 20CrMnTi 钢,要求渗氮。

工艺流程:下料 $\phi 70\text{mm}\times 1038\text{mm}$→车外圆→正火或调质→粗车→去应力处理→精车螺纹→低温时效→研中心孔→半精磨外圆→磨螺纹→离子渗氮→研中心孔→精磨螺纹及外圆。

热处理工艺:

(1) 正火:950℃加热,空冷。

(2) 调质:860~880℃加热,保温 1.5~2h,油

冷；580～600℃加热，回火6～8h，炉冷至300℃以下出炉。

（3）低温时效：180～220℃×8～12h。

（4）离子渗氮：丝杠在井式离子渗氮炉中垂直对称吊挂，530℃×18h，压力为200～270Pa，冷至150℃出炉。要求渗氮层总深度≥0.4mm，表面硬度≥650HV5，渗氮层脆性≤1级，单边磨去0.05mm后，硬度≥600HV5，渗氮后径向圆跳动≤0.05mm，外观为银灰色，渗层显微组织为白色致密的化合物层加扩散层，允许有少量断续脉状碳氮化合物，不允许有粗大组织出现。

12.3.4　滚珠丝杠的热处理

12.3.4.1　滚珠丝杠的种类

滚珠丝杠按加工方法不同，大致可分为两大类：磨制丝杠和轧制丝杠。

磨制丝杠工艺复杂，精度高，能达到5级以上高精度，用于制作定位精度高的滚动传动元件；轧制丝杠工艺简单，精度较低，一般只能达到5级以下精度，用于制作精度要求低的、以灵活传递动力为主的滚动传动元件。另外，小批量或单件生产的短丝杠也可车削螺纹后淬火，再磨削制成。

滚珠丝杠作为重要的机床传动功能部件，目前，基本上已实现了由专业厂进行专业化生产，生产工艺逐渐完善，产品质量也在逐步提高。

12.3.4.2　滚珠丝杠副的主要构件

滚珠丝杠副由带双圆弧螺纹滚道的滚珠丝杠、钢球、带双圆弧螺纹滚道的滚珠螺母、循环机构（返回器或插管）密封件、预紧元件等组成，丝杠与螺母不直接接触，其中间放置各种规格的与双圆弧滚道相匹配的淬硬钢球。钢球以GCr15或GCr15SiMn制造，硬度为60～63HRC。

12.3.4.3　滚珠丝杠的加工工艺路线及热处理工艺

1. 工艺路线　以GQ2005-320滚珠丝杠为例，材料为GCr15。进料状态：网状碳化物不大于2.5级，珠光体球化级别为2～4级。

（1）磨制丝杠的工艺路线：下料→车→钳（校直）→高温时效→外圆磨→中频感应淬火→研中心孔→外圆磨→螺纹磨→低温时效→研中心孔→外圆磨→螺纹磨→低温时效→车→铣（键槽）→研中心孔→外圆磨（磨外圆成）→螺纹磨（磨滚道成）→螺纹磨（磨M15×1-6g螺纹成）→钳（去毛刺）。

（2）轧制丝杠的工艺路线：下料→钳（矫直）→轧制→钳（矫直）→中频感应淬火→钳（矫直）→抛光→车、磨、铣两端未淬火区达到图样要求。

2. 热处理工艺　以GCr15丝杠为例，原材料网状碳化物大于2.5级时应增加正火工序；原材料网状碳化物大于2.5级及珠光体球化级别大于4级时，应增加球化退火工序。

（1）正火：900～950℃保温1～2h，出炉空冷。网状碳化物应≤2.5级。

（2）球化退火：790～800℃保温2～6h，随炉降至690～700℃保温1～2h，以约50℃/h的冷却速度随炉冷至500℃以下出炉。硬度应为170～207HBW，珠光体球化级别应为2～4级。

（3）高温时效：200℃入炉，以100～150℃/h的升温速度升至550～600℃，保温，以约50℃/h的冷却速度降至200℃出炉。

（4）中频感应淬火：约900℃连续加热，喷水或水溶性淬火冷却介质，（180±10）℃回火。检查淬硬层深度，硬度为58～62HRC。

（5）低温时效一：（170±10）℃×12h。

（6）低温时效二：（160±10）℃×（12～24）h。

对高精度滚珠丝杠或对丝杠心部有高于球化退火硬度要求的可以在粗车后加调质处理，再进行后续加工。

20CrMnTi制丝杠需经渗碳淬火。38CrMoAl制丝杠需经渗氮处理。18Cr2Ni4WA制丝杠需经碳氮共渗处理。

12.3.4.4　整体淬火丝杠

直径较小、长度较短的滚珠丝杠可在车螺纹后整体淬火。常用整体淬火滚珠丝杠材料的热处理参数见表12-17。

表12-17　整体淬火滚珠丝杠淬火、回火、时效工艺参数

牌号	淬火温度/℃	回火温度/℃		回火时间/h	时效/温度×时间	
		58～62HRC	56～60HRC		58～62HRC	56～60HRC
GCr15	845～865	160～180	200～220	4～6	第一次时效 140～160℃×6～8h 第二次时效 140～160℃×8～12h	第一次时效 140～160℃×6～8h 第二次时效 140～160℃×8～12h
GCr15SiMn	830～850		220～240			
9Mn2V	800～820		240～260			
CrWMn	830～855		260～320			

丝杠的装炉方式：无论是淬火、回火还是时效，为避免过大的弯曲畸变，均应吊挂装炉。淬火时应垂直入油。

220℃以下的回火，一般采用油炉回火，220℃以上的回火在井式回火炉中进行。

在井式油浴炉中进行时效的，精度较低的丝杠时效时间可取下限，精度较高的应取上限。

整体淬火滚珠丝杠的预备热处理和其他有关问题可参照梯形螺纹精密淬火丝杠有关内容。

12.3.4.5　滚珠丝杠螺母的材料选择、工艺路线及热处理工艺

1. 材料选择　滚珠丝杠螺母的材料选择基本上分两类：一类是中、高碳钢或轴承钢，经过盐浴淬火或真空淬火获得高硬度；另一类是低碳合金钢经过化学热处理的方法获得硬化层，如渗碳淬火。

常用滚珠丝杠螺母材料见表 12-18。

表 12-18　滚珠丝杠螺母材料

牌　号	热　处　理
GCr15、CrWMn	盐浴淬火或真空淬火
20CrMnTi	渗碳淬火
38CrMoAi	渗氮

以某产品为例，材料为 GCr15。工艺流程：下料→粗车（外圆、内孔、端面）→粗磨（内孔、外圆、端面）→车螺纹滚道→铣扣头→镗孔、铣键槽→钻攻螺孔（钳）→真空淬火（58～62HRC）→喷砂→精磨内孔、外圆及端面→研孔（反向器孔）→磨齿→精磨螺纹滚道至成品尺寸。

2. 热处理工艺　GCr15 原材料金相组织网状碳化物不大于 2.5 级，珠光体球化级别 2～4 级合格，如不合格应增加正火、球化退火调整至合格。

真空淬火：(550±10)℃预热，(850±10)℃加热保温后淬油，(170±10)℃回火。硬度 58～62HRC。

12.3.4.6　滚珠丝杠表面产生磨削裂纹的原因分析及解决措施

滚珠丝杠表面经感应淬火、磨削螺纹后，通过着色或磁粉检测，有时在螺纹滚道的圆弧上出现轴向的或网状的裂纹，严重的甚至在磨削螺纹过程中凭肉眼就可发现。产生磨削裂纹一般是原材料、热处理和磨削三方面存在问题的综合结果，但有时某一方面的问题是主要的原因。

1. 磨裂的原因分析

（1）原材料方面。原材料网状碳化物级别超差或球化退火组织不合格（有片状珠光体）是造成磨

裂的原因之一。碳化物不均匀易造成丝杠表面淬火后表面硬度和内应力分布不均，碳化物较集中的地方其内应力也较集中，在丝杠磨削时，如果该处的内应力超过材料的抗拉强度，就会产生磨削裂纹。片状珠光体存在，易造成丝杠表面淬火后晶粒粗大，从而降低材料的抗拉强度，磨削时在内应力超过材料的抗拉强度的部位产生磨削裂纹。

（2）热处理方面。主要表现为淬火温度过高或回火不足。淬火温度过高，淬火后形成粗大的马氏体组织会大大降低材料的抗拉强度。回火不足（回火温度低，回火时间短），会造成丝杠淬火时形成的内应力消除不彻底。丝杠磨削时，丝杠淬火、回火后的残余内应力与磨削时产生的磨削应力相叠加，当叠加后的应力超过材料的抗拉强度时，丝杠表面就会出现磨削裂纹。

（3）磨削方面。磨削工艺、操作的不规范也是磨裂的重要原因。它使磨削时产生过量的磨削热，过量的磨削热使丝杠表面"二次回火"而体积收缩，使表面受拉应力；磨削热过多时甚至使丝杠表面温度达到材料的淬火温度，在磨削液的冷却作用下，丝杠表面形成"二次淬火"，同样会造成表面拉应力增加。当表面拉应力超过材料抗拉强度时，表面就出现了磨削裂纹。

2. 避免磨削裂纹的措施

（1）原材料方面。以滚珠丝杠最常用的钢材 GCr15 为例，金相组织参照 JB/T 1255—2001《高碳铬轴承钢滚动轴承零件热处理技术条件》中表 1 的规定：球化组织 2～4 级为合格组织，网状碳化物不大于 2.5 级为合格。在生产中，生产单位应对进厂钢材进行理化检验。对检验出网状碳化物超差的，应进行：正火→球化退火；碳化物分布特别不均的还应先进行锻打，再进行正火→球化退火处理。对检验出球化组织不合格的，应进行球化退火处理，直至钢材的碳化物不均匀性和球化退火组织合格才能投产。

（2）热处理方面。正确选择淬火感应器、感应器与丝杠的间隙，正确选择电参数（电流、电压、输出功率和移动速度），控制加热温度和加热时间，避免加热温度过高。保证丝杠淬火后回火要充分。如果原材料合格，淬火温度也不高，磨削时即使调整磨削规范也不能避免磨削裂纹，应考虑淬火后增加一次回火，即淬火后进行两次回火，以更有效地释放、消除丝杠淬火时产生的内应力，减少磨裂倾向。如在磨削过程中发现有磨削裂纹时，应立即停止磨削，测量剩余磨量，根据剩余磨量的多少，可进行再次回火或低温时效，对再磨削时避免裂纹很有效。

（3）磨削方面。正确选择磨削工艺参数，以尽量减少磨削热，如合理选择砂轮的种类、粒度、硬度和转速等，减小每次进给量，选择冷却性能好的磨削液，设置的磨削液喷头能有效地将新磨削表面冷却。

12.3.5 丝杠的特殊热处理工艺

12.3.5.1 沉淀硬化不锈钢丝杠

1. 材料和技术条件 例如，丝杠尺寸为 $\phi45mm \times 1880mm$，选用 05Cr17Ni4Cu4Nb（17-4PH）沉淀硬化不锈钢制造。此钢碳含量极低 $[w(C) \leqslant 0.07\%]$，耐蚀性强，经固溶热处理和时效可获得高耐磨性、高温强度、良好的低温延性和可加工性。硬度为 40～46HRC。

2. 工艺流程 下料→固溶热处理→粗车→时效→车削→低温时效（径向圆跳动超差时，允许冷敲矫直）→车削→低温时效→磨削。

3. 热处理工艺 为获得最佳处理效果，根据此类不锈钢中所含合金元素的微小变化，其热处理工艺应作适当调整。下面推荐两种化学成分的 05Cr17Ni4Cu4Nb 钢的热处理工艺供参考使用。

（1）成分（质量分数）C0.021%，Mn0.59%，Si0.26%，P0.005%，S0.003%，Cr16.32%，Ni4.2%，Cu3.97%，Nb0.53% 的钢。在井式炉中加热进行固溶热处理，工艺是850℃预热1h，（1050±10）℃加热1.5h，油冷，硬度为 30～32HRC；再经（510±10）℃时效1.5h，硬度为 42～46HRC。

（2）成分（质量分数）C0.028%，Mn0.47%，Si0.45%，P0.004%，S0.009%，Cr16.94%，Ni4.0%，Cu3.44%，Nb0.41% 的钢，在盐浴炉中进行固溶处理，于850℃入炉，随炉升温至1070℃，保温80min，油冷（油温60～70℃），硬度为30HRC；再经470℃空气炉时效4h，硬度为43～45HRC。应当指出，在盐浴炉中加热固溶处理的 05Cr17Ni4Cu4Nb 钢表面有约1mm厚的异相层，应用时要加以考虑。

12.3.5.2 沉淀硬化不锈钢滚珠丝杠

一种高强度、耐腐蚀不锈钢丝杠 GQ44×728mm，硬度要求 52～56HRC，力学性能要求为 $R_m \geqslant 1000MPa$，$a_K \geqslant 20J/cm^2$。

材料为 1Cr15Co14Mo5VN $[w(C)0.13\%～0.19\%$，$w(Cr)14\%～15.2\%$，$w(Co)13.4\%～14.4\%$，$w(Mo)4.4\%～5.2\%$，$w(V)0.4\%～0.6\%$，$w(N)0.025\%～0.06\%]$ 沉淀硬化不锈钢。经表 12-19 的热处理工艺处理，能满足上述各项技术要求，且具有较好的耐蚀性和耐磨性。

表 12-19 1Cr15Co14Mo5VN 不锈钢热处理工艺

序号	工序名称	工艺参数	硬度 HRC
1	退火	（860±10）℃×2～3h，炉冷	28～29
2	固溶处理	（1050±10）℃×60min，油冷	47～48
3	冷处理	-78℃×30min	48～49
4	一次时效	（540±10）℃×2h，空冷	51～52
5	二次时效	（540±10）℃×2h，空冷	54～55

12.3.5.3 碳氮共渗空心滚珠丝杠

一种外径为 $\phi37.8mm$，壁厚 3.6mm，全长 1027mm，螺纹部分要求硬度为 58～62HRC，渗层深度要求 0.8～1.1mm 的空心滚珠丝杠，材料为 18Cr2Ni4WA 钢。由于它细长，若渗碳淬火则变形太大，而渗氮则硬化层深度太浅，故采用碳氮共渗。

渗剂用三乙醇胺和甲醇，在 RJJ-105-9T 渗碳炉中进行滴注式气体碳氮共渗。采用二次加热淬火，可获得较好的显微组织和力学性能，表面硬度为 50～60HRC，内部为 41～42HRC。热处理工艺如图 12-34 所示。

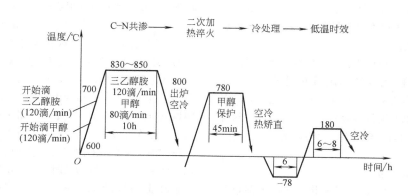

图 12-34 18Cr2Ni4WA 钢空心滚珠丝杠热处理工艺

共渗前丝杠内孔用抗渗粉堵塞保护，可保证内孔表面粗糙度不变，无渗碳现象。碳氮共渗二次加热淬火后丝杠长度收缩较大，对于不同尺寸和材料，应摸清其收缩规律，在共渗前车螺纹时，应将收缩量事先予以补偿，使得共渗淬火后精磨螺纹时，不致磨不出来成品。

12.4　机床基础件的去应力处理

12.4.1　机床基础件服役条件及失效形式

机床铸造和焊接基础件（如床身、立柱、工作台、横梁、主轴箱、溜板、壳体等）是整台机床的基座和骨架，起着支撑作用。这类零件在铸造、焊接以及随后的机械加工过程中，都不可避免地在其内部形成残余应力。产品在使用过程因受外力、振动、环境温度变化，随时间的迁移，残余应力会逐渐松弛和重新分布，从而导致零件变形，丧失原有的几何精度，使整台机床精度下降。为克服上述问题，应在粗加工后尽可能消除其残余应力，并使最后残存不多的内应力分布趋于均衡稳定。高精度精密机床和精密仪器的基础件，常在半精加工后再作一次去应力处理。

常用的消除和稳定残余应力的时效方法有自然时效、热时效和振动时效三种。

12.4.2　自然时效

自然时效是将粗加工后的零件放置在露天环境，经受昼夜、严寒、酷暑、风吹、日晒和雨淋等作用而引起残余应力松弛，从而稳定尺寸精度。此法消除应力很有限，但对稳定尺寸精度也有些作用。由于其周期太长（1 年以上），占用资金、场地，其效果也不及热时效和振动时效，逐渐已不作为单独使用的时效方法。

12.4.3　热时效

12.4.3.1　工序安排

热时效应放在粗加工之后，以便将铸造或焊接残余应力和粗加工形成的残余应力，一并消除和均匀化。高精度机床可在半精加工后进行第二次热时效。凡加工量大的面、孔、槽等均应在第一次时效前加工。

12.4.3.2　装炉

钢铁零件在热时效温度下强度下降，极易发生弯曲、扭转等畸变。装炉时须注意以下几点：

（1）长薄件放置应使竖直方向有较大弯曲刚度，例如长而扁的工作台应使侧面向下立放。

（2）轻薄或结构复杂零件的支承点位置应使重量平均分布或增加支承点，尽量减少零件承受的弯曲应力。

（3）应将平面和刚性大的面平放在炉底，大件和重要件不应放在小件和易变形件之上，小件不应套装在大件之中。分层装炉时，上下垫铁要对正，不得相互错开，以防工件弯曲。

（4）装炉不宜过满，零件与炉壁，各零件之间的间隔不应小于 100 ~ 300mm，以利炉气流通，温度均匀。

12.4.3.3　热时效工艺规范（见表 12-20）

为充分有效地去除应力，应控制炉膛内温度均匀，一般采用多点控温，保持温差小于 100℃；缓慢升温，以小于 50℃/h 为宜，不得高于 100℃/h；降温速度也不可太快，一般取 30 ~ 50℃/h；出炉温度不可太高，炉冷至 150℃ 以下方可出炉空冷。同时满足以上四点才能获得几何尺寸稳定的基础件。

12.4.3.4　热时效工艺实例（见表 12-21）

表 12-20　热时效工艺规范

零件材料		壁厚/mm	加热温度/℃	保温时间/h
灰铸铁	HT200	< 50	550 ± 50	2
	HT250	50 ~ 100		壁厚每增 25mm 加 1 ~ 1.5h
	HT300	> 100		6
合金铸铁		< 50	580 ± 50	2
		50 ~ 100		壁厚每增 25mm 加 1 ~ 1.5h
		> 100		6
焊接钢结构		< 50	$Ac_1 - (100 ~ 200)$	2

表 12-21　机床基础件热时效工艺实例

名称	材料及技术要求	工艺曲线
T4240 坐标 镗床床身	材料:MTPCuTi25 技术要求:200~230HBW	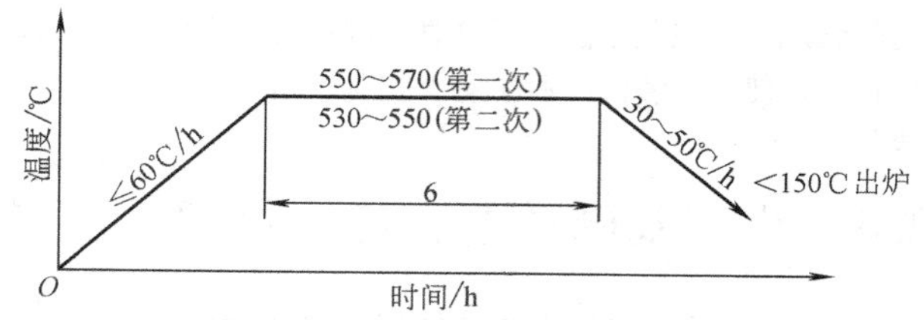
C8955 车床床身	材料:MTP20 技术要求:≥200HBW	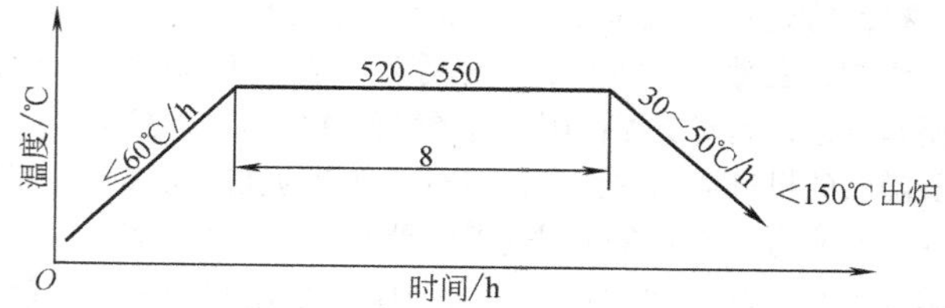
铣床床身	材料:HT200 　　　　HT300	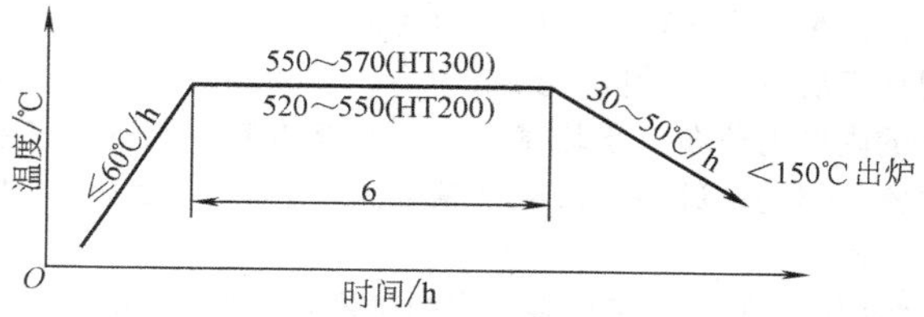
数控机床 床身、横梁	材料:Q235A 钢板焊接结构	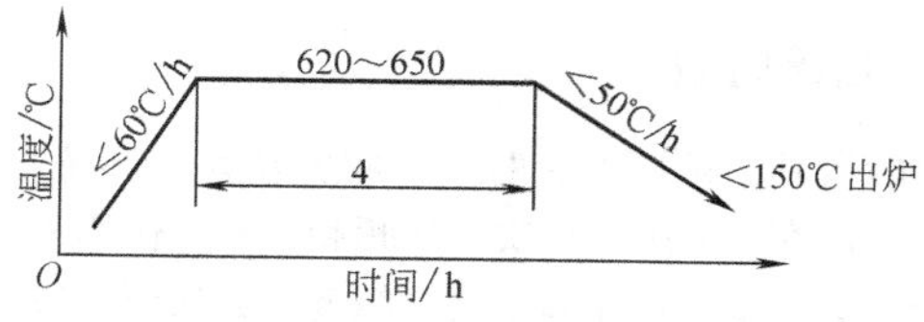

12.4.3.5　热时效的优缺点

在 Ac_1 点以下的 500~650℃ 温度区间的高温热时效能消除 60% 以上的残余应力,是消除残余应力的有效方法。如果铸件在热时效后再配以短时间的自然时效(一般 3~6 个月),对稳定尺寸精度能起到更好的作用。热时效的缺点是设备投资较高,生产周期长,能耗高,且不能用于淬硬的导轨等零件。

12.4.4　振动时效

将铸件按适当的形式支撑或置于振动台上,将激振器牢固地装夹在工件振动的波峰处,工件在激振器所施加的周期性外力的作用下产生共振,各部位所受的交变应力与内部的残余应力叠加,使工件局部发生屈服,引起微小塑性变形,导致残余应力松弛或稳定或重新分布,趋于均匀,并增强了金属基体的抗变形能力,达到提高工件几何精度稳定性的目的,这种工艺方法称作振动时效。

振动时效对工作环境有一定的噪声及振动污染,但一次性投资小,生产周期短,能耗仅为热时效的 1/10,设备轻小,使用方便,对材料有强化作用,从而提高了构件的抗变形能力和尺寸稳定性。另外,此工艺还适合于处理不能采用热时效的淬硬零件。

12.5　机床其他零件的热处理

12.5.1　机床附件的热处理

机床附件是指与主机配套的转台、分度头和三爪自定心卡盘等部件,其主要零件的热处理实例列于表 12-22 中。

表 12-22　机床附件热处理工艺实例

零件名称	材料及技术要求	工艺流程	热处理工艺
FW250 万能分度头主轴	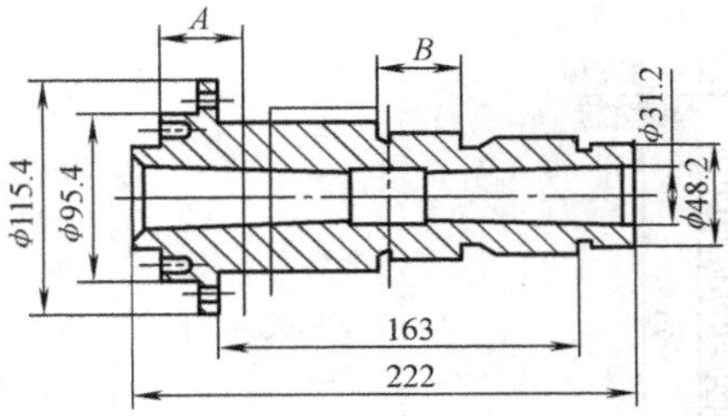 材料:45 钢 技术要求:硬度 45 ~ 50HRC 　　　　　A、B 段硬度 < 30HRC	锻造 → 正火 → 机加工 → 淬火 → 回火 → 机加工	正火:830 ~ 850℃ × 30 ~ 40min,空冷 淬火:盐浴炉加热 810 ~ 830℃ × 7min,放入冷却胎具中,在 A、B 段加缓冷套,盐水中冷却 13 ~ 14s,转入 80 ~ 120℃油中冷却 回火:340 ~ 380℃ × 30min
万能分度头蜗杆	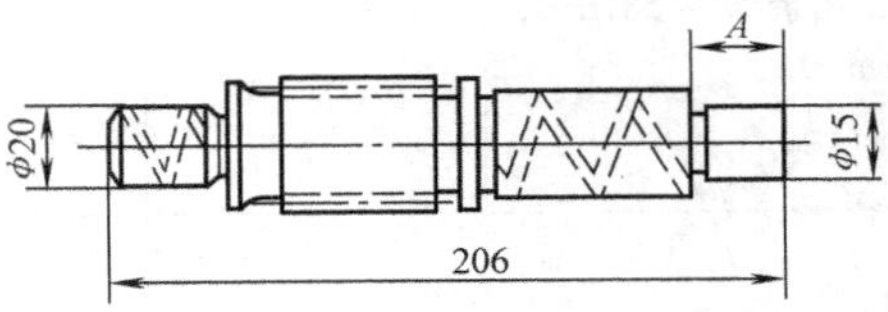 材料:20Cr 钢 技术要求:渗碳层深度 1.0 ~ 1.5mm 　　　　　淬火硬度 ≥ 59HRC 　　　　　A 段硬度 ≤ 30HRC 　　　　　径向圆跳动 ≤ 0.2mm	正火 → 机加工 → 渗碳 → 机加工 → 淬火 → 回火 → 机加工	正火:900 ~ 920℃ × 1 ~ 1.5h,空冷 渗碳:910 ~ 930℃ × 3 ~ 4h,冷到 850℃以下出炉,置于保温桶内冷却 淬火:盐浴局部加热,830 ~ 850℃ × 3min,油淬 回火:180 ~ 220℃ × 2h
XA6132A 心轴体	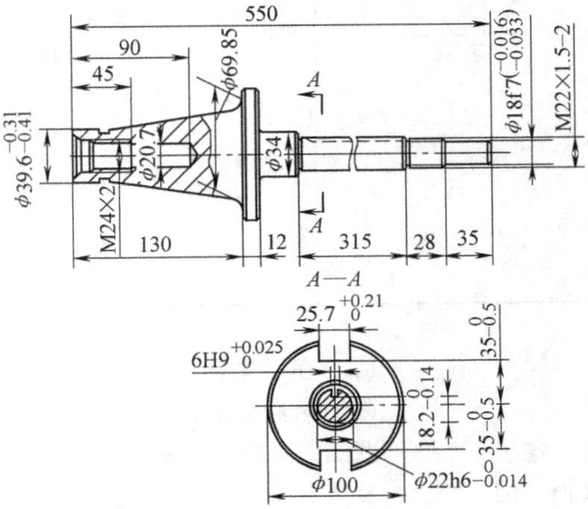 材料:40Cr 技术要求: 锥体部分:48HRC 圆柱体部分:35HRC,热处理后径向圆跳动 ≤ 0.25mm	锻造 → 正火 → 机加工 → 淬火 → 回火 → 磨	正火:840 ~ 860℃ × 2 ~ 3h,空冷 淬火:840 ~ 860℃加热 90 ~ 100min 后出炉,装入工装中,垂直将圆锥体(即头部)浸入三硝溶液(NaNO₃25% + KNO₃20% + NaNO₂20% + H₂O35%)中,冷却 10 ~ 15s 后转入油中整体冷却 回火: 1)整体装入箱式炉中回火,340 ~ 380℃保温 90 ~ 120min,回火后硬度为 48 ~ 53HRC 2)装吊具,将圆柱体部分浸入硝盐炉,硝盐炉温度为 510 ~ 530℃保温,18 ~ 20min,出炉后浸入水中,并迅速出水,趁热矫直至径向圆跳动 ≤ 0.25mm。圆锥体部分喷砂,浸防锈液

（续）

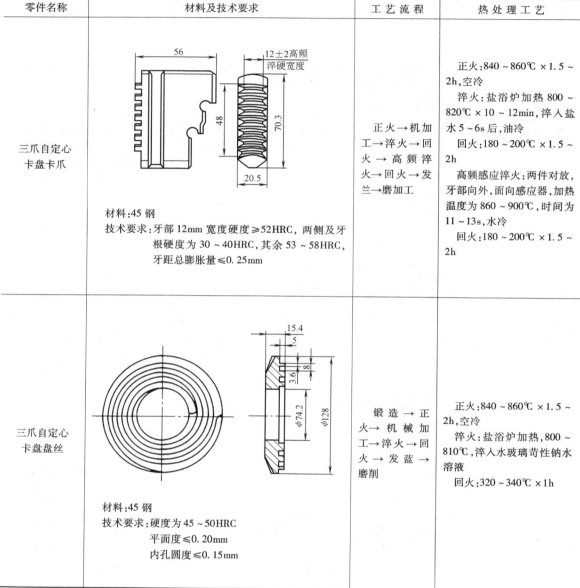

零件名称	材料及技术要求	工艺流程	热处理工艺
三爪自定心 卡盘卡爪	材料:45 钢 技术要求:牙部 12mm 宽度硬度≥52HRC,两侧及牙根硬度为 30～40HRC,其余 53～58HRC,牙距总膨胀量≤0.25mm	正火→机加工→淬火→回火→高频淬火→回火→发兰→磨加工	正火:840～860℃×1.5～2h,空冷 淬火:盐浴炉加热 800～820℃×10～12min,淬入盐水 5～6s 后,油冷 回火:180～200℃×1.5～2h 高频感应淬火:两件对放,牙部向外,面向感应器,加热温度为 860～900℃,时间为 11～13s,水冷 回火:180～200℃×1.5～2h
三爪自定心 卡盘盘丝	材料:45 钢 技术要求:硬度为 45～50HRC 平面度≤0.20mm 内孔圆度≤0.15mm	锻造→正火→机械加工→淬火→回火→发蓝→磨削	正火:840～860℃×1.5～2h,空冷 淬火:盐浴炉加热,800～810℃,淬入水玻璃苛性钠水溶液 回火:320～340℃×1h

12.5.2　机床离合器零件的热处理

机床离合器的主要零件有摩擦片、联结、花键套、磁轭和齿环等。机床离合器均受冲击及磨损,因此要求高的耐磨性和弹性。在这几种零件中,摩擦片仍采用传统的热处理工艺,常用 15、Q235A 钢渗碳或 65Mn、60Si2Mn 等钢制造。由于摩擦片一般很薄,热处理过程中极易畸变。减少畸变的措施有:

（1）渗碳摩擦片应严格控制渗碳层碳含量及渗碳层碳层的均匀性。

（2）压平淬火。

（3）装胎具回火。

联结、花键套、磁轭和齿环等均可采用激光淬火,其优点是质量明显优于普通盐浴或感应淬火,节约能耗,根治了过去联结爪部工作面硬度低、卡爪内侧变形大、花键套键侧面硬度低、内孔变形超差、小孔处开裂、磁轭和齿环渗碳淬火变形大、发生断齿、两者啮合不良、传递力矩不足及发生打滑等缺陷。

机床离合器零件热处理工艺实例见表 12-23。

表 12-23 离合器零件热处理工艺实例

零件名称	材料及技术要求	工艺流程	热处理工艺
X62W 万能升降台铣床摩擦片	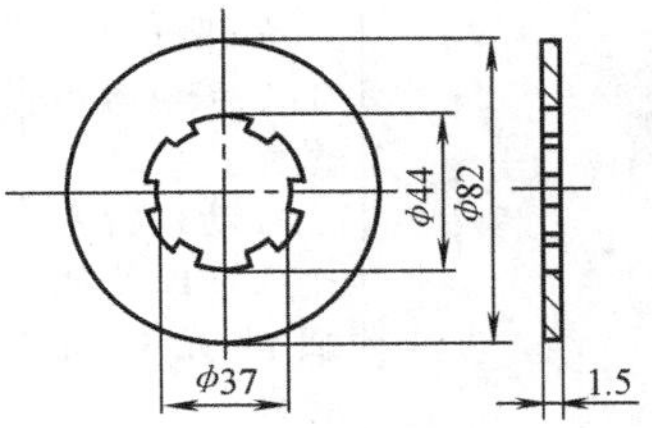 $\phi82$ $\phi44$ $\phi37$ 1.5 材料:Q235A 技术要求:渗碳层深度 0.4~0.5mm 硬度 40~50HRC 平面度≤0.10mm	机加工→渗碳→淬火→回火→磨削	渗碳:920~930℃×2~2.5h,冷至750℃出炉 淬火:盐浴炉加热,900~920℃×1min,油淬 回火:装胎具380~420℃×1~1.5h,从炉中取出拧紧胎具螺栓,再装炉回火,380~420℃×1~1.5h
DLMD 电磁离合器摩擦片	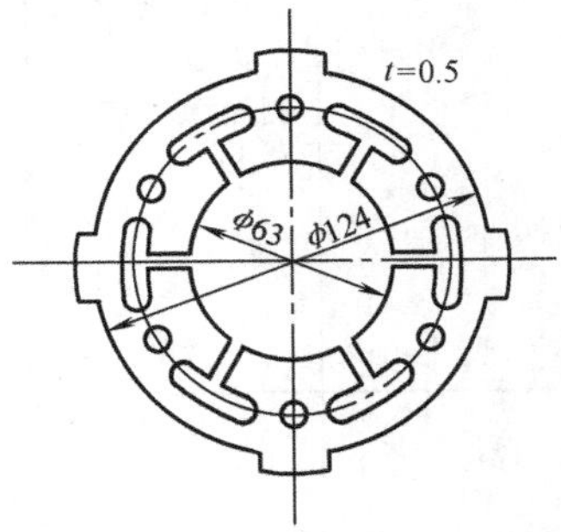 $t=0.5$ $\phi63$ $\phi124$ 材料:65Mn 钢 技术要求:硬度 44~48HRC 平面度≤0.10mm	冲片→淬火→回火→磨削	淬火:盐浴炉加热,820~840℃×1.5~2min,油淬 回火:装胎具,340~360℃×1h
电磁离合器摩擦片	精度Ⅳ级,模数 $m=1.5$,齿数 $z=98$ 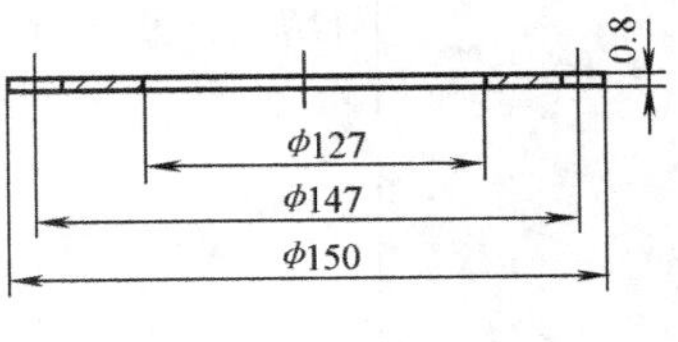 0.8 $\phi127$ $\phi147$ $\phi150$ 材料:6SiMnV 钢 技术要求:硬度 55~60HRC 平面度≤0.10mm	锻造→退火→切片→淬火→回火→磨削	退火:740~760℃×2~4h,冷至500℃以下出炉 淬火:盐浴炉加热,860~880℃×3~4min,出炉后放在平台上用铁块压平淬火 回火:装胎具回火,380~420℃×1~1.5h

（续）

零件名称	材料及技术要求	工艺流程	热处理工艺
DLMO6.3 电磁离合器联结	 材料:45钢 技术要求:硬度≥55HRC 　　　　淬硬深度≥0.3mm 　　　　爪部直径变形≤0.1mm 　　　　硬化面积≥80%	全部机械加工之后,在数控激光热处理机上自动进行六个爪的12个侧面激光扫描淬火	激光输出功率 $P=1000\mathrm{W}$ 透镜焦距 $f=350\mathrm{mm}$ 离焦量 $d=59\mathrm{mm}$ 扫描速度 $v=1000\mathrm{mm/min}$ 生产节拍 $t=45\mathrm{s/件}$ 结果:硬度为 57~60HRC 　　　硬化层深度 0.3~0.6mm 　　　直径变形≤±0.03mm 　　　爪侧面100%淬硬
K5-D2 花键套	 材料:45钢 技术要求:硬度≥55HRC 　　　　个别点允许≥50HRC 　　　　淬硬层深度≥0.3mm 　　　　内径变形≤0.05mm 　　　　硬化面积≥80%	全部机械加工之后,在数控激光热处理机上自动进行六个花键的12个侧面激光扫描淬火	激光输出功率 $P=1000\mathrm{W}$ 透镜焦距 $f=350\mathrm{mm}$ 离焦量 $d=59\mathrm{mm}$ 扫描速度 $v=1200\mathrm{mm/min}$ 结果:硬度为 55~63HRC 　　　硬化层深度为 0.3~0.5mm 　　　内径变形 <0~0.03mm
XE-10 牙嵌式电磁离合器的磁轭和齿环	 直径 $\phi116\mathrm{mm}$,齿高0.45mm 齿顶宽0.26mm,齿根部厚0.35mm 齿的环形宽8mm 材料:42CrMo、45钢、20CrMnTi均可 技术要求:硬度:≥45HRC,齿侧面硬化带允许有 　　$\leq\frac{1}{4}$齿高硬度低于45HRC(436HV0.1) 　　变形:淬火前后磁轭齿环100%成对检查啮合情况	全部机械加工之后,最终进行激光淬火	激光输出功率 $P=1200\mathrm{W}$ 特殊设计 R 透镜8mm宽的环形斑 齿面一次扫描完成淬火 离焦量 $d=15\mathrm{mm}$ 被淬火面与水平面倾角7° 扫描速度 $v=500\mathrm{mm/min}$ 结果 %%TABLE%%

热处理工艺栏中的表格:

材料	硬度		淬火层深度/mm
	HV 0.1	HRC	
42CrMo	720	60.2	1.05
45钢	560	53	0.94
20CrMnTi	520	50.7	1.00

齿面翘曲 0.03~0.08mm
42CrMo钢淬火显微组织为针状马氏体加部分板条状马氏体

12.5.3　弹簧夹头的热处理

弹簧夹头要求头部耐磨,颈部弹性好。常用 T8A、65Mn、60Si2Mn、9SiCr 等钢制造。弹簧夹头形状复杂,淬火时容易发生开裂和变形。

12.5.3.1　防止开裂,减少变形的措施

(1) 头部先加热一段时间,再整体入炉加热。

(2) 颈部薄断面处用铁皮或石棉绳保护。

(3) 淬火加热保温结束,薄截面处预冷到700℃左右再淬火。

(4) 在硝盐浴中分级或等温淬火。

(5) 要求头部和颈部应有不同硬度的弹簧夹头,可进行尾部至颈部在盐浴炉中局部回火,加热时间不超过3min,出炉油冷;头部与颈部截面相差较大者,在500～700℃盐浴中快速回火,加热时间不超过1min,出炉油冷。

12.5.3.2　几种弹簧夹头的热处理工艺举例 (如表12-24)

表 12-24　弹簧夹头的热处理工艺举例

零件名称	材料及技术要求	工艺流程	热处理工艺
卧式多轴自动车床夹料夹头	材料:9SiCr 钢 技术要求:头部硬度:60～65HRC 颈部硬度:38～43HRC 自然状态下孔径胀大 1.2～2.5mm	锻造→退火→机械加工→(开口处留一部分连接)→淬火→回火→机械加工→磨开口→胀大定形	退火:790～810℃×1～2h,炉冷至700～720℃×3～4h,冷到500℃以下出炉 淬火:头部与颈部盐浴炉局部加热,850～870℃×20～30min,油淬 回火:180～200℃×1.5h 尾部、颈部快速回火与胀大定形:尾部与颈部在700℃盐浴中局部加热40～60s,取出立即用锥度为1:10的胎棒插入孔里,调整胎棒,使夹头外圆直径胀大2～2.5mm
卧式多轴自动车床送料夹头	材料:T8A 技术要求:头部硬度:58～64HRC 颈部硬度:38～43HRC 自然状态下三爪并紧	锻造→退火→机械加工→淬火→回火→磨削	退火:740～760℃×1～2h,炉冷到650～680℃×1～2h,冷至500℃以下出炉 淬火:将头部并紧,用铁丝捆牢头部与颈部在820～830℃盐浴炉中局部加热15～20min,淬入140～180℃碱浴,冷却5～10min,清洗 回火:180～200℃×1.5h 颈部回火:尾部与颈部在700℃盐浴炉中局部加热15～20s,空冷
仪表机床小型专用夹头	材料:60Si2MnA 钢 技术要求:头部硬度≥59HRC 颈部硬度 40～45HRC	退火→机械加工→淬火→回火→磨削	退火:810～830℃×1～2h,炉冷至700～720℃×2～3h,冷到500℃以下出炉 淬火:300～400℃预热,盐浴炉加热840～860℃×2～2.5min,淬入280～300℃(硝盐)×20～30s,转入160～180℃热油中冷却 颈部回火:尾部与颈部在540～560℃硝盐浴中加热20～30s,油冷

（续）

零件名称	材料及技术要求	工艺流程	热 处 理 工 艺
磨阀瓣机床专用夹头	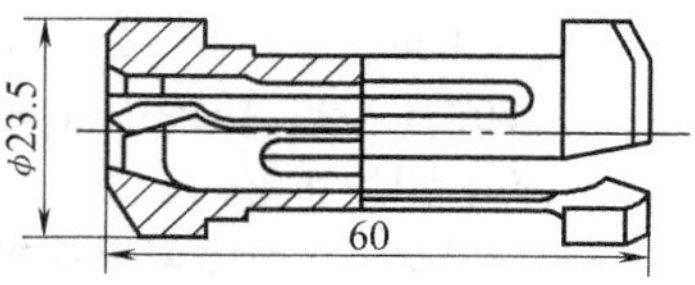 材料:65Mn 钢 技术要求:两端头部硬度 58HRC 中部硬度 40 ~ 45HRC	锻造→正火→高温回火→机械加工→淬火→回火→机械加工	正火:780 ~ 810℃ × 40 ~ 60min,空冷 高温回火:680 ~ 700℃ × 1 ~ 2h 淬火:盐浴加热 810 ~ 830℃ × 10 ~ 15min,出炉预冷,待中部冷到 700℃ 左右,淬入 160 ~ 180℃ 硝盐中冷却 回火:硝盐浴加热,500 ~ 520℃ × 3 ~ 4s,油冷(利用断面壁厚差快速回火)

12.5.4　蜗杆的热处理

蜗杆螺纹表面与蜗轮相对滑动,摩擦发热较严重,容易发生磨损和胶合。蜗杆推荐用钢及其热处理技术要求如表 12-25 所示。

蜗轮常用材料有 ZCuSn10Pb1、ZCuSn6Zn6Pb3、ZCuAl10Fe3、ZCuSn10Zn2 等铸造铜合金和灰铸铁 HT200、HT250、HT300、球墨铸铁 QT 450-10 以及耐磨铸铁等。精度高的蜗轮需经时效处理。另外,静压蜗轮表面可采用涂层塑料。

表 12-25　蜗杆用钢及热处理技术要求

热处理类别	牌　号	热处理技术要求
渗碳	20Cr 15CrMo 20CrMo 20CrMnTi 20CrMnMo	正火 渗碳淬火:58HRC 或渗碳感应淬火 58HRC 分度蜗杆需低温时效
渗氮 (或氮碳共渗或硫氮碳共渗)	38CrMoAlA	调质:265HBW 渗氮层深度:0. 4 ~ 0. 5mm 硬度:900HV
	40Cr 35CrMo 42CrMo	调质:235HBW 或正火 渗氮层深度:0. 4mm 硬度:500HV 或氮碳共渗、硫氮碳共渗
淬火 (或表面淬火)	CrWMn 9Mn2V	球化退火 淬火硬度:56HRC 低温时效
	45 40Cr 42CrMo	调质:235HBW 淬火或感应淬火硬度:48HRC 齿面淬硬层深度:≥1mm
调质	45 40Cr 42CrMo 30Cr2MoV	调质:235HBW

蜗杆的热处理实例:
实例 1　调质蜗杆（见图 12-35）

蜗杆材料为 42CrMo,要求调质硬度为 250 ~ 280HBW。

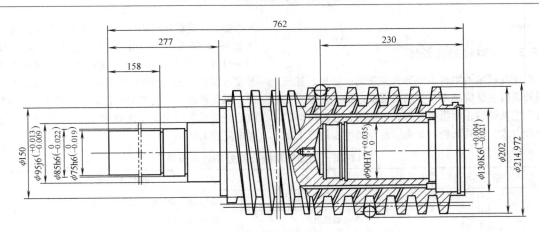

图 12-35　蜗杆（实例 1）

工艺流程：锻造→粗车→调质→机械加工→时效→机械加工→稳定化处理→半精加工、精加工。

热处理工艺：

（1）调质。箱式炉，860~880℃加热 4.5~5h，油冷。660~680℃加热 3~4h，空冷。

（2）时效。箱式炉，600~620℃加热 4~5h，降温至 350℃以下空冷。

（3）稳定化处理。100~110℃油浴炉 24h。

实例 2　淬硬蜗杆（见图 12-36）

蜗杆材料为 20CrMnTi。图样技术要求：①齿部 S1-C60，心部硬度 30~42HRC；②L、C 轴颈表面 S0.9-C60。

工艺流程：机械加工→渗碳→φ55、φ45j55 处车碳层→淬火→机械加工→稳定化处理→精加工。

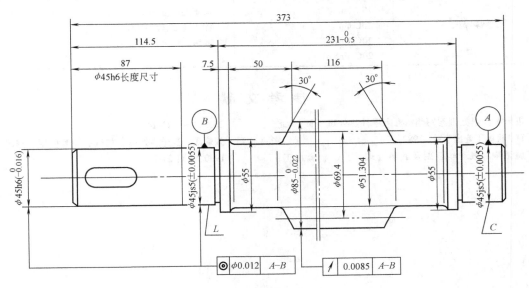

图 12-36　蜗杆（实例 2）

热处理工艺：

（1）渗碳。渗碳的工艺层深应为图样上标注的深度加上单侧的加工余量。此蜗杆齿单侧留磨量 0.25~0.3mm，L、C 轴颈表面留磨量 0.6~0.7mm，因此热处理工艺渗碳层深度为 1.2~1.3mm。

渗碳工艺：渗碳温度 920℃，强渗时间为 4.5h，扩散时间为 2.5h，降温至 800℃出炉坑冷。渗碳时随

炉装与蜗杆同材料的试样，以备检验。

（2）淬火。盐浴炉加热，820~840℃×（25~30）min。

（3）回火。180~200℃×（2~2.5）h。

（4）稳定化处理。油浴炉 150~160℃×10h。

检验：测齿部及轴颈处硬度为 60~65HRC，测试样淬回火的硬度为 60~65HRC，试样渗碳层

深 1.3mm。

12.5.5　花键轴的热处理

机床花键轴的主要失效形式是花键的磨损，甚至花键外圆棱边磨成圆角，少数因强度过低在传递大功率时发生花键轴扭曲报废。因此，选用合适的材料和热处理方式，使其既经济又能满足质量性能的要求尤为重要。承受转矩较小或一般精度的花键轴可采用调质处理（或正火）；也可采用易切削非调质钢 YF40MnV 或 YF45MnV。花键轴上的滑移齿轮移动频繁或精度较高的花键轴应采用结构钢制造，感应淬火；承受转矩大，精度高的花键轴宜采用合金渗碳钢或合金工具钢制造。花键轴材料和热处理方式、技术要求见表 12-26。

表 12-26　花键轴用钢及热处理技术要求

热处理类别	牌　号	热处理技术要求
调质 （或正火）	45,40Cr	T215 或 T235 或正火
	35CrMo,42CrMo	T235 或 T265
	YF45MnV	
感应淬火 （或激光淬火）	45,40Cr 35CrMo,42CrMo	T235 或 T265 感应淬火,G48HRC 或 G52HRC （或键侧面激光淬火,硬度≥48HRC）
	9Mn2V	球化退火 T265 感应淬火,G58HRC （或键侧面激光淬火,硬度≥55HRC）
渗碳淬火	20Cr 15CrMn 20CrMo 20CrMnTi 20CrMnMo	渗碳层深度:0.8~1.3mm 淬火硬度:C58HRC 或感应淬火,G58HRC

参 考 文 献

[1]　机床零件热处理编写组. 机床零件热处理 [M]. 北京：机械工业出版社, 1982.
[2]　魏德耀. 滚珠丝杠副及其热处理 [J]. 金属加工, 2008, 19：22-24.
[3]　张魁武. 激光热处理工艺试验及其应用 [J]. 机床, 1990 (8)：29-31.

第 13 章　气动凿岩工具及钻探机械零件的热处理

张家口永恒热处理有限公司　孙小情

中国矿业大学　倪振尧

气动凿岩工具是矿山、铁路、交通、水电、建材及国防等各种石方工程中使用最广泛的凿岩工具；而钻探机械则是地质勘探、石油开采等方面使用的主要设备。热处理是决定这些零件使用寿命的关键因素，在实际使用中要求产品的主要零件和关键零件耐磨性高，耐冲击性好（主要是多次冲击抗力），抗疲劳性能好。

本章主要介绍气动凿岩工具及钻探机械的典型零件和易损零件的常用材料及热处理方法。因为凿岩机与冲击器部分重要零件所用材料及热处理工艺基本相似，所以，在每一节中一并介绍。

13.1　凿岩机与冲击器活塞的热处理

13.1.1　工作条件及失效形式

活塞是凿岩机与冲击器上冲击做功的关键零件，也是最主要的易损件，由它传递凿岩机与冲击器工作时的冲击和扭转能量。图 13-1 所示为最常用的 YT-24 型凿岩机的活塞简图。

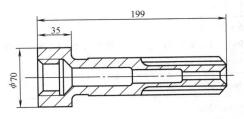

图 13-1　YT-24 型凿岩机活塞

活塞的失效形式主要是冲击端面凹陷、花键磨损、冲击端花键崩裂和折断以及严重磨损而报废。渗碳处理的低碳合金钢活塞，因冲击端面凹陷失效及疲劳断裂的占多数，而高碳钢活塞则折断是失效的主因。

活塞在工作过程中，其端头反复冲击钎杆或钎头，因接触疲劳剥落和心部强度不足，使冲击端面不断凹陷，或使端面花键崩裂掉块。当端面凹陷到一定程度，活塞因效率显著降低而报废。

活塞在多次反复冲击下，在外表面大小圆交接处和内表面大小孔过渡处应力集中的地方易产生疲劳折断，如图 13-2 所示。

活塞外表面大圆与缸体和气缸配合，花键齿面与转动套筒配合。在工作过程中，这些配合面互相摩擦，当磨损到凿岩效率显著下降时，活塞失效而报废。

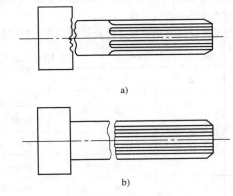

图 13-2　活塞的折断

a）外表面大小圆交接处
b）内表面大小孔过渡处

13.1.2　凿岩机与冲击器活塞的材料

目前活塞多选用低碳渗碳钢、中碳渗碳钢或高碳钢制造。

1. 20CrMnMo 钢　这种钢是较长期用来制造活塞的一种渗碳钢［化学成分（质量分数）为：C0.17%～0.24%，Si0.17%～0.37%，Mn0.9%～1.2%，Mo0.20%～0.30%，Cr1.1%～1.4%］。用该钢制造的凿岩机与低风压冲击器活塞，其使用寿命已基本上达到过去用 12CrNi3 或 12Cr2Ni4 钢活塞的使用寿命。20CrMnMo 钢活塞的缺点是心部强度低，在工作过程中易出现冲击端面凹陷和花键崩裂。

2. 35CrMoV 钢　为了克服低碳渗碳钢活塞心部强度不足的缺点，采用了提高碳含量的渗碳钢制造活塞，其化学成分（质量分数）为 C0.30%～0.38%，Si0.17%～0.37%，Mn0.40%～0.70%，Cr1.00%～1.30%，Mo0.20%～0.30%，V0.10%～0.20%。这种钢材已成功地用于制造 7566 型凿岩机活塞。因其碳含量较高,不但可以降低渗碳层厚度,缩短渗碳时间,并且因淬火后心部强度高,从而克服了20CrMnMo 渗碳活塞端头凹陷快,易崩齿的缺点。

3. 钒钢　钒钢是制造凿岩机活塞的优良材料之一〔其化学成分(质量分数)为:C0.95% ~ 1.05%,Mn0.20% ~0.40%,Si≤0.35%,V0.2% ~ 0.4%〕,许多国家用于制造凿岩机活塞;低风压冲击器现已基本不使用该材料制造活塞。由于钢中钒碳化物在较大的温度范围内不易溶解,故能显著地阻止加热时奥氏体晶粒长大,从而可防止过热,使钢材具有较高的冲击韧度。在冷却过程中,由于未溶钒碳化物的结晶核心作用,使钢易于形成珠光体类组织,从而可获得较浅的淬硬层,使活塞表面层呈现较大的残余压应力来提高疲劳强度。

为了保证钒钢活塞整体淬火后能得到薄层淬硬效果,其化学成分和技术条件除应符合国标 GB/T 1299—2000 规定外,还要求下列技术条件:淬透性为 2.0 ~2.6mm;低倍组织按 GB/T 226—1991、GB/T 1979—2001 评级:一般疏松≤2 级,中心疏松≤2级,不得有锭型偏析(GB/T 1979—2001);钢材高倍组织缺陷:脆性夹杂物≤2.5 级,塑性夹杂物≤3级,二者合并≤5 级;碳化物带状≤2 级。

13.1.3　20CrMnMo 钢活塞的热处理

1. 制造工艺路线　下料→锻造→正火→检验→机械加工→渗碳淬火→清洗→低温回火→检验→磨加工。

2. 热处理工艺　20CrMnMo 活塞需进行渗碳处理,目前多用气体法,极少采用固体或液体法。其处理工艺见表 13-1。

表 13-1　20CrMnMo 活塞热处理工艺

方　　法	工　序	热　处　理　工　艺
气体渗碳	渗　碳	920 ~930℃,保温 15 ~18h 渗碳介质:丙酮(煤油) + 甲醇
	淬　火	840 ~850℃,保温 30min,油淬
	回　火	180 ~200℃,保温 2h,空冷
固体渗碳	渗　碳	900 ~940℃,保温 18 ~20h,随罐空冷
	正　火	900 ~920℃,保温 4min,空冷
	淬　火	830 ~850℃,保温 15min,油淬
	回　火	180 ~200℃,保温 2h,空冷
液体碳氮共渗	碳氮共渗	900 ~950℃,保温 15 ~20h,油冷 盐浴成分:NaCN0.9% ~ 1.3% + BaCl$_2$55% ~ 65% + NaCl20% ~ 25% + "603"渗碳剂1% ~2%
	回　火	180 ~200℃,保温 60min,空冷
	淬　火	830 ~850℃,保温 15min,油淬
	回　火	180 ~200℃,保温 2h,空冷

20CrMnMo 活塞渗碳层深度要求为 1.8 ~2.5mm。

3. 技术要求及质量检查　20CrMnMo 活塞的技术要求及质量检查见表 13-2。

4. 常见热处理缺陷及防止方法　20CrMnMo 活塞热处理常见缺陷及防止方法见表 13-3。

表 13-2　20CrMnMo 活塞的技术要求及质量检验

工　　序	项　　目	技　术　要　求	检　验　方　法
锻造正火	硬　度	≤217HBW	用布氏硬度计抽检10% ~20%
	金相组织	珠光体 + 铁素体 晶粒度 5 ~6 级	用金相显微镜定期检查

（续）

工　序	项　目	技　术　要　求	检　验　方　法
渗碳	渗层深度	总渗层 = 1.8~2.5mm 总渗层 = 过共析层 + 共析层 + 1/2 过渡层	1）渗层深度以检查内试棒为准 2）内试棒应与所渗零件材料相同，表面没有氧化皮、锈迹，并经正火处理 3）用放大镜或显微镜检查
	渗层表面碳含量	$w(C)0.85\% \sim 1.05\%$	1）用试棒做剥层分析，每层约 0.10~0.20mm 2）可定期用标准试块或金相图片比较
正火	显微组织	不得有明显的渗碳体网	用金相显微镜定期检查
淬火-回火	硬度	表面:58~63HRC 心部:38~45HRC	硬度计抽检 10%~15%，其余用锉刀检验 检查部位：表面为冲击端面，心部在与过渡区相距 2~3mm 处
	显微组织	表面:马氏体(≤3 级) + 粒状碳化物 心部:马氏体 + 贝氏体	用金相显微镜检查
	畸变	对无阀凿岩机活塞畸变检查,弯曲≤0.2mm	用百分表检查

表 13-3　20CrMnMo 活塞热处理常见缺陷及防止方法

常见缺陷	产生原因	防止方法
心部硬度低	1）淬火温度低 2）冷速慢	1）选择正确的淬火温度，即略高于心部材料的淬火温度 2）选用冷速快的淬火冷却介质
碳化物呈网状分布	1）淬火温度低或保温时间短 2）淬火冷却过程慢 3）渗碳层碳含量高	1）制订正确的淬火、正火规范，使碳化物充分溶解 2）冷却操作要迅速 3）降低渗碳的碳势
渗层不均匀	1）炉温不均匀 2）气氛不均匀	1）校正炉温，保持炉温准确性;减少装炉量并正确放置 2）保证炉内气氛充分循环
表面麻蚀	渗碳剂中有硫酸盐、硫化铁、砂子、硅酸盐等杂质	1）严格限制渗碳剂中硫酸盐的含量 2）渗碳剂要过筛除去杂物
活塞渗碳后出炉空冷时产生表面裂纹	1）冷却速度不合适引起次表面产生马氏体 2）表面碳含量过高，浓度梯度太陡或不均匀	1）减慢冷速或增加冷速（如油冷）或者快速冷至450~500℃，再放到 650℃炉中保温后空冷 2）控制碳势，避免表层碳含量过高

13.1.4　35CrMoV 钢活塞的热处理

1. 制造工艺路线　下料→锻造→退火→检验（硬度）→机械加工→渗碳→检验（渗碳层）→高温回火→淬火→清洗→低温回火→喷砂→检验→磨削。

2. 热处理工艺　其热处理工艺如曲线图 13-3

所示。

整个工艺过程为：

（1）在高碳势气氛中预渗碳（850℃×1~2h）。其目的是为了先形成细小的碳化物质点，以便随后升温渗碳时使零件表层碳化物呈颗粒状分布。

（2）再升温至 900℃进行扩散渗碳。渗碳层深度

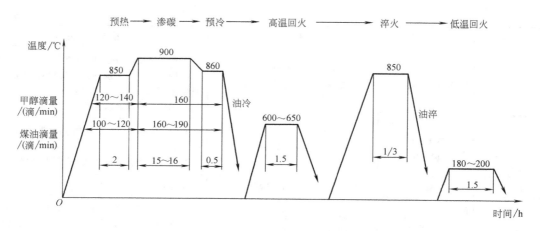

图 13-3　35CrMoV 钢活塞渗碳、淬火工艺曲线

注：渗碳设备为 RJJ-90-9T 井式渗碳炉。

达到要求后，炉冷至 860℃淬油。

（3）进行 600~650℃的高温回火。

（4）重新加热至 850℃进行淬火处理。

（5）进行 180~200℃，1.5h 的回火处理。

3. 技术要求（见表 13-4）

表 13-4　35CrMoV 钢活塞技术要求

项　　目	技 术 要 求
渗碳层深度/mm	1.6~1.9
表面硬度　HRC	60~65
表层显微组织	马氏体（≤3 级）+ 粒状碳化物
心部硬度　HRC	≥50

13.1.5　钒钢活塞的热处理

1. 制造工艺路线　原材料检验（化学成分、显微组织、非金属夹杂物和淬透性）→下料→中频感应加热大头镦粗→预备淬火→球化退火→检验→机械加工→淬火→回火→检验→磨削。

2. 热处理工艺　钒钢活塞热处理包括预备淬火、球化退火、最终淬火和低温回火等工序，具体工艺曲线见图 13-4。

预备淬火的目的是为球化退火作准备，以期获得好的球化效果。最终淬火时，在 720~730℃预热的目的是为了缩短 Ac_1 以上的加热时间，可得到较多的板条马氏体。淬火的预热和加热在盐浴炉中进行。

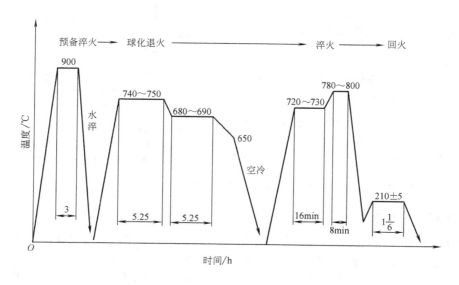

图 13-4　钒钢活塞热处理工艺曲线

回火温度对淬火钒钢力学性能的影响如图13-5所示。由图可以看出，抗弯强度在225℃出现峰值，而抗扭强度在165℃时最高。根据活塞的破坏情况分析，淬硬层的正断抗力和塑性、韧性起决定性作用。实际上选择较高的回火温度（210±5）℃使活塞的使用寿命有了提高。

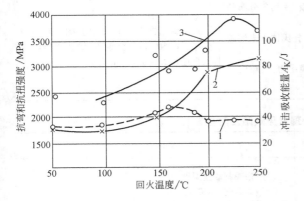

图13-5　回火温度对淬火钒钢力学性能的影响

1—抗扭强度　2—冲击吸收能量　3—抗弯强度

薄壳淬火的淬火冷却介质用10%盐水（质量分数）或亚硝酸钠和碳酸钠混合水溶液。此溶液在马氏体转变温度区间，冷却速度低于氯化钠水溶液，对防止淬火裂纹有益。

钒钢活塞淬火的关键，是保证活塞内外表面形成均匀一致的硬化薄层，从而使其所有表面（包括内孔）呈现残余压应力。为此，要使用专门的喷具淬冷，使活塞各个部位冷却均匀一致。并且要求淬火冷却介质有足够压力，流量充足，尽量避免空气混入其中；否则，将会形成淬火软点，影响活塞质量。

喷淬活塞内孔和外表面设备的液压系统原理图，如图13-6所示。淬火操作过程如下：

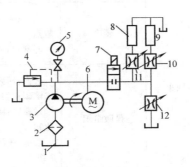

图13-6　液压系统原理图

1—水箱　2—滤网　3—液压泵　4—溢流阀　5—压力表
6—电动机　7—电磁阀　8—活塞内腔喷具
9—活塞外表面喷具　10、11、12—节流阀

电源接通后，电动机6带动液压泵3工作，这时由于电磁阀7是关闭的，被泵吸上来的淬火冷却介质通过溢流阀4返回水槽。当活塞放入喷具内并将上盖压紧时，行程开关使电磁阀7打开，淬火冷却介质分别经节流阀10、11流入喷具8和9，喷淬活塞内腔和外表面，然后流回水箱。

活塞内孔表面如果淬火层不合格，则表面残余压应力较小甚至成为残余拉应力，活塞服役过程中疲劳裂纹源将出现在内孔表面，使其使用寿命大大降低。

3. 技术要求及质量检验　YT-24凿岩机钒钢活塞的锻造、热处理技术要求及质量检验方法列于表13-5。

4. 常见热处理缺陷及防止方法　钒钢活塞热处理常见缺陷及防止方法见表13-6。

表13-5　YT-24凿岩机钒钢活塞锻造、热处理技术要求及质量检验

工　序	项　目	技术要求	检验方法
锻造	金相组织	细片状珠光体	用金相显微镜观察
	晶粒度	≤5级	按YB/T 27—1992评定
球化退火	硬度	<197HBW	布氏硬度计
球化退火	显微组织	球状珠光体,按YB/T 9—1986第二级别图评定,2~4级合格 球化率:100%（允许少量孤立的条杆状碳化物存在）	由实物切取试片检验显微组织
淬火-回火	淬硬层深度	1）小头端面:2.5~4.0mm 2）花键槽底部及杆部:1.5~3.0mm,不允许有淬透情况 3）内腔表面和外表面应有均匀的淬硬层	将活塞纵剖、横剖经热酸浸蚀后进行宏观测量 热酸浸蚀条件: 盐酸和水配比为1:1 浸蚀温度:65~80℃ 浸蚀时间:10~20min

（续）

工　序	项　目	技　术　要　求	检　验　方　法
淬火-回火	硬度	表面:60 ~ 64HRC,工作端面不允许有软点 心部:38 ~ 42HRC	心部硬度一般不检查
	显微组织	表面:回火马氏体(2 级) + 均匀分布的未溶碳化物 过渡区:回火马氏体 + 托氏体 + 未溶碳化物 心部:托氏体 + 未溶碳化物,晶粒度 ≥ 7 级	未溶碳化物应以小、少、匀、圆形态均匀分布。在 500 倍显微镜下,碳化物颗粒应以直径 0.25 ~ 0.75mm 为主

表 13-6　钒钢活塞热处理常见缺陷及防止方法

缺　陷	产　生　原　因	防　止　方　法
出现渗碳体网	1)锻造控温不好 2)加热温度不均匀 3)锻后冷速过慢	1)严格控制锻造温度 　始锻温度:1050 ~ 1070℃ 　终锻温度:830 ~ 850℃ 2)锻造加热装炉量不宜太多,力求加热均匀 3)调整锻后冷却速度 4)900℃加热预淬火(球化前)
锻件冲击韧度低	锻造过热	防止过热,最好采用中频感应加热
球化不良	1)球化退火装炉量太多,靠近炉门散热快 2)球化温度波动太大 3)保温时间短	1)控制装炉量,在炉门口放置空罐挡风和防反射散热 2)正确控制球化温度和保温时间 3)球化退火前采用预先淬火(900℃加热水冷)能改善球化质量
淬火裂纹和崩口	1)淬火温度过高 2)机械加工不良,有尖角等 3)锻造规范不合理 4)淬火冷却介质选择不当或成分、温度发生变化	1)严格控制淬火温度 2)机械加工过渡处不允许有尖角,内孔表面精度要符合要求 3)严格控制锻造规范 4)正确选用淬火冷却介质,定期测定淬火冷却介质的成分(测密度)、控制淬火冷却介质的温度
淬硬层分布不匀(尤其是内腔),花键根部等部位无淬硬层	1)淬火冷却介质流动不够 2)淬火冷却介质温度过高 3)淬火喷具设计不良	1)加强介质流动性 2)淬火盐水温度 <40℃ 3)改善喷具结构
淬火后花键末端处断裂或打击端面处花键淬裂	1)加热温度过高 2)淬火冷却介质温度过高 3)淬火冷却介质成分不当	1)严格控制淬火温度 2)淬冷盐水温度应 <40℃,最好 20 ~ 35℃ 3)淬冷盐水的质量分数应控制在 5% ~ 8%(密度 1.03 ~ 1.08g/cm³)
无阀凿岩机活塞如图13-7 所示,淬火畸变大,或大盘开裂	淬火冷却方式掌握不好	1)采用盐水和油的双介质淬火,冷至 ≈200℃立即回火 2)畸变超过要求时,需矫直,矫直后在 150℃油槽中时效 3h,消除矫直残余应力

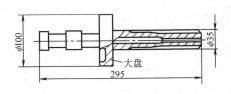

图 13-7　红旗-25 活塞简图

13.1.6　20Ni4Mo 高风压活塞的热处理

1. 制造工艺路线　下料→锻造→正火 + 高温回火→检验（硬度）→机械加工→渗碳淬火→检验（渗碳层）→高温回火→淬火→清洗→低温回火→磨削→去应力退火→喷丸→检验。

2. 锻造工艺　其锻造工艺见表 13-7。

3. 热处理工艺　其热处理工艺见表 13-8。

表 13-7　20Ni4Mo 高风压活塞的锻造工艺

加热温度/℃	始锻温度/℃	终锻温度/℃	冷却方法
1120 ~ 1160	1080 ~ 1120	≥800	缓冷

表 13-8　20Ni4Mo 高风压活塞的热处理工艺

项目	退火	正火	高温回火	淬火	回火	渗碳	高温回火	淬火	回火
温度/℃	670	880	680	830	150 ~ 200	930	660	840	160 ~ 180
冷却	炉冷	空气	空气	油	空气	缓冷	空气	油	空气
硬度 HBW	≤269		≤269						表面≥58HRC

4. 20Ni4Mo 的力学性能

（1）不同淬火温度下的力学性能见表 13-9。

（2）低温冲击韧度见表 13-10。

5. 技术要求（见表 13-11）。

表 13-9　20Ni4Mo 不同淬火温度下的力学性能

热处理方法	R_m/MPa	$R_{p0.2}$/MPa	$A(\%)$	$Z(\%)$	a_K/(J/cm²)
900℃,油淬;200℃回火,空冷	1485	1303	13.5	58.5	105
	1490		14.0	60.5	105
870℃,油淬;200℃回火,空冷	1490	1299	14.0	59.5	98
	1495	1308	14.0	60.5	83
840℃,油淬;200℃回火,空冷	1490	1299	13.5	60.5	92
	1490	1299	12.5	60.5	108
810℃,油淬;200℃,回火,空冷	1495	1299	12.5	60.5	94
	1495		14.0	61.0	90
780℃,油淬;200℃回火,空冷	1495	1289	13.0	59.5	83
	1499		13.0	59.5	98

注：1. φ20mm 钢材经 950℃正火，650℃回火空冷后，加工成留有余量的试样，再正式热处理。
　　2. 用钢成分（质量分数,%）：C 0.21，Si 0.32，Mn 0.54，Cr 0.11，Ni 3.45，Mo 0.27，P 0.009，S 0.004。

表 13-10　20Ni4Mo 的低温冲击韧度

冲击试样缺口形状	在下列温度(℃)的冲击韧度 a_K/(J/cm²)				
	室温	-20	-40	-60	-80
梅氏	88	96	84	84	76
	89	91	83	86	81
	81	89	86	79	78

（续）

冲击试样缺口形状	在下列温度（℃）的冲击韧度 $a_K/(\mathrm{J/cm^2})$				
	室温	−20	−40	−60	−80
	72	70	62	50	57
V45°	64	70	70	50	65
	64	60	62	58	50

注：1. 15mm×15mm×55mm 的毛坯经 950℃正火、650℃回火空冷，加工成留有余量的 10mm×10mm×55mm 毛坯，再经 850℃油淬，200℃回火空冷。

　　2. 用钢成分（质量分数，%）：C 0.21，Si 0.32，Mn 0.54，Cr 0.11，Ni 3.45，Mo 0.27，P 0.009，S 0.004。

表 13-11　高风压活塞的技术要求

项　　目	技术要求
渗碳层深度/mm	2.5～3.0
表面硬度 HRC	58～62
心部硬度 HRC	38～42
表面碳含量（质量分数）（%）	0.75～0.85
残留奥氏体（体积分数）（%）	≤18

13.2　凿岩机主要渗碳件的热处理

　　凿岩机的主要零件，大都要求表面耐磨，心部有一定的强度和韧性。因此，渗碳、碳氮共渗是凿岩机零件的主要热处理方法。这些零件主要有缸体、阀、螺旋棒、棘轮、回转爪和钎套等。

13.2.1　工作条件及失效形式

　　1. 缸体　缸体（见图 13-8）是凿岩机的主体。凿岩机的配气机构、冲击机构和回转机构都装在缸体里。在工作时，主要和活塞接触，受冲击和滑动摩擦作用，因此缸体主要是由于内圆表面的磨损而报废。

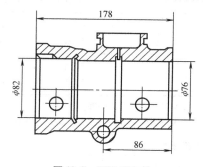

图 13-8　7655 型缸体

　　2. 阀　凿岩机工作时，阀（见图 13-9）沿着阀套作轴向往复运动。阀主要是承受反复冲击载荷和滑动摩擦。

　　阀的失效，除因破裂外，一般是以下列两处的磨耗而报废，即阀在前部位置时与阀盖，在后部位置时与阀柜接触撞击的两个侧面处。这两个地方由于冲击磨损的作用，形成了两个环形凹痕，此凹痕加深后，使阀的行程加大，极易使阀沿着凹痕破裂而报废。

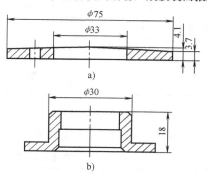

图 13-9　凿岩机的阀

a）YT-25 型　b）7655 型

　　3. 螺旋棒　螺旋棒（见图 13-10）和螺母是活塞回程中使活塞产生转动的回转机构中的主要零件。它们的工作条件是承受反复冲击、扭转和滑动摩擦作用。它们是一对摩擦副，在凿岩机使用过程中，由于剧烈地磨损而使其配合间隙不断增加，此时活塞用于带动回转的一大部分行程白白消耗在二者间隙的调整上，间隙越大，活塞无效行程也越大。二者间隙增大到一定程度，凿岩机就不能继续使用。因此，螺旋棒和螺母因磨损报废是主要的；因扭断而报废是偶然现象。

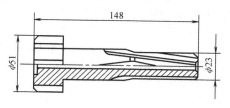

图 13-10　7655 型凿岩机的螺旋棒

　　4. 棘轮和回转爪　棘轮和回转爪（见图 13-11）是强制活塞在反冲程回程时，沿着螺旋棒的螺旋槽滑

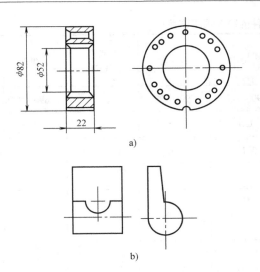

图 13-11 棘轮和回转爪

a) 棘轮 b) 回转爪

动,从而使凿岩机得到回转动作的制动装置。

在活塞反冲程时,与螺旋棒装在一起的回转爪抵住棘轮内齿,使螺旋棒不回转,从而使活塞沿着螺旋棒的螺旋槽进行回转运动。在活塞冲程时,螺旋棒可围绕自己轴线沿逆时针方向转动,这时,回转爪便在棘轮内齿间交替滑脱,而不阻碍螺旋棒转动。因此,棘轮和回转爪主要是承受摩擦和冲击载荷的作用。

棘轮和回转爪在连续不断的工作中,由于交替摩擦作用,而使棘轮内齿和回转爪逐渐磨成圆角形。当圆角达到一定程度后(目前规定磨损报废限度为 $R1.5\text{mm}$),二者不能紧密啮合,从而使制动作用失灵,棘轮与回转爪必须报废。

5. 钎套 钎套是凿岩机主要易损件之一,它压配在转动套内,其六方内孔与钎杆尾部配合并带动钎杆完成回转运动,同时对钎杆起导向作用。当活塞冲击钎尾时,钎杆尾部在钎套内作高速往复滑动。钎套内孔磨损是其失效的主要形式。当钎套端部六方内孔对边磨损达 4mm 时,超过废弃标准,机器效率显著下降。

13.2.2 技术条件和使用材料

凿岩机主要渗碳件的材料选择和技术条件见表13-12。

表 13-12 凿岩机主要渗碳件的材料和热处理技术条件

零件名称	材 料	渗碳层深度 /mm	淬 火 回 火		
			硬度 HRC	畸变 /mm	金相组织
缸体	20Cr 20CrMo ZG20CrMnMo	1.2 ~ 1.5	58 ~ 63	圆度 <0.2	表层:回火马氏体 + 碳化物
阀	20Cr ZG20Cr	0.4 ~ 0.7	55 ~ 60	挠度 ≤0.15	表层:回火马氏体(2 级) 心部:回火马氏体 + 上贝氏体
	12CrMoV	0.6 ~ 1.0	58 ~ 62	挠度 ≤0.15	
螺旋棒	20Cr 20CrMo	1.2 ~ 1.5	59 ~ 63	畸变度 <0.1	表层:回火马氏体(≤3 级) + 粒状碳化物
棘轮	20CrMo 20Cr	0.5 ~ 0.8	58 ~ 61	—	表层:回火马氏体(1 ~ 2 级) + 粒状碳化物(无网状分布)
回转爪	20Cr 30CrMo	1.0 ~ 1.4	60 ~ 65	—	表层:回火马氏体(1 ~ 2 级) + 粒状碳化物(无网状分布)
	35CrMo	1.0 ~ 1.4	60 ~ 64	—	
钎套	20Cr 20CrMnMo	2.0 ~ 2.4	59 ~ 63	—	表层:回火马氏体(1 ~ 2 级) + 块状、粒状碳化物

13.2.3 制造工艺路线

锻造(铸造)→正火(退火)→机械加工→渗碳→检验→淬火→清洗→回火→检验→磨削→稳定化处理

(棘轮、回转爪不磨削;只有阀才进行稳定化处理)。

13.2.4 热处理工艺

凿岩机主要渗碳件的热处理工艺参数见表13-13。

表 13-13　凿岩机主要渗碳件的热处理工艺参数

热处理方式		缸体	阀	螺旋棒	棘轮	回转爪(35CrMo)	钎套
锻件正火	加热温度/℃	890~920	890~920	890~920	890~920		890~920
	保温时间/h	2.5	0.5	1.5	1.5		1.5
	冷却	空冷	空冷	空冷	空冷		空冷
铸件退火	加热温度/℃	880~950	980~1000				
	保温	2h 后随炉冷至 700℃ 保温 2h	1.5h				
	冷却	随炉冷至 300℃后空冷	炉冷				
液体碳氮共渗	加热温度/℃	920~950	920~950	910~930	910~930	910~930	
	保温时间/h	4~6	1.5~2.5	4~6	3~4	3~4	
	冷却	空冷		空冷	空冷	空冷	
	盐浴成分(质量分数)	\multicolumn{5}{NaCN1.7% ~2.3% + BaCl$_2$55% ~65% + NaCl20% ~25% + "603"1% ~2%}	
淬火	加热温度/℃	820~840	共渗后出炉,预冷到 840~860℃ 直接淬油	820~840	780~800	760~800	
	保温时间/min	15		8	8	5	
	冷却	淬油		水淬油冷	水淬油冷	淬油	
回火	加热温度/℃	200~220	340	170~190	200~220	170~190	
	保温时间/h	1	1	1.5	2	2	
	冷却	空冷	空冷	空冷	空冷	空冷	
气体渗碳	加热温度/℃	920~940	920~940	900~920	920~940	920~940	1)950℃×22h,淬油 2)第二次渗碳,840~860℃×5h,淬油
	保温时间/h	8~10	4~6	9~10	5~7	7~8	
	冷却	—	—	空气	空气	空气	
	渗碳剂	煤油	煤油	煤油	煤油	煤油	
淬火	加热温度/℃	渗层合格后降温至 840~860℃,约 40min 后淬油	渗层合格后降温至 840~860℃,约 40min 后淬油	840~860	840~860	840~860	
	保温时间/min			8	8	5	
	冷却			淬油	淬油	淬油	

（续）

热处理方式		缸体	阀	螺旋棒	棘轮	回转爪 (35CrMo)	钎套
回火	加热温度/℃	200～220	230～250	180～200	200～220	180～210	170～180
	保温时间/h	1	1	2	1.5	1.5	2
	冷却	空冷	空冷	空冷	空冷	水冷	空冷
固体渗碳	加热温度/℃		920～940		920～940	920～940	
	保温时间/h		6～8		8～10	13～15	
	冷却		随罐空冷至 500℃ 以下开罐空冷		随罐空冷	随罐空冷	
淬火	加热温度/℃		780～810		820～840	820～840	
	保温时间/min		4		8	5	
	冷却		淬油		淬油	淬油	
回火	加热温度/℃		230～250		160～180	160～180	
	保温时间/h		1		1.5	1.5	
	冷却		空冷		空冷	空冷	
气体碳氮共渗	加热温度/℃			900～920	860～920	860～920	
	保温时间/h			7	6～10	6～10	
	冷却			随炉冷至 850℃ 出炉空冷			
	渗剂	1)煤油＋氨气　2)三乙醇胺　3)苯胺					
淬火	加热温度/℃			820～840	随炉降温至 840～860℃ 直接淬油	随炉降温至 840～860℃ 直接淬油	
	保温时间/min			8～10min			
	冷却			水淬油冷			
回火	加热温度/℃			170～190	200～220	170～190	
	保温时间/h			1.5	1	1.5	
	冷却			空冷	空冷	空冷	

13.2.5　渗碳件热处理的质量检验

凿岩机主要渗碳件的技术要求和质量检验见表 13-14。

13.2.6　热处理常见缺陷及防止方法

凿岩机主要渗碳件热处理常见缺陷及防止方法见表 13-15。

表 13-14　凿岩机主要渗件的技术要求和质量检验

热处理方式	项　目	技 术 要 求	质 量 检 验
锻件正火	硬度	143~197HBW,保证具有良好的可加工性	用布氏硬度计抽检 10%~15%
锻件正火	显微组织	索氏体 + 铁素体,晶粒度≥5 级	用金相显微镜定期抽查
铸件退火	晶粒度	>4 级	用金相显微镜定期抽查
	金相组织	珠光体 + 铁素体	
渗碳（或碳氮共渗）	渗层深度	1)过共析层 + 共析层 + 1/2 过渡区 = 总渗层 2)渗层深度要求见表 13-12	1)渗层深度以检查内试棒为准 2)内试棒应与零件材料相同 3)用放大镜或显微镜检查
淬火-回火	硬度	见表 13-12	1)检查部位:缸体内表面,阀表面,螺旋棒端面,棘轮、回转爪端面,钎套端面 2)用锉刀检查 100%;用洛氏硬度计检查 5%~10%
	畸变		1)用百分表对缸体 100% 检查圆度 2)用塞规或塞尺抽检 10% 阀挠度 3)用百分表检查 10% 螺旋棒畸变量
	显微组织		用金相显微镜定期抽查

表 13-15　凿岩机主要渗碳件热处理常见缺陷及防止方法

常 见 缺 陷	产 生 原 因	防 止 方 法
缸体内径圆度超差	渗碳淬火方式控制不好,冷却操作不对	渗碳时必须直立摆放在挂具上,淬火时垂直入油上下窜动
铸钢缸体出现渗碳淬火后硬度不均匀,出现软带	化学成分不均匀,有偏析现象	1)铸钢熔炼要充分搅拌 2)严格掌握退火工艺
阀在渗碳后畸变大	1)毛坯在冲压后有内应力 2)渗碳温度过高	1)毛坯冲压后进行去应力退火(600℃保温 2h) 2)适当降低渗碳温度和增加保温时间来控制畸变量
螺旋棒畸变超差	淬火温度过高和冷却操作不当造成	1)严格控制淬火温度,不得偏高 2)淬冷时垂直入油 3)畸变超差件可进行加热矫直,在 150~170℃保温 30min 以上进行热矫直,然后在 150~170℃回火 1h
棘轮磨削时表面龟裂	1)表面碳含量过高,回火不足 2)磨削进给量大,冷却不足,砂轮太硬	1)降低渗碳炉气氛碳势 2)延长回火时间 3)减小磨削进给量,增加切削液流量,使用硬度较低的砂轮
回转爪掉渣	表层碳含量过高,有网状碳化物	不允许表层有网状碳化物,渗碳后可采取二次淬火或正火消除
棘轮、回转爪耐磨性低	此零件不进行磨削加工,渗碳后多次加热引起脱碳	渗碳后不宜多次加热,最好直接淬火

13.3　凿岩用钎头

13.3.1　工作条件及失效形式

钎头（又称钻头）在凿岩中的功能是钻凿或破碎岩石。在硬质合金未应用于凿岩钻具之前，钎头用高碳工具钢类的钢种来制造，用其直接钻凿岩石，硬质合金应用于凿岩以后，钎头用钢的功能转变为用镶固或焊接的办法，将硬质合金固定在钎头体上，起到固定和支撑硬质合金的作用，并保证硬质合金在钻凿岩石过程中不产生移位和脱落。这样钎头用钢不再局限于工具钢类，也可以用合金结构钢或其他钢种来制造。

由于钎头的种类很多，按硬质合金形状分，有片状钎头、球齿钎头、复合齿钎头；按与钎杆的连接形式分，有锥孔连接钎头、螺纹连接钎头、花键连接钎头；按直径大小分，有小钎头、大钎头、中型钎头；按钎头制造工艺分，有焊接钎头、固齿钎头等；按使用状态分，有凿岩机用钎头、潜孔钻用钎头等。

图 13-12 是使用最广泛的一种凿岩钎头，凿岩刃口为钎焊的碳化钨硬质合金片。钎头由钎头体和硬质合金组成。

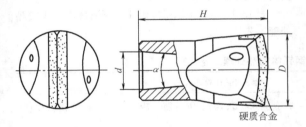

图 13-12　钎焊硬质合金的"一"字形钎头

钎头体起着向硬质合金刀传递冲击功的作用。在凿岩过程中，钎头受力复杂，不但承受由钎杆传递来的脉冲应力波，并且受着岩石反射回来的力波。在某些截面存在着由于冲击的反射产生力波叠加现象，使钎头的受力增加到 150% ~ 180%。

钎头失效的原因，除了硬质合金片（柱）脱落和破碎外，主要是钎头体胀裤、裂裤和断腰所造成。钎头体尾部为一锥孔，它与钎杆头部锥体相配合。凿岩过程中，锥孔部位受张力。如果热处理质量欠佳，很易发生锥孔胀大（胀裤），使钎头松脱或锥孔壁开裂（裂裤）而造成钎头失效。硬质合金与钎头体钢材的膨胀系数相差一倍多，如果钎头热处理时冷速稍快，将会使硬质合金和钎头体之间产生很大的内应力。这种钎头在服役过程中，硬质合金片（柱）很容易脱落。

13.3.2　技术条件和使用材料

1. 片状钎头用钢的技术条件　片状钎头一般都是用焊接方法将硬质合金固定在钎头体上，片状钎头用钢的技术条件及基本要求是：

（1）焊接加热后要具有高的空冷硬化能力，焊后空冷钎头体的硬度要达到 35 ~ 50HRC 的要求。这一硬度要求是支撑片状硬质合金在凿岩进程中的最重要性能。低于这个硬度范围，在凿岩机的高频应力冲击下，尤其是钻凿硬岩时，钎头体片槽变形，容易出现硬质合金片位移而脱片，造成钎头早期报废。

（2）在 35 ~ 50HRC 的硬度范围内，钎头体应具有较好的塑性和韧性及抗疲劳性能，避免出现裂裤、胀裤和疲劳断裂。

（3）钎头体应与铜基或银基焊料有较好的浸润性，以保证有高的焊接温度和焊接性及质量。

（4）在焊接温度下不应出现晶粒长大、脱碳或严重氧化等情况。

（5）钢的线胀系数与硬质合金的线胀系数差距越小越好。差距大，焊接应力大，甚至拉裂硬质合金，造成钎头使用时的碎片或炸片现象。

（6）具有较高的热稳定性和一定的高温强度和耐磨性，同时也应避免产生"胀裤"现象。

（7）容易退火软化，且可加工性要好。

2. 球齿钎头用钢的技术条件　球齿钎头是采用过盈配合的工艺，用冷压式热固齿的方法，将硬质合金齿牢固地镶嵌在钎头体上。钎头体可以在固齿前进行热处理，其硬度应符合要求的硬度范围。球齿钎头用钢的技术条件及基本要求是：

（1）在热处理状态下，硬度要达到 40 ~ 50HRC 的要求。

（2）高的强度和物理性能的良好配合，保证高的固齿能力。

（3）要有一定的高温强度和热稳定性，保证使用时的固齿强度。

（4）高的疲劳强度和耐磨性。

（5）对热固齿的钎头用钢还要求有较高的线胀系数和耐回火性，可以提高固齿温度和保证高的热固齿能力。

（6）容易软化退火，有好的尺寸稳定性和可加工性。

钎头用硬质合金和钎体用钢见表 13-16。

表 13-16　钎头用硬质合金和钎体用钢

牌　号	成分(质量分数)(%)			硬　度 HRA	抗弯强度 /MPa	WC 粒度 /μm
	Co	WC	TiC			
YG8C	8	92		88.0	1750	2.7~2.8
YG11C	11	89		86.5	2100	2.7~2.8
YG15	15	86		87.0	2100	1.5~2
YG105	10	90	0.5	87.6~87.7	2800~2820	2.4
钎体用钢牌号						
片状钎头用钢	40SiMnCrNiMo(2708 整体钎)(瑞典)、40MnMoV(中国)、24SiMnCrNi2Mo(FF710 瑞典)、45CrNiMo1V(瑞典钎头 1#)、25CrNi3Mo(瑞典钎头 2#)、30Cr2Ni4Mo(美、英 En30B)、25Cr2Ni4Mo(俄罗斯)、33CrNi3Mo(加拿大、俄罗斯)、30CrMnSiNi2Mo(瑞典钎头 3#)、40CrNi3Mo(英)、40Cr(中国)、35CrMoV(中国)、50 钢(中国)					
球齿钎头用钢	24SiMnCrNi2Mo(瑞典、中国)、45CrNiMo1V(瑞典、中国)、25CrNi3Mo(瑞典)、40MnMoV(中国)、25Cr3Mo、30Cr2Ni4Mo(美、英 En30B)、40SiMnCrNiMo(瑞典)、20Ni4Mo、35CrNiMo 等。其中 40MnMoV、40SiMnCrNiMo、45CrNiMo1V 采用热固齿为佳					

13.3.3　制造工艺路线

1. 凿岩机钎头制造工艺路线　车外形→加工锥孔→铣槽(为装硬质合金刀片)→钻水孔→铣排粉圆弧槽→检验→酸洗→配硬质合金刀片→焊接→淬火→回火→磨刃→发蓝→检验。

2. 潜孔钻钎头制造工艺路线　下料→锻造→正火→检验→机械加工→检验→淬火→清洗→回火→检验→钻铰孔→检验→配压硬质合金柱→检验。

13.3.4　热处理工艺

1. 空冷硬化钢　因硬质合金和钢材的线胀系数相差过大,钎焊(铜基或银基合金焊料)硬质合金刀片的钎头淬冷时,冷速应尽量缓慢,否则刀片与钎体之间内应力过大,凿岩时刀片易脱落,所以优质钎头均用空冷硬化钢制造钎体。

表 13-17 是我国以空冷硬化钢制造优质钎头的热处理工艺。

表 13-17　空冷硬化钢钎体的热处理工艺

牌　号		24SiMnCrNi2MoA
退火工艺		加热至 750℃,保温 4h→炉冷至 650℃,保温 4h→随炉冷至室温。钎体钢材硬度 <260HBW
淬火工艺及组织性能	方案1	刀片钎焊过程的同时,将钎体加热到 900℃左右,然后空冷至室温,最后在 200~300℃进行回火,组织为板条马氏体和粒状贝氏体的混合物。硬度为 40~45HRC
	方案2	刀片焊好后,将钎头重新加热至 860~900℃左右,空气冷却至室温,最后进行 200~300℃回火,获得组织为板条马氏体和粒状贝氏体的混合物。硬度为 40~45HRC

2. 40Cr 钢　当前我国许多工厂都用价廉的油淬钢制造钎头,最常用的是 40Cr,其热处理工艺是将焊好刀片的钎头冷至 900℃左右(待焊料固化),分别采用下述两种冷却方法:

(1) 将整个钎头放入温度为 380℃的硝盐槽中保温 30min,取出空冷。

(2) 将钎头下部浸入淬火油槽中(硬质合金钎头不得浸入油中)冷却 1~2min 后,再进行中温回火,温度为 400℃,保温 30min。

经上述方法处理后,钎体硬度为 25~35HRC。

3. 42CrMo 钢　42CrMo 钢与 35CrMo 钢相比,由于碳含量有适当提高,它的淬透性较高,强度较大。因此,42CrMo 可用于直径较大的低风压钎头壳体。其化学成分(质量分数)为:C0.38%~0.45%,Si0.17%~0.37%,Mn0.50%~0.80%,Cr0.90%~1.20%,Mo0.15%~0.25%,P、S≤0.035%。

(1) 锻造工艺见表 13-18。

(2) 热处理工艺见表 13-19。

表 13-18　42CrMo 钢锻造工艺

始锻温度/℃	终锻温度/℃	冷却方式
1200 ~ 1220	800 ~ 850	≥φ50mm，缓冷

表 13-19　42CrMo 钢热处理工艺

项目	正火	高温回火	淬火	回火
加热温度/℃	860 ~ 880	530 ~ 670	840 ~ 860	根据需要选定
冷却方式	空气	空气	油	空气

　　该超高强度钢属高温回火索氏体钢，采用高温回火，可以得到很好的强韧性配合，在基本相同的屈服强度水平条件下，具有较高的断裂韧度。

　　此钢具有较好的淬透性，截面尺寸在 25mm 以下的部件在静止空气中冷却，即可淬硬。

　　这种高温回火的调质钢球状碳化物弥散分布的基体组织具有良好的抗硫化氢、二氧化碳、氯离子等的应力腐蚀疲劳性能。

　　这种钢主要用于制造凿岩用钎头壳体，该钢种有较强的二次硬化效应，在 600℃ 以下的中温区回火，其硬度为 47HRC，具有相当高的强度与韧性配合，钎头体耐磨，保径好。

　　该钢热膨胀系数较高，很适合钎头壳体与硬质合金柱齿热过盈固齿。该钢也可进行钎头过盈固齿工艺及钎头焊片工艺。其化学成分（质量分数）为：

　　4. Q45NiCr1Mo1VA 钢　Q45NiCr1Mo1VA 钢属于 Cr- Mo- V 系列的低合金超高强度钢，由于在钢中增加了 Cr、Mo 含量，大大地提高了奥氏体化温度，提高了耐回火性，降低了钢的回火脆性。

C0.42% ~ 0.48%，Si0.15% ~ 0.30%，Mn0.60% ~ 0.90%，Cr0.90% ~ 1.20%，Ni0.40% ~ 0.70%，Mo0.90% ~ 1.1%，V0.05% ~ 0.15%，P、S ≤0.025%。

　　（1）临界点见表 13-20。

表 13-20　Q45NiCr1Mo1VA 钢临界点

（单位：℃）

Ac_1	Ac_3	Ms
730	790	290

　　（2）线胀系数 α 见表 13-21。
　　（3）不同回火温度下的力学性能见表 13-22。
　　（4）锻造工艺见表 13-23。
　　（5）热处理工艺见表 13-24。

表 13-21　Q45NiCr1Mo1VA 钢的线胀系数

温度/℃	100	200	300	400	500	600	700	800
线胀系数 /(10^{-6}/℃)	8.1	9.9	11.5	12.6	13.2	13.1	12.9	10.5

表 13-22　Q45NiCr1Mo1VA 钢的力学性能

热处理方法	R_m/MPa	$R_{p0.2}$/MPa	$Z(\%)$	$A(\%)$	a_{KV}/(J/cm^2)
880℃油淬，300℃回火空冷	1878	1621	42.8	8	16.9
880℃油淬，400℃回火空冷	1682	1500	38.6	10	16.7
880℃油淬，450℃回火空冷	1607	1445	42.0	10	17
880℃油淬，500℃回火空冷	1538	1409	45.0	12	20
880℃油淬，550℃回火空冷	1530	1394	46.8	12.4	27
880℃油淬，600℃回火空冷	1447	1357	49	13	33.2
880℃油淬，650℃回火空冷	1311	1210	51.3	15	45.6
880℃油淬，680℃回火空冷	971	896	60	20	81.5
880℃油淬，700℃回火空冷	906	813	61.3	19	96.3
880℃油淬，720℃回火空冷	851	696	59	23	98

表 13-23　Q45NiCr1Mo1VA 钢锻造工艺

加热温度/℃	始锻温度/℃	终锻温度/℃	冷却方式
1150 ~ 1200	≥1050	≥880	缓冷

表 13-24　Q45NiCr1Mo1VA 钢热处理工艺

项目	退火	正火	高温回火	淬火	回火	等温淬火
加热温度/℃	618 ~ 813	900 ~ 920	670 ~ 690	880	550	880
冷却方式	炉内	空气	空气	油	空气	205℃等温
硬度　HBW	≤260		≤260			

5. 24SiMnNi2CrMoA 钢　该钢是系列钢种，只是碳含量有差异，是一种低合金超高强度钢。这种钢的抗拉强度为 1540 ~ 1680MPa，在此范围内具有高的冲击韧度和低的缺口敏感性及好的延伸性。

近年来，该钢种已成为钎头壳体专用钢种，它是一种低碳合金钢，具有很好的淬透性，室温空冷可得到硬而韧的低碳马氏体（板条状），硬度为 45 ~ 48HRC，这种钢的正火温度和居里点与所用银基焊料的钎焊温度、合金片的磁饱和特性相配合，可以获得坚韧的壳体和良好的焊缝。瑞典称此钢为 FF710。

该钢种也适用于空冷硬化及气体渗碳（因碳含量而异）。在气体渗碳硬化条件下，它具有高的疲劳强度和耐磨性。

该钢制钎头应用于硬质合金焊片钎头、热过盈固齿钎头等。其化学成分（质量分数）为：C0.21% ~ 0.26%，Si1.30% ~ 1.70%，Mn1.30% ~ 1.70%，Cr0.25% ~ 0.35%，Ni1.65% ~ 2.00%，Mo0.30% ~ 0.40%，P、S≤0.025%。

（1）临界点见表 13-25。

表 13-25　24SiMnNi2CrMoA 钢的临界点
（单位：℃）

Ac_1	Ac_3	Ms	Mf
705	850	350	200

（2）不同回火温度下的室温力学性能见表 13-26。

（3）锻造工艺见表 13-27。

（4）热处理工艺见表 13-28。

表 13-26　24SiMnNi2CrMoA 钢力学性能

热处理方法	R_m/MPa	$R_{p0.2}$/MPa	A(%)	Z(%)	a_{KV}/(J/cm²)
930℃×20min 正火,890℃×20min 淬油,100℃回火	1600	1334	15.2	57	94
930℃×20min 正火,890℃×20min 淬油,200℃回火	1555	1363	13.5	58	92
930℃×20min 正火,890℃×20min 淬油,300℃回火	1473	1331	13.7	58	70
930℃×20min 正火,890℃×20min 淬油,400℃回火	1372	1283	15.1	62	77
930℃×20min 正火,890℃×20min 淬油,500℃回火	1168	1106	16.4	62	95
930℃×20min 正火,890℃×20min 淬油,600℃回火	979	904	16.2	59	153

表 13-27　24SiMnNi2CrMoA 钢锻造工艺

加热温度/℃	始锻温度/℃	终锻温度/℃	冷却方法
1160 ~ 1200	1150 ~ 1190	≥900	缓冷或坑冷

表 13-28　24SiMnNi2CrMoA 钢热处理工艺

项　目	退火	正火	高温回火	淬火	回火
加热温度/℃	745 ~ 600 636 ~ 663	925 ~ 935	650	880 ~ 890	200

（续）

项　目	退火	正火	高温回火	淬火	回火
冷却方法	空冷	空冷	空冷	油冷	空冷
硬度　HBW	≤230	375~401	≤260	444~461	429~436

13.4 凿岩机钎尾及成品钎杆的热处理

13.4.1 工作条件及失效形式

1. 钎尾　钎尾是螺纹钎具中与凿岩机配合的一个重要部件，它承担将凿岩机活塞产生的冲击力传递给钎杆，再经过钎杆传递给钎头后钻凿岩石。钎尾装在凿岩机内，处于凿岩机头部，承受活塞的高频冲击，另一端螺纹部位突出凿岩机外，通过连接套与钎杆连接。由于钎尾是凿岩机的一个重要零件，在一定意义上代表凿岩机的质量和寿命，受到凿岩机生产厂的高度重视。为了保证钎尾具有高的质量和使用寿命，往往采用最好的钢种和最佳的热处理工艺和很高的加工精度来加以保证。

钎尾是凿岩机主要易损件之一，在服役过程中，钎尾（见图 13-13）承受活塞高频率的冲击和扭转，它是典型的承受多种压缩、弯曲和扭转的杆件，与转动套接触面还承受很大摩擦力的作用，所以很易发生早期失效。其失效形式主要有下列几种：

（1）疲劳断裂，常常发生在钎尾波形螺纹的根部，如图 13-14 所示。重型导轨式凿岩机钎尾折断多发生在螺纹根部的退刀槽处。

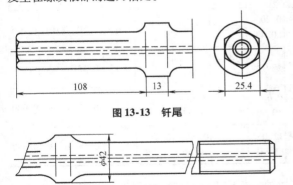

图 13-13　钎尾

图 13-14　钎尾的疲劳断裂

（2）受活塞冲击的端面产生凹陷及剥落掉块，主要是接触疲劳破坏，如图 13-15 所示。

（3）波形螺纹严重磨损。

2. 成品钎杆　整体钎杆、锥形钎杆一般是指 B_{22}、B_{25} 六角形中空钎钢制作的钎杆，适用于小型气

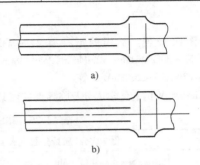

图 13-15　钎尾端面失效形式
a) 端面凹限　b) 剥落掉块

动凿岩机或液压凿岩机的浅孔凿岩作业。整体钎杆是头部镶有硬质合金的钎杆。锥形钎杆其头部是圆锥形，与锥形连接的钎头相配合后才能进行凿岩，我国浅孔凿岩几乎全部是锥形钎杆。还有一种钻车用螺纹钎杆。

凿岩工程上应用最广的是图 13-16 所示的小型钎杆，它包括钎尾（与钎杆为一整体）、钎肩、杆体和钎锥四部分。钎锥是为安装钎头用的。当钎杆尾端受到活塞的高频率打击时，钎杆把打击力传递给钎头把岩石凿碎。研究表明，由于应力波的反射和叠加，钎杆两端应力分布最大，中部较小。在正常情况下，钎头端部比钎尾端部应力分布稍高；当钎头磨钝时，凿岩阻力增大，靠近钎头端部应力强烈增加，因而钎杆两端经常在接近或超过持久强度的情况下工作，所以钎杆易破坏失效。失效的主要形式有：

（1）疲劳折断。最常发生在钎肩圆角处或横穿钎肩最大截面处。在其他部位也可能发生断裂，疲劳源多数发生在钎杆水孔的内表面。

（2）钎尾端面凹陷和剥落掉块。因其受力情况和大型凿岩机单独构件——钎尾相同，所以也产生同样的失效形式。

13.4.2 技术条件和使用材料

1. 钎尾　钎尾应具有足够高的疲劳强度、冲击韧度和一定的耐磨性的配合，高的接触疲劳强度和低的缺口敏感及低的疲劳扩展速率，高的弯曲疲劳强度和热稳定性及耐回火性或高温强度，高的耐磨性和抗腐蚀疲劳的能力，良好的可加工性（包括切削性能、磨削性能和表面粗糙度等）。钎尾一般选用合金结构

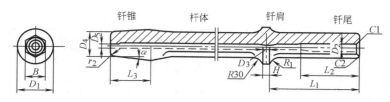

图13-16　钎杆

钢进行渗碳处理。常用的钢种有 23 ~ 30CrNi3Mo、24CrMo、20 ~ 30Cr3Ni4Mo、22SiMnCrNi2Mo、18Cr2Ni4WA、30CrMnSiNi2A、25 ~ 35SiMnMoV 等。

35SiMnMoV 钢的化学成分及临界点见表 13-29。

钎尾热处理技术条件见表 13-30。

2. 成品钎杆　成品钎杆主要是因疲劳断裂而失效，所以钎杆用钢应具有足够的疲劳强度。钎杆用钢的化学成分见表 13-31。

表 13-29　35SiMnMoV 钢的化学成分及临界点

化学成分（质量分数）（%）					临界点/℃			
C	Si	Mn	Mo	V	Ac_1	Ac_3	Ms	Mf
0.32 ~ 0.37	0.60 ~ 0.90	1.30 ~ 1.60	0.40 ~ 0.60	0.07 ~ 0.15	737	846	393	189

表 13-30　钎尾热处理技术条件

渗碳层深度/mm	淬火 + 回火			
	硬度 HRC		金相组织	
	心部	表面	心部	表面
0.5 ~ 0.8 1.0 ~ 1.2①	48 ~ 52	58 ~ 60	下贝氏体 + 少量马氏体	马氏体 + 细粒状碳化物 + 少量下贝氏体 + 残留奥氏体

① 重型导轨式钎尾。

表 13-31　钎杆用钢的化学成分

序号	材料			化学成分（质量分数）（%）									
	钢组	牌号	代号	C	Si	Mn	Cr	Mo	V	Ni	Cu	S	P
										不大于			
1	碳素钢	中空碳8	ZKT8	0.75 ~ 0.84	0.15 ~ 0.35	0.20 ~ 0.40	≤0.25			0.20	0.30	0.030	0.035
2	铬钢	中空8铬	ZK8Cr	0.70 ~ 0.85	≤0.35	≤0.35	0.45 ~ 0.75			0.15	0.25	0.030	0.030
3	硅锰钼钢	中空55硅锰钼	ZK55SiMnMo	0.50 ~ 0.60	1.10 ~ 1.40	0.60 ~ 0.90		0.40 ~ 0.55			0.25	0.030	0.030
4	硅锰钼钒钢	中空35硅锰钼钒	ZK35SiMnMoV	0.32 ~ 0.42	0.60 ~ 0.90	1.30 ~ 1.60		0.40 ~ 0.60	0.07 ~ 0.15		0.25	0.030	0.030

13.4.3　制造工艺路线

1. 钎尾

（1）一般钎尾：锻造→退火→检验→机械加工→检验→渗碳→检验→淬火→回火→清洗→检验→磨削。

（2）重型导轨式凿岩机钎尾：锻造→退火→检验→机械加工→检验→气体（或液体）渗碳后直接淬油→高温回火→检验→等温淬火→两次低温回火→检验→冷滚压螺纹退刀槽→磨削。

2. 成品钎杆　正火→机械加工→锻制钎肩→检验→钎尾淬火→回火→检验。

13.4.4　热处理工艺

1. 钎尾　钎尾热处理工艺如表 13-32 所示。

表 13-32　钎尾热处理工艺

工艺名称	工 艺 参 数
锻后退火	加热温度为 870~890℃,保温 2h,炉冷至 100℃左右出炉,空冷
淬火	从渗碳罐取出零件,在空气中冷却 40s 左右,接着淬入油中停留 40~60min,取出空冷数分钟,立即回火
回火	(260±10)℃,保温 1.5~2h
气体渗碳	920~940℃,保温 4~8h,油冷
高温回火	550~650℃,保温 2h
贝氏体等温淬火	860~880℃,保温 20min(盐浴炉),转入 260℃硝盐炉,保温 40min 后空冷
回火	260℃回火两次,各保温 1h

气体渗碳后进行一次高温回火,有利于渗碳层孪晶马氏体显微裂纹的焊合,对提高钎尾断裂韧度有益。

贝氏体等温淬火后进行两次低温回火,可以减少渗碳层中的残留奥氏体含量,约从 39% 降至 17%,可以有效地减少钎尾由于端面浅层剥落而失效的现象。

2. 成品钎杆　成品钎杆热处理工艺见表 13-33。

13.4.5　技术要求和质量检验

钎尾和成品钎杆技术要求和质量检验如表 13-34 所示。

表 13-33　成品钎杆热处理工艺

工艺名称	热处理工艺	硬度 HRC
ZKT8,ZK8Cr 钢		
热轧态	—	20~25
钎尾淬火	用中频电源或盐浴炉将尾端 30~40mm 长加热至 800~840℃,保温 10min,淬水或油	
钎尾回火	300~400℃(碳钢)或 350~450℃(铬钢),硝盐炉回火 30min	48~55
钎锥淬火	中频电源或盐浴将钎锥部加热至 800~840℃,保温 10min,淬水或油	
钎锥回火	450~550℃,硝盐炉回火 30min	30~35
55SiMnMo		
热轧态或正火	硬度合乎要求的热轧态 通电(低电压大电流)靠自身电阻加热至 900℃,空冷(或风冷)	35~43
钎尾淬火	从端面起 25mm 中频感应加热至 850~900℃($Ac_3 \approx 785$℃),淬油	
钎尾回火	硝盐加热,320℃×1h,空冷	48~54

表 13-34　钎尾热处理技术要求和质量检验

工具名称	热处理	项目	技 术 要 求	质 量 检 验
钎尾	锻造退火	硬度	≤207HBW	用布氏硬度计抽查
		金相组织	均匀细晶粒索氏体	用金相显微镜观察
	渗碳	渗层深度和组织	0.5~0.8mm 1.0~1.2mm 重型导轨凿岩机钎尾。表层不得有过共析层	用金相显微镜检查组织,用放大镜测定试棒断口的渗碳层深度
	淬火+回火	硬度	表面:58~60HRC 心部:48~52HRC	用洛氏硬度计抽查

（续）

工具名称	热处理	项目	技术要求	质 量 检 验
钎尾	淬火 + 回火	金相组织	表面:马氏体 + 细粒状碳化物 + 少量下贝氏体 心部:下贝氏体 + 马氏体	用金相显微镜观察
成品钎杆 （55SiMnMo）	热轧态或正火后	硬度	35 ~ 43HRC	用洛氏硬度计抽查
	淬火 + 回火 （钎尾）	硬度	48 ~ 54HRC	用洛氏硬度计抽查
		显微组织	贝氏体 + 马氏体	用金相显微镜检查

13.5　其他气动工具零件的热处理

气动工具除凿岩机外，还有捣固机、气铲、气镐及铆钉机等。这些气动工具广泛用于铸造、建筑、船舶、桥梁、锅炉、金属房架及其他金属结构的制造与修理工作中。它们的工作条件大致相同，其关键件的损坏主要是磨损。其主要零件的热处理工艺列于表 13-35。

表 13-35　几种气动工具主要零件的热处理工艺

零件名称	材料	热处理工艺	渗碳层深度 /mm	硬度 HRC	生产中应注意的问题
D9 捣固机缸体	20Cr	气体渗碳:915 ~ 935℃,保温 3.5 ~ 4.5h,坑冷 淬火:850℃保温 45min,淬油 回火:320 ~ 340℃,保温 1h,空冷,发蓝处理	0.7 ~ 0.9 (包括磨量) 0.2	50 ~ 55	1）淬火时,上下窜动 30 ~ 40s,2min 后出油 2）淬火油温度 40 ~ 100℃ 3）畸变超差进行热矫直,但热矫直温度应低于回火温度,矫直后低温回火
D9 捣固机活塞	45	锻造余热淬火:锻后温度控制在 820 ~ 900℃,5%（质量分数）盐水淬火 回火:540 ~ 560℃,保温 90min,空冷	—	28 ~ 32	锻后至淬火的间隔时间不应超过 3s
		ϕ32mm 表面及锥面高频感应淬火（长度 100mm） 回火:200℃,保温 90min,空冷		50 ~ 55	—
D9 捣固机阀盖	45	淬火:800℃,保温 4min（盐浴炉）,5%（质量分数）盐水淬火	—	40 ~ 45	此件易淬裂,出水温度控制在 150℃左右
C5、6、7 气铲缸体	20Cr	气体渗碳:920℃,保温 3 ~ 4h 淬火:850℃,保温 45min,淬油 回火:220 ~ 240℃,保温 70min	0.6 ~ 0.8 (包括磨量 0.2)	55 ~ 60	
C5、6、7 气铲锤体	T8A	淬火:780 ~ 800℃,保温 10min（盐浴炉）,5%（质量分数）盐水淬火 回火:270 ~ 280℃,保温 90min,空冷	—	55 ~ 60	
C5、6、7 气铲阀	20Cr	淬火:盐浴炉加热,880 ~ 900℃,保温 5min,10% ~ 15%（质量分数）盐水淬火,组织为板条马氏体	—	45 ~ 50	盐水温度控制在 40℃以下
C5、6、7 气铲阀柜	20Cr	气体渗碳:910 ~ 930℃,保温 3h,降温至 840℃,保温 30min,淬油 回火:230 ~ 250℃,保温 1h,空冷	0.5 ~ 0.7 (包括磨量 0.2)	55 ~ 60	油温控制在 60 ~ 100℃

（续）

零件名称	材料	热处理工艺	渗碳层深度/mm	硬度 HRC	生产中应注意的问题
G10 气镐阀	20Cr	气体渗碳:910~930℃,保温 3h 淬火回火	0.5~0.7（包括磨量 0.2）	52~57	油温 60~100℃
G10 气镐阀柜	20Cr	气体渗碳:910~930℃,保温 4h 淬火回火	0.7~1.0（包括磨量 0.2）	57~62	油温 60~100℃
G10 气镐锤体	T8A	淬火:盐浴炉加热,790~810℃,保温 14min,5%（质量分数）盐水淬火	—	62~65	盐水温度≤40℃
		回火:220℃,保温 90min	—	57~62	—
G10 气镐缸体	40Cr	正火:860~880℃,保温 100min,空冷	—		
		淬火:盐炉加热,850~870℃,保温 10min,淬油	—		
		回火:530℃,保温 90min,水冷	—	32~37	
S150 气砂轮主轴	40Cr	调质:860℃,保温 15min,淬油;600℃回火 1h,水冷	—	25~30	
		扁头端及 M12×1.25 螺纹部位高频感应淬火,回火	—	48~53	—
S150 气砂轮联轴套	20Cr	薄层渗碳:用 RJJ-25-9T（或 RJJ-75-9T）气体渗碳炉,加 1~2kg 尿素,排气保温时（920℃×10min）滴入甲醇 150 滴/min,煤油 150 滴/min,直接盐水淬火,200℃回火 1h	0.10~0.15	45~50	
S150 气砂轮气缸	ZG20Cr	退火:930℃,保温 90min,炉冷	—	—	—
		气体渗碳:920℃,保温 6h,直接淬火,油冷 回火:220℃,保温 1h,空冷	0.85~1.05（包括磨量 0.2）	55~60	—
M16 铆钉机气缸	20Cr	气体渗碳:920℃,保温 210min	0.6~0.8（包括磨量 0.2）	—	—
		淬火:850℃,保温 50min,淬油	—	—	井式炉垂直立装
		回火:220℃,保温 70min,空冷	—	55~60	—
M16 铆钉机下阀柜上阀柜	20Cr	气体渗碳:920℃,保温 3h,降温至 840℃,直接淬油	0.5~0.7（包括磨量 0.2）	—	—
		回火:240℃,保温 1h	—	55~60	—

（续）

零件名称	材料	热处理工艺	渗碳层深度 /mm	硬度 HRC	生产中应注意的问题
M16 铆钉机阀	20Cr	淬火：盐浴炉加热，890℃，保温 4min，10%～15%（质量分数）盐水淬火 组织：板条马氏体 回火，180℃，保温 1h	—	45～50	盐水温度＜30℃
铆钉机的窝头	T8A T10A	淬火：800～820℃，保温 40min，淬盐水 回火：260～280℃，保温 1～1.5h，空冷	—	50～55	—

13.6　牙轮钻机三牙轮钻头

13.6.1　工作条件及失效形式

　　牙轮钻头是地质钻探、露天矿和石油开采的钻孔工具。牙轮钻机钻孔时，通过其回转、推压机构，使钻具回转并给钻头施以轴向压力。钻头主要由牙轮、牙掌（又称牙爪）和滚柱及滚珠组成。钻孔是靠牙轮对岩石的压碎、剪切和冲击破碎作用来完成的。牙掌的作用是支承牙轮保证牙轮钻孔时环绕牙掌的轴承转动，所以钻井时牙轮和牙掌轴承承受着带有冲击的接触应力载荷并受到强烈的磨损。其失效形式主要有以下几种：

　　（1）牙轮与牙掌轴承跑合面表层疲劳剥落，尤其滚动轴承钻头更为严重。

　　（2）牙轮与牙掌轴承跑合面因拉毛发热而咬死。

　　（3）牙掌小轴磨损、折断。

　　（4）滚柱、滚珠磨损与碎裂。

　　（5）牙轮、牙掌断裂。

　　因此，牙轮钻头须具有高的疲劳强度、冲击韧度和耐磨性。

13.6.2　技术条件和使用材料

　　由牙轮、牙掌的工作条件分析，它们需要疲劳强度高，韧性好，表面硬度高，耐磨性好，因此宜选用合金渗碳钢。滚珠和滚柱一般用 GCr15 轴承钢制造。但因滚珠和滚柱易发生碎裂失效，现在改用弹簧钢。牙轮钻头材料的选用和热处理技术条件列于表 13-36。

表 13-36　牙轮钻头材料选用及热处理技术条件

零件名称		材料	渗碳深度 /mm	渗碳表层碳含量 $w(C)$（%）	淬火，回火	
					表面硬度 HRC	表面金相组织
矿用牙轮钻	牙轮	20CrMo 20Ni4Mo	0.9～2.2 （取决于钻头直径）	0.8～1.05	58～63	马氏体（≤3 级）加粒状碳化物（≤2 级）
	牙掌	20CrMo	1.2～2.5 （取决于钻头直径）	0.8～1.05	58～63	马氏体（≤3 级）加粒状碳化物（≤2 级）
	滚珠滚柱	55SiMoV	—	—	55～59 56～60	—
石油牙轮钻	牙轮	20CrNiMo 20Ni4Mo 15CrNiMo	0.9～2.2 （取决于钻头直径）	0.85～1.05	59～62	马氏体（≤3 级）加粒状碳化物（≤2 级）
	牙掌	20CrNiMo	1.2～2.5 （取决于钻头直径）	0.85～1.05	58～61	
	滚珠滚柱	55SiMoV 50CrV	—	—	55～59 56～60	—

13.6.3　制造工艺路线

1. 牙轮

（1）钢齿牙轮：锻造→正火（退火）→检验→机械加工→渗碳→淬火→低温回火→清洗→检验→磨削→检验。

（2）镶齿牙轮：锻造→正火（退火）→检验→机械加工→钎焊减摩材料→渗碳→两次淬火→低温回火→清洗→检验→钻硬质合金齿孔→压齿→磨削→检验。

2. 牙掌

（1）堆焊耐磨合金牙掌：锻造→正火（退火）→检验→机械加工→小轴、二道止推面、大轴受力部位堆焊耐磨合金→渗碳→淬火→低温回火→清洗→检验→磨削→检验。

（2）渗硼牙掌：锻造→正火（退火）→检验→机械加工→渗碳→磨削→渗硼→淬火→低温回火→清洗→检验→磨削→检验。

13.6.4　热处理工艺

牙轮热处理工艺见表13-37。

牙掌热处理工艺见表13-38。

表13-37　牙轮热处理工艺

工　序	热处理工艺
锻造正火	加热温度为880～920℃，保温3～4h，空冷
渗碳	15CrNi3Mo钢，要求渗碳层深度为1.7～2.0mm RJJ-105-9T井式渗碳炉，装炉后，2～3h炉温由760℃升至920℃，滴入大量甲醇排气；1～1.5h为均温阶段：甲醇180滴/min，丙酮250滴/min；渗碳期：13～15h，甲醇100滴/min，丙酮180滴/min；从920℃降温至830℃约2.5～3h，滴入甲醇90滴/min；然后工件出炉放入缓冷桶自行冷却
淬火	1）渗碳后预冷至830～850℃，直接淬油 2）渗碳后冷至室温，重新加热至830～850℃，淬油 3）渗碳后进行900～920℃和810～830℃两次淬火，均为淬油
回火	170～190℃，保温4h

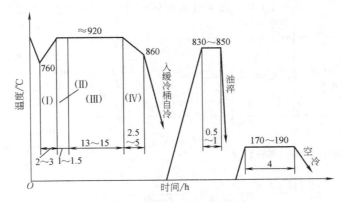

15CrNi3Mo钢牙轮热处理工艺曲线

注：用RJJ-105-9T井式渗碳炉

（Ⅰ）升温排气，滴入大量甲醇　（Ⅱ）均温，甲醇180滴/min，丙酮250滴/min

（Ⅲ）渗碳，甲醇100滴/min，丙酮180滴/min　（Ⅳ）降温，甲醇90滴/min

表13-38　牙掌热处理工艺

工序	热处理工艺
锻造正火	880～920℃，保温3～4h，空冷
渗碳	20CrNiMo钢，要求渗碳层深度为1.8～2.0mm，920～940℃，渗碳13～17h

（续）

工序	热处理工艺
淬火	1）渗碳预冷至 830～850℃，直接淬油 2）渗碳后冷至室温，重新加热至 830～850℃，淬油
回火	170～190℃，保温 4h
渗硼	1）渗碳要求同上，渗碳后再渗硼 2）将牙掌轴颈部位套上特制的渗硼杯，内部添加足够的渗硼剂，密封渗硼杯，放入通有吸热式保护气氛的热处理炉中加热；温度为 930℃，时间为 8h。渗硼组织为单相 Fe_2B，渗硼层深度为 0.08～0.10mm。也可采用液体渗硼，不需渗硼的部位镀铜，把工件放入渗硼盐浴中，在 900～920℃保温 6～7h
淬火	1）固体法渗硼后，用盐浴炉或保护气氛加热至 810～840℃，保温 2～3h 后淬入 70～100℃油中 2）盐浴渗硼后直接淬入 70～100℃的油中
回火	170～190℃，保温 4h

13.6.5　质量检验

牙轮、牙掌及滚珠、滚柱的热处理技术要求和质量检验见表 13-39。

牙轮、牙掌热处理常见缺陷及防止方法见表 13-40。

表 13-39　牙轮、牙掌及滚珠、滚柱的热处理技术要求和质量检验

工序	项目	技术要求	质量检验
正火（退火）	硬度	≤217HBW	用布氏硬度计抽检
渗碳	渗层深度	1）过共析层＋共析层＋1/2 过渡层＝总深度 2）共析层＋过共析层 ≥总深度 50%～70%	1）用随炉小试样检验渗层深度 2）小试样与牙轮、牙掌材料相同，表面无氧化皮，并经正火（或退火）处理 3）随炉试样用金相显微镜检测
	渗层表面碳含量 $w(C)$	0.8%～1.05%	1）随炉试棒做剥层分析，每层 0.1～0.2mm 2）定碳按 GB/T 223.1—1981 规定进行 3）也可定期用标准试块或金相图谱比较
渗硼	渗层组织	单相 Fe_2B	1）用同样钢材随炉试样检测 2）用三 P 试剂（黄血盐 1g，赤血盐 10g，氢氧化钾 30g，水 100mL）腐蚀，金相显微镜检查
	渗层深度	80～100μm	用金相显微镜测量随炉试样
淬火-回火	硬度	矿用牙轮、牙掌表面硬度：58～63HRC 石油牙轮：59～62HRC；牙掌：58～61HRC 滚珠：55～59HRC 滚柱：56～60HRC 牙掌耐磨合金：>55HRC	1）牙轮、牙掌用洛氏硬度计全部检验 2）滚珠、滚柱抽检
	金相组织	表层不允许有连续网状碳化物及粗大针状马氏体	按《汽车渗碳齿轮金相检验》标准评定

表 13-40　牙轮、牙掌热处理常见缺陷及防止方法

常见缺陷	产生原因	防止方法
渗碳层出现网状碳化物	渗碳温度过高,保温时间过长,渗碳出炉温度低,冷却方式不适当	1)按工艺要求渗碳,控制工件表面 $w(C) \leqslant 1\%$ 2)气体渗碳后出炉温度不能过低,以 740~760℃ 为宜 3)为防止形成网状碳化物,渗碳后立即油淬或正火
淬火后硬度偏低	淬火温度低,冷却速度不够,或回火温度过高	允许重新淬火,但重新淬火次数不得超过两次

13.7　钻探机械钻具的热处理

13.7.1　工作条件及失效形式

在地质钻探过程中,钻机通过钻具(包括钻杆、岩心管和各种管接头)将转矩和轴向压力传到钻头,从而对地层进行钻探。钻具除了外表不断与孔壁岩发生摩擦外,还承受巨大的弯曲、扭转及冲击力的作用。其失效形式有:

(1) 断裂。

(2) 螺纹处磨损变形。

(3) 管壁裂缝和产生洞眼。

(4) 管壁磨损,弯曲太大。

13.7.2　技术条件和使用材料

钻具材料及热处理技术条件见表 13-41。

表 13-41　钻具材料及热处理技术条件

钻具名称	选用材料	表面淬硬层		
		淬硬层深度/mm	硬度HRC	显微组织
钻杆	45	0.5~1.2	≥50	细马氏体
岩心管	45、40Mn2	0.6~1.5	≥50	细马氏体
接箍、锁接头	45、40Cr 45Mn2 40MnB	2.0~2.5	≥50	细马氏体

13.7.3　钻具的制造工艺路线

钻杆、岩心管的制造过程:切料→调质→高频感应淬火→检验。

接箍、锁接头的制造过程:切料→调质→机械加工→表面淬火→检验→氧化处理。

13.7.4　钻具的热处理

1. 钻具的调质处理　钻具调质处理工艺示于表 13-42。

表 13-42　钻具调质处理工艺

材料	淬火		回火	
	温度/℃	冷却	温度/℃	冷却
45	830~850	水	550~600	空气
40Cr	850~870	油	600~620	水
45Mn2	830~850	油	620~640	水

2. 钻具高频感应淬火

(1) 高频感应淬火用感应器的选择(见表 13-43)。

表 13-43　钻具高频感应淬火用感应器的选择

钻具名称	规格/mm	感应器尺寸/mm			备注
		内径	高度	间隙	
钻杆	$\phi 50 \times 5.5$	56	28	2~4	采用双圈感应器
岩心管	$\phi 110 \times 6$	116	18	2~4	
	$\phi 108 \times 4.25$	115	20	2~4	
接箍、锁接头	$\phi 65$	69	12		采用单圈感应器

(2) 钻具高频感应淬火工艺:钻具高频感应淬火工艺见表 13-44。

(3) 淬火用设备:锁接头、接箍采用 60kW 高频感应淬火设备,钻杆、岩心管采用 100kW 高频感应淬火设备。

图 13-17 是对岩心管进行高频感应淬火的喷油装置。

为了适应不同弯曲度管材的连续淬火,需采用特殊的感应器导线,并在淬火机床上加相应的装置,如图 13-18 所示。

3. 锁接头火焰淬火　锁接头火焰淬火的有关参数如下:

(1) 工艺参数:加热温度为 850~870℃,自喷水冷。氧气压力为 0.7~0.8MPa,乙炔压力为 0.05~0.15MPa,水压、水量调到既不熄火又能淬硬为准。

(2) 专用喷嘴:$\phi 57$mm 接头用 29×2-$\phi 0.8$mm 孔;$\phi 65$mm 接头用 31×2-$\phi 0.8$mm 孔;$\phi 75$mm 接头用

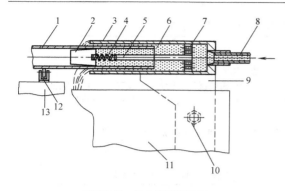

图 13-17　岩心管喷油装置

1—工件　2—油堵　3—外套　4—弹簧　5—轴

6—冷却油　7—分油板　8—给油管（联油泵）

9—支架　10—调整螺栓　11—油箱

12—滚轮　13—滑动导板

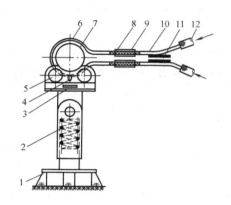

图 13-18　管材淬火用感应器

1—支架　2—弹簧　3—托座　4—固定感应器的夹子

5—小铜轮　6—感应器　7—工件　8—软导线

9—软导线外的橡胶管　10—铜管　11—铜板

（接淬火变压器）　12—水管

35×2-$\phi 0.8$mm 孔。

（3）水孔：31×3-$\phi 1$mm 排孔。

（4）火距：10mm。

（5）机床转速：$\phi 57$mm 接头—1r/min；

$\phi 65$mm 接头—0.85r/min；

$\phi 75$mm 接头—0.74r/min。

工件横放顶紧（见图 13-19 及图 13-20），火焰对准淬火段（两图中标尺寸部位不淬火）。锁接头公体用专用喷嘴一个，母体用专用喷嘴两个。

4. **高强度钻杆热处理**　使用材料为 35MnMoVTi 钢。采用正火处理，加热至 $860 \sim 900$℃，空冷，组织为贝氏体。最后进行 $600 \sim 650$℃ 回火。

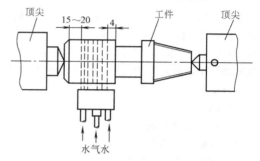

图 13-19　锁接头公体火焰淬火示意图

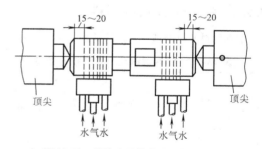

图 13-20　锁接头母体火焰淬火示意图

表 13-44　钻具高频感应淬火工艺

钻具名称	规格/mm	电　参　数				工件回转速度/(r/min)	工件前进速度/(mm/min)
		阳压/kV	槽压/kV	阳流/A	栅流/A		
钻杆	$\phi 50 \times 5.5$	11	8.5	7.2	1.17	270	600
岩心管	$\phi 110 \times 6$	12	9	8.1	1.4	108	$300 \sim 600$
	$\phi 105 \times 4.25$	10	7.6	7.7	1.18	108	360
接箍、锁接头	$\phi 65$	12	4.5 (6~7)	2.4	0.33 (0.4)		$120 \sim 150$ (70~90)

力学性能可达：$R_{eL} = 880$MPa，$R_m = 980$MPa，$A = 15\%$，$a_K = 100$J/cm^2。

5. **取心器外管热处理工艺**　取心器外管（见图 13-21）用 40Mn2MoVNb 钢制造，要求两端 200mm 范围内调质，硬度为 $260 \sim 300$HBW。

调质可采用感应加热，在卧式淬火机床上用多圈感应器将取心器外管两端 200mm 范围内加热至 870℃，立即进入图 13-17 所示的喷油器，使取心器

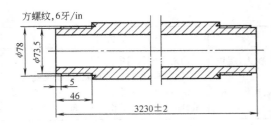

图 13-21　取心器外管

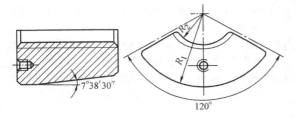

图 13-22　齿瓦

外管内外壁同时受到喷油的冷却,硬度达 50HRC 以上,然后放入电炉中回火。温度为 670 ~ 690℃,时间为 4h,回火后空冷。

高频感应淬火的电参数为:阳压 11kV,槽压 10kV,阳流 8A,栅流 2A。

操作要点:采用间断加热(中间断电两次),总加热时间约 70s。工件转速为 80 ~ 150r/min,加热温度控制在 860 ~ 900℃。

6. 齿瓦热处理工艺　齿瓦(见图 13-22)用 T7 钢制造,齿部硬度要求为 55 ~ 60HRC。

制造工艺路线:锻造→退火→机械加工→热处理。

退火可在箱式炉中进行。加热温度为 760℃,保温 3h;随炉降温至 630℃,保温 2h;再随炉降温至 500℃ 出炉空冷。

淬火用盐浴炉加热,温度为 790℃,加热时间按 15s/mm(工件断面)计算,用碱水或盐水淬火。

13.7.5　钻具热处理的质量检验

钻具热处理技术要求和质量检验见表 13-45。

13.7.6　钻具热处理常见缺陷及防止方法

钻具热处理常见缺陷及防止方法见表 13-46。

表 13-45　钻具热处理技术要求和质量检验

工序	项目	技术要求	质量检验
高频感应淬火前	弯曲度	不超过 YB235 的规定	用百分表检验
	组织	索氏体	用金相显微镜检验
高频感应淬火	淬硬层深度	钻杆:0.8 ~ 1.2mm 岩心管:0.6 ~ 1.5mm 锁接头:2.0 ~ 2.5mm	用金相显微镜或放大镜检验,或按 GB/T 5617—2005
	硬度	不小于 50HRC	用洛氏硬度计检验
	组织	马氏体	用金相显微镜观察
锁接头火焰淬火	淬硬层深度	2 ~ 3mm	用金相显微镜或放大镜检验或按 GB/T 5617—2005
	硬度	≥50HRC	用洛氏硬度计抽检 10%,其余用锉刀检验
	显微组织	细针状马氏体≤4 ~ 5 级	用金相显微镜检验
	其他	淬火区不允许有严重烧伤、氧化、裂纹	
		螺纹畸变量≤1/16	用螺纹塞规及高精度游标卡尺抽检

表 13-46　钻具热处理常见缺陷及防止方法

缺　陷	产生原因	防止方法
钻杆、岩心管淬硬层硬度不均匀	淬火时工件前进速度不平稳	改进淬火机床
岩心管淬火后在运输或使用中有的螺纹有裂纹	表面淬火后硬度过高或被淬透	控制淬火层深度,避免淬透

（续）

缺　陷	产 生 原 因	防 止 方 法
锁接头火焰淬火后出现裂纹	1）所用材料非金属夹杂物多，晶粒粗大，组织不匀 2）淬火温度过高，淬火冷却介质应用不当，喷嘴与工件距离不合适	1）对供应材料定期检验 2）要防止加热温度过高，调整喷嘴与工件距离，合金钢可采用 0.2% ~ 0.3%（质量分数）聚乙烯醇水溶液冷却

参 考 文 献

［1］刘金宝. 提高 YT24 型凿岩机活塞使用寿命的研究——薄壳淬火工艺的探讨［J］. 凿岩机与风动工具，1985（4）：62-68.

［2］张宜平. YN30A 型内燃机凿岩机转动套裂纹浅析［J］. 凿岩机械与风动工具，1985（4）：43.

［3］滕华之. 凿岩钎头用钢的研究和应用［J］. 矿冶工程，1986（1）：44-47.

［4］刘清彪. 小钎杆的局部强韧化热处理［J］. 凿岩机械与风动工具，1984（4）：37-76.

［5］肖上工. 热处理工艺对 55SiMnMo 钢组织和性能的影响［J］. 凿岩机械与风动工具，1984（3）：25-32.

［6］胡梦怡，黄修. 热处理工艺对钎尾渗碳层马氏体显微裂纹的影响［J］. 金属热处理，1983（9）：42.

第14章　农机具零件的热处理

内蒙古农机研究所　黄建洪[一]

本章所指农机具零件是指除拖拉机、内燃机外,农牧业生产中耕整、种植、中耕、植保、畜禽饲养、农副产品收获、采集、加工机械中的基础件、易损件以及一些小农具。这些机械中的通用件如齿轮、轴类和弹簧等的热处理,请参阅本分册有关章节。

14.1　农机具零件的服役条件、失效方式与性能要求

农机零件的共同特点就是工作条件恶劣,常在潮湿或带腐蚀(如化肥、粪尿、农药)的环境中工作,经常与土壤中砂石或农作物中的磨料发生摩擦磨损,有时还有振动与冲击。农机具中的传动件(如轴类、齿轮和履带等)虽然多受交变应力作用而疲劳失效,但相互间还存在粘着磨损,也要受到土壤砂粒的磨料磨损和有害介质的侵蚀。因而零件除需要有足够的强度、刚度和韧性外,还应具备很高的耐磨性和较好的耐蚀性。

14.1.1　农机零件的磨损失效

磨损是农机零件失效破坏的主要形式和材料消耗的第一位原因,占80%以上。有些零件虽然最终因断裂而失效,也很可能是先受磨损使断面变小后强度刚度不足,导致变形和断裂的(如犁铧);还有些零件如过分顾及其韧性,就会转而以磨损形式而失效。所以,农机零件的失效都直接或间接与磨损有关。

在诸多磨损形式中,农机零件以磨料磨损为第一位,占总磨损量的50%以上,其次是粘着磨损。各种农机零件的失效分析见表14-1。

表14-1　各种农机零件的失效分析

序号	零件名称	失效原因与失效方式(主次顺序随工况而变化)
1	犁铧	1)铧尖与刃口受土壤、砂石磨料磨损变钝,或出现很宽的负角背棱,入土性变坏而失效 2)受土壤中石块、树根冲撞,铧尖折断,刃口崩裂 3)非淬火区强度不足,或磨薄后弯曲变形 4)水田中腐蚀磨损,产生凹坑与龟裂
2	犁壁	1)受土壤砂石磨料磨损,局部断裂、磨穿或严重变形 2)受石块冲击开裂 3)水田腐蚀磨损 4)脱土性差,因沾土使牵引力大增、拖拉机油耗过高而失效
3	圆盘耙片	1)受土壤砂石磨损,直径变小,耙地、碎土、灭茬效率大大降低而失效 2)受石块、树根冲撞刃口开裂、弯曲 3)水田腐蚀磨损
4	锄铲	同犁铧
5	旋耕刀	1)刃部受土壤砂石磨损而变钝,甚至刀尖、刃部折断 2)柄部与刀部受土块、石块、树根冲击,弯曲或折断
6	拖拉机履带板	1)节销、销孔、齿爪和跑道受泥沙磨损,常见销孔磨穿,节销磨坏,跑道磨薄、压塌 2)磨损裂纹扩展,导致断裂 3)水田腐蚀磨损,龟裂
7	水田机耕船:前底板	1)由于柴油机工作转速下的激振频率,引起船体周期振动(由船前向船后逐渐减弱),使前底板受到峰值冲击力,在局部高应力作用下,受泥浆、砂粒冲蚀磨损与疲劳磨损,其磨损较后底板和两侧钢板都严重 2)受水田腐蚀磨损

○　内蒙古工业大学张秀梅副教授参与了本章国家标准和行业标准的查对工作。

（续）

序号	零件名称	失效原因与失效方式（主次顺序随工况而变化）
7	后底板	1）受泥沙纯磨料磨损和冲蚀磨损 2）水田腐蚀磨损
	两侧船体钢板	1）受泥沙冲刷，为冲蚀磨损和磨料磨损（切削与犁沟） 2）水田腐蚀磨损
8	水泵：壳体、叶轮、衬套	1）受水中所含少量砂粒的冲蚀磨料磨损（微切削与变形） 2）水流与零件相对运动，因紊流产生气泡，气泡破裂瞬间产生高压，冲击零件表面，反复冲击而疲劳失效，谓之气蚀磨损或空泡腐蚀，表面出现蜂窝状破坏
9	收割机刀片	1）受作物中植物硅酸体和沾附砂土的磨料磨损，刃口变钝，需要刃磨 2）受砂石、草根等杂物撞击而崩刃 3）上下刀片间有时发生粘着磨损 4）割草刀片还受草浆腐蚀磨损
10	秸秆还田机刀片	同收割机刀片中1）、2），如由动、定刀片组成切割副，则也可能有粘着磨损
11	剪毛机刀片	1）受夹杂毛中砂土、杂质磨料磨损，刃面被划伤，刃口接触疲劳磨损变钝或冲击崩刃 2）上、下刀片间粘着磨损，甚至发热退火而报废 3）清洗时受碱水腐蚀
12	脱粒机钉齿	受稻壳和茎叶中植物硅酸体与表面沾附泥沙的强烈磨损而变钝
13	粉碎机锤片	1）受饲料颗粒及其中杂质高速运动时冲蚀磨损、变钝 2）少数锤片脆性折断、报废
14	粉碎机筛片	1）受飞速运动饲料及其中杂质颗粒冲蚀磨损、击穿、开裂 2）被碎裂锤片击毁
15	磨面机动、定锥磨	白口铁磨齿受麦粒与砂粒的碾压、划伤，表面珠光体先磨损、压陷，凸出的莱氏体碳化物碎落，需重新开齿
16	碾米机筛片	1）受米粒挤压磨料磨损变薄、破裂 2）在动态复杂应力作用下，强度不足，变形开裂
17	颗粒饲料机环模与压辊	1）受饲料及其中杂质强烈磨损，环模的模孔变大，孔壁变薄、磨穿；压辊外径变小，间隙无法调整而报废 2）环模、压辊强度不足而开裂 3）受高温蒸汽腐蚀磨损
18	棉花机锯片	1）受棉纤维、棉壳中硅酸体和夹杂砂粒的磨损，齿尖和刃口变秃，效率降低而失效 2）将棉绒和纤维从棉籽上剥离时受力，齿尖变弯，产生纵向、横向裂纹，最终疲劳断裂
19	榨油机：榨螺轴、榨条、出饼口	1）在高温高压下，受已被高度压实的油渣及其中砂粒的碾压，微切削与疲劳磨损 2）高压油液产生微区冲蚀磨损 3）油液渗入裂纹，形成油楔，促使裂纹扩展 4）酸性油液与水分在高温下的腐蚀磨损
20	畜禽饲养机械的刮粪板、清粪搅龙	1）受带氨气、H_2S 的潮湿空气和粪尿的腐蚀 2）在腐蚀介质中受砂土、杂质的磨料磨损与腐蚀磨损

造成农机零件磨损的磨料如下：

1. 土壤中的砂粒　砂粒都是各种母岩风化的产物。它不但是引发耕整机具和传动系统磨损的元凶，而且随风飘散，沾附到农作物的茎叶籽实及动物皮毛上，也是造成收获加工机具磨损的主要因素。

砂粒对零件磨损能力强弱与其组分、硬度、粒度、粒形以及固定或松散状态有关。砂粒、石砾都是不同类型的氧化硅，如石英、燧石和黑硅石等。它们的硬度在 820 ~ 1250HV 之间，以石英最硬。我们对内蒙古呼伦贝尔地区沾附在牛羊毛中的砂粒作岩相分析，结果见表 14-2。从中可见，砂粒中硬度高于淬火工具钢（≤860HV）的石英、长石等颗粒竟超过 90%（体积分数）。

表 14-2　呼伦贝尔地区牛羊毛中砂粒的组成

砂质	体积分数（%）	莫氏硬度/级	换算 HV
石英	59.22	7	1100
长石	31.55	6 ~ 6.5	700 ~ 900
云母	4.02	2 ~ 3	< 100
磁铁矿	2.83	5.5 ~ 6.5	540 ~ 900
褐铁矿	2.08	5 ~ 5.5	400 ~ 540
角闪石	0.30	5.5 ~ 6	540 ~ 700

　　试验表明：材料的磨损量随磨粒直径的增大而急剧升高，直到约 80 ~ 150μm 时才趋于平缓增加，并接近最大值，其磨损量随载荷变化而异，见图 14-1。这与农机零件在粗砂粒地区寿命远低于粘土地区的实际相符。例如，在粘性土壤中耕作的犁铧寿命可达 20 ~ 35ha，而在沙壤土耕作仅为 3.3 ~ 5.3ha。在粗细兼有的土壤中，粒度很细的粘土粒，不但自身对农具磨损较轻，而且会充填在粗砂粒之间，堵塞了砂粒的棱角，减轻了磨损。但粘土质地坚实，对水分的影响十分敏感，使犁铧、耙片、锄铲入土时刃口磨损较重，使旋耕刀片受到较大的冲击，耕地阻力也大。

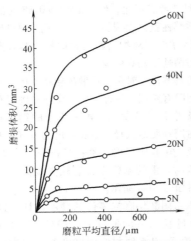

图 14-1　不同载荷下磨粒尺寸和磨损量的关系

　　耕整机件在松散土壤中运动时，砂粒围绕犁铧、锄铲刀刃滚动，使尖锐的刃口逐渐磨钝到近似抛物线形。但在坚实土壤中的石块（≥10mm）则阻止砂粒

的滚动。土壤通过石块对农具加载，使砂粒的尖角刺入金属表面，运动时产生微切削的"刨槽"，或推动金属作塑性流动，在磨粒运动轨迹的两侧及其前方隆起，形成"犁沟"。刨槽与犁沟即"划痕"。石块还会撞击刀刃造成崩刃，甚至折断，十分有害。所以，在生荒地或天然草场上耕作，机具损坏很严重。

　　2. 植物中的硅酸体　植物茎叶籽实除表面沾砂外，还通过根系从土壤中吸收硅。硅酸体是构成植物细胞与器官的重要材料。植物硅酸体光学上各向同性，X 射线衍射表明它是非晶质。它在禾本科粮食、牧草中含量最高，有的可达 10% ~ 20%（质量分数）。植物硅酸体主要是 SiO_2，还含少量 Al_2O_3、Fe_2O_3、CaO 甚至 TiO_2，含水约 10%（质量分数）；硬度为莫氏 5.5 ~ 5.6 级（540 ~ 570HV），与玻璃相似；颗粒多为 20 ~ 200μm，带有尖棱，是收获加工机具的重要磨料。粮食籽粒外皮中含硅酸体很高，尤以稻壳为甚。所以，粉碎机锤片在加工洗净后的粮食籽粒时，粉碎水稻锤片的磨损量是大麦的几十倍，玉米的上百倍。图 14-2 所示为燕麦表皮细胞中尖形植物硅酸体的形貌与尺寸（根据扫描电镜照片绘图）。

　　3. 其他磨粒　各种原因产生和带入的金属磨屑进入摩擦副之间，由于磨屑受到反复碾轧塑性变形，产生冷加工硬化，其硬度已高于母体材料，成为新的磨粒。某些腐蚀磨损、氧化磨损产生的化合物颗粒，硬度也高，都可成为磨粒，造成零件的磨料磨损。

14.1.2　农机耐磨零件的力学性能要求

　　摩擦学认为，耐磨性并非材料的固有性能，而是摩擦学系统的一部分。它只是在特定磨损条件下表现出来的特性，也将随磨损条件与环境的变化而改变。读者引用有关耐磨性研究成果时，应弄清服役条件与他人做试验的磨损条件是否相符，切不可套用。本节主要介绍与农机服役条件较接近（载荷不太大，速度不太高，滑动摩擦，以石英或玻璃为主要磨料）的磨料磨损及粘着磨损研究成果。

14.1.2.1　硬度

　　1. 材料硬度与磨粒硬度之比对抗磨料磨损性能的影响　磨料磨损研究表明：当磨粒硬度 Ha 显著高于被磨材料硬度 Hm 时，为硬磨料磨损，磨损达最剧烈程度。相反，当 Ha 明显低于 Hm 时，属软磨料磨损。这时纯磨料磨损（即划伤）极轻微以致消失，转为疲劳磨损，这时零件寿命大大提高。三种硬度 T8 钢的相对磨损与磨料硬度间的关系见图 14-3。

　　（1）М. М. Хрущов 对 17 种材料在软硬不同的 7 种磨料制成的砂布上进行磨损试验，得出以下结论。

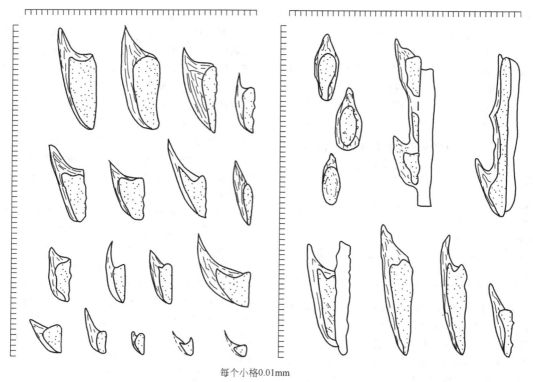

每个小格0.01mm

图 14-2　燕麦表皮细胞中尖形植物硅酸体

注：据 G. Baker，1959

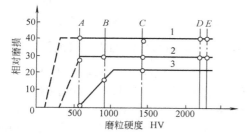

图 14-3　三种硬度 T8 钢的相对

磨损与磨料硬度间的关系

Hm：1—186，2—468，3—795

Ha：A—589，B—908，C—1425

D—2198，E—2298

1）$Ha/Hm \leqslant 0.7 \sim 1.1$（$K_1$ 区）时不发生纯磨料磨损。

2）$Ha/Hm \geqslant 1.3 \sim 1.7$（$K_2$ 区）时磨料磨损达到一最大的恒定值。

3）在 $K_1 - K_2$ 之间耐磨性与材料硬度接近线性关系。这时提高材料硬度就能有效提高耐磨性。

（2）Richardson 也做过类似试验，发现：

1）当 $Hm/Ha \geqslant 0.85$（有的测定是 0.8）时，材料磨料磨损大大减轻。

2）即使 $Hm/Ha \geqslant 1$ 时磨粒还会划伤材料。只有当被磨材料的屈服强度等于磨粒屈服强度时，磨粒锐角变钝，划伤才会停止。

3）材料磨损量随磨粒粒度变大而增加，$Hm/Ha < 0.85$ 时二者成正比，但 $Hm/Ha > 0.85$ 时磨损量对粒度的敏感性就大大减弱。对淬火钢仅提高硬度但未达到 0.85 倍时，对细磨料的耐磨性提高较多，对粗磨料的耐磨性则提高较少。

农机具零件有时是与松散砂粒相摩擦，和砂布磨损试验情况有差别。另外一些学者在非固定石英粒磨料磨损条件下试验发现：各种牌号的钢都在 550 ~ 600HV 时磨损明显减轻。石英硬度约 1000 ~ 1100HV。也就是说，在非固定磨料磨损情况下，当 $Hm/Ha \geqslant 0.5 \sim 0.6$ 时，钢的耐磨性就有较大提高，综合各家试验结果如图 14-4 所示。

2. 农机耐磨料磨损零件的硬度设计　据周平安等实测，砂粒的平均硬度 $Ha \approx 970$HV。如前所述，$Hm/Ha \geqslant 0.5 \sim 0.6$ 时材料耐磨性就有较大提高；达到 0.80 ~ 0.85 时就有很大提高。对于抗砂粒磨损来说，材料硬度为 485 ~ 582HV（48.5 ~ 54HRC）时才有较高的耐磨性，达到 776 ~ 825HV（63 ~ 65HRC）时就有很高的耐磨性了。因此，48HRC 应作为许多

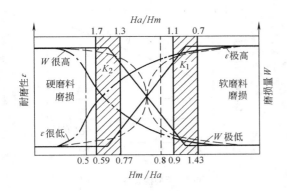

图 14-4　材料硬度和磨粒硬度之比与
耐磨性的关系示意图

实线—根据 ХРУЩOВ 实验

虚线—根据 Richardson 实验

点画线—在非固定石英砂中磨损实验

耕整机具零件的最低硬度要求，而希望产生自磨锐效果（参见 14.1.4.1）的零件则应降低到 46HRC 或更低。在 48~54HRC 以上，钢耐砂粒磨损性与硬度成正比，达到 825HV（65HRC）后继续提高硬度，则脆性急剧增高，不但无益，反受其害。

应该考虑到，通常测量的硬度是表征材料对硬度计压头法向压入的抵抗能力，而实际服役条件下磨粒对工件的磨损，是动态下既有法向又有切向力对材料的挤压和犁削。20 世纪 70 年代末 O. Vingsbo 等设计了单摆划痕试验机，测定划痕过程中能量损耗，作为材料耐磨粒磨损性能的评价指标，无疑这是一大进步。将单摆划痕法测得的比能耗与常规测定的宏观硬度 H、显微硬度 HV 和动态硬度 HD 比较，发现它们有相同的变化趋势。常规硬度值仍然是影响耐磨性最重要、最直观的因素。

研究还发现，磨粒犁削时会造成犁沟和刨槽附近材料的塑性流动，产生加工硬化，奥氏体钢最为明显。所以，有的主张应以磨损后的表面硬度来衡量材料耐磨性。但磨损后硬化层极薄，测量不易，而且宏观硬度决定了磨粒压入的深浅和磨损的多少，因而在组织相同的情况下，对农机零件而言，宏观硬度仍不失为衡量材料耐磨性的重要指标。

中国农机院针对犁铧的室内试验表明：在一定范围内，犁铧的相对耐磨性随宏观硬度和钢中碳含量升高而提高；只要回火充分，在稍低于 200℃回火，硬度最高，耐磨性也最高，见图 14-5 和图 14-6。

3. 硬度对抗粘着磨损性能的影响　粘着磨损常发生在润滑不良的摩擦副（轴颈与轴套、动刀片与定刀片）之间。微观上，两摩擦面是微凸体间的点

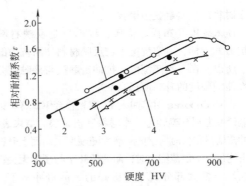

图 14-5　相对耐磨性与硬度的关系

1—T10 钢　2—65Mn 钢　3—65 钢

4—ZG340-640 钢

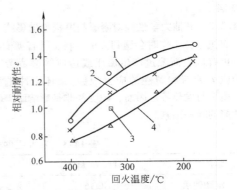

图 14-6　相对耐磨性与回火温度的关系

1—65SiMnRE 钢　2—65SiMn 钢

3—65Mn 钢　4—65 钢

接触，实际接触面积仅为表观面积的 1‰~1% 。所以，接触点上压强很高。当压强超过屈服强度时，将发生塑性变形。接触点贴得很紧，滑动时产生剪切，使起润滑作用的金属氧化膜破坏，新裸露的金属表面直接接触，摩擦面温度升高，在分子力作用下，接触点上金属产生焊合（冷焊），滑动时又被撕开、剪断。这样反复粘着—滑动（撕开）—再粘着—撕开……，产生金属的剥离和转移，发生粘着磨损的金属表面擦伤、撕裂或咬死。

材料硬度高则屈服强度和抗剪强度也高，有利于减轻粘着磨损。粘着磨损时硬度越高，耐磨性越好，二者呈线性关系。

淬火钢表面硬度达到 700HV（60HRC）时，就能抑制严重粘着的产生。

4. 硬度对冲击磨损和疲劳磨损抗力的影响　各种耕整与收获刀片都以一定速度切入土壤或农作物，其刃口周期性地与土壤或作物及其中砂石等杂质发生接触、冲撞。能量较大时，产生冲击磨料磨损，能量

较小时将产生接触疲劳磨损。

　　压入硬度（布氏、洛氏、维氏）是反映材料塑变抗力的指标，一定程度上也反映材料切断抗力的大小。所以，在一定范围内，抗冲击磨损与接触疲劳磨损性能随硬度的升高而提高。

　　Г. М. Сорокин 对淬回火 T7 钢和合金钢试样，以不同能量冲击到石英砂上，作磨料磨损试验。结果表明：当冲击能量很低时，钢的耐磨性随硬度提高而上升；当冲击能量在一定范围内时，耐磨性几乎与硬度无关；只有在足以使大部分石英砂破碎的大能量冲击下，则600HV 或 55HRC 时耐磨性最高，见图 14-7、图 14-8。

　　我国科技工作者经长期研究与实践，找出一些承受疲劳磨损和小能量冲击磨损零件的最佳硬度值，列于表 14-3。

14.1.2.2　其他力学性能对耐磨料磨损性的影响

　　农机零件工作时会遇到大量磨料，既有刨槽、犁沟，也有从表面滚过产生碾压或造成接触疲劳（弹性的应力疲劳和塑性的应变疲劳），还有冲击和冲蚀，撕裂与发热等。因而，硬度并非是影响耐磨料磨损性能的唯一因素。

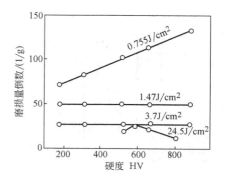

图 14-7　不同能量冲击下 T7 钢
耐磨性与硬度的关系

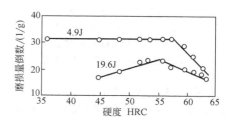

图 14-8　不同能量冲击下合金
钢耐磨性与硬度的关系

表 14-3　几种受冲击和疲劳磨损零件的最佳硬度值

零件名称	材　料	服役条件与受力情况	最佳硬度　HRC
滚动轴承	GCr15	受接触疲劳磨损	62
凿岩机活塞	T10V（旧牌号）	受小能量多冲和接触疲劳磨损	59 ~ 61
石油钻机牙轮钻头	20CrMnMo 渗碳	受较高的小能量多冲和接触疲劳磨损	58 ~ 60
熟耕地犁铧	65Mn	受砂粒磨料磨损，破碎土垡时有冲击和振动，能量不大	61
生荒地犁铧	65Mn	受砂粒磨料磨损，土壤板结，并常遇石子、树根的冲撞，能量较大	55 ~ 58
割草机刀片	T9	受草中植物硅酸体和沾附砂粒的磨损，刃口常遇小石子冲击	56 ~ 57（下贝氏体 + 马氏体）
剪毛机刀片	T12J	受夹杂羊毛中砂粒的磨损，刃口受接触疲劳或小能量多冲；刃面被砂粒划伤；上下刀片间有粘着磨损	剪洁净细毛羊 64剪多砂粗毛羊 61 ~ 62
麦类秸秆还田机甩刀	65Mn	刀刃受植物秸秆和泥沙冲击磨料磨损，刀片还受较大冲击，易断裂	56 ~ 57（下贝氏体 + 马氏体）
水稻秸秆还田机刀片	曾用 G68Cr15（见 14.3.3.2）	刀刃切割沾附泥沙和高韧性的稻秸，受磨料磨损与接触疲劳，要求锋利、耐磨、耐蚀	62 ~ 62.5
砂土地旋耕刀	60Si2Mn	刀刃和刀尖受砂粒冲击磨损，刀柄受较大冲击，易弯曲变形、折断	刀刃 57 ~ 58，刀柄 47 ~ 50

　　综合各家研究成果可以得出：

　　1. 强度　在金相组织大致相同时，材料耐磨料磨损性（用单位摩擦行程体积磨损量的倒数 V^{-1} 和相对耐磨性 ε 表示）与硬度 HV30、真实切断抗力 t_k、抗拉强度 R_m、屈服强度 R_{eL}、抗剪屈服强度 τ_s 等都有近似的直线关系。随力学性能的提高，正火钢

（珠光体）比淬回火钢（马氏体）耐磨料磨损性提高得更快，见图 14-9。

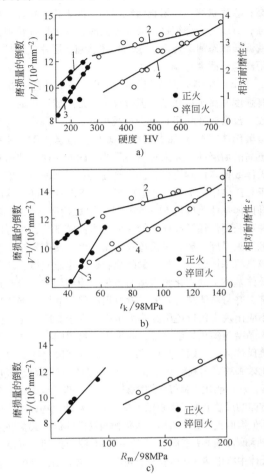

图 14-9 中低碳锰钢的力学性能与耐磨料磨损性的关系

a）耐磨性（SiC 砂纸）与 HV 的关系

（直线 1、2：ε 与 HV；直线 3、4：V^{-1} 与 HV）

b）耐磨性与 t_k 的关系

（直线 1、2：ε 与 t_k；直线 3、4：V^{-1} 与 t_k）

c）耐磨性与 R_m 的关系（V^{-1} 与 R_m）

2. 塑性与韧性 Г. М. Сорокин 等研究了塑性、韧性对耐磨性的影响，见图 14-10。由图可见，随着塑性韧性的提高，耐磨性增高，高硬度时更加显著。

3. 冷脆性 高寒地区冬季作业的农机具，还应注意钢材的冷脆性会加速磨损与断裂问题（回火不当引发第二类回火脆性的表现之一，是脆性转化温度上升，甚至高到 0℃ 以上）。这类零件采用低碳马氏体材料效果较好，已成功用于耙片、犁壁、铁锹等零件。

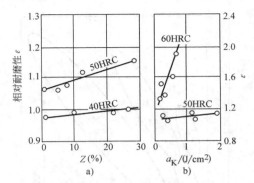

图 14-10 钢在不同硬度时塑性、韧性与耐磨性的关系

a）ε-Z 的关系 b）ε-a_K 的关系

14.1.3 农机耐磨零件的组织要求

14.1.3.1 钢铁组织对耐磨料磨损性的影响

1. 一般规律 微观组织对耐磨料磨损性能的影响，其基本规律可分为两类：

（1）当磨粒压入深度大于微观组织的尺寸时，微观组织主要发挥整体作用而影响宏观性能。

（2）当磨粒压入深度等于或小于微观组织的尺寸时，微观组织中各单独相及单个组元的作用就显得格外突出。

2. 不同类型组织的影响 磨料磨损可由多种磨损机理造成。各种组织对不同机理产生的磨损，其抵抗能力也不同。与农机服役条件较接近的低接触应力、滑动磨料磨损条件下，钢中不同类型组织在不同硬度时的相对耐磨性，见图 14-11。从该图并结合其他研究可看出：

（1）在所有组织中铁素体（F）的耐磨性最低，图 14-11 以纯铁耐磨性为 1。

（2）各种组织的耐磨性均随硬度而提高，也随其碳含量的增高而提高。

（3）在相同硬度时，等温淬火贝氏体（B）的耐磨性明显高于马氏体（M）。这可能和马氏体内存在淬火应力与微裂纹有关。因此板条马氏体也比同硬度的片马氏体耐磨。片状马氏体只有在硬度高得多的情况下才能达到与奥氏体（A）、贝氏体（B）相同的耐磨性。

（4）奥氏体尽管宏观硬度不高，但有很高的韧性，能大量消耗磨粒犁削时的能量，所以有较高耐磨性。在高应力磨料磨损时，奥氏体又有很高的可加工硬化能力，甚至诱发 A→M 转变，使其耐磨性大大提高。因而奥氏体的耐磨性主要取决于在该摩擦学系统中奥氏体的稳定性，也就是在这一磨料磨损环境下（应力

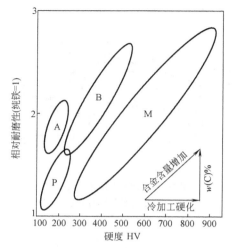

图14-11　钢中不同类型组织在不同硬度时的相对耐磨性

P—珠光体　A—奥氏体　B—贝氏
体（等温淬火）　　M—马氏体

状态、磨粒的硬度和粒度等），奥氏体能否产生足够高的加工硬化程度和能否发生 A→M 的转变有关。

（5）预先的冷加工硬化虽提高了硬度，但已造成塑性损伤，故不能提高耐磨性。但磨损过程中，由于磨粒犁削造成的微区加工硬化，则能有效提高材料耐磨性。新的研究表明：许多无法通过热处理来提高硬度的塑性材料或较软材料，通过冷加工硬化也能提高其耐磨性，达 1.5～2 倍。

（6）固溶于各种组织中形成置换固溶体的合金元素，能起一定强化作用，也提高耐磨性，但其作用比碳氮等间隙元素较弱。

图 14-11 是用硬度约 2000HV 的刚玉（Al_2O_3）为磨料进行试验的结果。硬度 800HV 的马氏体相对耐磨性仅比 200HV 的珠光体高约 2 倍，这与人们的实践经验（马氏体比珠光体耐磨性高得多）不符。因为实验室中为使耗时极长的磨损试验较快得出结论，常采用高硬度磨料在较高载荷、较高速度下进行强化试验。这和实际服役条件相差很大。赫鲁晓夫等的试验证实：当材料硬度与磨料硬度之比 $Hm/Ha < 0.5～0.6$ 时，Hm 的提高对耐磨性的影响较小。珠光体和马氏体与刚玉硬度之比 0.1 与 0.4 均低于 0.5～0.6，故相对耐磨性差别不太大。而实际服役条件下，主要磨料是约 1000HV 的石英砂，Hm/Ha 之比分别为 0.2 和 0.8，它们的耐磨性相差就大了。

3. 热处理钢中复相组织的耐磨性　总的说来，多组元复合组织比单一组元和单相组织耐磨。

（1）在退火正火组织中（主要是铸锻件）：①亚共析钢，随碳含量升高珠光体增多、铁素体减少，耐磨性提高；②过共析钢中，只要晶界不出现完整而连续的网状碳化物（K），耐磨性也随碳含量升高而提高；③片状珠光体阻止磨粒犁削的能力比球状珠光体强，所以同一种钢铁，硬度相同时，正火比球化退火或调质状态耐磨性高。④珠光体越细，层片或颗粒间距离越小耐磨性越高。

（2）在淬火回火组织中：①全马氏体组织虽有高强度和高抗剪强度，但裂纹一旦形成或淬火时已生成，没有韧性相阻止就会很快扩展。所以马氏体与残留奥氏体（A_R）加上耐磨的碳化物适当搭配，才有更高的耐磨性。如果板条马氏体之间有一薄层残留奥氏体或铁素体则更佳；②在碳化物相同情况下，固溶于马氏体中的 $w(C)$ 为 0.4%～0.5% 时最好。这时马氏体基体硬度达 61～63HRC，接触疲劳抗力最高，并可获得位错马氏体。如片面追求晶粒细化，过分降低淬火温度，造成马氏体碳含量太低、硬度不足，磨粒先将基体磨去，孤立的碳化物颗粒也难支撑；③马氏体基体上的碳化物有适当数量、粗细均匀，形态正常，并与基体结合牢固，就有很高的耐磨性。碳化物不应出现尖角以免引起应力集中。由于奥氏体晶型与碳化物更接近，如果碳化物周围有一层残留奥氏体薄膜，则与马氏体结合牢固。细碳化物弥散强化效果好，但在粗磨粒犁削下将随基体一起被翻起或切掉。所以碳化物最好粗细搭配，应有一部分至少在一个方向的尺寸上大于磨粒压入深度的粗粒碳化物；④淬火后低温回火，如果析出的碳化物与马氏体保持共格联系则耐磨性最高；⑤淬火后的 −196℃ 深冷处理，可使马氏体中析出纳米级碳化物，可阻碍位错运动，减少磨屑产生，还可促使部分 A_R→M，不但对合金钢和高碳钢，而且对渗碳钢都可有效地提高其耐磨性。

（3）在等温淬火组织中：①M + $B_下$ 组织比全 $B_下$ 或全 M 组织耐磨。M + $B_下$ + K + A_R 比例适当可得最高耐磨性；②$B_下$ 占 25% 左右即可显著提高耐磨性和接触疲劳抗力。尽管 $B_下$ 韧性较高，但与马氏体相比，强度和抗剪强度较低，如 $B_下$ 比例太多，则裂纹主要在 $B_下$ 中穿过，耐磨性也差；③由于等温转变不完全，随后空冷还会生成马氏体。这部分马氏体若不回火，脆性较高，所以等温淬火后仍须经 ≤200℃ 的回火。如采用中、高温回火，则等温淬火的优势将化为乌有；④一般钢材不应采用上贝氏体淬火。$B_上$ 混杂在 M 中将降低强韧性和耐磨性。至于高硅钢和奥-贝球墨铸铁中含有的上贝氏体组织，则和传统认识上的由碳化物与铁素体条呈羽毛状排列的 $B_上$ 有本质区别。A-B 球墨铸铁在 $B_上$ 区等温淬火，得到的羽毛状 B 组织中的贝氏体铁素体（B-F），由于受硅的抑制，转变时不能析出碳化物，多余的碳都富集到奥氏体内，形成 B-F 条中的富碳奥氏体小岛。进一步冷却，部分奥氏体转变为马氏体，因而形成 B-F 条中存在 M-A 小岛组织。这种组织有较高的强韧性和耐磨性，是一种有前途的新材料。

H. M. Серник 和 M. M. Кантор 对经过 10 种不同工艺热处理的 40 种钢，在未被固定的磨粒中进行磨损试验，并与经水韧处理的 Mn13 高锰钢对比。现摘录一些类似我国常用钢的相对耐磨性 ε 列于表 14-4（以经水韧淬火的 Mn13 钢为 1）。

表 14-4　不同热处理钢的松散磨料磨损相对耐磨性 ε

牌号	热　处　理　方　案														等　温　处　理					
	一		二		三		四		五		六		七		八		九	
	HBW	ε	HBW	ε	HBW	ε	HBW	ε	HBW	ε	HBW	ε	HBW	ε	HBW	ε	HBW	ε
T10	—	—	614	1.78	534	1.61	434	1.43	375	1.28	420	1.65	415	1.63	388	1.60	—	—
T12	—	—	614	1.95	550	1.75	436	1.60	388	1.49	420	2.31	415	2.31	403	2.30	388	2.29
65	182	0.85	578	1.66	477	1.32	450	1.28	369	1.04	—	—	—	—	—	—	—	—
65Mn1.5	187	0.99	578	1.39	504	1.27	477	1.21	403	1.12	555	1.81	434	1.72	341	1.66	—	—
55	170	0.69	601	1.55	477	1.32	363	1.04	321	0.89	—	—	—	—	—	—	—	—
55Cr1.5	187	0.73	601	2.18	534	1.99	514	1.89	363	1.70	—	—	555	2.53	477	2.37	434	2.15
75	207	1.12	601	1.76	578	1.74	477	1.52	311	1.08	—	—	—	—	—	—	—	—
75Cr1.5	207	1.15	601	2.42	555	2.23	420	1.78	388	1.63	578	3.12	514	2.82	477	2.65	461	2.60
60CrMnSi	269	0.81	578	2.70	544	2.54	505	2.45	425	2.31	505	2.88	429	2.66	388	2.51	352	2.45
CrMnSi[①]	269	1.03	590	3.91	578	3.30	566	3.78	480	3.03	555	4.50	495	4.22	444	4.01	388	3.82

① 为俄罗斯工具钢，类似我国轴承钢 GCr15SiMn，因耐磨性优异，摘录于此。
表中各热处理方案：
一、为常规退火，加热至 Ac_3 或 Ac_1 以上 50℃，保温 30min，炉冷。
二～五为淬—回火，加热至 Ac_3 或 Ac_1 以上 50℃淬火，分别以 170℃、300℃、400℃和 500℃回火。
六～九为等温淬火，加热至 Ac_3 或 Ac_1 以上 70℃分别淬入 230～240℃、270～280℃、310～320℃、380～400℃盐浴中。

14.1.3.2　冶金因素对抗粘着磨损性能的影响

1. 一般规律　实践中得出以下金属学规律：

（1）材料的互溶性。配对材料能形成置换固溶体，尤其是形成连续无限固溶体的金属（即在元素周期表中位置相邻，原子尺寸相近，晶格类型相同，晶格常数、电子密度和电化学性能十分相近的元素）组成摩擦副，最容易产生粘着，如 Ni 和 Cu。反之，周期表中相距较远，晶格不同，固态互不相溶者组成的摩擦副则粘着少，抗擦伤，如 Fe 与 Ag。

（2）形成金属间化合物。金属间化合物具有脆弱的共价键。两种能形成金属间化合物的金属配对不易发生粘着。

（3）晶体结构。密排六方晶格金属比体心、面心立方晶格金属粘着倾向小。用它与其他金属配对的摩擦副更抗粘着磨损。

（4）组织结构。多相组织比单相组织抗粘着。无论钢铁还是有色金属，固溶体中掺杂化合物都比单相固溶体耐磨。如珠光体、铸铁、巴氏合金等。

（5）碳化物。合金碳化物比 Fe_3C 抗粘着能力强。不同合金碳化物抗粘着性能与 Fe_3C 相比，大约是 $Cr:W:Mo:V≈2:5:10:40$。

（6）金属配非金属。钢与石墨、碳化物、陶瓷及高分子材料配对，通常粘着倾向都较小。

（7）B 族元素。钢铁与元素周期表中 B 族元素配对，均有较好的抗粘着磨损性能。

（8）内应力。摩擦表面无论存在拉应力或压应力，都会加剧粘着磨损。应力越高磨损越大。

（9）金属氧化膜。大多数金属在空气中都覆盖一层氧化膜。新加工的洁净金属在 $10^{-8}s$ 内即可生成一层单分子层的氧化膜。由磨损而裸露在空气中的新鲜金属面会立即生成氧化膜。在轻载荷下，氧化膜能减轻摩擦磨损，但在切向力作用下氧化膜常易破裂。硬而脆的氧化膜如 Al_2O_3，常常不能减轻粘着磨损，其碎屑反而成为磨料磨损的磨粒。只有坚韧并与基体结合牢固的氧化膜才能抑制粘着磨损。氧化充分的钢铁表面可生成三种氧化膜：最外层是含氧量最高的 Fe_2O_3，其次是 Fe_3O_4，最里层是含氧最低的 FeO。由于比容不同，氧化膜经常处于应力状态。氧化物分子体积与金属原子体积之比值越大，内应力越大，氧化膜越容易开裂。但发蓝处理获得的 Fe_3O_4 薄膜，则有一定的减轻粘着磨损作用；如配以一层润滑油膜，则效果更佳。

2. 钢与不同金属配对试验　1956 年，Roach 等将 38 种金属与钢配成摩擦副时的抗擦伤性排列于表 14-5。

3. 钢中各种组织的影响

（1）铁素体。铁素体很软，无论在钢中，还是在灰铸铁或球墨铸铁中，铁素体含量越高，耐磨性越差。

（2）珠光体。珠光体是 F+K 的双相组织，耐磨性比 F 显著提高。片状珠光体比粒状珠光体耐磨；珠光体片或碳化物粒间距越小越耐磨；硬度相近时，正火钢（片状珠光体）比调质钢（粒状组织）耐磨。

（3）马氏体。与磨料磨损不同，片状马氏体与板条马氏体耐粘着性能差别不大。经低温回火，马氏

表 14-5　　钢与各种金属配对时的抗擦伤性

抗擦伤性	标　　准	配对金属
很差	载荷达 1350N 便咬死	铍、硅、钙、钛、铬、铁、钴、镍、锆、铌、钼、铑、钯、铈、钽、铱、铂、金、钍、铀
差	在 1350N 下滑动不超过 1min	铝、镁、锌、钡、钨
尚可	在 2250N 下滑动 ≤1min	碳、铜、硒、镉、碲
好	在 2250N 下滑动 1min 不咬死	锗、银、铟、锡、铊、铅、铋、锑

注：试验用 1.56cm 的方形试样在线速度为 23.3m/s 的圆盘上滑动。

体中析出微细碳化物，从单相固溶体变为多相组织，内应力也降低，即使硬度略低也比未回火马氏体耐磨。但勿高于 250℃ 回火。

（4）下贝氏体。许多试验和实践均证明：等温淬火的 $B_{下}$，即使硬度较低，但因内应力低，韧性和形变硬化能力高，其耐磨性仍高于马氏体。

（5）残留奥氏体。因各家试验和服役条件不同，结论相差较大。有适量而不明显降低宏观硬度的残留奥氏体，能延缓裂纹扩展，减轻碳化物剥落，应该是有利的。但残留奥氏体含量太高，硬度降低，塑性变形大，则易发生粘着。然而，塑性变形大又使接触面积增大，从而降低接触应力，减轻磨损。同时，摩擦过程中如能促使不稳定的残留奥氏体向马氏体转变，又能降低磨损。但残留奥氏体大量转变，则未回火的马氏体应力高，脆性大，又对耐磨性不利。对此，只有具体情况具体分析，通过实践加以考核。

（6）碳化物。碳化物的类型、性能和含量对耐磨性都有明显影响。碳化物的硬度从 900~3000HV，大体上依 M_3C—$M_{23}C_6$—M_7C_3—M_2C—MC 顺序由低到高。一般说来，碳化物硬度高，含量多，则耐磨性高。

试验表明，钢铁中碳化物粗粒比细粒耐磨性高。

（7）石墨。铸铁中的石墨是固体润滑剂。石墨巢可储油，摩擦时溢出，改善润滑。球状石墨是孤立团块，不像蠕虫状或片状石墨互相沟通，储油溢油便利。石墨片越细，润滑性越好。但长度 <10μm 磨损反而加剧，此时石墨呈共晶状态削弱了基体且多伴生铁素体，故不耐磨。

摩擦磨损过程中，应力与温度随时变化，并可引起组织改变，如回火、退火软化，或产生二次淬火硬化等，对耐磨性的影响极为复杂。所以，应特别注意进行磨损过程的动态分析。

14.1.4　农机具零件的特殊性能要求

14.1.4.1　自磨锐性能

无论是破土的耕作机件还是切割农作物的刀片，都应有锋利的刃口。犁铧磨钝，刃口从 1mm 增加至 5mm 厚，耕深降低 38%，牵引阻力增加 53%，拖拉机油耗提高 25%，机组效率下降 48%。青储饲料切碎机动刀片，刃口厚度达到 0.45mm 后，每增加 0.1mm，能耗即提高 13%。茎秆粉碎刀片，刃口磨钝后，使拖拉机速度由三档降到二档，不但粉碎作业质量下降，工作效率降低 20%，油耗反而上升 20%。刀片如采用特殊设计或工艺，使之作业时由于土壤或农作物对刀刃两个刃面产生不同的磨损量，让厚度适当的刃口突出于前沿，较长时间保持较锋利的切割性能，这种效果称自磨锐现象，这种刀片称自磨刃刀片。通常采用的措施有：

1. 进行特殊几何形状设计　　例如，王颖等在上开刃凿形犁铧的基础上，对 65Mn 犁铧适当增大刃口附近淬火带内的铧面角，减薄刃口厚度，将硬度降至 52HRC 以下。由于设计改变，造成刃口尖端和底部磨损量保持同步。尽管犁铧的磨损量比 60HRC 时有所加大，但在自磨锐作用下，容易得到较小的刃口圆弧和较平直的背棱，始终保持良好的入土性能，降低了能耗。

又如收割机刀片，在刀刃斜面上开出适当齿纹，使被切断的茎秆顺着齿纹划过，刃口和齿纹都受茎秆的摩擦磨损，齿纹加深，保持锯齿状刃口的锋利，得到自磨锐效果。

2. 采用双金属复合材料　　我国传统的菜刀、剪刀和镰刀、锄片，常在低碳钢刀体上用中高碳钢作刃口夹钢或贴钢。淬火后刃口较刃面硬度高，工作中刀体磨损快，露出高硬度刃口。犁铧也用过在刃口上复合耐磨钢或以贝氏体球墨铸铁为母体、刃口熔注高铬铸铁等措施来实现自磨刃。

3. 表面强化处理　　采用表面处理、化学热处理、堆焊、喷涂等表面强化工艺，获得表里硬度不同的刃部。例如，粉碎机锤片用中低碳钢渗碳、碳氮共渗或渗硼，处理后两表层硬度高，夹在中间的心部硬度低，韧性好，可防锤片意外击断。而且锤击时受粮食或饲料颗粒的冲蚀磨损，自然形成中间凹、两面突起的刃口，效率高，寿命长。

用表面强化来获得自磨刃，需经周密设计。

（1）刃口耐磨层与基体母材的磨损率要保持适当比例。前苏联在研究复合钢板犁铧时，得出切削层与承力层的磨损率为 1:（4~5）或耐磨性为（4~5）:1 最好。中国农业机械科学研究院认为：耕作刀片刃口堆焊层应为 60HRC 以上，母材为 55~60HRC。因堆焊合金富含高耐磨碳化物，二者实际耐磨性之比在（5~10）:1 之间为好；而切割茎秆的刀片，堆焊层应为 60HRC 以上，母材淬火到 45~50HRC，二者

耐磨性之比以 (10～15):1 为佳。美国某公司产堆焊青储饲料机刀片，堆焊层硬度为 60～65HRC，母材为 45HRC。堆焊刀片母材需经淬火，否则基体受力变形，堆焊层产生侧向流动，与母体开裂分离。

（2）强化层厚度要适当。强化层厚度就是将来形成刃口的厚度，太厚不锋利，过薄易折断。实践表明，割草机刀片刃口厚 0.1mm 左右为好；切割玉米秆刀片刃口厚 0.3～0.6mm 锋利；犁铧、旋耕机刀片则加厚到 1～1.5mm，既满足耕作要求，寿命也较长。

（3）强化部位的选择。强化层放在零件表面位置的不同，可得到不同的自磨刃效果。以犁铧为例，可分为三类：

第一类：将强化层放在背面，耕作时土壤对犁铧正面磨损较重，使耐磨的强化层从背面突出，形成刃口，并保持自磨锐。这种犁铧耕作后形成的背棱很小。所以，铧刃后角可近似视为犁铧的安装角，即 ε_1，见图 14-12a（强化层涂成黑色）。

第二类：将强化层放在正面，耕作时正面较背面耐磨，背面母材受沟底土壤的磨损较多，使正面强化层向前探出形成刃口，背面逐渐磨出与沟底平行或成负角的背棱，见图 14-12b。单金属犁铧经过特殊设计，也可出现这类自磨刃。

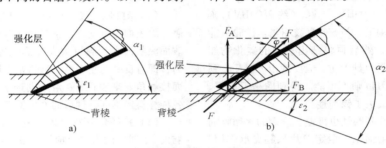

图 14-12　两类自磨刃犁铧剖面图
a）第一类自磨刃　b）第二类自磨刃

比较第一、二类自磨刃，切土角 $\alpha_1 > \alpha_2$，铧刃后角 $\varepsilon_1 > \varepsilon_2$（负角），前者阻力大，但入土性能好，适于中等湿度的土壤，在高坚实或高湿度土壤中自磨锐效果则较差。第二类自磨锐犁铧适于在湿度 >10% 的砂土或砂壤土耕作。在其他土壤中作业，因背面磨损多，较快形成负角背棱，导致土壤反作用力 F 偏离背棱表面的法线，其夹角为 φ（摩擦角），反作用力 F 可分解为将铧刃从土壤推出的垂直分力 F_A 和增加牵引阻力的水平分力 F_B，使犁铧阻力加大，耕深变浅。当背棱宽度 ≥10.5mm 时，失去耕作功能，只好报废。

第三类自磨刃：李凌云等总结了第一、二类自磨刃犁铧的优缺点，并参考前苏联乌克兰有关单位的经验，研制出铧刃呈锯齿状和波纹状的第三类自磨刃犁铧。生产方法是：①首先将刃口设计成锯齿状，而后在齿尖进行淬火或堆焊；②在平直的铧刃上堆焊强化，耕作中经磨损自然形成凹凸不平的锯齿状或波纹状刃口。因而比第一、二类自磨刃犁铧更锋利，牵引阻力更小，对不同土壤农田的适耕性更广泛。

自磨锐的实质是通过对刀刃的几何形状设计或表面强化技术，在刀具作业时将磨料磨损引向刀刃的设定部位，使刃口磨损的同时，让刃面指定部位也按比例磨损，达到自行磨利的效果。应该指出，自磨锐是正确运用磨料磨损规律，趋利避害，科学利用磨料磨损来实现的。只有磨料才能使刀具磨利。若盲目将两个刀片组成的切割副互相对磨，则只有粘着磨损，决不会出现自磨锐的奇迹。犁铧的三类自磨锐原理同样适用于其他耕作机件和农机刀片。只要对刀具服役条件认真分析，有针对性地对几何形状、强化层部位、厚度和强化层与基体的耐磨性之比进行设计，就不难实现自磨锐效果。强化层不一定采取耐磨合金堆焊，表面淬火与化学热处理手段同样大有用武之地。

14.1.4.2　刀片的锋利性与利磨性

锋利是指刀刃切入作物并完成切割任务时受到的阻力最小。这要求刀刃有足够的强度和硬度外，几何形状方面应做到有适当的刃面夹角；刃面相交的刃口圆角半径小，厚度薄。刀具的耐磨性，就是作业时刀刃抵抗作物磨损而保持其几何形状（锋利性）的能力。利磨性则是当刀刃磨钝后，能够在刃磨时迅速恢复锋利的能力。

锋利刀片主要用于收获、采集和加工机具。刀刃越薄，刃面夹角越小，刀片越锋利。但刃面角太小易折断，一般以 21°左右既锋利又持久。除剪毛机刀片外，常用刀片均接近 21°。刃口圆角半径 r 则根据切割对象而定。羊毛直径仅十几个 μm，剪毛机刀片 r 约 10μm；草茎粗 1～2mm，割草刀片 r 取 0.05mm；而犁铧刃口 r = 0.5mm 就很锋利了。

许多刀片不但要求锋利耐磨，而且用钝后现场磨刀时要求很快磨利。像剪毛机刀片，一般经过十几秒到几十秒刃磨，就应恢复锋利。刀刃的变钝和磨利都是磨料磨损的结果，因而耐磨性和利磨性是一对很难处理的矛盾。

实践证明：碳素工具钢和低合金工具钢刀片锋利，利磨性也好；而高合金工具钢刀片则耐磨性好，锋利性和利磨性都差。这与钢中碳化物类型有关。工业常用砂轮磨料为刚玉（Al_2O_3，2000HV）或 SiC（2600HV）。碳钢和低合金工具钢淬火组织主要是马氏体（<900HV）和渗碳体型碳化物（约1100HV）。砂轮硬度远高于刀片，$Ha/Hm > 1.3 \sim 1.7$，可顺利磨出尖薄刃口。但高合金工具钢中的 Cr_7C_3（约1700HV）、WC（约2400HV）、VC（约2800HV）则不然，其硬度高于刚玉，与 SiC 旗鼓相当。砂轮只能将马氏体基体磨去，然后再将凸出表面的碳化物崩掉。这对磨金属切削刀具无妨。但要磨出 r 仅几个到十几个 μm 的尖薄刃口则不可能。得到的是刀刃厚、呈锯齿状的刃口，失去了锋利性。

同理，渗硼刀片利磨性也极差。渗硼的水稻收割机定刀片虽耐磨，寿命长。但定刀只起支承作用，无需很锋利。切割任务主要由不渗硼的动刀片完成。剪毛机刀片试用渗硼则效果较差。刀片用金刚砂在磨刀盘上刃磨。FeB 硬度为 1800 ~ 2200HV，Fe_2B 为 1200 ~ 1800HV。金刚砂对渗硼层不是切削而是碾压造成疲劳剥落。渗硼层又脆，刃口常成锯齿状，快速磨出的刀片往往连一头羊也剪不下来。要磨好刀，需花几十分钟仔细研磨才行，不适应机械剪毛作业。

农机刀片遇到的主要磨料是植物硅酸体（540 ~ 570HV）和砂粒（970HV）。刀片硬度达 62HRC 左右，就有较高的耐磨性，并无热硬性要求。所以，用碳素工具钢或低合金工具钢即可，无需高合金工具钢。

14.1.4.3　耕整地机件的脱土性

耕地整地是农机中耗能最高的作业。降低牵引阻力，减少油耗，提高耕作效率和质量，具有重要意义。耕作机具的阻力除了切割、破碎和翻转土垡遇到的抵抗外，还来自土壤对耕作零件的粘附力和摩擦力。所谓脱土性好就是粘附力小，摩擦力小。影响土壤粘附和摩擦性能的因素很多，首先是土壤的性质、组成、含水量等；其次是耕作零件的表面性质，如表面自由能、表面粗糙度、硬度等；还有外部条件，如温度、压力、相对运动速度等。

1. 土壤的粘附力与摩擦力　张际先等的研究表明：

（1）土壤的粘附和摩擦是互相无关的两种现象。

（2）零件表面硬度与粘附无关，而其他条件固定时，提高零件硬度可降低摩擦。

（3）材料表面性质对粘附力与摩擦力影响最显著。除表面粗糙度外，主要是材料表面亲水性。零件表面涂敷憎水薄膜可大大降低土壤的粘附力和摩擦力，即有良好的脱土性。材料亲水性可用水对材料表面接触角 θ 来表征，θ 角大则亲水性差，憎水性强。各种材料经不同处理后的 θ 角见表 14-6。

（4）接触角 θ 对摩擦力的影响比对粘附力的影响大。θ 对粘附力的影响与土壤含水量有关，在含水量高的土壤中影响显著。

（5）从表 14-6 可知：聚四氟乙烯有极强憎水性。曾在水田犁壁贴聚四氟乙烯板，取得阻力大幅度降低的效果。表面镀铁和镀铬都能改善零件脱土性，而渗氮则适得其反。

2. 阳城犁镜的脱土性　陈秉聪等对山西阳城犁镜（即犁壁）优良的脱土性能研究发现：组织为晶粒粗大的莱氏体加少量二元磷共晶的过共晶白口铁，绝无游离石墨；与水的接触角达 81.1°；在 pH = 5 和 pH = 10 的介质中均有较好耐蚀性。从中得出：

（1）高碳过共晶白口铁对脱土性能有利，出现珠光体则不利，石墨的析出最为有害。

（2）磷能提高接触角和耐蚀性，硅则相反。

（3）粗晶组织能减少相界面积，提高接触角并降低腐蚀速度。

表 14-6　各种材料与水的接触角 θ

材料及其处理	45钢正火	45钢憎水处理	45钢NC共渗	45钢NC共渗	65Mn正火	65Mn等温淬火	T8钢淬火	12Cr13淬火	镀铁	复合镀铁	镀铬	复合镀铬	聚四氟乙烯
表面粗糙度/μm	0.12	0.15	0.4	0.9	0.2	0.28	0.4	0.83	0.27	0.22	0.35	0.32	0.7
硬度 HV	245	245	245	588	247	543	724	300	675	634	768	634	5
接触角 θ/(°)	75.3	95.9	66	60	77.9	77.9	78	68.8	83.2	83.8	83.7	85	106.7

（4）材料脱土性能与其耐蚀性密切相关。

这些研究都为寻找金属基材料减少粘附提供了有价值的参考。

3. 表面粗糙度的影响　不言而喻，降低零件表面粗糙度值，将改善其脱土性能。

14.1.4.4　统筹解决好"使用性能—工作寿命—节能降耗"的矛盾

长期以来，国内外在解决农机耐磨零件使用寿命问题时，一直遵循"使用寿命即耐磨性"这一概念。将耐磨性作为衡量农机具质量的最重要指标。在选材和热处理方面，尽量使零件硬度达到不至于脆断的最高值。保定农机厂在长期生产和科研实践中，以改善产品使用性能为重要指标，研制成功阻力、自磨锐的 DZ 型犁铧，不但工作寿命提高 1 倍，而且拖拉机牵引阻力小，油耗降低 10%。DZ 犁铧最大的特点是出现自磨锐现象，刃口厚度始终保持 >1mm 的锋利状态，同时耕作中犁铧自然出现前宽后窄的磨损效果，保持良好的入土性能，可以一直使用到报废，中间无需修理，提高了工效，减轻了劳动强度。

自磨锐的形成，既受土壤组成（砂粒成分、硬度）、坚实度和湿度等外部条件的影响，也受犁铧耐磨性（硬度、强度）等自身因素的制约。该厂打破单一追求高硬度的观念，将 DZ 犁铧硬度降低到 40～45HRC，使之具有适度耐磨性，耕作时既不磨损太快，又能出现自磨锐效果。用 65Mn 钢生产的 DZ 犁铧，在砂壤土旱田作业中效果最好，但在高坚实粘土和石砾粘土中耕作时磨损较快。为此，在 DZ 犁铧基础上增加条状耐磨合金堆焊。该厂研制生产的 DSZ 和 CBZ 型犁铧，基体硬度仍保持 40～45HRC，使其既可出现自磨锐的刃口，又有抗磨的合金条，提高了犁铧整体寿命。

犁壁是另一种情况，硬度不但影响耐磨性和寿命，更影响其脱土性能。犁壁硬度高，脱土性好，拖拉机牵引阻力小，油耗低，节约能源。但耕作中犁壁还受土垡、石块的撞击，应有足够高的强韧性。国外大都采用心部为低碳钢、外层为高碳钢或中高碳合金钢的三层钢板生产，硬度要求 ≥55HRC。20 世纪七八十年代推广低碳马氏体的应用，国内也采用 35 钢甚至 Q275 钢整体强烈淬火，生产"低碳马氏体犁壁"。因生产工艺简单、成本低廉，流行甚广。实践证明，低碳马氏体犁壁硬度低，软点多，耐磨性差，使用性能不佳。由于耕作中犁铧磨损快，有时几个月就要更换，而犁壁可用几年，用户误认为犁壁寿命不成问题，愿意买价格低的。这就掩盖了硬度低的犁壁脱土性差、能耗高的矛盾。用一次性购买时的小便宜，掩盖了经常多付油费的大吃亏，并且造成国家能源的浪费，碳排放的增高和钢材的浪费。

保定农机厂采用 65Mn 钢等温淬火生产的 DJ 型犁壁，硬度达 55～60HRC，冲击韧度 >300J/cm²，比国产和进口三层钢板犁壁高出 10 倍。由于硬度恰到好处，耕作时在土壤泥沙的摩擦下，仅产生细的划痕，不但寿命长，而且犁壁磨成锃亮的镜面，脱土性能极佳，拖拉机牵引阻力和油耗大大降低，突出了碎土性强、覆盖率好、阻力小、油耗低，寿命长的特色，为国内外任何牌号犁壁所不及。

DZ、DSZ、CBZ 犁铧和 DJ 犁壁，是成功利用磨料磨损规律，化害为利，实现自磨锐犁铧和镜面犁壁的范例。在选材和热处理上不片面追求高硬度，而是根据服役条件，保证恰当硬度，最终实现"使用性能—工作寿命—节能降耗"的统一。

14.1.4.5 耐腐蚀磨损问题

水田机械和施肥、植保、畜禽饲养机械的一些零件存在腐蚀磨损。南方潮湿空气中放置的农机具也有锈蚀问题。分析可知，水田机械零件以磨损为主，腐蚀其次；施肥和植保机械零件则主要受腐蚀，磨损较轻。只要抓住主要矛盾和矛盾的主要方面，通过合理选材或采取表面处理、化学热处理措施均可解决。

畜禽饲养机械中一些受氨和 H_2S 气氛腐蚀严重、但磨损较轻的零件可用塑料包覆、镀锌，特别是较厚层的热浸镀锌或渗锌。而清粪搅龙（螺旋输送器）、刮粪板等既要防腐又要耐磨的零件，可进行表面喷涂处理。某些颗粒饲料压粒模在高温带腐蚀条件下，承受强烈磨料磨损，则用 40Cr13 不锈钢淬火或低碳不锈钢渗碳淬火处理。

美英和前苏联等国都有耐大气腐蚀的专用钢，如美国 "Corten"，前苏联 "10ХНДП" 钢等。主要成分（质量分数）为：C≤0.12%，Cr0.5%～1.0%，Ni0.3%～0.65%，Cu0.25%～0.55%，P0.07%～0.15%。前苏联还有农用复合不锈钢板，在 25 钢基体上包覆 08Cr13 或 08Cr18Ni10Ti。这些都可供我国借鉴。

14.1.4.6 环境保护与安全问题

农业机械是改造大自然、服务大自然的工具，更应重视自然环境和人与生物的保护。1989 年联合国环境署在全球推行清洁生产技术，不但要求大大降低生产过程的污染、节约能源和原材料，并要求将产品使用、消费过程中对环境的不良影响降至最低程度。中共十八大指出："建设生态文明是关系人民福祉、关乎民族未来的长远大计"。据此，提出我国农机热处理行业亟须解决的几个问题。

（1）消除淘汰落后的有害的热处理工艺（包括氰盐、铅浴等）。降低粉尘、噪声，做好电磁波的屏蔽和高温余热的回收利用，防止外泄。

（2）消灭该热处理而不热处理的零件。零件不经热处理，耐用度低，是对能源、原材料和人力的极大浪费，有悖于清洁生产原则，亟须认真解决。在此特别提出磨面粉机磨辊问题。国内大量使用铸铁磨辊，由于多种原因，不经热处理就用，因不耐磨，大量铁粉混于面粉之中。GB 1355 规定，磁性金属（主要是铁）含量应低于 $3×10^{-6}$。实际检测常常超标。一些小面粉厂产品中铁含量超标尤为严重。对此应从材料、热处理与机械结构设计方面联合攻关解决。

（3）防止热处理产品的污染与安全问题。在此特别提出农机零件要慎用渗硼处理。20 世纪 70 年代以来，陆续将渗硼工艺引入农机产品，并取得一定效果。但渗硼层在 农田中自然分解状况未搞清之前，不应广泛应用。

1）渗硼层脆，易剥落，硬度高达 1800HV 的渗硼碎屑均带尖锐棱角，落入农田将成为远比石英砂更为凶恶的磨粒。农机作业一环紧扣一环，间隔不过几天。犁铧、犁壁剥落的渗硼碎屑会磨损耙片；收割机刀片的碎屑又殃及秋耕的犁铧。今天用渗硼来对抗石英砂的磨损，今后面对土壤中越积越多的硼化铁磨粒又将如何？20 世纪 80 年代初统计：犁铧、犁壁、耙片和旋耕刀片四大件全国每年被磨损掉到农田中的铁屑是 8660t。渗硼碎屑会少些，但不能掉以轻心。DDT 和 666 农药的污染可为前车之鉴。

2）渗硼不能用于粮油、饲料和食品机械零件，如锤片、榨油机榨螺杆和颗粒饲料压模与压辊。渗硼层对 HCl 有较强耐蚀性，尖硬的渗硼碎屑不能被胃酸（HCl）腐蚀，必然对人畜消化系统造成严重伤害。近年，一些厂将渗硼用于米筛等零件，据说可提高零件寿命。应予制止。

3）棉毛麻采集加工机械零件也要慎用渗硼件。20 世纪 80 年代末羊毛大战，为谋取暴利，有人故意往毛中掺砂，造成毛纺设备大大加速磨损，结果毛纺厂拒收当地羊毛。如果有渗硼碎屑（例如剪毛机刀片剥落的）混入毛中，则后果更加严重。

同理，对渗金属、某些成分的合金堆焊，也应在做过认真细致的基础试验，证实无害后，方可用于农机生产。

14.2 耕整机械典型零件的热处理

14.2.1 犁铧的热处理

14.2.1.1 服役条件与失效方式

犁铧是铧式犁的重要基础件（见图 14-13）。耕作时铧尖凿破土层，在动力牵引下铧刃耕入土层下一定深度，沿沟底和沟壁将土块和埋于土中的植物茎、根切开、切断，通过铧面与犁壁把土垡升起、挤碎，然后翻扣到地面一侧。犁铧耕作时的阻力约占牵引力的 1/2。磨钝后阻力大大增高。所以犁铧受到土壤、砂粒、石块、茎根的强烈磨料磨损与冲击。土壤只有受到较大压力时才开裂与整体剥离，这时阻力突然消失，使铧尖和铧刃受到周期性冲击和振动，可能产生疲劳破坏。水田犁铧还要受一定腐蚀磨损。约 10% 犁铧是因非

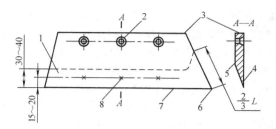

图 14-13 型铧

1—淬火带 2—螺钉孔 3—犁铧背部 4—工作面
5—背面 6—铧尖 7—铧刃 8—测硬度点
L—铧尖至背部的长度

淬火区局部磨穿、变形而折断的。此外，铧刃磨损，背棱变宽，入土性变坏。当背棱宽度增大到某一临界值时，由于犁的耕深稳定性变坏和大幅度增加牵引阻力，使犁失掉工作能力，犁铧失效。背棱宽度的临界值将作为犁铧的报废标准。原苏联将传统的 35 型犁铧在中壤质黑钙土中耕作时，背棱尺寸达到 10.5mm 作为报废的标准。实际上，对同一犁铧在不同土壤中耕作，背棱的临界值是不同的。传统做法是铧尖铧刃磨钝而整体损坏不严重时，可加热锻打修理，恢复铧尖铧刃并淬火回火，一般可修复 3~5 次。但因现场条件简陋，修复后其寿命一次不如一次，现已基本不用。

14.2.1.2 技术要求与选材

犁铧要求整体有足够的强度和韧性以抵抗冲击和振动，铧尖与刃部要有高耐磨性和高硬度，最好还要有自磨锐效果。

GB/T 14225—2008 规定，犁铧应采用力学性能不低于 65Mn 钢制造。热处理后淬火区硬度为 48~60HRC，非淬火区 ≤ 32HRC。我国曾研制了 65SiMnRE 和 85MnTiRE 犁铧钢。85MnTiRE 钢因碳含量提高，有较高耐磨性。黑龙江八一农垦大学多年来对不同材料、不同处理工艺的犁铧在草甸土、白浆土、砂壤土和石砾土作了大量对比试验，证实 85MnTiRE 钢犁铧耐磨性能优于其他材料犁铧。部分地区也有用稀土球墨铸铁生产的，但多用于畜力犁铧。各种犁铧材料成分见表 14-7。

国外犁铧较普遍采用耐磨复合钢材或耐磨合金堆焊。俄罗斯在 55 号钢母材铧体的刃部复合 Cr6V1 耐磨钢 [$w(C)$ 1.5%~1.7%，$w(Cr)$ 5.5%~7%，$w(V)$ 0.8%~1.2%，$w(Mn)$ ≤ 0.5%，$w(Si)$ ≤ 0.7%]。在犁铧专用型材轧制时，将耐磨钢扁钢贴到刃部。其重量仅占总重 6%~9%（质量分数），成本不高，但有良好的自磨刃，耐用度甚至高于堆焊犁铧。其热处理工艺也很特殊：900~930℃加热（如感应加热则为 1030~1050℃），鼓风冷却到 500℃淬入

水中。耐磨层≥56HRC，母材 240HBW。美国某牌号大马力拖拉机牵引的犁铧，基体为 T9 钢，刃部用含 25%（质量分数）的高铬合金堆焊。组织为莱氏体共晶基体上均匀分布六方块状碳化物（1200HV），和少量粗大块状、含 Cr 高达 70%（质量分数）、硬度为 2100HV 的碳化物。国外认为这种组织有很强的抗磨料磨损性能。

14.2.1.3 热处理工艺

各种材料制造的单金属犁铧的热处理工艺见表 14-8，按图 14-13 局部加热淬火。

表 14-7 犁铧材料的化学成分

材　料	化学成分(质量分数)(%)						
	C	Si	Mn	S	P	RE	其他
65SiMnRE(曾用)	0.62 ~ 0.70	0.90 ~ 1.20	0.90 ~ 1.20	≤0.04	≤0.04	加入量 0.2	—
65Mn	0.62 ~ 0.70	0.17 ~ 0.37	0.90 ~ 1.20	≤0.04	≤0.04	—	—
85MnTiRE(曾用)	0.75 ~ 1.0	≤0.70	≤1.10	≤0.04	≤0.04	加入量 0.15	Ti:0.2 ~ 0.4
稀土镁球墨铸铁	2.8 ~ 3.2	2.8 ~ 3.2	0.3 ~ 0.7	≤0.03	≤0.05	0.04 ~ 0.06	Mg:0.02 ~ 0.06

表 14-8 犁铧热处理工艺规范

材　料	淬　火　加　热			淬　火　冷　却			回　火		硬度
	设备	温度/℃	时间/min	介质	温度/℃	时间/min	温度/℃	时间/h	HRC
65SiMnRE（曾用）		850 ±5	6 ~ 8	硝盐①	160 ~ 180	60	180	3	48 ~ 60
65Mn	盐浴炉	850 ±5	6 ~ 8	硝盐	160 ~ 180	60	180	3	48 ~ 60
85MnTiRE（曾用）		830 ±5	6 ~ 8	油	20 ~ 80	—	170 ~ 190	2	52 ~ 61
稀土镁球墨铸铁		880 ~ 900	60	硝盐①	280 ~ 310	60	280 ~ 310	4	36 ~ 40

① KNO$_3$ 和 NaNO$_2$ 各50%（质量分数）。200℃以下使用可另加（3 ~ 5）%（质量分数）的水。

我国各地土质差异很大。因此有关标准中对农机零件硬度要求允许范围较广，如犁铧淬火区硬度为 48 ~ 60HRC。这就要求因地制宜，根据不同土质有针对性地生产不同硬度档次的犁铧或按热处理后犁铧实际硬度分类，作不同标记，然后引导农户正确选购。例如，在耕无石子的砂壤土熟耕地时，以提高耐磨性为主，硬度可取上限。而在开垦石子、树根多的生荒地或天然草场种草时，为提高韧性，硬度应取下限。为产生自磨刃，甚至可低于48HRC。

65Mn 和 65SiMnRE 钢 Ms 点约 250 ~ 270℃，160 ~ 180℃分级淬火停留时间延长到60min，是为了得到较多残留奥氏体并让分级淬火生成的马氏体回火，降低应力，提高韧性。但马氏体转变并未完成，出炉空冷时转变的马氏体如果不回火，脆性较大，所以还须回火 3h。保定农业机械厂对 65Mn 和 65SiMnRE 钢 20 型犁铧按表 14-8 工艺生产已 40 多年，质量一直领先于全国同行。试验表明：65Mn 钢等温淬火并180℃×3h 回火，可使 a_K 值从普通淬火后的 11.76J/cm^2 提高到 52.92J/cm^2。虽然耐磨性试验数据降低约10%，但等温淬火犁铧比普通淬火型铧寿命却提高20%以上。

国内许多单位也对犁铧采用氧乙炔火焰喷熔、碳弧熔敷、电弧熔敷和 CO$_2$ 气体联合保护熔敷耐磨合金强化法。所用合金粉主要是镍基与铁基两种，以 Cr 的碳化物和硼化物为强化相，成本提高不多，使用寿命可提高 2 ~ 5 倍。

有的单位试验成功稀土镁球墨铸铁金属型液态挤压成形工艺，提高了铸件质量和强度，按表 14-8 工艺等温淬火，硬度比砂型铸造的提高约 5HRC，寿命比砂型铸造的提高30% ~ 40%，可赶上 65Mn 油淬犁铧的性能。

14.2.1.4 自磨锐犁铧及其热处理工艺

1. DZ 型犁铧　淬火犁铧硬度即使达到 60HRC（698HV），在高含砂量土壤中仍难抵御砂粒（约 970HV）的犁削划伤，$Hm/Ha = 698/970 = 0.72$，尚未达到 0.8 ~ 0.85，能显著减轻砂粒犁削的要求。保定农业机械厂根据自磨锐原理，对 65Mn 犁铧采用辊锻成形、余热淬火新工艺，生产出等宽、低阻力、自磨刃的 DZ 型犁铧。其工艺见表 14-9 和图 14-14。金相分析可见：65Mn 辊锻淬火犁铧背部、中部和刃部都有板条马氏体，并随变形率的加大，刃部板条比背部更多更细。硬度为 40 ~ 45HRC。无缺口冲击试验，其 a_K 值比普通淬火高10%以上。

65Mn 钢有回火脆性，470℃回火后本应快冷，但因要趁热修整而冷速较慢，其 a_K 值所以较高，在于采用辊锻形变热处理之故。

与传统犁铧相比，DZ-25 型犁铧牵引阻力降低 43%，寿命提高 1 倍，并因整体淬火而消灭了非淬火区被磨穿报废问题。DZ 型犁铧在砂壤土耕作时确实出现自磨刃，但在高坚实粘土、重粘土和石砾粘土中耕作，因硬度较低，磨损较快。为此该厂又研制出 DSZ 型犁铧。

表 14-9　DZ-25 型犁铧生产工艺过程

工序号	工序名称	技术要求	时间/s	温度/℃
1	下料	按图样切成梯形		
2	中频感应加热	根据犁铧规格确定加热时间	30 ~ 40	1100 ~ 1200
3	辊锻	通过三道次轧制轧出： 背部厚 8mm，形变率为 56%；刃部厚 3mm， 形变率为 83%	10s 内完成	
4	切边、冲孔、挤沉头螺钉孔	按图样	三道工序在 10s 内完成	背部降温至 850，刃口从 800 降至 760
5	压弯成形、打商标	按图样		
6	轧出刃口	从 3mm 挤成 1 ~ 1.5mm 厚		
7	整体淬火	淬入 1.30 ~ 1.35g/cm³ 的 CaCl₂ 水溶液中①	停留 4 ~ 6s 出水空冷	液温 25 ~ 70
8	回火	工件冷到约200℃应从淬火液取出及时回火	3h	470 ± 10
9	修整	回火完毕趁热修整		
10	清洗	彻底洗净吹干，否则生锈		
11	涂漆			

注：1. 原材料：18mm × 100mm 或 18mm × 90mm 65Mn 扁钢。

　　2. 主要设备：YZ250-1000/1—8 型中频感应加热装置，D42—630 型辊锻机。

① CaCl₂ 淬火液蒸气对金属有锈蚀性，车间仪表应加防范。

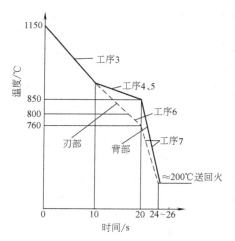

图 14-14　DZ 型犁铧辊锻与热处理工艺曲线

2. DSZ 型犁铧　即低阻力第三类自磨刃犁铧。其技术特点是：下料后在坯料的正面和铧尖的背面各堆焊一层耐磨合金，见图 14-15。其余工序与 DZ 型犁铧相同。在加热辊锻过程中，合金嵌入母材，与基体金属形成冶金结合。整体热处理后硬度为：基体 40 ~ 48HRC，堆焊合金刃部 ≥58HRC。耕作中铧尖出现第一类自磨刃，铧刃出现第二类自磨刃，而后部不

堆焊以保证出现前宽后窄的磨损规律，既改善了入土性能，又增强了耐磨性。堆焊成条状，耕作中刃尖和刃口自然磨出锯齿形，更显锋利，降低阻力，与 DZ 型犁铧相比，寿命提高 50%。

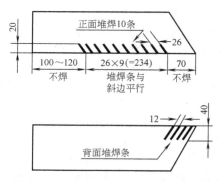

图 14-15　DSZ 型犁铧坯料的条状堆焊

3. CBZ 型犁铧　即齿状波纹自磨刃犁铧。生产工艺是：首先将 65Mn 钢专用坯料模压成平直形 DZ 犁铧外形；然后用耐磨合金焊条沿平行犁铧前进方向堆焊到毛坯铧刃的正面和铧尖的背面，不经辊锻，直接送热处理。其热处理工艺为：870 ~ 890℃箱式炉中

加热，压力机压形，200～220℃硝盐中等温 60min，空冷，清洗，中温回火。基体硬度为 40～45HRC，耐磨合金条硬度≥58HRC。与 DSZ 犁铧不同的是：生产中不用中频感应加热、辊锻成型设备，更便于一般小厂推广。耕地时受土壤磨损，耐磨合金条突出呈现约 5mm 长的锯齿。砂粒沿齿沟运动，在犁铧表面磨出沟槽并自动向后延伸，始终出现波纹形锋利刃口。铧刃角从 DSZ 犁铧的 39°27′ 下降到极锋利的 23°40′。尤为可贵的是，磨出的背棱其铧刃背角 ε 是正值，因而入土性好，牵引阻力进一步降低，使用寿命比 DSZ 犁铧提高 1 倍。

14.2.2 犁壁的热处理

14.2.2.1 服役条件与失效方式

犁壁与犁铧同为犁的两个重要部分，二者构成一个犁体。犁壁的作用是将被犁铧破开并升起的土垡挤碎，然后翻扣到地面一侧，所以受力很大，受到土壤及砂石的强烈磨料磨损与撞击。其失效方式主要是磨薄、磨穿，然后变形和开裂。

14.2.2.2 技术要求与选材

犁壁除应有合适的抛土工作曲面外，还要有较高的硬度和耐磨性，并有足够强度和韧性。此外，还要有良好的脱土性和抛光性，以降低耕作阻力。经实测，耕作时犁铧的阻力约占全部牵引力的 50%，犁壁阻力约占 30%～40%。国内现状是，犁壁寿命约为犁铧的几倍。所以对犁壁脱土性能好，以降低阻力，节省能耗成为更突出的矛盾。但犁壁仍是消耗钢材极多的农机零件，提高寿命问题不可忽视。

GB/T 14225—2008 对犁壁材质、硬度和金相组织的规定见表 14-10，硬度测定部位见图 14-16。标准中硬度测定点主要集中于受磨损最严重部位（犁胸），对其余部位和翼部仅要求≥38HRC。然而，这些部分同样是影响犁壁脱土性能的重要部位，也应有足够高的硬度，以利脱土。

表 14-10 犁壁的材料及热处理要求

材料	硬度 HRC	金相组织
65Mn	48～60	回火托氏体及回火马氏体
35	48～60	板条马氏体及针状马氏体，允许少量托氏体
Q275	48～60	

在犁壁材质不变、热处理工艺不变情况下，其脱土性就与犁壁表面粗糙度有很大关系。耕作过程中土壤对犁壁的摩擦既造成磨损，也具有抛光作用。土壤中的磨粒主要是高硬度的石英砂和长石（700～

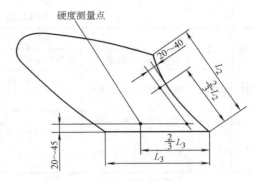

图 14-16 犁壁简图

1100HV）。犁壁硬度过低，不但磨损太快，而且划痕又粗又深，粗糙的表面不利于脱土。提高犁壁硬度，不但磨损慢，划痕也较细较浅，甚至磨得铮亮，脱土性能大大提高，降低了牵引阻力。为此，在选材上国内外都在保证有足够韧性的同时，努力提高表层碳含量。先是低碳钢渗碳（机引犁壁渗层深度为 1.5～2.2mm，畜力犁壁渗层深度为 1.2～1.8mm），淬火硬度为 60～62HRC，因耗费工时和能源，现已不用；后用三层复合钢板，心部 w（C）为 0.1%，表层 w（C）为 0.65%-0.85%-1.15%。我国也曾搞过 95-Q215-95 三层钢板，但存在问题较多，未能推广。许多地方也生产 Q275 钢和 35 钢低碳马氏体犁壁，但常产生软点，质量不稳定。

保定农业机械厂从国情出发，应用价格不高的农业机械常用钢 65Mn，经强韧化处理生产的 DJ 型（低阻力、镜面）犁壁，脱土性可与国外三层钢板犁壁媲美，无缺口冲击韧度 $a_K > 50\text{J/cm}^2$，远超出进口犁壁，寿命也高出 50% 以上。室内试验表明 25 型 65MnDJ 犁壁与 35 钢犁壁牵引阻力分别为 1.35kN 和 2.04kN，寿命则提高 60% 以上。

近年国外也有将犁壁用钢从三层复合钢板回归均质（65Mn、60Si、32Mn2 等）钢板生产的动向。

对面积较小的轻型犁和畜力犁，常用冷硬铸铁铸造，工作面冷硬深度 2～3mm，硬度 40～50HRC，经消除应力退火后使用。著名的山西阳城犁壁，以当地产赤铁矿用木炭为燃料炼成铁液，直接注入金属型中制成。该犁壁成分（质量分数）含高碳（4.27%）、高磷（0.58%）、低锰（0.07%）、低硅（0.05%）、低硫（0.032%）；金相组织为莱氏体加少量二元磷共晶的过共晶白口铁；硬度为 56HRC。具有十分优良的脱土性是其特点，但脆性很高，不适于机引犁使用。

14.2.2.3 热处理工艺

犁壁热处理工艺见表 14-11。

表 14-11 犁壁热处理工艺

| 材 料 | 淬 火 | | | | 回 火 | | 硬度 HRC |
	加热设备	温度/℃	保温/min	冷 却	温度℃	保温/min	
35，Q275	箱式电炉	900～920	15～20	淬火压床，10%（质量分数）盐水	150～160	60	50～55
65Mn	盐浴炉	840～860	5～6	180～200℃硝盐浴等温1h	170～190	180	55～60
95-Q215-95	箱式电炉	780～800	15	淬火压床，10%（质量分数）盐水	170～190	60	60～62

（1）表面锈蚀钢材应除锈，可用15%（质量分数）浓盐水浸泡10min，晾干后于箱式炉中加热，可减轻淬火软点。工件在箱式炉加热，建议使用 QW-F1 钢材加热保护剂。

（2）犁壁模压淬火时降温较快，可适当提高奥氏体化温度，并加大喷水压力，盐水强冷。

（3）对35钢或Q275钢，当碳含量为下限时可适当提高淬火温度。当碳含量为上限，又含有能提高淬透性的合金元素时，容易淬裂。对不同炉号钢板应通过试验，调整淬火温度，最低可降至810℃淬火。

（4）65Mn钢犁壁推荐采用强韧化处理工艺。对轻型犁小犁壁，可按表14-11盐浴加热、出炉压形、快速淬入硝盐中；对重型犁大犁壁（单件可重达20kg），则于箱式炉加热（需防氧化脱碳），（860±10）℃×40min，出炉压形，立即于200～220℃硝盐等温1h，空冷、清洗后井式炉200～220℃回火4h。

犁壁犁铧这些大件，淬火时将有大量热量带入等温槽中，使等温盐浴温度波动很大，影响冷却速度和等温淬火后工件的组织与性能。建议工件先分级后等温。赤热的工件先淬入成分与硝盐等温槽相近而温度较低、冷速不太激烈的三硝或二硝热浴中，让工件的大部分热量消耗于此。待冷至350℃（球墨铸铁）或250℃（65Mn）左右时取出（分级冷却时间先经试验确定），迅速转入硝盐等温槽。这样，不但等温槽控温容易，还可避免工件上的氧化皮或盐浴加热时带来的高熔点氯化盐污染硝盐槽，影响等温盐浴的熔点和冷却性能，可大大延长等温槽的使用时间。而分级淬火槽因含水多，热容量大，温度升高较慢，温度和成分的变化对其冷却速度虽有影响，但与工件淬火质量关系较小。只要分级槽中放一铁丝网，就可随时将盐渣、氧化皮清除。

三硝淬火冷却介质（过饱和）配方：NaNO₃25% + NaNO₂20% + KNO₃20% + 水35%。二硝淬火冷却介质配方：NaNO₃30% + NaNO₂20% + 水50%（均为质量分数）。

此外，为保证工件冷却均匀，在等温淬火槽中增加搅拌装置是十分必要的。硝盐槽应有排风装置。

（5）某厂对6mm厚65Mn钢板，900℃均匀热透，出炉后15s内在160t摩擦压力机上成形。这时犁壁约降温到800℃，可直接淬油。但最好预冷约10s，降到760℃左右垂直淬入水玻璃淬火冷却介质中（62HRC，可根据要求硬度回火）。淬火时曲面弧度呈张开趋势。只要稳定工艺，掌握变形量后，在热压模具上增加反变形量，即可使变形控制到允许范围。

淬火冷却介质的配制（质量分数）：Na₂CO₃11%～14%，NaCl 11%～14%先溶于水，测得波美度25～26°Be，再加入波美度40°Be的水玻璃20%～28%。这时水中有絮状凝胶偏硅酸（H₂SiO₃），再加入先溶于少量热水中的NaOH0.5%，凝胶消失，溶液波美度28°～35°即可使用。淬火冷却介质使用温度为20～80℃。使用中随时补充水玻璃和碳酸钠即可；除非出现絮状凝胶，一般无须补充NaOH。工件淬火后，应彻底清洗，再送回火。

14.2.3 圆盘的热处理

14.2.3.1 服役条件与失效方式

圆盘是耕耘机械和种植机械上的主要零件，安装到不同机具上分别用来切土、碎土、松土、开沟和切断留在土壤中的残根杂草等。在保护性耕作中，圆盘耙也常用于播种前的表土处理，以达到疏松土壤、除草灭茬、平整土地、提高表土地温、获得良好种床之目的。圆盘有平面圆盘和球面圆盘两类，见图14-17。平面圆盘有单面磨刃和双面磨刃两种；球面圆盘有圆边和花边（边缘带缺口或呈星形）两种。双面磨刃的平面圆盘用作铧式犁上垂直切土的圆盘刀；单面磨刃的平面圆盘用作播种机上的双圆盘式的开沟器。球面圆盘一般用于灭茬犁、圆盘耙、圆盘犁、栽植机，或作为播种机和栽植机上的划行器等。圆盘耙又有轻、中、重耙之分。轻耙用于在已耕地上耙后碎土；中耙用于耕后碎土或耙茬；重耙用于耕后碎土、耙茬、

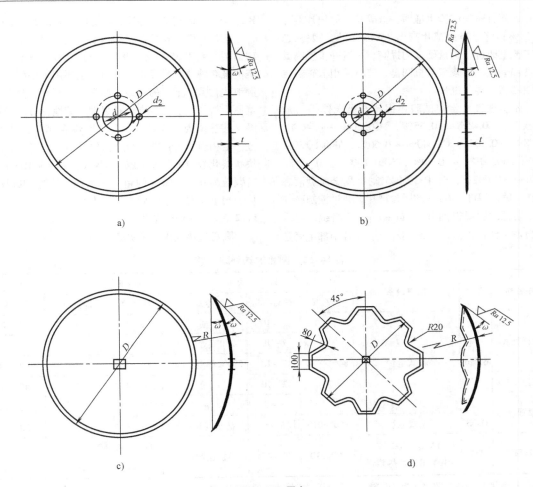

图 14-17　圆盘

a）单面磨刃平面圆盘　b）双面磨刃平面圆盘　c）圆边球面圆盘　d）花边球面圆盘

耙荒。水田耙多为球面缺口耙与星形耙。

　　圆盘虽有多种不同用途，但都是用作破土、平地和灭茬。所以圆盘主要是刃口及切入土壤的两侧刃面受砂石、根茎甚至还有铁片、钢丝等杂质的强烈磨损与冲撞，使刃口残缺，圆盘变形、破裂，直径逐渐变小。水田作业还有腐蚀磨损。如果作耙片用，当直径磨损到原来的 70%～75% 时，或缺口耙、星形耙的耙齿磨秃时，就应报废更新，否则耙片入土性能变坏，耙地深度变浅，碎土灭茬和耙地质量大为降低。

14.2.3.2　技术要求与选材

　　圆盘应具有足够的强度和韧性，还应有较高的硬度和耐磨性。JB/T 6279—2007 对耙片要求用 65Mn 钢制造，热处理后硬度为 38～48HRC，同一片上各点硬度差应≤7HRC。硬度测定部位为距耙片外缘 20～60mm 的环形圈内。水田耙片（厚 4mm，65Mn 钢）硬度为 40～48HRC。

　　由于圆盘有多种用途，其服役情况不同，除应有高耐磨性这一共性要求外，对韧性则应视用途和耕地情况作不同规定。如果过分顾及韧性而降低硬度，将导致耐磨性降低，脱土性变差。实践表明，种植多年的熟耕地，石块越来越少，用作划行器、开沟器的圆盘硬度可定得高些。西安农业机械厂生产的 65Mn 钢中频感应淬火开沟器圆盘，硬度为 58～62HRC，在陕北榆林砂砾地作业，地温仅 0～3.5℃。结果表明：厚度仅 2.5mm 的高硬度开沟器圆盘并未发生脆裂，而其磨损量则比 43～49HRC 和 53～58HRC 两对照组都低。中国农业机械研究院对 Q275 钢低碳马氏体淬火耙片（48～54HRC）和 65Mn 钢 270℃ 等温淬火 15min×180℃ 回火耙片（46～54HRC）与 65Mn 常规处理（840℃淬油 + 400℃回火，42～48HRC）耙片对比。结果表明，硬度较高的 Q275 低碳马氏体耙片和 65Mn 等温淬火耙片，不但冲击韧度都高于 65Mn 油淬耙片，而且田间试验也证明：低碳马氏体耙片寿命高出 15%；等温淬火耙片高出 35%。可见只要从选材和工艺上改进，圆盘硬度的提高，可进一步提高其耐磨性和韧性。地膜覆盖机圆盘，广泛采用低碳钢渗碳，硬度高，寿命也长。

哈尔滨理工大学曾试验钼铌铸态贝氏体钢（质量分数为：C0.45% ~ 0.55%，Mo0.30% ~ 0.40%，Nb0.08% ~ 0.10%，Cr0.40% ~ 0.50%，Mn0.80% ~ 1.00%，Si0.50% ~ 0.70%，RE0.10% ~ 0.15%，B0.001% ~ 0.003%，S、P≤0.045%），用金属型液态压铸法，铸成厚度为 6mm 的圆盘耙片。通过控制冷却速度，使耙片边缘得到 $B_下 + M + A_R + K$ 组织，空冷硬度为 48 ~ 50HRC，$a_K = 26.3 J/cm^2$，耙片中部主要是 $B_上$。与 65Mn 钢耙片相比，耐磨性约提高 29%。

国外对圆盘也广泛采用耐磨合金堆焊。俄罗斯的球面圆盘耙用 55 号钢为母材，刃口堆焊 Cr6V1 合金。美国某名牌牧草耕播机圆盘刀，主要用于耕翻多草潮湿地或粘重、干旱的草地，经常在多石块、多草根的草原上耕作，要求具有较高强度和韧性，刃口锋利耐磨。其基体为 50Mn 钢，刃口堆焊含 WC 的组合合金。金相组织为：共晶合金铸铁基体上均匀分布小方块状碳化物（Fe_3W_3C 或 Fe_4W_2C，约 2000HV），另有颗粒为 0.2 ~ 1mm 的粗大未熔 WC（约 2400HV）。从金相组织看，堆焊后未经淬火。

14.2.3.3　热处理工艺

圆盘的热处理工艺见表 14-12。

表 14-12　圆盘的热处理工艺

零件名称	牌号	加热设备	淬　火			回　火		硬度
			温度/℃	时间/min	冷却	温度/℃	时间/h	HRC
旱田耙耙片	65Mn	箱式电炉	840 ~ 860	7 ~ 10	油	370 ~ 430	1	42 ~ 49
				7 ~ 10	250℃等温 1h	400	3	42 ~ 45
				7 ~ 10	280℃等温 15min	180 ~ 200	1	48 ~ 54
水田耙耙片				7 ~ 10	油	380 ~ 450	1	40 ~ 48
五铧犁圆盘刀	Q275	箱式电炉	890 ~ 910	3 ~ 5	油	370 ~ 430	1	42 ~ 49
				3 ~ 5	盐水（10%）	160 ~ 180	1	50 ~ 54
开沟器圆盘	65Mn	8kHz、100kW 中频感应加热装置	890 ± 10	40 ~ 45s	加压油淬	300 ~ 450	40 ~ 45s 加压	45 ~ 53
						200	40 ~ 45s 加压	53 ~ 62

注：1. 圆盘的制造工艺路线为：落料→钻孔→压形、淬火→回火→开刃。

2. 为防止变形，一般均应加压淬火（在压模中喷油、喷水淬火，等温淬火可不必）、回火。

3. 65Mn 钢有回火脆性，中温回火后需快冷。

4. 有条件时，推荐 65Mn 耙片 270 ~ 290℃等温淬火，组织为 $B_下 + M$，综合性能最佳。

5. 开沟器圆盘中频感应加热，由压紧感应加热→压紧埋油淬火→压紧感应回火三部分组成热处理机床。回火加热时间与淬火加热同为 40 ~ 45s，通过调节功率，改变回火温度，以调整圆盘回火后硬度。

14.2.4　锄铲的热处理

14.2.4.1　服役条件与失效方式

锄铲是整地的重要机件。在保护性耕作中，常用深松铲取代铧式犁进行松土，也有将锄铲装在弹齿耙上作疏松土壤之用。在新实行保护性耕作的地块，因存在坚硬的原有犁底层，需进行深松，以打破犁底、加深耕层，而又不翻转土壤，并且基本不减少地表秸秆的覆盖量。在实施保护性耕作的头几年，也还要每 2 ~ 3 年深松一次。在中耕作业时也要用到除草铲、松土铲和培土铲。中耕锄铲一般深入土层下 3 ~ 10cm 作业。深松铲则需深入土层下 25 ~ 40cm 将犁沟下土壤疏松。在拖拉机带动下，锄铲深入土层，切开土堡，切断草根、残茬，铲松土壤。铲尖、铲刃受砂土残茬严重磨损，还可能遇到石块撞击损坏。其磨损情况与失效方式和犁铧相似，铲翼和培土板则与犁壁略同。深松铲还受较大振动，要有足够强度、刚度和耐磨性。

14.2.4.2　技术要求与选材

根据作业要求，锄铲可设计成不同外形，如凿（长条）形、箭（鸭掌）形等，见图 14-18。各种锄铲都应有较高的抗砂土磨损性能和一定的强度、韧性。松土铲和培土铲的性能要求类似犁铧，除草铲还要求有锋利耐磨的刃口。深松铲应有较高的抗震性能。各种锄铲都希望有良好的自磨锐效果和脱土性能。

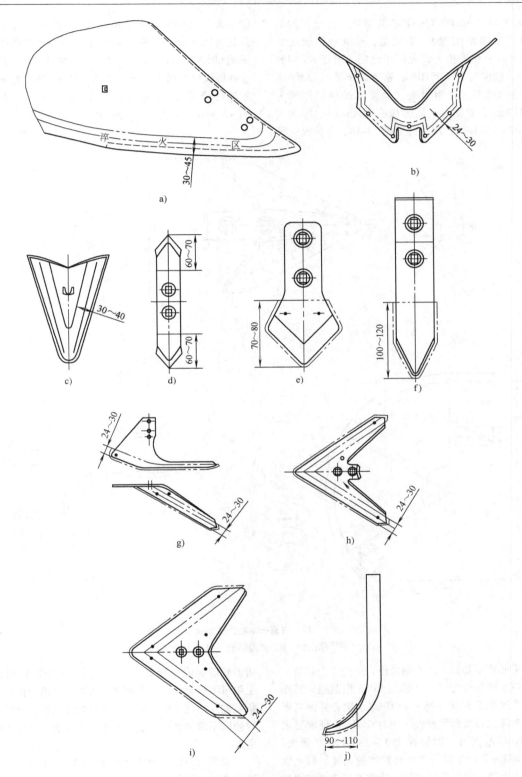

图 14-18　各种中耕锄铲及其淬火区

a)、b) 培土板　c) 培土器铲头　d) 双尖松土铲　e) 箭形松土铲　f) 矛形松土铲

g) 单翼除草铲　h) 双翼通用铲　i) 双翼除草平铲　j) 凿形松土铲

JB/T 6272—2007 对中耕机除草铲、松土铲的铲尖和培土板要求用 65Mn 钢制造，热处理后硬度为 42～53HRC；凿形松土铲允许用性能不低于 45 钢的钢制造，硬度为 38～45HRC；畜力锄铲可用 65Mn 钢淬火，或 Q215 普碳钢渗碳（单面渗的渗层深度为 0.8～1.2mm，双面渗的则为 0.6～1.0mm），淬火区硬度为 35～51HRC。淬火区见图 14-18。非淬火区硬度不大于 38HRC。该标准规定：一般铲柄可用普通热轧扁钢制造，可不经热处理；而 S 形和弧形弹柄应采用 60Si2Mn 钢制造，热处理后硬度为 37～43HRC，金相组织应无粗大晶粒。弹柄见图 14-19。此外，要求深松铲用 65Mn 制造，刃部局部淬火，淬火带宽 20～30mm，硬度为 48～56HRC。

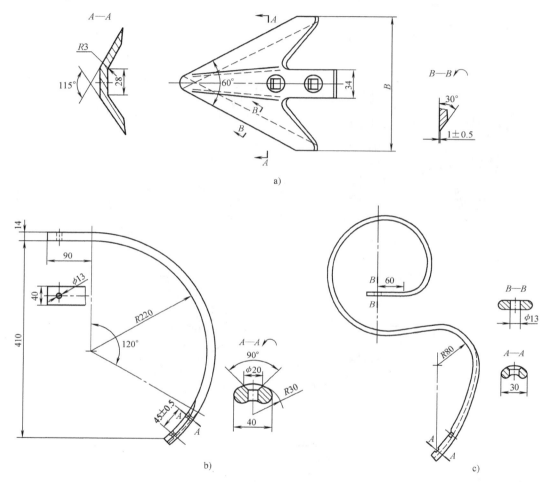

图 14-19　双翼形深松铲与弹柄
a）双翼形深松铲　b）弧形弹柄　c）S 形弹柄

中耕锄铲主要要求抗土壤磨损，所受冲击载荷一般说来较犁铧犁壁为轻，又都是 65Mn 钢制造，其硬度应和犁铧犁壁相同（48～60HRC），没必要提高回火温度来降低硬度和耐磨性。而且 65Mn 钢硬度要求 47～57HRC 范围时，就要在 250～380℃ 温度回火，这正是 65Mn 钢产生第一类回火脆性的温度。回火后不但硬度下降，脆性反而增加，违背了想提高韧性的初衷，也不利于节能和产品使用寿命。因此，对锄铲硬度可统一定为不低于 48HRC（如前所述，这是抵御砂粒磨损的最低要求），在保证回火充分情况下，上限可不作规定。对淬硬区也可放宽，但要保证与锄柄装配孔附近不脆。整个锄面有较高硬度，可保证非淬硬区不致被磨穿，也提高了脱土性能，降低了牵引阻力。

国外也有用 60Si2Mn 钢制造锄铲的。英国 M. A. Moore 等曾经试验用硬度与石英砂（1100HV）相近的 1050HV 和 1200HV 氧化铝[$w(Al_2O_3)$ 95%]，烧结成铲尖，用高温固化环氧树脂将这些氧化铝板状铲尖粘到软钢背衬垫板上,与几何外形相同、热处理到 500HV 的钢锄对比。田间试验表明:氧化铝铲尖刃口厚度磨损极微小,始终保持锋利,而铲尖长度方向的磨损仅为钢铲的 1/5 ~ 1/2。当锄铲受到较大冲击、氧化铝板碎裂崩去一角时,仍不影响使用,并且逐渐磨平,损伤处并未发现裂纹扩大的趋势。只要粘结牢固,氧化铝板上即使有贯穿性裂纹,还能继续工作。但当背衬材料发生较大变形,其前缘发生卷曲,以致石块或硬物能刺进氧化铝板与钢背衬之间,破坏

粘结面时,锄铲将损坏。

Moore 的试验给人启发。当批量生产时,烧结氧化铝陶瓷铲尖,成本并不比堆焊合金高,其寿命则提高很多。但要注意基体与刀刃磨损量应保持适当比例,才能出现自磨刃。低硬度软钢磨损快,强度低,这为磨薄了的前缘发生变形、卷曲,使硬物得以刺入,破坏粘结面,导致锄铲损坏创造了条件。

14. 2. 4. 3　热处理工艺

锄铲热处理工艺见表 14-13。

表 14-13　锄铲热处理工艺

零件名称	材料	淬火加热	淬火冷却	回火	硬度 HRC
中耕除草铲、松土铲	65Mn	840 ~ 860℃ 盐浴局部加热 3 ~ 4min	160 ~ 200℃ 硝盐等温 1h	180 ~ 200℃,1 ~ 2h	淬火区 ≥48 非淬火区 ≤38
			油淬	200 ~ 220℃,1 ~ 2h	
深层松土铲	65Mn	850 ~ 860℃ 盐浴局部加热 5 ~ 6min	160 ~ 200℃ 硝盐等温 1h	180 ~ 200℃,1 ~ 2h	
			油淬	200 ~ 220℃,1 ~ 2h	
中耕凿形松土铲	45	780 ~ 800℃ 盐浴局部加热 3 ~ 5min	10% 盐水-油	180 ~ 200℃,2h	
中耕培土板	65Mn	中频感应加热装置或箱式电炉(900 ± 10)℃热透[1]	压形,约 800℃局部油淬[2]	200 ~ 220℃,2h	
渗碳[3]或 CN 共渗锄铲	Q215	780 ~ 800℃ 盐浴局部加热 2 ~ 3min	10% 盐水-油	200 ~ 220℃,2h	
S 形、弧形弹柄	60Si2Mn	900 ~ 950℃ 箱式电炉加热 15 ~ 20min[1]	上压床,约 860℃入油淬火	500 ~ 550℃,1h 水冷	37 ~ 43

① 箱式电炉加热时,建议使用 QW-F1 钢材加热保护剂,不影响压形和油淬。

② 用宽口钳保护螺钉孔周围,夹着局部淬油。

③ 固体渗碳可用 BaCO$_3$10% ~ 15%、CaCO$_3$5% (均为质量分数)与木炭(约 5 ~ 10mm 颗粒)为渗剂,也可买配好的固体渗碳剂,装箱,于箱式电炉中(930 ± 10)℃渗碳,出炉开箱空冷。

(1) 锄铲热处理,推荐锄铲局部盐浴加热(小锄铲可高频感应加热)、等温淬火强韧化处理。由于锄铲较小,又仅部分加热,部分处在冷态,所以等温槽温度起伏变化较慢,操作起来比犁铧、犁壁容易。为此,事先根据每种锄铲定做钳口正好能盖住锄铲上装配螺钉孔周围的宽口钳。加热时用宽口钳夹住锄铲,在盐浴中靠手腕反复转动,交替加热锄铲左右两面铲刃和铲尖,待刃部到温,即可油淬或等温淬火。每次淬火完毕,钳口要洗净并干燥后再夹下一个工件加热。这时表 14-13 中所列加热时间可大大缩短,可经试验重新确定。若将盐浴温度提高到 900℃以上进行快速加热,这对水淬、油淬效果更好,但等温淬火则要注意高温 BaCl$_2$ 盐对硝盐槽的污染。钳口沾染的

硝盐决不能进入高温盐浴。

(2) 培土板或锄铲在箱式电炉中整体加热、压形后,则可用宽口钳夹着局部淬火。产量大时可用网带炉连续加热。

(3) 畜力中耕锄铲厚仅 3mm,大可不必用 Q215 钢渗碳淬火,可用 Q255 普通碳钢高温冲压成形后,直接在 10% (质量分数)盐水中低碳马氏体淬火,不经回火,便可使用。

(4) 锄铲渗碳,建议参照粉碎机锤片渗碳与碳氮共渗相结合工艺(见 14.4.2.4 节,图 14-31)。但将 890℃渗碳时间缩短为 2 ~ 2.5h,降温至 840℃碳氮共渗时间减为 1 ~ 1.5h。淬火后有效硬化层深度为 0.7 ~ 1.0mm (双面渗)。

14.2.5　旋耕刀的热处理

14.2.5.1　服役条件与失效方式

旋耕刀是旋耕机的主要零件。旋耕机随拖拉机一边前进,其水平刀轴一边旋转。安装在刀轴上的多把旋耕刀在滚动前进时不断犁耕农田,打碎土垡,切断残留根茬,并将土壤抛向后方,同时起到耕、耙和部分灭茬的作用。旋耕机在水稻和蔬菜种植以及塑料大棚耕作中广泛使用,大有取代犁和耙的趋势。

根据不同作业要求,旋耕刀可设计成不同形状,见图 14-20。旋耕刀前端主要用来碎土、灭茬、抛土和掺混,经常与土壤中砂石发生强烈摩擦磨损。在未经犁耕的坚实农田中耕作时,会受到很大的冲击和振动,刀尖和刀刃受冲击磨料磨损,若硬度过低,将很快磨损。刀柄是受冲击力矩最大处,处理不当,常在刀座安装处发生刀柄折断。刀柄强度不足,在受冲击时先扭曲或弯曲变形,改变了旋耕刀的几何形状与受力方向,最终导致断裂;也有少数旋耕刀发生刀尖和刀刃部分折断,这往往是淬火过热、回火不足、硬度过高或钢材存在折叠与严重夹杂等冶金缺陷所致。旋耕刀工作条件恶劣,寿命有待提高。

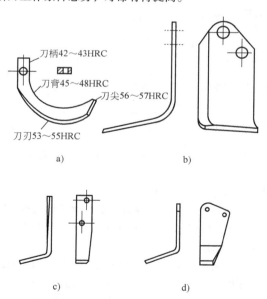

图 14-20　旋耕刀
a) 刀座式旋耕刀　b) 刀盘式旋耕刀
c) MⅠ型灭茬刀　d) MⅡ型灭茬刀

14.2.5.2　技术要求与选材

旋耕刀的刀尖、刀刃要求硬而耐磨,并有适当韧性。柄部则要求有足够强度和弹性、韧性,以抵抗变形和折断。因此,各国普遍选用弹簧钢制造,欧洲和日本用 60Si2Mn 钢居多。俄罗斯等国也有用复合钢材和耐磨合金堆焊的。

我国 GB/T 5669—2008 规定:旋耕刀和灭茬刀用 65Mn 或 60Si2Mn 钢锻压成形并热处理,刀身硬度为 48 ~ 54HRC,刀柄为 38 ~ 45HRC。

这一硬度要求不合理,无论 65Mn 还是 60Si2Mn 钢,刀身要达到 48 ~ 54HRC,都需经 250 ~ 420℃产生第一类回火脆性的温度区回火,硬度和耐磨性降低了,韧性并不能提高。

日本有人在砂土中试验表明:旋耕刀刃部硬度在 650HV(57.5HRC)左右磨损最轻,而柄部硬度高于 50HRC 会折断,低于 47HRC 则会弯曲。有人实测日本旋耕刀,硬度分布如图 14-20a 所示。所以,有的单位将刃部硬度定为 55 ~ 60HRC,柄部硬度定为 43 ~ 48HRC。这是考虑到有的农田土壤坚实,还可能有石块、砖头,其冲击力会高于砂地,而且即使发生少量弯曲变形,也总比突然折断为好。实践证明其效果较好。

14.2.5.3　热处理工艺

热处理工艺见表 14-14。

(1)旋耕刀一般经锻造或辊压成形然后热处理。如果利用锻造余热淬火,则应控制变形量、停锻温度和停留时间;也可重新加热淬火。60Si2Mn 钢脱碳倾向较严重,盐浴应认真脱氧。

(2)由于旋耕刀刃部和柄部硬度要求不同,所以要进行整体淬火,两次回火。淬火后及时低温回火,整体消除应力,然后对刀柄局部二次回火,降低硬度,提高韧性。二次回火在硝盐中进行。硝盐温度略高于按硬度要求的回火温度,进行短时间回火,以免刃部被烤热而降低硬度。加热时刀柄在盐面上下窜动几次,使高低硬度有一过渡区。65Mn 和 60Si2Mn 都有回火脆性,第二次回火后应在水或油中快冷。

(3)柄部回火时,柄部到刃部之间不可避免有一段处于第一类回火脆性的温度过渡区(250 ~ 400℃),在受到冲击载荷时可能折断。所以最好采用下贝氏体等温淬火处理。因下贝氏体回火脆性过程的发展比马氏体慢得多。

(4)有的单位试验用能铸成较薄零件、疲劳强度和韧性较好的中锰球墨铸铁(质量分数为:C3.2% ~ 3.4%,Si3.3% ~ 4.0%,Mn5.0% ~ 7.0%,加稀土镁合金球化)制造旋耕机刀片(弯刀),并经热处理(900℃×40min 油淬 + 350℃×60min 回火),得到 M + B + A_R 和球状石墨的组织,获得满意的效果。

表 14-14　旋耕刀热处理工艺

| 材料 | 盐浴加热淬火 | | | 硝盐等温淬火 | | 回　火 | | | | | 硬度 HRC |
	温度/℃	时间/min	冷却	温度/℃	时间/min	次序	设备	温度/℃	时间/min	冷却	
65Mn	840 ~ 850	10 ~ 15	油	—	—	1	油浴或硝盐浴[②]	200 ~ 220	60	空冷	刃部 55 ~ 60
						2[①]		460 ~ 500	5 ~ 10	水冷	
60Si2Mn	870 ~ 880	10 ~ 20	油	—	—	1	硝盐浴[④]	240 ~ 270[③]	60	空冷	
						2		500 ~ 550	5 ~ 10	水冷	
65Mn	850 ~ 860	10 ~ 20	—	280 ~ 300	15	1	油浴或硝盐浴	200 ~ 220	60	空冷	柄部 43 ~ 48
						2		460 ~ 500	5 ~ 10	水冷	
60Si2Mn	870 ~ 880	10 ~ 20	—	270 ~ 300	15	1	油浴或硝盐浴	200 ~ 240	60	空冷	
						2		500 ~ 550	5 ~ 10	水冷	

① 刀柄因采取较高温度的短时间回火，故需经过试验来确定时间与温度。例如：先根据刀柄厚度估算回火时间需10min 才能保证热透，则回火温度可根据10min回火后，刀柄表面硬度在中、下限（如43~45HRC，这时心部会稍高）来确定。

② 油淬和油浴回火后必须彻底洗净，才能进入硝盐浴二次回火。以防油污进入，引起爆炸。

③ 可在带风扇的井式回火炉中回火。

④ 硝盐浴严防超温或局部过热。硝酸钾或硝酸钠单独使用时不得超过600℃，两种硝盐混合使用时不得超过550℃。不应用煤或焦炭加热，以防局部过热爆炸。易燃物不得进入硝盐。

14.3　收获与采集机械典型刀片的热处理

　　收获、采集机械刀片的切割对象主要是稻、麦、豆、黍类和玉米（整株切碎作青储饲料）与牧草，以及牛、羊毛等。由于作物和牛羊毛中沾附砂粒及硬夹杂物，还有硬似玻璃的植物硅酸体 SiO_2 磨粒，所以它们看似柔软，刀片却磨损严重。

　　耐作物磨损的农机刀片按切割方式可分为有支承的双刀（一动一定，或两个刀片相对运动互为支承）和无支承的单刀切割两大类。一般来说，有支承切割的定刀片磨损较轻，动刀片磨损较重。与切割土壤的耕地、整地机械刀片（如犁铧、耙片）不同，这些刀片大都要求很锋利，刃口尖薄，曲率半径很小。

14.3.1　剪毛机刀片的热处理

14.3.1.1　服役条件与失效分析

　　剪毛机结构略似理发推剪，由固定的下刀片和约3000次/min往复摆动的上刀片组成切割副，在加压状态下进行剪切。刀片外形见图14-21。

　　羊毛极细软，要求刀片十分锋利，上下刀片刃口必须紧密贴合才能顺利剪毛，所以刀片要适当加压。剪毛机刀片除具有卷刃、崩刃、刃口疲劳剥落、刃口的切削与凿削、刃面受磨粒划伤、刃面粘着磨损和腐蚀磨损等失效方式外，还会因操作不当，刀尖碰撞到羊角或剪毛机铁架上，而造成断齿报废。羊毛中的油

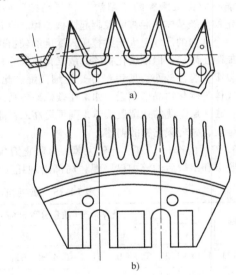

图 14-21　剪毛机刀片
a）上刀片　b）下刀片

脂又将砂粒、碎毛和杂质牢牢沾附在上下刀片的间隙中，一颗砂粒可以反复多次破坏刃口和刃面，加剧刀片磨损。故刀片常用热碱水清洗。这又造成腐蚀磨损。剪毛机刀片是各种刀具中服役条件最恶劣的。其最主要失效方式是：刃口崩刃、刃面划伤与粘着磨损。

14.3.1.2　技术要求与选材

　　从刀片失效分析可知，刀片刃口和刃面有不同的失效方式和组织与性能要求。

1. 性能要求 刃口要求高硬度并有足够韧性，以抵抗砂粒的冲击和抗接触疲劳；刃面则要求高耐磨料磨损性能，以抵御石英砂之类高硬磨粒的划伤；刀齿整体要有足够韧性，以避免在非正常碰撞时刀齿折断而提前报废。

淬火钢件表面硬度达 62HRC 时，有较高的接触疲劳和小能量多冲抗力，能有效抑制严重的粘着磨损。虽然还不足以完全抵御硬度高达 1100HV 的石英砂粒的划伤，但抗磨料磨损性能有很大提高。因此，刀片硬度取 62HRC 较为理想。在剪含粗砂粒少、冲击较轻的细毛羊时可取 63 ~ 64HRC，在剪含砂较重的羊毛时，取 61 ~ 62HRC 较好。

2. 金相组织要求 刃口的组织应该以高硬度的隐晶马氏体或细针状马氏体为主，有适量韧性好的残留奥氏体，没有或仅有少量分布均匀的细小碳化物，以提高抗崩刃能力；刃面则要求在马氏体基体上均匀分布数量适当、粗细搭配与基体结合牢固的碳化物，以提高抗划伤能力。在磨粒犁削刀面时，太细的碳化物不能有效抵抗磨粒的"犁沟"和"刨槽"破坏。细碳化物会随基体一起被磨粒翻起或被切掉。只有至少在一个方向的尺寸上大于磨粒压入深度的较粗碳化物才能阻止划伤。但细碳化物的弥散强化效果好，结合也较牢，脆性较小。所以最好是粗细搭配。此外，因奥氏体与碳化物晶形相近，如果在碳化物与马氏体之间存在一层薄薄的残留奥氏体，则可提高二者晶界结合强度，减轻碳化物的剥落。

3. 刀片的选材 刀齿十分尖薄，为防止刀尖加热时脱碳和出炉后油淬前已降温，局部出现托氏体，刀片都选用低合金工具钢。由于高合金工具钢利磨性差，难于很快磨出锋利刃口，不能满足现场剪毛要求，刀片也不能用高合金工具钢制造。

JB/T 7881.5《剪羊毛机刀片》技术要求中规定，刀片应采用 Cr04、Cr06（GB/T 1299—2000）材料或不低于其性能的其他材料制造；动（上）刀片硬度为 61 ~ 65HRC，定（下）刀片为 60 ~ 64HRC。原标准 NJ171 还推荐采用 T12J 材料并对热处理工艺作了介绍（见表 14-15）。从成分可知，这些钢碳含量较高，塑性较差，上刀片在热冲成形时容易脱碳和开裂。所以有的单位曾用 08F、20 钢钢板冷冲成形，然后进行气体碳氮共渗淬火。他们认为这样做消除了冲压废品，减轻了模具磨损，从经济上看是可行的。

14.3.1.3 热处理工艺

剪毛机刀片的制造工艺过程为：

热冲成毛坯→球化退火→机械加工→热处理→抛光→刃磨。

剪毛机刀片的化学成分与热处理工艺见表 14-15。淬火加热用盐浴炉，回火用油浴炉。有的单位用真空热处理炉淬火，质量较好，但热处理成本高，也不能解决原材料钢板存在的脱碳（包括热冲与退火脱碳）和碳化物偏析等缺陷，为此各单位研究了几种特殊处理工艺。

14.3.1.4 刀片特殊热处理工艺

1. 低碳钢冷冲成形碳氮共渗淬火 对上刀片用 08F 或 20 钢冷冲成形，机械加工后碳氮共渗淬火。下刀片仍用工具钢常规热处理。上刀片热处理工艺见表 14-16。

表 14-15 剪毛机刀片的化学成分与热处理工艺

牌号	化学成分(质量分数)(%)						淬 火		回 火		硬度
	C	Si	Mn	S、P	Cr	Mo	温度/℃	冷却剂	温度/℃	冷却	HRC
原 T12J	1.15 ~ 1.25	0.2 ~ 0.4	0.2 ~ 0.4	≤0.03	—	0.15 ~ 0.30	790 ~ 830	150 ~ 170℃硝盐分级淬火30s 或油淬	160 ~ 170℃	空冷	64
原 Cr04	1.15 ~ 1.25	0.15 ~ 0.35	0.3 ~ 0.5	≤0.03	0.3 ~ 0.5	—	800 ~ 830				64
Cr06	1.30 ~ 1.45	≤0.40	≤0.40	≤0.03	0.5 ~ 0.7	—	800 ~ 840				≥62

注：T12J 和 Cr04 资料摘自 NJ171。

表 14-16 上刀片热处理（低碳钢碳氮共渗淬火）工艺

设备	渗剂	强渗阶段	扩散阶段	淬火与回火	渗层深度	w(C)%	w(N)%	HRC
井式气体渗碳炉	煤油、尿素甲醇排气	860 ~ 880℃，90min	830 ~ 850℃，60 ~ 90min	出炉淬油，常规回火	单面≥0.45mm	0.9 ~ 1.10	0.2 ~ 0.4	≥63

2. 含氮马氏体化处理（简称 N.M. 处理） 利用氮能强烈扩大 γ 区的特性，对刀片渗氮，促使工具钢表层碳化物完全溶解，得到含氮马氏体加适量残留奥氏体的表层，心部仍为正常 M + K 组织，形成刃口无 K，刃面保留 K 的特殊金相组织（见图 14-22），兼顾了刃口不崩刃、刃面抗划伤的要求。刀片耐用度

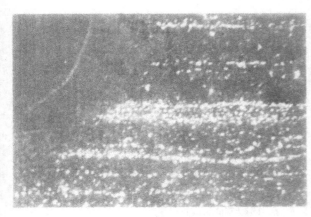

图 14-22 N. M. 处理刀片表层碳化物溶解，带状偏析消除 250×

大幅度提高。N. M. 处理工艺见表 14-17。

3. 姜块状索氏体化处理（简称 G.S. 处理） 对热轧后空冷获得细片状索氏体的工具钢板，在略低于 Ac_1 温度下，不太长时间的退火，使细片状碳化物不

完全球化，形成生姜块状索氏体，淬火组织中碳化物呈姜块状。从不同角度切开，其剖面均成细粒状或短条状，即使刃口受砂粒冲击崩刃，也只产生很小的缺口。而当砂粒划伤刃面时，由于姜块状碳化物与基体有很大包覆面（见图 14-23），结合牢固，弥散强化效果好，使砂粒压入浅，碳化物不易被翻起或切掉，从而提高了磨料磨损抗力。G.S. 处理工艺见表 14-18。

14.3.2 往复式收割机刀片的热处理

14.3.2.1 服役条件与失效方式

收割机刀片是谷物、豆、黍和牧草收获机械的主要工作零件，一般由动（上）刀片与定（下）刀片组成切割副，往复运动进行切割。也有上下刀片同时相对运动，完成切割作业的。根据工作要求，动刀片分光刃、上开齿纹刀刃和下开齿纹刀刃三种；定刀片也分梯形（Ⅰ型）和矩形（Ⅱ型）两种。刀片简图和硬度测定部位见图 14-24。

表 14-17 刀片 N. M. 处理工艺

设备	渗剂	温度/℃	时间/min	淬火	回火	金相组织	硬度 HRC
井式气体渗碳炉	三乙醇胺、尿素、甲酰胺等	760~850（根据钢号和所剪羊种选择）	15~60（根据渗层要求选择）	出炉直接淬油	150~180℃油浴 1~3h	表层 0.03~0.1mm 内碳化物完全溶解	61~64

表 14-18 刀片 G. S. 处理工艺

设备	索氏体化温度/℃	时间/h	冷却	硬度 HBW	淬火与回火	硬度 HRC
盐浴炉	710~720（在 Ac_1 以下 10℃）	1.5~3	出炉空冷	232~263	较正常淬火温度低 10℃，回火照常	62~65

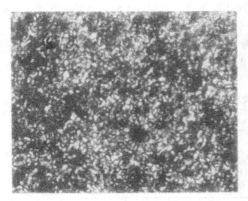

图 14-23 G. S. 处理后的姜块状索氏体组织 2250×

根据收割作物的不同，刀片服役条件有较大差

异。收割麦、黍和谷子时，籽粒成熟，茎叶枯黄干脆，沾附泥沙较少，刀刃即使不太锋利也能切割，刀片相对寿命较长，一个收获季节内可不用磨刀。收获水稻则不同，割茬要求较低，稻秆浸泡水中，韧性很高，刃口稍不锋利就割不动。贴近地面的稻秆上沾满泥沙，加之水稻茎叶中含植物硅酸体较高，所以刀片磨损很快，需要经常磨刀。而牧草收割季节是秋季草已成熟，尚未枯黄，营养价值最高时。这时纤维最粗，韧性最好。某些禾本科牧草含植物硅酸体也高。所以，要求刀片极锋利，一般几小时就要磨刀。我国基本都是天然草原，土地不平，石块较多，同一刀杆装着几十片刀片，有的刀片可能插入泥沙中或遇到石子和成束的坚韧草根，因而会出现刀片卷刃、小块崩刃、折断，甚至整片断裂报废。

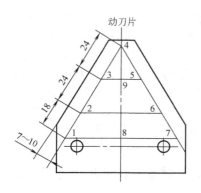
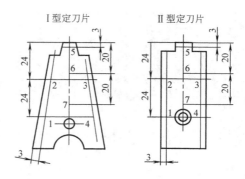

淬火部位：2、3、4、5 和 6 点　　　　　　淬火部位：1、2、3 和 4 点
非淬火部位：1、7、8 和 9 点　　　　　　　非淬火部位：5、6 和 7 点

图 14-24　收割机刀片简图、淬火区和硬度测定部位

收割机刀片的失效方式与磨损机理如前所述。其中带齿纹的刀刃在割较干的茎秆时，可看到明显自磨锐效果，但若齿纹设计不合理，由于秸秆的摩擦，会使齿纹逐渐磨成针形，最终折断。下开齿纹的动刀片割干草时也出现明显自磨刃，但草较湿则齿纹会被草浆糊住而不起作用。

动定刀片的间隙对切割也有重要影响。通过高速摄影看到：在割麦时，干而脆的麦秸是被切断的。收割水稻和牧草时，若动定刀片间隙稍大，柔韧的叶片先塞进动定刀片之间，然后撕裂而断。这增加了切割阻力，增加了动力消耗，也加快了刀片的磨损。但若将动定刀片中段间隙调小，则由于自重，刀尖就会发生粘着磨损。

14.3.2.2　技术条件与选材

GB 1209.3—2009 规定：收获机动定刀片可用 T9 钢等温淬火或 45 钢渗硼、20 钢和 15 钢碳氮共渗制造；淬火区硬度：光刃动定刀片为 50 ~ 60HRC，齿刃动定刀片为 48 ~ 58HRC，非淬火区硬度均不高于 35HRC；淬火区内不得有脱碳层。

实际生产中渗硼或碳氮共渗仅用于定刀片。动刀片渗后淬火变形大，很少采用。从环保角度看，渗硼也不应提倡。生产中还常用 65Mn 作为 T9 钢代用品，但从耐磨性看，过共析的 T9 优于 65Mn 钢。实践还证实，冷轧钢板碳化物细小，球化良好，晶粒较细，脱碳层薄，制成的刀片质量高。

国外大量生产的收获机刀片所用材料与我国相似，多为高频感应淬火。美国有人认为等温淬火后组织为 M 与 $B_{下}$ 各 50%（体积分数），既可达 61 ~ 62HRC 高硬度，又有较高抗冲击性能，可使割草机刀片寿命提高 1 ~ 2 倍。欧美国家有的齿刃刀片用约 50 号钢制造，淬火硬度低于 50HRC，大约是为了产生自磨刃。为防锈蚀和美观，有的刀片表面镀铬，厚约 0.01mm。对割草机刀片，日本有用复合钢材生产的；美国用铬基合金堆焊，据说可提高寿命 2 ~ 5 倍；俄罗斯用高频感应渗硼，得到的是共晶组织，其韧性比硼化铁高。

14.3.2.3　热处理工艺

国内各厂均采用高频感应加热，等温淬火工艺。现将海拉尔农牧机械厂飞鹿牌刀片热处理工艺介绍于表 14-19。该工艺等温淬火时间可缩短到 20 ~ 30min，得到 $B_{下}$ + M 组织，耐磨性会更好。等温淬火槽铁丝料筐可调整为 5min 转动一次，每 30min 转完一圈，取出一筐刀片。

表 14-19　刀片热处理工艺

| 材料 | 淬　　　火[①] | | | | 回　　火 | | 硬度 |
	设备	预热温度/℃	淬火温度/℃	冷　　却[②]	温度/℃	时间	HRC
T9	GP60 高频感应加热装置	570 ~ 600	880 ~ 900	230 ~ 250℃ 硝盐 60min	220 ~ 240	60min	55 ~ 58
65Mn				260 ~ 280℃ 硝盐 60min			53 ~ 57

① 高频感应加热时刀片采用人工上料，自动推进。淬火加热两个并联感应圈，第一感应圈用于预热，进入第二感应圈完成最后加热。预热与加热共约 3s。加热完毕刀片自动落入等温淬火槽内。

② 硝盐等温淬火槽内放 6 个铁丝料筐，由电动机带动每 10min 转 60° 角，60min 转完一周。取出筐内刀片，空冷到室温后热水清洗。

梅敦等对割草机刀片耐磨合金喷涂作了系统试验，其结果表明：

（1）刀片基材以 65Mn 较好。

（2）采用中国矿冶研究院生产的合金粉末，2/3 Ni60 + 1/3（Ni - WC）粉末，用氧乙炔火焰喷涂于刀片底面。喷涂层厚以 0.08 ~ 0.13mm 为好。

（3）刀片喷涂后经 820℃淬油，250℃回火 30min。基体硬度为 53 ~ 54HRC，喷涂层约 62HRC。这样耐磨层与基体磨损率之比最合适，刃口厚度可较长时间保持 0.08 ~ 0.11mm 之间，实现了自磨刃。

该工艺由于是手工喷焊，若要大批量生产，尚需解决机械化、自动化问题。

14.3.3　秸秆和根茬粉碎还田机刀片的热处理

农作物秸秆与根茬中含有大量氮、磷、钾及微量元素，还有丰富的有机质，这是无机化肥所不具备的。前茬农作物收获之后（或同时），通过秸秆粉碎机将作物地面上的秸秆切碎覆盖农田；用灭茬机将地面下的根茬切碎还田，以减少农田水分蒸发，土地沙化，促进根茬在土壤中熟化腐解，形成新鲜的腐植质，提高土壤有机质含量，改善土壤理化性质，实现保水、保土、保肥之目的。这是保护性耕作的极重要环节，而刀片则是粉碎机灭茬机的关键件、易损件。

14.3.3.1　服役条件与失效方式

秸秆切碎装置可以是谷物联合收割机中的一部分，在收割作物同时，将秸秆切碎还田，也可以分别单独作业。切碎机和灭茬机的切碎机构有两种：一是将动刀片装在旋转刀盘上与固定刀片组成切割副，将喂入的秸秆切碎；另一种是刀片装在刀轴上，靠离心力使刀片甩出，砍切秸秆根茬。其主要工作部件都由刀轴（刀盘）、刀座和刀片等构成。工作时刀轴通常以 1600 ~ 2000r/min（灭茬机较慢，约 500r/min）高速转动，带动刀片以砍、切、撞、搓、撕的方式将秸秆、根茬粉碎，刀端线速度 > 34m/s。刀片有直形、L 形、Y 形、T 形和锤爪形，如图 14-25 所示。锤爪形刀片重量重，作业时转动惯量大，以冲击砸碎为主，剪切撕裂为辅，适于粉碎玉米等硬质秸秆，用于大型秸秆还田机上，多用高强度铸钢制成。其余几种刀片都以打击和切割相结合，用 65Mn 之类弹簧钢制造，经热处理后使用。其中 T 形刀片，既有横向切割刃，又有纵向切割刃，在切碎的同时还通过刀柄的刃部将茎秆打裂，适用于硬质秸秆及小灌木的粉碎切割

作业。

根茬粉碎还田机往往将粉碎根茬与打松地下土壤结合，将作物根茬粉碎后直接均匀混拌于地下 10 ~ 20cm 的耕层土壤中。玉米根茬杆径 2.2 ~ 2.6cm，地面留茬高约 10cm，主根下沉深度约 5 ~ 6cm，根须在地下呈灯笼状分布，聚积成 $\phi20 ~ \phi28cm$ 的土壤大团。所以，根茬粉碎机刀片载荷远比秸秆粉碎机重。特别是在破碎玉米等粗大根茬时刀片受泥土中石英砂等磨料磨损，又受到由须根团聚成的大土块的冲击磨料磨损，农作物秸秆根茬细胞本身也都含有植物硅酸体硬颗粒，所以刀片磨损消耗很快。据统计，一般小麦根茬粉碎还田机的单刀作业面积约为 70hm²，而玉米根茬粉碎还田机的单刀作业面积仅为 40hm²。

此外，切碎秸秆或破碎根茬时常常遇上混入的粗砂粒、小石子、破碎钢铁件等，轻则崩刃，重则断裂。甩刀作业受冲击较大，刀片更易断裂。

14.3.3.2　技术要求与选材

刀片除要求高硬度、高耐磨外，还要有足够强度和韧性，以防断裂、崩刃。切碎粗而表皮硬的玉米、高粱等茎秆、切割阻力大的秸秆时，刀片强度应有保证；而甩刀刀片对冲击韧度的要求很高。有人测定 4JF-150 型秸秆还田机甩刀，其 a_K 值应 $\geq155J/cm^2$。

根据服役条件和技术要求，对刀盘式有支承切割的动、定刀片可用碳素工具钢或 65Mn 制造；甩刀刀片则常用 65Mn 或 50CrVA 弹簧钢生产，并经等温淬火提高韧性。

南方气候潮湿，稻草沾附泥沙较重，韧性特好，难切断，刀片易锈蚀。北京钢铁研究院和上钢五厂曾选用 G8Cr15 中碳轴承钢 [w（C）0.75% ~ 0.85%，w（Si）0.15% ~ 0.35%，w（Mn）0.20% ~ 0.40%，w（Cr）1.30% ~ 1.65%，w（S）≤0.02，w（P）≤0.027] 制成刀片，取得很好效果。无论刀片锋利度还是耐磨性，均大幅度超过 45 钢渗硼刀片，用铬钢防锈性能也得到改善。

原 JB/T 9816 对甩刀式切碎机切碎刀片（图 14-26）要求用 65Mn 钢制造，刃口硬度为 44 ~ 50HRC。这一硬度显然偏低，可能是为获得高韧性，而牺牲一点耐磨性之举。而为达到这一硬度，65Mn 钢就要在第一回火脆性温度区（250 ~ 400℃）回火，是不合理的。我们推荐等温淬火，耐磨性和韧性均高得多。

14.3.3.3　刀片热处理工艺

秸秆与根茬切碎刀片热处理工艺见表 14-20。

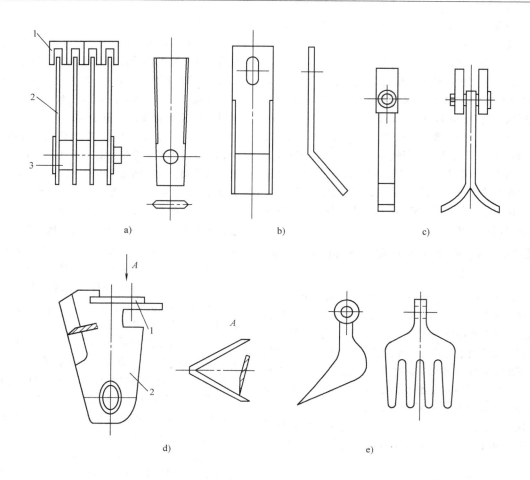

图 14-25　几种秸秆、根茬粉碎还田机刀片
a) 直形刀（1—定刀　2—动刀　3—轴销）　b) L 形刀　c) Y 形甩刀
d) T 形刀（1—横刀片　2—纵刀片）　e) 锤爪形甩刀

表 14-20　秸秆与根茬切碎刀片热处理工艺

| 刀片类别 | 淬　火① | | | | 回　火 | | 硬度 |
	设备	温度/℃	时间/min	冷却	温度/℃	时间/min	HRC
T8Mn 动刀片	盐浴炉	780 ~ 800	2	油淬	180 ~ 200	60	55 ~ 60
T8Mn 定刀片	盐浴炉	780 ~ 800	2	油淬	150 ~ 170	60	56 ~ 62
G8Cr15 动刀片	盐浴炉	830 ~ 850	2 ~ 3	油淬	150 ~ 170	60	60 ~ 63
65Mn 甩刀刀片 （6 ~ 8mm 厚）	盐浴炉	830 ~ 840	3 ~ 4	270 ~ 290℃硝 盐等温 30min	200 ~ 220	120	54 ~ 58
	箱式电炉②	830 ~ 840	8 ~ 10				

① 淬火前应将原材料表面氧化脱碳层除净。

② 用箱式电炉加热时，刀片需涂硼酸防氧化脱碳：刀片彻底脱脂后，放入硼酸（不是硼砂）饱和水溶液中煮沸 1 ~
　 2min，取出，干燥后入炉加热。

原 JB/T 9816 推荐 65Mn 刃口高频合金粉末堆焊强化，工艺是：高铬耐磨合金粉堆放刀刃上，高频加热熔焊，合金层厚 0.3 ~ 0.8mm。金相组织为 A + M 基体上弥散分布 Cr_7C_3 等碳化物。热处理后硬度：母材刃口硬度

≥40HRC，堆焊层为 50～60HRC。刃口应在堆焊层的反面即母材上开刃，可产生自磨锐效果。中国农业机械研究院工艺材料所经多次试验，最后推荐一种价格较低、耐磨性高、韧性好的铬铁基合金粉末，化学成分是：$w(C)3\%～5\%$，$w(Cr)15\%～30\%$，$w(Mo)2\%～6\%$，$w(Mn)0.5\%～1\%$，$w(Si)0.4\%～1\%$，其余为 Fe。高频加热堆焊温度：1270～1350℃。堆焊层组织为：奥氏体 + 马氏体基体（55～56HRC）上弥散分布着大量（Cr，Fe）$_7C_3$ 碳化物（1400～1800HV）和不连续分布的共晶碳化物（900～1300HV）。堆焊后刀片淬火→回火至 45～50HRC，可较长久保持自磨刃状态，耐用度提高 2～3 倍，工作效率提高 12%，油耗降低 12%。

郝建军、马跃进等用氩弧熔覆 Ni60A 耐磨合金粉末于废弃的甩刀刃口进行修复，在含砾石的砂壤土粉碎玉米根茬，刀片寿命比 65Mn 淬火回火刀片提高 2～4 倍。每修复一片甩刀用粉 20g；也可以用 Ni60 + WC（质量分数为 35%）耐磨合金粉末以氧乙炔火焰喷焊。乙炔流量为 1000L/h，喷涂长度为 40mm，刀片先经 400℃预热。

14.3.4　铡草和青饲料切碎刀片的热处理

14.3.4.1　服役条件与失效方式

铡草机和青饲料收获与切碎机统称为粗饲料加工机械。习惯上将用于切碎牧草、谷草、稻草、麦秸和玉米秆的机具称作铡草机，而将切碎青饲牧草和青储饲料的称为青饲料切碎机。小型铡草机主要用于铡草；大型的主要用于切碎青储饲料；中型铡草机则铡草和切碎青饲料两用。其切割部分主要有滚式切刀和盘式切刀两种。小型切碎机多用滚刀；大中型切碎机多用盘刀。两种切割装置均属有支承切割。

滚刀式切割器由安装 2～6 片动刀片的滚筒和底刃板（定刀片）组成。动刀片分螺旋刃口和直线刃口两种（见图 14-27a、b），刀片刃口必须和底刃有 18°～30°倾角，才能合理配合完成切割作业。动刀和底刃保持 0.2～0.6mm 间隙，切细软草料时小，切粗硬作物时大。盘刀式切割器刀盘是一个圆盘或刀架，上面安装 2～3 片动刀片。动刀片刃口呈凹凸曲线或直线形（见图 14-27c、d、e）。动刀片与底刃板间隙 0.5～1mm。

刀片主要受作物自身的植物硅酸体和沾附泥沙的磨料磨损，还可能遇到夹杂较粗砂粒、石子、铁丝的冲击而崩刃，也有一些腐蚀磨损。

14.3.4.2　技术要求与选材

铡草和切碎刀片要求刃口锋利、高硬度和高耐磨性，并有良好的利磨性，还要有足够的韧性和整体强度。设计时已注意到让切刃逐渐切入，所以切割比较平稳。从提高耐磨性考虑，设计上常选用 T9 或 65Mn 钢制造刀片，也有用 Q235 钢为刀体，刃口镶焊 65Mn 钢的。刃口淬火带宽 20～30mm，硬度为 58～63HRC，非淬火带硬度 ≤38HRC。刃口磨锐后厚度 ≤0.2mm，刀面角为 16°～26°。

14.3.4.3　热处理工艺

刀片厚度为 3～8mm，刃口局部淬火。最好采用感应加热或盐浴局部加热。如果在箱式电炉整体加热局部淬火，则淬冷带要适当加宽，冷却时上下窜动，以免因热传导致使刃口部位冷速不够而产生软点。淬火后应立即送油浴炉回火。

刀片一般均采用单面开刃。为确保刃口具有高耐磨性，应将刀片非开刃一面的氧化脱碳层（包括原材料带来的）彻底除净，以免卷刃。

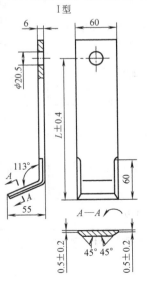
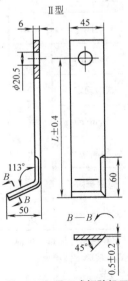
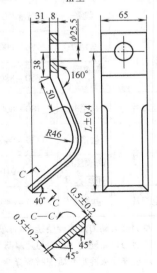

图 14-26　甩刀式切碎机刀片

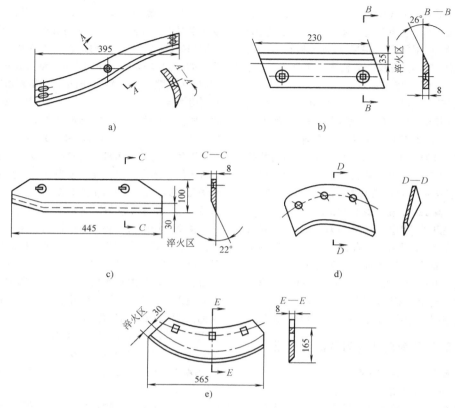

图 14-27　几种常用切碎机刀片
a）螺旋刃口滚式切刀　　b）直刃口滚式切刀　　c）直刃口盘式切刀
d）凹刃口盘式切刀　　e）凸刃口盘式切刀

切碎机刀片热处理工艺见表 14-21。刀片也可用耐磨合金堆焊强化工艺。详见 14.3.3 节。

表 14-21　切碎机刀片热处理工艺

刀片类别	淬　　　火				回　　　火		硬度 HRC
	设备	温度/℃	时间	冷却	温度/℃	时间/h	
T9 钢动刀片	盐浴炉	780~800	0.5min/mm	油或水玻璃淬火冷却介质	180~200	1	58~61
	高频感应加热装置	850~880	试验确定				
T9 钢定刀片	盐浴炉	780~800	0.5min/mm		150~170	1	60~63
65Mn 动刀片	盐浴炉	830~840	0.5min/mm		180~200	1	58~61
	高频感应加热装置	880~910	试验确定				
65Mn 定刀片	盐浴炉	830~840	0.5min/mm		150~170	1	60~63

注：1. 单面开刃动刀片淬硬层达 1mm 即可，可用高频感应加热、油淬；定刀片和两面开刃动刀片必须淬透，以保证刃磨后刃口高硬度。可视刀片厚薄采用油或水玻璃溶液淬火。
　　2. 水玻璃淬火冷却介质配制参看 14.2.2 3(5) 节。

14.4 农产品加工机械典型零件的热处理

14.4.1 脱粒机弓齿、钉齿与切草刀的热处理

14.4.1.1 服役条件与失效方式

脱粒机是用于将粮食籽粒从茎秆上剥离的装置。弓齿、钉齿和切草刀是脱粒机的主要易损件。脱粒机主要由脱粒滚筒和滚筒凹板组成。当一束稻或一捆麦喂入脱粒滚筒时，靠滚筒和凹板上的弓齿或钉齿对谷物穗头的冲击、梳刷和揉搓作用完成脱粒。切刀则用来切断被滚筒带入凹板内的茎秆，避免缠草现象，防止滚筒堵塞。由于作物茎秆沾附泥砂，谷物细胞中又富含植物硅酸体［稻壳中含量可高达20%（质量分数）］，因此弓齿、钉齿和切草刀受强烈磨料磨损。

根据脱粒机工作情况，弓齿又分梳整齿、加强齿和脱粒齿，都用φ5mm钢丝弯制成不同形状，其中脱粒齿齿形最高，齿顶较尖，见图14-28a。切草刀刀片常用3~4mm厚钢板制成，见图14-28b。刀片淬火后磨出刃口。钉齿根据不同机型设计成各种形状，见图14-29。

14.4.1.2 技术要求与选材

弓齿、钉齿和切草刀都应具有高硬度、高耐磨性，同时要有足够强度和韧性。原JB/T 7868—1995规定：脱粒齿和加强齿用φ5mm65Mn钢制成，淬火硬度为45~55HRC；加强齿内齿可用45钢制成，淬火硬度为35~45HRC。

玉米脱粒机常用球顶方根的钉齿脱粒，用低碳钢渗碳淬火，硬度为56~62HRC。

14.4.1.3 热处理工艺

弓齿、钉齿和切刀热处理工艺见表14-22（均局部加热淬火）。

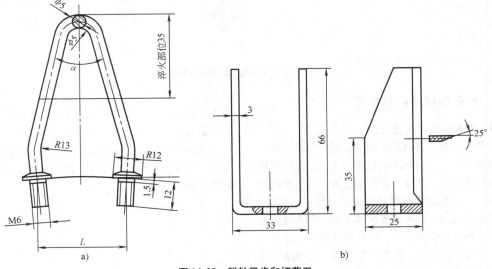

图14-28 脱粒弓齿和切草刀

a) 弓齿　b) 切草刀

表14-22 弓齿、钉齿和切刀热处理工艺

零件名称	材料	淬火				回火		硬度
		设备	温度/℃	时间/min	冷却	温度/℃	时间/h	HRC
弓齿	65Mn	盐浴炉	840±10	3	油	230~250	1	50~55
加强内齿	45		800~830	3	水-油	350~400	1	40~45
切草刀片	65Mn		840±10	2	油	200~250	1	55~60
钉齿	35		860~880	2~4	盐水	150~170	1	50~55
玉米脱粒钉齿	Q235渗碳 1~1.2mm[1]	渗碳炉[2]	780±10	2~3	水-油	180~200	1	56~62

① 可用气体或固体渗碳，亦可碳氮共渗。碳氮共渗工艺参见14.4.2.4节和图14-31，但将890℃渗碳时间缩短为3h。

② 可渗碳后出炉预冷淬火，亦可盐浴炉二次加热淬火。

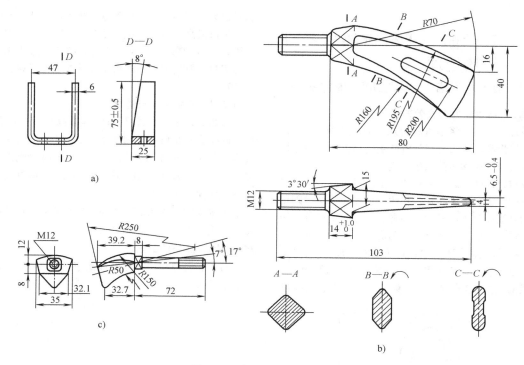

图 14-29　各种形状的脱粒钉齿

14.4.2　粉碎机锤片的热处理

14.4.2.1　服役条件与失效方式

锤片是锤片式饲料粉碎机的主要粉碎零件,有时也用于粮食加工。全国每年消耗数亿片,是农机零件中消耗钢材最多的。作业时,需加工的物料与线速度达 50～60m/s 高速旋转的锤片相撞击,物料打碎后,细粉通过筛片漏出,较大颗粒被筛片或白口铁铸成的齿板弹回,再度被锤片击碎。锤片则受物料的反复冲蚀磨损。工作一段时间,锤片一角磨秃,可掉换一面或掉头使用,直到 4 个呈 90°的棱角均磨秃即告失效。

锤片及冲击角的变化如图 14-30 所示。作业开始时,物料对锤片的冲击角 $\theta_0 = 90°$,随作业时间的推移,棱角逐渐磨圆,θ 角也逐渐变小。而同一时刻锤片各点上的冲击角也不同,越接近顶端 θ 角越小,($\theta_1 < \theta_2$)。θ 变化,锤片磨损机理也发生改变。扫描电镜分析表明:物料打到新锤片上,$\theta_0 = 90°$ 时物料中的硬质点(夹杂的砂粒或籽壳中的植物硅酸体等)将造成锤片表面塑性变形,出现凹凸不平的冲击坑。材料也将产生冷加工硬化,渐次变脆而剥落。随着锤片尖角变钝,θ 角变小,垂直冲击坑逐渐变成斜向的凿削坑。甚至磨粒还在表面滑动一段,形成微观犁削的划痕。物料冲蚀材料表面时,磨粒运动前方

的材料受到压应力,而其划过的后方则给材料留下拉应力。所以,在冲击坑、凿削坑的尾部常留有横向裂纹,脆性材料更加明显。当 θ 接近 30°时,磨损几乎全变为犁削。锤片韧性较好时,磨损以微切削和凿削为主;脆性较大时,则以脆性材料或材料中的脆性相断裂而造成材料的流失。

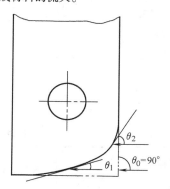

图 14-30　锤片及冲击角的变化

物料中的淀粉等软磨料,虽不能对锤片造成冲击坑、凿削坑和划痕,但大量磨料的撞击也使锤片表面产生应力疲劳。同时,软磨料的细粉会填塞在硬粒留下的坑及划痕中,等于给锤片敷上一层软垫,虽然减轻磨损,却大大降低粉碎效率,需要更换一角再用了。

14.4.2.2　技术要求与选材

锤片主要应耐磨料冲蚀磨损，还要有一定的强度和韧性。万一使用中断裂，必将齿板筛片打碎甚至损坏设备。

JB/T 9822.2—2008 规定：锤片用 65Mn 钢局部淬火回火，硬度为 50～57HRC；或 10、20 钢渗碳淬火，硬度为 56～62HRC。有效硬化层：厚 3mm 的锤片，有效硬化层深度为 0.3～0.5mm；厚 5mm 的锤片，为 0.8～1.2mm。安装孔周围 10mm 内硬度≤28HRC。实际生产中锤片的用材与热处理有以下几种：

（1）65Mn 钢两端淬火或高频淬火。

（2）20 钢或 Q235 钢渗碳或碳氮共渗淬火。据分析，有的国外锤片即为 20Cr 钢碳氮共渗淬火。

（3）45 钢渗硼或 Q235 钢先渗碳再渗硼，以提高过渡层硬度，使渗硼层得到较有力的支持。

（4）45 钢调质（22～28HRC）后在 4 个角上堆焊耐磨合金。

（5）Q235 钢锤片浸渍到熔融的高铬铸铁中，表面浸挂一层耐磨铸铁，再进行正火，以获得较好的强韧性配合。

从使用情况看，凡经表面强化处理的锤片均比整体淬火的好。主要原因是：

（1）无论经哪种表面硬化处理的锤片，除工艺不当脆性极大者外，其四角都较耐磨，能较长时间保持接近直角状态。而锤尖是线速度最高处，对饲料粉碎能力最强，延长 $\theta = 90°$ 的时间，粉碎机效率就大大提高。

（2）当锤片磨损，露出基材时，较软的基体容易磨凹，其两侧表面硬化层磨损慢而凸出，这时锤片因自磨锐效果而形成两个刀刃，提高了粉碎机效率。

渗硼锤片耐磨性高，也容易形成自磨锐的刃口。但渗硼层脆，碎屑带尖锐棱角，混入饲料或粮食中，在对人、畜的安全性未作出肯定结论之前，不宜推广。

14.4.2.3　热处理工艺

锤片常规热处理工艺见表 14-23。

表 14-23　锤片热处理工艺

工艺种类	化 学 热 处 理				淬 火				回 火		硬度 HRC
	设备	渗剂	温度/℃	冷却	设备	温度/℃	时间	冷却	温度/℃	时间/h	
气体渗碳	井式渗碳炉	煤油	920～930	通水的冷却罐中空冷	盐浴炉	780～800	0.3～0.5 min/mm	水淬油冷	160～200	1	58～62
碳氮共渗	井式渗碳炉	煤油＋氨	850～870	通水的冷却罐中空冷	盐浴炉	780～800	0.3～0.5 min/mm	水淬油冷	160～200	1	58～62
固体渗碳	箱式电炉	固体渗碳剂	920～930	开箱摊开空冷	盐浴炉	780～800	1～1.2min /mm	水淬油冷	160～200	1	58～62
固体渗碳					箱式电炉	780～800	1～1.2min /mm	硝盐 30min 空冷	160～180	1	54～58
65Mn 淬火	—	—	—	—	箱式电炉	850±10	1～1.2min /mm	硝盐 30min 空冷	160～180	1	54～58
65Mn 淬火					高频感应加热装置	880～910	2～3s	油			56～62

注：1. 渗碳和碳氮共渗时间视渗层厚度而定。

　　2. 固体渗碳剂可买制备好的商品，请见本章表 14-13 注释。

　　3. 硝盐等温温度为 260～280℃，然后空冷到室温，清洗后回火，得到 $B_下 + M$ 组织。硝盐浴配方见本章表 14-8 注释。

14.4.2.4　锤片特殊热处理工艺

肖永志等对 Q235 钢锤片渗碳与碳氮共渗结合，然后再高频感应淬火，表层得到细针状含氮马氏体和少量残留奥氏体。生产考核证实，其寿命达到 20Cr 钢进口锤片水平。其热处理工艺曲线见图 14-31，并说明如下：

（1）Q235 锤片先在空气炉内于 300～400℃ 预热，这步必不可少。

（2）将渗碳炉先升温到 700℃，装入经预热的锤片，立即通氨气并滴甲醇排气。锤片随炉升温约 1h 可达 890℃。NH₃ 在 400℃ 以上可分解为活性 ［N］和 ［H］原子，［N］可渗入钢表面。当锤片表面达 600℃ 时，［H］可将锤片表面氧化膜还原，更加速 ［N］的渗入。渗氮后降低了表层钢的 A_1 点，扩大了 γ 区，在渗入一定量氮的同时，为下步渗碳打下基础。

（3）炉温到达890℃即停氨和甲醇（以免降低炉内碳势），改滴煤油渗碳4h，渗层约1mm厚。

（4）降温、通氨、滴煤油，在840℃碳氮共渗2h，这时渗层加深到约1.4mm，表面可形成适量碳氮化合物，以提高耐磨性。

（5）890℃渗碳心部组织尚未粗化，出炉空冷后心部相当于正火，韧性较高。若直接淬火，则表层马氏体较粗，韧性较差。

（6）共渗后锤片采用高频感应淬火：830~860℃，视锤片大小加热6~8s，喷水冷却3.5~6.5s，心部组织无变化。

（7）淬火后立即于160~170℃回火2h，硬度为60~64HRC，冲击吸收能量从共渗后直接淬火的6J左右，猛升至96~110J。

（8）如无条件用氨气，也可改滴溶解渗素的甲醇为共渗剂。

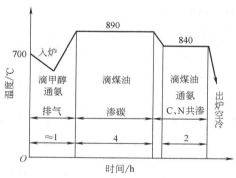

图14-31　锤片先渗碳后碳氮
共渗工艺曲线

14.4.3　筛片的热处理

14.4.3.1　服役条件与失效方式

筛片是粮食、油料和饲料加工中应用极广的零件，也用于种子清选和分级。服役中受谷物、饲料及夹杂的砂粒颗粒的撞击、摩擦而磨损，还要抵抗物料冲击变形和破坏。

锤片粉碎机用筛片见图14-32。筛片受高速飞射过来颗粒的冲击和冲蚀，既要让细粉漏出，又要将粗粒弹回，接受锤片再次击碎。筛片受到的是冲蚀磨料磨损。万一劣质锤片断裂，飞向筛片，则将筛片击破而报废。

碾米机中筛片呈圆弧形，又称瓦筛。在碾米室内，受运动着的米粒还有谷壳、砂粒在高压下的强烈挤压和摩擦，造成磨损。在热处理、校正、运输过程中，特别是安装到碾米机上时，经常受到敲击、板扭，因而筛片工作前已存在一定内应力，其失效方式

主要是磨损和断裂。

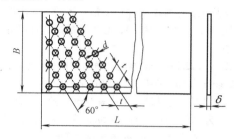

图14-32　粉碎机用筛片

14.4.3.2　技术要求与选材

因筛孔全都是冷冲成形，所以筛片普遍采用冷冲性能好的低碳钢板制造。粉碎机筛片工作中受物料的强烈摩擦和冲蚀、撞击，要有较高表面硬度和耐磨性，心部还要有较高强度与韧性。碾米机筛片较薄，除要求表面高耐磨性外，还要有足够的强韧性，以保证在承受较大安装应力和工作应力时不致断裂。清选用筛片工作载荷较轻，常用镀锌薄板制成，不经热处理就用。粉碎机和碾米机筛片必须热处理。圆弧筛片热处理后还要压平，作脆性检验；松开后检查，内外表面不得产生裂纹。

GB/T 12620—2008附录A中，对筛片热处理和技术要求有如下规定：

（1）碳氮共渗：表面硬度≥550HV0.1；渗层深度为70~170μm。

（2）氮碳共渗：化合物层硬度≥550HV0.1；化合物层深度为6~15μm；允许表面有不超过化合物层深度1/3的少量点状疏松。

（3）低碳马氏体处理：推荐用Q235或20钢低碳马氏体淬火，表层磨去0.15mm后检验硬度≥68HRA（约35.5HRC）；非马氏体组织≤5%（体积分数）。

14.4.3.3　热处理工艺

筛片热处理工艺见表14-24和图14-33。

14.4.4　颗粒饲料压粒机环模与压辊的热处理

14.4.4.1　服役条件与失效方式

颗粒饲料压粒机是用于将粗精饲料（如草粉、秸秆粉、鸡粪、谷物粉及营养添加剂）混合均匀，并压成颗粒以便于运输、储藏的机械。环模与压辊成副使用，其工作情况见图14-34。JB/T 5161.1—1999规定，压粒机环模内径为φ200~φ800mm，壁厚30~70mm，模孔为φ1~φ25mm或25mm×25mm与30mm×30mm方孔（小粒用于喂鸡、鱼和科研用小鼠，大粒用于大牲畜越冬或抗灾）。环模与压辊工作

时间隙仅为 0.1 ~ 0.3mm。混合好的粉状饲料送入环模，环模旋转时粉料进入间隙和模孔，带动压辊旋转，将粉料压入孔内，越压越紧，从模孔挤出时成为致密的条棒，经刮刀切断成颗粒饲料。

表 14-24　筛片热处理工艺规范与要求

筛片品种	设备	热处理工艺	回火工艺	组织与硬度
20 钢米筛	箱式电炉	（920 ± 10）℃ 加热 8 ~ 10min，w（盐水）10% 淬火	（160 ~ 180℃）× 1.5h①	板条马氏体，非马氏体 ≤5%（体积分数）。硬度为 38 ~ 45HRC
20 钢粉碎机筛片	气体渗碳炉	氮碳共渗，工艺曲线见图 14-33a	—	化合物层深度为 8 ~ 24μm，扩散层深度为 0.12 ~ 0.2mm，硬度 ≥500HV
Q235 钢米筛	气体渗碳炉	氮碳共渗，工艺曲线见图 14-33b	250℃ ×4h	表层 ε + γ′约 25μm，次表层含氮马氏体约 20μm，表层 45 ~ 100μm 内硬度为 800 ~ 1000HV

① 负荷较轻的筛片，低碳马氏体淬火后可不回火，其耐磨性更高。

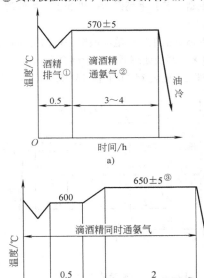

图 14-33　筛片热处理工艺曲线

a）氮碳共渗　b）奥氏体氮碳共渗淬火

① 排气阶段酒精量：RJJ-35 炉 4.8mL/min；RJJ-105 炉 5.6mL/min。

② 氮碳共渗阶段：RJJ-35 炉（如 RJJ-105 炉则用括号内数据）滴酒精 1.2mL/min（3.2mL/min），通氨气 420L/h（1000L/h），炉压 800Pa（1200 ~ 1400Pa）。

③ 650℃ 已在 Fe-C-N 三元共析点以上，故称奥氏体状态氮碳共渗。出炉油淬，次表层含氮奥氏体转变成含氮马氏体，其下是含氮铁素体过渡区，心部为铁素体和少量珠光体。250℃ × 4h 回火，至关重要，可使 ε-Fe$_{2~3}$（N、C）化合物层沉淀析出 γ′-Fe$_4$（N、C），硬度进一步提高，使 800 ~ 1000HV 的总硬化层达到 45μm 以上。

据实测，压粒时粉料含水约 13% ~ 15%（质量分数），压模和压辊温度 80 ~ 100℃。隔着粉料，二者在接触点上，环模内壁受最大张应力（接触点为压应力），而压辊壳体则受最大压应力。压强为 130 ~ 150MPa。周而复始，环模和压辊将发生接触疲劳磨损。模孔则受饲料的强烈磨料磨损。当环模内径变大，压辊外径变小时，可对间隙适当调整。但过度磨薄、失圆或模孔磨穿时，就要更换或报废。某些饲料和添加剂在蒸汽熟化时，会产生一些腐蚀性成分，使环模和压辊受腐蚀磨损。

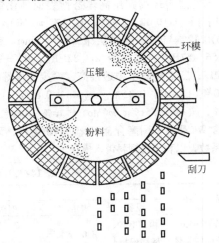

图 14-34　环模与压辊工作示意图

14.4.4.2　技术要求与选材

JB/T 6944.1—1999 对压粒模规定：环模材质应选用力学性能 R_m ≥600MPa、$R_{p0.2}$ ≥350MPa、a_K ≥50J/cm^2 的钢材制造。由于环模上要钻孔以千计、万计的小孔，所以材料应有良好的可加工性。热处理后还要有高耐磨性和足够的强韧性，因而环模常用低碳合金钢制造，加工后经渗碳强化处理。

JB/T 6944.2—1999 对压粒模压辊规定：压辊应选用 GCr15 钢或经鉴定确能保证性能的替代材料制造。环模与压辊热处理后性能要求见表 14-25。

环模和压辊热处理后均应清除氧化皮，并装机试运行。用带油的物料压粒，将模孔磨光，直到用不带油的饲料压制时出粒畅通为止。

表 14-25　环模和压辊技术要求

品种规格	表面硬度 HRC	深度/mm	检验要求	工作寿命
整体淬火环模 内径 <350mm 内径 ≥350mm	52~58 50~56	—	按圆周将环模三等分，每一部分至少取 3 点测定硬度，各部分硬度差≤4HRC	正常工况下不少于 600h
各规格渗碳环模	55~62	≥1.2		
整体淬火压辊	52~63	淬硬层≥4	三等分，各部测 2 点以上	不少于 300h

根据 JB/T 6944—1993 的要求，建议对小尺寸环模和较厚的压辊壳体采用 GCr15SiMn 钢（YJZ84）制造；尺寸较大的环模用 25MnTiB 或 25MnTiBRE 钢渗碳制造；对热喷涂 WC 的压辊壳体可用 42CrMo 钢生产。此外，贝氏体钢和贝氏体抗磨球墨铸铁也是有希望的新材料。

分析表明：丹麦产环模和压辊壳体均用不锈钢制造。正常工况下每生产 1t 产品，环模内径和压辊外径约磨损 0.005~0.01mm（压谷物磨损小，压草粉磨损大）。而美国产环模则用高淬透性表面硬化钢 AISI 9310 钢 [$w(C)$ 0.12%，$w(Cr)$ 1.58%，$w(Ni)$ 3.30%，$w(Mo)$ 0.12%] 制成，渗碳层深 1.5~1.6mm，表层硬度为 56~57HRC，基体为 30~32HRC，R_m = 1000~1100MPa；压辊壳体用淬透性高、焊接性极好的 AISI8630 钢 [$w(C)$ 0.32%，$w(Mn)$ 0.89%，$w(Ni)$ 0.53%，$w(Cr)$ 0.51%，$w(Mo)$ 0.16%] 制造，表面喷涂含 WC 颗粒的耐磨合金，既提高耐磨性，又加大摩擦系数，以利于将饲料带入模孔。

14.4.4.3　热处理工艺

环模制造工艺：毛坯锻造→机加工→热处理→清理及磨光。

压辊壳体制造工艺：毛坯锻造→机加工→热处理（淬火、回火或调质处理后喷涂耐磨合金）。

热处理工艺见表 14-26 和图 14-35。

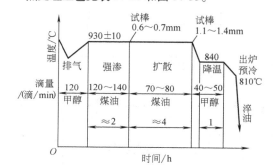

图 14-35　环模渗碳工艺曲线
注：每 100 滴 =4mL

表 14-26　环模、压辊壳体热处理工艺

品种	淬火				回火[6]		硬度
	设备	温度/℃	时间[3]	冷却	温度/℃	时间/h	HRC
GCr15SiMn 小环模或壳体	箱式电炉，硼酸保护[1]	830~840[2]	2~2.2 min/mm	带搅拌的油[4]或二硝淬火冷却介质[5]	150~180 油浴	2~3	60~63
GCr15SiMn 压辊壳体	盐浴炉	830~840[2]	0.7~1 min/mm				
42CrMo 壳体调质	盐浴炉	840~860	0.6~0.8 min/mm	油淬	550~570	2	32~38
25MnTiBRE 渗碳环模	RJJ-75-9 渗碳炉	渗碳工艺见图 14-35 油淬			180~200	2~3	56~62 渗层 1.2~1.5mm

① 详见本章表 14-20 注释。
② 如用 GCr15 钢，淬火温度为 840~850℃。
③ 淬火与回火均从炉温恢复到指定温度后开始计算保温时间。
④ 淬火用 2 号普通淬火油效果较好。或用 L-AN10 号与 L-AN20 号全系统损耗用油各半混匀，油温为 20~80℃，加搅拌。
⑤ 二硝淬火冷却介质配方：$w(NaNO_3)$ 30% + $w(NaNO_2)$ 20% + $w($水$)$ 50%，密度为 1.40~1.46g/cm^3，使用温度为 20~80℃，加搅拌。
⑥ 回火用 HG-24 号气缸油油浴、硝盐浴或在空气循环炉中进行。如在箱式电炉中回火，则取 3h，工件不得在炉内堆放。

14.4.4.4　不锈钢环模和压辊的热处理工艺

随着经济和技术的发展，国内外都越来越多地采用 30Cr13、40Cr13 不锈钢生产环模和压辊壳体。不锈钢不仅耐蚀性、强韧性和抗磨性好，而且压制时颗粒出料顺畅、生产率高，受到饲料生产厂的欢迎。

广州机电研究所和北京机电研究所对提高 40Cr13 环模质量进行了卓有成效的研究。由于钢中含有大量 Cr 元素，所以 $w(C)$ 0.35% ~ 0.45% 的 40Cr13 已属过共析马氏体钢，锻造后即使空冷，也可获得马氏体并常出现裂纹，因而必须缓冷并及时于 700 ~ 800℃ 高温回火或 860℃ 完全退火进行软化。

（1）40Cr13 钢锻造温度。锻造温度以 1100 ~ 850℃ 为宜，不得超过 1200℃。而锻造加热的炉温均匀性十分重要，否则锻件组织严重不均。锻造时要反复镦粗拔细充分将碳化物打碎，使之分布均匀。由于尺寸较大，导热性又差，所以终锻时表面温度虽低，心部可能仍在 1000℃ 以上，缓冷中心部还可能发生奥氏体再结晶，使锻造中已被细化了的晶粒重新长大，造成混晶和碳化物沿晶界呈网状析出，大大降低热处理后断裂抗力。

（2）40Cr13 钢的预备热处理。这种钢锻后常规退火后的组织为极软的铁素体基体上分布粗大的硬质碳

化物。用小钻头打孔，线速度不可能太高，遇上这种组织，切削时粘滞而难以进行。所以要用调质作为预备热处理较好，得到 ≤1μm 的二次碳化物，不但提高切削速度和降低加工表面粗糙度值，还为最终热处理后心部强韧化及减少淬火畸变创造了条件。预备热处理工艺：980 ~ 1020℃ 充分热透，在风冷坑中吹风冷却淬火，冷到约 180 ~ 250℃ 时送 760℃ 高温回火，冷至 550℃ 出炉空冷，硬度为 220 ~ 240HBW，晶粒度为 10 ~ 11 级。

（3）碳氮共渗。工艺曲线如图 14-36。碳氮共渗后空冷至 300 ~ 400℃，转入真空炉内。

（4）真空热处理。锻后经预备热处理和碳氮共渗的环模，在 300 ~ 400℃ 时转入单室高压高流速气淬真空炉，淬火工艺曲线见图 14-37。淬火后经 180 ~ 220℃ ×3h 回火两次。

（5）组织与性能。碳氮共渗并真空热处理后，渗层晶粒度为 10 级，深度约 1mm，渗层在含氮马氏体基体上分布大量弥散细小的碳、氮化合物。心部硬度约为 550 HV0.1，表层硬度 ≥980HV0.1，过渡平缓。心部晶粒度仍保留 8 ~ 9 级，整体有高强韧性。每件 CTM8t 压粒模可生产 7500 ~ 8500t 颗粒饲料，与进口高级成品模耐用度相当，是国产 40Cr 压粒模的 2 ~ 2.2 倍，生产成本仅为进口价格的 50% ~ 55%。

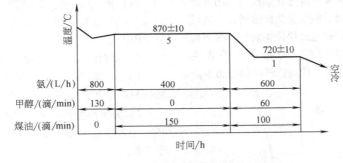

图 14-36　40Cr13 环模碳氮共渗工艺曲线

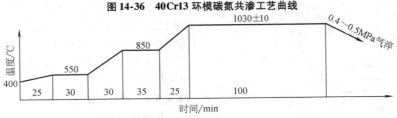

图 14-37　40Cr13 环模真空淬火工艺曲线

14.4.5　轧棉花机、剥绒机锯片和肋条的热处理

14.4.5.1　服役条件与失效方式

轧花机、剥绒机锯片和阻壳肋条是棉花加工机械的主要易损件。轧花是用旋转锯片的锯齿将籽棉上的

棉纤维剥离下来。剥绒则是从已剥去纤维的棉籽上进一步剥下棉绒的过程。二者工作原理相同，见图 14-38。在 1533mm 长轴上，安装 110 片 φ400mm、厚 0.95mm 的锯片。安装时每片间隔 13.1mm，并应保持平行。要求锯片平面度 ≤0.5mm，并有足够刚性。工作时轧花机内喂入一定量籽棉。旋转的锯片用锯齿

钩住棉纤维，从工作箱内通过阻壳肋条的间隙将纤维拖出，棉籽被肋条挡住，从而与纤维剥离。锯片和肋条受到棉花、棉籽、棉壳及混杂其中的砂粒、铁屑的严重磨损和阻力。齿尖截面积很小，局部应力较高，长时间反复作用，将产生接触疲劳、塑性变形、磨料磨损与氧化磨损。

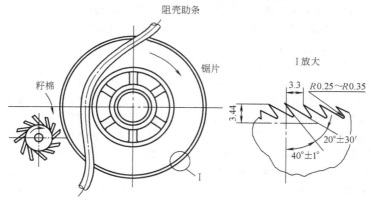

图 14-38　轧花机工作原理简图

扫描电镜分析可见，工作一定时间后锯片刃口均已磨秃变圆，划痕累累；许多齿尖塑性变形反向弯成钩状；有的齿尖出现纵向与横向裂纹或断尖（见图14-39）。齿尖反向弯钩，使钩抓纤维能力降低，并使钩住的纤维不易脱下，生产效率下降。齿尖受弯曲和疲劳应力会产生横向裂纹直到断尖。锯齿左右两侧所受阻力大小不同，使中间某一部分在切应力作用下疲劳开裂，发展成纵向裂纹。裂纹会使纤维嵌入，造成断丝，降低产品质量，同时也加快齿尖断裂，缩短齿的有效长度，增大齿顶面积（标准齿尖面积为 $0.2mm^2$）。这些都使锯片刺入和钩抓纤维的能力下降而应更换或修理。

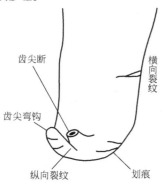

图 14-39　锯齿反向弯钩与裂纹

14.4.5.2　技术要求与选材

新锯片分 $\phi400mm$（380 齿）和 $\phi320mm$（304齿）两种。一般轧花锯片工作一二百小时，剥绒锯片工作一两天就要将锯齿铣锉一次，以恢复其锋利状态。当断齿较多时就应报废。但还可车外圆后重新冲齿再用，通常可用到 $\phi280mm$。所以，锯片不但要有足够刚性（以保持间距和平行）、强度和抗疲劳性能，还要有较高耐磨性。此外，锯片硬度又不能太高，以满足铣锉修理锯齿和车外圆后重新冲齿的要求。后者和前几项性能要求是相矛盾的。

JB/T 7886.1—1999 对轧花机、剥绒机锯片规定：

（1）用 65Mn 或 55 钢调质处理，表面硬度为 23.3 ～ 32.7HR 45N（约 246 ～ 298HV，23.5 ～ 31.3HRC）。

（2）用 08F 钢氮碳共渗，要求：

1）白亮层厚度 ≥ 0.01mm，显微硬度 ≥ 509HV0.1，扩散层中不得出现 Fe_4N 析出。

2）力学性能：$R_m \geq 735MPa$；整体硬度≥23.3HR 45N，在距齿根 5～30mm 的圆圈上均匀测定，每片不少于 3 点。

JB/T 7884.3—1999 轧花机肋条规定用 HT200 铸铁制造，工作部位，表面硬度为 45 ～ 55HRC；JB/T 7885.3—1999 对剥绒机肋条要求用 45 钢冷拉方钢（8mm × 8mm）制造，工作部位淬火硬度为 35 ～ 45HRC。

14.4.5.3　热处理工艺

与锯片相摩擦并造成其磨损的主要磨料，是大量接触的棉纤维、棉籽、棉壳中存在的植物硅酸体（约550HV），和少量混杂的砂粒、铁屑。前已论述，只有材料与磨料硬度比 Hm/Ha 达到 0.5～0.6 时，耐磨性才有较大提高。据此，锯片硬度应为 275 ～ 330HV。因考虑锯齿修理和再生，现行标准规定的硬度较低，其下限 246HV 不但不能抵御砂粒的磨损，而且对大量硅酸体的磨损来说，也显得软弱无力。我国科技工作者于 20 世纪 70 年代试验成功锯片氮碳共渗，为提高质量开创一条新路。氮碳共渗锯片化合物层硬度 ≥509HV。对植物硅酸体 *Hm/Ha* 高达 0.93，对砂粒也达到 0.5，大大提高了耐磨性能。其扩散层又有较高的强度和抗疲劳性能，约 10μm 厚的化合物层并不妨碍锯齿的铣锉或再生。同时，低温氮碳共渗变形较调质淬火小得多，防锈能力强，可省去镀锌工序。美中不足是氮碳共渗锯片强度和弹性较高，少量平面度超差的锯片，校平较困难。

此后，有的工厂也对剥绒机肋条采用氮碳共渗，用 10 钢冷拉方钢代替 45 钢冷拉钢，取得减少工序，减少开裂、变形、废品，以及提高耐磨性的效果，并已用于生产。

锯片与肋条热处理工艺见表 14-27，工艺曲线见图 14-40 和图 14-41。

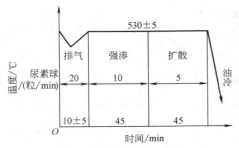

图 14-40 锯片氮碳共渗工艺曲线

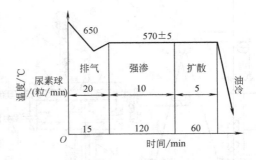

图 14-41 肋条氮碳共渗工艺曲线

氮碳共渗设备为 RJJ-60 渗碳炉。通过图 14-42 输送装置，定时定量投入预先压制成 φ16mm、每粒重约 2.4g 的尿素球。通过时间继电器调整尿素球投入速度。尿素分解时会产生有毒气体氢氰酸，其绝大部分通过排气孔点火烧尽，但仍需防止少量炉气经投球通道外泄，故本装置设计成双拉杆式。当上下两根拉杆轴孔与送料管圆孔对齐，尿素球即落入炉内。拉杆轴的作用既输送尿素球，又防止有毒气的泄漏。为防尿素球在管道内遇高温炉气熔化，形成沥青状缩二尿等中间产物堵塞管道，进料管在炉外部分增加水冷套，并备有防堵通条。

为减少锯片畸变，吊挂的方式应使锯片有较大的自由度，以保证加热和冷却时锯片可以自由胀缩，尽可能减少机械应力的影响。出炉油冷可提高锯片抗疲劳性能，也可使锯片获得比水冷、空冷更小的变形。入油速度以 1m/s 时锯片畸变最小。

表 14-27 锯片与肋条热处理工艺

零件名称	材料	热处理工艺	技 术 要 求
锯片	55 钢	调质处理（810±10）℃淬 CaCl$_2$ 水溶液 +（550~600℃）×1h 回火，压平	23.3~32.7HR45N
	65Mn	调质处理（830±10）℃淬油 +（600±10）℃×1h 回火，压平	
锯片	08F	氮碳共渗：（530±5）℃，油冷，见图 14-40	白亮层≥0.01mm 硬度≥509HV0.1
剥绒肋条	10 钢	氮碳共渗：（570±5）℃，油冷，见图 14-41	白亮层≥7μm，≥500HV0.1 扩散层≥15μm

14.4.6 榨油机榨螺的热处理

14.4.6.1 服役条件与失效方式

螺旋式榨油机是我国应用最广的榨油机械。榨螺轴是关键件和易损件。榨油机榨膛结构见图 14-43。榨膛是由许多榨条或圆排组成的多棱体圆柱形空腔。榨螺轴旋转时，经过蒸炒的油料被推动向前，因榨膛与榨螺之间空间逐渐变小，油料不断被碾压破碎而榨出油液。在压榨区（Ⅲ 区），榨螺工作温度常在

160℃以上，压力可达 70~140MPa。这时油料已变为高度紧实的"不可压缩体"，油料及其中混入的砂粒等硬颗粒对榨螺产生强烈的挤压摩擦，使零件受到极严重的磨损。

扫描电镜分析可见：榨螺表面布满微切削槽与犁沟，还有挤压坑。较低倍数下，可看到明显的顺油料运动方向，材料受碾压而发生塑性流动与材料堆积而形成的流变波纹，因塑性变形和加工硬化，导致犁沟和挤压坑边缘以及流变波纹的后方留下显微裂纹，油

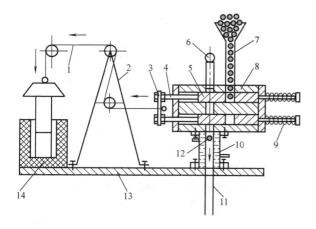

图 14-42　尿素小球输送装置
1—牵引链条　2—链轮架　3—拉杆　4—芯棒　5—阀体
6—防堵通条孔　7—加料管　8—阀体外壳　9—复位弹簧
10—进料管冷却水套　11—炉内进料管
12—尿素球　13—底板　14—牵引电磁铁

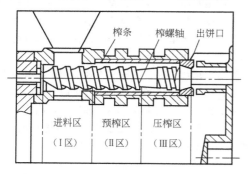

图 14-43　榨油机榨膛结构

液因毛细管作用渗入裂纹中，下一次受挤压时形成油楔，促使裂纹扩展，加速材料剥落。剥落的高硬碎粒镶嵌在"不可压缩体"的油渣上，又去磨损前方的榨螺、榨条和出饼口。油料本身都含水分，高压油液和水分不断冲刷零件表面，还会造成冲蚀磨损与腐蚀腐损。榨螺磨损后，压榨区空间增大，压力降低，势必榨油不尽，效率降低，此时就要更换榨螺。由于第Ⅲ区载荷最重，磨损最快，所以有的榨螺轴是由多节榨螺组合而成，以便随时更换磨损部分。小榨油机的榨螺轴则为一个整体。

14.4.6.2　技术要求与选材

榨螺表面应具有高温下的高硬度、高耐磨性，心部应有高强度，还要有足够的韧性和抗疲劳性能。LS/T 3535—1988 规定榨螺（分段）用 20 钢经渗碳淬火，表面硬度为 56～64HRC。但生产中大多用淬透性较高的 20CrMnTi 钢制成，有效硬化层深度为1.5～2.0mm，但榨螺耐用度仍然不能令人满意。渗碳层如果出现网状或多角形碳化物，容易产生应力集中，成为裂纹源；若渗层次表层残留奥氏体过多，形成≤600HV 的"软带"，则会降低抗疲劳性能。分析还证明，一旦渗碳层被磨掉，则榨螺表面受推挤和碾压，产生的流变波纹与磨粒犁削划痕会迅速增多，很快报废。

有的单位采用合金白口铸铁制造分段榨螺，有的用 GCr15 轴承钢料头和废轴承熔炼浇成榨螺，都取得较好效果。

14.4.6.3　热处理工艺

20CrMnTi 钢榨螺工艺流程：锻造→950～980℃正火→机械加工→清洗脱脂→350～400℃箱式电炉中预热、预氧化→气体渗碳（见图 14-44）→出炉摊开，吹风快冷，防止析出网状碳化物→850～870℃加热，油淬→150～170℃×3h 回火→清洗。

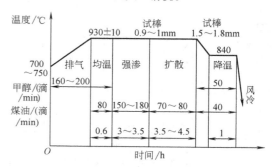

图 14-44　榨螺渗碳工艺曲线
注：75kW 井式炉，100 滴＝4mL。

金相检验：

（1）渗碳层深度为 1.6～2.0mm，其中过共析层＋共析层占 50%～70%（体积分数）。

（2）金相组织：M＋A_R≤5 级，K≤5 级，心部F≤5 级。

有效硬化层深度（测至 550HV1）：2.0～2.5mm。
表面硬度：58～64HRC。

如果是分段榨螺，淬火时应套在图 14-45 所示夹具中，上面加一垫圈后淬油，以防变形开裂。

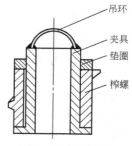

图 14-45　淬火夹具

14.5 小农具材料及其热处理

小农具一般是指手工用的各种小农具，如铁锹、锄头、锄板、镐头和镰刀等。这些小农具由于地区土质的差异和耕作习惯等不同，其形状、结构、大小等也各不相同，种类繁多。

小农具和机引农具一样，工作对象是土壤或各种农作物，条件较恶劣，常受土壤的磨料磨损，使刃口变钝；有时还受石块等硬物的冲击，引起农具的折断或崩刃。因此，要求材料应具有一定的强韧性和良好的耐磨性。通常选用较经济的碳素钢制造。有些产品用复合钢板制造，有些产品（如锄头等）仍沿用古老的夹钢经锻焊而成，或用低碳钢制造并进行擦渗处理。

擦渗工艺一般是在锻造烘炉中进行。首先将要处理的锄板平置于烘炉的火坑中加热（上盖瓦片），然后把备好的渗料［一般是 $w(C)$ 为 4.3% ~ 4.4% 的共晶或过共晶白口铸铁］放在锄板之上一道加热，待温度升到 1200℃ 左右，渗料就开始熔化，钢处于奥氏体状态，操作者用钩及时将渗料在锄板上来回刮擦。经过擦渗后的锄板，表面覆盖着一层很薄的白口铸铁，往里是过共析层、共析层、亚共析层组织。擦渗后取出小锤轻击，降至 800℃ 左右再进行淬火、回火处理。这样处理后的锄板刃口锋利、耐磨，并具有自磨刃性能。这种工艺是我国古老的热处理技术（在《天工开物》中称为"生铁淋口"），自古以来即流传于民间，还外传到日本、南洋诸国，很受欢迎。

小农具用材料及其热处理工艺列于表 14-28。

表 14-28 小农具用材料及其热处理工艺

| 产品名称 | 钢 号 | 处理方法 | 淬 火 | | | | 回 火 | | | 硬度 HRC |
			加热设备	加热温度/℃	保温时间/min	冷却介质	加热温度/℃	保温时间/min	冷却介质	
锄头、锄板	Q215、Q235	1200℃单面擦渗	烘炉	800 ~ 810	3 ~ 4	$w(NaCl)$ 10%15% 盐水	局部淬火、自回火			> 50
			高频感应加热装置	880 ~ 900	2 ~ 3s					
	45	普通淬火	盐浴炉	800 ~ 820	2 ~ 3	盐水	300 ~ 350	30	空气	40 ~ 50
	65 + Q215 复合钢	普通淬火	盐浴炉	800 ~ 820	2 ~ 3	盐水-油	200 ~ 250	30	空气	≥50
镐头	45、65Mn	普通淬火	箱式电炉	820 ~ 840	10 ~ 15	盐水	200 ~ 250	30	空气	≥50
铁锹	45、50	普通淬火	箱式电炉	800 ~ 840	3	盐水	250 ~ 300	30	空气	40 ~ 50
	Q215、Q235	高温快速冷却淬火	箱式电炉	900 ~ 910	3	$w(NaCl)$15%	150 ~ 180（或不回火）	30	空气	
镰刀	刃钢：45，65本体：Q215、Q235	刃口夹（贴）钢、局部淬火	烘炉	800 ~ 840	2	盐水	局部淬火，自回火			> 50
			高频感应加热装置	880 ~ 900	2s					
	45、50、65Mn	普通淬火	箱式电炉	800 ~ 840	3	盐水-油	200 ~ 250	30	空气	

14.6 预防热处理缺陷的措施

14.6.1 空气炉加热防氧化脱碳

农机具制造厂多为小企业，受资金限制，无法进行大规模技术改造，目前还大量使用箱式电炉、井式电炉加热，氧化脱碳是影响农机产品质量最常见、最主要的因素。在无力购置真空淬火炉、可控气氛炉的情况下，在空气介质中加热时，推荐以下几项成本低又行之有效的方法。

1. 涂硼砂防护　硼砂（$Na_4B_4O_7 \cdot 10H_2O$）价格较低，工厂常用，但使用不得法则效果不佳。涂硼砂防护只能用于 900℃ 以上加热的工件，否则无效。正确的用法是：①应将工件预热到 300℃，浸入过饱和硼砂水溶液中 2 ~ 3s 提出晾干；②或将工件浸入过饱和硼砂水溶液中一同加热到 80 ~ 100℃，提出晾干，在工件表面均匀挂上一层白霜，即可入炉加热。加热时硼砂于 400℃ 失去结晶水，在 878℃ 熔融成玻璃状粘稠液体保护膜，保护工件表面，而且能使工件表面已有的氧化物溶于熔融态硼砂中，产生硼酸的复盐，淬火时剥落。

2. 涂硼酸防护　原理与涂硼砂相似，但实际操作则有所不同：一是硼酸最好用于 800～900℃ 加热防护；二是硼砂属碱性，其本身有一定脱脂功能，这是硼酸所不具备的。所以，涂硼酸前工件应仔细脱脂；否则，有油污部分涂不上硼酸，会造成局部氧化脱碳。硼酸（H_3BO_3）在冷水中溶解度很低，仅 1% 左右（质量分数），在酒精中较高，可达 5%。所以，常将工件浸于硼酸酒精中，或用它涂刷工件表面，但浪费酒精。硼酸在热水中溶解度大大提高，在 90℃ 水中达 14%（质量分数），因此工件浸入硼酸沸水中，提出干燥后即可挂上一层防护剂。硼酸在 300～400℃ 时完全脱水：$2H_3BO_3 \rightarrow B_2O_3 + 3H_2O \uparrow$。$B_2O_3$ 于 557℃ 开始熔化，800℃ 以上完全熔融，形成保护膜。工件表面若有氧化皮，B_2O_3 可与之反应生成 Fe（BO_2）$_2$ 偏硼酸铁；但 900℃ 以上硼酸涂层容易挥发，防护效果受到影响。

3. 使用 QW-F1 钢铁加热保护剂　钢铁零件加热到 ≥570℃ 时，表面将生成 $FeO \cdot Fe_3O_4 \cdot Fe_2O_3$ 三层结构的氧化皮。由于最内层 FeO 膨胀最快，将其外层比较致密的 Fe_3O_4 层冲破，使整个氧化皮变成疏松而失去防护作用。QW-F1 是一种水溶性材料，当炉温高于 800℃ 时，防护剂挥发，其中多种金属氯化物以水汽为载体均匀布满工件表面，并溶入 Fe_3O_4 和 Fe_2O_3 中，产生热化学反应，生成致密的合金固溶体氧化膜，保护钢铁零件不再受氧的侵入而氧化脱碳。QW-F1 可用于钢件热加工、正火、退火和淬火加热防护。

操作方法：当炉温到达工艺要求温度（一般均 ≥800℃）时，装入工件，随即向炉内喷入或泼洒适量 QW-F1 防护剂（亦可涂刷或浸渍到工件上，甚至可将一小盘 QW-F1 与工件一同装炉），关闭炉门后，见炉门缝隙或窥视孔逸出少量烟气即可。以 RX-45-9 为例，一次加入 30～50mL 即可，若未见炉门有烟气逸出，可打开炉门补充加入。加热完毕，工件出炉时用刷子扫去遇冷空气而疏松了的薄膜，淬入油或水中。小零件也可直接淬火，薄膜脱落到淬火槽底，不影响淬火效果。由于防护剂是在工件表面生成一层约 0.01mm 厚的防护膜，只要在炉内薄膜未被碰破，就可较长时间起作用。曾在同一炉中放入 φ300mm 的 5CrMnMo 钢模具、厚 100mm 的 45 钢模套和 φ20mm 的 40Cr 导柱，于（840±10）℃ 加热，并喷入 QW-F1，保温 40min 后开炉取出导柱油淬；2.5h 后取出模套水淬油冷；6h 后取出模具油淬，三者均合格。QW-F1 还可用于钢件热压成形。海拉尔牧机总厂对 65Mn 钢粉碎秸秆圆盘刀片（厚 1.6mm，φ146～

φ220mm）在箱式炉中加热，泼洒入 QW-F1 保护，加热完毕，依次逐片取出热压齿形；二次加热淬火后，硬度达 58～62HRC。

QW-F1 可用于多数结构钢和工具钢 950℃ 以下的加热防护，但 9SiCr 等高脱碳倾向钢的效果较差。据生产者介绍，QW-F1 无毒无污染。因化学成分不详，使用时建议勿直接吸入炉中冒出的烟气，以防意外。

14.6.2　预防回火脆性

65Mn 钢是农机零件常用钢种。但 65Mn 钢具有第一类回火脆性，在此温度区回火后，即使在水或油中快冷，脆性也无法避免。生产中有些零件就因此在使用时断裂。电镜分析可见，有微小碳化物和杂质元素在马氏体晶界析出，造成沿晶断裂。试验证明：65Mn 钢开始出现回火脆性的温度是 250℃，以 300～350℃ 时最严重，至 380℃ 以上时不再出现。所以，65Mn 钢零件淬火后应避免在 250～380℃ 区间回火（相应的回火后硬度约 47～57HRC）。淬火后如先经 380℃ 以上回火，以后再经 250～380℃ 区间加热（例如热矫正等），则不再出现回火脆性。经铅浴处理的冷拔弹簧钢丝，冷绕成弹簧后，在 250～380℃ 消除内应力回火，不会引发回火脆性。

第一类回火脆性只在淬火马氏体和下贝氏体组织中发生，但在下贝氏体中要轻得多。所以，若等温淬火能得到较多的 $B_\text{下}$，则可减轻第一类回火脆性的不利影响。为得到较多 $B_\text{下}$，可将工件先淬入 Ms 点以下（例如 160～230℃）的硝盐中，短暂停留后移入稍高于 Ms 点的另一硝盐槽中（例如 260～290℃）等温处理。第一次低温槽中的冷却既可将工件大部分热量消耗于此，以减轻 $B_\text{下}$ 等温槽浴温的波动，而且第一次淬火时先产生的少量马氏体又可对此后的 $B_\text{下}$ 转变起到促进作用，可在较短的等温时间内得到较多的 $B_\text{下}$ 组织。

低温回火脆性在低碳钢中比在高碳钢中表现得更为明显，而且在高碳钢中用扭转或冲击扭转试验比用夏氏冲击试验更能发现其脆性。低温回火脆性在有些钢的断裂韧性试验中也有发现，且在 K_C 值上比 K_{IC} 值上表现更明显，即在裂纹或缺口前沿存在某种程度塑性变形情况下更容易反映出来。

对第一类回火脆性问题要辩证地看待。不同力学性能指标、不同加载方式对回火脆性的敏感程度有很大不同。主要反映塑性的性能指标敏感程度高，而主要反映强度的性能指标则敏感程度低。扭转和冲击载荷对回火脆性较敏感，而拉伸和弯曲载荷对回火脆性则敏感程度较低。所以，对于应力集中比较严重、冲击载荷较大或承受扭转载荷的工件，应避开在此温度区间回火，而应力集中不太严重、以承受拉伸、压缩或弯曲应力为主的工件，就不一定将其视为禁区。例如，冷冲模等工件，其使用寿命主要取决于疲劳裂纹的萌生，而非疲劳裂纹的扩展抗力。此类工件应考虑在保证有适当塑性、韧性条件下，尽量提高强度，淬火后适当提高回火温度（允许≥250℃），以降低淬火内应力，对提高寿命更为重要。

理论上说，碳钢和合金钢在 250～400℃回火都会出现第一类回火脆性，铬、锰和硅都促进回火脆性的发展。但硅可使出现脆性的回火温度提高。在合金钢中，碳含量的增高也会加重回火脆性。可是高碳工具钢和合金工具钢淬火低温回火后，因本身很脆，作一般冲击试验时显示不出这类低温回火脆性，只有在扭转冲击试验条件下才显示出来，而工件实际受力情况往往与扭转冲击载荷不同，所以许多工件在实际生产中经 250～300℃回火后反而更好。例如：T12 钢在250℃左右回火抗弯强度达最大值；高碳钢冲头经230～300℃回火寿命最高；CrWMn 钢冷锻模 180℃回火后（60HRC）使用中易裂，而经 260℃回火（56～58HRC）寿命却大大提高。这些可能和提高回火温度可促使淬火微裂纹焊合有关。所以，对第一类回火脆性现象，要具体问题具体分析，经过试验，找到趋利避害的合理工艺。

农机生产中常用的 60Si2Mn 钢既有第一类回火脆性，也有第二类回火脆性，应引起重视。对第二类回火脆性可用回火后在油或水中快冷来避免（不必冷到底，冷至 400～450℃即可空冷，以减少变形）。第二类回火脆性是指一些合金结构钢淬火并在 400～600℃区间回火（或较长时间的加热），缓冷后，韧性明显降低、脆性转折温度（50% FATT）显著上升的现象。碳钢和工具钢没有这种脆性。当钢中含铬、锰、镍等合金元素和磷、锡、锑、砷等杂质元素时，产生第二类回火脆性的倾向将增大。这种钢的冲击断口呈沿晶断裂，电子探针分析查明，主要是杂质元素 Sb、Sn、As、P 在原奥氏体晶界偏聚，引起晶界脆化，降低了晶界断裂强度所致。

具有高温回火脆性的常用钢有：30CrMnSi、35SiMn、37CrNi3A、38CrSi、40CrNi、40MnB、50CrMn、50Mn2、50CrV、55Si2Mn、60Si2MnA、60Si2CrVA、65Mn、20Cr13 等，生产上应引起重视。

预防措施：

（1）仔细分析，查明脆断是否是工件失效破坏的主要原因（注意：脆性也会加剧零件的磨损），以确定工件的性能要求，选择正确的回火工艺。

（2）采用高纯净钢，将有害杂质元素降低到十万分之几以下，对防止第一、二类回火脆性都有利，但这种钢成本很高。

（3）结构钢采用 Ac_1～Ac_3 之间的亚温淬火（最好在 Ac_3 以下 5～10℃）。为预防第二类回火脆性还可采用两次淬火法：第一次 Ac_3 以上常规淬火，高温回火后，第二次亚温淬火。由于亚温淬火后得到部分细条状铁素体，使杂质元素都集中到铁素体内，限制了高温回火时向原奥氏体晶界偏聚，从而减轻了回火脆性。有明显第二类回火脆性的常用钢 30CrMnSi 经两次淬火并高温回火后 a_K 值见表 14-29。

表 14-29　30CrMnSi 钢不同热处理后的 a_K 值

热处理工艺	淬火温度/℃	回火温度/℃	空冷后 a_K/（J/cm²）
常规热处理	930	650	73.5
	930	550	34.3
两次淬火热处理	一次 900，二次 800	650	176.4
	一次 900，二次 800	550	117.6

（4）通过加入某些合金元素，将有害杂质固定于基体晶粒内部，避免杂质向晶界偏聚。例如，加入 Ca、Mg、RE 等元素可减少硫向晶界偏聚；加入 Si、Mn、V 可推迟马氏体分解，提高回火脆性出现的温度，使淬火工件可在较高温度回火，以更多地消除淬火应力，更好地提高韧性。但 Si 可能促使第二类回火脆性的产生。

（5）在奥氏体区进行形变热处理。

（6）采用高温短时间快速回火，既满足工件硬度要求、消除了内应力，又不产生回火脆性。为提高高温回火加热速度，建议工件先在稍低温度预热（≤400℃），以减少内外温差，使心部也得以在非脆化温度区较充分地消除内应力，最后达到要求的硬度和其他力学性能。

上述措施对预防第一、二类回火脆性都适用。

（7）钢中加入适量钼、钛、硼元素可防第一类回火脆性。加入钼 [w(Mo) = 0.2%～0.5%]、钛和稀土有利于消除第二类回火脆性。对钨的作用尚存在争议。

（8）高温回火后快冷能消除第二类回火脆性。对已出现高温回火脆性的工件，可重新在此温度回火，然后快冷，这是最常用的方法，DZ—25 型犁铧于 470℃回火，出炉后要趁热修整（见表 14-9），如果发现有回火脆性，可在修整清洗之后重复 470℃回火一次，出炉快冷即可。但对大件水冷还不能避免，对形状复杂的零件，为防变形，应用也受限制，只有改换钢种。

（9）渗氮是在最容易出现高温回火脆性的500℃左右长时间加热，又不允许出炉快冷，所以渗氮钢一般均应加Mo。40Cr钢也常用于渗氮件，而40Cr在450~650℃之间有高温回火脆性。所以，像轴类这种受扭转载荷的零件，不应采用40Cr钢渗氮处理。焊接构件为消除应力，退火时也应注意回火脆性问题，最好选用含Mo钢或调整回火温度。

现将一些常用钢产生回火脆性的温度范围列于表14-30。

表14-30　常用钢产生回火脆性的温度范围

（单位：℃）

牌号	第一类回火脆性	第二类回火脆性
30Mn2	250~350	500~550
20MnV	300~360	
25Mn2V	250~350	510~610
35SiMn		500~650
20Mn2B	250~350	
45Mn2B		450~550
15MnVB	250~350	
20MnVB	200~260	520左右
40MnVB	200~350	500~600
40Cr	300~370	450~650
45Cr	300~370	450~650
38CrSi	250~350	450~550
35CrMo	250~400	无明显脆性
20CrMnMo	250~350	
30CrMnTi		400~450
30CrMnSi	250~380	460~650
20CrNi3A	250~350	450~500
12Cr2Ni4A	250~350	
37CrNi3	300~400	480~550
40CrNiMo	300~400	一般无脆性
38CrMoAlA	300~450	无脆性
70Si3MnA	400~425	
4Cr9Si2		450~600
65Mn	250~380	有回火脆性
60Si2Mn		
50CrVA	200~300	
4CrW2Si	250~350	
5CrW2Si	300~400	
6CrW2Si	300~450	
MnCrWV	250左右	
4SiCrV		>600
3Cr2W8V		550~650
9SiCr	210~250	
CrWMn	250~300	
9Mn2V	190~230	
T8~T12	200~300	
GCr15	200~240	
10Cr13	520~560	
20Cr13	450~560	600~750
30Cr13	350~550	600~750
14Cr17Ni2	400~580	

14.6.3　预防淬火开裂

淬火开裂是热处理常见疵病。淬裂就意味着零件彻底报废。防止淬裂是热处理工作者接到一个新零件时首先要考虑的问题。为防止淬裂，可采取以下措施。

（1）加强与设计人员联系，了解零件服役条件、性能要求，正确选材、正确制订热加工（铸、锻、焊）工艺和热处理工艺。甚至参与设计，将零件中的尖角改为圆角、厚薄悬殊的零件可否一拆为二、一拆为几。这是从源头消除淬裂危险，也是热处理工艺人员运用自己专业知识从全局出发参与质量管理的积极行动。

（2）尽可能做到零件加热均匀、冷却均匀，以减小热应力和组织应力。例如在零件尖角和厚薄悬殊处包扎石棉等。

（3）正确制订热处理方案。选用表面淬火、化学热处理（渗碳、渗氮、碳氮共渗、氮碳共渗）取代整体淬火，都能减少淬裂的危险。

（4）正确选择淬火温度。结构钢亚温淬火可得到部分均匀分散的塑性铁素体；结构钢高温淬火得到板条马氏体，以消除马氏体针相互碰撞出微裂纹的可能；工具钢低温淬火降低马氏体碳含量；工具钢适当提高淬火温度，以得到较多残留奥氏体，都可降低淬裂危险。而这些措施的实现，往往要从预备热处理入手，以获得理想的预备组织（如工具钢锻造，打碎粗大碳化物等）。

（5）淬火前出炉预冷，只要在Ar_1以上，不影响淬火效果。预冷缩短了淬火冷却介质蒸汽膜的包围时间，提高了淬火均匀性，不但有利于防止开裂，常常还能提高淬火硬度，消除淬火软点。

（6）正确选择淬火冷却介质。一般原则是在保证淬硬的前提下，尽量选择较低冷速的介质，如油、聚合物水溶液、热浴等。但要辩证对待，如盐水淬火冷却速度和淬冷烈度均高于清水，但盐水冷却均匀，一般淬裂倾向更小。

（7）及时回火是预防淬裂最简单有效的措施。这应作为一条工艺纪律来要求。如果回火炉温未达到，也应淬火后立即送入≥120℃的低温炉中等候正式回火。这可让淬火马氏体中存在的微裂纹不致发展成宏观裂纹。

14.6.4　热管冷却技术在提高淬火质量和节能、节水上的应用

热管技术最初用于航天工业。它是利用液体受热

蒸发时要吸收大量汽化热，而冷凝时又放出这部分汽化潜热的原理开发的新技术。由于汽化潜热数百倍于在通常热交换中仅靠热传导将冷却水加热而带走的热量，所以热管是一种具有极高导热性能的传热元件。以淬火油槽为例，在一支抽真空的全封闭钢管内，注入部分水做成热管，将热管受热段插入热油槽中，即使油温仅80℃，也会使低压真空管内的水沸腾，并从油槽中吸收大量汽化热，水蒸气上升到热管上端放热段（露在空气中）时，水汽冷凝，放出汽化潜热，水滴又向下流回管的底部，再次从油中吸取热量后沸腾→蒸汽上升→在上部放热→冷凝水下流……。如此循环不息，不断将热量从油槽带走，使油温迅速降低。只要在热管上端（放热段）加上翅片，扩大散热面积，并加小型轴流风机强制通风散热（这部分热量还可利用，例如冬季取暖、生产热水等），就可使淬火油槽迅速冷却或保持相对恒温。

热管内的工质多种多样，除水外还可用酒精，甚至低熔点金属。热管技术除用于淬火冷却介质的冷却外，还可用于高频感应加热设备的冷却、烟道余热回收等。河北保定市金能换热设备公司是国内最早开发热管冷却技术的企业之一，从2000年以来已研制开发几百台各种型号规格的热管空气冷却器，用于全国热处理行业，效果甚佳。设备占地不多，耗电不大，可节约大量冷却用水，降低生产成本，保证淬火工件质量。

农机行业有许多较大的工件，如犁铧、犁壁、圆盘、钢板弹簧、渗碳齿轮等均需淬火或等温淬火。淬火冷却介质温度往往波动很大，仅靠循环油冷却或蛇形水管冷却效果很不理想。淬火冷却介质温升太高，常常是淬火软点产生的重要原因。而蛇形管漏水混入油中，又易产生淬火裂纹。难于保持等温淬火、分级淬火槽的恒温更是阻碍该项技术推广应用的主要障碍。热管冷却技术的应用，对提高热处理产品质量的重现性、稳定性，将起到重要作用。

参 考 文 献

[1] 张清. 金属磨损和金属耐磨材料手册［M］. 北京：冶金工业出版社，1991.

[2] 王永吉，吕厚远. 植物硅酸体研究及应用［M］. 北京：海洋出版社，1993.

[3] 周平安，等. 土壤磨粒特性对农机材料磨损性能的影响［J］. 农业机械学报，1986（3）：54.

[4] 林福严，曲敬信，陈华辉. 磨损理论与抗磨技术［M］. 北京：科学出版社，1993.

[5] 刘家浚. 材料磨损原理及其耐磨性［M］. 北京：清华大学出版社，1993.

[6] 刘英杰，周平安. 材料的磨料磨损［M］. 北京：机械工业出版社，1990.

[7] 黄林国. 单摆划痕法及其在材料摩擦磨损方面的应用［J］. 金属热处理，2006，31（3）：6-11.

[8] 陈菁，赵冬梅，邵尔玉. 轴承钢中贝氏体对接触疲劳性能的影响［J］. 金属热处理学报，1990，11（4）：20.

[9] 梅亚莉，景国荣. GCr15轴承钢贝氏体-马氏体复相组织的研究［C］//第五届全国热处理年会论文集，天津：天津大学出版社，1991.

[10] 郭元钧，黄继富. 65Mn钢马氏体-下贝氏体复相组织和性能［C］//第四届全国热处理年会论文. 南京，1987.

[11] 中国农机院材料工艺所. 磨粒磨损与抗磨技术译文集［C］. 北京：中国农机出版社，1985.

[12] 黄建洪. 农机耐磨零件的硬度设计［J］. 金属热处理，2001，26（7）：7-11.

[13] 王颖，等. 单金属犁铧自磨刃形成机理探讨［J］. 农业机械学报. 1998，29（2）：16.

[14] 阎志醒，孟昭宏. 农机具刃类零件自磨刃堆焊研究［J］. 农机与食品机械，1997，（1）：29-30.

[15] 李凌云，张德英，王翠兰. 犁铧的第一、二、三类自磨刃与DSZ犁铧［J］. 农村牧区机械化，1999（1）：27-29.

[16] 黄建洪. 对锋利刀刃磨损机理、性能要求、组织和热处理工艺的探讨［C］//第三届全国热处理年会论文. 临潼，1982.

[17] 张际先，等. 土壤对固体材料粘附和摩擦性能的研究［J］. 农业机械学报，1986，19（1）：32.

[18] 陈秉聪，等. 传统犁壁材料脱土性分析研究［J］. 农业机械学报，1995，26（9）：46-49.

[19] 黄建洪. 农机行业热处理的环保与安全问题［J］. 金属热处理，2000，25（12）：41.

[20] 高焕文，李问盈. 保护性耕作技术与机具［M］. 北京：化学工业出版社，2004.

[21] 李凌云，等. 65Mn钢犁铧锻造余热淬火［J］. 金属热处理. 1993（7）：48-50.

[22] 李凌云，陈春风. 从铧式犁配件现状看我国耕作作业中的能源浪费［J］. 农业机械，2006，（8上）：39-41.

[23] 李凌云，陈春风，高炳健. 凌云牌齿状波形自磨刃犁铧［J］. 农机安全监理，2001（6）：49.

[24] 朱恩龙，顾冰洁，王淼峰，等. 犁铧使用寿命与处理工艺关系的试验研究［J］. 黑龙江八一农垦大学学报，2003，15（2）：54.

[25] 徐征，关砚聪，徐国义，等. 新型铸态贝氏体钢的

抗磨损性能研究 [J]. 哈尔滨理工大学学报，2003，8 (1)：73.

[26] 李合非，许斌，刘念聪. 中锰球墨铸铁旋耕刀的热处理工艺 [J]. 现代铸铁，2001，(2)：38-40.

[27] 郝建军，马跃进，黄继华. 氩弧熔覆 Ni60A 耐磨层在农机刀具上的应用 [J]. 农业工程学报，2005，21 (11)：73-76.

[28] 中国农机院. 农业机械设计手册：上、下册 [M]. 北京：机械工业出版社，1990.

[29] 黄建洪，王玉柱. 农机刀片的磨损机理和碳化物在磨损中的行为 [J]. 中国机械工程，1995，6 (5)：15-18.

[30] 黄建洪，刘东雨. 低合金刃具钢的姜块状索氏体化处理 [J]. 金属热处理，1999 (1)：1-4.

[31] 磨损失效分析案例编委会. 磨损失效分析案例汇集 [M]. 北京：机械工业出版社，1985.

[32] 肖永志，等. 饲料粉碎机锤块的材料选择及热处理工艺 [J]. 金属热处理，1993 (5)：35-36.

[33] 戈大钫. 等. 筛片的失效分析及热处理 [J]. 金属热处理，1997 (4)：39-40.

[34] 张新月. 球状尿素气体氮碳共渗工艺在剥绒机肋条生产上的应用 [J]. 铸锻热—热处理实践，1995 (3)：45.

[35] 戴乡，林支康. 用改装的渗碳炉进行气体软氮化 [J]. 金属热处理，1985 (9)：30-32.

[36] 王辉，曹明宇，陈再良，等. 4Cr13 钢饲料机环模的失效分析 [J]. 金属热处理，2003，28 (6)：54.

[37] 陈志光，张小聪. 4Cr13 钢饲料压粒模复合热处理工艺 [J]. 金属热处理，2001，26 (9)：34.

[38] 郭建寅，实现少无氧化热处理的工艺材料 [J]. 热处理，2004，19 (1)：55-56.

[39] 蔡璐. 65Mn 钢垫片开裂失效分析 [J]. 金属热处理，2006，31 (5)：94-96.

[40] 刘宗昌，等. 材料组织转变原理 [M]. 北京：冶金工业出版社，2006.

[41] 宿新天，杨兴茹. 淬火冷却介质空气冷却器的开发与应用 [C] //第九届全国热处理大会论文集，大连，2007.

[42] 邢泽炳，翟鹏飞，张晓刚. 45 钢制作部件表面渗硼处理及耐磨性 [J]. 金属热处理 2012，37 (9)：113-115.

第15章 发电设备零件的热处理

东方汽轮机厂 林锦棠 石联峰

发电方式很多，如火力发电、水力发电、风力发电、太阳能发电及核动力发电等，但目前仍以火力发电为主；另一方面，就发电设备来讲，也以火力发电最具典型性。因此，本章重点阐述火力发电设备的热处理。火力发电用设备包括锅炉、汽轮机与发电机三大部分。由锅炉产生的高压过热蒸汽使汽轮机运转，从而驱动发电机发电。

15.1 汽轮机转子和发电机转子的热处理

表15-1给出了汽轮发电机容量与汽轮机转子技术指标、钢锭和锻件的重量、材料屈服强度要求的情况。

表15-1　汽轮机转子锻件的主要参数

机组容量 /MW	转速/ (r/min)	本体直径 /mm	钢锭重量 /t	锻件重量 /t	屈服强度要求/MPa
50	3000	865	70	34.6	440
100	3000	970	88	43.5	490
200	3000	1040	125	65.9	539
300	3000	1620	185	76	637
600	3000	1810	230	101.8	760
700	1800	2363	500	170	620[①]
870	1800	2640	400	137	586[①]
1100	1500	2620	570	292	620[①]

① 为 $\sigma_{0.02}$。

从该表可以看出，随着机组的大型化，转子锻件的尺寸和重量随之增加，要求材料的力学性能水平越来越高，对冶金质量与可靠性的要求亦不断提高。目前，世界上制造大型汽轮机转子锻件的钢锭重量已达600t，锻件直径已近3m。钢锭越大，偏析越严重，内部缺陷也越多，通常的生产方式很难适应在高温、高压、高速条件下运行的电站设备对大型锻件各项苛刻的要求。因此，电站设备高质量大型锻件的生产，有赖于电站用大锻件材料及整套制造技术，包括热处理技术的全面发展。

15.1.1 汽轮机转子和汽轮发电机转子的服役条件及失效方式

1. 汽轮机转子和汽轮发电机转子的服役条件

汽轮机转子和汽轮发电机转子是发电设备的心脏。汽轮机转子上带有若干整体叶轮或套装叶轮，叶轮上紧密镶嵌着若干叶片；而发电机转子则负载着两个护环及大量铜线。因此，对大容量机组来说，汽轮机转子或发电机转子整体重量约几十吨至几百吨，这样的大型件需要以1500（半转速）或3000r/min的高速度运转。而汽轮机高中压转子的运行条件则更为苛刻，除高速外，还有亚临界或超临界参数的高温、高压的过热蒸汽环境。

我国电站需求的大型汽轮机参数的类型已从亚临界快步跨入超临界阶段，汽轮机运行的蒸汽参数现阶段已从16.7MPa/538℃亚临界状态发展至24.1MPa/540~566℃的超临界水平，近几年还要发展至30.9MPa/593℃及34.4MPa/649℃的超临界更高参数的蒸汽状态。因此，电站汽轮机转子将面临更为严酷的运行环境。

总之，汽轮机高中压转子受高应力、高温度的双重作用，而汽轮机低压转子及发电机转子则主要承受巨大的离心力及扭振力矩的作用。此外，调峰机组的频繁启动、停机或甩负荷还会给转子带来交替变化的热应力，汽轮机转子的中心孔及外圆表面的叶片安装部位、汽封部位会有可观的应力集中，从而使转子相应部位发生蠕变、热疲劳或二者的交互作用。

2. 转子的失效方式

（1）转子的脆性断裂。汽轮机、发电机转子的设计寿命以往通常是10万h（10年）以上，目前趋于延长至30~35年或更长的寿命，高速度旋转的转子的安全可靠性在电站设备部件中至关重要，它的失效会引起整台设备的报废或电站瘫痪。

（2）高中压转子的时效弯曲变形使机组振动加大而无法继续运行。

（3）材质发生时效老化，出现脆性，导致运行可靠性降低；转子中心及外圆表面的叶片安装部位、汽封部位等应力集中处易出现局部裂纹等。

如果转子出现了后两种失效方式，也必须立即停机处理；否则，转子振动与开裂的严重后果均不堪设想。

15.1.2 转子用钢

我国发电设备用大型转子锻件用钢的标准，最初是 1972 年颁发的 JB/T 1265～1271—1972《电站设备大锻件技术要求》，后于 1985 年修订为 JB/T 1265～1271—1985 标准及附录，1993 年又修订为 JB/T 7027—2002、JB/T 8707—2002《300MW 以上汽轮机（无中心孔）转子体锻件技术条件》等有关汽轮机、发电机转子大锻件的 2002 标准系列。从用于小型机组的普通碳钢转子到大型机组铬钼镍钒合金钢转子，以及工业汽轮机转子锻件，标准上列出的锻件材料约有 10 余种。

1. 高、中压转子用钢

（1）亚临界高、中压转子用钢（30Cr2MoV 及 30Cr1Mo1V）。20 世纪 70 年代至 80 年代初，我国发电设备制造厂生产的汽轮发电机最大单机容量

是超高压参数的 200MW，所用汽轮机大型高中压转子的常用材料是 30Cr2MoV 钢，相当于俄罗斯的 P2 钢；80 年代后期及 90 年代生产的亚临界参数机组的单机容量已达 300～600MW，其高中压转子的材料为 30Cr1Mo1V 钢，相当于美国 ASTM A470 第 9 级钢，即 1Cr1Mo0.25V 钢，由于该钢优良的工艺性能及高温性能，已成为美国、日本、欧洲各国及我国广泛使用的、亚临界参数机组通用的高中压转子用钢。

两种亚临界参数高中压转子用钢的化学成分见表 15-2，力学性能要求见表 15-3。

亚临界高、中压转子运转的环境温度为 525～560℃ 的过热蒸汽，故要求：

表 15-2　亚临界蒸汽参数高中压转子用钢的化学成分

牌　号	化学成分（质量分数）（%）									引用标准
	C	Mn	Si	Cr	Mo	V	P	S	Cu	
30Cr2MoV	0.22～0.32	0.50～0.80	0.30～0.50	1.50～1.80	0.60～0.80	0.20～0.30	≤0.015	≤0.018	≤0.20	JB 1265—1985
30Cr1Mo1V	0.27～0.34	0.70～1.00	0.17～0.37	1.05～1.35	1.00～1.30	0.21～0.29	≤0.012	≤0.012	≤0.15	JB/T 7027—2002 JB/T 8707—2002

注：30Cr1Mo1V 中的其他元素：Al≤0.010　Sn≤0.015　Sb≤0.0015　As≤0.020。

表 15-3　高中压转子的力学性能要求

牌号	部　　位	$R_{p0.2}$/MPa	R_m/MPa	A（%）	Z（%）	A_{KV}/J	a_K/（J/cm²）	$FATT_{50}$/℃	上平台能量/J	引用标准
30Cr2MoV	轴端纵向	≥490	≥637	≥16[①]	≥40	—	≥49	—	—	JB 1265—1985
	本体径向			≥14[①]	≥35	—	≥39	—	—	
30Cr1Mo1V	本体径向（轴端）	590～690	≥720	≥15	≥40	≥8	—	≤116	≥75	JB/T 7027—2002 JB/T 8707—2002
	中心孔纵向（横向）	≥550	≥690	≥15	≥40	≥7	—	≤121	≥47	

① 为 δ_5。

1）材料应具有一定的高温持久强度和蠕变强度。

2）为了便于制造，材料应具有良好的工艺性，如冶炼、锻造、热处理等可加工性，以便在大截面锻件中获得均匀的组织及优良的综合力学性能。

3）材料应具有良好的导热性能，以便发电机组在起动及停机时，转子内部的热应力降低等。30Cr2MoV 钢制造的 200MW 容量级的大型高中压转子，已广泛运行在国内许多大、中型电厂。这种钢高温性能好，但热加工性差，其原因是 30Cr2MoV 钢铬含量较高，钢液粘，夹杂物不易上浮，经常因非金属夹杂物超标，或锻造裂纹严重而报废。而且由于钢的淬透性差，大截面转子心部易出现贝氏体与铁素体双相组织，造成转子组织和性能的不均匀。

30Cr1Mo1V 钢与 30Cr2MoV 钢相比，化学成分（质量分数）发生变化，铬含量由 1.5%～1.8% 降至 1.05%～1.35%，钼由 0.60%～0.80% 提高到 1.0%～1.3%，碳含量适当上调，锰含量由 0.50%～0.8% 提高到 0.7%～1.0%。从而使成分更为合理，保证了转子材料具有较高的高温蠕变和持久强度，大大改善了其热加工性，提高了生产成品率。30Cr1Mo1V 钢从 20 世纪 80 年代起已取代 30Cr2MoV 钢，广泛用于大容量发电机组整锻高、中压转子的制造。

一般说来，对于 CrMoV 高、中压转子用钢，在具有同等室温抗拉强度的情况下，与其他显微组织相比，上贝氏体组织具有较高的持久和蠕变强度，如图 15-1 及图 15-2 所示。其主要强化机理是上贝氏体组

织具有弥散分布的碳化钒细微颗粒，使材料在长期的高温工作条件下保持了良好的组织稳定性。

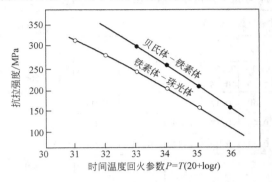

图15-1　金相组织对30Cr1Mo1V钢持久
强度的影响

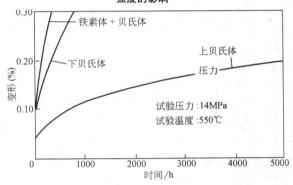

图15-2　相变产物对30Cr1Mo1V钢蠕变性能的影响

30Cr2MoV钢的奥氏体连续冷却转变图见图15-3，30Cr1Mo1V钢的奥氏体连续冷却转变图见图15-4。30Cr1Mo1V钢为典型的贝氏体钢，30Cr1Mo1V钢的调质通常采用鼓风冷却淬火。近年来，国外对30Cr1Mo1V钢采用油淬增加冷却速度，使实际生产的高中压转子的FATT（即断口形貌脆性转变温度）降低到了10~48℃，而高温持久强度的水平保持不变，从而提高了高、中压转子低温段的塑韧性，可以使汽轮机转子在电站热启动时的暖机时间大为缩短。

（2）超临界高中压转子用钢。超临界机组的蒸汽温度高于560℃时，普通CrMoV高中压转子钢的持久强度已显得不足，而高合金化的Cr12或改型的Cr12不锈钢类转子因其更好的高温持久强度特性（见图15-5），而在世界各国得到广泛重视与发展。更高温度及蒸汽压力的汽轮机中将使用Cr15Ni26Ti2MoVB（A286），表15-4给出了最近30多年来所研制的几种超临界高中压转子钢的化学成分和推荐使用温度。由于超临界汽轮机技术正处于快速发展阶段，所以转子用材料还没有形成国家标准，多以企业规范使用。

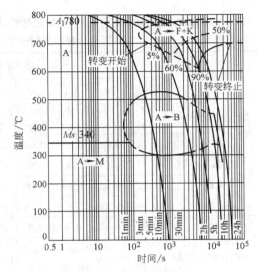

图15-3　30Cr2MoV钢的
奥氏体连续冷却转变图

注：化学成分（质量分数，%）：C0.26，Mn0.4，SiO.31，Cr1.65，Mo0.63，V0.28

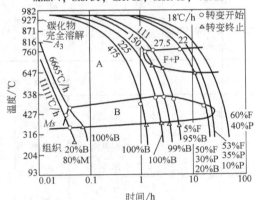

图15-4　30Cr1Mo1V钢的
奥氏体连续冷却转变图

注：化学成分（质量分数%）：C0.32，Mn0.74，SiO.25，NiO.34，Cr1.04，Mo1.20，V0.24

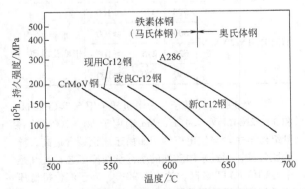

图15-5　超临界高中压转子用钢的高温性能

用于 1000MW 超超临界机组 593℃ 参数运转的转子性能，如表 15-5 和表 15-6 所示。

表 15-4　超临界转子锻件材料化学成分及推荐使用温度

牌号	化学成分（质量分数）（%）										使用温度 /℃
	C	Si	Mn	Ni	Cr	Mo	V	W	N	Nb	
X22CrMoV121	0.18 ~ 0.24	0.10 ~ 0.50	0.30 ~ 0.80	0.30 ~ 0.80	11.5 ~ 12.5	0.80 ~ 1.20	0.25 ~ 0.35				566
TMK1	0.14	0.05	0.50	0.60	10.2	1.50	0.17	—	0.04	0.06	600
TMK2	0.13	0.05	0.50	0.70	10.2	0.40	0.17	1.80	0.05	0.06	
TR1200	0.12	0.05	0.50	0.80	11.2	0.20	0.20	1.80	0.05	0.06	
HR1100	0.14	0.04		10.2	1.2		0.4		0.05		
TOS107	0.14	0.03	0.6	0.7	10.0	1.0	0.2	1.0	—	0.05	
1Cr10Mo1NiWVNbN	0.13 ~ 0.16	≤0.07	0.40 ~ 0.70	0.4 ~ 0.7	10 ~ 11	1.15 ~ 1.35	0.15 ~ 0.20	0.25 ~ 0.40	0.03 ~ 0.07	0.04 ~ 0.07	
HR1200	0.10	0.02		11.0		0.2		2.6	(Co) 2.5	0.05	630
TOS110	0.11	0.08	0.1	0.2	10.0	0.7	0.2	1.8	(Co) 3.0	(B) 0.01	
Cr15Ni26Ti2MoVB（A286）	≤ 0.08		24.0 ~ 27.0	13.5 ~ 16.0	1.0 ~ 2.0	0.1 ~ 0.5		(Ti) 1.9 ~ 2.35	(B) 0.001 0.01		650

表 15-5　超临界转子锻件力学性能

牌号	部位	$R_{p0.2}$/ MPa	R_m/ MPa	A （%）	Z （%）	A_{KV}/ J	a_{KV}/ （J/cm²）	$FATT_{50}$/ ℃
1Cr10Mo1NiWVNbN	轴端纵向	≥655	≥825	≥17	≥40	≥14	≥18	≤80
	本体径向	≥655	≥825	≥15	≥35	≥14	≥18	≤80
	中心孔纵向	≥655	≥825	≥15	≥35	≥14	≥18	≤80

表 15-6　超临界转子锻件高温力学性能

牌号	温度/ ℃	应力/ MPa	断裂时间 /h	取样位置
1Cr10Mo1NiWVNbN	575	310	≥100	本体径向、中心孔纵向
	600	265	≥100	
	625	215	≥100	
	650	170	≥100	

2. 汽轮机低压转子与发电机转子用钢 34CrNi3Mo 和 30Cr2Ni4MoV　34CrNi3Mo 钢用于 50 ~ 200MW 容量级低压主轴与发电机转子。由于该钢碳含量高，淬透性欠佳，不宜采用激烈的水淬和快冷工艺，尤其是中心部位 FATT 较高，达 60 ~ 90℃，高于汽轮机低压转子与发电机转子的服役温度，限制了该钢的应用范围与大尺寸转子锻件的制造。30Cr2Ni4MoV 钢属于低碳的 [$w(C)$ 为 2% ~ 4%] NiCrMoV 钢，即 ASTM A470 的 5、6、7 级钢 [$w(C)$ 从 0.30% ~ 0.40% 降为 0.20% ~ 0.35%]，该钢可采用大水量喷水的快冷淬火工艺，其锻件最大截面即使在 2000mm 以上，也可保证在锻件淬火后，其心部组织基本上为贝氏体，具有高的强度、良好的塑性与低温韧性，其脆性转变温度 FATT 通常在室温以下。该钢被广泛用于叶轮与主轴为一体的超大型整锻低压整体锻造转子。

两种钢的化学成分及力学性能要求分别如表 15-7 及表 15-8 所示。发电机转子用钢 30Cr2Ni4MoV 的成分与力学性能与低压转子的用钢相近。

34CrNi3Mo 与 30Cr2Ni4MoV 钢的奥氏体连续冷却转变图分别见图 15-6 及图 15-7。

表 15-7　汽轮机低压转子用钢的化学成分（质量分数）　　　　　　（％）

牌　号	C	Mn	Si[①]	Cr	Ni	Mo	V
34CrNi3Mo	≤0.40	0.50~0.80	0.17~0.37	0.70~1.10	2.75~3.25	0.25~0.40	—
30Cr2Ni4MoV	≤0.35	0.20~0.40	0.17~0.37	1.50~2.00	3.25~3.75	0.30~0.60	0.07~0.15
牌　号	P	S	Cu	Al	Sn	Sb	As
34CrNi3Mo	≤0.015	≤0.018	≤0.20	—	—	—	—
30Cr2Ni4MoV	≤0.012	≤0.012	≤0.20	≤0.015	≤0.015	≤0.0015	≤0.020

① 采用真空碳脱氧时，硅≤0.10%。

表 15-8　汽轮机低压转子的力学性能要求

牌号	部位	$R_{p0.2}$ /MPa	R_m /MPa	A （%）	Z （%）	A_{KU} /J	$FATT_{50}$ /℃	上平台能量 /J
34CrNi3Mo	轴端纵向	735~835	≥855	≥13	≥40	≥40		
	本体径向	735~835	≥855	≥11	≥35	≥30		
	中心孔纵向	≥685	≥810	≥10	≥35	≥30		
30Cr2Ni4MoV	本体径向 （轴端）	760~860	≥860	≥17	≥53	≥81	≤ -7	≥81
	中心孔纵向 （纵向）	≥720	≥830	≥16	≥45	≥41（横向）	≤27 （横向）	≥54 （横向）

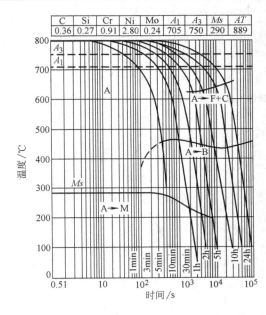

C	Si	Cr	Ni	Mo	A_1	A_3	Ms	AT
0.36	0.27	0.91	2.80	0.24	705	750	290	889

图 15-6　34CrNi3Mo 钢奥氏体连续冷却转变图

通常，30Cr2Ni4MoV 钢的使用温度宜限制在 350℃ 以下，因为该钢具有较强的回火脆性倾向，在 350~575℃ 长期时效后，其硅、锰将促进磷及有害的微量元素向晶界偏聚，会导致 FATT 显著上升，使材料韧性恶化，如图 15-8 及图 15-9 所示。近年来，研

制并生产出了超低硅、锰、磷、硫及有害元素含量的整锻低压转子锻件，这些超净化钢杂质元素（质量分数）的控制目标为：Si 0.02%、Mn 0.02%、P 0.002%、S 0.001%、Sn 0.002%、Sb 0.0001%、As 0.002%。

超净化的 30Cr2Ni4MoV 钢克服了 350℃ 以上长期时效后的脆化倾向，且高温持久强度有所提高，与该钢常规纯度转子材料相比，有更好的应力腐蚀与腐蚀疲劳抗力及良好的低周疲劳性能。超临界发电机组低压转子的入口蒸汽温度达 450℃，镍铬钼钒钢超净化低压转子的研制成功，开拓了该钢作为 350℃ 以上温度使用的低压转子用钢，应用于超超临界高效率发电厂的使用前景。

3. 高低压一体化转子锻件　大容量汽轮机通常有高压、低压两根或两根以上的转子锻件，汽轮机组不同温度区段汽缸中的转子锻件使用不同的材料制造。1CrMoV 钢高压（HP）、中压（IP）转子的主导要求是高温持久强度高，而 3.5NiCrMoV 钢低压（LP）转子的主导要求则是在室温下应具有高的强度与高的塑韧性。

为了使发电机组变得紧凑而简单化，同时，机组具有更高的发电热效率及安全可靠度，从 20 世纪 80 年代起，国外研制并制造了新型的 HLP 高、低压一体化新型转子材料，使一支转子的 HP 与 LP 不同段分别兼有高压转子或低压转子的性能。从而使较大容量的汽轮机可以设计为只有一根转子的单缸汽轮机。

高低压一体化转子锻件，多应用于 100MW 及以下容量的机组，优良的 HLP 转子也可应用于 100 ~ 250MW 单缸汽轮发电机组。

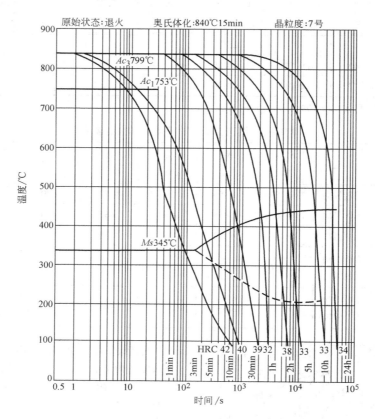

图 15-7　30Cr2Ni4MoV 钢奥氏体连续冷却转变图

注：化学成分（质量分数，%）：C 0.26　Mn0.28　Si 0.23

Ni 3.31　Cr 1.63　Mo 0.45　V 0.11。

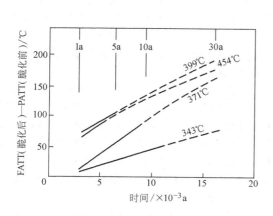

图 15-8　低压转子时效脆化曲线

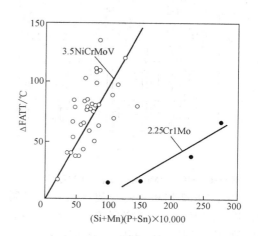

图 15-9　残存元素对断口形貌转变温度的影响

表 15-9 列出了发达国家已经生产的几种 HLP 转子的典型成分和尺寸。

常规的 $w(Cr)$ 2% ~ 2.5% 型 HLP 一体化转子通常采用特殊的分段调质处理的办法，以使转子 HP 段的性能满足高中压转子的要求，而 LP 段的性能满足低压转子的要求，其典型的性能见图 15-10 及图 15-11。

我国驱动供热型工业汽轮机的汽轮机转子也属于单缸型高、低压一体化转子的应用范畴，转子材料为 28CrMoNiV 及 30CrMoNiV 钢，已列入 JB/T 7027—1993《工业汽轮机转子锻件技术条件》，其化学成分及力学性能见表 15-10、表 15-11。该材料经常规热处理后，其性能介于 30Cr1Mo1V 与 30Cr2Ni4MoV 钢之间，可满足工业汽轮机转子高压端对高温持久强度的要求，又能适应低压末级对转子高强韧性的要求。

表 15-9　世界上几种 HLP 转子的典型尺寸与成分

材　　料	典型转子尺寸 /mm	化学成分（质量分数）（%）									研究制造方
		C	Si	Mn	Cr	Mo	Ni	V	W	Nb	
2% CrNiMoWV	$\phi1431 \times 7572$	0.23	0.07	0.67	2.12	0.85	0.74	0.32	0.63		美国、德国
2.25% dCrNiMoVNbW	$\phi1601 \times 7957$	0.24	≤0.03	≤0.05	2.25	1.10	1.70	0.20	0.20	0.03	东芝、日本制钢所
2.5Cr1.2Mo1.5NiV	$\phi1625$	0.25	0.06	0.44	2.48	1.13	1.45	0.23			神户制钢、富士电机
2% CrMoNiWV	$\phi1940 \times 4300$	0.22	0.06	0.62	2.13	0.86	0.76	0.32	0.65		德、美、英、瑞士等
9CrMoVNiNbN	$\phi1750 \times 4810$	0.16	0.09	0.68	9.69	1.36	1.22	0.22	(0.04)	0.05	日本制钢所

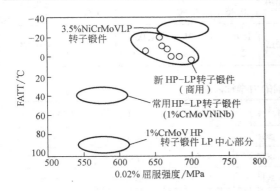

图 15-10　HLP 转子锻件 LP 段中心部分的
FATT 与屈服强度

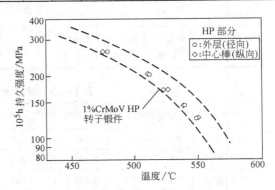

图 15-11　HLP 转子锻件 HP 段
的持久强度

表 15-10　工业汽轮机转子的化学成分

钢　　号	化学成分（质量分数）（%）										
	C	Mn	Si	P	S	Cr	Mo	Ni	V	Cu	Al
28CrMoNiV	0.25 ~ 0.30	0.30 ~ 0.80	≤0.30	≤0.012	≤0.012	1.10 ~ 1.40	0.80 ~ 1.00	0.50 ~ 0.75	0.25 ~ 0.35	≤0.20	≤0.01
30CrMoNiV	0.28 ~ 0.34	0.30 ~ 0.80	≤0.30	≤0.012	≤0.012	1.10 ~ 1.40	1.00 ~ 1.20	0.50 ~ 0.75	0.25 ~ 0.35	≤0.20	≤0.01

表 15-11　工业汽轮机转子的力学性能要求

牌　号	尺寸范围①/mm	取样部位	$R_{p0.2}$/MPa	R_m/MPa	A（%）	Z（%）	A_{KV}/J	FATT$_{50}$/℃
28CrMoNiV	≤900	切向、纵向	550 ~ 700	700 ~ 850	≥15	≥40	≥24	≤85
30CrMoNiV	≥900	切向、纵向	550 ~ 700	700 ~ 850	≥15	≥40	≥24	≤85

① 尺寸范围指锻件粗加工后、性能处理前的直径。

4. 焊接转子　焊接转子采用盘状轮毂和两端轴头组合结构，可以将约 213t 的大型转子分成不超过 30t 的中小锻件，在锻造和热处理后进行焊接制成汽轮机转子，由于焊接部位是空心结构，所以能节约原材料，并减轻转子的重量。根据工作条件选用不同的原材料，可以生产各种汽轮机转子或燃气轮机转子。一根焊接转子可以由同种材料组成，也可以依据各工作段的不同温度选用两种不同的材料制造。

常用的焊接转子材料有 17CrMo1V（瑞士 st560TS）和 25Cr2NiMoV 钢（瑞士 st565S），其化学成分和力学性能见表 15-12 和表 15-13，焊接材料的化学成分见表 15-14。25Cr2NiMoV 钢的奥氏体连续冷却转变图见图 15-12。

15.1.3　转子锻件的热处理

电站用大型转子锻件的质量水平，主要反应在炼钢和铸锭技术上。真空精炼与真空浇注的双真空脱气技术，大大减少了钢中的磷、硫、锡等不纯物及氢、氧、氮气体含量；而先进的铸锭形状的设计与应用则减轻了特大型钢锭中的各种偏析，及伴随偏析而出现的疏松、夹杂、成分偏析等各类缺陷。因此，极大地提高了大型转子锻件材质内部的纯净度，从而有利于提高锻造及热处理质量，使大型转子锻件获得优良的、安全可靠的使用性能。

表 15-12　焊接转子用钢的化学成分

牌号	化学成分（质量分数）（%）									
	C	Mn	Si	P	S	Cr	Mo	Ni	V	Cu
17CrMo1V（st560TS）	0.12 ~ 0.20	0.60 ~ 1.0	0.30 ~ 0.50	≤0.030	≤0.030	0.30 ~ 0.45	0.70 ~ 0.90	—	0.30 ~ 0.40	≤0.20
25Cr2NiMoV（st565S）	0.22 ~ 0.28	0.70 ~ 0.90	0.15 ~ 0.35	≤0.015	≤0.015	1.70 ~ 2.00	0.75 ~ 0.95	1.00 ~ 1.20	0.03 ~ 0.09	≤0.20

表 15-13　焊接转子用钢的力学性能要求

牌号	取样部位	$R_{p0.2}$/MPa	R_m/MPa	A（%）	Z（%）	a_{KU}/（J/cm²）	FATT$_{50}$/℃
17CrMo1V（st560TS）	轴头（纵向）	≥490	≥610	≥16	≥45	≥49	—
	轮毂（切向）	≥535	≥655	≥15	≥40	≥49	≤85
25Cr2NiMoV（st565S）	轴头（纵向）	≥635	≥745	≥15	≥40	≥59	≤20
	轮毂（切向）	≥635	≥745	≥14	≥35	≥49	≤20

表 15-14　焊接材料的化学成分

适用牌号	化学成分（质量分数）（%）									
	C	Mn	Si	P	S	Cr	Mo	V	Ti	Cu
17CrMo1V（st560TS）	0.10 ~ 0.15	0.30 ~ 1.50	0.15 ~ 0.50	≤0.020	≤0.020	0.50 ~ 0.60	0.90 ~ 1.00	0.40 ~ 0.50	0.20 ~ 0.40	≤0.25
25Cr2NiMoV（st565S）	≤0.10	≤1.50	≤0.35	≤0.025	≤0.020	2.0 ~ 2.5	0.90 ~ 1.20	—	—	—

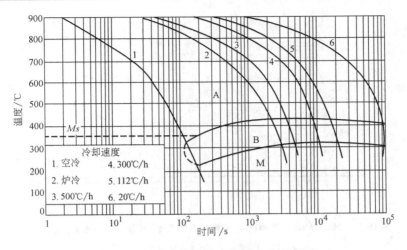

图 15-12　25Cr2NiMoV 钢奥氏体连续冷却转变图

转子锻件的热处理通常包含有锻后热处理、调质处理与去应力退火三个阶段。

锻后热处理的主要目的是细化晶粒，解决锻造组织中的粗晶与混晶问题，对于已在炼钢阶段采用双重脱气处理的转子锻件，不必再进行去除白点退火。但是为了消除大锻件材料中的粗晶与混晶，有时则需要采取多次重结晶的办法进行复杂的正火处理。

调质处理的目的是使材料沿转子锻件的整个截面达到均匀一致的组织与性能。

去应力退火的目的是为了消除热处理应力及转子开槽与打中心孔的加工应力，一般是在低于回火温度 30~50℃ 的温度加热缓冷。对于已达到高纯净度的转子材料，回火脆性已不复存在，大锻件的调质回火可采用 5~15℃/h 的缓冷方式，因而对电站锻件的去应力处理，已有省略的趋势。

大型转子锻件造价昂贵，其热处理十分重要而复杂，需根据其材质、冶炼铸锭方法、锻造工艺与锻件尺寸的具体情况确定。

1. 亚临界高中压转子 30Cr1Mo1V 钢的热处理　某厂生产的 30Cr1Mo1V 钢 600MW 汽轮机高中压转子，经双真空精炼，转子锻件的尺寸为 $\phi1200mm \times 8340mm$，锻件毛坯重 45t。其锻后热处理工艺采用 1010~1030℃ 高温正火和 250℃ 长时间的保温冷却，以保证心部充分转变，达到细化晶粒的目的。

该转子的调质处理是以 10760m^3/h 的大鼓风量的鼓风冷却方式，使奥氏体化后的转子锻件快速冷却，外表与心部均获得上贝氏体组织，从而使材料具有高的持久强度与良好而均匀的室温综合力学性能。因转子不同部位的截面差较大，实际操作中，为保证均匀冷却，对截面较小的轴颈加缠石棉布保护冷却，实际鼓风 10h 后轴身温度为 240℃，轴颈温度为 63~86℃，达到预期效果。

该转子两种热处理包括去应力处理的工艺曲线，分别如图 15-13 及图 15-14 所示。用该工艺处理的高中压转子，经全面检验达到了国外有关技术标准的无损与理化检测的要求。

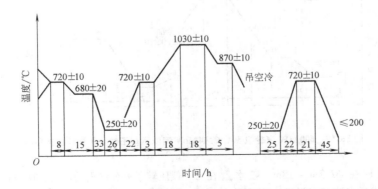

图 15-13　30Cr1Mo1V 钢 600MW 汽轮机高中压转子锻后热处理与去应力处理工艺

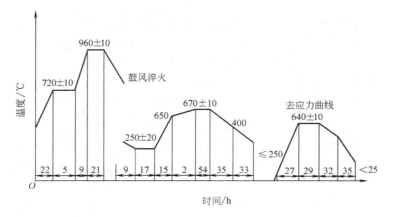

图 15-14 30Cr1Mo1V 钢 600MW 汽轮机高中压转子调质处理与去应力处理工艺

2. 汽轮机低压转子 30Cr2Ni4MoV 钢的热处理 某厂生产的 600MW 汽轮机 30Cr2Ni4MoV 钢低压转子,经双真空精炼,锻件毛坯的尺寸为 φ1925mm ×8800mm,重 88t。

从图 15-7 30Cr2Ni4MoV 钢的奥氏体连续冷却转变图可以看到,该钢的淬透性很好,高温奥氏体相当稳定,在空冷时不发生珠光体相变。生产实践中发现这种钢易出现粗大的奥氏体晶粒并有组织遗传性倾向。

为使直径近 2m 的大型锻件达到组织均匀、晶粒细化的目的,该钢的锻后热处理采用了 930℃、900℃及 870℃的三次高温正火,使之实现多次重结晶。正火温度过高时,正火细化晶粒的效果不好;第一次正火温度低于 840℃ 时,则易出现粗晶遗传现象。该转子锻后正火冷却的温度降低到 180～250℃,并保持足够的时间,使之充分完成组织转变,减少残留奥氏体量,有利于晶粒细化和充分去氢。考虑到转子尺寸大和可能有氢的偏析,在回火处理阶段延长了保温时间,进行了适当的去氢处理,其锻后热处理的工艺曲线如图 15-15 所示。

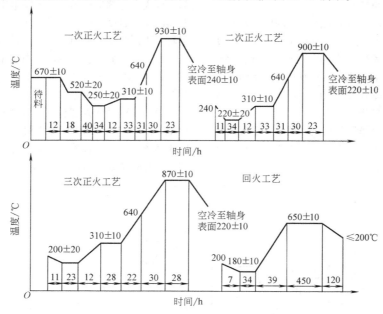

图 15-15 600MW 汽轮机 30Cr2Ni4MoV 钢低压转子锻后热处理工艺曲线

转子的调质处理在 φ2.7m × 18m、喷水量在 2000～2370t/h 的立式喷水装置中进行,以满足大型低压转子充分淬火的需要,从而获得更多的马氏体和下贝氏体组织。为提高转子的断裂韧度,减少淬火应力集中，避免淬火时出现裂纹，一方面在转子本体适当开槽，用以减少转子锻件的有效截面，增加锻件淬火的表面积，以便得到较好的心部组织；同时又在转子的不同部位采取不同的喷水量和冷却工艺，使工件各部位获得大致相同的冷却速度，从而得到良好的淬火效果，避免开裂。该大型转子实际喷水时间为12h，空冷4h后，转子轴身温度为80℃。其调质工艺、及叶轮体与转子中心孔机加工之后转子去应力处理工艺曲线，如图15-16所示。

3. HLP 高低压一体化转子的热处理　2.5Cr1.2Mo1.5NiV 钢制高低压转子，由碱性电炉 + 真空碳脱氧冶炼的89t 钢锭经 13000t 水压机锻制而成，最大直径为 ϕ1625mm。

经过预备热处理的转子锻件采用图 15-17 的分段调质工艺进行调质处理，即井式炉分段控温，使转子高压段加热到950℃，鼓风冷却，653℃回火；而转子低压段加热到910℃，喷水冷却，624℃回火。从而使转子的 HP 段与 LP 段分别达到不同的性能要求。

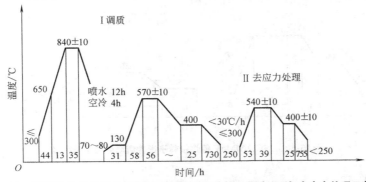

图 15-16　600MW 汽轮机 30Cr2Ni4MoV 钢低压整体转子调质处理与去应力处理工艺曲线

4. 超临界高中压不锈钢转子的热处理　一台415MW 超临界汽轮机转子，进汽温度为580℃，汽轮机高中压转子的材质为 10% CrMoVNbN 钢，由双真空浇注的97t 钢锭制造，其热处理的工艺曲线见图 15-18。

为了防止大型不锈钢转子的相变开裂，预备热处理采用690℃等温保持150h，以保证转子全部转变为铁素体 + 碳化物组织。调质处理采用油淬以得到充分的马氏体转变，锻件在 150～200℃均温，防止淬火开裂。接着进行两次回火，第一次回火保证获得低应力的回火马氏体组织，并在冷却过程中使残留奥氏体转变为马氏体；第二次回火消除应力，并使第一次回火后形成的马氏体回火。此外，不锈钢转子的轴颈需堆焊一层 1CrMoV 类低合金钢，以减少使用中轴颈的异常磨损。

5. 焊接转子热处理　25Cr2NiMoV 钢用于汽轮机低压焊接转子，锻后在 900～1020℃正火两次，并经700℃回火；调质处理的淬火加热温度为900℃，采用水和空气间歇冷却，620～670℃回火后缓慢冷却。采用08Cr2MoA 焊丝焊接，焊后 600℃回火，工艺曲线见图15-19、图15-20和图15-21。

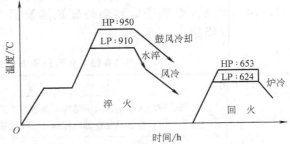

图 15-17　高低压一体化转子锻件调质处理工艺曲线

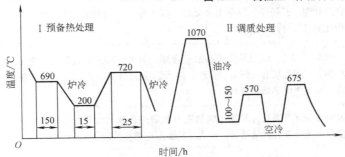

图 15-18　10% CrMoVNbN 钢大型转子锻件锻后热处理与调质热处理曲线

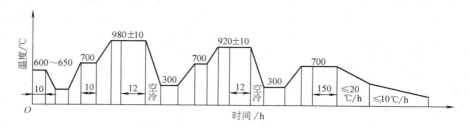

图 15-19　25Cr2NiMoV 钢焊接转子锻件锻后热处理工艺曲线

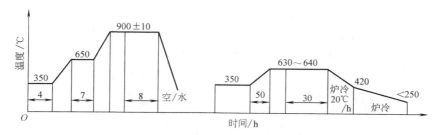

图 15-20　25Cr2NiMoV 钢焊接转子锻件调质处理工艺曲线

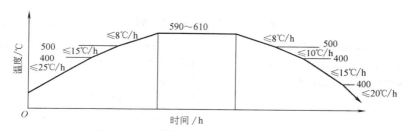

图 15-21　25Cr2NiMoV 钢焊接转子焊后热处理工艺曲线

15.1.4　常见大型转子锻件热处理缺陷及预防措施

国内重机厂生产的大型转子常见热处理缺陷及预防措施见表 15-15。

表 15-15　大型转子锻件常见热处理缺陷及预防措施

热处理缺陷	预防措施
锻后热处理开裂	转子锻坯入炉前认真清除掉锻造过程中产生的表面裂纹等缺陷；锻造后在锻坯表面温度为 500℃ 以上时趁热入炉；锻后热处理的冷却速度不能太快，冷却的温度和保温时间要适当
白点	镍铬钼钒钢和铬钼钒钢白点敏感性强，最有效的措施是真空冶炼及真空浇注，降低钢液氢含量，若钢液不经真空处理，必须经长时间除氢处理；真空处理未达到工艺要求时，应有适当的除氢处理；同时，应采取措施降低锻件内部的应力
出现粗晶和混晶	钢液应纯洁、均匀，锭型及浇注参数应合理，尽可能减少钢锭宏观和微观偏析；锻造时应充分锻造，变形应均匀，变形温度和变形量应合理；终锻温度适当低一些，锻坯锻后热处理的重结晶参数应合理，多次过冷、多次重结晶效果更好
调质开裂	调质前锻件应无严重超标缺陷；粗加工时给锻件合理倒角和加工圆角，锻件各段截面差别不宜过大；加热速度及淬火冷却速度应适当，淬火终冷温度应严格控制
硬度不均匀	加热应均匀，淬火冷却均匀，回火温度应均匀，回火时间应足够

（续）

热处理缺陷	预防措施
强度指标不合格	冶炼及铸造时尽量减少宏观、微观偏析；锻造时应彻底切除浇冒口，调质工艺应正确、准确，操作时严格执行工艺，保证加热冷却均匀；加热炉仪表、热电偶应校对准确
塑性指标不合格	提高钢液纯洁度，严格控制有害元素；尽量减少宏观、微观偏析，彻底切除浇冒口，充分锻透、锻实，消除孔洞和疏松；锻造热处理阶段应充分相变，使锻造组织细化和均匀化；调质处理时工艺参数应正确、准确，严格执行工艺；测温系统应校对准确；试样加工及测试系统应正常
热处理变形太大	锻造时尽量使锻件中心线与钢锭中心线一致，机械加工划线尽可能不偏心，少用和不用开槽调质，加工热处理吊孔轴线一定要通过转子中心线并与之垂直，加热冷却应均匀
残余应力过大	淬火加热、冷却应均匀，去应力退火的温度和时间应足够，去应力退火后的冷却速度尽可能慢一些，冷却应尽可能均匀，出炉温度应合理，切应力环的机械加工参数应合理，测试方法应正确

15.2　汽轮发电机无磁性护环的热处理

15.2.1　护环的服役条件及失效方式

　　无磁性护环是用来箍紧汽轮发电机转子两端的端部线圈，防止线圈在高速运转时由于离心力的作用将其甩出。护环是用加热红套的方法，一端紧套在转子轴身端部，另一端紧套在中心环上。运转时，护环除了承受本身离心力外，还承受转子绕组端部的离心力、弯曲应力以及配合应力等。为了防止端部因漏磁造成的损耗及防止运转时产生涡流影响发电机效率，要求护环材料无磁性，其磁导率 $\mu \leqslant 1.1Gs/Oe$。护环的主要失效方式是应力腐蚀开裂。

15.2.2　护环用钢

　　根据现行标准 JB/T 7029《50MW 以下汽轮发电机无磁性护环锻件技术条件》、JB/T 1268《50～200MW 汽轮发电机无磁性护环锻件技术条件》以及 JB/T 7030《300～600MW 汽轮发电机无磁性护环锻件技术条件》，护环材料的化学成分见表 15-16，其力学性能要求见表 15-17，护环的晶粒度要求为 ASTM No.1 级或更细。

　　1Mn18Cr18N 钢碳含量低、铬含量高、抗应力腐蚀能力强；在同等强度的情况下，其断面收缩率与冲击韧度几乎是 50Mn18Cr5 类材料的两倍而得到越来越广泛的应用，特别是用在大容量汽轮发电机组上，该钢已基本取代了 18-5 型钢。

表 15-16　发电机护环材料的化学成分

钢　　种	化学成分（质量分数）（%）								
	C	Mn	Si	P	S	Cr	W	Al	N
50Mn18Cr5	0.40～0.60	17.00～19.00	0.30～0.80	≤0.060	≤0.025	3.50～6.00	—	—	—
50Mn18Cr5N	0.40～0.60	17.00～19.00	0.30～0.80	≤0.060	≤0.025	3.50～6.00	—	—	≥0.08
50Mn18Cr4WN	0.40～0.60	17.00～19.00	0.30～0.80	≤0.060	≤0.025	3.50～5.00	0.70～1.20	—	≥0.08
1Mn18Cr18N	≤0.12	17.50～20.00	≤0.80	≤0.050	≤0.015	17.50～20.00	—	≤0.030	≥0.47

　　注：摘自 JB/T 1268—2002。

　　护环材料是一种奥氏体钢，通常需用电渣钢来制造，其护环成品所要求的高强度只能通过冷扩孔产生大量的塑性变形，即由冷变形强化来实现；与此同时还要求护环满足较低的残余应力的要求（要求护环的残余应力不超过规定屈服强度的 20%）。因此，护环的制造难度很大。

表 15-17　发电机护环材料的力学性能

项目	I	II	III	IV	V
R_m/MPa	≥895	≥965	≥1035	≥830	≥900
$R_{p0.2}$/MPa	≥760	≥825	≥900	790～970	980～1030
A（%）	≥25	≥20	≥20	≥21	≥19
Z（%）	≥35	≥30	≥30	≥62	≥62
A_{KV}/J	—	—	—	≥122	≥102
试验温度/℃	20～27			R_m，$R_{p0.2}$，A，Z：95～105　A_{KV}：20～27	
推荐用钢	50Mn18Cr5 50Mn18Cr5N 50Mn18Cr4WN			1Mn18Cr18N	

注：摘自 JB/T 1268—2002。

15.2.3　护环锻件的热处理

600MW 汽轮发电机 50Mn18Cr5N 大型护环的尺寸为 ϕ1186mm（外径）×ϕ993mm（内径）×975mm（高）。其生产工艺流程如下：

电炉冶炼→浇注电极→电渣重溶→电渣棒在 1190℃、1140～750℃ 拔长、镦粗、冲扩孔→加芯棒拔长成护环毛坯→水冷→护环环坯进行固溶处理→楔块扩孔成形→消除残余应力回火→测试残余应力与力学性能合格后→精加工至护环的交货尺寸。

护环需七火锻成，第二、三、四火在 1190℃ 高温加热共计 60h，其目的是利用锻造前的高温加热使合金元素得以充分扩散。其余四火均采用 1140℃ 较低温度锻造，以防晶粒粗化。毛坯锻毕后采用水冷，防止锻件冷却过程中大量析出碳化物而产生脆性。

护环的热处理包括固溶处理与去应力退火两部分，其工艺如表 15-18 所示。

表 15-18　护环锻件的热处理工艺

固溶处理	（1035±5）℃ 加热 4h 后入水冷却 60min，出水时工件温度应低于 100℃
去应力处理	（250±10）℃ 保温 4h，（300±10）℃ 保温 10h，缓冷 10～12h，至工件温度低于 100℃ 时出炉

护环的固溶处理是制造过程的一种中间热处理。护环在环坯热锻后虽经过水冷，但实测其伸长率仅为 49%～57%，不满足中心最大变形量 62% 的塑性要求。通过再次正式的固溶处理，使晶界上的碳化物在高温下更好地溶于晶内，提高护环扩孔前环坯的塑性，其塑性可提高到 62%～69%。

护环环坯中间固溶处理的好坏，关系着护环成形工序的成败，其工艺要点是：

1）固溶处理冷却时，工件入水前水温应低于 30℃，冷却终了水温应低于 55℃，工件出炉到入水时间应少于 5min。

2）固溶处理采用氩气保护加热，当炉温升到 500℃ 时开始通氩气，500～900℃ 通氩气量应为 10L/min，900℃ 以上为 30L/min。

3）通氩气采用保护罩，测温热电偶应直接接触工件，以保证测温准确。

4）装炉前必须将工件表面灰尘、油污等清洗干净。

600MW 汽轮发电机 50Mn18Cr5N 护环，经过 300℃ 的去应力处理后，成品护环的力学性能、残余应力、晶粒度及磁导率见表 15-19。

表 15-19　600MW 用 50Mn18Cr5N 护环的组织与性能

取样部位	$R_{p0.2}$/MPa	R_m/MPa	A（%）	Z（%）	a_K/（J/mm²）	残余应力/MPa	晶粒度/级	磁导率 μ/（H/m）
外环切向	990	1163	36	49		3	1～2	1.008
	1010	1177	31	51				
中环切向	1076	1217	30	50				
	1108	1234	27	47	175			
	1106	1243	30	46	181	3	1～2	1.008
	1120	1249	25	46				
内环切向	1242	1310	20	36	110			
	1269	1338	17	35	110			
径向	969	1163	22	46				
	850	1144	17	47				

15.2.4　护环锻件常见热处理缺陷及预防措施（见表 15-20）

表 15-20　护环锻件常见热处理缺陷及预防措施

热处理缺陷类型	产生原因与预防措施
出现粗晶和混晶	护环的晶粒度主要由锻造决定。为避免粗晶和混晶，应严格控制锻造温度和变形量，终锻温度应合理，变形量应均匀，固溶温度和保持时间要合理，且进行合理的快速升温
护环强度偏低	加热温度偏高、时间太长或温度不均匀，致使局部应力偏高。若温度偏高太多，会引起碳化物析出，降低应力腐蚀抗力，对磁性性能不利
护环塑性偏低，成形能力差	碳化物在固溶时未充分溶解引起。固溶温度与保持时间应充分，淬火入水应快，水温要低，水冷时间应足够；热锻成形后应采用水冷，防止冷却过程中析出过量碳化物

15.3　汽轮机叶轮的热处理

15.3.1　叶轮的服役条件及失效方式

叶轮是火力发电站汽轮机核心——高速转动部件转子上的关键大锻件之一。如 200MW 汽轮机末级叶轮锻件毛坯的直径约为 $\phi 1.4m$，重约 4t。叶轮通过加热红套实现与转子的过盈配合，叶轮外缘周向槽或径向槽中装嵌若干叶片，一起随同转子高速旋转。受叶片及叶轮高速转动离心力及振动应力的综合作用，叶轮在工作状态下承受巨大的切向与径向应力。叶轮叶根槽及键槽的尖角处，还受到应力集中与湿蒸汽环境腐蚀的双重作用。因此，叶轮与汽轮机转子一样，要求有高的强度，优良的塑性、韧性与低的脆性转变温度 FATT。

叶轮主要的失效方式是末几级叶轮，特别是末级叶轮叶根槽根部或键槽根部出现应力腐蚀裂纹，叶轮键槽裂纹达到一定深度后，将导致整个叶轮的飞裂。

为了杜绝大型机组叶轮的飞裂事故，也由于电站大锻件冶炼及制造技术的提高，对于 200MW 以上的大型汽轮机，目前国内外均采用叶轮与转子锻为一体的大直径整锻转子锻件，通过机械加工从转子上产生本体叶轮，不再另外进行叶轮的红套。仅 200MW 及其以下的小型汽轮机上仍采用红套叶轮。

15.3.2　叶轮用钢

根据现行标准 JB/T 1266—2002《25～200MW 汽轮机轮盘及叶轮锻件技术条件》及 JB/T 7028《25MW 以下汽轮机轮盘及叶轮锻件技术条件》。叶轮主要钢种的化学成分见表 15-21。

一般叶轮采用 34CrNi3Mo、35CrMoV、34CrMo1 等钢制造，这些叶轮钢常用电炉冶炼加钢包炉精炼，在大气下浇注钢锭；而要求较高的叶轮或特大型叶轮则采用 30Cr2Ni4MoV 钢制造，用电炉加钢包炉精炼，并采用真空浇注钢锭，以减少钢中气体含量。叶轮用钢的力学性能要求见表 15-22。

表 15-21　叶轮用主要钢种的化学成分

钢　种	化学成分（质量分数）（%）									
	C	Mn	Si	P	S	Cr	Ni	Mo	V	Cu
34CrMo1A	0.30～0.38	0.40～0.70	0.17～0.37	≤0.020	≤0.020	0.70～1.20	≤0.40	0.40～0.55	—	≤0.20
24CrMoV	0.20～0.28	0.30～0.60	0.17～0.37	≤0.020	≤0.020	1.20～1.50	—	0.50～0.60	0.15～0.30	≤0.20
35CrMoV	0.30～0.40	0.40～0.70	0.17～0.37	≤0.020	≤0.020	1.00～1.30	≤0.30	0.20～0.30	0.10～0.20	≤0.20
34CrNi3Mo	0.30～0.40	0.50～0.80	0.17～0.37	≤0.020	≤0.020	0.70～1.10	2.75～3.25	0.25～0.40	—	≤0.20
25CrNiMoV	0.20～0.28	≤0.70	0.17～0.37	≤0.020	≤0.020	1.00～1.50	1.00～1.50	0.25～0.45	0.07～0.15	≤0.20
30Cr2Ni4MoV	≤0.35	0.20～0.40	0.17～0.37	≤0.020	≤0.020	1.50～2.00	3.25～3.75	0.30～0.60	0.07～0.15	≤0.20

注：摘自 JB/T 1266—2002。

表 15-22　叶轮用钢锻件的力学性能要求

项　目	锻件强度级别/MPa							
	440	490	540	590	640	690	730	760
$R_{p0.2}$/MPa	≥440	≥490	≥540	≥590	≥640	690~820	730~860	760~890
R_m/MPa	≥590	≥640	≥690	≥720	≥760	≥800	≥850	≥870
A（%）	≥18	≥17	≥16	≥16	≥16	≥14	≥13（≥17）	（≥17）
Z（%）	≥40	≥40	≥40	≥40	≥40	≥35	≥35（≥45）	≥45
A_{KU}（A_{KV}）/J	≥39	≥39	≥39	≥39	≥39	≥39	≥39（≥61）	（≥61）
$FATT_{50}$/℃	≤40	≤40	≤40	≤40	≤40	≤20	≤20（≤−30）	≤−30
推荐用钢	24CrMoV 35CrMoV 34CrMo1A		34CrMo1A 25CrNiMoV 35CrMoV		25CrNiMoV	34CrNi3Mo	34CrNi3Mo （30Cr2Ni4MoV）	30Cr2Ni4MoV

15.3.3　汽轮机叶轮锻件的热处理

　　大型叶轮通常采用水压机自由锻造，从钢锭至叶轮交货，钢锭材料的利用率仅 13%～15% 或更低。直径为 φ1300mm 以下、重量小于 2t 的中、小型叶轮可采用模锻生产，从而优化了叶轮的生产程序，使钢材利用率提高到 36%，比常规自由锻工艺的生产率提高 2.27 倍，其模锻叶轮的生产工艺路线为：炼钢、铸锭 → 开坯、去氢炉冷 → 锯床下料 → 镦饼 → 1000kN·m 锤模锻叶轮 → 正火 → 粗加工 → 调质 → 性能试验 → 超声波探伤 → 精加工 → 成品。

　　1. 叶轮的锻后热处理　34CrMo1、24CrMoV、35CrMoV、34CrMoV 等叶轮用钢，冶炼浇注阶段若未经真空除气的平炉和碱性电炉或钢包精炼，易产生白点。因此，自由锻叶轮或用于模锻的坯料在锻造开坯后必须在 640～660℃ 进行预防白点退火，锻件从锻后到预防白点退火入炉的停留时间不能太长，其轮缘温度不得低于 350℃。34CrMo1A、24CrMoV 及 35CrMoV 钢叶轮的锻后热处理工艺曲线见图 15-22，34CrNi3Mo 钢叶轮毛坯的锻后热处理工艺曲线见图 15-23。

　　2. 叶轮的调质处理　性能要求高的 34CrMo1A、35CrMoV、34CrNi3Mo 等钢的叶轮，调质前应将叶轮粗加工，然后进行正火处理，加热至 900～910℃ 空冷，以改善锻件内部组织。

　　叶轮调质处理的冷却方式有油冷、水油冷和水冷等方式，应根据叶轮用钢的材质、规格尺寸和性能要求来决定。如直径为 φ1146mm，厚约 80mm 的 35CrMoV 钢模锻叶轮的调质工艺曲线见图 15-24，其调质后的力学性能见表 15-23。34CrNi3Mo 钢的调质工艺见图 15-25。

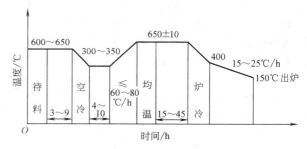

图 15-22　34CrMo1A、24CrMoV 及 35CrMoV 钢叶轮的锻后热处理工艺曲线

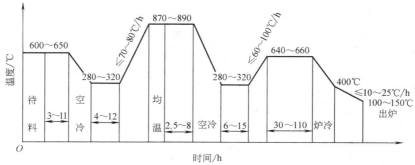

图 15-23　34CrNi3Mo 钢叶轮毛坯的锻后热处理工艺曲线

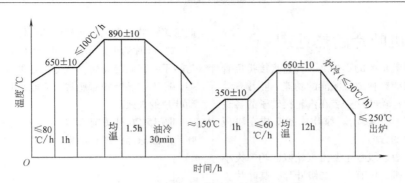

图 15-24　35CrMoV 钢模锻叶轮的调质工艺曲线

表 15-23　35CrMoV 模锻叶轮调质处理后的力学性能

序号	$R_{p0.2}$/MPa	R_m/MPa	A（%）	Z（%）	a_K/（J/cm²）	晶粒/级	超声波探伤
1	758	885	17	52	40		
2	758	885	17	50	63	6～5	合格
3	746	872	17	53	46		

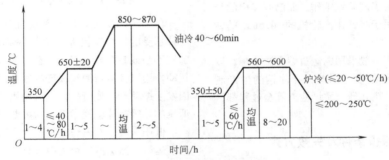

图 15-25　34CrNi3Mo 钢叶轮的调质工艺曲线

15.3.4　叶轮锻件热处理常见缺陷及预防措施（见表 15-24）

表 15-24　叶轮锻件热处理常见缺陷及预防措施

缺陷名称	缺陷产生的原因及预防措施
锻后热处理开裂	锻件入炉前认真清除掉锻件表面的锻造裂纹；锻坯件为 400℃ 以上温度时热装炉，过冷保温温度和时间应适当
白点	叶轮钢液一般只有一次真空处理，热处理中必须采用充分的除氢处理工艺来防止白点的产生
调质开裂	调质前锻件应无严重超标缺陷；粗加工时给锻件合理倒角和加工圆角；淬火冷却介质和冷却参数要合理
硬度不均匀	合理装料，锻件之间保持适当距离，使淬火加热及冷却均匀；而回火温度的均匀度特别重要，应予以注意
力学性能不合格	提高钢液纯净度，严格控制有害元素；尽量减少宏观、微观偏析；保证有足够的锻造比，使锻件流线均匀；叶轮调质前必须经重结晶处理，以减少引锻造组织的不均匀性，严格控制调质工艺，淬火、回火的加热温度应均匀；试样的取样部位应合理，试样加工要标准，试验设备应定期严格校验
残余应力不合格	保证调质淬火的加热与冷却均匀；并使去应力退火的温度均匀而且保温时间足够，回火后应缓慢均匀冷却；出炉温度不宜太高；机床切取应力环的机械加工参数应当合理，测试的方法应准确

15.4　汽轮机叶片的热处理

叶片是汽轮机最重要的零件之一,它直接担负着将蒸汽的动能和热能转换成机械能的功能。叶片有动叶片和静叶片之分;动叶片安装在汽轮机转子的各级叶轮体上,与转子一起转动。静叶片则安装在隔板上,以使蒸汽流改变方向。

叶片尺寸的长短、级数主要由汽轮机的功率大小决定。小功率汽轮机,仅有一、二级叶片,其叶片长度,只有几十毫米;而300MW大型汽轮机的高、中低压叶片则共有28级,其末级动叶片的长度长达851mm。600MW大型汽轮机的末级叶片长达1016mm。1000MW或更大型汽轮机全转速3000r/min的末级钢制叶片长达1219mm,半转速1500r/min的末级钢制叶片长达1321mm,限于目前冶金和锻造、热处理水平,改型的Cr13型叶片钢只能达到1050MPa屈服强度等级,屈服强度能达到1176MPa等级的叶片钢才完成了试验室工作,而已开发出的最大长度末级叶片为用于半转速汽轮机的1676mm的钛合金叶片。

汽轮机动叶片钢一般采用电渣重熔方法冶炼,以提高动叶片材料的纯净度。因此,叶片钢的生产制造,从冶炼、锻造、热处理、质量检查等全过程都区别于一般的普通钢材。

15.4.1　叶片的服役条件及失效方式

1. 叶片的服役条件　汽轮机中的动叶片在运行中主要受到以下几种应力的作用:①在高速旋转时,叶片、围带和拉肋的质量所产生的离心力引起的拉应力;②叶片重心偏离径向辐射线产生的弯曲应力;③蒸汽通过动叶片叶栅时,冲击叶片产生的弯应力和动应力;④高温叶片还受到热应力的作用。

高压、中压段的高温叶片除与转子一起高速旋转外,还承受高温、高压的过热蒸汽作用。其工作温度均在400℃以上;亚临界机组,叶片的工作温度最高可达540℃(喷嘴叶片、调节级叶片)。而超临界机组,其叶片工作温度可达560℃,甚至650℃。高、中压段的静叶片工作时,主要承受高温以及高温、高压蒸汽的冲击。

低压段动叶片,随着叶片尺寸的增大,其高速旋转的离心力和动应力将不断增加。而其中的末级、次末级或次次末级叶片则工作在干湿蒸汽环境中,蒸汽中的微量氯离子等残留有害物质易沉积在叶片表面而产生腐蚀或应力腐蚀。低压静叶片工作时,主要承受

低压蒸汽的冲击以及湿蒸汽的腐蚀。

2. 叶片的失效形式　叶片工作过程中,动叶片与转子一起高速旋转,承受的各种应力比静叶片大得多,即工作环境相对恶劣。因此,叶片的失效主要是动叶片的失效。

图15-26是美国EPRI电力研究所对美国汽轮机叶片事故原因的统计结果。

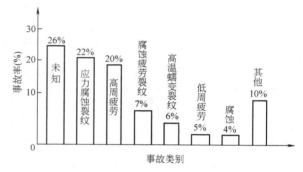

图15-26　汽轮机叶片事故原因的统计

(1) 应力腐蚀、疲劳和腐蚀疲劳。高速运转的叶片承受的是交变载荷,若叶片振动特性不良、设计加工不当或装配质量不良,在受到各种频率的蒸汽流扰动作用以及运行周波改变的影响时,都可能使叶片因发生振动产生疲劳失效。汽轮机的调节级叶片以及低压的几级叶片就经常发生这种断裂事故。

低压末级、次末级以及次次末级叶片因处于湿蒸汽下运行,当蒸汽凝聚相中含有某些活性阴离子并沉积在叶片表面上时,将使叶片表面的氧化膜发生破坏,使叶片表面出现腐蚀小坑,成为应力腐蚀、疲劳和腐蚀疲劳的裂纹源,导致叶片的断裂失效。试验表明,叶片材料在22%NaCl(质量分数)腐蚀溶液中的疲劳强度将比在空气中降低60%左右。

(2) 低压末级叶片的水蚀。低压蒸汽中含有的微小水滴撞击高速旋转的低压动叶片(如1016mm叶片正常工作时,其叶顶的圆周线速度高达600m/s),使叶片表层金属产生塑性变形并最终被冲刷掉,在叶片的进汽边产生水蚀,并且越向叶顶越严重。水蚀将导致叶片的安全性下降、气流变化及机组效率下降。

(3) 喷嘴、高温调节级叶片的固体颗粒冲蚀磨损。由锅炉管道和蒸汽导管剥落的氧化物颗粒在高压蒸汽的作用下,高速冲击汽轮机的喷嘴和调节级叶片,而使叶片型面产生冲蚀磨损。冲蚀磨损将使汽轮机的效率降低,可用性降低,输出功率减少。

(4) 水击。若汽轮机末几级隔板上的疏水结构

不好，或疏水不良，使凝结水进入低压缸的蒸汽通道，一定尺寸的水珠冲击高速旋转的叶片，会使叶片产生严重变形，甚至导致叶片的断裂。

15.4.2 叶片用钢

叶片基本上都使用 12% Cr 马氏体不锈钢和改型的 12% Cr 马氏体不锈钢和耐热钢制造，如：12Cr13、20Cr13、2Cr12NiMo1W1V、X22CrMoV121、1Cr12Ni3Mo2VN、07Cr17Ni7Al、R26 等。马氏体不锈钢加工性能好，成本低，吸振能力强（12Cr13、20Cr13 钢的衰减性能仅次于铸铁），并且可以通过加入适当的合金元素和改进锻造、热处理等工艺措施，使其强韧性满足叶片设计要求。

图 15-27 和图 15-28 分别为 12% Cr 型钢的 Fe-Cr-C 相图和组织图。众所周知，在改型 12% Cr 型不锈钢中，加入的 Cr、Mo、W、V 是强碳化物形成元素，C、Mn、Ni 和 N 则是奥氏体的形成与稳定元素。钢中过多的 δ-铁素体含量会显著降低钢的强度、塑性及韧性，还会影响钢的疲劳强度和高温强度。因此，12% Cr 钢应注意碳与合金元素的适当配比，严格控制金相组织中 δ-铁素体的含量。钢中的 δ-铁素体含量可用下式进行计算。即

δ-铁素体含量 $= 10E_{Cr} - 100\%$

铬当量：

$$E_{Cr} = 1w(Cr) + 2w(W) + 2.2w(Mo) + 4.5w(Nb)$$
$$+ 3.2w(Si) + 10w(V) + 7.2w(Ti) + 12w(Al)$$
$$+ 2.8w(Ta) - 45w(C) - 30w(N) - w(Ni)$$
$$- 0.6w(Mn) - w(Cu) - w(Co)$$

另一种铬当量 E_{Cr} 计算式为：$E_{Cr} = 1w(Cr) - 40w(C) - 2w(Mn) - 4w(Ni) + 6w(Si) + 4w(Mo) + 11w(V) - 30w(N) + 1.5w(W)$

当 $E_{Cr} \leqslant 9$（目标为 7）时，钢中一般不会存在 δ-铁素体。

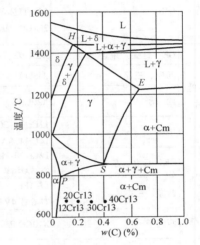

图 15-27 12% Cr 型钢的 Fe-Cr-C 相图

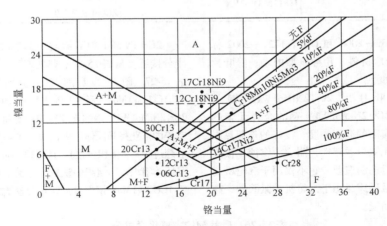

图 15-28 不锈钢组织图

F—铁素体 M—马氏体 A—奥氏体

注：铬当量 $E_{Cr} = w(Cr) + w(Mo) + 1.5w(Si) + 0.5w(Nb)$；

镍当量 $E_{Ni} = w(Ni) + 30w(C + N) + 0.5w(Mn)$。

表 15-25 为国内外汽轮机制造厂常用的叶片材料，其化学成分见表 15-26。电炉冶炼的 Cr12 马氏体不锈钢和耐热钢，一般含有较多的夹杂物，只能用于制造静叶片。动叶片用钢均需采用电渣重熔、真空感应熔炼或真空自耗重熔等二次精炼的方法制造，使叶片材料的夹杂物含量大为降低，合金元素的偏析得到改善。

表 15-25　国内外汽轮机制造厂常用叶片材料

叶片名称	生产厂	动叶片材料	静叶片材料
高温叶片	GE、日立、东芝	AISI616（C422） H46　R26	AISI616（C422）　H46
	西屋、三菱	AISI616（C422）	AISI616（C422）
高温叶片	西门子	X22CrMoV121 X19CrMoVNbN111	X22CrMoV121
	中国	15Cr12WMoV 14Cr11MoV 2Cr12NiMo1W1V	14Cr11MoV 12Cr13 ZG12Cr13　ZG14Cr11MoV 2Cr12NiMo1W1V
中温、低温叶片	GE、日立、东芝	AISI403	AISI403　AISI410
	西屋、三菱	AISI403	AISI403　AISI304
	西门子	X20Cr13	X20Cr13 X7CrAl13
	中国	12Cr13　20Cr13　12Cr12Mo 14Cr11MoV　15Cr12WMoV	ZG12Cr13　ZG20Cr13 12Cr13
末级叶片	GE、日立、东芝	12Cr-Ni-Mo-V Ti-6Al-4V	AISI403（ZG1Cr12Mo）
	西屋、三菱	17-4PH Ti-6Al-4V	AISI304（ZG0Cr18Ni9）
	西门子	X10CrNiMoV1222	
	中国	1Cr12Ni2W1Mo1V 1Cr12Ni3Mo2VN	ZG12Cr13 ZG12Cr12Mo ZG06Cr19Ni10

　　根据 GB/T 8732—2004 和 GB/T 1221—2002 标准，有 10 种常用叶片材料。几种典型的动、静叶片材料与热处理介绍如下。

　　1. 高、中压叶片用 2Cr12NiMo1W1V 钢与 1Cr12W1MoV 钢　2Cr12NiMo1W1V 钢的合金元素的配比比较合理，具有高的高温强度、良好的长期热强性能和持久塑性，无缺口敏感性，耐应力腐蚀，被广泛地用于电站汽轮机的制造业，它不仅用于汽轮机高温部分的叶片，而且还广泛用于汽轮机的紧固件、阀杆等其他零部件的制造。

　　2Cr12NiMo1W1V 钢与 1Cr12W1MoV 的化学成分十分接近，见表 15-26；热处理工艺和力学性能要求见表 15-27。图 15-29 和图 15-30 分别为 2Cr12NiMo1W1V 和 1Cr12W1MoV 钢的连续冷却转变曲线。从 2Cr12NiMo1W1V 钢的连续冷却转变曲线可以看出，该钢空淬即可获得马氏体组织，铁素体含量在正常情况下不会超过 5%（体积分数）。1Cr12W1MoV 钢空冷也可获得马氏体组织，但组织中铁素体含量一般都较高。这是由于 1Cr12W1MoV 钢中 C、Ni 元素较低之故。

表 15-26　叶片钢的主要化学成分

牌号	化学成分（质量分数）（%）								
	C	Si	Mn	Cr	Ni	Mo	W	V	Cu
12Cr13	0.08 ~ 0.15	≤1.00	≤1.00	11.50 ~ 13.50	≤0.60				
12Cr12	0.10 ~ 0.15	≤1.00	≤1.00	11.50 ~ 13.00	≤0.60				≤0.30
X7CrAl13（德国）	≤0.08	≤1.00	≤1.00	12.50 ~ 14.00	Al:0.1 ~ 0.30				

（续）

牌号	化学成分（质量分数）（%）								
	C	Si	Mn	Cr	Ni	Mo	W	V	Cu
20Cr13	0.16 ~ 0.24	≤0.60	≤0.60	12.00 ~ 14.00					≤0.30
X20Cr13（德国）	0.17 ~ 0.22	0.10 ~ 0.50	0.30 ~ 0.80	12.50 ~ 14.00	0.30 ~ 0.80				
12Cr12Mo	0.10 ~ 0.15	≤0.50	0.30 ~ 0.60	11.50 ~ 13.00	0.30 ~ 0.60	0.30 ~ 0.60			
AISI403	0.10 ~ 0.15	≤0.50	≤1.00	11.50 ~ 13.00	≤0.60	≤0.60			≤0.50
14Cr11MoV	0.11 ~ 0.18	≤0.50	≤0.60	10.00 ~ 11.50	≤0.60	0.50 ~ 0.70		0.25 ~ 0.40	≤0.30
1Cr12W1MoV	0.12 ~ 0.18	≤0.50	0.50 ~ 0.90	11.00 ~ 13.00	0.40 ~ 0.80	0.50 ~ 0.70	0.70 ~ 1.10	0.15 ~ 0.30	≤0.30
X22CrMoV121 21Cr12MoV	0.18 ~ 0.23	≤0.50	0.30 ~ 0.80	11.00 ~ 12.50	0.30 ~ 0.50	0.80 ~ 1.20		0.25 ~ 0.35	≤0.30
2Cr11NiMo1V（851）	0.17 ~ 0.23	≤1.00	≤1.00	10.50 ~ 11.50	≤0.50	0.90 ~ 1.10		0.15 ~ 0.25	≤0.50
2Cr12Ni1Mo1W1V（802T）	0.15 ~ 0.21	≤0.50	0.50 ~ 0.90	11.00 ~ 13.00	0.80 ~ 1.20	0.70 ~ 1.10	0.75 ~ 1.05	0.15 ~ 0.30	
2Cr12NiMo1W1V AISI616（C422）	0.20 ~ 0.25	≤0.50	0.50 ~ 1.00	11.00 ~ 12.50	0.50 ~ 1.00	0.90 ~ 1.25	0.90 ~ 1.25	0.20 ~ 0.30	≤0.30
2Cr11MoVNbN（H46） X19CrMoVNbN111	0.15 ~ 0.20	0.20 ~ 0.60	0.50 ~ 0.80	11.00 ~ 11.50	0.30 ~ 0.60	0.80 ~ 1.10	Nb:0.35 ~ 0.55	0.15 ~ 0.25	N:0.04 ~ 0.08
AISI304	≤0.08	≤1.00	≤2.00	18.00 ~ 20.00	8.00 ~ 10.50				
1Cr12Ni2Mo1W1V	0.12 ~ 0.16	0.10 ~ 0.35	0.40 ~ 0.80	10.50 ~ 12.50	2.20 ~ 2.60	1.00 ~ 1.40	1.00 ~ 1.40	0.15 ~ 0.35	
X10CrNiMoV1222	0.08 ~ 0.13	0.10 ~ 0.50	0.60 ~ 0.90	11.40 ~ 12.50	2.20 ~ 2.60	1.60 ~ 1.80	N:0.020 ~ 0.040	0.25 ~ 0.40	
12Cr-Ni-Mo-V	0.08 ~ 0.15	≤0.25	0.50 ~ 0.90	11.00 ~ 12.50	2.00 ~ 3.00	1.50 ~ 2.00	N:0.020 ~ 0.040	0.25 ~ 0.40	
05Cr17Ni4Cu4Nb（17-4PH）	≤0.055	≤1.00	≤0.50	15.00 ~ 16.00	3.80 ~ 4.50		Nb + Ta 0.15 ~ 0.35		3.00 ~ 3.70
TC4（Ti-6Al-4V）	≤0.10	≤0.15	Fe: ≤0.30	O: ≤0.15	V: 3.5 ~ 4.5	Ti: 余量	Al: 5.5 ~ 6.8		
R26	≤0.08	≤1.50	≤1.00	16.0 ~ 20.0	35.0 ~ 39.0	2.5 ~ 3.0	Co:18.0 ~ 22.0 B:0.001 ~ 0.1		Fe: 余量

表 15-27　动叶片材料的热处理工艺和力学性能要求（GB/T 8732—2004 或工厂标准）

牌　号	热　处　理/℃				$R_{p0.2}$ N/mm²	R_m N/mm²	A (%)	Z (%)	HBW	A_{KU} /J
	退火	回火	调质							
			淬火	回火						
12Cr13	800 ~ 900 缓冷	700 ~ 770 快冷	950 ~ 1000 油	700 ~ 750 空	≥345	≥540	≥25	≥55	≥159	≥78
12Cr12	800 ~ 900 缓冷	700 ~ 770 快冷	980 ~ 1040 油	660 ~ 770 空	≥440	≥615	≥20	≥60	187 ~ 229	≥71
20Cr13	800 ~ 900 缓冷	700 ~ 770 快冷	950 ~ 1020 油	660 ~ 770 空	≥490	≥665	≥16	≥50	207 ~ 241	≥63
12Cr12Mo AISI403	800 ~ 900 缓冷	700 ~ 770 快冷	950 ~ 1000 油	650 ~ 710 空	≥550	≥685	≥18	≥60	217 ~ 248	≥78
14Cr11MoV	800 ~ 900 缓冷	700 ~ 770 快冷	1000 ~ 1050 油	700 ~ 750 空	≥490	≥685	≥16	≥55	269 ~ 302	≥47
1Cr12W1MoV	800 ~ 900 缓冷	700 ~ 770 快冷	1000 ~ 1050 油	680 ~ 740 空	≥590	≥735	≥15	≥45	269 ~ 302	≥47
21Cr12MoV	880 ~ 930 缓冷	750 ~ 770 快冷	1020 ~ 1070 油	680 ~ 740 空	≥600	≥922	≥15	≥50	241 ~ 285	≥47
2Cr11NiMo1V（851）			980 ~ 1020 油	590 ~ 640 空	$\sigma_{0.02}$ ≥655	≥932	≥16	≥40	285 ~ 331	A_{KV} ≥17
2Cr12Ni1Mo1W1V （802T）	800 ~ 900 缓冷	700 ~ 770 快冷	1020 ~ 1060 油	660 ~ 720 空	≥735	≥880	≥14	≥42		≥47
2Cr12NiMo1W1V （C422）	860 ~ 930 缓冷	750 ~ 770 快冷	980 ~ 1040 油	650 ~ 750 空	≥760	≥930	≥12	≥32	277 ~ 311	
1Cr12Ni2W1Mo1V			980 ~ 1050 油冷	650 ~ 690 二次	≥735	≥922	≥13	≥40	293 ~ 331	A_{KV} ≥48
1Cr12Ni3Mo2VN			996 ~ 1024 油冷	≥566 二次	$\sigma_{0.02}$ ≥758	≥1102	≥13	≥30	331 ~ 363	A_{KV} ≥54.2
TC4（Ti-6Al-4V）	700 ~ 800 退火				≥827	≥896	≥10	≥25		
05Cr17Ni4Cu4Nb （17-4PH）	600 ~ 700 快冷		固溶 1020 ~ 1060	第 1 种时效 650	590 ~ 755	≥890	≥16	≥55	262 ~ 302	
			固溶 1020 ~ 1060	第 1 种时效 820 第 2 种时效 570	890 ~ 980	950 ~ 1020	≥16	≥55	293 ~ 321	
			固溶 1020 ~ 1060	第 1 种时效 820 第 2 种时效 610	755 ~ 890	890 ~ 960	≥16	≥55	277 ~ 311	
R26			固溶 1010 ~ 1040	（8816 ± 13）℃ ×20h （732 ± 8）℃ ×20h 空冷	≥550	≥1000	≥15	≥20	248 ~ 331	

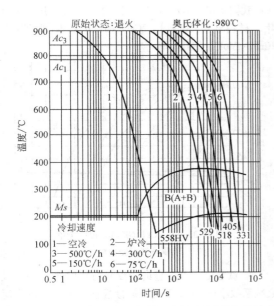

图 15-29 2Cr12NiMo1W1V（C422）钢
连续冷却转变曲线

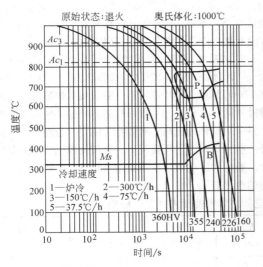

图 15-30 1Cr12W1MoV 钢连续
冷却转变曲线

12% Cr 型钢的碳含量（质量分数）在 0.1% ~ 0.2% 之间时，有好的抗蠕变性能。在钢中加入的 Cr、Mo、W、V 元素除参与固溶强化外，主要是通过高温回火，析出各种类型的弥散分布的碳化物，使之得到均匀的回火索氏体组织，获得良好的综合力学性能，满足高温使用的要求。图 15-31 为 2Cr12NiMo1W1V（C422）与 2Cr11MoVNbN（H46）及 12Cr12Mo（AISI403）钢高温持久强度的比较。

2. 低压叶片用 AISI403（12Cr12Mo）与 12Cr13

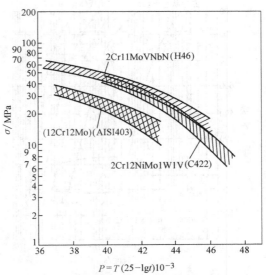

图 15-31 2Cr12NiMo1W1V 与 2Cr11MoVNbN
及 12Cr12Mo 钢高温持久强度的比较
P—参数 T—热力学温度 t—断裂时间

钢 12Cr12Mo 和 12Cr13 叶片材料的化学成分相近，见表 15-26，热处理工艺和力学性能要求见表 15-27。图 15-32 为 12Cr12Mo 钢的连续冷却转变曲线。

12Cr13、12Cr12Mo 钢调质热处理后，在回火温度相同时，其强度主要受钢中的铁素体含量的影响，国内汽轮机制造厂在使用 12Cr13 钢作叶片材料时，为减少钢中的铁素体含量和提高钢的强韧性，将 12Cr13 钢的碳含量下限规定为 w（C）0.10%。

3. 低压末级叶片用钢 1Cr12Ni3Mo2VN、1Cr12Ni2W1Mo1V 与 05Cr17Ni4Cu4Nb（17-4PH） 汽轮机转子在高速转动时，叶片长度的增加则会使转子和叶片受到的离心力成倍增加，这样，叶片长度的增加就会受到转子材料和叶片材料强度的制约。末级叶片由于其形状复杂，截面尺寸变化较大，为使各部位的组织性能均匀一致，并节约材料和减少机械加工量，末级叶片毛坯一般都采用模锻（或精锻）制造。

目前世界各国制造的大功率汽轮机的末级叶片大多选用 12% Cr 改型马氏体不锈钢和沉淀硬化不锈钢，即 1Cr12Ni3Mo2VN、1Cr12Ni2W1Mo1V 和 05Cr17Ni4Cu4Nb（17-4PH）钢，其化学成分见表 15-26，热处理工艺和力学性能要求见表 15-27。

在 12% Cr-Ni-Mo-V 型钢中，因 C 元素含量较低，为了在提高材料强度水平的同时改善钢的塑性和韧性，并提高 12% Cr 型钢的淬透性，使叶根的内外性能一致，在 12% Cr 型钢中加入了质量分数为 2.0% ~3.0% 的 Ni 元素，可显著减少钢中铁素体的

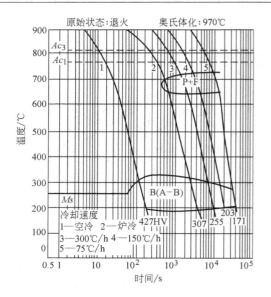

图 15-32　12Cr12Mo 钢连续冷却转变曲线

含量；钢中加入少量的 N 元素，是为了提高钢的强度并减少钢中的铁素体含量；加入适量 Mo 元素是为了强化基体；为有效减少钢中铁素体的含量，应注意控制钢的 Cr 当量，一般应要求低于 9，目标值为 7。图 15-33 所示为 1Cr12Ni2Mo1W1V 钢的连续冷却转变曲线。

在 05Cr17Ni4Cu4Nb（17-4PH）钢中，碳含量非常低 [$w(C) \leqslant 0.055\%$]，且 Cr、Ni 元素含量较高，保证该钢能获得具有很好塑性和韧性的低碳马氏体基体；较高的 Cu 含量为这种马氏体基体提供了一种弥散强化相——富 Cu 相。由于这两方面的原因使该钢具有优良的综合力学性能和优异的耐蚀性及振动衰减性能。

我国 200MW 及 300MW 汽轮机中曾经使用的末级叶片材料还有 20Cr13、2Cr12Ni1Mo1W1V（802T）及 2Cr11NiMo1V（851）等。

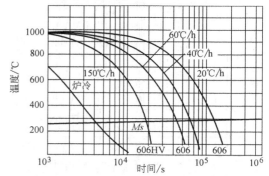

图 15-33　为 1Cr12Ni2Mo1W1V 钢的连续冷却转变曲线

4. 钛合金　钛合金的密度只有钢的 60%，而且衰减系数小于 Cr13 型钢，耐蚀性优于钢，所以广泛用于制造末级动叶片。国外已开发了 1500mm 的钛合金叶片，国内也进行了 1000mm 的钛合金叶片的研制，常用的钛合金为 Ti-6Al-4V（TC4），属于 α + β 型钛合金，含有 6% 的稳定 α 相元素 Al 和 4% 的稳定 β 相元素 V，退火状态为 α + β 固溶体。

5. 静叶片用钢　常用的静叶片材料为 12Cr13 型的不锈钢，如 12Cr13、12Cr11MoV、ZG12Cr13、ZG12Cr11MoV。静叶片用钢一般均用电炉冶炼，末级静叶片因尺寸较大，一般采用精密铸件。随着机组安全性和可靠性的提高，对静叶片的要求也越严格，国外一些公司现已采用模锻静叶片或用厚钢板弯制静叶片。静叶片的化学成分见前表 15-26，热处理工艺和力学性能要求见表 15-28。

表 15-28　静叶片材料的常用热处理工艺和力学性能要求（工厂标准）

牌　号	热　处　理		$R_{p0.2}$ /MPa	R_m /MPa	A （%）	Z （%）	HBW	A_{KU} /J
	淬火	回火						
12Cr13	980 ~ 1020℃ 油淬	680 ~ 720℃ 空冷	≥441 ≥353	≥618	≥20	≥60	192 ~ 235 187 ~ 229	≥49
ZG12Cr13	1030 ~ 1050℃ 油淬	650 ~ 700℃ 空冷	≥440 ≥392	≥615 ≥549	≥20 ≥15	≥60 ≥40	187 ~ 229 187 ~ 235	≥49
ZG20Cr13	980 ~ 1000℃ 油淬	730 ~ 740℃ 空冷	≥441	≥588	≥12	≥35	207 ~ 255	≥29.4
14Cr11MoV	1000 ~ 1030℃ 油淬	710 ~ 730℃ 空冷	≥490 ≥392	≥650	≥16	≥55	217 ~ 248 192 ~ 241	≥59
ZG14Cr11MoV	980 ~ 1000℃ 油淬	730 ~ 750℃ 空冷	≥490	≥637	≥15	≥40	197 ~ 229	≥49

15.4.3 叶片毛坯的热处理

汽轮机动叶片用钢采用电炉冶炼 + 电渣重熔，大大减少了钢中的夹杂物，电渣锭再经充分地锻造使其中的疏松、偏析等缺陷在锻造过程中得到改善，从而使叶片毛坯性能热处理后满足技术条件的要求。

动叶片毛坯按外形分为方钢叶片和模锻叶片，其热处理通常包括锻后热处理和调质处理。

锻后热处理的目的是为了改善组织，降低硬度和去除锻造应力，为随后的调质处理做好准备。锻后热处理根据不同材料采用不同的热处理工艺，通常采用高温退火或高温回火。

叶片钢经过淬火 + 高温回火的调质处理，组织为回火索氏体，其综合力学性能好，耐蚀性也较好。表15-27 和表 15-28 分别为动叶片及静叶片材料的热处理工艺以及力学性能要求。

12% Cr 型叶片钢的淬火温度一般为 950 ~ 1050℃。其选择原则是既要保证获得均匀奥氏体组织，使 $Cr_{23}C_6$ 型碳化物得到充分溶解，又要避免生成高温铁素体。该类叶片钢的淬火温度主要受 C、Cr、W、Mo 等合金元素的影响，若淬火温度低，碳化物溶解不充分，将使材料的强度性能偏低；若淬火温度超过正常的淬火温度，将使钢的晶粒粗大，铁素体量增多，降低钢的塑性和韧性。由于 12% Cr 型钢的淬火马氏体组织中，固溶了碳及大量的合金元素，具有较大的内应力，为防止产生裂纹，淬火后必须及时进行回火，淬火后放置的时间一般应在 8h 以内。

12% Cr 型叶片钢因铬含量高，等温转变图右移，临界淬火速度小，小型零件空冷淬火即可。大型零件为使奥氏体充分转变为马氏体，多采用油淬。

12% Cr 型钢淬火经不同的温度回火后，其组织、性能也随之变化；组织中的碳化物转变顺序是：$(Fe, Cr)_3C \rightarrow (Cr, Fe)_7C_3 \rightarrow (Cr, Fe)_{23}C_6$。200 ~ 350℃ 低温回火时，淬火马氏体中析出少量的 M_3C 碳化物，并消除了部分内应力，其组织转变为回火马氏体。此时钢不仅仍保持高的强度和硬度，并因析出的碳化物不多，大量的铬元素仍保留在固溶体中，钢的耐蚀性较好，但塑性和韧性较低。在 400 ~ 550℃ 中温回火处理时，组织中析出弥散度很高的 M_7C_3 碳化物，使钢出现回火脆性，冲击韧度极低；600 ~ 750℃ 高温回火时，形成 $Cr_{23}C_6$ 型碳化物，组织转变为回火索氏体。经高温回火处理后，12% Cr 型叶片钢的综合性能良好。图 15-34a、b 为回火温度对 Cr13 型钢硬度和冲击韧度的影响。图 15-35 为不同温度回火后的 Cr13 型不锈钢在 w（NaCl）为 3% 溶液中腐蚀 4 周后的耐蚀性比较。图 15-36 和图 15-37 分别

为 12Cr12Mo 钢和 2Cr12NiMo1W1V 钢在不同温度回火处理后的力学性能。

Cr13 型不锈钢回火的冷却方式，一般都采用空气冷却，因为 Cr13 型不锈钢有回火脆性倾向，并且随着钢中的碳含量增加而敏感性增大。20Cr13 钢在某些情况下，如叶片尺寸较大时为抑止回火脆性，使钢获得较高的冲击韧度，回火处理后可采用油快速冷却。但油冷会使钢的内应力增大，使叶片在机械加工时产生变形，因此油冷却后应增加一次去应力处理。

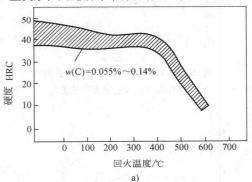

a)

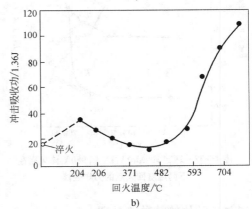

b)

图 15-34　回火温度对 Cr13 型钢硬度和冲击韧度的影响

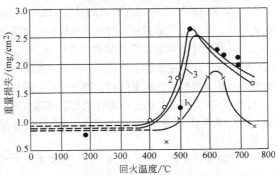

图 15-35　不同温度回火后的 Cr13 型不锈钢在
w（NaCl）3% 溶液中的耐蚀性比较

1—$w(C) = 0.06\%$，$w(Cr) = 13.3\%$　2—$w(C) = 0.23\%$，$w(Cr) = 13\%$　3—$w(C) = 0.29\%$，$w(Cr) = 13\%$

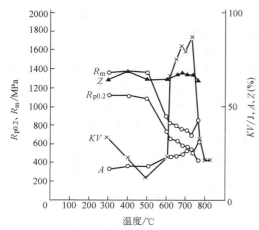

图 15-36　12Cr12Mo 钢 955℃淬火后在
不同温度回火后的力学性能

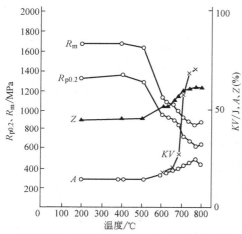

图 15-37　2Cr12NiMo1W1V 钢 980℃淬火后在
不同温度回火后的力学性能

15.4.4　叶片的特种热处理

1. 叶片的局部淬火　汽轮机的低压末级动叶片在运行时，叶片进气边靠叶顶附近受湿蒸汽中水滴的冲蚀，而使叶片表层金属产生塑性变形并最终脱落，造成叶片进汽边产生水蚀。为防止叶片进汽边的严重水蚀，一是改进机组的疏水结构，使静叶片上的水滴尽可能少；二是在叶片的进汽边叶顶部采用防水蚀措施，如：镶焊或钎焊司太立合金片、表面局部淬火等。

叶片表面的局部淬火防水蚀方法，是使进汽边叶顶局部的区域转化为马氏体，淬火层的硬度可达40HRC 以上。材料硬度的提高可有效地减轻叶片的水蚀程度，达到防水冲蚀的目的。其工艺主要包括：高频感应淬火、火焰淬火、离子轰击淬火以及激光淬

火等。

高频感应淬火和离子轰击淬火具有以下特点：①加热速度快，加热时间短，淬火晶粒细小，淬火后表面硬度高；②表面氧化脱碳少，工件淬火变形小；③操作简单，淬火加热易进行控制；④表面形成一层压应力，从而提高材料的疲劳强度和抗应力腐蚀的能力。

高频感应淬火和火焰淬火的淬火温度一般控制在 950 ~ 1050℃的范围；淬火层深度、硬度以及淬火范围一般根据叶片设计的要求进行控制，层深一般为2mm，也可淬透；硬度为 40 ~ 48HRC 左右。叶片表面局部淬火处理后，应进行除应力回火，以防止叶片在运行时产生应力腐蚀。回火温度一般控制在 200 ~ 300℃的范围。

2. 叶片表面渗硼、渗铬、渗氮热处理　来自锅炉管道和蒸汽导管的剥落氧化物，在高压蒸汽的作用下，高速冲击汽轮机的喷嘴和调节级叶片，使其产生冲蚀磨损。为防止这种失效，喷嘴叶片可采用渗硼、渗铬和渗氮等方法，使叶片表面产生一层硬化层，提高叶片表面的硬度。

12% Cr 型叶片钢经渗硼和渗铬处理后，表面硬度可达 1300 ~ 1600HV 左右，渗层深度一般为几十微米。渗硼处理有多种方法，其中以固体渗硼较常见，工艺参数为 900 ~ 1000℃，保温 6 ~ 10h。渗铬工艺参数为 800 ~ 950℃，保温 6 ~ 10h。经渗氮处理后，表面硬度在 800HV 以上，层深一般为 0.15 ~ 0.25mm。渗氮处理也有多种方法，其中以气体渗氮为主；工艺参数为 530 ~ 550℃，保温 15 ~ 22h。

15.5　汽轮机螺栓的热处理

15.5.1　汽轮机螺栓的服役条件及失效方式

螺栓属于汽轮机紧固件，汽轮机紧固件包括用于汽缸、阀门、蒸汽连通管、转子联轴器、叶片等零部件上起紧固作用的螺栓、螺钉、螺母和铆钉等。其中最重要的是高、中压气缸法兰连接用大型螺栓与螺母，国产 300MW 汽轮机高压外缸大型双头螺栓的尺寸为 ϕ120mm × 1500mm，而 600MW 及以上机组高压外缸双头螺栓尺寸为 ϕ160mm × 1800mm。

汽轮机高、中、低压气缸通过法兰面上若干只螺栓的紧固作用，将高温、高压的蒸汽密封在气缸内。在汽轮机运行过程中，如果没有其他意外停机事故发生的话，气缸法兰密合的连续工作时间，取决于螺栓的可靠性。为了使气缸法兰面密封，将螺栓的螺母拧紧后，在螺栓内有很大的弹性应力存在。在高温的长

时间作用之下，螺栓内的弹性变形将向塑性变形转变，从而使螺栓的预紧力发生应力松弛，导致气缸法兰连接紧密性的破坏。

因此，气缸螺栓金属材料应具有良好的高温持久强度、高温蠕变强度及较好的抗松弛性能。螺栓由于存在螺纹具有产生应力集中的条件，因此，螺栓材料应具有小的缺口敏感性及小的时效脆化倾向。对于在气缸内部工作的螺栓，由于受蒸汽和水的冲蚀，还要求具有一定的耐蚀性。另外，制造螺栓和螺母的材料，还不应有相互咬死的倾向。国内电厂在高温下使用的紧固件，设计寿命通常为20000h，最小密封应力为150MPa。

螺栓本身的结构、制造加工的质量、装卸螺栓的方法是否得当和拧紧时对螺栓形成的初紧应力的大小、汽轮机起动时螺栓与法兰的温度等都直接影响螺栓的使用寿命。而螺栓的过早失效，则主要是金属材料方面的原因。如用于520～535℃的

25Cr2Mo1V钢，由于其组织不够稳定，在高温与高应力共同作用下松弛性能急剧恶化，往往导致气缸或阀门严重漏气。此外，由于该材质的时效脆化曾发生过螺栓突然断裂的事故。

近来，还发现高温合金材质制作的大螺栓，因其线胀系数过大，因应力腐蚀而导致了螺栓的早期断裂失效。

15.5.2 汽轮机螺栓用钢

常温及350℃以下的汽轮机低温段紧固件或标准件可用35或45碳素钢制造，高温、高应力紧固件依据设计工况多采用合金耐热钢、12%Cr型不锈钢或高温合金制造。普通铬钼钒合金耐热钢沿用GB/T 3077—1999《合金结构钢技术条件》，而复杂成分的合金热强钢，不锈钢及高温合金则依据各汽轮机厂制定的工厂标准。表15-29列出了汽轮机中、高温螺栓用钢的主要成分、性能及适用温度范围。

表15-29 汽轮机中、高温螺栓用钢的主要化学成分、性能及适用温度范围

工作温度 /℃ ≤	钢种	主要化学成分（质量分数）（%）							持久强度 σ_{10^5}/MPa
		C	Cr	Mo	W	V	Ti	B	
480	35CrMo	0.32～0.40	0.80～0.10	0.15～0.25					475℃：167
510	25Cr2MoV	0.22～0.29	1.50～1.80	0.25～0.35		0.15～0.30			500℃：196
540	2Cr12NiMo1W1V （C422）	0.20～0.25	11.0～12.5	0.90～1.25	0.90～1.25	0.20～0.30	Ni：0.50～1.00		540℃：206
560	20Cr1Mo1VNbTiB	0.17～0.23	0.90～1.30	0.75～1.00	Nb：0.11～0.25	0.50～0.70	0.05～0.14	0.005	560℃：191
650	R26	≤0.08	16.0～20.0	2.50～3.55	Co：18.0～22.0	Ni：35.0～39.0	2.50～3.00	0.001～0.01	550℃：480

过去在蒸汽初温为535℃的各种高压、超高压及亚临界不同功率的汽轮机中，常用的螺栓钢种为25Cr2Mo1V及20Cr1Mo1V1，前者因在电厂发生脆断问题，后者因大截面螺栓淬透性欠佳均基本淘汰。从1973年起，汽轮机制造行业广泛采用20Cr1Mo1VNbTiB（1号螺栓钢）取代上述钢种，先后用于50MW、75MW、200MW及300MW等多种机型，经20多年的安全运行考核，该钢制造的大螺栓在电厂无漏气与脆断现象发生。该钢中除了含有铬、

钼、钒等起固溶强化及弥散强化作用的元素外，还加入了铌、钛等细化晶粒及强化晶界的元素硼。由于微量硼元素的加入，起到降低晶界表面能的作用，使得这些元素偏聚在晶界上，填充了晶界结构上的空位，减缓了晶界的扩散过程，有效地阻止了晶界碳化物的聚集长大，因而抑制了晶界裂纹的形成及长大过程，强化了晶界；且由于VC、NbC、TiC等多种稳定的碳化物相所起到的沉淀硬化作用比单一的碳化物更为有效，使组织更为稳定，无时效脆化现象，无缺口敏感

性。因而该钢比普通合金成分的耐热钢具有更高的持久强度、蠕变强度及抗松弛性能，特别适用于制作560℃温度下大容量机组的大型紧固螺栓。

20世纪80年代，汽轮机制造技术在535℃的亚临界参数，与20Cr1Mo1VNbTiB并列使用在300MW及600MW及以上汽轮机上的高温大螺栓钢种是Cr12改型不锈钢2Cr12Ni2Mo1W1V、1Cr11Co3W3NiMoVNbNB、2Cr11Mo1NiWVNbN及R-26Cr-Ni-Co-Fe基沉淀硬化型高温合金。

除上述钢种外，大型机组大截面中温螺栓用钢还有40CrMoV、45Cr1MoV，高温大截面螺栓钢还有20Cr1Mo1VTiB（2号螺栓钢）、GH145等。

铬钼钒类耐热钢采用碱性电炉冶炼，2Cr12NiMo1W1V不锈钢一般为电渣钢，高温合金则采用真空感应炉冶炼+电渣重溶，用于600MW大型机组上的45Cr1MoV钢大截面中温螺栓。为了满足发纹检查对钢材纯净度的严格要求，国内生产也采用了电渣重熔。

15.5.3　螺栓毛坯的热处理

300MW及以下容量机组的大螺栓在汽轮机制造厂的加工路线是：轧制或锻制圆钢的进厂验收→下料→按冶炼炉次分批进行螺栓的性能热处理→按热处理炉次抽检力学性能，且每件热处理毛坯需硬度检查合格→加工为成品螺栓。引进型600MW机组用高温及中温大螺栓，在成品完工后还需进行磁粉或超声波探伤检查。

表15-30列出了高温螺栓主要钢种的热处理工艺。汽轮机厂对这些钢的力学性能、生产检验数据的统计结果计算出要求值。

当高温螺栓材料用于制造螺母时，其工作温度可以比螺栓工作温度高约30℃，为了使螺栓与螺母在长期使用后不发生咬死现象，高温螺栓应配制高温强度等级低一个档次的异种材料作螺母。例如：大容量汽轮机组高压气缸法兰面大螺栓材料为20Cr1Mo1VNbTiB，通常使用25Cr2MoV制作罩螺母；而25Cr2MoV的中压螺栓则使用35CrMo制作罩螺母，其他Cr12改型不锈钢螺栓采用45Cr1MoV钢作罩螺母。

高温螺母工作时需多次装卸，因此螺母六角面应有高硬度，其硬化层应能耐高温，故螺母的六角面通常需进行渗氮处理。其渗氮处理的工艺及要求如表15-31所示。

表15-30　汽轮机高温螺栓钢的热处理工艺及力学性能

牌　号	热处理工艺	统计值	力　学　性　能			
			$R_{p0.2}$ /MPa	R_m /MPa	A （%）	Z （%）
35CrMo	调质：850~880℃，油淬；560~620℃回火 正火：850~890℃；空冷，560~650℃回火	$\overline{X}_{397}$	726	881	18.5	64.0
		95%上限	891	1003	21.8	69.4
		95%下限	561	759	15.2	58.6
		要求值≥	588	765	14	40
25Cr2MoV	调质：920~960℃，油淬；640~680℃回火 正火：940~980℃，空冷；640~680℃回火	$\overline{X}_{331}$	774	864	19.5	69.3
		95%上限	877	958	22.5	73.6
		95%下限	672	769	16.6	73.6
		要求值≥	686	785	15	50
2Cr12NiMo1W1V （C422）	（1040±15）℃，油淬；650~750℃回火，空冷	$\overline{X}_{248}$	846	995	19.1	56.7
		95%上限	921	1052	22.5	65.9
		95%下限	771	937	15.8	47.4
		要求值≥	760	930	12	32
20Cr1Mo1VNbTiB	退火：750~800℃以下装炉，均热升温至950℃，保温后炉冷至500℃，出炉 调质：1020~1040℃，油冷，690~730℃回火	$\overline{X}_{308}$	788	898	17.5	62.4
		95%上限	916	1025	20.8	72.6
		95%下限	662	771	14.2	52.2
		要求值≥	670	725	15	60

（续）

牌 号	热处理工艺	力 学 性 能				
		统计值	$R_{p0.2}$ /MPa	R_m /MPa	A (%)	Z (%)
R26	固溶处理：1000~1050℃×1h，油冷 时效：800~830℃×20h，炉冷至710~750℃×20h，空冷	$\overline{X}_{203}$	671	1154	29.0	45.0
		95%上限	735	1215	32.6	52.6
		95%下限	606	1093	25.3	37.3
		要求值≥	550	1000	15	20
1Cr11Co3W3NiMoVNbNB	1085~1150℃，油冷；700~750℃，空冷	要求值≥	$\sigma_{0.02}$: 620	890	15	45
2Cr11Mo1NiWVNbN	1075~1100℃，油冷；640~680℃，空冷	要求值≥	$\sigma_{0.02}$: 690	965	15	45

表15-31 汽轮机高温螺栓罩螺母的渗氮工艺及要求

牌 号	气 体 渗 氮 工 艺	渗氮层技术要求		
		层 深	硬 度	脆 性
35CrMo	≤250℃入炉，随炉升温 （520±10）℃保温30h 氨气进气压力：60~80mm油柱	≥0.3mm	≥600HV	≤3级
25Cr2MoV	氨气出气压力：30~40mm油柱 氨气分解率：25%~30% 渗氮后随炉冷却，≤150℃出炉	≥0.3mm	≥700HV	≤3级

15.5.4 常见螺栓热处理缺陷及预防措施

铬钼钒钢螺栓的常见热处理缺陷和防止措施如下：

（1）批量性淬火开裂。分析原因主要是钢厂供货的圆钢表面质量差，表面有较多浅层折叠与裂纹，在调质淬火中引起淬火开裂。采取酸洗打磨清除掉缺陷或车去缺陷层后再热处理，可避免淬火开裂的发生。

（2）淬火弯曲变形与硬度不均匀。改进设备，改进热处理操作，使长杆形零件在加热及淬火时能均匀加热与冷却。

（3）20Cr1Mo1VNbTiB螺栓出现粗晶。控制钢中硼含量；正确控制始锻与终锻温度；调质前，采用950℃退火，进行细化晶粒的预备热处理，可消除或抑制该钢粗晶问题的发生。

15.6 锅炉构件及输汽管的热处理

电站锅炉是火力发电站中与汽轮机、发电机配套使用的三大配套主机产品之一。与汽轮机、发电机的发展一样，随着电力需求量的增大和使用要求的提高，以及燃料种类的多样化，我国电站锅炉的主要产品目前已拥有300MW、600MW亚临界自然循环或控制循环中间再热锅炉，300MW、600MW"W"形火焰燃煤低挥发分无烟煤锅炉，50MW及100MW以上的循环流化床锅炉等系列化的锅炉产品。

锅炉构件包括锅炉本体、耐火炉墙、钢构架、辅助设备和附件等部分。其中最主要的组成件是构成锅炉本体受热面的锅炉钢管（被称为"四管"的水冷壁、过热器、再热器与省煤器用管）、输送蒸汽的蒸汽管（导管、联箱和连接管等）以及卷制锅炉汽包等需用的锅炉钢板等。

15.6.1 锅炉用钢管及钢板的服役条件和零件失效方式

锅炉设备中的受热面管子是处在煤、油或燃气的燃烧高温、腐蚀性气氛的介质中，管内壁承受水或蒸汽的内压作用而长期工作的零件。亚临界水冷壁管和省煤器管的工作温度一般在400℃以下，而过热器管和再热器管在400~600℃的高温工作。因此，要求锅炉钢管有足够的持久、蠕变强度，高的抗氧化性能，良好的组织稳定性，并应有良好的焊接工艺性能。

这种高温、应力、腐蚀介质等恶劣环境对锅炉钢管的长期作用，特别是锅炉运行的参数（汽温、汽压与水位）或管系的设计、制造与安装不良时，四种受热面钢管因发生长时蠕变损伤、时效脆化、氧化腐蚀、甚至于短时高温相变等而产生超温爆管、短时超温爆管、材质不良爆管和腐蚀性热疲劳裂纹损坏等失效。大型锅炉四管的爆漏问题是影响火力发电机组安全、经济运行的主要因素之一。

主蒸汽管常用 12Cr1MoV，10CrMo910 钢制造大口径管，如 300MW 亚临界参数的主蒸汽管的尺寸为 $\phi273mm \times 40mm$，内部承受 540℃ 高温与 170MPa 压力，在制造过程中要进行弯管及焊接接长。要求材料具有良好的高温持久、蠕变强度，并且有良好的塑性与焊接工艺性能。主蒸汽管受管内高温、高压蒸汽的作用，常因材质老化失效。运行时间超过 10^5h 的火电机组的主蒸汽管道，应加强金属监督检查及寿命评估。

高压、超高压、亚临界锅炉汽包及高压加热器用厚钢板工作温度低于 400℃，除承受高压外，还受到冲击、疲劳载荷、水和蒸汽介质的腐蚀作用，主要失效方式是疲劳、腐蚀疲劳或脆性断裂。

15.6.2　锅炉钢管及钢板用钢

1. 锅炉钢管　在锅炉设备中，锅炉钢管主要用来制造水冷壁管、过热器管、再热器管、省煤器管、联箱及蒸汽导管等。

锅炉设备及输汽管用钢的化学成分、强度等级及应用范围列于表 15-32，其中的绝大部分钢种已列入国标 GB 5310《高压锅炉用无缝钢管》。

15CrMo，12Cr1MoV 为俄罗斯钢种，12Cr2MoWVTiB（G102）、12Cr3MoVSiTiB（ПII11）及 10Cr5MoWVTiB（G106）为我国自行研制的钢种。

20MnG（ASME SA106B）、25MnG（ASME SA-210C）、15NiCuMoNb5（WB36）、15Mo3（DIN17175）、20MoG（ASME SA-209T1a）、12Cr2Mo（ASME SA213、SA335 T22、P22；DIN17175 10CrMo910）、10Cr9Mo1VNb（ASME SA213、SA335 T91、P91）、12Cr19Ni9（ASME SA213 TP304）、07Cr18Ni11Nb（ASME SA213 TP347H）为 20 世纪 80 年代引进的钢种。

P91（10Cr9Mo1VNb）大口径钢管，已广泛用来代替 12Cr1MoV 作主蒸汽管。T91 和 P91 是在 9Cr1Mo 钢的基础上添加了 Nb 和 V 合金元素的核电用钢，其 600℃ 10^5h 的持久强度是 9Cr1Mo 钢的 3 倍，与 1Cr19Ni9（TP304）相比，持久强度等强温度为 625℃，许用应力的等应力温度为 607℃。它不仅保持了 9Cr1Mo 钢优良的高温耐蚀性，而且是国内外铁素体耐热钢中热强性最高的钢种之一。

12Cr2MoWVTiB（G102）是 20 世纪 60 年代我国自行研制的低合金贝氏体型耐热钢，具有良好的综合力学性能、工艺性能和热强性能，用于制造大型电站锅炉壁温≤600℃ 的过热器和再热器，在强度计算时如考虑了氧化损失，可用到 620℃。目前，已在国产 200MW 机组高压锅炉中作为高温再热器和高温过热器广泛使用。

锅炉构件用钢管依据 GB 5310 或相应工厂标准，由钢厂提供化学成分、表面质量、尺寸规格、力学性能、压扁、扩孔、晶粒度及水压等无损检测，均符合要求的无缝钢管。低合金钢管的供货状态一般是热轧、正火或正火 + 回火；TP304 等奥氏体钢管的供货状态为固溶处理。

2. 锅炉用钢板　汽包、集箱等锅炉构件常用钢板材料的化学成分、强度等级及应用范围见表 15-33。

表 15-32　锅炉受热面管与输汽管用钢的主要化学成分、强度等级与应用范围

牌　号	化学成分（质量分数）（%）									$R_{p0.2}$ /MPa	用　　　途
	C	Si	Mn	Cr	Mo	V	Ti	B	Nb		
20G	0.17 ~ 0.24	0.17 ~ 0.37	0.35 ~ 0.65							≥245	壁温≤480℃受热面管，≤450℃联箱与蒸汽管
20MnG （SA106B）	≤ 0.30	≥ 0.10	0.29 ~ 1.06	≤ 0.40	≤ 0.15	≤ 0.08				≥240	≤425℃集箱和蒸汽管道

（续）

牌　号	化学成分(质量分数)(%)									$R_{p0.2}$/MPa	用　　途
	C	Si	Mn	Cr	Mo	V	Ti	B	Nb		
25MnG (SA-210C)	≤0.35	≥0.10	0.29~1.06							≥275	300MW、600MW 水冷壁、省煤器、过热器及再热器
15Mo3	0.12~0.20	0.10~0.35	0.40~0.80		0.25~0.35					≥260~285	不超过510℃的过热器、500℃蒸汽导管
20MoG (SA-209T1a)	0.15~0.25	0.10~0.50	0.30~0.80		0.44~0.65					≥220	不超过510℃的水冷壁、过热器和再热器等
15CrMo	0.12~0.18	0.17~0.37	0.40~0.70	0.80~1.10	0.40~0.55					≥235	510℃导管、集箱,不超过550℃过热器、再热器等
12Cr2Mo (T22、P22) (10CrMo910)	0.08~0.15	≤0.50	0.40~0.70	2.00~2.50	0.90~1.20					≥280	不超过565℃的联箱、主蒸汽管,不超过580℃再热器与过热器
12Cr1MoV	0.08~0.15	0.17~0.37	0.40~0.70	0.90~1.20	0.25~0.35	0.15~0.30				≥255	不超过565℃的联箱、主蒸汽管,不超过580℃再热器与过热器
12Cr2MoWVTiB (G102)	0.08~0.15	0.45~0.75	0.45~0.65	1.60~2.10	0.50~0.65	0.28~0.42	0.08~0.18	≤0.008	(W) 0.30~0.55	≥343	大量用于大型机组不超过600℃的高温再热器与高温过热器
12Cr3MoVSiTiB (Π11)	0.09~0.15	0.60~0.90	0.50~0.80	2.50~3.00	1.00~1.20	0.25~0.35	0.22~0.38	0.005~0.010		≥441	用于壁温在600~620℃的再热器与过热器等
10Cr5MoWVTiB (G106)	0.07~0.12	0.40~0.70	0.45~0.70	4.0~6.0	0.48~0.65	0.20~0.33	0.16~0.24	0.010~0.016		≥392	用于壁温小于650℃的锅炉再热器管
10Cr9Mo1VNb (T91、P91)	0.08~0.12	0.20~0.50	0.30~0.60	8.0~9.5	0.85~1.05	0.18~0.25			0.06~0.10	≥415	用于壁温不超过650℃亚临界、超临界、超超临界高温过热器和再热器、联箱和主蒸汽管等
12Cr19Ni9 (TP304H)	0.04~0.10	≤1.00	≤2.00	18.0~20.0	(Ni) 8.0~11.00					≥206	用于亚临界、超临界650℃高温段的过热器及再热器等
07Cr18Ni11Nb (TP347H)	0.04~0.10	≤1.00	≤2.00	17.00~20.0	(Ni) 9.00~13.00				Nb+Ta ≥8C~1.00	≥206	用于亚临界、超临界650℃高温段的过热器及再热器等

表 15-33　锅炉汽包等构件用钢板的化学成分、强度等级及应用范围

牌　号	化学成分(质量分数)(%)								$R_{p0.2}$/MPa	用　途
	C	Si	Mn	Cr	Ni	Mo	Nb	Cu		
20G	≤0.24	0.15 ~ 0.30	0.35 ~ 0.65						≥185 ~ 245	压力小于 6MPa,温度低于 450℃的锅炉及附件
16MnG	0.12 ~ 0.22	0.20 ~ 0.60	1.20 ~ 1.60						≥245 ~ 345	温度低于 400℃的中低压锅炉汽包和大型锅炉的板梁
19Mn6	0.15 ~ 0.22	0.30 ~ 0.60	1.00 ~ 1.60	≤0.025	≤0.30	≤0.10			≥295 ~ 355	代替 22G 与 16Mn 制造高压锅炉汽包和封头
SA299	≤0.30	0.15 ~ 0.40	0.90 ~ 1.50						≥275 ~ 290	工作温度不大于 400℃的 300 ~ 600MW 锅炉汽包和下环形集箱
13MnNiMoNb (BHW35)	≤0.15	0.10 ~ 0.50	1.00 ~ 1.60	0.20 ~ 0.40	0.60 ~ 1.00	0.20 ~ 0.40	0.005 ~ 0.022		≥375 ~ 390	工作温度不超过 400℃的 200MW、300MW 高压、超高压锅炉汽包及高压加热器
15NiCuMoNb5 (WB36)	≤0.17	0.25 ~ 0.50	0.80 ~ 1.20	≤0.30	1.00 ~ 1.30	0.25 ~ 0.50	0.015 ~ 0.045	0.50 ~ 0.80	≥400 ~ 440	工作温度不超过 500℃的焊接结构受热部件:锅炉汽包、汽水分离器等
12Cr1MoV	0.08 ~ 0.15	0.17 ~ 0.37	0.40 ~ 0.70	0.90 ~ 1.20	≤0.25	0.25 ~ 0.35	V: 0.15 ~ 0.30		≥255	用于大型火电机组锅炉集箱封头,受热面低温段的定位板和吊架支座等固定件

　　过去生产的中、低压锅炉汽包均用 20G 或 22G 钢板制造。目前已逐步采用 16MnG、19Mn6(DIN17155 钢号)、SA299(ASME 钢号)、13MnNiMoNb(BHW35)、15NiCuMoNb5(WB36)等不同强度等级的普通低合金钢板来制造。13MnNiMoNb 属于贝氏体型耐热结构钢,是一种添加有镍、铬、钼和铌的细晶粒合金钢,它具有高的高温屈服强度和对裂纹不敏感的特性,焊接性能好。该钢板的供应厚度一般在 150mm 以下,适用于工作温度不超过 400℃的各种焊接件,主要用于制造 200MW、300MW 及 600MW 高压、超高压锅炉汽包及高压加热器等部件。

　　锅炉钢板按 GB 713—2008《锅炉和压力容器用钢板》及工厂专用标准,由钢厂提供表面质量、尺寸规格、化学成分、拉伸、冷弯、V 形缺口冲击、时效冲击及超声波检验合格的钢板。锅炉钢板的供货状态一般为热轧、热轧 + 回火或正火 + 回火状态。

15.6.3　锅炉构件的热处理

　　经过弯、焊的钢管与钢板制作的零部件是否应热处理,需根据钢管或钢板的材质、钢管外径与壁厚、钢板的厚度,变形是冷变形还是热变形,变形度大小及所用焊接的方法等来确定。通常,对变形大的钢管冷弯件一般需进行去应力退火处理,而大尺寸厚钢板件即便是在高温下热卷成形,过后也应当对其进行正火加回火处理;为了细化晶粒、改善焊接接头力学性能,大尺寸厚板件电渣焊后需进行正火加回火处理。

　　水冷壁等"四管"的制造程序是:

　　设计→下料、弯管或焊接→组焊成膜式水冷壁管屏,或组装成过热器等的蛇形管束→电厂就位、焊接、安装固定。水冷壁、过热器等"四管"通过导管与汽包、各联箱、集箱及主蒸汽管连通,构成锅炉的循环回路→由水冷壁管屏构成锅炉四面的炉墙;顶棚过热器及包覆过热器构成炉顶与烟道;炉膛上方并列吊挂的蛇形管构成前、后屏过热器及再热器;烟道内蛇形管束构成省煤器等。

　　锅炉汽包是用厚钢板(70 ~ 250mm)经复杂工序制作的特大型加工结构件,其加工路线是:

设计→下料→钢板高温加热、经水压机冲压成汽包两端的半圆形封头→整块钢板高温加热、热卷成筒形→纵向焊接为汽包筒节、正火并校圆→将两个封头、若干筒节组合装焊为汽包→大型退火炉正火加回火处理→后续各种加工及焊接、去应力处理后成为锅炉汽包的成品。

钢管弯制后及焊接后热处理工艺见表 15-34。钢板变形及加工后的热处理工艺见表 15-35。

焊后热处理分为炉内加热的焊后热处理和焊接部位局部加热的焊后热处理两种。炉内加热的焊后热处理，原则上要求零部件一次整体入炉。当一次不能装

入炉内时，如 600MW 机组 29m 特长型锅炉汽包件，可以分两段（或两段以上）进行加热处理，但重叠加热的部位应大于 1500mm；炉外部位应采取保温措施，避免温度梯度过大带来的不良影响；炉外部分应合理安置支座，防止有害的热胀冷缩。被加热工件的装出炉温度应小于或等于 400℃，加热时，避免火焰直接接触工件。对局部加热的焊后热处理，所用的加热装置的种类、形式不限，但焊接区加热的宽度有所规定，即应使焊缝最外边缘处两侧的加热宽度大于两倍的钢板厚度。采用局部加热的焊后热处理，应使加热部位与非加热部位之间的温度梯度尽量减少。

表 15-34　锅炉钢管构件的热处理

牌　号	弯制加工后热处理	焊接后的热处理
20MnG	钢管外径大于 ϕ59mm、壁厚大于 22mm 或弯曲半径小于管子外径的 4 倍，冷弯后在 900 ~ 930℃正火处理	壁厚大于 19mm 时，焊后 593 ~ 677℃去应力处理；小于 19mm 者焊后不热处理
25MnG （SA-210C）	壁厚大于 19mm，或壁厚虽小于 19mm，但弯曲半径小于钢管外径的 2.5 倍弯曲时，或热弯半径小于外径的 1.5 倍时，都需进行 593 ~ 690℃的去应力处理	壁厚小于 19mm 的钢管焊前不用预热，焊后不热处理，但大于 19mm 者除外
15Mo3	以通常冷加工度弯曲、冷扩口和冷拔加工后，钢管不需进行热处理，冷加工度大时应采用 910 ~ 940℃正火	焊后一般不需热处理，当壁厚大于 20mm 时，焊后 530 ~ 620℃去应力退火
20MoG （SA-209T1a）	冷、热弯后采用 870 ~ 980℃正火处理	钢管外径小于 102mm，壁厚小于 12.7mm 时，焊前不用预热，焊后不用回火
15CrMo 钢管	该钢有良好的冷态塑性变形性能，可以进行各种弯曲半径的冷弯	壁厚大于 10mm 时，焊件焊后于 680 ~ 700℃去应力处理
12Cr2Mo （T22、P22）	小口径厚壁管冷弯后，于 700 ~ 750℃去应力；大口径主蒸汽管 1000℃上限热弯后于 900 ~ 960℃正火，700 ~ 750℃回火处理；850℃下限温度热弯后采用 700 ~ 750℃退火处理	外径大于 51mm、壁厚超过 8mm 的管，焊后需 700 ~ 750℃退火处理
12Cr1MoV	弯制后热处理要求与 12Cr2Mo 类似	焊前 200 ~ 250℃预热，焊后 700 ~ 740℃去应力处理
12Cr2MoWVTiB （G102）		气焊后于 1000 ~ 1030℃正火及 760 ~ 780℃回火；壁厚大于 6mm 时，手工电弧焊前预热，焊后 760 ~ 780℃退火，碰焊后 780℃加热炉冷至 400℃以下空冷
12Cr3MoVSiTiB （Π11）钢管	弯管性能良好	气焊、闪光对接焊、焊条电弧焊后采用 740 ~ 770℃退火处理
10Cr5MoWVTiB （G106）	钢管具有良好的冷弯性能，可进行各种弯曲半径的冷弯，弯头处塑性变形均匀	焊条电弧焊焊前预热，焊后 760 ~ 780℃退火；气焊焊后需采用 1000℃正火，770℃回火处理

（续）

牌　号	弯制加工后热处理	焊接后的热处理
10Cr9Mo1VNb （T91，P91）	冷变形量大于10%弯管半径小于3倍的钢管直径时，需进行730℃以上温度的退火处理	厚壁管焊前200℃预热，焊后于750℃消除焊接应力
07Cr18Ni11Nb （TP347H）		钢管焊接后要求进行1180℃的固溶处理

表 15-35　锅炉钢板构件的热处理

牌号	冷热成形后的热处理	焊接后的热处理
20G	有良好的冷热成形性能。板厚小于46mm时可采用冷成形；板厚大于46mm时，加热到950～1000℃热成形	一般情况下，焊前不预热，焊后不热处理；壁厚和刚性较大的部件，焊前预热到100～150℃，焊后进行600～650℃的去应力处理；电渣焊后进行900～930℃的正火处理
16MnG	热冲压同时作为正火处理时，冲压加热温度为900～990℃，终压温度应大于850℃。热卷加热温度为900～1000℃	厚度大于25mm的钢板，焊前100～150℃预热，焊后应进行600～650℃的去应力处理；电渣焊后一般采用900～930℃正火加600～650℃回火处理
19Mn6	热卷后正火加热温度900～940℃；封头冲压兼正火加热温度为920～960℃，终冲温度大于等于800℃	电渣焊后进行900～940℃正火处理；汽包整体焊后，560～590℃消除焊接应力
SA299	203封头：冷校前中间热处理温度为620℃；中间去应力退火处理为580℃；最终去应力退火处理为620℃ 210mm汽包筒节：正火兼校圆加热温度为900～950℃；去应力退火温度为605～620℃，炉冷至300℃空冷	焊后去应力处理温度为600～650℃
13MnNiMoNb （BHW35）	钢板热卷后正火，校圆温度为900～940℃，回火为640～660℃。去应力退火温度为530～600℃	焊条电弧焊、自动焊后于580～610℃去应力；电渣焊后900～940℃正火加640～660℃回火处理
15NiCuMoNb5 （WB36）	有良好的热成形性能，热成形温度为850～1000℃。冷成形性能良好，当变形量大于5%时需经530～620℃去应力处理	焊接性能良好。焊前预热温度为150～200℃，焊后于530～620℃去应力处理
12Cr1MoV	1000～1050℃加热后热成形，终止温度为850℃，冷加工后一般于720～760℃退火处理	焊前预热至200～300℃，于焊后720～760℃去应力处理

参 考 文 献

[1]　柳本龙三，管野勋崇. 大容量发电所用大型一体型低压タービンロータ轴材［C］//日本制钢所技术资料，1992.

[2]　田中泰彦，东司等. スーパークリーン低压タービン

ローターの制造と品质［C］//日本制钢所技术资料，1992.

[3]　刘显惠. 美国西屋电气公司透平构件的失效分析［J］. 发电设备，1989（12）：1.

［4］ 第二重型机器厂技术资料. 600MW 汽轮机高中压转子锻件的研制［R］. 1988.

［5］ 第一重型机器厂技术资料. 钢包精炼炉生产 300MW 汽轮机中压转子生产技术总结［R］，1987.

［6］ 第二重型机器厂技术资料. 汽轮机整锻低压子的研制［R］. 1988.

［7］ 第二重型机器厂技术资料，600MW 护环的研制.［R］1988.

［8］ 第二重型机器厂技术资料，100 吨-米锤模锻叶轮试制［R］. 1989.

［9］ 万嘉礼，机电工程金属材料手册［M］. 北京：机械工业出版社，1988.

［10］ 上海发电设备成套设计研究所技术资料，C-422 钢的热处理、组织和性能研究［R］. 1988.

［11］ 东方汽轮机厂技术资料，2Cr12Ni2WMoV 长叶片用钢［R］，1984.

［12］ 上海发电设备成套设计研究所技术资料. 403 钢的热处理、组织和常温性能研究［R］. 1988.

［13］ 哈尔滨汽轮机厂技术资料. 30、60 万千瓦汽轮机叶片用 17-4PH 钢研究［R］. 1988.

［14］ 过康民. 动力工业用 12% Cr 钢［J］. 汽轮机技术，1985（1）.

［15］ 过康民. 12% Cr 钢的物理冶金［J］. 汽轮机技术，1985（3）.

［16］ 过康民. 汽轮机叶片的材料［J］. 动力工程，1983（4）.

［17］ 上海发电设备成套设计研究所. 汽轮机用钢性能数据手册［M］. 1995.

［18］ 毛惠文. 工业锅炉常见事故的预防处理及技术改造［M］. 北京：机械工业出版社. 1996.

［19］ 郑泽民. 我国大型电站锅炉四管爆漏问题的分析［C］//能源部西安热工所编资料，1991.

［20］ 张鉴燮. 国产 300MW 机组 UP 型直流锅炉四管爆漏特征的研究［J］. 中国电力，1996（8）.

［21］ 上海发电设备成套设计研究所. 锅炉受压元件用钢性能手册［M］. 1995.

第16章　石油化工机械零件的热处理

宝鸡石油机械有限公司　石康才

16.1　泥浆泵零件的热处理

　　泥浆泵是旋转钻井法泥浆循环系统的关键设备，人们常将它称作钻机的心脏。由于泥浆泵所输送的泥浆含砂量多，粘度大，压力高，且有一定的腐蚀性，常常引起液缸、缸套、阀座、阀体等零件早期失效。合理选用材料、正确进行热处理和表面强化工艺对延长这些零件的使用寿命有着重要意义。

16.1.1　液缸的热处理

　　液缸是泥浆泵液力端的主体，在泥浆泵工作过程中，它承受着高压泥浆的脉动压力，同时还受到高压泥浆腐蚀、冲刷。图16-1为泥浆泵液缸的结构示意图。

图16-1　泥浆泵液缸的结构示意图

　　液缸在工作过程中，其主要失效方式为冲刷失效和腐蚀疲劳失效。其中腐蚀疲劳失效在宏观和微观分析时具有以下特征：在液缸的宏观断口上，常有较厚的腐蚀产物或氧化膜，断口较平坦，具有多裂纹源开裂的特征；裂纹源区的电子显微断口形貌有沿晶断裂特征，同时也观察到具有应力腐蚀的泥状花样及位向腐蚀坑形貌特征。裂纹扩展区有疲劳裂纹形貌。由于现代钻井工艺泵压的不断提高，腐蚀疲劳失效经常发生。

16.1.1.1　液缸的材料

　　为了满足液缸的工作要求，制造液缸的材料必须具有较高的腐蚀疲劳抗力。研究表明，对于长期在腐蚀介质中使用的构件，调质、退火或正火态的条件腐蚀疲劳极限差别不大，合金元素对其影响也不明显。因此，液缸常用碳钢或低合金钢制造。液缸用钢、热处理状态及硬度要求见表16-1。有效厚度小者选用碳钢，有效厚度大者选用合金钢。

表16-1　液缸用钢、热处理状态及硬度要求

牌号	ZG270-500	ZG35CrMo	30CrMo	AISI8630
热处理状态	正火	调质	调质	调质
硬度要求 HBW	150～187	223～255	223～255	223～255

16.1.1.2　液缸的热处理工艺

　　1. 制造工艺路线

　　（1）铸钢件：冶炼→铸造→正火→粗加工→调质（碳素钢不进行）→检验→精加工。

　　（2）锻钢件：冶炼→钢锭开坯→预防白点退火→锻造成形→正火→粗加工→超声波检测→调质→检验→精加工→表面处理。

　　2. 热处理工艺　铸造液缸因形状复杂，铸造内应力大，枝晶偏析重，组织不均匀等冶金因素，在正火或淬火加热时，应特别注意控制升温速度。升温过程中在 400～500℃ 应保温 1～1.5h（或以 50～100℃/h 的速度升温）。锻造液缸加热时，因工件尺寸较大（断面约400mm×400mm），升温速度一般不得超过200℃/h。液缸的热处理工艺见表16-2。

　　3. 检验　液缸热处理后要进行外观检查和硬度检查，硬度检查应满足表16-1的要求，外观检查有无明显的淬火裂纹等。对液缸而言，提高硬度，增加强度并不能显著提高腐蚀疲劳抗力。过高的硬度反而会降低腐蚀疲劳极限。生产中应严格控制硬度上限。液缸因承受交变载荷，锻件中的内在缺陷（如裂纹、发纹、白点，大量的非金属夹杂物等）均会显著降低液缸的使用寿命。因此，锻件液缸还需进行超声波检测。

16.1.1.3　液缸的表面处理与表面强化

　　表面处理与表面强化是提高液缸寿命的重要途径，目前已经采用的方法有镀锌，镍磷化学镀、喷丸强化等。镀锌层厚度为 10～100μm 即可显著提高腐蚀疲劳强度。随着镍磷化学镀的不断发展和完善，在液缸上的应用也越来越多。通常镀 40 ~ 50μm 的 Ni-P 层即可大大提高抗腐蚀疲劳性能。为了提高镀层与基体的结合力，提高表面硬度，Ni-P 镀后需进行时效处理。

常见缺陷是 Ni-P 镀层浅和硬度达不到技术要求，主要是由于 Ni-P 镀的镀液成分、pH 值、镀液温度控制不当所致。

表 16-2　液缸的热处理工艺

牌号	正　火			淬　火			回　火		
	温度/℃	保温时间/min	冷却方式	温度/℃	保温时间/min	冷却方式	温度/℃	保温时间/min	冷却方式
ZG270-500	870 ~ 910	(1.6 ~ 1.8)δ	空冷	—	—	水淬或油淬	—	—	空冷
ZG35CrMo	880 ~ 910			850 ~ 870	(1.8 ~ 2.0)δ		620 ~ 660	(2.5 ~ 3)δ	
30CrMo	880 ~ 910			860 ~ 880	(1.8 ~ 2.0)δ		600 ~ 640	(2.5 ~ 3)δ	
AISI8630	880 ~ 910			860 ~ 880	(1.8 ~ 2.0)δ		600 ~ 640	(2.5 ~ 3)δ	

注：δ 为液缸的有效厚度（mm）。

16.1.2　缸套的热处理

16.1.2.1　缸套的服役条件和失效方式

缸套和活塞是泥浆泵液力端的一对易于损坏的摩擦副。橡胶活塞在缸套内进行往复运动，输送泥浆。泥浆压力高达 40MPa，泥浆含有一定量的砂粒，有一定的腐蚀性。在活塞和泥浆的共同作用下，缸套受到磨损和腐蚀，从而失去密封性，导致刺伤，使缸套失效。

据调查，缸套的磨损量以中间最大，小头最小，具有"鼓形"磨损特征。最大磨损量为 0.7 ~ 0.9mm。缸套以磨损失效为主，腐蚀失效为辅。

16.1.2.2　缸套的材料

制造缸套的材料列于表 16-3。目前油田常用材料为 50 钢，外套为 45 钢，内套为高铬铸铁。

表 16-3　制造缸套的材料

材料	预备热处理	最终热处理	备注
16Mo，20CrMo	正火	渗碳淬火，回火	
50，50V	正火	感应淬火，回火	
高铬铸铁	退火	淬火，回火	外套为 45
45，20CrMo	正火	C-N-B 共渗	

16.1.2.3　低碳合金钢缸套的渗碳处理

1. 制造工艺路线　铸造空心钢坯→锻造→正火→机械加工→渗碳→车外圆（车去不需渗碳部分的渗碳层）→淬火→回火→磨内孔→检验→成品。

2. 热处理工艺　材料为 20CrMo、16Mo 钢，要求渗碳层深度为 1.5 ~ 2.0mm，表面硬度≥60HRC，淬火后内孔圆度误差≤0.15mm。缸套热处理工艺列于表 16-4。处理后用锉刀检验内表面硬度。

表 16-4　低碳合金钢缸套热处理工艺

工艺	加热温度/℃	保温时间/h	加热设备	冷却方式
气体渗碳	920 ~ 940	12 ~ 14	井式渗碳炉	罐冷（通保护气）
淬火	780 ~ 800	0.5	盐浴炉	喷水冷却
回火	160 ~ 180	2	旋风回火炉	空冷

16.1.2.4　中碳钢缸套的感应淬火

1. 制造工艺路线　铸造空心钢坯→锻造→正火→机械加工→内孔中频淬火、回火→磨内孔→检验→成品。

2. 热处理工艺　材料为 50、50V 钢，要求淬硬层深度为 2 ~ 5mm，表面硬度≥58HRC。热处理工艺为首先进行 860 ~ 880℃ 加热空冷正火，保温时间视缸套尺寸和装炉量而定。机加工后，内孔进行中频感应淬火，电参数列于表 16-5。中频淬火温度为 880 ~ 900℃，中频感应器用 4mm × 10mm 矩形纯铜管制成，共两匝。感应器与缸套内表面间隙为 3 ~ 4mm，感应器下方钻一圈喷水孔，孔径 1.25mm，间距 4mm，倾斜角 45°。淬火后进行回火，回火温度为 160 ~ 180℃，保温 1.5 ~ 2h。热处理后用锉刀检查内孔表面硬度。

表 16-5　中碳钢缸套中频感应淬火电参数

频率/Hz	淬火变压器匝比	输出电压/V	输出功率/kW	功率因数 cosφ
8000	1:45	750	130 ~ 140	0.85 ~ 0.9

16.1.2.5　缸套的碳氮硼三元共渗

所用材料为 45 钢或 20CrMo 钢。要求渗层为

0.7 ~ 1.0mm，表面硬度≥62HRC。热处理工艺为碳氮硼三元共渗后再进行内表面中频感应淬火并回火。

碳氮硼三元共渗可在 RJJ-105-9 井式气体渗碳炉中进行。共渗剂组成为尿素150g，硼酐25g，再加甲醇1L。炉温为 830 ~ 860℃ 时装炉，装炉后炉温下降，开始以 160 ~ 180 滴/min 滴入共渗剂，炉温回升到 800℃ 时再以 100 ~ 120 滴/min 滴入煤油。共渗温度为 860℃，保温 6 ~ 9h。渗层深度达到要求后，工件随炉降温到840℃，出炉罐冷（罐内以 100 滴/min，滴

入甲醇，以防止氧化脱碳）。

三元共渗后即与前同样进行中频感应淬火，并在炉中进行 (150±10)℃ 保温 1.5h 后空冷的回火。处理后用锉刀逐个检查内孔硬度，有条件的工厂也可用里氏硬度计检查内孔硬度。

16. 1. 2. 6　高铬铸铁缸套的热处理

高铬铸铁缸套是以高铬铸铁为内衬的双金属缸套，分烘装式和双液离心浇注式两种。高铬铸铁缸套的化学成分见表 16-6。

表 16-6　高铬铸铁缸套的化学成分

缸套类别		化学成分（质量分数）（%）					
		C	Cr	Mo	Cu	Si	Mn
烘装式	耐磨层	2.60 ~ 3.00	19 ~ 21	—	—	0.30 ~ 0.70	0.60 ~ 0.90
	外套	0.40 ~ 0.50	—	—	—	0.50 ~ 0.80	0.50 ~ 0.80
双液离心浇注式	耐磨层	2.60 ~ 3.00	19 ~ 21	1.00 ~ 2.00	—	0.60 ~ 0.90	0.60 ~ 0.90
	外套	0.40 ~ 0.50	—	—	—	0.50 ~ 0.80	0.50 ~ 0.80

1. 烘装式双金属缸套内衬的热处理

（1）制造工艺路线：冶炼→离心浇注→退火→机械加工→淬火→回火→磨加工→烘装。

（2）退火工艺曲线如图 16-2 所示，退火后硬度要求≤33HRC。

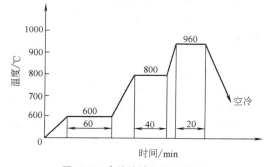

图 16-2　高铬铸铁退火工艺曲线

（3）淬火工艺曲线如图 16-3 所示。随炉试块的硬度≥64HRC。

2. 双液离心浇注缸套的热处理

（1）制造工艺路线离心浇注→退火→粗加工→淬火→回火→磨加工。

（2）退火工艺曲线见图 16-4，要求内层硬度≤33HRC。

（3）缸套的淬火加热在可控气氛炉内进行，加热温度为 (980±10)℃，保温 1.5h 后取出，放在 28r/min 的旋转淬冷台上用鼓风机强制冷却，然后再在旋风回火炉中于 150 ~ 200℃ 回火 3h。高铬铸铁淬火组织由针状马氏体、碳化物、残留奥氏体组成，如图 16-5 所示。淬火硬度要求≥58HRC。

近年来，国外已试验出寿命在 2000h 以上的陶瓷缸套，并开始有商品生产，其主要成分是氧化铬。

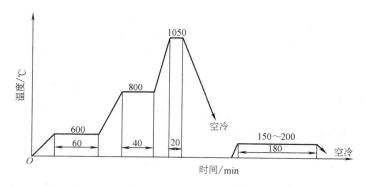

图 16-3　$w(Cr)$ 为 17% ~ 20% 的高铬铸铁内衬淬火工艺曲线

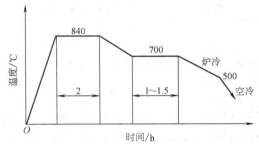

图16-4　双液离心浇注缸套退火工艺曲线

16.1.3　阀体与阀座的热处理

泥浆泵泵阀（阀体、阀座）是单作用的液力闭锁机构，阀体交替地上下运动，使泥浆沿一个方向运动，冲击着阀座。泵阀的失效形式主要是磨粒磨损，泥浆的冲击和腐蚀以及互相多次冲击造成阀的工作面磨损和表面上形成沟槽，见图16-6。

16.1.3.1　泵阀用料

根据磨损情况的比较（见图16-7），阀座和阀体应具有高的强度和表面硬度。所用材料有两类：一类是整体淬火用钢，要求有足够的淬透性和高的表面

硬度；另一类是渗碳用钢，除表面渗碳淬火后获得高的硬度外，要求心部有足够的强度。阀体和阀座用钢及热处理见表16-7。

16.1.3.2　整体淬火阀体的热处理

所用材料为42CrMo、40CrNiMo，要求表面硬度为≥53HRC。

制造工艺路线：下料→锻造→正火→机械加工→淬火→回火→精加工。

整体淬火工艺见表16-8。处理后用洛氏硬度计在端面检查硬度。

16.1.3.3　渗碳阀座的热处理

所用材料为20CrMnTi钢，要求渗碳层深度为1.0~1.5mm，淬火后硬度≥58HRC。

制造工艺路线：下料→锻造→正火→机械加工→非渗碳面镀铜（或涂防渗碳涂料）→渗碳→淬火→回火→机械加工。

热处理工艺曲线如图16-8所示。用氮基气氛渗碳的碳含量分布曲线如图16-9所示。

用金相法检查渗碳层深度，用洛氏硬度计检查硬度应符合要求。

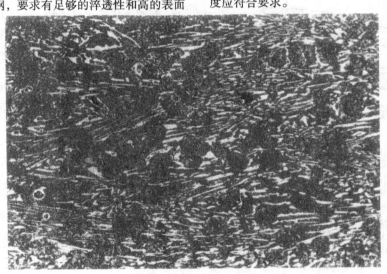

图16-5　高铬铸铁淬火组织　200×

图16-6　失效阀座

表16-7　阀体和阀座用钢及热处理

牌号	预备热处理	最终热处理
45、40Cr、42CrMo	正火	表面淬火，48~52HRC
42CrMo、40CrNiMo	正火	整体淬火＋低温回火
20CrNi3、20CrMnTi、12CrNi3	正火＋高温回火	渗碳淬火

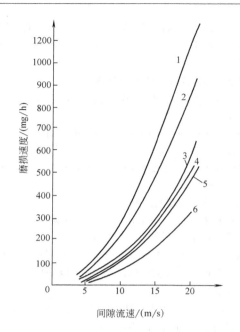

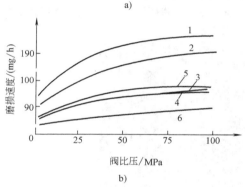

图 16-7　不同钢材阀体与阀座副
的磨损速度曲线

a) 与阀隙流速的关系　b) 与比压的关系
1—40Cr(48～52HRC)　2—40Cr(58～62HRC)
3—40CrNiMoA(59～61HRC)　4—50CrV(60～
62HRC)　5—20CrNi3A(58～62HRC)
6—Cr12Mo(60～62HRC)

表 16-8　阀体、阀座整体淬火工艺

牌号	淬　火			回　火	
	温度/℃	保温时间/(min/mm)	淬火冷却介质	温度/℃	保温时间/h
42CrMo	850～870	0.5～0.6	油	160～180	1.5～2
40CrNiMo	850～870	0.5～0.6	油	160～180	1.5～2

注：表中参数用于盐浴炉中加热。

16.1.4　活塞杆的热处理

活塞杆是泥浆泵的主要易损件，它在工作中除传递交变的轴向载荷外，还承受泥浆中砂粒的擦伤和泥浆液的腐蚀，其主要失效方式是疲劳断裂和腐蚀。大量统计表明，93% 为磨损失效，外径尺寸最大磨损量为 1.8mm。要求活塞杆表面有很高的硬度和很低的表面粗糙度值，中心部分要有一定韧性，并要有高的疲劳抗力。

16.1.4.1　活塞杆用钢

为了满足活塞杆的要求，常用 40Cr、35CrMo、42CrMo 钢进行感应淬火或调质处理，感应淬火后再镀硬铬，也有采用 40Cr 钢进行热喷焊；采用渗碳淬火时，可用 20CrNi3、20CrNiMo 钢。

16.1.4.2　35CrMo 钢制活塞杆的表面淬火

制造工艺路线：锻造→正火→机械加工→调质→机械加工→中频感应淬火→磨加工。

（1）调质工艺见表 16-9，要求硬度为 280～320HBW。

表 16-9　35CrMo 钢制活塞杆的调质工艺

工艺	加热温度/℃	保温时间/h	加热设备	冷却方式
淬火	860～870	2	箱式电炉	油淬
回火	560～600	3	箱式电炉	水冷

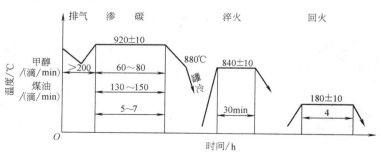

图 16-8　20CrMnTi 钢阀座阀体热处理工艺曲线

注：在 RJJ-75-9 炉中渗碳，在盐浴炉中淬火，在旋风炉中回火。

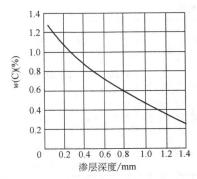

图 16-9　20CrMnTi 钢阀座用氮基气氛渗碳的碳含量分布曲线
注：渗碳温度为 920℃，碳势 $w(C)$ 为 1.2%。

（2）中频感应淬火，频率为 8000Hz，工件转速为 100 ~ 150r/min，同时以 180 ~ 200mm/min 的速度均匀下降，实现连续淬火。其中频感应淬火工艺参数列于表 16-10。

表 16-10　活塞杆的中频感应淬火工艺参数

输出电压 /V	功率因数	匝比	电容量/μF	淬火温度 /℃
750	0.9 ~ 0.95	9:1	16.5	880 ~ 900

淬火后经 160 ~ 180℃ 回火 2h。热处理后检查硬度应为 52 ~ 60HRC，直线度误差 ≤ 0.5mm。

16.1.4.3　40Cr 钢制活塞杆的喷焊

（1）制造工艺路线：锻造→正火→机械加工→调质→机械加工→喷焊→磨加工。

（2）调质工艺见表 16-9，硬度要求为 280 ~ 320HBW。

（3）调质后进行喷焊，喷焊材料为 NiWC 粉，喷焊层厚度要求 0.6 ~ 0.8mm，硬度要求 55 ~ 62HRC。具体工艺为：

1）表面预处理：脱脂、酸洗、喷砂等。

2）预热：采用微还原焰，温度为 250 ~ 350℃。

3）喷粉：工件转动线速度为 15 ~ 20m/min，喷枪移动速度为 3 ~ 5mm/r。

4）重熔：采用中性焰 1000℃ 左右，以出现镜面反光为准。

5）冷却：炉冷。

6）检验：外观无裂纹、气孔，硬度符合标准，尺寸符合要求。

近年来，有些部门已开始使用复杂型钴基硬质合金（司太立合金）进行活塞杆的热喷焊，取得较好的效果。

16.2　钻机绞车零件的热处理

16.2.1　制动鼓的热处理

16.2.1.1　制动鼓的工作条件及失效分析

制动鼓是钻机绞车的重要零件。图 16-10 所示为制动鼓和制动块在制动时的温度分布图。由图可见，制动鼓表面温度可高达 900℃，松制动后，制动鼓的表面温度在 3 ~ 5s 内很快降低。制动鼓因周期性的加热和冷却，承受着交变的热应力、相变应力以及摩擦力，导致制动鼓的失效。

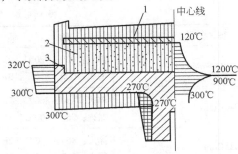

图 16-10　制动时制动鼓温度分布图
1—制动带　2—制动块　3—制动鼓

制动鼓的主要失效方式有两种，其一是表面龟裂，裂纹有网状、树枝状和纵向，裂纹长度可达 100mm，深 5mm，裂纹为穿晶，尖端圆钝，具有典型的热疲劳特征；其二是磨损。

16.2.1.2　制动鼓的材料和技术要求

为了提高制动鼓的寿命，要求其用钢应具有良好的热疲劳抗力。目前国内外制动鼓用钢及技术要求如表 16-11 所示。

16.2.1.3　制动鼓的热处理

制造工艺路线：铸造（或锻造）→ 正火→粗加工→调质→精加工→成品。组焊→机械加工→表面淬火→磨削加工→成品。

制动鼓的热处理工艺见表 16-12。

制动鼓的表面淬火方法有火焰淬火和感应淬火两种。火焰淬火在专用淬火设备上进行，加热器的宽度与制动鼓表面相同，加热器紧接冷却器，这样可以实现连续顺序淬火。感应淬火在 8000Hz 的中频感应淬火装置上进行。感应器为平面加热型，其宽度略小于要求加热区的宽度，冷却器与感应器做在一起，可以顺序连续淬火。淬火温度为 900 ~ 930℃，水淬。回火在大型鼓风的空气炉或油浴炉中进行，回火温度为 180 ~ 200℃，保温时间为 3h。

表 16-11　制动鼓用钢及技术要求

牌　号	化学成分（质量分数）（%）					硬　度　要　求
	C	Mn	Si	Cr	Mo	
ZG18CrMnMo	0.17~0.23	0.8~1.1	0.15~0.35	0.8~1.10	0.40~0.55	调质：210~250HBW 表面淬火：35~42HRC[①]
ZG40CrMo	0.38~0.43	0.75~1.00	0.15~0.35	0.80~1.10	0.15~0.25	调质：300~350HBW
ZG35CrMo	0.32~0.40	0.40~0.70	0.17~0.37	0.80~1.10	0.15~0.25	调质：269~302HBW 表面淬火：45~50HRC

① 冷却水套制动鼓需进行表面淬火。

表 16-12　制动鼓的热处理工艺

牌　号	调　　质	表　面　淬　火
ZG18CrMnMo	淬火：900~920℃，2h，油淬 回火：600~650℃，3h，空冷	900~930℃表面淬火 180~200℃回火，3h
ZG40CrMo	淬火：850~860℃，2h，油淬 回火：560~600℃，3h，空冷	
ZG35CrMo	淬火：860~870℃，2h，油淬 回火：580~620℃，3h，空冷	880~900℃表面淬火 180~200℃回火，3h

注：调质在台车式电阻炉中进行。

　　调质后，制动鼓在大型门式布氏硬度计上测量硬度，测量位置应均匀分布，并需三点以上，结果应符合技术要求。表面淬火后，用超声波硬度计测量表面硬度，其值应在 38~42HRC 之间，允许过渡带硬度降低，过渡带宽度不得大于 10mm。

16.2.2　石油钻机链条的热处理

　　石油钻机广泛采用链条传动，它的传动速度快（线速度可达 8m/s，有的甚至达 20m/s），功率大，承载能力强（几十吨，甚至更重），载荷变换频繁，惯性冲击很大，它的工作条件极为恶劣，对材料和热处理要求很高。套筒滚子链的结构如图 16-11 所示。

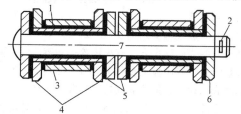

图 16-11　套筒滚子链的结构
1—套筒　2—开口销　3—滚子　4—内链板
5—中间链板　6—外链板　7—销轴

16.2.2.1　链板的热处理

　　链板主要承受交变的法向拉应力和弯曲应力，并承受多次冲击载荷。在孔板处的应力分布如图 16-12 所示。其最大应力区位于离链板纵轴线倾斜 70°~75°的孔边上，应力集中系数为 3.3~3.6，这与链板的疲劳裂纹发生的位置相一致。

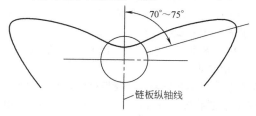

图 16-12　链板孔边的切向应力分布

　　1. 链板用钢　链板可用 35CrMo、42CrMo、40Cr、35CrNi3 钢制造，调质后采用冷变形强化工艺可显著提高寿命。

　　2. 制造工艺路线　冷加工→淬火→回火→挤孔＋喷丸→检验。

　　3. 链板的热处理　链板的热处理工艺见表 16-13。

　　4. 链板的冷挤压强化和喷丸强化　链板通过挤孔，使孔内产生残余压应力，可显著提高寿命。利用钢球或圆锥形冲头均可进行挤压强化。挤孔的过盈越大，链板的疲劳强度越高。但过大的过盈量或使几何尺寸发生较大的变化，或使挤孔难以实现。当相对过盈量为 0.02mm 时，对提高链板的疲劳强度的效果最好，表面粗糙度、显微硬度、强化层深度均处于最佳状态。图 16-13 所示为挤压强化对链板疲劳强度的影响。

表 16-13　链板的热处理工艺

牌　号	硬　度 HRC	淬　火		回　火	
		温度 /℃	冷却介质	温度 /℃	冷却介质
42CrMo	38～45	840～850	油	420～460	水
35CrMo	42～47	850～860	油	400～440	空气

为提高链板的抗疲劳性能和多冲抗力，喷丸强化也是一种有效的方法。对链板有效的喷丸参数是：钢丸直径为 $\phi 0.3 \sim \phi 0.5$mm，喷丸速度为 38m/s，喷丸时间为 20min 左右。经喷丸处理后，链板的疲劳强度可增加 85%。挤孔之后再进行一次喷丸处理，链板的寿命会进一步提高。

16.2.2.2　链条滚子的热处理

链条运转时，滚子承受很大的交变挤压力和多次冲击力，在使用中常发生碎裂和磨损失效。

1. 滚子用钢　链条滚子要求钢材不仅有良好的强韧性，而且要有足够的耐磨性。用 20CrMo 钢进行淬火以获得板条马氏体，可使寿命明显提高。

2. 制造工艺路线　冷成形→复碳→淬火→回火→检查。

3. 滚子的热处理　当原材料脱碳且在滚子成形后未消除时，在淬火之前先进行复碳。滚子复碳、淬火、回火工艺及技术要求见表 16-14。

采用复碳工艺时应严格控制表面碳含量，碳含量过高将引起滚子碎裂。使用中频感应淬火加 200℃ 回火工艺，不仅使工艺简化，而且使寿命有较大的提高。中频感应淬火是很有前途的一种工艺。其多次冲击试验结果如表 16-15 所示。

4. 滚子的喷丸强化　喷丸强化处理是提高滚子寿命的有效方法。喷丸强化要正确选择弹丸直径、喷丸速度、弹丸材质、喷射时间及喷射角度等工艺参数。经按最佳喷丸工艺处理的滚子，其纵向和横向残余应力可分别提高 33%～108% 和 300%～430%，滚子的疲劳寿命可提高 30%～50%。

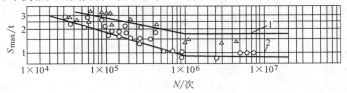

图 16-13　挤压强化对链板疲劳强度的影响
1—挤压　2—未挤压

表 16-14　滚子的热处理工艺及技术要求

序号	规格尺寸/in[①]	牌号	技术要求	工　艺　曲　线	备　注
1	4	20CrMo	淬火回火后硬度为 40～53HRC	930±10；10% 盐水(质量分数)；20；180～200；180；空冷	淬火加热设备为盐浴炉，回火在旋风回火炉中进行
2	2 1/2	20CrMo	淬火回火后硬度为 40～53HRC	880～900；10% 盐水(质量分数)；20；180～200；180；空冷	

（续）

序号	规格尺寸/in①	牌号	技术要求	工　艺　曲　线	备　　注
3	2	20CrMo	复碳深度为0.40~0.50mm，复碳后0.20%≤ w（C）≤0.35%硬度为38~53HRC	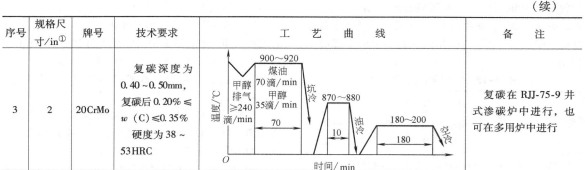	复碳在 RJJ-75-9 井式渗碳炉中进行，也可在多用炉中进行

① 1in = 25.4mm。

表 16-15　滚子中频淬火与复碳淬火的多次冲击试验结果

冲击能量/J	断裂周次		断裂性质	
	复碳淬火	中频感应淬火	复碳淬火	中频感应淬火
196	42000 30000 48600	144000 144000 144000	疲劳	未裂
294	9643 18400	48300 61890	疲劳	疲劳
392	7500 9000 10260	24050 30120 34900	疲劳，脆断	疲劳
539	430 1150	9200 10930	脆断	疲劳

16.2.2.3　链条销轴的热处理

链条受交变载荷后，在销轴上造成交变的切应力和弯曲应力。石油钻井操作时，在提起钻杆的瞬间，或在卡钻处理事故时，销轴上承受着非常高的冲击载荷。销轴的表面还是主要的摩擦表面。销轴的主要失效形式有疲劳断裂、过载损伤断裂、脆性断裂和磨损等。

1. 销轴用钢　销轴的材料、热处理及技术条件列于表 16-16。

2. 制造工艺路线　下料→机械加工→去应力回火（可根据需要确定）→渗碳（或碳氮共渗）后在保护气氛中快冷→再加热淬火→回火→矫直→磨外圆。

3. 销轴的渗碳淬火　渗碳应在具有碳势自动控制的井式气体渗碳炉或在可控气氛密封箱式炉中进行。为了获得高的疲劳强度和高的耐磨性，渗层表面碳含量应控制在 0.85~0.95%（质量分数）；渗层深度达到目标值后，工件在保护气氛中快冷（多用炉在前室冷却，井式炉在冷却罐中滴入甲醇冷却）。

表 16-16　销轴的材料、热处理及技术条件

牌号	热处理	技术要求			用途
		渗层深度/mm	表面硬度HR30N	心部硬度HRC	
20CrMnMo	渗碳淬火、回火	0.4~0.7	75.7~81.1	34~38	一般载荷
20CrNiMo	碳氮共渗淬火、回火	0.4~0.7	75.7~81.1	38~42	重载
20CrNi2Mo	碳氮共渗淬火、回火	0.4~0.7	75.7~81.1	38~42	重载
20Cr2Ni4A	碳氮共渗淬火、回火	0.4~0.7	75.7~81.1	38~42	重载

注：销轴直径小，有效层深度取下限，反之取上限。

再加热淬火的设备与渗碳相同。淬火加热温度一般选 840~860℃碳势为 0.6%~0.8%，保证获得渗层表面为隐针状马氏体+少量弥散分布的碳化物+少量残留奥氏体的组织；表面硬度≥75.7HR30N，心部组织为低碳马氏体，心部硬度≥38HRC。

4. 销轴的碳氮共渗及淬火　销轴采用碳氮共渗可使表层获得含碳氮的马氏体和碳氮化合物，可以进一步提高销轴的疲劳强度和耐磨性。

碳氮共渗设备与气体渗碳相同。一般在 860℃碳氮共渗后采用直接油淬工艺。但有些公司采用 880~910℃碳氮共渗后在多用炉前室缓冷，然后在 840~860℃再次加热后油冷淬火，目的是为了获得更细的组织和更加优异的性能。

5. 销轴的回火　回火在旋风回火炉中进行。回火温度一般选用 180~200℃，回火时间为 2h。

6. 销轴碳氮共渗实例

（1）销轴规格：32S 石油链销轴如图 16-14 所示。材料为 20GrNiMo。

（2）技术要求：有效硬化层深度为（0.6 ± 0.1）mm；淬火回火后表面硬度≥750HV0.2，心部硬度为 38 ~ 42HRC；表层组织：马氏体≤3 级；表层碳含量（质量分数）为 0.85% ~ 0.95%。

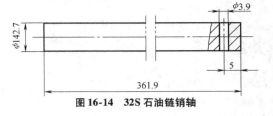

图 16-14　32S 石油链销轴

（3）碳氮共渗设备：UBE-1000-2112 密封箱式多用炉生产线。

（4）加工工艺流程：切断、倒角→去应力回火→碳氮共渗→再加热淬火→回火→矫直→磨外圆。

（5）热处理工艺曲线如图 16-15 所示。

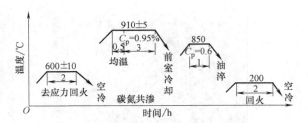

图 16-15　32S 石油链销轴热处理工艺曲线

16.3　钻探工具的热处理

16.3.1　吊环的热处理

吊环在使用中主要承受疲劳载荷。在每一应力循环中，载荷的最小值为零，最大值随钻杆的增加而增大，在提起钻杆时则因钻杆减少而降低。吊环所承受的是一种变动应力幅的低频随机疲劳载荷，其载荷谱线如图 16-16 所示。

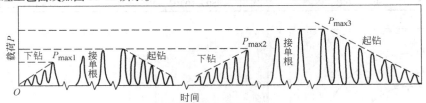

图 16-16　吊环的载荷谱线

吊环有三种失效方式，即变形、磨损和断裂，疲劳断裂是吊环最危险的一种失效方式。吊环的疲劳断口如图 16-17 所示。

16.3.1.1　吊环用钢及技术要求

吊环用钢要求高的疲劳强度，低的裂纹扩展速率和高的断裂韧度。吊环用钢及技术要求如表 16-17 所示。

16.3.1.2　热处理工艺

吊环根据长短和用钢要求可以在有保护气氛的箱式炉或井式炉中加热。

吊环的热处理工艺如表 16-18 所示。

值得指出，20SiMn2MoVA 和 40CrNiMo 钢的力学性能与回火温度的关系截然不同。20SiMn2MoVA 钢在淬火低温回火状态（即获得低碳马氏体状态），不仅强度高，韧性好，断裂韧度高，而且强韧性配合最佳。随着回火温度的升高，强度降低，断裂韧度也显

著降低。40CrNiMo 钢随回火温度的升高，强度下降，韧性提高，在高温回火状态，强韧性配合最好。20SiMn2MoVA 和 40CrNiMo 钢经不同温度回火后的力学性能分别如图 16-18 和图 16-19 所示。

16.3.1.3　检验

锻造后用肉眼检查表面质量，不得有裂纹、折叠，重点检查环部。每批吊环带分离试棒一根，其断面与吊环杆部断面相同，长度与断面直径比为4:1。分离试棒与吊环同炉热处理后进行拉伸试验，试验结果应符合技术条件。吊环出厂前进行实物载荷试验，试验载荷为额定载荷的 1.5 倍，持续 5min 不得有残余变形。

常见缺陷之一是硬度不均匀，这是由于炉温不均所致。在生产中发现个别炉号的冲击吸收功达不到技术要求，通过改进工艺获得 5% ~ 10%（体积分数）下贝氏体 + 板条马氏体可使冲击吸收能量明显提高。

表 16-17　吊环用钢及技术要求

牌号	R_m/MPa	$R_{p0.2}$/MPa	A（%）	Z（%）	KV/J	硬度 HRC
20SiMn2MoVA	≥1372	≥1176	≥10	≥45	≥58	44 ~ 47
40CrNiMo	≥1029	≥882	≥12	≥50	≥68	34 ~ 40

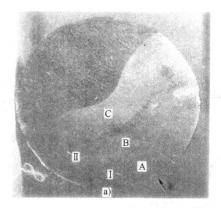
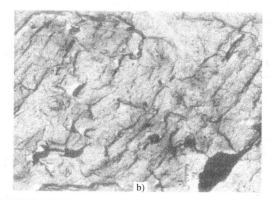

图 16-17　吊环的疲劳断口

a）宏观断口　b）疲劳区断口电镜照片 2000×

表 16-18　吊环的热处理工艺（以 150t 的为例）

牌　　　号	预备热处理	淬　　火	回　　火
20SiMn2MoVA	正火：(930±10)℃，空冷 高温回火：(650±10)℃，4h	(900±10)℃，2h，油冷	(220±10)℃，6h，空冷
40CrNiMo	正火：880℃，空冷	(850±10)℃，2h，油冷	(520±10)℃，3h，空冷

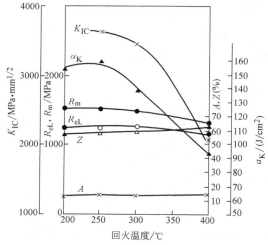

图 16-18　20SiMn2MoVA 钢经不同温度
回火后的力学性能

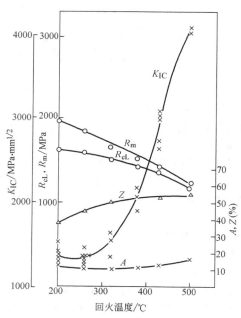

图 16-19　40CrNiMo 钢经不同温度回火后的力学性能

16.3.2　吊卡的热处理

吊卡与吊环配合使用，服役条件相似。它主要承受交变的弯曲载荷及冲击载荷，台肩部分还受到钻杆接头的频繁磨损，吊卡几何形状复杂，应力分布极不均匀。吊卡的外形如图 16-20 所示。

吊卡的失效形式有磨损、过量变形、断裂等。磨损失效发生在端面台肩处，是吊卡的主要失效方式。在钻杆作用下，吊卡因发生严重的塑性变形而失效。为了修补磨损台肩，在油田常用堆焊工艺，从而导致焊接裂纹的产生，造成吊卡的断裂失效。

16.3.2.1　吊卡用钢及技术条件

如上所述，吊卡材料要求有高的强度、高的韧性、高的疲劳强度、小的缺口敏感性。同时，还应有较好的焊接性和表面硬化能力。42CrMo、35CrMo 钢可以较好地满足上述要求。它的技术要求为：

（1）调质后硬度为 269～302HBW，$R_m \geqslant 882$MPa，$R_{eL} \geqslant 686$MPa，$A \geqslant 12\%$，$Z \geqslant 45\%$，$KV \geqslant 58$J。

（2）台肩表面淬火后硬度为 48～52HRC。

图 16-20　吊卡外形图

16.3.2.2　热处理

制造工艺流程：锻造→正火→粗加工→淬火→回火→精加工→装配→台肩表面淬火→载荷试验→出厂。

吊卡应在可控气氛炉或盐浴炉中进行调质，其主要工艺参数见表 16-19。

表 16-19　吊卡热处理工艺参数

（以 4½in 吊卡为例）

牌号	淬　火			回　火		
	温度/℃	时间/min	冷却介质	温度/℃	时间/min	冷却介质
35CrMo	860～870	120	油	580±20	180	空气
42CrMo	850～860	120	油	600±20	180	空气

注：表中数据系在可控气氛炉中处理的数据；用盐浴炉加热时可以适当缩短时间。

台肩部分可以用火焰淬火实现表面硬化，其淬火温度控制在 880～900℃，喷水冷却，淬火后在炉内进行 180～200℃回火 2h。

16.3.2.3　检验

调质后逐件检查硬度，其值应符合技术要求。对于每一炉号的材料要进行随炉试棒的力学性能试验，其结果应达到技术要求。

装配后进行成品载荷试验，试验载荷为额定载荷的 1.5 倍，持续 5min 不得有残余变形。

16.3.3　钻杆接头的热处理

钻杆接头（见图 16-21）是连接钻杆的重要工具，在工作过程中它承受钻具的交变拉力和交变的转矩，表面受到套管和井壁的摩擦力，在紧扣或卸扣时，螺纹部分受到很大的摩擦力，泥浆的腐蚀、冲蚀，含 H_2S 气体的腐蚀，也是不可避免的。接头常见的失效形式有磨损、疲劳断裂、腐蚀疲劳断裂和应力腐蚀等。图 16-22 是钻杆接头疲劳断口的电镜照片。

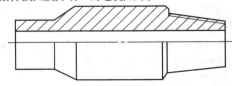

图 16-21　钻杆接头

16.3.3.1　钻杆接头的材料及技术要求

钻杆接头用钢要求有高的疲劳强度、小的疲劳缺

图 16-22　钻杆接头疲劳断口电镜照片

口敏感性及良好的腐蚀疲劳抗力。同时还应有良好的耐磨性、焊接性。钻杆接头的材料和技术要求列于表 16-20。

表 16-20　钻杆接头的材料和技术要求

牌号	硬度 HBW	R_m /MPa	R_{eL} /MPa	A (%)	Z (%)	KV /J
42CrMo	285～321	≥970	≥827	≥13	—	—
40CrNiMo	285～321	≥970	≥827	≥13	≥45	≥54
34CrNiMo	285～321	≥970	≥827	≥13	≥45	≥54
37CrMnMo	285～321	≥970	≥827	≥13	≥45	≥54

根据美国石油学会（API）的标准，接头的力学性能只要求 HBW、R_{eL}、R_m 和 A 四项指标。为了保证使用性能，有些油田对接头提出了附加技术条件，要求接头材料的断面收缩率和夏氏 V 型缺口冲击吸收能量分别为大于 45% 和 54J。这样就必须使用 34CrNiMo、40CrNiMo、37CrMnMo 钢，才能达到较高的要求。

16.3.3.2　钻杆接头的热处理及表面强化

1. 制造工艺路线

（1）普通热处理。锻造→正火→粗加工→淬火→回火→检验→精加工→局部镀铜（或整体磷化）。

（2）调质加表面喷焊。锻造→正火→粗加工→淬火→回火→检验→精加工→表面喷焊→精加工→局部镀铜。

2. 热处理　接头的淬火应在炉温均匀性为 ±5℃ 的可控气氛连续式或周期式炉中进行。淬火时，接头之间应保持足够的距离，淬火油应强烈循环，以保证淬火的高质量。回火炉的炉温均匀性应为 ±5℃。淬火、回火后应逐件检查硬度，抽一定量的接头实物进行力学性能分析。接头的热处理工艺列于表 16-21。

表 16-21　钻杆接头的热处理工艺（以 4½in 接头为例）

牌号	淬火		回火		冷却剂
	温度/℃	时间/min	温度/℃	时间/min	
42CrMo	860 ± 5	90			油
			560 ~ 600	120	空气
40CrNiMo	840 ± 5	90			油
			580 ~ 620	120	空气
34CrNiMo	860 ± 5	90			油
			500 ~ 540	120	空气
37CrMnMo	860 ± 5	90			PHG 水溶液
			560 ~ 600	120	水冷

注：表中数据系在密封箱式炉内加热的保温时间。

16.3.3.3　高强度、高韧性接头的热处理

随着超深井钻井技术和斜式钻井技术的发展，对接头的强韧性提出了更高的要求。如某油井公司要求接头实物的力学性能达到如下要求：硬度 300 ~ 331HBW，抗拉强度 $R_m > 1000MPa$，屈服强度 $R_{eL} > 880MPa$，伸长率 $A > 13\%$，断面收缩率 $Z > 45\%$，夏氏 V 型低温（ -20℃）冲击吸收能量 KV（纵）$> 80J$，KV（横）$> 63J$。用传统的热处理方法难以达到上述要求。

高强韧接头的工艺路线（以 37CrMnMo 为例）：下料→锻造→锻件高温正火→粗加工→调质→检验→精加工。

高温正火工艺（以 5in 接头为例）：900 ~ 930℃ × 3.5h 加热，出炉后单件竖立，空冷到室温，不得堆冷。

调质处理：调质处理的淬火加热和冷却需在可控气氛密封箱式炉中进行，装料需在专用的料盘和料具上合理布置，接头与接头之间留有合理的距离，接头中间孔与料盘保持垂直，以便淬火时淬火油通道畅通。炉子的炉温均匀性要达到 ±5℃，淬火油需用快速淬火油，淬火槽要设置多个油搅拌器，以保证淬火冷却均匀。工艺参数（以 4½in 接头为例）如下：860℃ × 1.5h 油冷 +600℃ × 2.5h 水冷。

16.3.3.4　检验

热处理后，在接头中部距台肩为 25 ~ 32mm 处进行布氏硬度检查，其值应在 285HBW 以上。此外，应抽取一定数量的接头，进行拉伸试验。试样取样部位如图 16-23 所示。试样要纵向切取并平行接头。试样的标距长度必须在公接头锥度部分之内，并且标距的中心点应距公接头台肩为 32mm 处。拉伸试验结果

应达到技术要求。

有冲击吸收能量要求的接头，还需作冲击试验，取样方法与拉伸试验相同。

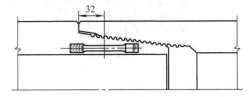

图 16-23　接头抗拉试样取样图

接头常见的热处理缺陷有硬度不均匀，力学性能达不到要求，特别是冲击吸收功偏低等。解决这些问题的途径是加强材料管理、淬火冷却介质管理以及热处理设备管理等，保证接头获得良好而均匀的淬火和回火。

接头螺纹表面镀铜的好处是：①螺纹之间的摩擦因数小，使用寿命长；②允许在井下旋转时，转矩有所增加，但不损坏螺纹；③大大减少井下旋入量。螺纹镀铜是接头的工艺发展方向之一。

为解决钻杆接头的耐磨性问题，有的已采用自动堆焊硬质合金工艺，使接头形成一段较宽的耐磨层，延长了接头的寿命。

为了提高接头腐蚀疲劳抗力和耐磨性，还可以采用喷丸渗锌强化法，其最合适的喷丸时间为 2 ~ 3min，最合适的渗锌厚度为 70 ~ 80μm，通过这种综合强化处理，可提高耐腐蚀疲劳强度 75% ~ 90%。

16.3.4　抽油杆的热处理

抽油杆在油管内作上、下往复运动，承受不对称循环载荷。它浸泡在采出液中，经受着腐蚀介质 H_2S、CO_2 和盐水的腐蚀作用。抽油杆的主要失效形式：在无腐蚀条件下是疲劳断裂；在腐蚀条件下是失重腐蚀、腐蚀疲劳和硫化物的应力破损。抽油杆如图 16-24 所示，直径范围为 $\phi22.2 ~ \phi50.8mm$，长度为 7.62m 和 9.14m。

16.3.4.1　抽油杆用钢

目前我国借用美国石油学会（API）标准把抽油杆分为 C 级、K 级和 D 级，各级抽油杆用钢及工作条件如表 16-22 所示。

16.3.4.2　制造工艺路线

下料→镦头→检验→热处理→拉直→力学性能检查→抛丸处理→头部机械加工→涂漆→包装。

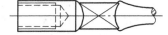

图 16-24　抽油杆

表 16-22　抽油杆用钢及工作条件

级别	抗拉强度 R_m/MPa	牌　号	工作条件
C	617～794	35Mn2、20CrMo 35	无腐蚀或缓蚀，井中重载抽油
K	578～794	20CrNiMo 20Ni2Mo	井中重载抽油，中等腐蚀或缓蚀
D	794～970	35Mn2	无腐蚀重载
		40CrNiMo 42CrMo	含硫油井，重载

16.3.4.3　热处理

1. 技术要求　各类抽油杆用钢及其技术要求如表 16-23 所示。

2. 热处理工艺　抽油杆的热处理分正火、正火 + 回火、淬火 + 回火三类。热处理可在具有保护气氛的煤气加热炉和电阻炉中进行，杆料用链传送或螺杆传送；用水淬火（或正火），然后回火。其主要工艺参数见表 16-24。

近年来，开发了抽油杆整体连续调质的专用设备，淬火、回火一次完成。两台中频电源柜分别用于抽油杆淬火、回火。调质过程全部采用斜辊道进给，工件边前进边旋转，使加热温度均匀。冷却水套采用均匀多孔喷口，使工件冷却速度快，且冷却均匀，硬度均匀。上料与下料均自动完成，可减轻工人劳动强度，提高劳动生产率，提高产品质量。该工艺已成为抽油杆热处理技术改进的方向。

16.3.4.4　检验

热处理后在每 1000 根中任意抽取两根截取 450mm 进行实物拉伸试验，每一炉还应进行随炉试棒的力学性能试验；随炉试棒加工成标准拉伸试棒进行力学性能试验和金相检查，结果应符合表 16-23 的要求，晶粒度应在 6 级以上。

表 16-23　抽油杆用钢及其技术要求

级别	牌号	R_m/MPa	$R_{p0.2}$/MPa	A（%）	Z（%）	KV/J	硬度 HBW	热处理
C	45	≥598	≥353	≥16	≥40	根据用户需要	197～241	正火
	20CrMo	≥784	≥588	≥12	≥50		207～241	淬火 + 回火
	35Mn2	≥617	≥411	≥18	≥50		187～228	正火
K	20Ni2Mo	≥578	≥460	≥18	≥50		179～207	正火 + 回火
D	35Mn2	≥794	≥686	≥10	≥50		248～295	淬火 + 回火
	40CrNiMo	≥794	≥686	≥10	≥50		248～295	正火 + 回火
	42CrMo	≥794	≥686	≥10	≥50		248～295	正火 + 回火

表 16-24　抽油杆热处理工艺参数

级别	牌　号	淬火（或正火）			回　火		
		加热温度/℃	保温时间/min	冷却方式	加热温度/℃	保温时间/min	冷却方式
C	35	860 ± 10	60	空冷	—	—	—
	20CrMo	880 ± 10	60	水冷	620 ± 20	90	空冷
	35Mn2	850 ± 10	60	空冷	—	—	—
K	20Ni2Mo	825 ± 10	60	空冷	600 ± 20	90	空冷
D	35Mn2	830 ± 10	60	水冷	560 ± 20	90	空冷
	40CrNiMo	850 ± 10	60	空冷	620 ± 20	90	空冷
	42CrMo	850 ± 10	60	空冷	620 ± 20	90	空冷

为提高抽油杆的腐蚀疲劳抗力，对 C 级和 D 级杆可以采用 325 目 06Cr17Ni12Mo2（AISI316）不锈钢粉进行等离子喷涂工艺，使用寿命可提高 3 倍。采用综合强化，即热处理后喷丸强化，再喷镀一层锌，抽油杆的腐蚀疲劳强度提高 3 倍，持久强度可提高到 200MPa。综合强化对抽油杆在 H_2S 介质中腐蚀疲劳强度的影响见图 16-25。

16.3.5　公母锥的热处理

公锥（见图 16-26）和母锥（见图 16-27）是在钻井时处理钻杆、接头断裂事故的工具。当钻杆断裂掉落井底时，用母锥在落井的钻杆外壁套螺纹，从而

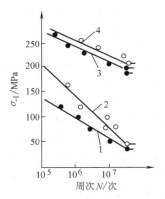

图 16-25　综合强化对 20CrNi2Mo 钢抽油杆
在 H_2S 介质中腐蚀疲劳强度的影响

1、2—未强化　3、4—喷丸强化 + 喷镀锌

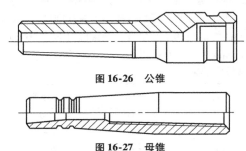

图 16-26　公锥

图 16-27　母锥

母锥与钻杆连成一体，将钻杆捞起；当接头断裂且落井的钻杆上还残留部分接头时，用公锥在钻杆内壁攻螺纹，然后将钻杆打捞上来。加工螺纹时，公锥和母锥的工作部分螺纹受到很大挤压应力和磨损，打捞钻杆时，它还受到落井钻杆的重力和井壁的阻力，因而与钻杆的螺纹连接部分受到很大的轴向切应力。公母锥的主要失效形式是螺纹压陷、磨损和剪断。

16.3.5.1　公母锥用钢及技术要求

根据工作条件，要求公母锥螺纹具有较高的抗剪强度、抗压陷能力以及耐磨性。采用 27SiMn2WVA 钢进行碳氮共渗或渗碳渗硼复合处理，可使公母锥寿命大大提高。用 27SiMn2WVA 钢制造公母锥可采用两种工艺：

1）碳氮共渗，要求渗层深度为 0.8 ~ 1.2mm，表面硬度 ≥ 60HRC。

2）渗碳、渗硼复合处理，要求渗碳层深度为 0.6 ~ 0.9mm，渗硼层深度为 0.08 ~ 0.12mm，硬度 ≥ 1200HV。

16.3.5.2　公母锥的碳氮共渗处理

制造工艺路线：锻造→正火→高温回火→机械加工→碳氮共渗→检查→淬火→回火→机械加工→检验。

1. 正火并高温回火　公母锥锻件毛坯在台车式电炉内进行 930 ~ 940℃ 加热，保温 4h 空冷；再在 680 ~ 700℃ 保温 6h 回火，并随炉降温到 550℃ 以下空冷。

2. 碳氮共渗　共渗在 RJJ-105-9 井式气体渗碳炉中进行。渗剂为尿素、甲醇溶液（甲醇与尿素的重量比为 1:5 的溶液）和煤油。共渗分两阶段进行：第一阶段，公母锥入炉后，开始滴入煤油，80 ~ 100 滴/min，在 880℃ 共渗 3h；第二阶段，炉温由 880℃ 随炉降温到 840℃，尿素、甲醇溶液为 200 ~ 240 滴/min，煤油为 60 ~ 80 滴/min，保温 2 ~ 4h，抽样检查合格后出炉罐冷。

3. 淬火和回火　淬火加热在盐浴炉中进行，盐浴应充分脱氧。淬火加热温度为 830 ~ 840℃；保温时间为 25 ~ 30min（规格为：$4\frac{1}{2}$in），然后水冷。回火在旋风回火炉中进行，回火温度为 160 ~ 180℃，回火时间为 4h，回火后空冷。

16.3.5.3　公锥的渗碳、渗硼复合热处理

制造工艺流程：锻造→正火→高温回火→机械加工→气体渗碳→检验→渗硼→检验→淬火→回火→检验。

1. 预备热处理　与碳氮共渗前的预备热处理相同。

2. 渗碳　在 RQ-105-9 炉中进行，渗碳温度为 930℃，煤油量为 160 ~ 180 滴/min，甲醇滴量为 70 ~ 90 滴/min，保温 3 ~ 5h 后，当层深达到 0.4 ~ 0.6mm 时，随炉温降到 880℃ 出炉罐冷。

3. 渗硼　将已渗碳的公锥在盐浴炉内进行液体渗硼，盐浴成分（质量分数）推荐为：$Na_2B_4O_7 \cdot 10H_2O$ 70%，CaSi 10%，NaCl 10%，Na_2SiF_6 10%，渗硼温度为 930℃，保温 4h 后出炉空冷。

4. 淬火、回火　淬火回火工艺与碳氮共渗后的公锥淬火工艺相同。

16.3.5.4　检验

高温回火后检查硬度，硬度要求 ≤ 269HBW。用 27SiMn2WVA 钢专用试块，随同公母锥一起进行碳氮共渗或渗碳、渗硼复合处理。碳氮共渗后检查渗层深度和显微组织。当总渗层深度在 0.8 ~ 1.2mm 时，共析层 + 过共析层为 0.6 ~ 0.8mm，脱碳层 ≤ 0.04mm 为合格。对于渗碳 + 渗硼的公锥，渗碳后进行显微检查，其渗层深度应达 0.6 ~ 0.9mm，过共析层 + 共析层深度不小于 0.4 ~ 0.6mm。渗硼后，其渗硼层的深度应达到 0.08 ~ 0.12mm，硬度 ≥ 1200HV。

16.3.5.5　热处理缺陷及其防止

渗碳或碳氮共渗后常有表面脱碳、表面碳化物网

等缺陷。为了预防这些缺陷，必须严格按工艺操作，进行碳势控制。当脱碳层≥0.05mm时，必须采取补渗处理。碳氮共渗的公锥若有严重碳化物网，需在860℃进行2~3h的扩散处理，这时甲醇、尿素溶液滴量为200~240滴/min，煤油滴量为60~80滴/min。公锥在淬火后，有时会在内孔出现纵向裂纹，其防止方法是加速冷却内孔；或者是用一工具塞住内孔，防止冷却水进入内孔。

16.3.6 抽油泵泵筒的热处理

抽油泵泵筒在井下采油时，不仅承受柱塞往复的摩擦磨损，而且经受采出液的腐蚀、氧化。磨损和腐蚀是泵筒的主要失效形式。整体泵筒因为细而长（外形尺寸为φ57mm×7800mm），因泵筒变形而失效在油田也时有发生。

16.3.6.1 整体泵筒的材料及表面强化工艺

整体泵筒用钢和表面处理工艺如表16-25所示。

渗碳泵筒具有较高的硬度、耐蚀性及疲劳强度。泵筒经渗碳后，硬化层较厚，比碳氮共渗泵筒及渗硼泵筒能承受更大的载荷和大的挤压应力。由于渗碳的综合力学性能远不如碳氮共渗，所以渗碳工艺常被碳氮共渗所取代。

表16-25 整体泵筒表面处理工艺

方法	牌号	工艺参数	硬化层深度/mm	表面硬度
渗碳	20	930℃，保温4h 840℃，中频感应淬火，200℃回火	≥0.8	995HV
碳氮共渗	20	860℃，保温4~6h 840℃，中频感应淬火，200℃回火	≥0.6	56~62HRC
渗氮	38CrMoAlA 34CrNiMo5	500~600℃，保温7~8h	≥0.13	600~1100HV
渗硼	20、45	860℃，保温4h	≥0.08	1380~1506HV
激光	45	功率为1480~1500W，泵筒走向速度为86mm/min，转速为13r/min	≥0.35	58~63HRC
镀铬	20、45		0.05~0.09	60~67HRC

渗氮处理温度低，变形小，泵筒的耐磨性和耐蚀性好。但必须要用价格较贵的渗氮钢，因而限制了它的应用。

碳氮共渗工艺是目前制造厂家广泛采用的强化方法之一。与渗氮比，生产周期短，渗速快，可用材料广泛。它的最大优越性在于泵筒碳氮共渗后，且有良好的可加工性。

渗硼和激光强化工艺正处于试验阶段，个别油田已取得良好的效果。

16.3.6.2 泵筒的碳氮共渗处理

制造工艺路线为：下料→粗加工→去应力退火→精加工→碳氮共渗→校直→淬火→回火→校直→人工时效→检验→珩磨→检验。

1. 去应力退火 泵筒半成品在井式炉内200~250℃入炉，加热到560~600℃保温1~1.5h，随炉冷到200℃以下出炉空冷。

2. 碳氮共渗 碳氮共渗在专用井式炉中进行，炉子应保证上下温度均匀，气氛均匀，特别是有保证筒体内腔气氛均匀的装置，这样才能保证渗层均匀、畸变量小。

碳氮共渗所用的渗剂可以选用煤油+NH₃，吸热式气氛+丙烷+氨气，合成吸热式气氛（N₂+甲醇）+丙烷+氨气等。

共渗温度为（860±10）℃，共渗4~6h，渗后缓冷。

3. 中频感应淬火 淬火在专用淬火机床上进行，中频电源的频率为8000Hz。淬火温度为（840±10）℃，水冷。淬火后于200℃回火2h。

4. 人工时效 在井式炉中110~120℃保温24~48h，空冷。

16.3.6.3 检验

碳氮共渗后检查随炉处理的金相试块，检测共渗层深度和显微组织。当总深度≥0.6mm，共析层+过共析层为0.4~0.6mm，脱碳层≤0.05mm为合格。中频感应淬火并回火后用里氏硬度计检查内孔硬度，硬度应达到56~62HRC。

16.3.7 石油钻头的热处理

图16-28所示为石油三牙轮钻头。它由六个基本

部件组成，即三个牙轮和三个牙掌。三个牙掌在加工后焊接在一起构成通体钻头。在石油牙轮钻头组成中，牙轮、牙掌配合的轴承结构一直是人们关注的问题，也是钻头失效的关键部位。过去牙轮内表面嵌镶贵重的银合金，而牙掌轴承表面的受力部位则敷焊钴铬钨合金，再进行渗碳、淬火处理，两者之间用滚柱连接，组成滚动轴承。为了提高钻头使用寿命，适应高钻压力（十几千牛至几十千牛）、高转速、硬地层的需要，取消了滚柱，而采用了滑动轴承结构，如图16-29 所示。这种结构对材料和热处理提出了很高的要求。

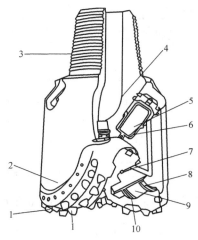

图 16-28　牙轮钻头
1—硬质合金齿　2—掌尖　3—螺纹　4—加油孔　5—储油囊　6—泄压阀　7—二止面
8—O 型密封圈　9—大轴　10—卡簧

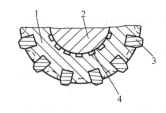

图 16-29　牙轮钻头的滑动轴承结构
1—牙轮　2—牙掌轴颈　3—硬质合金齿
4—特殊金属镶焊

16.3.7.1　牙掌的材料与热处理

1. 牙掌用钢　牙掌可用 AISI8720 钢制造，钢中硫、磷含量（质量分数）应控制在 0.015% 以下。

2. 制造工艺路线　锻造→正火→机械加工→局部镀铜→渗碳→检验→磨削加工→脱脂→固体渗硼→强力清洗→淬火→清洗→回火→检验→机械加工→组焊。

3. 牙掌的热处理　渗碳可在氮基气氛的周期式渗碳炉或可控气氛连续式渗碳炉内进行。渗碳温度为 930℃，用 CO_2 红外仪或氧探头进行碳势控制，通常碳势控制在 1.20% ± 0.05%，渗碳层的深度依不同规格钻头而异，一般均在 1.20mm 以上。

渗碳后，牙掌轴承表面经磨削加工，保持光洁，渗硼部位基本上与渗碳部位（仅限于牙掌轴承表面）保持一致。采用固体渗硼法，轴承表面用渗硼杯进行局部封装，其工艺过程如图 16-30 所示。

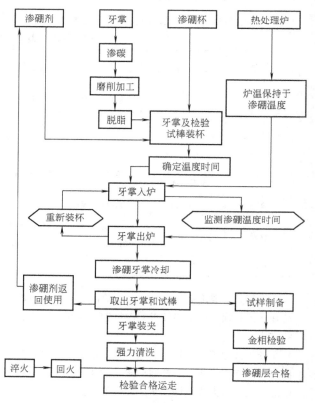

图 16-30　牙掌渗硼工艺过程

渗硼处理可以在电加热的各种炉内进行，渗硼温度为 930℃，保温时间为 6h。需要指出的是渗硼最好在保护气氛下进行。

淬火在密封箱式炉中进行，炉内通入氮基气氛保护，淬火温度为 840℃，保温时间根据牙掌型号确定，一般在 2～3h 之间。温度不宜选择过高，以免局部地区达到共晶温度，引起渗层熔化。淬火油温保持在 80℃，可用同美国 Sun 牌性能相同的淬火油进行淬火。

回火在空气炉中进行，回火温度为 180℃，保温时间为 2～3h。

4. 组织和性能检测　渗碳层的检查与常规渗碳

的质量控制相同。

渗碳后渗硼的质量控制，在连续式可控气气炉生产条件下，每三盘放置渗硼试样一件，试样尺寸为 $\phi 10mm \times 40mm$。每 2000 件牙掌随机取样解剖一件，进行全面分析。分析项目：

（1）渗层金相组织。图 16-31 是检验合格的渗碳 + 渗硼金相组织。可以看出：渗硼层的最外层为齿状组织，主要为 Fe_2B。由于钢的基体经过预渗碳，齿状组织层的齿形特征不十分明显。齿间和毗区分布析出相 $Fe_3(CB)$ 和 $Fe_{23}(CB)_6$，再下层即渗碳层基体。如果发现外层出现明显 FeB 相，则判为不合格，必须重新调整渗剂和工艺。

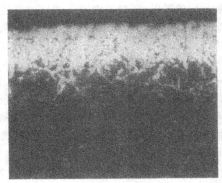

图16-31　渗碳 + 渗硼金相组织

（2）渗硼层深度。渗硼层深度只量取齿状渗层，控制在 $50 \sim 100 \mu m$，深度不够时必须补渗。测量渗硼层的方法有几种，可采用平均测量法，即计算齿长的平均值。

（3）硬度检测。图 16-32 是渗硼牙掌的硬度分布曲线。渗层表面硬度 ≥ 1500HV。进入渗硼—渗碳过渡区时，硬度并不是单纯渗硼情况那样出现急剧下降，而为渗碳层硬度所补偿。整个表层的硬度梯度较平缓，足以承受钻头在井下工作的各种机械冲击的作用，这就明显地显示出渗碳—渗硼复合处理的优越性。

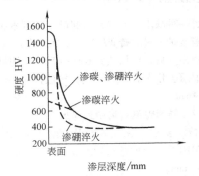

图16-32　不同化学热处理对材料硬度的影响

（4）剥落和裂纹检查。一般情况下，均采用目测法，检查渗硼层上有无剥落、裂纹和其他缺陷（如疏松层）。抽检的解剖牙掌在金相显微镜下观察，或用无损检验法。表层的剥落是不允许的，但如果有极其轻微的裂纹，只要不超过规定的严重程度，仍然允许通过。

此外，还有一些不可缺少的检测项目，如渗硼层是否覆盖住要求的渗硼部位，防渗区是否有漏渗，密封面的防渗高度是否足够，或是否超高等。

16.3.7.2　牙轮材料与热处理（以镶齿牙轮为例）

1. 牙轮用钢　牙轮可用 G10CrNi3Mo（AISI9310）钢制造，钢中硫、磷含量应控制在 0.015%（质量分数）以下。

2. 制造工艺路线　锻造→正火→机械加工→渗碳→检查→淬火→清洗→回火→检验→机械加工→镶硬质合金→检验。

3. 牙轮的热处理　牙轮的渗碳与牙掌一样可以在连续式渗碳炉或周期渗碳炉中进行，渗碳温度为 930℃，碳势控制在 0.80% ± 0.05%，渗碳层深依不同规格钻头而异，一般均在 1.80mm 以上。

渗碳后缓冷，经检查合格后，进行淬火处理，牙轮淬火在密封箱式炉内进行，炉内通入氮基气氛保护，气氛碳势应控制为 0.80% ± 0.05%，淬火温度为 840℃，保温时间根据牙轮型号确定。淬火油温控制为 80℃。

回火在空气炉中进行，回火温度为 180℃，保温时间为 $2 \sim 3h$。

4. 检验　牙轮渗碳后的检验主要检测项目有：表层碳含量测定和渗层深度测定。该项目是由剥层试棒分析获得。过高的碳含量会在渗层中出现网状碳化物，所以应严格控制碳势为 0.80% ± 0.05%。

淬火回火后的牙轮主要检查硬度，硬度应在 $56 \sim 62HRC$。

16.4　钻机齿轮的热处理

16.4.1　石油钻机弧齿锥齿轮的热处理

弧齿锥齿轮是石油钻机中的主要传动零件，它有较高的传动速度（空载最高线速度为 30m/s，加载线速度为 25m/s），受重载（传动功率为 894.840kW）冲击载荷，其主要失效方式是磨损、点蚀或断裂，该齿轮的热处理方法有渗碳或沿齿沟中频感应淬火等。

16.4.1.1　弧齿锥齿轮的渗碳

1. 齿轮的外形与主要参数　图 16-33 为弧齿锥齿轮的外形图，其主要技术参数为端面模数 $m_s =$

12mm，齿轮齿数 $z=41$，节圆直径 $D_0=492mm$，压力角 $\alpha=20°$，齿全高 $h=14mm$，螺旋角 $\beta=30°$，端面弧齿厚 $s=17mm$，精度为 7—7—6。

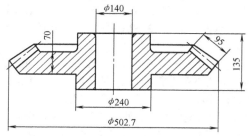

图 16-33　弧齿锥齿轮

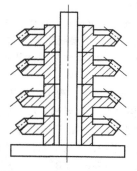

图 16-34　齿轮渗碳装炉方式

2. 齿轮用钢及技术要求　齿轮采用 20Cr2Ni4A、22CrMnMo 钢进行渗碳。总渗碳层深度为 1.8～2.3mm，渗层表面 $w(C)$ 为 0.85%～1%。渗碳淬火、回火后表面硬度为 58～62HRC，心部硬度为 36HRC。有效渗碳硬化层深度测至 50HRC 处不小于 1.2mm（在同样材料、同炉处理的试块上测定）。淬火后渗层组织为碳化物≤1 级，马氏体≤2 级，残留奥氏体≤2 级。渗碳淬火后表面脱碳层≤0.05mm。热处理后畸变量为大背面翘曲≤0.20mm，振摆≤0.02mm。

制造工艺路线：锻坯→正火→高温回火→车齿坯→粗、精铣齿→渗碳→高温回火→淬火＋低温回火→喷丸→磨端面及孔→磨齿→装配。

3. 渗碳　渗碳在 RJJ-105-9 井式渗碳炉中进行，装炉方式如图 16-34 所示。每炉装炉量为 4～6 件。

为了加速排气，装炉后在向炉内滴入甲醇（160～180 滴/min）的同时，还向炉内通入适量的氨气（4～4.5L/min），氨在高温下分解为氮和氢。一方面增大炉压，使炉内空气尽快排除；另一方面也有冲洗炉内炭黑的作用。当炉温升到 900℃ 以后，开始滴入丙酮（160～180 滴/min）。待 $\varphi(CO_2)$ 为 0.8%～1.0% 时，停止供氨。当 $\varphi(CO_2)$ 小于0.5% 时可接通露点仪。在渗碳期间甲醇滴量不变（120～130 滴/min），丙酮用量由露点仪测出平衡温度来确定。其工艺曲线如图 16-35 所示。

4. 高温回火　锥齿轮在 RJJ-105-9 炉中于 580～600℃ 保温 6h（滴甲醇 60～70 滴/min），随后出炉空冷。高温回火的目的是为淬火作准备，以减少淬火后渗层中的残留奥氏体量，降低磨裂危险。

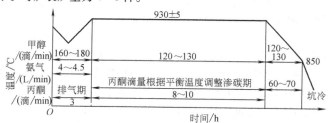

图 16-35　渗碳工艺曲线

注：20Cr2Ni4A 平衡温度为 37.5～39℃，22CrMnMo 为 40～42℃

5. 马氏体分级淬火　淬火加热在盐浴炉中进行，齿轮加热到 800～820℃，保温 1h 后，淬入 160℃ 的硝盐浴中，经过 30min 后取出，空冷至室温，最后在 180～200℃ 温度下回火 6h。

6. 检验　用随炉试块检查渗碳层深度、硬化层深度、表面硬度、心部硬度以及显微组织等项，检测齿轮的畸变量，各项指标应符合技术要求。

7. 常见缺陷及防止办法　由于控制不当，将造成贫碳或超碳，可通过补碳或扩散来消除，无论补碳或扩散都必须按图 16-35 工艺中给出的平衡温度进行控

制。另外一种缺陷是畸变，引起畸变的因素很多，应特别注意装炉方式对畸变的影响。如果齿轮内孔胀大，可在高温回火后，再加热到 630～650℃，均热后出炉空冷，内孔用水冷，用这种方法，一般可缩回 0.2～0.4mm。

16.4.1.2　锥齿轮沿齿沟中频淬火

1. 技术要求　采用 42CrMo 钢调质，硬度要求 220～270HBW。齿面淬火硬度要求≥50HRC，硬化层深度 2～3mm。

2. 制造工艺路线　锻坯→正火→车齿坯→粗、

精铣齿→中频感应加热沿齿沟淬火→检验。

3. 热处理工艺　中频设备：BPS100/8000；感应器见图16-36，为硅钢片组合式结构。淬火方法：在专用机床上进行沿齿沟连续淬火；处理参数：电流为65A，输出功率为28kW；功率因数 $\cos\varphi = 1$；感应器移动速度：4mm/s；冷却介质：聚乙烯醇水溶液。

16.4.1.3　弧齿锥齿轮的离子渗氮

近年来，石油钻机直角箱用锥齿轮，多用离子渗氮（或气体渗氮）工艺。由于渗氮层表面硬度高，深层渗氮件的屈服强度也很高，特别是变形小，渗氮后齿轮的接触面积大，增加了承载能力，又延长了齿轮的寿命。离子渗氮弧齿锥齿轮主要用钢有25Cr2MoV 钢和 42CrMo 钢。

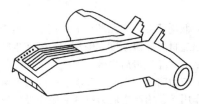

图 16-36　中频沿齿沟淬火感应器

1. 技术要求　调质处理后硬度要求 250～280HBW，渗氮层深度为 0.5～0.7mm，表面硬度≥600HV。

2. 制造工艺路线　锻造→正火→车齿坯→粗滚齿→调质→精滚齿→离子渗氮→检验。

3. 离子渗氮工艺　离子渗氮可在各种类型的离子渗氮炉中进行，其工艺可使用常规离子渗氮工艺，或快速渗氮工艺。常规渗氮工艺为510～530℃渗氮40h。快速渗氮多用二段或三段渗氮工艺。渗氮时间为30h。图16-37 是25Cr2MoVA 钢的硬度梯度曲线。

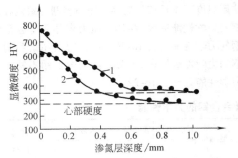

图 16-37　25Cr2MoVA 钢硬度梯度曲线
1—快速渗氮　2—常规渗氮

16.4.2　转盘齿轮的热处理

转盘带动方钻杆旋转，实现钻井作业。转盘大小锥齿轮承担着很大的转矩和输出功率。转盘齿轮的主

要失效形式为磨损。

16.4.2.1　转盘齿轮的外形及主要参数

以 2P—520 转盘从动轮为例，其外形如图16-38所示，主要参数为 $m_s = 20mm$，齿数 $z = 58$，压力角 $\alpha = 20°$，外径 $= \phi1160mm$。

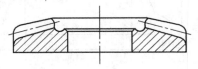

图 16-38　转盘齿轮外形图

转盘齿轮的主要热处理方式有调质和离子渗氮。

16.4.2.2　转盘齿轮的调质处理

转盘齿轮采用 42CrMo 钢制造，硬度要求为269～302HBW，制造工艺路线为：锻坯→正火→粗加工→调质→精加工→成品。调质处理工艺见表16-26。

表 16-26　转盘齿轮调质处理工艺

工序	加热温度 /℃	保温时间 /h	加热设备	冷却方式
淬火	860～870	3	箱式电炉	油冷
高温回火	560～600	4.5	箱式电炉	油冷

16.4.2.3　转盘齿轮的离子渗氮

离子渗氮齿轮采用 35CrMo 钢制造。从动齿轮硬度要求为 180～220HBW。要求离子渗氮层深度为0.4～0.5mm，表面硬度≥500HV10。主动齿轮的调质硬度为 235～272HBW；离子渗氮层深度为 0.5～0.6mm，表面硬度为≥500HV10，脆性均应≤Ⅱ级。

离子渗氮齿轮的制造工艺路线：锻坯→正火→粗加工→去应力退火→精加工→离子渗氮→精加工→成品。

转盘齿轮的预备热处理工艺见表16-27 所示。

表 16-27　转盘齿轮的预备热处理工艺

齿轮类型	工序	加热温度 /℃	保温时间 /h	加热 设备	冷却 方式
从动齿轮	正火	880～890	3	箱式电炉	空冷
主动齿轮	淬火	860～870	3	箱式电炉	油冷
	回火	600～640	4.5	箱式电炉	空冷

离子渗氮在 LD-500BZ 型炉内进行，工艺曲线如图 16-39 所示。主动齿轮保温 28h，从动齿轮保温 20h。

正火或调质后检查硬度应符合技术要求，离子渗氮后，对工件用超声波硬度计检查硬度，硬度值应≥

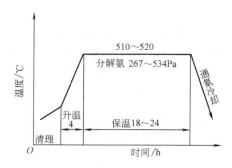

图 16-39　转盘从动齿轮的离子渗氮工艺曲线

50HRC；对随炉试块进行显微检查测定渗层深度，检查脆性，按 GB/T 11354—2005 执行。

离子渗氮常见缺陷及解决方法见表 16-28。

表 16-28　离子渗氮常见缺陷及解决方法

缺陷	原　　因	解 决 方 法
渗层不均匀	通氨量过大，温度不均匀，装炉不当	正确选择通氨量，合理装炉
硬度低	温度高，供氨量不足	严格控制工艺参数
渗层浅	温度低，时间短	执行工艺，准确测量
局部烧伤	清洗不净，孔槽未屏蔽	零件清洗干净，屏蔽

16.5　化工机械零件的热处理

16.5.1　压力容器的热处理

压力容器是石油、化工、机械等行业广泛应用的一种焊接构件。它的运行条件苛刻，制造工艺复杂，如果容器一旦破坏，后果极其严重。为了确保容器的运行安全，正确选择材料和合理进行热处理，在容器制造中占有重要地位。

16.5.1.1　压力容器的失效与材料

压力容器是在特定的压力、温度、介质下工作的。所受压力可以从 0.1～100MPa 以上；工作温度范围为 -200～500℃。工作介质可以是酸性、碱性或其他腐蚀性介质。

失效分析表明，压力容器失效事故中除操作因素外，由于冷热加工、热处理、焊接等工艺过程中带来的制造缺陷，化学介质的均匀腐蚀、点蚀等环境因素，常导致压力容器发生以下几种失效：

（1）脆性破坏。大部分发生在较低温度下，常在焊接缺陷、内部缺陷及应力集中处产生。

（2）过量的塑性变形。在高温下的压力容器蠕变或工作压力超高，会引起容器局部产生过量的塑性变形。

（3）低周疲劳。在循环载荷作用下，由于工作应力往往超过材料屈服强度，使压力容器产生较大的反复塑性变形，导致最后失效。

（4）应力腐蚀。在应力和能够引起应力腐蚀的介质共同作用下，因产生应力腐蚀裂纹而导致压力容器破坏。

（5）氢腐蚀损坏。在具有一定压力的氢和温度共同作用下，氢和钢中的碳反应生成甲烷而形成氢腐蚀裂纹，导致容器的破坏。

压力容器的可靠性和所选用的钢材性能有着密切关系。压力容器用钢在承受压力时必须有足够的稳定性，要具有足够的强度、塑性和韧性。压力容器要经过各种成形工艺，所以它还应有良好的冷热加工性和焊接性。对于在腐蚀介质下工作的压力容器，材料必须具有相应的耐蚀性和抗氢能力；在高温下工作的容器用钢必须保证组织稳定；低温下工作的容器要保证在使用温度下有足够的韧性。压力容器用碳钢和低合金钢的力学性能见表 16-29，压力容器用低温钢和不锈钢的力学性能见表 16-30，压力容器用耐热钢和抗氢钢的力学性能见表 16-31，压力容器用不锈钢铸件的力学性能列于表 16-32。

表 16-29　压力容器用碳钢和低合金钢的力学性能

牌号	公称厚度/mm	热处理状态[①]	回火温度/℃	R_m/MPa	R_{eL}/MPa	A（%）	KV/J	硬度 HBW
					≥			
20R	≤100	N	—	370～520	215	24	27	102～139
35R	≤100	N	—	510～670	265	18	20	136～200
	>100～300	N，N+T	≥590	490～640	255	18	20	130～190
16MnR	≤300	N，N+T	≥600	450～600	275	19	34	121～178
15MnVR	≤300	N，N+T	≥600	470～620	315	18	34	126～185

（续）

牌号	公称厚度/mm	热处理状态①	回火温度/℃	R_m/MPa	R_{eL}/MPa	$A(\%)$	KV/J	硬度 HBW
					≥	≥	≥	
20MnMoR	≤300	Q+T	≥600	530~700	370	18	41	156~208
	>300~500			510~680	355	18	41	136~201
	>500~700			490~660	340	18	34	130~196
20MnMoNbR	≤300	Q+T	≥630	620~790	470	16	41	185~235
	>300~500			610~780	460	16	41	185~233
15CrMoR	≤300	N+T, Q+T	≥620	440~610	275	20	34	118~180
	>300~500			430~600	255	19	34	115~178
35CrMoR	≤300	Q+T	≥580	620~790	440	15	27	185~235
	>300~500			610~780	430	15	20	180~233
12Cr1MoVR	≤300	N+T, Q+T	≥680	440~610	255	19	34	118~180
	>300~500			430~600	245	19	34	115~178
12Cr2Mo1R	≤300	N+T, Q+T	≥680	510~680	310	18	41	136~201
	>300~500			500~670	300	18	41	133~200
1Cr5MoR	≤500	N+T, Q+T	≥680	590~760	390	18	34	174~229

注：当附加保证模拟焊后热处理试样的力学性能时，回火温度可另行规定。

① N—正火，T—回火，Q—淬火。

表 16-30 压力容器用低温钢和不锈钢的力学性能

牌 号	公称厚度/mm	热处理状态	回火温度/℃	常温拉伸试验			低温冲击试验	
				R_m/MPa	R_{eL}/MPa	$A(\%)$	试验温度/℃	KV/J
					≥	≥		≥
20DR	≤50	N+T, Q+T	≥600	370~520	215	24	-20	20
16MnDR	≤200	N+T, Q+T	≥600	450~600	275	19	-40	20
	>200~300						-30	
09Mn2VDR	≤200	N+T, Q+T	≥600	420~570	260	22	-50	27
16MnMoDR	≤300	Q+T	≥600	510~680	355	18	-40	27
09MnNiDR	≤300	Q+T	≥600	420~570	260	22	-70	27
20MnMoDR	≤300	Q+T	≥600	530~700	370	18	-30	27
	>300~500			510~680	355		-30	
	>500~700			490~660	340		-20	
08MnNiCrMoVDR	≤300	Q+T	≥600	600~770	480	17	-40	47
10Ni3MoVDR	≤300	Q+T	≥600	610~780	490	17	-50	47

表 16-31 压力容器用耐热钢和抗氢钢的力学性能

序号	牌 号	热处理状态	力 学 性 能				a_K /(J/cm²)	持久强度 (10万h)/MPa
			R_m/MPa	R_{eL}/MPa	$A(\%)$	$Z(\%)$		
1	16MoR	调质	≥400	≥250	≥25	≥60		
2	12CrMoR	调质	≥420	≥270	≥24	≥60	≥140	
3	15CrMoR	调质	≥450	≥240	≥21	—	≥60	≥110（500℃）

（续）

| 序号 | 牌　号 | 热处理状态 | 力 学 性 能 | | | | a_K / （J/cm²） | 持久强度 （10 万 h）/MPa |
			R_m/MPa	R_{eL}/MPa	A （%）	Z （%）		
4	12Cr1MoVR	调质	≥480	≥260	≥21	—	≥60	
5	13CrMo44R	调质	440～550	≥300	≥22		≥60	
6	13CrMoV42R	调质	500～650	≥300	≥20		≥60	
7	12Cr2MoWV8R	调质	≥550	≥350	≥18			≥125 （580℃）
8	10CrMo9-10R	调质	450～600	≥270	≥20		≥90	
9	Cr5MoR	退火	≥400	≥200	≥22	≥50	≥120	
10	$2\frac{1}{4}$Cr1MoR	退火	415～585	≥205	≥18	≥40		

表 16-32　压力容器用不锈钢铸件的力学性能

| 牌　号 | 公称厚度 /mm | 热 处 理 状 态 | R_m/MPa | $R_{p0.2}$/MPa | A （%） | 硬度 HBW |
			≥			
ZG06Cr13	≤100	A （800～900℃，缓冷）	410	205	20	110～183
ZG12Cr13	≤100	Q+T （950～1000℃，空冷或油冷，≥620℃，回火）	585	380	16	167～229
ZG06Cr19Ni10	≤100	Q （1010～1150℃，快冷）	520	205	35	139～187
	>100～200		490	205	35	131～187
ZG022Cr19Ni10	≤100	Q （1010～1150℃，快冷）	480	175	35	128～187
	>100～200		450	175	35	121～187
ZG022Cr19Ni5Mo3Si2	≤100	Q （950～1050℃，快冷）	590	390	20	175～235
ZG06Cr17Ni12Mo2	≤100	Q （1010～1150℃，快冷）	520	205	35	139～187
	>100～200		490	205	35	131～187
ZG022Cr17Ni12Mo2	≤100	Q （1010～1150℃，快冷）	480	175	35	128～187
	>100～200		450	175	35	121～187
ZG12Cr18Ni9Ti	≤100	Q （1000～1100℃，快冷）	520	205	35	139～187
	>100～200		490	205	35	139～187
ZG06Cr18Ni11Ti	≤100	Q （920～1150℃，快冷）	520	205	35	139～187
	>100～200		490	205	35	131～187

16.5.1.2　压力容器的热处理工艺

1. 正火　压力容器制造中的正火处理主要用于以下场合：

（1）改善母材综合力学性能，提高塑性和韧性。如 16MnR 等钢为热轧状态使用钢种，当断面较大时，通过正火可以在强度水平接近热轧状态的基础上，提高塑性和韧性。

（2）改善电渣焊的焊缝组织，提高综合力学性能。

（3）细化热冲压封头的组织，提高塑性和韧性。

（4）用于必须在正火状态下使用的钢材，如 15MnTiR。

压力容器用钢的正火工艺列于表 16-33。

正火操作要点：

（1）钢板正火装炉时，应相互保持 150～200mm 的距离，并应垫平；筒节正火应竖放，下垫高度大于 300mm 的平支座，筒节之间应保持 200mm 以上的距离。

表 16-33 压力容器用钢的正火工艺

牌 号	加热温度/℃	保温时间	冷却方式
16MnR	900~920		
16MnVR	930~970		
15MnVR	940~980		
15MnTiR	940~980		
16MnDR	900~920		
14MnMoVR	910~950	以每毫米保温1.5~3min计算	静止空冷或风冷,以及喷雾冷却
18MnMoNbR	910~950		
13MnNiMo54R	910~950		
16MoR	900~950		
15CrMoR	930~960		
14CrMoR	930~960		
12CrMoR	930~960		
12Cr2MoR	930~960		

（2）正火温度应根据钢种、使用性能指标要求确定,正火温度提高,强度升高。

（3）升温时工件温差不得大于50℃,保温温差不大于20℃。

（4）保温时间从工件与炉膛温度一致时开始计算。一般按每毫米工件厚度 1.5 ~ 3min 计算,厚度按工件最厚处计算。总加热时间不少于30min。

（5）根据钢板的厚度和技术要求可选用静止空气冷却或风冷、喷雾冷却。

2. 调质 在厚壁压力容器中,目前已开始用调质处理来提高壳体材料的强度和韧性,以更好地发挥材料的潜力。常用的调质钢种有 14MnMoVR、18MnMoNbR 等。

（1）淬火。淬火温度、保温时间、加热及操作注意事项与正火相同。

压力容器封头和筒节可采用喷淋水柱或浸入水槽两种方法淬冷。由于浸入淬冷设备简单、操作方便,应用较为普遍。淬火操作的关键是保证工件的入水温度不低于 Ac_3 点,并注意控制工件的冷却速度。在一批工件连续淬火时,水温不应高于80℃,否则工件的冷却达不到激冷的要求。

（2）回火。回火的目的主要是改善钢材的组织和性能,回火在正火或淬火后进行。各种压力容器用钢最佳回火温度见表16-34。具体回火温度的选择取决于力学性能的要求,可通过预先的回火试验来确定。

表 16-34 各种压力容器用钢最佳回火温度

牌 号	最佳回火温度/℃
16MnR,19Mn5R	580~620
15MnVR,15MnTiR	620~640
13MnNiMo54R	580~600
12CrMoR	640~660
15CrMoR	660~680
14MnMoVR	640~660
18MnMoNbR	620~640
12CrMoVR	720~740
$2\frac{1}{4}$Cr1MoR	650~670

回火保温时间一般按工件最厚处的厚度每毫米保温 3 ~ 5min 来计算,最少保温 1h。回火保温后空冷,有回火脆性的钢可以风冷或水冷。

3. 去应力退火

（1）去应力退火的目的:

1）消除焊接接头中的内应力和冷作硬化,提高接头抗脆断的能力。

2）在低合金钢接头中改善焊缝及热影响区的碳化物,提高接头高温持久强度。

3）稳定结构的形状,消除焊件在焊后机械加工和使用过程中的畸变。

4）促使焊缝金属中的氢完全地外扩散,从而提高焊缝的抗裂性和韧性。

（2）压力容器符合下列条件之一者应进行去应力退火。

1）对接焊缝处的厚度（δ）超过以下数值时:

15MnVR 钢: $\delta > 28$mm (如焊前预热,$\delta > 32$mm);14MnMoVR,18MnMoNbR,20MnMoR,20Cr3NiMoA,15CrMoR,Cr5MoR 钢等任何厚度。

碳钢: $\delta > 35$mm (如焊前预热,$\delta > 38$mm)。

16MnR 钢: $\delta > 30$mm (如焊前预热,$\delta > 35$mm)。

2）冷成形和中温成形的筒体厚度 δ 符合以下条件者:

碳素钢:16Mn,$\delta \geqslant 0.03D_g$;其他合金钢:$\delta \geqslant 0.025D_g$。式中,$D_g$ 为筒节内径（mm）。

3）冷成形封头（奥氏体不锈钢除外）都应进行去应力退火。

4）图样注明有应力腐蚀的容器,以及图样或工艺专门要求去应力的零件。

（3）常用钢去应力退火工艺。常用钢去应力退火的温度和保温时间列于表16-35。

**表 16-35　各种压力容器用钢的去应力
退火温度及保温时间**

牌　号	最低的去应力退火温度/℃	最短保温时间		
		<50mm	50～125mm	>125mm
20R,16MnR,19Mn5R	600		1.5h+(6min/10mm)δ	1.5h+(6min/10mm)δ
15MnVR,15MnTiR	600			
12CrMoR,15CrMoR	650	(24min/10mm)δ		
14MnMoVR,18MnMoNbR,13MnNiMo54R	600		(24min/10mm)δ	5h+(6min/10mm)δ
12CrMoVR,2$\frac{1}{4}$Cr1MoR	680			

注：δ—钢板厚度（mm）。

去应力退火可分为整体去应力退火和局部去应力
退火两类。

1）整体去应力退火。压力容器整体去应力退火
可以在外部加热和内部加热，热源可以是电、煤气或
天然气等。操作原则如下：

① 准备工作，对于薄壁直径较大的容器应采取
防畸变措施。容器的密封面和高精度螺孔的地方需用
涂料保护。

② 容器入炉时，炉温应低于 300～400℃。

③ 板厚在 25mm 以下者，升温速度不大于
200℃/h；板厚在 25mm 以上者，升温速度应小于
150℃/h。

④ 尽可能使容器整体的温度均匀一致。升温时
沿工件的全长，温差不应大于 50℃；保温温差不应
大于 20℃，保温后随炉冷到 300～400℃，最后将工
件移到炉外空冷。

⑤ 如因容器过长需要进行调头退火时，其重复
加热部分不应小于 1500mm，并对露在炉外的近炉部
分 1000mm 范围内采取保温措施。

内部加热是将电加热器放入容器内部加热，外部
用绝热材料进行保温的一种去应力方法。也可用燃
油、燃气在容器开口处用烧嘴加热，以容器为燃烧
室，外部以绝热层保温。电加热时，温度均匀性好，
温度控制精度高。

2）局部去应力退火，压力容器的局部去应力退

火主要用于环焊缝的去应力。其施工程序如图 16-40
所示。其操作要点及注意事项如下：

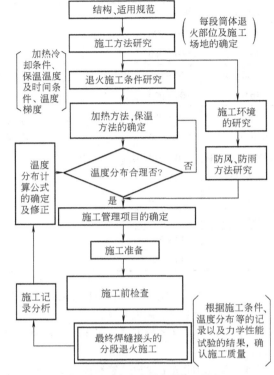

图 16-40　去应力退火的施工程序

① 应在整个环缝区进行退火，不得用局部烘烤
代替，以免因温度梯度过大产生新的应力。

② 局部加热区的宽度 B（mm）应满足：

$$B \geqslant \sqrt{D\delta} \quad （根据英国 BS5500 规范）$$

式中　　D——容器内径（mm）；

δ——容器厚度（mm）。

或者满足：

$$B \geqslant 4\delta + b \quad （根据美国 ASMEV 111-1规范）$$

式中　　b——熔敷金属宽度（mm）。

③ 保温区的宽度 B_2（mm）ASMEV 111-1规范对
此不作规定。重要容器可根据英国 BS5500 规范按下
式选用：

$$B_2 \geqslant 10\sqrt{D\delta}$$

④ 加热速度 v（℃/h）：$v \leqslant 5500/\delta$。

⑤ 加热温度可根据钢种及保温时间综合确定。

⑥ 保温时间 τ(min)在正常加热温度下，按公式
$\tau \geqslant 5875/\delta$ 确定。

⑦ 局部退火的温度梯度一般不作规定。重要容
器可按英国 BS5500 标准执行，即最高加热温度和最
高加热温度 1/2 点的距离（mm）应大于 $2.5\sqrt{D\delta}$。

⑧ 冷却速度不得大于100℃/h。

局部退火的加热方法可用中频感应加热、火焰加热、电阻带加热等方法。电阻带加热较先进，热效率高，加热均匀精确，可实现多点温度自动控制。图16-41所示为容器的红外加热法局部去应力退火方法。

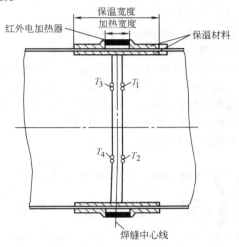

图16-41 容器的红外电加热法局部去应力退火方法

注：T_1、T_2、T_3、T_4 为测温点。

4. 压力容器常见的热处理缺陷

（1）去应力退火裂纹。焊后去应力退火过程中往往在焊缝热影响区接近熔合线的粗晶区产生细小断续的裂纹，通常称作去应力退火裂纹。产生这种裂纹的原因，主要是钢内存在较多的碳化物形成元素，具有较高的沉淀硬化倾向，其次是钢材在较高的奥氏体化温度下，使碳化物全部溶解于固溶体中，并且奥氏体晶粒急剧长大，为碳化物在以后的加热过程中产生晶内沉淀创造了条件，最后是焊件中存在较高的内应力。为防止去应力退火时形成裂纹，应该选用对这种裂纹不敏感的材料；采用低氢焊条焊接，高温预热后焊接，以及选用正确的去应力退火工艺等都有助于避免产生这种裂纹。

（2）畸变。压力容器在热处理后的畸变是由于装炉不当或淬火和正火的不正确操作引起的。通过改进装炉方法，使用专用工具或设置加强肋，可减少畸变。

16.5.2 典型容器的热处理

16.5.2.1 高压上管箱的热处理

高压洗涤器是大型尿素装置的关键设备之一。高压上管箱是高压洗涤器的重要部件，其结构尺寸见图16-42，设计压力为15.9MPa，设计温度为198℃，操作介质为氨基甲酸铵。

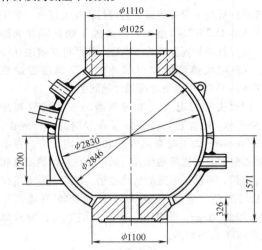

图16-42 高压上管箱的结构尺寸

1. 材料 各部分所用材料如表16-36所示。

表16-36 高压上管箱各部分所用材料

部件名称	牌号	硬度 HBW
球壳	19Mn5R	—
法兰	20MnMoR	149～217
衬里	X2CrNiMo18 12（MoD）	120～80

2. 制造工艺路线 板材复验→下料→热压→划线→车削纵缝坡口→组焊→划线和车削顶部坡口→组焊顶部坡口→组焊顶部法兰→划线和镗孔→组焊人孔等→第一次去应力退火→车半球里面堆焊→第二次去应力退火→堆焊→车削衬里部位及赤道环缝坡口→组焊衬里→上下半球组焊→第三次去应力退火→水压试验。

3. 热处理

（1）第一次去应力退火，半球纵缝、法兰、人孔等件组焊后，大面积带板堆焊前应进行去应力退火。具体工艺是300℃以下装炉，以60℃/h的速度升温到560℃时，保温4h，然后以≤50℃/h的速度降温到300℃空冷。

（2）第二次去应力退火，半径经堆焊后再进行去应力退火，其工艺是在300℃以下装炉，以＜70℃/h的速度升温到560℃后保温30min，然后以40℃/h的速度降温至300℃，空冷。热处理工件进行表面喷砂处理，同时进行超声波测厚，着色测厚检查，并进行铁素体含量测定，铁素体含量（体积分数）应≤3%。

（3）第三次去应力退火——环缝退火，上下半球组焊后的焊缝为最终焊缝，需进行去应力退火。对于用X2CrNiMo25-22-2型耐尿素腐蚀不锈钢堆焊的面层，其热处理最高温度为570℃，否则将使耐蚀性降低；采用电加热器能够可靠地使最高温度控制在（530±10）℃，不会发生面层过热问题。

焊缝去应力退火用电加热器的安装位置如图16-43所示。电加热器分别装置在焊缝的内外表面，宽约200mm。为了提高热效率和温度均匀度，在电加热器外面装陶瓷纤维保温。采用多点热电偶测温和温度自控，可保证温度的精确控制。焊缝去应力退火的工艺规范：通电后以58℃/h的速度升温，于530℃均温30min，保温4h，然后以62℃/h的速度降温到300℃以下空冷。

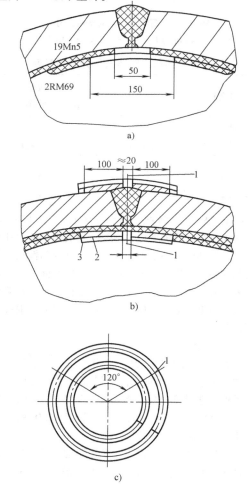

图16-43　电加热器的安装位置

a)、b) 环缝内外安装电加热器的前后断面图　c) 热电偶测温点布置图

1—热电偶　2—加热器　3—保温层

16.5.2.2　液化气储罐

液化气储罐逐步向大型化发展。为了消除焊缝附近的脆性，防止在使用中产生裂纹，焊后的退火工艺由过去的在普通加热炉中进行整体退火，发展到内部电加热和分段单独退火后再用电热对接缝单独退火。现以30m³液化气储罐为例介绍如下。

（1）材料为16MnR钢。

（2）尺寸：$\phi2100mm \times 7000mm$，$\delta = 20.18mm$。

（3）热处理方法为焊后去应力退火。

（4）内部电加热设备及控温。用12块电加热器，每块30kW，总功率为360kW，分四组，每组三块，每组采用星形接法。加热装置布置见图16-44。分区加热，在每区设一支控制热电偶，4个测温热电偶。热电偶用螺母固定在容器外壁。

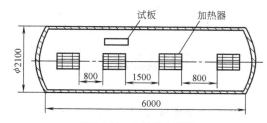

图16-44　加热器布置图

为保证热处理效果和温度均匀度，容器外壁可用铁丝将50mm厚的岩棉捆扎或用保温活块进行保温。

为防止加热后自重畸变和扭曲畸变，退火地点选定后，底部应垫平，中间加放一鞍式支座。加热后由于产生线膨胀，沿轴线方向伸长，所以在端部加滚轮。

（5）热处理工艺。去应力退火工艺曲线如图16-45所示。工艺要求：

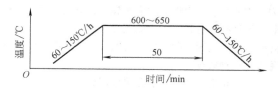

图16-45　液化气储罐去应力退火工艺曲线

1）升温和降温阶段沿缸长度温差不大于150℃/4.5m。

2）保温阶段沿缸体长的温差最大为50℃。

3）升温、降温过程在低于300℃时，允许以较大速度升温和降温。

16.5.3　压缩机阀片的热处理

压缩机是化工机械中广泛使用的设备。阀片是压缩机的重要易损件。压缩机在压缩和输送压力较高的气体时,阀片迅速地上下运动,受到频繁的冲击、磨损,传输的介质常是有腐蚀性的,工作条件极为苛刻。阀片的失效方式有磨损、腐蚀及疲劳等。

16.5.3.1 阀片用钢及技术要求

为了提高阀片的寿命,必须正确选择材料,合理进行热处理。服役条件和失效分析表明,阀片必须具有高的疲劳强度和冲击韧度,高的耐磨性和高的耐蚀性。30CrMnSi 钢经淬火并中温回火,然后再进行低温离子渗氮处理才可满足上述要求。为了保证高的疲劳强度和高的冲击韧度,对原材料的非金属夹杂物和带状组织进行控制也是十分必要的。

30CrMnSi 钢制阀片的技术要求:

1) 带状组织≤1 级,非金属夹杂物≤2.5 级。

2) 淬火、回火后基体硬度为 37~42HRC。

3) 低温离子渗氮后表面硬度≥55HRC (用超声波硬度计检查),渗氮层深度为 0.08~0.15mm,脆性检查<1 级。

16.5.3.2 热处理

制造工艺路线:下料→热平整→冲中心孔→粗车内外圆→粗磨平面→消除带状组织正火→淬火→回火→精车内外圆→再次磨平面→稳定化处理→精加工→低温离子渗氮→检验。

1. 消除带状组织的正火 当带状组织超过 1 级时,需进行正火,以消除带状组织。其工艺是:在 920~950℃的盐浴炉中加热 15~20min 后空冷。

2. 淬火和回火 为了细化组织,提高阀片的使用寿命,阀片的淬火温度较正常淬温度可以低一些。因阀片较薄,为了矫正畸变,可用加压回火。具体工艺是:在 860~880℃的盐浴炉中加热、保温 (时间按 1.2min/mm 进行计算),油淬;回火前应将阀片清洗,然后装在专用的胎具内加压调平,并将阀片与胎具一起装入箱式电炉中,在 420~450℃回火,保温时间按 1.5min/mm 计算 (胎具厚度应计算在内),然后空冷。

3. 稳定化处理 为了消除和均衡残余应力,稳定尺寸,减小渗氮后的畸变,阀片在渗氮前须进行稳定化处理。其工艺是:将磨削加工过的阀片装入胎具内,放入低于 300℃的箱式电炉中,于 400~420℃保温 4~6h,然后随炉降温到 300℃以下出炉空冷。

4. 低温离子渗氮 阀片的渗氮应以不降低基体硬度为前提,为此,必须采用低温离子渗氮。低温离子渗氮可在 50A 或 100A 的离子渗氮炉中进行。渗氮前应将阀片脱脂,采用专用挂具将阀片按 20mm 距离隔开。真空度为 13.3Pa 时,开始通氨,并缓慢升温,

当温度达 400~420℃时,保温 4~6h,随炉降温到 150℃出炉。

16.5.3.3 检验

正火后用金相法检查带状组织,淬火、回火后抽检硬度均应符合技术要求。离子渗氮时,炉内放入显微检查试块,渗氮后进行显微组织检验,层深应达到技术要求,显微组织应力 $\gamma' + \alpha$,脆性应小于 1 级。

16.5.4 低温压缩机壳体的热处理

乙烯冷冻透平压缩机壳体在 -100~-120℃低温下工作,受着交变载荷。其结构复杂,应力集中严重,其主要失效形式是低温低应力脆断。这种失效往往没有先兆,突然断裂,难以预防,危害性大。正确选择材料和热处理对于低温工作的压缩机壳体有着十分重要的意义。

16.5.4.1 材料及技术要求

为了保证机壳的安全运行,机壳材料必须具有一定的强度和高的塑性,高的低温韧性,同时还要有良好的铸造工艺性能。镍含量对低温冲击吸收能量和断裂韧度的影响见图 16-46、图 16-47。可以看出,$w(Ni)$ 为 5% 的低碳钢可以满足低温壳体的技术要求,用 ZG10Ni5 钢较合适。

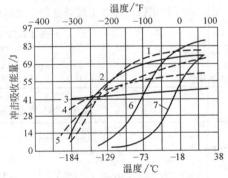

**图 16-46 镍对低碳钢正火状态
低温冲击吸收能量的影响**

1—$w(Ni)$ =3.5% 2—$w(Ni)$ =5%
3—$w(Ni)$ =13% 4—$w(Ni)$ =8%
5—$w(Ni)$ =7% 6—$w(Ni)$ =7%
7—$w(Ni)$ =0%

ZG10Ni5 钢的化学成分如表 16-37 所示,低温压缩机壳体用钢的力学性能要求如表 16-38 所示。

16.5.4.2 热处理

制造工艺流程为:铸造→退火→粗加工→一次正火→二次正火→回火→半精加工→二次回火→精加工。

ZG10Ni5 钢机壳铸造后树枝状组织严重,组织粗大,退火后,显微组织得到细化。为了提高低温韧性,

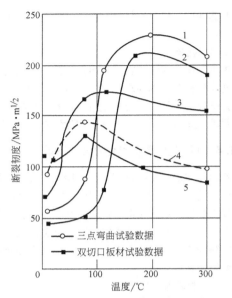

图 16-47　随镍含量的变化,铁合金的
断裂韧度与温度的关系

1—$w(Ni)$ = 5%　2—$w(Ni)$ = 3.5%
3—$w(Ni)$ = 9%　4—$w(Ni)$ = 11%
5—$w(Ni)$ = 13%

机壳还需经过两次正火与回火处理。为消除与平衡内应力,提高尺寸稳定性,精加工后需进行二次回火。

必须指出,由于机壳形状复杂,退火和正火加热时,一方面必须规定装炉温度(不得高温装炉);另一方面要控制升温速度,并在 650℃ 均热 2h。ZG10Ni5 钢机壳的热处理工艺曲线见图 16-48。

为了进一步提高壳体材料的低温韧性,采用临界区热处理是有效的方法之一。通过临界区热处理可以细化晶粒,细化组织,减少 P、S 等有害杂质在晶界上的偏析,降低韧脆转变温度,改善低温韧性。图 16-49 所示为 ZG10Ni5 钢机壳的临界区热处理工艺曲线。与图 16-48 工艺不同之处是回火之前采用了 (750 ± 10)℃ 的临界区正火工艺(ZG10Ni5 钢的 Ac_1 = 630℃, Ac_3 = 790℃)。

机壳热处理后需进行硬度检测、拉伸试验和低温冲击试验,其结果应符合技术要求。

16.5.5　天然气压缩机活塞杆的热处理

活塞杆是天然气压缩机最重要的零件之一。它表面工作部分与密封环紧密配合,工作时活塞杆进行往复运动,要求有较高的尺寸精度和较好的耐磨性。失效方式为表面磨损和渗层剥落。正确选择材料和热处理对提高活塞杆寿命有重要意义。图 16-50 所示为天然气压缩机活塞杆,其长度在 1000 ~ 2200mm 之间。

表 16-37　ZG10Ni5 钢化学成分

化学成分	C	Si	Mn	Ni	S	P	Cr	Cu
含量 (质量分数) (%)	≤0.12	0.15 ~ 0.35	0.30 ~ 0.60	4.75 ~ 5.25	≤0.03	≤0.03	≤0.03	≤0.04

表 16-38　低温压缩机机壳用钢的力学性能要求

力学性能指标	室温拉伸试验				-102℃ 冲击试验			
					冲击韧度/ (J/cm²)		冲击吸收能量/J	
	R_{eL} /MPa	R_m /MPa	A (%)	Z (%)	三个试样平均值	单个试样最低值	三个试样平均值	单个试样最低值
技术要求	≥294	≥441	≥24	≥35	≥60	≥50	≥20	≥16

16.5.5.1　材料及技术要求

早期活塞杆使用 20CrNiMo 钢调质处理,再进行镀硬铬。在实际使用中,磨损严重,寿命较短。近年来用 38CrMoAl 钢调质并经渗氮处理,寿命大大提高。

38CrMoAl 钢活塞杆的调质硬度要求为 240 ~ 280HBW。为了改善渗氮后的畸变,半精加工后需进行去应力退火。渗氮处理后渗氮层深度≥0.1mm,表面硬度≥800HV0.2,脆性 ≤1 级,白层 ≤0.002mm,畸变量应 ≤0.06mm。

16.5.5.2　热处理

制造工艺流程:锻造→退火→粗车→调质→矫直→半精加工(包括铣六方)→去应力退火→精磨(ϕ63.5mm 渗氮部分)→渗氮→检验→精磨(ϕ50.8mm 和 ϕ50mm 部分)。

38CrMoAl 钢活塞杆调质的淬火加热在井式炉中进行,工艺为:930 ~ 950℃ × 1.5 ~ 2.5h,淬油,回火工艺 650 ~ 690℃ × 2.5 ~ 3.5h,回火后空冷。

由于活塞杆为细长杆件,容易在渗氮后产生过量畸变。所以,在精加工后需进行去应力退火,去应力退火工艺曲线如图 16-51a 所示。

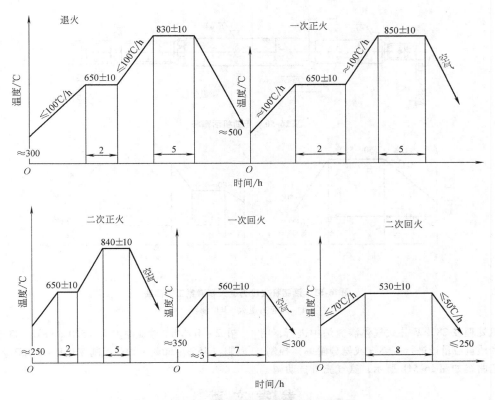

图 16-48　ZG10Ni5 钢机壳的热处理工艺曲线

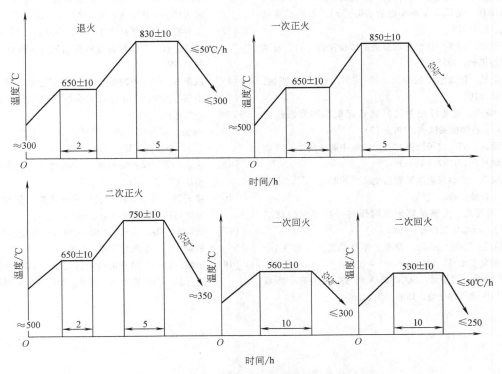

图 16-49　ZG10Ni5 钢机壳临界区热处理工艺曲线

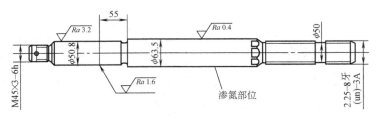

图 16-50 压缩机活塞杆

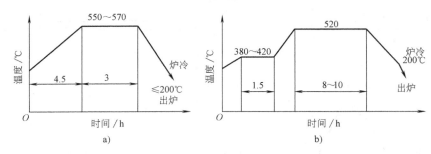

图 16-51 活塞杆去应力退火和渗氮工艺曲线

a）去应力退火 b）渗氮

渗氮处理在 280kW 井式气体渗氮炉中进行，用氮控仪和质量流量计进行氮势（或氨分解率）控制。渗氮工艺曲线如图 16-51b 所示，氨气流量自动调整在 2～4m³/h。渗氮温度为（520±5）℃，氨分解率控制在 45%～50%，炉压控制在 0.8～1.0kPa。

参 考 文 献

[1] 吴连生. 断裂失效分析 [J]. 理化检验, 1985 (3).

[2] 张嗣伟. 钻机绞车刹车副的研究 [J]. 石油矿场机械, 1981 (1).

[3] 李水生. 高性能钻机传动链条的试验报告 [J]. 石油矿场机械, 1985 (5).

[4] 李荫松. 链条滚子的冲击试验 [J]. 石油钻采机械, 1985 (10).

[5] 周宗杨. 抽油杆用钢及其热处理概况和发展趋势 [J]. 石油钻采机械, 1985 (2).

[6] 石康才, 等. 离子渗氮在石油机械中的应用 [J]. 金属热处理, 1987 (4)：26-28

[7] 董树森. 大型尿素装置高压洗涤器的制造 [J]. 石油化工设备, 1985 (3).

[8] 森田哲夫. 大型圆筒形储罐焊缝分段退火的施工 [J]. 石油化工设备, 1986 (6).

[9] 刘效臣. 30m³ 液化气储罐整体电热退火工艺 [J]. 石油化工设备, 1986 (9).

[10] 范岳昌, 郭德录. 30CrMnSiA 阀片的低温离子渗氮 [J]. 金属热处理, 1983 (5)：56.

[11] 周上祺, 等, 快速深层渗氮处理工艺的设计 [C] // 第五届全国化学热处理学术交流会论文集, 1996.

[12] 王秀容. 氮基气氛热处理及碳势控制 [C] // 中国石油学会石油工程学会首届热加工技术研讨会论文选集. 1991.

[13] 魏庆诚, 等. 渗硼在石油钻头生产上的应用 [C] // 中国石油学会石油工程学会首届热加工技术研讨会论文选集. 1991.

[14] 张浩, 梁晓辉. 提高单臂吊环冲击功的工艺研究 [J]. 金属热处理, 2006 (10).

[15] 张浩, 等. 提高钻杆接头冲击功的工艺方法 [J]. 热加工工艺, 2006 (20).

[16] 蒋天池. 天然气压缩机活塞杆渗氮工艺改进 [J]. 金属热处理, 2006 (6)：90-91.

[17] 张冠军, 等. 我国石油机械制造业热处理的现状与展望 [J]. 金属热处理, 2010 (3)：76-82.

[18] 廖诚, 等. 石油链销轴强韧化处理及其对性能的影响 [J]. 热处理技术与装备, 2010 (4)：51-54.

第17章　液压元件的零件热处理

榆次液压件厂　纪洪年

北京长空机械有限责任公司　王庆乐

17.1　概述

液压技术当前已发展成为一门较为成熟的应用技术。液压传动与机械传动和电传动相比具有输出功率大、运动平稳、易实现无级变速等优点，已日益广泛地用于冶金、机械、石油、化工、电子、轻工等各行业的机械装备中。

液压技术的广泛应用，对液压元件的性能和质量提出了越来越高的要求。在性能上要求向高压、大流量、高转速、高容积效率等方向发展，在结构上要求微型化，在质量上则要求有高的可靠性。液压元件的零件的特点是体积小而精度要求高，在工作过程中承受复杂的服役条件。因此，在选材与热处理上应保证有高的强度，良好的韧性，高的耐磨性和尺寸稳定性。

液压元件的零件热处理工艺有如下特点：

(1) 应用预备热处理，改善材料的组织和性能，为零件最终热处理作准备。

(2) 普遍应用化学热处理工艺（渗碳、渗氮、碳氮共渗和硫氮碳共渗等），提高零件的耐磨性和疲劳强度。

(3) 广泛采用马氏体分级淬火，减小零件淬火畸变。应用稳定化处理和冷处理，以保持零件尺寸的稳定性。

(4) 应用少无氧化脱碳的热处理方法。

本章将重点介绍齿轮泵、叶片泵、柱塞泵和液压阀等液压元件中的主要零件的热处理。

17.2　齿轮泵零件的热处理

齿轮泵由泵体、前后泵盖及在泵体内互相啮合的一对齿轮组成。其结构简单、紧凑、工艺性好。在使用中对污物不敏感，工作可靠。它的主要热处理零件有齿轮、泵轴及泵体等。

17.2.1　齿轮的热处理

齿轮泵齿轮在工作时，除与机械传动齿轮一样其齿面受到脉动接触应力和摩擦力作用，齿根受到脉动弯曲应力作用外，整体还受到弯曲疲劳应力作用。为保证泵的性能和使用寿命，齿轮必须具有高的强度和高耐磨性。因此，中、高压齿轮泵齿轮多采用低碳合金钢制造，如 20CrMnTi，20CrMo 等。低压齿轮泵齿轮则用 40Cr 钢等制造。

液压泵齿轮的制造工艺路线安排多是经滚齿、剃齿后进行热处理，热处理后齿面不再进行精加工，这就要求在热处理过程中不能出现氧化、脱碳现象，因而采用炉内油淬的可控气氛炉。有时在滚齿后进行热处理，而后再进行珩齿，则允许在热处理后有微量氧化、脱碳层存在，在这种情况下，可采用井式炉进行滴注式渗碳，在油淬前的转移过程中有少量氧化脱碳。

为保证齿轮端面和轴颈的垂直度，磨加工应用角度磨床，这时齿轮端面易产生磨削裂纹而造成废品。对此，除在磨削工艺上采取措施外，在热处理工艺上也应采取措施，即严格控制表层碳含量 [$w(C)$ 在 0.8% ~ 0.9% 之间] 和残留奥氏体量（按 GB/T 25744—2010 控制应小于 4 级）。齿轮热处理工艺见表 17-1。

17.2.2　齿轮泵轴的热处理

轴是传递转矩的零件，工作中受到冲击扭转应力和液压力产生的弯曲疲劳应力作用。轴颈部分还承受磨损。因此泵轴应具有较高的强度和硬度，同时具有良好的韧性。泵轴的失效形式多为轴头键槽处局部断裂或整体扭断。

中、高压齿轮泵泵轴采用 42CrMo 或 40Cr 钢制造。当轴与齿轮做成一体时，则与齿轮材料相同（20CrMo，20CrMnTi）。齿轮泵泵轴的热处理工艺见表 17-1。

17.2.3　泵体的热处理

齿轮泵泵体材料过去多为高强度灰铸铁 HT300 等。随着齿轮泵压力的提高，铸铁材料已不能满足要求。特别是在液压力作用下，齿轮被推向低压油腔一侧，齿顶与泵体接触产生刮研，这一现象称为"扫膛"。"扫膛"对泵的压力和容积效率均产生不良影响。为提高泵体的强度和减少"扫膛"的影响，泵体材料采用变形铝合金或铸铝合金，需经固溶处理并时效强化。齿轮泵零件的热处理工艺见表 17-1。

表 17-1　齿轮泵零件热处理工艺

序号	零件名称及技术要求	工艺流程	热 处 理 工 艺
1	CB-H 齿轮泵齿轮 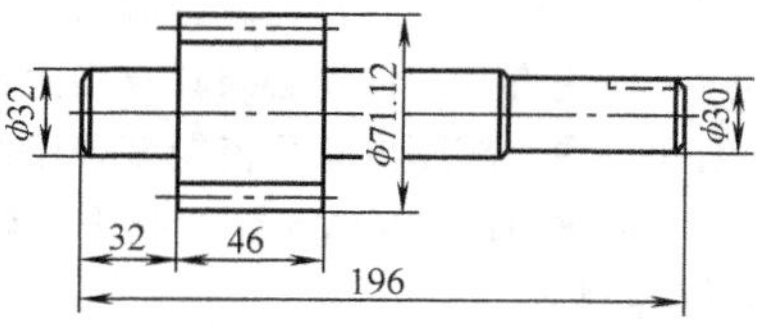 材料:20CrMnTi 技术要求: 　全渗碳层深度为 0.8 ~ 1.1mm,φ30mm 处表面不渗碳 　表面硬度为 58 ~ 63HRC 　心部硬度为 32 ~ 45HRC 　同轴度误差≤0.03mm	锻造→正火→机械加工（滚、剃齿）→渗碳→淬火→回火→矫直→机械加工	锻后正火:(940 ± 10)℃,箱式炉加热,保温 2.5h,出炉散开空冷 　渗碳、淬火、回火:φ30mm 处表面镀铜或涂防渗剂。采用可控气氛炉进行渗碳,载气为吸热式气氛,富化气为 C_3H_8。渗碳后直接在热油中进行马氏体分级淬火,再进行回火。热处理工艺曲线见图 17-1
2	CBF 型齿轮泵齿轮 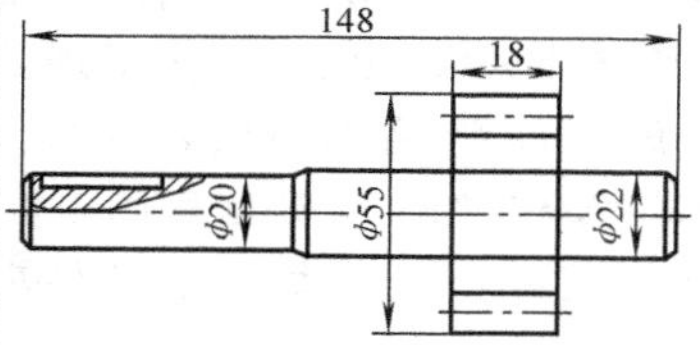 材料:20CrMnTi 技术要求: 　全渗碳层深度为 0.8 ~ 1.1mm,键槽处不渗碳 　表面硬度为 58 ~ 63HRC 　心部硬度为 32 ~ 45HRC 　同轴度误差≤0.05mm	锻造→正火→机械加工（滚齿）→渗碳→淬火→回火→矫直→机械加工（珩齿）	锻后正火:(940 ± 10)℃,保温 2.5h,出炉空冷(156 ~ 207HBW) 　渗碳,防渗准备同上,在井式炉中滴注渗碳,渗剂为甲醇和煤油,降温后直接淬火。工艺曲线见图 17-2 　回火:(180 ± 10)℃,保温 1 ~ 2h
3	CBM 齿轮泵轴 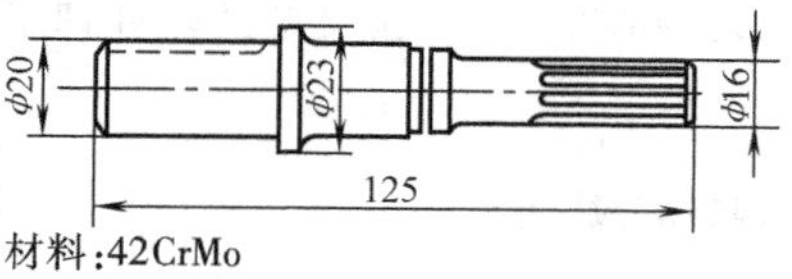 材料:42CrMo 技术要求: 　硬度 38 ~ 43HRC 　同轴度误差≤0.05mm	机械加工→淬火→回火→机械加工	淬火:在吸热式可控气氛炉加热,加热温度为(840 ± 10)℃,保温 30min,油冷 　回火:(480 ± 10)℃,保温 1h,用 GSO50/80 井式炉滴甲醇保护加热

（续）

序号	零件名称及技术要求	工艺流程	热处理工艺
4	齿轮泵体 材料:ZL106(ZL401) 技术要求: 硬度≥90HBW	锻造→固溶处理→时效→机械加工	固溶处理:加热到(515±5)℃,保温6h,水冷;使用GSO50/80井式炉加热 时效:加热至(180±10)℃,保温8h,设备为(RJJ-24-6井式炉)
5	定位销 材料:45钢 技术要求: 硬度为35~40HRC	机械加工→淬火→回火→机械加工	淬火:盐浴炉加热到(810±10)℃,保温15min,水淬 回火:加热到(410±10)℃,保温1h

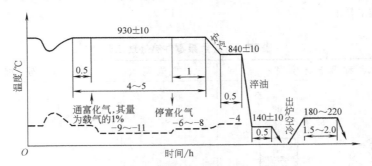

图17-1　齿轮泵齿轮热处理工艺曲线

注:虚线为炉内露点变化曲线。设备型号:SOH-SL-M1可控气氛炉。

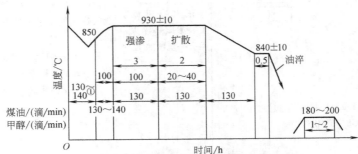

图17-2　CBF齿轮泵齿轮在井式炉中渗碳淬火工艺曲线

注:设备型号为GSO50/80。

① 装炉排气时,连滴甲醇3~5min后,调整至130~140滴/min。

17.3 叶片泵零件的热处理

叶片泵是由转子、定子、叶片和配油盘相互形成封闭容积的体积变化来实现泵的吸油和压油。叶片泵结构紧凑，零件加工精度要求高。叶片泵分为单作用式和双作用式两大类。前者又称为可调节叶片泵或变量叶片泵，后者又称为不可调节叶片泵或定量叶片泵。由于变量泵和定量泵结构形式不同，零件受力和选材也就不同。另外，结构相同，压力级别不同的泵选材也不一样。叶片泵主要热处理零件有：转子、定子、叶片、轴和配油盘等。

17.3.1 转子的热处理

泵在运行时，转子在轴的带动下高速旋转，这时转子与配油盘和叶片均形成摩擦副，转子端面和叶片槽面受磨损。同时高压油通过伸出槽外的叶片周期地作用于转子上，使转子槽底孔处承受很大弯曲疲劳应力。

转子需要有良好的耐磨性，否则将由于磨损而使间隙密封破坏，泵的容积效率降低，严重时，泵不能工作。转子还必须具有高的强度和韧性，以保证泵的使用寿命。

转子的失效形式主要有：

（1）转子槽底孔处因弯曲疲劳应力作用而产生疲劳断裂，一般称为"断臂"。

（2）转子端面或转子槽侧面产生磨损。

为满足转子的性能要求，中、高压叶片泵转子采用合金渗碳钢 12CrNi3、20CrMnTi、20CrMnMo 等制造。低压叶片泵转子可采用 40Cr 钢制造。转子热处理工艺见表 17-2。

17.3.2 定子的热处理

定子内表面呈椭圆形，长半径和短半径之间过渡曲线为一特殊曲线，曲线形式对泵的性能和寿命都有很大影响。定子和叶片组成摩擦副，当泵工作时，叶片在高压油的作用下，紧紧压在定子内表面而滑动，使定子受到磨损。定子要具备高的耐磨性和尺寸稳定性，同时还应有较高的强度。

定子多为内表面过渡区受磨损而失效。对小排量定量泵定子材料一般选用轴承钢 GCr15 制造，经淬火、回火处理。大排量定量泵定子则用 Cr12MoV、38CrMoAlA 等钢制造。而变量泵定子由于受不平衡液压力作用，选用韧性较好的 3Cr2W8V 钢制造。为提高定子的耐磨性，Cr12MoV 和 3Cr2W8V 钢在淬火、回火后再进行氮碳共渗处理。定子热处理工艺见表 17-2。

表 17-2　叶片泵零件热处理工艺

序号	零件名称及技术要求	工艺流程	热处理工艺
1	转子 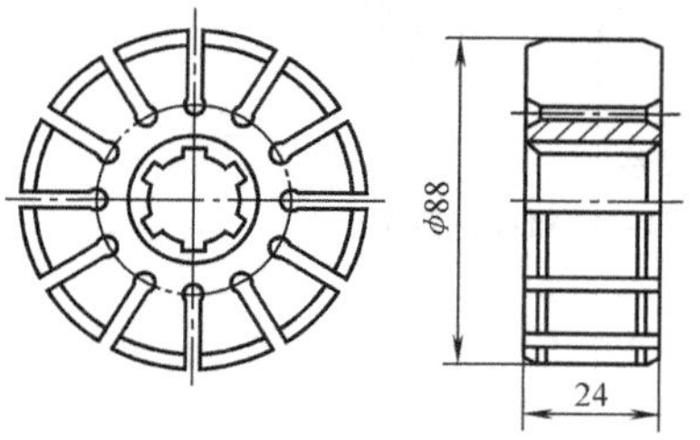 材料：12CrNi3 技术要求： 全渗碳层深度为 1.2～1.4mm 渗层表面硬度为 58～63HRC	正火→机械加工→渗碳→淬火→回火→机械加工	原料正火：在箱式电炉中加热到（920±10）℃，保温 4h，出炉空冷 渗碳、淬火：采用可控气氛热处理炉时载气为吸热式气，富化气为 C_3H_8，工艺曲线见图 17-3 采用井式炉滴注渗碳时，渗剂为甲醇和煤油，渗碳后直接淬火，工艺曲线见图 17-4 回火：加热到（180±10）℃，保温 1.5h

（续）

序号	零件名称及技术要求	工艺流程	热处理工艺
2	定子 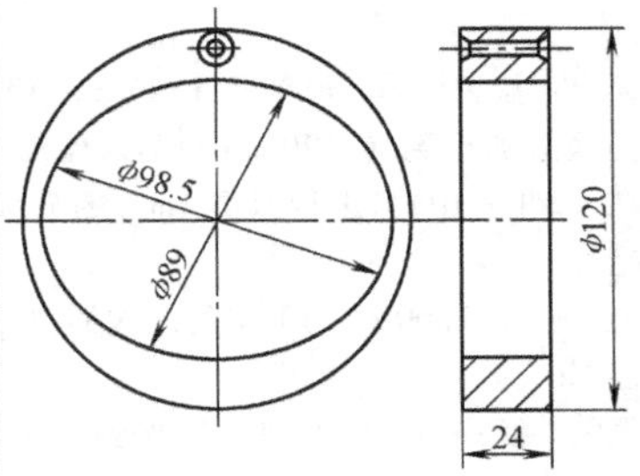 $\phi 98.5$　$\phi 89$　$\phi 120$　24 材料:GCr15 技术要求:硬度为 58~63HRC	锻造→球化退火→机械加工→淬火→回火→机械加工	球化退火:加热到(800 ± 10)℃,保温4h,炉冷至680~700℃,保温4~5h后,炉冷至600℃以下出炉空冷 淬火:盐炉加热工件到(840 ± 10)℃,保温15min,再在(170 ± 10)℃硝盐炉中马氏体分级淬火 回火:加热到(180 ± 10)℃,保温 1.5h
3	定子 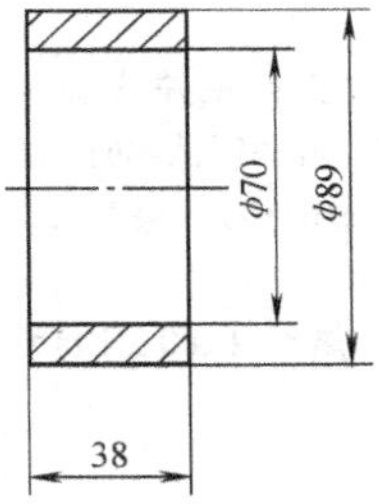 $\phi 70$　$\phi 89$　38 材料:Cr12MoV 技术要求: 基体硬度为 48~53HRC 氮碳共渗化合物层深度为 5~10μm 渗层硬度为 800~900HV 0.05	机械加工→淬火→回火→机械加工→氮碳共渗→研磨	淬火:预热(840 ± 10)℃,加热(1030 ± 10)℃(采用 RYD—75 盐浴炉加热),保温 15min,在520~560℃保温10min,分级淬火后空冷 回火:在(580 ± 10)℃保温 1.5h 氮碳共渗:共渗温度为(570 ± 10)℃,保温1.5h,出炉空冷
4	定子 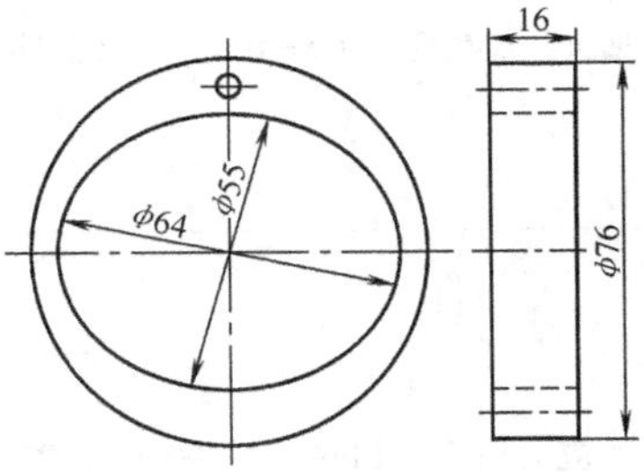 16　$\phi 64$　$\phi 55$　$\phi 76$ 材料:38CrMoAlA 技术要求: 渗氮层深度为 0.3~0.5mm 表面硬度≥900HV 心部硬度为 250~280HBW	机械加工→调质→机械加工→离子渗氮	调质:在箱式炉中加热到(940 ± 10)℃,保温30min,油淬,再加热到(630 ± 10)℃回火,保温1h 离子渗氮:设备容量为 30A 时,加热温度为(550 ± 10)℃,保温 10~12h,炉冷

（续）

序号	零件名称及技术要求	工艺流程	热 处 理 工 艺
5	叶片 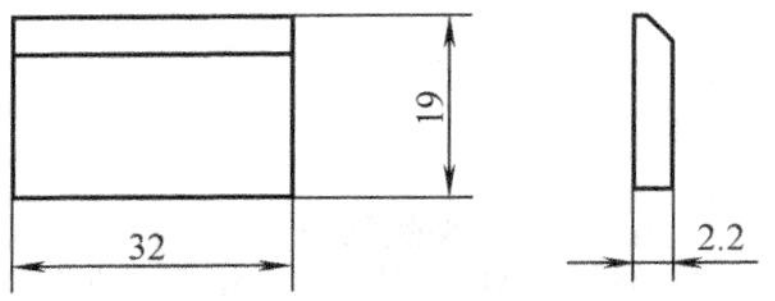 材料：W18Cr4V 技术要求： 　硬度 > 60HRC 　氮碳共渗扩散层深度为 0.03 ~ 0.05mm	机械加工→淬火→回火→机械加工→氮碳共渗→研磨	淬火：盐炉加热，预热至（840 ± 10）℃转至高温盐浴加热到（1270 ± 10）℃，保温 1min，再在（540 ± 10）℃进行保温 1min 的分级冷却后空冷 回火：在（560 ± 10）℃进行三次回火，每次保温 1h 氮碳共渗：在（530 ± 10）℃保温 20min，空冷或油冷
6	叶片泵轴 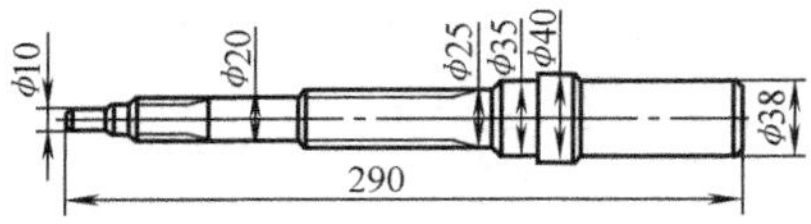 材料：12CrNi3 技术要求： 　全渗碳层深度为 0.7 ~ 1.0mm 　表面硬度为 58 ~ 63HRC 　同轴度误差 ≤ 0.15mm	正火→机械加工→渗碳→淬火→回火→矫直→机械加工	正火：加热至（920 ± 10）℃，保温 2h，出炉，空冷 渗碳，淬火：在井式炉中加热至（930 ± 10）℃，滴注甲醇和煤油渗碳，时间为 4h，降温至（800 ± 10）℃，保温 0.5h，直接淬火到油槽中 回火：加热到（180 ± 10）℃，保温 1h
7	叶片泵轴 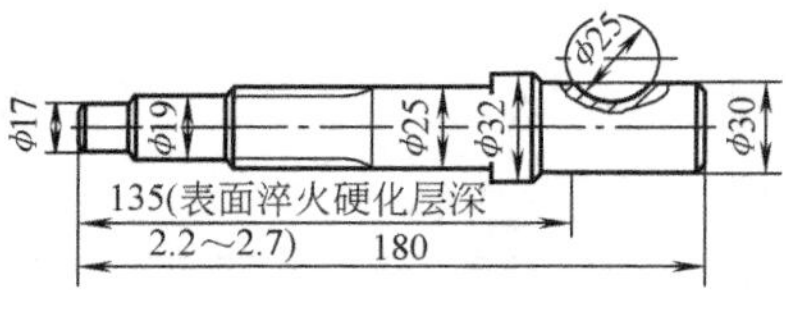 材料：45 钢 技术要求： 　调质硬度为 235 ~ 269HBW 　表面淬火后硬度为 55 ~ 60HRC	调质→机械加工→高频感应淬火→回火→机械加工	调质：加热到（830 ± 10）℃，保温 1.5h，水冷；在（530 ± 10）℃回火，保温 2h 高频感应淬火：采用连续加热淬火，移动速度为 6mm/s，加热温度为 880 ~ 900℃，喷水冷却 回火：加热到（160 ± 10）℃，保温 1h
8	配油盘 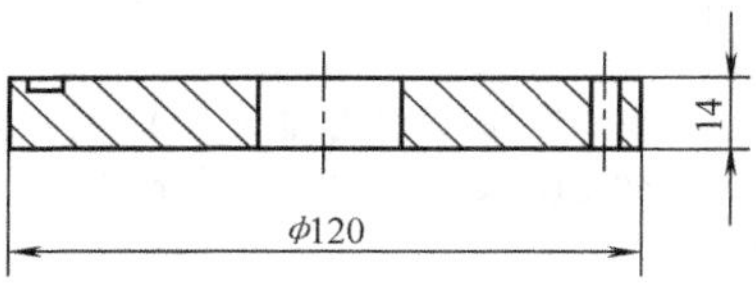 材料：HT300 技术要求： 　氮碳共渗的化合物层深度为 5 ~ 10μm	机械加工→去应力退火→机械加工→氮碳共渗→研磨	去应力退火：加热到（590 ± 10）℃，保温 3h，炉冷到 300℃以下出炉空冷 氮碳共渗：在（570 ± 10）℃进行氮碳共渗 3h，空气预冷至 350℃左右水冷

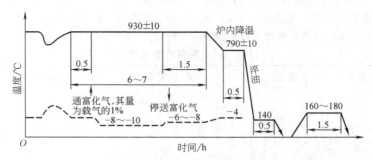

图 17-3　转子可控气氛热处理工艺曲线

注：虚线为炉内气氛露点变化曲线。设备型号为 SOH – SL – M1 可控气氛炉。

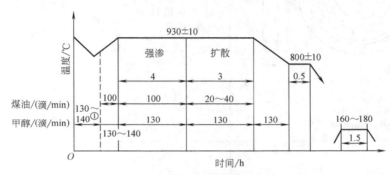

图 17-4　转子滴注式渗碳工艺曲线

注：设备型号为 GSO50/80 井式炉。

① 装炉排气时，连滴甲醇 3～5min 后调整到 130～140 滴/min

17.3.3　叶片泵轴的热处理

泵轴在工作时承受扭转和弯曲疲劳，在花键和轴颈处受磨损。因此，要求轴具有高的强度，良好的韧性及耐磨性。变量泵轴因受液压力作用，性能要求比定量泵更高一些。

叶片泵轴选用材料分两类：一类为合金渗碳钢 12CrNi3 等，另一类为中碳 45 钢或中碳合金钢 40Cr、42CrMo 等。前者经渗碳淬火处理，后者则在调质后进行高频感应淬火。

17.3.4　叶片的热处理

叶片泵在运行过程中，叶片在高压油的作用下，紧紧地与定子内表面接触而滑动，这时叶片顶端将产生大量摩擦热，使叶片局部温度升高。为保证叶片在高温下具有耐磨性，要求材料具有良好的耐回火性。另外叶片从转子槽内伸出时，在高压油作用下承受大的弯曲应力，所以用于制造叶片的材料要有高的强度。

为满足叶片使用性能的要求，均选用 W18Cr4V 来制造。为提高叶片的耐磨性，在淬火、回火后再进行氮碳共渗。叶片很薄，且加工精度要求高，为此，热处理过程中要严格控制其畸变。主要措施是铁丝捆扎，垂直吊挂加热。叶片热处理工艺见表 17-2。

17.3.5　配油盘的热处理

配油盘又称侧板。配油盘和转子端面、叶片端面相对滑动而产生磨损，严重时间隙密封破坏，泄漏量加大，泵的容积效率下降。因此，配油盘应具有良好的耐磨性。

低中压泵配油盘一般采用青铜制造，而高压泵则采用 HT300 高强铸铁制造，并施以低温的化学热处理以提高其耐磨性。近年来已开始利用粉末冶金方法压制配油盘，然后进行气体氮碳共渗。配油盘的热处理工艺见表 17-2。

17.4　柱塞泵零件的热处理

柱塞泵是依靠柱塞在缸体柱塞孔中作往复运动而产生的容积变化来实现吸油和压油过程的。

柱塞泵压力高，排量大，效率高，其结构较齿轮泵和叶片泵要复杂，零件加工精度要求高。柱塞泵的主要零件在工作时都承受压应力作用，因此，其材料的选用和热处理工艺安排着重从提高耐磨性方面考虑。柱塞泵分径向和轴向两大类，规格型号很多，现就用量较大的 CY14-1 型轴向柱塞泵零件为例介绍其

热处理工艺。柱塞泵的主要零件有配油盘、缸套、柱塞、回程盘、斜盘及传动轴等，其热处理工艺见表 17-3。

表 17-3　柱塞泵零件热处理工艺

序号	零件名称及技术要求	工艺流程	热 处 理 工 艺
1	配油盘 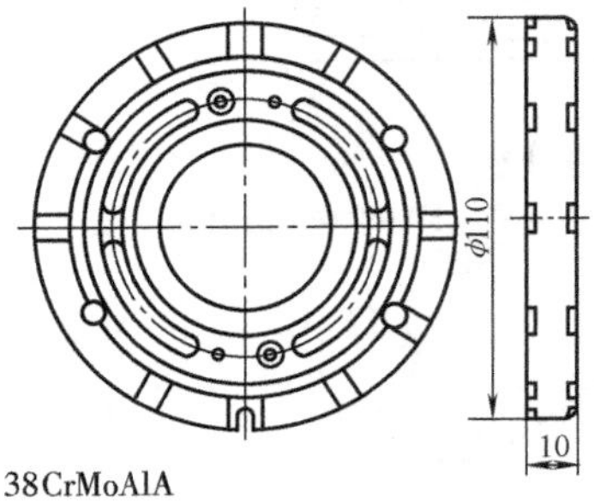 材料：38CrMoAlA 技术要求： 　渗氮层深度为 0.3～0.5mm 　表面硬度为 800～1000HV 　心部硬度为 250～280HBW	调质→机械加工→离子渗氮	调质，箱式炉加热到（940±10）℃，保温 3～5h，油淬，再加热到（630±10）℃进行保温 4～5h 的回火 　离子渗氮：工件温度约为 550℃，渗氮 10～12h
2	缸套 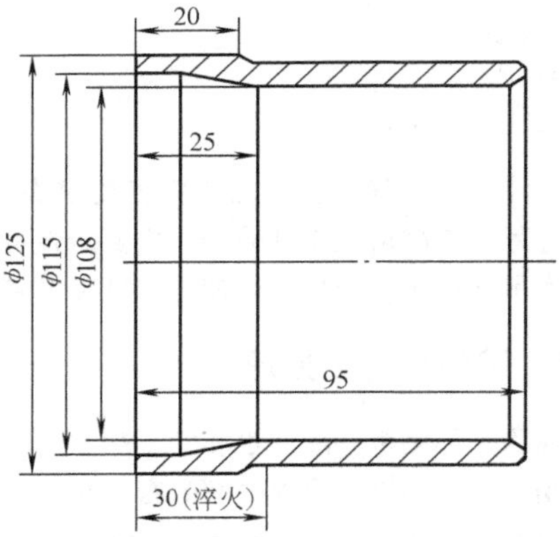 材料：GCr15 技术要求： 　局部淬火，硬度为 60～65HRC	锻造→球化退火→机械加工→淬火→回火	球化退火：加热到（800±10）℃，保温 4h，炉冷至 700℃，保温 4～5h，炉冷至 600℃以下出炉 　淬火：在盐浴炉中局部加热至（850±10）℃，保温 10min，油淬 　回火：加热到（180±10）℃，保温 2～3h，空冷
3	柱塞 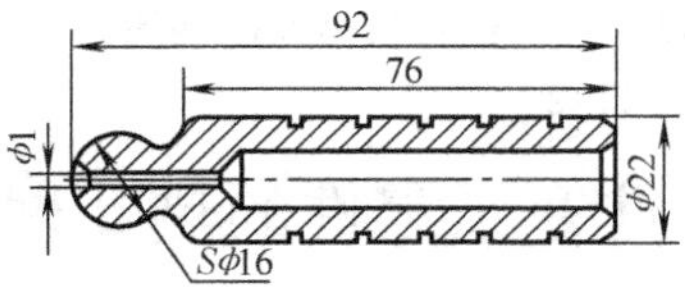 材料：20CrMnTi 技术要求： 　全渗碳层深度为 0.8～1.2mm 　渗层表面硬度为 58～63HRC	正火→机械加工→渗碳→淬火→回火→机械加工	正火：加热到（930±10）℃，保温 1.5h，空冷 　渗碳淬火：在井式炉中进行滴注甲醇和煤油在（930±10）℃渗碳，渗碳时间为 5～6h，然后降温到（840±10）℃直接淬火 　回火：在（180±10）℃保温 1h

（续）

序号	零件名称及技术要求	工艺流程	热处理工艺
4	回程盘 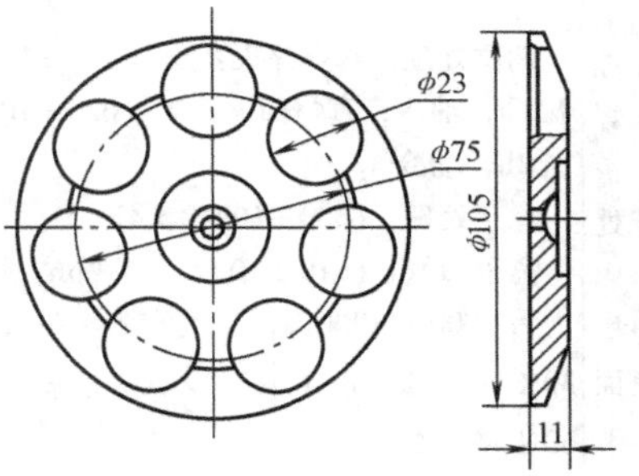 材料：GCr15 技术要求：硬度为 60 ~ 65HRC	机械加工 → 淬火 → 回火 → 机械加工	淬火：在盐浴炉中加热到 （840 ± 10）℃，保温 10min，油淬，或在 180℃硝盐槽中进行马氏体分级淬火，分级时间为 10min 回火：加热到 （160 ± 10）℃，保温 2h
5	斜盘 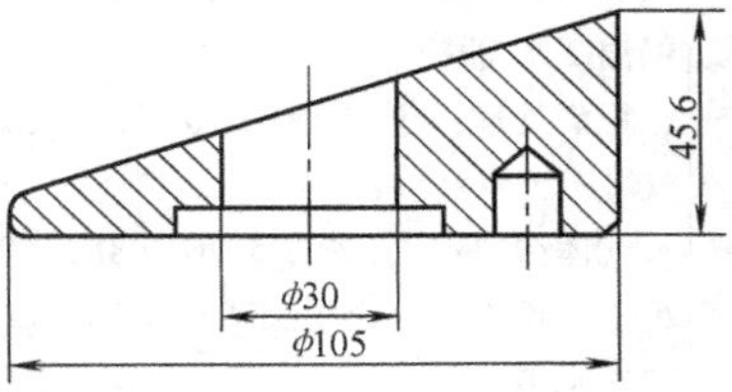 材料：38CrMoAlA 技术要求： 　渗氮层深度为 0.3 ~ 0.5mm 　表层硬度为 ≥800HV 　心部硬度为 250 ~ 280HBW	调质 → 机械加工 → 离子渗氮	调质：箱式电炉中加热到 （940 ± 10）℃，保温 3 ~ 5h，油淬，再进行 （630 ± 10）℃，保温 4 ~ 5h 的回火 离子渗氮：（550 ± 10）℃ × 10 ~ 12h，炉冷
6	传动轴 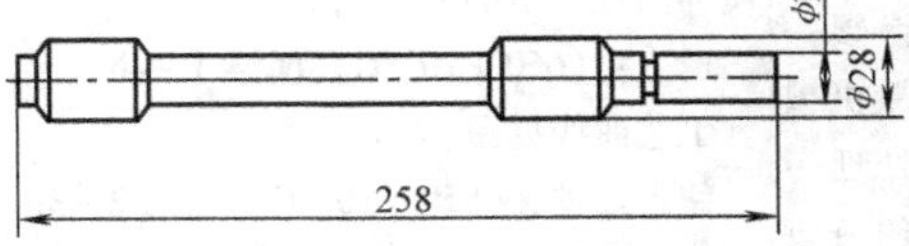 材料：42CrMo 技术要求：硬度为 251 ~ 283HBW	调质 → 机械加工	调质：加热到 （850 ± 10）℃，保温 1h，油淬，再进行 （640 ± 10）℃ × 1 ~ 2h 的回火

另一种新型柱塞泵主要零件有转子组件、保持架、　滑靴组件、柱塞、滑阀等，其热处理工艺见表 17-4。

表 17-4　新型柱塞泵零件热处理工艺

序号	零件名称及技术要求	工艺流程	热处理工艺
1	 零件名称：转子组件 材料： 转子基体为30Cr3MoA 柱塞孔衬套及底座为ZCuSn10Pb2Ni3 （以上两种材料采用真空扩散焊接） 技术要求： 内花键处渗氮，渗层深度为 0.15～0.30mm 渗氮表面硬度≥700HV 基体硬度≥26HRC 底座表面镀银，银层厚度为 0.01～0.02mm	下料→机械加工→真空扩散焊接→调质处理→机械加工→稳定处理→机械加工→内花键离子渗氮→机械加工→底座表面镀银	调质处理：真空淬火：于（870±10）℃，保温1h，油冷；真空回火：于（620±10）℃，保温2h，油冷 稳定处理：（550±10）℃×4h 离子渗氮：（510±10）℃×5～6h，炉冷，压力为1000～1200Pa；工艺气体：φ（N_2）=30%～25%、φ（Ar）=10%、φ（H_2）=60%～65%
2	零件名称：保持架 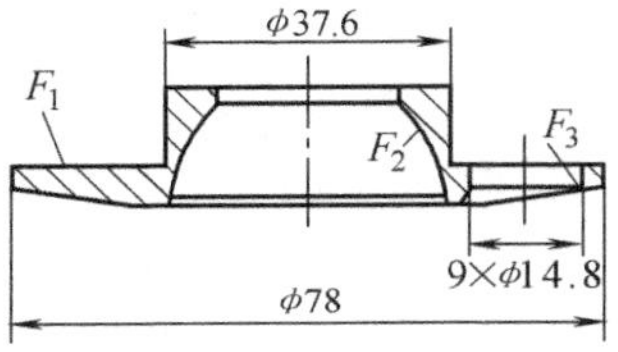 材料：20Cr3MoWV 技术要求： F_1、F_2、F_3 表面渗氮层深度为 0.25～0.35mm （其余表面不渗氮） 渗氮表面硬度≥800HV 心部硬度为 30～35HRC	机械加工→调质处理→机械加工→稳定处理→镀铜→渗氮→除铜→研磨	调质处理：真空淬火：于（900±10）℃，保温30min，油冷；真空回火：于（620±10）℃，保温2h，油冷 稳定处理：于（550±10）℃，保温2h～3h，气冷 气体渗氮：（520±5）℃×8h，氨分解率为20%～30%；（550±5）℃×8h，氨分解率为35%～50%
3	零件名称：滑靴组件 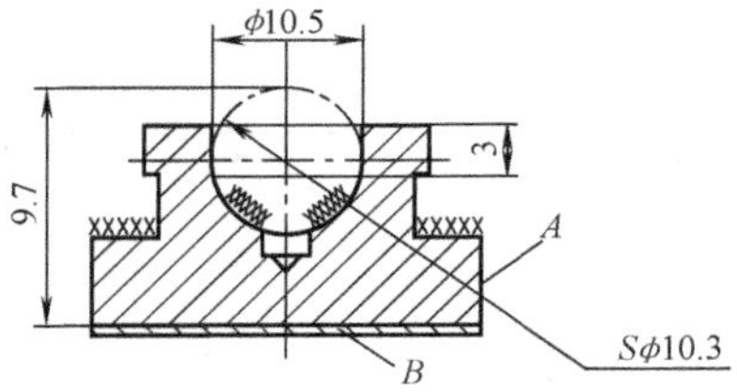 材料：滑靴体 A 为 20Cr3MoWV 耐磨层 B 为 ZCuSn10Pb2Ni3 （以上两种材料采用盐浴扩散焊连接） 技术要求： 渗碳层（画"×"处）深度为 0.50～0.65mm 渗碳表层 w（C）为 1.0%～1.2% 渗碳表面硬度≥53HRC 心部硬度≥26HRC 镀铜、银、镉复合镀层总厚度为 0.011～0.015mm	下料→机械加工→镀铜→渗碳→退火→除铜→机械加工→稳定处理→焊接及热处理→镀铜、银、镉复合镀层	渗碳：采用全自动可控气氛渗碳炉，渗碳介质为丙烷＋甲醇＋空气 退火：（660±10）℃，保温3～4h 工艺曲线见图17-5 稳定处理：（550±10）℃，保温2～3h 焊接及淬火：盐浴加热到（870±5）℃，保温30min后降至（840±5）℃，油冷＋冷处理（-70℃保持1h）＋（360±10）℃保持2h

（续）

序号	零件名称及技术要求	工艺流程	热处理工艺
4	零件名称：柱塞 材料：30Cr3MoA 技术要求： 渗氮层深度为 0.40 ~ 0.52mm 渗氮表面硬度 ≥700HV 心部硬度为 30 ~ 35HRC	下料→调质处理→机械加工→渗氮→磨削→稳定处理→研磨	棒料调质处理：于（900 ± 10）℃保温 70 ~ 80min，油冷；回火：于（580 ± 20）℃保温 2h，油冷 气体渗氮：采用可控气氛渗氮炉，渗氮介质为氨气 工艺曲线见图 17-6
5	零件名称：滑阀 材料：W18Cr4V 技术要求： 1）硬度为 62 ~ 66HRC 2）表面液体硫化处理	下料→机械加工→淬火 + 冷处理 + 回火→磨削→稳定处理→磁粉检测→硫化	淬火：真空加热到（1260 ± 10）℃，保温 30min，油冷 冷处理：−70℃保温 1h 回火：真空加热到（560 ± 10）℃，保温 1h，重复 3 次 液体硫化处理：（170 ± 10）℃，50 ~ 60min 空冷

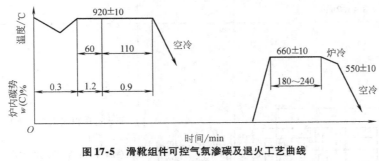

图 17-5 滑靴组件可控气氛渗碳及退火工艺曲线

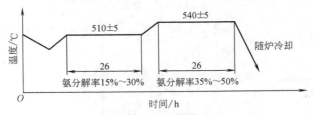

图 17-6 柱塞气体渗氮工艺曲线

17.5　液压阀零件的热处理

液压阀在液压传动系统中属控制元件。其作用是控制液压系统的油流方向、压力和流量，以达到系统所应有的功能。几乎所有的阀都是通过阀芯在阀体中的移动来改变通流面积或通路来实现控制作用。阀的主要热处理零件有滑阀、阀座、提动阀及提动阀座等。

17.5.1　滑阀的热处理

滑阀与阀体组成摩擦副，且两者配合要求非常精确，一旦发生磨损，配合间隙加大，将造成泄漏增加，降低阀的使用性能。因此，要求滑阀具有良好的耐磨性，同时也要具备一定的强度和韧性，以耐高压油的冲击。

滑阀材料可选用低合金渗碳钢 15CrMo、15Cr 等，亦可选用 45 钢。前者多用于尺寸小且压力高的阀，后者应用于大型阀。滑阀的热处理工艺见表 17-5。

17.5.2　阀座的热处理

阀座与滑阀以锥面相互配合，工作中将产生冲击磨损，所以要求表面耐磨而心部要求良好韧性。阀座多用 15CrMo 制造，热处理工艺见表 17-5。

17.5.3　提动阀和提动阀座的热处理

提动阀和提动阀座组成一对偶件，相互配合面很小，近似线接触，以保证控制的灵敏和准确。在工作过程中，提动阀在弹簧的作用下与提动阀座在配合处发生冲击磨损，往往因提动阀锥面被局部磨损或冲击产生缺陷而造成高压油的泄漏，使整个阀失去控制作用。提动阀应具有高的强度和耐磨性，可选用 Cr12MoV 或 3Cr2W8V 钢制造。为提高其耐磨性，在淬火、回火后，最终进行氮碳共渗处理。

表 17-5　液压阀零件热处理工艺

序号	零件名称及技术要求	工艺流程	热 处 理 工 艺
1	溢流阀滑阀 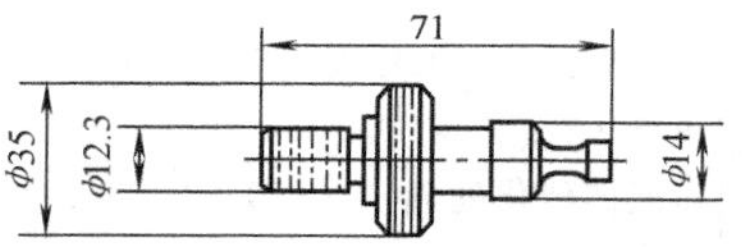 材料：45 技术要求： 　硬度为 55～60HRC 　淬硬层深度为 0.8～1.2mm	锻造→正火→机械加工→感应淬火→回火→机械加工	正火：在箱式电炉中加热到（850±10）℃，保温 1～2h，出炉空冷 感应淬火：加热温度为 880～900℃，喷水冷却，在 φ35mm、φ12.3mm、φ14mm 处分三次完成 回火：加热到（180±10）℃，保温 1h
2	电磁阀滑阀 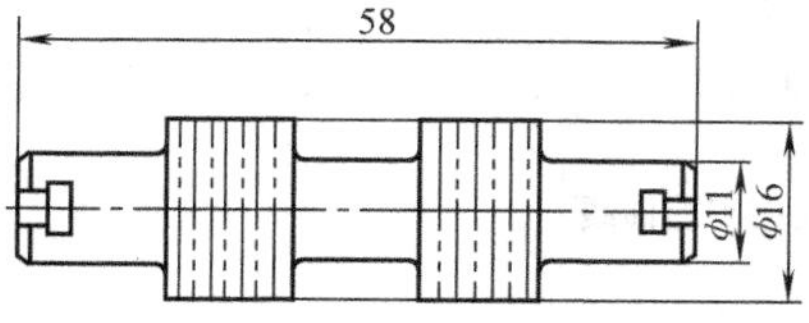 材料：15CrMo 技术要求： 　全渗碳层深度为 0.5～0.8mm 　渗层硬度为 58～63HRC	正火→机械加工→渗碳→淬火→回火→机械加工	正火：在箱式电炉中加热到（920±10）℃，保温 1h，空冷 渗碳淬火：在井式炉中进行（930±10）℃的滴注渗碳，渗剂为甲醇和煤油，渗碳时间为 3h，降至（840±10）℃，保温 0.5h，直接淬入油中 回火：加热到（180±10）℃，保温 1.5h

（续）

序号	零件名称及技术要求	工艺流程	热处理工艺
3	溢流阀阀座 材料：15CrMo 技术要求： 　全渗碳层深度为 1.2～1.5mm 　渗层硬度为 58～63HRC	正火→机械加工→渗碳→淬火→回火→机械加工	正火：加热到（920±10）℃，保温 1.5h，空冷 渗碳淬火：在井式炉中进行（930±10）℃的滴注渗碳，渗剂为甲醇和煤油，渗碳时间为 6～8h，降温到（840±10）℃，保温 0.5h，直接淬入油槽冷却 回火：加热到（180±10）℃，保温 1.5h
4	提动阀 材料：Cr12MoV 或 3Cr2W8V 技术要求： 　硬度为 45～50HRC 　氮碳共渗化合物层厚度为 5～10μm	机械加工→淬火→回火→机械加工→氮碳共渗	淬火：在盐浴炉中预热至（840±10）℃，再加热到（1030±10）℃，保温 6～8min 后移入（540±10）℃硝盐浴中分级淬火，保温 10min 后取出空冷 回火：在（580±10）℃保温 1h 氮碳共渗：在（570±10）℃进行氮碳共渗 1.5～2h
5	提动阀座 材料：42CrMo 技术要求： 　调质硬度为 28～32HRC 　氮碳共渗化合物层厚度为 10～20μm	调质→机械加工→氮碳共渗	调质：在箱式电炉中加热到（850±10）℃，保温 1.5h，油淬，再在（580±10）℃，保温 1h 进行回火 氮碳共渗：在（570±10）℃进行氮碳共渗，1.5～2h 后水冷

　　提动阀座在提动阀的冲击作用下，接触面将逐渐增大，使封油性能降低。因此，提动阀座应具有较高强度，在承受提动阀冲击时，不致产生大的塑性畸变。提动阀座选用 42CrMo 钢制造，原料调质后加工并进行氮碳共渗。提动阀和提动阀座热处理工艺见表 17-5。

17.6　液压元件的零件热处理的质量检验

　　液压元件的零件热处理后的质量检验项目及要求见表 17-6。

表 17-6　质量检验项目及要求

检验项目	退火	正火	调质	淬火回火	高频感应淬火	渗碳	渗氮	氮碳共渗
硬度	按工艺规定检查布氏硬度，检查数量为每批抽检1%~3%	一般不进行硬度检查，如有特殊要求，按规定检查	按工艺规定进行检查，每批抽检3%~5%	按工艺规定进行检查，检查数量根据工艺稳定性和零件重要性而定，一般件抽检10%~20%，重要件100%，关键件不允许有软点	同淬火回火要求	渗碳后一般不做硬度检查，如渗碳后有加工工序，则抽检硬度，不得大于32HRC	按工艺规定检查维氏硬度，同时检查脆性	一般不进行硬度检查，有特殊要求时按规定进行
金相组织	轴承钢按JB/T 1255—2001规定检查，球状2~4级，碳化物网≤2.5级。每炉抽检1件	结构钢正火后晶粒度≥5级，为均匀的铁素体加片状珠光体组织，每炉抽检1件	泵轴等主要零件调质后应为均匀索氏体组织，不允许存在游离铁素体，每炉抽检1件，对次要件不进行金相检查	轴承钢马氏体1~3级，高速钢淬火后奥氏体晶粒度9~10级，回火充分程度≤2级，每批抽检2~3件	按GB/T 5617—2005标准测定硬化层深度	测定渗碳层深度，合金钢测全渗层，碳钢测至过渡区的1/2。直接淬火时，按照GB/T 25744—2010规定检查，表面碳化物1~4级，残留奥氏体≤4级，每炉抽检1件	渗氮层深度及金相组织检查按GB/T 11354—2005的规定执行	一般可不进行金相检查，只用10%氨基氯化铜溶液检查化合层，即滴在零件表面2min不变色为合格。必要时，可参照GB/T 11354—2005规定执行
畸变	畸变量不能超过加工余量的1/3			按工艺规定进行畸变检查，检查数量为100%（经矫直零件必须进行去应力退火后再检查）				
外观	所有经过热处理件必须全部进行外观检查，不允许有裂纹、烧伤、磕碰、腐蚀等缺陷							
其他	其他项目如力学性能、化学成分、物理性能等需要检查时，按规定进行。对易产生淬火裂纹件，应100%进行无损检测							

参　考　文　献

[1]　安运铮. 热处理工艺学 [M]. 北京：机械工业出版社，1982.

[2]　金属机械性能编写组. 金属机械性能 [M]. 北京：机械工业出版社，1982.

[3]　陈愈，等. 液压阀 [M]. 北京：中国铁道出版社，1983.

第18章 手表、自行车、缝纫机 和纺织机械零件的热处理

上海飞人有限公司　沈长安[一]

上海一纺机械有限公司　谢维立

手表、自行车、缝纫机这些轻工产品都直接为个人生活服务，生产批量很大，要求质优价廉而且耐用。手表零件主要要求走时准确和长期使用稳定，它必须具有很高的精度与耐磨性。自行车零件在结构上比较简单，但有一定的工作载荷，为了保证较长的使用寿命，要求零件具有高的强度和好的耐磨性。缝纫机零件形状比较复杂，但工作载荷不大，而运转速度甚高，尤其是工业缝纫机。因此应具有良好的稳定性与尽量低的噪声，既要耐磨，还应有高精度。纺织机械零件在高速运转中使用，要求质量可靠、稳定，有些零件既要不损伤纤维，又要有耐磨损、耐疲劳和耐大气腐蚀等性能。

18.1 手表零件的热处理

手表系计时机械，要求走时准确、稳定性高、外壳美观和良好的耐蚀性。对机心零件的主要要求是精度和寿命。

机械式手表主要由传动零件与少量弹性元件构成。其失效形式为传动磨损以致失去必要的精度、脆断和弹性元件的弹性松弛或疲劳断裂。

18.1.1 手表零件用材料与热处理工艺

手表零件加工余量小，常以微米计，热处理后硬度允差范围小，一般仅为 ±30HV；表面质量要求很高，必须保持光亮，不允许有氧化与脱碳，故常采用钟表专用材料。热处理加热时，零件应置于保护气氛或少无氧化、无脱碳的介质中进行。特别要注意减少热处理畸变，因为零件极为细小、产量大，一旦畸变超差，就很难矫正。

常用的手表零件专用钢材料牌号及化学成分列于表18-1。

手表零件中的弹性零件是一种特殊要求的零件，按其服役要求，分别采用冷拔弹簧钢丝、硅锰钢、不锈弹簧钢及不随温度变化的恒弹性材料等。其他零件常用材料的类型、牌号及用途见表18-2。

由于手表零件材料大多数采用高碳钢，因而热处理工艺通常为退火、淬火、回火及化学热处理，以达到表面强化的目的。由于零件表面质量的特殊要求，故选择的淬火冷却介质与通常机械零件所用的不同。

统一机芯手表、秒表的钢制零件淬火、回火工艺示于表18-3；零件常用淬火冷却介质见表18-4。

为满足手表零件机械加工工艺的需要（多数零件要经冲压成形），故在工艺过程中常要进行去应力退火、低温退火及低温回火等工艺，其工艺规范见表18-5。

表18-1 手表零件常用钢材牌号及化学成分

牌号	化学成分（质量分数）（%）						备　注
	C	Si	Mn	P	S	Pb	
Y100Pb	0.95~1.05	≤0.30	0.35~0.55	≤0.030	0.04~0.06	0.15~0.30	国产易切削高碳钢
200AP	0.95~1.06	0.10~0.30	0.35~0.55	≤0.030	0.04~0.06	0.15~0.25	瑞士 Sandvik 钢厂生产的易切削高碳钢
15P	0.72~0.78	0.15~0.30	0.30~0.50	≤0.025	<0.015	0.15~0.25	瑞士 Sandvik 钢厂生产的易切削带钢
ASK-1100	0.90~1.00	≤0.35	≤0.85	≤0.03	0.03~0.09	0.15~0.35	日本易切削高碳钢

[一] 本章由侯心月提供第一节稿件；杨郁澄、施省时、王国梁、钱中南提供第二节稿件；季寿松、沈长安、朱鑫提供第三节稿件；王素葆、谢维立提供第四节稿件。

（续）

牌　号	化学成分（质量分数）（%）						备　注
	C	Si	Mn	P	S	Pb	
2R15	≤0.020	0.35	1.8	Cr20	Ni25	Mo4.5	Cu1.5
15R10	0.08	0.6	1.2	Cr18	Ni9		
11R50	0.09	1.2	1.3	Cr17	Ni8	Mo0.7	
ASSAB300	0.75~1.00	0.10~0.35	0.3~0.6	≤0.03	≤0.05		
Diaflex		1.0		Cr15	Ni20	Mo4	Co40、W4、Ti1、Fe余
40KHXM	0.07~0.12	≤0.5	1.8~2.2	Cr19~20	Ni15~17	Mo6.4~7.4	Co39~41，Fe余

表18-2　手表零件常用材料的类型、牌号及用途

材料种类	牌　号	适宜制造的零件
高碳易切削钢棒	Y100Pb 20AP ASK-1100	条轴、中心齿轴、过齿轴、秒齿轴、擒纵齿轴、叉轴、摆轴、柄轴、拉挡轴、立轮、离合轮、拨针轮、跨齿轴、分轮、各种螺钉
高碳（或易切削）钢带	T10A 15P	擒纵轮片、快慢针、活动外桩环、大钢轮、小钢轮、拉挡、离合杆、压簧、棘爪、跨轮压片
不锈钢	19-9Mo	发条、发条外钩
	06Cr18Ni9、12Cr18Ni9	表壳、柄帽
	1Cr18Ni9Ti（旧牌号）	后盖、衬环
	06Cr18Ni9（+S+Mo+Cu）	表壳
	2R15、15R10、11R50	离合杆簧、棘爪簧、表带簧
琴钢丝	ASSAB300	离合杆簧、棘爪簧、表带簧
恒弹性合金	Ni42CrTi	游丝
高弹性合金	Diaflex、40KHXM	发条
铅黄铜	HPb63-3、HPb60-2、HPb59-1	夹板、条盒轮、擒纵叉、双圆盘、中心轮片、过轮片、秒轮片、时轮及位钉等
锌白铜	BZn15-21-1-8、　BZn14-24-1-0.4	摆轮
铍青铜	QBe2、QBe2.5	摆轮

表18-3　统一机芯手表、秒表的钢制零件淬火、回火工艺

零　件　名　称	材　　料	硬度要求 HV	淬火温度 /℃	回火温度 /℃
摆轴	20AP	770±30	770~780	200~210
条轴、大钢轮、小钢轮	20AP、T10A	680±30	800~820	250~260
	15P			230~240
叉轴、棘爪、拉挡钉	20AP、T10A、ASSAB300	680±30	780~800	250~260
中心齿轴、过齿轴、秒齿轴、擒纵齿轴立轮、离合轮、拨针轮、跨齿轴、小钢轮衬套、拉挡轴、日历定位杆钉	20AP、Y100Pb	630±30	780~800	290~310

（续）

零件名称	材料	硬度要求 HV	淬火温度 /℃	回火温度 /℃
擒纵轮片、快慢针、活动外桩环、跨轮压片、拉挡、离合杆、压簧、日历定位杆	20AP 钢带	630 ± 30	770 ~ 780	290 ~ 300
	15P、T10A		780 ~ 800	250 ~ 260
柄轴、分轮、叉夹板螺钉、棘爪螺钉、外桩螺钉、表盘螺钉、跨轮压片螺钉	20AP、Y100Pb	530 ± 30	780 ~ 800	350 ~ 360
夹板压簧螺钉、小钢轮螺钉、大钢轮螺钉、同机螺钉	50	500 ± 30	800 ~ 820	350 ~ 360
	20AP、Y100Pb		780 ~ 800	390 ~ 400

注：1. 工艺温度必须按零件材料成分偏差及形状复杂程度、尺寸大小等因素综合考虑，以确定选择上限或下限。
　　2. 工艺时间应按设备、装量等因素确定。在装量为 20 ~ 80g 的管状保护气氛炉中淬火加热的时间一般不超过 15min。
　　3. 250℃以下回火通常可采用油浴，250℃以上回火必须采用保护气氛光亮回火炉或真空回火炉。

表 18-4　手表零件常用的淬火冷却介质

名称	使用温度/℃	性能
工业白蜡（又称石蜡）	80 ~ 120 最高 150 ~ 160	石蜡加热到 80 ~ 120℃时熔融成为液态，冷却能力较矿物油大一倍，零件淬火后表面光亮度较其他油高。提高加热温度，可用作分级或等温淬火，减小零件的畸变。缺点是需增加一道脱蜡清洗工序。当使用温度在 110℃以上时，挥发较甚，污染室内空气
医用凡士林	150 ~ 160	无色透明，加热至 150 ~ 160℃时，具有高的流动性，冷却能力大于一般矿物油，零件表面光亮度好，用于分级或等温淬火的冷却介质，减小热处理畸变。缺点是清洗比矿物油麻烦，需先用热油清洗，然后再用汽油清洗
电容器油	常用 30 ~ 50 一般 70 ~ 80 最高 150 ~ 160	冷却性能与一般矿物油相同，耐温较高，回火时表面光亮度比一般矿物油高。提高加热温度可作分级或等温淬火的淬火冷却介质。缺点是低温时粘度较大，吸水性较差
26 ~ 30 号汽轮机油 +1% 菜籽油	常温	零件表面光亮度较好，吸水性比电容器油好，缺点是应用了部分食用油

表 18-5　手表零件的低温回火、去应力退火与低温退火工艺

工艺名称	加热温度 /℃	保温时间 /min	适用零件	处理方法
低温回火	160 ~ 180	30 ~ 60	擒纵轮片，分轮、齿轮类，压簧等	油浴
去应力退火	200 ~ 220	60		
	250 ~ 260	30	各种琴钢丝制弹簧	油浴或保护气氛光亮回火炉
	290 ~ 300	60	擒纵轮部件，分轮，化学镀镍零件，过盈配合组件的镀前处理	保护气氛光亮回火炉
低温退火	600 ~ 700	60 ~ 180	拉挡挤钉坯料，冷镦螺钉、搓螺纹、轧牙螺钉坯料以及其他冷轧材料，改善机械加工工艺性能的零件	马弗电炉（固体保护剂保护）、保护气氛光亮退火炉、真空退火炉

18.1.2　手表零件的典型热处理工艺

18.1.2.1　摆轴

手表零件中,轴类占有很大比重,其中以摆轴的尺寸最为细小,工作条件最苛刻。轴榫与宝石轴承相接触,每小时摆动达 18000 ~ 36000 次,常因轴榫的磨损和受冲击使轴尖弯曲或折断而失效。因此,摆轴需具有高硬度[(770 ± 30)HV]、强度、刚度及适当的冲击韧度。摆轴选用 Y100Pb 或 20AP 易切削高碳钢制造,并经淬火、回火处理,以满足所需的力学性能。

1. 摆轴的制造工艺　自动车加工→检验→淬火→回火→定长度→清除毛刺→磨轴榫→清除毛刺→擦光→化学镀镍。

2. 摆轴的热处理工艺　为防止畸变,摆轴及其他轴类均采用马氏体分级淬火。加热设备为 T 形管状保护气氛加热炉,装量为 20 ~ 80g。淬火剂为石蜡,淬后零件需经热油仔细清洗,否则回火油冷时会被蜡化。经热处理后,摆轴的硬度应为 (770 ± 30)HV (相当于 59 ~ 61HRC)。摆轴的热处理工艺曲线如图 18-1 所示。

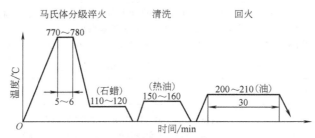

图 18-1　摆轴热处理工艺曲线

18.1.2.2　擒纵轮片

擒纵机构的作用在于保证手表准确地计量时间。擒纵轮传递的力矩虽不大 (约 0.2g·mm),但服役条件苛刻 (即单向运动、冲击方式、与叉瓦接触面积小),对运动的灵敏度和准确性要求很严,所以它必须具有一定的硬度、耐磨性、冲击韧度和高精度。选用的材料为 T10A 和 15P。技术要求:硬度为 (630 ± 30)HV、热处理后畸变极微、表面无氧化脱碳。

1. 制造工艺路线

落料→滚齿→冲中心孔→中心孔倒角→淬火→第一次回火→串光→滚抛→第二次回火→电镀→铆合。

2. 热处理工艺

(1) 淬火:在 770 ~ 780℃ 通入甲醇裂化气或净化城市煤气的保护气氛炉内加热,然后在 110 ~ 120℃ 石蜡中进行马氏体分级淬火。

(2) 第一次回火:T10A 钢制零件在 180℃ 油浴中回火 30min;15P 在 160℃ 油浴中回火 30min。回火目的是降低淬火脆性,以利于下一道滚抛工序,同时又不使淬火硬度下降过多 (回火后硬度约为 770 ~ 780HV)。

(3) 第二次回火:T10A 钢制零件在 300 ~ 310℃ 的通入甲醇裂化气或净化城市煤气的回火炉中保温 1h 后空冷;15P 钢制零件在 250 ~ 260℃ 的同样炉内回火 1h 后空冷。

18.1.2.3　拉挡

拉挡是手表上发条与拨针系统中的主要零件之一,应具有较高强度、硬度和一定的韧性。设计要求硬度为 (630 ± 30)HV [或(530 ± 30)HV]。

拉挡材料一般用 T10A 淬火回火或 08F、10F 钢渗碳淬火来达到技术要求。在实际生产中对 08F 和 10F 钢也采用表 18-6 中的工艺 3。拉挡材料、制造工艺路线及热处理工艺见表 18-6。

18.1.2.4　拉挡钉 (拉挡镶钉)

材料为 ASSAB300;硬度要求为 (680 ± 30)HV。

1. 制造工艺路线　剪断→高温回火→冲钉→热处理→滚抛→镶钉。

2. 热处理工艺

(1) 高温回火:560 ~ 570℃ × 1 ~ 1.5h (用铸铁粉装箱保护),空冷。硬度达到 (340 ± 30)HV。

(2) 淬火、回火:在保护气氛炉中加热到 780 ~ 800℃,油淬;回火温度为 250 ~ 260℃。硬度达到 (680 ± 30)HV。

18.1.2.5　螺钉

螺钉材料为 50 钢;硬度要求为 (530 ± 30)HV。

1. 制造工艺路线　冷镦→再结晶退火→搓螺纹→铣槽→淬火→串光→回火→电镀。

2. 热处理工艺

(1) 再结晶退火:退火温度为 650 ~ 700℃,保温 1 ~ 2h (保护气氛炉),空冷;硬度≤180HV。

(2) 淬火:在保护气氛中加热到 820 ~ 840℃,保温后油淬;串光后在 300 ~ 320℃ 炉中加热回火。

表18-6　拉挡材料、制造工艺路线及热处理工艺

序号	材料及技术要求	制造工艺路线	热处理工艺
1	T10A 硬度要求:(630±30)HV	坯料→串光→挤钉→再结晶退火→落料→攻螺纹→淬火→回火→镶钉→擦光→电镀	1)再结晶退火 加热温度:680~700℃(在通入甲醇裂化气或净化城市煤气炉中) 保温时间:1.5~2h,炉冷至500℃以下空冷 2)光亮淬火 加热温度:780~800℃(在通入甲醇裂化气或净化城市煤气炉中) 冷却:油淬 3)回火:290~310℃×1h(保护气氛炉)
2	08F、10F(渗碳) 硬度要求:(630±30)HV 渗碳层深度:0.12~0.15mm	挤三钉→落料→机加工→渗碳→淬火、回火→滚抛→电镀	1)固体渗碳: 渗碳:900~930℃,1~1.5h,出炉空冷 淬火:780~800℃油淬 回火:300~310℃×45min 2)气体渗碳 渗碳剂:85%~90%甲醇+10%~15%丙酮(质量分数),在800~850℃裂解 渗碳:880~900℃,时间:40~45min,直接油淬 回火:300~310℃×45min
3	08F、10F(淬火、回火) 硬度要求:(530±30)HV	挤三钉→落料→机加工→淬、回火→滚抛→电镀	碳氮共渗 共渗气氛:乙醇:三乙醇胺=1:1,800~850℃裂解共渗温度:980~1000℃,保温5min,水淬 回火:200℃×30min

18.1.2.6 发条

发条是机械式手表的动力源,正常使用时每24h上条一次。其储能、释放,反复数千次或更多,承受反复变动应力的使用,最后导致发条产生疲劳断裂。故要求发条材料本身具有高的弹性极限、弹性模量和弹性储能。经合适的热处理后,获得较高的疲劳极限,使发条在工作状态下保有低的力矩落差、力矩变动率和力矩疲劳衰减率,以保证使用期内发条的稳定性和走时精确性。同时,由于表面质量对疲劳强度有极大的影响,任何微小的缺口、划痕、表面粗糙和氧化脱碳等均会降低疲劳寿命。因此,对发条的加工及热处理都有很高的要求。此外,要求发条具有耐腐蚀和无磁性等性能也是很重要的。各国手表发条材料主要有镍铬不锈钢、钴基高弹性合金钢及镍基高弹性极限合金钢等三种类型。我国统一机芯手表发条材料采用2Cr19Ni9Mo镍铬不锈钢。

1. 2Cr19Ni9Mo钢发条的制造工艺　熔炼浇注→锻、轧→粗拉及退火→固溶处理→酸洗→机加工(精拉、冷轧)→时效(定形)→电解清洗→上架→涂型烧结→测力矩→盘条→包装。

为了保证发条材料的内部质量,应在真空中频感应电炉中熔炼,真空度不小于$6.67×10^{-2}$Pa,并进行真空浇注。

通过锻造,打碎铸锭的柱状结晶和细化晶粒。最后锻成25mm×25mm方坯。始锻温度为1180℃,终锻温度应高于850℃。

热轧加热温度为1150~1170℃,终轧温度不低于950℃,最后轧成ϕ8mm盘条。

2. 热处理工艺　盘条需经退火处理以消除应力,提高塑性,准备粗拉丝。每次拉丝后,都应作同样的退火处理,并应在具有保护气氛的炉内进行。退火工艺与下一道固溶处理采用同样参数,即(1170±10)℃加热,保温15min后水冷。

固溶处理后,为取得强化效果并获得应有的弹性,材料再继续细拉、精拉到ϕ0.55mm细丝,再经数道冷轧,达到尺寸后进行刮边、冲头和冲孔。

发条的时效处理工艺:温度为510~530℃,保温1~2h,在真空炉中处理,真空度为$1.3×10^{-2}$Pa。

时效的目的有两个:

(1)从过饱和固溶体中析出细小均匀分布的强化相,使材料的性能达到$R_m=2100~2300$MPa,硬度达到500HV。

(2)使发条的形状稳定。

18.1.2.7 游丝

游丝是一种阿基米德螺旋线形小弹簧,是手表调速机构的重要元件,对手表走时精确有着决定性的影

响。当游丝的宽度、厚度与摆轮转动惯量一定时，振动的周期就只受材料的弹性模量与游丝长度的影响。因此，游丝的材料应具备的最主要性能就是较高的弹性模量、较低的弹性模量温度系数、尽量小的线胀系数、较高的弹性极限和疲劳寿命。其次，制造过程中的冷热加工质量也是很重要的一个环节。

国内统一机芯手表游丝材料选用镍基恒弹性合金 Ni42CrTi。由于游丝的断面尺寸很小，仅为 $0.038_{-0.0005}^{0}$ mm × $0.145_{+0}^{+0.0016}$ mm，形状复杂且精度要求又很高，故其制造过程十分复杂。

1. 制造工艺路线　冶炼浇注→锻造→冷轧、再结晶退火→粗拉、再结晶退火→中拉、再结晶退火→固溶处理→酸洗→细拉丝、轧丝→时效（定形）→手工加工到成品→包装。

冶炼浇注应在 $6.67 × 10^{-2}$ Pa 压力的中频感应真空电炉中进行。

2. 热处理工艺　游丝的热处理工艺见表18-7。

表18-7　游丝的热处理工艺

工序名称	工序目的	工 艺 参 数
锻造加热	铸锭及锻坯的开锻加热	预热：$(800 ± 10)$℃保温30min 加热：$(1120 ± 20)$℃ × 1h（始锻）终锻温度 > 850℃
冷轧后再结晶退火	消除应力、软化	加热：在 100% $BaCl_2$ 盐浴中加热到 $(1060 ± 20)$℃，保温30min 冷却：水冷
粗拉后再结晶退火	消除应力、软化	每拉一道，处理一次 $(1060 ± 20)$℃保温30min，水冷，（$\phi7.5 \sim \phi4.5$mm）；$(1020 ± 20)$℃保温30min，水冷，（$\phi7.5 \sim \phi3.0$mm）
中拉后再结晶退火	消除应力，软化	每拉一道，处理一次 980_{-5}^{+20}℃保温30min，水冷
固溶处理	获得过饱和固溶体，以便细拉丝与时效处理	$(1050 ± 5)$℃保温20min，水冷
时效（定形）	1）析出沉淀硬化相，强化材料；满足高弹性要求 2）固定盘丝的形状	加热温度：750℃ 真空度：$1.3 × 10^{-2}$Pa 保温时间：15min 冷却方式：风冷（或随炉冷至100℃以下出炉）

注：1. 粗、中拉再结晶退火及固溶处理均在 100% $BaCl_2$ 盐浴中加热。

2. 750℃加热已属过时效状态，这是由于时效处理后"手工加工"工艺的需要。

18.1.2.8　铜和铜合金制手表零件的热处理

手表零件除用钢材制造外，还采用铜和铜合金制造。铜和铜合金手表零件的热处理工艺如表18-8所示。

表18-8　铜和铜合金手表零件的热处理工艺

零件名称	牌号	技术要求	热处理工艺
夹板、日历字盘	HPb63-3、HPb60-2	时效，保持原有硬度 155 ~ 185HV	加热温度：260 ~ 270℃ 保温时间：油浴、硝盐浴：1.5 ~ 2h 空气循环加热炉：2 ~ 4h
表盘	H68、H62	再结晶退火 90 ~ 110HV	箱式电炉或保护气氛连续自动退火炉，加热温度：600 ~ 650℃
字块	H68、T2	再结晶退火 80 ~ 100HV	箱式电炉或保护气氛炉加热，600 ~ 650℃水冷或空冷
摆轮	QBe2.5	棒料：固溶热处理 + 时效 板料：时效 > 350HV	固溶处理：780 ~ 800℃保温15min，水冷 时效：320 ~ 350℃保温1 ~ 2h

注：1. 夹板在油浴中时效后，冷却到150℃以下取出，在冷油中冷却，滤干后，在专用清洗机中清洗，清洗液配方见表18-9。

2. 夹板在硝盐浴中时效后，在清水中冲洗干净，烘干。

3. 主夹板加热时间取上限，小夹板取下限。

4. 再结晶退火的加热时间应按实际装料数量及方式来决定。

表18-9　夹板在油浴时效后清洗时的清洗液成分

名　称	6501 洗涤剂	105 洗涤剂	油酸皂	水
含量/（kg/100L）	1.5	0.5	0.5	余量

18.1.3　手表零件热处理质量检验要求

手表零件经热处理后的质量检验有硬度、金相、畸变和外观四项内容，其具体要求与检验方法见表18-10。

表 18-10　手表零件热处理质量检验要求

检验项目	检验方法与工具	检验要求
硬度	轴类零件测量断面，板状零件测量平面，按原轻工业部相关规定进行 工具：Hausec-249A 或 ISOMA～M104 光学维氏硬度计（或类似其他维氏硬度计，测硬度时载荷≤1kg 即 HV1）	按图样设计要求
显微组织	检验摆轴尖 工具：金相显微镜	马氏体 1.5 级以下，轴尖表面无明显脱碳现象
畸变	测体积膨胀，外形弯曲畸变 工具：千分表、环规、投影仪，工具显微镜等	按图样或工艺规定的要求
外观	目测或放大镜（放大 25 倍）观察	无氧化色、发黑、斑点，保证表面光亮或按工艺规定的要求

18.1.4　手表零件热处理缺陷及预防措施

手表零件对其精度及表面质量要求很高。零件经热处理后，由于各种原因会产生多种疵病，必须正确分析产生疵病的原因，提出应采取的预防措施及解决方法。表 18-11～表 18-15 分别为手表零件热处理缺陷与失效形式、产生原因及防止措施。

表 18-11　统一机芯零件的体积畸变

零件名称	体积畸变	产生原因	防止措施
条轴	轴颈 +0.002～+0.003 轴肩 +0.002～+0.004	热处理前后组织比容的变化	1）控制淬火前的坯料尺寸，保证抛磨余量 2）控制淬火加热温度，稳定膨胀量
大钢轮	外圆 +0.02～+0.03 方孔 -0.001～-0.002		1）滚齿时公差控制在下限 2）采用 250～260℃马氏体分级淬火工艺
小钢轮	外圆 +0.02～+0.03 内孔 ≈-0.001		
擒纵轮片	外圆 +0.01～+0.015 中心孔 ≈0.001		1）滚齿时公差控制在下限 2）采用 150～160℃热油淬火工艺

注：表中畸变量为统计数字，与原材料成分偏差、原始组织及热处理前机械加工等均有关系。一般以长期生产的统计数字为依据，用控制机械加工余量的方法来控制膨胀超差。

表 18-12　典型的形状畸变零件

零件名称	畸变形式	产生原因	防止措施
秒齿轴	轴颈弯曲 轴杆弯曲 轴小尾巴弯曲	1）滚齿机下料时碰弯 2）滚刀未按时刃磨，增加了滚削应力 3）机床调整不精确 4）工序流转过程中碰弯 5）热处理操作不当	1）严格控制热处理前滚齿坯料的质量，不允许有机加工弯曲畸变 2）热处理时，先作消除应力处理，并控制淬火加热温度，适当提高冷却油温 3）流转过程中不许碰弯
中心齿轴	轴管弯曲	1）来料有微小弯曲 2）中心孔偏，壁厚不均匀 3）滚齿机顶弯 4）矫中心孔碰弯 5）热处理淬火时碰弯	1）自动车加工来料时，严格控制和不允许弯曲 2）保证中心孔精度 3）控制滚齿精度 4）保证矫孔机垂直度 5）热处理细心操作

（续）

零件名称	畸变形式	产　生　原　因	防　止　措　施
大钢轮	盆形 瓦状	1）多数是在修中心方孔时，冲头刃口不锋利，修孔产生的内应力大，造成淬火后变成盆形 2）二次淬火会增加畸变数的百分比 3）大钢轮螺钉帽沉槽，两面不对称造成，淬火后畸变 4）瓦状畸变一般是因原材料为盘料内圈圆角半径小，落料后，本来就有瓦状畸变，淬火后，畸变量及百分比增大	1）修孔冲头应定期定量刃磨，保证刃口锋利，减少冲孔时应力 2）瓦状畸变时要求材料平直 3）严格控制热处理淬火温度和适当提高淬火冷却介质的温度 4）避免返工（二次淬火） 5）内应力严重时，在淬火前，先进行一次去应力退火
擒纵轮片	平面畸变（翘曲）	来料不平或模具刃口不锋利造成	1）保证来料平直 2）定期磨修模具
	齿距不等分	1）原材料原始组织不均匀，球化不完全，造成淬火后体积效应不均匀 2）滚铣加工余量过大，尤其是铣齿加工余量过大，加大铣削应力，淬火后造成齿距变化 3）热处理返工（多次淬火），增大了齿距变化	1）严格控制滚铣余量 2）严格遵守热处理工艺，避免多次返工

表 18-13　统一机芯表典型零件热处理后硬度不均匀

零件名称	硬度不均匀类型	产　生　原　因	防　止　措　施
大钢轮	单件上硬度不均匀	在周期式炉中加热淬火，零件相互堆叠，在淬冷时没有散开，在重叠处冷却速度不均，产生了零件表面的硬度不均匀	1）淬冷时，尽量使零件散开，摇动淬冷料框，增加冷却速度，以保证冷却均匀 2）采用自动连续淬火炉
压簧	单件上硬度不均匀		
条轴	单件上硬度不均匀	在手表零件中，条轴比较粗大，周期式炉一次装料过多，油的冷速小，在正常淬火温度下，不易全部淬硬	1）装料不宜过多 2）适当提高淬火加热温度 3）提高冷却油油温或用石蜡溶液作淬火冷却介质，提高冷却能力
叉轴	批量不均匀	叉轴是手表零件中最小的零件，加热时，堆积密度大，装料过多，淬火时易产生不均匀现象；同时也易粘在铲底，延缓了零件入油时间，零件温度下降，影响淬火硬度	严格控制装料量，不能因零件小而不恰当地增加装量。淬冷时，操作要快速振动，防止零件因粘铲而降低温度
摆轴	单件不均匀批量不均匀	1）摆轴由于淬火温度采用下限温度，仪表若稍有偏差，便易造成实际加热温度偏低，造成零件淬火后硬度不足或不均 2）脱碳会造成轴类硬度不合格	1）经常核对炉温，严格控制工艺温度 2）控制保护气氛的碳势，避免发生脱碳现象

注：其他零件如螺钉、快慢针、中心齿轴等，因热处理或原材料问题，都能发生淬火后硬度不均匀现象，应加以注意。

表 18-14　手表典型零件脆断形式

零件名称	脆断形式	产 生 原 因	防止措施及解决方法
摆轴	磨轴颈脆断与扭断 铆合座子碎裂	1）淬火温度偏高，马氏体组织粗大，脆性增大 2）磨床自动上料机构磨损，上料运转过程中折断 3）硬质合金磨轮太细，或磨损后未经修磨，使轴颈扭（搓）断 4）电镀氢脆 5）铆合机精度不够，造成座子碎裂	1）严格控制淬火温度 2）及时修复上料机构 3）磨轮要及时修磨，金刚石磨轮粒度要选择合理 4）电镀后应有去氢工序：200℃×1h 5）铆机精度要保证工艺要求
擒纵轮片	1）滚抛锁面或磨齿时产生断齿 2）组装铆合后电镀时发生轮辐开裂	1）淬火温度偏高 2）磁性未退尽，在磨颈面时零件互相钩断 3）电镀氢脆	1）严格按工艺热处理 2）滚抛前必须退尽磁性 3）电镀前增加一次去应力处理；电镀后增加去氢工序：200℃×1h 4）轮片和轮轴分别电镀后再铆合
拉挡 （指镶钉工艺）	1）镶钉时碎裂 2）电镀时或电镀后碎裂	1）淬火温度偏高 2）钉、孔过盈配合余量过大 3）电镀氢脆	1）严格按工艺淬火 2）严格控制过盈量和钉、轴端部无畸变现象 3）电镀前去应力处理 4）电镀后去氢处理：200℃×1h
柄轴	折断	1）淬火温度过高 2）断面变化处的应力集中	1）严格按工艺淬火操作 2）断面变化处尽可能采用圆弧过渡，不允许有锐角，以减小应力集中

表 18-15　手表零件热处理后的表面质量疵病

表面疵病类型	产 生 原 因	防 止 措 施
氧化色	1）淬火时零件与空气接触 2）回火时料罐内空气未排尽，有漏气现象，或保护气氛中氧含量较高 3）工作中保护气中断 4）煤气净化炉或裂解炉漏气 5）净化炉温度在 500℃以下，或裂解炉裂解不完全 6）光亮回火前零件表面未清洗干净 7）真空回火时，真空度不够或漏气	1）淬火时零件避免与空气接触 2）控制保护气成分，把氧含量降到最小限度，防止回火罐漏气，工作时将空气排干净 3）工作时保护气不能中断 4）防止煤气净化炉或裂解炉漏气，维持正常的工作温度 5）光亮回火前零件先清洗干净 6）保持必要的真空度在 1.33Pa 以下
脱碳	淬火加热炉内保护气氛的碳势不够，不能保证炉气碳势和零件碳含量的平衡	控制保护气氛的碳势
发黑	1）淬火加热炉的 T 形漏料管内空气未排出，易造成第一、二批淬火件表面发黑 2）保护气氛中 CO 和 CH_4 含量过高，当零件升温到 400~700℃ 范围时，析出炭黑，沉淀在零件表面	1）淬火前必须把 T 形漏料管内空气排除干净 2）控制保护气氛中的 CO 与 CH_4 的含量或进行净化处理，防止炭黑析出
斑点	1）零件表面没有清洗干净，表面有锈斑，淬火后变成黑斑 2）光亮回火的零件表面清洗不彻底对研磨零件表面会产生白斑、黑斑，对擦光零件表面会产生黑斑或蓝色印斑	1）淬火前零件必须清洗干净，无锈斑 2）研磨、擦光零件在回火前，需彻底清洗掉研磨和擦光时的残留磨料

（续）

表面疵病类型	产　生　原　因	防　止　措　施
油斑	1）油浴回火时，回火油老化 2）零件未全部浸没在油中，露出油面的部分易出现油斑及氧化色 3）油浴回火后清洗不干净，则吹干后表面发黄	1）更换新油 2）油浴回火时全部零件应浸没在油中 3）油浴回火后，零件必须清洗干净

18.2　自行车零件的热处理

自行车是代步工具，又是运动器械，使用时要求自重轻、骑行轻快和安全舒适。因此自行车的整体结构及零件的设计、选材与加工都要保证有足够的强度、良好的刚性和耐磨性。同时，制造成本低廉也是极为重要的。

自行车的传动系统是完全处于开放状态，其失效类型是典型的磨粒磨损形式。故要求零件表面必须具有高硬度和高耐磨性，传动零件必须进行热处理，以满足各项力学性能的要求。

自行车零件的用材除选用一般的结构钢外，基本上都选用自行车工业用钢，通过进行化学热处理（如渗碳、碳氮共渗等）来强化表面。

自行车零件中的主要传动件有：中轴、左右轴碗、前后轴挡、前后轴碗、前叉上下挡、前叉碗、钢珠、传动链条与飞轮等，这些零件的常用材料及热处理方法见表 18-16。

自行车主要传动零件所受的弯曲应力和表面接触应力较小，故化学热处理时一般广泛采用可控气氛气体渗碳或气体碳氮共渗（浅层）工艺（渗层厚度为 0.2 ~ 0.6mm），以取代传统的含剧毒氰盐化学热处理，从而改善了劳动条件、减少了"三废"，保护了环境。其热处理技术条件见表 18-17。

表 18-16　自行车零件常用材料及热处理方法

牌　　号	热　处　理　方　法	零　件　举　例
Q215BF	渗碳直接淬火、回火	一般传动零件，如前叉上、下挡，前叉碗
Q235B	碳氮共渗直接淬火、回火	较重要传动零件如左、右中轴碗
10	渗碳直接淬火、回火	主要传动零件，如前后轴碗
	碳氮共渗直接淬火、回火	
20	渗碳（空冷），再加热淬火、回火	主要传动零件，如中轴
	渗碳（空冷），中频淬火、回火	
	渗碳直接一次淬火，再加热二次淬火、回火	主要传动零件，如前后轴挡
	碳氮共渗直接淬火、回火	
20CrMo	渗碳直接一次淬火，再加热二次淬火、回火	最主要传动零件，如高级自行车前后轴挡
	碳氮共渗直接淬火、回火	
Q195BF ~ Q235BF（BY1F ~ 3F）	碳氮共渗直接淬火、回火	飞轮零件
20MnSi、45	淬火获得板条马氏体，45 钢调质	链片
Q215BF，18CrMnMo、45	碳氮共渗、淬火、回火	链销、滚子、衬套
	淬火、中温回火	弹簧卡片

表 18-17　　自行车主要零件渗碳、碳氮共渗后的技术条件

零件名称		材料牌号	中间退火HRB	渗碳或碳氮共渗后经淬火、回火后的技术条件						
				w（C、N）（%）	渗层深度/mm	表面硬度HRA	显微组织	耐磨性/min	韧性	畸变/mm
中轴		20	<60	C：0.8~1.0	0.7~1.0		M≤4 级碳化物少量（不出现明显的碳化物），并以小、匀、圆的形态分布在马氏体基底上		矫直时不断裂	直线度≤0.3
左、右中轴碗		Q235B		C：0.8~1.0或C：0.7~0.9N：0.1~0.25	0.3~0.5	80~83		45	内径受压畸变1%时不裂	—
前后轴挡		20 或20CrMo	<60		0.4~0.6	80~84		前碗挡：50后碗挡：60		
前、后轴碗		10			0.3~0.5				同中轴碗	
前叉上挡		Q215BFQ235BF		C≥0.7	0.15~0.30	淬火≥80；回火≥78			—	
前叉下挡									内径受压畸变1%时不碎裂	
前叉碗										
飞轮零件	外套	Q195BF（BFY1F）	—	C：0.8~0.9N：0.2~0.3	0.35~0.50	≥80	表层：针状马氏体+少量残留奥氏体心部：板条马氏体+铁素体			圆度≤0.12，平面度≤0.1
	平挡	Q215BF（BY2F）			0.25~0.40	≥71				
	丝挡	Q235BF（BY3F）			0.25~0.40	≥71				—
	千斤				0.3~0.45	≥77				
链条零件	链销	Q215BF18CrMnMo			0.2~0.3	72~82	表层：针状马氏体+少量残留奥氏体心部：板条马氏体+铁素体		冲击变形碎裂片无尖角	
	滚子	Q215BF	—		0.15~0.25	62~72				
	衬套	08F，Q215BF			0.1~0.2	64~74				

18.2.1　自行车零件的热处理工艺

18.2.1.1　中轴的热处理

中轴是自行车主要传动零件之一，使用过程中的通常失效形式为低载荷接触疲劳引起的外层剥落和磨损。由于中轴是最主要的受力零件，故选用优质低碳 20 钢来制作，要求渗碳层深度为 0.7~1.0mm。

1. 制造工艺路线　断料→机加工→清洗→渗碳（空冷）→加热淬火→清洗→检验→回火→检验→滚光→矫直→磨弹道→检验→入库。

2. 热处理工艺

（1）20 钢中轴气体渗碳工艺曲线见图 18-2。

（2）渗碳后的淬火、回火工艺曲线见图 18-3。

18.2.1.2　碗、挡等零件的热处理

自行车碗、挡零件均是在低载荷下因接触疲劳引起的外层剥落而损坏。制造时采用低碳钢坯料经退火后冲制或挤压成形，再经机械加工后进行热处理。用 Q215B 钢制的前叉碗、前叉上下挡和用 10 钢制的前、后轴碗坯料的中间退火工艺曲线见图 18-4。用 Q235B 钢制的左右中轴碗和用 20 钢制的前、后轴坯料的中间退火工艺曲线见图 18-5。

各类碗挡零件的气体碳氮共渗工艺列于表 18-18 所示。

18.2.1.3　飞轮零件的热处理

飞轮是自行车传动系统中的关键部件，由外套、平挡、丝挡和千斤等零件组合而成。在与链条配合传

动时，飞轮的齿轮受到滑动摩擦，齿根部受到链条的拉力而产生弯曲。飞轮的内部弹道及内齿也同样受到低载荷的滚动接触和摩擦，所以磨损是飞轮的主要失效形式，应采取表面强化工艺来提高其耐磨性。

飞轮零件的选材及技术条件见表18-19。

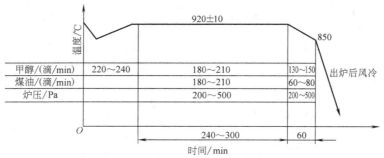

图18-2　20钢中轴气体渗碳工艺曲线

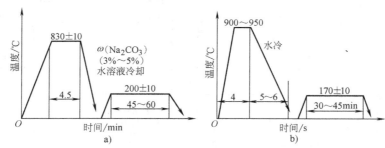

图18-3　中轴渗碳后淬火、回火工艺
a）盐浴加热淬火　b）中频感应淬火

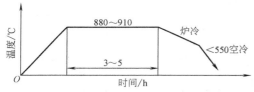

图18-4　Q215B钢制碗、挡坯料的中间退火工艺曲线

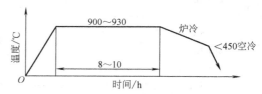

图18-5　Q235B钢制碗、挡坯料的中间退火工艺曲线

表18-18　自行车碗、挡零件的气体碳氮共渗工艺

零　件	渗层/mm	气 体 碳 氮 共 渗 工 艺
前、后轴挡 （20钢）	0.4～0.6	设备：RM-75-9D滴控箱式气体渗碳炉；装炉量：7000只（表面积215m²） 渗碳剂：载体为甲醇，渗碳剂为甲醇+甲苯混合液，供氮剂为液氨 碳势监控：CO_2红外仪，CH_4红外仪 工艺曲线： 回火：180℃（油浴）加热，回火2～3h（或不回火）

（续）

零件	渗层/mm	气体碳氮共渗工艺
前后轴碗 （10钢）		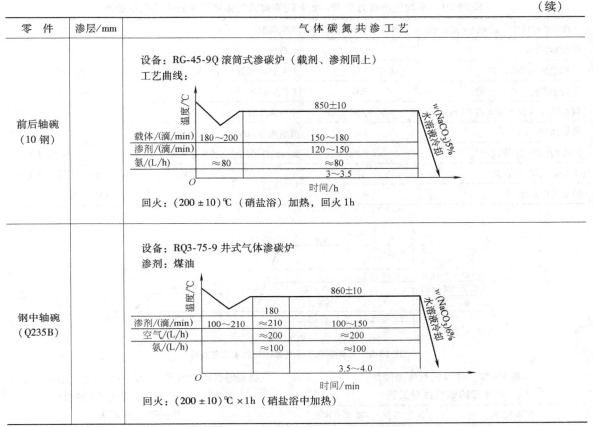
钢中轴碗 （Q235B）		设备：RQ3-75-9井式气体渗碳炉 渗剂：煤油 回火：（200±10）℃×1h（硝盐浴中加热）

表 18-19　飞轮零件的材料及技术条件

零件名称	材　料	技　术　条　件		
		有效硬化层深度/mm	硬度　HRA	畸变/mm
外套	Q195BF（BY1F） ~ Q235BF（BY3F）	0.35 ~ 0.50	≥80	圆度≤0.12，平面度≤0.1
平挡		0.25 ~ 0.4	≥71	—
丝挡		0.25 ~ 0.4	≥71	—
千斤		0.3 ~ 0.45	≥77	—

1. 制造工艺路线　见表18-20。

表 18-20　飞轮零件的制造路线

零件名称	制造工艺路线
外套	锻造→车加工→热处理→清洗→煮干→砂光→发黄
平挡、丝挡	
千斤	剪断→轧形→冲断→热处理→清洗→滚光→发蓝

2. 热处理工艺　对于飞轮外套及平挡、丝挡等零件的气体碳氮共渗推荐采用网带式连续加热炉或可控气氛箱式多用炉。生产能力平均为

300kg/h的连续式气体渗碳炉的主要技术参数见表18-21。

飞轮平挡、丝挡零件是在RM-75-9D可控气氛箱式多用炉中进行碳氮共渗处理的，其余零件则在上述气体渗碳炉生产线（连续炉）上进行碳氮共渗处理。以飞轮外套为例，其淬火、回火的热处理工艺见表18-22。

飞轮零件千斤的气体碳氮共渗工艺：

设备：功率为45kW的回转式气体渗碳炉，最高工作温度为950℃；气氛类型：滴注式炉内裂解气；平均生产能力：15 ~ 20kg/h。飞轮零件千斤气体碳氮共渗工艺曲线见图18-6。

表 18-21　平均生产能力为 300kg/h 的连续式气体渗碳炉的主要技术参数

工作炉炉膛尺寸（长×宽×高）/mm	7650 × 1220 × 992	气氛类型	RX	
炉膛容积/m³	9.26	原料气	C_3H_8	
工作炉加热功率/kW	352	发生炉产气量/（m³/h）	28 ~ 30	
平均生产能力/（kg/h）	300	工作炉内压力/Pa	180 ~ 200	
料盘尺寸（长×宽×高）/mm	600 × 400 × 50	淬冷油槽容积/m³	6	
装炉高度/mm	350	清洗池容积/m³	5	
工作炉内料盘/排数	单排	回火炉外形尺寸（长×宽×高）/mm	2200 × 1424 × 1400	
工作炉内料盘数/只	17	炉气控制	发生炉	CO_2、CH_4 红外仪各 1 台
最高工作温度/℃	900		工作炉	CO_2 红外仪 1 台

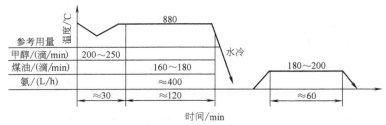

图 18-6　飞轮零件千斤气体碳氮共渗工艺曲线

表 18-22　连续式气体渗碳炉中外套的碳氮共渗工艺

工作区域	Ⅰ区	Ⅱ区	Ⅲ区	Ⅳ区
工作温度/℃	840	870	870	840
RX 气用量/（m³/h）	8	5 ~ 6	5 ~ 6	8
富化气 C_3H_8/（m³/h）	—	0.12 ~ 0.14	0.08 ~ 0.1	—
供氮剂/（m³/h）			0.24	0.36
共渗区碳势控制:$\varphi(CO_2)$（%）		0.2 ~ 0.3		
载气 RX 控制:$\varphi(CO_2)$（%）		0.35 ~ 0.45		
淬冷油温度/℃		100 ~ 120		
淬冷油类型		L-AN30 全损耗系统用油		
回火		180℃ × 1.5h		
推料周期/（min/盘）		15		

18.2.1.4　自行车链条零件的热处理

自行车链条是传递动力的部件，除了处于磨粒磨损条件下工作而需要较高的表面耐磨性外，还因脚蹬动力及路面颠簸而产生冲击，因而又需要有一定的韧性。材料常选用低碳钢经碳氮共渗或用低碳合金钢进行淬火以获得板条状马氏体组织（普通自行车）；或用中碳优质低合金钢经淬火、中温回火处理（高级自行车）。

链条零件的材料及热处理技术要求见表 18-23。

表 18-23　自行车链条零件的材料及热处理技术要求

零件名称	材料	热处理技术要求
链片	20MnSi 或 45	20MnSi:淬火获得板条马氏体，硬度为 71 ~ 74HRA 45:调质
链销	Q215BF,18CrMnMo	碳氮共渗、淬火 渗层深度:0.2 ~ 0.3mm 硬度:74 ~ 82HRA
滚子	Q215BF	碳氮共渗、淬火 渗层深度:0.15 ~ 0.25mm 硬度:62 ~ 72HRA
衬套	08F,Q215BF	碳氮共渗、淬火 渗层深度:0.1 ~ 0.2mm 硬度:64 ~ 74HRA
弹簧卡片	45	淬火,中温回火 硬度:71 ~ 75HRA

1. **链片热处理**　链片在工作时受到拉伸，要求有一定的抗拉强度和抗塑性伸长能力，故普通自行车采用 20MnSi、19Mn 钢淬火，组织为板条状马氏体；高

级自行车则用 40Mn 钢淬火、中温回火处理，以保证单片的拉断力 >4500N。

设备：滚筒式或网带式加热炉，炉内滴入甲醇进行裂解作为保护气氛。

20MnSi 或 19Mn 钢链片和 40Mn 钢链片的热处理工艺曲线分别见图 18-7 和图 18-8。

2. 销轴、滚子、衬套的热处理　这类零件的主要技术要求是要求有表面耐磨性和一定的韧性。其中销轴需承受冲击力，故要求热处理后的心部组织为板条马氏体。

设备：滴注式滚筒炉或网带炉。热处理工艺见图18-9 和表 18-24。

图 18-7　20MnSi、19Mn 钢链片的热处理工艺曲线

图 18-8　40Mn 钢链片的热处理工艺曲线

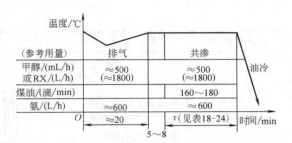

图 18-9　销轴、滚子、衬套的气体碳氮共渗工艺曲线

表 18-24　销轴、滚子、衬套气体碳氮共渗工艺参数

零 件	共渗温度/℃	共渗时间 τ/min
销轴	900 ~ 910	80 ~ 120
滚子	900 ~ 910	50 ~ 70
衬套	880 ~ 900	50 ~ 60
零 件	回 火	
销轴	(180 ~ 200℃) × 1.5h	
滚子	(180 ~ 200℃) × 1.5h	
衬套	(160 ~ 180℃) × 1.5h	

18.2.2　自行车零件热处理质量检验

自行车零件热处理后的质量检验项目及检验方法见表 18-25。

表 18-25　自行车零件热处理质量检验

检验项目	技术条件	检 验 方 法
中间退火硬度	≤60HRB	洛氏硬度计（HRB），抽检
渗层 C,N 含量（质量分数）（%）	C:0.7 ~ 0.9；N:0.1 ~ 0.25	金相法（失效分析用化学分析法）
渗层深度/mm	见表 18-17	1）实物抽检 2）金相法：碳　钢，渗层深度 = 过共析层 + 共析层 + 1/2 过渡层 　　　　　合金钢，渗层深度 = 过共析层 + 共析层 + 过渡层 3）硬度法：从表面测至硬度为 550HV 处的垂直距离（GB/T 9450—2005）
表面硬度	见表 18-17	1）洛氏硬度计 2）渗层≥0.4mm 时，载荷 600N 　　<0.4mm 时，载荷 150N
显微组织	见表 18-17	金相法
中轴及轴挡、碗耐磨性	中轴:45min 前碗、挡:50min 后碗、挡:60min 试验后滚道部分表面无任何剥落、凹陷和磨损现象	图为专用试验机 压力 F = 2000N 转速 n = 2000r/min

（续）

检验项目	技术条件	检 验 方 法
轴碗韧性	按规定检验方法进行,结果无碎裂现象(或无碎裂声)	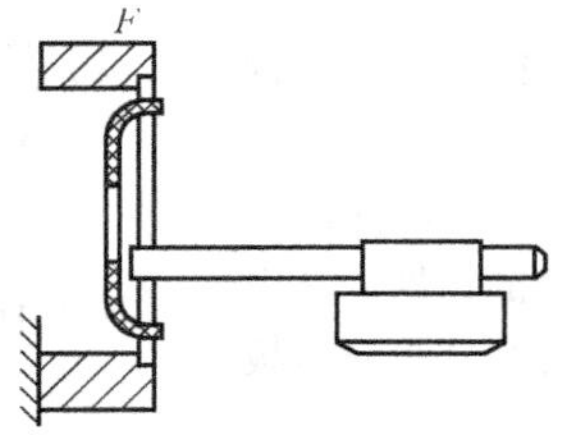 图为专用台钳,逐渐施加压力(F)直到变形达1%(内径)
中轴畸变量	同轴度≤0.3mm	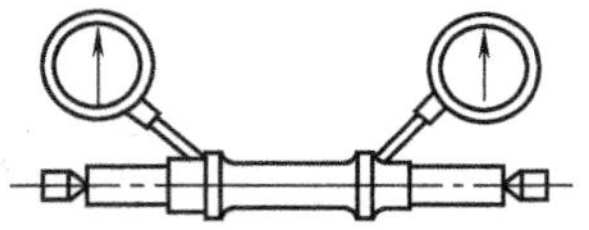 图为专用同轴度检测装置

18.2.3　自行车零件热处理常见缺陷及防止措施

自行车零件热处理常见缺陷、形成原因及防止补救措施见表18-26。

表 18-26　自行车零件热处理常见缺陷、形成原因及防止补救措施

缺陷类型	形成原因	防止及补救措施
渗层深度不足	1)温度偏低,时间不足 2)气氛碳势偏低 3)装炉量过多	1)严格按工艺操作 2)针对具体原因解决(如经常校验各类仪表,保证温度及碳势示值的正确和控制精度等) 3)返修加工
渗层深度超差	1)温度过高,时间过长 2)气氛碳势偏高	1)同上1),2) 2)一般作报废处理
渗层不均匀	1)零件表面不清洁 2)炭黑太多 3)炉温分布不均匀 4)气氛分布不均匀 5)零件装载密度过大 6)淬火冷却介质搅拌程度不够	针对具体原因解决,如改造设备,保证炉温、气氛的均匀性和淬火冷却介质的搅拌流动良好;加强前清洗工序;严格控制炉内气氛碳势;工件装载密度适当等
渗层中有大块碳氮化合物或呈网状	1)气氛碳势过高,炉温偏高 2)操作失当,共渗后至淬冷的时间间隔太长	严格控制碳势与工艺温度,淬火前不让工件温度下降过多 返修:在稍低碳势的气氛中作适当时间的扩散,以降低碳氮化合物的级别;或在稍高温度下加热再淬火以消除碳氮化合物网
硬度偏低	1)因 C、N 含量过高或淬火时温度偏高,使奥氏体稳定性增加而淬火后残留奥氏体量过多 2)淬火冷却介质老化,冷却能力下降	1)严格按工艺操作 2)添加或调换新的淬火冷却介质 3)重新淬火

18.3　缝纫机零件的热处理

缝纫机是与人们衣着密切相关的精密机械,按用途可划分为家用缝纫机和工业用缝纫机两大类,并可派生出各种型号、各种特殊用途的品种。缝纫机的整机就是一台具有多种运动机构组合成的精密复杂机器。其内部零件又是形状怪异、件小壁薄的复杂件;要求工作时运转平稳、振动小、声响小,虽然服役时载荷不大（零件表面都承受摩擦运动），但要求高耐磨与高精度，这导致缝纫机的生产成本很高，生产难度很大。

家用缝纫机的工作环境较好，工作时运转速度不高（一般不超过 1000r/min），其零件主要采用易切削普通碳素钢和优质碳素钢制造；而工业用缝纫机的服役条件相对较差，工作时运转速度较高（5000～10000r/min），其零件主要采用优质碳素钢和优质低合金钢制造。

缝纫机零件的热处理绝大多数为低碳钢的化学热处理（表层渗碳、渗氮或碳氮共渗）来强化零件表面提高耐磨性。

18.3.1 家用缝纫机零件的热处理

家用缝纫机零件多数采用价廉的低碳易切削碳素钢或优质碳素钢制造，热处理工艺通常采用浅层气体碳氮共渗处理，来达到设计的技术要求。其主要零件的选材、热处理及技术要求见表 18-27。

表 18-27 缝纫机主要零件的选材、热处理及技术要求

零件名称	材料牌号	热处理	技术要求
梭芯套壳	15,Q215BF Q235BF		渗层:0.12～0.20mm 硬度:551～868HV 畸变:(ϕ20.7)±0.05mm
摆梭	15,Q215BF Q235BF		渗层:0.35～0.50mm 硬度:76～83HRA
送布牙	15	气体碳氮共渗、淬火、回火	渗层:0.10～0.20mm 硬度:509～795HV
夹线板	Q215BF Q235BF 15 带钢		渗层:0.15～0.25mm 硬度:87～92HRA
梭床圈	10,15		渗层:0.20～0.30mm 硬度:86～92HR147N
机针	T9A	淬火、回火	硬度:579～620HV

18.3.1.1 梭芯套壳的热处理

梭芯套壳是缝纫机勾线机构中重要部件梭芯套中的关键零件，其外形如图 18-10 所示。它要求表面具有高硬度、高度光洁与光亮的表面，以达到防止缝线折断和美观的技术要求。

1. 制造工艺路线 梭芯套壳是一个形状极为复杂、轻而薄又不均匀对称的零件，因而它的制造周期

很长，工序达几十道之多，其主要加工路线为：落料→镦扁→软化退火→磷化→冷挤压成形→各种机加工→去磷→机加工→热处理→擦光、滚亮→整形→装配。

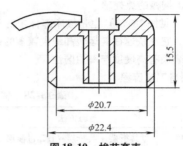

图 18-10 梭芯套壳

2. 热处理工艺

（1）软化退火。软化退火的目的在于降低坯料的硬度和提高塑性，以利于下一道工序——冷挤压成形。使用设备：箱式煤气退火炉。退火工艺：800～900℃、长时间保温，随炉冷却后出炉。退火后的硬度为70～110HBW。

（2）某厂气体碳氮共渗工艺。梭心套壳的中温气体碳氮共渗是采用连续式的热处理生产方式，这就需要采用机械化程度较高的连续作业炉来实现技术要求。由于梭芯套壳零件内外径是不同的圆，因而它的壁厚是极不均匀的，最薄处仅 0.50mm，最厚处为 1.2mm，这导致淬火时会产生较大的变形，而技术要求变形量仅为 ±0.05mm 内。其次，硬度要求为 50～65HRC（由 HV 值换算而得），渗层厚度为 0.12～0.20mm。为此，采用下述两种设备和工艺来满足上述技术要求：

1）滴注式振底炉（TDGS）。采用甲醇＋煤油＋氨气为渗剂进行炉内裂解，在850℃条件下进行气体碳氮共渗，热处理工艺曲线见图18-11。

2）无马弗网带炉。采用甲醇＋乙醇＋氨气为渗剂，在850℃条件下进行裂解和余热气化来实现气体碳氮共渗。其用量为：甲醇—2～6mL/min，乙醇—1.5～2mL/min，氨气—250L/h。

3. 质量检验及常见缺陷 梭芯套壳零件热处理

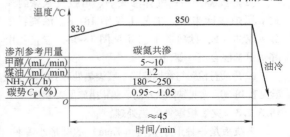

图 18-11 梭芯套壳气体碳氮共渗工艺

的质量检验项目和标准见表18-28。采用滴注式振底炉进行碳氮共渗处理时的常见缺陷类型、形成原因及预防、纠正措施见表18-29。

18.3.1.2 摆梭的热处理

摆梭（见图18-12）也是梭床部件中的一个很重要的零件，它在快速往复运转和绒尘较多的条件下工作。要求表面有高硬度与高耐磨性。

1. 制造工艺流程

下料→热挤压（或真空钎焊）→正火→机加工→热处理→清洗→回火→精加工→擦光。

摆梭形状复杂、壁薄、件小，故采用热挤压成形或真空钎焊而成，正火是为了改善可加工性。

2. 气体渗碳与碳氮共渗工艺

材料：Q215或15钢硬度：76～83HRA。

有效硬化层深度：0.35～0.50mm。

表18-28　梭芯套壳热处理质量检验项目和标准

检验项目	检验方法	检验手段	检 验 标 准
渗层深度	过共析层＋共析层＋1/2过渡层	金相显微镜	0.12～0.20mm
硬度	打点	HD-9-45硬度计	551～868HV(50～65HRC)
显微组织	400×	金相显微镜	表层:碳氮马氏体＋少量碳氮化合物＋少量残留奥氏体 中心:原始组织(珠光体＋铁素体)
表面粗糙度		粗糙度仪RM-20	<0.2μm
畸变量		扁塞规,百分表	φ20.7处以±0.05mm为合格

表18-29　梭芯套壳气体碳氮共渗的常见缺陷、形成原因及预防、纠正措施

缺陷类型	特　征	形　成　原　因	预防及纠正措施
渗透	整形时易折碎	共渗温度过高;保持时间过长;渗剂用量过大	严格按照工艺规范操作
硬度不足	硬度值低于标准,零件塑性大,表面光洁(亮)程度不够	1)渗剂用量过低 2)滴液管道堵塞 3)工件进炉速度太快,造成堆积 4)工件在炉内停留时间太短 5)局部漏气	1)严格按照工艺操作 2)经常检查滴液管,及时疏通 3)检查、杜绝设备漏气现象 4)返修(退火、重新淬火)
硬度太高	硬度超过规定值,整形时易折断	1)渗剂用量过大 2)共渗时间过长 3)氨流量过大 4)炉内工件装量过少	1)严格按照工艺操作 2)进料均匀,防止出现大面积空缺工件
畸变大		1)热处理前也有部分工件超公差 2)工件在炉内因振动前进时互相碰撞造成畸变 3)进料口机械撞伤 4)振底时间不稳定	1)小心操作,防止机械撞伤 2)适当提高淬火油温度 3)对已畸变工件整形 4)采用滴控箱式气体渗碳炉或网带式气体渗碳炉

（1）设备：井式气体渗碳炉、可控气氛密封箱式多用炉或网带炉。工艺Ⅰ见图18-13。渗剂：甲醇＋煤油（或丙烷）。工艺Ⅱ见图18-14。渗剂：甲醇＋甲苯混合液＋氨气。

（2）质量检验与常见缺陷　摆梭热处理后的质量检验见表18-30。常见缺陷及预防、纠正措施见表18-31。

18.3.1.3 夹线板零件的热处理

夹线板是一种形小壁薄（1mm）的圆形小零件，系冲压而成。缝纫机工作时缝线不断与其摩擦，故要求夹线板的表面具有高硬度和高的光洁、光亮及无毛刺（以防断线）。所用材料为Q215BF。

1. 制造工艺路线

圈料带材退火→轧直、切断→落料→热处理→磨平面→擦光→滚镀。

2. 热处理工艺

夹线板零件的热处理是采用气体碳氮共渗处理，典型工艺见图18-15。所用设备为可控气氛密封箱式多用炉或网带炉或滚筒炉，渗剂为甲醇＋煤油（丙烷）＋氨气。

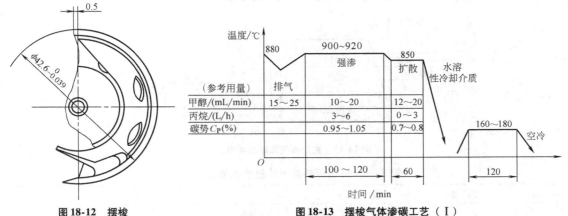

图 18-12　摆梭　　　　　　　　　图 18-13　摆梭气体渗碳工艺（Ⅰ）

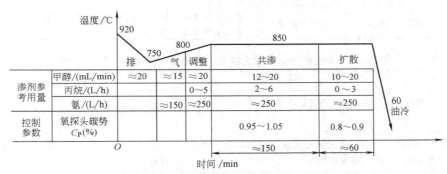

图 18-14　摆梭气体碳氮共渗工艺（Ⅱ）

表 18-30　摆梭零件的热处理质量检验

检验项目	检验方法	检验设备	检验要求
渗层深度	过共析层 + 共析层 + 1/2 过渡层	金相显微镜	0.35 ~ 0.50mm
硬度	打点	洛氏硬度计	76 ~ 83HRC
显微组织	金相法,400 ×	金相显微镜	表层:碳氮马氏体 + 碳氮化合物 + 少量残留奥氏体,无碳化物网 心部:珠光体 + 铁素体
外观	目测		表面清洁,显灰白色

表 18-31　摆梭零件的热处理常见缺陷及预防、纠正措施

缺陷类型	特　征	形　成　原　因	预防及纠正措施
爆角与开裂	断裂（脆性）	因零件形状复杂,壁厚不均,导致淬火开裂	淬火前采用合适的预冷,或采用稍缓和的淬火冷却介质
硬度不足	低于规定值	渗剂用量不足,或共渗时间不够	严格按工艺操作,返修品可退火后重淬
畸变		因形状复杂,淬冷时热应力与相变应力引起畸变	已畸变的零件进行矫正,采用网带炉或箱式气体渗碳炉

3. 质量检验与常见缺陷　夹线板的热处理质量检验要求见表 18-32 所示,常见缺陷与预防补救措施如表 18-33 所示。

18.3.1.4　梭床圈零件的热处理

梭床圈（图 18-16）工作时将摆梭紧压在梭床内,故其平面要求平整、光洁和光滑度极高。由于工作时其内圆与摆梭间相对滑动而产生摩擦，故要求具有高硬度与高耐磨性。选用材料为10钢或15钢。

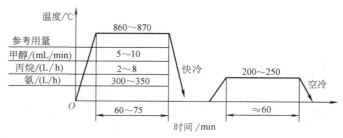

图 18-15　夹线板气体碳氮共渗工艺

表 18-32　夹线板热处理质量检验项目及要求

项　目	方　法	设　备	要　求
渗层深度 硬度 显微组织	金相法，100× 打点（10点） 金相法，400×	金相显微镜 洛氏硬度计 金相显微镜	0.15～0.25mm 87～92HRA 表层：碳氮马氏体＋碳氮化合物＋少量残留奥氏体 心部：珠光体＋铁素体

表 18-33　夹线板热处理常见缺陷、产生原因和预防、补救措施

缺陷类型	特　征	产生原因	预防及补救措施
细粒状 托氏体	小黑点	内氧化或冷却速度不够	加快冷却速度，掌握好共渗层中氮含量
硬度不足	低于规定 硬度值	在本工艺规定温度下煤油裂解不完全，炭黑影响共渗结果	提高甲醇用量，稀释煤油，或适当提高 NH_3 用量
畸变	弯曲	滚筒式炉胆转速太快，热态下工件受撞击，造成畸变	调低炉胆的转速

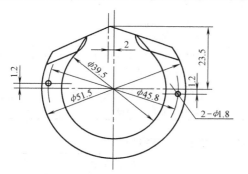

图 18-16　梭床圈外形

1. 制造工艺路线　落料→折弯→压扁→冲头→钻孔→去应力退火→粗磨工作面→热处理→清洗→矫直→磨削。

2. 热处理工艺

（1）去应力退火，加热到 600～650℃，保温 3～4h，随炉缓冷后出炉。

（2）气体碳氮共渗，某厂在可控气氛密封箱式多用炉上进行的气体碳氮共渗工艺见图 18-17 所示。

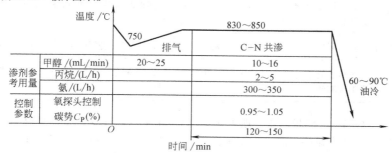

图 18-17　梭床圈的气体碳氮共渗工艺

18.3.1.5　机针的热处理

缝纫机机针的工作状态是不断快速地穿刺缝料，不断进行摩擦。故要求机针尖锐锋利、无毛刺、平直、并具有高的耐磨性和一定的韧性。材料一般选用 T9A 钢，经淬火、回火处理后硬度要求达到 579～620HV。

1. 制造工艺路线

落料→打头→切齐→刻字、矫直→冲针孔→铣槽→磨外形→软擦→热处理→轧直→穿眼→硬擦→磨针尖→抛光→镀铬→平直→包装。

2. 热处理工艺　某厂机针热处理工艺如图 18-18 所示。选用设备为带罐网带炉，采用氨分解气体作保护气氛。

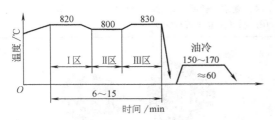

图 18-18　家用缝纫机针的热处理工艺

3. 机针热处理质量检验和常见缺陷　机针热处理后的质量检验见表 18-34。热处理常见缺陷、产生原因及防止、补救措施参见表 18-35。

18.3.1.6　送布牙零件热处理

送布牙是缝纫机送料机构中的一个重要零件，其工作状态是将被夹在"压脚"与"送布牙"之间的"缝料"按一定速度向前运送或后退，但送布牙与缝料之间不能产生松动，否则无法运送缝料；同时，送布牙还与"针板"间有着滑动摩擦。所以，送布牙要求有高硬度和高耐磨性，并保持光洁和光滑。

1. 制造工艺流程　失蜡铸造→机加工→热处理→机加工→滚镀。

2. 热处理工艺　材料：Q215BF、15 钢；渗层深度：0.10～0.25mm；热处理工艺采用气体碳氮共渗工艺，见图 18-19。

表 18-34　缝纫机针热处理质量检验要求

检验项目		检验方法	检验设备	检　验　要　求
原材料	组织硬度	金相法打硬度	金相显微镜硬度计	1）原材料进厂前，已作球化退火 2）进厂检验要求：球状珠光体，硬度 55～65HRB
热处理后硬度		针杆和柄部表面测硬度	显微硬度计	淬火:713～766HV 回火:579～620HV
显微组织		金相法，400×	金相显微镜	细针状马氏体
表面光亮程度		对照样板目测		与参照样板同级别图
塑性				直线度≤0.10mm

表 18-35　缝纫机针热处理常见缺陷、产生原因及防止、补救措施

缺陷类型	特征	产生原因	防止及补救措施
硬度不足	低于规定硬度值	装料太多，保温时间太短，网带运行速度太快	1）严格按工艺操作 2）返修：退火后重淬
弯曲	曲线槽侧凹进		整形轧直
光亮不够	不亮	1）淬火硬度不够 2）软擦不光	1）退火后重淬 2）重新擦光

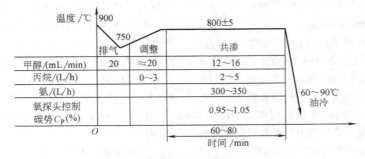

图 18-19　送布牙气体碳氮共渗工艺

18.3.2　工业缝纫机零件的热处理

工业用缝纫机的特点是运行转速高，工作环境较差，要求热处理后具有比家用缝纫机更好的耐磨性和更高的精度。选材及热处理方面的特点是：

（1）大部分零件采用优质低碳合金钢。

（2）由于零件服役时表面载荷不大，而耐磨性及精度要求较高，故适宜采用较低温度的奥氏体氮碳共渗或铁素体氮碳共渗的浅层处理，从而也有利于减少热处理畸变。

工业缝纫机零件的材料选用范围见表 18-36，表面硬化层深度的选用见表 18-37，相应的热处理设备选用列于表 18-38。

表 18-36　工业用缝纫机零件的材料选用

零件类别	使 用 材 料
轴类	15Cr、20Cr、20CrMo
连杆，曲柄类	15Cr、20Cr、20CrMo、38CrMoAl、（20Cr、2A11 铝合金）
导轮类	15Cr、20Cr、T10A、GCr6、GCr15
齿轮、齿条类	20Cr、40Cr、20CrMo
梭钩、梭壳类	Q235BF、10、15、20Cr
机针类	9Cr2、GCr6、GCr15
滚柱类	GCr6、GCr15、20Cr
弹簧类	70、65Mn、60Si2MnA
机壳类	HT150、HT200

表 18-37　工业用缝纫机零件表面硬化层深度的选用

零件有效厚度/mm		硬化层深度 /mm
轴类（直径）	板类（厚度）	
$\phi1 \sim \phi2$	0.6 ~ 1.2	0.05 ~ 0.15
$\phi3 \sim \phi5$	1.2 ~ 3.2	0.1 ~ 0.3
$\phi5 \sim \phi10$	3.2 ~ 5	0.2 ~ 0.4
$>\phi10$	>5	0.2 ~ 0.5

注：1. 空心轴类可参照轴类，但硬化层深度不得超过原定 1/2。
　　2. 弯针类硬化层深度为 0.10 ~ 0.30mm。

18.3.2.1　弧齿锥齿轮的热处理

弧齿锥齿轮是工业缝纫机的主要传动零件，传递的力矩虽不大，但要求在 3000 ~ 12000r/min 的高速运行中保持良好的稳定性和低噪声，热处理质量要求较高。弧齿锥齿轮的主要磨损是在齿面和后端面，失效形式是齿端面的磨损和齿顶部的剥落，见图 18-20。近几年，为降低缝纫机运行中的噪声，设计人员普遍采用较低的热处理硬度（450 ~ 600HV）。

1. 技术要求及使用材料　弧齿锥齿轮的用材应具有良好的可加工性，热处理后具有高耐磨性、疲劳强度和小的畸变。常用材料、热处理方法及硬度要求见表 18-39。

表 18-38　工业用缝纫机零件热处理设备的选用原则

对热处理设备的要求	推荐用的设备类型
1）要适合于薄层化学热处理工艺，工艺参数易于控制，且能确保工艺执行的稳定性 2）要适合于解决零件形状不规则、件小、壁薄、结构复杂及易产生热处理畸变的特点 3）根据零件要求，能实现多种热处理工艺操作，以适应工业用缝纫机生产的多品种、小批量要求 4）要求能耗低、无污染，使用原料气来源比较有保障	1）滴控箱式气体渗碳炉 2）连续式可控气氛网带炉 3）滚筒式可控气氛炉

图 18-20　弧齿锥齿轮

表 18-39　弧齿锥齿轮常用材料、热处理方法及硬度要求

材料	热处理方法	硬度要求
20CrMo 20Cr	碳氮共渗或气体氮碳共渗，淬火，回火	450 ~ 550HV
40Cr	调质处理	220 ~ 260HBW
	气体氮碳共渗	450 ~ 550HV

2. 锥齿轮的制造工艺路线

下料→粗车→正火（20Cr，20CrMo）或调质（40Cr）→精加工→铣齿→碳氮共渗、淬火与回火（20Cr，20CrMo）或氮碳共渗（40Cr）→研磨。

3. 坯料的预备热处理　20CrMo 钢机加工要求硬度为 156 ~ 214HBW，采用正火处理以改善可加工性；40Cr 钢要求硬度为 220 ~ 260HBW，采用调质处理以改善基体组织，提高基体强度。调质温度为（840 ± 10）℃，油淬，回火温度为（620 ±10）℃，水冷。

4. 最终热处理　弧齿锥齿轮热处理工艺见表 18-40。

5. 质量检验和常见热处理缺陷及防止措施

检验部位：端面硬化层深度的测定采用硬度法（氮碳共渗的零件采用金相法测定化合物层深度和扩散层深度）。常见热处理缺陷、产生原因及防止措施见表 18-41。

表 18-40　弧齿锥齿轮的热处理工艺

工　艺	工　艺　参　数
气体碳氮共渗	820 ~ 860℃碳氮共渗，直接淬火（油温80℃）；350 ~ 420℃ × 2h 回火
奥氏体氮碳共渗	（780 ± 10）℃氮碳共渗，直接淬火（油温80℃）；380 ~ 450℃ × 2h 回火
气体氮碳共渗	（570 ± 10）℃ × 4h，油冷

18.3.2.2　包缝机主轴的热处理

高速包缝机主轴（见图 18-21）形状复杂，截面差异大，工作时以 7000 ~ 15000r/min 的转速高速运转。除表面承受摩擦外，还承受扭转疲劳作用。主要失效形式是因磨损而失去精度和因应力作用而导致变形。主轴在生产制造过程中，往往由于淬火变形大，矫直断裂率高，磨削后硬度低，成品不稳定等一系列质量问题，造成主轴合格率低，制造成本高。某厂经过大量实验，采用垂直吊装阶梯式加热、降温淬火等手段，能有效地提高主轴的热处理质量。

1. 选用材料及技术要求　通常，主轴材料选用20Cr、20CrMo 钢进行碳氮共渗。主轴表面硬度要求为 60 ~ 65HRC。图 18-21 中 A、B、C 三段的同轴度公差为 0.01mm。

2. 制造工艺路线　毛坯→粗加工→正火或调质→精加工→热处理→矫直、回火→复矫→磨削（粗磨）→去应力回火→（精磨、研磨）。

3. 热处理工艺　包缝机主轴的预备热处理工艺见表 18-42。

最终热处理工艺：20CrMo 钢主轴采用阶梯式加热，于 860℃气体碳氮共渗后降温至 820℃淬油，矫直后于 180℃回火 2h。主轴最终热处理工艺见图 18-22。

4. 常见热处理缺陷及防止方法　主轴碳氮共渗时常见缺陷、产生原因及防止方法见表 18-43。

18.3.2.3　工业缝纫机机针的热处理

工业缝纫机使用速度大大超过家用机机针，转速高达 5500 ~ 9000r/min，缝料除布、绸和呢绒之外，还有皮革等。机针所受穿透阻力大，摩擦加剧，还有缝线对它的斜向拉力，因此工业缝纫机机针必须具有良好的强度、硬度、耐磨性与适当的韧性。

由于工业缝纫机的品种规格很多，现仅以 GC96×90 平缝机针为例（转速 3500r/min），其所用材料为 GCr6 钢丝，其化学成分、力学性能及其他条件见表 18-44。其硬度要求：针尖硬度 > 688HV，针杆硬度为 653 ~ 713HV。

GC96-90 工业缝纫机的机针热处理工艺流程见表 18-45。

表 18-41　弧齿锥齿轮热处理常见缺陷、产生原因及防止措施

缺　　陷	产　生　原　因	防　止　措　施
切削加工时表面不太光洁	正火硬度偏低	1）正火温度用上限，加快正火冷却速度（风冷或喷雾冷却） 2）不完全淬火：760 ~ 780℃，油淬
齿顶崩裂	碳氮化合物过多，呈大块或网状分布	严格控制炉气碳势
齿面硬度偏低	残留奥氏体量过多	调整表面碳氮浓度，防止渗碳（共渗）温度过高
齿顶擦伤、剥落	中间管理不善、运输不当	处理后的成品应轻拿轻放，避免互相碰撞

图 18-21　包缝机主轴

表 18-42　包缝机主轴的预备热处理工艺

材料	工艺	目　的	工　艺　参　数	硬度 HBW
20Cr 20CrMo	正火	1）改善可切削性 2）减小最终热处理时零件的畸变	880 ~ 900℃加热，空冷	143 ~ 179

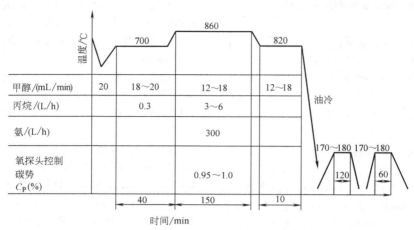

图 18-22　包缝机主轴最终热处理工艺

表 18-43　主轴碳氮共渗时常见缺陷、产生原因及防止方法

缺陷类型	产生原因	防止方法
翘曲	热处理加热、冷却不均匀	做到加热、冷却均匀
淬火开裂	淬火温度过高,组织过热,冷却太激烈	校正炉温,适当降低淬火温度,采用热油淬冷,增加去应力工序
渗层碳含量过高或偏低	炉内碳势失控	严格控制炉内碳势
渗层深度超差或不足	共渗温度偏高或偏低,时间过长或过短	校正炉温,严格控制共渗时间

表 18-44　工业用缝纫机针用 GCr6 钢丝的化学成分和力学性能

化学成分（质量分数）（%）						力 学 性 能		
C	Si	Mn	P	S	Cr	供应状态	HRB	R_m/MPa
1.05 ~ 1.15	0.15 ~ 0.35	0.20 ~ 0.40	≤0.027	≤0.020	0.40 ~ 0.70	退火	50 ~ 65	600 ~ 700
其他条件	钢丝显微组织应为细粒状珠光体, 按 GB/T 18254—2002 第五级级别图评定, 2 ~ 5 级为合格。非金属夹杂物按 GB/T 18254—2002 第四级级别图评定, 脆性夹杂物不大于 2 级, 塑性及点状不变形夹杂物级别均不大于 2.5 级							

表 18-45　GC96-90 工业用缝纫机针热处理工艺流程

序号	工序名称	炉子预热		加 热		淬 冷		淬火冷却介质	设 备	备 注
		温度/℃	时间/min	温度/℃	时间/min	温度/℃	时间/min			
1	自动送料								振动斗	
2	淬火	835	3	825	2	815	2	油	网带炉	甲醇裂解气氛
3	清洗			90	10			空气	清洗机	MS-1A 金属清洗剂
4	回火			190	180			空气	气体回火炉	
5	擦亮								擦亮机	添加防锈剂
6	预抛光								预抛机	
7	冷矫直								冷矫直机	

18.3.2.4　高速平缝机挑线杆的热处理

挑线杆（见图 18-23）工作时内孔与偶件相对滑动而产生摩擦磨损。过线孔与缝线摩擦，外杆部受到弯曲应力，且是低载荷下的交变作用。因此，磨损与疲劳断裂是主要的失效形式。

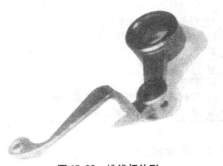

图 18-23　挑线杆外形

1. 技术要求和使用材料　根据挑线杆的服役条件，应具有硬的表面层和强韧的心部，故常采用低碳合金钢 20Cr 和 20CrMo 钢进行碳氮共渗，也可采用渗氮钢 38CrMoAlA 进行氮碳共渗。近年来，超高速平缝机挑线杆采用 2A11 铝合金锻造成形，经固溶时效处理后镶嵌碳氮共渗淬火钢套和线帽后使用。挑线杆常用材料及技术要求见表 18-46。

2. 制造工艺路线

落料→镦头→退火→压弯→冷压→切边→正火→压弯→机械加工→碳氮共渗、淬火、回火→磨削。

3. 热处理工艺

（1）退火：加热到 900℃，保温 2h，然后缓冷到 700℃，保温 3h，再缓冷到 ≤500℃，出炉空冷。要求硬度为 100 ~ 125HBW。

（2）正火：加热到 900℃，保温 2 ~ 3h，然后风冷。要求硬度为 140 ~ 180HBW。

碳氮共渗：采用二段碳氮共渗工艺。设备为滴注箱式多用电阻炉。20Cr 钢挑线杆的二段碳氮共渗工艺见图 18-24。二段碳氮共渗工艺与其他工艺的比较如表 18-47 所示。

4. 常见热处理缺陷及防止措施（见表 18-48）。

表 18-46　挑线杆常用材料及技术要求

材　　料	成形方法	技　术　要　求		工艺方法
		有效硬化层深度/mm	硬度 HV	
20Cr	锻压成形	0.25 ~ 0.35	≥688	碳氮共渗
20CrMo	锻压成形	0.25 ~ 0.40	≥688	碳氮共渗
2A11、2A12	热压成形	杆部：100 ~ 115HBW	100 ~ 115HBW	T6（固溶 + 时效）
		钢套：≥688HV	≥688HV	碳氮共渗

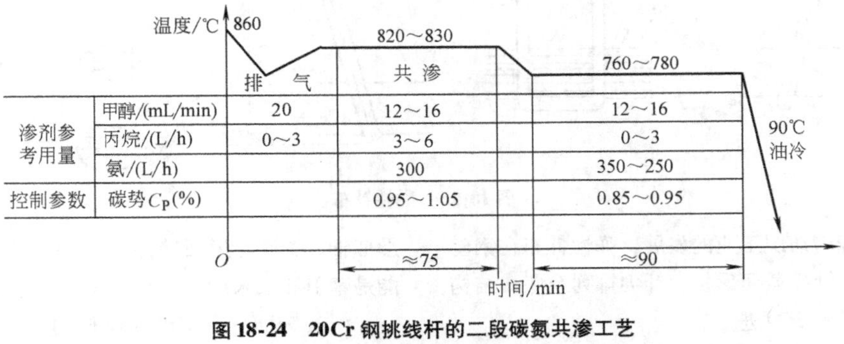

图 18-24　20Cr 钢挑线杆的二段碳氮共渗工艺

温度/℃　860　820~830（共渗）　760~780

渗剂参考用量	甲醇/(mL/min)	排　气 20	共渗 12 ~ 16	12 ~ 16	90℃油冷
	丙烷/(L/h)	0 ~ 3	3 ~ 6	0 ~ 3	
	氨/(L/h)		300	350 ~ 250	
控制参数	碳势 C_p(%)		0.95 ~ 1.05	0.85 ~ 0.95	

时间/min　≈75　≈90

表 18-47　不同碳氮共渗工艺条件下挑线杆处理后的测定结果

工　艺	硬度 HRA	98N 载荷下的磨耗/mg	畸变/mm		有效硬化层深度/mm
			内孔	两平面不平度	
840℃ × 105min	80 ~ 82	20.4	0.005 ~ 0.02	0.04 ~ 0.07	0.35 ~ 0.45
820 ~ 830℃ × 75min + 760 ~ 780℃ × 90min	81 ~ 83	9.4	≤0.01	≤0.05	0.33 ~ 0.39
760 ~ 780℃ × 210min	81 ~ 83	12.1	≤0.01	0.02 ~ 0.05	0.28 ~ 0.32

表 18-48　挑线杆常见热处理缺陷及防止措施

缺陷类型	产生原因	防止措施
硬度不均匀，有软点	1）装炉量过多，或工件表面有油污 2）淬火油老化	1）清洗工件，均匀装料 2）添加新油
渗层不足	1）炉气成分不佳 2）原材料有误 3）原材料脱碳	1）严格控制炉气 2）原材料防止混料 3）预备热处理防止氧化脱碳
渗层超差，易断裂	1）共渗时间过长 2）炉温超差 3）仪表失控	1）正确确定共渗时间 2）严格控制温度 3）定期校验仪表
产生磨削裂纹	1）炉气中氧含量过高 2）原材料晶粒粗大 3）通氨量过多	1）控制炉气 2）控制预备热处理时材料的晶粒度 3）通氨量按工艺规程控制

18.4　纺织机械零件的热处理

纺织机械的功能是纺纱、织布，机械工作时都处于连续运转状态，虽然承受的载荷较轻，但对设备所用零件的可靠性、稳定性及均匀性要求较高。一些与纤维直接接触的零件还被要求既不损伤纤维，又要耐磨损、耐疲劳和耐腐蚀等性能。

纺织机械中的典型零件有：针布、罗拉、钢领、锭子、针筒、三角、计量泵、卷曲轮等。根据它们产量大的特点，热处理时多采用专用设备和连续作业炉。按零件的不同要求，来选用不同的材料和热处理方法。

18.4.1　零件简介

18.4.1.1　针布

针布包覆在梳棉机的锡林·道夫滚筒表面和盖板平面上，起梳理纤维的作用。故要求针部齿尖锐利、光洁、耐磨，包覆后针尖组成的表面几何形状平直。按针布的结构类型，有弹性针布和金属针布两大类，目前高产梳棉机上的针布已经广泛采用金属针布。

1. 弹性针布（包括盖板针布）　弹性针布由底布和植在底布上面的梳针组成，如图 18-25 所示，图中 $H = (9 \pm 0.2)$ mm。针尖部分要求淬火处理，以提高耐磨性。针体材料为中碳钢或高碳钢丝。

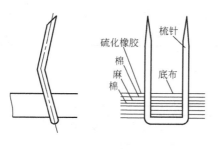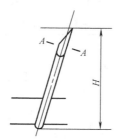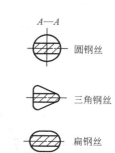

图 18-25　弹性针布

近年来，随着纺织工业的发展，弹性针布在钢丝材料、热处理、针尖截面形状、针尖排列及底布结构等方面，都作了不少改进。

2. 金属针布　金属针布的针尖和基体为一整体，针尖形状如锯齿形，如图 18-26 所示。

金属针布采用优质碳素钢或低碳合金钢制造。由线材压制成形的针尖部位需淬火处理，以提高耐磨性，基体需有一定的韧性。

18.4.1.2　罗拉

罗拉是纺织机械应用较多的一种专用件，罗拉外形似轴，为圆柱形回转件，（见图 18-27）罗拉的功能是牵引和喂入纱条。要求罗拉具有如下性能：

（1）表面具有正确的齿形沟槽和符合规定的表面粗糙度。

（2）齿形的分度要正确，同轴度要好，既能保证充分握持纤维，又不会损伤纤维。

（3）要求能耐磨、耐大气腐蚀，要具有足够的扭转与弯曲强度，不允许杂质和粘性物质附着于表面，以保证正常工作。

（4）具有良好的可加工性，以便获得高的制造精度。

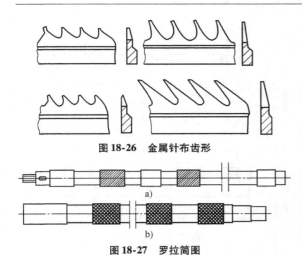

图 18-26　金属针布齿形

图 18-27　罗拉简图

a）斜齿罗拉　b）滚花罗拉

（5）具有互换性，减少机械因素对牵伸功能不匀的影响。

罗拉的失效形式为齿部磨损或轴承挡磨损后影响罗拉的正常运行而失效，故热处理后应具有良好的耐磨性，常采用低碳钢渗碳淬火处理，或用中碳钢感应淬火，也可采用低碳铬钼钢渗氮处理。

18.4.1.3　锭杆

锭杆是纤维束加捻卷绕零件——"锭子"内的一根轴。锭子分为粗纱锭子（见图 18-28）和细纱锭子（见图 18-29）两大类，细纱机锭子比粗纱机锭子的转速要高。锭杆的运转状态直接影响锭子的运转，影响到纱的产量与质量。粗纱锭杆见图 18-30，细纱锭杆见图 18-31。

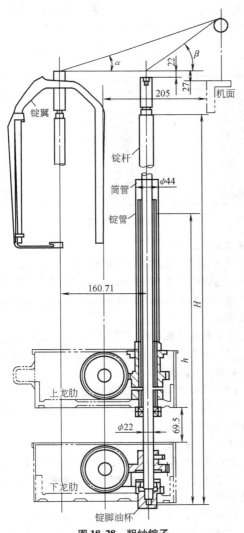

图 18-28　粗纱锭子

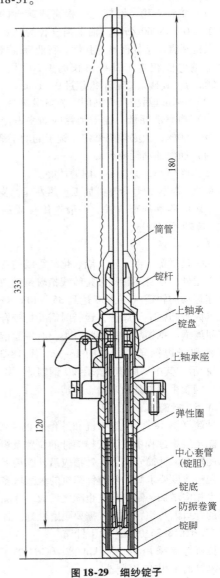

图 18-29　细纱锭子

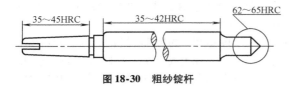

图 18-30　粗纱锭杆

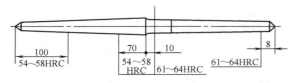

图 18-31　细纱锭杆

图 18-32　平面钢领

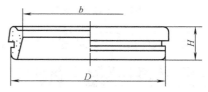

图 18-33　锥面钢领

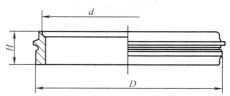

图 18-34　竖边钢领

对锭杆的技术要求是：

（1）旋转平稳。锭杆是一根高速旋转的轴，转速在 15000 ~ 18000r/min，轴承挡直径为 7.8mm，且必须保持平直、坚韧而富有弹性。行业标准规定：当锭杆上端弯曲相当于锭杆总长的 1/20 时、并维持 15 ~ 20s 后，其残余变形不得超过 0.01mm。

（2）热处理后应具有高硬度和高耐磨性。

（3）功率消耗低。锭子消耗的功率占全部功率的 30% ~ 60%，故必须降低每一锭子的功率消耗。

（4）润滑油消耗要少。

（5）噪声小，振动小，耐磨性好。

总之，锭杆的寿命与机加工、热处理、装配、润滑和使用保养等环节有关。一般选用优质高碳钢或 GCr15 等轴承钢制造。

18.4.1.4　钢领

钢领是对棉、毛、丝、绢、化纤等线的卷绕与加捻的专用件，本身不转动，是纱线拖着钢丝圈在钢领内高速运动的轨道（线速度达到 35 ~ 40m/s）。钢丝圈在其内侧圆弧上干摩擦，运转时需要抗咬合、高硬度和耐磨损。钢领品种按形状分类，有平面钢领、锥面钢领和竖边钢领等，如图 18-32、图 18-33 和图 18-34 所示。其中平面钢领采用 20 钢制造，锥面钢领和竖边钢领采用铁基粉末冶金制造。

18.4.1.5　针筒

针筒（图 18-35）是袜机和纬编机的主要部件，其功能是编织过程中正确安排织针的位置及织针往复运动的轨道。针筒外表面的针槽应沿外圆周上均匀分布，光洁程度要求高，随着针织机的级数增多，针槽数量也相应增加，制造难度也随之增大。纬编机针筒内侧的针口因与织物摩擦，需要耐磨性好。针筒的种类很多，图 18-35 是镶钢片下针筒。

袜机针筒采用 38CrMoAlA 或 20CrMnTi 钢制造，纬编机针筒采用 45 钢制造。

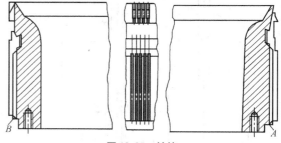

图 18-35　针筒

18.4.1.6　三角

三角是针织机上应用最普遍、也是最有效的一种凸轮。它的功能是控制针在针槽中作上下运动，是成圈机构中最基本和最主要的零件之一。三角需满足如下要求：

（1）控制针的动程，提高成圈的均匀性。

（2）表面形状能与针踵之间接触良好，尽可能避免针与三角的撞击。

（3）表面光洁，有良好的耐磨性。

三角的材料采用 Cr12MoV，经真空淬火后硬度达到 62 ~ 65HRC。

18.4.1.7　计量泵

计量泵是齿轮泵的一种，是化纤纺织丝工艺流程中的重要元件，其特定的功能是将熔融的丝液定量地输送到喷头。

计量泵适用于低转速、高粘度和高压的工作条件，在输送涤纶、锦纶、丙纶熔融液体时，工艺温度通常控制在 290℃ 左右；流量不均率严格控制在 2.5% 以下；不允许齿间咬住、漏液、计量不准等不良情况发生，制造精度要求很高。

计量泵一般承受的压力为 6MPa，较高压力为 35MPa。正常运转速度为 5～40r/min，公称输出量每转为 0.6～50L。

计量泵零件要求具有很高的尺寸稳定性、耐磨损、耐高温等性能，要求齿轮精度在 6 级以上。计量泵零件多采用 W6Mo5Cr4V2 钢制造。

18.4.1.8　卷曲轮

卷曲轮是涤纶短丝后处理设备卷曲机上的重要零件。其功能为将平直的涤纶丝束在卷曲轮的作用下成卷曲状，被卷曲纤维的袋数最高为 100 万袋，线速度最高为 240m/min。卷曲轮要具有耐磨、耐腐蚀及表面硬化层均匀等特性。常采用 40Cr13 不锈钢材料制造。

表 18-49 列出纺织机械典型零件用材料及热处理技术条件。

表 18-49　纺织机械典型零件用材料及热处理技术条件

零件名称		材料	渗层深度/mm	技术要求		
				硬度	平面度（或圆度）	显微组织
针布	金属针布	60 钢		齿尖处 0.1～0.2mm 720～780HV 齿中部 350～500HV 基部 ≤250HV		1.5～2 级马氏体
	弹性针布	55 钢		750～960HV 长度 1～1.5mm		2～3 级马氏体
罗拉	细纱机罗拉	45 钢		齿部及轴承挡 60～64HRC		马氏体≤3 级
	精梳机罗拉	20CrMo	渗氮层 >0.25	≥85HR15N		符合正常碳氮共渗渗层或渗氮层组织
钢领	钢领	20 钢	渗碳层 ≥0.40	>81HRA	平行度≤0.08mm 圆度≤0.25mm	回火马氏体（1～2 级）+ 粒状碳化物（无网状）
	粉冶钢领	铁基粉冶合金		>60HRA		
针筒	袜机（针筒）	20CrMnTi 38CrMoAlA	渗氮层 0.06～0.08	>700HV		
	纬编机（针筒）	45 钢		50～55HRC		
锭杆	粗纱机锭杆	T10A		见图 18-29 及图 18-30	平面度 <0.10mm	
	细纱机锭杆	GCr15			平面度 <0.10mm	马氏体 2～3 级
计量泵	泵板	W6Mo5Cr4V2		>62HRC		晶粒度 9.5～11 级
	齿轮、轴承等	W6Mo5Cr4V2		>60HRC		晶粒度 9.5～11 级
卷曲轮		40Cr13		50～55HRC 深度 >5mm		
三角		Cr12MoV		62～65HRC		

18.4.2 热处理工艺

18.4.2.1 针布

1. 弹性针布

（1）制造工艺路线：植针（自动车）→齿尖高频感应淬火→检验→包装→入库。

（2）热处理工艺：针布钢丝用高频感应淬火。淬火加热温度≈900℃，水淬。图 18-36 所示为弹性针布淬火示意图。

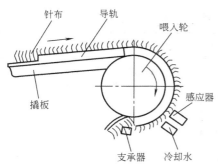

图 18-36　弹性针布淬火示意图

2. 金属针布

（1）制造工艺路线：线材退火→轧扁成形→退火→冲齿→齿尖淬火→回火→检验→包装→入库。

（2）热处理工艺见图 18-37。

1）坯料退火：光亮退火工艺温度为 700 ~ 750℃，

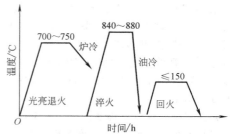

图 18-37　金属针布热处理工艺

炉冷；硬度为 220 ~ 260HBW。

2）火焰淬火：加热温度为 840 ~ 880℃、油冷；油浴回火温度≤150℃。金属针布齿尖淬火示意如图 18-38。

18.4.2.2 罗拉

1. 细纱机罗拉

（1）制造工艺路线：冷拉棒料→下料→矫直→磨外圆→车削成形→制齿→高频感应淬火→回火→清洗→矫直→磨外圆、端面及内孔→车削→镀硬铬→检验→入库。

（2）热处理工艺：罗拉材料为 45 钢，淬火在全自动高频感应淬火机组上进行，淬火回火可一并完成。这是常见的罗拉热处理工艺，如图 18-39 所示。罗拉经感应淬火后，其表面耐磨性好，且畸变量小；表面的残余压应力使零件的疲劳抗力得到提高。

2. 精梳机罗拉

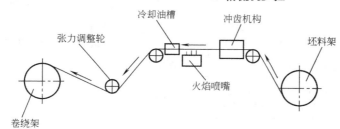

图 18-38　金属针布齿尖淬火示意图

温≈10h，渗层 > 0.25mm。

2）碳氮共渗工艺：碳氮共渗温度≈860℃，淬火温度≈780℃，低温回火，表面硬度≥79HRA。工艺曲线见图 18-40。

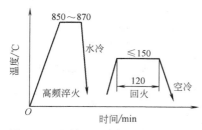

图 18-39　细纱机罗拉高频感应淬火工艺

（1）制造工艺路线：冷拉棒料→下料→正火→矫直→车削→冷打沟槽→离子渗氮→检验→入库。

（2）热处理工艺：材料为 20CrMo。

1）离子渗氮工艺：离子渗氮温度约 520℃，保

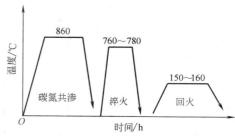

图 18-40　精梳机罗拉碳氮共渗工艺曲线

18.4.2.3　锭杆

1. 粗纱机锭杆

（1）制造工艺路线：热轧棒料→下料→车削→热处理→矫直→磨削→检验→入库。

（2）热处理工艺：T10 钢，中段采用中频感应加热，温度为 800～830℃，水冷；回火温度≤150℃。锭尖、锭尾采用火焰淬火，水冷。

2. 细纱机锭杆

（1）制造工艺路线：热轧棒料→下料→热轧成形→车削→热处理→检验→上油→入库。

（2）热处理工艺：工艺曲线见图 18-41。

18.4.2.4　钢领

1. 钢制钢领

（1）制造工艺路线：冷轧带钢→落料成形→冲孔→切边→压平→机械加工→热处理→滚光→检验→防锈→包装→入库。

（2）热处理工艺：碳氮共渗温度为 860～880℃，油淬；150℃左右油浴回火。

2. 铁基粉末冶金钢领

（1）制造工艺路线：压制坯料→机械加工→热处理→滚光→检验→注油→检验→包装→入库。

（2）热处理工艺：同钢制钢领。

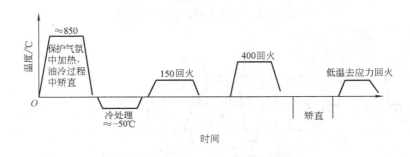

图 18-41　细纱机锭杆热处理工艺曲线

18.4.2.5　针筒

1. 纬编机针筒

（1）制造工艺路线：45 钢锻件→退火→粗车→精车→铣槽→超音频感应淬火→检验→入库。

（2）热处理工艺

1）锻件退火：在炉内加热到 860～890℃，保温 3～4h，降温到 700～730℃，再保温 6～8h，然后炉冷。

2）内侧坡口的超音频感应淬火温度约 850～900℃，水冷或固体二氧化碳冷却。图 18-42 所示为针筒内侧坡口淬火位置。

2. 袜机针筒

（1）制造工艺路线：锻件→退火→粗车→去应力退火→精车→铣槽→渗氮（氮碳共渗）→检验→入库。

（2）热处理工艺：锻件退火后硬度要求为 180HBW，坯料去应力退火及氮碳共渗工艺曲线见图 18-43。

18.4.2.6　计量泵

1. 制造工艺路线　型材→下料→机加工→热处理→精磨→去应力退火→精磨→装配→检验→入库。

2. 热处理工艺　计量泵全部零件均需进行热处理，工艺曲线如图 18-44 所示。

18.4.2.7　卷曲轮

1. 制造工艺路线　锻件→退火→粗加工→热处理→组装→粗磨→精磨→检验→入库。

2. 热处理工艺

（1）锻件退火：加热温度为（820±10）℃，保温 2h，炉冷至 400℃左右出炉空冷。

（2）表面淬火：超音频感应加热，温度为 1020～1050℃，水冷。回火温度为 200～220℃，保温 4h 后空冷。

18.4.2.8　三角

三角的材料采用 Cr12MoV。

热处理工艺：球化退火→真空淬火→回火。经真空淬火后硬度达到 62～65HRC。真空淬火可使三角表面光亮，避免氧化脱碳等表面缺陷，有理想的硬度和耐磨性，满足技术要求。

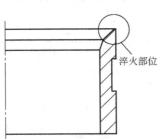

图 18-42　针筒内侧坡口淬火位置

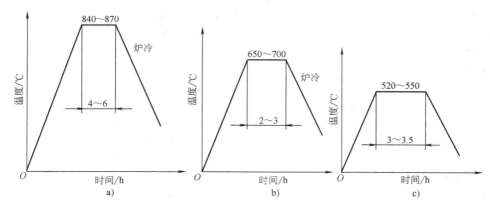

图 18-43　袜机针筒热处理工艺曲线

a）锻件退火　b）去应力退火　c）氮碳共渗

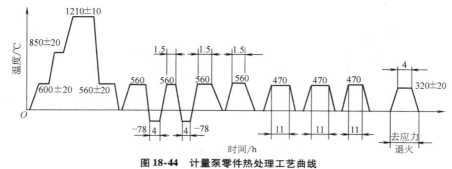

图 18-44　计量泵零件热处理工艺曲线

18.4.3　热处理质量检验与控制

纺织机械典型零件的热处理质量检验如表 18-50 所示。

18.4.4　常见热处理缺陷及防止方法

纺织机械典型零件常见的热处理缺陷及防止方法如表 18-51 所示。

表 18-50　纺织机械典型零件热处理质量检验

零件名称	项　　目	技　术　要　求	检　验　方　法
钢领 （钢质）	硬度	>81.5HRA	用维氏硬度计检验，折算
	平行度	<0.08mm	专用检测仪器
	圆度	<0.25mm	专用检测仪器
	深度	≤0.4mm	用金相显微镜抽检
锭杆 （细纱机）	硬度	见图 18-31	洛氏硬度计，抽检 1%
	直线度	<0.10mm	百分表，抽检 10%
	脆断性	由 1.2m 高度自由落下到铁板上，不允许脆断	100% 检验
	弹性	残余变形量≤0.01mm	抽检
	显微组织	马氏体 3 级 + 粒状碳化物	抽检
锭杆 （粗纱机）	硬度	见图 18-30	洛氏硬度计，抽检
	直线度	<0.10mm	百分表
金属针布	硬度	尖部长度<0.1~0.2mm，720~780HV 中部 350~500HV 基部≤250HV	维氏硬度计，抽检
	齿尖显微组织	1.5~2 级马氏体	金相显微镜，抽检

（续）

零件名称	项　目	技　术　要　求	检　验　方　法
弹性针布	硬度	尖端长度 1～1.5mm, 750～960HV	显微硬度计抽检, 折算
	显微组织	2～3 级马氏体	金相显微镜, 抽检
袜机针筒	硬度	700HV 以上	显微硬度计, 抽检
	深度	0.06～0.08mm	金相显微镜, 抽检
纬编机针筒	硬度	50～55HRC	100% 检验
罗拉（淬火）	硬度	60～64HRC	洛氏硬度计, 抽检
	直线度	<0.04mm	百分表, 100% 检验
罗拉（渗氮）	硬度	≥85HR15N	洛氏硬度计, 抽检
	全长变形量	<0.5mm	百分表, 100% 检验
计量泵	泵板硬度	≥62HRC	检验, 硬度是否均匀
	齿轮、轴等	≥60HRC	洛氏硬度计, 抽检
卷曲轮	硬度	50～55HRC, 淬硬层深度≈2mm	洛氏硬度计
三角	硬度	62～65HRC	洛氏硬度计

表 18-51　纺织机械典型零件常见的热处理缺陷及防止方法

零件名称	热处理缺陷	产　生　原　因	防　止　方　法
钢领	软点、硬度不匀	多用炉进气管道漏气, 富化气配比不合适	1）管道及炉子不得漏气 2）严格执行工艺 3）增加去应力处理
	畸变超差	内应力	
金属针布	硬度不均	火焰没有调整合适	调整火焰
	包覆后, 针尖组成的平面不平整	坯料硬度不匀	检查坯料退火工艺执行情况
弹性针布	硬度不够	感应圈与针布间距离不合适, 前进速度不合适	严格执行工艺
罗拉	硬度不够	1）淬火温度不正常 2）淬火机前进速度不对 3）原材料混乱	1）检查工艺执行情况 2）复核原材料
锭杆	断裂	1）淬火温度不正常 2）原材料组织不合适	1）严格执行工艺 2）检查原材料组织
	不耐磨, 显微组织不合适, 硬度不够	1）表层脱碳超差 2）淬火冷却介质不合适	严格执行工艺
纬编机针筒	硬度不够	感应圈与零件之间距离不合适, 淬火冷却介质的量不合适	严格执行工艺
计量泵	齿轮咬死	配合精度失调	加强检测
	不耐磨	硬度不均匀	严格执行工艺, 温度要均匀
卷曲轮	不耐磨	硬度不均匀	严格执行工艺

参 考 文 献

［1］　裘汲, 何葆祥, 汪曾祥. 小件的热处理［M］. 北京：机械工业出版社, 1984.

［2］　天津纺织工学院. 纺织机械设计原理［M］. 北京：纺织工业出版社, 1982.

第19章 飞机零件的热处理

北京航空材料研究院　王广生　孙枫

中国航空工业总公司301所　吴颖思

19.1 飞机零件材料和热处理特点

飞机零件根据工作条件的不同，分为飞机机体和发动机零件两类。飞机机体零件的特点是重量轻、尺寸大，材料比强度高、并具有足够的抗冲击性能和良好的抗疲劳性能。目前飞机零件材料60%～70%采用铝合金，常用的热处理强化铝合金有：7A04（LC4），7A09（LC9），2A12（LY12）及2024，7075，7050等牌号；20%～25%采用结构钢，大多为高强度钢和超高强度钢，如30CrMnSiA，30CrMnSnNi2A，40CrMnSiMoVA，40CrNi2Si2MoVA，16Co14Ni10Cr2Mo，1Cr11Ni2W2MoVA，1Cr12Ni2WMoVNbA等。而发动机零件材料追求其高温性能，还要求优良的抗腐蚀性能和抗疲劳性能，主要采用铁基、镍基和钴基高温合金，也采用不锈钢、钛合金和结构钢。

为了使飞机飞行性能高、质量好、安全可靠，飞机零件要通过严格热处理，以获得最佳的综合性能。为确保航空热处理质量，实行热处理全面质量控制，不仅仅依靠最终检验，而且注重热处理全过程的质量控制，即在零件热处理生产中对影响质量的诸因素，如生产环境、设备和仪表、工艺材料、技术文件、工艺和生产过程、生产管理以及人员素质等实施全面而严格的控制。只有热处理全过程的质量控制与最终检验的相互结合，才能保证零件的热处理质量。

航空零件热处理的另一个特点是热处理工艺复杂多样，以满足不同零件工作条件的需要。航空结构钢大量采用调质处理，以获得较高的抗疲劳性能；广泛应用等温淬火，以获得良好的综合性能，减少淬火畸变。为获得高耐磨性和抗疲劳性能，广泛采用渗碳、渗氮等化学热处理。航空用不锈钢中马氏体不锈钢采用淬火回火处理；沉淀硬化不锈钢采用固溶—调整处理—时效工艺。高温合金热处理工艺主要是退火、固溶、时效处理为满足耐高温氧化、耐蚀性要求，采用了渗金属（如渗铝、渗硅等）工艺。铝合金、镁合金、钛合金及铜合金等均要以严格的工艺参数进行热处理，以达到使用性能要求。

航空热处理广泛采用真空热处理、保护气氛热处理、可控气氛化学热处理等先进热处理技术，确保高质量的热处理产品。

19.2 飞机起落架外筒的热处理

19.2.1 服役条件及失效方式

起落架是供飞机起飞、着陆、滑行和停放使用的，属重要受力部件，直接影响着飞机的使用和安全。它不仅承受静载荷，而且承受很大的冲击力和疲劳载荷，特别是主起落架的外筒，在着陆瞬间承受着复杂交变的压力、拉力、扭力和弯矩；同时外筒还作为减振器的一个组件，由于内腔充气而承受较大的内压力，所以要求零件有较高的抗拉强度，具有足够的冲击韧度和抗疲劳性能；为了减轻结构的重量，要求有很高的比强度和良好的综合性能。起落架外筒大多采用超高强度钢制造的焊接结构件或整体结构件（见图19-1）。

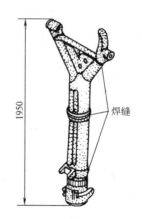

图19-1　主起落架外筒示意图

19.2.2 使用材料和零件技术要求（见表19-1）

19.2.3 工艺路线

锻造→正火＋退火→机械加工→去应力退火→（焊接→去应力退火→）淬火＋回火→校正→去应力回火→精加工→去应力回火→喷丸→探伤→表面处理→探伤→喷漆。

表 19-1　材料和零件技术要求

牌　　号	技　术　要　求						
	R_m/MPa	$R_{p0.2}$/MPa	A (%)	Z (%)	a_K/ (kJ/m²)	HRC	脱碳层 /mm
			不 小 于				
30CrMnSiNi2A	1667 ± 100	—	9	45	590	45 ~ 50.5	≤0.15
40CrMnSiMoVA	1865 ± 100	—	8	35	590	50.5 ~ 53.5	≤0.075
40CrNi2Si2MoVA	1960 ± 100	1572 ± 100	8	30	—	52 ~ 55	≤0.075
16Co14Ni10Cr2MoE	≥1620	≥1480	≥12	≥60			

19.2.4　热处理工艺（见表 19-2）

热处理过程中既要防止脱碳，又要防止增碳，还要防止吸氢。热处理后检验硬度、力学性能、变形量、脱碳层及探伤。

表 19-2　起落架零件热处理工艺

牌　　号	热　处　理　工　艺
30CrMnSiNi2A	1)（900 ± 10）℃保温 1.5h，油淬，250 ~ 300℃回火空冷 2)（900 ± 10）℃保温 1.5h，硝盐等温（180 ~ 300℃）×1h，热水冷却，200 ~ 300℃回火 3h，空冷
40CrMnSiMoVA	（920 ± 10）℃保温 1h，硝盐等温（180 ~ 230℃）×1h，热水冷却，200 ~ 300℃回火 3h，空冷
40CrNi2Si2MoVA	（870 ± 10）℃保温 1h，油淬，200 ~ 300℃回火 2h，回火两次
16Co14Ni10Cr2MoE	860℃×3h 油淬，−73℃×1h 冷处理，510℃×5h 空冷

19.2.5　常见热处理缺陷及预防措施（见表 19-3）

表 19-3　常见热处理缺陷及预防措施

热处理缺陷	产生原因	预防措施	补救方法
强度、硬度超差	材料化学成分波动	根据成分调整热处理参数	按调整后的参数进行重新淬火
焊缝热影响区裂纹	1)焊后未及时放入热炉缓冷 2)淬火时未预热	1)严格焊接工艺操作 2)控制升温速率或增加预热	补焊后重复热处理（限一次）
淬火裂纹和校正裂纹	1)复杂件未预热或返淬次数超过规定 2)冷校正时冲击应力过大或校正后未进行消除应力回火	1)严格按照要求进行预热和返淬 2)正确进行校正操作，校正后应及时进行消除应力回火	
脱碳层深度超过要求	涂料过期或配比不当，或施工不当；保护气氛控制不当；真空热处理的真空度或压升率不合适	严格控制涂料质量和喷涂工艺 严格控制保护气氛热处理或真空热处理工艺参数	去除超标脱碳层

19.3　飞机蒙皮的热处理

19.3.1　服役条件和性能要求

飞机的外形由蒙皮形成和保持，它使飞机获得很好的空气动力特性。蒙皮分为上机翼、下机翼和机身蒙皮等，由于它承受空气动力作用，并将作用力传递给机体骨架，受力复杂。一般飞机蒙皮要求压缩强度高、刚度和抗应力腐蚀能力好，而下机翼和机身蒙皮除上述要求外，还要求有较高的疲劳强度、疲劳裂纹扩展抗力和断裂韧度。此外，蒙皮直接与外界接触，还要求表面光滑。

19.3.2　使用材料和零件技术要求（见表19-4）

表 19-4　使用材料和零件技术要求

牌　号	技　术　要　求		
	R_m/MPa	$R_{p0.2}$/MPa	A（%）
2A12 （LY12）	390 ~ 410	255 ~ 265	≥15
7A04 （LC4）	480 ~ 490	400 ~ 410	≥7
7A09 （LC9）	480 ~ 490	—	≥7

19.3.3　工艺路线

轧板→退火→清理→固溶热处理→拉伸成形→自然时效→机械加工→表面处理。

19.3.4　热处理工艺（见表19-5）

表 19-5　蒙皮热处理工艺

牌　号	热　处　理　工　艺
2A12 （LY12）	495 ~ 503℃保温 0.4h 水冷，室温自然时效 96h 以上
7A04 （LC4）	465 ~ 475℃保温 0.4h 水冷，（120 ± 5）℃人工时效 24h，空冷
7A09 （LC9）	（460 ~ 475）℃保温 0.4h 水冷，（135 ± 5）℃人工时效 8 ~ 16h，空冷

热处理后应检验力学性能、硬度、显微组织和表面状态。

19.3.5　常见热处理缺陷及预防措施（见表19-6）

表 19-6　常见热处理缺陷及预防措施

热处理缺陷	产生原因	预防措施	补救方法
显微组织不合格（过烧或包铝层扩散）	淬火温度偏高或保温时间过长，升温速度过慢	严格控制工艺温度，避免保温时间过长	
变形严重	1）轧制应力过大 2）装炉或淬火方法不当	1）淬火后及时进行约3%的预拉伸 2）严格按规定挂装	1）手工校正 2）强制装配

19.4　压气机叶片的热处理

19.4.1　服役条件和性能要求

压气机主要由转子（包括压气机盘和工作叶片）、定子（包括内外环和整流叶片）及压气机匣组成。在飞行中，进入压气机的空气被压缩，随着增压比的增加气体温度不断升高，高压缩比的压气机出口温度可达 550 ~ 650℃。

压气机部件中的叶片前几级温度低，一般用铝合金、结构钢或钛合金制造；后几级温度较高，采用高强度耐热钢、钛合金或高温合金制造。转子工作叶片（见图 19-2）承受着很大的惯性离心力及气体力载荷，这些载荷可引起叶片产生很大的拉伸、弯曲和扭转应力。此外，由于叶片上气流的速度、压力场不均匀，往往还引起叶片产生振动，由于受热不均还会产生热应力。因而压气机工作叶片要求有足够的比强度和比刚度，以避免在工作转速范围内产生共振损坏；要求有较高的抗应力疲劳和抗热疲劳能力，以承受在气动力扰动和振动影响下的振动载荷和热应力；要求有较好的韧性和低的缺口敏感性，以抵御外物对它的冲击；还要求对大气有抗腐蚀和抗氧化的能力。

图 19-2 压气机工作叶片示意图

19.4.2 使用材料及零件技术要求（见表 19-7）

表 19-7 使用材料及零件技术要求

牌 号	技 术 要 求				
	R_m/ MPa	$R_{p0.2}$/ MPa	A (%)	Z (%)	HBW
	不小于				
2A02（LY2）	432	275	10	—	—
30CrMnSiA	横向 883	736	9	45	269 ~ 320
	纵向 794	622	4.5	27	
13Cr11Ni2W2MoV	叶身 1078	883	12	50	310 ~ 375
14Cr17Ni2	叶身 834	638	12	45	254 ~ 287
14Cr12Ni2WMoVNb	叶身 932	—	13	—	283 ~ 323
GH4033	20℃ 883	588	13	16	254 ~ 325
	700℃ 685	—	15	20	
GH4169	1275	1035	12	15	≥346
TC1	588	—	15	30	270 ~ 365
TC6	20℃ 950	—	10	30	≥332
	450℃ 588	—	—	—	
TC11	1030 ~ 1225	930	9	30	270 ~ 365

19.4.3 工艺路线

（1）压气机工作叶片工艺路线：锻造→退火→淬火＋回火→机械加工至成品。

（2）压气机导向叶片工艺路线：

① 锻造导向叶片的工艺路线与工作叶片基本相同。

② 冷轧导向叶片：板材下料→退火→第一次粗轧→退火→第二次粗轧→退火→……→第一次精轧→第二次精轧→淬火＋回火。

19.4.4 热处理工艺（见表 19-8）。

表 19-8 热处理工艺

牌 号	热处理工艺	检验项目
2A12（LY2）	（505±5）℃保温 2h，水冷；（180±5）℃时效 16h，空冷	1) 100% 检验硬度 2) 力学性能
30CrMnSiA	（880±10）℃保温 3～4h，油淬；（610±30）℃回火 2～2.5h，水冷	
13Cr11Ni2W2MoV	≤850℃入炉，（1010±10）℃保温 1h，空冷；（580±20）℃回火 3.5～4.5h，空冷	
14Cr17Ni2	≤850℃入炉，（1020±10）℃保温 1～1.5h，油冷；（530±10）℃回火 4h，空冷	
14Cr12Ni2WMoVNb	冷轧成形，（700±10）℃时效 2～3h，空冷	
GH4033	固溶处理：≤850℃入炉，（1080±10）℃保温 8h，空冷；（700±10）℃时效 16h，空冷	
GH4169	固溶处理：950～980℃保温 1h，空冷或油冷；（720±5）℃时效 8h，以 50℃/h 的冷却速度冷至（620±5）℃，时效 8h，空冷	
TC1	退火：（730±20）℃保温 1h，转入 600～650℃保温 2h，空冷	
TC6	双重正火：（870～920）℃保温 1h，空冷；再加热到 600～650℃保温 2h，空冷	
TC11	双重退火：950～980℃保温 1h，空冷；再加热到（530±10）℃保温 6h，空冷	

19.4.5　常见热处理缺陷及预防措施（见表 19-9）

表 19-9　常见热处理缺陷及预防措施

热处理缺陷	产生原因	预防措施	补救办法
力学性能不符合技术指标	1）加热不足，温度不当或过回火 2）锻造冷却时堆冷	1）严格控制工艺参数 2）锻造后确保冷却充分	重新热处理
冷轧叶片表面产生麻点	1）热处理前叶片清洗不干净 2）热处理加热时表面产生氧化皮	1）加强热处理前的清洗 2）真空热处理时，确保真空度和压升率符合要求	
14Cr17Ni2叶片晶间腐蚀	热处理冷却速度过慢	确保冷却速度符合要求	
钛合金叶片真空热处理时变色	1）真空度不足 2）设备压升率高 3）氩气纯度不足	提高设备真空度及降低压升率，保证氩气纯度	采用除氢处理或轻抛光
钛合金脆化	热处理时被加热介质中的氢污染	降低介质中氢含量	采用除氢处理或轻抛光

19.5　涡轮叶片的热处理

19.5.1　服役条件及性能要求

涡轮叶片分为转子的工作叶片和静子的导向叶片。工作叶片在高温燃气气氛中工作，承受着燃气冲击所产生的很高弯曲载荷；转子高速旋转时叶片产生很大离心力；还承受热交变和振动载荷，涡轮工作叶片是航空发动机中受力和受热最严峻的零件。导向叶片的工作条件是温度高，其温度比工作叶片高100℃左右，热温度既不稳定又不均匀，因此，要求有良好的抗热疲劳性能。也就是说，工作叶片着重要求强度指标和承受动载荷能力，而导向叶片着重在抗热疲劳性能，但两者都要有高的抗氧化能力，即高的热稳定性；足够的热强度，即能在高温下具有抗蠕变和断裂能力，以及耐燃气腐蚀的能力。

涡轮叶片的叶身的构造与压气机工作叶片有些相似，但由于涡轮的特殊工作条件，叶身的几何形状具有某些不同之处，如叶身厚度更大，剖面更为弯曲（见图19-3），为了降低承受的工作温度，大部分为空心结构。

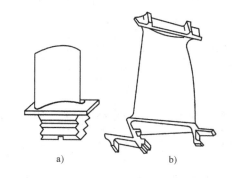

a)　　　　　　　　　b)

图 19-3　涡轮叶片示意图
a）工作叶片　b）导向叶片

19.5.2　使用材料及零件技术要求（见表 19-10）

表 19-10　使用材料及零件技术要求

牌号	技术要求											备注
	室温性能					高温性能						
	R_m/MPa	$R_{p0.2}$/MPa	A(%)	Z(%)	HBW	试验温度/℃	R_m/MPa	A(%)	Z(%)	持久		
	不小于						不小于			σ/MPa	t/h（不小于）	
GH4033	880	590	13	16	255～321	700	685	15	20	430	60	纵向
GH4037	—	—	—	—	269～341	800	665	5.0	8.0	—	—	—
						850	—	—	—	169	50	
GH4049	—	—	—	—	302～363	900	570	8.0	12.0	275	20	—
GH4220	—	—	—	—	285～341	950	490	8.0	11.0	—	—	—
						940	—	—	—	215	40	

（续）

牌号	技术要求											备注
	室温性能					高温性能						
	$R_m/$MPa	$R_{p0.2}/$MPa	A（%）	Z（%）	HBW	试验温度/℃	$R_m/$MPa	A（%）	Z（%）	持久		
	不　小　于						不　小　于			$\sigma/$MPa	t/h（不小于）	
K403	—	—	—	—	—	800	785	2.0	3.0	—	—	—
						975	—	—	—	195	50	
K406	—	—	—	—	—	800	665	4.0	8.0	—	—	
						850	—	—	—	275	50	
K438	—	—	—	—	—	800	785	3	3	—	—	
						850	—	—	—	365	50	
K417	—	—	—	—	30~44HRC	900	635	6	8	315	70	—
K418B	760	690	5	—	—	760	—	—	—	530	50	持久$A \geqslant 2\%$
K423	850	750	3	—	37~41HRC	850	—	—	—	325	32	持久$A \geqslant 3\%$
DZ4	—	—	—	—	—	900	735	6	8	315	100	
DD3	—	—	—	—	—	900	835	6	6	—	—	—
						1000	—	—	—	195	70	—

19.5.3　工艺路线

1. 变形高温合金制造的涡轮叶片

（1）锻造叶片：毛坯→固溶处理＋时效处理→粗加工→涂渗防护层→精加工。

（2）锻造叶片：毛坯→固溶处理＋时效处理→精加工。

2. 铸造高温合金制造的涡轮叶片

（1）铸造毛坯叶片→固溶处理或固溶处理＋时效处理→粗加工→涂渗防护层→精加工。

（2）铸造无余量叶片（包括定向结晶或单晶叶片）→真空（或保护气氛）中固溶处理或固溶处理＋时效处理→涂渗防护层→精加工。

涂渗防护层工艺亦可作为最终工序。

19.5.4　热处理工艺（见表 19-11）

表 19-11　热处理工艺

牌　号	热　处　理　工　艺				其　他
	工序	加热温度/℃	保温时间/h	冷却方式	
GH4033	固溶处理	1080 ± 10	8	空冷	—
	时效	750 ± 10	16	空冷	
GH4037	一次固溶处理	1180 ± 10	2	空冷	
	二次固溶处理	1050 ± 10	4	空冷	
	时效	800 ± 10	16	空冷	
GH4049	一次固溶处理	1200 ± 10	2	空冷	包埋法渗铝：装箱后 500℃入炉，保温 2h，升至（850 ± 10）℃保温（10 ± 3）h，随箱冷却；950℃扩散 2h，随箱冷却（渗层深度：0.005 ~ 0.02mm）
	二次固溶处理	1050 ± 10	4	空冷	
	时效	850 ± 10	8	空冷	

（续）

牌　号	热　处　理　工　艺				其　他
	工序	加热温度/℃	保温时间/h	冷却方式	
GH4220	一次固溶处理 二次固溶处理 时效	1220±10 1050±10 950±10	4 4 2	空冷 空冷 空冷	标准热处理工艺
	一次固溶处理	1220±10	4	空冷至（1070±30）℃，转入另炉二次固溶	为等温热处理工艺，可获得弯曲晶界，以提高高温力学性能
	二次固溶处理 时效	1070±10 950±10	2.5 2	空冷 空冷	
K403	固溶处理	1210±10	4	空冷	包埋式固体渗铝氩气保护：950℃×2h 渗铝；1000℃×2h 扩散
K406	时效	980±10	5	空冷	—
K438	固溶处理 时效	1120±10 850±10	2 24	空冷 空冷	—
K417	固溶处理	950±10	6	气淬	或铸态下使用
K418B	固溶处理	1180	2	空冷	或铸态使用
K423	固溶处理	1190±10	15min	于4~5min 内炉冷至1000℃，再空冷	或铸态使用
DZ4	固溶处理 时效	1220±10 870±10	4 32	空冷 空冷	—
DD3	固溶处理 时效	1250±10 870±10	4 32	空冷 空冷	—

注：热处理后检验硬度和力学性能，渗铝者应检验渗层深度。

19.5.5　常见热处理缺陷及预防措施（见表19-12）

表19-12　常见热处理缺陷及预防措施

热处理缺陷	产生原因	预防措施	补救方法
叶片表面严重氧化	加热介质中氧或水分含量过高	1）加热采用高纯度氩气（露点在 -46℃以下）保护 2）采用真空加热	有余量的叶片可抛光去掉氧化层
表面合金元素贫化	真空加热时表面合金元素逸出	采用适当的真空度	—
叶片表面出现点腐蚀	1）处理前表面未清洗干净 2）含硫物质沾污表面，使表面形成低熔点物 3）残碱对镍基合金有强腐蚀作用	1）加强清洗工作，避免表面被腐蚀物沾污 2）加强对加热设备工作室的清理 3）清洗好的叶片禁止赤手接触	—
叶片变形	1）加热速度太快 2）第二相溶解析出造成体积效应	采用分级加热	—

（续）

热处理缺陷	产生原因	预防措施	补救方法
渗铝件渗层过厚、漏渗、渗层不连续、氧化	1）渗铝时间超长，温度过高 2）不渗铝部位保护欠佳 3）渗箱中空气排除不净	1）准确控制渗铝时间和温度 2）不渗部位必须保护可靠 3）沉积和扩散过程中保证空气无法进入	退除渗层，重渗

19.6　涡轮盘的热处理

19.6.1　服役条件和性能要求

涡轮盘是发动机的重要热端部件之一。发动机工作时高速旋转产生的离心力，使盘承受大的拉应力；而转子叶片此时产生的离心力作用在盘的榫槽，使之也受拉应力；盘还承受温差引起的热应力。一般认为：中心轮毂部位温度低，受离心力大；榫齿部位温度高，榫槽受拉应力大。因此，涡轮盘要求具有足够的屈服强度、抗拉强度和高的塑性；还应具有高的抗热疲劳性能，具有适当的蠕变强度、持久强度，良好的抗高温氧化及燃气腐蚀性能。一般采用铁基或镍基高温合金制造。

涡轮盘工作中易产生轮心炸裂、榫齿疲劳掉块，腹板及封严齿开裂等故障。

19.6.2　使用材料及零件技术要求（见表 19-13）

表 19-13　使用材料及零件技术要求

牌号	技术要求											备注
	室温性能					高温性能						
	$R_m/$MPa	$R_{p0.2}/$MPa	A（%）	Z（%）	HBW	试验温度/℃	$R_m/$MPa	A（%）	Z（%）	持久性能		
	不小于						不小于			$\sigma/$MPa	t/h（≥）	
GH2036	835	590	15	20	277～311	650	—	—	—	373	35	
GH2132	930	620	20	40	255～321	650	735	15	20	390	100	
GH2761	1175	880	9	12	321～415	650	930	8	10	637	23	$R_{P0.2}$≥835
GH2901	1130	810	9	12	≥341	575	960	8	—			$R_{P0.2}$≥690
						650	—	—	—	620	23	持久 A≥5%
GH4033	880	590	13	16	255～321	750	—	—	—	295（345）	100（50）	
GH4133	1060	735	16	18	285～363	750	—	—	—	295（345）	100（50）	持久 A≥5%
GH4698	1130	705	17	19	285～341	750	—	—	—	410（363）	50（100）	
GH4710	980	814	4	—	≥370HV	980	—	—	—	120	30	持久 A≥5%
GH4500	1100	750	10	—	≥350HV	870	—	—	—	215	50	持久 A≥9%
K418	755	685	3	—	33～37HRC	750	—	—	—	605	40	铸态
K419H	—	—	—	—	366～385	760	—	—	—	695	40	—

19.6.3　工艺路线

1. 变形高温合金涡轮盘制造工艺流程

（1）锻造盘坯→固溶处理＋时效处理→机械加工→消除应力处理→精加工。

（2）锻造盘坯→退火→粗加工→固溶处理＋时效处理。

（3）锻造盘坯→固溶处理→机械加工→时效处理→机械加工至成品。

2. 铸造高温合金整体涡轮制造工艺流程　铸造毛坯→固溶处理＋时效处理→机械加工至成品。

19.6.4　热处理工艺（见表19-14）

表19-14　热处理工艺

牌　号	热 处 理 工 艺				检 验 项 目
	工序	加热温度/℃	保温时间/h	冷却方式	
GH2036	固溶处理 分级时效	1140 ± 10 660 ± 10 800 ± 10	80min 16 14 ~ 20	水冷 继续升温 空冷	
GH2132	固溶处理 时效	990 ± 10 710 ± 10	1 ~ 2 12 ~ 16	油冷 空冷	
GH2761	固溶处理 一次时效 二次时效	1120 ± 10 850 ± 10 750 ± 10	2 4 24	水冷 空冷 空冷	
GH2901	固溶处理 一次时效 二次时效	1090 ± 10 775 ± 5 710 ± 10	2 ~ 3 4 24	水冷或油冷 空冷 空冷	
GH4033	固溶处理 时效	1080 ± 10 750 ± 10	8 16	空冷 空冷	
GH4133	固溶处理 时效	1080 ± 10 750 ± 10	8 16	空冷 空冷	1）100%检验硬度 2）室温力学性能 3）高温力学性能
GH4698	一次固溶处理 二次固溶处理 时效	1120 ± 10 1000 ± 10 775 ± 10	8 4 16	空冷 空冷 空冷	
GH4710	一次固溶处理 二次固溶处理 一次时效 二次时效	1170 ± 10 1080 ± 10 845 ± 10 760 ± 10	4 4 24 16	空冷 空冷 空冷 空冷	
GH4500	一次固溶处理 二次固溶处理 一次时效 二次时效	1120 ± 10 1080 ± 10 845 ± 10 760 ± 10	2 4 24 16	空冷 空冷 空冷 空冷	
K418	固溶处理 时效	1180 ± 10 930 ± 10	2 16	空冷 空冷	
K419H	时效	870 ± 10	16	空冷	

19.6.5　常见热处理缺陷及预防措施（见表19-15）

表19-15　常见热处理缺陷及预防措施

热处理缺陷	产生原因	预防措施	补救方法
开裂	加热速度过快	采取分级加热，使轮盘充分预热、热透	
粗晶、混晶	常产生于带轴的1级盘，主要由于锻造时变形不均匀所致	改进锻造工艺，使变形量超过临界变形量	
过热、过烧	固溶处理温度不当	严格控制工艺参数	
持久性能偏低	固溶处理冷速过慢引起 γ' 相长大	针对各种合金选择适当的冷却方式	重新固溶处理

19.7 涡轮轴的热处理

19.7.1 服役条件和性能要求

涡轮轴是涡轮发动机的主轴，它与压气机轴通过联轴器联接，涡轮力矩通过涡轮轴传给压气机。涡轮轴主要承受扭转力矩、轴向载荷和弯曲力矩，因此要求有较高屈服强度和疲劳强度，其热端要有一定的抗氧化性能、耐蚀性和蠕变强度。涡轮轴见图19-4。

19.7.2 使用材料和零件技术要求（见表19-16）

19.7.3 工艺路线

（1）锻造毛坯→正火＋退火→粗加工→淬火＋回火（或固溶处理＋时效处理）→机械加工至成品。

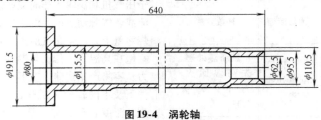

图 19-4 涡轮轴

表 19-16 使用材料和零件技术要求

牌　号	室 温 性 能					高 温 性 能						
	$R_m/$ MPa	$R_{p0.2}/$ MPa	A (%)	Z (%)	HBW	试验温度/℃	$R_m/$ MPa	A (%)	Z (%)	持久性能		
	不　小　于						不　小　于			$\sigma/$ MPa	t/h (≥)	A(%)
40CrNiMoA	980	835	12	55	293～341	—	—	—	—			
13Cr11Ni2W2MoV	880	735	15	55	269～321	—	—	—	—			
05Cr17Ni4Cu4Nb	1000	865	13	45	≥31HRC	—	—	—	—			
GH2901	1130	810	9	12	≥341	575	960	8	—	—	—	
						650	—	—	—	620	23	≥4
GH4169	1275	1035	12	15	≥346	650	1000	12	15	690	25	≥5

表 19-17 涡轮轴的热处理工艺

牌　号	热 处 理 工 艺				检验项目
	工序	加热温度/℃	保温时间/h	冷却方式	
40CrNiMoA	淬火	850±10	—	油淬	
	回火	650±5	—	水冷或空冷	
13Cr11Ni2W2MoV	预备热处理	1000～1020	—	空冷	
		700±20	—	空冷	
	最终热处理	1100±10	—	油淬	
		660～710	—	空冷	
05Cr17Ni4Cu4Nb	固溶处理	1040±20	—	水冷或空冷	1）100%检验硬度
	时效	580±10	4	空冷	2）力学性能
GH2901	固溶处理	1090±10	2～3	水冷或油冷	
	一次时效	775±5	4	空冷	
	二次时效	710±10	24	空冷	
GH4169	固溶处理	950～980	1	油冷或水冷	
	分级时效	720±5	8	以 50℃/min 的冷速冷至 620℃	
		620±5	8	空冷	

（2）锻造毛坯→调质（或固溶处理＋时效处理)→机械加工→消除应力退火→机械加工至成品。

19.7.4　热处理工艺（见表19-17）

19.7.5　常见热处理缺陷及预防措施（见表19-18）

表19-18　常见热处理缺陷及预防措施

热处理缺陷	产生原因	预防措施	补救方法
40CrNiMoA 钢晶粒粗大	热处理淬火温度过高，高温加热时间过长	严格控制热处理工艺	重新热处理，先高温回火，再淬火回火处理
GH4169 性能不合格	时效时从720℃冷至620℃时冷速过快，时效不充分	严格控制时效工艺	重新时效

19.8　燃烧室的热处理

19.8.1　服役条件和性能要求

燃烧室是把喷嘴喷出的燃料与压气机引来的压缩空气混合进行燃烧的地方，是发动机的重要部件之一。典型火焰筒示意图见图19-5。

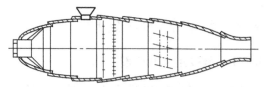

图19-5　典型火焰筒示意图

燃烧室所处的工作条件是十分恶劣的，除了承受由于气体压力、轴向力产生的静载荷外，还要承受由于压气机和涡轮工作时或燃烧室燃烧过程中引起空气流或燃气脉动所产生的交变力，这个交变力作用在燃烧室壁上，产生交变应力，容易产生疲劳裂纹；燃烧室壁在高温下工作，且温度不均匀，产生很大的热应力，容易产生翘曲、变形；发动机在各种不同飞行条件下及不同转速下工作，燃烧室的工作状态变化激烈，温度急骤升降，承受着热冲击，使之易烧蚀和开裂。

因此燃烧室应有足够的塑性，良好的抗热冲击、抗热疲劳及抗畸变的性能，还要有高的抗氧化及防止燃烧产物腐蚀的化学稳定性。

19.8.2　使用材料和零件技术要求（见表19-19）

19.8.3　工艺路线

板材冲压成形→中间退火→冲压成形→零部件组焊→消除应力退火→组焊→固溶处理→机械加工至成品。

表19-19　使用材料和零件技术要求

牌　号	技　术　要　求										
	室　温　性　能					高　温　性　能					
	R_m/MPa	$R_{p0.2}$/MPa	A（%）	Z（%）	HBW	试验温度/℃	R_m/MPa	A（%）	Z（%）	持久性能	
	不　小　于						不　小　于			σ/MPa	t/h（≥）
12Cr18Mn8Ni5N	635	295	45	60	—	—	—	—	—	—	—
GH1016	735	—	35	—	—	900	185	40	—	69	20，$A \geqslant 20\%$
GH1140	635	—	40	—	—	800	225	40	—	—	—
GH4099	≤1130	—	35	—	—	900	375	15	—	110	23，$A \geqslant 6\%$
GH4163	—	—	—	—	≥346	780	540	9	40	—	—
GH3030	685	—	30	—	—	700	295	30	—	—	—
GH3039	735	—	40	—	—	800	245	40	—	—	—
GH3044	735	—	40	—	—	900	195	30	—	—	—
GH3128	735	—	40	—	—	—	—	—	—	—	—
GH5188	860	380	45	—	≤282	815	—	—	—	165	23，$A \geqslant 10\%$

19.8.4　热处理工艺（见表 19-20）

表 19-20　热处理工艺

牌　　号	固溶处理工艺
12Cr18Mn8Ni5N	（1070 ±10）℃，水冷或空冷
GH1016	（1160 ±10）℃，空冷
GH1140	1050 ~ 1090℃，空冷
GH4099	1080 ~ 1140℃，空冷
GH4163	1150 ±10℃，空冷，（800 ±10）℃保温 8h，空冷
GH3030	980 ~ 1020℃，空冷
GH3039	1050 ~ 1090℃，空冷
GH3044	1120 ~ 1160℃，空冷
GH3128	1140 ~ 1180℃，空冷
GH5188	（1180 ±10）℃，空冷

19.8.5　常见热处理缺陷及预防措施（见表 19-21）

表 19-21　常见热处理缺陷及预防措施

热处理缺陷	产生原因	预防措施	补救办法
零件表面严重氧化	1）加热时，保护气氛量不足，或管道渗漏 2）真空度不足，压升率高	1）加强设备检查及维修 2）操作时加强生产过程的检查	允许情况下可采用喷砂、喷丸清理
零件表面腐蚀	1）热处理前未清理干净 2）加热炉内有腐蚀介质 3）装载夹具未清理干净	1）应加强处理前的清洗和清理 2）清理加热炉 3）清理装载夹具	
变形	1）成形和焊接应力未消除 2）装炉、装挂不当	1）热处理前增加去应力处理 2）热处理时采用正确装挂方式	进行校正，校正后补充去应力回火

19.9　航空齿轮的热处理

19.9.1　服役条件和性能要求

航空齿轮是用来传递动力和改变运行速度的，因此在功率传递机构如减速器中，使用各种形式的齿轮。齿轮工作时一对啮合的齿轮面之间相互滑动，从而产生很大的摩擦力，容易造成齿面磨损；齿轮间的接触，产生了接触应力，一旦超过材料疲劳极限，就会造成齿轮的接触疲劳破坏；而轮齿根部还承受交变的弯曲应力，易造成弯曲疲劳破坏。为此，要提高齿面的塑变抗力，即提高齿面的硬度，可采用表面硬化处理，一般是渗碳、碳氮共渗或渗氮。为了提高接触疲劳强度，除使渗层有一定深度外，还应控制渗层碳化物的形态、大小和分布状况。提高轮齿弯曲疲劳强度的基本途径是提高齿根处材料的强度。因此，航空常用齿轮钢一般 $w(C)$ 为 0.10% ~ 0.20% 的高淬透性钢，渗碳后进行淬火、低温回火使用。渗碳层深度可取模数的 15% ~ 20%，或取节圆处齿厚的 10% ~ 20%。齿轮示意图见图 19-6。

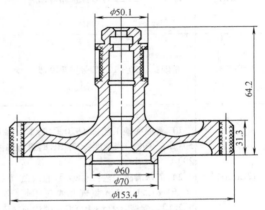

图 19-6　齿轮示意图

19.9.2　常用材料和零件技术要求（见表 19-22）

表 19-22　常用材料及技术要求

牌　　号	技 术 要 求					
	R_m /MPa	$R_{p0.2}$ /MPa	A （%）	Z （%）	a_K （kJ/m²）	HBW
	不小于					
15CrA	590	390	15	50	885	170 ~ 302
12CrNi3A	885	635	12	55	1175	262 ~ 363
12Cr2Ni4A	1030	785	12	55	980	293 ~ 388
14CrMnSiNi2MoA	1080	885	12	55	980	321 ~ 415
18Cr2Ni4WA	1030	785	12	55	1175	321 ~ 388
38CrMoAlA	930	785	15	50	980	285 ~ 321
	980	835	15	50	880	292 ~ 302

19.9.3　工艺路线

对于载荷大的航空齿轮采用锻件毛坯，而小模数、小载荷的齿轮则采用棒材加工。其工艺路线如下：

（1）锻件毛坯→正火或调质处理→机械加工→渗碳及渗后热处理（淬火＋低温回火）→机械加工至成品。

（2）锻件毛坯→正火或调质处理→机械加工→镀铜（非渗碳表面）→渗碳→除铜→淬火＋低温回火→机械加工至成品。

（3）锻件毛坯→正火或调质处理→机械加工→渗碳→机械加工→淬火＋低温回火→机械加工至成品。

（4）锻件毛坯→正火＋调质处理→机械加工→镀锡或镀铜→渗氮→机械加工至成品。

19.9.4　热处理工艺（见表19-23）

表 19-23　热处理工艺

牌号	渗碳工艺或预备热处理工艺	最终热处理工艺或渗氮工艺
15CrA	渗碳：（920±10）℃保护箱冷却	一次淬火：（860±10）℃油淬 二次淬火：780～810℃油淬 回火：（160±10）℃空冷
12CrNi3A	渗碳：（920±10）℃保护箱冷却	一次淬火：（860±10）℃油淬 二次淬火：780～810℃油淬 回火：（160±10）℃空冷
12Cr2Ni4A	1）普通渗碳工艺：（920±10）℃，渗剂：甲醇-丙酮，5～8h，炉冷。当硬度≥38HRC时进行高温回火，（580±20）℃×3～4h 2）氮基渗碳工艺：≤800℃通入氮气＋甲醇，（840±10）℃×1.2h，通入氮气和渗剂［w（苯）：w（甲醇）=2:1］，保持（925±10）℃，碳势 w（C）1.15%，后期碳势 w（C）0.8%，空冷或炉冷	一次淬火：（860±10）℃油淬 二次淬火：（790±10）℃油淬 回火：（160±10）℃空冷
14CrMnSiNi2-MoA	（920±10）℃渗碳8～12h，渗剂为甲醇＋乙酸乙酯	淬火：800～840℃油淬 回火：150～200℃空冷
18Cr2Ni4WA	1）普通渗碳工艺：（840±10）℃×1.2h，渗剂［w（苯）：w（甲醇）=2:1］；（925±10）℃继续滴入渗剂渗碳，空冷或箱冷 2）氮基渗碳工艺：≤800℃通入氮气和甲醇，（840±10）℃×1.2h，通入氮气和渗剂［w（苯）：w（甲醇）=2:1］，保持（925±10）℃，碳势 w（C）为1.15%，后期 w（C）0.8%，空冷或箱冷	淬火：840～870℃油淬 回火：150～170°空冷
38CrMoAlA	（940±10）℃空冷（正火） （930±10）℃油淬或温水淬 600～670℃油冷或空冷	500～510℃×28～30h通氨渗氮，氨分解率为20%～30% 525～535℃×30～35h通氨渗氮，氨分解率为30%～50%

19.9.5 常见热处理缺陷及预防措施（见表 19-24）

表 19-24 常见热处理缺陷及预防措施

热处理缺陷	产生原因	预防措施	补救办法
渗层深度偏浅	1）设备密封不好 2）装炉量过多 3）渗碳（氮）温度偏低 4）气氛碳（氮）势偏低 5）零件表面污染	1）渗前应检查设备密封性 2）控制好装炉量，注意装夹方法 3）维持好炉内碳势 4）校准温度 5）调整碳（氮）势到达要求 6）入炉前认真清洗零件	进行补渗
渗层超深	1）渗温超高 2）渗时间超长 3）工艺设计不当	1）正确制定工艺 2）加强仪表校验	
表面硬度偏低	1）表面碳（氮）含量偏低 2）渗后冷却或淬火时表面脱碳	1）加强炉气碳（氮）势控制 2）冷却罐内加少量渗碳剂；淬火时采取保护措施	在深度允许的情况下可补渗
心部硬度超差	1）心部硬度偏低，是因为铁素体过多 2）心部硬度过高是由于淬火温度偏高	1）降低淬火温度 2）渗碳后增加高温回火	1）重新淬火 2）进行冷处理
渗碳层出现网状碳化物	1）渗碳后冷却速度太慢 2）渗碳温度过高	加快渗碳后冷却速度	增加正火处理
渗碳层碳化物呈块、杆及多边状	1）渗碳时碳势过高，扩散时间短 2）原始组织晶粒粗大 3）渗碳温度偏高	严格控制炉温、碳势，调整渗碳与扩散时间的比例	采用高温正火
渗氮层出现鱼骨状氮化物	零件表面脱碳层未加工去除干净	协调冷却工艺，确保彻底去除脱碳层	
零件畸变	1）可发生在渗碳过程，也可发生在淬火过程 2）装炉或装夹不当 3）机加工应力过大 4）零件截面相差太大	1）正确装炉和装夹，必要时设计吊挂夹具 2）渗碳前增加消除加工应力处理	在允许情况下进行校正，校正后增加磁粉检验和回火
漏渗	1）保护层太薄 2）炉内气氛中有害介质破坏了防渗层	1）控制镀、涂防渗层质量 2）加强控制气氛	

参 考 文 献

[1] 《航空制造工程手册》总编委会. 航空制造工程手册：热处理分册 [M]. 2 版. 北京：航空工业出版社，2010.

[2] 中国航空材料编辑委员会. 中国航空材料手册：第一、二、三、四册 [M]. 北京：中国标准出版社，2002.

[3] 北京航空材料研究所. 航空材料学 [M]. 上海：上海科学技术出版社，1985.